CÁLCULO

R721c   Rogawski, Jon.
        Cálculo / Jon Rogawski, Colin Adams ; tradução: Claus Ivo Doering. – 3. ed. – Porto Alegre : Bookman, 2018.
        v. 2 ; xvi, 592 em várias paginações : il. ; 21 x 27,7 cm.

        ISBN 978-85-8260-457-1

        1. Matemática. 2. Cálculo. I. Adams, Colin. II. Título.

                                                        CDU 51-3

Catalogação na publicação: Karin Lorien Menoncin – CRB 10/2147

JON ROGAWSKI
University of California, Los Angeles

COLIN ADAMS
Williams College

CÁLCULO VOL. 2

3ª EDIÇÃO

Tradução:
Claus Ivo Doering
Professor Titular do Instituto de Matemática da UFRGS

bookman

2018

Obra originalmente publicada sob o título *Calculus: Early Transcendentals*, 3rd Edition
ISBN 9781464114885

First published in the United States by W.H. FREEMAN AND COMPANY, New York
Copyright © 2015 by W.H. Freeman and Company.
All rights reserved.

Gerente editorial: *Arysinha Jacques Affonso*

Colaboraram nesta edição:

Editora: *Denise Weber Nowaczyk*

Capa: *Márcio Monticelli* (arte sobre capa original)

Imagem da capa: *ayzek/Shutterstock*

Leitura final: *Amanda Jansson Breitsameter*

Editoração: *Clic Editoração Eletrônica Ltda.*

Reservados todos os direitos de publicação, em língua portuguesa, à
BOOKMAN EDITORA LTDA., uma empresa do GRUPO A EDUCAÇÃO S.A.
Av. Jerônimo de Ornelas, 670 – Santana
90040-340 Porto Alegre RS
Fone: (51) 3027-7000   Fax: (51) 3027-7070

Unidade São Paulo
Rua Doutor Cesário Mota Jr., 63 – Vila Buarque
01221-020 São Paulo SP
Fone: (11) 3221-9033

SAC 0800 703-3444 – www.grupoa.com.br

É proibida a duplicação ou reprodução deste volume, no todo ou em parte, sob quaisquer formas ou por quaisquer meios (eletrônico, mecânico, gravação, fotocópia, distribuição na Web e outros), sem permissão expressa da Editora.

IMPRESSO NO BRASIL
PRINTED IN BRAZIL

SOBRE OS AUTORES

COLIN ADAMS

Colin Adams ocupa a cadeira Thomas T. Read de professor de Matemática no Williams College, onde leciona desde 1985. Ele obteve seu diploma de Graduação do MIT (Massachusetts Institute of Technology) e seu diploma de Doutorado da University of Wisconsin. Sua pesquisa é desenvolvida na área de Teoria de Nós e em Topologia de dimensões baixas. Ele obteve vários financiamentos para apoiar sua pesquisa, publicou inúmeros artigos de pesquisa e vários livros como autor e coautor.

Em 1998 recebeu o prêmio nacional Haimo de excelência em ensino da MAA (Associação Americana de Matemática), de 1998 a 2000 foi o palestrante Polya da MAA, de 2000 a 2002 foi o palestrante distinguido Sigma Xi e, em 2003, recebeu o prêmio Robert Foster Cherry de ensino.

Colin tem dois filhos e um cachorro levemente maluco, que se supera no oferecimento de entretenimento.

JON ROGAWSKI

Professor por mais de 30 anos, Jon Rogawski prestou atenção e aprendeu muito com seus próprios alunos. Essas lições valiosas influenciaram seu modo de pensar e escrever e a elaboração de um livro de Cálculo.

Obteve simultaneamente o diploma de Mestrado em Matemática da Yale University e de Doutorado em Matemática da Princeton University, onde foi orientado por Robert Langlands. Antes de entrar para o Departamento de Matemática da UCLA (University of California, Los Angeles) em 1986 como Professor Titular, foi professor e pesquisador visitante no Institute for Advanced Studies e nas universidades de Bonn e de Paris, em Jussieu e em Orsay.

Suas áreas de interesse em pesquisa foram Teoria de Números, Formas Automorfas e Análise Harmônica em grupos semissimples. Publicou inúmeros artigos de pesquisa em publicações matemáticas de alto nível, inclusive sua monografia de pesquisa intitulada *Automorphic Representations of Unitary Groups in Three Variables* (Princeton University Press). Ele recebeu uma bolsa da fundação Sloan e foi editor das publicações *Pacific Mathematical Journal e Transactions of the American Mathematical Society*.

Infelizmente, Jon Rogawski faleceu em setembro de 2011. Seu compromisso com a apresentação da beleza do Cálculo e com o papel importante que essa disciplina desempenha no entendimento do mundo como um todo por parte dos estudantes constitui o legado que continua vivo em cada nova edição de Cálculo.

AGRADECIMENTOS

Colin Adams e W. H. Freeman agradecem aos muitos professores dos Estados Unidos e do Canadá que ofereceram comentários que ajudaram a desenvolver e melhorar este livro. Essas contribuições incluem testar o livro em sala de aula, revisão do manuscrito, revisão dos exercícios e participação em pesquisas sobre o livro e as necessidades gerais dos cursos.

ALABAMA Tammy Potter, *Gadsden State Community College*; David Dempsey, *Jacksonville State University*; Edwin Smith, *Jacksonville State University*; Jeff Dodd, *Jacksonville State University*; Douglas Bailer, *Northeast Alabama Community College*; Michael Hicks, *Shelton State Community College*; Patricia C. Eiland, *Troy University, Montgomery Campus*; Chadia Affane Aji, *Tuskegee University*; James L. Wang, *The University of Alabama*; Stephen Brick, *University of South Alabama*; Joerg Feldvoss, *University of South Alabama* **ALASKA** Mark A. Fitch, *University of Alaska Anchorage*; Kamal Narang, *University of Alaska Anchorage*; Alexei Rybkin, *University of Alaska Fairbanks*; Martin Getz, *University of Alaska Fairbanks* **ARIZONA** Stefania Tracogna, *Arizona State University*; Bruno Welfert, *Arizona State University*; Light Bryant, *Arizona Western College*; Daniel Russow, *Arizona Western College*; Jennifer Jameson, *Coconino College*; George Cole, *Mesa Community College*; David Schultz, *Mesa Community College*; Michael Bezusko, *Pima Community College, Desert Vista Campus*; Garry Carpenter, *Pima Community College, Northwest Campus*; Paul Flasch, *Pima County Community College*; Jessica Knapp, *Pima Community College, Northwest Campus*; Roger Werbylo, *Pima County Community College*; Katie Louchart, *Northern Arizona University*; Janet McShane, *Northern Arizona University*; Donna M. Krawczyk, *The University of Arizona* **ARKANSAS** Deborah Parker, *Arkansas Northeastern College*; J. Michael Hall, *Arkansas State University*; Kevin Cornelius, *Ouachita Baptist University*; Hyungkoo Mark Park, *Southern Arkansas University*; Katherine Pinzon, *University of Arkansas at Fort Smith*; Denise LeGrand, *University of Arkansas at Little Rock*; John Annulis, *University of Arkansas at Monticello*; Erin Haller, *University of Arkansas, Fayetteville*; Shannon Dingman, *University of Arkansas, Fayetteville*; Daniel J. Arrigo, *University of Central Arkansas* **CALIFORNIA** Michael S. Gagliardo, *California Lutheran University*; Harvey Greenwald, *California Polytechnic State University, San Luis Obispo*; Charles Hale, *California Polytechnic State University*; John Hagen, *California Polytechnic State University, San Luis Obispo*; Donald Hartig, *California Polytechnic State University, San Luis Obispo*; Colleen Margarita Kirk, *California Polytechnic State University, San Luis Obispo*; Lawrence Sze, *California Polytechnic State University, San Luis Obispo*; Raymond Terry, *California Polytechnic State University, San Luis Obispo*; James R. McKinney, *California State Polytechnic University, Pomona*; Robin Wilson, *California State Polytechnic University, Pomona*; Charles Lam, *California State University, Bakersfield*; David McKay, *California State University, Long Beach*; Melvin Lax, *California State University, Long Beach*; Wallace A. Etterbeek, *California State University, Sacramento*; Mohamed Allali, *Chapman University*; George Rhys, *College of the Canyons*; Janice Hector, *DeAnza College*; Isabelle Saber, *Glendale Community College*; Peter Stathis, *Glendale Community College*; Douglas B. Lloyd, *Golden West College*; Thomas Scardina, *Golden West College*; Kristin Hartford, *Long Beach City College*; Eduardo Arismendi-Pardi, *Orange Coast College*; Mitchell Alves, *Orange Coast College*; Yenkanh Vu, *Orange Coast College*; Yan Tian, *Palomar College*; Donna E. Nordstrom, *Pasadena City College*; Don L. Hancock, *Pepperdine University*; Kevin Iga, *Pepperdine University*; Adolfo J. Rumbos, *Pomona College*; Virginia May, *Sacramento City College*; Carlos de la Lama, *San Diego City College*; Matthias Beck, *San Francisco State University*; Arek Goetz, *San Francisco State University*; Nick Bykov, *San Joaquin Delta College*; Eleanor Lang Kendrick, *San Jose City College*; Elizabeth Hodes, *Santa Barbara City College*; William Konya, *Santa Monica College*; John Kennedy, *Santa Monica College*; Peter Lee, *Santa Monica College*; Richard Salome, *Scotts Valley High School*; Norman Feldman, *Sonoma State University*; Elaine McDonald, *Sonoma State University*; John D. Eggers, *University of California, San Diego*; Adam Bowers, *University of California, San Diego*; Bruno Nachtergaele, *University of California, Davis*; Boumediene Hamzi, *University of California, Davis*; Olga Radko, *University of California, Los Angeles*; Richard Leborne, *University of California, San Diego*; Peter Stevenhagen, *University of California, San Diego*; Jeffrey Stopple, *University of California, Santa Barbara*; Guofang Wei, *University of California, Santa Barbara*; Rick A. Simon, *University of La Verne*; Alexander E. Koonce, *University of Redlands*; Mohamad A. Alwash, *West Los Angeles College*; Calder Daenzer, *University of California, Berkeley*; Jude Thaddeus Socrates, *Pasadena City College*; Cheuk Ying Lam, *California State University Bakersfield*; Borislava Gutarts, *California State University, Los Angeles*; Daniel Rogalski, *University of California, San Diego*; Don Hartig, *California Polytechnic State University*; Anne Voth, *Palomar College*; Jay Wiestling, *Palomar College*; Lindsey Bramlett-Smith, *Santa Barbara City College*; Dennis Morrow, *College of the Canyons*; Sydney Shanks, *College of the Canyons*; Bob Tolar, *College of the Canyons*; Gene W. Majors, *Fullerton College*; Robert Diaz, *Fullerton College*; Gregory Nguyen, *Fullerton College*; Paul Sjoberg, *Fullerton College*; Deborah Ritchie, *Moorpark College*; Maya Rahnamaie, *Moorpark College*; Kathy Fink, *Moorpark College*; Christine Cole, *Moorpark College*; K. Di Passero, *Moorpark College*; Sid Kolpas, *Glendale Community College*; Miriam Castroconde, *Irvine Valley College*; Ilkner Erbas-White, *Irvine Valley College*; Corey Manchester, *Grossmont College*; Donald Murray, *Santa Monica College*; Barbara McGee, *Cuesta College*; Marie Larsen, *Cuesta College*; Joe Vasta, *Cuesta College*; Mike Kinter, *Cuesta College*; Mark Turner, *Cuesta College*; G. Lewis, *Cuesta College*; Daniel Kleinfelter, *College of the Desert*; Esmeralda Medrano, *Citrus College*; James Swatzel, *Citrus College*; Mark Littrell, *Rio Hondo College*; Rich Zucker, *Irvine Valley College*; Cindy Torigison, *Palomar College*; Craig Chamberline, *Palomar College*; Lindsey Lang, *Diablo Valley College*; Sam Needham, *Diablo Valley College*; Dan Bach, *Diablo Valley College*; Ted Nirgiotis, *Diablo Valley College*; Monte Collazo, *Diablo Valley College*; Tina Levy, *Diablo Valley College*; Mona Panchal, *East Los Angeles College*; Ron Sandvick, *San Diego Mesa College*; Larry Handa, *West Valley College*; Frederick Utter, *Santa Rose Junior College*; Farshod Mosh, *DeAnza College*; Doli Bambhania, *DeAnza College*; Charles Klein, *DeAnza College*; Tammi Marshall, *Cauyamaca College*; Inwon Leu, *Cauyamaca College*; Michael Moretti, *Bakersfield*

College; Janet Tarjan, Bakersfield College; Hoat Le, San Diego City College; Richard Fielding, Southwestern College; Shannon Gracey, Southwestern College; Janet Mazzarella, Southwestern College; Christina Soderlund, California Lutheran University; Rudy Gonzalez, Citrus College; Robert Crise, Crafton Hills College; Joseph Kazimir, East Los Angeles College; Randall Rogers, Fullerton College; Peter Bouzar, Golden West College; Linda Ternes, Golden West College; Hsiao-Ling Liu, Los Angeles Trade Tech Community College; Yu-Chung Chang-Hou, Pasadena City College; Guillermo Alvarez, San Diego City College; Ken Kuniyuki, San Diego Mesa College; Laleh Howard, San Diego Mesa College; Sharareh Masooman, Santa Barbara City College; Jared Hersh, Santa Barbara City College; Betty Wong, Santa Monica College; Brian Rodas, Santa Monica College; Veasna Chiek, Riverside City College **COLORADO** Tony Weathers, Adams State College; Erica Johnson, Arapahoe Community College; Karen Walters, Arapahoe Community College; Joshua D. Laison, Colorado College; G. Gustave Greivel, Colorado School of Mines; Holly Eklund, Colorado School of the Mines; Mike Nicholas, Colorado School of the Mines; Jim Thomas, Colorado State University; Eleanor Storey, Front Range Community College; Larry Johnson, Metropolitan State College of Denver; Carol Kuper, Morgan Community College; Larry A. Pontaski, Pueblo Community College; Terry Chen Reeves, Red Rocks Community College; Debra S. Carney, Colorado School of the Mines; Louis A. Talman, Metropolitan State College of Denver; Mary A. Nelson, University of Colorado at Boulder; J. Kyle Pula, University of Denver; Jon Von Stroh, University of Denver; Sharon Butz, University of Denver; Daniel Daly, University of Denver; Tracy Lawrence, Arapahoe Community College; Shawna Mahan, University of Colorado Denver; Adam Norris, University of Colorado at Boulder; Anca Radulescu, University of Colorado at Boulder; Mike Kawai, University of Colorado Denver; Janet Barnett, Colorado State University Pueblo; Byron Hurley, Colorado State University Pueblo; Jonathan Portiz, Colorado State University Pueblo; Bill Emerson, Metropolitan State College of Denver; Suzanne Caulk, Regis University; Anton Dzhamay, University of Northern Colorado **CONNECTICUT** Jeffrey McGowan, Central Connecticut State University; Ivan Gotchev, Central Connecticut State University; Charles Waiveris, Central Connecticut State University; Christopher Hammond, Connecticut College; Anthony Y. Aidoo, Eastern Connecticut State University; Kim Ward, Eastern Connecticut State University; Joan W. Weiss, Fairfield University; Theresa M. Sandifer, Southern Connecticut State University; Cristian Rios, Trinity College; Melanie Stein, Trinity College; Steven Orszag, Yale University **DELAWARE** Patrick F. Mwerinde, University of Delaware **DISTRICT OF COLUMBIA** Jeffrey Hakim, American University; Joshua M. Lansky, American University; James A. Nickerson, Gallaudet University **FLORIDA** Gregory Spradlin, Embry-Riddle University at Daytona Beach; Daniela Popova, Florida Atlantic University; Abbas Zadegan, Florida International University; Gerardo Aladro, Florida International University; Gregory Henderson, Hillsborough Community College; Pam Crawford, Jacksonville University; Penny Morris, Polk Community College; George Schultz, St. Petersburg College; Jimmy Chang, St. Petersburg College; Carolyn Kistner, St. Petersburg College; Aida Kadic-Galeb, The University of Tampa; Constance Schober, University of Central Florida; S. Roy Choudhury, University of Central Florida; Kurt Overhiser, Valencia Community College; Jiongmin Yong, University of Central Florida; Giray Okten, The Florida State University; Frederick Hoffman, Florida Atlantic University; Thomas Beatty, Florida Gulf Coast University; Witny Librun, Palm Beach Community College North; Joe Castillo, Broward County College; Joann Lewin, Edison College; Donald Ransford, Edison College; Scott Berthiaume, Edison College; Alexander Ambrioso, Hillsborough Community College; Jane Golden, Hillsborough Community College; Susan Hiatt, Polk Community College Lakeland Campus; Li Zhou, Polk Community College Winter Haven Campus; Heather Edwards, Seminole Community College; Benjamin Landon, Daytona State College; Tony Malaret, Seminole Community College; Lane Vosbury, Seminole Community College; William Rickman, Seminole Community College; Cheryl Cantwell, Seminole Community College; Michael Schramm, Indian River State College; Janette Campbell, Palm Beach Community College Lake Worth; Kwai-Lee Chui, University of Florida; Shu-Jen Huang, University of Florida **GEORGIA** Christian Barrientos, Clayton State University; Thomas T. Morley, Georgia Institute of Technology; Doron Lubinsky, Georgia Institute of Technology; Ralph Wildy, Georgia Military College; Shahram Nazari, Georgia Perimeter College; Alice Eiko Pierce, Georgia Perimeter College, Clarkson Campus; Susan Nelson, Georgia Perimeter College, Clarkson Campus; Laurene Fausett, Georgia Southern University; Scott N. Kersey, Georgia Southern University; Jimmy L. Solomon, Georgia Southern University; Allen G. Fuller, Gordon College; Marwan Zabdawi, Gordon College; Carolyn A. Yackel, Mercer University; Blane Hollingsworth, Middle Georgia State College; Shahryar Heydari, Piedmont College; Dan Kannan, The University of Georgia; June Jones, Middle Georgia State College; Abdelkrim Brania, Morehouse College; Ying Wang, Augusta State University; James M. Benedict, Augusta State University; Kouong Law, Georgia Perimeter College; Rob Williams, Georgia Perimeter College; Alvina Atkinson, Georgia Gwinnett College; Amy Erickson, Georgia Gwinnett College **HAWAII** Shuguang Li, University of Hawaii at Hilo; Raina B. Ivanova, University of Hawaii at Hilo **IDAHO** Uwe Kaiser, Boise State University; Charles Kerr, Boise State University; Zach Teitler, Boise State University; Otis Kenny, Boise State University; Alex Feldman, Boise State University; Doug Bullock, Boise State University; Brian Dietel, Lewis-Clark State College; Ed Korntved, Northwest Nazarene University; Cynthia Piez, University of Idaho **ILLINOIS** Chris Morin, Blackburn College; Alberto L. Delgado, Bradley University; John Haverhals, Bradley University; Herbert E. Kasube, Bradley University; Marvin Doubet, Lake Forest College; Marvin A. Gordon, Lake Forest Graduate School of Management; Richard J. Maher, Loyola University Chicago; Joseph H. Mayne, Loyola University Chicago; Marian Gidea, Northeastern Illinois University; John M. Alongi, Northwestern University; Miguel Angel Lerma, Northwestern University; Mehmet Dik, Rockford College; Tammy Voepel, Southern Illinois University Edwardsville; Rahim G. Karimpour, Southern Illinois University; Thomas Smith, University of Chicago; Laura DeMarco, University of Illinois; Evangelos Kobotis, University of Illinois at Chicago; Jennifer McNeilly, University of Illinois at Urbana-Champaign; Timur Oikhberg, University of Illinois at Urbana-Champaign; Manouchehr Azad, Harper College; Minhua Liu, Harper College; Mary Hill, College of DuPage; Arthur N. DiVito, Harold Washington College **INDIANA** Vania Mascioni, Ball State University; Julie A. Killingbeck, Ball State University; Kathie Freed, Butler University; Zhixin Wu, DePauw University; John P. Boardman, Franklin College; Robert N. Talbert, Franklin College; Robin Symonds, Indiana University Kokomo; Henry L. Wyzinski, Indiana University Northwest; Melvin Royer, Indiana Wesleyan University; Gail P. Greene, Indiana Wesleyan University; David L. Finn, RoseHulman Institute of Technology; Chong Keat Arthur Lim, University of Notre Dame **IOWA** Nasser Dastrange, Buena Vista University; Mark A. Mills, Central College; Karen Ernst, Hawkeye Community College; Richard Mason, Indian Hills Community College; Robert S. Keller, Loras College; Eric Robert Westlund, Luther College; Weimin Han, The University of Iowa **KANSAS** Timothy W. Flood, Pittsburg State University; Sarah Cook, Washburn University; Kevin E. Charlwood, Washburn University; Conrad Uwe, Cowley County Community College; David N. Yetter, Kansas State University **KENTUCKY** Alex M. McAllister, Center College; Sandy Spears, Jefferson Community & Technical College; Leanne Faulkner, Kentucky Wesleyan College; Donald O. Clayton, Madisonville Community College; Thomas Riedel, University of Louisville; Manabendra Das, University of Louisville; Lee Larson, University of Louisville; Jens E. Harlander, Western Ken-

tucky University; Philip McCartney, *Northern Kentucky University*; Andy Long, *Northern Kentucky University*; Omer Yayenie, *Murray State University*; Donald Krug, *Northern Kentucky University* **LOUISIANA** William Forrest, *Baton Rouge Community College*; Paul Wayne Britt, *Louisiana State University*; Galen Turner, *Louisiana Tech University*; Randall Wills, *Southeastern Louisiana University*; Kent Neuerburg, *Southeastern Louisiana University*; Guoli Ding, *Louisiana State University*; Julia Ledet, *Louisiana State University*; Brent Strunk, *University of Louisiana at Monroe* **MAINE** Andrew Knightly, *The University of Maine*; Sergey Lvin, *The University of Maine*; Joel W. Irish, *University of Southern Maine*; Laurie Woodman, *University of Southern Maine*; David M. Bradley, *The University of Maine*; William O. Bray, *The University of Maine* **MARYLAND** Leonid Stern, *Towson University*; Jacob Kogan, *University of Maryland Baltimore County*; Mark E. Williams, *University of Maryland Eastern Shore*; Austin A. Lobo, *Washington College*; Supawan Lertskrai, *Harford Community College*; Fary Sami, *Harford Community College*; Andrew Bulleri, *Howard Community College* **MASSACHUSETTS** Sean McGrath, *Algonquin Regional High School*; Norton Starr, *Amherst College*; Renato Mirollo, *Boston College*; Emma Previato, *Boston University*; Laura K Gross, *Bridgewater State University*; Richard H. Stout, *Gordon College*; Matthew P. Leingang, *Harvard University*; Suellen Robinson, *North Shore Community College*; Walter Stone, *North Shore Community College*; Barbara Loud, *Regis College*; Andrew B. Perry, *Springfield College*; Tawanda Gwena, *Tufts University*; Gary Simundza, *Wentworth Institute of Technology*; Mikhail Chkhenkeli, *Western New England College*; David Daniels, *Western New England College*; Alan Gorfin, *Western New England College*; Saeed Ghahramani, *Western New England College*; Julian Fleron, *Westfield State College*; Maria Fung, *Worchester State University*; Brigitte Servatius, *Worcester Polytechnic Institute*; John Goulet, *Worcester Polytechnic Institute*; Alexander Martsinkovsky, *Northeastern University*; Marie Clote, *Boston College*; Alexander Kastner, *Williams College*; Margaret Peard, *Williams College*; Mihai Stoiciu, *Williams College* **MICHIGAN** Mark E. Bollman, *Albion College*; Jim Chesla, *Grand Rapids Community College*; Jeanne Wald, *Michigan State University*; Allan A. Struthers, *Michigan Technological University*; Debra Pharo, *Northwestern Michigan College*; Anna Maria Spagnuolo, *Oakland University*; Diana Faoro, *Romeo Senior High School*; Andrew Strowe, *University of Michigan Dearborn*; Daniel Stephen Drucker, *Wayne State University*; Christopher Cartwright, *Lawrence Technological University*; Jay Treiman, *Western Michigan University* **MINNESOTA** Bruce Bordwell, *AnokaRamsey Community College*; Robert Dobrow, *Carleton College*; Jessie K. Lenarz, *Concordia College Moorhead Minnesota*; Bill Tomhave, *Concordia College*; David L. Frank, *University of Minnesota*; Steven I. Sperber, *University of Minnesota*; Jeffrey T. McLean, *University of St. Thomas*; Chehrzad Shakiban, *University of St. Thomas*; Melissa Loe, *University of St. Thomas*; Nick Christopher Fiala, *St. Cloud State University*; Victor Padron, *Normandale Community College*; Mark Ahrens, *Normandale Community College*; Gerry Naughton, *Century Community College*; Carrie Naughton, *Inver Hills Community College* **MISSISSIPPI** Vivien G. Miller, *Mississippi State University*; Ted Dobson, *Mississippi State University*; Len Miller, *Mississippi State University*; Tristan Denley, *The University of Mississippi* **MISSOURI** Robert Robertson, *Drury University*; Gregory A. Mitchell, *Metropolitan Community College Penn Valley*; Charles N. Curtis, *Missouri Southern State University*; Vivek Narayanan, *Moberly Area Community College*; Russell Blyth, *Saint Louis University*; Julianne Rainbolt, *Saint Louis University*; Blake Thornton, *Saint Louis University*; Kevin W. Hopkins, *Southwest Baptist University*; Joe Howe, *St. Charles Community College*; Wanda Long, *St. Charles Community College*; Andrew Stephan, *St. Charles Community College* **MONTANA** Kelly Cline, *Carroll College*; Veronica Baker, *Montana State University, Bozeman*; Richard C. Swanson, *Montana State University*; Thomas HayesMcGoff, *Montana State University*; Nikolaus Vonessen, *The University of Montana* **NEBRASKA** Edward G. Reinke Jr., *Concordia University*; Judith Downey, *University of Nebraska at Omaha* **NEVADA** Jennifer Gorman, *College of Southern Nevada*; Jonathan Pearsall, *College of Southern Nevada*; Rohan Dalpatadu, *University of Nevada, Las Vegas*; Paul Aizley, *University of Nevada, Las Vegas* **NEW HAMPSHIRE** Richard Jardine, *Keene State College*; Michael Cullinane, *Keene State College*; Roberta Kieronski, *University of New Hampshire at Manchester*; Erik Van Erp, *Dartmouth College* **NEW JERSEY** Paul S. Rossi, *College of Saint Elizabeth*; Mark Galit, *Essex County College*; Katarzyna Potocka, *Ramapo College of New Jersey*; Nora S. Thornber, *Raritan Valley Community College*; Abdulkadir Hassen, *Rowan University*; Olcay Ilicasu, *Rowan University*; Avraham Soffer, *Rutgers, The State University of New Jersey*; Chengwen Wang, *Rutgers, The State University of New Jersey*; Shabnam Beheshti, *Rutgers University, The State University of New Jersey*; Stephen J. Greenfield, *Rutgers, The State University of New Jersey*; John T. Saccoman, *Seton Hall University*; Lawrence E. Levine, *Stevens Institute of Technology*; Jana Gevertz, *The College of New Jersey*; Barry Burd, *Drew University*; Penny Luczak, *Camden County College*; John Climent, *Cecil Community College*; Kristyanna Erickson, *Cecil Community College*; Eric Compton, *Brookdale Community College*; John AtsuSwanzy, *Atlantic Cape Community College* **NEW MEXICO** Kevin Leith, *Central New Mexico Community College*; David Blankenbaker, *Central New Mexico Community College*; Joseph Lakey, *New Mexico State University*; Kees Onneweer, *University of New Mexico*; Jurg Bolli, *The University of New Mexico* **NEW YORK** Robert C. Williams, *Alfred University*; Timmy G. Bremer, *Broome Community College State University of New York*; Joaquin O. Carbonara, *Buffalo State College*; Robin Sue Sanders, *Buffalo State College*; Daniel Cunningham, *Buffalo State College*; Rose Marie Castner, *Canisius College*; Sharon L. Sullivan, *Catawba College*; Fabio Nironi, *Columbia University*; Camil Muscalu, *Cornell University*; Maria S. Terrell, *Cornell University*; Margaret Mulligan, *Dominican College of Blauvelt*; Robert Andersen, *Farmingdale State University of New York*; Leonard Nissim, *Fordham University*; Jennifer Roche, *Hobart and William Smith Colleges*; James E. Carpenter, *Iona College*; Peter Shenkin, *John Jay College of Criminal Justice/CUNY*; Gordon Crandall, *LaGuardia Community College/CUNY*; Gilbert Traub, *Maritime College, State University of New York*; Paul E. Seeburger, *Monroe Community College Brighton Campus*; Abraham S. Mantell, *Nassau Community College*; Daniel D. Birmajer, *Nazareth College*; Sybil G. Shaver, *Pace University*; Margaret Kiehl, *Rensselaer Polytechnic Institute*; Carl V. Lutzer, *Rochester Institute of Technology*; Michael A. Radin, *Rochester Institute of Technology*; Hossein Shahmohamad, *Rochester Institute of Technology*; Thomas Rousseau, *Siena College*; Jason Hofstein, *Siena College*; Leon E. Gerber, *St. Johns University*; Christopher Bishop, *Stony Brook University*; James Fulton, *Suffolk County Community College*; John G. Michaels, *SUNY Brockport*; Howard J. Skogman, *SUNY Brockport*; Cristina Bacuta, *SUNY Cortland*; Jean Harper, *SUNY Fredonia*; David Hobby, *SUNY New Paltz*; Kelly Black, *Union College*; Thomas W. Cusick, *University at Buffalo/The State University of New York*; Gino Biondini, *University at Buffalo/The State University of New York*; Robert Koehler, *University at Buffalo/The State University of New York*; Donald Larson, *University of Rochester*; Robert Thompson, *Hunter College*; Ed Grossman, *The City College of New York* **NORTH CAROLINA** Jeffrey Clark, *Elon University*; William L. Burgin, *Gaston College*; Manouchehr H. Misaghian, *Johnson C. Smith University*; Legunchim L. Emmanwori, *North Carolina A&T State University*; Drew Pasteur, *North Carolina State University*; Demetrio Labate, *North Carolina State University*; Mohammad Kazemi, *The University of North Carolina at Charlotte*; Richard Carmichael, *Wake Forest University*; Gretchen Wilke Whipple, *Warren Wilson College*; John Russell Taylor, *University of North Carolina at Charlotte*; Mark Ellis, *Piedmont Community College* **NORTH DAKOTA** Jim Coykendall, *North Dakota State University*; Anthony J. Bevelacqua, *The University of North Dakota*; Richard P. Millspaugh, *The University of North Dakota; Thomas Gilsdorf, *The University of North Dakota*; Michele Iiams, *The University of North Dakota*; Mohammad Khavanin, *University of North Dakota* **OHIO** Christopher Butler, *Case Western Reserve University*; Pamela Pierce, *The College of Wooster*; Barbara H. Margolius, *Cleveland State University*; Tzu-Yi Alan Yang, *Columbus State Community College*; Greg S. Goodhart, *Columbus State Community College*; Kelly C. Stady, *Cuyahoga Community College*; Brian T. Van Pelt, *Cuyahoga Community College*; David Robert Ericson, *Miami University*; Frederick S. Gass, *Miami University*; Thomas Stacklin, *Ohio Dominican University*; Vitaly Bergelson, *The Ohio State University*; Robert Knight, *Ohio University*; John R. Pather, *Ohio University, Eastern Campus*; Teresa Contenza, *Otterbein College*; Ali Hajjafar, *The University of Akron*; Jianping Zhu, *The University of Akron*; Ian Clough, *University of Cincinnati Clermont College*; Atif Abueida, *University of Dayton*; Judith McCrory, *The University at Findlay*; Thomas Smotzer, *Youngstown State University*; Angela Spalsbury, *Youngstown State University*; James Osterburg, *The University of Cincinnati*; Mihaela A. Poplicher, *University of Cincinnati*; Frederick Thulin, *University of Illinois at Chicago*; Weimin Han, *The Ohio State University*; Crichton Ogle, *The Ohio State University*; Jackie Miller, *The Ohio State University*; Walter Mackey, *Owens Community College*; Jonathan Baker, *Columbus State Community College* **OKLAHOMA** Christopher Francisco, *Oklahoma State University*; Michael McClendon, *University of Central Oklahoma*; Teri Jo Murphy, *The University of Oklahoma*; Kimberly Adams, *University of Tulsa*; Shirley Pomeranz, *University of Tulsa* **OREGON** Lorna TenEyck, *Chemeketa Community College*; Angela Martinek, *Linn-Benton Community College*; Filix Maisch, *Oregon State University*; Tevian Dray, *Oregon State University*; Mark Ferguson, *Chemekata Community College*; Andrew Flight, *Portland State University*; Austina Fong, *Portland State University*; Jeanette R. Palmiter, *Portland State University* **PENNSYLVANIA** John B. Polhill, *Bloomsburg University of Pennsylvania*; Russell C. Walker, *Carnegie Mellon University*; Jon A. Beal, *Clarion University of Pennsylvania*; Kathleen Kane, *Community College of Allegheny County*; David A. Santos, *Community College of Philadelphia*; David S. Richeson, *Dickinson College*; Christine Marie Cedzo, *Gannon University*; Monica Pierri-Galvao, *Gannon University*; John H. Ellison, *Grove City College*; Gary L. Thompson, *Grove City College*; Dale McIntyre, *Grove City College*; Dennis Benchoff, *Harrisburg Area Community College*; William A. Drumin, *King's College*; Denise Reboli, *King's College*; Chawne Kimber, *Lafayette College*; Elizabeth McMahon, *Lafayette College*; Lorenzo Traldi, *Lafayette College*; David L. Johnson, *Lehigh University*; Matthew Hyatt, *Lehigh University*; Zia Uddin, *Lock Haven University of Pennsylvania*; Donna A. Dietz, *Mansfield University of Pennsylvania*; Samuel Wilcock, *Messiah College*; Richard R. Kern, *Montgomery County Community College*; Michael Fraboni, *Moravian College*; Neena T. Chopra, *The Pennsylvania State University*; Boris A. Datskovsky, *Temple University*; Dennis M. DeTurck, *University of Pennsylvania*; Jacob Burbea, *University of Pittsburgh*; Mohammed Yahdi, *Ursinus College*; Timothy Feeman, *Villanova University*; Douglas Norton, *Villanova University*; Robert Styer, *Villanova University*; Michael J. Fisher, *West Chester University of Pennsylvania*; Peter Brooksbank, *Bucknell University*; Emily Dryden, *Bucknell University*; Larry Friesen, *Butler County Community College*; Lisa Angelo, *Bucks County College*; Elaine Fitt, *Bucks County College*; Pauline Chow, *Harrisburg Area Community College*; Diane Benner, *Harrisburg Area Community College*; Emily B. Dryden, *Bucknell University*; Erica Chauvet, *Waynesburg University* **RHODE ISLAND** Thomas F. Banchoff, *Brown University*; Yajni Warnapala-Yehiya, *Roger Williams University*; Carol Gibbons, *Salve Regina University*; Joe Allen, *Community College of Rhode Island*; Michael Latina, *Community College of Rhode Island* **SOUTH CAROLINA** Stanley O. Perrine, *Charleston Southern University*; Joan Hoffacker, *Clemson University*; Constance C. Edwards, *Coastal Carolina University*; Thomas L. Fitzkee, *Francis Marion University*; Richard West, *Francis Marion University*; John Harris, *Furman University*; Douglas B. Meade, *University of South Carolina*; George Androulakis, *University of South Carolina*; Art Mark, *University of South Carolina Aiken*; Sherry Biggers, *Clemson University*; Mary Zachary Krohn, *Clemson University*; Andrew Incognito, *Coastal Carolina University*; Deanna Caveny, *College of Charleston* **SOUTH DAKOTA** Dan Kemp, *South Dakota State University* **TENNESSEE** Andrew Miller, *Belmont University*; Arthur A. Yanushka, *Christian Brothers University*; Laurie Plunk Dishman, *Cumberland University*; Maria Siopsis, *Maryville College*; Beth Long, *Pellissippi State Technical Community College*; Judith Fethe, *Pellissippi State Technical Community College*; Andrzej Gutek, *Tennessee Technological University*; Sabine Le Borne, *Tennessee Technological University*; Richard Le Borne, *Tennessee Technological University*; Maria F. Bothelho, *University of Memphis*; Roberto Triggiani, *University of Memphis*; Jim Conant, *The University of Tennessee*; Pavlos Tzermias, *The University of Tennessee*; Luis Renato Abib Finotti, *University of Tennessee, Knoxville*; Jennifer Fowler, *University of Tennessee, Knoxville*; JoAnn W. Staples, *Vanderbilt University*; Dave Vinson, *Pellissippi State Community College*; Jonathan Lamb, *Pellissippi State Community College* **TEXAS** Sally Haas, *Angelina College*; Karl Havlak, *Angelo State University*; Michael Huff, *Austin Community College*; John M. Davis, *Baylor University*; Scott Wilde, *Baylor University and The University of Texas at Arlington*; Rob Eby, *Blinn College*; Tim Sever, *Houston Community College Central*; Ernest Lowery, *Houston Community College Northwest*; Brian Loft, *Sam Houston State University*; Jianzhong Wang, *Sam Houston State University*; Shirley Davis, *South Plains College*; Todd M. Steckler, *South Texas College*; Mary E. Wagner-Krankel, *St. Mary's University*; Elise Z. Price, *Tarrant County College, Southeast Campus*; David Price, *Tarrant County College, Southeast Campus*; Runchang Lin, *Texas A&M University*; Michael Stecher, *Texas A&M University*; Philip B. Yasskin, *Texas A&M University*; Brock Williams, *Texas Tech University*; I. Wayne Lewis, *Texas Tech University*; Robert E. Byerly, *Texas Tech University*; Ellina Grigorieva, *Texas Woman's University*; Abraham Haje, *Tomball College*; Scott Chapman, *Trinity University*; Elias Y. Deeba, *University of Houston Downtown*; Jianping Zhu, *The University of Texas at Arlington*; Tuncay Aktosun, *The University of Texas at Arlington*; John E. Gilbert, *The University of Texas at Austin*; Jorge R. Viramontes-Olivias, *The University of Texas at El Paso*; Fengxin Chen, *University of Texas at San Antonio*; Melanie Ledwig, *The Victoria College*; Gary L. Walls, *West Texas A&M University*; William Heierman, *Wharton County Junior College*; Lisa Rezac, *University of St. Thomas*; Raymond J. Cannon, *Baylor University*; Kathryn Flores, *McMurry University*; Jacqueline A. Jensen, *Sam Houston State University*; James Galloway, *Collin County College*; Raja Khoury, *Collin County College*; Annette Benbow, *Tarrant County College Northwest*; Greta Harland, *Tarrant County College Northeast*; Doug Smith, *Tarrant County College Northeast*; Marcus McGuff, *Austin Community College*; Clarence McGuff, *Austin Community College*; Steve Rodi, *Austin Community College*; Vicki Payne, *Austin Community College*; Anne Pradera, *Austin Community College*; Christy Babu, *Laredo Community College*; Deborah Hewitt, *McLennan Community College*; W. Duncan, *McLennan Community College*; Hugh Griffith, *Mt. San Antonio College* **UTAH** Ruth Trygstad, *Salt Lake City Community College* **VIRGINIA** Verne E. Leininger, *Bridgewater College*; Brian Bradie, *Christopher Newport University*; Hongwei Chen, *Christopher Newport University*; John J. Avioli, *Christopher Newport University*; James H. Martin, *Christopher Newport University*; David Walnut, *George Mason University*; Mike Shirazi, *Germanna Community College*; Julie Clark, *Hollins University*; Ramon A. Mata-Toledo, *James Madison University*; Adrian Riskin, *Mary Baldwin College*; Josephine Letts, *Ocean Lakes High School*; Przemyslaw Bogacki, *Old Dominion University*; Deborah Denvir, *Randolph Macon Woman's College*; Linda Powers, *Virginia Tech*; Gregory Dresden, *Washington and Lee University*; Jacob A. Siehler, *Washington and Lee University*; Yuan-Jen Chiang, *University of Mary Washington*; Nicholas Hamblet, *University of Virginia*; Bernard Fulgham, *University of Virginia*; Manouchehr Mike Mohajeri, *University of Virginia*; Lester Frank Caudill, *University of Richmond* **VERMONT** David Dorman, *Middlebury College*; Rachel Repstad, *Vermont Technical College* **WASHINGTON** Ricardo Chavez, *Bellevue College*; Jennifer Laveglia, *Bellevue Community College*; David Whittaker, *Cascadia Community College*; Sharon Saxton, *Cascadia Community College*; Aaron Montgomery, *Central Washington University*; Patrick Averbeck, *Edmonds Community College*; Tana Knudson, *Heritage University*; Kelly Brooks, *Pierce College*; Shana P. Calaway, *Shoreline Community College*; Abel Gage, *Skagit Valley College*; Scott MacDonald, *Tacoma Community College*; Jason Preszler, *University of Puget Sound*; Martha A. Gady, *Whitworth College*; Wayne L. Neidhardt, *Edmonds Community College*; Simrat Ghuman, *Bellevue College*; Jeff Eldridge, *Edmonds Community College*; Kris Kissel, *Green River Community College*; Laura Moore-Mueller, *Green River Community College*; David Stacy, *Bellevue College*; Eric Schultz, *Walla Walla Community College*; Julianne Sachs, *Walla Walla Community College* **WEST VIRGINIA** David Cusick, *Marshall University*; Ralph Oberste-Vorth, *Marshall University*; Suda Kunyosying, *Shepard University*; Nicholas Martin, *Shepherd University*; Rajeev Rajaram, *Shepherd University*; Xiaohong Zhang, *West Virginia State University*; Sam B. Nadler, *West Virginia University* **WYOMING** Claudia Stewart, *Casper College*; Pete Wildman, *Casper College*; Charles Newberg, *Western Wyoming Community College*; Lynne Ipina, *University of Wyoming*; John Spitler, *University of Wyoming* **WISCONSIN** Erik R. Tou, *Carthage College*; Paul Bankston, *Marquette University*; Jane Nichols, *Milwaukee School of Engineering*; Yvonne Yaz, *Milwaukee School of Engineering*; Simei Tong, *University of Wisconsin Eau Claire*; Terry Nyman, *University of Wisconsin Fox Valley*; Robert L. Wilson, *University of Wisconsin Madison*; Dietrich A. Uhlenbrock, *University of Wisconsin Madison*; Paul Milewski, *University of Wisconsin Madison*; Donald Solomon, *University of Wisconsin Milwaukee*; Kandasamy Muthuvel, *University of Wisconsin Oshkosh*; Sheryl Wills, *University of Wisconsin Platteville*; Kathy A. Tomlinson, *University of Wisconsin River Falls*; Cynthia L. McCabe, *University of Wisconsin Stevens Point*; Matthew Welz, *University of Wisconsin Stevens Point*; Joy Becker, *University of Wisconsin-Stout*; Jeganathan Sriskandarajah, *Madison Area Tech College*; Wayne Sigelko, *Madison Area Tech College* **CANADA** Don St. Jean, *George Brown College*; Robert Dawson, *St. Mary's University*; Len Bos, *University of Calgary*; Tony Ware, *University of Calgary*; Peter David Papez, *University of Calgary*; John O'Conner, *Grant MacEwan University*; Michael P. Lamoureux, *University of Calgary*; Yousry Elsabrouty, *University of Calgary*; Darja Kalajdzievska, *University of Manitoba*; Andrew Skelton, *University of Guelph*; Douglas Farenick, *University of Regina*

A criação desta terceira edição não poderia ter acontecido sem a ajuda de muitas pessoas. Em primeiro lugar, agradeço às pessoas com os quais trabalhei na W. H. Freeman. Terri Ward e Ruth Baruth me convenceram a iniciar este projeto e sou profundamente grato a eles pelo seu apoio e pela confiança na minha habilidade em executá-lo. Terri ofereceu uma enorme ajuda ao longo de todo o processo e sempre pude contar com ela para manter esse trem nos trilhos. Katrina Wilhelm também tem sido extremamente útil; ela traz competência, calma e habilidades organizacionais que constantemente me impressionam. Tony Palermino ofereceu auxílio editorial profissional ao longo de todo o processo, sendo incrivelmente conhecedor de todos os aspectos referentes a livros-texto matemáticos, além de ter um olho apurado para os detalhes que fazem um livro funcionar. Kerry O'Shaughnessy manteve o processo editorial em movimento para frente de maneira muito oportuna e sem precisar recorrer a ameaças. John Rogosich foi o excelente compositor. Patti Brecht fez a leitura final com maestria. Meus agradecimentos também são dirigidos à maravilhosa equipe de produção da W. H. Freeman: Janice Donnola, Eileen Liang, Blake Logan, Paul Rohloff e a Ron Weickart do Network Graphics pela sua execução profissional e criativa do programa de arte final.

A segunda edição teve feedback de muitos professores e seus nomes aparecem na lista anterior. Sou profundamente grato a todos. Em particular, agradeço a todos os membros do comitê editorial que enviavam sugestões mensais. Maria Shell Terrell enviou tantas sugestões não solicitadas que acabei pedindo que fosse incluída no comitê; então, suas sugestões passaram a ser solicitadas. Os revisores técnicos John Alongi, CK Cheung, Kwai-Lee Chui, John Davis, John Eggers, Stephen Greenfield, Roger Lipsett, Vivek Narayanan e Olga Radko me ajudaram a trazer este livro à sua forma presente. Você pensa que encontrou os erros, mas não encontrou.

Também agradeço aos meus colegas do Departamento de Matemática e Estatística do Williams College. Sempre soube que tinha muita sorte em ser um membro desse departamento. Há tantos projetos interessantes e ideias pedagógicas espertas lançadas no departamento que me sinto motivado só por tentar acompanhar seu ritmo.

Além de tudo, gostaria de agradecer aos meus alunos, cujo entusiasmo faz do ensino uma alegria. É eles que me proporcionam o prazer de ir trabalhar todos os dias.

Finalmente, quero agradecer aos meus filhos Alexa e Colton. São eles que me mantém com os pés no chão e que me lembram do que funciona e do que não funciona no mundo real. Esse livro é dedicado a eles.

Colin Adams

PREFÁCIO

Sobre o ensino da Matemática

Eu me considero um sujeito de sorte por ser um professor e profissional da Matemática. Quando eu era jovem, havia decidido ser um escritor, pois adorava contar histórias. No entanto, eu também era bom em Matemática e, uma vez na faculdade, não me levou muito tempo para apaixonar-me por esse assunto. Eu adorava o fato de que o sucesso na Matemática não depende da habilidade de expor as ideias nem das relações interpessoais. Ou estamos certos ou estamos errados, havendo pouca avaliação subjetiva envolvida. E eu amava a satisfação de conseguir encontrar uma solução. Isso se intensificou quando comecei a resolver problemas que eram questões de pesquisa em aberto, que, até então, haviam permanecido sem resolução.

Assim, tornei-me um professor de Matemática. Logo de início constatei que ensinar Matemática é contar uma história. O objetivo é explicar aos estudantes de uma maneira interessante, com o ritmo certo, e da maneira mais clara possível, como a Matemática funciona e o que ela pode fazer por nós. Para mim, a Matemática é imensamente bela e quero que meus alunos também sintam isso.

Sobre escrever um livro de Cálculo

Sempre imaginei que eu poderia escrever um livro de Cálculo, só que isso é uma tarefa desafiadora. Atualmente, os livros de Cálculo têm mais de mil páginas e eu precisava me convencer de que teria algo a oferecer que fosse suficientemente diferente do que os livros existentes já apresentam. Então fui abordado para escrever a terceira edição do livro de Jon Rogawski, livro pelo qual eu já nutria grande respeito. A visão de Jon do que deveria ser um livro de Cálculo era muito parecida com a minha. Ele acreditava que, como professores de Matemática, a forma como dizemos é tão importante quanto o que dizemos. Embora ele sempre insistisse com o rigor, também queria um livro escrito em linguagem comum, que pudesse ser lido e que estimulasse o estudante a querer ler e aprender mais. Além disso, Jon procurava criar um texto em que a exposição, os gráficos e a diagramação trabalhassem juntos para ressaltar todas as facetas do aprendizado de Cálculo.

Ao escrever este livro, Jon dedicou especial atenção a certos aspectos do texto:

1. Uma exposição clara e acessível que antecipe e se preocupe com as dificuldades dos estudantes.
2. Diagramação e figuras que comuniquem o fluxo de ideias.
3. Destaques para os conceitos e o raciocínio matemático: Entendimento Conceitual, Entendimento Gráfico, Hipóteses Importam, Lembrete e Perspectiva Histórica.
4. Uma coleção rica de exemplos e exercícios de dificuldade graduada que ensinem as habilidades básicas e técnicas de resolução de problemas, reforcem o entendimento conceitual e motivem o Cálculo por meio de aplicações interessantes. Cada seção também contém exercícios que desenvolvem compreensão adicional e desafiam o estudante a desenvolver ainda mais suas habilidades.

Fiquei um pouco apreensivo ao iniciar o projeto de criar esta terceira edição. Diante de mim, estava um livro que já era excelente e que havia alcançado os objetivos propostos pelo autor. Em primeiro lugar, eu queria certificar-me de que não faria mal a esse livro. Por outro lado, tenho lecionado Cálculo por trinta anos e, nesse ínterim, cheguei a algumas conclusões sobre o que funciona e o que não funciona com os alunos.

Como matemático, queria ter certeza de que os teoremas, as demonstrações, os argumentos e desenvolvimentos estavam corretos. Na Matemática, não há lugar para desleixos de qualquer espécie. Como professor, queria que o material fosse acessível. O livro não deveria ser escrito no nível matemático do professor. Os estudantes deveriam ser capazes de usar o livro para aprender o material com a ajuda do professor. Trabalhando no padrão elevado colocado por Jon, trabalhei muito para manter o nível de qualidade da edição precedente enquanto implementava as mudanças que acredito que levarão este livro ao próximo nível.

Apresentação dos polinômios de Taylor

Os polinômios de Taylor aparecem no Capítulo 8, antes das séries infinitas do Capítulo 10. O objetivo é apresentar os polinômios de Taylor como uma extensão natural da aproximação linear. Quando ensinamos séries infinitas, a ênfase principal é na convergência, um assunto que muitos estudantes consideram difícil. Quando finalmente apresentamos os testes básicos de convergência e estudamos a convergência de séries de potências, os alunos estão prontos para atacar as questões envolvidas com a representação de funções por suas séries de Taylor. Eles então podem confiar no seu trabalho prévio com polinômios de Taylor e as estimativas de erro do Capítulo 8. Contudo, a seção de polinômios de Taylor foi escrita de tal modo que possa ser abordada junto com o material de séries infinitas, se essa ordem for preferida.

Desenvolvimento cuidadoso e preciso

A W. H. Freeman está comprometida com livros didáticos e suplementos de alta qualidade e precisão. Desde a concepção e ao longo do desenvolvimento e da produção deste projeto, foi dada prioridade significativa à qualidade e à precisão. Dispomos de procedimentos incomparáveis para garantir a precisão do texto:

- Exercícios e exemplos
- Exposição
- Figuras
- Editoração
- Composição

Juntos, esses procedimentos excedem, em muito, os padrões vigentes da indústria para zelar pela qualidade e precisão de um livro de Cálculo.

Novidades na terceira edição

Há uma variedade de mudanças que foram implementadas nesta edição; a seguir, algumas das mais importantes.

MAIOR ENFOQUE EM CONCEITOS Nunca é possível evitar completamente a memorização, mas, de forma alguma pode ser a chave do Cálculo. Os estudantes vão lembrar a aplicação de um procedimento ou técnica se puderem ver a progressão lógica que os gerou. Dessa forma podem entender os conceitos subjacentes e deixar de ver o assunto como uma caixa preta na qual se inserem números. Exemplos específicos incluem os seguintes:

- **(Seção 1.2)** Removemos a fórmula geral do completamento do quadrado e, em vez disso, enfatizamos o método, para que o aluno não necessite memorizar a fórmula.
- **(Seção 7.2)** Mudamos os métodos de calcular integrais trigonométricas para enfocar as técnicas que podem ser aplicadas em vez de fórmulas para memorizar.
- **(Capítulo 9)** Desencorajamos a memorização de soluções de tipos específicos de equações diferenciais e, em vez disso, estimulamos a utilização de métodos de resolução.
- **(Seção 12.2)** Diminuímos de duas para uma o número de fórmulas de parametrização de retas, já que a segunda pode ser facilmente deduzida da primeira.
- **(Seção 12.6)** Em vez de enfatizar a memorização de várias fórmulas de superfícies quádricas, trocamos a ênfase para os cortes com planos para encontrar curvas e as usamos para determinar o formato das superfícies. Esses métodos são úteis para todas as superfícies.
- **(Seção 14.4)** Diminuímos de quatro para dois o número de fórmulas essenciais da aproximação linear de funções de duas variáveis, fornecendo a maneira de deduzir as outras das primeiras.

MUDANÇAS NA NOTAÇÃO Introduzimos várias mudanças notacionais. Algumas tiveram o objetivo de deixar a notação mais de acordo com o padrão de uso na Matemática e em outras áreas em que é aplicada. Algumas foram implementadas para que os estudantes tivessem maior facilidade de lembrar o significado da notação e ainda algumas mudanças foram feitas para deixar mais transparentes os conceitos correspondentes representados. Exemplos específicos incluem:

- **(Seção 4.6)** Apresentamos uma nova notação para os gráficos que fornece os sinais das derivadas primeira e segunda, bem como símbolos simples (setas inclinadas para cima e para baixo e a letra u virada para cima e para baixo) para ajudar o estudante a controlar quando o gráfico é crescente ou decrescente e côncavo para cima ou para baixo no intervalo dado.
- **(Seção 7.1)** Simplificamos a notação da integração por partes e fornecermos um método visual para ser lembrado.
- **(Capítulo 10)** Modificamos os nomes de vários testes de convergência e divergência de séries infinitas para evocar o uso do teste e, assim, fazer com que sejam melhor lembrados pelos estudantes.
- **(Capítulos 13-17)** Em vez de usar $c(t)$ para um caminho, trocamos consistentemente para a função vetorial $\mathbf{r}(t)$. Isso nos permitiu substituir $d\mathbf{s}$ por $d\mathbf{r}$ como diferencial, de modo que cria menos confusão entre $d\mathbf{s}$, dS e $d\mathbf{S}$.

MAIS EXPLICAÇÕES DE DERIVADAS Em algumas partes da edição anterior, um resultado era apresentado e verificado, sem maiores motivações sobre a sua dedução. Creio que seja importante para o estudante entender como alguém chegou a um resultado particular, auxiliando-o para imaginar como ele mesmo poderia desenvolver resultados algum dia.

- **(Seção 14.4)** Desenvolvemos a equação do plano tangente de modo a fazer sentido geométrico.
- **(Seção 14.5)** Incluímos uma demonstração do fato de que o gradiente de uma função f de três variáveis é ortogonal às superfícies que são os conjuntos de nível de f.
- **(Seção 14.8)** Oferecemos uma explicação intuitiva do motivo pelo qual funciona o método do multiplicador de Lagrange.
- **(Seção 15.5)** Desenvolvemos as fórmulas do centro de massa discutindo, inicialmente, o caso unidimensional da gangorra.

REORDENAMENTO E ADIÇÃO DE TÓPICOS Ocorreram algumas adições e rearranjos específicos dentre as seções, que incluem:

- Adicionamos à Seção 1.3 uma subsubseção sobre funções definidas por partes.
- A seção da derivação implícita no Capítulo 3 (que era a Seção 3.10) foi adiantada para ser a Seção 3.8 e absorveu a antiga Seção 3.8 (funções inversas), de modo que a derivação implícita pode ser aplicada à dedução de várias outras derivadas.
- A seção de integrais indefinidas (que era a Seção 4.9) foi movida do Capítulo 4 (Aplicações da Derivada) para o Capítulo 5 (Integral). Esse é um lugar mais natural para o tópico.
- Ao Capítulo 7 acrescentamos uma nova seção de escolha apropriada dentre os vários métodos de integração.
- À Seção 10.5 acrescentamos uma nova subseção de escolha apropriada do teste de convergência ou divergência.
- À Seção 10.6 acrescentamos uma explicação sobre como levantar limites indeterminados usando séries de potências.
- Definições de divergência e rotacional foram deslocadas do Capítulo 17 para a Seção 16.1, o que permitiu-nos sua utilização apropriada mais cedo.
- Uma lista de todos os diferentes tipos de integrais introduzidas no Capítulo 16 foi adicionada à Seção 16.5.
- Uma subseção da forma vetorial do teorema de Green foi acrescentada à Seção 17.1.

NOVOS EXEMPLOS, FIGURAS E EXERCÍCIOS Adicionamos vários exemplos e figuras para esclarecer conceitos. Muitos exercícios também foram adicionados ao longo do texto, especialmente se haviam novas aplicações disponíveis ou se era vantajoso um desenvolvimento conceitual maior.

Material online exclusivo para professores

Os professores interessados em acessar os materiais aqui descritos devem ir até o site do Grupo A (loja.grupoa.com.br), buscar por este livro, clicar no ícone Material do Professor e fazer o seu cadastro. As figuras em apresentações em PowerPoint estão em português, os demais itens estão em inglês.

Manual de soluções do professor
Contém soluções elaboradas de todos os exercícios do livro.

Manual de apoio ao professor
Oferece cronogramas de aula, pontos-chave, material para a aula, tópicos para discussão e atividades de classe, planilhas, projetos e questões.

Clicker Questions
Perguntas (com as respostas) em apresentações de PowerPoint editáveis.

Figuras em PowerPoint (em português)
Contém todas as figuras do livro em apresentações de Power Point.

SUMÁRIO

VOLUME 1

1 Revisão de pré-cálculo 1
2 Limites 55
3 Derivada 113
4 Aplicações da derivada 193
5 Integral 259
6 Aplicações da integral 333
7 Técnicas de integração 373
8 Mais aplicações da integral e polinômios de Taylor 443

VOLUME 2

9 INTRODUÇÃO A EQUAÇÕES DIFERENCIAIS — 479

9.1 Resolução de equações diferenciais — 479
9.2 Modelos envolvendo $y' = k(y - b)$ — 487
9.3 Métodos gráficos e numéricos — 492
9.4 Equação logística — 500
9.5 Equações de primeira ordem — 504
Exercícios de revisão do capítulo — 510

10 SÉRIES INFINITAS — 513

10.1 Sequências — 513
10.2 Soma de uma série infinita — 523
10.3 Convergência de séries de termos positivos — 534
10.4 Convergência absoluta e condicional — 543
10.5 Testes da razão e da raiz e estratégias para escolher testes — 548
10.6 Séries de potências — 553
10.7 Séries de Taylor — 563
Exercícios de revisão do capítulo — 575

11 EQUAÇÕES PARAMÉTRICAS, COORDENADAS POLARES E SEÇÕES CÔNICAS — 579

11.1 Equações paramétricas — 579
11.2 Comprimento de arco e velocidade — 590
11.3 Coordenadas polares — 596
11.4 Área e comprimento de arco em coordenadas polares — 604
11.5 Seções cônicas — 609
Exercícios de revisão do capítulo — 622

12 GEOMETRIA VETORIAL — 625

12.1 Vetores no plano — 625
12.2 Vetores em três dimensões — 635
12.3 Produto escalar e o ângulo entre dois vetores — 645
12.4 Produto vetorial — 653
12.5 Planos no espaço tridimensional — 664
12.6 Classificação de superfícies quádricas — 670
12.7 Coordenadas cilíndricas e esféricas — 678
Exercícios de revisão do capítulo — 685

13 CÁLCULO DE FUNÇÕES VETORIAIS — 689

13.1 Funções vetoriais — 689
13.2 Cálculo de funções vetoriais — 697
13.3 Comprimento de arco e velocidade — 706
13.4 Curvatura — 711
13.5 Movimento no espaço tridimensional — 722
13.6 Movimento planetário segundo Kepler e Newton — 731
Exercícios de revisão do capítulo — 737

14 DERIVAÇÃO EM VÁRIAS VARIÁVEIS — 739

14.1 Funções de duas ou mais variáveis — 739
14.2 Limites e continuidade em várias variáveis — 750
14.3 Derivadas parciais — 757
14.4 Diferenciabilidade e planos tangentes — 767
14.5 Gradiente e derivadas direcionais — 774
14.6 Regra da cadeia — 787
14.7 Otimização em várias variáveis — 795
14.8 Multiplicadores de Lagrange: otimização com restrição — 809
Exercícios de revisão do capítulo — 818

15 INTEGRAÇÃO MÚLTIPLA — 821

- 15.1 Integração em duas variáveis — 821
- 15.2 Integrais duplas em regiões mais gerais — 832
- 15.3 Integrais triplas — 845
- 15.4 Integração em coordenadas polares, cilíndricas e esféricas — 856
- 15.5 Aplicações de integrais múltiplas — 866
- 15.6 Mudança de variáveis — 878
- Exercícios de revisão do capítulo — 891

16 INTEGRAIS DE LINHA E DE SUPERFÍCIE — 895

- 16.1 Campos vetoriais — 895
- 16.2 Integrais de linha — 905
- 16.3 Campos vetoriais conservativos — 919
- 16.4 Superfícies parametrizadas e integrais de superfície — 930
- 16.5 Integrais de superfície de campos vetoriais — 944
- Exercícios de revisão do capítulo — 954

17 TEOREMAS FUNDAMENTAIS DA ANÁLISE VETORIAL — 957

- 17.1 Teorema de Green — 957
- 17.2 Teorema de Stokes — 971
- 17.3 Teorema da divergência — 981
- Exercícios de revisão do capítulo — 993

APÊNDICES

- A A linguagem da matemática — 1
- B Propriedades de números reais — 7
- C Indução e o teorema binomial — 12
- D Demonstrações adicionais — 16

RESPOSTAS — 1

REFERÊNCIAS — 1

ÍNDICE — 1

9 INTRODUÇÃO A EQUAÇÕES DIFERENCIAIS

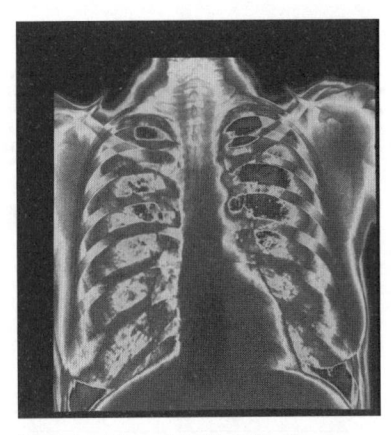

Será que esse avião vai voar?... Como é possível criar uma imagem do interior do corpo humano usando raios X muito fracos?... Qual é o design de uma bicicleta que combina pouco peso com rigidez?... Em quanto aumentaria a temperatura média da Terra se a quantidade de dióxido de carbono na atmosfera aumentasse 20%?

—Um apanhado de aplicações de equações diferenciais, do livro *Computational Differential Equations*, de K. Eriksson, D. Estep, P. Hansbo e C. Johnson, Cambridge University Press, New York, 1996

Equações diferenciais são utilizadas para preencher lacunas nos dados e para fornecer imagens detalhadas com a tomografia computadorizada.

(*M. Kulky/Science Source*)

As equações diferenciais estão entre as ferramentas mais poderosas de que dispomos para analisar matematicamente o nosso mundo. Elas são usadas para formular as leis fundamentais da Natureza (desde as leis de Newton até as equações de Maxwell e as leis da Mecânica Quântica) e para modelar os mais diversos tipos de fenômenos físicos. A citação acima lista apenas algumas poucas dentre a miríade de aplicações. Neste capítulo, oferecemos uma introdução a algumas técnicas e aplicações elementares dessa importante área da Matemática.

9.1 Resolução de equações diferenciais

Uma equação diferencial é uma equação que envolve uma função $y = y(x)$ desconhecida e sua derivada primeira ou de ordens superiores. Uma **solução** é uma função $y = f(x)$ que satisfaça a equação dada. Como vimos nos capítulos anteriores, as soluções costumam depender de uma ou mais constantes arbitrárias (denotadas por A, B, C e K no exemplo seguinte):

Equação diferencial	Solução geral
$y' = -2y$	$y = Ke^{-2x}$
$\dfrac{dy}{dt} = t$	$y = \dfrac{1}{2}t^2 + C$
$y'' + y = 0$	$y = A\operatorname{sen} x + B\cos x$

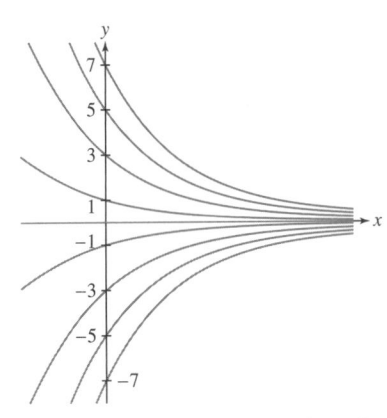

Observe que, em cada uma dessas equações, é fácil verificar que a função dada é uma solução. Por exemplo, se $y = Ke^{-2x}$, então $y' = -2Ke^{-2x} = -2y$, como queríamos mostrar. Uma expressão como $y = Ke^{-2x}$ é denominada **solução geral**. Dado qualquer valor de K, obtemos uma **solução particular**. Quando K varia, os gráficos das soluções formam uma família de curvas no plano xy (Figura 1).

O primeiro passo em qualquer estudo de equações diferenciais é classificar as equações de acordo com várias propriedades. Os atributos mais importantes de uma equação são sua ordem e se é, ou não, linear.

A **ordem** de uma equação diferencial é a ordem da derivada de maior ordem que aparece na equação. A solução geral de uma equação de ordem n costuma envolver n constantes arbitrárias. Por exemplo,

$$y'' + y = 0$$

tem ordem dois, e sua solução geral tem duas constantes arbitrárias, A e B, conforme listado acima.

FIGURA 1 Família de soluções de $y' = -2y$.

Uma equação diferencial é dita **linear** se puder ser escrita na forma

$$a_n(x)y^{(n)} + a_{n-1}(x)y^{(n-1)} + \cdots + a_1(x)y' + a_0(x)y = b(x)$$

Os coeficientes $a_j(x)$ e $b(x)$ podem ser funções arbitrárias de x, mas uma equação linear não pode ter termos como y^3, yy' ou sen y.

Equação diferencial	Ordem	Linear ou não linear
$x^2 y' + e^x y = 4$	Primeira	Linear
$x(y')^2 = y + x$	Primeira	Não linear [pois aparece $(y')^2$]
$y'' = (\text{sen } x)y'$	Segunda	Linear
$y''' = x(\text{sen } y)$	Terceira	Não linear (pois aparece sen y)

Neste capítulo, restringimos nossa atenção a equações de primeira ordem.

Separação de variáveis

Já vimos as equações diferenciais mais simples, que são as da forma $y' = f(x)$. Uma solução é simplesmente uma antiderivada de f, portanto podemos escrever a solução geral como

$$y = \int f(x)\, dx$$

Uma classe mais geral de equações de primeira ordem que podem ser resolvidas diretamente por integração são as **equações separáveis**, que têm a forma

$$\frac{dy}{dx} = f(x)g(y) \qquad \boxed{1}$$

Por exemplo,

- $\dfrac{dy}{dx} = y \text{ sen } x$ é separável.
- $\dfrac{dy}{dx} = x + y$ não é separável porque $x + y$ não é um *produto* $f(x)g(y)$.

Na separação de variáveis, tratamos dx e dy como símbolos, exatamente como no método da substituição.

Para resolver uma equação separável, usamos o método da **separação de variáveis**: passamos aqueles termos que envolvem y e dy para o lado esquerdo da equação e os envolvendo x e dx para a direita. Em seguida, integramos ambos os lados:

$$\frac{dy}{dx} = f(x)g(y) \qquad \text{(equação separável)}$$

$$\frac{dy}{g(y)} = f(x)\, dx \qquad \text{(separar as variáveis)}$$

$$\int \frac{dy}{g(y)} = \int f(x)\, dx \qquad \text{(integrar)}$$

Se essas integrais puderem ser calculadas, podemos tentar resolver em y como uma função de x. Podemos verificar que a solução encontrada é, de fato, uma solução da equação diferencial original. Portanto, a manipulação simbólica que aplicamos realmente gera uma solução válida.

■ **EXEMPLO 1** Mostre que $y\dfrac{dy}{dx} - x = 0$ é separável, mas não linear. Em seguida, encontre a solução geral e esboce a família de soluções.

Solução Essa equação diferencial é não linear, pois contém o termo yy'. Para mostrar que é separável, reescrevemos a equação:

$$y\frac{dy}{dx} - x = 0 \quad \Rightarrow \quad \frac{dy}{dx} = \frac{x}{y} \qquad \text{(equação separável)}$$

Agora usamos separação de variáveis:

$$y\,dy = x\,dx \quad \text{(separar as variáveis)}$$

$$\int y\,dy = \int x\,dx \quad \text{(integrar)}$$

$$\frac{1}{2}y^2 = \frac{1}{2}x^2 + C \qquad \boxed{2}$$

$$y = \pm\sqrt{x^2 + 2C} \quad \text{(resolver em } y\text{)}$$

Como C é arbitrário, podemos trocar $2C$ por K para obter (Figura 2)

$$y = \pm\sqrt{x^2 + K}$$

Cada escolha de sinal e valor de K dá uma solução.

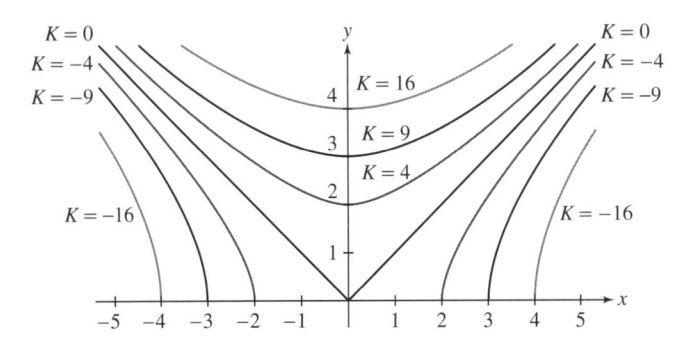

Observe que uma constante de integração é suficiente na Equação (2). Uma constante adicional para a integral da esquerda não é necessária, pois poderíamos subtraí-la de ambos os lados da equação e absorvê-la na constante à direita.

FIGURA 2 Soluções $y = \sqrt{x^2 + K}$ de $y\dfrac{dy}{dx} - x = 0$.

É recomendável sempre conferir que a solução encontrada satisfaz a equação diferencial. No nosso caso, com a raiz quadrada positiva (e o caso da raiz negativa é análogo), temos

$$\frac{dy}{dx} = \frac{d}{dx}\sqrt{x^2 + K} = \frac{x}{\sqrt{x^2 + K}}$$

$$y\frac{dy}{dx} = \sqrt{x^2 + K}\left(\frac{x}{\sqrt{x^2 + K}}\right) = x \quad \Rightarrow \quad y\frac{dy}{dx} - x = 0$$

Dessa forma, verificamos que $y = \sqrt{x^2 + K}$ é uma solução. ■

Embora seja útil encontrar soluções gerais, nas aplicações costumamos procurar uma solução que descreva uma situação física particular. A solução geral de uma equação de primeira ordem depende, geralmente, de uma constante arbitrária, portanto podemos escolher uma solução particular $y(x)$ especificando o valor $y(x_0)$ com algum x_0 fixado (Figura 3). Essa especificação é denominada a **condição inicial**. Uma equação diferencial junto a uma condição inicial é denominada um **problema de valor inicial**.

A maioria das equações diferenciais que surgem nas aplicações tem uma propriedade de existência e unicidade. Existe uma, e somente uma, solução satisfazendo uma dada condição inicial. Teoremas gerais de existência e unicidade são discutidos em livros-texto sobre equações diferenciais.

■ **EXEMPLO 2** **Problema de valor inicial** Resolva o problema de valor inicial

$$y' = -ty, \qquad y(0) = 3$$

Solução Usamos separação de variáveis para encontrar a solução geral (supondo, por enquanto, que $y \neq 0$):

$$\frac{dy}{dt} = -ty \quad \Rightarrow \quad \frac{dy}{y} = -t\,dt$$

$$\int \frac{dy}{y} = -\int t\,dt$$

$$\ln|y| = -\frac{1}{2}t^2 + C$$

$$|y| = e^{-t^2/2 + C} = e^C\, e^{-t^2/2}$$

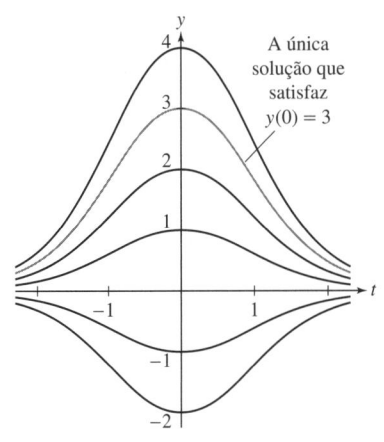

FIGURA 3 A condição inicial $y(0) = 3$ determina uma curva da família de soluções de $y' = -ty$.

Se tomarmos $K = 0$ na Equação (3), obteremos a solução $y = 0$. O método da separação de variáveis não forneceu essa solução diretamente porque dividimos por y (e assim, implicitamente, consideramos $y \neq 0$).

Assim, $y = \pm e^C e^{-t^2/2}$. Como C é arbitrária, e^C representa um *número positivo* arbitrário e $\pm e^C$ é um número não nulo arbitrário. Substituímos $\pm e^C$ por K e escrevemos a solução geral assim:

$$y = Ke^{-t^2/2} \qquad 3$$

Agora usamos a condição inicial $y(0) = Ke^{-0^2/2} = 3$. Desse modo, $K = 3$ e $y = 3e^{-t^2/2}$ é a solução do problema de valor inicial (Figura 3). ∎

No contexto de equações diferenciais, o termo "modelagem" significa encontrar uma equação diferencial que descreva uma situação física dada. Por exemplo, consideremos um vazamento de água por um buraco no fundo de um tanque (Figura 4). O problema é encontrar o nível d'água $y(t)$ no instante t. Resolvemos esse problema mostrando que $y(t)$ satisfaz uma equação diferencial.

A observação básica é que a água perdida durante o intervalo de tempo entre t e $t + \Delta t$ pode ser calculada de duas maneiras. Sejam

$v(y) =$ velocidade da água escorrendo pelo buraco quando o tanque estiver cheio até a altura y

$B =$ área do buraco

$A(y) =$ área da seção transversal horizontal do tanque à altura y

Inicialmente, observamos que a água que sai pelo buraco durante um intervalo de tempo Δt forma um cilindro de base B e altura $v(y)\Delta t$ [porque a água percorre uma distância $v(y)\Delta t$ – ver Figura 4]. O volume desse cilindro é aproximadamente $Bv(y)\Delta t$ [aproximadamente, mas não exatamente, porque $v(y)$ pode não ser constante]. Assim,

Volume d'água perdida entre t e $t + \Delta t \approx Bv(y)\Delta t$

Em segundo lugar, observamos que se o nível d'água baixar uma quantidade Δy durante o intervalo de tempo Δt, então o volume d'água perdida é aproximadamente $A(y)\Delta y$ (Figura 4). Portanto,

Volume d'água perdida entre t e $t + \Delta t \approx A(y)\Delta y$

Isso também é uma aproximação, porque a área da seção transversal pode não ser constante. Comparando os dois resultados, obtemos $A(y)\Delta y \approx Bv(y)\Delta t$, ou

$$\frac{\Delta y}{\Delta t} \approx \frac{Bv(y)}{A(y)}$$

Agora tomamos o limite quando $\Delta t \to 0$ para obter a equação diferencial

$$\boxed{\frac{dy}{dt} = \frac{Bv(y)}{A(y)}} \qquad 4$$

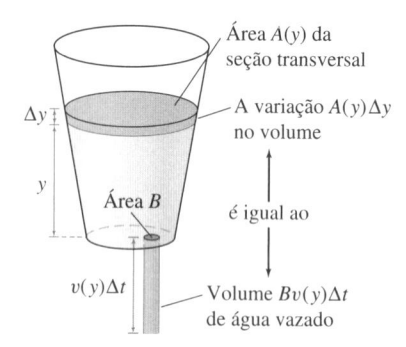

FIGURA 4 Um vazamento d'água de um tanque por um buraco de área B no fundo.

Como a maioria dos modelos matemáticos, se não todos, nosso modelo de vazamento d'água de um tanque é, na melhor das hipóteses, uma aproximação. A equação diferencial da Equação (4) não leva em conta a viscosidade (a resistência de um fluido para escoar). Isso pode ser remediado usando a equação diferencial

$$\frac{dy}{dt} = k\frac{Bv(y)}{A(y)}$$

em que $k < 1$ é uma constante de viscosidade. Além disso, a lei de Torricelli só é válida quando o tamanho B do buraco for pequeno em relação às áreas $A(y)$ das seções transversais.

Na Equação (4) da Seção 3.4, a fórmula de Galileu definiu que um objeto perto da superfície da Terra caindo sob a influência da gravidade durante um tempo t cai uma distância de $y(t) = \frac{1}{2}gt^2$ e alcança uma velocidade de $v(t) = -gt$. Eliminando a variável t, obtemos que $v(y) = -\sqrt{2gy}$.

Para usar a Equação (4), precisamos saber a velocidade da água que sai pelo buraco. Isso é dado pela **lei de Torricelli**, que foi descoberta numa forma ligeiramente diferente pelo cientista italiano Evangelista Torricelli em 1643. Essa lei afirma que a velocidade d'água ao sair de um buraco num tanque é igual à velocidade que uma gota d'água teria se caísse livremente desde o nível d'água y até o buraco (como na nota à esquerda):

$$\boxed{v(y) = -\sqrt{2gy} = -\sqrt{2(9,8)y} \approx -4{,}43\sqrt{y} \text{ m/s}} \qquad 5$$

Aqui, usamos o fato $g = 9{,}8$ m/s². Observe que a velocidade obtida é independente do formato do tanque.

■ **EXEMPLO 3** **Aplicação da lei de Torricelli** Um tanque cilíndrico de 4 m de altura e 1 m de raio está cheio d'água. A água vaza por um buraco quadrado no fundo do tanque, de 2 cm de lado. Determine o nível d'água $y(t)$ no instante t (segundos). Quanto tempo leva para o tanque passar de cheio para vazio?

Solução Utilizamos unidades de centímetros.

Passo 1. **Determinar e resolver a equação diferencial.**
A seção transversal horizontal do cilindro é um círculo de raio $r = 100$ cm e área $A(y) = \pi r^2 = 10.000\pi$ cm^2 (Figura 5). O buraco é um quadrado de 2 cm de lado e área $B = 4$ cm^2. Por estarmos usando centímetros, tomamos $g = 980$ cm/s^2 na Equação (5), que fornece $v(y) = -\sqrt{2(980)y} \approx -44,3\sqrt{y}$ cm/s. Segue que a Equação (4) é dada por

$$\frac{dy}{dt} = \frac{Bv(y)}{A(y)} = -\frac{4(44,3\sqrt{y})}{10.000\pi} \approx -0,0056\sqrt{y} \quad \boxed{6}$$

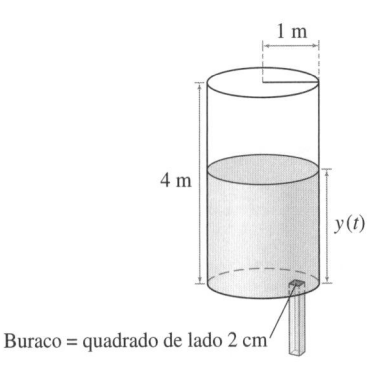

Resolvemos usando separação de variáveis:

$$\int \frac{dy}{\sqrt{y}} = -0,0056 \int dt$$

$$2y^{1/2} = -0,0056t + C \quad \boxed{7}$$

$$y = \left(-0,0028t + \frac{1}{2}C\right)^2$$

Como C é arbitrário, podemos trocar $\frac{1}{2}C$ por K e escrever

$$y = (K - 0,0028t)^2$$

Passo 2. **Usar a condição inicial.**
O tanque está cheio em $t = 0$, o que dá a condição inicial $y(0) = 400$ cm. Assim,

$$y(0) = K^2 = 400 \quad \Rightarrow \quad K = \pm 20$$

Qual é o sinal correto? Poderíamos pensar que ambas as escolhas são possíveis, mas observe que o nível d'água y é uma função decrescente de t, e a função $y = (K - 0,0028t)^2$ decresce a 0 somente se K for positivo. Alternativamente, podemos ver diretamente na Equação (7) que $K > 0$, porque $2y^{1/2}$ é *não negativo*. Assim,

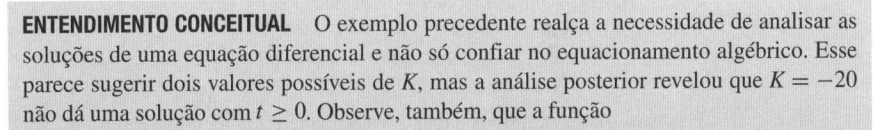

$$y(t) = (20 - 0,0028t)^2$$

Para determinar o tempo t_e que leva para o tanque esvaziar, resolvemos

$$y(t_e) = (20 - 0,0028t_e)^2 = 0 \quad \Rightarrow \quad t_e \approx 7142 \text{ s}$$

Assim, o tanque está vazio depois de 7142 s ou, aproximadamente, 2 horas (Figura 6). ∎

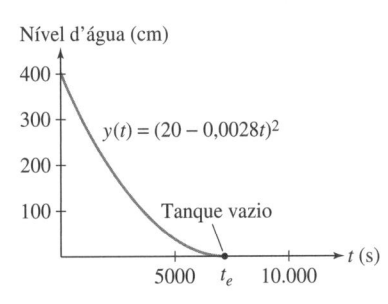

FIGURA 5

FIGURA 6

> **ENTENDIMENTO CONCEITUAL** O exemplo precedente realça a necessidade de analisar as soluções de uma equação diferencial e não só confiar no equacionamento algébrico. Esse parece sugerir dois valores possíveis de K, mas a análise posterior revelou que $K = -20$ não dá uma solução com $t \geq 0$. Observe, também, que a função
>
> $$y(t) = (20 - 0,0028t)^2$$
>
> é uma solução somente com $t \leq t_e$, ou seja, até o tanque esvaziar. Essa função não pode satisfazer a Equação (6) com $t > t_e$ porque sua derivada é positiva com $t > t_e$ (Figura 6), mas as soluções da Equação (6) têm derivadas não positivas.

9.1 Resumo

- Uma equação diferencial tem ordem n se $y^{(n)}$ for a derivada de maior ordem que aparece na equação.
- Uma equação diferencial é *linear* se puder ser escrita como

$$a_n(x)y^{(n)} + a_{n-1}(x)y^{(n-1)} + \cdots + a_1(x)y' + a_0(x)y = b(x)$$

- Equação de primeira ordem separável: $\dfrac{dy}{dx} = f(x)g(y)$
- Separação de variáveis (para equações separáveis): passamos todos os termos envolvendo y para o lado esquerdo e todos os termos envolvendo x para o lado direito e integramos

$$\frac{dy}{g(y)} = f(x)\, dx$$

$$\int \frac{dy}{g(y)} = \int f(x)\, dx$$

- Equação diferencial d'água vazando por um buraco de área B num tanque de área da seção transversal $A(y)$:

$$\boxed{\dfrac{dy}{dt} = \dfrac{Bv(y)}{A(y)}}$$

Lei de Torricelli: $v(y) = -\sqrt{2gy}$, sendo $g = 9{,}8$ m/s^2.

9.1 Exercícios

Exercícios preliminares

1. Determine a ordem das equações diferenciais seguintes:
   (a) $x^5 y' = 1$
   (b) $(y')^3 + x = 1$
   (c) $y''' + x^4 y' = 2$
   (d) $\operatorname{sen}(y'') + x = y$

2. $y'' = \operatorname{sen} x$ é uma equação diferencial linear?

3. Dê um exemplo de uma equação diferencial não linear da forma $y' = f(y)$.

4. Uma equação diferencial não linear pode ser separável? Se puder, forneça um exemplo.

5. Dê um exemplo de uma equação diferencial linear que não seja separável.

Exercícios

1. Quais das equações diferenciais a seguir são de primeira ordem?
   (a) $y' = x^2$
   (b) $y'' = y^2$
   (c) $(y')^3 + yy' = \operatorname{sen} x$
   (d) $x^2 y' - e^x y = \operatorname{sen} y$
   (e) $y'' + 3y' = \dfrac{y}{x}$
   (f) $yy' + x + y = 0$

2. Quais das equações no Exercício 1 são lineares?

Nos Exercícios 3-8, verifique que a função dada é uma solução da equação diferencial.

3. $y' - 8x = 0$, $y = 4x^2$
4. $yy' + 4x = 0$, $y = \sqrt{12 - 4x^2}$
5. $y' + 4xy = 0$, $y = 25e^{-2x^2}$
6. $(x^2 - 1)y' + xy = 0$, $y = 4(x^2 - 1)^{-1/2}$
7. $y'' - 2xy' + 8y = 0$, $y = 4x^4 - 12x^2 + 3$
8. $y'' - 2y' + 5y = 0$, $y = e^x \operatorname{sen} 2x$

9. Quais das equações diferenciais a seguir são separáveis? Escreva as que forem no formato $y' = f(x)g(y)$ (mas não resolva).
   (a) $xy' - 9y^2 = 0$
   (b) $\sqrt{4 - x^2}\, y' = e^{3y} \operatorname{sen} x$
   (c) $y' = x^2 + y^2$
   (d) $y' = 9 - y^2$

10. As equações diferenciais seguintes são parecidas, mas têm soluções bem diferentes:

$$\frac{dy}{dx} = x, \qquad \frac{dy}{dx} = y$$

Resolva ambas sujeitas à condição inicial $y(1) = 2$.

11. As equações diferenciais seguintes são parecidas, mas têm soluções bem diferentes:

$$\frac{dy}{dx} = x^2, \qquad \frac{dy}{dx} = y^2$$

Resolva ambas sujeitas à condição inicial $y(0) = 1$.

12. Considere a equação diferencial $y^3 y' - 9x^2 = 0$.
    (a) Escreva-a como $y^3\, dy = 9x^2\, dx$.
    (b) Integre ambos os lados para obter $\tfrac{1}{4} y^4 = 3x^3 + C$.
    (c) Verifique que $y = (12x^3 + C)^{1/4}$ é a solução geral.
    (d) Encontre a solução particular satisfazendo $y(1) = 2$.

13. Verifique que $x^2 y' + e^{-y} = 0$ é separável.
    (a) Escreva-a como $e^y\, dy = -x^{-2}\, dx$.
    (b) Integre ambos os lados para obter $e^y = x^{-1} + C$.
    (c) Verifique que $y = \ln(x^{-1} + C)$ é a solução geral.
    (d) Encontre a solução particular satisfazendo $y(2) = 4$.

Nos Exercícios 14-30, use separação de variáveis para encontrar a solução geral.

14. $y' + 4xy^2 = 0$
15. $y' + x^2 y = 0$
16. $y' - e^{x+y} = 0$
17. $\dfrac{dy}{dt} - 20 t^4 e^{-y} = 0$
18. $t^3 y' + 4y^2 = 0$
19. $2y' + 5y = 4$
20. $\dfrac{dy}{dt} = 8\sqrt{y}$
21. $\sqrt{1 - x^2}\, y' = xy$

22. $y' = y^2(1 - x^2)$
23. $yy' = x$
24. $(\ln y)y' - ty = 0$
25. $\dfrac{dx}{dt} = (t + 1)(x^2 + 1)$
26. $(1 + x^2)y' = x^3 y$
27. $y' = x \sec y$
28. $\dfrac{dy}{d\theta} = \text{tg } y$
29. $\dfrac{dy}{dt} = y \text{ tg } t$
30. $\dfrac{dx}{dt} = t \text{ tg } x$

Nos Exercícios 31-44, resolva o problema de valor inicial.

31. $y' + 2y = 0, \quad y(\ln 5) = 3$
32. $y' - 3y + 12 = 0, \quad y(2) = 1$
33. $yy' = xe^{-y^2}, \quad y(0) = -2$
34. $y^2 \dfrac{dy}{dx} = x^{-3}, \quad y(1) = 0$
35. $y' = (x - 1)(y - 2), \quad y(2) = 4$
36. $y' = (x - 1)(y - 2), \quad y(2) = 2$
37. $y' = x(y^2 + 1), \quad y(0) = 0$
38. $(1 - t)\dfrac{dy}{dt} - y = 0, \quad y(2) = -4$
39. $\dfrac{dy}{dt} = ye^{-t}, \quad y(0) = 1$
40. $\dfrac{dy}{dt} = te^{-y}, \quad y(1) = 0$
41. $t^2 \dfrac{dy}{dt} - t = 1 + y + ty, \quad y(1) = 0$
42. $\sqrt{1 - x^2} \, y' = y^2 + 1, \quad y(0) = 0$
43. $y' = \text{tg } y, \quad y(\ln 2) = \dfrac{\pi}{2}$
44. $y' = y^2 \text{ sen } x, \quad y(\pi) = 2$
45. Encontre todos os valores de a tais que $y = x^a$ seja uma solução de
$$y'' - 12x^{-2}y = 0$$
46. Encontre todos os valores de a tais que $y = e^{ax}$ seja uma solução de
$$y'' + 4y' - 12y = 0$$

Nos Exercícios 47 e 48, seja $y(t)$ uma solução de $(\cos y + 1)\dfrac{dy}{dt} = 2t$ tal que $y(2) = 0$.

47. Mostre que sen $y + y = t^2 + C$. Não é possível resolver em y como função de t, mas, supondo que $y(2) = 0$, encontre os valores de t nos quais $y(t) = \pi$.
48. Supondo que $y(6) = \pi/3$, encontre uma equação da reta tangente ao gráfico de $y(t)$ em $(6, \pi/3)$.

Nos Exercícios 49-54, use a Equação (4) e a lei de Torricelli [Equação (5)].

49. Água vaza por um buraco de área $B = 0,002$ m^2 na base de um tanque cilíndrico cheio d'água de altura 3 m e uma base de 10 m^2 de área. Quanto tempo leva (a) para a metade da água vazar do tanque e (b) para esvaziar o tanque?
50. Em $t = 0$, um tanque cônico de 300 cm de altura e topo de 100 cm de raio está cheio d'água [Figura 7(A)]. A água vaza por um buraco na base de área $B = 3$ cm^2. Seja $y(t)$ o nível d'água no instante t.
    (a) Mostre que a área da seção transversal do tanque à altura y é $A(y) = \dfrac{\pi}{9} y^2$.
    (b) Encontre e resolva a equação diferencial satisfeita por $y(t)$.
    (c) Quanto tempo leva para esvaziar o tanque?

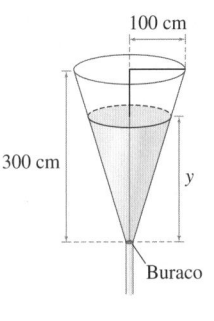

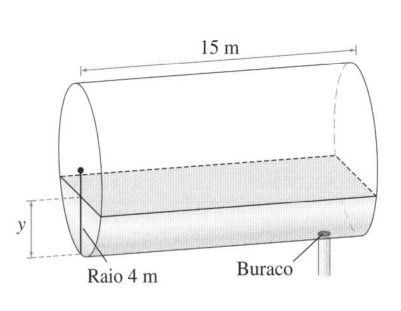

(A) Tanque cônico   (B) Tanque horizontal

FIGURA 7

51. O tanque da Figura 7(B) é um cilindro de 4 m de raio e 15 m de comprimento. Suponha que o tanque tenha água pela metade e que a água esteja vazando por um buraco de área $B = 0,001$ m^2 no fundo do tanque. Determine o nível d'água $y(t)$ e o tempo t_e que leva para o tanque esvaziar.
52. Um tanque tem a forma da parábola $y = x^2$ girada em torno do eixo y. A água vaza por um buraco de área $B = 0,0005$ m^2 na base do tanque. Seja $y(t)$ o nível d'água no instante de tempo t. Quanto tempo leva para o tanque esvaziar se inicialmente ele está com água à altura de $y_0 = 1$ m?
53. Um tanque tem a forma da parábola $y = ax^2$ (em que a é uma constante) girada em torno do eixo y. A água vaza por um buraco de área B m^2 na base do tanque.
    (a) Mostre que o nível d'água no instante de tempo t é
    $$y(t) = \left(y_0^{3/2} - \dfrac{3aB\sqrt{2g}}{2\pi} t \right)^{2/3}$$
    em que y_0 é o nível d'água no instante $t = 0$.
    (b) Mostre que se V for o volume total d'água no instante $t = 0$, então $y_0 = \sqrt{2aV/\pi}$. *Sugestão:* calcule o volume do tanque como volume de revolução.
    (c) Mostre que o tanque está vazio no instante
    $$t_e = \left(\dfrac{2}{3B\sqrt{g}} \right) \left(\dfrac{2\pi V^3}{a} \right)^{1/4}$$
    Vemos que, fixado o volume inicial V d'água, o tempo t_e é proporcional a $a^{-1/4}$. Um valor grande de a corresponde a um tanque estreito e alto. Um tanque desses esvazia mais rapidamente do que um tanque baixo e largo de mesmo volume inicial.
54. Um tanque cilíndrico cheio d'água tem uma altura h e uma área de base A. A água vaza por um buraco no fundo de área B.
    (a) Mostre que o tempo necessário para esvaziar o tanque é proporcional a $A\sqrt{h}/B$.
    (b) Mostre que o tempo necessário para esvaziar o tanque é proporcional a $Vh^{-1/2}$, sendo V o volume do tanque.
    (c) Dois tanques têm o mesmo volume e buracos de mesma área, mas alturas e bases diferentes. Qual é o tanque que esvazia primeiro: o mais alto ou o mais baixo?

55. A Figura 8 mostra um circuito consistindo em uma resistência de R ohms, um capacitor de C farads e uma bateria de voltagem V. Quando o circuito é fechado, a quantidade $q(t)$ de carga (em coulombs) nas placas do capacitor varia de acordo com a equação diferencial (t em segundos)

$$R\frac{dq}{dt} + \frac{1}{C}q = V$$

em que R, C e V são constantes.

(a) Resolva em $q(t)$, supondo que $q(0) = 0$.
(b) Esboce o gráfico de q.
(c) Mostre que $\lim_{t \to \infty} q(t) = CV$.
(d) Mostre que o capacitor carrega aproximadamente 63% de seu valor final CV depois de um período de tempo de comprimento $\tau = RC$ (τ é denominado a constante de tempo do capacitor).

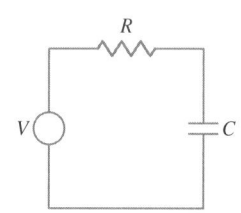

FIGURA 8 Um circuito RC.

56. Suponha que o circuito da Figura 8 tenha $R = 200$ ohms, $C = 0{,}02$ farads e $V = 12$ volts. Quantos segundos leva para a carga nas placas do capacitor alcançar a metade de seu valor limite?

57. De acordo com uma hipótese, a taxa de crescimento dV/dt do volume V de uma célula é proporcional à sua área de superfície A. Como V tem unidades cúbicas, tipo cm^3, e A tem unidades quadradas, tipo cm^2, podemos supor que A seja, aproximadamente, igual a $V^{2/3}$ e, portanto, que $dV/dt = kV^{2/3}$ com alguma constante k. Se essa hipótese estiver correta, qual é a dependência do volume no tempo que poderíamos esperar encontrar (de novo, aproximadamente) num laboratório?

(a) Linear (b) Quadrática (c) Cúbica

58. Também podemos supor que a taxa de decrescimento do volume V de uma bola de neve seja proporcional à sua área de superfície. Argumente como no Exercício 57 para encontrar uma equação diferencial satisfeita por V. Suponha que a bola de neve tenha um volume de 1000 cm^3 e que depois de 5 minutos tenha perdido metade de seu volume. De acordo com esse modelo, quanto tempo leva para a bola desaparecer?

59. Em geral, $(fg)'$ não é igual a $f'g'$, mas tome $f(x) = e^{3x}$ e encontre uma função g tal que $(fg)' = f'g'$. Faça o mesmo com $f(x) = x$.

60. Um menino parado num ponto B de um cais segura uma corda de comprimento ℓ presa num bote localizado no ponto A [Figura 9(A)]. Quando o menino caminha ao longo do cais, segurando a corda esticada, o bote se move ao longo de uma curva denominada **tractriz** (do latim *tractus*, que significa "puxada"). O segmento desde um ponto P da curva até o eixo x ao longo da reta tangente tem comprimento constante ℓ. Seja $y = f(x)$ a equação da tractriz.

(a) Mostre que $y^2 + (y/y')^2 = \ell^2$ e conclua que $y' = -\dfrac{y}{\sqrt{\ell^2 - y^2}}$.

Por que devemos escolher a raiz quadrada negativa?

(b) Prove que a tractriz é o gráfico de

$$x = \ell \ln\left(\frac{\ell + \sqrt{\ell^2 - y^2}}{y}\right) - \sqrt{\ell^2 - y^2}$$

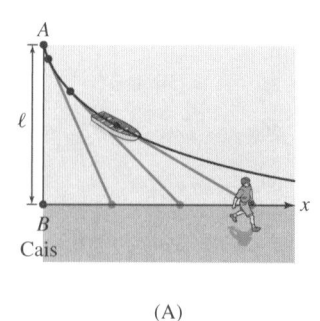

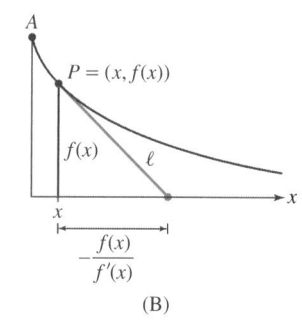

FIGURA 9

61. Mostre que as equações diferenciais $y' = 3y/x$ e $y' = -x/3y$ definem **famílias ortogonais** de curvas; isto é, os gráficos das soluções da primeira equação intersectam os gráficos das soluções da segunda equação em ângulos retos (Figura 10). Encontre essas curvas explicitamente.

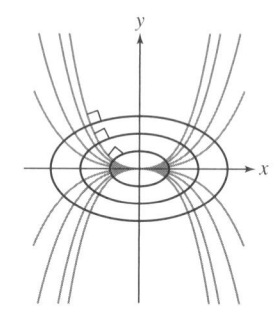

FIGURA 10 Duas famílias ortogonais de curvas.

62. Encontre a família de curvas satisfazendo $y' = x/y$ e esboce alguns membros da família. Em seguida, encontre a equação diferencial da família ortogonal (ver Exercício 61), encontre sua solução geral e acrescente alguns membros dessa família ortogonal ao seu esboço.

63. Um modelo de foguete de 50 kg decola expelindo combustível a uma taxa de $k = 4{,}75$ kg/s durante 10 s. O combustível deixa a cauda do foguete com uma velocidade de exaustão de $b = -100$ m/s. Seja $m(t)$ a massa do foguete no instante t. Pela lei da conservação do momento, obtemos a equação diferencial seguinte para a velocidade $v(t)$ (em metros por segundo) do foguete:

$$m(t)v'(t) = -9{,}8\, m(t) + b\frac{dm}{dt}$$

(a) Mostre que $m(t) = 50 - 4{,}75 t$ kg.
(b) Resolva em $v(t)$ e calcule a velocidade do foguete quando acabar o combustível (depois de 10 s).

64. Seja $v(t)$ a velocidade de um objeto de massa m em queda livre perto da superfície terrestre. Supondo que a resistência do ar seja proporcional a v^2, então v satisfaz a equação diferencial $m\dfrac{dv}{dt} = -g + kv^2$ com alguma constante $k > 0$.

(a) Denotando $\alpha = (g/k)^{1/2}$, reescreva a equação diferencial como

$$\frac{dv}{dt} = -\frac{k}{m}(\alpha^2 - v^2)$$

Em seguida, resolva usando separação de variáveis com condição inicial $v(0) = 0$.

(b) Mostre que a velocidade terminal $\lim_{t \to \infty} v(t)$ é igual a $-\alpha$.

65. Se um balde d'água girar em torno de um eixo vertical com velocidade angular constante ω (em radianos por segundo), a água sobe pelo lado do balde até atingir uma posição de equilíbrio (Figura 11). Duas forças agem sobre uma partícula localizada a uma distância x do eixo vertical: a força gravitacional $-mg$ atuando para baixo e a força do balde sobre a partícula (transmitida indiretamente pelo líquido) na direção perpendicular à superfície da água. Essas duas forças devem combinar para fornecer a força centrípeta $m\omega^2 x$, e isso ocorre se a diagonal do retângulo na Figura 11 for normal à superfície da água (ou seja, perpendicular à reta tangente). Prove que se $y = f(x)$ for a equação da curva obtida tomando a seção vertical pelo eixo, então $-1/y' = -g/(\omega^2 x)$. Mostre que $y = f(x)$ é uma parábola.

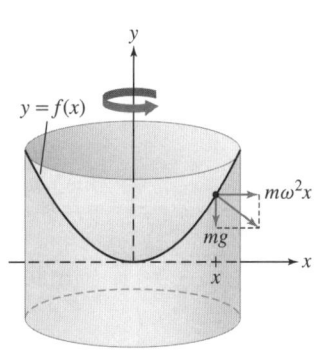

FIGURA 11

Compreensão adicional e desafios

66. Na Seção 6.2, calculamos o volume V de um sólido como a integral da área da seção transversal. Explique essa fórmula em termos de equações diferenciais. Seja $V(y)$ o volume do sólido até a altura y e seja $A(y)$ a área da seção transversal à altura y, como na Figura 12.

(a) Explique a aproximação seguinte com Δy pequeno:
$$V(y + \Delta y) - V(y) \approx A(y)\Delta y \quad \boxed{8}$$

(b) Use a Equação (8) para justificar a equação diferencial $dV/dy = A(y)$. Em seguida, deduza a fórmula
$$V = \int_a^b A(y)\,dy$$

FIGURA 12

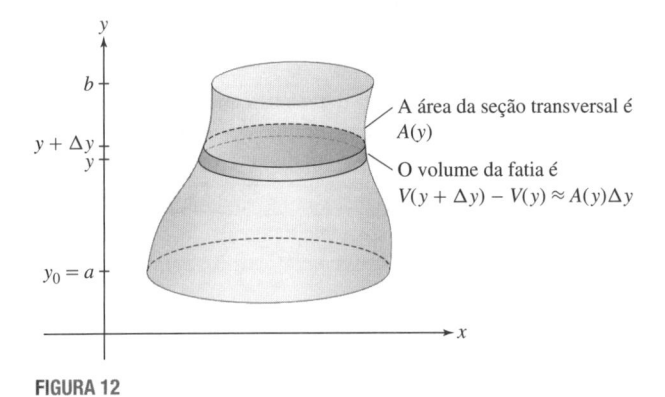

67. Um teorema básico afirma que uma equação diferencial *linear* de ordem n tem uma solução geral que depende de n constantes arbitrárias. Os exemplos seguintes mostram que, em geral, o teorema não vale com equações diferenciais não lineares.

(a) Mostre que $(y')^2 + y^2 = 0$ é uma equação de primeira ordem com somente a única solução $y = 0$.

(b) Mostre que $(y')^2 + y^2 + 1 = 0$ é uma equação de primeira ordem sem soluções.

68. Mostre que $y = Ce^{rx}$ é uma solução de $y'' + ay' + by = 0$ se, e só se, r é uma raiz de $P(r) = r^2 + ar + b$. Em seguida, verifique diretamente que $y = C_1 e^{3x} + C_2 e^{-x}$ é uma solução de $y'' - 2y' - 3y = 0$ com quaisquer constantes C_1, C_2.

69. Um tanque esférico de raio R está com água pela metade. Suponha que a água vaze por um buraco de área B no fundo do tanque. Seja $y(t)$ o nível d'água no instante t (segundos).

(a) Mostre que $\dfrac{dy}{dt} = \dfrac{\sqrt{2g}\,B\sqrt{y}}{\pi(2Ry - y^2)}$.

(b) Mostre que, com alguma constante C,
$$\frac{2\pi}{15B\sqrt{2g}}\left(10Ry^{3/2} - 3y^{5/2}\right) = C - t$$

(c) Use a condição inicial $y(0) = R$ para calcular C e mostre que $C = t_e$, o instante em que o tanque fica vazio.

(d) Mostre que t_e é proporcional a $R^{5/2}$ e inversamente proporcional a B.

9.2 Modelos envolvendo $y' = k(y - b)$

No Teorema 1 da Seção 5.9 vimos que uma quantidade cresce ou decai exponencialmente se sua *taxa de variação* for proporcional à quantidade presente. Essa propriedade característica é expressa pela equação diferencial $y' = ky$. Agora estudamos a equação diferencial estreitamente relacionada

$$\boxed{\frac{dy}{dt} = k(y - b)} \quad \boxed{1}$$

em que k e b são constantes. Essa equação diferencial descreve uma quantidade y cuja *taxa de variação é proporcional à diferença $y - b$*. Podemos usar separação de variáveis para mostrar que a solução geral é

$$\boxed{y(t) = b + Ce^{kt}} \quad \boxed{2}$$

*Qualquer equação diferencial linear com **coeficientes constantes** e de primeira ordem pode ser escrita na forma da Equação (1). Essa equação é utilizada para modelar uma variedade de fenômenos, como processos de resfriamento, queda livre com resistência do ar e corrente num circuito.*

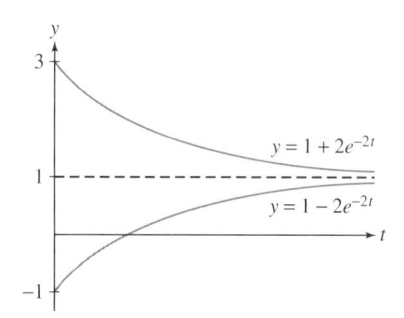

FIGURA 1 Duas soluções de $y' = -2(y-1)$ correspondendo a $C = 2$ e $C = -2$.

A lei de Newton do resfriamento implica que o objeto esfria rapidamente quando estiver muito mais quente que o ambiente (quando $y - T_0$ for grande). A taxa de resfriamento diminui quando y se aproxima de T_0. Quando a temperatura inicial do objeto for menor do que T_0, então y' é positiva, e a lei de Newton modela aquecimento.

LEMBRETE A equação diferencial

$$\frac{dy}{dt} = k(y-b)$$

tem a solução geral

$$y = b + Ce^{kt}$$

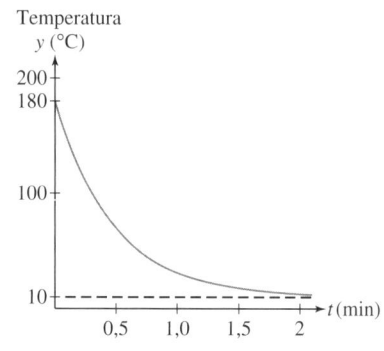

FIGURA 2 A temperatura de uma barra metálica esfriando quando a temperatura ambiente for de 10°C.

Alternativamente, podemos observar que $(y-b)' = y'$ pois b é uma constante, de modo que a Equação (1) pode ser reescrita

$$\frac{d}{dt}(y-b) = k(y-b)$$

Em outras palavras, $y - b$ satisfaz a equação diferencial da função exponencial e, assim, $y - b = Ce^{kt}$, ou $y = b + Ce^{kt}$, como afirmamos.

ENTENDIMENTO GRÁFICO O comportamento da solução $y(t)$ com $t \to \infty$ depende de C e K serem positivos ou negativos:

- Se $k > 0$, e^{kt} tende a ∞ e, portanto, $y(t)$ tende a ∞ se $C > 0$ e $y(t)$ tende a $-\infty$ se $C < 0$.
- Se $k < 0$, costumamos reescrever a equação diferencial como $y' = -k(y-b)$, com $k > 0$. Nesse caso, $y(t) = b + Ce^{-kt}$ e $y(t)$ tende à assíntota horizontal $y = b$, pois Ce^{-kt} tende a zero com $t \to \infty$ (Figura 1). Observe que $y(t)$ tende à assíntota por cima ou por baixo, dependendo se $C > 0$ ou $C < 0$.

Agora consideramos algumas aplicações da Equação (1), começando com a lei de Newton do resfriamento. Seja $y(t)$ a temperatura de um objeto quente que está esfriando num lugar com uma temperatura ambiente de T_0. Newton supôs que a *taxa de resfriamento* é proporcional à diferença de temperatura $y - T_0$. Expressamos essa hipótese de uma maneira precisa pela equação diferencial

$$\boxed{y' = -k(y - T_0) \qquad (T_0 = \text{temperatura ambiente})}$$

A constante k, em unidades de (tempo)$^{-1}$, é denominada **constante de resfriamento** e depende das propriedades físicas do objeto.

■ **EXEMPLO 1** Lei de Newton do resfriamento Uma barra metálica quente com constante de resfriamento $k = 2,1$ min^{-1} é submersa num tanque grande de água à temperatura $T_0 = 10°C$. Seja $y(t)$ a temperatura da barra no instante t (em minutos).

(a) Encontre a equação diferencial satisfeita por $y(t)$ e determine sua solução geral.
(b) Qual é temperatura da barra depois de 1 min se sua temperatura inicial for de 180°C?
(c) Qual foi a temperatura inicial da barra se ela resfriou a 80°C em 30 segundos?

Solução

(a) Como $k = 2,1$ min^{-1}, $y(t)$ (com t em minutos) satisfaz

$$y' = -2,1(y - 10)$$

Pela Equação (2), a solução geral é $y(t) = 10 + Ce^{-2,1t}$ com alguma constante C.

(b) Se a temperatura inicial for de 180°C, então $y(0) = 10 + C = 180$. Assim, $C = 170$ e $y(t) = 10 + 170e^{-2,1t}$ (Figura 2). Depois de 1 min,

$$y(1) = 10 + 170e^{-2,1(1)} \approx 30,8°C$$

(c) Se a temperatura depois de 30 s for de 80°C, então $y(0,5) = 80$, e temos

$$10 + Ce^{-2,1(0,5)} = 80 \quad \Rightarrow \quad Ce^{-1,05} = 70 \quad \Rightarrow \quad C = 70e^{1,05} \approx 200$$

Segue que $y(t) = 10 + 200e^{-2,1t}$ e a temperatura inicial foi de

$$y(0) = 10 + 200e^{-2,1(0)} = 10 + 200 = 210°C \qquad ■$$

A equação diferencial $y' = k(y - b)$ também é utilizada para modelar a queda livre quando a resistência do ar for levada em conta. Suponha que a força devido à resistência do ar seja proporcional à velocidade v e aja no sentido oposto ao da queda. Escrevemos essa força como $-kv$, sendo $k > 0$. Consideramos o sentido para cima como sendo o positivo, de modo que $v < 0$ para um objeto em queda e $-kv$ é uma força que age para cima.

A força devido à gravidade num objeto de massa m em queda livre é de $-mg$, em que g é a aceleração devida à gravidade, portanto a força total é $F = -mg - kv$. Pela lei de Newton,

$$F = ma = mv' \qquad (a = v' \text{ é a aceleração})$$

Assim, $mv' = -mg - kv$, que pode ser escrito como

$$\boxed{v' = -\frac{k}{m}\left(v + \frac{mg}{k}\right)} \qquad 3$$

Essa equação é da forma $v' = -k(v - b)$ com k/m no lugar de k e $b = -mg/k$. Pela Equação (2), a solução geral é

$$v(t) = -\frac{mg}{k} + Ce^{-(k/m)t} \qquad 4$$

Como $Ce^{-(k/m)t}$ tende a zero com $t \to \infty$, $v(t)$ tende a uma velocidade terminal limite:

$$\text{Velocidade terminal} = \lim_{t\to\infty} v(t) = -\frac{mg}{k} \qquad 5$$

Sem a resistência do ar, a velocidade aumentaria indefinidamente até ocorrer uma colisão súbita com o chão.

O efeito da resistência do ar depende da situação física. Um projétil de alta velocidade é afetado diferentemente de um paraquedista. Nosso modelo é bastante realista para um objeto grande como um paraquedista caindo de altitudes elevadas.

Nesse modelo de queda livre, k tem unidades de massa por tempo, como kg/s.

■ **EXEMPLO 2** Um paraquedista de 80 kg salta de um avião.

(a) Qual é sua velocidade terminal se $k = 8$ kg/s?
(b) Qual é sua velocidade depois de 30 s?

Solução

(a) Pela Equação (5), com $k = 8$ kg/s e $g = 9,8$ m/s², a velocidade terminal é

$$-\frac{mg}{k} = -\frac{(80)9,8}{8} = -98 \text{ m/s}$$

(b) Com t em segundos temos, pela Equação (4),

$$v(t) = -98 + Ce^{-(k/m)t} = -98 + Ce^{-(8/80)t} = -98 + Ce^{-0,1t}$$

Supomos que o paraquedista sai do avião sem velocidade inicial, de modo que $v(0) = -98 + C = 0$ e $C = 98$. Assim, temos $v(t) = -98(1 - e^{-0,1t})$ (Figura 3). A velocidade do paraquedista depois de 30 s é

$$v(30) = -98(1 - e^{-0,1(30)}) \approx -93,1 \text{ m/s} \qquad ■$$

Uma **anuidade** é um investimento no qual uma quantidade de dinheiro P_0, denominada principal, é colocada numa conta que rende juros (compostos em intervalos regulares) a uma taxa r e da qual são efetuados saques a intervalos regulares. Se a composição e os saques ocorrerem em intervalos de tempo suficientemente pequenos, podemos supor composição contínua a uma taxa r e saques contínuos a uma taxa de N dólares por ano. Seja $P(t)$ o saldo da anuidade depois de t anos. Então

$$\underbrace{P'(t)}_{\text{Taxa de variação}} = \underbrace{rP(t)}_{\text{Crescimento devido aos juros}} - \underbrace{N}_{\text{Taxa de saque}} = r\left(P(t) - \frac{N}{r}\right) \qquad 6$$

Essa equação tem o formato $y' = k(y - b)$, com $k = r$ e $b = N/r$; portanto, pela Equação (2), a solução geral é

$$P(t) = \frac{N}{r} + Ce^{rt} \qquad 7$$

Paraquedista em queda livre. *(Hector Mandel/iStockphoto)*

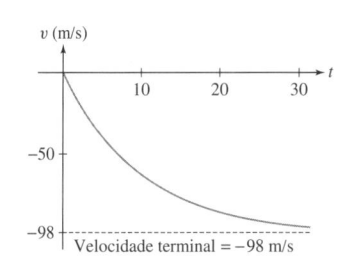

FIGURA 3 A velocidade de um paraquedista de 80 kg em queda livre com resistência do ar ($k = 8$ kg/s).

Observe na Equação (6) que $P'(t)$ é determinada pelas taxas de crescimento r e de saque N. Se não ocorressem saques, $P(t)$ cresceria com juros compostos e satisfaria $P'(t) = rP(t)$.

Como $P(0) = P_0$, sabemos que $P_0 = \dfrac{N}{r} + C$ e, portanto, C é dado por $C = P_0 - \dfrac{N}{r}$. Como e^{rt} tende ao infinito com $t \to \infty$, o saldo $P(t)$ tende a ∞ se $C > 0$. Se $C < 0$, então $P(t)$ tende a $-\infty$ (ou seja, a anuidade acaba ficando sem recursos). Se $C = 0$, então $P(t)$ permanece constante com valor N/r.

■ **EXEMPLO 3 Uma anuidade pode pagar para sempre?** Uma anuidade rende juros a uma taxa $r = 0{,}07$ (7% ao ano) com saques efetuados continuamente a uma taxa de $N = 500$ dólares/ano.

(a) Quando a anuidade ficará sem recursos se o depósito inicial for de $P(0) = 5.000$ dólares?
(b) Mostre que o saldo cresce indefinidamente se $P(0) = 9.000$ dólares.

Solução Temos $N/r = \dfrac{500}{0{,}07} \approx 7143$, portanto $P(t) = 7143 + Ce^{0{,}07t}$ pela Equação (7).

(a) Se $P(0) = 5000 = 7143 + Ce^0$, então $C = -2.143$ e

$$P(t) = 7143 - 2143e^{0{,}07t}$$

Os recursos acabam quando $P(t) = 7143 - 2143e^{0{,}07t} = 0$, ou

$$e^{0{,}07t} = \frac{7143}{2143} \quad \Rightarrow \quad 0{,}07t = \ln\left(\frac{7143}{2143}\right) \approx 1{,}2$$

A anuidade acaba sem recursos no instante $t = \dfrac{1{,}2}{0{,}07} \approx 17$ anos.

(b) Se $P(0) = 9000 = 7143 + Ce^0$, então $C = 1.857$ e

$$P(t) = 7143 + 1857e^{0{,}07t}$$

Como o coeficiente $C = 1.857$ é positivo, a conta nunca fica sem recursos. De fato, $P(t)$ cresce indefinidamente se $t \to \infty$. A Figura 4 ilustra os dois casos. ■

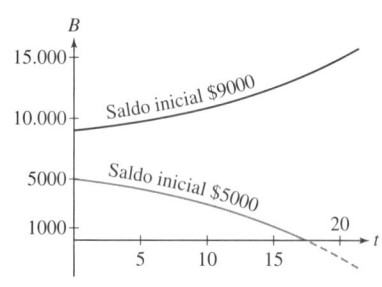

FIGURA 4 O saldo de uma anuidade pode crescer indefinidamente ou decrescer a zero (e até ficar negativo), dependendo do tamanho do depósito inicial P_0, a taxa de juros e a taxa de saques.

9.2 Resumo

- A solução geral de $y' = k(y - b)$ é $y = b + Ce^{kt}$, sendo C uma constante.
- A tabela seguinte descreve as soluções de $y' = k(y - b)$ (ver Figura 5):

Equação ($k > 0$)	Solução	Comportamento se $t \to \infty$
$y' = k(y - b)$	$y(t) = b + Ce^{kt}$	$\lim\limits_{t \to \infty} y(t) = \begin{cases} \infty & \text{se } C > 0 \\ -\infty & \text{se } C < 0 \end{cases}$
$y' = -k(y - b)$	$y(t) = b + Ce^{-kt}$	$\lim\limits_{t \to \infty} y(t) = b$

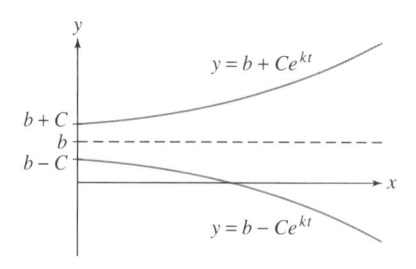

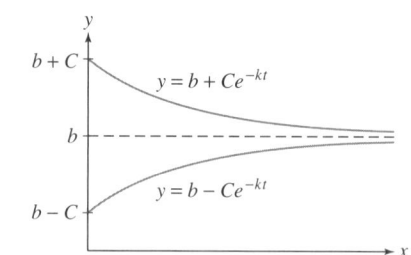

Soluções de $y' = k(y - b)$ com $k, C > 0$ Soluções de $y' = -k(y - b)$ com $k, C > 0$

FIGURA 5

- Três aplicações:
  - Lei de Newton do resfriamento: $y' = -k(y - T_0)$, $y(t) =$ temperatura do objeto, $T_0 =$ temperatura ambiente, $k =$ constante de resfriamento.
  - Queda livre com resistência do ar: $v' = -\dfrac{k}{m}\left(v + \dfrac{mg}{k}\right)$, $v(t) =$ velocidade, $m =$ massa, $k =$ constante de resistência do ar, $g =$ aceleração devido à gravidade.
  - Anuidade contínua: $P' = r\left(P - \dfrac{N}{r}\right)$, $P(t) =$ saldo da anuidade, $r =$ taxa de juros, $N =$ taxa de saques.

9.2 Exercícios

Exercícios preliminares

1. Escreva uma solução de $y' = 4(y - 5)$ que tenda a $-\infty$ se $t \to \infty$.
2. Existe alguma solução de $y' = -4(y - 5)$ que tenda a ∞ se $t \to \infty$?
3. Verdadeira ou falsa? Se $k > 0$, então todas as soluções de $y' = -k(y - b)$ tendem ao mesmo limite com $t \to \infty$.
4. À medida que um objeto esfria, sua taxa de resfriamento diminui. Explique como isso segue da lei de Newton do resfriamento.

Exercícios

1. Encontre a solução geral de $y' = 2(y - 10)$. Em seguida, encontre as duas soluções satisfazendo $y(0) = 25$ e $y(0) = 5$ e esboce seus gráficos.
2. Verifique diretamente que $y = 12 + Ce^{-3t}$ satisfaz $y' = -3(y - 12)$ com qualquer constante C. Em seguida, encontre as duas soluções satisfazendo $y(0) = 20$ e $y(0) = 0$ e esboce seus gráficos.
3. Resolva $y' = 4y + 24$ sujeita a $y(0) = 5$.
4. Resolva $y' + 6y = 12$ sujeita a $y(2) = 10$.

Nos Exercícios 5-12, use a lei de Newton do resfriamento.

5. Um objeto quente com constante de resfriamento $k = 0{,}02$ s^{-1} é submerso na água de um tanque grande cuja temperatura é de 10°C. Seja $y(t)$ a temperatura do objeto t segundos depois.
   (a) Qual é a equação diferencial satisfeita por $y(t)$?
   (b) Encontre uma fórmula para $y(t)$, supondo que a temperatura inicial do objeto é de 100°C.
   (c) Quanto tempo leva para o objeto resfriar até 20°C?
6. O motor do carro de Francisco funciona a 100°C. Num dia em que a temperatura ambiente é de 21°C, ele desliga o motor e observa que, 5 minutos depois, a temperatura do motor diminuiu para 70°C.
   (a) Determine a constante de resfriamento k do motor.
   (b) Qual é a fórmula para $y(t)$?
   (c) Quando a temperatura do motor diminui até 40°C?
7. Policiais descobrem numa casa um cadáver e medem sua temperatura. Às 10h30 min, o corpo mede 26°C; uma hora depois, a temperatura caiu para 24,8°C. Determine a hora da morte (quando o corpo estava à temperatura de 37°C), supondo que a temperatura na casa estivesse constante a 20°C.
8. Uma xícara de café com constante de resfriamento $k = 0{,}09$min^{-1} está resfriando numa sala a 20°C de temperatura.
   (a) Qual é a velocidade de resfriamento do café (em graus por minuto) quanto a temperatura do café for $T = 80$°C?
   (b) Use aproximação linear para obter uma estimativa da variação de temperatura ao longo dos próximos 6 s se $T = 80$°C.
   (c) Quanto tempo precisamos esperar para tomar o café à temperatura ótima de 65°C, se ele for servido a uma temperatura de 90°C?

9. Uma barra metálica resfriada a -30°C é submersa num tanque mantido a uma temperatura de 40°C. Meio minuto depois, a temperatura da barra é 20°C. Quanto tempo leva para a barra atingir 30°C de temperatura?
10. Quando um objeto quente é colocado num tanque d'água cuja temperatura é 25°C, ele resfria de 100 a 50°C em 150 segundos. Num outro tanque, o mesmo resfriamento ocorre em 120 segundos. Encontre a temperatura do segundo tanque.
11. [CG] Dois objetos, A e B, são colocados num tanque d'água quente à temperatura $T_0 = 40$°C. O objeto A tem temperatura inicial -20°C e constante de resfriamento $k = 0{,}004$ s^{-1}. O objeto B tem temperatura inicial 0°C e constante de resfriamento $k = 0{,}002$ s^{-1}. Esboce as temperaturas de A e B com $0 \le t \le 1000$. Depois de quantos segundo os dois objetos estarão à mesma temperatura?
12. Se k for a constante da lei de Newton do resfriamento, dizemos que o recíproco $\tau = 1/k$ é o "tempo característico". Mostre que τ é o tempo necessário para a diferença de temperatura $(y - T_0)$ decrescer por um fator de $e^{-1} \approx 0{,}37$. Por exemplo, se $y(0) = 100$°C e $T_0 = 0$°C, então o objeto resfria até $100/e \approx 37$°C no tempo τ, até $100/e^2 \approx 13{,}5$°C no tempo 2τ e assim por diante.

Nos Exercícios 13-16, use a Equação (3) como modelo de queda livre com resistência do ar.

13. Uma paraquedista de 60 kg salta de um avião. Qual é sua velocidade terminal em metros por segundo, supondo que $k = 10$ kg/s para a queda livre (sem paraquedas).
14. Encontre a velocidade terminal de um paraquedista de peso $w = 192$ lb se $k = 1{,}2$ lb/s. Quanto tempo leva até o paraquedista atingir a metade de sua velocidade terminal se sua velocidade inicial for nula? Massa e peso estão relacionados por $w = mg$, e a Equação (3) passa a ser $v' = -(kg/w)(v + w/k)$ com $g = 32$ pés/s^2.
15. Um paraquedista de 80 kg salta de um avião (com velocidade inicial nula). Suponha que $k = 12$ kg/s com paraquedas fechado e $k = 70$ kg/s com paraquedas aberto. Qual é a velocidade do paraquedista no instante $t = 25$ se o paraquedas abre depois de 20 s de queda livre?
16. Quem atinge a velocidade terminal mais rapidamente: um paraquedista mais pesado ou um mais leve?

17. Júlia toma 10.000 dólares emprestados de um banco a uma taxa de juros de 9% e paga o empréstimo continuamente a uma taxa de N dólares/ano. Seja P(t) o montante da dívida no instante t.
    (a) Explique por que P(t) satisfaz a equação diferencial
    $$y' = 0{,}09y - N$$
    (b) Quanto tempo Júlia leva para pagar a dívida se $N = 1.200$ dólares?
    (c) Ela conseguirá terminar de pagar a dívida se $N = 800$ dólares?

18. Virgínia toma um empréstimo de 18.000 dólares a uma taxa de juros de 5% para comprar um carro novo. A que taxa (dólares por ano) ela deve pagar o empréstimo se esse empréstimo deve ser saldado em 5 anos? *Sugestão:* monte a equação diferencial como no Exercício 17.

19. Seja $N(t)$ a fração da população que ouviu certa notícia t horas depois de divulgada. De acordo com um modelo, a taxa $N'(t)$ segundo a qual a notícia se espalha é igual a k vezes a fração da população que ainda não ouviu a notícia, para alguma constante $k > 0$.
    (a) Determine a equação diferencial satisfeita por $N(t)$.
    (b) Encontre a solução dessa equação diferencial com a condição inicial $N(0) = 0$, em termos de k.
    (c) Suponha que metade da população fique sabendo de um terremoto 8 horas depois de ocorrido. Use o modelo para calcular k e obtenha uma estimativa da percentagem que ficará sabendo do terremoto 12 horas depois de ocorrido.

20. **Corrente num circuito** Quando o circuito na Figura 6 (que consiste numa bateria de V volts, um resistor de resistência R ohms e um indutor de L henrys) é conectado, a intensidade de corrente $I(t)$ no circuito satisfaz
    $$L\frac{dI}{dt} + RI = V$$
    com a condição inicial $I(0) = 0$.
    (a) Encontre uma fórmula para $I(t)$ em termos de k, V e R.
    (b) Mostre que $\lim_{t \to \infty} I(t) = V/R$.
    (c) Mostre que $I(t)$ atinge cerca de 63% de seu valor máximo no "tempo característico" $\tau = L/R$.

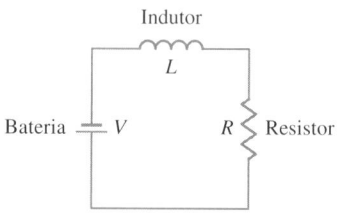

FIGURA 6 A intensidade de corrente tende ao nível $I_{\max} = V/R$.

21. *Nos itens (a) a (f) use as Fórmulas 6 e 7 que descrevem o pagamento de uma anuidade contínua.*
    (a) Uma anuidade contínua com taxa de saque $N = 5.000$ dólares/ano e taxa de juros $r = 5\%$ é custeada com um depósito inicial $P_0 = 50.000$ dólares.
        i. Qual é o saldo na anuidade depois de 10 anos?
        ii. Quando a anuidade fica sem recursos?
    (b) Mostre que uma anuidade contínua com taxa de saque $N = 5.000$ dólares/ano e taxa de juros $r = 8\%$, custeada com um depósito inicial $P_0 = 75.000$ dólares, nunca fica sem recursos.
    (c) Encontre o depósito inicial mínimo P_0 que permite custear uma anuidade de 6.000 dólares/ano indefinidamente se a taxa de juros pagos for de 5%.
    (d) Qual é o depósito inicial mínimo P_0 necessário para custear uma anuidade durante 20 anos se os saques forem efetuados a uma taxa de 10.000 dólares/ano com uma taxa de juros de 7%?
    (e) Um depósito inicial de 100.000 euros é depositado numa anuidade de um banco francês. Qual é a taxa de juros mínima que a anuidade deve receber para permitir que saques contínuos a uma taxa de 8.000 euros/ano continuem indefinidamente?
    (f) Mostre que uma anuidade contínua nunca fica sem recursos se o saldo inicial for maior do que ou igual a N/r, onde N é a taxa de saques e r é a taxa de juros.

Compreensão adicional e desafios

22. Mostre que a constante de resfriamento de um objeto pode ser determinada a partir de duas medições de temperatura $y(t_1)$ e $y(t_2)$ tomadas em instantes $t_1 \neq t_2$ pela fórmula
    $$k = \frac{1}{t_1 - t_2} \ln\left(\frac{y(t_2) - T_0}{y(t_1) - T_0}\right)$$

23. **Resistência do ar** Um projétil de massa $m = 1$ é lançado verticalmente para cima a partir do nível do chão com velocidade inicial v_0. Suponha que a velocidade v satisfaça $v' = -g - kv$.
    (a) Encontre uma fórmula para $v(t)$.
    (b) Mostre que a altura $h(t)$ do projétil é dada por
    $$h(t) = C(1 - e^{-kt}) - \frac{g}{k}t$$
    em que $C = k^{-2}(g + kv_0)$.
    (c) Mostre que o projétil alcança sua altura máxima no instante $t_{\max} = k^{-1}\ln(1 + kv_0/g)$.
    (d) Na ausência de resistência do ar, a altura máxima é alcançada no instante $t = v_0/g$. Em vista disso, explique por que deveria ser esperado que
    $$\lim_{k \to 0} \frac{\ln(1 + \frac{kv_0}{g})}{k} = \frac{v_0}{g} \qquad 8$$
    (e) Verifique a Equação (8). *Sugestão:* use o Teorema 2 da Seção 5.9 para mostrar que $\lim_{k \to 0}\left(1 + \frac{kv_0}{g}\right)^{1/k} = e^{v_0/g}$ ou use a regra de L'Hôpital.

24. Mostre que, pela lei de Newton do resfriamento, o tempo que um objeto leva para resfriar de uma temperatura A para uma temperatura B é
    $$t = \frac{1}{k}\ln\left(\frac{A - T_0}{B - T_0}\right)$$
    em que T_0 é a temperatura ambiente.

9.3 Métodos gráficos e numéricos

Nas duas seções precedentes, nos dedicamos a encontrar soluções de equações diferenciais. No entanto, a maioria das equações diferenciais não pode ser resolvida explicitamente. Felizmente, para analisar soluções existem técnicas que não dependem de fórmulas explícitas.

Nesta seção, discutimos o método do campo de direções, que fornece um bom entendimento visual de equações de primeira ordem. Também discutimos o método de Euler para encontrar aproximações numéricas de soluções.

Usamos t como a variável independente. Uma equação diferencial de primeira ordem pode, então, ser escrita na forma

$$\frac{dy}{dt} = F(t, y) \qquad \boxed{1}$$

em que $F(t, y)$ é uma função de t e y. Em outras palavras, a inclinação da reta tangente ao gráfico de $y = y(t)$ num ponto (t, y) é dada por $F(t, y)$.

É útil pensar na Equação (1) como um pacote de instruções que "diz" para uma solução em que direção ela deve ir. Assim, uma solução que passe por um ponto (t, y) é "instruída" a seguir na direção de inclinação $F(t, y)$. Para visualizar esse pacote de instruções, traçamos um **campo de direções**, que é um arranjo de pequenos segmentos de reta de inclinação $F(t, y)$ nos pontos (t, y) de um reticulado retangular do plano.

Para ilustrar, voltemos à equação diferencial:

$$\frac{dy}{dt} = -ty$$

Nesse caso, $F(t, y) = -ty$. De acordo com o Exemplo 2 da Seção 9.1, a solução geral é $y = Ke^{-t^2/2}$. A Figura 1(A) mostra segmentos de reta de inclinação $-ty$ em pontos (t, y) ao longo do gráfico de uma solução particular $y(t)$. Essa solução particular passa por $(-1, 3)$ e, de acordo com a equação diferencial, $y'(-1) = -ty = -(-1)3 = 3$. Assim, o segmento de reta localizado no ponto $(-1, 3)$ tem inclinação 3. Usando a tabela de valores à esquerda, podemos determinar as inclinações em vários pontos da curva. O gráfico da solução é tangente a cada segmento de reta [Figura 1(B)].

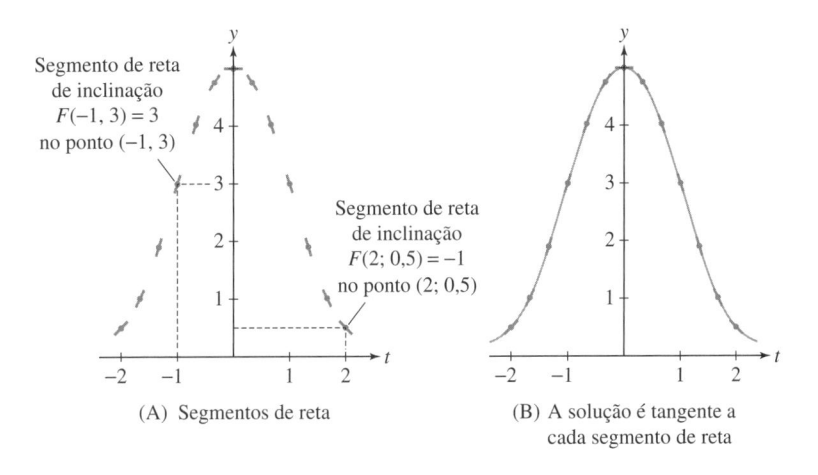

"Para se imaginar sujeito a uma equação diferencial, comece em algum lugar. Ali você é empurrado numa direção, portanto para lá você vai... Quando se movimenta, mudam as forças que o empurram, forçando-o numa nova direção; para o seu movimento resolver a equação diferencial, você deve continuar sendo empurrado pelas forças do ambiente e se adaptando a elas."

—Da introdução do livro *Differential Equations*, de J. H. Hubbard e Beverly West, Springer-Verlag, New York, 1991.

t	-2	-1	0	1	2
y	0,5	3	5	3	0,5
$\frac{dy}{dt}$	1	3	0	-3	-1

(A) Segmentos de reta

(B) A solução é tangente a cada segmento de reta

FIGURA 1 A solução de $\frac{dy}{dt} = -ty$ satisfazendo $y(-1) = 3$.

Ignorando o fato de que já conhecemos a solução geral, utilizemos o campo de direções para ver como podemos esperar obter as soluções. Para esboçar o campo de direções de $\frac{dy}{dt} = -ty$, elaboramos uma tabela de valores de $\frac{dy}{dt}$ com certos valores de y e de t. Então traçamos pequenos segmentos de reta de inclinação $-ty$ num reticulado de pontos (t, y) do plano, como na Figura 2(A). *O campo de direções nos permite visualizar todas as soluções de uma só vez.* Começando num ponto qualquer, podemos esboçar uma solução traçando uma curva que percorra um caminho tangente aos segmentos de reta em cada ponto [Figura 2(B)]. O gráfico de uma solução também é denominado **curva integral**.

■ **EXEMPLO 1** Usando isóclinas Esboce o campo de direções de

$$\frac{dy}{dt} = y - t$$

e esboce as curvas integrais satisfazendo a condição inicial

(a) $y(0) = 1$ e   **(b)** $y(1) = -2$.

494 Cálculo

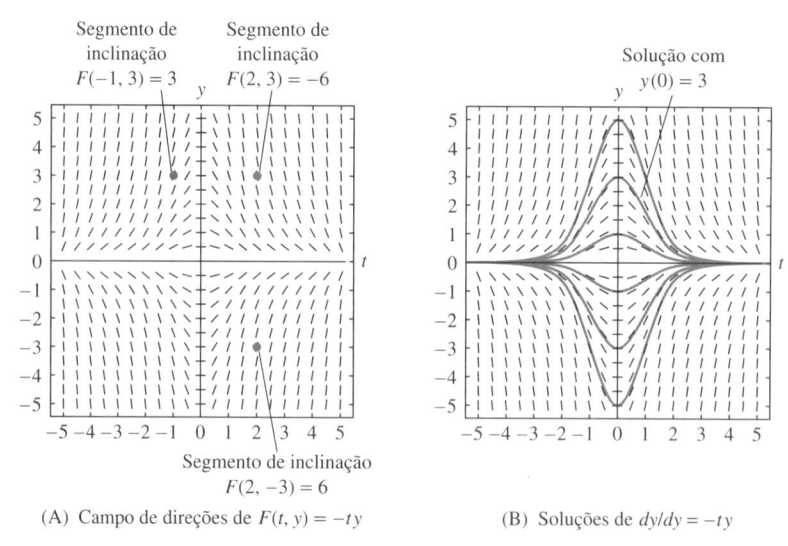

FIGURA 2 O campo de direções de $F(t, y) = -ty$.

(A) Campo de direções de $F(t, y) = -ty$

(B) Soluções de $dy/dy = -ty$

Solução Uma boa maneira de esboçar o campo de direções de $\dfrac{dy}{dt} = F(t, y)$ é escolher vários valores de c e identificar a curva $F(t, y) = c$, denominada **isóclina** de inclinação c. A isóclina é a curva consistindo em todos os pontos em que o campo de direções tem inclinação c.

No nosso caso, $F(t, y) = y - t$, de modo que a isóclina de inclinação fixada c tem a equação $y - t = c$, ou $y = t + c$, que é uma reta. Consideremos os valores seguintes:

- $c = 0$: essa isóclina é $y - t = 0$, ou $y = t$. Esboçamos segmentos de reta de inclinação $c = 0$ nos pontos ao longo da reta $y = t$, como na Figura 3(A).
- $c = 1$: essa isóclina é $y - t = 1$, ou $y = t + 1$. Esboçamos segmentos de inclinação 1 nos pontos ao longo de $y = t + 1$, como na Figura 3(B).
- $c = 2$: essa isóclina é $y - t = 2$, ou $y = t + 2$. Esboçamos segmentos de inclinação 2 nos pontos ao longo de $y = t + 2$, como na Figura 3(C).
- $c = -1$: essa isóclina é $y - t = -1$, ou $y = t - 1$. [Figura 3(C)].

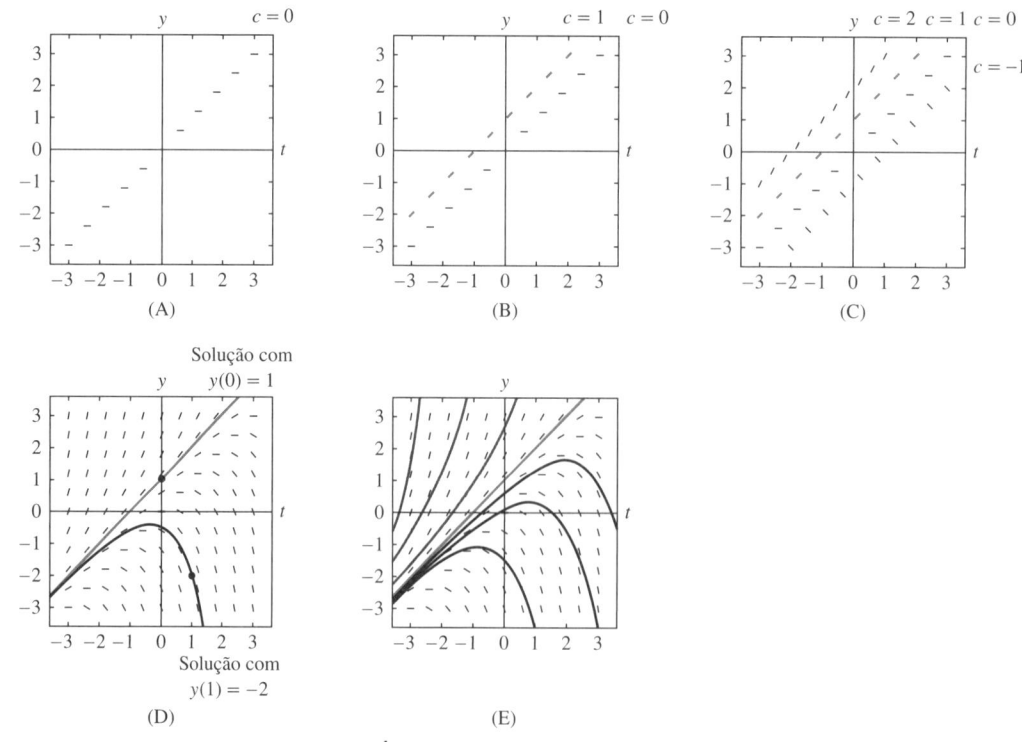

FIGURA 3 Esboço do campo de direções de $\dfrac{dy}{dt} = y - t$ usando isóclinas.

Um campo de direções mais detalhado é exibido na Figura 3(D). Para esboçar a solução satisfazendo $y(0) = 1$, começamos no ponto $(t_0, y_0) = (0, 1)$ e traçamos a curva integral que siga as direções indicadas pelo campo de direções. Analogamente, o gráfico da solução satisfazendo $y(1) = -2$ é a curva integral obtida começando em $(t_0, y_0) = (1, -2)$ e seguindo ao longo do campo de direções. A Figura 3(E) mostra várias outras soluções (curvas integrais). ■

ENTENDIMENTO GRÁFICO Muitas vezes, os campos de direções nos permitem ver de uma só vez o comportamento *assintótico* de soluções (com $t \to \infty$). A Figura 3(E) sugere que o comportamento assintótico depende do valor inicial (que é o ponto de corte com o eixo y): se $y(0) > 1$, então $y(t)$ tende a ∞ e, se $y(0) < 1$, então $y(t)$ tende a $-\infty$. Podemos conferir isso usando a solução geral $y(t) = 1 + t + Ce^t$, em que $y(0) = 1 + C$. Se $y(0) > 1$, então $C > 0$ e $y(t)$ tende a ∞, mas, se $y(0) < 1$, então $C < 0$ e $y(t)$ tende a $-\infty$. A solução $y = 1 + t$ de condição inicial $y(0) = 1$ é a reta que aparece na Figura 3(D).

■ **EXEMPLO 2** **De novo a lei de Newton do resfriamento** A temperatura $y(t)$ (em °C) de um objeto colocado num refrigerador satisfaz $\dfrac{dy}{dt} = -0{,}5(y - 4)$ (t) em minutos. Esboce o campo de direções e descreva o comportamento das soluções.

Solução A função $F(t, y) = -0{,}5(y - 4)$ depende somente de y, portanto as inclinações dos segmentos de reta do campo de direções não variam na direção t. A inclinação de $F(t, y)$ é positiva se $y < 4$ e negativa se $y > 4$. Mais precisamente, a inclinação à altura y é igual a $-0{,}5(y - 4) = -0{,}5y + 2$, de modo que os segmentos ficam cada vez mais inclinados com inclinação positiva se $y \to -\infty$, e ficam cada vez mais inclinados com inclinação negativa se $y \to \infty$ (Figura 4).

O campo de direções mostra que se a temperatura inicial satisfaz $y_0 > 4$, então $y(t)$ decresce a $y = 4$ se $t \to \infty$. Em outras palavras, o objeto resfria até 4°C quando colocado no refrigerador. Se $y_0 < 4$, então $y(t)$ cresce até $y = 4$ se $t \to \infty$. Nesse caso, o objeto esquenta quando colocado no refrigerador. Se $y_0 = 4$, então y permanece a 4°C ao longo do tempo t. ■

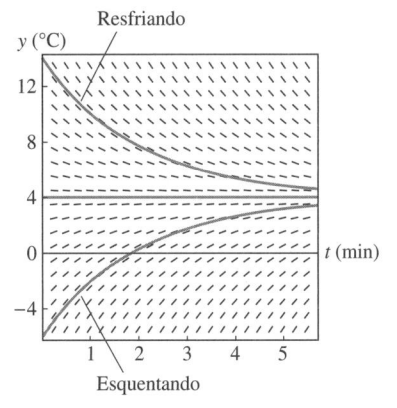

FIGURA 4 O campo de direções de $\dfrac{dy}{dt} = -0{,}5(y - 4)$.

ENTENDIMENTO CONCEITUAL A maioria das equações que aparecem nas aplicações tem uma propriedade de unicidade: existe precisamente uma única solução $y(t)$ satisfazendo uma dada condição inicial $y(t_0) = y_0$. Graficamente, isso significa que exatamente uma curva integral (solução) passa pelo ponto (t_0, y_0). Assim, quando valer a unicidade, curvas integrais distintas nunca se cruzam nem coincidem. A Figura 5 mostra o campo de direções de $\dfrac{dy}{dt} = -\sqrt{|y|}$, em que a unicidade falha. Pode ser mostrado que quando uma solução toca o eixo t, ela pode permanecer no eixo t ou então continuar no eixo t durante algum intervalo de tempo antes de sair para a região abaixo do eixo t. Assim, há uma infinidade de soluções passando em cada ponto do eixo t. Contudo, o campo de direções não mostra isso de maneira clara. Isso reforça, novamente, a necessidade de analisar as soluções em vez de simplesmente confiar na impressão visual.

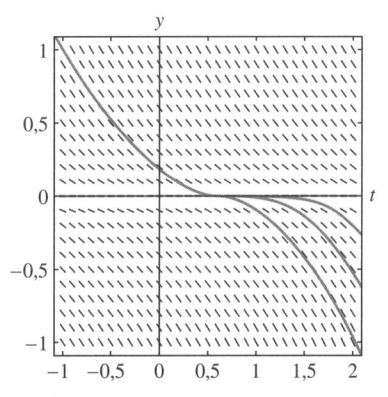

FIGURA 5 Curvas integrais sobrepostas de $\dfrac{dy}{dt} = -\sqrt{|y|}$ (a unicidade falha nessa equação diferencial).

Método de Euler

O método de Euler produz aproximações numéricas das soluções de um problema de valor inicial de primeira ordem:

$$\frac{dy}{dt} = F(t, y), \qquad y(t_0) = y_0 \qquad \boxed{2}$$

Começamos com a escolha de um número h pequeno, denominado **incremento temporal**, e consideramos a sequência de instantes que iniciam no valor inicial t_0 e continuam espaçados por h:

$$t_0, \qquad t_1 = t_0 + h, \qquad t_2 = t_0 + 2h, \qquad t_3 = t_0 + 3h, \qquad \ldots$$

Em geral, $t_k = t_0 + kh$ com $k = 0, 1, 2, \ldots$. O método de Euler consiste em calcular uma sequência de valores $y_1, y_2, y_3, \ldots, y_n$, usando sucessivamente a fórmula

$$\boxed{y_k = y_{k-1} + hF(t_{k-1}, y_{k-1})} \qquad \boxed{3}$$

O método de Euler é o método mais simples para resolver numericamente problemas de valor inicial, mas não é muito eficiente. Os computadores usam esquemas mais sofisticados, possibilitando esboçar o gráfico e analisar as soluções dos complexos sistemas de equações diferenciais que surgem em áreas como previsão do tempo, modelagem aerodinâmica e simulações na Economia.

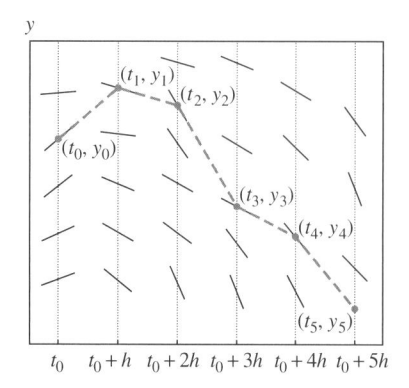

FIGURA 6 No método de Euler, passamos de um ponto para o próximo percorrendo a reta indicada pelo campo de direções.

Começando com o valor inicial $y_0 = y(t_0)$, calculamos $y_1 = y_0 + hF(t_0, y_0)$, etc. O valor y_k é a aproximação de Euler de $y(t_k)$. Conectamos os pontos $P_k = (t_k, y_k)$ por segmentos de reta para obter uma aproximação do gráfico de $y(t)$ (Figura 6).

> **ENTENDIMENTO GRÁFICO** Os valores y_k estão definidos de tal modo que o segmento de reta que liga P_{k-1} a P_k tem inclinação
>
> $$\frac{y_k - y_{k-1}}{t_k - t_{k-1}} = \frac{(y_{k-1} + hF(t_{k-1}, y_{k-1})) - y_{k-1}}{h} = F(t_{k-1}, y_{k-1})$$
>
> Assim, no método de Euler, o deslocamento de P_{k-1} a P_k é feito na direção especificada pelo campo de direções em P_{k-1} durante um intervalo de tempo de comprimento h (Figura 6).

■ **EXEMPLO 3** Use o método de Euler com incremento temporal $h = 0{,}2$ e $n = 4$ passos para aproximar a solução de $\dfrac{dy}{dt} = y - t^2$, $y(0) = 3$.

Solução Nosso valor inicial em $t_0 = 0$ é $y_0 = 3$. Como $h = 0{,}2$, os valores temporais são $t_1 = 0{,}2$, $t_2 = 0{,}4$, $t_3 = 0{,}6$ e $t_4 = 0{,}8$. Usamos a Equação (3) com $F(t, y) = y - t^2$ para calcular

$$y_1 = y_0 + hF(t_0, y_0) = 3 + 0{,}2(3 - (0)^2) = 3{,}6$$

$$y_2 = y_1 + hF(t_1, y_1) = 3{,}6 + 0{,}2(3{,}6 - (0{,}2)^2) \approx 4{,}3$$

$$y_3 = y_2 + hF(t_2, y_2) = 4{,}3 + 0{,}2(4{,}3 - (0{,}4)^2) \approx 5{,}14$$

$$y_4 = y_3 + hF(t_3, y_3) = 5{,}14 + 0{,}2(5{,}14 - (0{,}6)^2) \approx 6{,}1$$

A Figura 7(A) mostra a solução exata $y(t) = 2 + 2t + t^2 + e^t$ junto a um esboço dos pontos (t_k, y_k), com $k = 0$, 1, 2, 3 e 4, ligados por segmentos de reta. ■

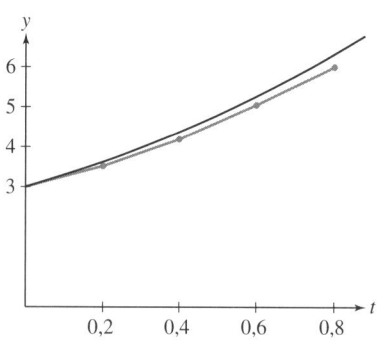

FIGURA 7 O método de Euler aplicado a $\dfrac{dy}{dt} = y - t^2$, $y(0) = 3$.

(A) Incremento temporal $h = 0{,}2$

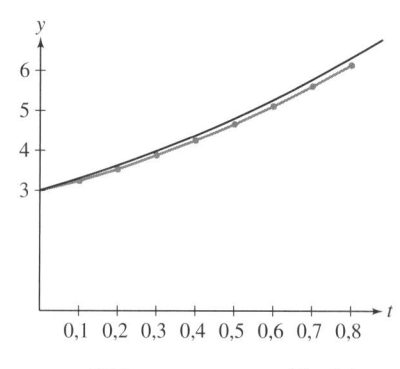

(B) Incremento temporal $h = 0{,}1$

> **ENTENDIMENTO CONCEITUAL** A Figura 7(B) mostra que o incremento temporal $h = 0{,}1$ dá uma aproximação melhor do que $h = 0{,}2$. Em geral, quanto menor o incremento temporal, melhor a aproximação. De fato, começando num ponto $(a, y(a))$ e usando o método de Euler para aproximar $(b, y(b))$ usando N passos com $h = (b - a)/N$, então o erro é aproximadamente proporcional a $1/N$ [desde que $F(t, y)$ seja uma função bem comportada]. Isso é parecido com o tamanho do erro da N-ésima aproximação de uma integral pela esquerda ou direita. O que isso significa, no entanto, é que o método de Euler não é muito eficaz: para cortar o erro pela metade, é necessário dobrar o número de passos; para alcançar precisão de n dígitos, precisamos, aproximadamente, de 10^n passos. Felizmente, há muitos outros métodos que aprimoram o método de Euler, numa situação muito parecida com a maneira pela qual as regras do ponto médio e de Simpson melhoraram as aproximações pela esquerda e direita (ver Exercícios 24-29).

EXEMPLO 4
Seja $y(t)$ a solução de $\dfrac{dy}{dt} = \operatorname{sen} t \cos y$, $y(0) = 0$.

(a) Use o método de Euler com incremento temporal $h = 0{,}1$ para aproximar $y(0{,}5)$.

(b) Use um sistema algébrico computacional para implementar o método de Euler com incrementos temporais $h = 0{,}1$; $0{,}001$ e $0{,}0001$ para aproximar $y(0{,}5)$.

Solução

(a) Quando $h = 0{,}1$, y_k é uma aproximação de $y(0 + k(0{,}1)) = y(0{,}1k)$, portanto y_5 é uma aproximação de $y(0{,}5)$. É conveniente organizar as contas numa tabela como a que segue. Observe que o valor y_{k+1} calculado na última coluna de cada linha é utilizado na linha seguinte, para continuar o processo.

O método de Euler:

$$y_k = y_{k-1} + hF(t_{k-1}, y_{k-1})$$

t_k	y_k	$F(t_k, y_k) = \operatorname{sen} t_k \cos y_k$	$y_{k+1} = y_k + hF(t_k, y_k)$
$t_0 = 0$	$y_0 = 0$	$(\operatorname{sen} 0)\cos 0 = 0$	$y_1 = 0 + 0{,}1(0) = 0$
$t_1 = 0{,}1$	$y_1 = 0$	$(\operatorname{sen} 0{,}1)\cos 0 \approx 0{,}1$	$y_2 \approx 0 + 0{,}1(0{,}1) = 0{,}01$
$t_2 = 0{,}2$	$y_2 \approx 0{,}01$	$(\operatorname{sen} 0{,}2)\cos(0{,}01) \approx 0{,}2$	$y_3 \approx 0{,}01 + 0{,}1(0{,}2) = 0{,}03$
$t_3 = 0{,}3$	$y_3 \approx 0{,}03$	$(\operatorname{sen} 0{,}3)\cos(0{,}03) \approx 0{,}3$	$y_4 \approx 0{,}03 + 0{,}1(0{,}3) = 0{,}06$
$t_4 = 0{,}4$	$y_4 \approx 0{,}06$	$(\operatorname{sen} 0{,}4)\cos(0{,}06) \approx 0{,}4$	$y_5 \approx 0{,}06 + 0{,}1(0{,}4) = 0{,}10$

Assim, o método de Euler fornece a aproximação $y(0{,}5) \approx y_5 \approx 0{,}1$.

(b) Quando o número de passos é muito grande, as contas ficam muito extensas para serem feitas à mão, mas são facilmente executadas num sistema algébrico computacional. Observe que, com $h = 0{,}01$, o k-ésimo valor y_k é uma aproximação de $y(0 + k(0{,}01)) = y(0{,}01k)$, e y_{50} dá uma aproximação de $y(0{,}5)$. Analogamente, se $h = 0{,}001$, então y_{500} é uma aproximação de $y(0{,}5)$ e, se $h = 0{,}0001$, então $y_{5.000}$ é uma aproximação de $y(0{,}5)$. Aqui temos os resultados obtidos num CAS:

Incremento temporal $h = 0{,}01$	$y_{50} \approx 0{,}1197$
Incremento temporal $h = 0{,}001$	$y_{500} \approx 0{,}1219$
Incremento temporal $h = 0{,}0001$	$y_{5000} \approx 0{,}1221$

Os valores parecem convergir, e podemos supor que $y(0{,}5) \approx 0{,}12$. Contudo, vemos aqui que o método de Euler converge muito lentamente. ∎

Um comando típico de sistema algébrico computacional para implementar o método de Euler com incremento temporal $h = 0{,}01$ é o seguinte:

```
>> For[n = 0; y = 0, n < 50, n++,
>> y = y + (.01) * (Sin[.01 * n] * Cos[y])]
>> y
>> 0.119746
```

O comando `For[...]` *atualiza a variável y sucessivamente pelos valores $y_1, y_2, \ldots, y_{50}$, de acordo com o método de Euler.*

9.3 Resumo

- O *campo de direções* de uma equação diferencial de primeira ordem $\dfrac{dy}{dt} = F(t, y)$ é obtido traçando pequenos segmentos de reta de inclinação $F(t, y)$ em pontos (t, y) de um reticulado retangular do plano.

- O gráfico de uma solução (também denominado *curva integral* da equação diferencial) satisfazendo $y(t_0) = y_0$ é uma curva por (t_0, y_0) que percorre um caminho que, em cada ponto, é tangente aos segmentos do campo de direções.

- Método de Euler: para aproximar uma solução de $\dfrac{dy}{dt} = F(t, y)$ com condição inicial $y(t_0) = y_0$, fixamos um incremento temporal h e tomamos $t_k = t_0 + kh$. Definimos $y_1, y_2, \ldots$ sucessivamente pela fórmula

$$y_k = y_{k-1} + hF(t_{k-1}, y_{k-1}) \qquad 4$$

Os valores $y_0, y_1, y_2, \ldots$ são aproximações dos valores $y(t_0), y(t_1), y(t_2), \ldots$.

9.3 Exercícios

Exercícios preliminares

1. Qual é a inclinação do segmento dado pelo campo de direções de $\dfrac{dy}{dt} = ty + 1$ no ponto $(2, 3)$?

2. Qual é a equação da isóclina de inclinação $c = 1$ da equação $\dfrac{dy}{dt} = y^2 - t$?

498 Cálculo

3. As inclinações nos pontos de uma reta vertical $t = C$ são todas iguais com qual das equações diferenciais?

   (a) $\dfrac{dy}{dt} = \ln y$ (b) $\dfrac{dy}{dt} = \ln t$

4. Seja $y(t)$ a solução de $\dfrac{dy}{dt} = F(t, y)$ com $y(1) = 3$. Quantas iterações do método de Euler serão necessárias para aproximar $y(3)$ se o incremento temporal for de $h = 0{,}1$?

Exercícios

1. A Figura 8 mostra o campo de direções de $\dfrac{dy}{dt} = \operatorname{sen} y \operatorname{sen} t$. Esboce os gráficos das soluções de condições iniciais $y(0) = 1$ e $y(0) = -1$. Mostre que $y(t) = 0$ é uma solução e acrescente seu gráfico ao esboço.

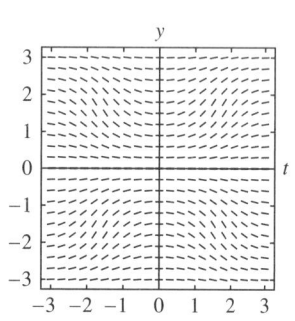

FIGURA 8 O campo de direções de $\dfrac{dy}{dt} = \operatorname{sen} y \operatorname{sen} t$.

2. A Figura 9 mostra o campo de direções de $\dfrac{dy}{dt} = y^2 - t^2$. Esboce a curva integral que passa pelo ponto $(0, -1)$, a curva por $(0, 0)$ e a curva por $(0, 2)$. Será $y(t) = 0$ uma solução?

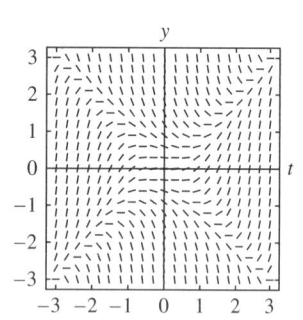

FIGURA 9 O campo de direções de $\dfrac{dy}{dt} = y^2 - t^2$.

3. Mostre que $f(t) = \tfrac{1}{2}\left(t - \tfrac{1}{2}\right)$ é uma solução de $\dfrac{dy}{dt} = t - 2y$. Esboce as quatro soluções com $y(0) = \pm 0{,}5, \pm 1$ no campo de direções da Figura 10. O campo de direções sugere que cada solução se aproxima de $f(t)$ se $t \to \infty$. Confirme isso, mostrando que a solução geral é $y = f(t) + Ce^{-2t}$.

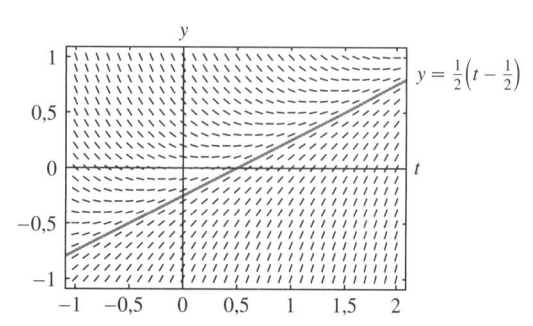

FIGURA 10 O campo de direções de $\dfrac{dy}{dt} = t - 2y$.

4. Um dos campos de direções das Figuras 11(A) e (B) é o campo de direções de $\dfrac{dy}{dt} = t^2$. O outro é de $\dfrac{dy}{dt} = y^2$. Identifique qual é qual. Em cada caso, esboce as soluções de condições iniciais $y(0) = 1$, $y(0) = 0$ e $y(0) = -1$.

(A)   (B)

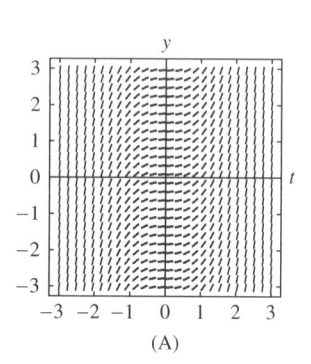

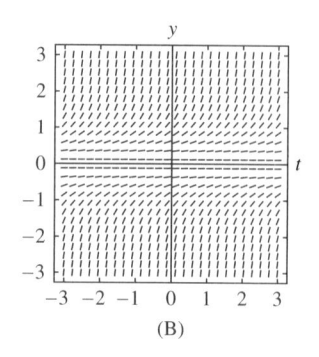

FIGURA 11

5. Considere a equação diferencial $\dfrac{dy}{dt} = t - y$.

   (a) Esboce o campo de direções da equação diferencial $\dfrac{dy}{dt} = t - y$ na região $-1 \le t \le 3$, $-1 \le y \le 3$. Como uma ajuda, observe que a isóclina de inclinação c é a reta $t - y = c$, de modo que os segmentos têm inclinação c na reta $y = t - c$.

   (b) Mostre que $y = t - 1 + Ce^{-t}$ é uma solução com qualquer C. Como $\lim\limits_{t \to \infty} e^{-t} = 0$, essas soluções tendem à solução particular $y = t - 1$ se $t \to \infty$. Explique como esse comportamento se reflete no campo de direções obtido em (a).

6. Mostre que as isóclinas de $\dfrac{dy}{dt} = 1/y$ são retas horizontais. Esboce o campo de direções em $-2 \le t \le 2$, $-2 \le y \le 2$ e esboce as soluções de condições iniciais $y(0) = 0$ e $y(0) = 1$.

7. Esboce o campo de direções de $\dfrac{dy}{dt} = y + t$ na região $-2 \le t \le 2$, $-2 \le y \le 2$.

8. Esboce o campo de direções de $\dfrac{dy}{dt} = \dfrac{t}{y}$ na região $-2 \le t \le 2$, $-2 \le y \le 2$.

9. Mostre que as isóclinas de $\dfrac{dy}{dt} = t$ são retas verticais. Esboce o campo de direções em $-2 \le t \le 2$, $-2 \le y \le 2$ e esboce as curvas integrais quer passam por $(0, -1)$ e $(0, 1)$.

10. Esboce o campo de direções de $\dfrac{dy}{dt} = ty$ em $-2 \le t \le 2$, $-2 \le y \le 2$. Usando o esboço, determine $\lim\limits_{t \to \infty} y(t)$, sendo $y(t)$ uma solução com $y(0) > 0$. O que é $\lim\limits_{t \to \infty} y(t)$ se $y(0) < 0$?

11. Combine a equação diferencial com seu campo de direções nas Figuras 12(A)-(F).

    (i) $\dfrac{dy}{dt} = -1$ (ii) $\dfrac{dy}{dt} = \dfrac{y}{t}$ (iii) $\dfrac{dy}{dt} = t^2 y$

    (iv) $\dfrac{dy}{dt} = ty^2$ (v) $\dfrac{dy}{dt} = t^2 + y^2$ (vi) $\dfrac{dy}{dt} = t$

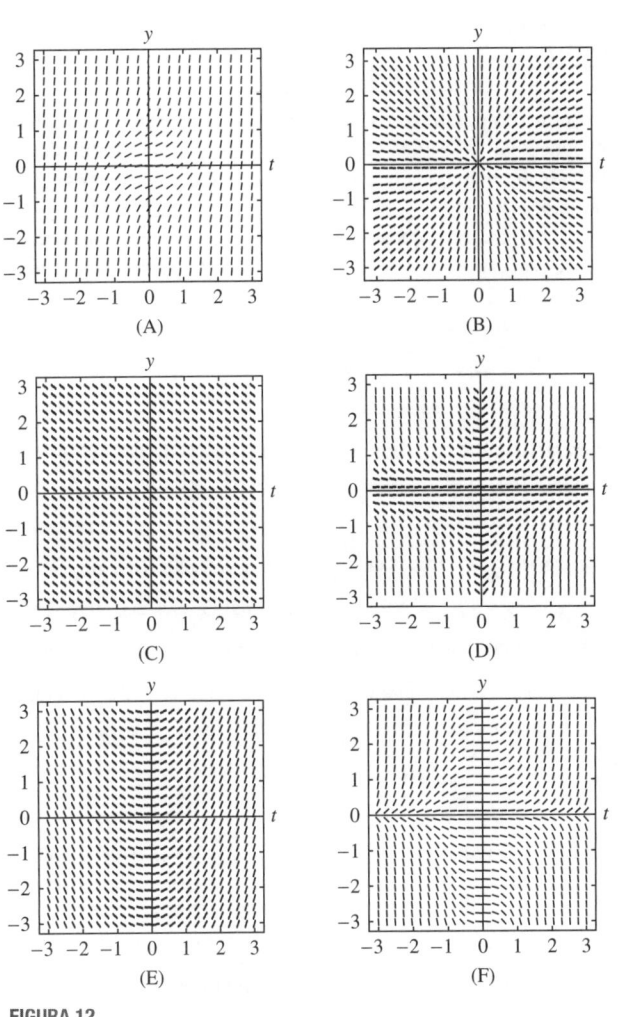

FIGURA 12

12. Esboce as soluções de $\dfrac{dy}{dt} = ty^2$ satisfazendo $y(0) = 1$ no campo de direções apropriado da Figura 12(A)-(F). Em seguida, usando separação de variáveis, mostre que se $y(t)$ for uma solução tal que $y(0) > 0$, então $y(t)$ tende ao infinito se $t \to \sqrt{2/y(0)}$.

13. (a) Esboce o campo de direções de $\dfrac{dy}{dt} = t/y$ na região $-2 \leq t \leq 2, -2 \leq y \leq 2$.
 (b) Confira que a solução geral é $y = \pm\sqrt{t^2 + C}$.
 (c) Esboce no campo de direções as soluções de condições iniciais $y(0) = 1$ e $y(0) = -1$.

14. Esboce o campo de direções de $\dfrac{dy}{dt} = t^2 - y$ na região $-3 \leq t \leq 3, -3 \leq y \leq 3$ e esboce as soluções satisfazendo $y(1) = 0, y(1) = 1$ e $y(1) = -1$.

15. Sejam $F(t, y) = t^2 - y$ e $y(t)$ a solução de $\dfrac{dy}{dt} = F(t, y)$ satisfazendo $y(2) = 3$. Seja $h = 0,1$ o incremento temporal no método de Euler e denote $y_0 = y(2) = 3$.
 (a) Calcule $y_1 = y_0 + hF(2, 3)$.
 (b) Calcule $y_2 = y_1 + hF(2,1, y_1)$.
 (c) Calcule $y_3 = y_2 + hF(2,2, y_2)$ e continue, calculando y_4, y_5 e y_6.
 (d) Encontre aproximações de $y(2,2)$ e $y(2,5)$.

16. Seja $y(t)$ a solução de $\dfrac{dy}{dt} = te^{-y}$ que satisfaz $y(0) = 0$.
 (a) Use o método de Euler com incremento temporal $h = 0,1$ para aproximar $y(0,1), y(0,2), ..., y(0,5)$.
 (b) Use separação de variáveis para encontrar $y(t)$ exatamente.
 (c) Calcule o erro das aproximações $y(0,1)$ e $y(0,5)$.

Nos Exercícios 17-22, use o método de Euler para aproximar o valor de $y(t)$ dado com o incremento temporal indicado.

17. $y(0,5);\quad \dfrac{dy}{dt} = y + t,\quad y(0) = 1,\quad h = 0,1$

18. $y(0,7);\quad \dfrac{dy}{dt} = 2y,\quad y(0) = 3,\quad h = 0,1$

19. $y(3,3);\quad \dfrac{dy}{dt} = t^2 - y,\quad y(3) = 1,\quad h = 0,05$

20. $y(3);\quad \dfrac{dy}{dt} = \sqrt{t + y},\quad y(2,7) = 5,\quad h = 0,05$

21. $y(2);\quad \dfrac{dy}{dt} = t \operatorname{sen} y,\quad y(1) = 2,\quad h = 0,2$

22. $y(5,2);\quad \dfrac{dy}{dt} = t - \sec y,\quad y(4) = -2,\quad h = 0,2$

Compreensão adicional e desafios

23. Se f for contínua em $[a, b]$, então a solução de $\dfrac{dy}{dt} = f(t)$ com condição inicial $y(a) = 0$ é $y(t) = \displaystyle\int_a^t f(u)\,du$. Mostre que o método de Euler com incremento temporal $h = (b - a)/N$ de N passos fornece a N-ésima aproximação pela esquerda de
$$y(b) = \int_a^b f(u)\,du.$$

Nos Exercícios 24-29: o método do ponto médio de Euler é uma variação do método de Euler que dá um ganho considerável de precisão. Com um incremento temporal h e valor inicial $y_0 = y(t_0)$, os valores y_k são definidos sucessivamente por
$$y_k = y_{k-1} + hm_{k-1}$$
em que $m_{k-1} = F\left(t_{k-1} + \dfrac{h}{2}, y_{k-1} + \dfrac{h}{2}F(t_{k-1}, y_{k-1})\right)$.

24. Aplique o método de Euler e também o método do ponto médio de Euler com $h = 0,1$ para obter uma estimativa de $y(1,5)$, em que $y(t)$ satisfaz $\dfrac{dy}{dt} = y$ com $y(0) = 1$. Encontre $y(t)$ exatamente e calcule os erros dessas duas aproximações.

Nos Exercícios 25-28, use o método do ponto médio de Euler com o incremento temporal indicado para aproximar o valor de $y(t)$ dado.

25. $y(0,5);\quad \dfrac{dy}{dt} = y + t,\quad y(0) = 1,\quad h = 0,1$

26. $y(2);\quad \dfrac{dy}{dt} = t^2 - y,\quad y(1) = 3,\quad h = 0,2$

27. $y(0,25);\quad \dfrac{dy}{dt} = \cos(y + t),\quad y(0) = 1,\quad h = 0,05$

28. $y(2,3);\quad \dfrac{dy}{dt} = y + t^2,\quad y(2) = 1,\quad h = 0,05$

29. Suponha que f seja contínua em $[a, b]$. Mostre que o método do ponto médio de Euler aplicado à solução de $\dfrac{dy}{dt} = f(t)$ com condição inicial $y(a) = 0$ e incremento temporal $h = (b - a)/N$ de N passos fornece a N-ésima aproximação pelo meio de
$$y(b) = \int_a^b f(u)\,du$$

9.4 Equação logística

A equação logística foi introduzida inicialmente em 1838 pelo matemático belga Pierre-François Verhulst (1804-1849). Tendo como base a população belga em três anos (1815, 1830 e 1845), que então estava entre 4 e 4,5 milhões, Verhulst previu que a população jamais excederia 9,4 milhões. Essa predição se manteve razoavelmente bem. A população belga atual está em torno de 10,4 milhões.

O mais simples modelo de crescimento populacional é $dy/dt = ky$, de acordo com o qual o crescimento populacional é exponencial. Isso pode ser verdadeiro por períodos reduzidos de tempo, mas é obvio que população alguma pode crescer sem cota devido aos recursos finitos (como alimento e espaço). Portanto, os biólogos populacionais usam uma variedade de outras equações diferencias que levam em conta limitações ambientais ao crescimento, como escassez de alimento, competição entre espécies. Um modelo muito usado tem por base a **equação diferencial logística**:

$$\frac{dy}{dt} = ky\left(1 - \frac{y}{A}\right) \qquad 1$$

Aqui, $k > 0$ é a constante de crescimento e A é uma constante denominada **capacidade de tolerância**. A Figura 1 mostra uma típica solução no formato de um S da Equação (1).

ENTENDIMENTO CONCEITUAL A equação logística $\dfrac{dy}{dt} = ky(1 - y/A)$ difere da equação diferencial exponencial $\dfrac{dy}{dt} = ky$ somente pelo fator adicional $(1 - y/A)$. Enquanto y for pequeno em relação a A, esse fator estará próximo de 1 e poderá ser ignorado, dando $\dfrac{dy}{dt} \approx ky$. Assim, $y(t)$ cresce quase exponencialmente quando a população for pequena (Figura 1). Quando $y(t)$ tende a A, o fator $(1 - y/A)$ tende a zero. Isso faz com que $\dfrac{dy}{dt}$ decresça e impeça $y(t)$ de exceder a capacidade de tolerância A.

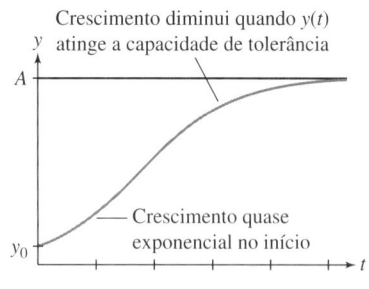

FIGURA 1 Uma solução da equação logística.

O campo de direções na Figura 2 mostra claramente que há três famílias de soluções, dependendo do valor inicial $y_0 = y(0)$:

- Se $y_0 > A$, então $y(t)$ é decrescente e tende a A se $t \to \infty$.
- Se $0 < y_0 < A$, então $y(t)$ é crescente e tende a A se $t \to \infty$.
- Se $y_0 < 0$, então $y(t)$ é decrescente e $\lim_{t \to t_b^-} y(t) = -\infty$ com algum instante t_b.

As soluções da equação logística com $y_0 < 0$ não são relevantes para as populações, porque uma população não pode ser negativa (Exercício 18).

A Equação (1) também tem duas soluções constantes, a saber, $y = 0$ e $y = A$. Essas soluções correspondem às raízes de $ky(1 - y/A) = 0$ e satisfazem a Equação (1) porque $\dfrac{dy}{dt} = 0$ se y for constante. As soluções constantes são ditas de **equilíbrio** ou, então, de **estado contínuo**. A solução de equilíbrio $y = A$ é denominada **equilíbrio estável**, pois cada solução com condição inicial y_0 próximo a A tende ao equilíbrio $y = A$ se $t \to \infty$. Ao contrário dessa, a solução $y = 0$ é um **equilíbrio instável**, porque cada solução que não seja de equilíbrio com condição inicial y_0 próximo a $y = 0$ ou cresce para A ou decresce para $-\infty$. Essas soluções que não são de equilíbrio se afastam da solução de equilíbrio instável com o decorrer do tempo.

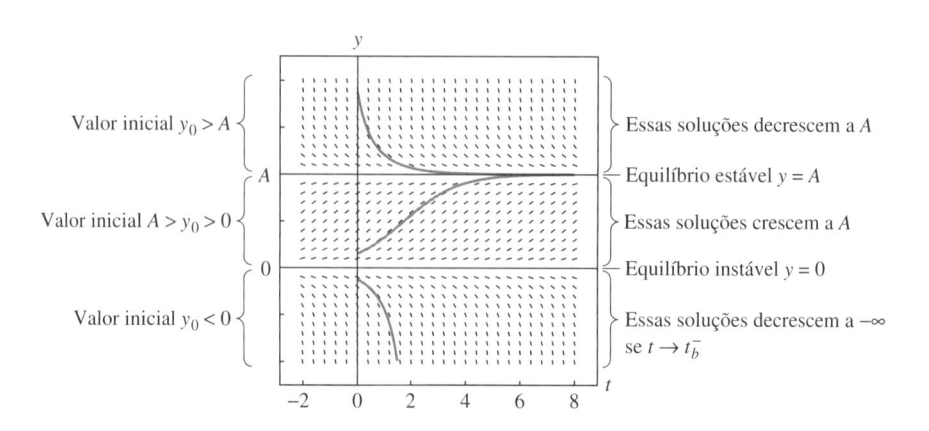

FIGURA 2 O campo de direções de $\dfrac{dy}{dt} = ky\left(1 - \dfrac{y}{A}\right)$.

Tendo descrito de maneira qualitativa as soluções, vamos encontrar explicitamente as soluções que não são de equilíbrio, usando separação de variáveis. Supondo que $y \neq 0$ e $y \neq A$, obtemos

$$\frac{dy}{dt} = ky\left(1 - \frac{y}{A}\right)$$

$$\frac{dy}{y(1 - y/A)} = k\,dt$$

$$\int \left(\frac{1}{y} - \frac{1}{y - A}\right) dy = \int k\,dt \qquad \boxed{2}$$

$$\ln|y| - \ln|y - A| = kt + C$$

$$\left|\frac{y}{y - A}\right| = e^{kt+C} \quad \Rightarrow \quad \frac{y}{y - A} = \pm e^C e^{kt}$$

Na Equação (2), usamos a decomposição em frações parciais

$$\frac{1}{y(1 - y/A)} = \frac{1}{y} - \frac{1}{y - A}$$

Como $\pm e^C$ pode ser qualquer valor não nulo arbitrário, substituímos $\pm e^C$ por B (não nula):

$$\frac{y}{y - A} = Be^{kt} \qquad \boxed{3}$$

Se $t = 0$, isso dá uma relação útil entre B e o valor inicial $y_0 = y(0)$:

$$\frac{y_0}{y_0 - A} = B \qquad \boxed{4}$$

Para resolver em y, multiplicamos cada lado da Equação (3) por $(y - A)$:

$$y = (y - A)Be^{kt}$$

$$y(1 - Be^{kt}) = -ABe^{kt}$$

$$y = \frac{ABe^{kt}}{Be^{kt} - 1}$$

Como $B \neq 0$, podemos dividir por Be^{kt} para obter a solução geral que não é de equilíbrio:

$$\boxed{\frac{dy}{dt} = ky\left(1 - \frac{y}{A}\right), \qquad y = \frac{A}{1 - e^{-kt}/B}} \qquad \boxed{5}$$

Mesmo que nos próximos dois exemplos utilizemos a solução que acabamos de deduzir, geralmente é mais fácil voltar a deduzir essa solução em cada caso particular, usando a separação de variáveis, em vez de memorizar a solução.

■ **EXEMPLO 1** Resolva $\dfrac{dy}{dt} = 0{,}3y(4 - y)$ com condição inicial $y(0) = 1$.

Solução Para aplicar a Equação (5), precisamos reescrever a equação na forma

$$\frac{dy}{dt} = 1{,}2y\left(1 - \frac{y}{4}\right)$$

Assim, $k = 1{,}2$ e $A = 4$; a solução geral, então, é

$$y = \frac{4}{1 - e^{-1{,}2t}/B}$$

Há duas maneiras de encontrar B. Uma é resolver $y(0) = 1$ diretamente para B. Uma maneira mais fácil é usar a Equação (4):

$$B = \frac{y_0}{y_0 - A} = \frac{1}{1 - 4} = -\frac{1}{3}$$

Concluímos que a solução particular é $y = \dfrac{4}{1 + 3e^{-1{,}2t}}$ (Figura 3).

FIGURA 3 Algumas soluções de $\dfrac{dy}{dt} = 0{,}3y(4 - y)$.

FIGURA 4

A equação logística pode ser demasiadamente simples para descrever precisamente uma população real de veados, mas serve como ponto de partida para modelos mais sofisticados usados por ecologistas, biólogos populacionais e profissionais de reflorestamento.

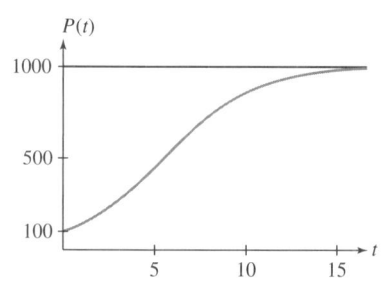

FIGURA 5 A população de veados como função do tempo t (em anos).

■ **EXEMPLO 2** **População de veados** Uma população de veados (Figura 4) cresce logisticamente com constante de crescimento $k = 0{,}4$ ano^{-1} numa floresta com uma capacidade de tolerância de 1.000 veados.

(a) Encontre a população $P(t)$ de veados se a população inicial for de $P_0 = 100$.
(b) Quanto tempo leva para a população de veados alcançar 500?

Solução A unidade de tempo é o ano, pois a unidade de k é ano^{-1}.
(a) Como $k = 0{,}4$ e $A = 1.000$, $P(t)$ satisfaz a equação diferencial

$$\frac{dP}{dt} = 0{,}4P\left(1 - \frac{P}{1000}\right)$$

A solução geral é dada pela Equação (5):

$$P(t) = \frac{1000}{1 - e^{-0{,}4t}/B} \qquad \boxed{6}$$

Usando a Equação (4) para calcular B, obtemos (Figura 5)

$$B = \frac{P_0}{P_0 - A} = \frac{100}{100 - 1000} = -\frac{1}{9} \quad \Rightarrow \quad P(t) = \frac{1000}{1 + 9e^{-0{,}4t}}$$

(b) Para encontrar o instante t em que $P(t) = 500$, poderíamos resolver a equação

$$P(t) = \frac{1000}{1 + 9e^{-0{,}4t}} = 500$$

No entanto, é mais fácil usar a Equação (3):

$$\frac{P}{P - A} = Be^{kt}$$

$$\frac{P}{P - 1000} = -\frac{1}{9}e^{0{,}4t}$$

Tomamos $P = 500$ e resolvemos em t:

$$-\frac{1}{9}e^{0{,}4t} = \frac{500}{500 - 1000} = -1 \quad \Rightarrow \quad e^{0{,}4t} = 9 \quad \Rightarrow \quad 0{,}4t = \ln 9$$

Isso dá $t = (\ln 9)/0{,}4 \approx 5{,}5$ anos. ■

9.4 Resumo

- A *equação logística* e sua solução geral que não é de equilíbrio ($k > 0$ e $A > 0$):

$$\frac{dy}{dt} = ky\left(1 - \frac{y}{A}\right), \qquad y = \frac{A}{1 - e^{-kt}/B}, \qquad \text{ou, equivalentemente,} \qquad \frac{y}{y - A} = Be^{kt}$$

- Duas soluções de equilíbrio (constantes):
  - $y = 0$ é um equilíbrio instável.
  - $y = A$ é um equilíbrio estável.
- Se o valor inicial $y_0 = y(0)$ satisfaz $y_0 > 0$, então $y(t)$ tende ao equilíbrio estável $y = A$; ou seja, $\lim_{t \to \infty} y(t) = A$.

9.4 Exercícios

Exercícios preliminares

1. Qual das seguintes equações diferenciais é uma equação diferencial logística?

   (a) $\dfrac{dy}{dt} = 2y(1 - y^2)$ (b) $\dfrac{dy}{dt} = 2y\left(1 - \dfrac{y}{3}\right)$ (c) $\dfrac{dy}{dt} = 2y\left(1 - \dfrac{t}{4}\right)$ (d) $\dfrac{dy}{dt} = 2y(1 - 3y)$

2. A equação logística é uma equação diferencial linear?

3. A equação logística é separável?

Exercícios

1. Encontre a solução geral da equação logística
$$\frac{dy}{dt} = 3y\left(1 - \frac{y}{5}\right)$$
Em seguida, encontre a solução particular que satisfaz $y(0) = 2$.

2. Encontre a solução de $\frac{dy}{dt} = 2y(3-y)$, $y(0) = 10$.

3. Seja $y(t)$ uma solução de $\frac{dy}{dt} = 0{,}5y(1 - 0{,}5y)$ tal que $y(0) = 4$. Determine $\lim_{t \to \infty} y(t)$ sem encontrar $y(t)$ explicitamente.

4. Seja $y(t)$ uma solução de $\frac{dy}{dt} = 5y(1 - y/5)$. Decida se y é crescente, decrescente ou constante nos casos seguintes.
   (a) $y(0) = 2$ (b) $y(0) = 5$ (c) $y(0) = 8$

5. Uma população de esquilos vive numa floresta com capacidade de tolerância de 2.000. Suponha crescimento logístico com constante de crescimento $k = 0{,}6$ ano^{-1}.
   (a) Encontre uma fórmula para a população $P(t)$ de esquilos, supondo uma população inicial de 500 esquilos.
   (b) Em quanto tempo a população de esquilos irá dobrar?

6. A população $P(t)$ de larvas de mosquitos crescendo numa cavidade de árvore cresce de acordo com a equação logística com constante de crescimento $k = 0{,}3$ dia^{-1} e capacidade de tolerância $A = 500$.
   (a) Encontre uma fórmula para a população $P(t)$ de larvas, supondo uma população inicial de $P_0 = 50$ larvas.
   (b) Depois de quantos dias a população de larvas alcançará 200 larvas?

7. Num certo lago são colocadas 2.000 trutas para reprodução e, depois de um ano, a população alcança 4.500. Supondo crescimento logístico com uma capacidade de tolerância de 20.000, encontre a constante de crescimento k (especifique as unidades) e determine quando a população alcançará 10.000.

8. **Disseminação de um rumor** Um rumor se espalha por uma cidade pequena. Seja $y(t)$ a fração da população que já ouviu o rumor no instante t e suponha que a taxa segundo a qual o rumor se espalha seja proporcional ao produto da fração y da população que já ouviu o rumor pela fração $1 - y$ que ainda não ouviu o rumor.
   (a) Escreva uma equação diferencial satisfeita por y em termos de um fator de proporcionalidade k.
   (b) Encontre k (em unidades de dias^{-1}), supondo que 10% da população tenham ouvido o rumor em $t = 0$ e 40% o tenham ouvido em $t = 2$ dias.
   (c) Usando as hipóteses de (b), determine quando 75% da população terão ouvido o rumor.

9. Um rumor se espalha numa escola de 1.000 alunos. Às 8 horas da manhã, 80 alunos ouviram o rumor e, ao meio-dia, metade dos alunos já o ouviu. Usando o modelo logístico do Exercício 8, determine quando 90% dos alunos terão ouvido o rumor.

10. CG Um modelo mais simples para a disseminação de um rumor supõe que a taxa segundo a qual o rumor se espalha seja proporcional (com fator k) à fração da população que ainda não ouviu o rumor.
    (a) Calcule as soluções desse modelo e do modelo do Exercício 8 com os valores $k = 0{,}9$ e $y_0 = 0{,}1$.
    (b) Esboce os gráficos das duas soluções no mesmo par de eixos.
    (c) Qual modelo parece mais realista? Por quê?

11. Sejam $k = 1$ e $A = 1$ na equação logística.
    (a) Encontre as soluções que satisfaçam $y_1(0) = 10$ e $y_2(0) = -1$.
    (b) Encontre o instante t em que $y_1(t) = 5$.
    (c) Quando $y_2(t)$ se torna infinito?

12. Uma cultura de tecido animal cresce até atingir uma área máxima de M cm^2. A área $A(t)$ da cultura no instante t pode ser modelada pela equação diferencial
$$\frac{dA}{dt} = k\sqrt{A}\left(1 - \frac{A}{M}\right) \qquad \boxed{7}$$
em que k é uma constante de crescimento.
    (a) Mostre que se $A = u^2$, então
$$\frac{du}{dt} = \frac{1}{2}k\left(1 - \frac{u^2}{M}\right)$$
Em seguida, encontre a solução geral usando separação de variáveis.
    (b) Mostre que a solução geral da Equação (7) é
$$A(t) = M\left(\frac{Ce^{(k/\sqrt{M})t} - 1}{Ce^{(k/\sqrt{M})t} + 1}\right)^2$$

13. CG No modelo do Exercício 12, seja $A(t)$ a área no instante t (horas) de uma cultura de tecido animal com tamanho inicial $A(0) = 1$ cm^2, supondo que a área máxima seja $M = 16$ cm^2 e que a constante de crescimento seja $k = 0{,}1$.
    (a) Encontre uma fórmula para $A(t)$. *Observação*: a condição inicial é satisfeita com dois valores da constante C. Escolha o valor com o qual $A(t)$ está crescendo.
    (b) Determine a área da cultura em $t = 10$ horas.
    (c) CG Faça um gráfico da solução com um recurso gráfico.

14. Mostre que se uma cultura de tecido animal crescer de acordo com a Equação (7), então a taxa de crescimento atinge um máximo quando $A = M/3$.

15. Em 1751, Benjamin Franklin previu que a população $P(t)$ dos EUA aumentaria com uma constante de crescimento $k = 0{,}028$ ano^{-1}. De acordo com o censo, em 1800 a população dos EUA era de 8 milhões e em 1900, de 76 milhões. Supondo um crescimento logístico com $k = 0{,}028$, encontre a capacidade de tolerância prevista da população dos EUA. *Sugestão*: use as Equações (3) e (4) para mostrar que
$$\frac{P(t)}{P(t) - A} = \frac{P_0}{P_0 - A}e^{kt}$$

16. **Equação logística inversa** Considere a equação logística (com $k, B > 0$)
$$\frac{dP}{dt} = -kP\left(1 - \frac{P}{B}\right) \qquad \boxed{8}$$
    (a) Esboce o campo de direções dessa equação.
    (b) A solução geral é $P(t) = B/(1 - e^{kt}/C)$, em que C é uma constante não nula. Mostre que $P(0) > B$ se $C > 1$ e $0 < P(0) < B$ se $C < 0$.
    (c) Mostre que a Equação (8) modela uma população "extinção-explosão". Ou seja, $P(t)$ tende a zero se a população inicial satisfaz $0 < P(0) < B$ e tende a ∞ em tempo finito se $P(0) > B$.
    (d) Mostre que $P = 0$ é um equilíbrio estável e $P = B$ é um instável.

Compreensão adicional e desafios

Nos Exercícios 17 e 18, seja y(t) uma solução da equação logística

$$\frac{dy}{dt} = ky\left(1 - \frac{y}{A}\right) \qquad 9$$

em que $A > 0$ e $k > 0$.

17. **(a)** Derive a Equação (9) em relação a t e use a regra da cadeia para mostrar que

    $$\frac{d^2y}{dt^2} = k^2 y \left(1 - \frac{y}{A}\right)\left(1 - \frac{2y}{A}\right)$$

    (b) Mostre que o gráfico da função y é côncavo para cima se $0 < y < A/2$ e côncavo para baixo se $A/2 < y < A$.

    (c) Mostre que se $0 < y(0) < A/2$, então y tem um ponto de inflexão em $A/2$ (Figura 6).

    (d) Suponha que $0 < y(0) < A/2$. Encontre o instante t em que $y(t)$ atinge o ponto de inflexão.

18. Seja $y = \dfrac{A}{1 - e^{-kt}/B}$ a solução geral não de equilíbrio da Equação (9). Se $y(t)$ tem uma assíntota vertical em $t = t_b$, ou seja, se $\lim\limits_{t \to t_b^-} y(t) = \pm\infty$, dizemos que a solução "detona" em $t = t_b$.

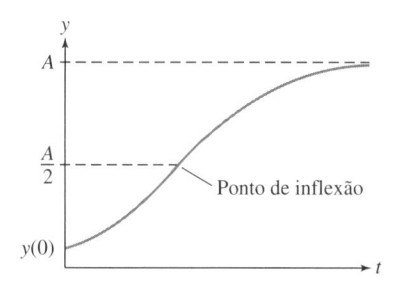

FIGURA 6 Numa curva logística ocorre um ponto de inflexão em $y = A/2$.

(a) Mostre que se $0 < y(0) < A$, então y não detona em instante t_b algum.

(b) Mostre que se $y(0) > A$, então y detona em algum instante t_b, que é negativo (e portanto não corresponde a um tempo real).

(c) Mostre que y detona em algum instante positivo t_b se, e só se, $y(0) < 0$ (e portanto não corresponde a uma população real).

9.5 Equações de primeira ordem

Nesta seção, introduzimos o método dos "fatores integrantes" para resolver equações lineares de primeira ordem. Embora já tenhamos um método (separação de variáveis) para resolver equações separáveis, esse novo método pode ser usado em qualquer equação linear, separável ou não (Figura 1).

Uma equação linear de primeira ordem é uma que pode ser colocada no formato

$$\boxed{y' + P(x)y = Q(x)} \qquad 1$$

Equação diferencial de primeira ordem

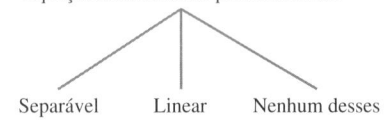

Separável: $y' = f(x)g(y)$
Linear: $y' + P(x)y = Q(x)$
Nenhum desses — Exemplo: $y' = y^2 + x$

FIGURA 1

Observe que, nesta seção, utilizamos x como variável independente (exceto no Exemplo 3, em que utilizamos t). Para resolver a Equação (1), multiplicamos a equação toda por uma função $\alpha(x)$, denominada **fator integrante**, que transforma o lado esquerdo na derivada de $\alpha(x)y$:

$$\alpha(x)\bigl(y' + P(x)y\bigr) = \bigl(\alpha(x)y\bigr)' \qquad 2$$

Suponha que saibamos encontrar $\alpha(x)$ satisfazendo a Equação (2) que não seja igual a zero. Então a Equação (1) fornece

$$\alpha(x)\bigl(y' + P(x)y\bigr) = \alpha(x)Q(x)$$

$$\bigl(\alpha(x)y\bigr)' = \alpha(x)Q(x)$$

Essa equação pode ser resolvida por integração:

$$\alpha(x)y = \int \alpha(x)Q(x)\,dx \qquad \text{ou} \qquad y = \frac{1}{\alpha(x)}\left(\int \alpha(x)Q(x)\,dx\right)$$

Para encontrar $\alpha(x)$, expandimos a Equação (2) usando a regra do produto no lado direito:

$$\alpha(x)y' + \alpha(x)P(x)y = \alpha(x)y' + \alpha'(x)y \quad \Rightarrow \quad \alpha(x)P(x)y = \alpha'(x)y$$

Dividindo por y, obtemos

$$\boxed{\frac{d\alpha}{dx} = \alpha(x)P(x)} \qquad 3$$

Essa equação pode ser resolvida usando separação de variáveis:

$$\frac{d\alpha}{\alpha} = P(x)\,dx \quad \Rightarrow \quad \int \frac{d\alpha}{\alpha} = \int P(x)\,dx$$

Portanto, $\ln|\alpha(x)| = \int P(x)\,dx$ e, usando exponenciação, $\alpha(x) = \pm e^{\int P(x)\,dx}$. Como só precisamos de uma solução da Equação (3), escolhemos o sinal positivo na expressão de $\alpha(x)$.

TEOREMA 1 A solução geral de $y' + P(x)y = Q(x)$ é

$$y = \frac{1}{\alpha(x)}\left(\int \alpha(x)Q(x)\,dx\right) \qquad 4$$

em que $\alpha(x)$ é um fator integrante:

$$\alpha(x) = e^{\int P(x)\,dx} \qquad 5$$

Na fórmula do fator integrante $\alpha(x)$, a integral $\int P(x)\,dx$ denota qualquer antiderivada de P.

Em vez de memorizar esse teorema, basta lembrar que o fator integrante é $\alpha(x) = e^{\int P(x)\,dx}$. Multiplicando ambos os lados da equação diferencial $y' + P(x)y = Q(x)$ por $\alpha(x)$, de modo que o lado esquerdo passa a ser a derivada de um produto, resta integrar e resolver em y para obter a solução.

■ **EXEMPLO 1** Resolva $xy' - 3y = x^2$, $y(1) = 2$.

Solução Primeiro colocamos a equação na forma $y' + P(x)y = Q(x)$ dividindo por x:

$$y' - \frac{3}{x}y = x$$

Assim, $P(x) = -3x^{-1}$ e $Q(x) = x$.

Passo 1. **Encontrar um fator integrante.**

No nosso caso, $P(x) = -3x^{-1}$ e, pela Equação (5),

$$\alpha(x) = e^{\int P(x)\,dx} = e^{\int(-3/x)\,dx} = e^{-3\ln x} = e^{\ln(x^{-3})} = x^{-3}$$

Passo 2. **Multiplicar a equação pelo fator integrante.**

$$x^{-3}\left(y' - \frac{3}{x}y\right) = x^{-3}(x)$$

$$(x^{-3}y)' = x^{-2}$$

Passo 3. **Integrar ambos os lados.**

$$x^{-3}y = -x^{-1} + C$$

Passo 4. **Resolver em y.**

$$y = x^3(-x^{-1} + C)$$
$$= -x^2 + Cx^3$$

Passo 5. **Resolver o problema de valor inicial.**

Agora resolvemos em C usando a condição inicial $y(1) = 2$:

$$y(1) = -1^2 + C \cdot 1^3 = 2 \quad \text{ou} \quad C = 3$$

Portanto, a solução do problema de valor inicial é $y = -x^2 + 3x^3$.

Finalmente, vamos conferir que $y = -x^2 + 3x^3$ satisfaz nossa equação $xy' - 3y = x^2$:

$$xy' - 3y = x(-2x + 9x^2) - 3(-x^2 + 3x^3)$$
$$= (-2x^2 + 9x^3) + (3x^2 - 9x^3) = x^2 \qquad ■$$

ADVERTÊNCIA Precisamos incluir a constante de integração C, mas note que, na solução geral, C não aparece como uma constante aditiva. A solução geral é $y = -x^2 + Cx^3$. Não é correto escrever $-x^2 + C$ ou $-x^2 + Cx^3 + D$.

EXEMPLO 2 Resolva o problema de valor inicial: $y' + (1 - x^{-1})y = x^2$, $y(1) = 2$.

Solução Essa equação tem a forma $y' + P(x)y = Q(x)$ com $P(x) = (1 - x^{-1})$. Pela Equação (5), um fator integrante é

$$\alpha(x) = e^{\int (1 - x^{-1})\, dx} = e^{x - \ln x} = e^x e^{\ln x^{-1}} = x^{-1} e^x$$

Multiplicando pelo fator integrante e depois integrando ambos os lados da equação resultante, ou aplicando a Equação (4) com $Q(x) = x^2$, obtemos a solução geral:

$$y = \alpha(x)^{-1} \left(\int \alpha(x) Q(x)\, dx \right) = xe^{-x} \left(\int (x^{-1} e^x) x^2\, dx \right)$$

$$= xe^{-x} \left(\int xe^x\, dx \right)$$

A integração por partes mostra que $\int xe^x\, dx = (x - 1)e^x + C$, portanto obtemos

$$y = xe^{-x}\left((x - 1)e^x + C\right) = x(x - 1) + Cxe^{-x}$$

A condição inicial $y(1) = 2$ dá

$$y(1) = 1(1 - 1) + Ce^{-1} = Ce^{-1} = 2 \quad \Rightarrow \quad C = 2e$$

A solução particular procurada é

$$y = x(x - 1) + (2e)xe^{-x} = x(x - 1) + 2xe^{1-x}$$

ENTENDIMENTO CONCEITUAL Expressamos a solução geral de uma equação diferencial linear de primeira ordem em termos das integrais nas Equações (4) e (5). Lembre-se, entretanto, de que nem sempre é possível calcular essas integrais explicitamente. Por exemplo, a solução geral de $y' + xy = 1$ é

$$y = e^{-x^2/2} \left(\int e^{x^2/2}\, dx + C \right)$$

A integral $\int e^{x^2/2}\, dx$ não pode ser calculada em termos elementares. Contudo, podemos aproximar numericamente a integral e traçar as soluções usando um computador (Figura 2).

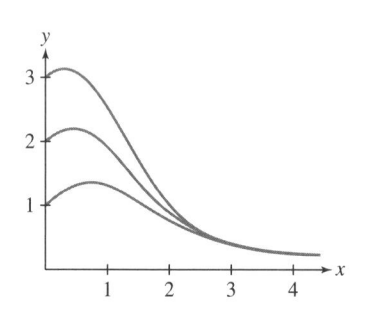

FIGURA 2 As soluções de $y' + xy = 1$ obtidas numericamente e traçadas por computador.

No exemplo seguinte, usamos uma equação diferencial para modelar um "problema de mistura" que tem aplicações na Biologia, Química e Medicina.

EXEMPLO 3 **Um problema de mistura** Um tanque contém 600 litros de água com uma concentração de açúcar de 0,2 kg/l. Começamos a adicionar água com uma concentração de açúcar de 0,1 kg/l a uma taxa de $R_e = 40$ l/min (Figura 3). A água se mistura instantaneamente e sai pelo fundo do tanque a uma taxa de $R_s = 20$ l/min. Seja $y(t)$ a quantidade de açúcar no tanque no instante t (em minutos). Monte uma equação diferencial para $y(t)$ e resolva-a em $y(t)$.

Solução

Passo 1. **Montar a equação diferencial.**

A derivada dy/dt é a diferença de duas taxas de variação, a saber, a taxa pela qual o açúcar entra no tanque e a taxa pela qual o açúcar sai:

$$\frac{dy}{dt} = \text{taxa de açúcar que entra} - \text{taxa de açúcar que sai} \qquad \boxed{6}$$

A taxa pela qual o açúcar entra no tanque é

$$\text{Taxa de açúcar que entra} = \underbrace{(0{,}1 \text{ kg/l})(40 \text{ l/min})}_{\text{Concentração vezes taxa de água que entra}} = 4 \text{ kg/min}$$

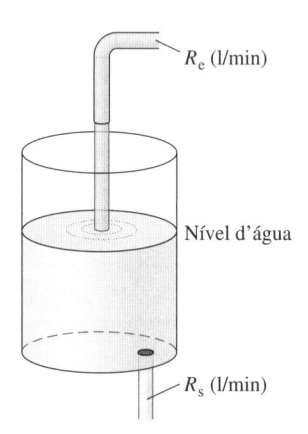

FIGURA 3

Em seguida, calculamos a concentração de açúcar no tanque no instante t. A água entra a uma taxa de 40 l/min e sai a uma taxa de 20 l/min, portanto há um aumento líquido de 20 l/min. Como o tanque tem 600 l no instante $t = 0$, ele tem $600 + 20t$ l no instante t e

$$\begin{array}{c}\text{Concentração de açúcar}\\ \text{no instante t}\end{array} = \frac{\text{quilos de açúcar no tanque}}{\text{litros de água no tanque}} = \frac{y(t)}{600 + 20t} \text{ kg/l}$$

A taxa pela qual o açúcar sai do tanque é o produto da concentração pela taxa segundo a qual a água sai do tanque:

$$\begin{array}{c}\text{Taxa de açúcar}\\ \text{que sai}\end{array} = \underbrace{\left(\frac{y}{600 + 20t} \frac{\text{kg}}{\text{l}}\right)\left(20 \frac{\text{l}}{\text{min}}\right)}_{\text{Concentração vezes taxa de água que sai}} = \frac{20y}{600 + 20t} = \frac{y}{t + 30} \text{ kg/min}$$

Agora a Equação (6) nos dá a equação diferencial

$$\frac{dy}{dt} = 4 - \frac{y}{t + 30} \qquad \boxed{7}$$

Passo 2. **Encontrar a solução geral.**

Escrevemos a Equação (7) na forma padrão:

$$\frac{dy}{dt} + \underbrace{\frac{1}{t + 30}}_{P(t)} y = \underbrace{4}_{Q(t)} \qquad \boxed{8}$$

Um fator integrante é

$$\alpha(t) = e^{\int P(t)\,dt} = e^{\int dt/(t+30)} = e^{\ln(t+30)} = t + 30$$

A solução geral é

$$\begin{aligned} y(t) &= \alpha(t)^{-1}\left(\int \alpha(t) Q(t)\,dt + C\right)\\ &= \frac{1}{t + 30}\left(\int (t + 30)(4)\,dt + C\right)\\ &= \frac{1}{t + 30}\left(2(t + 30)^2 + C\right) = 2t + 60 + \frac{C}{t + 30} \end{aligned}$$

Passo 3. **Resolver o problema de valor inicial.**

Em $t = 0$, o tanque contém 600 l de água com concentração de açúcar de 0,2 kg/l. Assim, o total de açúcar em $t = 0$ é $y(0) = (600)(0{,}2) = 120$ kg e

$$y(0) = 2(0) + 60 + \frac{C}{0 + 30} = 60 + \frac{C}{30} = 120 \quad \Rightarrow \quad C = 1800$$

Obtemos a fórmula seguinte (t em minutos), que é válida até o tanque transbordar:

$$y(t) = 2t + 60 + \frac{1800}{t + 30} \text{ kg açúcar} \qquad \blacksquare$$

RESUMO:

Taxa de açúcar que entra = 4 kg/min

Taxa de açúcar que sai = $\dfrac{y}{t + 30}$ kg/min

$\dfrac{dy}{dt} = 4 - \dfrac{y}{t + 30}$

$\alpha(t) = t + 30$

$y(t) = 2t + 60 + \dfrac{C}{t + 30}$

9.5 Resumo

- Uma *equação diferencial linear de primeira ordem* sempre pode ser escrita na forma

$$y' + P(x)y = Q(x)$$

- A solução geral é

$$y = \alpha(x)^{-1}\left(\int \alpha(x) Q(x)\,dx + C\right)$$

em que $\alpha(x)$ é um *fator integrante*: $\alpha(x) = e^{\int P(x)\,dx}$.

9.5 Exercícios

Exercícios preliminares

1. Quais das seguintes são equações lineares de primeira ordem?
   (a) $y' + x^2 y = 1$
   (b) $y' + xy^2 = 1$
   (c) $x^5 y' + y = e^x$
   (d) $x^5 y' + y = e^y$

2. Se $\alpha(x)$ for um fator integrante de $y' + A(x)y = B(x)$, então $\alpha'(x)$ é igual a (escolha a resposta correta):
   (a) $B(x)$
   (b) $\alpha(x)A(x)$
   (c) $\alpha(x)A'(x)$
   (d) $\alpha(x)B(x)$

3. Com quais funções P o fator integrante $\alpha(x)$ é igual a x?

4. Com quais funções P o fator integrante $\alpha(x)$ é igual a e^x?

Exercícios

1. Considere $y' + x^{-1} y = x^3$.
   (a) Verifique que $\alpha(x) = x$ é um fator integrante.
   (b) Mostre que multiplicando a equação diferencial por $\alpha(x)$, ela pode ser reescrita como $(xy)' = x^4$.
   (c) Conclua que xy é uma antiderivada de x^4 e use essa informação para encontrar a solução geral.
   (d) Encontre a solução particular que satisfaz $y(1) = 0$.

2. Considere $\dfrac{dy}{dt} + 2y = e^{-3t}$.
   (a) Verifique que $\alpha(t) = e^{2t}$ é um fator integrante.
   (b) Use a Equação (4) para encontrar a solução geral.
   (c) Encontre a solução particular que satisfaz $y(0) = 1$.

3. Seja $\alpha(x) = e^{x^2}$. Verifique a identidade
$$(\alpha(x)y)' = \alpha(x)(y' + 2xy)$$
e explique como ela é usada para encontrar a solução geral de
$$y' + 2xy = x$$

4. Encontre a solução de $y' - y = e^{2x}$, $y(0) = 1$.

Nos Exercícios 5-18, encontre a solução geral da equação diferencial linear de primeira ordem.

5. $xy' + y = x$
6. $xy' - y = x^2 - x$
7. $3xy' - y = x^{-1}$
8. $y' + xy = x$
9. $y' + 3x^{-1}y = x + x^{-1}$
10. $y' + x^{-1}y = \cos(x^2)$
11. $xy' = y - x$
12. $xy' = x^{-2} - \dfrac{3y}{x}$
13. $y' + y = e^x$
14. $y' + (\sec x)y = \cos x$
15. $y' + (\operatorname{tg} x)y = \cos x$
16. $e^{2x} y' = 1 - e^x y$
17. $y' - (\ln x)y = x^x$
18. $y' + y = \cos x$

Nos Exercícios 19-26, resolva o problema de valor inicial.

19. $y' + 3y = e^{2x}$, $y(0) = -1$
20. $xy' + y = e^x$, $y(1) = 3$
21. $y' + \dfrac{1}{x+1}y = x^{-2}$, $y(1) = 2$
22. $y' + y = \operatorname{sen} x$, $y(0) = 1$
23. $(\operatorname{sen} x)y' = (\cos x)y + 1$, $y\left(\dfrac{\pi}{4}\right) = 0$
24. $y' + (\sec t)y = \sec t$, $y\left(\dfrac{\pi}{4}\right) = 1$
25. $y' + (\operatorname{tgh} x)y = 1$, $y(0) = 3$
26. $y' + \dfrac{x}{1+x^2}y = \dfrac{1}{(1+x^2)^{3/2}}$, $y(1) = 0$

27. Encontre a solução geral de $y' + ny = e^{mx}$ com quaisquer m e n. *Observação:* o caso $m = -n$ deve ser tratado à parte.

28. Encontre a solução geral de $y' + ny = \cos x$ com qualquer n.

Nos Exercícios 29-32, um tanque de 1.000 litros contém 500 l de água com uma concentração de sal de 10 g/l. No tanque é colocada água com uma concentração de sal de 50 g/l a uma taxa de $R_e = 80$ l/min. O fluido é misturado instantaneamente e é bombeado para fora do tanque a uma taxa especificada R_s. Seja $y(t)$ a quantidade de sal no tanque no instante t.

29. Suponha que $R_s = 40$ l/min.
   (a) Monte e resolva a equação diferencial para $y(t)$.
   (b) Qual é a concentração de sal quando o tanque transborda?

30. Encontre a concentração de sal quando o tanque transborda, supondo que $R_s = 60$ l/min.

31. Encontre a concentração de sal limite com $t \to \infty$, supondo que $R_s = 80$ l/min.

32. Supondo que $R_s = 120$ l/min, encontre $y(t)$. Em seguida, calcule o volume do fluido e a concentração do sal em $t = 10$ min.

33. Num certo tanque é colocada água à taxa variável de $R_e = 20/(1 + t)$ gal/min e retirada à taxa constante de $R_s = 5$ gal/min. Seja $V(t)$ o volume d'água no tanque no instante t.
   (a) Monte uma equação diferencial para $V(t)$ e resolva-a com a condição inicial $V(0) = 100$.
   (b) Encontre o valor máximo de V.
   (c) Utilizando um sistema algébrico computacional, esboce $V(t)$ e dê uma estimativa do instante t em que o tanque fica vazio.

34. Um rio alimenta um lago a uma taxa de 1.000 m³/dia. O rio está poluído com uma concentração 5 g/m³ de uma toxina. Suponha que o lago tenha um volume de 10^6 m³ e que a água deixe o lago à mesma taxa de 1.000 m³/dia.
   (a) Monte uma equação diferencial para a concentração $c(t)$ de toxina no lago e resolva para $c(t)$, supondo que $c(0) = 0$. *Sugestão:* encontre a equação diferencial para a quantidade $y(t)$ de toxina e observe que $c(t) = y(t)/10^6$.
   (b) Qual é a concentração limite, com t grande?

Nos Exercícios 35-38, considere um circuito em série (Figura 4) que consiste em um resistor de R ohms, um indutor de L henrys e uma fonte de voltagem variável de V(t) volts (com t em segundos). A corrente I(t) pelo circuito (em ampères) satisfaz a equação diferencial

$$\dfrac{dI}{dt} + \dfrac{R}{L}I = \dfrac{1}{L}V(t) \qquad 9$$

35. Resolva a Equação (9) de condição inicial $I(0) = 0$, supondo que $R = 100$ ohms (Ω), $L = 5$ henrys (H) e $V(t)$ seja constante com $V(t) = 10$ volts (V).

36. Suponha que $R = 110$ ohms, $L = 10$ henrys e $V(t) = e^{-t}$ volts.
   (a) Resolva a Equação (9) com condição inicial $I(0) = 0$.
   (b) Calcule t_m e $I(t_m)$, sendo t_m o instante em que $I(t)$ atinge o valor máximo.
   (c) [CG] Use um sistema algébrico computacional para esboçar o gráfico da solução em $0 \le t \le 3$.

37. Suponha que $V(t) = V$ seja constante e que $I(0) = 0$.
  (a) Resolva em $I(t)$.
  (b) Mostre que $\lim_{t \to \infty} I(t) = V/R$ e que $I(t)$ atinge aproximadamente 63% de seu valor limite depois de L/R segundos.
  (c) Quanto tempo leva para $I(t)$ alcançar 90% de seu valor limite se $R = 500$ ohms, $L = 4$ henrys e $V = 20$ volts?

38. Resolva em $I(t)$ supondo que $R = 500$ ohms, $L = 4$ henrys e $V = 20\cos(80)$ volts.

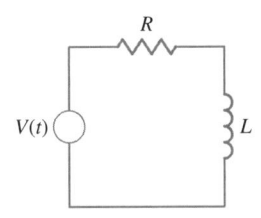

FIGURA 4 Um circuito RL.

39. O Tanque 1 na Figura 5 contém V_1 litros de água com uma tinta azul de concentração inicial de c_0 g/l. A água entra nesse tanque a uma taxa de R l/min, é misturada instantaneamente com a tinta e escorre por um buraco na base à mesma taxa R. Seja $c_1(t)$ a quantidade de tinta no tanque no instante t.
  (a) Explique por que c_1 satisfaz a equação diferencial $\dfrac{dc_1}{dt} = -\dfrac{R}{V_1}c_1$.
  (b) Resolva em $c_1(t)$ com $V_1 = 300$ l, $R = 50$ e $c_0 = 10$ g/l.

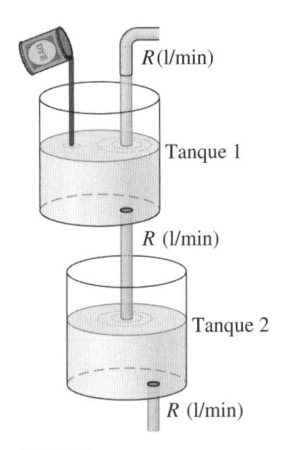

FIGURA 5

40. Continuando com o exercício precedente, suponha que o Tanque 2 seja um segundo tanque contendo V_2 litros de água. Suponha que a água colorida do Tanque 1 deságue no Tanque 2, como na Figura 5, se misture instantaneamente e saia pela base do Tanque 2 à mesma taxa R. Seja $c_2(t)$ a quantidade de tinta no Tanque 2 no instante t.
  (a) Explique por que c_2 satisfaz a equação diferencial
  $$\frac{dc_2}{dt} = \frac{R}{V_2}(c_1 - c_2)$$
  (b) Use a solução do Exercício 39 para resolver em $c_2(t)$ se $V_1 = 300, V_2 = 200, R = 50$ e $c_0 = 10$.
  (c) Encontre a concentração de tinta máxima no Tanque 2.
  (d) CG Esboce a solução.

41. Sejam a, b e r constantes. Mostre que
$$y = Ce^{-kt} + a + bk\left(\frac{k\operatorname{sen} rt - r\cos rt}{k^2 + r^2}\right)$$
é uma solução geral de
$$\frac{dy}{dt} = -k\big(y - a - b\operatorname{sen} rt\big)$$

42. Suponha que a temperatura externa varie com
$$T(t) = 15 + 5\operatorname{sen}(\pi t/12)$$
em que $t = 0$ ao meio-dia. Uma casa é aquecida a 25ºC em $t = 0$ e, depois disso, sua temperatura $y(t)$ varia de acordo com a lei de Newton do resfriamento (Figura 6):
$$\frac{dy}{dt} = -0{,}1\big(y(t) - T(t)\big)$$
Use o Exercício 41 para resolver em $y(t)$.

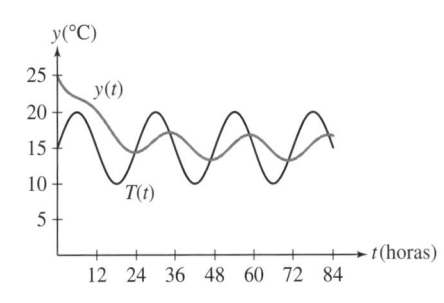

FIGURA 6 Temperatura $y(t)$ da casa.

Compreensão adicional e desafios

43. Seja $\alpha(x)$ um fator integrante de $y' + P(x)y = Q(x)$. A equação diferencial $y' + P(x)y = 0$ é denominada **equação homogênea** associada.
  (a) Mostre que $y = 1/\alpha(x)$ é uma solução da equação homogênea associada.
  (b) Mostre que se $y = f(x)$ for uma solução particular de $y' + P(x)y = Q(x)$, então $f(x) + C/\alpha(x)$ também é uma solução, qualquer que seja a constante C.

44. Use o teorema fundamental do Cálculo e a regra do produto para verificar diretamente que, com qualquer x_0, a função
$$f(x) = \alpha(x)^{-1}\int_{x_0}^{x}\alpha(t)Q(t)\,dt$$
é uma solução do problema de valor inicial
$$y' + P(x)y = Q(x), \qquad y(x_0) = 0$$
em que $\alpha(x)$ é um fator integrante [uma solução da Equação (3)].

45. Correntes transientes Suponha que o circuito descrito pela Equação (9) seja alimentado por uma fonte de voltagem senoidal $V(t) = V\operatorname{sen}\omega t$ (sendo V e ω constantes).
  (a) Mostre que
  $$I(t) = \frac{V}{R^2 + L^2\omega^2}(R\operatorname{sen}\omega t - L\omega\cos\omega t) + Ce^{-(R/L)t}$$
  (b) Seja $Z = \sqrt{R^2 + L^2\omega^2}$. Escolha θ de tal modo que $Z\cos\theta = R$ e $Z\operatorname{sen}\theta = L\omega$. Use a fórmula de adição do seno para mostrar que
  $$I(t) = \frac{V}{Z}\operatorname{sen}(\omega t - \theta) + Ce^{-(R/L)t}$$
  Isso mostra que a corrente no circuito é oscilatória além de um componente, denominado **corrente transiente** em Eletrônica, que decresce exponencialmente.

EXERCÍCIOS DE REVISÃO DO CAPÍTULO

1. Qual das equações diferenciais seguintes é linear? Determine a ordem de cada equação.
   (a) $y' = y^5 - 3x^4 y$
   (b) $y' = x^5 - 3x^4 y$
   (c) $y = y''' - 3x\sqrt{y}$
   (d) $\operatorname{sen} x \cdot y'' = y - 1$

2. Encontre um valor de c tal que $y = x - 2 + e^{cx}$ seja uma solução de $2y' + y = x$.

Nos Exercícios 3-6, resolva usando separação de variáveis.

3. $\dfrac{dy}{dt} = t^2 y^{-3}$
4. $xyy' = 1 - x^2$
5. $x\dfrac{dy}{dx} - y = 1$
6. $y' = \dfrac{xy^2}{x^2 + 1}$

Nos Exercícios 7-10, resolva o problema de valor inicial usando separação de variáveis.

7. $y' = \cos^2 x$, $y(0) = \dfrac{\pi}{4}$
8. $y' = \cos^2 y$, $y(0) = \dfrac{\pi}{4}$
9. $y' = xy^2$, $y(1) = 2$
10. $xyy' = 1$, $y(3) = 2$

11. A Figura 1 mostra o campo de direções de $\dfrac{dy}{dt} = \operatorname{sen} y + ty$. Esboce os gráficos das soluções de condições iniciais $y(0) = 1$, $y(0) = 0$ e $y(0) = -1$.

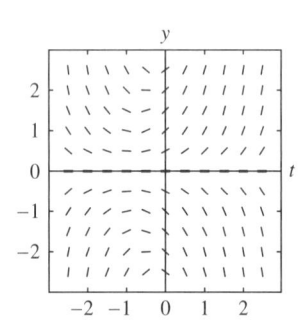

FIGURA 1

12. Esboce o campo de direções de $\dfrac{dy}{dt} = t^2 y$ com $-2 \le t \le 2$, $-2 \le y \le 2$.

13. Esboce o campo de direções de $\dfrac{dy}{dt} = y \operatorname{sen} t$ com $-2\pi \le t \le 2\pi$, $-2 \le y \le 2$.

14. Qual das equações (i)-(iii) corresponde ao campo de direções na Figura 2?
    (i) $\dfrac{dy}{dt} = 1 - y^2$
    (ii) $\dfrac{dy}{dt} = 1 + y^2$
    (iii) $\dfrac{dy}{dt} = y^2$

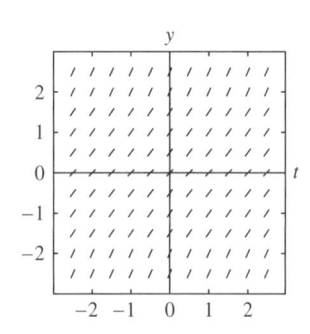

FIGURA 2

15. Seja $y(t)$ a solução com $y(0) = 0$ da equação diferencial cujo campo de direções aparece na Figura 2. Esboce o gráfico de $y(t)$. Em seguida, use a resposta obtida no Exercício 14 para resolver em $y(t)$.

16. Seja $y(t)$ a solução de $4\dfrac{dy}{dt} = y^2 + t$ que satisfaz $y(2) = 1$. Execute o método de Euler com incremento temporal $h = 0{,}05$ em $n = 6$ passos.

17. Seja $y(t)$ a solução de $(x^3 + 1)\dfrac{dy}{dt} = y$ que satisfaz $y(0) = 1$. Calcule aproximações de $y(0{,}1)$, $y(0{,}2)$ e $y(0{,}3)$ usando o método de Euler com incremento temporal $h = 0{,}1$.

Nos Exercícios 18-21, resolva usando o método do fator integrante.

18. $\dfrac{dy}{dt} = y + t^2$, $y(0) = 4$
19. $\dfrac{dy}{dx} = \dfrac{y}{x} + x$, $y(1) = 3$
20. $\dfrac{dy}{dt} = y - 3t$, $y(-1) = 2$
21. $y' + 2y = 1 + e^{-x}$, $y(0) = -4$

Nos Exercícios 22-29, resolva usando o método apropriado.

22. $x^2 y' = x^2 + 1$, $y(1) = 10$
23. $y' + (\operatorname{tg} x)y = \cos^2 x$, $y(\pi) = 2$
24. $xy' = 2y + x - 1$, $y\left(\dfrac{3}{2}\right) = 9$
25. $(y - 1)y' = t$, $y(1) = -3$
26. $(\sqrt{y} + 1)y' = yte^{t^2}$, $y(0) = 1$
27. $\dfrac{dw}{dx} = k\dfrac{1 + w^2}{x}$, $w(1) = 1$
28. $y' + \dfrac{3y - 1}{t} = t + 2$
29. $y' + \dfrac{y}{x} = \operatorname{sen} x$

30. Encontre as soluções de $y' = 4(y - 12)$ que satisfazem $y(0) = 20$ e $y(0) = 0$ e esboce seus gráficos.

31. Encontre as soluções de $y' = -2y + 8$ que satisfazem $y(0) = 3$ e $y(0) = 4$ e esboce seus gráficos.

32. Mostre que $y = \operatorname{arc\,sen} x$ satisfaz a equação diferencial $y' = \sec y$ com condição inicial $y(0) = 0$.

33. Qual é o limite $\lim\limits_{t \to \infty} y(t)$ se $y(t)$ for uma solução da equação dada?
    (a) $\dfrac{dy}{dt} = -4(y - 12)$
    (b) $\dfrac{dy}{dt} = 4(y - 12)$
    (c) $\dfrac{dy}{dt} = -4y - 12$

Nos Exercícios 34-37, seja $P(t)$ o saldo no instante t (anos) de uma anuidade que rende 5% de juros compostos continuamente e paga 20.000 dólares/ano continuamente.

34. Encontre a equação diferencial satisfeita por $P(t)$.

35. Determine $P(5)$ se $P(0) = 200.000$ dólares.

36. Supondo que $P(0) = 300.000$ dólares, determine quando a anuidade ficará sem recursos.

37. Qual é o saldo inicial mínimo que garante que a anuidade continue pagando indefinidamente?

38. Decida se a equação diferencial pode ser resolvida usando separação de variáveis, fator integrante, ambos ou nenhum desses métodos.
    (a) $y' = y + x^2$
    (b) $xy' = y + 1$
    (c) $y' = y^2 + x^2$
    (d) $xy' = y^2$

39. Sejam A e B constantes. Prove que se $A > 0$, então todas as soluções de $\dfrac{dy}{dt} + Ay = B$ tendem ao mesmo limite com $t \to \infty$.

40. Um tanque de 5 m de altura e com o formato de uma pirâmide invertida de topo dado por um quadrado de 2 m de lado está cheio d'água no instante $t = 0$. A água escorre pr um buraco na base de 0,002 m² de área. Use a lei de Torricelli para determinar o tempo que leva para esvaziar o tanque.

41. A calha na Figura 3 está cheia d'água. No instante $t = 0$ (em segundos), a água começa a vazar por um buraco de 4 cm² de área no fundo. Seja $y(t)$ a altura da água no instante t. Encontre uma equação diferencial para $y(t)$ e resolva-a para determinar quando o nível d'água baixar até 60 cm.

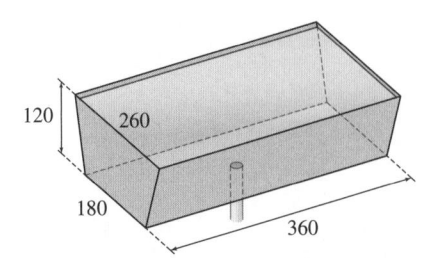

FIGURA 3

42. Encontre a solução da equação logística $\dfrac{dy}{dt} = 0,4y(4 - y)$ que satisfaz $y(0) = 8$.

43. Seja $y(t)$ a solução de $\dfrac{dy}{dt} = 0,3y(2 - y)$ com $y(0) = 1$. Determine $\lim\limits_{t \to \infty} y(t)$ sem resolver explicitamente em y.

44. Suponha que $y' = ky(1 - y/8)$ tenha uma solução satisfazendo $y(0) = 12$ e $y(10) = 24$. Encontre k.

45. Um lago tem capacidade de tolerância de 1.000 peixes. Suponha que a população de peixes cresça logisticamente com constante de crescimento $k = 0,2$ dia⁻¹. Em quantos dias a população atingirá 900 peixes se a população inicial for de 20 peixes?

46. Uma população de coelhos numa ilha deserta cresce exponencialmente com constante de crescimento $k = 0,12$ mês⁻¹. Quando a população atingir 300 coelhos (digamos, no instante $t = 0$), lobos começam a comer os coelhos a uma taxa de r coelhos por mês.
(a) Encontre uma equação diferencial satisfeita pela população $P(t)$ de coelhos.
(b) Quão grande pode ser r sem que a população de coelhos seja extinta?

47. Mostre que $y = \text{sen}(\text{arc tg } x + C)$ é a solução geral de $y' = \sqrt{1 - y^2}/(1 + x^2)$. Em seguida, use a fórmula de adição do seno para mostrar que a solução geral pode ser escrita
$$y = \frac{(\cos C)x + \text{sen } C}{\sqrt{1 + x^2}}$$

48. Um tanque contém 300 litros de água contaminada contendo 3 kg de toxina. Água pura é bombeada para dentro do tanque a uma taxa de 40 l/min, mistura-se instantaneamente e é bombeada para fora à mesma taxa. Seja $y(t)$ a quantidade de toxina presente no tanque no instante t.
(a) Encontre uma equação diferencial satisfeita por $y(t)$.
(b) Resolva em $y(t)$.
(c) Encontre o tempo t em que há 0,01 kg de toxina no tanque.

49. Em $t = 0$, um tanque de 300 l de volume contém 100 l de água com sal a uma concentração de 8 g/l. Água fresca entra no tanque a uma taxa de 40 l/min, mistura-se instantaneamente e escorre para fora à mesma taxa. Seja $c_1(t)$ a concentração de sal no instante t.
(a) Encontre uma equação diferencial satisfeita por $c_1(t)$. *Sugestão:* encontre a equação diferencial para a quantidade $y(t)$ de sal e observe que $c_1(t) = y(t)/100$.
(b) Encontre a concentração $c_1(t)$ de sal no tanque como uma função de t.

50. A água que escorre do tanque do Exercício 49 é desviada para um segundo tanque que contém V litros de água fresca, onde se mistura instantaneamente e escorre para fora à mesma taxa de 40 l/min. Determine a concentração $c_2(t)$ de sal no segundo tanque como uma função de t nos casos seguintes:
(a) $V = 200$ (b) $V = 300$
Em cada caso, determine a concentração máxima.

10 SÉRIES INFINITAS

A teoria das séries infinitas é um terceiro ramo do Cálculo, além do Cálculo Diferencial e do Cálculo Integral. As séries infinitas nos fornecem uma nova perspectiva das funções e de muitos números interessantes. Dois exemplos são a série da função exponencial

$$e^x = 1 + x + \frac{x^2}{2!} + \frac{x^3}{3!} + \frac{x^4}{4!} + \cdots$$

e a série de Gregory-Leibniz (ver Exercício 63 na Seção 10.2)

$$\frac{\pi}{4} = 1 - \frac{1}{3} + \frac{1}{5} - \frac{1}{7} + \frac{1}{9} - \cdots$$

A primeira mostra que e^x pode ser expressa como um "polinômio infinito" e a segunda revela que π está relacionado com os recíprocos dos inteiros ímpares de uma maneira inesperada. Para entender o que são séries infinitas, precisamos definir precisamente o que significa somar uma infinidade de parcelas. Assim como no Cálculo Diferencial e Integral, também aqui os limites desempenham um papel fundamental.

As séries infinitas nos permitem entender processos que iteram indefinidamente, como ocorre com fractais, gerando figuras como esta.
(Gregory Sams/Science Source)

10.1 Sequências

As sequências de números aparecem em situações diversas. Se dividirmos um bolo pela metade e então a metade de novo pela metade, e continuarmos dividindo indefinidamente pela metade (Figura 1), então a fração de bolo deixada em cada estágio forma a sequência

$$1, \quad \frac{1}{2}, \quad \frac{1}{4}, \quad \frac{1}{8}, \quad \ldots$$

Isso é a sequência de valores de $f(n) = \frac{1}{2^n}$, com $n = 0, 1, 2, \ldots$.

$1 \quad \frac{1}{2} \quad \frac{1}{4} \quad \frac{1}{8} \quad \ldots$

FIGURA 1

> **DEFINIÇÃO Sequência** Uma **sequência** $\{a_n\}$ é uma coleção ordenada de números definidos por uma função f num conjunto sequencial de inteiros. Os valores $a_n = f(n)$ são denominados **termos** da sequência e n é o **índice**. Informalmente, pensamos numa sequência $\{a_n\}$ como uma coleção de termos:
>
> $$a_1, \quad a_2, \quad a_3, \quad a_4, \quad \ldots$$
>
> A sequência não precisa começar em $n = 1$, podendo começar em $n = 0$, $n = 2$ ou qualquer outro inteiro.

Termo geral	Domínio	Sequência
$a_n = 1 - \frac{1}{n}$	$n \geq 1$	$0, \frac{1}{2}, \frac{2}{3}, \frac{3}{4}, \frac{4}{5}, \ldots$
$a_n = (-1)^n n$	$n \geq 0$	$0, -1, 2, -3, 4, \ldots$
$b_n = \frac{364,5 n^2}{n^2 - 4}$	$n \geq 3$	$656,1;\ 486;\ 433,9;\ 410,1;\ 396,9;\ \ldots$

A sequência b_n é a série de Balmer dos comprimentos de onda de absorção do átomo de hidrogênio em nanômetros. Ela desempenha um papel na espectroscopia.

Nem todas as sequências são geradas por uma fórmula. Por exemplo, considere a sequência

$$3, \ 1, \ 4, \ 1, \ 5, \ 9, \ 2, \ 6, \ldots$$

Essa sequência é simplesmente os dígitos de π, e não há fórmula para o enésimo dígito de π. Quando a_n for dado por uma fórmula, costumamos dizer que a_n é o **termo geral**.

A sequência do exemplo seguinte é definida *recursivamente*. Numa sequência dessas, o primeiro ou mais termos podem ser dados, mas o enésimo termo é calculado usando os termos precedentes segundo alguma fórmula.

■ **EXEMPLO 1** **A sequência de Fibonacci** Essa sequência é definida tomando $F_1 = 1$, $F_2 = 1$ e $F_n = F_{n-1} + F_{n-2}$ com qualquer inteiro $n > 2$. Em outras palavras, cada termo subsequente é obtido pela soma dos dois termos precedentes. Com isso, cada termo é facilmente determinado. Calculando, vemos que a sequência é dada por

$$1, 1, 2, 3, 5, 8, 13, 21, 34 \ldots$$

Essa sequência particular aparece em uma variedade surpreendente de situações, especialmente na natureza. Por exemplo, o número de braços espiralados num girassol quase sempre acaba sendo um número da sequência de Fibonacci, como na Figura 2.

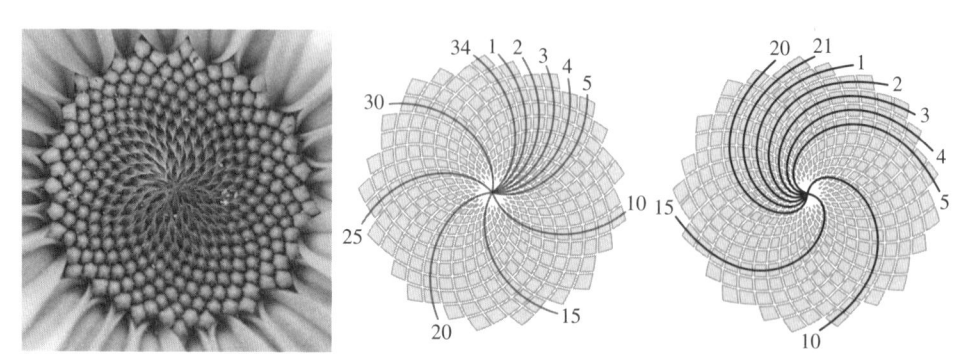

FIGURA 2 Contando o número de braços espiralados num girassol em ângulos diferentes, obtemos os números de Fibonacci. No primeiro caso, obtemos 34 e, no segundo, 21. (*Eiji Ueda/Shutterstock*)

Tomando o limite do $(n + 1)$-ésimo termo dividido pelo enésimo, obtemos $\phi = \frac{1+\sqrt{5}}{2} \approx 1{,}618$, que é conhecido como a média áurea. De acordo com os gregos da Antiguidade, essa quantidade dá a razão ideal para os lados de um retângulo. A fachada do Partenon foi projetada para refletir essa razão. ■

■ **EXEMPLO 2** **Sequência recursiva** Calcule a_2, a_3, a_4 sendo a sequência definida recursivamente por

$$a_1 = 1, \qquad a_n = \frac{1}{2}\left(a_{n-1} + \frac{2}{a_{n-1}}\right)$$

Solução

$$a_2 = \frac{1}{2}\left(a_1 + \frac{2}{a_1}\right) = \frac{1}{2}\left(1 + \frac{2}{1}\right) = \frac{3}{2} = 1{,}5$$

$$a_3 = \frac{1}{2}\left(a_2 + \frac{2}{a_2}\right) = \frac{1}{2}\left(\frac{3}{2} + \frac{2}{3/2}\right) = \frac{17}{12} \approx 1{,}4167$$

$$a_4 = \frac{1}{2}\left(a_3 + \frac{2}{a_3}\right) = \frac{1}{2}\left(\frac{17}{12} + \frac{2}{17/12}\right) = \frac{577}{408} \approx 1{,}414216 \qquad ■$$

A sequência do Exemplo 2 pode ter sido reconhecida como a sequência de aproximações de $\sqrt{2} \approx 1{,}4142136$ produzida pelo método de Newton com valor inicial $a_1 = 1$ (ver Seção 4.8). Se n tender ao infinito, a_n convergirá a $\sqrt{2}$.

Nosso principal objetivo é estudar a convergência de sequências. Uma sequência $\{a_n\}$ converge a um limite L se $|a_n - L|$ ficar arbitrariamente pequeno com n suficientemente grande. Apresentamos uma definição formal.

> **DEFINIÇÃO** **Limite de uma sequência** Dizemos que $\{a_n\}$ **converge a um limite** L, e escrevemos
>
> $$\lim_{n \to \infty} a_n = L \qquad \text{ou} \qquad a_n \to L$$
>
> se, dado qualquer $\epsilon > 0$, existir um número M tal que $|a_n - L| < \epsilon$, com qualquer $n > M$.
>
> - Se não existir um limite, dizemos que $\{a_n\}$ **diverge**.
> - Se os termos crescem sem cota, dizemos que $\{a_n\}$ **diverge ao infinito**.

Se $\{a_n\}$ convergir, então seu limite L será único. Uma boa maneira de visualizar o limite é esboçar os pontos $(1, a_1)$, $(2, a_2)$, $(3, a_3)$, ..., como na Figura 3. A sequência converge a L se, dado qualquer $\epsilon > 0$, os pontos esboçados acabam sempre ficando dentro da faixa de largura ϵ

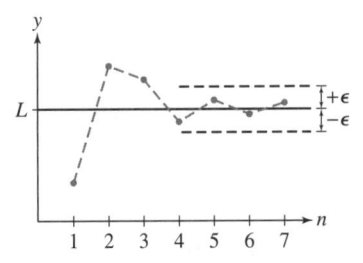

FIGURA 3 Gráfico de uma sequência com limite L. Dado qualquer ϵ, os pontos sempre acabam ficando a menos de ϵ de L.

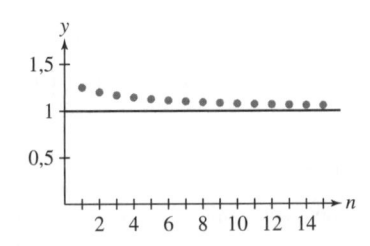

FIGURA 4 A sequência $a_n = \dfrac{n+4}{n+1}$.

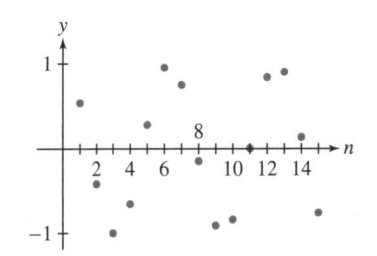

FIGURA 5 A sequência $a_n = \cos n$ não tem limite.

centrada na reta horizontal $y = L$. A Figura 4 mostra o gráfico de uma sequência convergente a $L = 1$. Por outro lado, pode ser mostrado que a sequência $a_n = \cos n$ na Figura 5 não tem limite.

■ **EXEMPLO 3 Demonstrando a convergência** Seja $a_n = \dfrac{n+4}{n+1}$. Prove, formalmente, que $\lim\limits_{n \to \infty} a_n = 1$.

Solução A definição exige que, dado qualquer $\epsilon > 0$, encontremos algum número M tal que

$$|a_n - 1| < \epsilon \quad \text{com qualquer } n > M \qquad \boxed{1}$$

Temos

$$|a_n - 1| = \left| \dfrac{n+4}{n+1} - 1 \right| = \dfrac{3}{n+1}$$

Portanto, $|a_n - 1| < \epsilon$ se

$$\dfrac{3}{n+1} < \epsilon \quad \text{ou} \quad n > \dfrac{3}{\epsilon} - 1$$

Em outras palavras, a Equação (1) é válida com $M = \dfrac{3}{\epsilon} - 1$. Isso prova que $\lim\limits_{n \to \infty} a_n = 1$. ■

Observamos os dois fatos seguintes sobre sequências:

- O limite não muda se modificarmos ou ignorarmos um número finito de termos da sequência.
- Se C for uma constante e $a_n = C$ com qualquer n maior do que algum valor N fixado, então $\lim\limits_{n \to \infty} a_n = C$.

Muitas das sequências que consideramos são definidas por funções; ou seja, $a_n = f(n)$ com alguma função f. Por exemplo,

$$a_n = \dfrac{n-1}{n} \quad \text{é definida por} \quad f(x) = \dfrac{x-1}{x}$$

Seguidamente utilizamos o fato de que se $f(x)$ tender a um limite L com $x \to \infty$, então a sequência $a_n = f(n)$ convergirá ao mesmo limite L (Figura 6). De fato, dado qualquer $\epsilon > 0$, podemos encontrar um número real positivo M tal que $|f(x) - L| < \epsilon$ com qualquer $x > M$. Segue, automaticamente, que $|f(n) - L| < \epsilon$ com qualquer inteiro $n > M$.

TEOREMA 1 Sequência definida por uma função Se existir $\lim\limits_{x \to \infty} f(x)$, então a sequência $a_n = f(n)$ converge ao mesmo limite:

$$\lim_{n \to \infty} a_n = \lim_{x \to \infty} f(x)$$

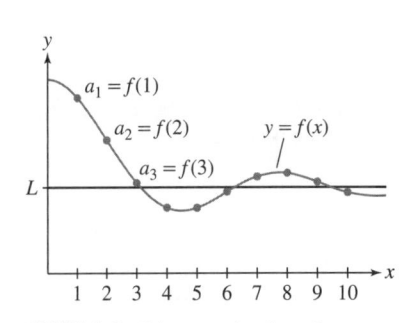

FIGURA 6 Se $f(x)$ convergir a L, então a sequência $a_n = f(n)$ também converge a L.

■ **EXEMPLO 4** Encontre o limite da sequência

$$\dfrac{2^2 - 2}{2^2}, \quad \dfrac{3^2 - 2}{3^2}, \quad \dfrac{4^2 - 2}{4^2}, \quad \dfrac{5^2 - 2}{5^2}, \quad \ldots$$

Solução Essa é a sequência de termo geral

$$a_n = \dfrac{n^2 - 2}{n^2} = 1 - \dfrac{2}{n}$$

Então, aplicamos o Teorema 1 com $f(x) = 1 - \frac{2}{x}$:

$$\lim_{n \to \infty} a_n = \lim_{x \to \infty} \left(1 - \frac{2}{x}\right) = 1 - \lim_{x \to \infty} \frac{2}{x} = 1 - 0 = 1$$

■ **EXEMPLO 5** Calcule $\lim_{n \to \infty} \frac{n + \ln n}{n^2}$.

Solução Aplicamos o Teorema 1, usando a regra de L'Hôpital no segundo passo:

$$\lim_{n \to \infty} \frac{n + \ln n}{n^2} = \lim_{x \to \infty} \frac{x + \ln x}{x^2} = \lim_{x \to \infty} \frac{1 + (1/x)}{2x} = 0$$

O limite dos comprimentos de onda b_n de Balmer no exemplo a seguir desempenha um papel na Física e Química por determinar a energia de ionização do átomo de hidrogênio. A Tabela 1 sugere que b_n converge a 364,5 nanometros (nm). A Figura 7 mostra o gráfico e, na Figura 8, os comprimentos de onda são mostrados "se empilhando" no valor do limite.

TABELA 1 Comprimentos de onda de Balmer (nm)

n	b_n
3	656,1
4	486
5	433,9
6	410,1
7	396,9
10	379,7
20	368,2
40	365,4
60	364,9
80	364,7
100	364,6

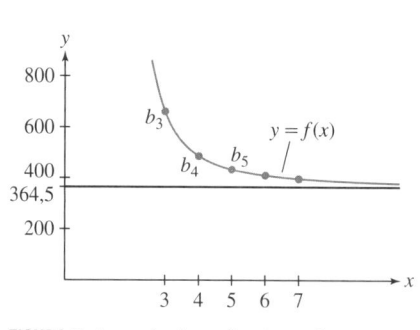

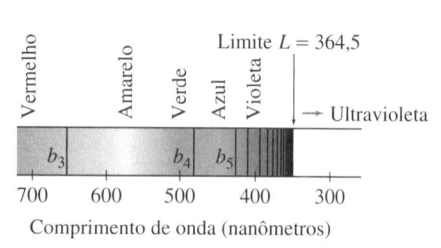

FIGURA 7 A sequência e a função tendem ao mesmo limite.

FIGURA 8

■ **EXEMPLO 6 Comprimentos de onda de Balmer** Calcule o limite dos comprimentos de onda de Balmer $b_n = \frac{364{,}5n^2}{n^2 - 4}$ em nanômetros com $n \geq 3$.

Solução Aplicamos o Teorema 1 com $f(x) = \frac{364{,}5x^2}{x^2 - 4}$:

$$\lim_{n \to \infty} b_n = \lim_{x \to \infty} \frac{364{,}5x^2}{x^2 - 4} = \lim_{x \to \infty} \frac{364{,}5x^2 \frac{1}{x^2}}{(x^2 - 4)\frac{1}{x^2}}$$

$$= \lim_{x \to \infty} \frac{364{,}5}{1 - 4/x^2} = \frac{364{,}5}{\lim_{x \to \infty}(1 - 4/x^2)} = 364{,}5 \text{ nm}$$

Uma **sequência geométrica** é uma sequência $a_n = cr^n$, em que c e r são constantes não nulas. Cada termo é r vezes o precedente, ou seja, $a_n/a_{n-1} = r$. O número r é denominado **razão comum**. Por exemplo, se $r = 3$ e $c = 2$, obtemos a sequência (começando em $n = 0$)

$$2, \quad 2 \cdot 3, \quad 2 \cdot 3^2, \quad 2 \cdot 3^3, \quad 2 \cdot 3^4, \quad 2 \cdot 3^5, \quad \ldots$$

No próximo exemplo, determinamos quando uma série geométrica converge. Lembre que $\{a_n\}$ **diverge ao ∞** se os termos a_n crescem sem cota (Figura 9), ou seja, $\lim_{n \to \infty} a_n = \infty$ se, para cada número N, temos $a_n > N$ com qualquer n suficientemente grande. Analogamente definimos $\lim_{n \to \infty} a_n = -\infty$.

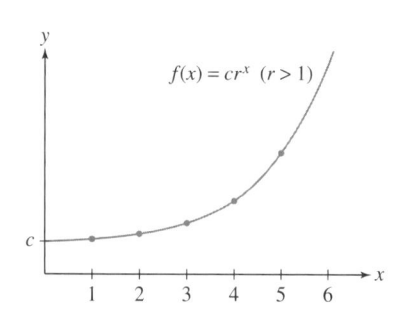

FIGURA 9 Se $r > 1$, a sequência geométrica $a_n = r^n$ diverge a ∞.

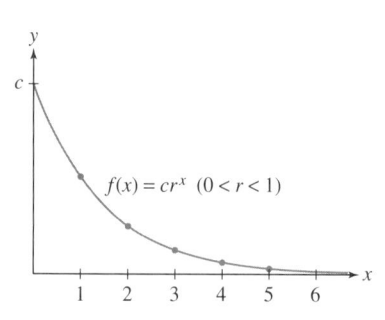

FIGURA 10 Se $0 < r < 1$, a sequência geométrica $a_n = r^n$ converge a 0.

■ **EXEMPLO 7 Sequências geométricas com $r \geq 0$** Prove que, com $r \geq 0$ e $c > 0$:

$$\lim_{n \to \infty} cr^n = \begin{cases} 0 & \text{se} \quad 0 \leq r < 1 \\ c & \text{se} \quad r = 1 \\ \infty & \text{se} \quad r > 1 \end{cases}$$

Solução Seja $f(r) = cr^x$. Se $0 \leq r < 1$, então (Figura 10)

$$\lim_{n \to \infty} cr^n = \lim_{x \to \infty} f(x) = c \lim_{x \to \infty} r^x = 0$$

Se $r > 1$, então $f(x)$ e a sequência $\{cr^n\}$ divergem ao ∞ (pois $c > 0$) (Figura 9). Se $r = 1$, então $cr^n = c$ com qualquer n e o limite é c. ■

Este último exemplo acabará sendo extremamente útil no nosso estudo de séries geométricas na Seção 10.2.

As leis de limites que temos usado com funções também são válidas com sequências e demonstradas de maneira análoga.

TEOREMA 2 **Leis de limites de sequências** Suponha que $\{a_n\}$ e $\{b_n\}$ sejam sequências convergentes com

$$\lim_{n \to \infty} a_n = L, \qquad \lim_{n \to \infty} b_n = M$$

Então

(i) $\lim_{n \to \infty} (a_n \pm b_n) = \lim_{n \to \infty} a_n \pm \lim_{n \to \infty} b_n = L \pm M$

(ii) $\lim_{n \to \infty} a_n b_n = \left(\lim_{n \to \infty} a_n\right)\left(\lim_{n \to \infty} b_n\right) = LM$

(iii) $\lim_{n \to \infty} \dfrac{a_n}{b_n} = \dfrac{\lim_{n \to \infty} a_n}{\lim_{n \to \infty} b_n} = \dfrac{L}{M}$ se $M \neq 0$

(iv) $\lim_{n \to \infty} c a_n = c \lim_{n \to \infty} a_n = cL$ com qualquer constante c.

TEOREMA 3 **Teorema do confronto de sequências** Sejam $\{a_n\}, \{b_n\}, \{c_n\}$ sequências tais que, com algum número M, valham

$$b_n \leq a_n \leq c_n \quad \text{para } n > M \qquad \text{e} \qquad \lim_{n \to \infty} b_n = \lim_{n \to \infty} c_n = L$$

Então $\lim_{n \to \infty} a_n = L$.

LEMBRETE $n!$ (o fatorial de n) é o número

$$n! = n(n-1)(n-2)\cdots 2 \cdot 1$$

Por exemplo, $4! = 4 \cdot 3 \cdot 2 \cdot 1 = 24$. Por definição, $0! = 1$.

■ **EXEMPLO 8** Mostre que, se $\lim_{n \to \infty} |a_n| = 0$, então $\lim_{n \to \infty} a_n = 0$.

Solução Temos

$$-|a_n| \leq a_n \leq |a_n|$$

Por hipótese, $\lim_{n \to \infty} |a_n| = 0$, de modo que também $\lim_{n \to \infty} -|a_n| = -\lim_{n \to \infty} |a_n| = 0$. Portanto, podemos aplicar o teorema do confronto para concluir que $\lim_{n \to \infty} a_n = 0$. ■

■ **EXEMPLO 9** **Sequências geométricas com $r < 0$** Prove que, com $c \neq 0$,

$$\lim_{n \to \infty} cr^n = \begin{cases} 0 & \text{se} \quad -1 < r < 0 \\ \text{diverge} & \text{se} \quad r \leq -1 \end{cases}$$

Solução Se $-1 < r < 0$, então $0 < |r| < 1$ e $\lim_{n \to \infty} |cr^n| = 0$ pelo Exemplo 7. Assim, $\lim_{n \to \infty} cr^n = 0$ pelo Exemplo 8. Se $r = -1$, então a sequência $cr^n = (-1)^n c$ alterna de sinal e não se aproxima de um limite. A sequência também diverge se $r < -1$, porque cr^n alterna de sinal e $|cr^n|$ fica arbitrariamente grande. ■

Como mais uma aplicação do teorema do confronto, considere a sequência

$$a_n = \frac{5^n}{n!}$$

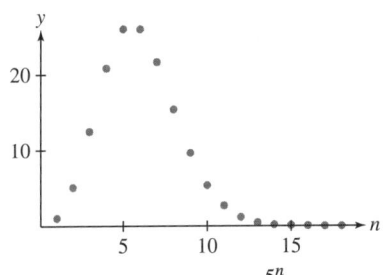

FIGURA 11 O gráfico de $a_n = \dfrac{5^n}{n!}$.

TABELA 2

n	$a_n = \dfrac{5^n}{n!}$
1	5
2	12,5
3	20,83
4	26,04
10	2,69
15	0,023
20	0,000039
50	$2,92 \times 10^{-30}$

Tanto o numerador quanto o denominador crescem sem cota, portanto não é claro se $\{a_n\}$ converge. A Figura 11 e a Tabela 2 sugerem que, inicialmente, a_n cresce, mas depois tende a zero. No próximo exemplo, provamos que, dado qualquer R, $a_n = R^n/n!$ converge a zero. Esse fato será utilizado na discussão de séries de Taylor na Seção 10.7.

■ **EXEMPLO 10** Prove que $\lim\limits_{n\to\infty} \dfrac{R^n}{n!} = 0$, com qualquer R.

Solução Suponha inicialmente que $R > 0$, e seja M o inteiro não negativo tal que
$$M \leq R < M + 1$$
Se $n > M$, escrevemos $R^n/n!$ como um produto de n fatores:

$$\dfrac{R^n}{n!} = \underbrace{\left(\dfrac{R}{1}\dfrac{R}{2}\cdots\dfrac{R}{M}\right)}_{\text{Denotamos isso por } C}\underbrace{\left(\dfrac{R}{M+1}\right)\left(\dfrac{R}{M+2}\right)\cdots\left(\dfrac{R}{n}\right)}_{\text{Cada fator é menor do que 1}} \leq C\left(\dfrac{R}{n}\right) \qquad \boxed{2}$$

Os primeiros M fatores são maiores do que ou iguais a 1 e os últimos $n - M$ fatores são menores do que 1. Se agruparmos os primeiros M fatores e denotarmos esse produto por C, e se omitirmos todos os demais fatores exceto o último fator R/n, obteremos

$$0 \leq \dfrac{R^n}{n!} \leq \dfrac{CR}{n}$$

Como $CR/n \to 0$, o teorema do confronto nos dá $\lim\limits_{n\to\infty} R^n/n! = 0$, como queríamos. Se $R < 0$, o limite também é nulo pelo Exemplo 8, pois $|R^n/n!|$ tende a zero. ■

Dados uma sequência $\{a_n\}$ e uma função f, podemos formar uma nova sequência $f(a_n)$. É útil saber que se f for contínua e se $a_n \to L$, então $f(a_n) \to f(L)$. Ver Apêndice D para uma prova.

TEOREMA 4 Se f for contínua e $\lim\limits_{n\to\infty} a_n = L$, então
$$\lim_{n\to\infty} f(a_n) = f\left(\lim_{n\to\infty} a_n\right) = f(L)$$

Em outras palavras, podemos "levar um limite de uma sequência para dentro de uma função contínua".

■ **EXEMPLO 11** Aplique o Teorema 4 à sequência $a_n = \dfrac{3n}{n+1}$ e à função

(a) $f(x) = e^x$ e   (b) $g(x) = x^2$.

Solução Inicialmente, observe que
$$L = \lim_{n\to\infty} a_n = \lim_{n\to\infty} \dfrac{3n}{n+1} = \lim_{n\to\infty} \dfrac{3}{1+n^{-1}} = 3$$

(a) Com $f(x) = e^x$, temos $f(a_n) = e^{a_n} = e^{\frac{3n}{n+1}}$. Pelo Teorema 4,
$$\lim_{n\to\infty} f(a_n) = f\left(\lim_{n\to\infty} a_n\right) = e^{\lim_{n\to\infty} \frac{3n}{n+1}} = e^3$$

(b) Com $g(x) = x^2$, temos $g(a_n) = a_n^2$. Pelo Teorema 4,
$$\lim_{n\to\infty} g(a_n) = g\left(\lim_{n\to\infty} a_n\right) = \left(\lim_{n\to\infty} \dfrac{3n}{n+1}\right)^2 = 3^2 = 9 \qquad ■$$

Os conceitos de sequência limitada e de sequência monótona são de grande importância para o entendimento da convergência.

DEFINIÇÃO Sequências limitadas Uma sequência $\{a_n\}$ é:

- **limitada superiormente** se existir algum número M tal que $a_n \leq M$ com qualquer n. O número M é denominado uma *cota superior*.
- **limitada inferiormente** se existir um número m tal que $a_n \geq m$ com qualquer n. O número m é denominado uma *cota inferior*.

Dizemos que uma sequência $\{a_n\}$ é **limitada** se for limitada superior e inferiormente. Se $\{a_n\}$ não for limitada, dizemos que $\{a_n\}$ é uma **sequência ilimitada**.

Assim, por exemplo, a sequência dada por $a_n = 3 - \frac{1}{n}$ é claramente limitada superiormente por 3. Também é limitada inferiormente por 0, pois todos os seus termos são positivos. Logo, essa sequência é limitada.

Cotas inferiores e superiores não são únicas. Se M for uma cota superior, então qualquer número maior também é uma cota superior e se m for uma cota inferior, então qualquer número menor também é uma cota inferior (Figura 12).

Como poderia ser antecipado, uma sequência $\{a_n\}$ convergente é necessariamente limitada, porque seus termos a_n se aproximam cada vez mais do limite. Esse fato é registrado no teorema seguinte.

TEOREMA 5 Sequências convergentes são limitadas Se $\{a_n\}$ convergir, então $\{a_n\}$ será limitada.

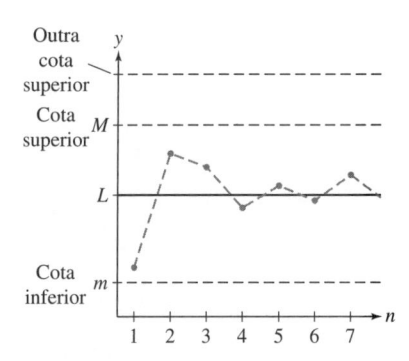

FIGURA 12 Uma sequência convergente é limitada.

Demonstração Seja $L = \lim_{n\to\infty} a_n$. Então existe $N > 0$ tal que $|a_n - L| < 1$ com $n > N$. Em outras palavras,

$$L - 1 < a_n < L + 1 \quad \text{se } n > N$$

Se M for qualquer número maior do que $L + 1$ e também maior do que os números $a_1, a_2, \ldots, a_N$, então $a_n < M$ com qualquer n. Assim, M é uma cota superior. Analogamente, qualquer número m menor do que $L - 1$ e também menor do que os números $a_1, a_2, \ldots, a_N$ é uma cota inferior. ∎

Há duas maneiras pelas quais uma sequência $\{a_n\}$ pode divergir. Uma é por ser ilimitada. Por exemplo, a sequência ilimitada $a_n = n$ diverge:

$$1, \quad 2, \quad 3, \quad 4, \quad 5, \quad 6, \quad \ldots$$

Por outro lado, uma sequência pode divergir mesmo se for limitada. Esse é o caso da sequência $a_n = (-1)^{n+1}$, cujos termos ficam pulando para lá e para cá sem nunca se aproximar de um limite:

$$1, \quad -1, \quad 1, \quad -1, \quad 1, \quad -1, \quad \ldots$$

Não há um método garantido para determinar que uma sequência $\{a_n\}$ convirja, a menos que aconteça que a sequência seja tanto limitada quanto **monótona**. Por definição, $\{a_n\}$ é monótona se for crescente ou decrescente:

- $\{a_n\}$ é *crescente* se $a_n < a_{n+1}$ com qualquer n.
- $\{a_n\}$ é *decrescente* se $a_n > a_{n+1}$ com qualquer n.

Intuitivamente, se $\{a_n\}$ for crescente e limitada superiormente por M, então seus termos devem acabar se empilhando perto de um valor limite L que não é maior do que M (Figura 13). Ver o Apêndice B para uma demonstração do teorema seguinte.

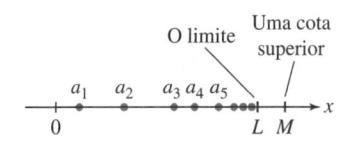

FIGURA 13 Uma sequência crescente com cota superior M tende a um limite L.

TEOREMA 6 Sequências monótonas limitadas convergem

- Se $\{a_n\}$ for crescente e $a_n \leq M$, então $\{a_n\}$ convergirá e $\lim_{n\to\infty} a_n \leq M$.
- Se $\{a_n\}$ for decrescente e $a_n \geq m$, então $\{a_n\}$ convergirá e $\lim_{n\to\infty} a_n \geq m$.

■ **EXEMPLO 12** Verifique que $a_n = \sqrt{n+1} - \sqrt{n}$ é decrescente e limitada inferiormente. Existe $\lim_{n\to\infty} a_n$?

Solução A função $f(x) = \sqrt{x+1} - \sqrt{x}$ é decrescente porque tem derivada negativa:

$$f'(x) = \frac{1}{2\sqrt{x+1}} - \frac{1}{2\sqrt{x}} < 0 \quad \text{se } x > 0$$

Segue que $a_n = f(n)$ é decrescente (ver Tabela 3). Além disso, $a_n > 0$ com qualquer n, de modo que a sequência tem a cota inferior $m = 0$. O Teorema 6 garante que existe o limite $L = \lim_{n\to\infty} a_n$ e $L \geq 0$. De fato, podemos mostrar que $L = 0$ observando que $f(x)$ pode ser reescrita como $f(x) = \dfrac{1}{\sqrt{x+1} + \sqrt{x}}$. Assim, $\lim_{x\to\infty} f(x) = 0$. ∎

TABELA 3

$a_n = \sqrt{n+1} - \sqrt{n}$
$a_1 \approx 0{,}4142$
$a_2 \approx 0{,}3178$
$a_3 \approx 0{,}2679$
$a_4 \approx 0{,}2361$
$a_5 \approx 0{,}2134$
$a_6 \approx 0{,}1963$
$a_7 \approx 0{,}1827$
$a_8 \approx 0{,}1716$

■ **EXEMPLO 13** Mostre que a sequência seguinte é limitada e crescente:

$$a_1 = \sqrt{2}, \quad a_2 = \sqrt{2\sqrt{2}}, \quad a_3 = \sqrt{2\sqrt{2\sqrt{2}}}, \quad \ldots$$

Então prove que existe $L = \lim_{n \to \infty} a_n$ e calcule seu valor.

Solução

Passo 1. **Mostrar que $\{a_n\}$ é limitada superiormente.**

Afirmamos que $M = 2$ é uma cota superior. Certamente temos $a_1 < 2$, pois $a_1 = \sqrt{2} \approx 1{,}414$. Por outro lado,

$$\text{se} \quad a_n < 2, \quad \text{então} \quad a_{n+1} < 2 \qquad \qquad 3$$

é verdadeiro porque $a_{n+1} = \sqrt{2a_n} < \sqrt{2 \cdot 2} = 2$. Agora, como $a_1 < 2$, podemos aplicar (3) para concluir que $a_2 < 2$. Analogamente, $a_2 < 2$ implica $a_3 < 2$, etc, com qualquer n. (Formalmente, isso é uma prova por indução.)

Passo 2. **Mostrar que $\{a_n\}$ é crescente.**

Como a_n é positiva e $a_n < 2$, temos

$$a_{n+1} = \sqrt{2a_n} > \sqrt{a_n \cdot a_n} = a_n$$

Isso mostra que $\{a_n\}$ é crescente. Como a sequência é limitada superiormente e crescente, concluímos que existe o limite L.

Agora que sabemos que o limite L existe, podemos obter seu valor como segue. A ideia é que L "contém uma cópia" de si mesmo dentro da raiz quadrada:

$$L = \sqrt{2\sqrt{2\sqrt{2\sqrt{2\cdots}}}} = \sqrt{2\left(\sqrt{2\sqrt{2\sqrt{2\cdots}}}\right)} = \sqrt{2L}$$

TABELA 4 Sequência recursiva $a_{n+1} = \sqrt{2a_n}$

a_1	1,4142
a_2	1,6818
a_3	1,8340
a_4	1,9152
a_5	1,9571
a_6	1,9785
a_7	1,9892
a_8	1,9946

Assim, $L^2 = 2L$, de modo que $L = 2$ ou $L = 0$. Eliminamos $L = 0$ porque os termos a_n são positivos e crescentes (conforme veremos a seguir) e, portanto, devemos ter $L = 2$ (ver Tabela 4).

Esse argumento pode ser formalizado observando que a sequência está definida recursivamente por

$$a_1 = \sqrt{2}, \qquad a_{n+1} = \sqrt{2a_n}$$

Se a_n convergir a L, então a sequência $b_n = a_{n+1}$ também converge a L (por ser a mesma sequência com os termos transladados para a esquerda). Então, aplicando o Teorema 4 com $f(x) = \sqrt{x}$, temos

$$L = \lim_{n \to \infty} a_{n+1} = \lim_{n \to \infty} \sqrt{2a_n} = \sqrt{2 \lim_{n \to \infty} a_n} = \sqrt{2L}$$

Assim, $L = 2$. ■

10.1 Resumo

- Uma sequência $\{a_n\}$ *converge* a um limite L, se, dado qualquer $\epsilon > 0$, existir algum número M tal que

$$|a_n - L| < \epsilon \qquad \text{com qualquer } n > M$$

Escrevemos $\lim_{n \to \infty} a_n = L$ ou $a_n \to L$.

- Se não existir um limite, dizemos que $\{a_n\}$ *diverge*.
- Em particular, se os termos crescem sem cota dizemos que $\{a_n\}$ diverge ao infinito.
- Se $a_n = f(n)$ e $\lim_{x \to \infty} f(x) = L$, então $\lim_{n \to \infty} a_n = L$.
- Uma *sequência geométrica* é uma sequência $a_n = cr^n$, em que c e r são não nulos. A sequência converge a 0 se $-1 < r < 1$, converge a c se $r = 1$ e, nos demais casos, diverge.

- As leis básicas de limites e o teorema do confronto são aplicáveis a sequências.
- Se f for contínua e $\lim_{n\to\infty} a_n = L$, então $\lim_{n\to\infty} f(a_n) = f(L)$.
- Uma sequência $\{a_n\}$ é
  - *limitada superiormente* por M se $a_n \leq M$ com qualquer n.
  - *limitada inferiormente* por m se $a_n \geq m$ com qualquer n.
  Se $\{a_n\}$ for limitada superior e inferiormente, dizemos que $\{a_n\}$ é *limitada*.
- Uma sequência $\{a_n\}$ é *monótona* se for crescente ($a_n < a_{n+1}$) ou decrescente ($a_n > a_{n+1}$).
- Sequências monótonas crescentes convergem (Teorema 6).

10.1 Exercícios

Exercícios preliminares

1. Quem é a_4 para a sequência $a_n = n^2 - n$?
2. Qual das sequências seguintes converge a zero?
   (a) $\dfrac{n^2}{n^2+1}$ (b) 2^n (c) $\left(\dfrac{-1}{2}\right)^n$
3. Seja a_n a enésima aproximação decimal de $\sqrt{2}$. Ou seja, $a_1 = 1$, $a_2 = 1{,}4$, $a_3 = 1{,}41$, etc. Qual é o $\lim_{n\to\infty} a_n$?
4. Qual dessas sequências está definida recursivamente?
   (a) $a_n = \sqrt{4+n}$ (b) $b_n = \sqrt{4+b_{n-1}}$
5. O Teorema 5 afirma que toda sequência convergente é limitada. Determine se a afirmação dada é verdadeira ou falsa. Se for falsa, dê um contraexemplo.
   (a) Se $\{a_n\}$ for limitada, então será convergente.
   (b) Se $\{a_n\}$ não for limitada, então será divergente.
   (c) Se $\{a_n\}$ for divergente, então não será limitada.

Exercícios

1. Combine cada sequência com seu termo geral:

$a_1, a_2, a_3, a_4, \ldots$	Termo geral
(a) $\frac{1}{2}, \frac{2}{3}, \frac{3}{4}, \frac{4}{5}, \ldots$	(i) $\cos \pi n$
(b) $-1, 1, -1, 1, \ldots$	(ii) $\dfrac{n!}{2^n}$
(c) $1, -1, 1, -1, \ldots$	(iii) $(-1)^{n+1}$
(d) $\frac{1}{2}, \frac{2}{4}, \frac{6}{8}, \frac{24}{16}, \ldots$	(iv) $\dfrac{n}{n+1}$

2. Seja $a_n = \dfrac{1}{2n-1}$ com $n = 1, 2, 3, \ldots$. Escreva os primeiros três termos das sequências seguintes:
   (a) $b_n = a_{n+1}$ (b) $c_n = a_{n+3}$
   (c) $d_n = a_n^2$ (d) $e_n = 2a_n - a_{n+1}$

Nos Exercícios 3-12, calcule os primeiros quatro termos da sequência, começando com $n = 1$.

3. $c_n = \dfrac{3^n}{n!}$
4. $b_n = \dfrac{(2n-1)!}{n!}$
5. $a_1 = 2$, $a_{n+1} = 2a_n^2 - 3$
6. $b_1 = 1$, $b_n = b_{n-1} + \dfrac{1}{b_{n-1}}$
7. $b_n = 5 + \cos \pi n$
8. $c_n = (-1)^{2n+1}$
9. $c_n = 1 + \dfrac{1}{2} + \dfrac{1}{3} + \cdots + \dfrac{1}{n}$
10. $a_n = n + (n+1) + (n+2) + \cdots + (2n)$
11. $b_1 = 2$, $b_2 = 3$, $b_n = 2b_{n-1} + b_{n-2}$
12. $c_n =$ enésima aproximação decimal de e
13. Encontre uma fórmula para o enésimo termo da sequência seguinte:
    (a) $\dfrac{1}{1}, \dfrac{-1}{8}, \dfrac{1}{27}, \ldots$ (b) $\dfrac{2}{6}, \dfrac{3}{7}, \dfrac{4}{8}, \ldots$

14. Suponha que $\lim_{n\to\infty} a_n = 4$ e $\lim_{n\to\infty} b_n = 7$. Determine:
    (a) $\lim_{n\to\infty}(a_n + b_n)$ (b) $\lim_{n\to\infty} a_n^3$
    (c) $\lim_{n\to\infty} \cos(\pi b_n)$ (d) $\lim_{n\to\infty}(a_n^2 - 2a_n b_n)$

Nos Exercícios 15-26, use o Teorema 1 para determinar o limite da sequência ou decida que a sequência diverge.

15. $a_n = 12$
16. $a_n = 20 - \dfrac{4}{n^2}$
17. $b_n = \dfrac{5n-1}{12n+9}$
18. $a_n = \dfrac{4+n-3n^2}{4n^2+1}$
19. $c_n = -2^{-n}$
20. $z_n = \left(\dfrac{1}{3}\right)^n$
21. $c_n = 9^n$
22. $z_n = 10^{-1/n}$
23. $a_n = \dfrac{n}{\sqrt{n^2+1}}$
24. $a_n = \dfrac{n}{\sqrt{n^3+1}}$
25. $a_n = \ln\left(\dfrac{12n+2}{-9+4n}\right)$
26. $r_n = \ln n - \ln(n^2+1)$

Nos Exercícios 27-30, use o Teorema 4 para determinar o limite da sequência.

27. $a_n = \sqrt{4 + \dfrac{1}{n}}$
28. $a_n = e^{4n/(3n+9)}$
29. $a_n = \arccos\left(\dfrac{n^3}{2n^3+1}\right)$
30. $a_n = \operatorname{arc\,tg}(e^{-n})$

31. Seja $a_n = \dfrac{n}{n+1}$. Encontre um número M tal que:
    (a) $|a_n - 1| \leq 0{,}001$ com $n \geq M$.
    (b) $|a_n - 1| \leq 0{,}00001$ com $n \geq M$.

    Em seguida, use a definição de limite para provar que $\lim_{n\to\infty} a_n = 1$.

32. Seja $b_n = \left(\frac{1}{3}\right)^n$.
  (a) Encontre um valor de M tal que $|b_n| \leq 10^{-5}$ com $n \geq M$.
  (b) Use a definição de limite para provar que $\lim_{n\to\infty} b_n = 0$.

33. Use a definição de limite para provar que $\lim_{n\to\infty} n^{-2} = 0$.

34. Use a definição de limite para provar que $\lim_{n\to\infty} \frac{n}{n+n^{-1}} = 1$.

Nos Exercícios 35-62, use as leis ou teoremas de limite apropriados para determinar o limite da sequência ou mostrar que diverge.

35. $a_n = 10 + \left(-\frac{1}{9}\right)^n$
36. $d_n = \sqrt{n+3} - \sqrt{n}$
37. $c_n = 1{,}01^n$
38. $b_n = e^{1-n^2}$
39. $a_n = 2^{1/n}$
40. $b_n = n^{1/n}$
41. $c_n = \frac{9^n}{n!}$
42. $a_n = \frac{8^{2n}}{n!}$
43. $a_n = \frac{3n^2+n+2}{2n^2-3}$
44. $a_n = \frac{\sqrt{n}}{\sqrt{n}+4}$
45. $a_n = \frac{\cos n}{n}$
46. $c_n = \frac{(-1)^n}{\sqrt{n}}$
47. $d_n = \ln 5^n - \ln n!$
48. $d_n = \ln(n^2+4) - \ln(n^2-1)$
49. $a_n = \left(2+\frac{4}{n^2}\right)^{1/3}$
50. $b_n = \arctan\left(1-\frac{2}{n}\right)$
50. $c_n = \ln\left(\frac{2n+1}{3n+4}\right)$
52. $c_n = \frac{n}{n+n^{1/n}}$
53. $y_n = \frac{e^n}{2^n}$
54. $a_n = \frac{n}{2^n}$
55. $y_n = \frac{e^n+(-3)^n}{5^n}$
56. $b_n = \frac{(-1)^n n^3 + 2^{-n}}{3n^3 + 4^{-n}}$
57. $a_n = n \operatorname{sen}\frac{\pi}{n}$
58. $b_n = \frac{n!}{\pi^n}$
59. $b_n = \frac{3-4^n}{2+7\cdot 4^n}$
60. $a_n = \frac{3-4^n}{2+7\cdot 3^n}$
61. $a_n = \left(1+\frac{1}{n}\right)^n$
62. $a_n = \left(1+\frac{1}{n^2}\right)^n$

Nos Exercícios 63-66, encontre o limite da sequência usando a regra de L'Hôpital.

63. $a_n = \frac{(\ln n)^2}{n}$
64. $b_n = \sqrt{n}\ln\left(1+\frac{1}{n}\right)$
65. $c_n = n\left(\sqrt{n^2+1}-n\right)$
66. $d_n = n^2\left(\sqrt[3]{n^3+1}-n\right)$

Nos Exercícios 67-70, use o teorema do confronto para calcular $\lim_{n\to\infty} a_n$ verificando a desigualdade dada.

67. $a_n = \frac{1}{\sqrt{n^4+n^8}}, \quad \frac{1}{\sqrt{2n^4}} \leq a_n \leq \frac{1}{\sqrt{2n^2}}$

68. $c_n = \frac{1}{\sqrt{n^2+1}} + \frac{1}{\sqrt{n^2+2}} + \cdots + \frac{1}{\sqrt{n^2+n}}$,
$\frac{n}{\sqrt{n^2+n}} \leq c_n \leq \frac{n}{\sqrt{n^2+1}}$

69. $a_n = (2^n+3^n)^{1/n}, \quad 3 \leq a_n \leq (2\cdot 3^n)^{1/n} = 2^{1/n}\cdot 3$

70. $a_n = (n+10^n)^{1/n}, \quad 10 \leq a_n \leq (2\cdot 10^n)^{1/n}$

71. 📐 Qual das afirmações a seguir é equivalente à afirmação de que $\lim_{n\to\infty} a_n = L$ é limitada? Explique.
  (a) Dado qualquer $\epsilon > 0$, o intervalo $(L-\epsilon, L+\epsilon)$ contém pelo menos um elemento da sequência $\{a_n\}$.
  (b) Dado qualquer $\epsilon > 0$, o intervalo $(L-\epsilon, L+\epsilon)$ contém todos os elementos da sequência $\{a_n\}$, exceto um número finito deles.

72. Mostre que $a_n = \frac{1}{2n+1}$ é decrescente.

73. Mostre que $a_n = \frac{3n^2}{n^2+2}$ é crescente. Encontre uma cota superior.

74. Mostre que $a_n = \sqrt[3]{n+1} - n$ é decrescente.

75. Dê um exemplo de uma sequência divergente $\{a_n\}$ tal que $\lim_{n\to\infty} |a_n|$ convirja.

76. Dê um exemplo de duas sequências divergentes $\{a_n\}$ e $\{b_n\}$ tais que $\{a_n + b_n\}$ convirja.

77. Usando a definição de limite, prove que se $\{a_n\}$ convergir e $\{b_n\}$ divergir, então $\{a_n + b_n\}$ divergirá.

78. Use a definição de limite para provar que se $\{a_n\}$ for uma sequência convergente de números inteiros com limite L, então existirá um número M tal que $a_n = L$ com qualquer $n \geq M$.

79. O Teorema 1 afirma que se $\lim_{x\to\infty} f(x) = L$, então a sequência $a_n = f(n)$ converge e $\lim_{n\to\infty} a_n = L$. Mostre que a *recíproca* é falsa. Em outras palavras, encontre uma função f tal que $a_n = f(n)$ convirja, mas não exista $\lim_{x\to\infty} f(x)$.

80. Use a definição de limite para provar que o limite não muda se for acrescentado ou removido um número finito de termos de uma sequência convergente.

81. Seja $b_n = a_{n+1}$. Use a definição de limite para provar que se $\{a_n\}$ convergir, então $\{b_n\}$ também converge e $\lim_{n\to\infty} a_n = \lim_{n\to\infty} b_n$.

82. Seja $\{a_n\}$ uma sequência tal que exista $\lim_{n\to\infty} |a_n|$ e seja não nulo. Mostre que existe $\lim_{n\to\infty} a_n$ se, e só se, existe um inteiro M tal que o sinal de a_n não troca com $n > M$.

83. Proceda como no Exemplo 13 para mostrar que a sequência $\sqrt{3}, \sqrt{3\sqrt{3}}, \sqrt{3\sqrt{3\sqrt{3}}}, \ldots$ é crescente e limitada superiormente por $M = 3$. Em seguida, prove que o limite existe e encontre seu valor.

84. Seja $\{a_n\}$ a sequência definida recursivamente por
$$a_0 = 0, \qquad a_{n+1} = \sqrt{2+a_n}$$
Assim, $a_1 = \sqrt{2}$, $a_2 = \sqrt{2+\sqrt{2}}$, $a_3 = \sqrt{2+\sqrt{2+\sqrt{2}}}, \ldots$.
  (a) Mostre que se $a_n < 2$, então $a_{n+1} < 2$. Conclua, por indução, que $a_n < 2$ com qualquer n.
  (b) Mostre que se $a_n < 2$, então $a_n \leq a_{n+1}$. Conclua, por indução, que $\{a_n\}$ é crescente.
  (c) Use (a) e (b) para concluir que existe $L = \lim_{n\to\infty} a_n$. Então, calcule L, mostrando que $L = \sqrt{2+L}$.

Compreensão adicional e desafios

85. Mostre que $\lim_{n\to\infty} \sqrt[n]{n!} = \infty$. *Sugestão:* verifique que $n! \geq (n/2)^{n/2}$ observando que a metade dos fatores de $n!$ é maior do que ou igual a $n/2$.

86. Seja $b_n = \frac{\sqrt[n]{n!}}{n}$.
  (a) Mostre que $\ln b_n = \frac{1}{n}\sum_{k=1}^{n} \ln\frac{k}{n}$.

(b) Mostre que b_n converge a $\int_0^1 \ln x \, dx$ e conclua que $b_n \to e^{-1}$.

87. Dados números positivos $a_1 < b_1$, defina duas sequências recursivamente por
$$a_{n+1} = \sqrt{a_n b_n}, \qquad b_{n+1} = \frac{a_n + b_n}{2}$$

(a) Mostre que $a_n \leq b_n$ com qualquer n (Figura 14).
(b) Mostre que $\{a_n\}$ é crescente e $\{b_n\}$ é decrescente.
(c) Mostre que $b_{n+1} - a_{n+1} \leq \dfrac{b_n - a_n}{2}$.
(d) Prove que $\{a_n\}$ e $\{b_n\}$ convergem e têm o mesmo limite. Esse limite, denotado por MAG(a_1, b_1), é denominado **média aritmético-geométrica** de a_1 e b_1.
(e) Dê uma estimativa de MAG$(1, \sqrt{2})$ com três casas decimais.

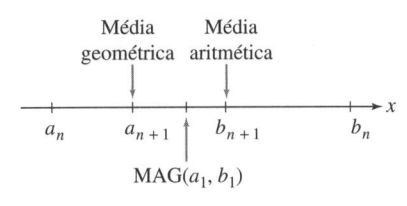

FIGURA 14

88. Seja $c_n = \dfrac{1}{n} + \dfrac{1}{n+1} + \dfrac{1}{n+2} + \cdots + \dfrac{1}{2n}$.

(a) Calcule c_1, c_2, c_3, c_4.
(b) Use uma comparação de retângulos com a área abaixo de $y = x^{-1}$ e acima do intervalo $[n, 2n]$ para provar que
$$\int_n^{2n} \frac{dx}{x} + \frac{1}{2n} \leq c_n \leq \int_n^{2n} \frac{dx}{x} + \frac{1}{n}$$
(c) Use o teorema do confronto para determinar $\lim\limits_{n \to \infty} c_n$.

89. Seja $a_n = H_n - \ln n$, em que H_n é o enésimo número harmônico
$$H_n = 1 + \frac{1}{2} + \frac{1}{3} + \cdots + \frac{1}{n}$$

(a) Mostre que $a_n \geq 0$ com $n \geq 1$. *Sugestão:* mostre que
$$H_n \geq \int_1^{n+1} \frac{dx}{x}.$$
(b) Mostre que $\{a_n\}$ é decrescente, interpretando $a_n - a_{n+1}$ como uma área.
(c) Prove que existe $\lim\limits_{n \to \infty} a_n$.

Esse limite é denotado por γ e conhecido como a *constante de Euler*. Ela aparece em muitas áreas da Matemática, inclusive Análise e Teoria de Números, e já tem sido calculado com mais de 100 milhões de casas decimais, mas ainda não é sabido se γ é um número irracional. Os primeiros dez dígitos são $\gamma \approx 0{,}5772156649$.

10.2 Soma de uma série infinita

Muitas quantidades que aparecem nas aplicações não podem ser calculadas exatamente. Não sabemos escrever a representação decimal exata do número π ou de valores da função seno, como, por exemplo, sen 1. Às vezes, entretanto, essas quantidades podem ser representadas como somas infinitas. Por exemplo, usando as séries de Taylor (Seção 10.7), pode ser mostrado que

$$\text{sen } 1 = 1 - \frac{1}{3!} + \frac{1}{5!} - \frac{1}{7!} + \frac{1}{9!} - \frac{1}{11!} + \cdots \qquad \boxed{1}$$

Somas infinitas desse tipo são denominadas **séries infinitas** ou **séries**, simplesmente. Pensamos nessas séries como tendo sido obtidas somando todos os termos de uma sequência infinita.

No entanto, o que significa, exatamente, a Equação (1)? É impossível somar uma infinidade de números, mas o que podemos fazer é calcular as **somas parciais** S_N definidas como as somas finitas dos primeiros termos até o N-ésimo. Vejamos as primeiras cinco somas parciais da série infinita de sen 1:

$$S_1 = 1$$
$$S_2 = 1 - \frac{1}{3!} = 1 - \frac{1}{6} \qquad \approx 0{,}833$$
$$S_3 = 1 - \frac{1}{3!} + \frac{1}{5!} = 1 - \frac{1}{6} + \frac{1}{120} \qquad \approx 0{,}841667$$
$$S_4 = 1 - \frac{1}{6} + \frac{1}{120} - \frac{1}{5040} \qquad \approx 0{,}841468$$
$$S_5 = 1 - \frac{1}{6} + \frac{1}{120} - \frac{1}{5040} + \frac{1}{362.880} \approx \mathbf{0{,}8414709846}$$

Compare esses valores com o valor obtido com uma calculadora:

$$\text{sen } 1 \approx \mathbf{0{,}8414709848}079 \quad \text{(valor da calculadora)}$$

Vemos que S_5 difere de sen 1 por menos do que 10^{-9}. Isso sugere que as somas parciais convergem a sen 1 e, de fato, vamos provar que

$$\text{sen } 1 = \lim_{N \to \infty} S_N$$

(ver Exemplo 2 na Seção 10.7). Assim, embora não consigamos somar uma infinidade de números, faz sentido *definir* a soma de uma série infinita como o limite das somas parciais.

Em geral, uma série infinita é uma expressão da forma

$$\sum_{n=1}^{\infty} a_n = a_1 + a_2 + a_3 + a_4 + \cdots$$

em que $\{a_n\}$ é uma sequência qualquer. Por exemplo,

- *As séries infinitas podem começar com qualquer índice. Por exemplo,*

$$\sum_{n=3}^{\infty} \frac{1}{n} = \frac{1}{3} + \frac{1}{4} + \frac{1}{5} + \cdots$$

Quando não for necessário especificar o termo inicial, simplesmente escrevemos $\sum a_n$.
- *Qualquer letra pode ser usada como índice. Assim, podemos escrever a_m, a_k, a_i, etc.*

Sequência	Termo geral	Série infinita
$\frac{1}{3}, \frac{1}{9}, \frac{1}{27}, \ldots$	$a_n = \frac{1}{3^n}$	$\sum_{n=1}^{\infty} \frac{1}{3^n} = \frac{1}{3} + \frac{1}{9} + \frac{1}{27} + \frac{1}{81} + \cdots$
$\frac{1}{1}, \frac{1}{4}, \frac{1}{9}, \frac{1}{16}, \ldots$	$a_n = \frac{1}{n^2}$	$\sum_{n=1}^{\infty} \frac{1}{n^2} = \frac{1}{1} + \frac{1}{4} + \frac{1}{9} + \frac{1}{16} + \cdots$

A N-ésima soma parcial S_N é a soma dos primeiros termos até, inclusive, a_N:

$$S_N = \sum_{n=1}^{N} a_n = a_1 + a_2 + a_3 + \cdots + a_N$$

Se a série começar em k, então $S_N = a_k + a_{k+1} + \cdots + a_N$.

DEFINIÇÃO Convergência de uma série infinita Uma série infinita $\sum_{n=k}^{\infty} a_n$ *converge* à soma S se a sequência de suas somas parciais $\{S_N\}$ convergir a S:

$$\lim_{N \to \infty} S_N = S$$

Nesse caso, escrevemos $S = \sum_{n=k}^{\infty} a_n$.

- Se o limite não existir, dizemos que a série infinita diverge.
- Se o limite for infinito, dizemos que a série infinita diverge ao infinito.

As séries podem ser investigadas numericamente calculando várias somas parciais S_N. Se a sequência das somas parciais mostrar alguma tendência de convergir a algum número S, então temos evidência (mas não uma prova) de que a série converge a S. O exemplo seguinte trata de uma **série telescópica**, em que as somas parciais são particularmente fáceis de calcular.

■ **EXEMPLO 1** **Série telescópica** Investigue numericamente:

$$S = \sum_{n=1}^{\infty} \frac{1}{n(n+1)} = \frac{1}{1(2)} + \frac{1}{2(3)} + \frac{1}{3(4)} + \frac{1}{4(5)} + \cdots$$

Em seguida, calcule a soma S usando a identidade:

$$\frac{1}{n(n+1)} = \frac{1}{n} - \frac{1}{n+1}$$

Solução Os valores das somas parciais listadas na Tabela 1 sugerem convergência a $S = 1$. Para provar isso, observamos que, em vista da identidade fornecida, cada soma parcial colapsa para apenas dois termos:

$$S_1 = \frac{1}{1(2)} = \frac{1}{1} - \frac{1}{2}$$

$$S_2 = \frac{1}{1(2)} + \frac{1}{2(3)} = \left(\frac{1}{1} - \frac{1}{2}\right) + \left(\frac{1}{2} - \frac{1}{3}\right) = 1 - \frac{1}{3}$$

$$S_3 = \frac{1}{1(2)} + \frac{1}{2(3)} + \frac{1}{3(4)} = \left(\frac{1}{1} - \frac{1}{2}\right) + \left(\frac{1}{2} - \frac{1}{3}\right) + \left(\frac{1}{3} - \frac{1}{4}\right) = 1 - \frac{1}{4}$$

Em geral,

$$S_N = \left(\frac{1}{1} - \frac{1}{2}\right) + \left(\frac{1}{2} - \frac{1}{3}\right) + \cdots + \left(\frac{1}{N-1} - \frac{1}{N}\right) + \left(\frac{1}{N} - \frac{1}{N+1}\right)$$

$$= 1 - \frac{1}{N+1} \qquad \boxed{2}$$

A soma S é o limite da sequência das somas parciais:

$$S = \lim_{N \to \infty} S_N = \lim_{N \to \infty} \left(1 - \frac{1}{N+1}\right) = 1 \qquad \blacksquare$$

É importante lembrar a diferença entre uma sequência $\{a_n\}$ e uma série $\sum_{n=1}^{\infty} a_n$.

■ **EXEMPLO 2** **Sequências e séries** Discuta a diferença entre $\{a_n\}$ e $\sum_{n=1}^{\infty} a_n$, no caso $a_n = \dfrac{1}{n(n+1)}$.

Solução A sequência é a lista dos números $\frac{1}{1(2)}, \frac{1}{2(3)}, \frac{1}{3(4)}, \ldots$. Essa sequência converge a zero:

$$\lim_{n \to \infty} a_n = \lim_{n \to \infty} \frac{1}{n(n+1)} = 0$$

A série infinita é a *soma* dos números a_n, definida formalmente como o limite da sequência das somas parciais. Essa soma não é zero. De fato, a soma é igual a 1 pelo Exemplo 1:

$$\sum_{n=1}^{\infty} a_n = \sum_{n=1}^{\infty} \frac{1}{n(n+1)} = \frac{1}{1(2)} + \frac{1}{2(3)} + \frac{1}{3(4)} + \cdots = 1 \qquad \blacksquare$$

Nosso próximo teorema mostra que as séries infinitas podem ser somadas ou subtraídas como somas comuns, *desde que as séries convirjam*.

TEOREMA 1 **Linearidade de séries** Se $\sum a_n$ e $\sum b_n$ convergirem, então $\sum (a_n \pm b_n)$ e $\sum c a_n$ também convergem (c é uma constante qualquer), e

$$\sum a_n + \sum b_n = \sum (a_n + b_n)$$

$$\sum a_n - \sum b_n = \sum (a_n - b_n)$$

$$\sum c a_n = c \sum a_n \qquad (c \text{ qualquer constante})$$

TABELA 1 Somas parciais de $\displaystyle\sum_{n=1}^{\infty} \frac{1}{n(n+1)}$

N	S_N
10	0,90909
50	0,98039
100	0,990099
200	0,995025
300	0,996678

Na maioria dos casos (exceto as séries telescópicas e as geométricas introduzidas a seguir), não existe uma fórmula simples como a da Equação (2) para as somas parciais S_N. Portanto, precisamos desenvolver técnicas que não dependam de fórmulas de S_N.

Certifique-se de que está sendo entendida a diferença entre sequências e séries.

- *Com sequências, consideramos o limite dos termos individuais a_n.*
- *Com séries, estamos interessados nas soma dos termos*

$$a_1 + a_2 + a_3 + \cdots$$

que é definida como o limite da sequência das somas parciais.

Demonstração Essas regras seguem das correspondentes regras de linearidade de limites. Por exemplo,

$$\sum_{n=1}^{\infty}(a_n+b_n) = \lim_{N\to\infty}\sum_{n=1}^{N}(a_n+b_n) = \lim_{N\to\infty}\left(\sum_{n=1}^{N}a_n+\sum_{n=1}^{N}b_n\right)$$

$$= \lim_{N\to\infty}\sum_{n=1}^{N}a_n + \lim_{N\to\infty}\sum_{n=1}^{\infty}b_n = \sum_{n=1}^{\infty}a_n+\sum_{n=1}^{\infty}b_n \qquad\blacksquare$$

Nosso objetivo neste capítulo é desenvolver técnicas que determinem se uma série converge ou diverge. É fácil dar exemplos de séries divergentes.

- $S = \sum_{n=1}^{\infty} 1$ diverge ao infinito (as somas parciais crescem sem cota):

$S_1 = 1, \quad S_2 = 1+1 = 2, \quad S_3 = 1+1+1 = 3, \quad S_4 = 1+1+1+1 = 4, \quad \ldots$

- $\sum_{n=1}^{\infty}(-1)^{n-1}$ diverge (as somas parciais ficam pulando entre 1 e 0):

$S_1 = 1, \quad S_2 = 1-1 = 0, \quad S_3 = 1-1+1 = 1, \quad S_4 = 1-1+1-1 = 0, \quad \ldots$

Em seguida, passamos ao estudo das series geométricas, que convergem ou divergem de acordo com a razão r.

Uma **série geométrica** de razão comum $r \neq 0$ é uma série definida por uma sequência geométrica cr^n, em que $c \neq 0$. Se a série começar em $n = 0$, então

$$S = \sum_{n=0}^{\infty} cr^n = c + cr + cr^2 + cr^3 + cr^4 + cr^5 + \cdots$$

Com $r = \frac{1}{2}$ e $c = 1$, podemos visualizar a série geométrica que começa em $n = 1$ (Figura 1):

$$S = \sum_{n=1}^{\infty} \frac{1}{2^n} = \frac{1}{2} + \frac{1}{4} + \frac{1}{8} + \frac{1}{16} + \cdots = 1$$

Somar os termos corresponde a avançar passo a passo de 0 a 1, em que cada passo é um movimento para a direita pela metade da distância que falta. Assim, $S = 1$.

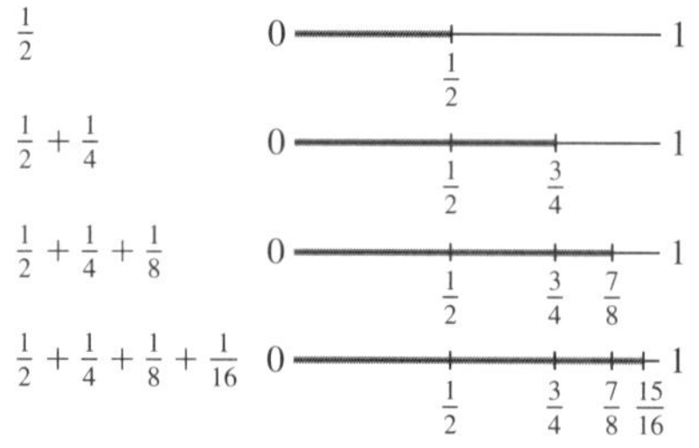

FIGURA 1 As somas parciais de $\sum_{n=1}^{\infty} \frac{1}{2^n}$.

Existe uma maneira simples de calcular as somas parciais de uma série geométrica:

$$S_N = c + cr + cr^2 + cr^3 + \cdots + cr^N$$
$$rS_N = \phantom{c+{}} cr + cr^2 + cr^3 + \cdots + cr^N + cr^{N+1}$$
$$S_N - rS_N = c - cr^{N+1}$$
$$S_N(1-r) = c(1-r^{N+1})$$

Se $r \neq 1$, podemos dividir por $(1-r)$ para obter

$$\boxed{S_N = c + cr + cr^2 + cr^3 + \cdots + cr^N = \frac{c(1-r^{N+1})}{1-r}} \qquad 3$$

Essa fórmula nos permite somar a série geométrica.

> *As séries geométricas são importantes porque elas*
> - *seguidamente surgem em aplicações;*
> - *podem ser calculadas explicitamente;*
> - *são usadas para estudar outras séries não geométricas (por comparação).*

TEOREMA 2 Soma de uma série geométrica Seja $c \neq 0$. Se $|r| < 1$, então

$$\sum_{n=0}^{\infty} cr^n = c + cr + cr^2 + cr^3 + \cdots = \frac{c}{1-r} \qquad 4$$

$$\sum_{n=M}^{\infty} cr^n = cr^M + cr^{M+1} + cr^{M+2} + cr^{M+3} + \cdots = \frac{cr^M}{1-r} \qquad 5$$

Se $|r| \geq 1$, então a série geométrica diverge.

Demonstração Se $r = 1$, então a série certamente diverge porque as somas parciais $S_N = (N+1)c$ crescem sem cota. Se $r \neq 1$, então a Equação (3) fornece

$$S = \lim_{N \to \infty} S_N = \lim_{N \to \infty} \frac{c(1-r^{N+1})}{1-r} = \frac{c}{1-r} - \frac{c}{1-r} \lim_{N \to \infty} r^{N+1}$$

Se $|r| < 1$, então $\lim_{N \to \infty} r^{N+1} = 0$, e obtemos a Equação (4). Se $|r| \geq 1$ e $r \neq 1$, então não existe $\lim_{N \to \infty} r^{N+1}$ e a série geométrica diverge. Finalmente, se a série começar com o termo cr^M em vez de cr^0, então

$$S = cr^M + cr^{M+1} + cr^{M+2} + cr^{M+3} + \cdots = r^M \sum_{n=0}^{\infty} cr^n = \frac{cr^M}{1-r} \qquad \blacksquare$$

■ **EXEMPLO 3** Calcule $\sum_{n=0}^{\infty} 5^{-n}$.

Solução Isso é uma série geométrica com $r = 5^{-1}$. Pela Equação (4),

$$\sum_{n=0}^{\infty} 5^{-n} = 1 + \frac{1}{5} + \frac{1}{5^2} + \frac{1}{5^3} + \cdots = \frac{1}{1-5^{-1}} = \frac{5}{4} \qquad \blacksquare$$

■ **EXEMPLO 4** Calcule $\sum_{n=3}^{\infty} 7\left(-\frac{3}{4}\right)^n = 7\left(-\frac{3}{4}\right)^3 + 7\left(-\frac{3}{4}\right)^4 + 7\left(-\frac{3}{4}\right)^5 + \cdots$.

Solução Isso é uma série geométrica com $r = -\frac{3}{4}$ e $c = 7$, começando em $n = 3$. Pela Equação (5),

$$\sum_{n=3}^{\infty} 7\left(-\frac{3}{4}\right)^n = \frac{7\left(-\frac{3}{4}\right)^3}{1-\left(-\frac{3}{4}\right)} = -\frac{27}{16} \qquad \blacksquare$$

■ **EXEMPLO 5** Encontre uma fração cuja dízima periódica seja $0{,}212121\ldots$.

Solução Podemos escrever essa dízima como a série $\frac{21}{100} + \frac{21}{100^2} + \frac{21}{100^3} + \cdots$. Isso é uma série geométrica com $c = \frac{21}{100}$ e $r = \frac{1}{100}$. Portanto, a série converge a

$$\frac{c}{1-r} = \frac{\frac{21}{100}}{1-\frac{1}{100}} = \frac{21}{99} = \frac{7}{33} \qquad \blacksquare$$

■ **EXEMPLO 6** Calcule $S = \sum_{n=0}^{\infty} \frac{2+3^n}{5^n}$.

Solução Escrevemos S como a soma de duas séries geométrica. Isso é validado pelo Teorema 1, pois ambas as séries geométricas convergem:

$$\sum_{n=0}^{\infty} \frac{2+3^n}{5^n} = \sum_{n=0}^{\infty} \frac{2}{5^n} + \sum_{n=0}^{\infty} \frac{3^n}{5^n} = \overbrace{2\sum_{n=0}^{\infty} \frac{1}{5^n} + \sum_{n=0}^{\infty} \left(\frac{3}{5}\right)^n}^{\text{Ambas as séries geométricas convergem}} = 2 \cdot \frac{1}{1-\frac{1}{5}} + \frac{1}{1-\frac{3}{5}} = 5 \qquad \blacksquare$$

ENTENDIMENTO CONCEITUAL Às vezes, encontramos o *argumento incorreto* seguinte para a soma da série geométrica:

$$S = \frac{1}{2} + \frac{1}{4} + \frac{1}{8} + \cdots$$

$$2S = 1 + \frac{1}{2} + \frac{1}{4} + \frac{1}{8} + \cdots = 1 + S$$

Assim, $2S = 1 + S$, ou $S = 1$. A resposta está certa; então, por que o argumento está errado? Está errado porque não sabemos de antemão que a série converge. Observe o que ocorre quando esse argumento é aplicado a uma série divergente:

$$S = 1 + 2 + 4 + 8 + 16 + \cdots$$

$$2S = \quad 2 + 4 + 8 + 16 + \cdots = S - 1$$

Isso daria que $-S = S - 1$, ou $S = -1$, o que é um absurdo, já que S diverge. Definindo cuidadosamente a soma de uma série infinita como o limite de suas somas parciais, evitamos conclusões incorretas desse tipo.

A série infinita $\sum_{k=1}^{\infty} 1$ diverge porque sua N-ésima soma parcial $S_N = N$ diverge ao infinito. É bem menos evidente se a série seguinte converge ou diverge:

$$\sum_{n=1}^{\infty} (-1)^{n+1} \frac{n}{n+1} = \frac{1}{2} - \frac{2}{3} + \frac{3}{4} - \frac{4}{5} + \frac{5}{6} - \cdots$$

Agora introduzimos um teste útil que nos permite concluir que essa série diverge. A ideia é que se os termos não encolherem a 0 em tamanho, então a série não convergirá. Esse é, tipicamente, o primeiro teste que aplicamos quando tentamos determinar se uma dada série diverge.

O teste da divergência do enésimo termo ou, simplesmente, *teste da divergência*, também pode ser enunciado como segue:

Se $\sum_{n=1}^{\infty} a_n$ convergir, então $\lim_{n \to \infty} a_n = 0$.

Na prática, usamos esse teste para mostrar que uma dada série diverge. É importante observar que ele não diz que se $\lim_{n \to \infty} a_n = 0$, então a série $\sum_{n=1}^{\infty} a_n$ necessariamente converge. Veremos que, embora $\lim_{n \to \infty} \frac{1}{n} = 0$, a série $\sum_{n=1}^{\infty} \frac{1}{n}$ diverge.

TEOREMA 2 **Teste da divergência do enésimo termo** Se $\lim_{n \to \infty} a_n \neq 0$, então a série $\sum_{n=1}^{\infty} a_n$ diverge.

Demonstração Começamos observando que $a_n = S_n - S_{n-1}$, pois

$$S_n = (a_1 + a_2 + \cdots + a_{n-1}) + a_n = S_{n-1} + a_n$$

Se $\sum_{n=1}^{\infty} a_n$ convergir com soma S, então

$$\lim_{n \to \infty} a_n = \lim_{n \to \infty} (S_n - S_{n-1}) = \lim_{n \to \infty} S_n - \lim_{n \to \infty} S_{n-1} = S - S = 0$$

Assim, se a_n não convergir a zero, então $\sum_{n=1}^{\infty} a_n$ não poderá convergir. ■

■ **EXEMPLO 7** Prove a divergência de $S = \sum_{n=1}^{\infty} \frac{n}{4n+1}$.

Solução Temos

$$\lim_{n \to \infty} a_n = \lim_{n \to \infty} \frac{n}{4n+1} = \lim_{n \to \infty} \frac{1}{4 + 1/n} = \frac{1}{4}$$

O enésimo termo a_n não converge a zero, portanto a série diverge pelo teste da divergência do enésimo termo (Teorema 3). ■

■ **EXEMPLO 8** Determine a convergência ou divergência de

$$S = \sum_{n=1}^{\infty} (-1)^{n-1} \frac{n}{n+1} = \frac{1}{2} - \frac{2}{3} + \frac{3}{4} - \frac{4}{5} + \cdots$$

Solução O termo geral $a_n = (-1)^{n-1}\dfrac{n}{n+1}$ não tende a um limite. De fato, $\dfrac{n}{n+1}$ tende a 1, portanto os termos ímpares a_{2n+1} convergem a 1 e os termos pares a_{2n} convergem a -1. Como não existe $\lim_{n\to\infty} a_n$, a série S diverge pelo teste da divergência do enésimo termo. ■

O teste da divergência só conta uma parte da história. Se a_n não tender a zero, então $\sum a_n$ certamente diverge, mas o que acontece se a_n tender a zero? Nesse caso, a série pode convergir, ou não. Em outras palavras, $\lim_{n\to\infty} a_n = 0$ é uma condição *necessária* para a convergência, mas não é *suficiente*. Como veremos no próximo exemplo, é possível uma série divergir mesmo se seus termos tenderem a zero.

■ **EXEMPLO 9** **A sequência tende a zero, mas a série diverge** Prove a divergência de

$$\sum_{n=1}^{\infty} \frac{1}{\sqrt{n}} = \frac{1}{\sqrt{1}} + \frac{1}{\sqrt{2}} + \frac{1}{\sqrt{3}} + \cdots$$

Solução O termo geral $1/\sqrt{n}$ tende a zero. No entanto, como cada termo da soma parcial S_N é maior do que ou igual a $1/\sqrt{N}$, temos

$$S_N = \overbrace{\frac{1}{\sqrt{1}} + \frac{1}{\sqrt{2}} + \cdots + \frac{1}{\sqrt{N}}}^{N \text{ termos}}$$
$$\geq \frac{1}{\sqrt{N}} + \frac{1}{\sqrt{N}} + \cdots + \frac{1}{\sqrt{N}}$$
$$= N\left(\frac{1}{\sqrt{N}}\right) = \sqrt{N}$$

Isso mostra que $S_N \geq \sqrt{N}$, mas $\sqrt{N}$ cresce sem cota (Figura 2). Assim, S_N também cresce sem cota. Isso prova que a série diverge. ■

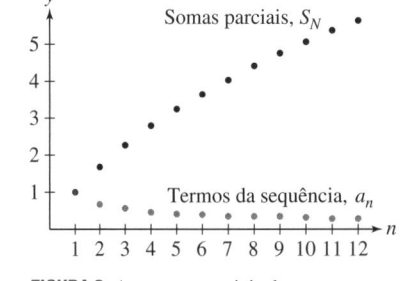

FIGURA 2 As somas parciais de

$$\sum_{n=1}^{\infty} \frac{1}{\sqrt{n}}$$

divergem, embora os termos $a_n = 1/\sqrt{n}$ tendam a zero.

10.2 Resumo

- Uma *série infinita* é uma expressão

$$\sum_{n=1}^{\infty} a_n = a_1 + a_2 + a_3 + a_4 + \cdots$$

Dizemos que a_n é o *termo geral* da série. Uma série infinita pode começar em $n = k$ com qualquer inteiro k.

- A N-ésima *soma parcial* é a soma finita dos termos até o N-ésimo, inclusive:

$$S_N = \sum_{n=1}^{N} a_n = a_1 + a_2 + a_3 + \cdots + a_N$$

- Por definição, a soma de uma série infinita é o limite $S = \lim_{N\to\infty} S_N$. Se existir o limite, dizemos que a série infinita é *convergente* ou que *converge* à soma S. Se o limite não existir, dizemos que a série infinita é *divergente*, ou que *diverge*.
- Se a sequência das somas parciais $\{S_N\}$ crescer sem cota, dizemos que S diverge ao infinito.
- Teste da divergência do enésimo termo: se $\lim_{n\to\infty} a_n \neq 0$, então $\sum_{n=1}^{\infty} a_n$ diverge. Contudo, uma série pode divergir, mesmo se seu termo geral $\{a_N\}$ tender a zero.
- Soma parcial de uma série geométrica:

$$c + cr + cr^2 + cr^3 + \cdots + cr^N = \frac{c(1 - r^{N+1})}{1 - r}$$

- Série geométrica: se $|r| < 1$, então

$$\sum_{n=0}^{\infty} r^n = 1 + r + r^2 + r^3 + \cdots = \frac{1}{1-r}$$

$$\sum_{n=M}^{\infty} cr^n = cr^M + cr^{M+1} + cr^{M+2} + \cdots = \frac{cr^M}{1-r}$$

A série geométrica diverge se $|r| \geq 1$.

Arquimedes (287 a.C.-212 a.C.), que descobriu a lei da alavanca, disse "Dai-me um lugar no qual eu possa parar e eu poderei mover a Terra" (citado por Pappus de Alexandria em torno de 340 d.C.).

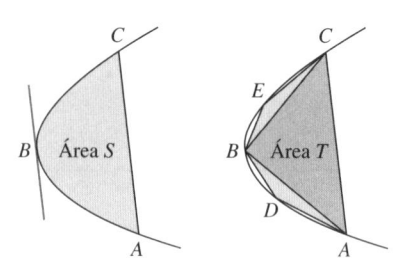

FIGURA 3 Arquimedes mostrou que a área S do setor parabólico é $\frac{4}{3}T$, em que T é a área de $\triangle ABC$.

PERSPECTIVA HISTÓRICA

(*Mechanics Magazine London, 1824*)

As séries geométricas têm sido usadas pelo menos desde o século III a.C. por Arquimedes num argumento brilhante para determinar a área S de um "segmento parabólico" (a região sombreada na Figura 3). Dados dois pontos A e C numa parábola, existe algum ponto B entre A e C no qual a reta tangente é paralela a $\overline{AC}$. (Aparentemente, Arquimedes conhecia o teorema do valor médio mais de 2.000 anos antes da invenção do Cálculo.) Seja T a área do triângulo $\triangle ABC$. Arquimedes provou que se D for escolhido de maneira análoga em relação a $\overline{AB}$ e E em relação a $\overline{BC}$, então

$$\frac{1}{4}T = \text{Área}(\triangle ADB) + \text{Área}(\triangle BEC) \qquad \boxed{6}$$

Essa construção de triângulos pode ser continuada. O próximo passo seria construir os quatro triângulos nos segmentos $\overline{AD}, \overline{DB}, \overline{BE}, \overline{EC}$, de área total $\frac{1}{4}^2 T$. Em seguida, construímos oito triângulos de área total $\frac{1}{4}^3 T$, etc. Dessa maneira, obtemos uma infinidade de triângulos que acabam preenchendo completamente o segmento parabólico. Pela fórmula da soma de uma série geométrica, obtemos

$$S = T + \frac{1}{4}T + \frac{1}{16}T + \cdots = T\sum_{n=0}^{\infty} \frac{1}{4^n} = \frac{4}{3}T$$

Por essa e muitas outras realizações, Arquimedes ocupa a posição de um dos maiores cientistas de todos os tempos, junto com Newton e Gauss.

O estudo moderno de séries infinitas começou no século XVII com Newton, Leibniz e seus contemporâneos. A divergência de $\sum_{n=1}^{\infty} 1/n$ (denominada **série harmônica**) era conhecida do erudito medieval Nicole d'Oresme (1323-1382), mas sua prova foi perdida por séculos e o resultado foi redescoberto mais de uma vez. Também era sabido que a soma dos quadrados recíprocos $\sum_{n=1}^{\infty} 1/n^2$ convergia e, em torno de 1640, o italiano Pietro Mengoli lançou o desafio de descobrir sua soma. Apesar dos esforços dos melhores matemáticos da época, inclusive Leibniz e os irmãos Jakob e Johann Bernoulli, o problema resistiu sem solução por mais de um século. Em 1735, o grande mestre Leonhard Euler (na época, com 28 anos) surpreendeu seus contemporâneos provando que

$$\boxed{\frac{1}{1^2} + \frac{1}{2^2} + \frac{1}{3^2} + \frac{1}{4^2} + \frac{1}{5^2} + \frac{1}{6^2} + \cdots = \frac{\pi^2}{6}}$$

Essa fórmula, surpreendente por si mesma, desempenha um papel numa variedade de áreas da Matemática. Um teorema da Teoria de Números afirma que dois números inteiros aleatoriamente escolhidos não têm fator comum com uma probabilidade de $6/\pi^2 \approx 0{,}6$ (o recíproco do resultado de Euler). Por outro lado, o resultado de Euler e suas generalizações aparecem na área de Mecânica Estatística.

10.2 Exercícios

Exercícios preliminares

1. Qual é o papel das somas parciais na definição de soma de uma série infinita?

2. Qual é a soma da série infinita seguinte?
$$\frac{1}{4} + \frac{1}{8} + \frac{1}{16} + \frac{1}{32} + \frac{1}{64} + \cdots$$

3. O que acontece se aplicarmos a fórmula da soma de uma série geométrica à série seguinte? A fórmula é válida?
$$1 + 3 + 3^2 + 3^3 + 3^4 + \cdots$$

4. André afirma que $\sum_{n=1}^{\infty} \frac{1}{n^2} = 0$ porque $\frac{1}{n^2}$ tende a zero. Isso é um raciocínio válido?

5. Fabiana afirma que $\sum_{n=1}^{\infty} \frac{1}{\sqrt{n}}$ converge porque
$$\lim_{n \to \infty} \frac{1}{\sqrt{n}} = 0$$
Isso é um raciocínio válido?

6. Encontre N tal que $S_N > 25$ na série $\sum_{n=1}^{\infty} 2$.

7. Existe algum N tal que $S_N > 25$ na série $\sum_{n=1}^{\infty} 2^{-n}$? Explique.

8. Dê um exemplo de uma série infinita divergente cujo termo geral tenda a zero.

Exercícios

1. Encontre uma fórmula para o termo geral a_n (não da soma parcial) da série infinita.

   (a) $\frac{1}{3} + \frac{1}{9} + \frac{1}{27} + \frac{1}{81} + \cdots$ (b) $\frac{1}{1} + \frac{5}{2} + \frac{25}{4} + \frac{125}{8} + \cdots$

   (c) $\frac{1}{1} - \frac{2^2}{2 \cdot 1} + \frac{3^3}{3 \cdot 2 \cdot 1} - \frac{4^4}{4 \cdot 3 \cdot 2 \cdot 1} + \cdots$

   (d) $\frac{2}{1^2 + 1} + \frac{1}{2^2 + 1} + \frac{2}{3^2 + 1} + \frac{1}{4^2 + 1} + \cdots$

2. Escreva em notação de somatório:

   (a) $1 + \frac{1}{4} + \frac{1}{9} + \frac{1}{16} + \cdots$ (b) $\frac{1}{9} + \frac{1}{16} + \frac{1}{25} + \frac{1}{36} + \cdots$

   (c) $1 - \frac{1}{3} + \frac{1}{5} - \frac{1}{7} + \cdots$

   (d) $\frac{125}{9} + \frac{625}{16} + \frac{3125}{25} + \frac{15.625}{36} + \cdots$

Nos Exercícios 3-6, calcule as somas parciais S_2, S_4 e S_6.

3. $1 + \frac{1}{2^2} + \frac{1}{3^2} + \frac{1}{4^2} + \cdots$ 4. $\sum_{k=1}^{\infty} (-1)^k k^{-1}$

5. $\frac{1}{1 \cdot 2} + \frac{1}{2 \cdot 3} + \frac{1}{3 \cdot 4} + \cdots$ 6. $\sum_{j=1}^{\infty} \frac{1}{j!}$

7. A série $S = 1 + \left(\frac{1}{5}\right) + \left(\frac{1}{5}\right)^2 + \left(\frac{1}{5}\right)^3 + \cdots$ converge a $\frac{5}{4}$. Calcule S_N com $N = 1, 2, \ldots$ até encontrar um S_N que aproxime $\frac{5}{4}$ com erro menor do que 0,0001.

8. Sabe-se que a série $S = \frac{1}{0!} - \frac{1}{1!} + \frac{1}{2!} - \frac{1}{3!} + \cdots$ converge a e^{-1} (lembre que $0! = 1$). Calcule S_N com $N = 1, 2, \ldots$ até encontrar um S_N que aproxime e^{-1} com erro menor do que 0,001.

Nos Exercícios 9 e 10, use um sistema algébrico computacional para calcular S_{10}, S_{100}, S_{500} e S_{1000} da série dada. Esses valores sugerem convergência ao valor dado?

9. $\frac{\pi - 3}{4} = \frac{1}{2 \cdot 3 \cdot 4} - \frac{1}{4 \cdot 5 \cdot 6} + \frac{1}{6 \cdot 7 \cdot 8} - \frac{1}{8 \cdot 9 \cdot 10} + \cdots$

10. $\frac{\pi^4}{90} = 1 + \frac{1}{2^4} + \frac{1}{3^4} + \frac{1}{4^4} + \cdots$

11. Calcule S_3, S_4 e S_5 e então encontre a soma da série telescópica
$$S = \sum_{n=1}^{\infty} \left(\frac{1}{n+1} - \frac{1}{n+2} \right)$$

12. Escreva $\sum_{n=3}^{\infty} \frac{1}{n(n-1)}$ como uma série telescópica e encontre sua soma.

13. Calcule S_3, S_4 e S_5 e então encontre a soma $S = \sum_{n=1}^{\infty} \frac{1}{4n^2 - 1}$ usando a identidade
$$\frac{1}{4n^2 - 1} = \frac{1}{2} \left(\frac{1}{2n - 1} - \frac{1}{2n + 1} \right)$$

14. Use decomposição em somas parciais para reescrever
$$\sum_{n=1}^{\infty} \frac{1}{n(n+3)}$$
como uma série telescópica e encontre sua soma.

15. Encontre a soma de $\frac{1}{1 \cdot 3} + \frac{1}{3 \cdot 5} + \frac{1}{5 \cdot 7} + \cdots$.

16. Encontre uma fórmula para as somas parciais S_N de $\sum_{n=1}^{\infty} (-1)^{n-1}$ e mostre que a série diverge.

Nos Exercícios 17-22, use o teste da divergência do enésimo termo (Teorema 3) para provar que a série dada diverge.

17. $\sum_{n=1}^{\infty} \frac{n}{10n + 12}$ 18. $\sum_{n=1}^{\infty} \frac{n}{\sqrt{n^2 + 1}}$

19. $\frac{0}{1} - \frac{1}{2} + \frac{2}{3} - \frac{3}{4} + \cdots$ 20. $\sum_{n=1}^{\infty} (-1)^n n^2$

21. $\cos \frac{1}{2} + \cos \frac{1}{3} + \cos \frac{1}{4} + \cdots$ 22. $\sum_{n=0}^{\infty} \left(\sqrt{4n^2 + 1} - n \right)$

Nos Exercícios 23-36, use a fórmula da soma de uma série geométrica para encontrar a soma ou, então, decida que a série diverge.

23. $\frac{1}{1} + \frac{1}{8} + \frac{1}{8^2} + \cdots$ 24. $\frac{4^3}{5^3} + \frac{4^4}{5^4} + \frac{4^5}{5^5} + \cdots$

25. $\sum_{n=3}^{\infty} \left(\frac{3}{11} \right)^{-n}$ 26. $\sum_{n=2}^{\infty} \frac{7 \cdot (-3)^n}{5^n}$

27. $\sum_{n=-4}^{\infty} \left(-\frac{4}{9} \right)^n$ 28. $\sum_{n=0}^{\infty} \left(\frac{\pi}{e} \right)^n$

29. $\sum_{n=1}^{\infty} e^{-n}$ 30. $\sum_{n=2}^{\infty} e^{3-2n}$

31. $\sum_{n=0}^{\infty} \frac{8 + 2^n}{5^n}$ 32. $\sum_{n=0}^{\infty} \frac{3(-2)^n - 5^n}{8^n}$

33. $5 - \frac{5}{4} + \frac{5}{4^2} - \frac{5}{4^3} + \cdots$

34. $\frac{2^3}{7} + \frac{2^4}{7^2} + \frac{2^5}{7^3} + \frac{2^6}{7^4} + \cdots$

35. $\frac{7}{8} - \frac{49}{64} + \frac{343}{512} - \frac{2401}{4096} + \cdots$

36. $\frac{25}{9} + \frac{5}{3} + 1 + \frac{3}{5} + \frac{9}{25} + \frac{27}{125} + \cdots$

Nos Exercícios 37-40, determine a fração irredutível que tem a dízima periódica dada.

37. $0{,}222\ldots$
38. $0{,}454545\ldots$
39. $0{,}313131\ldots$
40. $0{,}217217217\ldots$

41. Determine quais frações irredutíveis têm uma representação decimal da forma $0{,}aaa\ldots$, em que $a = 0, 1, 2, \ldots, 9$.

42. Determine quais denominadores são encontráveis em frações irredutíveis que são dados por uma dízima periódica do tipo $0{,}abcabcabc\ldots$, em que cada um de a, b e c é um número de um dígito entre 0 a 9.

43. Quais das séries seguintes *não* são geométricas?

  (a) $\displaystyle\sum_{n=0}^{\infty} \frac{7^n}{29^n}$
  (b) $\displaystyle\sum_{n=3}^{\infty} \frac{1}{n^4}$
  (c) $\displaystyle\sum_{n=0}^{\infty} \frac{n^2}{2^n}$
  (d) $\displaystyle\sum_{n=5}^{\infty} \pi^{-n}$

44. Use o método do Exemplo 9 para mostrar que $\displaystyle\sum_{k=1}^{\infty} \frac{1}{k^{1/3}}$ diverge.

45. Prove que se $\displaystyle\sum_{n=1}^{\infty} a_n$ convergir e $\displaystyle\sum_{n=1}^{\infty} b_n$ divergir, então $\displaystyle\sum_{n=1}^{\infty} (a_n + b_n)$ divergirá. *Sugestão:* caso contrário, obtenha uma contradição escrevendo

$$\sum_{n=1}^{\infty} b_n = \sum_{n=1}^{\infty} (a_n + b_n) - \sum_{n=1}^{\infty} a_n$$

46. Prove a divergência de $\displaystyle\sum_{n=0}^{\infty} \frac{9^n + 2^n}{5^n}$.

47. Dê um contraexemplo para mostrar que cada uma das afirmações seguintes é falsa.

  (a) Se o termo geral a_n tende a zero, então $\displaystyle\sum_{n=1}^{\infty} a_n = 0$.
  (b) A N-ésima soma parcial da série definida por $\{a_n\}$ é a_N.
  (c) Se a_n tender a zero, então $\displaystyle\sum_{n=1}^{\infty} a_n$ convergirá.
  (d) Se a_n tender a L, então $\displaystyle\sum_{n=1}^{\infty} a_n = L$.

48. Suponha que $S = \displaystyle\sum_{n=1}^{\infty} a_n$ seja uma série infinita com somas parciais $S_N = 5 - \dfrac{2}{N^2}$.

  (a) Quais são os valores de $\displaystyle\sum_{n=1}^{10} a_n$ e $\displaystyle\sum_{n=5}^{16} a_n$?
  (b) Qual é o valor de a_3?
  (c) Encontre uma fórmula geral de a_n.
  (d) Encontre a soma $\displaystyle\sum_{n=1}^{\infty} a_n$.

49. Calcule a área total dos (infinitos) triângulos na Figura 4.

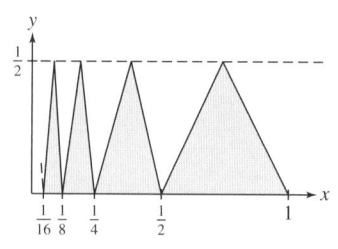

FIGURA 4

50. O ganhador de uma loteria recebe m dólares ao final de cada ano durante N anos. O valor presente (PV) desse prêmio em valores atuais é de $\text{PV} = \displaystyle\sum_{i=1}^{N} m(1+r)^{-i}$, em que r é a taxa de juros. Calcule PV se $m = 50.000$ dólares, $r = 0{,}06$ (que corresponde a 6%) e $N = 20$. Qual é o PV se $N = \infty$?

51. Se um paciente tomar uma dose de D unidades de certo medicamento, então a quantidade do medicamento que permanece na corrente sanguínea do paciente depois de t dias é De^{-kt}, em que k é uma constante positiva que depende do medicamento particular considerado.

  (a) Mostre que se o paciente tomar a dose D diariamente durante um período estendido, então a quantidade do medicamento na corrente sanguínea tende a $R = \dfrac{De^{-k}}{1 - e^{-k}}$.

  (b) Mostre que se o paciente tomar uma dose D a cada t dias durante um período estendido, então a quantidade do medicamento na corrente sanguínea tende a $R = \dfrac{De^{-kt}}{1 - e^{-kt}}$.

  (c) Suponha que uma dosagem superior a S unidades seja considerada perigosa. Qual é o tempo mínimo entre dosagens que pode ser considerado seguro? *Sugestão:* $D + R \leq S$.

52. Na Economia, o efeito multiplicador se refere ao fato de que os consumidores gastam certa percentagem de qualquer injeção de dinheiro no mercado. Essa quantidade volta a circular na economia, aumentando a renda, e os consumidores voltam a gastar a mesma percentagem. Esse processo se repete indefinidamente, fazendo circular dinheiro adicional na economia. Digamos que, para incentivar a economia, o governo decida aprovar um corte de 10 bilhões em impostos. Supondo que os consumidores poupem 10% de qualquer dinheiro adicional que recebam e gastem os 90% restantes, calcule o total de dinheiro que circulará na economia devido a esse único corte de 10 bilhões de impostos.

53. Encontre o comprimento total do caminho em ziguezague infinito na Figura 5 (cada "zague" ocorre num ângulo de $\frac{\pi}{4}$).

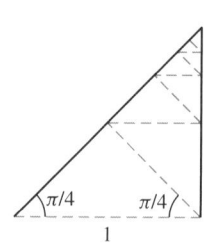

FIGURA 5

54. Calcule $\sum_{n=1}^{\infty} \dfrac{1}{n(n+1)(n+2)}$. *Sugestão:* encontre constantes A, B e C tais que
$$\dfrac{1}{n(n+1)(n+2)} = \dfrac{A}{n} + \dfrac{B}{n+1} + \dfrac{C}{n+2}$$

55. Mostre que se a for um inteiro positivo, então
$$\sum_{n=1}^{\infty} \dfrac{1}{n(n+a)} = \dfrac{1}{a}\left(1 + \dfrac{1}{2} + \cdots + \dfrac{1}{a}\right)$$

56. Uma bola é largada de uma altura de 10 pés e começa a quicar verticalmente. Cada vez que ela bate no chão, ela volta a dois terços da altura anterior. Qual é a distância vertical total percorrida pela bola se ela quicar uma infinidade de vezes?

57. Uma bola é largada de uma altura de 6 m e começa a quicar verticalmente. Cada vez que ela bate no chão, ela volta a três quartos da altura anterior. Qual é a distância vertical total percorrida pela bola se ela quicar uma infinidade de vezes?

58. Um quadrado unitário é cortado em nove quadrados iguais como na Figura 6(A). O quadrado central está preenchido. Cada um dos quadrados não preenchidos é, então, cortado em nove subquadrados iguais, e o quadrado central de cada um também é preenchido, como mostra a Figura 6(B). Esse procedimento é repetido em cada um dos quadrados não pintados resultantes. Continuando esse processo uma infinidade de vezes, qual será a fração da área total pintada do quadrado unitário original?

(A)   (B)

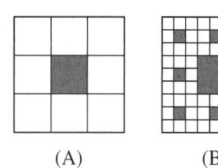

FIGURA 6

59. Seja $\{b_n\}$ uma sequência e denote $a_n = b_n - b_{n-1}$. Mostre que $\sum_{n=1}^{\infty} a_n$ converge se, e só se, existir $\lim_{n \to \infty} b_n$.

60. Hipóteses importam Dando contraexemplos, mostre que as afirmações do Teorema 1 não são válidas se as séries $\sum_{n=0}^{\infty} a_n$ e $\sum_{n=0}^{\infty} b_n$ não forem convergentes.

Compreensão adicional e desafios

Nos Exercícios 61-63, use a fórmula
$$1 + r + r^2 + \cdots + r^{N-1} = \dfrac{1 - r^N}{1 - r} \qquad \boxed{7}$$

61. O Professor George Andrews, da Pennsylvania State University, observou que podemos usar a Equação (7) para calcular a derivada de $f(x) = x^N$ (com $N \geq 0$). Suponha que $a \neq 0$ e seja $x = ra$. Mostre que
$$f'(a) = \lim_{x \to a} \dfrac{x^N - a^N}{x - a} = a^{N-1} \lim_{r \to 1} \dfrac{r^N - 1}{r - 1}$$
e calcule o limite.

62. Pierre de Fermat utilizou séries geométricas para calcular a área abaixo do gráfico de $f(x) = x^N$, acima de $[0, A]$. Fixado $0 < r < 1$, seja $F(r)$ a soma das áreas da infinidade de retângulos pela direita de extremidades Ar^n, como na Figura 7. Se r tender a 1, os retângulos ficam mais estreitos e $F(r)$ tende à área abaixo do gráfico.

(a) Mostre que $F(r) = A^{N+1} \dfrac{1 - r}{1 - r^{N+1}}$.

(b) Use a Equação (7) para calcular $\displaystyle\int_0^A x^N \, dx = \lim_{r \to 1} F(r)$.

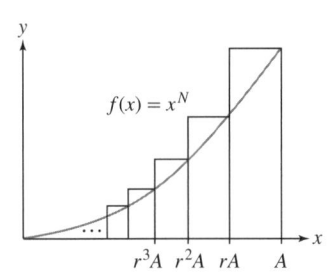

FIGURA 7

63. Verifique a fórmula de Gregory-Leibniz como segue.

(a) Tome $r = -x^2$ na Equação (7) e rearranje para mostrar que
$$\dfrac{1}{1 + x^2} = 1 - x^2 + x^4 - \cdots + (-1)^{N-1} x^{2N-2} + \dfrac{(-1)^N x^{2N}}{1 + x^2}$$

(b) Integrando em $[0, 1]$, mostre que
$$\dfrac{\pi}{4} = 1 - \dfrac{1}{3} + \dfrac{1}{5} - \dfrac{1}{7} + \cdots + \dfrac{(-1)^{N-1}}{2N - 1} + (-1)^N \int_0^1 \dfrac{x^{2N} \, dx}{1 + x^2}$$

(c) Use o teorema da comparação de integrais para provar que
$$0 \leq \int_0^1 \dfrac{x^{2N} \, dx}{1 + x^2} \leq \dfrac{1}{2N + 1}$$
Sugestão: observe que o integrando é $\leq x^{2N}$.

(d) Prove que
$$\dfrac{\pi}{4} = 1 - \dfrac{1}{3} + \dfrac{1}{5} - \dfrac{1}{7} + \dfrac{1}{9} - \cdots$$
Sugestão: use (b) e (c) para mostrar que as somas parciais S_N satisfazem $\left|S_N - \dfrac{\pi}{4}\right| \leq \dfrac{1}{2N+1}$ e, com isso, conclua que $\lim_{N \to \infty} S_N = \dfrac{\pi}{4}$.

64. A mesa invisível de Cantor (segundo Larry Knop, do Hamilton College) Tomemos uma mesa de comprimento L (Figura 8). No estágio 1, removemos a seção de largura $L/4$ centrada no ponto médio, com o que restam duas seções, cada uma de largura inferior a $L/2$. No estágio 2, removemos seções de largura $L/4^2$ de cada uma dessas duas seções, com o que removemos $L/8$ da mesa. Agora restam quatro seções, cada uma de largura inferior a $L/4$. No estágio 3, removemos as quatro seções centrais de largura $L/4^3$, etc.

(a) Mostre que no estágio N, cada seção que permanece tem largura inferior a $L/2^N$ e que a quantidade total removida da mesa é
$$L\left(\dfrac{1}{4} + \dfrac{1}{8} + \dfrac{1}{16} + \cdots + \dfrac{1}{2^{N+1}}\right)$$

(b) Mostre que, no limite com $N \to \infty$, sobra exatamente uma metade da mesa.

Esse resultado é, no mínimo, curioso, porque não resta intervalo de largura positiva algum da mesa (em cada estágio, as seções remanescentes têm largura inferior a $L/2^N$). Assim, a mesa "desapareceu". No entanto, qualquer objeto de largura superior a $L/4$ pode ser colocado sobre a mesa sem que caia ao chão, pois não conseguirá passar por nenhuma das seções removidas.

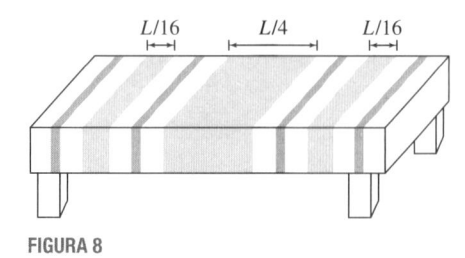

FIGURA 8

65. O **floco de neve de Koch** (descrito em 1904 pelo matemático sueco Helge von Koch) é uma curva "fractal" infinitamente pontiaguda obtida como um limite de curvas poligonais (ela é contínua, mas não tem reta tangente em ponto algum). Começamos com um triângulo equilátero (estágio 0) e obtemos o estágio 1 substituindo cada aresta por quatro arestas, cada uma com um terço do comprimento, arranjados como na Figura 9. Continuamos o processo e, no enésimo estágio, substituímos cada aresta por quatro arestas, cada uma com um terço do comprimento do estágio $n - 1$.

(a) Mostre que o perímetro P_n do polígono no enésimo estágio satisfaz $P_n = \frac{4}{3} P_{n-1}$. Prove que $\lim_{n \to \infty} P_n = \infty$. O floco de neve tem comprimento infinito.

(b) Seja A_0 a área do triângulo equilátero original. Mostre que no enésimo estágio são acrescentados $(3)4^{n-1}$ novos triângulos, cada um com área igual a $A_0/9^n$ (com $n \geq 1$). Mostre que a área total do floco de neve é $\frac{8}{5} A_0$.

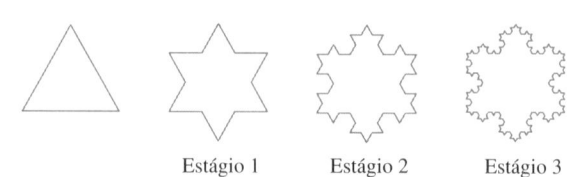

FIGURA 9 Estágio 1 Estágio 2 Estágio 3

10.3 Convergência de séries de termos positivos

Nas três próximas seções, desenvolvemos técnicas para determinar se uma série infinita converge ou diverge. Isso é mais fácil do que encontrar a soma de uma série infinita, o que só é possível em casos especiais.

Nesta seção, consideramos **séries positivas** $\sum a_n$, em que $a_n > 0$ com qualquer n. Os termos de uma série positiva podem ser visualizados como retângulos de largura 1 e altura a_n (Figura 1). A soma parcial

$$S_N = a_1 + a_2 + \cdots + a_N$$

é igual à área dos N primeiros retângulos.

Uma propriedade crucial das séries positivas é que suas somas parciais formam uma sequência crescente:

$$S_N < S_{N+1}$$

com qualquer N. Isso ocorre porque S_{N+1} é obtida de S_N pela adição de um número positivo:

$$S_{N+1} = (a_1 + a_2 + \cdots + a_N) + a_{N+1} = S_N + \underbrace{a_{N+1}}_{\text{Positivo}}$$

Lembre que uma sequência crescente converge se for limitada superiormente. Caso contrário, diverge (Teorema 6, Seção 10.1). Segue que as séries positivas apresentam um de dois comportamentos.

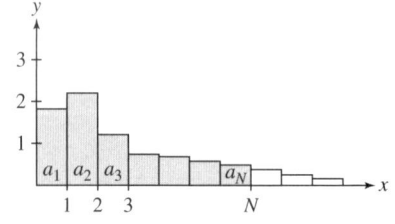

FIGURA 1 A soma parcial S_N é a soma das áreas dos N retângulos sombreados.

TEOREMA 1 Teorema da soma parcial de séries positivas Se $S = \sum_{n=1}^{\infty} a_n$ for uma série positiva, então ocorre exatamente um dos dois casos a seguir:

(i) As somas parciais S_N são limitadas superiormente. Nesse caso, S converge. Ou
(ii) As somas parciais S_N não são limitadas superiormente. Nesse caso, S diverge.

- O Teorema 1 permanece verdadeiro se $a_n \geq 0$. Não é necessário supor que $a_n > 0$.
- O teorema também permanece válido se $a_n > 0$ com qualquer $n \geq M$ e algum M, porque a convergência ou divergência de uma série não é afetada por seus primeiros M termos.

Hipóteses importam O teorema não vale com séries que não sejam positivas. Considere

$$S = \sum_{n=1}^{\infty} (-1)^{n-1} = 1 - 1 + 1 - 1 + 1 - 1 + \cdots$$

As somas parciais são limitadas (pois $S_N = 1$ ou 0), mas S diverge.

Nossa primeira aplicação do Teorema 1 é o teste da integral a seguir. Este teste é extremamente útil porque geralmente é mais fácil calcular integrais do que séries.

TEOREMA 2 Teste da integral Seja $a_n = f(n)$, em que f é uma função positiva, decrescente e contínua de x em $x \geq 1$.

(i) Se $\int_1^\infty f(x)\,dx$ convergir, então $\sum_{n=1}^\infty a_n$ convergirá.

(ii) Se $\int_1^\infty f(x)\,dx$ divergir, então $\sum_{n=1}^\infty a_n$ divergirá.

O teste da integral é válido com quaisquer séries $\sum_{n=k}^\infty f(n)$, desde que exista algum $M > 0$ tal que f seja uma função positiva, decrescente e contínua de x com $x \geq M$. A convergência da série é determinada pela convergência de

$$\int_M^\infty f(x)\,dx$$

Demonstração Por ser f decrescente, os retângulos sombreados na Figura 2 ficam abaixo do gráfico de f e, portanto, com qualquer N,

$$\underbrace{a_2 + \cdots + a_N}_{\text{Área dos retângulos sombreados na Figura 2}} \leq \int_1^N f(x)\,dx \leq \int_1^\infty f(x)\,dx$$

Se a integral imprópria da direita convergir, então as somas $a_2 + \cdots + a_N$ permanecerão limitadas. Nesse caso, S_N também permanece limitada, e a série infinita converge pelo teorema da soma parcial de séries positivas (Teorema 1). Isso prova (i).

Por outro lado, os retângulos na Figura 3 ficam acima do gráfico de f, portanto,

$$\int_1^N f(x)\,dx \leq \underbrace{a_1 + a_2 + \cdots + a_{N-1}}_{\text{Área dos retângulos sombreados na Figura 3}} \qquad \boxed{1}$$

Se $\int_1^\infty f(x)\,dx$ divergir, então $\int_1^N f(x)\,dx$ tenderá ao ∞, e a Equação (1) mostra que S_N também tenderá a ∞. Isso prova (ii). ■

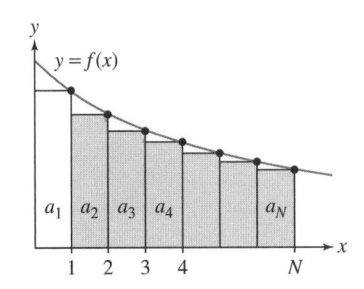

FIGURA 2

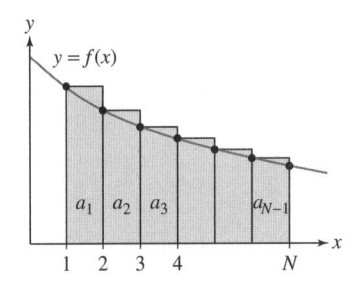

FIGURA 3

■ **EXEMPLO 1 A série harmônica diverge** Mostre que $\sum_{n=1}^\infty \dfrac{1}{n}$ diverge.

Solução Seja $f(x) = \dfrac{1}{x}$. Então $f(n) = \dfrac{1}{n}$, e podemos usar o teste da integral, porque f é positiva, decrescente e contínua em $x \geq 1$. A integral diverge:

$$\int_1^\infty \frac{dx}{x} = \lim_{R \to \infty} \int_1^R \frac{dx}{x} = \lim_{R \to \infty} \ln R = \infty$$

Assim, a série $\sum_{n=1}^\infty \dfrac{1}{n}$ diverge. ■

A série infinita

$$\sum_{n=1}^\infty \frac{1}{n}$$

é denominada "série harmônica".

■ **EXEMPLO 2** Determine se $\displaystyle\sum_{n=1}^\infty \dfrac{n}{(n^2+1)^2} = \dfrac{1}{2^2} + \dfrac{2}{5^2} + \dfrac{3}{10^2} + \cdots$ converge.

Solução A função $f(x) = \dfrac{x}{(x^2+1)^2}$ é positiva e contínua em $x \geq 1$. Também é decrescente, pois $f'(x)$ é negativa:

$$f'(x) = \frac{1-3x^2}{(x^2+1)^3} < 0 \quad \text{com } x \geq 1$$

Portanto, podemos aplicar o teste da integral. Usando a substituição $u = x^2 + 1$, $du = 2x\,dx$, obtemos

$$\int_1^\infty \frac{x}{(x^2+1)^2}\,dx = \lim_{R \to \infty} \int_1^R \frac{x}{(x^2+1)^2}\,dx = \lim_{R \to \infty} \frac{1}{2} \int_2^{R^2+1} \frac{du}{u^2}$$

$$= \lim_{R \to \infty} \left. \frac{-1}{2u} \right|_2^{R^2+1} = \lim_{R \to \infty} \left(\frac{1}{4} - \frac{1}{2(R^2+1)} \right) = \frac{1}{4}$$

Assim, a integral converge e, portanto, $\sum_{n=1}^{\infty} \dfrac{n}{(n^2+1)^2}$ também converge pelo teste da integral. ∎

A soma dos recíprocos n^{-p} das potências é denominada **série p**.

TEOREMA 3 Convergência de séries p A série infinita $\sum_{n=1}^{\infty} \dfrac{1}{n^p}$ converge se $p > 1$ e, caso contrário, diverge.

Demonstração Se $p \leq 0$, então o termo geral n^{-p} não tende a zero, de modo que a série diverge pelo teste da divergência do enésimo termo. Se $p > 0$, então $f(x) = x^{-p}$ é positiva e decrescente com $x \geq 1$, de modo que o teste da integral é aplicável. De acordo com o Teorema 1 da Seção 7.7,

$$\int_1^{\infty} \dfrac{1}{x^p}\, dx = \begin{cases} \dfrac{1}{p-1} & \text{se } p > 1 \\ \infty & \text{se } p \leq 1 \end{cases}$$

Portanto, $\sum_{n=1}^{\infty} \dfrac{1}{n^p}$ converge se $p > 1$ e diverge se $p \leq 1$. ∎

Dois exemplos de séries p são:

$$p = \dfrac{1}{3}: \quad \sum_{n=1}^{\infty} \dfrac{1}{\sqrt[3]{n}} = \dfrac{1}{\sqrt[3]{1}} + \dfrac{1}{\sqrt[3]{2}} + \dfrac{1}{\sqrt[3]{3}} + \dfrac{1}{\sqrt[3]{4}} + \cdots = \infty \quad \text{diverge}$$

$$p = 2: \quad \sum_{n=1}^{\infty} \dfrac{1}{n^2} = \dfrac{1}{1} + \dfrac{1}{2^2} + \dfrac{1}{3^2} + \dfrac{1}{4^2} + \cdots \quad \text{converge}$$

Outro método poderoso para determinar a convergência de séries positivas é o da comparação com outras séries. Suponha que $0 \leq a_n \leq b_n$. A Figura 4 sugere que se a soma maior $\sum b_n$ *convergir*, então a soma menor $\sum a_n$ também convergirá e, analogamente, se a soma menor *divergir*, então a soma maior também divergirá.

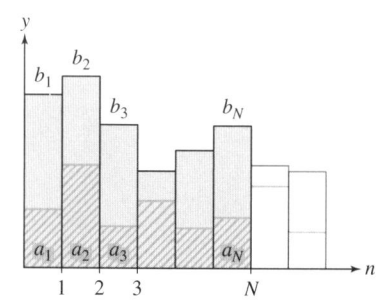

FIGURA 4 A série $\sum a_n$ é dominada pela série $\sum b_n$.

TEOREMA 4 Teste da comparação direta
Suponha que exista $M > 0$ tal que $0 \leq a_n \leq b_n$ com $n \geq M$.

(i) Se $\sum_{n=1}^{\infty} b_n$ convergir, então $\sum_{n=1}^{\infty} a_n$ também convergirá.

(ii) Se $\sum_{n=1}^{\infty} a_n$ divergir, então $\sum_{n=1}^{\infty} b_n$ também divergirá.

Demonstração Podemos supor, sem perda de generalidade, que $M = 1$. Se $S = \sum_{n=1}^{\infty} b_n$ convergir, então as somas parciais de $\sum_{n=1}^{\infty} a_n$ serão limitadas superiormente por S, pois

$$a_1 + a_2 + \cdots + a_N \leq b_1 + b_2 + \cdots + b_N \leq \sum_{n=1}^{\infty} b_n = S \qquad \boxed{2}$$

Portanto, $\sum_{n=1}^{\infty} a_n$ converge pelo teorema da soma parcial de séries positivas (Teorema 1). Isso prova (i). Por outro lado, se $\sum_{n=1}^{\infty} a_n$ divergir, então $\sum_{n=1}^{\infty} b_n$ também deverá divergir. Caso contrário, obteríamos uma contradição com a parte (i). ∎

■ **EXEMPLO 3** Determine se $\sum_{n=1}^{\infty} \frac{1}{\sqrt{n}\, 3^n}$ converge.

Solução Com $n \geq 1$, temos

$$\frac{1}{\sqrt{n}\, 3^n} \leq \frac{1}{3^n}$$

A série maior $\sum_{n=1}^{\infty} \frac{1}{3^n}$ converge porque é uma série geométrica com $r = \frac{1}{3} < 1$. Pelo teste da comparação direta, a série menor $\sum_{n=1}^{\infty} \frac{1}{\sqrt{n}\, 3^n}$ também converge. ■

■ **EXEMPLO 4** Determine se $S = \sum_{n=2}^{\infty} \frac{1}{(n^2 + 3)^{1/3}}$ converge.

Solução Mostremos que

$$\frac{1}{n} \leq \frac{1}{(n^2 + 3)^{1/3}} \quad \text{com } n \geq 2$$

Essa desigualdade é equivalente a $(n^2 + 3) \leq n^3$, portanto devemos mostrar que

$$f(x) = x^3 - (x^2 + 3) \geq 0 \quad \text{com } x \geq 2$$

A função f é crescente porque sua derivada $f'(x) = 3x\left(x - \frac{2}{3}\right)$ é positiva com $x \geq 2$. Como $f(2) = 1$, segue que $f(x) \geq 1$ com $x \geq 2$, e decorre a desigualdade original. Sabemos que a série harmônica menor $\sum_{n=2}^{\infty} \frac{1}{n}$ diverge. Portanto, a série maior $\sum_{n=2}^{\infty} \frac{1}{(n^2 + 1)^{1/3}}$ também diverge. ■

■ **EXEMPLO 5** **Uso correto do teste da comparação** Determine a convergência de

$$\sum_{n=2}^{\infty} \frac{1}{n(\ln n)^2}$$

Solução Poderíamos pensar em comparar $\sum_{n=2}^{\infty} \frac{1}{n(\ln n)^2}$ com a série harmônica $\sum_{n=2}^{\infty} \frac{1}{n}$ usando a desigualdade (válida se $n \geq 3$, pois $\ln 3 > 1$)

$$\frac{1}{n(\ln n)^2} \leq \frac{1}{n}$$

Contudo, $\sum_{n=2}^{\infty} \frac{1}{n}$ diverge, de modo que essa desigualdade não dá informação alguma sobre a série *menor* $\sum \frac{1}{n(\ln n)^2}$. Felizmente, nesse caso podemos usar o teste da integral. A substituição $u = \ln x$ dá

$$\int_2^{\infty} \frac{dx}{x(\ln x)^2} = \int_{\ln 2}^{\infty} \frac{du}{u^2} = \lim_{R \to \infty} \left(\frac{1}{\ln 2} - \frac{1}{R} \right) = \frac{1}{\ln 2} < \infty$$

O teste da integral mostra que $\sum_{n=2}^{\infty} \frac{1}{n(\ln n)^2}$ converge. ■

Suponha que queiramos estudar a convergência de

$$S = \sum_{n=2}^{\infty} \frac{n^2}{n^4 - n - 1}$$

Com n grande, o termo geral está muito próximo de $1/n^2$:

$$\frac{n^2}{n^4 - n - 1} = \frac{1}{n^2 - n^{-1} - n^{-2}} \approx \frac{1}{n^2}$$

Uma boa analogia para o teste da comparação direta, como na Figura 5, é um balão contendo os termos de a_n, dentro de um balão maior, contendo os termos de b_n. À medida que soprarmos ar para dentro desses balões em quantidades correspondentes aos termos subsequentes a_n e b_n, o balão com os termos b_n permanecerá sempre maior que o balão com os termos a_n, pois $a_n \leq b_n$. Se o balão maior não contiver ar suficiente para fazê-lo estourar, então o balão menor tampouco estourará. Assim, se a série maior convergir, o mesmo ocorre com a menor. Por outro lado, se o balão menor contiver ar suficiente para fazê-lo estourar, então o balão maior também deverá estourar, implicando que se a série menor divergir, o mesmo ocorre com a maior. No entanto, nos casos em que o balão maior estourar ou o balão menor não estourar, nada é dito sobre o outro balão.

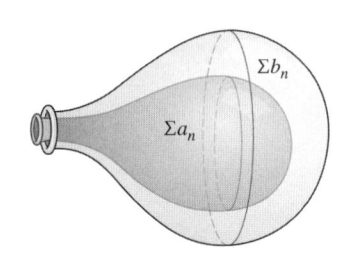

FIGURA 5 A série menor está contida no balão menor.

Assim, poderíamos comparar S com $\sum_{n=2}^{\infty} \frac{1}{n^2}$. Contudo, infelizmente, a desigualdade vai no sentido errado:

$$\frac{n^2}{n^4 - n - 1} > \frac{n^2}{n^4} = \frac{1}{n^2}$$

Embora a série menor $\sum_{n=2}^{\infty} \frac{1}{n^2}$ convirja, não podemos usar o teste da comparação direta para concluir qualquer coisa sobre a série maior. Nessa situação, podemos usar a variação seguinte do teste da comparação direta.

ADVERTÊNCIA *O teorema da comparação no limite não pode ser aplicado quando a série não for positiva. Ver Exercício 44 na Seção 10.4.*

TEOREMA 5 Teste da comparação no limite Sejam $\{a_n\}$ e $\{b_n\}$ sequências *positivas*. Suponha que exista o limite seguinte:

$$L = \lim_{n \to \infty} \frac{a_n}{b_n}$$

- Se $L > 0$, então $\sum a_n$ converge se, e só se, $\sum b_n$ converge.
- Se $L = \infty$ e $\sum a_n$ convergir, então $\sum b_n$ convergirá.
- Se $L = 0$ e $\sum b_n$ convergir, então $\sum a_n$ convergirá.

Demonstração Inicialmente, supomos que L seja finito (possivelmente zero) e que $\sum b_n$ convirja. Escolhemos um número positivo $R > L$. Então $0 \leq a_n/b_n \leq R$ com n suficientemente grande, pois a_n/b_n tende a L. Segue que $a_n \leq R b_n$. A série $\sum R b_n$ converge porque é um múltiplo da série convergente $\sum b_n$. Assim, $\sum a_n$ converge pelo teste da comparação direta.

Agora suponha que L seja não nulo (positivo ou infinito) e que $\sum a_n$ convirja. Seja $L^{-1} = \lim_{n \to \infty} b_n/a_n$. Então L^{-1} é finito, e podemos aplicar o resultado do parágrafo precedente com os papéis de $\{a_n\}$ e $\{b_n\}$ trocados, para concluir que $\sum b_n$ converge. ∎

ENTENDIMENTO CONCEITUAL Uma maneira de lembrar-se dos diversos casos do teste da comparação no limite é a seguinte: se $L > 0$, então $a_n \approx L b_n$ com n grande. Em outras palavras, $\sum a_n$ e $\sum b_n$ são *praticamente* múltiplos uma da outra, portanto uma converge se, e só se, a outra converge. Se $L = \infty$, então a_n é muito maior do que b_n (com n grande), de modo que, se $\sum a_n$ convergir, então certamente $\sum b_n$ convergirá. Finalmente, se $L = 0$, então b_n é muito maior do que a_n, e a convergência de $\sum b_n$ força a convergência de $\sum a_n$.

■ **EXEMPLO 6** Mostre que $\sum_{n=2}^{\infty} \frac{n^2}{n^4 - n - 1}$ converge.

Solução Sejam

$$a_n = \frac{n^2}{n^4 - n - 1} \quad \text{e} \quad b_n = \frac{1}{n^2}$$

Vimos acima que $a_n \approx b_n$ com n grande. Para aplicar o teste da comparação no limite, observamos que existe o limite L e $L > 0$:

$$L = \lim_{n \to \infty} \frac{a_n}{b_n} = \lim_{n \to \infty} \frac{n^2}{n^4 - n - 1} \cdot \frac{n^2}{1} = \lim_{n \to \infty} \frac{1}{1 - n^{-3} - n^{-4}} = 1$$

Como $\sum_{n=2}^{\infty} \frac{1}{n^2}$ converge, a série $\sum_{n=2}^{\infty} \frac{n^2}{n^4 - n - 1}$ também converge pelo Teorema 5. ■

■ **EXEMPLO 7** Determine se $\sum_{n=3}^{\infty} \dfrac{1}{\sqrt{n^2+4}}$ converge.

Solução Aplicamos o teste da comparação no limite com $a_n = \dfrac{1}{\sqrt{n^2+4}}$ e $b_n = \dfrac{1}{n}$. Então

$$L = \lim_{n \to \infty} \dfrac{a_n}{b_n} = \lim_{n \to \infty} \dfrac{n}{\sqrt{n^2+4}} = \lim_{n \to \infty} \dfrac{1}{\sqrt{1+4/n^2}} = 1$$

Como $\sum_{n=3}^{\infty} \dfrac{1}{n}$ diverge e $L > 0$, a série $\sum_{n=3}^{\infty} \dfrac{1}{\sqrt{n^2+4}}$ também diverge. ■

No teste da comparação no limite, quando tentamos encontrar um b_n apropriado para comparar com a_n, usualmente mantemos apenas a maior potência de n no numerador e no denominador de a_n, como fizemos em ambos os exemplos precedentes.

10.3 Resumo

- As somas parciais S_N de uma série positiva $S = \sum a_n$ formam uma sequência crescente.
- Teorema da soma parcial de séries positivas: uma série positiva S converge se suas somas parciais S_N permanecem limitadas. Caso contrário, diverge.
- Teste da integral: suponha que f seja positiva, decrescente e contínua com $x > M$. Denote $a_n = f(n)$. Se $\int_M^{\infty} f(x)\,dx$ convergir, então $S = \sum a_n$ convergirá e, se $\int_M^{\infty} f(x)\,dx$ divergir, então $S = \sum a_n$ divergirá.
- Série p: a série $\sum_{n=1}^{\infty} \dfrac{1}{n^p}$ converge se $p > 1$ e diverge se $p \leq 1$.
- Teste da comparação direta: suponha que exista um $M > 0$ tal que $0 \leq a_n \leq b_n$ com qualquer $n \geq M$. Se $\sum b_n$ convergir, então $\sum a_n$ convergirá e, se $\sum a_n$ divergir, então $\sum b_n$ divergirá.
- Teste da comparação no limite: suponha que $\{a_n\}$ e $\{b_n\}$ sejam positivos e que exista o limite seguinte:

$$L = \lim_{n \to \infty} \dfrac{a_n}{b_n}$$

- Se $L > 0$, então $\sum a_n$ converge se, e só se, $\sum b_n$ converge.
- Se $L = \infty$ e $\sum a_n$ convergir, então $\sum b_n$ convergirá.
- Se $L = 0$ e $\sum b_n$ convergir, então $\sum a_n$ convergirá.

10.3 Exercícios

Exercícios preliminares

1. Seja $S = \sum_{n=1}^{\infty} a_n$. Se as somas parciais S_N forem crescentes, então (escolha a conclusão correta):
   (a) $\{a_n\}$ é uma sequência crescente
   (b) $\{a_n\}$ é uma sequência positiva

2. Quais são as hipóteses do teste da integral?

3. Qual teste deveríamos usar para determinar se $\sum_{n=1}^{\infty} n^{-3,2}$ converge?

4. Qual teste deveríamos usar para determinar se $\sum_{n=1}^{\infty} \dfrac{1}{2^n + \sqrt{n}}$ converge?

5. Rafael acha que é possível investigar a convergência de $\sum_{n=1}^{\infty} \dfrac{e^{-n}}{n}$ comparando-a com $\sum_{n=1}^{\infty} \dfrac{1}{n}$. Rafael está no caminho certo?

Exercícios

Nos Exercícios 1-14, use o teste da integral para determinar se a série converge.

1. $\sum_{n=1}^{\infty} \dfrac{1}{n^4}$
2. $\sum_{n=1}^{\infty} \dfrac{1}{n+3}$
3. $\sum_{n=1}^{\infty} n^{-1/3}$
4. $\sum_{n=5}^{\infty} \dfrac{1}{\sqrt{n-4}}$
5. $\sum_{n=25}^{\infty} \dfrac{n^2}{(n^3+9)^{5/2}}$
6. $\sum_{n=1}^{\infty} \dfrac{n}{(n^2+1)^{3/5}}$
7. $\sum_{n=1}^{\infty} \dfrac{1}{n^2+1}$
8. $\sum_{n=4}^{\infty} \dfrac{1}{n^2-1}$
9. $\sum_{n=1}^{\infty} \dfrac{1}{n(n+1)}$
10. $\sum_{n=1}^{\infty} ne^{-n^2}$
11. $\sum_{n=2}^{\infty} \dfrac{1}{n(\ln n)^2}$
12. $\sum_{n=1}^{\infty} \dfrac{\ln n}{n^2}$
13. $\sum_{n=1}^{\infty} \dfrac{1}{2^{\ln n}}$
14. $\sum_{n=1}^{\infty} \dfrac{1}{3^{\ln n}}$

15. Mostre que $\sum_{n=1}^{\infty} \dfrac{1}{n^3+8n}$ converge usando o teste da comparação direta com $\sum_{n=1}^{\infty} n^{-3}$.

16. Mostre que $\sum_{n=2}^{\infty} \dfrac{1}{\sqrt{n^2-3}}$ diverge, comparando-a com $\sum_{n=2}^{\infty} n^{-1}$.

17. Seja $S = \sum_{n=1}^{\infty} \dfrac{1}{n+\sqrt{n}}$. Verifique que, com $n \geq 1$,
$$\dfrac{1}{n+\sqrt{n}} \leq \dfrac{1}{n}, \qquad \dfrac{1}{n+\sqrt{n}} \leq \dfrac{1}{\sqrt{n}}$$
É possível usar uma dessas desigualdades para mostrar que S diverge? Mostre que $\dfrac{1}{n+\sqrt{n}} \geq \dfrac{1}{2n}$ com $n \geq 1$ e conclua que S diverge.

18. Qual das desigualdades seguintes pode ser usada para estudar a convergência de $\sum_{n=2}^{\infty} \dfrac{1}{n^2+\sqrt{n}}$? Explique.
$$\dfrac{1}{n^2+\sqrt{n}} \leq \dfrac{1}{\sqrt{n}}, \qquad \dfrac{1}{n^2+\sqrt{n}} \leq \dfrac{1}{n^2}$$

Nos Exercícios 19-30, use o teste da comparação direta para determinar se a série converge.

19. $\sum_{n=1}^{\infty} \dfrac{1}{n2^n}$
20. $\sum_{n=1}^{\infty} \dfrac{n^3}{n^5+4n+1}$
21. $\sum_{n=1}^{\infty} \dfrac{1}{n^{1/3}+2^n}$
22. $\sum_{n=1}^{\infty} \dfrac{1}{\sqrt{n^3+2n-1}}$
23. $\sum_{m=1}^{\infty} \dfrac{4}{m!+4^m}$
24. $\sum_{n=4}^{\infty} \dfrac{\sqrt{n}}{n-3}$
25. $\sum_{k=1}^{\infty} \dfrac{\text{sen}^2 k}{k^2}$
26. $\sum_{k=2}^{\infty} \dfrac{k^{1/3}}{k^{5/4}-k}$
27. $\sum_{n=1}^{\infty} \dfrac{2}{3^n+3^{-n}}$
28. $\sum_{k=1}^{\infty} 2^{-k^2}$
29. $\sum_{n=1}^{\infty} \dfrac{1}{(n+1)!}$
30. $\sum_{n=1}^{\infty} \dfrac{n!}{n^3}$

Exercícios 31-36: dados quaisquer $a > 0$ e $b > 1$, as desigualdades
$$\ln n \leq n^a, \qquad n^a < b^n$$
são verdadeiras com n suficientemente grande (isso pode ser provado usando a regra de L'Hôpital). Use isso e o teste da comparação direta para determinar se a série dada converge ou diverge.

31. $\sum_{n=1}^{\infty} \dfrac{\ln n}{n^3}$
32. $\sum_{m=2}^{\infty} \dfrac{1}{\ln m}$
33. $\sum_{n=1}^{\infty} \dfrac{(\ln n)^{100}}{n^{1,1}}$
34. $\sum_{n=1}^{\infty} \dfrac{1}{(\ln n)^{10}}$
35. $\sum_{n=1}^{\infty} \dfrac{n}{3^n}$
36. $\sum_{n=1}^{\infty} \dfrac{n^5}{2^n}$

37. Mostre que $\sum_{n=1}^{\infty} \text{sen}\,\dfrac{1}{n^2}$ converge. *Sugestão:* use sen $x \leq x$ com $x \geq 0$.

38. A série $\sum_{n=2}^{\infty} \dfrac{\text{sen}(1/n)}{\ln n}$ converge? *Sugestão:* pelo Teorema 3 da Seção 2.6, sen$(1/n) > (\cos(1/n))/n$. Segue que sen$(1/n) > 1/(2n)$ com $n > 2$, já que $\cos(1/n) > \tfrac{1}{2}$.

Nos Exercícios 39-48, use o teste da comparação no limite para provar a convergência ou divergência da série.

39. $\sum_{n=2}^{\infty} \dfrac{n^2}{n^4-1}$
40. $\sum_{n=2}^{\infty} \dfrac{1}{n^2-\sqrt{n}}$
41. $\sum_{n=2}^{\infty} \dfrac{n}{\sqrt{n^3+1}}$
42. $\sum_{n=2}^{\infty} \dfrac{n^3}{\sqrt{n^7+2n^2+1}}$
43. $\sum_{n=3}^{\infty} \dfrac{3n+5}{n(n-1)(n-2)}$
44. $\sum_{n=1}^{\infty} \dfrac{e^n+n}{e^{2n}-n^2}$
45. $\sum_{n=1}^{\infty} \dfrac{1}{\sqrt{n}+\ln n}$
46. $\sum_{n=1}^{\infty} \dfrac{\ln(n+4)}{n^{5/2}}$
47. $\sum_{n=1}^{\infty} \left(1-\cos\dfrac{1}{n}\right)$ *Sugestão:* compare com $\sum_{n=1}^{\infty} n^{-2}$.
48. $\sum_{n=1}^{\infty} (1-2^{-1/n})$ *Sugestão:* compare com a série harmônica.

Nos Exercícios 49-78, determine a convergência ou divergência usando qualquer método apresentado até aqui.

49. $\sum_{n=4}^{\infty} \dfrac{1}{n^2-9}$
50. $\sum_{n=1}^{\infty} \dfrac{\cos^2 n}{n^2}$
51. $\sum_{n=1}^{\infty} \dfrac{\sqrt{n}}{4n+9}$
52. $\sum_{n=1}^{\infty} \dfrac{n-\cos n}{n^3}$
53. $\sum_{n=1}^{\infty} \dfrac{n^2-n}{n^5+n}$
54. $\sum_{n=1}^{\infty} \dfrac{1}{n^2+\text{sen}\,n}$

55. $\sum_{n=5}^{\infty} (4/5)^{-n}$

56. $\sum_{n=1}^{\infty} \frac{1}{3^{n^2}}$

57. $\sum_{n=2}^{\infty} \frac{1}{n^{3/2} \ln n}$

58. $\sum_{n=2}^{\infty} \frac{(\ln n)^{12}}{n^{9/8}}$

59. $\sum_{k=1}^{\infty} 4^{1/k}$

60. $\sum_{n=1}^{\infty} \frac{4^n}{5^n - 2n}$

61. $\sum_{n=2}^{\infty} \frac{1}{(\ln n)^4}$

62. $\sum_{n=1}^{\infty} \frac{2^n}{3^n - n}$

63. $\sum_{n=3}^{\infty} \frac{1}{n \ln n - n}$

64. $\sum_{n=3}^{\infty} \frac{1}{n(\ln n)^2 - n}$

65. $\sum_{n=1}^{\infty} \frac{1}{n^n}$

66. $\sum_{n=1}^{\infty} \frac{n^2 - 4n^{3/2}}{n^3}$

67. $\sum_{n=1}^{\infty} \frac{1 + (-1)^n}{n}$

68. $\sum_{n=1}^{\infty} \frac{2 + (-1)^n}{n^{3/2}}$

69. $\sum_{n=1}^{\infty} \text{sen} \frac{1}{n}$

70. $\sum_{n=1}^{\infty} \frac{\text{sen}(1/n)}{\sqrt{n}}$

71. $\sum_{n=1}^{\infty} \frac{2n+1}{4^n}$

72. $\sum_{n=3}^{\infty} \frac{1}{e^{\sqrt{n}}}$

73. $\sum_{n=4}^{\infty} \frac{\ln n}{n^2 - 3n}$

74. $\sum_{n=1}^{\infty} \frac{1}{3^{\ln n}}$

75. $\sum_{n=2}^{\infty} \frac{1}{n^{1/2} \ln n}$

76. $\sum_{n=1}^{\infty} \frac{1}{n^{3/2} - (\ln n)^4}$

77. $\sum_{n=2}^{\infty} \frac{4n^2 + 15n}{3n^4 - 5n^2 - 17}$

78. $\sum_{n=1}^{\infty} \frac{n}{4^{-n} + 5^{-n}}$

79. Com quais a converge a série $\sum_{n=2}^{\infty} \frac{1}{n(\ln n)^a}$?

80. Com quais a converge a série $\sum_{n=2}^{\infty} \frac{1}{n^a \ln n}$?

81. Com quais valores de p converge a série $\sum_{n=1}^{\infty} \frac{n^2}{(n^3 + 1)^p}$?

82. Com quais valores de p converge a série $\sum_{n=1}^{\infty} \frac{e^x}{(1 + e^{2x})^p}$?

Aproximação de somas infinitas *Nos Exercícios 83-85, seja $a_n = f(n)$, em que f é uma função contínua e decrescente satisfazendo $f(x) \geq 0$ e tal que $\int_1^{\infty} f(x)\,dx$ converge.*

83. Mostre que

$$\int_1^{\infty} f(x)\,dx \leq \sum_{n=1}^{\infty} a_n \leq a_1 + \int_1^{\infty} f(x)\,dx \quad \boxed{3}$$

84. Usando a Equação (3), mostre que

$$5 \leq \sum_{n=1}^{\infty} \frac{1}{n^{1,2}} \leq 6$$

Essa série converge lentamente. Use um sistema algébrico computacional para verificar que $S_N < 5$ com $N \leq 43.128$ e $S_{43.129} \approx 5,00000021$.

85. Seja $S = \sum_{n=1}^{\infty} a_n$. Argumentando como no Exercício 83, mostre que

$$\sum_{n=1}^{M} a_n + \int_{M+1}^{\infty} f(x)\,dx \leq S \leq \sum_{n=1}^{M+1} a_n + \int_{M+1}^{\infty} f(x)\,dx \quad \boxed{4}$$

Conclua que

$$0 \leq S - \left(\sum_{n=1}^{M} a_n + \int_{M+1}^{\infty} f(x)\,dx\right) \leq a_{M+1} \quad \boxed{5}$$

Isso fornece um método para aproximar S com um erro menor do que ou igual a a_{M+1}.

86. Use a Equação (4) do Exercício 85 com $M = 43.129$ para provar que

$$5,5915810 \leq \sum_{n=1}^{\infty} \frac{1}{n^{1,2}} \leq 5,5915839$$

87. Aplique a Equação (4) do Exercício 85 com $M = 40.000$ para mostrar que

$$1,644934066 \leq \sum_{n=1}^{\infty} \frac{1}{n^2} \leq 1,644934068$$

Isso é consistente com o resultado de Euler, de acordo com o qual a soma dessa série é $\pi^2/6$?

88. Usando um sistema algébrico computacional e a Equação (5) do Exercício 85, determine o valor de $\sum_{n=1}^{\infty} n^{-6}$ com erro menor do que 10^{-4}. Confira que sua resposta é consistente com a de Euler, que provou que a soma é igual a $\pi^6/945$.

89. Usando um sistema algébrico computacional e a Equação (5) do Exercício 85, determine o valor de $\sum_{n=1}^{\infty} n^{-5}$ com erro menor do que 10^{-4}.

90. Até que ponto podemos estender uma pilha de livros idênticos (de massa m e tamanho unitário) sem que ela vire? A pilha não vai virar se o $(n+1)$-ésimo livro for colocado na base da pilha com sua beirada direita no centro de massa dos primeiros n livros ou antes desse ponto (Figura 6). Seja c_n o centro de massa dos n primeiros livros, medindo ao longo do eixo x, em que consideramos o eixo x positivo para a esquerda da origem, como na Figura 7. Lembre que se um objeto de massa m_1 tiver seu centro de massa em x_1 e um segundo objeto de massa m_2 tiver seu centro de massa em x_2, então o centro de massa do sistema terá coordenada x em

$$\frac{m_1 x_1 + m_2 x_2}{m_1 + m_2}$$

(a) Mostre que se o $(n+1)$-ésimo livro for colocado na base da pilha com sua beirada direita em c_n, então seu centro de massa estará localizado em $c_n + \frac{1}{2}$.

(b) Considere os n primeiros livros como um único objeto de massa nm e centro de massa em c_n e o $(n+1)$-ésimo livro como um segundo objeto de massa m. Mostre que se o

$(n + 1)$-ésimo livro for colocado com sua beirada direita em c_n, então $c_{n+1} = c_n + \dfrac{1}{2(n+1)}$.

(c) Prove que $\lim\limits_{n\to\infty} c_n = \infty$. Assim, usando uma quantidade suficientemente grande de livros, podemos estender a pilha tão longe quanto quisermos, sem que ela vire.

91. O argumento seguinte prova a divergência da série harmônica $S = \sum\limits_{n=1}^{\infty} 1/n$ sem utilizar o teste da integral. Sejam

$$S_1 = 1 + \frac{1}{3} + \frac{1}{5} + \cdots, \qquad S_2 = \frac{1}{2} + \frac{1}{4} + \frac{1}{6} + \cdots$$

Mostre que se S convergir, então
(a) S_1 e S_2 também convergirão e $S = S_1 + S_2$.
(b) $S_1 > S_2$ e $S_2 = \frac{1}{2}S$.

Observe que (b) contradiz (a) e conclua que S diverge.

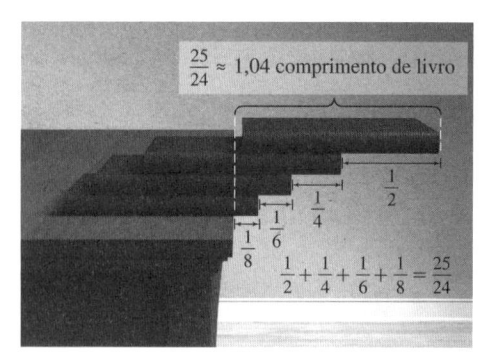

FIGURA 6

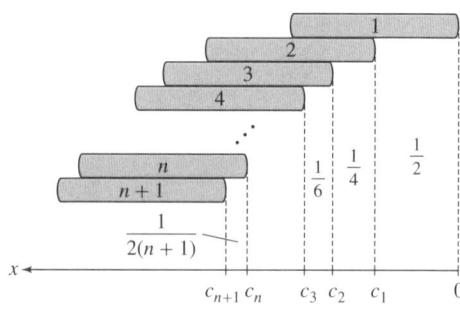

FIGURA 7

Compreensão adicional e desafios

92. Seja $S = \sum\limits_{n=2}^{\infty} a_n$, em que $a_n = (\ln(\ln n))^{-\ln n}$.
(a) Tomando logaritmos, mostre que $a_n = n^{-\ln(\ln(\ln n))}$.
(b) Mostre que $\ln(\ln(\ln n)) \geq 2$ se $n > C$, sendo $C = e^{e^{e^2}}$.
(c) Mostre que S converge.

93. O método de aceleração de Kummer Suponha que queiramos aproximar $S = \sum\limits_{n=1}^{\infty} 1/n^2$. Existe uma série telescópica semelhante cujo valor pode ser calculado exatamente (Exemplo 2 na Seção 10.2):

$$\sum_{n=1}^{\infty} \frac{1}{n(n+1)} = 1$$

(a) Verifique que
$$S = \sum_{n=1}^{\infty} \frac{1}{n(n+1)} + \sum_{n=1}^{\infty} \left(\frac{1}{n^2} - \frac{1}{n(n+1)}\right)$$

Assim, com M grande,
$$S \approx 1 + \sum_{n=1}^{M} \frac{1}{n^2(n+1)} \qquad \boxed{6}$$

(b) Explique o que foi ganho. Por que a Equação (6) é uma aproximação melhor de S do que $\sum\limits_{n=1}^{M} 1/n^2$?

(c) Calcule
$$\sum_{n=1}^{1000} \frac{1}{n^2}, \qquad 1 + \sum_{n=1}^{100} \frac{1}{n^2(n+1)}$$

Qual é uma aproximação melhor de S, cujo valor exato é $\pi^2/6$?

94. A série $S = \sum\limits_{k=1}^{\infty} k^{-3}$ já foi calculada com mais de 100 milhões de casas decimais. As primeiras 30 são

$$S = 1{,}202056903159594285399738161511$$

Aproxime S usando o método de aceleração de Kummer do Exercício 93 com $M = 100$ e série auxiliar $R = \sum\limits_{n=1}^{\infty} (n(n+1)(n+2))^{-1}$. De acordo com o Exercício 54 na Seção 10.2, R é uma série telescópica de soma $R = \frac{1}{4}$.

10.4 Convergência absoluta e condicional

Na seção precedente, estudamos a convergência de séries positivas, mas ainda não dispomos de ferramentas para analisar séries com termos tanto positivos quanto negativos. Uma das chaves para entender essas séries mais gerais é o conceito de convergência absoluta.

> **DEFINIÇÃO Convergência absoluta** A série $\sum a_n$ **converge absolutamente** se $\sum |a_n|$ convergir.

■ **EXEMPLO 1** Verifique que a série

$$\sum_{n=1}^{\infty} \frac{(-1)^{n-1}}{n^2} = \frac{1}{1^2} - \frac{1}{2^2} + \frac{1}{3^2} - \frac{1}{4^2} + \cdots$$

converge absolutamente.

Solução Essa série converge absolutamente porque a série positiva (com valores absolutos) é uma série p com $p = 2 > 1$:

$$\sum_{n=1}^{\infty} \left| \frac{(-1)^{n-1}}{n^2} \right| = \frac{1}{1^2} + \frac{1}{2^2} + \frac{1}{3^2} + \frac{1}{4^2} + \cdots \quad \text{(série } p \text{ convergente)} \quad ■$$

O teorema seguinte afirma que se a série dos valores absolutos convergir, então a série original também convergirá.

> **TEOREMA 1 Convergência absoluta implica convergência** Se $\sum |a_n|$ convergir, então $\sum a_n$ também convergirá.

Demonstração Temos $-|a_n| \leq a_n \leq |a_n|$. Somando $|a_n|$ a cada parte da desigualdade, obtemos $0 \leq |a_n| + a_n \leq 2|a_n|$. Se $\sum |a_n|$ convergir, então $\sum 2|a_n|$ também convergirá e, portanto, $\sum (a_n + |a_n|)$ convergirá pelo teste da comparação direta. Então a série original converge por ser a diferença de duas séries convergentes:

$$\sum a_n = \sum (a_n + |a_n|) - \sum |a_n| \quad ■$$

■ **EXEMPLO 2** Verifique que $S = \sum_{n=1}^{\infty} \frac{(-1)^{n-1}}{n^2}$ converge.

Solução No Exemplo 1, vimos que S converge absolutamente. Pelo Teorema 1, S também converge. ■

■ **EXEMPLO 3** Será que $S = \sum_{n=1}^{\infty} \frac{(-1)^{n-1}}{\sqrt{n}} = \frac{1}{\sqrt{1}} - \frac{1}{\sqrt{2}} + \frac{1}{\sqrt{3}} - \cdots$ converge absolutamente?

Solução A série positiva $\sum_{n=1}^{\infty} \frac{1}{\sqrt{n}}$ é uma série p com $p = \frac{1}{2}$, que diverge, pois $p < 1$. Assim, S não converge absolutamente. ■

A série do exemplo precedente não converge *absolutamente*, mas ainda não sabemos se ela converge ou não. Uma série $\sum a_n$ pode convergir sem convergir absolutamente. Nesse caso, dizemos que $\sum a_n$ **converge condicionalmente**.

DEFINIÇÃO Convergência condicional Uma série infinita $\sum a_n$ **converge condicionalmente** se $\sum a_n$ convergir, mas $\sum |a_n|$ divergir.

Se uma dada série não for absolutamente convergente, como poderemos determinar se ela é condicionalmente convergente? Muitas vezes, isso é uma questão difícil, porque não podemos usar os testes da integral nem os da comparação (somente são aplicáveis a séries positivas). No entanto, a convergência é garantida no caso particular de **séries alternadas**

$$S = \sum_{n=1}^{\infty}(-1)^{n-1}b_n = b_1 - b_2 + b_3 - b_4 + \cdots$$

em que os termos b_n são positivos e decrescem a zero (Figura 1).

TEOREMA 2 Teste da série alternada Suponha que $\{b_n\}$ seja uma sequência positiva e decrescente que converge a 0:

$$b_1 > b_2 > b_3 > b_4 > \cdots > 0, \qquad \lim_{n\to\infty} b_n = 0$$

Então a série alternada seguinte converge:

$$S = \sum_{n=1}^{\infty}(-1)^{n-1}b_n = b_1 - b_2 + b_3 - b_4 + \cdots$$

Além disso,

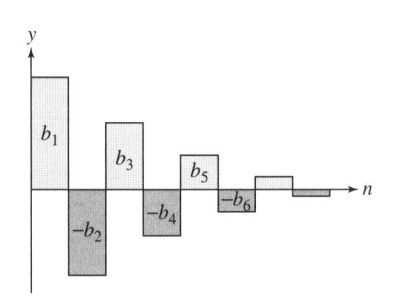

$$0 < S < b_1 \quad \text{e} \quad S_{2N} < S < S_{2N+1}, \qquad N \geq 1$$

FIGURA 1 Uma série alternada de termos decrescentes. A soma é a área com sinal, que, no máximo, é b_1.

HIPÓTESES IMPORTAM O teste das séries alternadas não é válido se ignorarmos a hipótese de b_n ser decrescente (ver Exercício 35).

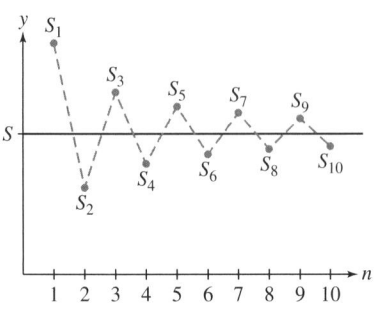

FIGURA 2 As somas parciais de uma série alternada oscilam acima e abaixo do limite. As somas parciais ímpares decrescem e as pares crescem.

Como veremos, esse último fato permite-nos obter uma estimativa da soma de uma série dessas com qualquer grau de precisão.

Observe que, com as mesmas condições, a série

$$\sum_{n=1}^{\infty}(-1)^{n}b_n = -b_1 + b_2 - b_3 + b_4 - \cdots$$

também converge, pois é, simplesmente, -1 vezes a série do teorema.

Demonstração Vamos provar que as somas parciais oscilam acima e abaixo da soma S na Figura 2. Inicialmente, observamos que as somas parciais pares são crescentes. De fato, os termos ímpares ocorrem com um sinal de mais e, portanto, por exemplo,

$$S_4 + b_5 - b_6 = S_6$$

No entanto, $b_5 - b_6 > 0$ porque b_n é decrescente e, portanto, $S_4 < S_6$. Em geral,

$$S_{2N} + (b_{2N+1} - b_{2N+2}) = S_{2N+2}$$

com $b_{2N+1} - b_{2N+2} > 0$. Assim, $S_{2N} < S_{2N+2}$ e

$$0 < S_2 < S_4 < S_6 < \cdots$$

Analogamente,

$$S_{2N-1} - (b_{2N} - b_{2N+1}) = S_{2N+1}$$

Dessa forma, $S_{2N+1} < S_{2N-1}$, e a sequência das somas parciais ímpares é decrescente:

$$\cdots < S_7 < S_5 < S_3 < S_1$$

Finalmente, $S_{2N} < S_{2N} + b_{2N+1} = S_{2N+1}$. Então temos a situação seguinte:

$$0 < S_2 < S_4 < S_6 < \cdots < S_7 < S_5 < S_3 < S_1$$

Como sequências monótonas limitadas convergem (Teorema 6 da Seção 10.1), as somas parciais pares e ímpares convergem a limites que ficam cercados no meio:

$$0 < S_2 < S_4 < \cdots < \lim_{N\to\infty} S_{2N} \leq \lim_{N\to\infty} S_{2N+1} < \cdots < S_5 < S_3 < S_1 \quad \boxed{1}$$

Esses dois limites devem ter um valor comum L, pois

$$\lim_{N\to\infty} S_{2N+1} - \lim_{N\to\infty} S_{2N} = \lim_{N\to\infty}(S_{2N+1} - S_{2N}) = \lim_{N\to\infty} b_{2N+1} = 0$$

Assim, $\lim_{N\to\infty} S_N = L$ e a série infinita converge a $S = L$. Pela Equação (1) também vemos que $0 < S < S_1 = b_1$ e $S_{2N} < S < S_{2N+1}$ com qualquer N, como queríamos mostrar. ∎

■ **EXEMPLO 4** Mostre que $S = \sum_{n=1}^{\infty} \dfrac{(-1)^{n-1}}{\sqrt{n}} = \dfrac{1}{\sqrt{1}} - \dfrac{1}{\sqrt{2}} + \dfrac{1}{\sqrt{3}} - \cdots$ converge condicionalmente e que $0 \leq S \leq 1$.

O teste da série alternada é o único teste para a convergência condicional desenvolvido neste livro. Outros testes, como os critérios de Abel e Dirichlet, são discutidos em livros de Análise.

Solução Os termos $b_n = 1/\sqrt{n}$ são positivos e decrescentes, com $\lim_{n\to\infty} b_n = 0$. Assim, S converge pelo teste da série alternada. Além disso, $0 \leq S \leq 1$ porque $b_1 = 1$. No entanto, a série positiva $\sum_{n=1}^{\infty} 1/\sqrt{n}$ diverge, por ser uma série p com $p = \frac{1}{2} < 1$. Assim, S é condicionalmente convergente, mas não absolutamente (Figura 3). ∎

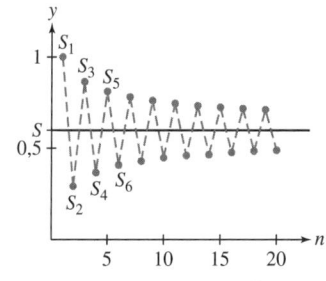

A desigualdade $S_{2N} < S < S_{2N+1}$ no Teorema 2 fornece uma informação importante sobre o erro: dela decorre que $|S_N - S|$ é menor do que $|S_N - S_{N+1}| = b_{N+1}$, com qualquer N.

TEOREMA 3 Seja $S = \sum_{n=1}^{\infty}(-1)^{n-1} b_n$, em que $\{b_n\}$ é uma sequência positiva e decrescente que converge a 0. Então

$$\boxed{|S - S_N| < b_{N+1}} \quad 2$$

Em outras palavras, *o erro cometido quando aproximamos S por S_N é menor do que o tamanho do primeiro termo omitido b_{N+1}.*

■ **EXEMPLO 5 Série harmônica alternada** Mostre que $S = \sum_{n=1}^{\infty} \dfrac{(-1)^{n-1}}{n}$ converge condicionalmente. Então:

(a) Mostre que $|S - S_6| < \frac{1}{7}$.
(b) Encontre N tal que S_N aproxime S com erro menor do que 10^{-3}.

Solução Os termos $b_n = 1/n$ são positivos e decrescentes, e $\lim_{n\to\infty} b_n = 0$. Logo, S converge pelo teste da série alternada. A série harmônica $\sum_{n=1}^{\infty} 1/n$ diverge, portanto S converge condicionalmente, mas não absolutamente. Agora, aplicando a Equação (2), temos

$$|S - S_N| < b_{N+1} = \frac{1}{N+1}$$

Com $N = 6$, obtemos $|S - S_6| < b_7 = \frac{1}{7}$. Podemos fazer o erro menor do que 10^{-3} escolhendo N de tal forma que

$$\frac{1}{N+1} \leq 10^{-3} \quad \Rightarrow \quad N+1 \geq 10^3 \quad \Rightarrow \quad N \geq 999$$

Usando um sistema algébrico computacional, obtemos $S_{999} \approx 0{,}69365$. No Exercício 86 da Seção 10.7, provaremos que $S = \ln 2 \approx 0{,}69314$ e, assim, poderemos verificar que

$$|S - S_{999}| \approx |\ln 2 - 0{,}69365| \approx 0{,}0005 < 10^{-3}$$
∎

(A) As somas parciais de $S = \sum_{n=1}^{\infty}(-1)^{n-1}\dfrac{1}{\sqrt{n}}$

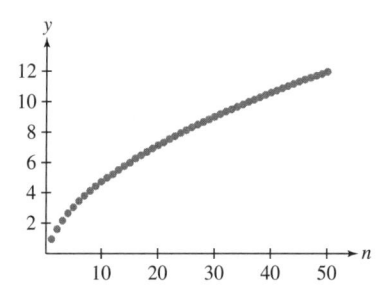

(B) As somas parciais de $S = \sum_{n=1}^{\infty} \dfrac{1}{\sqrt{n}}$

FIGURA 3

ENTENDIMENTO CONCEITUAL A convergência de uma série infinita $\sum a_n$ depende de dois fatores: (1) quão rapidamente a_n tende a zero e (2) quanto cancelamento ocorre entre os termos. Considere

Série harmônica (diverge): $\quad 1 + \dfrac{1}{2} + \dfrac{1}{3} + \dfrac{1}{4} + \dfrac{1}{5} + \cdots$

Série p com $p = 2$ (converge): $\quad 1 + \dfrac{1}{2^2} + \dfrac{1}{3^2} + \dfrac{1}{4^2} + \dfrac{1}{5^2} + \cdots$

Série harmônica alternada (converge): $\quad 1 - \dfrac{1}{2} + \dfrac{1}{3} - \dfrac{1}{4} + \dfrac{1}{5} - \cdots$

A série harmônica diverge porque os recíprocos $1/n$ não tendem a zero suficientemente rápido. No entanto, os recíprocos dos quadrados $1/n^2$ tendem suficientemente rápido a zero a ponto de garantir a convergência da série p, com $p = 2$. A série harmônica alternada converge em virtude do cancelamento entre seus termos.

10.4 Resumo

- $\sum a_n$ converge *absolutamente* se a série positiva $\sum |a_n|$ converge.
- Convergência absoluta implica convergência: se $\sum |a_n|$ convergir, então $\sum a_n$ também convergirá.
- $\sum a_n$ converge *condicionalmente* se $\sum a_n$ convergir, mas $\sum |a_n|$ divergir.
- Teste da série alternada: se $\{b_n\}$ for positiva, decrescente e tal que $\lim_{n \to \infty} b_n = 0$, então a série alternada

$$S = \sum_{n=1}^{\infty} (-1)^{n-1} b_n = b_1 - b_2 + b_3 - b_4 + b_5 - \cdots$$

converge. Além disso, $|S - S_N| < b_{N+1}$.
- Desenvolvemos duas maneiras de lidar com séries não positivas: ou mostramos convergência absoluta se for possível, ou usamos o teste da série alternada, se for aplicável.

10.4 Exercícios

Exercícios preliminares

1. Dê um exemplo de uma série tal que $\sum a_n$ converge, mas $\sum |a_n|$ diverge.

2. Qual das afirmações seguintes é equivalente ao Teorema 1?

    (a) Se $\sum_{n=0}^{\infty} |a_n|$ divergir, então $\sum_{n=0}^{\infty} a_n$ também divergirá.

    (b) Se $\sum_{n=0}^{\infty} a_n$ divergir, então $\sum_{n=0}^{\infty} |a_n|$ também divergirá.

    (c) Se $\sum_{n=0}^{\infty} a_n$ convergir, então $\sum_{n=0}^{\infty} |a_n|$ também convergirá.

3. Carolina argumenta que $\sum_{n=1}^{\infty} (-1)^n \sqrt{n}$ é uma série alternada e, portanto, converge. Ela tem razão?

4. Suponha que b_n seja positivo, decrescente e tenda a 0 e denote $S = \sum_{n=1}^{\infty} (-1)^{n-1} b_n$. O que pode ser dito sobre $|S - S_{100}|$ se $a_{101} = 10^{-3}$? S é maior ou menor do que S_{100}?

Exercícios

1. Mostre que

$$\sum_{n=0}^{\infty} \frac{(-1)^n}{2^n}$$

converge absolutamente.

2. Mostre que a série seguinte converge condicionalmente:

$$\sum_{n=1}^{\infty} (-1)^{n-1} \frac{1}{n^{2/3}} = \frac{1}{1^{2/3}} - \frac{1}{2^{2/3}} + \frac{1}{3^{2/3}} - \frac{1}{4^{2/3}} + \cdots$$

Nos Exercícios 3-10, determine se a série converge absolutamente, condicionalmente ou diverge.

3. $\sum_{n=1}^{\infty} \frac{(-1)^{n-1}}{n^{1/3}}$
4. $\sum_{n=1}^{\infty} \frac{(-1)^n n^4}{n^3 + 1}$
5. $\sum_{n=0}^{\infty} \frac{(-1)^{n-1}}{(1,1)^n}$
6. $\sum_{n=1}^{\infty} \frac{\text{sen}(\frac{\pi n}{4})}{n^2}$
7. $\sum_{n=2}^{\infty} \frac{(-1)^n}{n \ln n}$
8. $\sum_{n=1}^{\infty} \frac{(-1)^n}{1 + \frac{1}{n}}$
9. $\sum_{n=2}^{\infty} \frac{\cos n\pi}{(\ln n)^2}$
10. $\sum_{n=1}^{\infty} \frac{\cos n}{2^n}$

11. Seja $S = \sum_{n=1}^{\infty} (-1)^{n+1} \frac{1}{n^3}$.

    (a) Calcule S_N com $1 \leq n \leq 10$.
    (b) Use a Equação (2) para mostrar que $0,9 \leq S \leq 0,902$.

12. Use a Equação (2) para aproximar
$$\sum_{n=1}^{\infty} \frac{(-1)^{n+1}}{n!}$$
com quatro casas decimais.

13. Aproxime $\sum_{n=1}^{\infty} \frac{(-1)^{n+1}}{n^4}$ com três casas decimais.

14. Seja
$$S = \sum_{n=1}^{\infty} (-1)^{n-1} \frac{n}{n^2 + 1}$$
Use um sistema algébrico computacional para calcular e esboçar as somas parciais S_n com $1 \leq n \leq 100$. Observe que as somas parciais oscilam para cima e para baixo do limite.

Nos Exercícios 15 e 16, encontre um valor de N tal que S_N aproxime a série com um erro que não seja maior do que 10^{-5}. Se dispuser de um sistema algébrico computacional, use-o para calcular esse valor de S_N.

15. $\sum_{n=1}^{\infty} \frac{(-1)^{n+1}}{n(n+2)(n+3)}$
16. $\sum_{n=1}^{\infty} \frac{(-1)^{n+1} \ln n}{n!}$

Nos Exercícios 17-32, determine a convergência ou divergência usando qualquer método.

17. $\sum_{n=0}^{\infty} 7^{-n}$
18. $\sum_{n=1}^{\infty} \frac{1}{n^{7,5}}$
19. $\sum_{n=1}^{\infty} \frac{1}{5^n - 3^n}$
20. $\sum_{n=2}^{\infty} \frac{n}{n^2 - n}$
21. $\sum_{n=1}^{\infty} \frac{1}{3n^4 + 12n}$
22. $\sum_{n=1}^{\infty} \frac{(-1)^n}{\sqrt{n^2 + 1}}$
23. $\sum_{n=1}^{\infty} \frac{1}{\sqrt{n^2 + 1}}$
24. $\sum_{n=0}^{\infty} \frac{(-1)^n n}{\sqrt{n^2 + 1}}$
25. $\sum_{n=1}^{\infty} \frac{3^n + (-2)^n}{5^n}$
26. $\sum_{n=1}^{\infty} \frac{(-1)^{n+1}}{(2n+1)!}$
27. $\sum_{n=1}^{\infty} (-1)^n n^2 e^{-n^3/3}$
28. $\sum_{n=1}^{\infty} n e^{-n^3/3}$
29. $\sum_{n=2}^{\infty} \frac{(-1)^n}{n^{1/2}(\ln n)^2}$
30. $\sum_{n=2}^{\infty} \frac{1}{n(\ln n)^{1/4}}$
31. $\sum_{n=1}^{\infty} \frac{\ln n}{n^{1,05}}$
32. $\sum_{n=2}^{\infty} \frac{1}{(\ln n)^2}$

33. Mostre que
$$S = \frac{1}{2} - \frac{1}{2} + \frac{1}{3} - \frac{1}{3} + \frac{1}{4} - \frac{1}{4} + \cdots$$
converge, calculando as somas parciais. Essa série converge absolutamente?

34. O teste da série alternada não pode ser aplicado a
$$\frac{1}{2} - \frac{1}{3} + \frac{1}{2^2} - \frac{1}{3^2} + \frac{1}{2^3} - \frac{1}{3^3} + \cdots$$
Por que não? Mostre que essa série converge usando outro método.

35. **Hipóteses importam** Exiba um contraexemplo para mostrar que o teste da série alternada não permanece verdadeiro se a sequência a_n tender a zero, mas deixarmos de exigir que seja decrescente. *Sugestão:* considere
$$R = \frac{1}{2} - \frac{1}{4} + \frac{1}{3} - \frac{1}{8} + \frac{1}{4} - \frac{1}{16} + \cdots + \left(\frac{1}{n} - \frac{1}{2^n}\right) + \cdots$$

36. Determine se a série seguinte converge condicionalmente:
$$1 - \frac{1}{3} + \frac{1}{2} - \frac{1}{5} + \frac{1}{3} - \frac{1}{7} + \frac{1}{4} - \frac{1}{9} + \frac{1}{5} - \frac{1}{11} + \cdots$$

37. Prove que se $\sum a_n$ convergir absolutamente, então $\sum a_n^2$ também convergirá. Dê um exemplo em que $\sum a_n$ é só condicionalmente convergente e $\sum a_n^2$ diverge.

Compreensão adicional e desafios

38. Prove a variante seguinte do teste da série alternada: se a sequência $\{b_n\}$ for positiva decrescente, com $\lim_{n \to \infty} b_n = 0$, então a série
$$b_1 + b_2 - 2b_3 + a_4 + b_5 - 2a_6 + \cdots$$
converge. *Sugestão:* mostre que S_{3N} é crescente e limitada por $a_1 + a_2$, e prossiga como na prova do teste da série alternada.

39. Use o Exercício 38 para mostrar que a série seguinte converge:
$$S = \frac{1}{\ln 2} + \frac{1}{\ln 3} - \frac{2}{\ln 4} + \frac{1}{\ln 5} + \frac{1}{\ln 6} - \frac{2}{\ln 7} + \cdots$$

40. Prove a convergência condicional de
$$R = 1 + \frac{1}{2} + \frac{1}{3} - \frac{3}{4} + \frac{1}{5} + \frac{1}{6} + \frac{1}{7} - \frac{3}{8} + \cdots$$

41. Mostre que a série seguinte diverge:
$$S = 1 + \frac{1}{2} + \frac{1}{3} - \frac{2}{4} + \frac{1}{5} + \frac{1}{6} + \frac{1}{7} - \frac{2}{8} + \cdots$$
Sugestão: use o resultado do Exercício 40 para escrever S como a soma de uma série convergente e uma divergente.

42. Prove que
$$\sum_{n=1}^{\infty} (-1)^{n+1} \frac{(\ln n)^a}{n}$$
converge, qualquer que seja o expoente a. *Sugestão:* mostre que $f(x) = (\ln x)^a / x$ é decrescente se x for suficientemente grande.

43. Dizemos que $\{b_n\}$ é um rearranjo de $\{a_n\}$ se $\{b_n\}$ tiver os mesmos termos do que $\{a_n\}$, só que em ordem diferente. Mostre que se $\{b_n\}$ for um rearranjo de $\{a_n\}$ e se $S = \sum_{n=1}^{\infty} a_n$ convergir absolutamente, então $T = \sum_{n=1}^{\infty} b_n$ também converge absolutamente. (Esse resultado não é válido se S convergir somente condicionalmente.) *Sugestão:* prove que as somas parciais $\sum_{n=1}^{N} |b_n|$ são limitadas. Pode ser mostrado, também, que $S = T$.

44. Hipóteses importam Em 1829, Lejeune Dirichlet indicou que o grande matemático francês Augustin Louis Cauchy havia cometido um erro num artigo publicado ao supor erroneamente que o teste da comparação no limite fosse válido com séries não positivas. Eis as duas séries de Dirichlet:

$$\sum_{n=1}^{\infty} \frac{(-1)^n}{\sqrt{n}}, \qquad \sum_{n=1}^{\infty} \frac{(-1)^n}{\sqrt{n}}\left(1 + \frac{(-1)^n}{\sqrt{n}}\right)$$

Explique como elas fornecem um contraexemplo do teste da comparação no limite se as séries não são tomadas positivas.

10.5 Testes da razão e da raiz e estratégias para escolher testes

Séries como

$$S = 1 + \frac{2}{1!} + \frac{2^2}{2!} + \frac{2^3}{3!} + \frac{2^4}{4!} + \cdots$$

surgem nas aplicações, mas os testes de convergência desenvolvidos até aqui não podem ser facilmente aplicados. Felizmente, o teste da razão pode ser aplicado a essa e muitas outras series.

O símbolo ρ, pronunciado "ro", é a décima sétima letra do alfabeto grego.

TEOREMA 1 Teste da razão Suponha que exista o limite seguinte:

$$\rho = \lim_{n \to \infty} \left| \frac{a_{n+1}}{a_n} \right|$$

(i) Se $\rho < 1$, então $\sum a_n$ converge absolutamente.
(ii) Se $\rho > 1$, então $\sum a_n$ diverge.
(iii) Se $\rho = 1$, o teste é inconclusivo (a série pode convergir ou divergir).

Demonstração A ideia é comparar com uma série geométrica. Se $\rho < 1$, podemos escolher um número r tal que $\rho < r < 1$. Como $|a_{n+1}/a_n|$ converge a ρ, existe um número M tal que $|a_{n+1}/a_n| < r$ com qualquer $n \geq M$. Portanto,

$$|a_{M+1}| < r|a_M|$$
$$|a_{M+2}| < r|a_{M+1}| < r(r|a_M|) = r^2|a_M|$$
$$|a_{M+3}| < r|a_{M+2}| < r^3|a_M|$$

Em geral, $|a_{M+n}| < r^n|a_M|$ e, portanto,

$$\sum_{n=M}^{\infty} |a_n| = \sum_{n=0}^{\infty} |a_{M+n}| \leq \sum_{n=0}^{\infty} |a_M| r^n = |a_M| \sum_{n=0}^{\infty} r^n$$

A série geométrica à direita converge, pois $0 < r < 1$, de modo que $\sum_{n=M}^{\infty} |a_n|$ converge pelo teste da comparação direta. Assim, $\sum a_n$ converge absolutamente.

Se $\rho > 1$, escolhemos r tal que $1 < r < \rho$. Então existe um número M tal que $|a_{n+1}/a_n| > r$ com qualquer $n \geq M$. Argumentando como antes, mas com as desigualdades invertidas, obtemos que $|a_{M+n}| \geq r^n|a_M|$. Como r^n tende a ∞, os termos a_{M+n} não tendem a zero e, consequentemente, $\sum a_n$ diverge. Finalmente, o Exemplo 4 a seguir mostra que tanto a convergência quanto a divergência são possíveis se $\rho = 1$, de modo que, nesse caso, o teste é inconclusivo. ∎

■ **EXEMPLO 1** Prove que $\sum_{n=1}^{\infty} \dfrac{2^n}{n!}$ converge.

Solução Calculamos a razão e seu limite com $a_n = \dfrac{2^n}{n!}$. Observe que $(n+1)! = (n+1)n!$. Assim,

$$\left|\dfrac{a_{n+1}}{a_n}\right| = \dfrac{2^{n+1}}{(n+1)!} \dfrac{n!}{2^n} = \dfrac{2^{n+1}}{2^n} \dfrac{n!}{(n+1)!} = \dfrac{2}{n+1}$$

Obtemos

$$\rho = \lim_{n \to \infty} \left|\dfrac{a_{n+1}}{a_n}\right| = \lim_{n \to \infty} \dfrac{2}{n+1} = 0$$

Como $\rho < 1$, a série $\sum_{n=1}^{\infty} \dfrac{2^n}{n!}$ converge pelo teste da razão. ■

■ **EXEMPLO 2** Verifique se $\sum_{n=1}^{\infty} \dfrac{n^2}{2^n}$ converge.

Solução Aplicamos o teste da razão com $a_n = \dfrac{n^2}{2^n}$:

$$\left|\dfrac{a_{n+1}}{a_n}\right| = \dfrac{(n+1)^2}{2^{n+1}} \dfrac{2^n}{n^2} = \dfrac{1}{2}\left(\dfrac{n^2+2n+1}{n^2}\right) = \dfrac{1}{2}\left(1 + \dfrac{2}{n} + \dfrac{1}{n^2}\right)$$

Obtemos

$$\rho = \lim_{n \to \infty} \left|\dfrac{a_{n+1}}{a_n}\right| = \dfrac{1}{2} \lim_{n \to \infty} \left(1 + \dfrac{2}{n} + \dfrac{1}{n^2}\right) = \dfrac{1}{2}$$

Como $\rho < 1$, a série converge pelo teste da razão. ■

■ **EXEMPLO 3** Determine se $\sum_{n=0}^{\infty} (-1)^n \dfrac{n!}{1000^n}$ converge.

Solução Essa série diverge pelo teste da razão porque $\rho > 1$:

$$\rho = \lim_{n \to \infty} \left|\dfrac{a_{n+1}}{a_n}\right| = \lim_{n \to \infty} \dfrac{(n+1)!}{1000^{n+1}} \dfrac{1000^n}{n!} = \lim_{n \to \infty} \dfrac{n+1}{1000} = \infty$$

■

■ **EXEMPLO 4 Teste da razão inconclusivo** Mostre que tanto a convergência quanto a divergência são possíveis se $\rho = 1$, considerando $\sum_{n=1}^{\infty} n^2$ e $\sum_{n=1}^{\infty} n^{-2}$.

Solução Tomando $a_n = n^2$, temos

$$\rho = \lim_{n \to \infty} \left|\dfrac{a_{n+1}}{a_n}\right| = \lim_{n \to \infty} \dfrac{(n+1)^2}{n^2} = \lim_{n \to \infty} \dfrac{n^2+2n+1}{n^2} = \lim_{n \to \infty}\left(1 + \dfrac{2}{n} + \dfrac{1}{n^2}\right) = 1$$

Por outro lado, com $b_n = n^{-2}$, temos

$$\rho = \lim_{n \to \infty} \left|\dfrac{b_{n+1}}{b_n}\right| = \lim_{n \to \infty} \left|\dfrac{a_n}{a_{n+1}}\right| = \dfrac{1}{\lim_{n \to \infty}\left|\dfrac{a_{n+1}}{a_n}\right|} = 1$$

Assim, $\rho = 1$ em ambos os casos, mas, de fato, $\sum_{n=1}^{\infty} n^2$ diverge pelo teste da divergência do enésimo termo, já que $\lim_{n \to \infty} n^2 = \infty$, e $\sum_{n=1}^{\infty} n^{-2}$ converge por ser uma série p com $p = 2 > 1$. Isso mostra que tanto a convergência quanto a divergência são possíveis no caso $\rho = 1$. ■

Nosso próximo teste utiliza o limite das raízes enésimas $\sqrt[n]{|a_n|}$ em vez das razões a_{n+1}/a_n. Sua prova, do mesmo modo que a do teste da razão, baseia-se numa comparação com séries geométricas (Exercício 63).

TEOREMA 2   Teste da raiz Suponha que exista o limite seguinte:
$$L = \lim_{n \to \infty} \sqrt[n]{|a_n|}$$

(i) Se $L < 1$, então $\sum a_n$ converge absolutamente.

(ii) Se $L > 1$, então $\sum a_n$ diverge.

(iii) Se $L = 1$, o teste é inconclusivo (a série pode convergir ou divergir).

■ **EXEMPLO 5** Determine se $\sum_{n=1}^{\infty} \left(\dfrac{n}{2n+3} \right)^n$ converge.

Solução Temos $L = \lim_{n \to \infty} \sqrt[n]{a_n} = \lim_{n \to \infty} \dfrac{n}{2n+3} = \dfrac{1}{2}$. Como $L < 1$, a série converge pelo teste da raiz. ■

Determinando qual teste aplicar

Concluímos esta seção com uma breve revisão de todos os testes introduzidos até aqui para determinar a convergência e como decidir qual teste aplicar.

Seja dada $\sum_{n=1}^{\infty} a_n$. Lembre que as séries das quais sabemos se convergem ou divergem incluem as séries geométricas $\sum_{n=0}^{\infty} ar^n$, que convergem se $|r| < 1$, e as séries p $\sum_{n=0}^{\infty} \dfrac{1}{n^p}$, que convergem se $p > 1$.

1. **Teste da divergência do enésimo termo** Sempre aplique este teste antes de qualquer outro. Se $\lim_{n \to \infty} a_n \neq 0$, então a série diverge. No entanto, se $\lim_{n \to \infty} a_n = 0$, não podemos saber se a série converge ou diverge, de modo que prosseguimos ao passo seguinte.

2. **Séries positivas** Se todos os termos da série forem positivos, tente algum dos testes a seguir:

    (a) **Teste da comparação direta** Considere se a omissão de parcelas no numerador ou denominador resulta numa série que sabemos ser convergente ou divergente. Se uma série maior convergir ou uma menor divergir, então o mesmo ocorre com a série original. Por exemplo, $\sum_{n=1}^{\infty} \dfrac{1}{n^2 + \sqrt{n}}$ converge porque $\dfrac{1}{n^2 + \sqrt{n}} < \dfrac{1}{n^2}$, e $\sum_{n=1}^{\infty} \dfrac{1}{n^2}$ é uma série p com $p = 2 > 1$, que converge. Por outro lado, isso não funciona com $\sum_{n=2}^{\infty} \dfrac{1}{n^2 - \sqrt{n}}$, pois a série de comparação $\sum_{n=1}^{\infty} \dfrac{1}{n^2}$, embora ainda convergente, é menor do que a série original, e o teste da comparação direta não é aplicável. Nesse caso, muitas vezes podemos aplicar o teste da comparação no limite, que segue.

    (b) **Teste da comparação no limite** Considere os termos dominantes no numerador e denominador e compare a série original com a do quociente desses termos. Por exemplo, com $\sum_{n=2}^{\infty} \dfrac{1}{n^2 - \sqrt{n}}$, temos n^2, que domina $\sqrt{n}$ por crescer mais rápido com n crescente. Assim, tomamos $b_n = \dfrac{1}{n^2}$ e obtemos

    $$\lim_{n \to \infty} \frac{a_n}{b_n} = \lim_{n \to \infty} \frac{\frac{1}{n^2 - \sqrt{n}}}{\frac{1}{n^2}} = \lim_{n \to \infty} \frac{n^2}{n^2 - \sqrt{n}} = 1$$

Este limite é um número positivo, portanto podemos aplicar o teste da comparação no limite. Como $\sum_{n=1}^{\infty} \dfrac{1}{n^2}$ converge, a série original também converge.

(c) **Teste da razão** Este teste costuma ser eficaz quando ocorre algum fatorial, já que, no quociente, o fatorial desaparece por cancelamento. Também é eficaz quando há constantes elevadas à potência enésima, como 2^n, já que, no quociente, a potência n desaparece por cancelamento. Por exemplo, se a série for $\sum_{n=1}^{\infty} \dfrac{3^n}{n!}$, aplicando o teste da razão obtemos

$$\lim_{n\to\infty}\left|\frac{a_{n+1}}{a_n}\right| = \lim_{n\to\infty}\frac{\frac{3^{n+1}}{(n+1)!}}{\frac{3^n}{(n)!}} = \lim_{n\to\infty}\frac{3}{n+1} = 0 < 1$$

Assim, a série converge.

(d) **Teste da raiz** Este teste geralmente é eficaz quando há algum termo da forma $f(n)^{g(n)}$. Por exemplo, se a série for $\sum_{n=1}^{\infty} \dfrac{2^n}{n^{2n}}$, aplicando o teste da raiz obtemos

$$\lim_{n\to\infty}|a_n|^{1/n} = \lim_{n\to\infty}\left(\frac{2^n}{n^{2n}}\right)^{1/n} = \lim_{n\to\infty}\frac{2}{n^2} = 0 < 1$$

Assim, a série converge.

(e) **Teste da integral** Se os outros testes falharem com uma série positiva, considere o teste da integral. Se $a_n = f(n)$ for uma função decrescente, então a série converge se, e só se, a integral imprópria $\int_1^{\infty} f(x)\,dx$ converge. Por exemplo, não é fácil aplicar os demais testes à série $\sum_{n=2}^{\infty} \dfrac{1}{n\ln n}$, mas $f(x) = \dfrac{1}{n \ln n}$ é uma função decrescente e $\int_2^{\infty} \dfrac{1}{x \ln x}\,dx = \ln(\ln x)\Big|_2^{\infty} = \infty$. Assim, a integral e, portanto, a série divergem.

3. **Séries que não são séries positivas**

    (a) **Teste da série alternada** Se a série for alternada do tipo $\sum_{n=1}^{\infty}(-1)^{n-1}b_n$, mostre que $0 < b_{n+1} < b_n$ e $\lim_{n\to\infty} b_n = 0$. Então decorre que a série converge pelo teste da série alternada.

    (b) **Convergência absoluta** Se a série não for alternada, verifique se seu valor absoluto (que é uma série positiva) converge usando algum dos testes de séries positivas. Se convergir, a série original também converge.

10.5 Resumo

- Teste da razão: suponha que exista $\rho = \lim_{n\to\infty}\left|\dfrac{a_{n+1}}{a_n}\right|$. Então $\sum a_n$
    - converge absolutamente se $\rho < 1$
    - diverge se $\rho > 1$
    - inconclusivo se $\rho = 1$
- Teste da raiz: suponha que exista $L = \lim_{n\to\infty}\sqrt[n]{|a_n|}$. Então $\sum a_n$
    - converge absolutamente se $L < 1$
    - diverge se $L > 1$
    - inconclusivo se $L = 1$

10.5 Exercícios

Exercícios preliminares

1. No teste da razão, ρ é igual a $\lim_{n \to \infty} \left| \frac{a_{n+1}}{a_n} \right|$ ou a $\lim_{n \to \infty} \left| \frac{a_n}{a_{n+1}} \right|$?

2. O teste da razão é conclusivo com $\sum_{n=1}^{\infty} \frac{1}{2^n}$? É conclusivo com $\sum_{n=1}^{\infty} \frac{1}{n}$?

3. O teste da razão pode ser usado para mostrar a convergência de uma série que somente é condicionalmente convergente?

Exercícios

Nos Exercícios 1-20, aplique o teste da razão para determinar convergência ou divergência, ou então diga que o teste da razão é inconclusivo.

1. $\sum_{n=1}^{\infty} \frac{1}{5^n}$
2. $\sum_{n=1}^{\infty} \frac{(-1)^{n-1} n}{5^n}$
3. $\sum_{n=1}^{\infty} \frac{1}{n^n}$
4. $\sum_{n=0}^{\infty} \frac{3n+2}{5n^3+1}$
5. $\sum_{n=1}^{\infty} \frac{n}{n^2+1}$
6. $\sum_{n=1}^{\infty} \frac{2^n}{n}$
7. $\sum_{n=1}^{\infty} \frac{2^n}{n^{100}}$
8. $\sum_{n=1}^{\infty} \frac{n^3}{3^{n^2}}$
9. $\sum_{n=1}^{\infty} \frac{10^n}{2^{n^2}}$
10. $\sum_{n=1}^{\infty} \frac{e^n}{n!}$
11. $\sum_{n=1}^{\infty} \frac{e^n}{n^n}$
12. $\sum_{n=1}^{\infty} \frac{n^{40}}{n!}$
13. $\sum_{n=0}^{\infty} \frac{n!}{6^n}$
14. $\sum_{n=1}^{\infty} \frac{n!}{n^9}$
15. $\sum_{n=2}^{\infty} \frac{1}{n \ln n}$
16. $\sum_{n=1}^{\infty} \frac{1}{(2n)!}$
17. $\sum_{n=1}^{\infty} \frac{n^2}{(2n+1)!}$
18. $\sum_{n=1}^{\infty} \frac{(n!)^3}{(3n)!}$
19. $\sum_{n=2}^{\infty} \frac{1}{2^n+1}$
20. $\sum_{n=2}^{\infty} \frac{1}{\ln n}$

21. Mostre que $\sum_{n=1}^{\infty} n^k 3^{-n}$ converge com qualquer expoente k.

22. Mostre que $\sum_{n=1}^{\infty} n^2 x^n$ converge se $|x| < 1$.

23. Mostre que $\sum_{n=1}^{\infty} 2^n x^n$ converge se $|x| < \frac{1}{2}$.

24. Mostre que $\sum_{n=1}^{\infty} \frac{r^n}{n!}$ converge com qualquer r.

25. Mostre que $\sum_{n=1}^{\infty} \frac{r^n}{n}$ converge se $|r| < 1$.

26. Existe algum valor de k com o qual $\sum_{n=1}^{\infty} \frac{2^n}{n^k}$ convirja?

27. Mostre que $\sum_{n=1}^{\infty} \frac{n!}{n^n}$ converge. *Sugestão:* use $\lim_{n \to \infty} \left(1 + \frac{1}{n}\right)^n = e$.

Nos Exercícios 28-33, suponha que $|a_{n+1}/a_n|$ convirja a $\rho = \frac{1}{3}$. O que pode ser dito sobre a convergência da série dada?

28. $\sum_{n=1}^{\infty} n a_n$
29. $\sum_{n=1}^{\infty} n^3 a_n$
30. $\sum_{n=1}^{\infty} 2^n a_n$
31. $\sum_{n=1}^{\infty} 3^n a_n$
32. $\sum_{n=1}^{\infty} 4^n a_n$
33. $\sum_{n=1}^{\infty} a_n^2$

34. Suponha que $|a_{n+1}/a_n|$ convirja a $\rho = 4$. Será que $\sum_{n=1}^{\infty} a_n^{-1}$ converge (supondo que $a_n \neq 0$ com qualquer n)?

35. O teste da razão é conclusivo com a série p $\sum_{n=1}^{\infty} \frac{1}{n^p}$?

Nos Exercícios 36-41, use o teste da raiz para determinar convergência ou divergência (ou diga que o teste é inconclusivo).

36. $\sum_{n=0}^{\infty} \frac{1}{10^n}$
37. $\sum_{n=1}^{\infty} \frac{1}{n^n}$
38. $\sum_{k=0}^{\infty} \left(\frac{k}{k+10}\right)^k$
39. $\sum_{k=0}^{\infty} \left(\frac{k}{3k+1}\right)^k$
40. $\sum_{n=1}^{\infty} \left(1 + \frac{1}{n}\right)^{-n}$
41. $\sum_{n=4}^{\infty} \left(1 + \frac{1}{n}\right)^{-n^2}$

42. Prove que $\sum_{n=1}^{\infty} \frac{2^{n^2}}{n!}$ diverge. *Sugestão:* use $2^{n^2} = (2^n)^n$ e $n! \leq n^n$.

Nos Exercícios 43-62, determine a convergência ou divergência, usando qualquer método apresentado até aqui neste texto.

43. $\sum_{n=1}^{\infty} \frac{2^n + 4^n}{7^n}$
44. $\sum_{n=1}^{\infty} \frac{n^3}{n!}$
45. $\sum_{n=1}^{\infty} \frac{n}{2n+1}$
46. $\sum_{n=1}^{\infty} 2^{1/n}$
47. $\sum_{n=1}^{\infty} \frac{\operatorname{sen} n}{n^2}$
48. $\sum_{n=1}^{\infty} \frac{n!}{(2n)!}$
49. $\sum_{n=1}^{\infty} \frac{1}{n + \sqrt{n}}$
50. $\sum_{n=2}^{\infty} \frac{1}{n(\ln n)^3}$
51. $\sum_{n=1}^{\infty} \frac{n^3}{5^n}$
52. $\sum_{n=2}^{\infty} \frac{1}{n(\ln n)^3}$
53. $\sum_{n=2}^{\infty} \frac{1}{\sqrt{n^3 - n^2}}$
54. $\sum_{n=1}^{\infty} \frac{n^2 + 4n}{3n^4 + 9}$
55. $\sum_{n=1}^{\infty} n^{-0,8}$
56. $\sum_{n=1}^{\infty} (0,8)^{-n} n^{-0,8}$
57. $\sum_{n=1}^{\infty} 4^{-2n+1}$
58. $\sum_{n=1}^{\infty} \frac{(-1)^{n-1}}{\sqrt{n}}$
59. $\sum_{n=1}^{\infty} \operatorname{sen} \frac{1}{n^2}$
60. $\sum_{n=1}^{\infty} (-1)^n \cos \frac{1}{n}$
61. $\sum_{n=1}^{\infty} \frac{(-2)^n}{\sqrt{n}}$
62. $\sum_{n=1}^{\infty} \left(\frac{n}{n+12}\right)^n$

Compreensão adicional e desafios

63. 📖 **Demonstração do teste da raiz** Seja $S = \sum_{n=0}^{\infty} a_n$ uma série positiva e suponha que exista $L = \lim_{n \to \infty} \sqrt[n]{a_n}$.
    (a) Mostre que S converge se $L < 1$. *Sugestão:* escolha R tal que $L < R < 1$ e mostre que $a_n \leq R^n$ com n suficientemente grande. Então compare com a série geométrica $\sum R^n$.
    (b) Mostre que S diverge se $L > 1$.

64. Mostre que o teste da razão não é aplicável, mas verifique a convergência usando o teste da comparação direta com a série
$$\frac{1}{2} + \frac{1}{3^2} + \frac{1}{2^3} + \frac{1}{3^4} + \frac{1}{2^5} + \cdots$$

65. Seja $S = \sum_{n=1}^{\infty} \frac{c^n n!}{n^n}$, em que c é uma constante.
    (a) Prove que S converge absolutamente se $|c| < e$ e diverge se $|c| > e$.
    (b) É sabido que $\lim_{n \to \infty} \frac{e^n n!}{n^{n+1/2}} = \sqrt{2\pi}$. Verifique isso numericamente.
    (c) Use o teste da comparação no limite para provar que S diverge se $c = e$.

10.6 Séries de potências

Uma **série de potências** de centro c é uma série infinita

$$F(x) = \sum_{n=0}^{\infty} a_n(x-c)^n = a_0 + a_1(x-c) + a_2(x-c)^2 + a_3(x-c)^3 + \cdots$$

em que x é uma variável. Por exemplo,

$$F(x) = 1 + (x-2) + 2(x-2)^2 + 3(x-2)^3 + \cdots \qquad \boxed{1}$$

é uma série de potências de centro $c = 2$.

Uma série de potências $F(x) = \sum_{n=0}^{\infty} a_n(x-c)^n$ converge em alguns valores de x e pode divergir em outros. Por exemplo, tomando $x = \frac{9}{4}$ na série de potências da Equação (1), obtemos a série infinita

$$F\left(\frac{9}{4}\right) = 1 + \left(\frac{9}{4} - 2\right) + 2\left(\frac{9}{4} - 2\right)^2 + 3\left(\frac{9}{4} - 2\right)^3 + \cdots$$

$$= 1 + \left(\frac{1}{4}\right) + 2\left(\frac{1}{4}\right)^2 + 3\left(\frac{1}{4}\right)^3 + \cdots + n\left(\frac{1}{4}\right)^n + \cdots$$

Isso converge pelo teste da razão:

$$\lim_{n \to \infty} \left|\frac{a_{n+1}}{a_n}\right| = \lim_{n \to \infty} \left|\frac{\frac{n+1}{4^{n+1}}}{\frac{n}{4^n}}\right| = \lim_{n \to \infty} \frac{1}{4}\left(\frac{n+1}{n}\right)\frac{1/n}{1/n} = \lim_{n \to \infty} \frac{1}{4}\left(\frac{1+1/n}{1}\right) = \frac{1}{4}$$

Por outro lado, a série de potências da Equação (1) diverge em $x = 3$ pelo teste do enésimo termo:

$$F(3) = 1 + (3-2) + 2(3-2)^2 + 3(3-2)^3 + \cdots$$
$$= 1 + 1 + 2 + 3 + \cdots$$

Surpreendentemente, há uma maneira simples de descrever o conjunto de todos os valores x nos quais uma série de potências $F(x)$ converge. De acordo com nosso próximo teorema, ou $F(x)$ converge absolutamente em qualquer valor de x, ou existe um **raio de convergência** R tal que

$$\boxed{F(x) \text{ converge absolutamente se } |x-c| < R \text{ e diverge se } |x-c| > R.}$$

A maioria das funções que aparecem em aplicações pode ser representada por séries de potências. Isso inclui não só as funções trigonométricas, exponenciais, logarítmicas e raízes conhecidas, mas também a coleção de "funções especiais" da Física e Engenharia, como as funções de Bessel e as elípticas.

Isso significa que $F(x)$ converge se x estiver num **intervalo de convergência** consistindo no intervalo aberto $(c - R, c + R)$ e possivelmente uma ou ambas as extremidades $c - R$ e $c + R$ (Figura 1). Observe que, automaticamente, $F(x)$ converge em $x = c$, pois

$$F(c) = a_0 + a_1(c - c) + a_2(c - c)^2 + a_3(c - c)^3 + \cdots = a_0$$

Definimos $R = 0$ se $F(x)$ convergir somente em $x = c$, e $R = \infty$ se $F(x)$ convergir em qualquer valor de x.

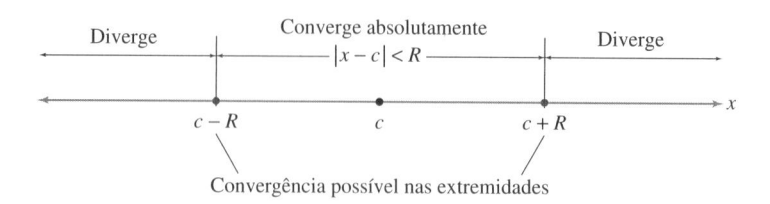

FIGURA 1 O intervalo de convergência de uma série de potências.

TEOREMA 1 Raio de convergência Qualquer série de potências

$$F(x) = \sum_{n=0}^{\infty} a_n(x - c)^n$$

tem um raio de convergência R, que é um número não negativo ($R \geq 0$) ou infinito ($R = \infty$). Se R for finito, então $F(x)$ convergirá absolutamente se $|x - c| < R$ e divergirá se $|x - c| > R$. Se $R = \infty$, então $F(x)$ converge absolutamente em qualquer x.

Demonstração Vamos supor que $c = 0$ para simplificar a notação. Se $F(x)$ convergir somente em $x = c$, então $R = 0$. Caso contrário, $F(x)$ converge em algum valor não nulo $x = B$. Afirmamos que $F(x)$ deve convergir absolutamente em cada $|x| < |B|$. Para provar isso, observe que a convergência de $F(B) = \sum_{n=0}^{\infty} a_n B^n$ garante que o termo geral $a_n B^n$ tende a zero. Em particular, existe algum $M > 0$ tal que $|a_n B^n| < M$ com qualquer n. Logo,

$$\sum_{n=0}^{\infty} |a_n x^n| = \sum_{n=0}^{\infty} |a_n B^n| \left|\frac{x}{B}\right|^n < M \sum_{n=0}^{\infty} \left|\frac{x}{B}\right|^n$$

Se $|x| < |B|$, então $|x/B| < 1$ e a série à direita é uma série geométrica convergente. Pelo teste da comparação direta, a série à esquerda também converge. Isso prova que $F(x)$ converge absolutamente se $|x| < |B|$.

Agora, seja S o conjunto de números x nos quais $F(x)$ converge. Então S contém 0, e mostramos que se S contiver algum número $B \neq 0$, então S contém o intervalo aberto $(-|B|, |B|)$. Se S for limitado, então S tem um supremo $L > 0$ (ver nota ao lado). Nesse caso, existem números $B \in S$ menores que mas arbitrariamente próximos de L, de modo que S contém $(-B, B)$ com qualquer $0 < B < L$. Segue que S contém o intervalo aberto $(-L, L)$. O conjunto S não pode conter qualquer número x tal que $|x| > L$, mas S pode conter uma ou ambas as extremidades $x = \pm L$. Logo, nesse caso, $F(x)$ tem raio de convergência $R = L$. Se S não for limitado, então S contém intervalos $(-B, B)$ com B arbitrariamente grande. Nesse caso, S é toda a reta real **R**, e o raio de convergência é $R = \infty$. ∎

Propriedade do supremo: se S for um conjunto de números reais com uma cota superior M (ou seja, $x \leq M$ com qualquer $x \in S$), então S tem um supremo L. Ver Apêndice B.

A partir do Teorema 1, vemos que há dois passos na determinação do intervalo de convergência de $F(x)$:

Passo 1. Encontrar o raio de convergência R (usando, em geral, o teste da razão).

Passo 2. Conferir a convergência nas extremidades (se $R \neq 0$ ou ∞).

■ **EXEMPLO 1** **Uso do teste da razão** Em quais valores $F(x) = \sum_{n=0}^{\infty} \dfrac{x^n}{2^n}$ converge?

Solução

Passo 1. **Encontrar o raio de convergência.**

Seja $a_n = \dfrac{x^n}{2^n}$ e calculemos a razão ρ do teste da razão:

$$\rho = \lim_{n\to\infty} \left|\dfrac{a_{n+1}}{a_n}\right| = \lim_{n\to\infty} \left|\dfrac{x^{n+1}}{2^{n+1}}\right| \cdot \left|\dfrac{2^n}{x^n}\right| = \lim_{n\to\infty} \dfrac{1}{2}|x| = \dfrac{1}{2}|x|$$

Obtemos que

$$\rho < 1 \quad \text{se} \quad \dfrac{1}{2}|x| < 1, \quad \text{ou seja, se} \quad |x| < 2$$

Assim, $F(x)$ converge se $|x| < 2$. Analogamente, $\rho > 1$ se $\frac{1}{2}|x| > 1$, ou $|x| > 2$. Logo, $F(x)$ diverge se $|x| > 2$. Portanto, o raio de convergência é $R = 2$.

Passo 2. **Verificar as extremidades.**

O teste da razão é inconclusivo em $x = \pm 2$, portanto devemos conferir esses casos diretamente

$$F(2) = \sum_{n=0}^{\infty} \dfrac{2^n}{2^n} = 1 + 1 + 1 + 1 + 1 + 1 \cdots$$

$$F(-2) = \sum_{n=0}^{\infty} \dfrac{(-2)^n}{2^n} = 1 - 1 + 1 - 1 + 1 - 1 \cdots$$

Ambas as séries divergem. Concluímos que $F(x)$ converge somente em $|x| < 2$ (Figura 2). ■

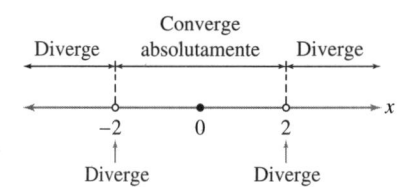

FIGURA 2 A série de potências

$$\sum_{n=0}^{\infty} \dfrac{x^n}{2^n}$$

tem um intervalo de convergência $(-2, 2)$.

■ **EXEMPLO 2** Em quais valores $F(x) = \sum_{n=1}^{\infty} \dfrac{(-1)^n}{4^n n}(x-5)^n$ converge?

Solução Calculamos ρ com $a_n = \dfrac{(-1)^n}{4^n n}(x-5)^n$:

$$\rho = \lim_{n\to\infty}\left|\dfrac{a_{n+1}}{a_n}\right| = \lim_{n\to\infty}\left|\dfrac{(x-5)^{n+1}}{4^{n+1}(n+1)}\dfrac{4^n n}{(x-5)^n}\right|$$

$$= |x-5| \lim_{n\to\infty} \left|\dfrac{n}{4(n+1)}\right|$$

$$= \dfrac{1}{4}|x-5|$$

Obtemos que

$$\rho < 1 \quad \text{se} \quad \dfrac{1}{4}|x-5| < 1, \quad \text{ou seja, se} \quad |x-5| < 4$$

Assim, $F(x)$ converge absolutamente no intervalo aberto $(1, 9)$ de raio 4 e centro $c = 5$. Em outras palavras, o raio de convergência é $R = 4$. Em seguida, verificamos as extremidades:

$x = 9$: $\sum_{n=1}^{\infty} \dfrac{(-1)^n}{4^n n}(9-5)^n = \sum_{n=1}^{\infty} \dfrac{(-1)^n}{n}$ converge (teste da série alternada)

$x = 1$: $\sum_{n=1}^{\infty} \dfrac{(-1)^n}{4^n n}(-4)^n = \sum_{n=1}^{\infty} \dfrac{1}{n}$ diverge (série harmônica)

Concluímos que $F(x)$ converge nos pontos x do intervalo semiaberto $(1, 9]$ da Figura 3. ■

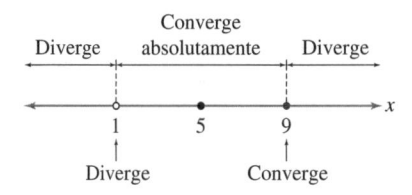

FIGURA 3 A série de potências

$$\sum_{n=1}^{\infty} \dfrac{(-1)^n}{4^n n}(x-5)^n$$

tem um intervalo de convergência $(1, 9]$.

Algumas séries de potências têm somente potências pares ou somente potências ímpares de x. Mesmo assim, podemos usar o teste da razão para encontrar o raio de convergência.

556 Cálculo

■ **EXEMPLO 3** **Uma série de potências pares** Em quais valores $\sum_{n=0}^{\infty} \dfrac{x^{2n}}{(2n)!}$ converge?

Solução Essa série de potências tem somente potências pares de x, mas mesmo assim podemos aplicar o teste da razão com $a_n = x^{2n}/(2n)!$. Temos

$$a_{n+1} = \frac{x^{2(n+1)}}{(2(n+1))!} = \frac{x^{2n+2}}{(2n+2)!}$$

Além disso, $(2n+2)! = (2n+2)(2n+1)(2n)!$, portanto

$$\rho = \lim_{n \to \infty} \left| \frac{a_{n+1}}{a_n} \right| = \lim_{n \to \infty} \frac{x^{2n+2}}{(2n+2)!} \frac{(2n)!}{x^{2n}} = |x|^2 \lim_{n \to \infty} \frac{1}{(2n+2)(2n+1)} = 0$$

Assim, $\rho = 0$ com qualquer x, e $F(x)$ converge em cada x. O raio de convergência é $R = \infty$. ■

Se uma função f for representada por uma série de potências num intervalo I, dizemos que a série de potências é a expansão em série de potências de f em I.

As séries geométricas são exemplos importantes de séries de potências. Lembre-se da fórmula $\sum_{n=0}^{\infty} r^n = 1/(1-r)$, válida se $|r| < 1$. Escrevendo x em vez de r, obtemos uma expansão em série de potências de raio de convergência $R = 1$:

$$\boxed{\frac{1}{1-x} = \sum_{n=0}^{\infty} x^n \quad \text{com } |x| < 1} \qquad 2$$

Os dois próximos exemplos mostram que essa fórmula pode ser adaptada para obter a expansão em série de potências de outras funções.

■ **EXEMPLO 4** **Série geométrica** Prove que

$$\frac{1}{1-2x} = \sum_{n=0}^{\infty} 2^n x^n \qquad \text{se } |x| < \frac{1}{2}$$

Solução Substituindo x por $2x$ na Equação (2):

$$\frac{1}{1-2x} = \sum_{n=0}^{\infty} (2x)^n = \sum_{n=0}^{\infty} 2^n x^n \qquad 3$$

A expansão (2) é válida se $|x| < 1$ e, portanto a Equação (3) é válida com $|2x| < 1$ ou $|x| < \frac{1}{2}$. ■

■ **EXEMPLO 5** Encontre uma expansão em série de potências de centro $c = 0$ de

$$f(x) = \frac{1}{2+x^2}$$

e encontre o intervalo de convergência.

Solução Precisamos reescrever $f(x)$ para poder usar a Equação (2). Temos

$$\frac{1}{2+x^2} = \frac{1}{2}\left(\frac{1}{1+\frac{1}{2}x^2}\right) = \frac{1}{2}\left(\frac{1}{1-\left(-\frac{1}{2}x^2\right)}\right) = \frac{1}{2}\left(\frac{1}{1-u}\right)$$

em que $u = -\frac{1}{2}x^2$. Agora substituímos x por $u = -\frac{1}{2}x^2$ na Equação (2) para obter

$$f(x) = \frac{1}{2+x^2} = \frac{1}{2}\sum_{n=0}^{\infty}\left(-\frac{x^2}{2}\right)^n$$

$$= \sum_{n=0}^{\infty} \frac{(-1)^n x^{2n}}{2^{n+1}}$$

Essa expansão é válida se $|-x^2/2| < 1$ ou $|x| < \sqrt{2}$. O intervalo de convergência é $(-\sqrt{2}, \sqrt{2})$. ■

Nosso próximo teorema afirma que, dentro do intervalo de convergência, podemos tratar uma série de potências como se fosse um polinômio; ou seja, podemos derivar e integrar termo a termo.

TEOREMA 2 **Derivação e integração termo a termo** Suponha que

$$F(x) = \sum_{n=0}^{\infty} a_n(x-c)^n$$

tenha um raio de convergência $R > 0$. Então F é derivável em $(c - R, c + R)$ (ou em cada x se $R = \infty$). Além disso, podemos derivar e integrar termo a termo. Dado qualquer $x \in (c - R, c + R)$, temos

$$F'(x) = \sum_{n=1}^{\infty} na_n(x-c)^{n-1}$$

$$\int F(x)\, dx = A + \sum_{n=0}^{\infty} \frac{a_n}{n+1}(x-c)^{n+1} \qquad (A \text{ uma constante qualquer})$$

Essas séries têm o mesmo raio de convergência R.

A prova do Teorema 2 é um tanto técnica e será omitida. Ver Exercício 66 para uma prova da continuidade de F.

■ **EXEMPLO 6** **Derivando uma série de potências** Prove que, com $-1 < x < 1$,

$$\frac{1}{(1-x)^2} = 1 + 2x + 3x^2 + 4x^3 + 5x^4 + \cdots$$

Solução A série geométrica tem raio de convergência $R = 1$:

$$\frac{1}{1-x} = 1 + x + x^2 + x^3 + x^4 + \cdots$$

Pelo Teorema 2, podemos derivar termo a termo com $|x| < 1$ para obter

$$\frac{d}{dx}\left(\frac{1}{1-x}\right) = \frac{d}{dx}(1 + x + x^2 + x^3 + x^4 + \cdots)$$

$$\frac{1}{(1-x)^2} = 1 + 2x + 3x^2 + 4x^3 + 5x^4 + \cdots \qquad ■$$

O Teorema 2 é uma ferramenta importante no estudo de séries de potências.

■ **EXEMPLO 7** **A série de potências do arco tangente** Prove que, com $-1 < x < 1$,

$$\operatorname{arc\,tg} x = \sum_{n=0}^{\infty} \frac{(-1)^n x^{2n+1}}{2n+1} = x - \frac{x^3}{3} + \frac{x^5}{5} - \frac{x^7}{7} + \cdots \qquad \boxed{4}$$

Solução Lembre que $\operatorname{arc\,tg} x$ é uma antiderivada de $(1 + x^2)^{-1}$. Obtemos uma expansão em série de potências dessa antiderivada substituindo x por $-x^2$ na série geométrica da Equação (2):

$$\frac{1}{1+x^2} = 1 - x^2 + x^4 - x^6 + \cdots$$

Essa expansão é válida com $|x^2| < 1$, ou seja, se $|x| < 1$. Pelo Teorema 2, podemos integrar séries termo a termo. A expansão resultante também é válida com $|x| < 1$:

$$\operatorname{arc\,tg} x = \int \frac{dx}{1+x^2} = \int (1 - x^2 + x^4 - x^6 + \cdots)\, dx$$

$$= A + x - \frac{x^3}{3} + \frac{x^5}{5} - \frac{x^7}{7} + \cdots$$

Tomando $x = 0$, obtemos $A = \operatorname{arc\,tg} 0 = 0$. Assim, a Equação (4) é válida com $-1 < x < 1$. ■

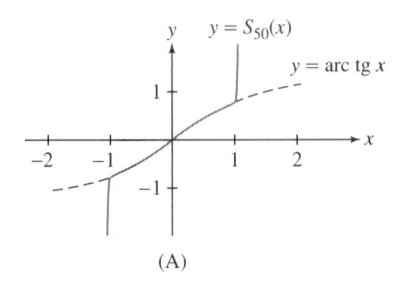

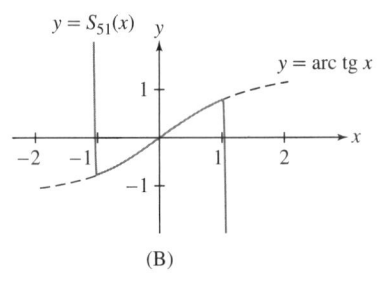

FIGURA 4 $y = S_{50}(x)$ e $y = S_{51}(x)$ são praticamente indistinguíveis de $y = \text{arc tg } x$ em $(-1, 1)$.

> **ENTENDIMENTO GRÁFICO** Examinemos graficamente a expansão do exemplo precedente. As somas parciais da série de potências de $f(x) = \text{arc tg } x$ são
>
> $$S_N(x) = x - \frac{x^3}{3} + \frac{x^5}{5} - \frac{x^7}{7} + \cdots + (-1)^N \frac{x^{2N+1}}{2N+1}$$
>
> Com N grande, é de se esperar que $S_N(x)$ forneça uma boa aproximação para $f(x) = \text{arc tg } x$ no intervalo $(-1, 1)$, em que é válida a expansão em série de potências. A Figura 4 confirma essa expectativa: os gráficos de $y = S_{50}(x)$ e $y = S_{51}(x)$ são praticamente indistinguíveis do gráfico de $y = \text{arc tg } x$ em $(-1, 1)$. Assim, podemos usar as somas parciais para aproximar os valores do arco tangente. Por exemplo, uma aproximação de $\text{arc tg } (0{,}3)$ é dada por
>
> $$S_4(0{,}3) = 0{,}3 - \frac{(0{,}3)^3}{3} + \frac{(0{,}3)^5}{5} - \frac{(0{,}3)^7}{7} + \frac{(0{,}3)^9}{9} \approx 0{,}2914569$$
>
> Como a série de potências é alternada, o erro não é maior do que o primeiro termo omitido:
>
> $$|\text{arc tg } (0{,}3) - S_4(0{,}3)| < \frac{(0{,}3)^{11}}{11} \approx 1{,}61 \times 10^{-7}$$
>
> A situação muda drasticamente na região $|x| > 1$, em que a série de potências diverge e as somas parciais $S_N(x)$ desviam muito de $\text{arc tg } x$.

Soluções em séries de potências de equações diferenciais

As séries de potências são uma ferramenta básica no estudo de equações diferenciais. Para ilustrar isso, considere a equação diferencial com condição inicial

$$y' = y, \qquad y(0) = 1$$

Sabemos que $f(x) = e^x$ é a única solução, mas vamos tentar encontrar uma série de potências que satisfaça esse problema de valor inicial. Temos

$$F(x) = \sum_{n=0}^{\infty} a_n x^n = a_0 + a_1 x + a_2 x^2 + a_3 x^3 + \cdots$$

$$F'(x) = \sum_{n=0}^{\infty} n a_n x^{n-1} = a_1 + 2a_2 x + 3a_3 x^2 + 4a_4 x^3 + \cdots$$

Portanto, $F'(x) = F(x)$ se

$$a_0 = a_1, \quad a_1 = 2a_2, \quad a_2 = 3a_3, \quad a_3 = 4a_4, \quad \ldots$$

Em outras palavras, $F'(x) = F(x)$ se $a_{n-1} = n a_n$, ou

$$\boxed{a_n = \frac{a_{n-1}}{n}}$$

Dizemos que uma equação desse tipo é uma *relação recursiva*. Com ela, podemos determinar, sucessivamente, todos os coeficientes a_n a partir do primeiro coeficiente a_0, que pode ser escolhido arbitrariamente. Por exemplo,

$$n = 1: \quad a_1 = \frac{a_0}{1}$$

$$n = 2: \quad a_2 = \frac{a_1}{2} = \frac{a_0}{2 \cdot 1} = \frac{a_0}{2!}$$

$$n = 3: \quad a_3 = \frac{a_2}{3} = \frac{a_1}{3 \cdot 2} = \frac{a_0}{3 \cdot 2 \cdot 1} = \frac{a_0}{3!}$$

Para obter uma fórmula geral de a_n, aplicamos a relação recursiva n vezes:

$$a_n = \frac{a_{n-1}}{n} = \frac{a_{n-2}}{n(n-1)} = \frac{a_{n-3}}{n(n-1)(n-2)} = \cdots = \frac{a_0}{n!}$$

Concluímos que

$$F(x) = a_0 \sum_{n=0}^{\infty} \frac{x^n}{n!}$$

No Exemplo 3, mostramos que essa série de potências tem raio de convergência $R = \infty$, portanto $y = F(x)$ satisfaz $y' = y$ com qualquer x. Além disso, $F(0) = a_0$, de modo que a condição inicial $y(0) = 1$ é satisfeita tomando $a_0 = 1$.

Mostramos que $f(x) = e^x$ e $F(x)$ com $a_0 = 1$ são, ambas, soluções do problema de valor inicial. Por unicidade, essas duas soluções devem ser iguais. Assim, provamos que, com qualquer x, vale

$$\boxed{e^x = \sum_{n=0}^{\infty} \frac{x^n}{n!} = 1 + x + \frac{x^2}{2!} + \frac{x^3}{3!} + \frac{x^4}{4!} + \cdots}$$

Neste exemplo, sabíamos de antemão que $y = e^x$ é uma solução de $y' = y$, mas digamos que tenhamos uma equação diferencial cuja solução seja desconhecida. Podemos tentar encontrar uma solução na forma de uma série de potências $F(x) = \sum_{n=0}^{\infty} a_n x^n$. Em casos favoráveis, a equação diferencial leva a uma relação recursiva que nos permite determinar os coeficientes a_n.

■ **EXEMPLO 8** Encontre uma solução em série de potências do problema de valor inicial

$$x^2 y'' + xy' + (x^2 - 1)y = 0, \qquad y'(0) = 1 \qquad \boxed{5}$$

A solução no Exemplo 8 é denominada "função de Bessel de ordem 1". A função de Bessel de ordem n é uma solução de

$$x^2 y'' + xy' + (x^2 - n^2)y = 0$$

Essas funções têm aplicações em muitas áreas da Física e da Engenharia.

Solução Suponha que a Equação (5) tenha uma solução $F(x) = \sum_{n=0}^{\infty} a_n x^n$ em série de potências. Então

$$y' = F'(x) = \sum_{n=0}^{\infty} n a_n x^{n-1} = a_1 + 2a_2 x + 3a_3 x^2 + \cdots$$

$$y'' = F''(x) = \sum_{n=0}^{\infty} n(n-1) a_n x^{n-2} = 2a_2 + 6a_3 x + 12a_4 x^2 + \cdots$$

Agora substituímos as séries de y, y' e y'' na equação diferencial (5) para determinar a relação recursiva satisfeita pelos coeficientes a_n:

$$x^2 y'' + xy' + (x^2 - 1)y$$

$$= x^2 \sum_{n=0}^{\infty} n(n-1) a_n x^{n-2} + x \sum_{n=0}^{\infty} n a_n x^{n-1} + (x^2 - 1) \sum_{n=0}^{\infty} a_n x^n$$

$$= \sum_{n=0}^{\infty} n(n-1) a_n x^n + \sum_{n=0}^{\infty} n a_n x^n - \sum_{n=0}^{\infty} a_n x^n + \sum_{n=0}^{\infty} a_n x^{n+2} \qquad \boxed{6}$$

$$= \sum_{n=0}^{\infty} (n^2 - 1) a_n x^n + \sum_{n=2}^{\infty} a_{n-2} x^n = 0$$

Na Equação (6), combinamos as três primeiras séries numa só série usando

$$n(n-1) + n - 1 = n^2 - 1$$

e transladamos a quarta série para começar em $n = 2$ em vez de $n = 0$.

A equação diferencial está satisfeita se

$$\sum_{n=0}^{\infty} (n^2 - 1) a_n x^n = - \sum_{n=2}^{\infty} a_{n-2} x^n$$

Os primeiros termos de cada lado dessa equação são

$$-a_0 + 0 \cdot x + 3a_2 x^2 + 8a_3 x^3 + 15a_4 x^4 + \cdots = 0 + 0 \cdot x - a_0 x^2 - a_1 x^3 - a_2 x^4 - \cdots$$

Combinando os coeficientes de x^n, vemos que

$$-a_0 = 0, \qquad 3a_2 = -a_0, \qquad 8a_3 = -a_1, \qquad 15a_4 = -a_2 \qquad \boxed{7}$$

Em geral, $(n^2 - 1)a_n = -a_{n-2}$, e, com isso, obtemos a relação recursiva

$$\boxed{a_n = -\frac{a_{n-2}}{n^2 - 1} \quad \text{com } n \geq 2} \qquad \boxed{8}$$

Observe que $a_0 = 0$ pela Equação (7). A relação recursiva força todos os coeficientes pares $a_2, a_4, a_6, \ldots$ a serem nulos:

$$a_2 = \frac{a_0}{2^2 - 1} \text{ então } a_2 = 0, \qquad \text{e, assim,} \qquad a_4 = \frac{a_2}{4^2 - 1} = 0 \text{ então } a_4 = 0, \qquad \text{.etc}$$

Quanto aos coeficientes ímpares, podemos escolher a_1 arbitrariamente. Como $F'(0) = a_1$, tomamos $a_1 = 1$ para obter a solução $y = F(x)$ satisfazendo $F'(0) = 1$. Agora aplicamos a Equação (8):

$$n = 3: \qquad a_3 = -\frac{a_1}{3^2 - 1} = -\frac{1}{3^2 - 1}$$

$$n = 5: \qquad a_5 = -\frac{a_3}{5^2 - 1} = \frac{1}{(5^2 - 1)(3^2 - 1)}$$

$$n = 7: \qquad a_7 = -\frac{a_5}{7^2 - 1} = -\frac{1}{(7^2 - 1)(3^2 - 1)(5^2 - 1)}$$

Isso mostra o padrão geral dos coeficientes. Para escrever os coeficientes numa forma compacta, seja $n = 2k + 1$. Então o denominador na relação recursiva (8) pode ser escrito

$$n^2 - 1 = (2k + 1)^2 - 1 = 4k^2 + 4k = 4k(k + 1)$$

e

$$a_{2k+1} = -\frac{a_{2k-1}}{4k(k + 1)}$$

Aplicando essa relação recursiva k vezes, obtemos a fórmula fechada

$$a_{2k+1} = (-1)^k \left(\frac{1}{4k(k+1)}\right)\left(\frac{1}{4(k-1)k}\right) \cdots \left(\frac{1}{4(1)(2)}\right) = \frac{(-1)^k}{4^k \, k! \, (k+1)!}$$

Assim, obtivemos uma representação em série de potências de nossa solução:

$$F(x) = \sum_{k=0}^{\infty} \frac{(-1)^k}{4^k k!(k+1)!} x^{2k+1}$$

Uma aplicação direta do teste da razão mostra que F tem raio de convergência infinito. Portanto, $F(x)$ é uma solução do problema de valor inicial com qualquer x. ∎

10.6 Resumo

- Uma *série de potências* é uma série infinita da forma

$$F(x) = \sum_{n=0}^{\infty} a_n (x - c)^n$$

Dizemos que a constante c é o *centro* de $F(x)$.
- Qualquer série de potências $F(x)$ tem *raio de convergência* R (Figura 5) tal que
  - $F(x)$ converge absolutamente se $|x - c| < R$ e diverge se $|x - c| > R$.
  - $F(x)$ pode convergir ou divergir nas extremidades $c - R$ e $c + R$.

Definimos $R = 0$ se $F(x)$ convergir somente em $x = c$ e $R = \infty$ se $F(x)$ convergir em qualquer x.

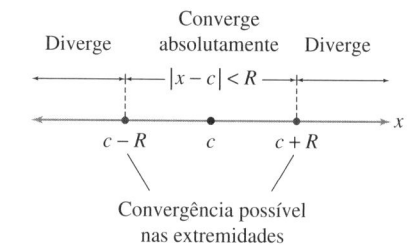

FIGURA 5 Intervalo de convergência de uma série de potências.

- O *intervalo de convergência* de F consiste no intervalo aberto $(c - R, c + R)$ e, possivelmente, uma ou ambas as extremidades $c - R$ e $c + R$.
- Em muitos casos, pode ser usado o teste da razão para encontrar o raio de convergência R. É necessário conferir separadamente a convergência nas extremidades.
- Se $R > 0$, então F é derivável em $(c - R, c + R)$ e

$$F'(x) = \sum_{n=1}^{\infty} n a_n (x - c)^{n-1}, \quad \int F(x)\, dx = A + \sum_{n=0}^{\infty} \frac{a_n}{n+1}(x - c)^{n+1}$$

(A é uma constante qualquer). Essas duas séries de potências têm o mesmo raio de convergência R.

- A expansão em série de potências $\dfrac{1}{1-x} = \sum_{n=0}^{\infty} x^n$ é válida em $|x| < 1$. Ela pode ser usada para deduzir expansões de outras funções relacionadas por meio de substituição, integração e derivação.

10.6 Exercícios

Exercícios preliminares

1. Suponha que $\sum a_n x^n$ convirja em $x = 5$. Essa série também precisa convergir em $x = 4$? E em $x = -3$?

2. Suponha que $\sum a_n (x - 6)^n$ convirja em $x = 10$. Essa série também precisa convergir em quais dos pontos em (a)-(d)?
   (a) $x = 8$ (b) $x = 11$ (c) $x = 3$ (d) $x = 0$

3. Qual é o raio de convergência de $F(3x)$ se $F(x)$ for uma série de potências com raio de convergência $R = 12$?

4. A série de potências $F(x) = \sum_{n=1}^{\infty} n x^n$ tem raio de convergência $R = 1$. Qual é a expansão em série de potências de $F'(x)$ e qual é seu raio de convergência?

Exercícios

1. Use o teste da razão para determinar o raio de convergência R de $\sum_{n=0}^{\infty} \dfrac{x^n}{2^n}$. Essa série converge nas extremidades $x = \pm R$?

2. Use o teste da razão para mostrar que $\sum_{n=1}^{\infty} \dfrac{x^n}{\sqrt{n}\, 2^n}$ tem raio de convergência $R = 2$. Em seguida, determine se a série converge nas extremidades $R = \pm 2$.

3. Mostre que as séries de potências (a)-(c) têm o mesmo raio de convergência. Em seguida, mostre que (a) diverge em ambas as extremidades, (b) converge numa extremidade, mas diverge na outra e (c) converge em ambas as extremidades.
   (a) $\sum_{n=1}^{\infty} \dfrac{x^n}{3^n}$ (b) $\sum_{n=1}^{\infty} \dfrac{x^n}{n 3^n}$ (c) $\sum_{n=1}^{\infty} \dfrac{x^n}{n^2 3^n}$

4. Repita o Exercício 3 com as séries seguintes:
   (a) $\sum_{n=1}^{\infty} \dfrac{(x-5)^n}{9^n}$ (b) $\sum_{n=1}^{\infty} \dfrac{(x-5)^n}{n 9^n}$ (c) $\sum_{n=1}^{\infty} \dfrac{(x-5)^n}{n^2 9^n}$

5. Mostre que $\sum_{n=0}^{\infty} n^n x^n$ diverge em qualquer $x \neq 0$.

6. Em quais valores de x $\sum_{n=0}^{\infty} n! x^n$ converge?

7. Use o teste da razão para mostrar que $\sum_{n=0}^{\infty} \dfrac{x^{2n}}{3^n}$ tem raio de convergência $R = \sqrt{3}$.

8. Mostre que $\sum_{n=0}^{\infty} \dfrac{x^{3n+1}}{64^n}$ tem raio de convergência $R = 4$.

Nos Exercícios 9-34, encontre o intervalo de convergência.

9. $\sum_{n=0}^{\infty} n x^n$

10. $\sum_{n=1}^{\infty} \dfrac{2^n}{n} x^n$

11. $\sum_{n=1}^{\infty} (-1)^n \dfrac{x^{2n+1}}{2^n n}$

12. $\sum_{n=0}^{\infty} (-1)^n \dfrac{n}{4^n} x^{2n}$

13. $\sum_{n=4}^{\infty} \dfrac{x^n}{n^5}$

14. $\sum_{n=8}^{\infty} n^7 x^n$

15. $\sum_{n=0}^{\infty} \dfrac{x^n}{(n!)^2}$

16. $\sum_{n=0}^{\infty} \dfrac{8^n}{n!} x^n$

17. $\sum_{n=0}^{\infty} \dfrac{(2n)!}{(n!)^3} x^n$

18. $\sum_{n=0}^{\infty} \dfrac{4^n}{(2n+1)!} x^{2n-1}$

19. $\sum_{n=0}^{\infty} \dfrac{(-1)^n x^n}{\sqrt{n^2+1}}$

20. $\sum_{n=0}^{\infty} \dfrac{x^n}{n^4+2}$

21. $\sum_{n=15}^{\infty} \dfrac{x^{2n+1}}{3n+1}$

22. $\sum_{n=9}^{\infty} \dfrac{x^n}{n - 4\ln n}$

23. $\sum_{n=2}^{\infty} \dfrac{x^n}{\ln n}$

24. $\sum_{n=2}^{\infty} \dfrac{x^{3n+2}}{\ln n}$

25. $\sum_{n=1}^{\infty} n(x-3)^n$

26. $\sum_{n=1}^{\infty} \dfrac{(-5)^n (x-3)^n}{n^2}$

27. $\sum_{n=1}^{\infty} (-1)^n n^5 (x-7)^n$

28. $\sum_{n=0}^{\infty} 27^n (x-1)^{3n+2}$

29. $\displaystyle\sum_{n=1}^{\infty} \frac{2^n}{3n}(x+3)^n$

30. $\displaystyle\sum_{n=0}^{\infty} \frac{(x-4)^n}{n!}$

31. $\displaystyle\sum_{n=0}^{\infty} \frac{(-5)^n}{n!}(x+10)^n$

32. $\displaystyle\sum_{n=10}^{\infty} n!\,(x+5)^n$

33. $\displaystyle\sum_{n=12}^{\infty} e^n(x-2)^n$

34. $\displaystyle\sum_{n=2}^{\infty} \frac{(x+4)^n}{(n \ln n)^2}$

Nos Exercícios 35-40, use a Equação (2) para expandir a função numa série de potências de centro $c=0$ e determine o intervalo de convergência.

35. $f(x) = \dfrac{1}{1-3x}$

36. $f(x) = \dfrac{1}{1+3x}$

37. $f(x) = \dfrac{1}{3-x}$

38. $f(x) = \dfrac{1}{4+3x}$

39. $f(x) = \dfrac{1}{1+x^2}$

40. $f(x) = \dfrac{1}{16+2x^3}$

41. Use as igualdades

$$\frac{1}{1-x} = \frac{1}{-3-(x-4)} = \frac{-\frac{1}{3}}{1+\left(\frac{x-4}{3}\right)}$$

para mostrar que, se $|x-4| < 3$, então

$$\frac{1}{1-x} = \sum_{n=0}^{\infty}(-1)^{n+1}\frac{(x-4)^n}{3^{n+1}}$$

42. Use o método do Exercício 41 para expandir $1/(1-x)$ em séries de potências de centros $c=2$ e $c=-2$. Determine o intervalo de convergência.

43. Use o método do Exercício 41 para expandir $1/(4-x)$ em séries de potências de centro $c=5$. Determine o intervalo de convergência.

44. Dê um exemplo de uma série de potências que convirja somente em cada x de $[2, 6)$.

45. Aplique integração à expansão

$$\frac{1}{1+x} = \sum_{n=0}^{\infty}(-1)^n x^n = 1 - x + x^2 - x^3 + \cdots$$

para provar que, com $-1 < x < 1$,

$$\ln(1+x) = \sum_{n=1}^{\infty}\frac{(-1)^{n-1}x^n}{n} = x - \frac{x^2}{2} + \frac{x^3}{3} - \frac{x^4}{4} + \cdots$$

46. Use o resultado do Exercício 45 para provar que

$$\ln\frac{3}{2} = \frac{1}{2} - \frac{1}{2\cdot 2^2} + \frac{1}{3\cdot 2^3} - \frac{1}{4\cdot 2^4} + \cdots$$

Use o que sabemos de séries alternadas para encontrar um N tal que a soma parcial S_N aproxime $\ln\frac{3}{2}$ com erro menor do que 10^{-3}. Confirme isso usando uma calculadora para calcular S_N e $\ln\frac{3}{2}$.

47. Seja $F(x) = (x+1)\ln(1+x) - x$.

   (a) Aplique integração no resultado do Exercício 45 para provar que, com $-1 < x < 1$,

$$F(x) = \sum_{n=1}^{\infty}(-1)^{n+1}\frac{x^{n+1}}{n(n+1)}$$

   (b) Calcule em $x = \frac{1}{2}$ para provar que

$$\frac{3}{2}\ln\frac{3}{2} - \frac{1}{2} = \frac{1}{1\cdot 2\cdot 2^2} - \frac{1}{2\cdot 3\cdot 2^3} + \frac{1}{3\cdot 4\cdot 2^4} - \frac{1}{4\cdot 5\cdot 2^5} + \cdots$$

   (c) Use uma calculadora para verificar que a soma parcial S_4 aproxima o valor do lado esquerdo com erro menor do que o termo a_5 da série.

48. Prove que, com $|x| < 1$,

$$\int \frac{dx}{x^4+1} = A + x - \frac{x^5}{5} + \frac{x^9}{9} - \cdots$$

Use os dois primeiros termos para aproximar $\int_0^{1/2} dx/(x^4+1)$ numericamente. Use o fato de ter uma série alternada para mostrar que o erro dessa aproximação é, no máximo, 0,00022.

49. Use o resultado do Exemplo 7 para mostrar que

$$F(x) = \frac{x^2}{1\cdot 2} - \frac{x^4}{3\cdot 4} + \frac{x^6}{5\cdot 6} - \frac{x^8}{7\cdot 8} + \cdots$$

é uma antiderivada de $f(x) = \text{arc tg } x$ que satisfaz $F(0) = 0$. Qual é o raio de convergência dessa série de potências?

50. Verifique que $F(x) = x \text{ arc tg } x - \frac{1}{2}\log(x^2+1)$ é uma antiderivada de $f(x) = \text{arc tg } x$ satisfazendo $F(0)=0$. Então use o resultado do Exercício 49 com $x = \frac{1}{\sqrt{3}}$ para mostrar que

$$\frac{\pi}{6\sqrt{3}} - \frac{1}{2}\ln\frac{4}{3} = \frac{1}{1\cdot 2(3)} - \frac{1}{3\cdot 4(3^2)} + \frac{1}{5\cdot 6(3^3)} - \frac{1}{7\cdot 8(3^4)} + \cdots$$

Use uma calculadora para comparar o valor do lado esquerdo com a soma parcial S_4 da série à direita.

51. Calcule $\displaystyle\sum_{n=1}^{\infty}\frac{n}{2^n}$. *Sugestão:* use derivação para mostrar que

$$(1-x)^{-2} = \sum_{n=1}^{\infty} nx^{n-1} \quad (\text{com } |x| < 1)$$

52. Use a série de potências de $(1+x^2)^{-1}$ e derivação para provar que, com $|x| < 1$, temos

$$\frac{2x}{(x^2+1)^2} = \sum_{n=1}^{\infty}(-1)^{n-1}(2n)x^{2n-1}$$

53. Mostre que a série seguinte converge absolutamente em $|x| < 1$ e calcule sua soma:

$$F(x) = 1 - x - x^2 + x^3 - x^4 - x^5 + x^6 - x^7 - x^8 + \cdots$$

Sugestão: escreva $F(x)$ como uma soma de três séries geométricas de razão comum x^3.

54. Mostre que, se $|x| < 1$,

$$\frac{1+2x}{1+x+x^2} = 1 + x - 2x^2 + x^3 + x^4 - 2x^5 + x^6 + x^7 - 2x^8 + \cdots$$

Sugestão: use a sugestão do Exercício 53.

55. Encontre todos os valores de x nos quais $\displaystyle\sum_{n=1}^{\infty}\frac{x^{n^2}}{n!}$ converge.

56. Encontre todos os valores de x nos quais a série seguinte converge:

$$F(x) = 1 + 3x + x^2 + 27x^3 + x^4 + 243x^5 + \cdots$$

57. Encontre uma série de potências $P(x) = \displaystyle\sum_{n=0}^{\infty} a_n x^n$ satisfazendo a equação diferencial $y' = -y$ com condição inicial $y(0)=1$. Em seguida, use o Teorema 1 da Seção 5.9 para concluir que $P(x) = e^{-x}$.

58. Seja $C(x) = 1 - \dfrac{x^2}{2!} + \dfrac{x^4}{4!} - \dfrac{x^6}{6!} + \cdots$.

   (a) Mostre que $C(x)$ tem raio de convergência infinito.

   (b) Prove que $C(x)$ e $f(x) = \cos x$ são, ambas, soluções de $y'' = -y$ com condições iniciais $y(0)=1$, $y'(0)=0$. Esse problema de valor inicial tem uma única solução, de modo que temos $C(x) = \cos x$ com qualquer x.

59. Use a série de potências de $y = e^x$ para mostrar que
$$\frac{1}{e} = \frac{1}{2!} - \frac{1}{3!} + \frac{1}{4!} - \cdots$$

Use o que sabemos de séries alternadas para encontrar um N tal que a soma parcial S_N aproxime e^{-1} com erro menor do que 10^{-3}. Confirme isso usando uma calculadora para calcular ambos S_N e e^{-1}.

60. Seja $P(x) = \sum_{n=0}^{\infty} a_n x^n$ uma solução em série de potências de $y' = 2xy$ com condição inicial $y(0) = 1$.
   (a) Mostre que todos os coeficientes ímpares a_{2k+1} são nulos.
   (b) Prove que $a_{2k} = a_{2k-2}/k$ e use esse resultado para determinar os coeficientes a_{2k}.

61. Encontre uma série de potências $P(x)$ satisfazendo a equação diferencial
$$y'' - xy' + y = 0 \qquad \boxed{9}$$
com condição inicial $y(0) = 1$, $y'(0) = 0$. Qual é o raio de convergência da série de potências?

62. Encontre uma série de potências satisfazendo a Equação (9) com condição inicial $y(0) = 0$, $y'(0) = 1$.

63. Prove que
$$J_2(x) = \sum_{k=0}^{\infty} \frac{(-1)^k}{2^{2k+2}\, k!\, (k+3)!} x^{2k+2}$$
é uma solução da equação diferencial de Bessel de ordem 2:
$$x^2 y'' + xy' + (x^2 - 4)y = 0$$

64. ✏️ Por que é impossível expandir $f(x) = |x|$ como uma série de potências convergente num intervalo centrado em $x = 0$? Explique isso usando o Teorema 2.

Compreensão adicional e desafios

65. Suponha que os coeficientes de $F(x) = \sum_{n=0}^{\infty} a_n x^n$ sejam *periódicos*, ou seja, tais que, com algum número natural $M > 0$, valha $a_{M+n} = a_n$. Prove que $F(x)$ converge absolutamente se $|x| < 1$ e que
$$F(x) = \frac{a_0 + a_1 x + \cdots + a_{M-1} x^{M-1}}{1 - x^M}$$
Sugestão: use a sugestão do Exercício 53.

66. Continuidade de séries de potências Seja $F(x) = \sum_{n=0}^{\infty} a_n x^n$ uma série de potências de raio de convergência $R > 0$.
   (a) Prove a desigualdade
   $$|x^n - y^n| \le n|x-y|(|x|^{n-1} + |y|^{n-1}) \qquad \boxed{10}$$
   Sugestão: $x^n - y^n = (x-y)(x^{n-1} + x^{n-2}y + \cdots + y^{n-1})$.
   (b) Escolha R_1 tal que $0 < R_1 < R$. Mostre que a série infinita $M = \sum_{n=0}^{\infty} 2n|a_n| R_1^n$ converge. *Sugestão:* mostre que $n|a_n| R_1^n < |a_n| x^n$ com n suficientemente grande se $R_1 < x < R$.
   (c) Use a Equação (10) para mostrar que se $|x| < R_1$ e $|y| < R_1$, então $|F(x) - F(y)| \le M|x-y|$.
   (d) Prove que se $|x| < R$, então F é contínua em x. *Sugestão:* escolha R_1 tal que $|x| < R_1 < R$. Mostre que se for dado $\epsilon > 0$, então $|F(x) - F(y)| \le \epsilon$ com qualquer y tal que $|x - y| < \delta$, em que δ é qualquer número positivo menor do que ϵ/M e $R_1 - |x|$ (ver Figura 6).

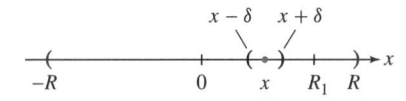

FIGURA 6 Se $x > 0$, escolha $\delta > 0$ menor do que ϵ/M e $R_1 - x$.

10.7 Séries de Taylor

Nesta seção, desenvolvemos métodos gerais para encontrar representações em séries de potências. Adiante veremos que essas séries de potências são, de fato, uma versão estendida dos polinômios de Taylor, discutidos na Seção 8.4, que foram utilizados para aproximar valores de funções. Suponha que $f(x)$ seja representada por uma série de potências centrada em $x = c$ num intervalo $(c - R, c + R)$, com $R > 0$:

$$f(x) = \sum_{n=0}^{\infty} a_n (x - c)^n = a_0 + a_1(x - c) + a_2(x - c)^2 + \cdots$$

De acordo com o Teorema 2 da Seção 10.6, podemos calcular as derivadas de f derivando a expansão em série termo a termo:

$$\begin{aligned}
f(x) &= a_0 + a_1(x-c) + a_2(x-c)^2 + a_3(x-c)^3 + \cdots \\
f'(x) &= a_1 + 2a_2(x-c) + 3a_3(x-c)^2 + 4a_4(x-c)^3 + \cdots \\
f''(x) &= 2a_2 + 2\cdot 3 a_3(x-c) + 3\cdot 4 a_4(x-c)^2 + 4\cdot 5 a_5(x-c)^3 + \cdots \\
f'''(x) &= 2\cdot 3 a_3 + 2\cdot 3\cdot 4 a_4(x-2) + 3\cdot 4\cdot 5 a_5(x-2)^2 + \cdots
\end{aligned}$$

Em geral,

$$f^{(k)}(x) = k!a_k + \Big(2 \cdot 3 \cdots (k+1)\Big)a_{k+1}(x-c) + \cdots$$

Tomando $x = c$ em cada uma dessas séries, obtemos

$$f(c) = a_0, \quad f'(c) = a_1, \quad f''(c) = 2a_2, \quad f'''(c) = 2 \cdot 3a_2, \quad \ldots, \quad f^{(k)}(c) = k!a_k, \quad \ldots$$

Vemos que a_k é o k-ésimo coeficiente do polinômio de Taylor estudado na Seção 8.4:

$$\boxed{a_k = \frac{f^{(k)}(c)}{k!}} \qquad \boxed{1}$$

Portanto, $f(x) = T(x)$, em que $T(x)$ é a **série de Taylor** de $f(x)$ centrada em $x = c$:

$$T(x) = f(c) + f'(c)(x-c) + \frac{f''(c)}{2!}(x-c)^2 + \frac{f'''(c)}{3!}(x-c)^3 + \cdots$$

Assim demonstramos o teorema seguinte.

TEOREMA 1 Expansão em série de Taylor Se $f(x)$ for representada por uma série de potências centrada em c num intervalo $|x - c| < R$, com $R > 0$, então essa série de potências é a série de Taylor

$$T(x) = \sum_{n=0}^{\infty} \frac{f^{(n)}(c)}{n!}(x-c)^n$$

No caso especial em que $c = 0$, $T(x)$ também é denominada **série de Maclaurin**:

$$f(x) = \sum_{n=0}^{\infty} \frac{f^{(n)}(0)}{n!}x^n = f(0) + f'(0)x + \frac{f''(0)}{2!}x^2 + \frac{f'''(0)}{3!}x^3 + \frac{f^{(4)}(0)}{4!}x^4 + \cdots$$

TABELA 1 Encontrando os coeficientes da série de Taylor

n	$f^{(n)}(x)$	$\frac{f^{(n)}(x)}{n!}$	$\frac{f^{(n)}(1)}{n!}$
0	x^{-3}	x^{-3}	1
1	$-3x^{-4}$	$-3x^{-4}$	-3
2	$12x^{-5}$	$6x^{-5}$	6
3	$-60x^{-6}$	$-10x^{-6}$	-10
4	$360x^{-7}$	$15x^{-7}$	15

■ **EXEMPLO 1** Encontre a série de Taylor $f(x) = x^{-3}$ centrada em $c = 1$.

Solução Geralmente ajuda criar uma tabela como a Tabela 1 para detectar o padrão. As derivadas de $f(x)$ são $f'(x) = -3x^{-4}$, $f''(x) = (-3)(-4)x^{-5}$ e, em geral,

$$f^{(n)}(x) = (-1)^n(3)(4) \cdots (n+2)x^{-3-n}$$

Observe que $(3)(4) \cdots (n+2) = \frac{1}{2}(n+2)!$. Portanto,

$$f^{(n)}(1) = (-1)^n \frac{1}{2}(n+2)!$$

Como $(n+2)! = (n+2)(n+1)n!$, escrevemos os coeficientes da série de Taylor como

$$a_n = \frac{f^{(n)}(1)}{n!} = \frac{(-1)^n \frac{1}{2}(n+2)!}{n!} = (-1)^n \frac{(n+2)(n+1)}{2}$$

A série de Taylor de $f(x) = x^{-3}$ centrada em $c = 1$ é

$$T(x) = 1 - 3(x-1) + 6(x-1)^2 - 10(x-1)^3 + \cdots$$

$$= \sum_{n=0}^{\infty} (-1)^n \frac{(n+2)(n+1)}{2}(x-1)^n \qquad ■$$

O Teorema 1 nos diz que se quisermos representar uma função f por uma série de potências centrada em c, então o único candidato para esse trabalho é a série de Taylor:

$$T(x) = \sum_{n=0}^{\infty} \frac{f^{(n)}(c)}{n!}(x-c)^n$$

Contudo, *não há garantia que $T(x)$ convirja a $f(x)$*, mesmo se $T(x)$ convergir. Para estudar a convergência, consideramos a k-ésima soma parcial, que é o polinômio de Taylor de ordem k:

$$T_k(x) = f(c) + f'(c)(x-c) + \frac{f''(c)}{2!}(x-c)^2 + \cdots + \frac{f^{(k)}(c)}{k!}(x-c)^k$$

Na Seção 8.4, definimos o resto por

$$R_k(x) = f(x) - T_k(x)$$

Como $T(x)$ é o limite das somas parciais $T_k(x)$, vemos que

A série de Taylor converge a $f(x)$ se, e só se, $\lim_{k\to\infty} R_k(x) = 0$.

Embora não exista um método geral para determinar se $R_k(x)$ converge a zero, em alguns casos importantes podemos aplicar o teorema seguinte.

Ver Exercício 94 para um exemplo em que a série de Taylor $T(x)$ converge, mas não a $f(x)$.

TEOREMA 2 Seja $I = (c - R, c + R)$, com $R > 0$. Suponha que exista $K > 0$ tal que todas as derivadas de f sejam limitadas por K em I, isto é,

$$|f^{(k)}(x)| \leq K \qquad \text{com quaisquer} \quad k \geq 0 \quad \text{e} \quad x \in I$$

Então f é representada por sua série de Taylor em I:

$$f(x) = \sum_{n=0}^{\infty} \frac{f^{(n)}(c)}{n!}(x-c)^n \qquad \text{com qualquer} \quad x \in I$$

LEMBRETE *Dizemos que $f(x)$ é "infinitamente derivável" se existir $f^{(n)}(x)$ com qualquer n.*

Demonstração De acordo com a estimativa do erro de polinômios de Taylor (Teorema 2 da Seção 8.4),

$$|R_k(x)| = |f(x) - T_k(x)| \leq K \frac{|x-c|^{k+1}}{(k+1)!}$$

Se $x \in I$, então $|x - c| < R$ e

$$|R_k(x)| \leq K \frac{R^{k+1}}{(k+1)!}$$

Mostramos, no Exemplo 9 da Seção 10.1, que $R^k/k!$ tende a zero com $k \to \infty$. Portanto, $\lim_{k\to\infty} R_k(x) = 0$ com qualquer $x \in (c - R, c + R)$, como queríamos provar. ∎

■ **EXEMPLO 2** **Expansões do seno e cosseno** Mostre que as expansões de Maclaurin seguintes são válidas com qualquer x:

$$\operatorname{sen} x = \sum_{n=0}^{\infty} (-1)^n \frac{x^{2n+1}}{(2n+1)!} = x - \frac{x^3}{3!} + \frac{x^5}{5!} - \frac{x^7}{7!} + \cdots$$

$$\cos x = \sum_{n=0}^{\infty} (-1)^n \frac{x^{2n}}{(2n)!} = 1 - \frac{x^2}{2!} + \frac{x^4}{4!} - \frac{x^6}{6!} + \cdots$$

As expansões de Taylor foram estudadas ao longo dos séculos XVII e XVIII por Gregory, Leibniz, Newton, Maclaurin, Taylor, Euler, dentre outros. Esses desenvolvimentos foram antecipados pelo grande matemático hindu Madhava (cerca de 1340-1425), que, dois séculos antes, descobriu as expansões do seno e cosseno e muitos outros resultados.

Solução Lembre que as derivadas de $f(x) = \text{sen } x$ e seus valores em $x = 0$ formam um padrão repetitivo de comprimento 4:

$f(x)$	$f'(x)$	$f''(x)$	$f'''(x)$	$f^{(4)}(x)$	$\cdots$
sen x	cos x	$-$ sen x	$-$ cos x	sen x	$\cdots$
0	1	0	-1	0	$\cdots$

Em outras palavras, as derivadas pares são nulas e as ímpares alternam de sinal: $f^{(2n+1)}(0) = (-1)^n$. Portanto, os coeficientes de Taylor não nulos de sen x são

$$a_{2n+1} = \frac{(-1)^n}{(2n+1)!}$$

Com $f(x) = \cos x$, a situação é o contrário. As derivadas ímpares são nulas e as pares alternam de sinal: $f^{(2n)}(0) = (-1)^n \cos 0 = (-1)^n$. Portanto, os coeficientes de Taylor não nulos de cos x são $a_{2n} = (-1)^n/(2n)!$.

Podemos aplicar o Teorema 2 com $K = 1$ e qualquer valor de R porque seno e cosseno satisfazem $|f^{(n)}(x)| \leq 1$ com quaisquer x e n. A conclusão é que as séries de Taylor convergem a $f(x)$ com $|x| < R$. Como R é arbitrário, as expansões de Taylor são válidas em qualquer x. ∎

■ **EXEMPLO 3** Expansão de Taylor de $f(x) = e^x$ em $x = c$ Encontre a série de Taylor $T(x)$ de $f(x) = e^x$ em $x = c$.

Solução Temos $f^{(n)}(c) = e^c$ com qualquer x. Assim,

$$T(x) = \sum_{n=0}^{\infty} \frac{e^c}{n!}(x-c)^n$$

Como $f(x) = e^x$ é crescente, dado qualquer $R > 0$, vale $|f^{(k)}(x)| \leq e^{c+R}$ com $x \in (c-R, c+R)$. Aplicando o Teorema 2 com $K = e^{c+R}$, concluímos que $T(x)$ converge a $f(x)$ em qualquer $x \in (c-R, c+R)$. Como R é arbitrário, a expansão de Taylor vale em qualquer x. Se $c = 0$, obtemos a série de Maclaurin padrão

$$\boxed{e^x = 1 + x + \frac{x^2}{2!} + \frac{x^3}{3!} + \cdots}$$

∎

Atalhos para encontrar séries de Taylor

Existem vários métodos para gerar novas séries de Taylor a partir de séries conhecidas. Em primeiro lugar, podemos derivar e integrar séries de Taylor termo a termo dentro de seu intervalo de convergência, pelo Teorema 2 da Seção 10.6. Também podemos multiplicar duas séries de Taylor ou substituir uma série de Taylor dentro de outra (omitimos as demonstrações desses fatos).

No Exemplo 4, a série de Maclaurin também pode ser escrita como

$$\sum_{n=0}^{\infty} \frac{x^{n+2}}{n!}$$

■ **EXEMPLO 4** Encontre a série de Maclaurin de $f(x) = x^2 e^x$.

Solução Multiplicamos a séries de Maclaurin conhecida de e^x por x^2:

$$x^2 e^x = x^2 \left(1 + x + \frac{x^2}{2!} + \frac{x^3}{3!} + \frac{x^4}{4!} + \frac{x^5}{5!} + \cdots \right)$$

$$= x^2 + x^3 + \frac{x^4}{2!} + \frac{x^5}{3!} + \frac{x^6}{4!} + \frac{x^7}{5!} + \cdots = \sum_{n=2}^{\infty} \frac{x^n}{(n-2)!}$$

∎

■ **EXEMPLO 5** Substituição Encontre a série de Maclaurin de $f(x) = e^{-x^2}$.

Solução Substituímos x por $-x^2$ na série de Maclaurin de e^x:

$$e^{-x^2} = \sum_{n=0}^{\infty} \frac{(-x^2)^n}{n!} = \sum_{n=0}^{\infty} \frac{(-1)^n x^{2n}}{n!} = 1 - x^2 + \frac{x^4}{2!} - \frac{x^6}{3!} + \frac{x^8}{4!} - \cdots \quad \boxed{2}$$

A expansão de Taylor de e^x é válida em qualquer x, portanto essa expansão também é válida em qualquer x.

∎

■ **EXEMPLO 6** **Integração** Encontre a série de Maclaurin de $f(x) = \ln(1+x)$.

Solução Integramos a série geométrica de razão comum $-x$ (válida em $|x| < 1$):

$$\frac{1}{1+x} = 1 - x + x^2 - x^3 + \cdots$$

$$\ln(1+x) = \int \frac{dx}{1+x} = A + x - \frac{x^2}{2} + \frac{x^3}{3} - \frac{x^4}{4} + \cdots = A + \sum_{n=1}^{\infty} (-1)^{n-1} \frac{x^n}{n}$$

A constante de integração A do lado direito é nula porque $\ln(1+x) = 0$ com $x = 0$, portanto

$$\ln(1+x) = \sum_{n=1}^{\infty} (-1)^{n-1} \frac{x^n}{n}$$

Essa expansão é válida em $|x| < 1$. Ela também vale em $x = 1$ (ver Exercício 86). ■

Em muitos casos, não existe uma fórmula conveniente para os coeficientes de Taylor, mas ainda podemos calcular tantos coeficientes quanto quisermos.

■ **EXEMPLO 7** **Multiplicação de séries de Taylor** Escreva os cinco primeiros termos da série de Maclaurin de $f(x) = e^x \cos x$.

Solução Multiplicamos os polinômios de Taylor de ordem 5 de e^x e $\cos x$, abandonando os termos de grau superior a 5:

$$\left(1 + x + \frac{x^2}{2} + \frac{x^3}{6} + \frac{x^4}{24} + \frac{x^5}{120}\right)\left(1 - \frac{x^2}{2} + \frac{x^4}{24}\right)$$

Distribuindo os termos à esquerda (e ignorando termos de grau maior do que 5), obtemos

$$\left(1 + x + \frac{x^2}{2} + \frac{x^3}{6} + \frac{x^4}{24} + \frac{x^5}{120}\right) - \left(1 + x + \frac{x^2}{2} + \frac{x^3}{6}\right)\left(\frac{x^2}{2}\right) + (1+x)\left(\frac{x^4}{24}\right)$$

$$= \underbrace{1 + x - \frac{x^3}{3} - \frac{x^4}{6} - \frac{x^5}{30}}_{\text{Mantemos os termos de grau } \leq 5}$$

Concluímos que o quinto polinômio de Maclaurin de $f(x) = e^x \cos x$ é

$$T_5(x) = 1 + x - \frac{x^3}{3} - \frac{x^4}{6} - \frac{x^5}{30}$$ ■

No próximo exemplo, escrevemos a integral definida de $\text{sen}(x^2)$ como uma série infinita. Isso é útil porque o integrando não pode ser calculado explicitamente. A Figura 1 mostra o gráfico do polinômio de Taylor $y = T_{12}(x)$ da expansão em série de Taylor da antiderivada.

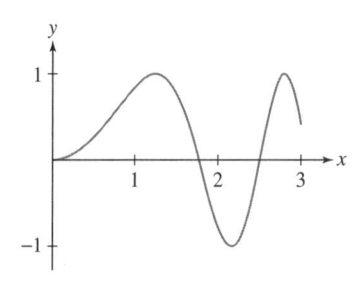

FIGURA 1 O gráfico de $y = T_{12}(x)$ da expansão em série de Taylor da antiderivada

$$F(x) = \int_0^x \text{sen}(t^2)\, dt.$$

■ **EXEMPLO 8** Seja $J = \int_0^1 \text{sen}(x^2)\, dx$.

(a) Expresse J como uma série infinita.
(b) Determine J com erro menor do que 10^{-4}.

Solução

(a) A expansão de Maclaurin de $f(x) = \text{sen}\, x$ é válida em todo x, portanto

$$\text{sen}\, x = \sum_{n=0}^{\infty} \frac{(-1)^n}{(2n+1)!} x^{2n+1} \quad \Rightarrow \quad \text{sen}(x^2) = \sum_{n=0}^{\infty} \frac{(-1)^n}{(2n+1)!} x^{4n+2}$$

Obtemos uma série de J por integração:

$$J = \int_0^1 \text{sen}(x^2)\, dx = \sum_{n=0}^{\infty} \frac{(-1)^n}{(2n+1)!} \int_0^1 x^{4n+2}\, dx = \sum_{n=0}^{\infty} \frac{(-1)^n}{(2n+1)!} \left(\frac{1}{4n+3}\right)$$

$$= \frac{1}{3} - \frac{1}{42} + \frac{1}{1320} - \frac{1}{75.600} + \cdots$$

$\boxed{3}$

(b) A série de J é uma série alternada de termos decrescentes, de modo que a soma das N primeiras parcelas tem um erro não maior do que o $(N+1)$-ésimo termo. O valor absoluto da quarta parcela $1/75.600$ é menor do que 10^{-4}, portanto obtemos a precisão procurada usando as três primeiras parcelas da série de J:

$$J \approx \frac{1}{3} - \frac{1}{42} + \frac{1}{1320} \approx 0{,}31028$$

O erro satisfaz

$$\left| J - \left(\frac{1}{3} - \frac{1}{42} + \frac{1}{1320} \right) \right| < \frac{1}{75.600} \approx 1{,}3 \times 10^{-5}$$

Com apenas três parcelas, o erro percentual é menor do que 0,005%.

Séries de potências têm aplicações adicionais.

■ **EXEMPLO 9** Determine $\lim\limits_{x \to 0} \dfrac{x - \operatorname{sen} x}{x^3 \cos x}$.

Solução Esse limite é da forma indeterminada $\frac{0}{0}$, portanto poderíamos usar repetidamente a regra de L'Hôpital. No entanto, em vez disso, vamos usar as séries de Maclaurin. Temos

$$\operatorname{sen} x = x - \frac{x^3}{3!} + \frac{x^5}{5!} - \cdots$$

$$\cos x = 1 - \frac{x^2}{2!} + \frac{x^4}{4!} - \cdots$$

Portanto, o limite é

$$\lim_{x \to 0} \frac{x - \operatorname{sen} x}{x^3 \cos x} = \lim_{x \to 0} \frac{x - (x - \frac{x^3}{3!} + \frac{x^5}{5!} - \cdots)}{x^3(1 - \frac{x^2}{2!} + \frac{x^4}{4!} - \cdots)}$$

$$= \lim_{x \to 0} \frac{\frac{x^3}{3!} - \frac{x^5}{5!} + \cdots}{x^3(1 - \frac{x^2}{2!} + \frac{x^4}{4!} - \cdots)}$$

$$= \lim_{x \to 0} \frac{x^3(\frac{1}{3!} - \frac{x^2}{5!} + \cdots)}{x^3(1 - \frac{x^2}{2!} + \frac{x^4}{4!} - \cdots)}$$

$$= \lim_{x \to 0} \frac{\frac{1}{3!} - \frac{x^2}{5!} + \cdots}{1 - \frac{x^2}{2!} + \frac{x^4}{4!} - \cdots}$$

$$= \frac{1}{3!} = \frac{1}{6}$$

Série binomial

Em torno de 1665, Isaac Newton descobriu uma generalização importante do teorema do binômio. Dado qualquer número a (inteiro, ou não) e qualquer inteiro $n \geq 0$, definimos o **coeficiente binomial**:

$$\binom{a}{n} = \frac{a(a-1)(a-2) \cdots (a-n+1)}{n!}, \qquad \binom{a}{0} = 1$$

Por exemplo,

$$\binom{6}{3} = \frac{6 \cdot 5 \cdot 4}{3 \cdot 2 \cdot 1} = 20, \qquad \binom{\frac{4}{3}}{3} = \frac{\frac{4}{3} \cdot \frac{1}{3} \cdot \left(-\frac{2}{3}\right)}{3 \cdot 2 \cdot 1} = -\frac{4}{81}$$

Seja

$$f(x) = (1+x)^a$$

O **teorema do binômio** da Álgebra (ver Apêndice C) afirma que, dado qualquer número natural a,

$$(r+s)^a = r^a + \binom{a}{1} r^{a-1} s + \binom{a}{2} r^{a-2} s^2 + \cdots + \binom{a}{a-1} r s^{a-1} + s^a$$

Tomando $r = 1$ e $s = x$, obtemos uma expansão de $f(x)$:

$$(1+x)^a = 1 + \binom{a}{1}x + \binom{a}{2}x^2 + \cdots + \binom{a}{a-1}x^{a-1} + x^a$$

Para deduzir a generalização de Newton, calculamos as séries de Maclaurin de $f(x)$ sem supor que a seja um número natural. Observe que as derivadas seguem um padrão:

$$f(x) = (1+x)^a \qquad\qquad f(0) = 1$$
$$f'(x) = a(1+x)^{a-1} \qquad\qquad f'(0) = a$$
$$f''(x) = a(a-1)(1+x)^{a-2} \qquad\qquad f''(0) = a(a-1)$$
$$f'''(x) = a(a-1)(a-2)(1+x)^{a-3} \qquad\qquad f'''(0) = a(a-1)(a-2)$$

Em geral, $f^{(n)}(0) = a(a-1)(a-2)\cdots(a-n+1)$ e

$$\frac{f^{(n)}(0)}{n!} = \frac{a(a-1)(a-2)\cdots(a-n+1)}{n!} = \binom{a}{n}$$

Logo, a série de Maclaurin de $f(x) = (1+x)^a$ é a série binomial

$$\sum_{n=0}^{\infty} \binom{a}{n} x^n = 1 + ax + \frac{a(a-1)}{2!}x^2 + \frac{a(a-1)(a-2)}{3!}x^3 + \cdots + \binom{a}{n}x^n + \cdots$$

O teste da razão mostra que essa série tem raio de convergência $R = 1$ (Exercício 88), e um argumento adicional (desenvolvido no Exercício 89) mostra que converge a $(1+x)^a$ com $|x| < 1$.

Quando a é um número natural, $\binom{a}{n}$ é zero se $n > a$ e, nesse caso, a série binomial acaba em grau n. A série binomial é infinita se a não for um número inteiro positivo.

TEOREMA 3 Série binomial Dado qualquer expoente a e com $|x| < 1$,

$$(1+x)^a = 1 + \frac{a}{1!}x + \frac{a(a-1)}{2!}x^2 + \frac{a(a-1)(a-2)}{3!}x^3 + \cdots + \binom{a}{n}x^n + \cdots$$

■ **EXEMPLO 10** Encontre os cinco primeiros termos da expansão de Maclaurin de

$$f(x) = (1+x)^{4/3}$$

Solução Os coeficientes binomiais $\binom{a}{n}$ de $a = \frac{4}{3}$ com $0 < n < 4$ são

$$1, \quad \frac{\frac{4}{3}}{1!} = \frac{4}{3}, \quad \frac{\frac{4}{3}\left(\frac{1}{3}\right)}{2!} = \frac{2}{9}, \quad \frac{\frac{4}{3}\left(\frac{1}{3}\right)\left(-\frac{2}{3}\right)}{3!} = -\frac{4}{81}, \quad \frac{\frac{4}{3}\left(\frac{1}{3}\right)\left(-\frac{2}{3}\right)\left(-\frac{5}{3}\right)}{4!} = \frac{5}{243}$$

Portanto, $(1+x)^{4/3} \approx 1 + \frac{4}{3}x + \frac{2}{9}x^2 - \frac{4}{81}x^3 + \frac{5}{243}x^4 + \cdots$. ■

■ **EXEMPLO 11** Encontre a série de Maclaurin de

$$f(x) = \frac{1}{\sqrt{1-x^2}}$$

Solução Inicialmente, calculamos os coeficientes da série binomial de $(1+x)^{-1/2}$:

$$1, \quad \frac{-\frac{1}{2}}{1!} = -\frac{1}{2}, \quad \frac{-\frac{1}{2}\left(-\frac{3}{2}\right)}{1\cdot 2} = \frac{1\cdot 3}{2\cdot 4}, \quad \frac{-\frac{1}{2}\left(-\frac{3}{2}\right)\left(-\frac{5}{2}\right)}{1\cdot 2\cdot 3} = \frac{1\cdot 3\cdot 5}{2\cdot 4\cdot 6}$$

O padrão geral é

$$\binom{-\frac{1}{2}}{n} = \frac{-\frac{1}{2}\left(-\frac{3}{2}\right)\left(-\frac{5}{2}\right)\cdots\left(-\frac{2n-1}{2}\right)}{1\cdot 2\cdot 3\cdots n} = (-1)^n \frac{1\cdot 3\cdot 5\cdots(2n-1)}{2\cdot 4\cdot 6\cdot 2n}$$

Assim, a expansão seguinte é válida com $|x| < 1$:

$$\frac{1}{\sqrt{1+x}} = 1 + \sum_{n=1}^{\infty} (-1)^n \frac{1\cdot 3\cdot 5\cdots(2n-1)}{2\cdot 4\cdot 6\cdots(2n)} x^n = 1 - \frac{1}{2}x + \frac{1\cdot 3}{2\cdot 4}x^2 - \cdots$$

Se $|x| < 1$, então $|x|^2 < 1$, e podemos substituir x por $-x^2$ para obter

$$\frac{1}{\sqrt{1-x^2}} = 1 + \sum_{n=1}^{\infty} \frac{1 \cdot 3 \cdot 5 \cdots (2n-1)}{2 \cdot 4 \cdot 6 \cdots 2n} x^{2n} = 1 + \frac{1}{2}x^2 + \frac{1 \cdot 3}{2 \cdot 4}x^4 + \cdots \qquad \boxed{4}$$

As séries de Taylor são particularmente úteis para estudar as assim chamadas *funções especiais* (como as funções de Bessel e as hipergeométricas) que ocorrem numa grande variedade de aplicações na Física e Engenharia. Um exemplo é a **integral elíptica de primeira espécie** seguinte definida em $|k| < 1$:

$$E(k) = \int_0^{\pi/2} \frac{dt}{\sqrt{1 - k^2 \operatorname{sen}^2 t}}$$

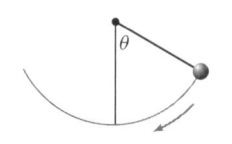

FIGURA 2 O pêndulo largado de um ângulo θ.

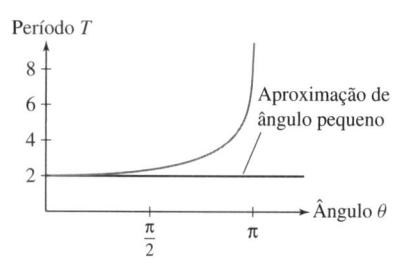

Período T

FIGURA 3 O período T de um pêndulo de 1 m como uma função do ângulo θ do qual for largado.

Essa função é utilizada na Física para calcular o período T de um pêndulo de comprimento L largado de um ângulo θ (Figura 2). Podemos usar a "aproximação de ângulo pequeno" $T \approx 2\pi\sqrt{L/g}$ se θ for pequeno (sendo $g = 9{,}8$ m/s^2), mas essa aproximação não funciona com ângulos maiores (Figura 3). O valor exato do período é $T = 4\sqrt{L/g}\,E(k)$, em que $k = \operatorname{sen} \frac{1}{2}\theta$.

■ **EXEMPLO 12 Funções elípticas** Encontre a série de Maclaurin de $E(k)$ e dê uma estimativa para $k = \operatorname{sen} \frac{\pi}{6}$.

Solução Fazemos a substituição $x = k \operatorname{sen} t$ na expansão de Taylor (4):

$$\frac{1}{\sqrt{1 - k^2 \operatorname{sen}^2 t}} = 1 + \frac{1}{2}k^2 \operatorname{sen}^2 t + \frac{1 \cdot 3}{2 \cdot 4}k^4 \operatorname{sen}^4 t + \frac{1 \cdot 3 \cdot 5}{2 \cdot 4 \cdot 6}k^6 \operatorname{sen}^6 t + \cdots$$

Essa expansão é válida porque $|k| < 1$ e, portanto, $|x| = |k \operatorname{sen} t| < 1$. Assim, $E(k)$ é igual a

$$\int_0^{\pi/2} \frac{dt}{\sqrt{1 - k^2 \operatorname{sen}^2 t}} = \int_0^{\pi/2} dt + \sum_{n=1}^{\infty} \frac{1 \cdot 3 \cdots (2n-1)}{2 \cdot 4 \cdot (2n)} \left(\int_0^{\pi/2} \operatorname{sen}^{2n} t \, dt \right) k^{2n}$$

De acordo com o Exercício 80 da Seção 7.2,

$$\int_0^{\pi/2} \operatorname{sen}^{2n} t \, dt = \left(\frac{1 \cdot 3 \cdots (2n-1)}{2 \cdot 4 \cdot (2n)} \right) \frac{\pi}{2}$$

Isso dá

$$E(k) = \frac{\pi}{2} + \frac{\pi}{2} \sum_{n=1}^{\infty} \left(\frac{1 \cdot 3 \cdots (2n-1)^2}{2 \cdot 4 \cdots (2n)} \right)^2 k^{2n}$$

Aproximamos $E(k)$ com $k = \operatorname{sen}\left(\frac{\pi}{6}\right) = \frac{1}{2}$ usando as cinco primeiras parcelas:

$$E\left(\frac{1}{2}\right) \approx \frac{\pi}{2}\left(1 + \left(\frac{1}{2}\right)^2 \left(\frac{1}{2}\right)^2 + \left(\frac{1 \cdot 3}{2 \cdot 4}\right)^2 \left(\frac{1}{2}\right)^4 \right.$$

$$\left. + \left(\frac{1 \cdot 3 \cdot 5}{2 \cdot 4 \cdot 6}\right)^2 \left(\frac{1}{2}\right)^6 + \left(\frac{1 \cdot 3 \cdot 5 \cdot 7}{2 \cdot 4 \cdot 6 \cdot 8}\right)^2 \left(\frac{1}{2}\right)^8 \right)$$

$$\approx 1{,}68517$$

O valor dado por um sistema algébrico computacional com sete casas decimais é $E\left(\frac{1}{2}\right) \approx 1{,}6856325$. ■

Na Tabela 2, fornecemos uma lista de séries de Taylor úteis centradas em $x = 0$ (também denominadas series de Maclaurin) e os valores de x nos quais elas convergem.

TABELA 2

$f(x)$	Série de Maclaurin	Converge a $f(x)$ em
e^x	$\sum_{n=0}^{\infty} \dfrac{x^n}{n!} = 1 + x + \dfrac{x^2}{2!} + \dfrac{x^3}{3!} + \dfrac{x^4}{4!} + \cdots$	Qualquer x
sen x	$\sum_{n=0}^{\infty} \dfrac{(-1)^n x^{2n+1}}{(2n+1)!} = x - \dfrac{x^3}{3!} + \dfrac{x^5}{5!} - \dfrac{x^7}{7!} + \cdots$	Qualquer x
cos x	$\sum_{n=0}^{\infty} \dfrac{(-1)^n x^{2n}}{(2n)!} = 1 - \dfrac{x^2}{2!} + \dfrac{x^4}{4!} - \dfrac{x^6}{6!} + \cdots$	Qualquer x
$\dfrac{1}{1-x}$	$\sum_{n=0}^{\infty} x^n = 1 + x + x^2 + x^3 + x^4 + \cdots$	$\|x\| < 1$
$\dfrac{1}{1+x}$	$\sum_{n=0}^{\infty} (-1)^n x^n = 1 - x + x^2 - x^3 + x^4 - \cdots$	$\|x\| < 1$
$\ln(1+x)$	$\sum_{n=1}^{\infty} \dfrac{(-1)^{n-1} x^n}{n} = x - \dfrac{x^2}{2} + \dfrac{x^3}{3} - \dfrac{x^4}{4} + \cdots$	$\|x\| < 1$ e $x = 1$
arc tg x	$\sum_{n=0}^{\infty} \dfrac{(-1)^n x^{2n+1}}{2n+1} = x - \dfrac{x^3}{3} + \dfrac{x^5}{5} - \dfrac{x^7}{7} + \cdots$	$\|x\| \leq 1$
$(1+x)^a$	$\sum_{n=0}^{\infty} \binom{a}{n} x^n = 1 + ax + \dfrac{a(a-1)}{2!} x^2 + \dfrac{a(a-1)(a-2)}{3!} x^3 + \cdots$	$\|x\| < 1$

10.7 Resumo

- *Série de Taylor* de $f(x)$ centrada em $x = c$:

$$T(x) = \sum_{n=0}^{\infty} \frac{f^{(n)}(c)}{n!} (x - c)^n$$

A soma parcial $T_k(x)$ é o k-ésimo polinômio de Taylor.

- *Série de Maclaurin* ($c = 0$):

$$T(x) = \sum_{n=0}^{\infty} \frac{f^{(n)}(0)}{n!} x^n$$

- Se $f(x)$ for representada por uma série de potências $\sum_{n=0}^{\infty} a_n(x-c)^n$ em $|x-c| < R$ com $R > 0$, então, necessariamente, essa série de potências é a série de Taylor centrada em $x = c$.

- A função é representada por sua série de Taylor $T(x)$ se, e só se, o resto $R_k(x) = f(x) - T_k(x)$ tende a zero com $k \to \infty$.

- Seja $I = (c - R, c + R)$ com $R > 0$. Suponha que exista $K > 0$ tal que $|f^{(k)}(x)| < K$ com quaisquer $x \in I$ e k. Então f é representada por sua série de Taylor em I, ou seja, $f(x) = T(x)$ com $x \in I$.

- Uma boa maneira de obter a série de Taylor de uma função é começar com uma expansão de Taylor conhecida e aplicar uma das operações seguintes: derivação, integração, multiplicação ou substituição.

- Dado qualquer expoente a, a expansão binomial é válida em $|x| < 1$:

$$(1+x)^a = 1 + ax + \frac{a(a-1)}{2!} x^2 + \frac{a(a-1)(a-2)}{3!} x^3 + \cdots + \binom{a}{n} x^n + \cdots$$

10.7 Exercícios

Exercícios preliminares

1. Determine $f(0)$ e $f'''(0)$ se f for uma função com série de Maclaurin
$$T(x) = 3 + 2x + 12x^2 + 5x^3 + \cdots$$

2. Determine $f(-2)$ e $f^{(4)}(-2)$ se f for uma função com série de Taylor
$$T(x) = 3(x+2) + (x+2)^2 - 4(x+2)^3 + 2(x+2)^4 + \cdots$$

3. Qual é a maneira mais fácil de encontrar a série de Maclaurin da função $f(x) = \operatorname{sen}(x^2)$?

4. Encontre a série de Taylor de f centrada em $c = 3$ se $f(3) = 4$ e $f'(x)$ tiver uma expansão de Taylor
$$f'(x) = \sum_{n=1}^{\infty} \frac{(x-3)^n}{n}$$

5. Seja $T(x)$ a série de Maclaurin de $f(x)$. Qual das afirmações seguintes garante que $f(2) = T(2)$?
   (a) $T(x)$ converge em $x = 2$.
   (b) O resto $R_k(2)$ tende a um limite se $k \to \infty$.
   (c) O resto $R_k(2)$ tende a zero se $k \to \infty$.

Exercícios

1. Escreva os quatro primeiros termos da série de Maclaurin de $f(x)$ se
$$f(0) = 2, \quad f'(0) = 3, \quad f''(0) = 4, \quad f'''(0) = 12$$

2. Escreva os quatro primeiros termos da série de Taylor de $f(x)$ centrada em $c = 3$ se
$$f(3) = 1, \quad f'(3) = 2, \quad f''(3) = 12, \quad f'''(3) = 3$$

Nos Exercícios 3-18, encontre a série de Maclaurin e o intervalo no qual é válida a expansão.

3. $f(x) = \dfrac{1}{1-2x}$
4. $f(x) = \dfrac{x}{1-x^4}$
5. $f(x) = \cos 3x$
6. $f(x) = \operatorname{sen}(2x)$
7. $f(x) = \operatorname{sen}(x^2)$
8. $f(x) = e^{4x}$
9. $f(x) = \ln(1-x^2)$
10. $f(x) = (1-x)^{-1/2}$
11. $f(x) = \operatorname{arc\,tg}(x^2)$
12. $f(x) = x^2 e^{x^2}$
13. $f(x) = e^{x-2}$
14. $f(x) = \dfrac{1-\cos x}{x}$
15. $f(x) = \ln(1-5x)$
16. $f(x) = (x^2 + 2x)e^x$
17. $f(x) = \operatorname{senh} x$
18. $f(x) = \cosh x$

Nos Exercícios 19-28, encontre os termos até grau 4 da série de Maclaurin de $f(x)$. Use multiplicação e substituição, se necessário.

19. $f(x) = e^x \operatorname{sen} x$
20. $f(x) = e^x \ln(1-x)$
21. $f(x) = \dfrac{\operatorname{sen} x}{1-x}$
22. $f(x) = \dfrac{1}{1+\operatorname{sen} x}$
23. $f(x) = (1+x)^{1/4}$
24. $f(x) = (1+x)^{-3/2}$
25. $f(x) = e^x \operatorname{arc\,tg} x$
26. $f(x) = \operatorname{sen}(x^3 - x)$
27. $f(x) = e^{\operatorname{sen} x}$
28. $f(x) = e^{(e^x)}$

Nos Exercícios 29-38, encontre a série de Taylor centrada em c e o intervalo no qual é válida a expansão.

29. $f(x) = \dfrac{1}{x}, \quad c = 1$
30. $f(x) = e^{3x}, \quad c = -1$
31. $f(x) = \dfrac{1}{1-x}, \quad c = 5$
32. $f(x) = \operatorname{sen} x, \quad c = \dfrac{\pi}{2}$
33. $f(x) = x^4 + 3x - 1, \quad c = 2$
34. $f(x) = x^4 + 3x - 1, \quad c = 0$
35. $f(x) = \dfrac{1}{x^2}, \quad c = 4$
36. $f(x) = \sqrt{x}, \quad c = 4$
37. $f(x) = \dfrac{1}{1-x^2}, \quad c = 3$
38. $f(x) = \dfrac{1}{3x-2}, \quad c = -1$

39. Use a identidade $\cos^2 x = \tfrac{1}{2}(1 + \cos 2x)$ para encontrar a série de Maclaurin de $f(x) = \cos^2 x$.

40. Mostre que, com $|x| < 1$,
$$\operatorname{arc\,tgh} x = x + \frac{x^3}{3} + \frac{x^5}{5} + \cdots$$
Sugestão: lembre que $\dfrac{d}{dx} \operatorname{arc\,tgh} x = \dfrac{1}{1-x^2}$.

41. Use a série de Maclaurin de $\ln(1+x)$ e $\ln(1-x)$ para mostrar que
$$\frac{1}{2} \ln\left(\frac{1+x}{1-x}\right) = x + \frac{x^3}{3} + \frac{x^5}{5} + \cdots$$
com $|x| < 1$. O que pode ser concluído comparando esse resultado com o do Exercício 40?

42. Derive duas vezes a série de Maclaurin de $\dfrac{1}{1-x}$ para encontrar a série de Maclaurin de $\dfrac{1}{(1-x)^3}$.

43. Integrando a série de Maclaurin de $f(x) = \dfrac{1}{\sqrt{1-x^2}}$, mostre que, com $|x| < 1$,
$$\operatorname{arc\,sen} x = x + \sum_{n=1}^{\infty} \frac{1 \cdot 3 \cdot 5 \cdots (2n-1)}{2 \cdot 4 \cdot 6 \cdots (2n)} \frac{x^{2n+1}}{2n+1}$$

44. Use os cinco primeiros termos da série de Maclaurin do Exercício 43 para aproximar $\operatorname{arc\,sen} \tfrac{1}{2}$. Compare o resultado com o valor de uma calculadora.

45. Quantos termos da série de Maclaurin de $f(x) = \ln(1+x)$ são necessários para calcular $\ln(1,2)$ com erro menor do que $0{,}0001$? Faça as contas e confira sua resposta com o valor obtido com uma calculadora.

46. Mostre que
$$\pi - \frac{\pi^3}{3!} + \frac{\pi^5}{5!} - \frac{\pi^7}{7!} + \cdots$$
converge a zero. Quantos termos precisam ser utilizados para alcançar um erro menor do que $0{,}01$?

47. Use a expansão de Maclaurin de e^{-t^2} para expressar a função $F(x) = \int_0^x e^{-t^2} dt$ como uma série de potências alternada em x (Figura 4).
   (a) Quantos termos da série de Maclaurin são necessários para aproximar a integral com $x = 1$ com um erro menor do que $0{,}001$?

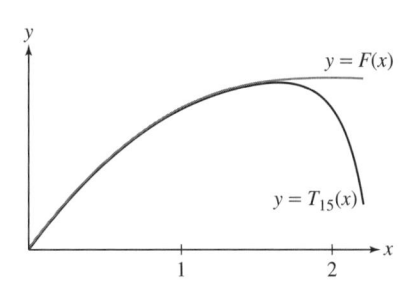

(b) Faça as contas e confira sua resposta usando um sistema algébrico computacional.

FIGURA 4 O polinômio de Maclaurin $T_{15}(x)$ de $F(t) = \int_0^x e^{-t^2}\,dt$.

48. Seja $F(x) = \int_0^x \dfrac{\operatorname{sen} t\,dt}{t}$. Mostre que
$$F(x) = x - \frac{x^3}{3\cdot 3!} + \frac{x^5}{5\cdot 5!} - \frac{x^7}{7\cdot 7!} + \cdots$$
Calcule $F(1)$ com três casas decimais.

Nos Exercícios 49-52, expresse a integral definida como uma série infinita e encontre seu valor a menos de um erro de, no máximo, 10^{-4}.

49. $\int_0^1 \cos(x^2)\,dx$ **50.** $\int_0^1 \operatorname{arc tg}(x^2)\,dx$

51. $\int_0^1 e^{-x^3}\,dx$ **52.** $\int_0^1 \dfrac{dx}{\sqrt{x^4+1}}$

Nos Exercícios 53-56, expresse a integral como uma série infinita.

53. $\int_0^x \dfrac{1-\cos t}{t}\,dt$, com qualquer x

54. $\int_0^x \dfrac{t-\operatorname{sen} t}{t}\,dt$, com qualquer x

55. $\int_0^x \ln(1+t^2)\,dt$, com $|x|<1$

56. $\int_0^x \dfrac{dt}{\sqrt{1-t^4}}$, com $|x|<1$

57. Qual função tem a série de Maclaurin $\sum_{n=0}^{\infty}(-1)^n 2^n x^n$?

58. Qual função tem a série de Maclaurin
$$\sum_{k=0}^{\infty}\frac{(-1)^k}{3^{k+1}}(x-3)^k?$$
Em quais valores de x é válida essa expansão?

59. Usando séries de Maclaurin, determine o valor exato ao qual converge a série
$$\sum_{n=0}^{\infty}(-1)^n\frac{(\pi)^{2n}}{(2n)!}$$

60. Usando séries de Maclaurin, determine o valor exato ao qual converge a série
$$\sum_{n=0}^{\infty}\frac{(\ln 5)^n}{n!}$$

Nos Exercícios 61-64, use o Teorema 2 para provar que $f(x)$ é representada por sua série de Maclaurin em qualquer x.

61. $f(x) = \operatorname{sen}(x/2) + \cos(x/3)$ **62.** $f(x) = e^{-x}$

63. $f(x) = \operatorname{senh} x$ **64.** $f(x) = (1+x)^{100}$

Nos Exercícios 65-68, encontre as funções com as séries de Maclaurin seguintes (use a Tabela 2 da página 571).

65. $1 + x^3 + \dfrac{x^6}{2!} + \dfrac{x^9}{3!} + \dfrac{x^{12}}{4!} + \cdots$

66. $1 - 4x + 4^2 x^2 - 4^3 x^3 + 4^4 x^4 - 4^5 x^5 + \cdots$

67. $1 - \dfrac{5^3 x^3}{3!} + \dfrac{5^5 x^5}{5!} - \dfrac{5^7 x^7}{7!} + \cdots$

68. $x^4 - \dfrac{x^{12}}{3} + \dfrac{x^{20}}{5} - \dfrac{x^{28}}{7} + \cdots$

Nos Exercícios 69 e 70, seja
$$f(x) = \frac{1}{(1-x)(1-2x)}$$

69. Encontre a série de Maclaurin de $f(x)$ usando a identidade
$$f(x) = \frac{2}{1-2x} - \frac{1}{1-x}$$

70. Encontre a série de Taylor de $f(x)$ em $c=2$. *Sugestão:* reescreva a identidade do Exercício 69 como
$$f(x) = \frac{2}{-3-2(x-2)} - \frac{1}{-1-(x-2)}$$

71. Quando uma voltagem V é aplicada a um circuito em série consistindo num resistor R e um indutor L, a corrente no instante t é
$$I(t) = \left(\frac{V}{R}\right)\left(1 - e^{-Rt/L}\right)$$
Expanda $I(t)$ como uma série de Maclaurin. Mostre que $I(t) \approx \dfrac{Vt}{L}$ com t pequeno.

72. Use o resultado do Exercício 71 e o que sabemos a respeito de séries alternadas para mostrar que
$$\frac{Vt}{L}\left(1 - \frac{R}{2L}t\right) \le I(t) \le \frac{Vt}{L} \quad \text{(qualquer } t)$$

73. Encontre a série de Maclaurin de $f(x) = \cos(x^3)$ e use-a para determinar $f^{(6)}(0)$.

74. Usando séries de Maclaurin, encontre $f^{(7)}(0)$ e $f^{(8)}(0)$ se $f(x) = \operatorname{arc tg} x$.

75. Use substituição para escrever os três primeiros termos da série de Maclaurin de $f(x) = e^{x^{20}}$. Explique como o resultado implica que $f^{(k)}(0) = 0$ com $1 \le k \le 19$.

76. Use a série binomial para encontrar $f^{(8)}(0)$ se $f(x) = \sqrt{1-x^2}$.

77. A série de Maclaurin de $f(x) = (1+x)^{3/4}$ converge a $f(x)$ em $x=2$? Forneça evidência numérica para corroborar sua resposta.

78. Explique os passos necessários para verificar que a série de Maclaurin de $f(x) = e^x$ converge a $f(x)$ em qualquer x.

79. [CG] Seja $f(x) = \sqrt{1+x}$.
   (a) Use uma calculadora gráfica para comparar o gráfico de f com os gráficos dos cinco primeiros polinômios de Taylor de f. O que os gráficos sugerem sobre o intervalo de convergência da série de Taylor?
   (b) Investigue numericamente se a expansão de Taylor de f é válida, ou não, em $x=1$ e $x=-1$.

80. Use os cinco primeiros termos da série de Maclaurin da integral elíptica $E(k)$ para obter uma estimativa do período T de um pêndulo de 1 m largado com um ângulo $\theta = \dfrac{\pi}{4}$ (ver Exemplo 12).

81. Use o Exemplo 12 e a aproximação sen $x \approx x$ para mostrar que o período T de um pêndulo largado com um ângulo θ tem a aproximação de segunda ordem seguinte:

$$T \approx 2\pi \sqrt{\frac{L}{g}} \left(1 + \frac{\theta^2}{16}\right)$$

Nos Exercícios 82-85, encontre a série de Maclaurin da função e use-a para calcular o limite.

82. $\lim\limits_{x \to 0} \dfrac{\cos x - 1 + \frac{x^2}{2}}{x^4}$

83. $\lim\limits_{x \to 0} \dfrac{\operatorname{sen} x - x + \frac{x^3}{6}}{x^5}$

84. $\lim\limits_{x \to 0} \dfrac{\operatorname{arc\,tg} x - x\cos x - \frac{1}{6}x^3}{x^5}$

85. $\lim\limits_{x \to 0} \left(\dfrac{\operatorname{sen}(x^2)}{x^4} - \dfrac{\cos x}{x^2}\right)$

Compreensão adicional e desafios

86. Neste exercício, mostramos que a expansão de Maclaurin da função $f(x) = \ln(1+x)$ é válida em $x = 1$.

(a) Mostre que, com qualquer $x \neq -1$,
$$\frac{1}{1+x} = \sum_{n=0}^{N} (-1)^n x^n + \frac{(-1)^{N+1} x^{N+1}}{1+x}$$

(b) Integre de 0 a 1 para obter
$$\ln 2 = \sum_{n=1}^{N} \frac{(-1)^{n-1}}{n} + (-1)^{N+1} \int_0^1 \frac{x^{N+1} dx}{1+x}$$

(c) Verifique que a integral à direita tende a zero se $N \to \infty$, mostrando que é menor do que $\int_0^1 x^{N+1} dx$.

(d) Prove a fórmula
$$\ln 2 = 1 - \frac{1}{2} + \frac{1}{3} - \frac{1}{4} + \cdots$$

87. Seja $g(t) = \dfrac{1}{1+t^2} - \dfrac{t}{1+t^2}$.

(a) Mostre que $\int_0^1 g(t)\, dt = \dfrac{\pi}{4} - \dfrac{1}{2}\ln 2$.

(b) Mostre que $g(t) = 1 - t - t^2 + t^3 + t^4 - t^5 - t^6 + \cdots$.

(c) Calcule $S = 1 - \frac{1}{2} - \frac{1}{3} + \frac{1}{4} + \frac{1}{5} - \frac{1}{6} - \frac{1}{7} + \cdots$.

Nos Exercícios 88 e 89, investigamos a convergência da série binomial

$$T_a(x) = \sum_{n=0}^{\infty} \binom{a}{n} x^n$$

88. Prove que $T_a(x)$ tem raio de convergência $R = 1$ se a não for um número natural. Qual é o raio de convergência se a for um número natural?

89. Pelo Exercício 88, $T_a(x)$ converge em $|x| < 1$, mas ainda não sabemos se $T_a(x) = (1+x)^a$.

(a) Verifique a identidade
$$a\binom{a}{n} = n\binom{a}{n} + (n+1)\binom{a}{n+1}$$

(b) Use (a) para mostrar que $y = T_a(x)$ satisfaz a equação diferencial $(1+x)y' = ay$ com condição inicial $y(0) = 1$.

(c) Prove que $T_a(x) = (1+x)^a$ com $|x| < 1$, mostrando que a derivada do quociente $\dfrac{T_a(x)}{(1+x)^a}$ é nula.

90. A função $G(k) = \int_0^{\pi/2} \sqrt{1 - k^2 \operatorname{sen}^2 t}\, dt$ é denominada **função elíptica da segunda espécie**. Prove que, se $|k| < 1$,
$$G(k) = \frac{\pi}{2} - \frac{\pi}{2} \sum_{n=1}^{\infty} \left(\frac{1 \cdot 3 \cdots (2n-1)}{2 \cdots 4 \cdot (2n)}\right)^2 \frac{k^{2n}}{2n-1}$$

91. Suponha que $a < b$ e seja L o comprimento (circunferência) da elipse $\left(\frac{x}{a}\right)^2 + \left(\frac{y}{b}\right)^2 = 1$ mostrada na Figura 5. Não existe fórmula explícita para L, mas é sabido que $L = 4bG(k)$, com $G(k)$ como no Exercício 90 e $k = \sqrt{1 - a^2/b^2}$. Use os três primeiros termos da expansão do Exercício 90 para dar uma estimativa de L se $a = 4$ e $b = 5$.

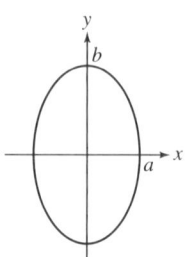

FIGURA 5 A elipse $\left(\dfrac{x}{a}\right)^2 + \left(\dfrac{y}{b}\right)^2 = 1$.

92. Use o Exercício 90 para provar que se $a < b$ e a/b estiver próximo de 1 (uma elipse quase circular), então
$$L \approx \frac{\pi}{2}\left(3b + \frac{a^2}{b}\right)$$

Sugestão: use os dois primeiros termos da série de $G(k)$.

93. Irracionalidade de e Prove que e é um número irracional, usando o argumento por contradição seguinte. Suponha que $e = M/N$, sendo M e N inteiros não nulos.

(a) Mostre que $M!\, e^{-1}$ é um número inteiro.

(b) Use a série de potências de $f(x) = e^x$ em $x = -1$ para mostrar que existe um inteiro B tal que $M!\, e^{-1}$ é igual a
$$B + (-1)^{M+1}\left(\frac{1}{M+1} - \frac{1}{(M+1)(M+2)} + \cdots\right)$$

(c) Use o que sabemos a respeito de séries alternadas com termos decrescentes para concluir que $0 < |M!\, e^{-1} - B| < 1$ e observe que isso contradiz (a). Logo, e não é igual a M/N.

94. Use o resultado do Exercício 75 da Seção 4.5 para mostrar que a série de Maclaurin da função
$$f(x) = \begin{cases} e^{-1/x^2} & \text{se } x \neq 0 \\ 0 & \text{se } x = 0 \end{cases}$$
é $T(x) = 0$. Isso fornece um exemplo de uma função f cuja série de Maclaurin converge, mas não converge a $f(x)$ (exceto em $x = 0$).

EXERCÍCIOS DE REVISÃO DO CAPÍTULO

1. Sejam $a_n = \dfrac{n-3}{n!}$ e $b_n = a_{n+3}$. Calcule os três primeiros termos da sequência.
   (a) a_n^2
   (b) b_n
   (c) $a_n b_n$
   (d) $2a_{n+1} - 3a_n$

2. Prove que $\lim\limits_{n \to \infty} \dfrac{2n-1}{3n+2} = \dfrac{2}{3}$, usando a definição de limite.

Nos Exercícios 3-8, calcule o limite (ou decida que não existe), supondo que $\lim\limits_{n \to \infty} a_n = 2$.

3. $\lim\limits_{n \to \infty} (5a_n - 2a_n^2)$
4. $\lim\limits_{n \to \infty} \dfrac{1}{a_n}$
5. $\lim\limits_{n \to \infty} e^{a_n}$
6. $\lim\limits_{n \to \infty} \cos(\pi a_n)$
7. $\lim\limits_{n \to \infty} (-1)^n a_n$
8. $\lim\limits_{n \to \infty} \dfrac{a_n + n}{a_n + n^2}$

Nos Exercícios 9-22, determine o limite da sequência ou mostre que ela diverge.

9. $a_n = \sqrt{n+5} - \sqrt{n+2}$
10. $a_n = \dfrac{3n^3 - n}{1 - 2n^3}$
11. $a_n = 2^{1/n^2}$
12. $a_n = \dfrac{10^n}{n!}$
13. $b_m = 1 + (-1)^m$
14. $b_m = \dfrac{1 + (-1)^m}{m}$
15. $b_n = \operatorname{arc\,tg}\left(\dfrac{n+2}{n+5}\right)$
16. $a_n = \dfrac{100^n}{n!} - \dfrac{3 + \pi^n}{5^n}$
17. $b_n = \sqrt{n^2 + n} - \sqrt{n^2 + 1}$
18. $c_n = \sqrt{n^2 + n} - \sqrt{n^2 - n}$
19. $b_m = \left(1 + \dfrac{1}{m}\right)^{3m}$
20. $c_n = \left(1 + \dfrac{3}{n}\right)^n$
21. $b_n = n\bigl(\ln(n+1) - \ln n\bigr)$
22. $c_n = \dfrac{\ln(n^2+1)}{\ln(n^3+1)}$

23. Use o teorema do confronto para mostrar que
$$\lim_{n \to \infty} \dfrac{\operatorname{arc\,tg}(n^2)}{\sqrt{n}} = 0.$$

24. Dê um exemplo de uma sequência divergente $\{a_n\}$ tal que $\{\operatorname{sen} a_n\}$ seja convergente.

25. Calcule $\lim\limits_{n \to \infty} \dfrac{a_{n+1}}{a_n}$, sendo $a_n = \dfrac{1}{2} 3^n - \dfrac{1}{3} 2^n$.

26. Defina $a_{n+1} = \sqrt{a_n + 6}$ com $a_1 = 2$.
    (a) Calcule a_n com $n = 2, 3, 4$ e 5.
    (b) Mostre que $\{a_n\}$ é crescente e limitada por 3.
    (c) Prove que existe $\lim\limits_{n \to \infty} a_n$ e encontre seu valor.

27. Calcule as somas parciais S_4 e S_7 da série $\sum\limits_{n=1}^{\infty} \dfrac{n-2}{n^2 + 2n}$.

28. Encontre a soma $1 - \dfrac{1}{4} + \dfrac{1}{4^2} - \dfrac{1}{4^3} + \cdots$.

29. Encontre a soma $\dfrac{4}{9} + \dfrac{8}{27} + \dfrac{16}{81} + \dfrac{32}{243} + \cdots$.

30. Use séries para determinar a fração irredutível que tem expansão decimal $0{,}121212\cdots$.

31. Use séries para determinar a fração irredutível que tem expansão decimal $0{,}108108108\cdots$.

32. Encontre a soma $\sum\limits_{n=2}^{\infty} \left(\dfrac{2}{e}\right)^n$.

33. Encontre a soma $\sum\limits_{n=-1}^{\infty} \dfrac{2^{n+3}}{3^n}$.

34. Mostre que $\sum\limits_{n=1}^{\infty} \bigl(b - \operatorname{arc\,tg} n^2\bigr)$ diverge se $b \neq \dfrac{\pi}{2}$.

35. Dê um exemplo de séries divergentes $\sum\limits_{n=1}^{\infty} a_n$ e $\sum\limits_{n=1}^{\infty} b_n$ tais que $\sum\limits_{n=1}^{\infty} (a_n + b_n) = 1$.

36. Seja $S = \sum\limits_{n=1}^{\infty} \left(\dfrac{1}{n} - \dfrac{1}{n+2}\right)$. Calcule S_N com $N = 1, 2, 3$ e 4. Encontre S mostrando que
$$S_N = \dfrac{3}{2} - \dfrac{1}{N+1} - \dfrac{1}{N+2}$$

37. Calcule $S = \sum\limits_{n=3}^{\infty} \dfrac{1}{n(n+3)}$.

38. Encontre a área total da infinidade de círculos colocados no intervalo $[0, 1]$ da Figura 1.

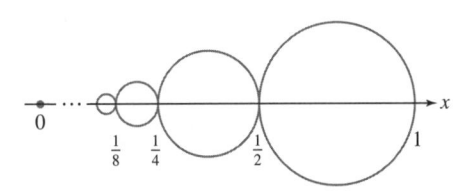

FIGURA 1

Nos Exercícios 39-42, use o teste da integral para determinar se a série converge.

39. $\sum\limits_{n=1}^{\infty} \dfrac{n^2}{n^3 + 1}$
40. $\sum\limits_{n=1}^{\infty} \dfrac{n^2}{(n^3 + 1)^{1,01}}$
41. $\sum\limits_{n=1}^{\infty} \dfrac{1}{(n+2)(\ln(n+2))^3}$
42. $\sum\limits_{n=1}^{\infty} \dfrac{n^3}{e^{n^4}}$

Nos Exercícios 43-50, use o teste da comparação direta ou no limite para determinar se a série converge.

43. $\sum\limits_{n=1}^{\infty} \dfrac{1}{(n+1)^2}$
44. $\sum\limits_{n=1}^{\infty} \dfrac{1}{\sqrt{n} + n}$
45. $\sum\limits_{n=2}^{\infty} \dfrac{n^2 + 1}{n^{3,5} - 2}$
46. $\sum\limits_{n=1}^{\infty} \dfrac{1}{n - \ln n}$
47. $\sum\limits_{n=2}^{\infty} \dfrac{n}{\sqrt{n^5 + 5}}$
48. $\sum\limits_{n=1}^{\infty} \dfrac{1}{3^n - 2^n}$

49. $\sum_{n=1}^{\infty} \dfrac{n^{10}+10^n}{n^{11}+11^n}$

50. $\sum_{n=1}^{\infty} \dfrac{n^{20}+21^n}{n^{21}+20^n}$

51. Determine a convergência de $\sum_{n=1}^{\infty} \dfrac{2^n+n}{3^n-2}$ usando o teste da comparação no limite com $b_n = \left(\dfrac{2}{3}\right)^n$.

52. Determine a convergência de $\sum_{n=1}^{\infty} \dfrac{\ln n}{1{,}5^n}$ usando o teste da comparação no limite com $b_n = \dfrac{1}{1{,}4^n}$.

53. Seja $a_n = 1 - \sqrt{1 - \dfrac{1}{n}}$. Mostre que $\lim_{n\to\infty} a_n = 0$ e que $\sum_{n=1}^{\infty} a_n$ diverge. *Sugestão:* mostre que $a_n \geq \dfrac{1}{2n}$.

54. Determine se $\sum_{n=2}^{\infty} \left(1 - \sqrt{1 - \dfrac{1}{n^2}}\right)$ converge.

55. Seja $S = \sum_{n=1}^{\infty} \dfrac{n}{(n^2+1)^2}$.

   (a) Mostre que S converge.

   (b) Use a Equação (4) no Exercício 85 da Seção 10.3 com $M = 99$ para aproximar S. Qual é o tamanho máximo do erro?

Nos Exercícios 56-59, determine se a série converge absolutamente. Se isso não ocorrer, determine se converge condicionalmente.

56. $\sum_{n=1}^{\infty} \dfrac{(-1)^n}{\sqrt[3]{n}+2n}$

57. $\sum_{n=1}^{\infty} \dfrac{(-1)^n}{n^{1{,}1}\ln(n+1)}$

58. $\sum_{n=1}^{\infty} \dfrac{\cos\left(\frac{\pi}{4}+\pi n\right)}{\sqrt{n}}$

59. $\sum_{n=1}^{\infty} \dfrac{\cos\left(\frac{\pi}{4}+2\pi n\right)}{\sqrt{n}}$

60. Use um sistema algébrico computacional para aproximar $\sum_{n=1}^{\infty} \dfrac{(-1)^n}{n^3+\sqrt{n}}$ com erro menor do que 10^{-5}.

61. A constante de Catalan é definida por $K = \sum_{k=0}^{\infty} \dfrac{(-1)^k}{(2k+1)^2}$.

   (a) Quantos termos da série são necessários para calcular K com erro menor do que 10^{-6}?

   (b) Faça as contas utilizando um sistema algébrico computacional.

62. Dê um exemplo de séries condicionalmente convergentes $\sum_{n=1}^{\infty} a_n$ e $\sum_{n=1}^{\infty} b_n$ tais que $\sum_{n=1}^{\infty} (a_n+b_n)$ convirja absolutamente.

63. Seja $\sum_{n=1}^{\infty} a_n$ uma série absolutamente convergente. Determine se as séries seguintes são convergentes ou divergentes.

   (a) $\sum_{n=1}^{\infty} \left(a_n + \dfrac{1}{n^2}\right)$

   (b) $\sum_{n=1}^{\infty} (-1)^n a_n$

   (c) $\sum_{n=1}^{\infty} \dfrac{1}{1+a_n^2}$

   (d) $\sum_{n=1}^{\infty} \dfrac{|a_n|}{n}$

64. Seja $\{a_n\}$ uma sequência positiva tal que $\lim_{n\to\infty} \sqrt[n]{a_n} = \dfrac{1}{2}$. Determine se as séries seguintes convergem ou divergem:

   (a) $\sum_{n=1}^{\infty} 2a_n$

   (b) $\sum_{n=1}^{\infty} 3^n a_n$

   (c) $\sum_{n=1}^{\infty} \sqrt{a_n}$

Nos Exercícios 65-72, aplique o teste da razão para determinar convergência ou divergência, indicando se o teste da razão for inconclusivo.

65. $\sum_{n=1}^{\infty} \dfrac{n^5}{5^n}$

66. $\sum_{n=1}^{\infty} \dfrac{\sqrt{n+1}}{n^8}$

67. $\sum_{n=1}^{\infty} \dfrac{1}{n2^n+n^3}$

68. $\sum_{n=1}^{\infty} \dfrac{n^4}{n!}$

69. $\sum_{n=1}^{\infty} \dfrac{2^{n^2}}{n!}$

70. $\sum_{n=4}^{\infty} \dfrac{\ln n}{n^{3/2}}$

71. $\sum_{n=1}^{\infty} \left(\dfrac{n}{2}\right)^n \dfrac{1}{n!}$

72. $\sum_{n=1}^{\infty} \left(\dfrac{n}{4}\right)^n \dfrac{1}{n!}$

Nos Exercícios 73-76, aplique o teste da raiz para determinar convergência ou divergência, indicando se o teste da raiz for inconclusivo.

73. $\sum_{n=1}^{\infty} \dfrac{1}{4^n}$

74. $\sum_{n=1}^{\infty} \left(\dfrac{2}{n}\right)^n$

75. $\sum_{n=1}^{\infty} \left(\dfrac{3}{4n}\right)^n$

76. $\sum_{n=1}^{\infty} \left(\cos\dfrac{1}{n}\right)^{n^3}$

Nos Exercícios 77-100, determine a convergência ou divergência usando qualquer método apresentado no texto.

77. $\sum_{n=1}^{\infty} \left(\dfrac{2}{3}\right)^n$

78. $\sum_{n=1}^{\infty} \dfrac{\pi^{7n}}{e^{8n}}$

79. $\sum_{n=1}^{\infty} e^{-0{,}02n}$

80. $\sum_{n=1}^{\infty} ne^{-0{,}02n}$

81. $\sum_{n=1}^{\infty} \dfrac{(-1)^{n-1}}{\sqrt{n}+\sqrt{n+1}}$

82. $\sum_{n=10}^{\infty} \dfrac{1}{n(\ln n)^{3/2}}$

83. $\sum_{n=2}^{\infty} \dfrac{(-1)^n}{\ln n}$

84. $\sum_{n=1}^{\infty} \dfrac{n!}{(2n)!}$

85. $\sum_{n=2}^{\infty} \dfrac{n}{1+100n}$

86. $\sum_{n=2}^{\infty} \dfrac{n^3-2n^2+n-4}{2n^4+3n^3-4n^2-1}$

87. $\sum_{n=1}^{\infty} \dfrac{\cos n}{n^{3/2}}$

88. $\sum_{n=1}^{\infty} \dfrac{n}{\sqrt{n^{3/2}+1}}$

89. $\sum_{n=1}^{\infty} \left(\dfrac{n}{5n+2}\right)^n$

90. $\sum_{n=1}^{\infty} \dfrac{e^n}{n!}$

91. $\sum_{n=1}^{\infty} \dfrac{1}{n\sqrt{n+\ln n}}$

92. $\sum_{n=1}^{\infty} \dfrac{1}{\sqrt[3]{n}(1+\sqrt{n})}$

93. $\sum_{n=1}^{\infty} \left(\dfrac{1}{\sqrt{n}} - \dfrac{1}{\sqrt{n+1}}\right)$

94. $\sum_{n=1}^{\infty} \left(\ln n - \ln(n+1)\right)$

95. $\sum_{n=1}^{\infty} \dfrac{1}{n+\sqrt{n}}$

96. $\sum_{n=2}^{\infty} \dfrac{\cos(\pi n)}{n^{2/3}}$

97. $\sum_{n=2}^{\infty} \dfrac{1}{n^{\ln n}}$

98. $\sum_{n=2}^{\infty} \dfrac{1}{\ln^3 n}$

99. $\displaystyle\sum_{n=1}^{\infty} \operatorname{sen}^2 \frac{\pi}{n}$

100. $\displaystyle\sum_{n=0}^{\infty} \frac{2^{2n}}{n!}$

Nos Exercícios 101-106, encontre o intervalo de convergência da série de potências.

101. $\displaystyle\sum_{n=0}^{\infty} \frac{2^n x^n}{n!}$

102. $\displaystyle\sum_{n=0}^{\infty} \frac{x^n}{n+1}$

103. $\displaystyle\sum_{n=0}^{\infty} \frac{n^6}{n^8+1}(x-3)^n$

104. $\displaystyle\sum_{n=0}^{\infty} nx^n$

105. $\displaystyle\sum_{n=0}^{\infty} (nx)^n$

106. $\displaystyle\sum_{n=2}^{\infty} \frac{(2x-3)^n}{n \ln n}$

107. Expanda a função $f(x) = \dfrac{2}{4-3x}$ como uma série de potências centrada em $c = 0$. Determine os valores de x nos quais a série converge.

108. Prove que
$$\sum_{n=0}^{\infty} ne^{-nx} = \frac{e^{-x}}{(1-e^{-x})^2}$$

Sugestão: expresse o lado esquerdo como a derivada de uma série geométrica.

109. Seja $F(x) = \displaystyle\sum_{k=0}^{\infty} \frac{x^{2k}}{2^k \cdot k!}$.

(a) Mostre que $F(x)$ tem raio de convergência infinito.

(b) Mostre que $y = F(x)$ é uma solução de
$$y'' = xy' + y, \qquad y(0) = 1, \qquad y'(0) = 0$$

(c) Utilizando um sistema algébrico computacional, esboce as somas parciais S_N com $N = 1, 3, 5$ e 7 no mesmo par de eixos.

110. Encontre uma série de potências $P(x) = \displaystyle\sum_{n=0}^{\infty} a_n x^n$ que satisfaça a equação diferencial de Laguerrre
$$xy'' + (1-x)y' - y = 0$$
com condição inicial satisfazendo $P(0) = 1$.

111. Use séries de potências para calcular $\displaystyle\lim_{x \to 0} \frac{x^2 e^x}{\cos x - 1}$.

112. Use séries de potências para calcular $\displaystyle\lim_{x \to 0} \frac{x^2(1 - \ln(x+1))}{\operatorname{sen} x - x}$.

Nos Exercícios 113-122, encontre a série de Taylor centrada em c.

113. $f(x) = e^{4x}, \quad c = 0$

114. $f(x) = e^{2x}, \quad c = -1$

115. $f(x) = x^4, \quad c = 2$

116. $f(x) = x^3 - x, \quad c = -2$

117. $f(x) = \operatorname{sen} x, \quad c = \pi$

118. $f(x) = e^{x-1}, \quad c = -1$

119. $f(x) = \dfrac{1}{1-2x}, \quad c = -2$

120. $f(x) = \dfrac{1}{(1-2x)^2}, \quad c = -2$

121. $f(x) = \ln \dfrac{x}{2}, \quad c = 2$

122. $f(x) = x \ln\left(1 + \dfrac{x}{2}\right), \quad c = 0$

Nos Exercícios 123-126, encontre os três primeiros termos da série de Maclaurin de f(x) e use-a para calcular $f^{(3)}(0)$.

123. $f(x) = (x^2 - x)e^{x^2}$

124. $f(x) = \operatorname{arc tg}(x^2 - x)$

125. $f(x) = \dfrac{1}{1 + \operatorname{tg} x}$

126. $f(x) = (\operatorname{sen} x)\sqrt{1 + x}$

127. Calcule $\dfrac{\pi}{2} - \dfrac{\pi^3}{2^3 3!} + \dfrac{\pi^5}{2^5 5!} - \dfrac{\pi^7}{2^7 7!} + \cdots$.

128. Encontre a série de Maclaurin da função $F(x) = \displaystyle\int_0^x \frac{e^t - 1}{t} dt$.

11 EQUAÇÕES PARAMÉTRICAS, COORDENADAS POLARES E SEÇÕES CÔNICAS

Neste capítulo, introduzimos duas novas ferramentas. Inicialmente, consideramos equações paramétricas, que descrevem curvas num formato que é particularmente útil para analisar o movimento e que é indispensável em áreas como computação gráfica e projeto assistido por computador (CAD). Em seguida, discutimos coordenadas polares, uma alternativa para as coordenadas retangulares, que simplificam as contas em muitas aplicações. Encerramos o capítulo com uma discussão das seções cônicas (elipses, hipérboles e parábolas).

Para localizar satélites em órbita terrestre, são utilizadas equações paramétricas e elipses (um tipo de seção cônica).
(*Chad Baker/Getty Images*)

11.1 Equações paramétricas

Imagine uma partícula percorrendo uma curva $\mathcal{C}$ no plano como na Figura 1. Gostaríamos de descrever o movimento dessa partícula; no entanto, a curva $\mathcal{C}$ não é o gráfico de uma função $y = h(x)$, pois não passa no teste da reta vertical. Em vez disso, descrevemos o movimento da partícula especificando as coordenadas como funções do tempo t:

$$x = f(t), \qquad y = g(t) \qquad \boxed{1}$$

Em outras palavras, no instante t, a partícula está localizada no ponto

$$c(t) = (f(t), g(t))$$

As Equações (1) são denominadas **equações paramétricas**, e dizemos que $\mathcal{C}$ é uma **curva paramétrica**. A função $c(t)$ é uma **parametrização** de **parâmetro** t.

Como x e y são funções de t, muitas vezes escrevemos $c(t) = (x(t), y(t))$ em vez de $(f(t), g(t))$. É claro que temos a liberdade de utilizar qualquer variável como sendo o parâmetro (por exemplo, s ou θ). Nos gráficos de curvas paramétricas, é costume indicar o sentido do movimento com uma seta, como na Figura 1.

Utilizamos o termo "partícula" quando estudamos um objeto como um ponto em movimento, ignorando sua estrutura interna.

FIGURA 1 Uma partícula em movimento ao longo de uma curva $\mathcal{C}$ no plano.

■ **EXEMPLO 1** Esboce a curva de equações paramétricas

$$x = 2t - 4, \qquad y = 3 + t^2 \qquad \boxed{2}$$

Solução Primeiro calculamos as coordenadas x e y de alguns valores de t, como na Tabela 1, e marcamos os pontos (x, y) correspondentes, como na Figura 2. Depois ligamos os pontos com uma curva lisa, indicando o sentido do movimento (com t crescente) com uma seta. ■

TABELA 1

t	$x = 2t - 4$	$y = 3 + t^2$
-2	-8	7
0	-4	3
2	0	7
4	4	19

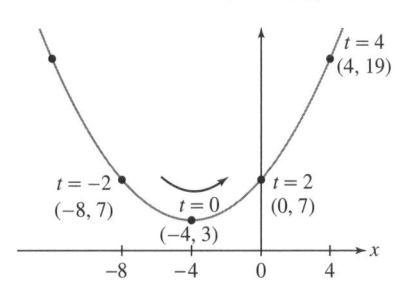

FIGURA 2 A curva paramétrica $x = 2t - 4$, $y = 3 + t^2$.

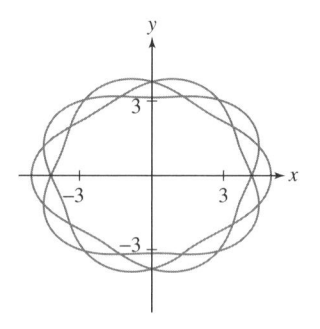

FIGURA 3 A curva paramétrica
$x = 5\cos(3t)\cos\left(\frac{2}{3}\operatorname{sen}(5t)\right)$,
$y = 4\operatorname{sen}(3t)\cos\left(\frac{2}{3}\operatorname{sen}(5t)\right)$.

ENTENDIMENTO CONCEITUAL O gráfico de $y = x^2$ pode ser parametrizado de uma maneira simples. Tomamos $x = t$ e $y = t^2$. Então, claramente, isso gera a curva certa, porque, eliminando a variável t, obtemos de volta a equação $y = x^2$ original. Assim, a parábola $y = x^2$ é parametrizada por $c(t) = (t, t^2)$. Mais geralmente, podemos parametrizar o gráfico de $y = f(x)$ tomando $x = t$ e $y = f(t)$. Portanto, $c(t) = (t, f(t))$ parametriza o gráfico. Como outro exemplo, o gráfico de $y = e^x$ é parametrizado por $c(t) = (t, e^t)$. Uma vantagem das equações paramétricas é que elas nos permitem descrever curvas que não sejam gráficos de funções. Por exemplo, a curva na Figura 3 não é da forma $y = f(x)$, mas pode ser expressa parametricamente.

Como acabamos de observar, uma curva paramétrica $c(t)$ não precisa ser o gráfico de uma função. Entretanto, se for, pode ser possível encontrar uma função f "eliminando o parâmetro", como no exemplo seguinte.

■ **EXEMPLO 2** Eliminação do parâmetro Descreva a curva paramétrica
$$c(t) = (2t - 4, 3 + t^2)$$
do exemplo precedente no formato $y = f(x)$.

Solução Podemos "eliminar o parâmetro" resolvendo em y como uma função de x. Começamos expressando t em termos de x: como $x = 2t - 4$, temos $t = \frac{1}{2}x + 2$. Em seguida, substituímos
$$y = 3 + t^2 = 3 + \left(\frac{1}{2}x + 2\right)^2 = 7 + 2x + \frac{1}{4}x^2$$

Assim, $c(t)$ percorre o gráfico de $f(x) = 7 + 2x + \frac{1}{4}x^2$ mostrado na Figura 2. ■

■ **EXEMPLO 3** Um foguete de teste segue a trajetória
$$c(t) = (80t, 200t - 4{,}9t^2)$$
até o impacto no solo, com t em segundos e distância em metros (Figura 4). Encontre:
(a) a altura do foguete em $t = 5$ s e (b) sua altura máxima.

Solução A altura do foguete no instante t é $y(t) = 200t - 4{,}9t^2$.

(a) Em $t = 5$ s, a altura é
$$y(5) = 200(5) - 4{,}9(5^2) = 877{,}5 \text{ m}$$

(b) A altura máxima ocorre no ponto crítico de $y(t)$:
$$y'(t) = \frac{d}{dt}(200t - 4{,}9t^2) = 200 - 9{,}8t = 0 \quad \Rightarrow \quad t = \frac{200}{9{,}8} \approx 20{,}4 \text{ s}$$

A altura máxima do foguete é $y(20{,}4) = 200(20{,}4) - 4{,}9(20{,}4)^2 \approx 2041$ m. ■

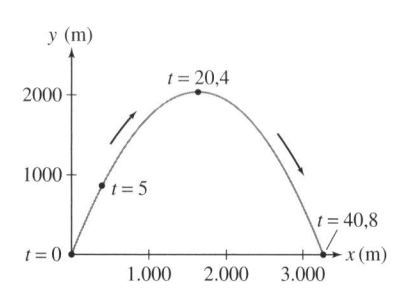

FIGURA 4 A trajetória de um foguete.

ADVERTÊNCIA Pela fórmula de Galileu, o gráfico da altura em função do tempo de um objeto jogado para cima é uma parábola. No entanto, não esqueça que a Figura 4 **não** é o gráfico da altura em função do tempo. Esse gráfico mostra a trajetória real seguida pelo foguete (com um componente vertical e um deslocamento horizontal).

Agora discutimos parametrizações de retas e círculos, que serão frequentemente utilizadas em capítulos subsequentes.

TEOREMA 1   Parametrização de uma reta
(a) A reta por $P = (a, b)$ de inclinação m é parametrizada por
$$\boxed{x = a + rt, \quad y = b + st \quad -\infty < t < \infty} \quad 3$$
com quaisquer r e s (sendo $r \neq 0$) tais que $m = s/r$.
(b) A reta por $P = (a, b)$ e $Q = (c, d)$ tem uma parametrização
$$\boxed{x = a + t(c - a), \quad y = b + t(d - b) \quad -\infty < t < \infty} \quad 4$$
O segmento de P a Q corresponde a $0 \leq t \leq 1$.

Demonstração (a) Resolvemos $x = a + rt$ para t em termos de x para obter $t = (x - a)/r$. Então

$$y = b + st = b + s\left(\frac{x-a}{r}\right) = b + m(x-a) \quad \text{ou} \quad y - b = m(x-a)$$

Essa é a equação da reta por $P = (a, b)$ de inclinação m. A escolhas $r = 1$ e $s = m$ dão a parametrização na Figura 5.

A parametrização em (b) define uma reta que satisfaz $(x(0), y(0)) = (a, b)$ e $(x(1), y(1)) = (c, d)$. Assim, ela parametriza a reta por P e Q e traça o segmento de P a Q se t varia de 0 a 1. ∎

■ **EXEMPLO 4** **Parametrização de uma reta** Encontre equações paramétricas da reta por $P = (3, -1)$ de inclinação $m = 4$.

Solução Parametrizamos a reta tomando $r = 1$ e $s = 4$ na Equação (3):

$$x = 3 + t, \qquad y = -1 + 4t$$

Isso também pode ser escrito como $c(t) = (3 + t, -1 + 4t)$. Outra parametrização da reta é $c(t) = (3 + 5t, -1 + 20t)$, correspondente a $r = 5$ e $s = 20$ na Equação (3). ∎

O círculo de raio R centrado na origem tem a parametrização

$$x = R\cos\theta, \qquad y = R\,\text{sen}\,\theta$$

O parâmetro θ representa o ângulo correspondente ao ponto (x, y) do círculo (Figura 6). O círculo é percorrido uma vez no sentido anti-horário quando θ varia num intervalo semiaberto de comprimento 2π, como $[0, 2\pi)$ ou $[-\pi, \pi)$.

Mais geralmente, o círculo de raio R e centro (a, b) tem uma parametrização (Figura 6)

$$\boxed{x = a + R\cos\theta, \qquad y = b + R\,\text{sen}\,\theta} \qquad 5$$

Para conferir, verifiquemos que um ponto (x, y) dado pela Equação (5) satisfaz a equação do círculo de raio R e centro (a, b):

$$(x-a)^2 + (y-b)^2 = (a + R\cos\theta - a)^2 + (b + R\,\text{sen}\,\theta - b)^2$$
$$= R^2\cos^2\theta + R^2\,\text{sen}^2\,\theta = R^2$$

Em geral, para mover ou **transladar** uma curva paramétrica horizontalmente por a unidades e verticalmente por b unidades, substituímos $c(t) = (x(t), y(t))$ por $c(t) = (a + x(t), b + y(t))$.

Suponha que tenhamos uma parametrização $c(t) = (x(t), y(t))$, em que $x(t)$ é uma função par e $y(t)$ é uma função ímpar, isto é, $x(-t) = x(t)$ e $y(-t) = -y(t)$. Nesse caso, $c(-t)$ é uma *reflexão* de $c(t)$ pelo eixo x:

$$c(-t) = (x(-t), y(-t)) = (x(t), -y(t))$$

Assim, essa curva é *simétrica* em relação aos eixos x e y. Aplicamos essa observação no próximo exemplo e no Exemplo 7 adiante.

■ **EXEMPLO 5** **Parametrização de uma elipse** Verifique que a elipse de equação $\left(\frac{x}{a}\right)^2 + \left(\frac{y}{b}\right)^2 = 1$ é parametrizada por

$$\boxed{c(t) = (a\cos t, b\,\text{sen}\,t) \qquad (\text{com } -\pi \le t < \pi)}$$

Esboce o caso $a = 4$, $b = 2$.

Solução Para verificar que $c(t)$ parametriza a elipse, mostramos que $x(t) = a\cos t$, $y(t) = b\,\text{sen}\,t$ satisfazem a equação da elipse:

$$\left(\frac{x}{a}\right)^2 + \left(\frac{y}{b}\right)^2 = \left(\frac{a\cos t}{a}\right)^2 + \left(\frac{b\,\text{sen}\,t}{b}\right)^2 = \cos^2 t + \text{sen}^2\,t = 1$$

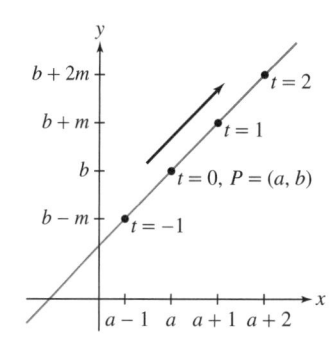

FIGURA 5 A reta $y - a = m(x - b)$ tem uma parametrização $c(t) = (a + t, b + mt)$. Isso corresponde a $r = 1$, $s = m$ na Equação (3).

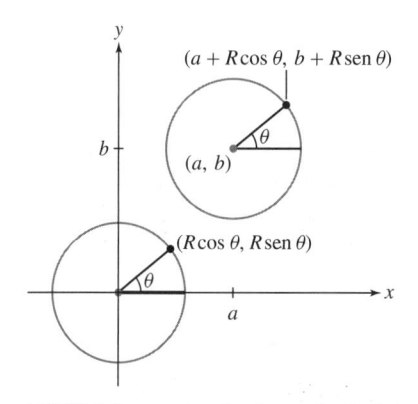

FIGURA 6 Parametrizações de um círculo de raio R centrado em (a, b).

NOTAÇÃO Usamos $x(t)$ e $y(t)$ para representar funções de t, em que $x(t)$ e $y(t)$ correspondem às coordenadas x e y de uma curva paramétrica.

582 Cálculo

TABELA 2

t	$x(t) = 4\cos t$	$y(t) = 2\operatorname{sen} t$
0	4	0
$\dfrac{\pi}{6}$	$2\sqrt{3}$	1
$\dfrac{\pi}{3}$	2	$\sqrt{3}$
$\dfrac{\pi}{2}$	0	2
$\dfrac{2\pi}{3}$	-2	$\sqrt{3}$
$\dfrac{5\pi}{6}$	$-2\sqrt{3}$	1
π	-4	0

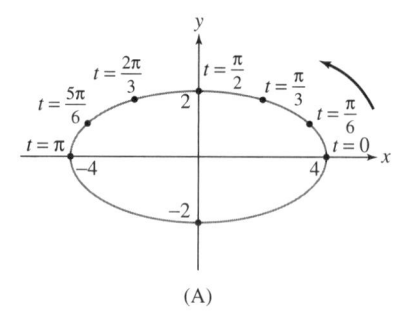

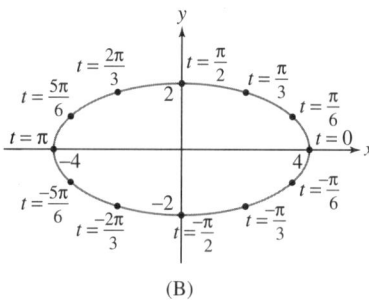

Para esboçar o caso $a = 4$, $b = 2$, conectamos os pontos com os valores de t da Tabela 2 [ver Figura 7(A)]. Isso nos dá a metade superior da elipse com $0 \leq t \leq \pi$. Então observamos que $x(t) = 4\cos t$ é par e $y(t) = 2\operatorname{sen} t$ é ímpar. Conforme já observamos, isso nos diz que a metade inferior da elipse é obtida por simetria em relação ao eixo x, como na Figura 7(B). Alternativamente, poderíamos também calcular $x(t)$ e $y(t)$ com valores negativos de t entre $-\pi$ e 0 para determinar a metade inferior da elipse. ∎

Uma curva paramétrica $c(t)$ é, também, denominada um **caminho**. Esse termo enfatiza que $c(t)$ descreve não só a curva $\mathcal{C}$ subjacente, mas também uma maneira particular de percorrer a curva.

ENTENDIMENTO CONCEITUAL As equações paramétricas da elipse no Exemplo 5 ilustram uma diferença fundamental entre o caminho $c(t)$ e a curva subjacente $\mathcal{C}$. A curva $\mathcal{C}$ é uma elipse no plano, ao passo que $c(t)$ descreve um movimento anti-horário específico de uma partícula ao longo da elipse. Se deixarmos t variar de 0 a 4π, então a partícula dará duas voltas na elipse.

Uma característica fundamental das parametrizações é que elas não são únicas. De fato, cada curva pode ser parametrizada de uma infinidade de maneiras distintas. Por exemplo, a parábola $y = x^2$ é parametrizada não só por (t, t^2), mas também por (t^3, t^6) ou (t^5, t^{10}), etc.

■ **EXEMPLO 6** Parametrizações diferentes de uma mesma curva Descreva o movimento de uma partícula ao longo dos caminhos:

(a) $c_1(t) = (t^3, t^6)$ (b) $c_2(t) = (t^2, t^4)$ (c) $c_3(t) = (\cos t, \cos^2 t)$

Solução A relação $y = x^2$ vale com cada uma dessas parametrizações, de modo que todas parametrizam partes da parábola $y = x^2$.

(a) Quando t varia de $-\infty$ a ∞, a função t^3 também varia de $-\infty$ a ∞. Portanto, $c_1(t) = (t^3, t^6)$ traça toda a parábola $y = x^2$, da esquerda para a direita, passando uma vez por cada ponto [Figura 8(A)].
(b) Como $x = t^2 \geq 0$, o caminho $c_2(t) = (t^2, t^4)$ somente traça a porção direita da parábola. A partícula vem em direção à origem quando t varia de $-\infty$ a 0 e volta para a direita quando t varia de 0 a ∞ [Figura 8(B)].
(c) Com t variando de $-\infty$ a ∞, a função $\cos t$ oscila entre 1 e -1. Portanto, uma partícula que segue o caminho $c_3(t) = (\cos t, \cos^2 t)$ oscila para trás e para frente entre os pontos $(1, 1)$ e $(-1, 1)$ da parábola [Figura 8(C)]. ∎

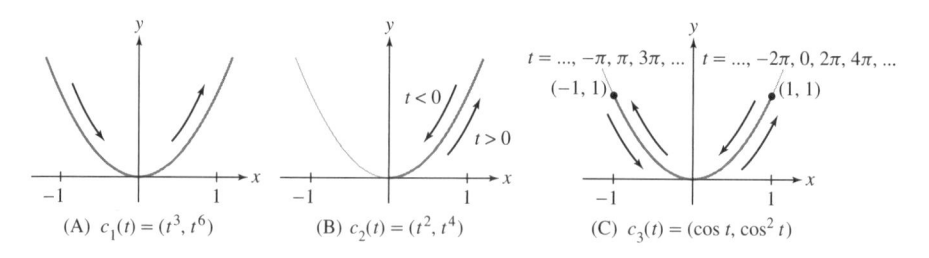

FIGURA 7 A elipse de equações paramétricas $x = 4\cos t$, $y = 2\operatorname{sen} t$.

FIGURA 8 Três parametrizações de porções da parábola.

■ **EXEMPLO 7** Usando simetria para esboçar um laço Esboce a curva paramétrica

$$c(t) = (t^2 + 1, t^3 - 4t)$$

Identifique os pontos correspondentes a $t = 0, \pm 1, \pm 2, \pm 2{,}5$.

Solução

Passo 1. Usar a simetria.

Observamos que $x(t) = t^2 + 1$ é uma função par e que $y(t) = t^3 - 4t$ é uma função ímpar. Como já observamos antes do Exemplo 5, isso nos diz que $c(t)$ é simétrica em relação ao eixo x. Portanto, esboçamos a curva com $t \geq 0$ e refletimos pelo eixo x para obter a parte com $t \leq 0$.

Passo 2. **Analisar $x(t), y(t)$ como funções de t.**
Temos $x(t) = t^2 + 1$ e $y(t) = t^3 - 4t$. A coordenada x, dada por $x(t) = t^2 + 1$, cresce a ∞ com $t \to \infty$. Para analisar a coordenada y, traçamos o gráfico de $y(t) = t^3 - 4t = t(t-2)(t+2)$ como uma função de t (e *não* como uma função de x). Como $y(t)$ é a altura acima do eixo x, a Figura 9(A) mostra que

$y(t) < 0$ se $0 < t < 2$ $\Rightarrow$ curva abaixo do eixo x

$y(t) > 0$ se $t > 2$ $\Rightarrow$ curva acima do eixo x

Portanto, a curva começa em $c(0) = (1, 0)$, mergulha para baixo do eixo x e volta ao eixo x em $t = 2$. Ambas, $x(t)$ e $y(t)$, tendem a ∞ com $t \to \infty$. A curva é côncava para cima porque $y(t)$ cresce mais rápido do que $x(t)$.

TABELA 3

t	$x = t^2 + 1$	$y = t^3 - 4t$
0	1	0
1	2	-3
2	5	0
2,5	7,25	5,625

Passo 3. **Marcar os pontos e ligar com um arco.**
Os pontos $c(0)$, $c(1)$, $c(2)$ e $c(2,5)$ calculados na Tabela 3 são marcados e ligados por um arco para obter o esboço com $t \geq 0$ como na Figura 9(B). O esboço é completado refletindo pelo eixo x, como na Figura 9(C). ∎

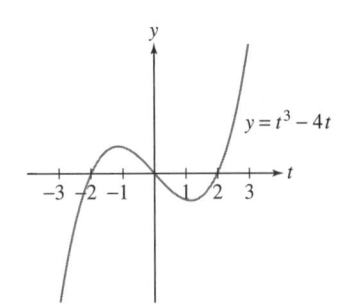

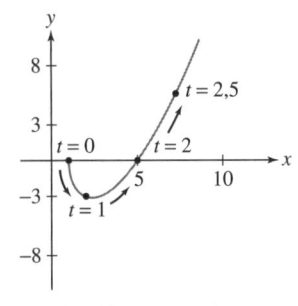

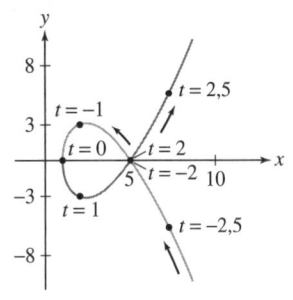

(A) O gráfico da coordenada y dada por $y(t) = t^3 - 4t$

(B) O gráfico com $t \geq 0$

(C) O esboço completo usando simetria

FIGURA 9 A curva paramétrica $c(t) = (t^2 + 1, t^3 - 4t)$.

Uma **cicloide** é uma curva traçada por um ponto da circunferência de uma roda que gira como na Figura 10. As cicloides são famosas por sua propriedade "braquistócrona" (ver nota ao lado abaixo).

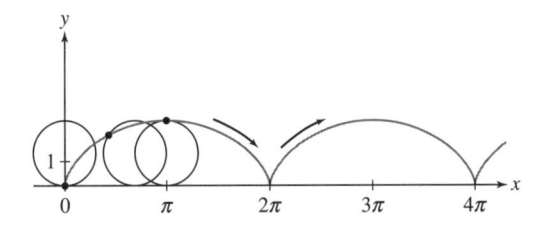

FIGURA 10 Uma cicloide.

■ **EXEMPLO 8 Parametrizando a cicloide** Encontre equações paramétricas da cicloide gerada por um ponto P do círculo unitário.

Solução O ponto P está localizado na origem em $t = 0$. No instante t, o círculo rolou t radianos ao longo do eixo x, quando o centro C do círculo tem coordenadas $(t, 1)$, como na Figura 11(A). A Figura 11(B) mostra que podemos obter C a partir de P descendo $\cos t$ unidades e indo para a esquerda $\operatorname{sen} t$ unidades, o que nos dá as equações paramétricas

$$\boxed{x(t) = t - \operatorname{sen} t, \quad y(t) = 1 - \cos t}\qquad 6$$

∎

O argumento no Exemplo 8 pode ser modificado para mostrar que a cicloide gerada por um círculo de raio R tem equações paramétricas

$$\boxed{x(t) = Rt - R\operatorname{sen} t, \quad y(t) = R - R\cos t}\qquad 7$$

A cicloide foi estudada intensamente por um elenco estelar de matemáticos (incluindo Galileu, Pascal, Newton, Leibniz, Huygens e Bernoulli), que descobriram muitas de suas propriedades notáveis. Uma rampa construída com a propriedade de que um objeto escorregando (sem deslizar) rampa abaixo chegue ao pé da rampa no menor tempo deve ter o formato de uma cicloide invertida. Essa é a propriedade da cicloide denominada "braquistócrona", do grego brachistos, *"o mais curto" e* chronos, *"tempo".*

584 Cálculo

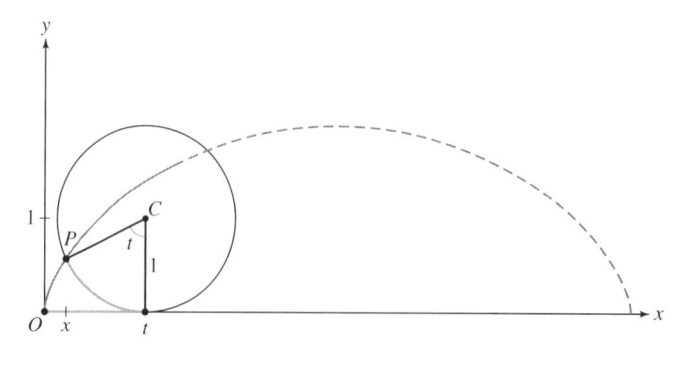

(A) A posição de P no instante t

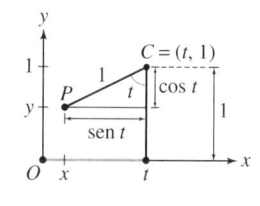

(B) P tem coordenadas
$x = t - \operatorname{sen} t, y = 1 - \cos t$

FIGURA 11

Retas tangentes a curvas paramétricas

Da mesma forma que utilizamos retas tangentes ao gráfico de $y = f(x)$ para determinar a taxa de variação da função f, gostaríamos de poder determinar como y varia com x se a curva for dada por equações paramétricas. A inclinação da reta tangente é a derivada dy/dx, mas precisamos usar a regra da cadeia para calculá-la porque y não está dada explicitamente como uma função de x. Escrevemos $x = f(t), y = g(t)$. Então, pela regra da cadeia,

$$g'(t) = \frac{dy}{dt} = \frac{dy}{dx}\frac{dx}{dt} = \frac{dy}{dx}f'(t)$$

| **NOTAÇÃO** Nesta seção, escrevemos $f'(t), x'(t), y'(t)$, etc, para denotar a derivada em relação a t.

Se $f'(t) \neq 0$, podemos dividir por $f'(t)$ para obter

$$\frac{dy}{dx} = \frac{g'(t)}{f'(t)}$$

Essa conta é válida se $f(t)$ e $g(t)$ forem deriváveis, $f'(t)$ for contínua e $f'(t) \neq 0$. Nesse caso, existe a inversa $t = f^{-1}(x)$, e a composta $y = g(f^{-1}(x))$ é uma função derivável de x.

| **ADVERTÊNCIA** Não confunda dy/dx com as derivadas dx/dt e dy/dt, que são derivadas em relação ao parâmetro t. Somente dy/dx é a inclinação da reta tangente.

TEOREMA 2   Inclinação da reta tangente   Seja $c(t) = (x(t), y(t))$, sendo $x(t)$ e $y(t)$ deriváveis. Suponha que $x'(t)$ seja contínua e que $x'(t) \neq 0$. Então

$$\boxed{\frac{dy}{dx} = \frac{dy/dt}{dx/dt} = \frac{y'(t)}{x'(t)}}$$

8

■ **EXEMPLO 9**   Seja $c(t) = (t^2 + 1, t^3 - 4t)$. Encontre:

(a) uma equação da reta tangente em $t = 3$ e
(b) os pontos nos quais a tangente é horizontal (Figura 12).

Solução   Temos

$$\frac{dy}{dx} = \frac{y'(t)}{x'(t)} = \frac{(t^3 - 4t)'}{(t^2 + 1)'} = \frac{3t^2 - 4}{2t}$$

(a) A inclinação em $t = 3$ é

$$\frac{dy}{dx} = \frac{3t^2 - 4}{2t}\bigg|_{t=3} = \frac{3(3)^2 - 4}{2(3)} = \frac{23}{6}$$

Como $c(3) = (10, 15)$, a equação da reta tangente em formato ponto-inclinação é

$$y - 15 = \frac{23}{6}(x - 10)$$

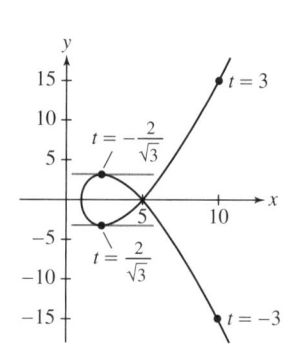

FIGURA 12   Retas tangentes horizontais de $c(t) = (t^2 + 1, t^3 - 4t)$.

(b) A inclinação dy/dx é nula se $y'(t) = 0$ e $x'(t) \neq 0$. Temos $y'(t) = 3t^2 - 4 = 0$ com $t = \pm 2/\sqrt{3}$ (e $x'(t) = 2t \neq 0$ nesses valores de t). Portanto, a reta tangente é horizontal nos pontos

$$c\left(-\frac{2}{\sqrt{3}}\right) = \left(\frac{7}{3}, \frac{16}{3\sqrt{3}}\right), \qquad c\left(\frac{2}{\sqrt{3}}\right) = \left(\frac{7}{3}, -\frac{16}{3\sqrt{3}}\right) \qquad \blacksquare$$

As curvas paramétricas são usadas extensivamente em toda a área da computação gráfica. Uma classe particularmente importante de curvas é a das **curvas de Bézier**, que discutimos, brevemente, no caso cúbico. Dados quatro pontos "de controle" (Figura 13):

$$P_0 = (a_0, b_0), \qquad P_1 = (a_1, b_1), \qquad P_2 = (a_2, b_2), \qquad P_3 = (a_3, b_3)$$

definimos a curva de Bézier $c(t) = (x(t), y(t))$ com $0 \leq t \leq 1$ por

$$x(t) = a_0(1-t)^3 + 3a_1 t(1-t)^2 + 3a_2 t^2(1-t) + a_3 t^3 \qquad \boxed{9}$$

$$y(t) = b_0(1-t)^3 + 3b_1 t(1-t)^2 + 3b_2 t^2(1-t) + b_3 t^3 \qquad \boxed{10}$$

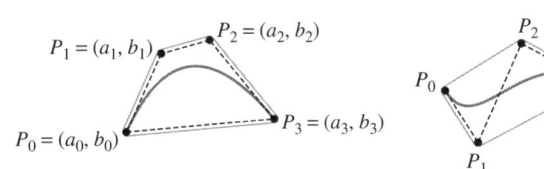

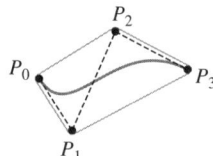

As curvas de Bézier foram inventadas nos anos 1960 por Pierre Bézier (1910-1999), um engenheiro francês que trabalhava na fábrica de carros da Renault. Elas utilizam as propriedades dos polinômios de Bernstein, que foram introduzidos 50 anos antes pelo matemático russo Sergei Bernstein para estudar a aproximação de funções contínuas por polinômios. Hoje as curvas de Bézier são usadas em aplicativos gráficos padrão como Adobe Illustrator™ e Corel Draw™, e na construção e armazenamento de fontes de computador como TrueType™ e PostScript™.

FIGURA 13 Curvas de Bézier cúbicas especificadas por quatro pontos de controle.

Observe que $c(0) = (a_0, b_0)$ e $c(1) = (a_3, b_3)$, portanto a curva de Bézier começa em P_0 e termina em P_3 (Figura 13). Também pode ser mostrado que a curva de Bézier está contida dentro do quadrilátero (destacado na figura) de vértices P_0, P_1, P_2, P_3. Contudo, $c(t)$ não passa por P_1 e P_2. Em vez disso, esses pontos de controle intermediários determinam as inclinações das retas tangentes em P_0 e P_3, como veremos no exemplo seguinte (ver também Exercícios 67-70).

■ **EXEMPLO 10** Mostre que a curva de Bézier é tangente ao segmento $\overline{P_0 P_1}$ em P_0.

Solução A curva de Bézier passa por P_0 em $t = 0$, portanto devemos mostrar que a inclinação da reta tangente em $t = 0$ é igual à inclinação de $\overline{P_0 P_1}$. Para encontrar a inclinação, calculamos as derivadas:

$$x'(t) = -3a_0(1-t)^2 + 3a_1(1 - 4t + 3t^2) + a_2(2t - 3t^2) + 3a_3 t^2$$

$$y'(t) = -3b_0(1-t)^2 + 3b_1(1 - 4t + 3t^2) + b_2(2t - 3t^2) + 3b_3 t^2$$

Calculando em $t = 0$, obtemos $x'(0) = 3(a_1 - a_0)$, $y'(0) = 3(b_1 - b_0)$ e

$$\left.\frac{dy}{dx}\right|_{t=0} = \frac{y'(0)}{x'(0)} = \frac{3(b_1 - b_0)}{3(a_1 - a_0)} = \frac{b_1 - b_0}{a_1 - a_0}$$

Isso é igual à inclinação da reta por $P_0 = (a_0, b_0)$ e $P_1 = (a_1, b_1)$, como queríamos mostrar (desde que $a_1 \neq a_0$). ■

Área abaixo de uma curva paramétrica

Como sabemos, a área abaixo de uma curva $y = h(x)$, se $h(x) \geq 0$, com $a \leq x \leq b$, é dada por

$$A = \int_a^b h(x)\, dx$$

Se a curva $y = h(x)$ for percorrida uma só vez por uma curva paramétrica $c(t) = (x(t), y(t))$ como na Figura 14, em que $x(t_0) = a$ e $x(t_1) = b$, então podemos substituir $y = h(x)$ por $y(t)$ e dx por $x'(t)dt$, resultando uma fórmula para a área A abaixo da curva:

$$\boxed{A = \int_{t_0}^{t_1} y(t) x'(t)\, dt} \qquad \boxed{11}$$

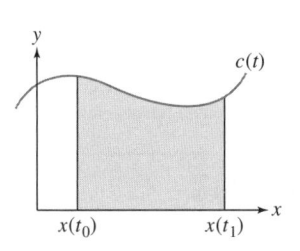

FIGURA 14 Encontrando a área abaixo de uma curva paramétrica $c(t)$.

■ **EXEMPLO 11** Encontre a área dentro da elipse do Exemplo 5.

Solução Vimos que a elipse é parametrizada por $c(t) = (a\cos t, b\,\text{sen}\, t)$ com $-\pi \le t \le \pi$. A metade superior da elipse corresponde a $0 \le t \le \pi$ e, como isso dá o gráfico de uma função que é não negativa, podemos obter a área abaixo da curva usando a Fórmula (10). Observe, entretanto, que $t_0 = \pi$ e $t_1 = 0$, de modo que $x(t_0) = -a$ e $x(t_1) = a$. Assim, a área da elipse é dada por

$$A = 2\int_\pi^0 \underbrace{b\,\text{sen}\,t}_{y(t)}\,\underbrace{(-a\,\text{sen}\,t)}_{x'(t)}\,dt = 2ab\int_0^\pi \text{sen}^2 t\,dt$$

$$= 2ab\int_0^\pi \frac{1-\cos 2t}{2}\,dt = 2ab\left(\frac{t}{2} - \frac{\text{sen}\,2t}{4}\right)\bigg|_0^\pi = \pi ab \qquad ■$$

11.1 Resumo

- Uma curva paramétrica $c(t) = (f(t), g(t))$ descreve o caminho de uma partícula que se move ao longo da curva como uma função do parâmetro t.
- As parametrizações não são únicas: cada curva $\mathcal{C}$ pode ser parametrizada de uma infinidade de maneiras. Além disso, o caminho $c(t)$ pode percorrer toda a curva $\mathcal{C}$ ou parte dela mais de uma vez.
- A inclinação da reta tangente em $c(t)$:

$$\frac{dy}{dx} = \frac{dy/dt}{dx/dt} = \frac{y'(t)}{x'(t)} \qquad \text{[válida se } x'(t) \ne 0\text{]}$$

- Não confunda a inclinação da reta tangente dy/dx com a as derivadas dy/dt e dx/dt em relação a t.
- Parametrizações padrão:
  - Reta de inclinação $m = s/r$ por $P = (a, b)$: $c(t) = (a + rt, b + st)$
  - Círculo de raio R centrado em $P = (a, b)$: $c(t) = (a + R\cos t, b + R\,\text{sen}\,t)$
  - Cicloide gerada por um círculo de raio R: $c(t) = (R(t - \text{sen}\,t), R(1 - \cos t))$
- Área abaixo de uma curva paramétrica $c(t) = (x(t), y(t))$ que não mergulha abaixo do eixo x e que percorre uma só vez o gráfico de uma função é dada por $A = \int_{t_0}^{t_1} y(t)x'(t)\,dt$.

11.1 Exercícios

Exercícios preliminares

1. Descreva o formato da curva $x = 3\cos t, y = 3\,\text{sen}\,t$.
2. De que maneira a curva $x = 4 + 3\cos t, y = 5 + 3\,\text{sen}\,t$ é diferente da curva da questão precedente?
3. Qual é a altura máxima alcançada por uma partícula cuja trajetória tem equações paramétricas $x = t^9, y = 4 - t^2$?
4. Pode a curva paramétrica $(t, \text{sen}\,t)$ ser representada como um gráfico $y = f(x)$? E a curva $(\text{sen}\,t, t)$?
5. (a) Descreva o caminho de uma formiga que está caminhando pelo plano de acordo com $c_1(t) = (f(t), f(t))$, em que $f(t)$ é uma função crescente.
   (b) Compare o caminho com o de uma segunda formiga que se movimenta de acordo com $c_2(t) = (f(2t), f(2t))$.
6. Encontre três parametrizações diferentes do gráfico de $y = x^3$.
7. Combine as derivadas com uma descrição verbal:
   (a) $\dfrac{dx}{dt}$ (b) $\dfrac{dy}{dt}$ (c) $\dfrac{dy}{dx}$
   (i) Inclinação da reta tangente à curva.
   (ii) Taxa de variação vertical em relação ao tempo.
   (iii) Taxa de variação horizontal em relação ao tempo.

Exercícios

1. Encontre as coordenadas nos instantes $t = 0, 2$ e 4 de uma partícula percorrendo o caminho $x = 1 + t^3, y = 9 - 3t^2$.

2. Encontre as coordenadas em $t = 0, \frac{\pi}{4}, \pi$ de uma partícula em movimento ao longo do caminho $c(t) = (\cos 2t, \text{sen}^2 t)$.

3. Eliminando o parâmetro, mostre que o caminho traçado pelo foguete do Exemplo 3 é uma parábola.

4. Use a tabela de valores dada para esboçar a curva paramétrica $(x(t), y(t))$, indicando o sentido do movimento.

t	-3	-2	-1	0	1	2	3
x	-15	0	3	0	-3	0	15
y	5	0	-3	-4	-3	0	5

5. Esboce as curvas paramétricas. Inclua setas indicando o sentido de percurso.
   (a) (t, t), $-\infty < t < \infty$
   (b) $(\text{sen } t, \text{sen } t)$, $0 \le t \le 2\pi$
   (c) (e^t, e^t), $-\infty < t < \infty$
   (d) (t^3, t^3), $-1 \le t \le 1$

6. Dê duas parametrizações distintas da reta por (4, 1) de inclinação 2.

Nos Exercícios 7-14, expresse na forma $y = f(x)$ eliminando o parâmetro.

7. $x = t + 3$, $y = 4t$
8. $x = t^{-1}$, $y = t^{-2}$
9. $x = t$, $y = \text{arc tg}\,(t^3 + e^t)$
10. $x = t^2$, $y = t^3 + 1$
11. $x = e^{-2t}$, $y = 6e^{4t}$
12. $x = 1 + t^{-1}$, $y = t^2$
13. $x = \ln t$, $y = 2 - t$
14. $x = \cos t$, $y = \text{tg } t$

Nos Exercícios 15-18, esboce a curva e desenhe uma seta especificando o sentido correspondente ao movimento.

15. $x = \frac{1}{2}t$, $y = 2t^2$
16. $x = 2 + 4t$, $y = 3 + 2t$
17. $x = \pi t$, $y = \text{sen } t$
18. $x = t^2$, $y = t^3$

19. Combine as parametrizações (a)-(d) a seguir com seus esboços na Figura 15 e desenhe uma seta indicando o sentido do movimento.

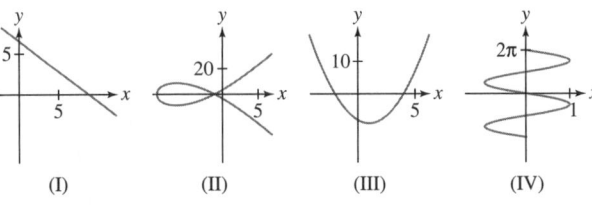

FIGURA 15

(a) $c(t) = (\text{sen } t, -t)$
(b) $c(t) = (t^2 - 9, 8t - t^3)$
(c) $c(t) = (1 - t, t^2 - 9)$
(d) $c(t) = (4t + 2, 5 - 3t)$

20. Encontre um intervalo de valores de t tais que $c(t) = (\cos t, \text{sen } t)$ trace a metade inferior do círculo unitário.

21. Uma partícula percorre a trajetória
$$x(t) = \frac{1}{4}t^3 + 2t, \qquad y(t) = 20t - t^2$$
com t em segundos e distância em centímetros.
(a) Qual é a altura máxima atingida pela partícula?
(b) Em que instante a partícula atinge o chão e a que distância da origem?

22. Encontre um intervalo de valores de t tais que $c(t) = (2t + 1, 4t - 5)$ parametrize o segmento de $(0, -7)$ até $(7, 7)$.

Nos Exercícios 23-38, encontre equações paramétricas da curva dada.

23. $y = 9 - 4x$
24. $y = 8x^2 - 3x$
25. $4x - y^2 = 5$
26. $x^2 + y^2 = 49$
27. $(x + 9)^2 + (y - 4)^2 = 49$
28. $\left(\frac{x}{5}\right)^2 + \left(\frac{y}{12}\right)^2 = 1$
29. Reta de inclinação 8 por $(-4, 9)$.
30. Reta por (2, 5) perpendicular a $y = 3x$.
31. Reta por (3, 1) e $(-5, 4)$.
32. Reta por $\left(\frac{1}{3}, \frac{1}{6}\right)$ e $\left(-\frac{7}{6}, \frac{5}{3}\right)$.
33. Segmento ligando (1, 1) e (2, 3).
34. Segmento ligando $(-3, 0)$ e (0, 4).
35. Círculo de raio 4 centrado em (3, 9).
36. Elipse do Exercício 28 com seu centro transladado para (7, 4).
37. $y = x^2$, transladada de tal modo que seu mínimo ocorra em $(-4, -8)$.
38. $y = \cos x$, transladada de tal modo que um máximo ocorra em (3, 5).

Nos Exercícios 39-42, encontre uma parametrização $c(t)$ da curva satisfazendo a condição dada.

39. $y = 3x - 4$, $c(0) = (2, 2)$
40. $y = 3x - 4$, $c(3) = (2, 2)$
41. $y = x^2$, $c(0) = (3, 9)$
42. $x^2 + y^2 = 4$, $c(0) = (1, \sqrt{3})$

43. Descreva $c(t) = (\sec t, \text{tg } t)$ com $0 \le t < \frac{\pi}{2}$ na forma $y = f(x)$. Especifique o domínio de x.

44. Encontre uma parametrização do ramo direito ($x > 0$) da hipérbole
$$\left(\frac{x}{a}\right)^2 - \left(\frac{y}{b}\right)^2 = 1$$
usando cosh t e senh t. Como podemos parametrizar o ramo $x < 0$?

45. Os gráficos de $x(t)$ e $y(t)$ como funções de t aparecem na Figura 16(A). Qual dentre (I)-(III) é o esboço de $c(t) = (x(t), y(t))$? Explique.

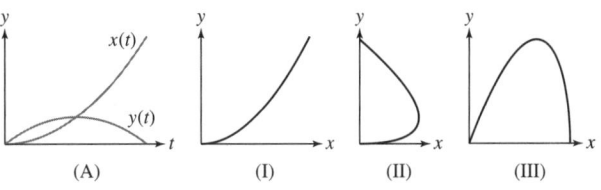

FIGURA 16

46. Qual dentre (I) ou (II) é o gráfico de $x(t)$ e qual é o de $y(t)$ com a curva paramétrica da Figura 17(A)?

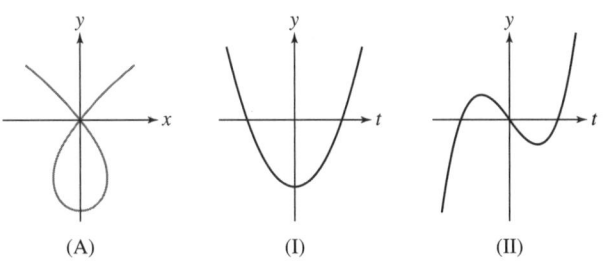

FIGURA 17

47. Esboce $c(t) = (t^3 - 4t, t^2)$ seguindo os passos do Exemplo 7.
48. Esboce $c(t) = (t^2 - 4t, 9 - t^2)$ com $-4 \le t \le 10$.

Nos Exercícios 49-54, use a Equação (8) para encontrar dy/dx no ponto dado.

49. $(t^3, t^2 - 1)$, $t = -4$
50. $(2t + 9, 7t - 9)$, $t = 1$
51. $(s^{-1} - 3s, s^3)$, $s = -1$
52. $(\text{sen } 2\theta, \cos 3\theta)$, $\theta = \frac{\pi}{6}$
53. $(\text{sen}^3 \theta, \cos \theta)$, $\theta = \frac{\pi}{4}$
54. (e^t, t^2), $t = 1$

Nos Exercícios 55-58, encontre uma equação $y = f(x)$ da curva paramétrica e calcule dy/dx de duas maneiras: usando a Equação (8) e derivando $f(x)$.

55. $c(t) = (2t + 1, 1 - 9t)$
56. $c(t) = \left(\frac{1}{2}t, \frac{1}{4}t^2 - t\right)$
57. $x = s^3$, $y = s^6 + s^{-3}$
58. $x = \cos \theta$, $y = \cos \theta + \text{sen}^2 \theta$

59. Encontre os pontos da curva paramétrica $c(t) = (3t^2 - 2t, t^3 - 6t)$ em que a reta tangente tem inclinação 3.

60. Encontre a equação da reta tangente à cicloide gerada por um círculo de raio 4 em $t = \frac{\pi}{2}$.

Nos Exercícios 61-64, seja $c(t) = (t^2 - 9, t^2 - 8t)$ (ver Figura 18).

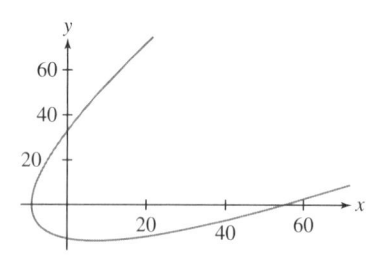

FIGURA 18 O esboço de $c(t) = (t^2 - 9, t^2 - 8t)$.

61. Desenhe uma seta indicando o sentido do movimento e determine o intervalo de valores de t correspondentes à porção da curva em cada um dos quatro quadrantes.

62. Encontre a equação da reta tangente em $t = 4$.

63. Encontre os pontos em que a reta tangente tem inclinação $\frac{1}{2}$.

64. Encontre os pontos em que a reta tangente é horizontal ou vertical.

65. Sejam A e B os pontos em que o raio de ângulo θ intersecta os dois círculos concêntricos de raios $r < R$ centrados na origem (Figura 19). Seja P o ponto de interseção da reta horizontal por A e a reta vertical por B. Expresse as coordenadas de P em função de θ e descreva a curva percorrida por P, com $0 \leq \theta \leq 2\pi$.

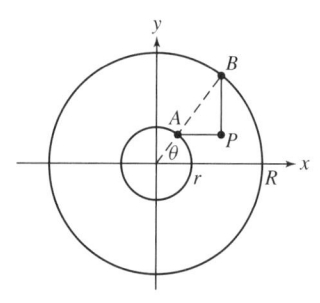

FIGURA 19

66. Uma escada de 10 m escorrega por uma parede abaixo quando sua base B é puxada para longe da parede (Figura 20). Usando o ângulo θ como parâmetro, encontre as equações paramétricas do caminho percorrido pelo (a) topo A da escada; (b) pé B da escada; (c) ponto P a 4 m do topo da escada. Mostre que P descreve uma elipse.

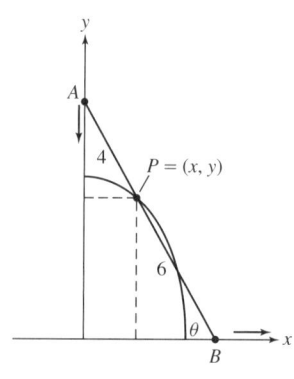

FIGURA 20

Nos Exercícios 67-70, utilize a curva de Bézier definida pelas Equações (9) e (10).

67. Mostre que a curva de Bézier de pontos de controle
$$P_0 = (1, 4), \quad P_1 = (3, 12), \quad P_2 = (6, 15), \quad P_3 = (7, 4)$$
tem parametrização
$$c(t) = (1 + 6t + 3t^2 - 3t^3, 4 + 24t - 15t^2 - 9t^3)$$
Verifique que a inclinação em $t = 0$ é igual à inclinação do segmento $\overline{P_0 P_1}$.

68. Encontre uma equação da reta tangente à curva de Bézier do Exercício 67 em $t = \frac{1}{3}$.

69. Utilizando um sistema algébrico computacional, encontre e esboce a curva de Bézier $c(t)$ de pontos de controle
$$P_0 = (3, 2), \quad P_1 = (0, 2), \quad P_2 = (5, 4), \quad P_3 = (2, 4)$$

70. Mostre que uma curva de Bézier cúbica é tangente ao segmento $\overline{P_2 P_3}$ em P_3.

71. Um projétil disparado de uma arma segue a trajetória
$$x = at, \quad y = bt - 16t^2 \quad (a, b > 0)$$
Mostre que o projétil sai da arma num ângulo $\theta = \text{arc tg}\left(\dfrac{b}{a}\right)$ e cai a uma distância $\dfrac{ab}{16}$ da origem.

72. Utilizando um sistema algébrico computacional, esboce $c(t) = (t^3 - 4t, t^4 - 12t^2 + 48)$ com $-3 \leq t \leq 3$. Encontre os pontos em que a reta tangente é horizontal ou vertical.

73. Utilizando um sistema algébrico computacional, esboce o astroide $x = \cos^3 \theta$, $y = \text{sen}^3 \theta$ e encontre a equação da reta tangente em $\theta = \frac{\pi}{3}$.

74. Encontre a equação da reta tangente em $t = \frac{\pi}{4}$ da cicloide gerada pelo círculo unitário que tem a Equação (6) como equação paramétrica.

75. Encontre os pontos com uma reta tangente horizontal da cicloide que tem a Equação (6) como equação paramétrica.

76. Propriedade da cicloide Prove que a reta tangente num ponto P da cicloide sempre passa pelo ponto mais alto do círculo que rola, conforme indicado na Figura 21. Suponha que o círculo gerador da cicloide tenha raio 1.

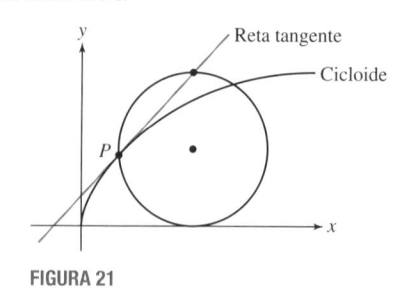

FIGURA 21

77. Uma *hipocicloide* (Figura 22) é a curva traçada por um ponto a uma distância h do centro de um círculo de raio R que rola pelo eixo x, com $h < R$. Mostre que essa curva tem equações paramétricas $x = Rt - h \operatorname{sen} t$, $y = R - h \cos t$.

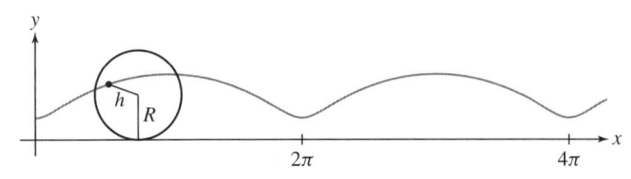

FIGURA 22 Hipocicloide.

78. Use um sistema algébrico computacional para explorar o que acontece quando $h > R$ nas equações paramétricas do Exercício 77. Descreva o resultado.

79. Mostre que a reta de inclinação t por $(-1, 0)$ intersecta o círculo unitário no ponto de coordenadas

$$x = \frac{1-t^2}{t^2+1}, \qquad y = \frac{2t}{t^2+1} \qquad \boxed{12}$$

Conclua que essas equações parametrizam o círculo unitário com o ponto $(-1, 0)$ excluído (Figura 23). Mostre, também, que $t = y/(x+1)$.

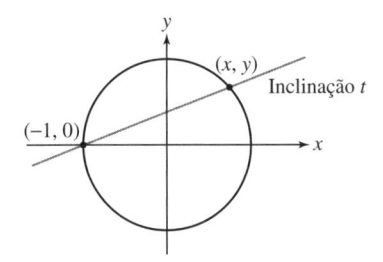

FIGURA 23 Círculo unitário.

80. O fólio de Descartes é a curva de equação $x^3 + y^3 = 3axy$, em que $a \neq 0$ é uma constante (Figura 24).
   (a) Mostre que, para $t \neq -1, 0$, a reta $y = tx$ intersecta o fólio na origem e em um outro ponto P. Expresse as coordenadas de P em termos de t para obter uma parametrização do fólio. Indique o sentido da parametrização no gráfico.
   (b) Descreva o intervalo de valores de t que parametrizam as partes da figura nos quadrantes I, II e IV. Observe que $t = -1$ é um ponto de descontinuidade da parametrização.
   (c) Calcule dy/dx como uma função de t e encontre os pontos com reta tangente horizontal ou vertical.

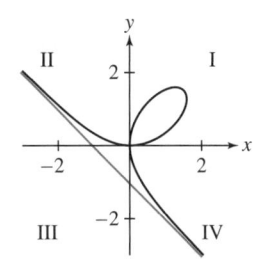

FIGURA 24 O fólio $x^3 + y^3 = 3axy$.

81. Use os resultados do Exercício 80 para mostrar que a reta $x + y = -a$ é uma assíntota do fólio. *Sugestão:* mostre que $\lim\limits_{t \to -1} (x+y) = -a$.

82. Encontre uma parametrização de $x^{2n+1} + y^{2n+1} = ax^n y^n$, em que n e a são constantes.

83. Derivada segunda de uma curva parametrizada Dada uma curva parametrizada $c(t) = (x(t), y(t))$, mostre que

$$\frac{d}{dt}\left(\frac{dy}{dx}\right) = \frac{x'(t)y''(t) - y'(t)x''(t)}{x'(t)^2}$$

Use isso para provar a fórmula

$$\boxed{\frac{d^2y}{dx^2} = \frac{x'(t)y''(t) - y'(t)x''(t)}{x'(t)^3}} \qquad 13$$

84. A derivada segunda de $y = x^2$ é $d^2y/d^2x = 2$. Verifique que a Equação (13) aplicada a $c(t) = (t, t^2)$ dá $dy^2/d^2x = 2$. De fato, pode ser utilizada qualquer parametrização. Confira que $c(t) = (t^3, t^6)$ e $c(t) = (\operatorname{tg} t, \operatorname{tg}^2 t)$ também dão $dy^2/d^2x = 2$.

Nos Exercícios 85-88, use a Equação (13) para obter d^2y/dx^2.

85. $x = t^3 + t^2$, $y = 7t^2 - 4$, $t = 2$
86. $x = s^{-1} + s$, $y = 4 - s^{-2}$, $s = 1$
87. $x = 8t + 9$, $y = 1 - 4t$, $t = -3$
88. $x = \cos\theta$, $y = \operatorname{sen}\theta$, $\theta = \frac{\pi}{4}$

89. Use a Equação (13) para encontrar os intervalos de t nos quais $c(t) = (t^2, t^3 - 4t)$ é côncava para cima.

90. Use a Equação (13) para encontrar os intervalos de t nos quais $c(t) = (t^2, t^4 - 4t)$ é côncava para cima.

91. Calcule a área abaixo de $y = x^2$ e acima de $[0, 1]$ usando a Equação (11) com as parametrizações (t^3, t^6) e (t^2, t^4).

92. O que diz a Equação (11) se $c(t) = (t, f(t))$?

93. Considere a curva $c(t) = (t^2, t^3)$ com $0 \le t \le 1$.
   (a) Encontre a área abaixo da curva usando a Equação (11).
   (b) Encontre a área abaixo da curva expressando y como uma função de x e calculando a área pelo método padrão.

94. Calcule a área abaixo da curva parametrizada $c(t) = (e^t, t)$, com $0 \le t \le 1$, usando a Equação (11).

95. Calcule a área abaixo da curva parametrizada dada por $c(t) = (\operatorname{sen} t, \cos^2 t)$ com $0 \le t \le \pi/2$ usando a Equação (11).

96. Esboce o gráfico de $c(t) = (\ln t, 2 - t)$, com $1 \le t \le 2$, e calcule a área abaixo do gráfico usando a Equação (11).

97. Galileu tentou, sem sucesso, encontrar a área abaixo da cicloide. Em torno de 1630, Gilles de Roberval provou que a área abaixo de um arco da cicloide $c(t) = (Rt - R\operatorname{sen} t, R - R\cos t)$ gerada por um círculo de raio R é igual a três vezes a área do círculo (Figura 25). Verifique o resultado de Roberval usando a Equação (11).

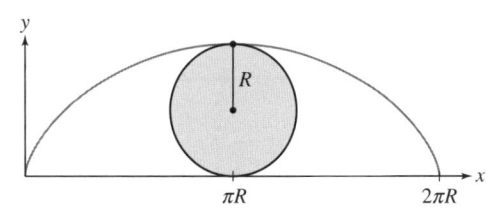

FIGURA 25 A área de um arco da cicloide é igual a três vezes a área do círculo gerador.

Compreensão adicional e desafios

98. Prove a generalização seguinte do Exercício 97. Dado qualquer $t > 0$, a área do setor OPC da cicloide é igual a três vezes a área do segmento circular cortado pela corda PC na Figura 26.

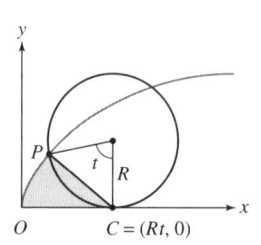

(A) Setor OPC da cicloide

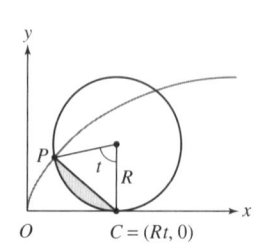

(B) Segmento circular cortado pela corda PC

FIGURA 26

99. Deduza a fórmula da inclinação da reta tangente de uma curva paramétrica $c(t) = (x(t), y(t))$ usando um método diferente do apresentado no texto. Suponha que existam $x'(t_0)$ e $y'(t_0)$ e que $x'(t_0) \neq 0$. Mostre que

$$\lim_{h \to 0} \frac{y(t_0 + h) - y(t_0)}{x(t_0 + h) - x(t_0)} = \frac{y'(t_0)}{x'(t_0)}$$

Em seguida, explique por que esse limite é igual à inclinação dy/dx. Trace um diagrama mostrando que o quociente no limite é a inclinação da reta secante.

100. Verifique que a **tractriz** ($\ell > 0$)

$$c(t) = \left(t - \ell \,\text{tgh}\, \frac{t}{\ell},\, \ell \,\text{sech}\, \frac{t}{\ell}\right)$$

é uma curva com a propriedade seguinte: dado qualquer t, o segmento de $c(t)$ até $(t, 0)$ é tangente à curva e tem comprimento ℓ (Figura 27).

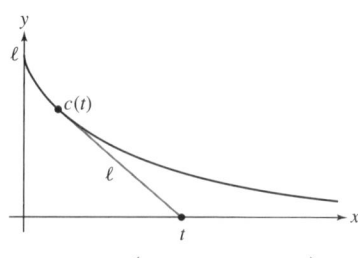

FIGURA 27 A tractriz $c(t) = \left(t - \ell \,\text{tgh}\, \frac{t}{\ell},\, \ell \,\text{sech}\, \frac{t}{\ell}\right)$.

101. No Exercício 59 da Seção 9.1, a tractriz foi descrita pela equação diferencial

$$\frac{dy}{dx} = -\frac{y}{\sqrt{\ell^2 - y^2}}$$

Mostre que a curva paramétrica $c(t)$ identificada como a tractriz no Exercício 100 satisfaz essa equação diferencial. Observe que a derivada à esquerda é tomada em relação a x, e não t.

Nos Exercícios 102 e 103, use a Figura 28.

102. O parâmetro t na parametrização $c(t) = (a \cos t, b \,\text{sen}\, t)$ da elipse *não é* um parâmetro angular, a menos que $a = b$ (caso em que a elipse é um círculo). No entanto, t pode ser interpretado em termos de área. Mostre que se $c(t) = (x, y)$, então $t = (2/ab)A$, em que A é a área da região sombreada na Figura 28. *Sugestão:* use a Equação (11).

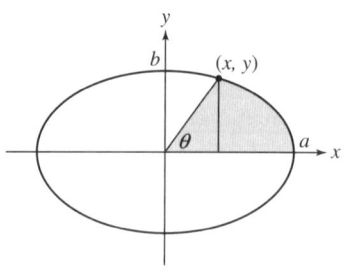

FIGURA 28 O parâmetro θ na elipse $\left(\dfrac{x}{a}\right)^2 + \left(\dfrac{y}{b}\right)^2 = 1$.

103. Mostre que a parametrização da elipse pelo ângulo θ é

$$x = \frac{ab \cos \theta}{\sqrt{a^2 \,\text{sen}^2\, \theta + b^2 \cos^2 \theta}}$$

$$y = \frac{ab \,\text{sen}\, \theta}{\sqrt{a^2 \,\text{sen}^2\, \theta + b^2 \cos^2 \theta}}$$

11.2 Comprimento de arco e velocidade

Agora deduzimos uma fórmula do comprimento de arco de uma curva em forma paramétrica. Na Seção 8.1, definimos o comprimento de arco como o limite dos comprimentos das aproximações poligonais (Figura 1).

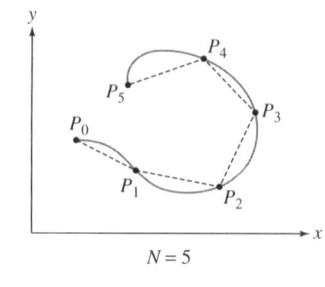

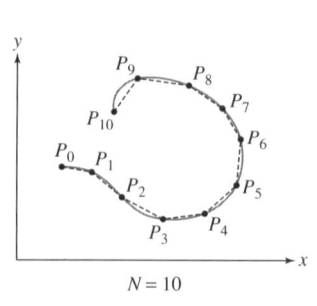

FIGURA 1 Aproximações poligonais com $N = 5$ e $N = 10$.

Dada uma parametrização $c(t) = (x(t), y(t))$ com $a \leq t \leq b$, construímos uma aproximação poligonal L consistindo em N segmentos de reta ligando os pontos

$$P_0 = c(t_0), \quad P_1 = c(t_1), \quad \ldots, \quad P_N = c(t_N)$$

correspondentes a uma escolha de valores $t_0 = a < t_1 < t_2 < \cdots < t_N = b$. Pela fórmula da distância,

$$P_{i-1}P_i = \sqrt{\left(x(t_i) - x(t_{i-1})\right)^2 + \left(y(t_i) - y(t_{i-1})\right)^2} \qquad \boxed{1}$$

Agora suponha que $x(t)$ e $y(t)$ sejam deriváveis. De acordo com o teorema do valor médio, existem valores t_i^* e t_i^{**} no intervalo $[t_{i-1}, t_i]$ tais que

$$x(t_i) - x(t_{i-1}) = x'(t_i^*)\Delta t_i, \qquad y(t_i) - y(t_{i-1}) = y'(t_i^{**})\Delta t_i$$

em que $\Delta t_i = t_i - t_{i-1}$ e, portanto,

$$P_{i-1}P_i = \sqrt{x'(t_i^*)^2 \Delta t_i^2 + y'(t_i^{**})^2 \Delta t_i^2} = \sqrt{x'(t_i^*)^2 + y'(t_i^{**})^2}\, \Delta t_i$$

O comprimento da aproximação poligonal L é igual à soma

$$\sum_{i=1}^{N} P_{i-1}P_i = \sum_{i=1}^{N} \sqrt{x'(t_i^*)^2 + y'(t_i^{**})^2}\, \Delta t_i \qquad \boxed{2}$$

Isso é *quase* uma soma de Riemann para a função $\sqrt{x'(t)^2 + y'(t)^2}$. Seria uma autêntica soma de Riemann se os valores intermediários t_i^* e t_i^{**} fossem iguais. Embora não sejam necessariamente iguais, pode ser mostrado (e vamos supor que isso tenha sido feito) que se $x'(t)$ e $y'(t)$ forem contínuas, então a soma na Equação (2) ainda tenderá à integral quando as larguras Δt_i tenderem a 0. Assim,

$$s = \lim_{\Delta t_i \to 0} \sum_{i=1}^{N} P_{i-1}P_i = \int_a^b \sqrt{x'(t)^2 + y'(t)^2}\, dt$$

TEOREMA 1 Comprimento de arco Seja $c(t) = (x(t), y(t))$, em que $x'(t)$ e $y'(t)$ existem e são contínuas. Então o comprimento de arco s de $c(t)$ em $a \leq t \leq b$ é igual a

$$s = \int_a^b \sqrt{x'(t)^2 + y'(t)^2}\, dt \qquad \boxed{3}$$

Em virtude da raiz quadrada, a integral do comprimento de arco só pode ser calculada explicitamente em casos especiais, mas sempre podemos aproximá-la numericamente.

O gráfico de uma função $y = f(x)$ tem a parametrização $c(t) = (t, f(t))$. Nesse caso,

$$\sqrt{x'(t)^2 + y'(t)^2} = \sqrt{1 + f'(t)^2}$$

e a Equação (3) reduz à fórmula do comprimento de arco deduzida na Seção 8.1.

Como já mencionamos, a integral do comprimento de arco só pode ser calculada explicitamente em casos especiais. O círculo e a cicloide são dois desses casos.

■ **EXEMPLO 1** Use a Equação (3) para calcular o comprimento de arco de um círculo de raio R.

Solução Com a parametrização $x = R\cos\theta$, $y = R\,\text{sen}\,\theta$,

$$x'(\theta)^2 + y'(\theta)^2 = (-R\,\text{sen}\,\theta)^2 + (R\cos\theta)^2 = R^2(\text{sen}^2\theta + \cos^2\theta) = R^2$$

Assim obtemos o resultado esperado:

$$s = \int_0^{2\pi} \sqrt{x'(\theta)^2 + y'(\theta)^2}\, d\theta = \int_0^{2\pi} R\, d\theta = 2\pi R \qquad \blacksquare$$

EXEMPLO 2 Encontre o comprimento de arco da curva dada em forma paramétrica por $c(t) = (t^2, t^3)$ com $0 \leq t \leq 1$.

Solução O comprimento de arco dessa curva é dado por

$$s = \int_0^1 \sqrt{x'(t)^2 + y'(t)^2}\, dt = \int_0^1 \sqrt{(2t)^2 + (3t^2)^2}\, dt$$

$$= \int_0^1 t\sqrt{4 + 9t^2}\, dt$$

Tomando $u = 4 + 9t^2$, de modo que $du = 18t\, dt$, obtemos

$$s = \frac{1}{18}\int_4^{13} \sqrt{u}\, du = \frac{2}{3}\frac{u^{\frac{3}{2}}}{18}\Big|_4^{13} = \frac{1}{27}(13^{\frac{3}{2}} - (4)^{\frac{3}{2}}) \approx 1{,}4397$$

■

EXEMPLO 3 Comprimento da cicloide Calcule o comprimento de arco s de um arco da cicloide gerada por um círculo de raio $R = 2$ (Figura 2).

Solução Usamos a parametrização da cicloide dada na Equação (7) da Seção 11.1:

$$x(t) = 2(t - \operatorname{sen} t), \qquad y(t) = 2(1 - \cos t)$$
$$x'(t) = 2(1 - \cos t), \qquad y'(t) = 2\operatorname{sen} t$$

Assim,

$$x'(t)^2 + y'(t)^2 = 2^2(1 - \cos t)^2 + 2^2 \operatorname{sen}^2 t$$
$$= 4 - 8\cos t + 4\cos^2 t + 4\operatorname{sen}^2 t$$
$$= 8 - 8\cos t$$
$$= 16\operatorname{sen}^2\frac{t}{2} \quad \text{(Use a identidade lembrada ao lado.)}$$

Um arco da cicloide é percorrido quando t varia de 0 a 2π, portanto

$$s = \int_0^{2\pi} \sqrt{x'(t)^2 + y'(t)^2}\, dt = \int_0^{2\pi} 4\operatorname{sen}\frac{t}{2}\, dt = -8\cos\frac{t}{2}\Big|_0^{2\pi} = -8(-1) + 8 = 16$$

Observe que por ser $\operatorname{sen}\frac{t}{2} \geq 0$ com $0 \leq t \leq 2\pi$, não foi necessário usar o valor absoluto quando tomamos a raiz quadrada de $16\operatorname{sen}^2\frac{t}{2}$.

■

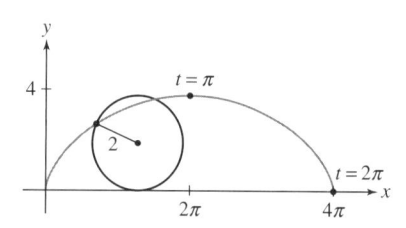

FIGURA 2 Um arco da cicloide gerada por um círculo de raio 2.

LEMBRETE

$$\frac{1 - \cos t}{2} = \operatorname{sen}^2\frac{t}{2}$$

Agora considere uma partícula em movimento ao longo de um caminho $c(t)$. A distância percorrida pela partícula ao longo do intervalo de tempo $[t_0, t]$ é dada pela integral do comprimento de arco:

$$s(t) = \int_{t_0}^t \sqrt{x'(u)^2 + y'(u)^2}\, du$$

Por outro lado, a velocidade escalar (ou, simplesmente, velocidade) é definida como a taxa de variação da distância percorrida em relação ao tempo, de modo que, pelo teorema fundamental do Cálculo,

$$\text{Velocidade escalar} = \frac{ds}{dt} = \frac{d}{dt}\int_{t_0}^t \sqrt{x'(u)^2 + y'(u)^2}\, du = \sqrt{x'(t)^2 + y'(t)^2}$$

No Capítulo 13, discutiremos não só a velocidade escalar mas também a velocidade de uma partícula em movimento ao longo de um caminho curvilíneo. A velocidade é "velocidade escalar mais direção" e é representada por um vetor.

TEOREMA 2 Velocidade ao longo de um caminho parametrizado A velocidade escalar de $c(t) = (x(t), y(t))$ é

$$\text{Velocidade} = \frac{ds}{dt} = \sqrt{x'(t)^2 + y'(t)^2}$$

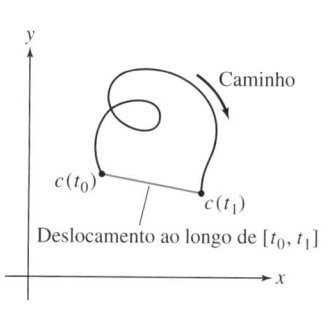

FIGURA 3 A distância percorrida ao longo do caminho é maior do que ou igual ao deslocamento.

Nosso próximo exemplo ilustra a diferença entre a distância percorrida ao longo de um caminho e o **deslocamento** (também denominado variação líquida de posição). O deslocamento ao longo de um caminho é a distância entre o ponto inicial $c(t_0)$ e o ponto final $c(t_1)$.

Capítulo 11 Equações paramétricas, coordenadas polares e seções cônicas **593**

A distância percorrida é maior do que o deslocamento, a menos que a partícula esteja em movimento retilíneo (Figura 3).

■ **EXEMPLO 4** Uma partícula percorre o caminho $c(t) = (2t, 1 + t^{3/2})$. Encontre:

(a) a velocidade escalar da partícula em $t = 1$ (supondo unidades de metros e minutos);
(b) a distância percorrida s e o deslocamento d ao longo do intervalo $0 \leq t \leq 4$.

Solução Temos
$$x'(t) = 2, \qquad y'(t) = \frac{3}{2}t^{1/2}$$

A velocidade escalar no instante t é
$$s'(t) = \sqrt{x'(t)^2 + y'(t)^2} = \sqrt{4 + \frac{9}{4}t} \quad \text{m/min}$$

(a) A velocidade escalar da partícula em $t = 1$ é $s'(1) = \sqrt{4 + \frac{9}{4}} = 2{,}5$ m/min.

(b) A distância percorrida durante os primeiros 4 minutos é
$$s = \int_0^4 \sqrt{4 + \frac{9}{4}t}\, dt = \frac{8}{27}\left(4 + \frac{9}{4}t\right)^{3/2}\bigg|_0^4 = \frac{8}{27}(13^{3/2} - 8) \approx 11{,}52 \text{ m}$$

O deslocamento d é a distância do ponto inicial $c(0) = (0, 1)$ ao final $c(4) = (8, 1 + 4^{3/2}) = (8, 9)$ (ver Figura 4):
$$d = \sqrt{(8-0)^2 + (9-1)^2} = 8\sqrt{2} \approx 11{,}31 \text{ m} \qquad ■$$

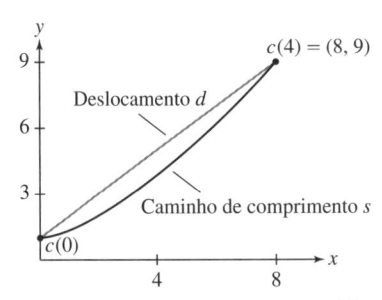

FIGURA 4 O caminho $c(t) = (2t, 1 + t^{3/2})$.

Na Física, é costume descrever o caminho de uma partícula que se move com velocidade constante ao longo de um círculo de raio R em termos de uma constante ω (que é a letra grega minúscula ômega) como segue:
$$c(t) = (R\cos\omega t, R\,\text{sen}\,\omega t)$$

A constante ω, denominada *velocidade angular*, é a taxa de variação em relação ao tempo do ângulo θ da partícula (Figura 5).

■ **EXEMPLO 5 Velocidade angular** Calcule a velocidade escalar do caminho circular de raio R e velocidade angular ω. Qual é a velocidade escalar se $R = 3$ m e $\omega = 4$ radianos por segundo (rad/s)?

Solução Temos $x = R\cos\omega t$ e $y = R\,\text{sen}\,\omega t$, com
$$x'(t) = -\omega R\,\text{sen}\,\omega t, \qquad y'(t) = \omega R\cos\omega t$$

A velocidade escalar da partícula é
$$\frac{ds}{dt} = \sqrt{x'(t)^2 + y'(t)^2} = \sqrt{(-\omega R\,\text{sen}\,\omega t)^2 + (\omega R\cos\omega t)^2}$$
$$= \sqrt{\omega^2 R^2(\text{sen}^2\,\omega t + \cos^2\omega t)} = |\omega|R$$

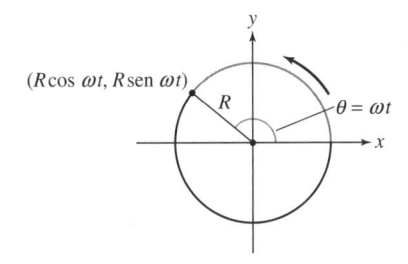

FIGURA 5 Uma partícula em movimento num círculo de raio R e velocidade angular ω tem velocidade escalar $|\omega|R$.

Assim, a velocidade escalar é constante, com valor $|\omega|R$. Se $R = 3$ e $\omega = 4$ rad/s, então a velocidade escalar é $|\omega|R = 3(4) = 12$ m/s. ■

Considere a superfície obtida pela rotação de uma curva paramétrica $c(t) = (x(t), y(t))$ em torno do eixo x. A área de superfície é dada pela Equação (4) do teorema seguinte. Essa área pode ser deduzida praticamente da mesma maneira que a fórmula da superfície de revolução de um gráfico $y = f(x)$ na Seção 8.1. Neste teorema, supomos que $y(t) \geq 0$, de modo que a curva paramétrica $c(t)$ fica acima do eixo x, e que $x(t)$ é crescente, de modo que a curva não reverte o sentido de percurso.

TEOREMA 3 Área de superfície Seja $c(t) = (x(t), y(t))$, em que $y(t) \geq 0$, $x(t)$ é crescente e $x'(t)$ e $y'(t)$ existem e são contínuas. Então a superfície obtida pela rotação de $c(t)$ em torno do eixo x, com $a \leq t \leq b$, tem área de superfície

$$S = 2\pi \int_a^b y(t)\sqrt{x'(t)^2 + y'(t)^2}\, dt \qquad \boxed{4}$$

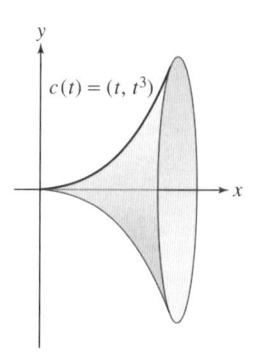

FIGURA 6 A superfície gerada pela revolução da curva em torno do eixo x.

EXEMPLO 6 Calcule a área de superfície da superfície obtida pela revolução da curva paramétrica $c(t) = (t, t^3)$ em torno do eixo x, com $0 \leq t \leq 1$. A superfície aparece na Figura 6.

Solução Temos $x'(t) = 1$ e $y'(t) = 3t^2$.
Portanto,

$$S = 2\pi \int_0^1 t^3 \sqrt{1 + (3t^2)^2}\, dt = 2\pi \int_0^1 t^3 \sqrt{1 + 9t^4}\, dt$$

Com a substituição $u = 1 + 9t^4$ e $du = 36t^3\, dt$, obtemos

$$S = 2\pi \frac{1}{36} \int_1^{10} \sqrt{u}\, du = \frac{\pi}{18} \left(\frac{2}{3}\right) u^{\frac{3}{2}} \Big|_1^{10} = \frac{\pi}{27}(10^{\frac{3}{2}} - 1) \approx 3{,}5631 \quad \blacksquare$$

11.2 Resumo

- Comprimento de arco de $c(t) = (x(t), y(t))$, com $a \leq t \leq b$:

$$s = \text{comprimento de arco} = \int_a^b \sqrt{x'(t)^2 + y'(t)^2}\, dt$$

- O comprimento de arco é a distância percorrida ao longo do caminho $c(t)$. O *deslocamento* é a distância entre o ponto inicial $c(a)$ e o final $c(b)$.
- Integral do comprimento de arco como uma função de t:

$$s(t) = \int_{t_0}^t \sqrt{x'(u)^2 + y'(u)^2}\, du$$

- Velocidade (escalar) no instante t:

$$\frac{ds}{dt} = \sqrt{x'(t)^2 + y'(t)^2}$$

- Área de superfície da superfície obtida girando $c(t) = (x(t), y(t))$ em torno do eixo x, com $a \leq t \leq b$:

$$S = 2\pi \int_a^b y(t) \sqrt{x'(t)^2 + y'(t)^2}\, dt$$

11.2 Exercícios

Exercícios preliminares

1. Qual é a definição de comprimento de arco?
2. A distância percorrida por uma partícula pode ser menor do que seu deslocamento? Quando coincidem?
3. Qual é a interpretação de $\sqrt{x'(t)^2 + y'(t)^2}$ para uma partícula percorrendo a trajetória $(x(t), y(t))$?
4. Uma partícula percorre um caminho de $(0, 0)$ a $(3, 4)$. Qual é o deslocamento? A distância percorrida pode ser deduzida a partir da informação dada?
5. Uma partícula percorre a parábola $y = x^2$ com velocidade constante de 3 cm/s. Qual é a distância percorrida durante o primeiro minuto? *Sugestão:* nenhuma conta complicada é necessária.
6. Se o segmento de reta dado por $c(t) = (3, t)$ com $0 \leq t \leq 2$ for girado em torno do eixo x, qual é a área de superfície resultante? *Sugestão:* nenhuma conta complicada é necessária.

Exercícios

Nos Exercícios 1-10, use a Equação (3) para encontrar o comprimento de arco do caminho ao longo do intervalo dado.

1. $(3t + 1, 9 - 4t)$, $0 \leq t \leq 2$
2. $(1 + 2t, 2 + 4t)$, $1 \leq t \leq 4$
3. $(2t^2, 3t^2 - 1)$, $0 \leq t \leq 4$
4. $(3t, 4t^{3/2})$, $0 \leq t \leq 1$
5. $(3t^2, 4t^3)$, $1 \leq t \leq 4$
6. $(t^3 + 1, t^2 - 3)$, $0 \leq t \leq 1$
7. $(\text{sen}\, 3t, \cos 3t)$, $0 \leq t \leq \pi$
8. $(\text{sen}\,\theta - \theta \cos\theta, \cos\theta + \theta \,\text{sen}\,\theta)$, $0 \leq \theta \leq 2$

Nos Exercícios 9 e 10, use a identidade

$$\frac{1 - \cos t}{2} = \operatorname{sen}^2 \frac{t}{2}$$

9. $(2\cos t - \cos 2t, 2\operatorname{sen} t - \operatorname{sen} 2t)$, $\quad 0 \le t \le \frac{\pi}{2}$
10. $(5(\theta - \operatorname{sen}\theta), 5(1 - \cos\theta))$, $\quad 0 \le \theta \le 2\pi$
11. Mostre que um arco de uma cicloide gerada por um círculo de raio R tem comprimento $8R$.
12. Encontre o comprimento da espiral $c(t) = (t\cos t, t\operatorname{sen} t)$, com $0 \le t \le 2\pi$, com três casas decimais (Figura 7). *Sugestão:* use a fórmula

$$\int \sqrt{1 + t^2}\, dt = \frac{1}{2}t\sqrt{1 + t^2} + \frac{1}{2}\ln\left(t + \sqrt{1 + t^2}\right)$$

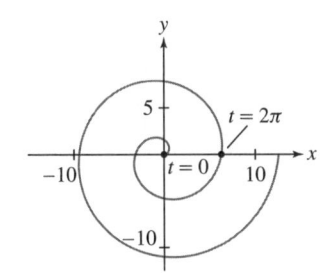

FIGURA 7 A espiral $c(t) = (t\cos t, t\operatorname{sen} t)$.

13. Encontre o comprimento da parábola dada por $c(t) = (t, t^2)$ com $0 \le t \le 1$. Veja a sugestão do Exercício 12.
14. Use um sistema algébrico computacional e encontre uma aproximação numérica do comprimento de $c(t) = (\cos 5t, \operatorname{sen} 3t)$ com $0 \le t \le 2\pi$ (Figura 8).

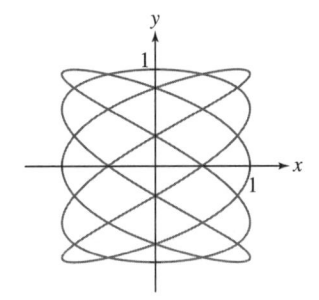

FIGURA 8

Nos Exercícios 15-20, determine a velocidade $\frac{ds}{dt}$ no instante t (em unidades de metros e segundos).

15. (t^3, t^2), $t = 2$
16. $(3\operatorname{sen} 5t, 8\cos 5t)$, $t = \frac{\pi}{4}$
17. $(5t + 1, 4t - 3)$, $t = 9$
18. $(\ln(t^2 + 1), t^3)$, $t = 1$
19. (t^2, e^t), $t = 0$
20. $(\operatorname{arc sen} t, \operatorname{arc tg} t)$, $t = 0$
21. Encontre a velocidade mínima de uma partícula de trajetória $c(t) = (t^3 - 4t, t^2 + 1)$, com $t \ge 0$. *Sugestão:* é mais fácil encontrar o mínimo do quadrado da velocidade.
22. Encontre a velocidade mínima de uma partícula de trajetória $c(t) = (t^3, t^{-2})$, com $t \ge 0{,}5$.
23. Encontre a velocidade da cicloide $c(t) = (4t - 4\operatorname{sen} t, 4 - 4\cos t)$ nos pontos em que a reta tangente é horizontal.
24. Calcule a integral do comprimento de arco $s(t)$ da *espiral logarítmica* $c(t) = (e^t \cos t, e^t \operatorname{sen} t)$.

Nos Exercícios 25-28, com um sistema algébrico computacional, esboce a curva e use a regra do ponto médio com $N = 10, 20, 30$ e 50 para aproximar seu comprimento.

25. $c(t) = (\cos t, e^{\operatorname{sen} t})$ $\quad$ com $0 \le t \le 2\pi$
26. $c(t) = (t - \operatorname{sen} 2t, 1 - \cos 2t)$ $\quad$ com $0 \le t \le 2\pi$
27. A elipse $\left(\dfrac{x}{5}\right)^2 + \left(\dfrac{y}{3}\right)^2 = 1$.
28. $x = \operatorname{sen} 2t$, $y = \operatorname{sen} 3t$ $\quad$ com $0 \le t \le 2\pi$
29. Se desenrolarmos um barbante de um carretel circular estacionário, mantendo o barbante esticado o tempo todo, então a extremidade do barbante descreve uma curva $\mathcal{C}$ denominada **involuta** do círculo (Figura 9). Observe que $\overline{PQ}$ tem comprimento $R\theta$. Mostre que $\mathcal{C}$ é parametrizada por

$$c(\theta) = \big(R(\cos\theta + \theta\operatorname{sen}\theta), \quad R(\operatorname{sen}\theta - \theta\cos\theta)\big)$$

Em seguida, encontre o comprimento da involuta com $0 \le \theta \le 2\pi$.

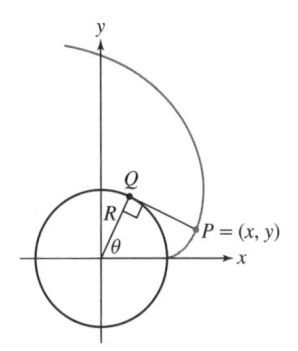

FIGURA 9 A involuta de um círculo.

30. Sejam $a > b$ e denote

$$k = \sqrt{1 - \frac{b^2}{a^2}}$$

Use uma representação paramétrica para mostrar que a elipse $\left(\dfrac{x}{a}\right)^2 + \left(\dfrac{y}{b}\right)^2 = 1$ tem comprimento $L = 4aG\left(\frac{\pi}{2}, k\right)$, em que

$$G(\theta, k) = \int_0^\theta \sqrt{1 - k^2 \operatorname{sen}^2 t}\, dt$$

é a *integral elíptica de segunda espécie*.

Nos Exercícios 31-38, use a Equação (4) para calcular a área de superfície da superfície dada.

31. O cone gerado pela revolução de $c(t) = (t, mt)$ em torno do eixo x, com $0 \le t \le A$.
32. A esfera de raio R.
33. A superfície gerada pela revolução da curva $c(t) = (t^2, t)$ em torno do eixo x, com $0 \le t \le 1$.
34. A superfície gerada pela revolução da curva $c(t) = (t, e^t)$ em torno do eixo x, com $0 \le t \le 1$.
35. A superfície gerada pela revolução da curva $c(t) = (\operatorname{sen}^2 t, \cos^2 t)$ em torno do eixo x, com $0 \le t \le \frac{\pi}{2}$.
36. A superfície gerada pela revolução da curva $c(t) = (t, \operatorname{sen} t)$ em torno do eixo x, com $0 \le t \le 2\pi$.
37. A superfície gerada pela revolução de um arco da cicloide $c(t) = (t - \operatorname{sen} t, 1 - \cos t)$ em torno do eixo x.
38. A superfície gerada pela revolução do astroide $c(t) = (\cos^3 t, \operatorname{sen}^3 t)$ em torno do eixo x, com $0 \le t \le \frac{\pi}{2}$.

Compreensão adicional e desafios

39. Seja $b(t)$ a curva "borboleta":

$$x(t) = \operatorname{sen} t \left(e^{\cos t} - 2\cos 4t - \operatorname{sen}\left(\frac{t}{12}\right)^5 \right)$$

$$y(t) = \cos t \left(e^{\cos t} - 2\cos 4t - \operatorname{sen}\left(\frac{t}{12}\right)^5 \right)$$

(a) Use um sistema algébrico computacional para esboçar $b(t)$ e a velocidade $s'(t)$ com $0 \leq t \leq 12\pi$.

(b) Aproxime o comprimento de $b(t)$ com $0 \leq t \leq 10\pi$.

40. Sejam $a \geq b > 0$ e denote $k = \dfrac{2\sqrt{ab}}{a-b}$. Mostre que a **trocoide**

$$x = at - b\operatorname{sen} t, \qquad y = a - b\cos t, \qquad 0 \leq t \leq T$$

tem comprimento $2(a-b)G\left(\frac{T}{2}, k\right)$, com $G(\theta, k)$ dado no Exercício 30.

41. Um satélite orbitando a uma distância R do centro da Terra segue o caminho circular $x(t) = R\cos \omega t$, $y(t) = R\operatorname{sen} \omega t$.

(a) Mostre que o período T (o tempo de uma revolução) é $T = 2\pi/\omega$.

(b) De acordo com as leis de Newton relativas ao movimento e à gravidade,

$$x''(t) = -Gm_e \frac{x}{R^3}, \qquad y''(t) = -Gm_e \frac{y}{R^3}$$

em que G é a constante universal de gravitação e m_e é a massa da Terra. Prove que $R^3/T^2 = Gm_e/4\pi^2$. Assim, R^3/T^2 tem o mesmo valor para todas as órbitas (um caso especial da terceira lei de Kepler).

42. A aceleração devido à gravidade na superfície da Terra é

$$g = \frac{Gm_e}{R_e^2} = 9,8 \text{ m/s}^2, \quad \text{em que } R_e = 6378 \text{ km}$$

Use o Exercício 41(b) para mostrar que um satélite orbitando na superfície da Terra deveria ter um período de $T_e = 2\pi\sqrt{R_e/g} \approx 84,5$ min. Em seguida, dê uma estimativa da distância R_m da Lua ao centro da Terra. Suponha que o período da Lua (mês sideral) seja $T_m \approx 27,43$ dias.

As coordenadas polares são apropriadas quando a distância à origem ou o ângulo desempenhem um papel. Por exemplo, a força gravitacional exercida num planeta pelo Sol depende somente da distância r ao Sol e é descrita convenientemente em coordenadas polares.

11.3 Coordenadas polares

As coordenadas retangulares que estamos utilizando até aqui fornecem uma maneira útil de representar os pontos do plano. No entanto, há uma variedade de situações em que é mais natural utilizar outro sistema de coordenadas. Nas coordenadas polares, identificamos um ponto P pelas coordenadas (r, θ), em que r é a distância à origem e θ é o ângulo entre $\overline{OP}$ e o eixo x positivo (Figura 1). Por convenção, um ângulo é positivo se a rotação correspondente for anti-horária. Dizemos que r é a **coordenada radial** e θ, a **coordenada angular**.

O ponto P na Figura 2 tem coordenadas polares $(r, \theta) = \left(4, \frac{2\pi}{3}\right)$. Esse ponto está a uma distância $r = 4$ da origem (portanto, está no círculo de raio 4) e fica no raio de ângulo $\theta = \frac{2\pi}{3}$. Observe que também podemos descrever esse ponto por $(r, \theta) = \left(4, -\frac{4\pi}{3}\right)$. Diferentemente das cartesianas, as coordenadas polares não são únicas, como veremos adiante.

A Figura 3 mostra as duas famílias de **retas coordenadas** em coordenadas, polares:

$$\text{Círculo centrado em } O \quad \longleftrightarrow \quad r = \text{constante}$$

$$\text{Raio partindo de } O \quad \longleftrightarrow \quad \theta = \text{constante}$$

Cada ponto do plano, excetuando a origem, fica na interseção de duas retas coordenadas, e essas duas retas coordenadas determinam suas coordenadas polares. Por exemplo, o ponto Q na Figura 3 fica no círculo $r = 3$ e no raio $\theta = \frac{5\pi}{6}$, portanto, em coordenadas polares, $Q = \left(3, \frac{5\pi}{6}\right)$.

A Figura 1 mostra que as coordenadas polares e retangulares estão relacionadas pelas equações $x = r\cos\theta$ e $y = r\operatorname{sen}\theta$. Por outro lado, $r^2 = x^2 + y^2$ pela fórmula da distância e $\operatorname{tg}\theta = y/x$, se $x \neq 0$. Assim, obtemos as fórmulas de conversão:

Polares para retangulares	Retangulares para polares
$x = r\cos\theta$	$r = \sqrt{x^2 + y^2}$
$y = r\operatorname{sen}\theta$	$\operatorname{tg}\theta = \dfrac{y}{x} \quad (x \neq 0)$

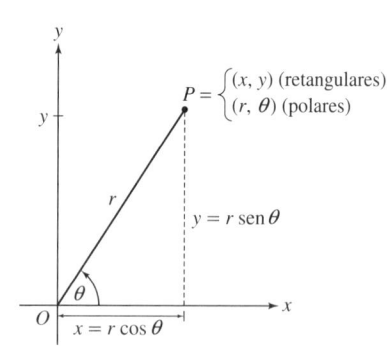

FIGURA 1

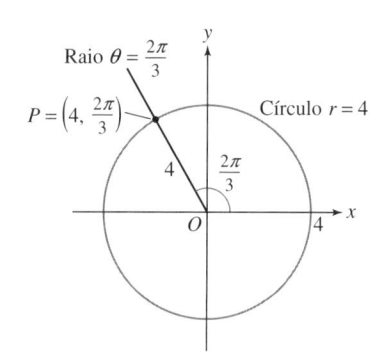

FIGURA 2

Capítulo 11   Equações paramétricas, coordenadas polares e seções cônicas   **597**

■ **EXEMPLO 1** **De coordenadas polares para retangulares** Encontre as coordenadas retangulares do ponto Q da Figura 3.

Solução O ponto $Q = (r, \theta) = \left(3, \frac{5\pi}{6}\right)$ tem coordenadas retangulares:

$$x = r\cos\theta = 3\cos\left(\frac{5\pi}{6}\right) = 3\left(-\frac{\sqrt{3}}{2}\right) = -\frac{3\sqrt{3}}{2}$$

$$y = r\,\text{sen}\,\theta = 3\,\text{sen}\left(\frac{5\pi}{6}\right) = 3\left(\frac{1}{2}\right) = \frac{3}{2}$$ ■

■ **EXEMPLO 2** **De coordenadas retangulares para polares** Encontre as coordenadas polares do ponto P da Figura 4.

Solução Como $P = (x, y) = (3, 2)$,

$$r = \sqrt{x^2 + y^2} = \sqrt{3^2 + 2^2} = \sqrt{13} \approx 3{,}6$$

$$\text{tg}\,\theta = \frac{y}{x} = \frac{2}{3}$$

e, como P está no primeiro quadrante,

$$\theta = \text{arc tg}\,\frac{y}{x} = \text{arc tg}\,\frac{2}{3} \approx 0{,}588$$

Assim, P tem coordenadas polares $(r, \theta) \approx (3{,}6;\,0{,}588)$. ■

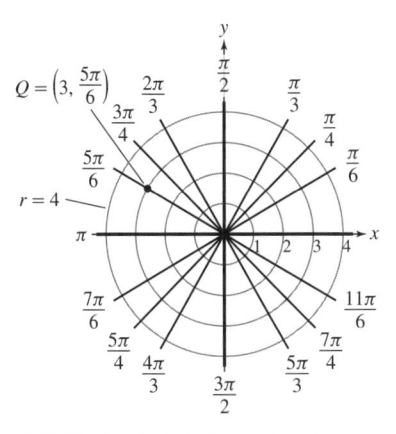

FIGURA 3 O reticulado de coordenadas polares.

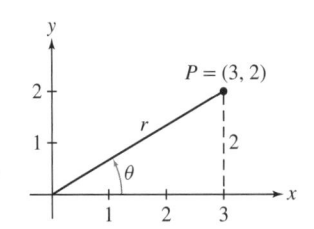

FIGURA 4 As coordenadas polares de P satisfazem $r = \sqrt{3^2 + 2^2}$ e $\text{tg}\,\theta = \frac{2}{3}$.

Por definição, o arco tangente satisfaz

$$-\frac{\pi}{2} < \text{arc tg}\,x < \frac{\pi}{2}$$

Se $r > 0$, uma coordenada θ de $P = (x, y)$ é

$$\theta = \begin{cases} \text{arc tg}\,\dfrac{y}{x} & \text{se } x > 0 \\ \text{arc tg}\,\dfrac{y}{x} + \pi & \text{se } x < 0 \\ \pm\dfrac{\pi}{2} & \text{se } x = 0 \end{cases}$$

Convém fazer algumas observações antes de prosseguir.

- A coordenada angular não é única porque (r, θ) e $(r, \theta + 2\pi n)$ *identificam o mesmo ponto*, qualquer que seja o inteiro n. Por exemplo, o ponto P na Figura 5 tem coordenada radial $r = 2$, mas sua coordenada angular pode ser qualquer uma dentre, $\frac{\pi}{2}, \frac{5\pi}{2}, \ldots$ ou $-\frac{3\pi}{2}, -\frac{7\pi}{2}, \ldots$.
- A origem O não tem coordenada angular bem definida, de modo que à origem O associamos as coordenadas polares $(0, \theta)$, com qualquer ângulo θ.

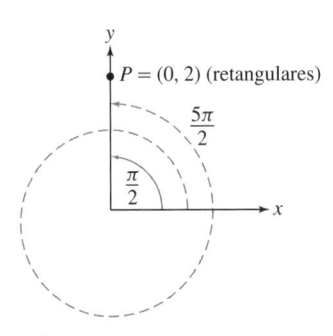

FIGURA 5 A coordenada angular de $P = (0, 2)$ é $\frac{\pi}{2}$ ou qualquer ângulo $\frac{\pi}{2} + 2\pi n$, com n inteiro.

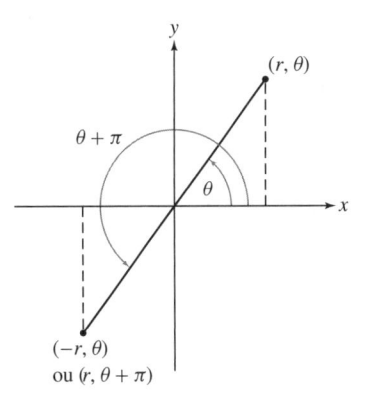

FIGURA 6 A relação entre (r, θ) e $(-r, \theta)$.

- Por convenção, permitimos coordenadas radiais *negativas*. Por definição, $(-r, \theta)$ é a reflexão de (r, θ) pela origem (Figura 6). Com essa convenção, $(-r, \theta)$ e $(r, \theta + \pi)$ representam o mesmo ponto.
- Podemos especificar coordenadas polares únicas para os pontos fora da origem impondo restrições sobre r e θ. É costume escolher $r > 0$ e $0 \leq \theta < 2\pi$, mas, às vezes, escolhemos outras restrições.

Ao determinar a coordenada angular de um ponto $P = (x, y)$, lembre que existem dois ângulos entre 0 e 2π satisfazendo $\text{tg}\,\theta = y/x$. Devemos escolher θ de tal modo que (r, θ) esteja no quadrante que contenha P se usarmos $r > 0$ e no quadrante oposto se utilizarmos $r < 0$ (Figura 7).

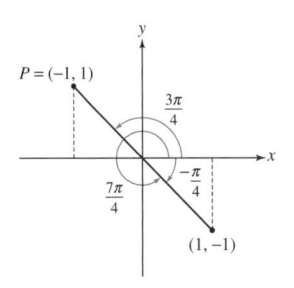

FIGURA 7

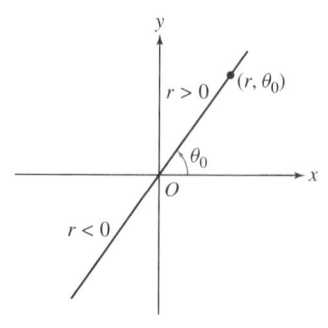

FIGURA 8 A reta por O de equação polar $\theta = \theta_0$.

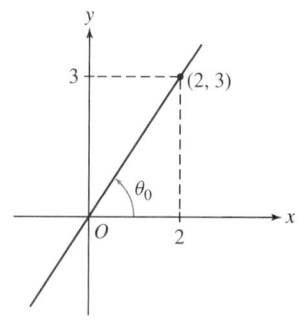

FIGURA 9 A reta de inclinação $\frac{3}{2}$ pela origem.

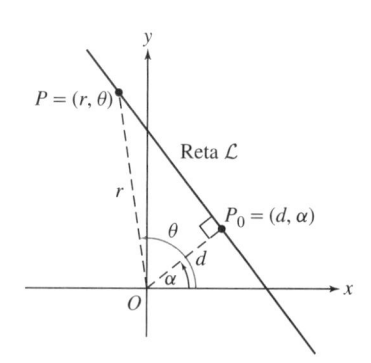

FIGURA 10 P_0 é o ponto de $\mathcal{L}$ mais próximo da origem.

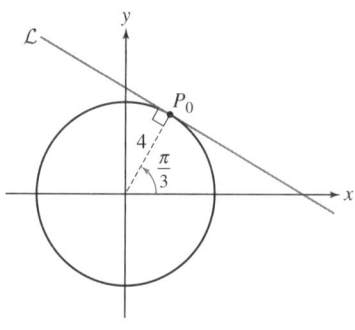

FIGURA 11 A reta tangente tem equação $r = 4\sec\left(\theta - \frac{\pi}{3}\right)$.

■ **EXEMPLO 3** **Escolhendo θ corretamente** Encontre duas representações de $P = (-1, 1)$, uma com $r > 0$ e outra com $r < 0$.

Solução O ponto $P = (x, y) = (-1, 1)$ tem coordenadas polares (r, θ), sendo

$$r = \sqrt{(-1)^2 + 1^2} = \sqrt{2}, \qquad \text{tg } \theta = \text{tg } \frac{y}{x} = -1$$

Contudo, θ não é dado por

$$\text{arc tg } \frac{y}{x} = \text{arc tg}\left(\frac{1}{-1}\right) = -\frac{\pi}{4}$$

Sendo $\theta = -\frac{\pi}{4}$, isso colocaria P no quarto quadrante (Figura 7). Como P está no segundo quadrante, o ângulo correto é

$$\theta = \text{arc tg } \frac{y}{x} + \pi = -\frac{\pi}{4} + \pi = \frac{3\pi}{4}$$

Se quisermos usar a coordenada radial negativa $r = -\sqrt{2}$, então o ângulo passa a ser $\theta = -\frac{\pi}{4}$ ou $\frac{7\pi}{4}$. Assim,

$$P = \left(\sqrt{2}, \frac{3\pi}{4}\right) \qquad \text{ou} \qquad \left(-\sqrt{2}, \frac{7\pi}{4}\right) \qquad \blacksquare$$

Em coordenadas polares, uma curva é descrita por uma equação que relaciona r e θ, que denominamos **equação polar**. Por convenção, permitimos soluções com $r < 0$.

Uma reta pela origem O tem a equação simples $\theta = \theta_0$, em que θ_0 é o ângulo entre a reta e o eixo x positivo (Figura 8). De fato, os pontos com $\theta = \theta_0$ são (r, θ_0), em que r é arbitrário (positivo, negativo ou zero).

■ **EXEMPLO 4** **Reta pela origem** Encontre a equação polar da reta pela origem de inclinação $\frac{3}{2}$ (Figura 9).

Solução Uma reta de inclinação m faz um ângulo θ_0 com o eixo x positivo, sendo $m = \text{tg } \theta_0$. No nosso caso, $\theta_0 = \text{arc tg } \frac{3}{2} \approx 0{,}98$. A equação da reta é $\theta = \text{arc tg } \frac{3}{2}$ ou $\theta \approx 0{,}98$. ■

Para descrever retas que não passem pela origem, observamos que cada uma dessas retas tem um ponto P_0 que está *mais próximo* da origem. No próximo exemplo, vemos como obter a equação polar da reta em termos de P_0 (Figura 10).

■ **EXEMPLO 5** **Reta que não passa pela origem** Mostre que

$$\boxed{r = d\sec(\theta - \alpha)} \qquad \boxed{1}$$

é a equação polar da reta $\mathcal{L}$ cujo ponto mais próximo da origem é $P_0 = (d, \alpha)$.

Solução O ponto P_0 é obtido baixando uma perpendicular da origem a $\mathcal{L}$ (Figura 10) e, se $P = (r, \theta)$ for um ponto qualquer de $\mathcal{L}$ distinto de P_0, então $\triangle OPP_0$ é um triângulo retângulo. Portanto, $d/r = \cos(\theta - \alpha)$, ou $r = d\sec(\theta - \alpha)$, como queríamos mostrar. ■

■ **EXEMPLO 6** Encontre a equação polar da reta $\mathcal{L}$ tangente ao círculo $r = 4$ no ponto de coordenadas polares $P_0 = \left(4, \frac{\pi}{3}\right)$.

Solução O ponto de $\mathcal{L}$ mais próximo da origem é o próprio P_0 (Figura 11). Portanto, tomamos $(d, \alpha) = \left(4, \frac{\pi}{3}\right)$ na Equação (1) para obter a equação $r = 4\sec\left(\theta - \frac{\pi}{3}\right)$. ■

Capítulo 11 Equações paramétricas, coordenadas polares e seções cônicas

■ **EXEMPLO 7** Esboce a curva de equação polar $r = 1 + \operatorname{sen}\theta$.

Solução Fazendo θ variar de 0 a 2π, vemos todos os valores possíveis da função, e depois ela se repete. Assim, consideramos os valores entre 0 e 2π.

	A	B	C	D	E	F	G	H
θ	0	$\dfrac{\pi}{4}$	$\dfrac{\pi}{2}$	$\dfrac{3\pi}{4}$	π	$\dfrac{5\pi}{4}$	$\dfrac{3\pi}{2}$	$\dfrac{7\pi}{4}$
$r = 1 + \operatorname{sen}\theta$	1	1,707	2	1,707	1	0,293	0	0,293

Em cada um desses ângulos, marcamos um ponto, como na Figura 12, e conectamo-los com uma curva lisa. A curva resultante é denominada *cardioide*, da palavra grega para "coração", com a qual se parece. ■

Muitas vezes é difícil adivinhar a forma de um gráfico de uma equação polar. Em alguns casos, é útil reescrever a equação em coordenadas retangulares.

■ **EXEMPLO 8 Conversão para coordenadas retangulares** Identifique a curva de equação polar $r = 2a\cos\theta$ (a uma constante positiva).

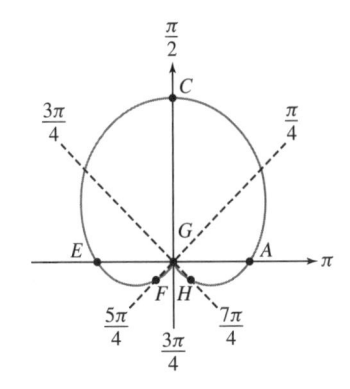

FIGURA 12 A cardioide dada por $r = 1 + \operatorname{sen}\theta$.

Solução Multiplicamos a equação por r para obter $r^2 = 2ar\cos\theta$. Como $r^2 = x^2 + y^2$ e $x = r\cos\theta$, essa equação é dada por

$$x^2 + y^2 = 2ax \quad \text{ou} \quad x^2 - 2ax + y^2 = 0$$

Agora completamos o quadrado para obter $(x - a)^2 + y^2 = a^2$. Essa é a equação do círculo de raio a e centro $(a, 0)$ (Figura 13). ■

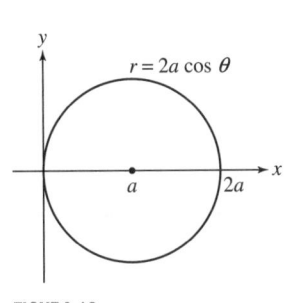

FIGURA 13

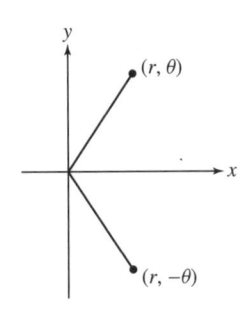

FIGURA 14 Os pontos (r, θ) e $(r, -\theta)$ são simétricos em relação ao eixo x.

Um cálculo análogo mostra que o círculo $x^2 + (y - a)^2 = a^2$ de raio a e centro $(0, a)$ tem equação polar $r = 2a\operatorname{sen}\theta$. No próximo exemplo, utilizamos simetria. Observe que os pontos (r, θ) e $(r, -\theta)$ são simétricos em relação ao eixo x (Figura 14).

■ **EXEMPLO 9 Simetria pelo eixo x** Esboce o gráfico do *limaçon* $r = 2\cos\theta - 1$.

Solução Como $f(\theta) = \cos\theta$ é periódica, basta traçar os pontos com $-\pi \leq \theta \leq \pi$.

Passo 1. **Marcar pontos.**

Para começar, esboçamos os pontos $A-G$ num reticulado e conectamo-los com uma curva lisa (Figura 15).

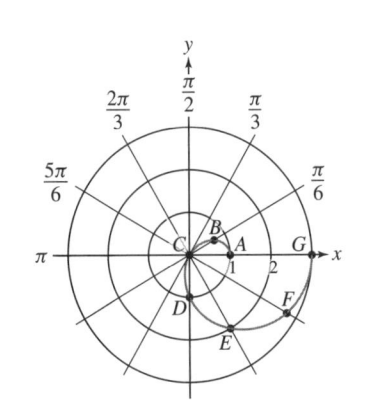

	A	B	C	D	E	F	G
θ	0	$\dfrac{\pi}{6}$	$\dfrac{\pi}{3}$	$\dfrac{\pi}{2}$	$\dfrac{2\pi}{3}$	$\dfrac{5\pi}{6}$	π
$r = 2\cos\theta - 1$	1	0,73	0	-1	-2	$-2,73$	-3

FIGURA 15 Usando um reticulado para esboçar $r = 2\cos\theta - 1$.

Passo 2. **Analisar r como uma função de θ.**

Para um entendimento melhor, é útil traçar o gráfico de r como função de θ em coordenadas retangulares. A Figura 16(A) mostra que

quando θ varia de 0 a $\frac{\pi}{3}$, r varia de 1 a 0;

quando θ varia de $\frac{\pi}{3}$ a π, r é *negativo* e varia de 0 a -3.

Concluímos o seguinte.

- O gráfico começa no ponto A na Figura 16(B) e encaminha-se para a origem quando θ varia de 0 a $\frac{\pi}{3}$.
- Como r é negativo com $\frac{\pi}{3} \leq \theta \leq \pi$, a curva segue avançando pelos terceiro e quarto quadrantes (em vez de ir para os primeiro e segundo quadrantes), encaminhando-se em direção ao ponto $G = (-3, \pi)$ da Figura 16(C).

Passo 3. **Usar simetria.**

Como $r(\theta) = r(-\theta)$, a curva é simétrica em relação ao eixo x. Assim, a parte da curva com $-\pi \leq \theta \leq 0$ é obtida da reflexão pelo eixo x como na Figura 16(D). ∎

(A) A variação de r como uma função de θ.

(B) θ varia de 0 a $\pi/3$; r varia de 1 a 0.

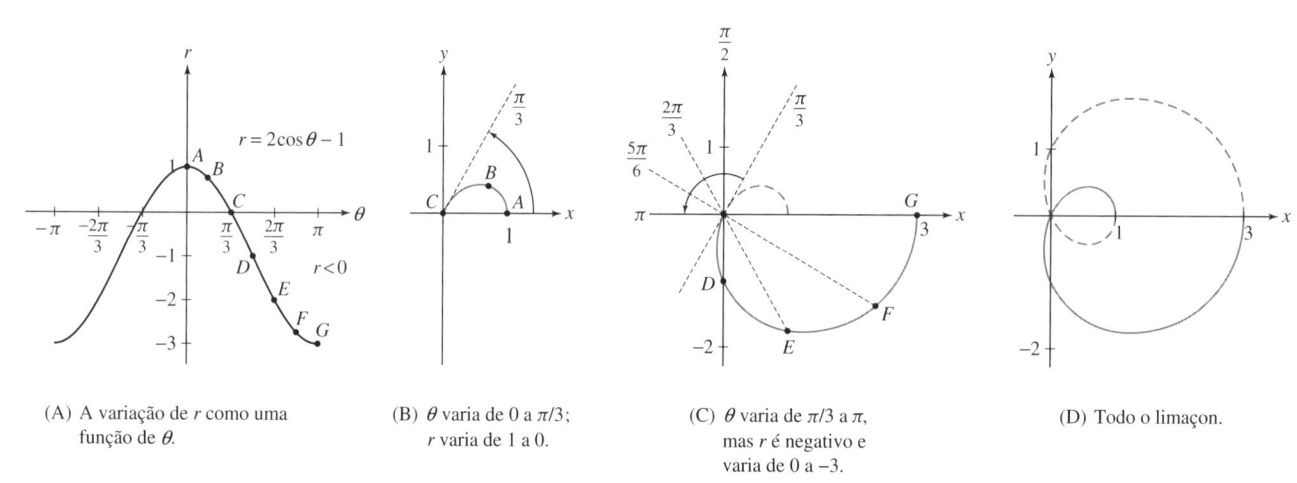

(C) θ varia de $\pi/3$ a π, mas r é negativo e varia de 0 a -3.

(D) Todo o limaçon.

FIGURA 16 A curva $r = 2\cos\theta - 1$ é denominada *limaçon*, de "lesma" em latim. Ela foi descrita pela primeira vez em 1525 pelo artista alemão Albrecht Dürer.

11.3 Resumo

- Um ponto P tem coordenadas polares (r, θ), sendo r a distância à origem e θ o ângulo entre o eixo x positivo e o segmento $\overline{OP}$, medido no sentido anti-horário:

$$x = r\cos\theta, \quad r = \sqrt{x^2 + y^2}$$
$$y = r\,\text{sen}\,\theta, \quad \text{tg}\,\theta = \frac{y}{x} \quad (x \neq 0)$$

- A coordenada angular θ deve ser escolhida de tal modo que (r, θ) esteja no quadrante correto. Se $r > 0$, então

$$\theta = \begin{cases} \text{arc tg}\,\dfrac{y}{x} & \text{se } x > 0 \\ \text{arc tg}\,\dfrac{y}{x} + \pi & \text{se } x < 0 \\ \pm\dfrac{\pi}{2} & \text{se } x = 0 \end{cases}$$

- Não unicidade: (r, θ) e $(r, \theta + 2n\pi)$ representam o mesmo ponto, qualquer que seja n inteiro. A origem O tem coordenadas polares $(0, \theta)$, com qualquer θ.

Capítulo 11 Equações paramétricas, coordenadas polares e seções cônicas

- Coordenadas radiais negativas: $(-r, \theta)$ e $(r, \theta + \pi)$ representam o mesmo ponto.
- Equações polares:

Curva	Equação polar
Círculo de raio R e centro na origem	$r = R$
Reta pela origem de inclinação $m = \text{tg } \theta_0$	$\theta = \theta_0$
Reta em que o ponto $P_0 = (d, \alpha)$ é o ponto mais próximo da origem	$r = d \sec(\theta - \alpha)$
Círculo de raio a centrado em $(a, 0)$ $(x - a)^2 + y^2 = a^2$	$r = 2a \cos \theta$
Círculo de raio a centrado em $(0, a)$ $x^2 + (y - a)^2 = a^2$	$r = 2a \sen \theta$

11.3 Exercícios

Exercícios preliminares

1. Pontos P e Q com a mesma coordenada radial ficam no mesmo (escolha a resposta correta):
   (a) círculo centrado na origem.
   (b) raio iniciando na origem.

2. Dê duas representações polares do ponto $(x, y) = (0, 1)$, uma com r negativo e uma com r positivo.

3. Descreva cada uma das curvas seguintes.
   (a) $r = 2$ (b) $r^2 = 2$ (c) $r \cos \theta = 2$

4. Se $f(-\theta) = f(\theta)$, então a curva $r = f(\theta)$ é simétrica em relação (escolha a resposta correta):
   (a) ao eixo x (b) ao eixo y (c) à origem

Exercícios

1. Encontre coordenadas polares de cada um dos sete pontos esboçados na Figura 17. (Escolha $r \geq 0$ e θ em $[0, 2\pi)$.)

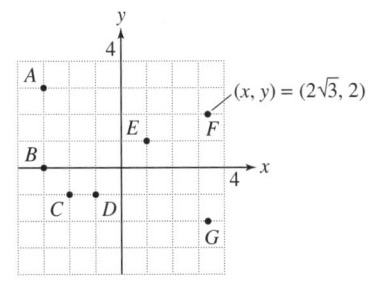

FIGURA 17

2. Esboce os pontos de coordenadas polares
   (a) $\left(2, \frac{\pi}{6}\right)$ (b) $\left(4, \frac{3\pi}{4}\right)$ (c) $\left(3, -\frac{\pi}{2}\right)$ (d) $\left(0, \frac{\pi}{6}\right)$

3. Transforme de coordenadas retangulares para polares:
   (a) $(1, 0)$ (b) $(3, \sqrt{3})$ (c) $(-2, 2)$ (d) $(-1, \sqrt{3})$

4. Use uma calculadora para transformar de coordenadas retangulares para polares (cuidado para que a escolha de θ forneça o quadrante correto):
   (a) $(2, 3)$ (b) $(4, -7)$ (c) $(-3, -8)$ (d) $(-5, 2)$

5. Transforme de coordenadas polares para retangulares:
   (a) $\left(3, \frac{\pi}{6}\right)$ (b) $\left(6, \frac{3\pi}{4}\right)$ (c) $\left(0, \frac{\pi}{5}\right)$ (d) $\left(5, -\frac{\pi}{2}\right)$

6. Quais das seguintes são coordenadas polares possíveis do ponto P de coordenadas retangulares $(0, -2)$?
   (a) $\left(2, \frac{\pi}{2}\right)$ (b) $\left(2, \frac{7\pi}{2}\right)$
   (c) $\left(-2, -\frac{3\pi}{2}\right)$ (d) $\left(-2, \frac{7\pi}{2}\right)$
   (e) $\left(-2, -\frac{\pi}{2}\right)$ (f) $\left(2, -\frac{7\pi}{2}\right)$

7. Descreva cada setor sombreado na Figura 18 por desigualdades envolvendo r e θ.

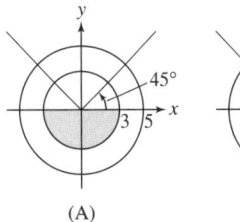

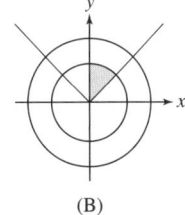

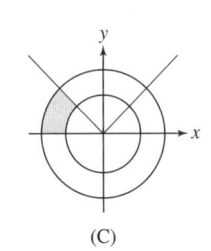

FIGURA 18

8. Encontre a equação em coordenadas polares da reta pela origem de inclinação $\frac{1}{2}$.

9. Qual é a inclinação da reta $\theta = \frac{3\pi}{5}$?

10. Qual das duas equações define uma reta horizontal, $r = 2 \sec \theta$ ou $r = 2 \cossec \theta$?

Nos Exercícios 11-16, converta para uma equação em coordenadas retangulares.

11. $r = 7$
12. $r = \sen \theta$
13. $r = 2 \sen \theta$
14. $r = 2 \cossec \theta$
15. $r = \dfrac{1}{\cos \theta - \sen \theta}$
16. $r = \dfrac{1}{2 - \cos \theta}$

Nos Exercícios 17-22, converta para uma equação em coordenadas polares no formato $r = f(\theta)$.

17. $x^2 + y^2 = 5$
18. $x = 5$
19. $y = x^2$
20. $xy = 1$
21. $e^{\sqrt{x^2+y^2}} = 1$
22. $\ln x = 1$

23. Combine a equação com sua descrição:
   (a) $r = 2$ (i) Reta vertical
   (b) $\theta = 2$ (ii) Reta horizontal
   (c) $r = 2\sec\theta$ (iii) Círculo
   (d) $r = 2\,\text{cossec}\,\theta$ (iv) Reta pela origem

24. Suponha que $P = (x, y)$ tenha coordenadas polares (r, θ). Encontre as coordenadas polares dos pontos:
   (a) $(x, -y)$ (b) $(-x, -y)$ (c) $(-x, y)$ (d) (y, x)

25. Encontre os valores de θ no gráfico de $r = 4\cos\theta$ correspondentes aos pontos A, B, C e D na Figura 19. Em seguida, indique as porções da curva traçada quando θ varia nos intervalos seguintes:
   (a) $0 \leq \theta \leq \frac{\pi}{2}$ (b) $\frac{\pi}{2} \leq \theta \leq \pi$ (c) $\pi \leq \theta \leq \frac{3\pi}{2}$

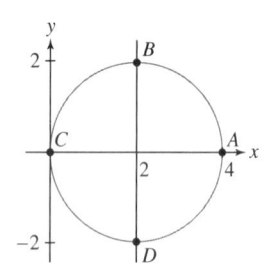

FIGURA 19 O esboço de $r = 4\cos\theta$.

26. Combine cada equação em coordenadas retangulares com sua equação em coordenadas polares:
   (a) $x^2 + y^2 = 4$ (i) $r^2(1 - 2\,\text{sen}^2\,\theta) = 4$
   (b) $x^2 + (y - 1)^2 = 1$ (ii) $r(\cos\theta + \text{sen}\,\theta) = 4$
   (c) $x^2 - y^2 = 4$ (iii) $r = 2\,\text{sen}\,\theta$
   (d) $x + y = 4$ (iv) $r = 2$

27. Quais são as equações polares das retas paralelas à reta $r\cos\left(\theta - \frac{\pi}{3}\right) = 1$?

28. Mostre que o círculo centrado em $\left(\frac{1}{2}, \frac{1}{2}\right)$ da Figura 20 tem equação polar $r = \text{sen}\,\theta + \cos\theta$ e encontre os valores de θ entre 0 e π correspondentes aos pontos A, B, C e D.

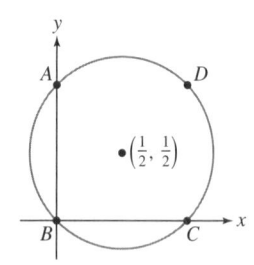

FIGURA 20 O gráfico de $r = \text{sen}\,\theta + \cos\theta$.

29. Esboce a curva $r = \frac{1}{2}\theta$ (a espiral de Arquimedes) com θ entre 0 e 2π marcando os pontos com $\theta = 0, \frac{\pi}{4}, \frac{\pi}{2}, \ldots, 2\pi$.

30. Esboce $r = 3\cos\theta - 1$ (ver Exemplo 9).

31. Esboce a cardioide $r = 1 + \cos\theta$.

32. Mostre que a cardioide do Exercício 31 tem equação
$$(x^2 + y^2 - x)^2 = x^2 + y^2$$
em coordenadas retangulares.

33. A Figura 21 exibe os gráficos de $r = \text{sen}\,2\theta$ em coordenadas retangulares e polares, nas quais é uma "rosácea de quatro pétalas". Identifique:
   (a) os pontos em (B) que correspondem aos $A-I$ em (A).
   (b) as partes da curva em (B) que correspondem aos intervalos angulares $\left[0, \frac{\pi}{2}\right]$, $\left[\frac{\pi}{2}, \pi\right]$, $\left[\pi, \frac{3\pi}{2}\right]$ e $\left[\frac{3\pi}{2}, 2\pi\right]$.

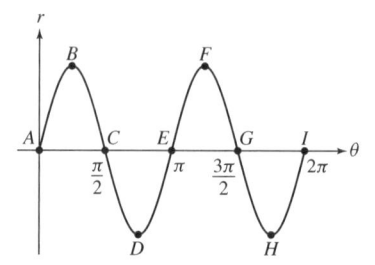

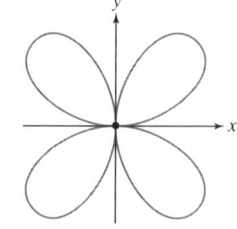

(A) O gráfico de r como uma função de θ, sendo $r = \text{sen}\,2\theta$

(B) O gráfico de $r = \text{sen}\,2\theta$ em coordenadas polares

FIGURA 21

34. Esboce a curva $r = \text{sen}\,3\theta$. Inicialmente, complete a tabela de valores de r a seguir e marque os pontos correspondentes da curva. Observe que as três pétalas da curva correspondem aos intervalos angulares $\left[0, \frac{\pi}{3}\right]$, $\left[\frac{\pi}{3}, \frac{2\pi}{3}\right]$ e $\left[\frac{\pi}{3}, \pi\right]$. Em seguida, esboce $r = \text{sen}\,3\theta$ em coordenadas retangulares e identifique os pontos desse gráfico que correspondem a (r, θ) na tabela.

θ	0	$\frac{\pi}{12}$	$\frac{\pi}{6}$	$\frac{\pi}{4}$	$\frac{\pi}{3}$	$\frac{5\pi}{12}$	$\ldots$	$\frac{11\pi}{12}$	π
r									

35. Use um sistema algébrico computacional e esboce a **cissoide** $r = 2\,\text{sen}\,\theta\,\text{tg}\,\theta$ e mostre que sua equação em coordenadas retangulares é
$$y^2 = \frac{x^3}{2 - x}$$

36. Prove que $r = 2a\cos\theta$ é a equação do círculo na Figura 22 usando somente o fato de que qualquer triângulo inscrito num círculo é retângulo se um de seus lados for um diâmetro.

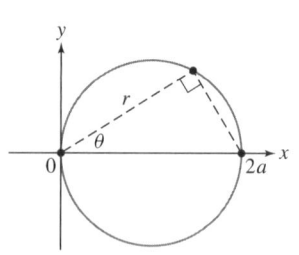

FIGURA 22

37. Mostre que
$$r = a\cos\theta + b\,\text{sen}\,\theta$$
é a equação de um círculo passando pela origem. Expresse o raio e o centro (em coordenadas retangulares) em termos de a e b e escreva a equação em coordenadas retangulares.

38. Use o exercício precedente para escrever a equação do círculo de raio 5 e centro (3, 4) no formato $r = a\cos\theta + b\sin\theta$.

39. Use a identidade $\cos 2\theta = \cos^2\theta - \sin^2\theta$ para encontrar uma equação polar da hipérbole $x^2 - y^2 = 1$.

40. Encontre uma equação em coordenadas retangulares da curva $r^2 = \cos 2\theta$.

41. Mostre que $\cos 3\theta = \cos^3\theta - 3\cos\theta\,\sin^2\theta$ e use essa identidade para encontrar uma equação em coordenadas polares da curva $r = \cos 3\theta$.

42. Use a fórmula de adição do cosseno para mostrar que a reta $\mathcal{L}$ de equação polar $r\cos(\theta - \alpha) = d$ tem a equação $(\cos\alpha)x + (\sin\alpha)y = d$ em coordenadas retangulares. Mostre que $\mathcal{L}$ tem inclinação $m = -\cot\alpha$ e que corta o eixo y em $d/\sin\alpha$.

Nos Exercícios 43-46, encontre uma equação polar da reta $\mathcal{L}$ com a descrição dada.

43. O ponto de $\mathcal{L}$ mais próximo da origem tem coordenadas polares $\left(2, \frac{\pi}{9}\right)$.

44. O ponto de $\mathcal{L}$ mais próximo da origem tem coordenadas retangulares $(-2, 2)$.

45. $\mathcal{L}$ é tangente ao círculo $r = 2\sqrt{10}$ no ponto de coordenadas retangulares $(-2, -6)$.

46. $\mathcal{L}$ tem inclinação 3 e é tangente ao círculo unitário no quarto quadrante.

47. Mostre que qualquer reta que não passa pela origem tem uma equação polar da forma
$$r = \frac{b}{\sin\theta - a\cos\theta}$$
com $b \neq 0$.

48. Pela lei dos cossenos, a distância d entre dois pontos (Figura 23) de coordenadas polares (r, θ) e (r_0, θ_0) é
$$d^2 = r^2 + r_0^2 - 2rr_0\cos(\theta - \theta_0)$$

Use essa fórmula da distância para mostrar que
$$r^2 - 10r\cos\left(\theta - \frac{\pi}{4}\right) = 56$$

é a equação do círculo de raio 9 cujo centro tem coordenadas polares $\left(5, \frac{\pi}{4}\right)$.

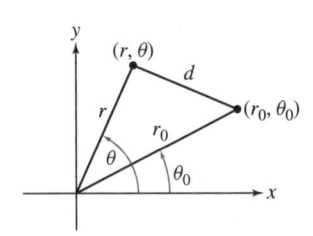

FIGURA 23

49. Com $a > 0$, a **lemniscata** é o conjunto de pontos P tais que o produto das distâncias de P a $(a, 0)$ e a $(-a, 0)$ é a^2. Mostre que a equação da lemniscata é
$$(x^2 + y^2)^2 = 2a^2(x^2 - y^2)$$

Em seguida, encontre a equação em coordenadas polares. Para obter a forma mais simples da equação, use a identidade $\cos 2\theta = \cos^2\theta - \sin^2\theta$. Num sistema algébrico computacional, esboce a lemniscata com $a = 2$.

50. Seja c uma constante fixada. Explique a relação entre os gráficos de:
(a) $y = f(x + c)$ e $y = f(x)$ (retangulares)
(b) $r = f(\theta + c)$ e $r = f(\theta)$ (polares)
(c) $y = f(x) + c$ e $y = f(x)$ (retangulares)
(d) $r = f(\theta) + c$ e $r = f(\theta)$ (polares)

51. Derivada em coordenadas polares Mostre que uma curva polar $r = f(\theta)$ tem equações paramétricas
$$x = f(\theta)\cos\theta, \qquad y = f(\theta)\sin\theta$$

Então aplique o Teorema 2 da Seção 11.1 para provar
$$\frac{dy}{dx} = \frac{f(\theta)\cos\theta + f'(\theta)\sin\theta}{-f(\theta)\sin\theta + f'(\theta)\cos\theta} \qquad \boxed{2}$$

em que $f'(\theta) = df/d\theta$.

52. Use a Equação (2) para encontrar a inclinação da reta tangente a $r = \sin\theta$ em $\theta = \frac{\pi}{3}$.

53. Use a Equação (2) para encontrar a inclinação da reta tangente a $r = \theta$ em $\theta = \frac{\pi}{2}$ e $\theta = \pi$.

54. Encontre a equação em coordenadas retangulares da reta tangente a $r = 4\cos 3\theta$ em $\theta = \frac{\pi}{6}$.

55. Encontre as coordenadas polares dos pontos da lemniscata $r^2 = \cos 2\theta$ da Figura 24 nos quais a reta tangente é horizontal.

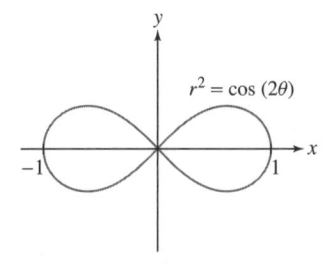

FIGURA 24

56. Encontre as coordenadas polares dos pontos da cardioide $r = 1 + \cos\theta$ nos quais a reta tangente é horizontal [ver Figura 25(A)].

57. Use a Equação (2) para mostrar que, com $r = \sin\theta + \cos\theta$,
$$\frac{dy}{dx} = \frac{\cos 2\theta + \sin 2\theta}{\cos 2\theta - \sin 2\theta}$$

Então calcule as inclinações das retas tangentes nos pontos A, B e C da Figura 20.

Compreensão adicional e desafios

58. Seja $y = f(x)$ uma função periódica de período 2π, ou seja, $f(x) = f(x + 2\pi)$. Explique como essa periodicidade se reflete no gráfico de:
(a) $y = f(x)$ em coordenadas retangulares
(b) $r = f(\theta)$ em coordenadas polares

59. CG Use um recurso gráfico para se convencer de que as equações polares $r = f_1(\theta) = 2\cos\theta - 1$ e $r = f_2(\theta) = 2\cos\theta + 1$ têm o mesmo gráfico. Em seguida, explique por quê. *Sugestão:* mostre que os pontos $(f_1(\theta + \pi), \theta + \pi)$ e $(f_2(\theta), \theta)$ coincidem.

60. Neste exercício, investigamos como o formato dos limaçons $r = b + \cos\theta$ depende da constante b (ver Figura 25).

(a) Argumente conforme o Exercício 59 para mostrar que as constantes b e $-b$ fornecem a mesma curva.

(b) Esboce o limaçon com $b = 0$; 0,2; 0,5; 0,8 e 1 e descreva como a curva muda.

(c) Esboce o limaçon com $b = 1,2$; 1,5; 1,8; 2 e 2,4 e descreva como a curva muda.

(d) Use a Equação (2) do Exercício 51 para mostrar que
$$\frac{dy}{dx} = -\left(\frac{b\cos\theta + \cos 2\theta}{b + 2\cos\theta}\right)\text{cossec}\,\theta$$

(e) Encontre os pontos em que a reta tangente é vertical. Observe que há três casos: $0 \le b < 2$, $b = 2$ e $b > 2$. Os gráficos construídos em (b) e (c) refletem suas conclusões?

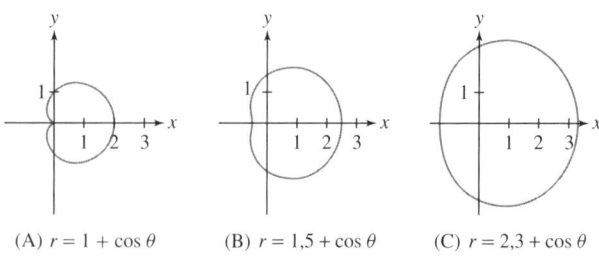

(A) $r = 1 + \cos\theta$ (B) $r = 1,5 + \cos\theta$ (C) $r = 2,3 + \cos\theta$

FIGURA 25

11.4 Área e comprimento de arco em coordenadas polares

A integração em coordenadas polares envolve encontrar não a área *abaixo* de uma curva, mas, em vez disso, a área de um setor delimitado por uma curva, como na Figura 1(A). Considere a região delimitada pela curva $r = f(\theta)$, em que $f(\theta) \ge 0$, e os dois raios $\theta = \alpha$ e $\theta = \beta$, com $\alpha < \beta$. Para deduzir a fórmula da área, dividimos a região em N setores estreitos de ângulo $\Delta\theta = (\beta - \alpha)/N$ correspondentes a uma partição do intervalo $[\alpha, \beta]$ como na Figura 1(B):

$$\theta_0 = \alpha < \theta_1 < \theta_2 < \cdots < \theta_N = \beta$$

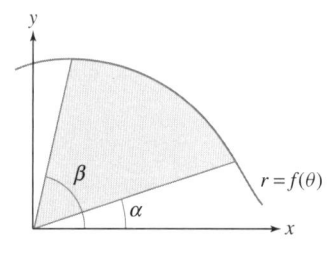

FIGURA 1 Área delimitada pela curva $r = f(\theta)$ e os dois raios $\theta = \alpha$ e $\theta = \beta$.

(A) Região $\alpha \le \theta \le \beta$ (B) Região dividida em setores estreitos

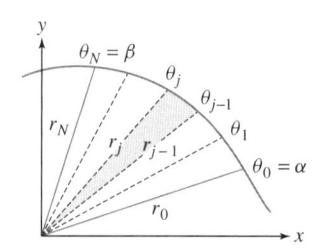

Lembre que um setor circular de ângulo $\Delta\theta$ e raio r tem área $\frac{1}{2}r^2\Delta\theta$ (Figura 2). Se $\Delta\theta$ for pequeno, o j-ésimo setor estreito (Figura 3) é praticamente um setor circular de raio $r_j = f(\theta_j)$, portanto, sua área é, *aproximadamente*, $\frac{1}{2}r_j^2\Delta\theta$. A área total é aproximada pela soma:

$$\text{Área da região} \approx \sum_{j=1}^{N} \frac{1}{2}r_j^2\Delta\theta = \frac{1}{2}\sum_{j=1}^{N} f(\theta_j)^2\Delta\theta \qquad \boxed{1}$$

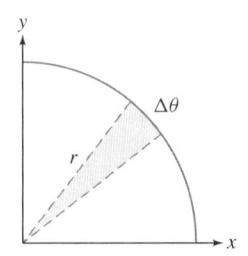

FIGURA 2 A área de um setor circular é a fração da área total do círculo dada pelo ângulo dividido por 2π, ou seja, $\frac{\Delta\theta}{2\pi}\pi r^2 = \frac{1}{2}r^2\Delta\theta$.

Isso é uma soma de Riemann da integral $\frac{1}{2}\int_\alpha^\beta f(\theta)^2\,d\theta$. Se f for contínua, então a soma tende à integral se $N \to \infty$, e obtemos a fórmula seguinte.

TEOREMA 1 Área em coordenadas polares Se f for uma função contínua, então a área delimitada por uma curva em forma polar $r = f(\theta)$ e os raios $\theta = \alpha$ e $\theta = \beta$ (com $\alpha < \beta$) é igual a

$$\boxed{\frac{1}{2}\int_\alpha^\beta r^2\,d\theta = \frac{1}{2}\int_\alpha^\beta f(\theta)^2\,d\theta} \qquad \boxed{2}$$

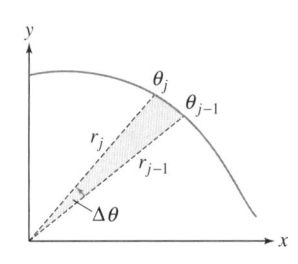

FIGURA 3 A área do j-ésimo setor é aproximadamente $\frac{1}{2}r_j^2\Delta\theta$.

Sabemos que $r = R$ define um círculo de raio R. Pela Equação (2), a área é igual a
$$\frac{1}{2}\int_0^{2\pi} R^2\,d\theta = \frac{1}{2}R^2(2\pi) = \pi R^2,$$
como deveria ser.

Capítulo 11 Equações paramétricas, coordenadas polares e seções cônicas **605**

■ **EXEMPLO 1** Use o Teorema 1 para calcular a área do semicírculo direito de equação $r = 4\,\text{sen}\,\theta$.

Solução A equação $r = 4\,\text{sen}\,\theta$ define um círculo de raio 2 tangente ao eixo x na origem. O semicírculo direito é "varrido" quando θ varia de 0 a $\frac{\pi}{2}$ como na Figura 4(A). Pela Equação (2), a área do semicírculo direito é

$$\frac{1}{2}\int_0^{\pi/2} r^2\,d\theta = \frac{1}{2}\int_0^{\pi/2} (4\,\text{sen}\,\theta)^2\,d\theta = 8\int_0^{\pi/2} \text{sen}^2\,\theta\,d\theta \qquad \boxed{3}$$

$$= 8\int_0^{\pi/2} \frac{1}{2}(1 - \cos 2\theta)\,d\theta$$

$$= (4\theta - 2\,\text{sen}\,2\theta)\Big|_0^{\pi/2} = 4\left(\frac{\pi}{2}\right) - 0 = 2\pi \qquad ■$$

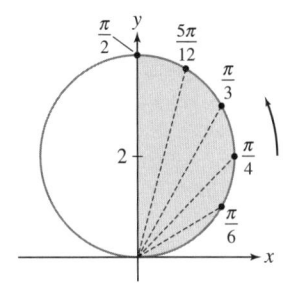

ADVERTÊNCIA Não esqueça que a integral $\frac{1}{2}\int_\alpha^\beta r^2\,d\theta$ **não calcula** a área **abaixo** de uma curva como na Figura 4(B), mas, sim, a área "varrida" por um segmento radial quando θ varia de α até β, como na Figura 4(A).

LEMBRETE Na Equação (3), usamos a identidade

$$\text{sen}^2\,\theta = \frac{1}{2}(1 - \cos 2\theta) \qquad \boxed{4}$$

(A) A integral polar calcula a área varrida por um segmento radial.

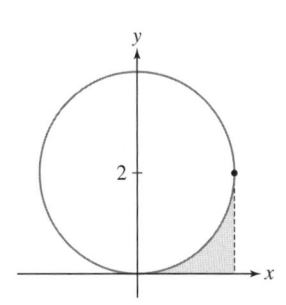

(B) A integral usual em coordenadas cartesianas calcula a área abaixo de uma curva.

FIGURA 4

■ **EXEMPLO 2** Esboce $r = \text{sen}\,3\theta$ e calcule a área de uma "pétala".

Solução Para esboçar a curva, começamos pelo gráfico de $r = \text{sen}\,3\theta$ em coordenadas retangulares. A Figura 5 mostra que o raio r varia de 0 a 1 e de volta a 0 quando θ varia de 0 a $\frac{\pi}{3}$. Isso produz a pétala A na Figura 6. A pétala B é varrida quando θ varia de $\frac{\pi}{3}$ a $\frac{2\pi}{3}$ (com $r \le 0$) e a pétala C quando $\frac{2\pi}{3} \le \theta \le \pi$. Vemos que a área da pétala A [usando a Equação (4) na nota ao lado] é igual a

$$\frac{1}{2}\int_0^{\pi/3} (\text{sen}\,3\theta)^2\,d\theta = \frac{1}{2}\int_0^{\pi/3} \left(\frac{1 - \cos 6\theta}{2}\right)\,d\theta = \left(\frac{1}{4}\theta - \frac{1}{24}\text{sen}\,6\theta\right)\Big|_0^{\pi/3} = \frac{\pi}{12} \quad ■$$

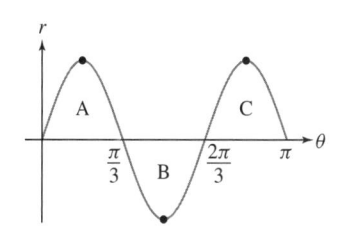

FIGURA 5 O gráfico de $r = \text{sen}\,3\theta$ como função de θ.

A região delimitada por duas curvas polares $r = f_1(\theta)$ e $r = f_2(\theta)$, com $f_2(\theta) \ge f_1(\theta) > 0$ e $\alpha \le \theta \le \beta$, é denominada uma **região radialmente simples**. Ela tem a propriedade que cada raio da origem que intersecta a região o faz num único ponto ou num segmento de reta que começa na curva $r = f_1(\theta)$ e termina na curva $r = f_2(\theta)$ (Figura 7). Para essas regiões radialmente simples, temos a fórmula seguinte da área:

$$\boxed{\text{Área entre duas curvas} = \frac{1}{2}\int_\alpha^\beta \left(f_2(\theta)^2 - f_1(\theta)^2\right)\,d\theta} \qquad \boxed{5}$$

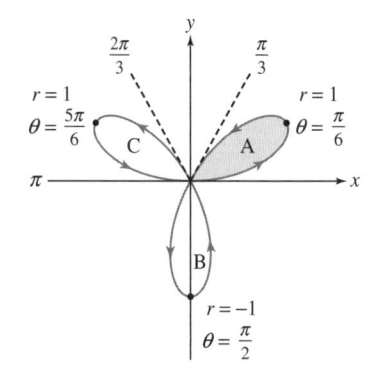

FIGURA 6 O gráfico da curva polar $r = \text{sen}\,3\theta$, uma rosácea de três pétalas.

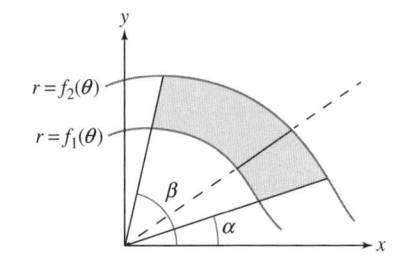

FIGURA 7 Uma região radialmente simples.

■ **EXEMPLO 3** **Área entre duas curvas** Encontre a área da região dentro do círculo $r = 2\cos\theta$, mas fora do círculo $r = 1$ [Figura 8(A)].

Solução Os dois círculos intersectam nos pontos em que $(r, 2\cos\theta) = (r, 1)$, ou, em outras palavras, $2\cos\theta = 1$. Isso dá $\cos\theta = \frac{1}{2}$, cujas soluções são $\theta = \pm\frac{\pi}{3}$.

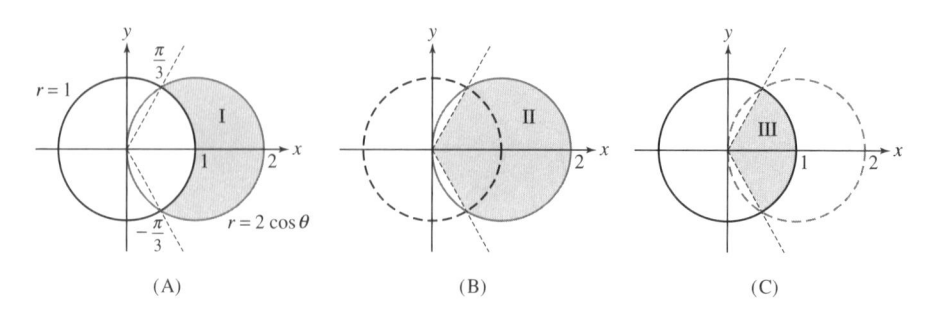

FIGURA 8 A região I é a diferença das regiões II e III.

(A)　(B)　(C)

Vemos na Figura 8 que a região I é a diferença das regiões II e III nas Figuras 8(B) e 8(C). Portanto,

Área de I = Área de II − Área de III

$$= \frac{1}{2}\int_{-\pi/3}^{\pi/3}(2\cos\theta)^2\,d\theta - \frac{1}{2}\int_{-\pi/3}^{\pi/3}(1)^2\,d\theta$$

$$= \frac{1}{2}\int_{-\pi/3}^{\pi/3}(4\cos^2\theta - 1)\,d\theta = \frac{1}{2}\int_{-\pi/3}^{\pi/3}(2\cos 2\theta + 1)\,d\theta \qquad \boxed{6}$$

$$= \frac{1}{2}(\operatorname{sen} 2\theta + \theta)\Big|_{-\pi/3}^{\pi/3} = \frac{\sqrt{3}}{2} + \frac{\pi}{3} \approx 1{,}91 \qquad ■$$

LEMBRETE Na Equação (6), usamos a identidade
$$\cos^2\theta = \frac{1}{2}(1 + \cos 2\theta)$$

Concluímos esta seção com a dedução de uma fórmula para o comprimento de arco em coordenadas polares. Observe que uma curva polar $r = f(\theta)$ tem uma parametrização com parâmetro θ:

$$x = r\cos\theta = f(\theta)\cos\theta, \qquad y = r\operatorname{sen}\theta = f(\theta)\operatorname{sen}\theta$$

Usando uma linha para denotar a derivada em relação a θ, obtemos

$$x'(\theta) = \frac{dx}{d\theta} = -f(\theta)\operatorname{sen}\theta + f'(\theta)\cos\theta$$

$$y'(\theta) = \frac{dy}{d\theta} = f(\theta)\cos\theta + f'(\theta)\operatorname{sen}\theta$$

Agora lembre que, na Seção 11.2, foi visto que o comprimento de arco é obtido integrando $\sqrt{x'(\theta)^2 + y'(\theta)^2}$. Uma conta simples mostra que $x'(\theta)^2 + y'(\theta)^2 = f(\theta)^2 + f'(\theta)^2$; portanto,

$$\boxed{\text{Comprimento de arco } s = \int_\alpha^\beta \sqrt{f(\theta)^2 + f'(\theta)^2}\,d\theta} \qquad \boxed{7}$$

■ **EXEMPLO 4** Encontre o comprimento total da circunferência $r = 2a\cos\theta$, com $a > 0$.

Solução Nesse caso, $f(\theta) = 2a\cos\theta$ e

$$f(\theta)^2 + f'(\theta)^2 = 4a^2\cos^2\theta + 4a^2\operatorname{sen}^2\theta = 4a^2$$

O comprimento total dessa circunferência de raio a tem o valor antecipado:

$$\int_0^\pi \sqrt{f(\theta)^2 + f'(\theta)^2}\,d\theta = \int_0^\pi (2a)\,d\theta = 2\pi a$$

Observe que o limite de integração superior é π, e não 2π, porque um círculo inteiro é varrido quando θ varia de 0 a π (ver Figura 9).　■

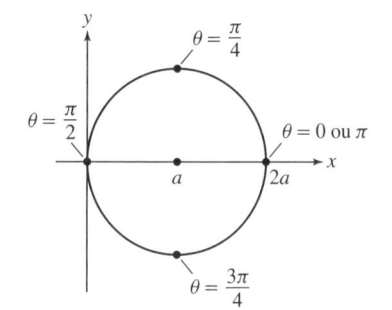

FIGURA 9 O gráfico de $r = 2a\cos\theta$.

11.4 Resumo

- Área de um setor delimitado por uma curva polar $r = f(\theta)$ e dois raios $\theta = \alpha$ e $\theta = \beta$ (Figura 10):

$$\text{Área} = \frac{1}{2}\int_{\alpha}^{\beta} f(\theta)^2 \, d\theta$$

- Área de uma região radialmente simples, entre $r = f_1(\theta)$ e $r = f_2(\theta)$, com $f_2(\theta) \geq f_1(\theta)$ (Figura 11):

$$\text{Área} = \frac{1}{2}\int_{\alpha}^{\beta} \left(f_2(\theta)^2 - f_1(\theta)^2\right) d\theta$$

- Comprimento de arco da curva polar $r = f(\theta)$, com $\alpha \leq \theta \leq \beta$:

$$\text{Comprimento de arco} = \int_{\alpha}^{\beta} \sqrt{f(\theta)^2 + f'(\theta)^2} \, d\theta$$

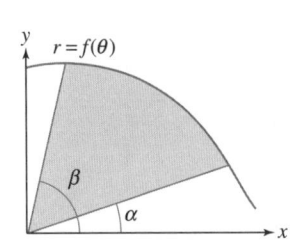

FIGURA 10 A região delimitada pela curva polar $r = f(\theta)$ e os raios $\theta = \alpha$ e $\theta = \beta$.

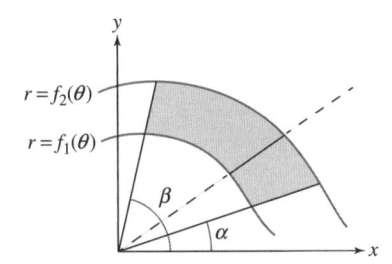

FIGURA 11 A região entre duas curvas polares.

11.4 Exercícios

Exercícios preliminares

1. As coordenadas polares são convenientes para encontrar a área (escolha uma):
   (a) abaixo de uma curva entre $x = a$ e $x = b$;
   (b) delimitada por uma curva e dois raios pela origem.

2. Será válida a fórmula da área em coordenadas polares se $f(\theta)$ tomar valores negativos?

3. A reta horizontal $y = 1$ tem equação polar $r = \operatorname{cossec} \theta$. Qual é a área representada pela integral $\dfrac{1}{2}\int_{\pi/6}^{\pi/2} \operatorname{cossec}^2 \theta \, d\theta$ (Figura 12)?
   (a) $\square ABCD$ (b) $\triangle ABC$ (c) $\triangle ACD$

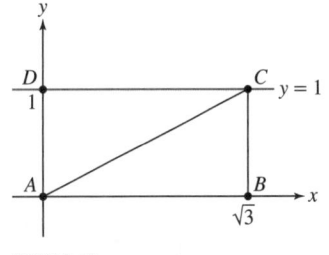

FIGURA 12

Exercícios

1. Esboce a região delimitada pelo círculo $r = 5$ e os raios $\theta = \frac{\pi}{2}$ e $\theta = \pi$ e calcule sua área como uma integral em coordenadas polares.

2. Esboce a região delimitada pela reta $r = \sec \theta$ e os raios $\theta = 0$ e $\theta = \frac{\pi}{3}$. Calcule sua área de duas maneiras: como uma integral em coordenadas polares e usando Geometria.

3. Calcule a área do círculo $r = 4 \operatorname{sen} \theta$ como uma integral em coordenadas polares (ver Figura 4). Fique atento para escolher os limites de integração corretos.

4. Calcule a área do triângulo sombreado na Figura 13 como uma integral em coordenadas polares. Depois encontre as coordenadas retangulares de P e Q e calcule a área usando Geometria.

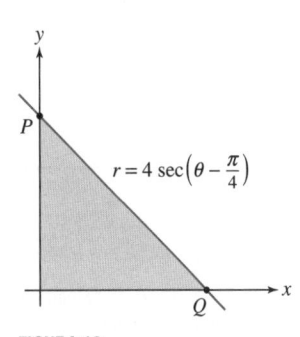

FIGURA 13

5. Encontre a área da região sombreada na Figura 14. Observe que θ varia de 0 a $\frac{\pi}{2}$.

6. Qual é o intervalo de valores de θ correspondentes à região sombreada na Figura 15? Encontre a área dessa região.

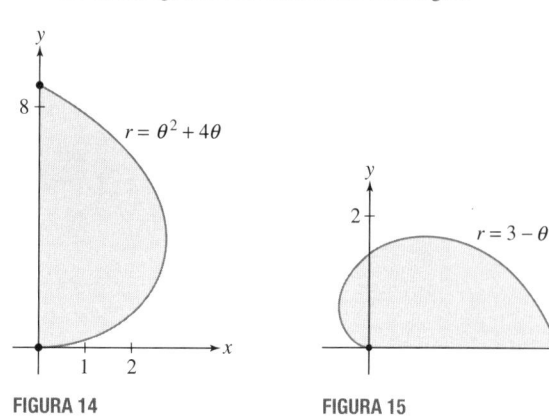

FIGURA 14 $r = \theta^2 + 4\theta$

FIGURA 15 $r = 3 - \theta$

7. Encontre a área total englobada pela cardioide da Figura 16.

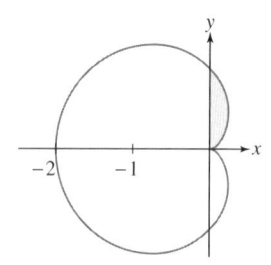

FIGURA 16 A cardioide $r = 1 - \cos\theta$.

8. Encontre a área da região sombreada na Figura 16.

9. Encontre a área de uma pétala da rosácea de quatro pétalas $r = \operatorname{sen} 2\theta$ (Figura 17). Depois prove que a área total da rosácea é igual à metade da área do círculo circunscrito.

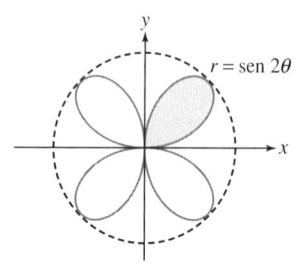

FIGURA 17 A rosácea de quatro pétalas $r = \operatorname{sen} 2\theta$.

10. Encontre a área englobada por um laço da lemniscata de equação $r^2 = \cos 2\theta$ (Figura 18). Fique atento para escolher os limites de integração corretos.

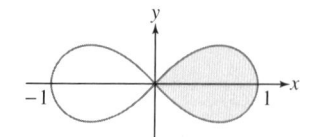

FIGURA 18 A lemniscata $r^2 = \cos 2\theta$.

11. Esboce a espiral $r = \theta$ com $0 \leq \theta \leq 2\pi$ e encontre a área delimitada pela curva no primeiro quadrante.

12. Encontre a área da interseção dos círculos $r = \operatorname{sen}\theta$ e $r = \cos\theta$.

13. Encontre a área da região A na Figura 19.

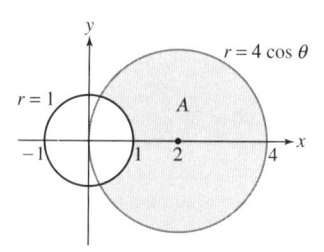

FIGURA 19

14. Encontre a área da região sombreada na Figura 20, englobada pelo círculo $r = \frac{1}{2}$ e uma pétala da curva $r = \cos 3\theta$. *Sugestão:* calcule a área de toda a pétala e também a da região dentro da pétala e fora do círculo.

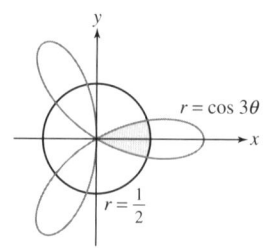

FIGURA 20

15. Encontre a área do laço interno do limaçon de equação polar $r = 2\cos\theta - 1$ (Figura 21).

16. Encontre a área da região sombreada na Figura 21 entre os laços externo e interno do limaçon $r = 2\cos\theta - 1$.

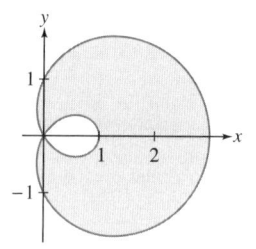

FIGURA 21 O limaçon $r = 2\cos\theta - 1$.

17. Encontre a área da parte do círculo $r = \operatorname{sen}\theta + \cos\theta$ que fica no quarto quadrante (ver Exercício 28 da Seção 11.3).

18. Encontre a área da região dentro do círculo $r = 2\operatorname{sen}\left(\theta + \frac{\pi}{4}\right)$ e acima da reta $r = \sec\left(\theta - \frac{\pi}{4}\right)$.

19. Encontre a área entre as duas curvas da Figura 22(A).

20. Encontre a área entre as duas curvas da Figura 22(B).

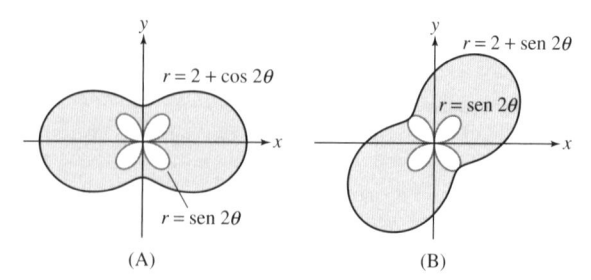

FIGURA 22

21. Encontre a área dentro de ambas as curvas na Figura 23.

22. Encontre a área da região que fica dentro de uma, mas não de ambas as curvas na Figura 23.

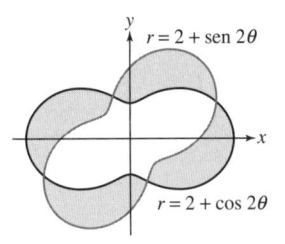

FIGURA 23

23. Calcule o comprimento total da circunferência $r = 4\,\text{sen}\,\theta$ como uma integral em coordenadas polares.

24. Esboce o segmento $r = \sec\theta$, com $0 \leq \theta \leq A$. Em seguida, calcule seu comprimento de duas maneiras: como uma integral em coordenadas polares e usando Trigonometria.

Nos Exercícios 25-32, calcule o comprimento da curva polar.

25. A curva $r = \theta^2$, com $0 \leq \theta \leq \pi$.

26. A espiral $r = \theta$, com $0 \leq \theta \leq A$.

27. A curva $r = \text{sen}\,\theta$, com $0 \leq \theta \leq \pi$.

28. A espiral equiangular $r = e^\theta$, com $0 \leq \theta \leq 2\pi$.

29. A curva $r = \sqrt{1 + \text{sen}\,2\theta}$, com $0 \leq \theta \leq \pi/4$.

30. A cardioide $r = 1 - \cos\theta$ da Figura 16.

31. A curva $r = \cos^2\theta$.

32. A curva $r = 1 + \theta$, com $0 \leq \theta \leq \pi/2$.

Nos Exercícios 33-36, expresse o comprimento da curva como uma integral, mas não a calcule.

33. $r = e^\theta + 1$, $0 \leq \theta \leq \pi/2$.

34. $r = (2 - \cos\theta)^{-1}$, $0 \leq \theta \leq 2\pi$.

35. $r = \text{sen}^3\,\theta$, $0 \leq \theta \leq 2\pi$.

36. $r = \text{sen}\,\theta\cos\theta$, $0 \leq \theta \leq \pi$.

Nos Exercícios 37-40, use um sistema algébrico computacional para calcular o comprimento total com duas casas decimais.

37. A rosácea de três pétalas $r = \cos 3\theta$ da Figura 20.

38. A curva $r = 2 + \text{sen}\,2\theta$ da Figura 23.

39. A curva $r = \theta\,\text{sen}\,\theta$ da Figura 24, com $0 \leq \theta \leq 4\pi$.

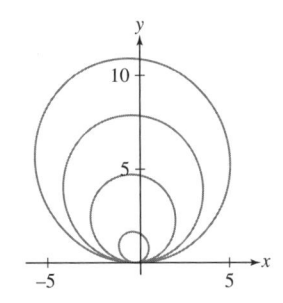

FIGURA 24 $r = \theta\,\text{sen}\,\theta$ com $0 \leq \theta \leq 4\pi$.

40. A curva $r = \sqrt{\theta}$, com $0 \leq \theta \leq 4\pi$.

Compreensão adicional e desafios

41. Suponha que as coordenadas polares de uma partícula em movimento no instante t sejam $(r(t), \theta(t))$. Prove que a velocidade da partícula é igual a $\sqrt{(dr/dt)^2 + r^2(d\theta/dt)^2}$.

42. Calcule a velocidade no instante $t = 1$ de uma partícula cujas coordenadas polares no instante t são $r = t$, $\theta = t$ (use o Exercício 41). Qual seria a velocidade se as coordenadas retangulares da partícula fossem $x = t$, $y = t$? Por que a velocidade aumenta num caso e permanece constante no outro?

11.5 Seções cônicas

As três famílias familiares de curvas — elipses, hipérboles e parábolas — aparecem em toda a Matemática e suas aplicações. Elas são denominadas **seções cônicas** porque são obtidas pela interseção de um cone com um plano conveniente (Figura 1). Nosso objetivo nesta seção é deduzir as equações das seções cônicas como curvas no plano a partir de suas definições geométricas.

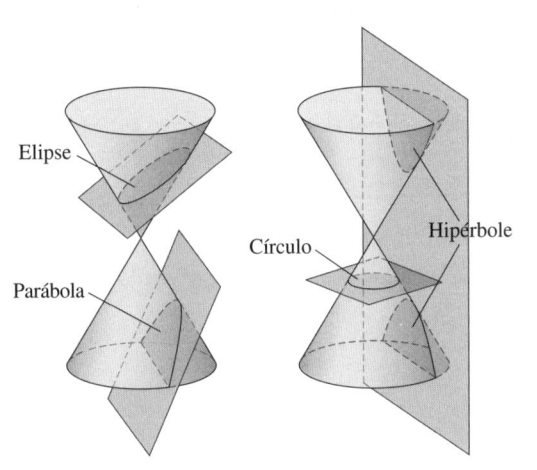

As cônicas foram estudadas pela primeira vez pelos matemáticos gregos da Antiguidade, iniciando, possivelmente, com Menaechmus (aproximadamente 380-320 a.C) e incluindo Arquimedes (287-212 a.C.) e Apolônio (aproximadamente 262-190 a.C.)

FIGURA 1 As seções cônicas são obtidas intersectando um plano e um cone.

Uma **elipse** é uma curva ovalada [Figura 2(A)] consistindo nos pontos P tais que a soma das distâncias a dois pontos fixados F_1 e F_2 é uma constante $K > 0$:

$$PF_1 + PF_2 = K \qquad \boxed{1}$$

> *Supomos sempre que K seja maior do que a distância F_1F_2 entre os focos, porque a elipse reduz ao segmento de reta $\overline{F_1F_2}$ se $K = F_1F_2$ e não tem ponto algum se $K < F_1F_2$.*

Os pontos F_1 e F_2 são denominados **focos** da elipse. Observe que se os focos coincidirem, então a Equação (1) reduzirá a $2PF_1 = K$, e obteremos um círculo de raio $\frac{1}{2}K$ centrado em F_1.

Utilizamos a terminologia seguinte:

- O ponto médio de $\overline{F_1F_2}$ é o **centro** da elipse.
- A reta pelos focos é o **eixo focal**.
- A reta pelo centro perpendicular ao eixo focal é o **eixo conjugado**.

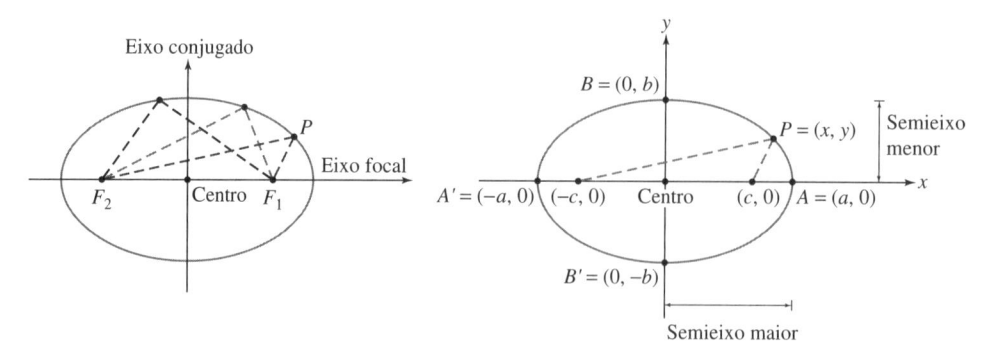

(A) A elipse consiste em todos os pontos P tais que $PF_1 + PF_2 = K$.

(B) Uma elipse em posição padrão:
$$\left(\frac{x}{a}\right)^2 + \left(\frac{y}{b}\right)^2 = 1$$

FIGURA 2

Dizemos que a elipse está em **posição padrão** se os eixos focal e conjugado são os eixos x e y, conforme mostra a Figura 2(B). Nesse caso, os focos têm coordenadas $F_1 = (c, 0)$ e $F_2 = (-c, 0)$, com algum $c > 0$. Provemos que a equação dessa elipse tem a forma particularmente simples

$$\left(\frac{x}{a}\right)^2 + \left(\frac{y}{b}\right)^2 = 1 \qquad \boxed{2}$$

em que $a = K/2$ e $b = \sqrt{a^2 - c^2}$.

Pela fórmula da distância, $P = (x, y)$ está na elipse da Figura 2(B) se

$$PF_1 + PF_2 = \sqrt{(x-c)^2 + y^2} + \sqrt{(x+c)^2 + y^2} = 2a \qquad \boxed{3}$$

Passando o primeiro termo à esquerda para a direita e elevando ambos os lados ao quadrado:

$$(x+c)^2 + y^2 = 4a^2 - 4a\sqrt{(x-c)^2 + y^2} + (x-c)^2 + y^2$$

$$4a\sqrt{(x-c)^2 + y^2} = 4a^2 + (x-c)^2 - (x+c)^2 = 4a^2 - 4cx$$

> *Falando estritamente, é necessário mostrar que se $P = (x, y)$ satisfaz a Equação (4), então também satisfaz a Equação (3). Quando começamos com a Equação (4) e invertemos os passos algébricos, o processo de tomar raízes quadradas leva à relação*
>
> $\sqrt{(x-c)^2 + y^2} \pm \sqrt{(x+c)^2 + y^2} = \pm 2a$
>
> *Contudo, como $a > c$, essa equação não tem soluções a menos que ambos os sinais sejam positivos.*

Agora dividimos por 4, elevamos ao quadrado e simplificamos:

$$a^2(x^2 - 2cx + c^2 + y^2) = a^4 - 2a^2cx + c^2x^2$$

$$(a^2 - c^2)x^2 + a^2y^2 = a^4 - a^2c^2 = a^2(a^2 - c^2)$$

$$\frac{x^2}{a^2} + \frac{y^2}{a^2 - c^2} = 1 \qquad \boxed{4}$$

Essa é a Equação (2) com $b^2 = a^2 - c^2$, como queríamos mostrar.

Capítulo 11 Equações paramétricas, coordenadas polares e seções cônicas **611**

A elipse intersecta os eixos em quatro pontos, A, A', B, B', denominados **vértices**. Os vértices A e A' ao longo do eixo focal são os **vértices focais**. Seguindo a tradição, dizemos que os números a e b são os **semieixos maior** e **semieixo menor**, respectivamente (mesmo que eles sejam números, e não eixos).

TEOREMA 1   Elipse em posição padrão   Sejam $a > b > 0$ constantes e denotemos $c = \sqrt{a^2 - b^2}$. A elipse $PF_1 + PF_2 = 2a$ de focos $F_1 = (c, 0)$ e $F_2 = (-c, 0)$ tem a equação

$$\left(\frac{x}{a}\right)^2 + \left(\frac{y}{b}\right)^2 = 1 \qquad \boxed{5}$$

Além disso, a elipse tem:

- semieixo maior a, semieixo menor b,
- vértices focais $(\pm a, 0)$, vértices menores $(0, \pm b)$.

Se $b > a > 0$, então a Equação (5) define uma elipse de focos $(0, \pm c)$, com $c = \sqrt{b^2 - a^2}$.

■ **EXEMPLO 1**   Encontre a equação da elipse de focos $(\pm\sqrt{11}, 0)$ e semieixo maior $a = 6$. Depois encontre o semieixo menor e esboce o gráfico.

Solução   Os focos são $(\pm c, 0)$, com $c = \sqrt{11}$, e o semieixo maior é $a = 6$, portanto podemos usar a relação $c = \sqrt{a^2 - b^2}$ para encontrar b:

$$b^2 = a^2 - c^2 = 6^2 - (\sqrt{11})^2 = 25 \quad \Rightarrow \quad b = 5$$

Assim, o semieixo menor é $b = 5$ e a elipse tem equação $\left(\frac{x}{6}\right)^2 + \left(\frac{y}{5}\right)^2 = 1$. Para esboçar essa elipse, marcamos os vértices $(\pm 6, 0)$ e $(0, \pm 5)$ e conectamo-los como na Figura 3.   ■

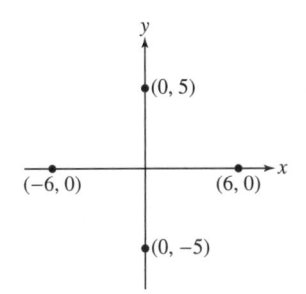

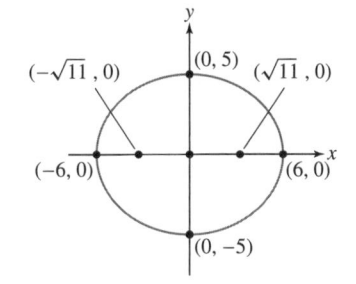

FIGURA 3

Para escrever a equação de uma elipse de eixos paralelos aos eixos x e y com centro transladado para o ponto $C = (h, k)$, substituímos x por $x - h$ e y por $y - k$ na equação (Figura 4):

$$\left(\frac{x-h}{a}\right)^2 + \left(\frac{y-k}{b}\right)^2 = 1$$

■ **EXEMPLO 2   Translação de uma elipse**   Encontre uma equação da elipse de centro $C = (6, 7)$, eixo focal vertical, semieixo maior 5 e semieixo menor 3. Qual é a localização dos focos?

Solução   Como o eixo focal é vertical, temos $a = 3$ e $b = 5$, de modo que $a < b$ (Figura 4). A elipse centrada na origem teria equação $\left(\frac{x}{3}\right)^2 + \left(\frac{y}{5}\right)^2 = 1$. Transladando o centro da elipse para $(h, k) = (6, 7)$, a equação passa a ser

$$\left(\frac{x-6}{3}\right)^2 + \left(\frac{y-7}{5}\right)^2 = 1$$

Além disso, $c = \sqrt{b^2 - a^2} = \sqrt{5^2 - 3^2} = 4$, de modo que os focos permanecem a ± 4 unidades verticais acima e abaixo do centro, ou seja, $F_1 = (6, 11)$ e $F_2 = (6, 3)$.   ■

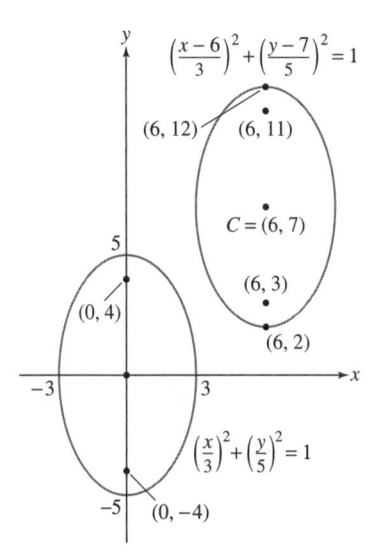

FIGURA 4   Uma elipse com eixo maior vertical e sua translação de centro $C = (6, 7)$.

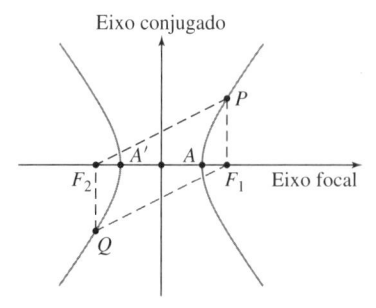

FIGURA 5 Uma hipérbole de centro $(0, 0)$.

Uma **hipérbole** é o conjunto de todos os pontos P tais que a diferença das distâncias de P a dois focos, F_1 e F_2, é $\pm K$:

$$PF_1 - PF_2 = \pm K \qquad \boxed{6}$$

Supomos que K seja menor do que a distância F_1F_2 entre os focos (a hipérbole não tem pontos se $K > F_1F_2$). Note que uma hipérbole consiste em dois ramos, correspondendo às escolhas de sinais $\pm$ (Figura 5).

Como antes, o ponto médio de $\overline{F_1F_2}$ é o **centro** da hipérbole, a reta por F_1 e F_2 é o **eixo focal** e a reta pelo centro perpendicular ao eixo focal é o **eixo conjugado**. Os **vértices** são os pontos em que o eixo focal intersecta a hipérbole; na Figura 5, estão identificados por A e A'. Dizemos que a hipérbole está em posição padrão se os eixos focal e conjugado forem os eixos x e y, respectivamente, como na Figura 6. O teorema seguinte pode ser verificado de maneira análoga ao Teorema 1.

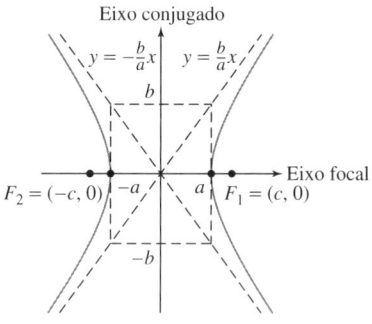

FIGURA 6 Uma hipérbole em posição padrão.

> **TEOREMA 2 Hipérbole em posição padrão** Sejam $a > 0$ e $b > 0$ e denote $c = \sqrt{a^2 + b^2}$.
> A hipérbole $PF_1 - PF_2 = \pm 2a$ de focos $F_1 = (c, 0)$ e $F_2 = (-c, 0)$ tem a equação
>
> $$\boxed{\left(\frac{x}{a}\right)^2 - \left(\frac{y}{b}\right)^2 = 1} \qquad 7$$

Uma hipérbole tem duas **assíntotas** $y = \pm \frac{b}{a}x$ que, afirmamos, são as diagonais do retângulo cujos lados passam por $(\pm a, 0)$ e $(0, \pm b)$, como na Figura 6. Para provar isso, considere um ponto (x, y) da hipérbole no primeiro quadrante. Pela Equação (7),

$$y = \sqrt{\frac{b^2}{a^2}x^2 - b^2} = \frac{b}{a}\sqrt{x^2 - a^2}$$

O limite seguinte mostra que um ponto (x, y) da hipérbole tende à reta $y = \frac{b}{a}x$ se $x \to \infty$:

$$\lim_{x \to \infty}\left(y - \frac{b}{a}x\right) = \frac{b}{a}\lim_{x \to \infty}\left(\sqrt{x^2 - a^2} - x\right)$$

$$= \frac{b}{a}\lim_{x \to \infty}\left(\sqrt{x^2 - a^2} - x\right)\left(\frac{\sqrt{x^2 - a^2} + x}{\sqrt{x^2 - a^2} + x}\right)$$

$$= \frac{b}{a}\lim_{x \to \infty}\left(\frac{-a^2}{\sqrt{x^2 - a^2} + x}\right) = 0$$

O comportamento assintótico nos demais quadrantes é análogo.

■ **EXEMPLO 3** Encontre os focos da hipérbole $9x^2 - 4y^2 = 36$. Esboce seu gráfico e suas assíntotas.

Solução Inicialmente, dividimos por 36 para escrever a equação em formato padrão:

$$\frac{x^2}{4} - \frac{y^2}{9} = 1 \qquad \text{ou} \qquad \left(\frac{x}{2}\right)^2 - \left(\frac{y}{3}\right)^2 = 1$$

Assim, $a = 2$, $b = 3$ e $c = \sqrt{a^2 + b^2} = \sqrt{4 + 9} = \sqrt{13}$. Os focos são

$$F_1 = (\sqrt{13}, 0), \qquad F_2 = (-\sqrt{13}, 0)$$

Para esboçar o gráfico, desenhamos o retângulo pelos pontos $(\pm 2, 0)$ e $(0, \pm 3)$, como na Figura 7. As diagonais do retângulo são as assíntotas $y = \pm \frac{3}{2}x$. A hipérbole passa pelos vértices $(\pm 2, 0)$ e tende às assíntotas. ∎

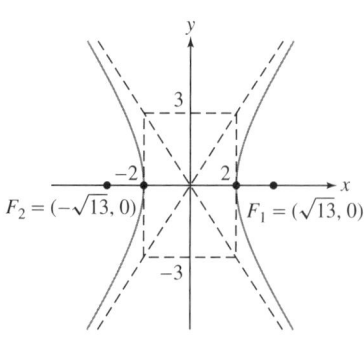

FIGURA 7 A hipérbole $9x^2 - 4y^2 = 36$.

Diferentemente da elipse e da hipérbole, que são definidas em termos de dois focos, a **parábola** é o conjunto de todos os pontos P equidistantes de um foco F e uma reta $\mathcal{D}$ denominada **diretriz**:

$$PF = P\mathcal{D} \qquad \boxed{8}$$

Aqui, quando dizemos *distância* de um ponto P à reta $\mathcal{D}$, estamos nos referindo à distância de P ao ponto Q de $\mathcal{D}$ que estiver mais próximo de P, que pode ser encontrado baixando uma perpendicular de P para $\mathcal{D}$ (Figura 8). Denotamos essa distância por $P\mathcal{D}$.

A reta pelo foco F perpendicular a $\mathcal{D}$ é um **eixo** da parábola. O **vértice** é o ponto em que a parábola intersecta seu eixo. Dizemos que a parábola está em posição padrão se, com algum c, o foco for $F = (0, c)$ e a diretriz for $y = -c$, conforme a Figura 8. Nesse caso, pode ser verificado (ver Exercício 73) que o vértice está na origem e a equação da parábola é $y = x^2/4c$. Se $c < 0$, a parábola está virada para baixo.

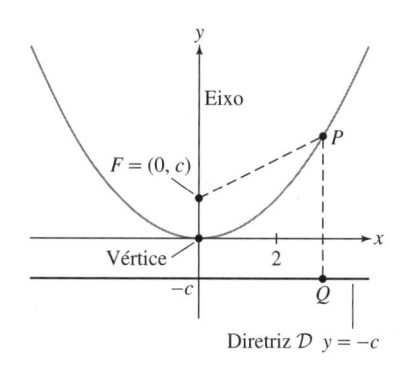

FIGURA 8 Uma parábola de foco $(0, c)$ e diretriz $y = -c$.

TEOREMA 3 **Parábola em posição padrão** Seja $c \neq 0$. A parábola de foco $F = (0, c)$ e diretriz $y = -c$ tem equação

$$y = \frac{1}{4c}x^2 \qquad \boxed{9}$$

O vértice está localizado na origem. A parábola abre para cima se $c > 0$ e para baixo se $c < 0$.

■ **EXEMPLO 4** A parábola padrão de diretriz $y = -2$ é transladada de modo que seu vértice esteja em $(2, 8)$. Encontre sua equação, sua diretriz e seu foco.

Solução Pela Equação (9) com $c = 2$, a parábola padrão de diretriz $y = -2$ tem equação $y = \frac{1}{8}x^2$ (Figura 9). O foco dessa parábola padrão é $(0, c) = (0, 2)$, que está duas unidades acima do vértice $(0, 0)$.

Para obter a equação da parábola translada com vértice em $(2, 8)$, substituímos x por $x - 2$ e y por $y - 8$:

$$y - 8 = \frac{1}{8}(x - 2)^2 \qquad \text{ou} \qquad y = \frac{1}{8}x^2 - \frac{1}{2}x + \frac{17}{2}$$

O vértice subiu 8 unidades, portanto a diretriz também sobe 8 unidades e é dada por $y = 6$. O novo foco está 2 unidades acima do novo vértice $(2, 8)$, portanto o novo foco é $(2, 10)$. ■

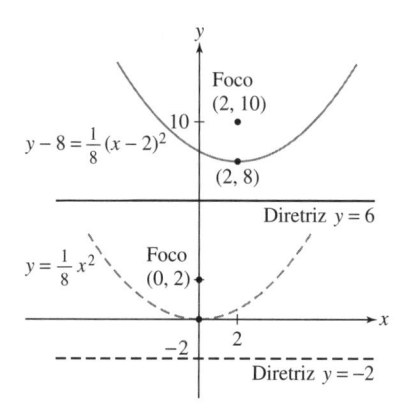

FIGURA 9 Uma parábola e sua transladada.

Excentricidade

Algumas elipses são mais achatadas do que outras, da mesma forma que algumas hipérboles são mais inclinadas que outras. O "formato" de uma seção cônica é medido por um número e denominado **excentricidade**. Para uma elipse ou hipérbole,

$$e = \frac{\text{distância entre os focos}}{\text{distância entre os vértices no eixo focal}}$$

A parábola, por definição, tem excentricidade $e = 1$.

TEOREMA 4 As elipses e hipérboles em posição padrão têm

$$e = \frac{c}{a}$$

1. Uma elipse tem excentricidade $0 \leq e < 1$.
2. Uma hipérbole tem excentricidade $e > 1$.

LEMBRETE
Elipse padrão:

$$\left(\frac{x}{a}\right)^2 + \left(\frac{y}{b}\right)^2 = 1, \quad c = \sqrt{a^2 - b^2}$$

Hipérbole padrão:

$$\left(\frac{x}{a}\right)^2 - \left(\frac{y}{b}\right)^2 = 1, \quad c = \sqrt{a^2 + b^2}$$

Demonstração Os focos estão em $(\pm c, 0)$ e os vértices estão no eixo focal em $(\pm a, 0)$. Portanto,

$$e = \frac{\text{distância entre os focos}}{\text{distância entre os vértices no eixo focal}} = \frac{2c}{2a} = \frac{c}{a}$$

Numa elipse, $c = \sqrt{a^2 - b^2}$ e, portanto, $e = c/a < 1$. Numa hipérbole, $c = \sqrt{a^2 + b^2}$ e, assim, $e = c/a > 1$. ∎

De que maneira a excentricidade determina o formato de uma cônica [Figura 10(A)]? Considere a razão b/a dos semieixos menor e maior de uma elipse. A elipse é quase circular se b/a estiver próximo de 1, ao passo que é mais alongada e achatada se b/a for pequeno. Agora,

$$\frac{b}{a} = \frac{\sqrt{a^2 - c^2}}{a} = \sqrt{1 - \frac{c^2}{a^2}} = \sqrt{1 - e^2}$$

Isso mostra que b/a fica menor (e a elipse fica achatada) se $e \to 1$ [Figura 10(B)]. A elipse "mais redonda" é o círculo, com $e = 0$.

Analogamente, com uma hipérbole,

$$\frac{b}{a} = \sqrt{1 + e^2}$$

As razões $\pm b/a$ são as inclinações das assíntotas, portanto as assíntotas ficam mais verticais se $e \to \infty$ [Figura 10(C)].

(A) Excentricidade e.

(B) A elipse achata se $e \to 1$.

(C) As assíntotas da hipérbole ficam mais verticais se $e \to \infty$.

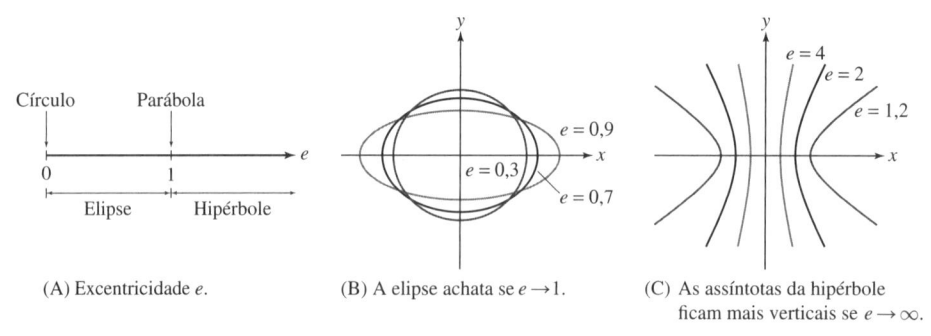

FIGURA 10

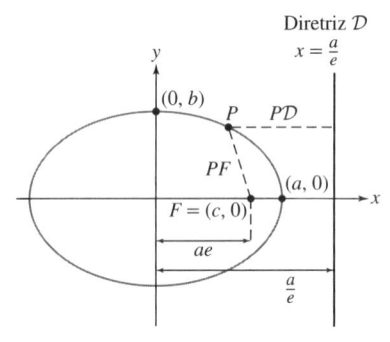

FIGURA 11 A elipse consiste nos pontos P tais que $PF = e P\mathcal{D}$.

ENTENDIMENTO CONCEITUAL Há uma maneira mais precisa para explicar por que a excentricidade determina o formato de uma cônica. Podemos provar que se duas cônicas, $\mathcal{C}_1$ e $\mathcal{C}_2$, têm a mesma excentricidade e, então existe uma mudança de escala que torna $\mathcal{C}_1$ *congruente* a $\mathcal{C}_2$. Mudar a escala significa mudar as unidades ao longo dos eixos x e y com um fator positivo comum. Uma curva com a escala adaptada com um fator 10 teria a mesma forma, mas seria dez vezes maior. Isso corresponderia, por exemplo, a trocar as unidades de centímetros para milímetros (unidades menores produzem figuras maiores). Por "congruente" entendemos que, depois de mudar a escala, é possível mover $\mathcal{C}_1$ com um movimento rígido (envolvendo rotação e translação, mas não extensão nem compressão) e fazer com que fique exatamente em cima de $\mathcal{C}_2$.

Todos os círculos ($e = 0$) têm a mesma forma porque adaptando a escala com um fator $r > 0$, transformamos um círculo de raio R num círculo de raio rR. Analogamente, quaisquer duas parábolas ($e = 1$) são congruentes depois de adaptar a escala convenientemente. Contudo, uma elipse de excentricidade $e = 0,5$ não pode ser tornada congruente a uma elipse de excentricidade $e = 0,8$ por meio de uma mudança de escala (ver Exercício 74).

A excentricidade pode ser usada para dar uma definição foco-diretriz unificada das cônicas. Dados um ponto F (o foco), uma reta $\mathcal{D}$ (a diretriz) e um número $e > 0$, consideramos o conjunto de todos os pontos P tais que

$$\boxed{PF = e P\mathcal{D}} \qquad \boxed{10}$$

Se $e = 1$, essa é precisamente a nossa definição de uma parábola. De acordo com o teorema seguinte, a Equação (10) define uma seção cônica de excentricidade e, com qualquer $e > 0$ (Figuras 11 e 12). Observe, entretanto, que não existe definição foco-diretriz para círculos ($e = 0$).

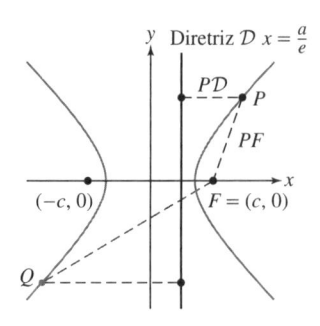

FIGURA 12 A hipérbole consiste nos pontos P tais que $PF = e P\mathcal{D}$.

Capítulo 11 Equações paramétricas, coordenadas polares e seções cônicas

TEOREMA 5 **Definição foco-diretriz** Dado qualquer $e > 0$, o conjunto de pontos satisfazendo a Equação (10) é uma seção cônica de excentricidade e. Além disso,

- **Elipse:** Sejam $a > b > 0$ e $c = \sqrt{a^2 - b^2}$. A elipse

$$\left(\frac{x}{a}\right)^2 + \left(\frac{y}{b}\right)^2 = 1$$

satisfaz a Equação (10) com $F = (c, 0)$, $e = \frac{c}{a}$ e diretriz vertical $x = \frac{a}{e}$.

- **Hipérbole:** Sejam $a, b > 0$ e $c = \sqrt{a^2 + b^2}$. A hipérbole

$$\left(\frac{x}{a}\right)^2 - \left(\frac{y}{b}\right)^2 = 1$$

satisfaz a Equação (10) com $F = (c, 0)$, $e = \frac{c}{a}$ e diretriz vertical $x = \frac{a}{e}$.

Demonstração Vamos supor que $e > 1$ (o caso $e < 1$ é análogo; ver Exercício 66). Podemos escolher nossos eixos coordenados de tal modo que o foco F fique no eixo x e a diretriz seja vertical, localizada à esquerda de F, como na Figura 13. Antecipando o resultado final, denotamos por d a distância do foco F à diretriz $\mathcal{D}$ e também

$$c = \frac{d}{1 - e^{-2}}, \qquad a = \frac{c}{e}, \qquad b = \sqrt{c^2 - a^2}$$

Como podemos deslocar o eixo y à vontade, escolhamos o eixo y de tal modo que o foco tenha coordenadas $F = (c, 0)$. Então a diretriz é a reta

$$x = c - d = c - c(1 - e^{-2})$$
$$= c e^{-2} = \frac{a}{e}$$

Agora, a equação $PF = ePD$ com um ponto $P = (x, y)$ pode ser escrita como

$$\underbrace{\sqrt{(x - c)^2 + y^2}}_{PF} = e \underbrace{\sqrt{(x - (a/e))^2}}_{PD}$$

Manipulando algebricamente, obtemos

$$(x - c)^2 + y^2 = e^2(x - (a/e))^2 \qquad \text{(elevando ao quadrado)}$$

$$x^2 - 2cx + c^2 + y^2 = e^2 x^2 - 2aex + a^2$$

$$x^2 - 2\cancel{aex} + a^2 e^2 + y^2 = e^2 x^2 - 2\cancel{aex} + a^2 \qquad \text{(usando } c = ae\text{)}$$

$$(e^2 - 1)x^2 - y^2 = a^2(e^2 - 1) \qquad \text{(rearranjando)}$$

$$\frac{x^2}{a^2} - \frac{y^2}{a^2(e^2 - 1)} = 1 \qquad \text{(dividindo)}$$

Esse é a equação esperada, pois $a^2(e^2 - 1) = c^2 - a^2 = b^2$. ∎

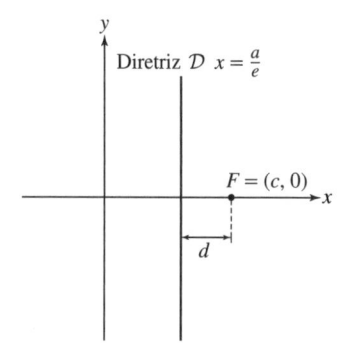

FIGURA 13

■ **EXEMPLO 5** Encontre a equação, os focos e a diretriz da elipse padrão de excentricidade $e = 0{,}8$ e vértices focais $(\pm 10, 0)$.

Solução Os vértices são $(\pm a, 0)$, com $a = 10$ (Figura 14). Pelo Teorema 5,

$$c = ae = 10(0{,}8) = 8, \qquad b = \sqrt{a^2 - c^2} = \sqrt{10^2 - 8^2} = 6$$

Assim, nossa elipse tem equação

$$\left(\frac{x}{10}\right)^2 + \left(\frac{y}{6}\right)^2 = 1$$

Os focos são $(\pm c, 0) = (\pm 8, 0)$ e a diretriz é $x = \frac{a}{e} = \frac{10}{0{,}8} = 12{,}5$.

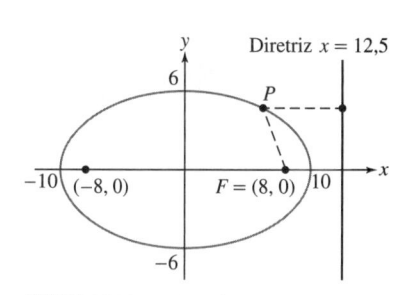

FIGURA 14 Uma elipse de excentricidade $e = 0{,}8$ com foco em $(8, 0)$.

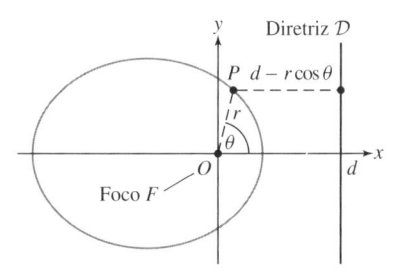

FIGURA 15 Definição foco-diretriz da elipse em coordenadas polares.

Na Seção 13.6, discutimos a famosa lei de Johannes Kepler que afirma que a órbita de um planeta em torno do Sol é uma elipse com um foco no Sol. Nessa discussão, precisamos escrever a equação de uma elipse em coordenadas polares. Para deduzir as equações polares das seções cônicas, é conveniente usar a definição foco-diretriz, com foco F na origem O e a reta vertical $x = d$ como a diretriz $\mathcal{D}$ (Figura 15). Utilizando a figura, vemos que se $P = (r, \theta)$, então

$$PF = r, \qquad P\mathcal{D} = d - r\cos\theta$$

Assim, a equação foco-diretriz da elipse $PF = eP\mathcal{D}$ passa a ser $r = e(d - r\cos\theta)$, ou $r(1 + e\cos\theta) = ed$. Isso prova o resultado seguinte, que também vale com a hipérbole e a parábola (ver Exercício 67).

TEOREMA 6 Equação polar de uma seção cônica A seção cônica de excentricidade $e > 0$ com foco na origem e diretriz em $x = d$ tem equação polar

$$r = \frac{ed}{1 + e\cos\theta} \qquad \boxed{11}$$

■ **EXEMPLO 6** Encontre a excentricidade, a diretriz e os focos da seção cônica

$$r = \frac{24}{4 + 3\cos\theta}$$

Solução Começamos escrevendo a equação na forma padrão

$$r = \frac{24}{4 + 3\cos\theta} = \frac{6}{1 + \frac{3}{4}\cos\theta}$$

Comparando com a Equação (11), vemos que $e = \frac{3}{4}$ e $ed = 6$. Portanto, $d = 8$. Como $e < 1$, a cônica é uma elipse. Pelo Teorema 6, a diretriz é a reta $x = 8$ e o foco é a origem. ■

Propriedades de reflexão das seções cônicas

As seções cônicas têm muitas propriedades geométricas, sendo especialmente importantes as *propriedades de reflexão*, utilizadas na Óptica e nas comunicações (por exemplo, em projeto de antenas e telescópios; Figura 16). Aqui descrevemos essas propriedades rapidamente, sem demonstração (mas veja os Exercícios 68-71 para demonstrações da propriedade de reflexão da elipse).

- **Elipse:** os segmentos F_1P e F_2P formam ângulos iguais com a reta tangente num ponto P da elipse. Portanto, um raio de luz originado no foco F_1 é refletido pela elipse em direção ao segundo foco F_2 [Figura 17(A)]. Ver, também, a Figura 18.
- **Hipérbole:** a reta tangente num ponto P da hipérbole bissecta o ângulo formado pelos segmentos F_1P e F_2P. Portanto, um raio de luz dirigido em direção a F_2 é refletido pela hipérbole em direção ao segundo foco F_1 [Figura 17(B)].
- **Parábola:** o segmento FP e a reta por P paralela ao eixo formam ângulos iguais com a reta tangente num ponto P da parábola [Figura 17(C)]. Portanto, um raio de luz vindo de cima em direção a P na direção perpendicular à diretriz é refletido pela parábola em direção ao foco F.

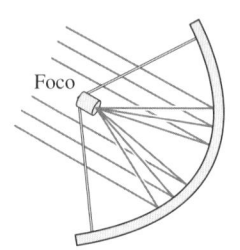

FIGURA 16 O formato parabólico desse radiotelescópio dirige os sinais captados para o foco.
(*Stockbyte*)

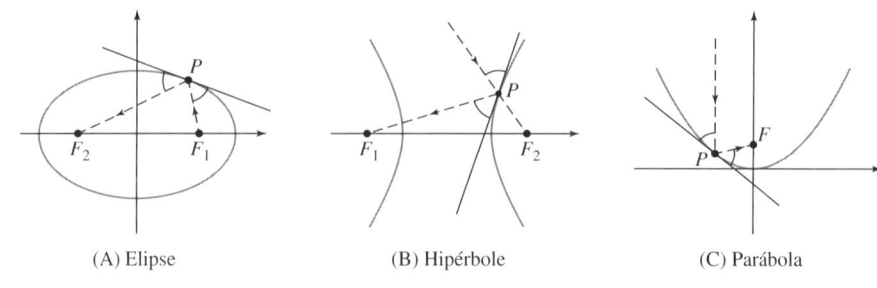

(A) Elipse   (B) Hipérbole   (C) Parábola

FIGURA 17

Equação geral de segundo grau

As equações das seções cônicas padrão constituem casos especiais da equação geral de segundo grau em x e y:

$$\boxed{ax^2 + bxy + cy^2 + dx + ey + f = 0} \qquad \text{12}$$

Aqui, a, b, c, d, e e f são constantes, com a, b e c não todas nulas. Ocorre que essa equação quadrática geral não fornece quaisquer novos tipos de curvas. Exceto por certos "casos degenerados", a Equação (12) define uma seção cônica que não necessariamente está em posição padrão: não precisa estar centrada na origem e seus eixos focal e conjugado podem ter sido girados em relação aos eixos coordenados. Por exemplo, a equação

$$6x^2 - 8xy + 8y^2 - 12x - 24y + 38 = 0$$

define uma elipse centrada em (3, 3) cujos eixos foram girados (Figura 19).

Dizemos que a Equação (12) é **degenerada** se o conjunto de soluções for um par de retas incidentes, um par de retas paralelas, uma única reta, um ponto ou o conjunto vazio. Por exemplo:

- $x^2 - y^2 = 0$ define um par de retas incidentes $y = x$ e $y = -x$.
- $x^2 - x = 0$ define um par de retas paralelas $x = 0$ e $x = 1$.
- $x^2 = 0$ define uma única reta (o eixo y).
- $x^2 + y^2 = 0$ tem somente a solução $(0, 0)$.
- $x^2 + y^2 = -1$ não tem soluções.

Agora suponha que a Equação (12) não seja degenerada. Dizemos que o termo bxy é o *termo misto*. Quando o termo misto for zero (ou seja, $b = 0$), podemos "completar o quadrado" para mostrar que a Equação (12) define uma translação de um cônica em posição padrão. Em outras palavras, os eixos da cônica são paralelos aos eixos coordenados. Isso está ilustrado no exemplo seguinte.

■ **EXEMPLO 7** **Completamento do quadrado** Mostre que

$$4x^2 + 9y^2 + 24x - 72y + 144 = 0$$

define uma translação de uma seção cônica em posição padrão (Figura 20).

Solução Como não há termo misto, podemos completar o quadrado dos termos envolvendo x e y separadamente:

$$4x^2 + 9y^2 + 24x - 72y + 144 = 0$$
$$4(x^2 + 6x + 9 - 9) + 9(y^2 - 8y + 16 - 16) + 144 = 0$$
$$4(x + 3)^2 - 4(9) + 9(y - 4)^2 - 9(16) + 144 = 0$$
$$4(x + 3)^2 + 9(y - 4)^2 = 36$$

Portanto, essa equação quadrática pode ser reescrita na forma

$$\left(\frac{x+3}{3}\right)^2 + \left(\frac{y-4}{2}\right)^2 = 1 \qquad ■$$

Quando o termo misto bxy for não nulo, a Equação (12) define uma cônica cujos eixos foram girados em relação aos eixos coordenados. A nota ao lado descreve como isso pode ser verificado em geral. Ilustramos com o exemplo seguinte.

■ **EXEMPLO 8** Mostre que $2xy = 1$ define uma seção cônica cujos eixos focal e conjugado estão girados em relação aos eixos coordenados.

Solução A Figura 22(A) mostra eixos identificados por $\tilde{x}$ e $\tilde{y}$ que estão num ângulo de 45° em relação aos eixos coordenados padrão. Um ponto P de coordenadas (x, y) também pode ser descrito pelas coordenadas $(\tilde{x}, \tilde{y})$ em relação a esses eixos girados. Aplicando as Equações (13) e (14) com $\theta = \frac{\pi}{4}$, observamos que (x, y) e $(\tilde{x}, \tilde{y})$ estão relacionados pelas fórmulas

FIGURA 18 A cúpula elipsoidal do National Statuary Hall, no prédio do congresso norte-americano, cria uma "câmera de sussuros". Reza a lenda que o presidente John Quincy Adams ficava em um dos focos para bisbilhotar as conversas que ocorriam no outro foco.
(*Arquiteto do Capitólio*)

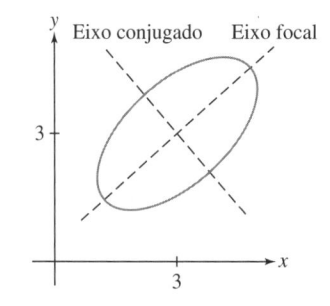

FIGURA 19 A elipse de equação $6x^2 - 8xy + 8y^2 - 12x - 24y + 38 = 0$.

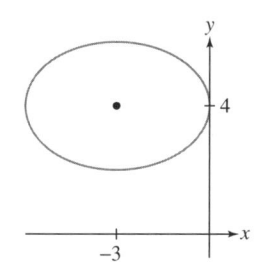

FIGURA 20 A elipse de equação $4x^2 + 9y^2 + 24x - 72y + 144 = 0$.

Se $(\tilde{x}, \tilde{y})$ forem as coordenadas relativas aos eixos girados por um ângulo θ, como na Figura 21, então

$$x = \tilde{x}\cos\theta - \tilde{y}\,\text{sen}\,\theta \qquad \text{13}$$

$$y = \tilde{x}\,\text{sen}\,\theta + \tilde{y}\cos\theta \qquad \text{14}$$

Ver Exercício 75. No Exercício 76, mostramos que o termo misto desaparece se a Equação (12) for reescrita em termos de $\tilde{x}$ e $\tilde{y}$ com o ângulo

$$\theta = \frac{1}{2}\,\text{arc cotg}\,\frac{a-c}{b} \qquad \text{15}$$

FIGURA 21

$$x = \frac{\tilde{x} - \tilde{y}}{\sqrt{2}}, \qquad y = \frac{\tilde{x} + \tilde{y}}{\sqrt{2}}$$

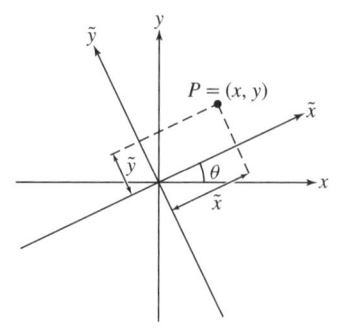

Portanto, se $P = (x, y)$ estiver na hipérbole, ou seja, se $2xy = 1$, então

$$2xy = 2\left(\frac{\tilde{x} - \tilde{y}}{\sqrt{2}}\right)\left(\frac{\tilde{x} + \tilde{y}}{\sqrt{2}}\right) = \tilde{x}^2 - \tilde{y}^2 = 1$$

Assim, as coordenadas $(\tilde{x}, \tilde{y})$ satisfazem a equação da hipérbole padrão $\tilde{x}^2 - \tilde{y}^2 = 1$, cujos eixos focal e conjugado são os eixos $\tilde{x}$ e $\tilde{y}$, respectivamente. ∎

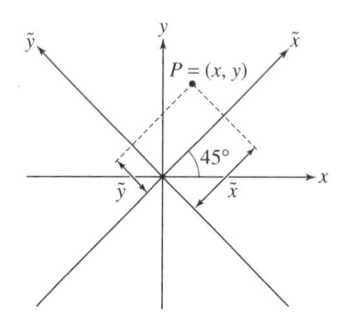

FIGURA 22 Os eixos $\tilde{x}$ e $\tilde{y}$ são girados num ângulo de 45 em relação aos eixos x e y.

(A) O ponto $P = (x, y)$ também pode ser descrito por coordenadas $(\tilde{x}, \tilde{y})$ em relação aos eixos girados.

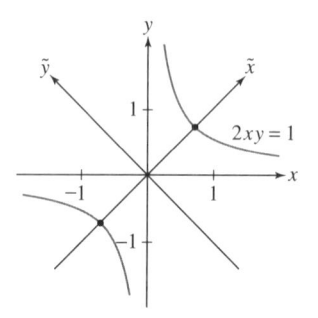

(B) A hipérbole $2xy = 1$ tem a forma padrão $\tilde{x}^2 - \tilde{y}^2 = 1$ em relação aos eixos $\tilde{x}, \tilde{y}$.

Concluímos nossa discussão de cônicas enunciando o teste do discriminante. Suponha que a equação

$$ax^2 + bxy + cy^2 + dx + ey + f = 0$$

seja não degenerada e, assim, descreva uma seção cônica. De acordo com o teste do discriminante, o tipo da cônica é determinado pelo **discriminante** D:

$$\boxed{D = b^2 - 4ac}$$

Temos os seguintes casos:

- $D < 0$: elipse ou círculo
- $D > 0$: hipérbole
- $D = 0$: parábola

Por exemplo, o discriminante da equação $2xy = 1$ é

$$D = b^2 - 4ac = 2^2 - 0 = 4 > 0$$

De acordo com o teste do discriminante, $2xy = 1$ define uma hipérbole. Isso está de acordo com a nossa conclusão no Exemplo 8.

11.5 Resumo

- Uma *elipse* de focos F_1 e F_2 é o conjunto de pontos P tais que $PF_1 + PF_2 = K$, sendo K uma constante tal que $K > F_1F_2$. A equação em posição padrão é

$$\left(\frac{x}{a}\right)^2 + \left(\frac{y}{b}\right)^2 = 1$$

Os vértices da elipse são $(\pm a, 0)$ e $(0, \pm b)$.

	Eixo focal	Focos	Vértices focais
$a > b$	eixo x	$(\pm c, 0)$ com $c = \sqrt{a^2 - b^2}$	$(\pm a, 0)$
$a < b$	eixo y	$(0, \pm c)$ com $c = \sqrt{b^2 - a^2}$	$(0, \pm b)$

Excentricidade: $e = \frac{c}{a}$ ($0 \leq e < 1$). Diretriz: $x = \frac{a}{e}$ (se $a > b$).

- Uma *hipérbole* de focos F_1 e F_2 é o conjunto de pontos P tais que

$$PF_1 - PF_2 = \pm K$$

sendo K uma constante tal que $0 < K < F_1F_2$. A equação em posição padrão é

$$\left(\frac{x}{a}\right)^2 - \left(\frac{y}{b}\right)^2 = 1$$

Eixo focal	Foco	Vértices	Assíntotas
eixo x	$(\pm c, 0)$ com $c = \sqrt{a^2 + b^2}$	$(\pm a, 0)$	$y = \pm \frac{b}{a}x$

Excentricidade: $e = \frac{c}{a}$ ($e > 1$). Diretriz: $x = \frac{a}{e}$.

- Uma *parábola* de foco F e diretriz $\mathcal{D}$ é o conjunto de pontos P tais que $PF = P\mathcal{D}$. A equação em posição padrão é

$$y = \frac{1}{4c}x^2$$

Foco $F = (0, c)$, diretriz $y = -c$ e vértice na origem $(0, 0)$.

- *Definição foco-diretriz* de uma cônica de foco F e diretriz $\mathcal{D}$: $PF = eP\mathcal{D}$.
- Para transladar uma cônica h unidades horizontalmente e k unidades verticalmente, substituímos x por $x - h$ e y por $y - k$ na equação.
- Equação polar da cônica de excentricidade $e > 0$, foco na origem e diretriz em $x = d$:

$$r = \frac{ed}{1 + e \cos \theta}$$

11.5 Exercícios

Exercícios preliminares

1. Decida se a equação define uma elipse, uma hipérbole, uma parábola ou não define uma seção cônica.
   (a) $4x^2 - 9y^2 = 12$
   (b) $-4x + 9y^2 = 0$
   (c) $4y^2 + 9x^2 = 12$
   (d) $4x^3 + 9y^3 = 12$
2. Em quais seções cônicas os vértices ficam entre os focos?
3. Quais são os focos de

$$\left(\frac{x}{a}\right)^2 + \left(\frac{y}{b}\right)^2 = 1 \quad \text{se } a < b?$$

4. Qual é a interpretação geométrica de b/a na equação de uma hipérbole em posição padrão?

Exercícios

Nos Exercícios 1-6, encontre os vértices e focos da seção cônica.

1. $\left(\dfrac{x}{9}\right)^2 + \left(\dfrac{y}{4}\right)^2 = 1$
2. $\dfrac{x^2}{9} + \dfrac{y^2}{4} = 1$
3. $\left(\dfrac{x}{4}\right)^2 - \left(\dfrac{y}{9}\right)^2 = 1$
4. $\dfrac{x^2}{4} - \dfrac{y^2}{9} = 36$
5. $\left(\dfrac{x-3}{7}\right)^2 - \left(\dfrac{y+1}{4}\right)^2 = 1$
6. $\left(\dfrac{x-3}{4}\right)^2 + \left(\dfrac{y+1}{7}\right)^2 = 1$

Nos Exercícios 7-10, encontre a equação da elipse obtida transladando (conforme indicado) a elipse

$$\left(\frac{x-8}{6}\right)^2 + \left(\frac{y+4}{3}\right)^2 = 1$$

7. Transladada de modo a ter seu centro na origem
8. Transladada para ter seu centro em $(-2, -12)$
9. Transladada 6 unidades para a direita
10. Transladada 4 unidades para baixo

Nos Exercícios 11-14, encontre a equação da elipse dada.

11. Vértices em $(\pm 5, 0)$ e $(0, \pm 7)$

12. Focos $(\pm 6, 0)$ e vértices focais $(\pm 10, 0)$

13. Focos $(0, \pm 10)$ e excentricidade $e = \frac{3}{5}$

14. Vértices $(4, 0), (28, 0)$ e excentricidade $e = \frac{2}{3}$

Nos Exercícios 15-20, encontre a equação da hipérbole dada.

15. Vértices $(\pm 3, 0)$ e focos $(\pm 5, 0)$

16. Vértices $(\pm 3, 0)$ e assíntotas $y = \pm \frac{1}{2} x$

17. Focos $(\pm 4, 0)$ e excentricidade $e = 2$

18. Vértices $(0, \pm 6)$ e excentricidade $e = 3$

19. Vértices $(-3, 0), (7, 0)$ e excentricidade $e = 3$

20. Vértices $(0, -6), (0, 4)$ e focos $(0, -9), (0, 7)$

Nos Exercícios 21-28, encontre a equação da parábola com as propriedades dadas.

21. Vértice $(0, 0)$, foco $\left(\frac{1}{12}, 0\right)$

22. Vértice $(0, 0)$, foco $(0, 2)$

23. Vértice $(0, 0)$, diretriz $y = -5$

24. Vértice $(3, 4)$, diretriz $y = -2$

25. Foco $(0, 4)$, diretriz $y = -4$

26. Foco $(0, -4)$, diretriz $y = 4$

27. Foco $(2, 0)$, diretriz $x = -2$

28. Foco $(-2, 0)$, vértice $(2, 0)$

Nos Exercícios 29-38, encontre os vértices, os focos, o centro (se for elipse ou hipérbole) e as assíntotas (se for hipérbole).

29. $x^2 + 4y^2 = 16$

30. $4x^2 + y^2 = 16$

31. $\left(\frac{x-3}{4}\right)^2 - \left(\frac{y+5}{7}\right)^2 = 1$

32. $3x^2 - 27y^2 = 12$

33. $4x^2 - 3y^2 + 8x + 30y = 215$

34. $y = 4x^2$

35. $y = 4(x-4)^2$

36. $8y^2 + 6x^2 - 36x - 64y + 134 = 0$

37. $4x^2 + 25y^2 - 8x - 10y = 20$

38. $16x^2 + 25y^2 - 64x - 200y + 64 = 0$

Nos Exercícios 39-42, use o teste do discriminante para determinar o tipo da seção cônica (em cada caso, a equação é não degenerada). Esboce a curva com um sistema algébrico computacional.

39. $4x^2 + 5xy + 7y^2 = 24$

40. $x^2 - 2xy + y^2 + 24x - 8 = 0$

41. $2x^2 - 8xy + 3y^2 - 4 = 0$

42. $2x^2 - 3xy + 5y^2 - 4 = 0$

43. Mostre que a "cônica" $x^2 + 3y^2 - 6x + 12y + 23 = 0$ não possui pontos.

44. Com quais valores de a a cônica $3x^2 + 2y^2 - 16y + 12x = a$ possui pelo menos um ponto?

45. Mostre que $\dfrac{b}{a} = \sqrt{1 - e^2}$ numa elipse padrão de excentricidade e.

46. Mostre que excentricidade de uma hipérbole em posição padrão é $e = \sqrt{1 + m^2}$, em que $\pm m$ são as inclinações das assíntotas.

47. Explique por que os pontos indicados na Figura 23 estão numa parábola. Onde estão localizados o foco e a diretriz?

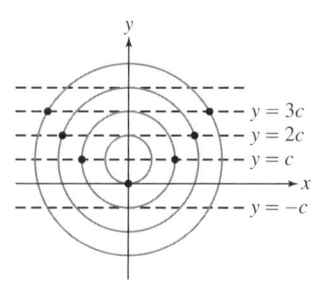

FIGURA 23

48. Encontre a equação da elipse que consiste nos pontos P tais que $PF_1 + PF_2 = 12$, sendo $F_1 = (4, 0)$ e $F_2 = (-2, 0)$.

49. Uma **corda focal mínima** (latus rectum) de uma seção cônica é uma corda por um foco que é paralela à diretriz. Encontre a área delimitada pela parábola $y = x^2/(4c)$ e sua corda focal mínima (use a Figura 8).

50. Mostre que a reta tangente no ponto $P = (x_0, y_0)$ à hipérbole
$$\left(\frac{x}{a}\right)^2 - \left(\frac{y}{b}\right)^2 = 1 \text{ tem equação}$$
$$Ax - By = 1$$
sendo $A = \dfrac{x_0}{a^2}$ e $B = \dfrac{y_0}{b^2}$.

Nos Exercícios 51-54, encontre a equação polar da cônica com excentricidade e diretriz dadas e foco na origem.

51. $e = \frac{1}{2}, \quad x = 3$

52. $e = \frac{1}{2}, \quad x = -3$

53. $e = 1, \quad x = 4$

54. $e = \frac{3}{2}, \quad x = -4$

Nos Exercícios 55-58, identifique o tipo da cônica, a excentricidade e a equação da diretriz.

55. $r = \dfrac{8}{1 + 4\cos\theta}$

56. $r = \dfrac{8}{4 + \cos\theta}$

57. $r = \dfrac{8}{4 + 3\cos\theta}$

58. $r = \dfrac{12}{4 + 3\cos\theta}$

59. Encontre uma equação polar da hipérbole com foco na origem, diretriz $x = -2$ e excentricidade $e = 1,2$.

60. Seja $\mathcal{C}$ a elipse $r = de/(1 + e\cos\theta)$, em que $e < 1$. Mostre que as coordenadas x dos pontos na Figura 24 são as seguintes:

Pontos	A	C	F_2	A'
Coordenada x	$\dfrac{de}{e+1}$	$-\dfrac{de^2}{1-e^2}$	$-\dfrac{2de^2}{1-e^2}$	$-\dfrac{de}{1-e}$

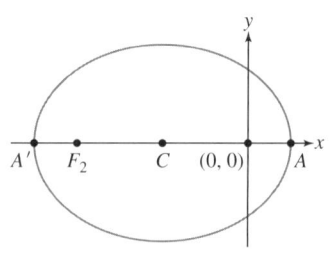

FIGURA 24

61. Encontre a equação em coordenadas retangulares da cônica
$$r = \frac{16}{5 + 3\cos\theta}$$
Sugestão: use os resultados do Exercício 60.

62. Seja $e > 1$. Mostre que os vértices da hipérbole $r = \dfrac{de}{1 + e\cos\theta}$ têm coordenadas x iguais a $\dfrac{ed}{e+1}$ e $\dfrac{ed}{e-1}$.

63. A primeira lei de Kepler afirma que as órbitas dos planetas são elipses com o Sol num dos focos. A órbita de Plutão tem excentricidade $e \approx 0{,}25$. Seu **periélio** (menor distância ao Sol) é, aproximadamente, 2,7 bilhões de milhas. Encontre o **afélio** (maior distância do Sol).

64. A terceira lei de Kepler afirma que a razão $T/a^{3/2}$ é igual a uma constante C para todas as órbitas planetárias em torno do Sol, sendo T o período (tempo de uma órbita completa) e a o semieixo maior.
  (a) Calcule C em unidades de dias e quilômetros, sabendo que o semieixo maior da órbita da Terra é 150×10^6 km.
  (b) Calcule o período da órbita de Saturno, sabendo que seu semieixo maior é, aproximadamente, $1{,}43 \times 10^9$ km.
  (c) A excentricidade da órbita de Saturno é $e = 0{,}056$. Encontre o periélio e o afélio de Saturno (ver Exercício 63).

Compreensão adicional e desafios

65. Verifique a validade do Teorema 2.

66. Verifique a validade do Teorema 5 no caso $0 < e < 1$. *Sugestão:* repita a prova do Teorema 5, mas com $c = d/(e^{-2} - 1)$.

67. Verifique que se $e > 1$, então a Equação (11) define uma hipérbole de excentricidade e, com seu foco na origem e diretriz em $x = d$.

Propriedade reflexiva da elipse Nos Exercícios 68-70, provamos que os raios focais num ponto da elipse formam ângulos iguais com a reta tangente $\mathcal{L}$. Seja $P = (x_0, y_0)$ um ponto da elipse da Figura 25 com focos $F_1 = (-c, 0)$ e $F_2 = (c, 0)$ e excentricidade $e = c/a$.

68. Mostre que a equação da reta tangente em P é $Ax + By = 1$, sendo $A = \dfrac{x_0}{a^2}$ e $B = \dfrac{y_0}{b^2}$.

69. Defina os pontos R_1 e R_2 como na Figura 25, de modo que $\overline{F_1R_1}$ e $\overline{F_2R_2}$ sejam perpendiculares à reta tangente.

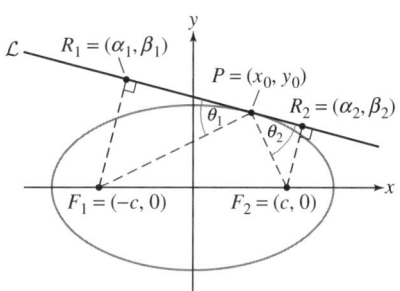

FIGURA 25 A elipse $\left(\dfrac{x}{a}\right)^2 + \left(\dfrac{y}{b}\right)^2 = 1$.

  (a) Mostre, com A e B dados no Exercício 68, que
$$\frac{\alpha_1 + c}{\beta_1} = \frac{\alpha_2 - c}{\beta_2} = \frac{A}{B}$$
  (b) Use (a) e a fórmula da distância para mostrar que
$$\frac{F_1R_1}{F_2R_2} = \frac{\beta_1}{\beta_2}$$
  (c) Use (a) e a equação da reta tangente do Exercício 68 para mostrar que
$$\beta_1 = \frac{B(1 + Ac)}{A^2 + B^2}, \qquad \beta_2 = \frac{B(1 - Ac)}{A^2 + B^2}$$

70. (a) Prove que $PF_1 = a + x_0 e$ e $PF_2 = a - x_0 e$. *Sugestão:* mostre que $PF_1{}^2 - PF_2{}^2 = 4x_0 c$. Então use a propriedade definidora $PF_1 + PF_2 = 2a$ e a relação $e = c/a$.
  (b) Verifique que $\dfrac{F_1 R_1}{P F_1} = \dfrac{F_2 R_2}{P F_2}$.
  (c) Mostre que sen θ_1 = sen θ_2. Conclua que $\theta_1 = \theta_2$.

71. Prova alternativa da propriedade reflexiva da elipse.
  (a) A Figura 25 sugere que $\mathcal{L}$ é a única reta que intersecta a elipse somente no ponto P. Supondo isso, prove que $QF_1 + QF_2 > PF_1 + PF_2$ com quaisquer pontos Q da reta tangente distintos de P.
  (b) Use o princípio da distância mínima (Exemplo 6 na Seção 4.7) para provar que $\theta_1 = \theta_2$.

72. Mostre que o comprimento QR na Figura 26 é independente do ponto P.

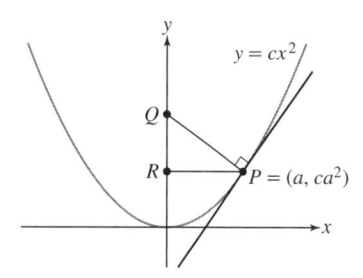

FIGURA 26

73. Mostre que $y = x^2/4c$ é a equação de uma parábola de diretriz $y = -c$, foco $(0, c)$ e o vértice na origem, conforme afirma o Teorema 3.

74. Considere duas elipses em posição padrão:
$$E_1: \left(\frac{x}{a_1}\right)^2 + \left(\frac{y}{b_1}\right)^2 = 1$$
$$E_2: \left(\frac{x}{a_2}\right)^2 + \left(\frac{y}{b_2}\right)^2 = 1$$
Dizemos que E_1 é semelhante a E_2 mediante uma mudança de escala se existir um fator $r > 0$ tal que, dado qualquer (x, y) de E_1, o ponto (rx, ry) estiver em E_2. Mostre que E_1 e E_2 são semelhantes mediante uma mudança de escala se, e somente se, têm a mesma excentricidade. Mostre que dois círculos quaisquer são semelhantes mediante uma mudança de escala.

75. Deduza as Equações (13) e (14) do texto como segue. Escreva as coordenadas de P em relação aos eixos girados na Figura 21 em forma polar $\tilde{x} = r\cos\alpha$, $\tilde{y} = r\operatorname{sen}\alpha$. Explique por que P tem coordenadas polares $(r, \alpha + \theta)$ em relação aos eixos padrão x e y e deduza (13) e (14) usando as fórmulas de adição do cosseno e do seno.

76. Se reescrevermos a equação geral de segundo grau (Equação 12) em termos das variáveis $\tilde{x}$ e $\tilde{y}$ relacionadas com x e y pelas

Equações (13) e (14), obteremos uma nova equação de segundo grau em $\tilde{x}$ e $\tilde{y}$ da mesma forma, mas com coeficientes diferentes:
$$a'\tilde{x}^2 + b'\tilde{x}\tilde{y} + c'\tilde{y}^2 + d'\tilde{x} + e'\tilde{y} + f' = 0$$
(a) Mostre que $b' = b\cos 2\theta + (c - a)\operatorname{sen} 2\theta$.

(b) Mostre que se $b \neq 0$, então obtemos $b' = 0$ com
$$\theta = \frac{1}{2}\operatorname{arc\,cotg}\frac{a-c}{b}$$
Isso prova que sempre é possível eliminar o termo misto bxy por meio de uma rotação dos eixos por um ângulo conveniente.

EXERCÍCIOS DE REVISÃO DO CAPÍTULO

1. Qual das curvas seguintes passa pelo ponto $(1, 4)$?
   (a) $c(t) = (t^2, t + 3)$
   (b) $c(t) = (t^2, t - 3)$
   (c) $c(t) = (t^2, 3 - t)$
   (d) $c(t) = (t - 3, t^2)$

2. Encontre equações paramétricas da reta pelo ponto $P = (2, 5)$ perpendicular à reta $y = 4x - 3$.

3. Encontre equações paramétricas do círculo de raio 2 centrado em $(1, 1)$. Use as equações para encontrar os pontos de interseção do círculo com os eixos x e y.

4. Encontre uma parametrização $c(t)$ da reta $y = 5 - 2x$ tal que $c(0) = (2, 1)$.

5. Encontre uma parametrização $c(\theta)$ do círculo unitário tal que $c(0) = (-1, 0)$.

6. Encontre um caminho $c(t)$ que trace o arco parabólico $y = x^2$ de $(0, 0)$ a $(3, 9)$ com $0 \le t \le 1$.

7. Encontre um caminho $c(t)$ que percorra a reta $y = 2x + 1$ de $(1, 3)$ a $(3, 7)$ com $0 \le t \le 1$.

8. Esboce o gráfico $c(t) = (1 + \cos t, \operatorname{sen} 2t)$, com $0 \le t \le 2\pi$, acrescentando setas que indiquem o sentido de percurso.

Nos Exercícios 9-12, expresse a curva paramétrica na forma $y = f(x)$.

9. $c(t) = (4t - 3, 10 - t)$
10. $c(t) = (t^3 + 1, t^2 - 4)$
11. $c(t) = \left(3 - \dfrac{2}{t}, t^3 + \dfrac{1}{t}\right)$
12. $x = \operatorname{tg} t$, $y = \sec t$

Nos Exercícios 13-16, calcule dy/dx no ponto indicado.

13. $c(t) = (t^3 + t, t^2 - 1)$, $t = 3$
14. $c(\theta) = (\operatorname{tg}^2\theta, \cos\theta)$, $\theta = \dfrac{\pi}{4}$
15. $c(t) = (e^t - 1, \operatorname{sen} t)$, $t = 20$
16. $c(t) = (\ln t, 3t^2 - t)$, $P = (0, 2)$

17. Use um sistema algébrico e encontre o ponto da cicloide $c(t) = (t - \operatorname{sen} t, 1 - \cos t)$ em que a reta tangente tem inclinação $\dfrac{1}{2}$.

18. Encontre os pontos de $(t + \operatorname{sen} t, t - 2\operatorname{sen} t)$ em que a tangente é vertical ou horizontal.

19. Encontre a equação da curva de Bézier com pontos de controle
$P_0 = (-1, -1)$, $P_1 = (-1, 1)$, $P_2 = (1, 1)$, $P_3(1, -1)$

20. Encontre a velocidade em $t = \dfrac{\pi}{4}$ de uma partícula cuja posição no instante t segundos seja $c(t) = (\operatorname{sen} 4t, \cos 3t)$.

21. Encontre a velocidade (como função de t) de uma partícula cuja posição no instante t segundos seja $c(t) = (\operatorname{sen} t + t, \cos t + t)$. Qual é a velocidade máxima da partícula?

22. Encontre o comprimento de $(3e^t - 3, 4e^t + 7)$ com $0 \le t \le 1$.

Nos Exercícios 23 e 24, seja $c(t) = (e^{-t}\cos t, e^{-t}\operatorname{sen} t)$.

23. Mostre que $c(t)$, com $0 \le t < \infty$, tem comprimento finito e calcule seu valor.

24. Encontre o primeiro valor positivo de t_0 tal que a reta tangente em $c(t_0)$ seja vertical e calcule a velocidade em $t = t_0$.

25. Esboce $c(t) = (\operatorname{sen} 2t, 2\cos t)$ com $0 \le t \le \pi$. Expresse o comprimento da curva como uma integral definida e aproxime-a usando um sistema algébrico computacional.

26. Converta os pontos $(x, y) = (1, -3), (3, -1)$ de coordenadas retangulares para polares.

27. Converta os pontos $(r, \theta) = \left(1, \dfrac{\pi}{6}\right), \left(3, \dfrac{5\pi}{4}\right)$ de coordenadas polares para retangulares.

28. Escreva $(x + y)^2 = xy + 6$ como uma equação em coordenadas polares.

29. Escreva $r = \dfrac{2\cos\theta}{\cos\theta - \operatorname{sen}\theta}$ como uma equação em coordenadas retangulares.

30. Mostre que $r = \dfrac{4}{7\cos\theta - \operatorname{sen}\theta}$ é a equação polar de uma reta.

31. [CG] Converta a equação
$$9(x^2 + y^2) = (x^2 + y^2 - 2y)^2$$
para coordenadas polares e esboce-a com um recurso gráfico.

32. Calcule a área do círculo $r = 3\operatorname{sen}\theta$ que é limitada pelos raios $\theta = \dfrac{\pi}{3}$ e $\theta = \dfrac{2\pi}{3}$.

33. Calcule a área de uma pétala de $r = \operatorname{sen} 4\theta$ (ver Figura 1).

34. A equação $r = \operatorname{sen}(n\theta)$, em que $n \ge 2$ é par, é uma rosácea de $2n$ pétalas (Figura 1). Calcule a área total da rosácea e mostre que ela não depende de n.

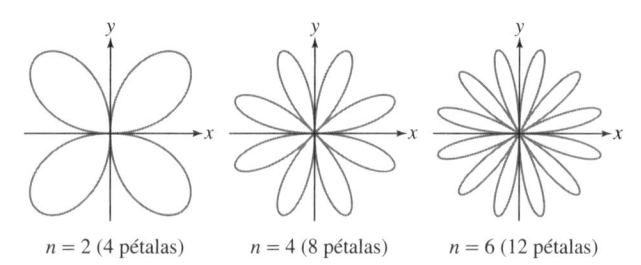

$n = 2$ (4 pétalas) $n = 4$ (8 pétalas) $n = 6$ (12 pétalas)

FIGURA 1 Gráfico de $r = \operatorname{sen}(n\theta)$

35. Calcule a área total englobada pela curva $r^2 = \cos\theta \, e^{\operatorname{sen}\theta}$ (Figura 2).

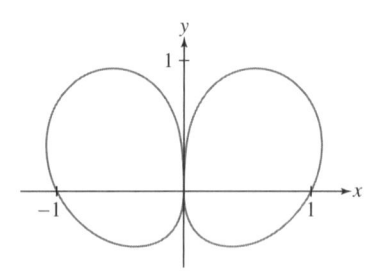

FIGURA 2 O gráfico de $r^2 = \cos\theta \, e^{\operatorname{sen}\theta}$.

36. Encontre a área da região sombreada na Figura 3.

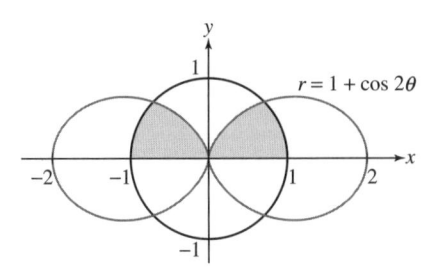

FIGURA 3

37. Encontre a área englobada pela cardioide $r = a(1 + \cos\theta)$, com $a > 0$.

38. Calcule o comprimento da curva de equação polar $r = \theta$ da Figura 4.

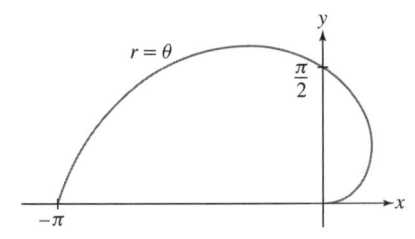

FIGURA 4

39. A Figura 5 mostra o gráfico de $r = e^{0,5\theta} \operatorname{sen}\theta$ com $0 \leq \theta \leq 2\pi$. Use um sistema algébrico computacional para aproximar a diferença entre os comprimentos dos laços interno e externo.

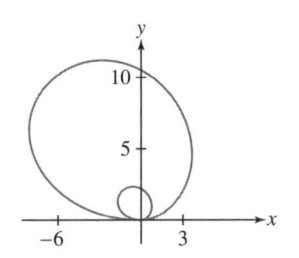

FIGURA 5

40. Mostre que $r = f_1(\theta)$ e $r = f_2(\theta)$ definem as mesmas curvas em coordenadas polares se $f_1(\theta) = -f_2(\theta + \pi)$. Use isso para mostrar que as equações seguintes definem a mesma seção cônica:
$$r = \frac{de}{1 - e\cos\theta}, \qquad r = \frac{-de}{1 + e\cos\theta}$$

Nos Exercícios 41-44, identifique a seção cônica. Encontre os vértice e os focos.

41. $\left(\dfrac{x}{3}\right)^2 + \left(\dfrac{y}{2}\right)^2 = 1$

42. $x^2 - 2y^2 = 4$

43. $\left(2x + \dfrac{1}{2}y\right)^2 = 4 - (x - y)^2$

44. $(y - 3)^2 = 2x^2 - 1$

Nos Exercícios 45-50, encontre a equação da seção cônica dada.

45. Elipse de vértices $(\pm 8, 0)$ e focos $(\pm\sqrt{3}, 0)$

46. Elipse de focos $(\pm 8, 0)$ e excentricidade $\dfrac{1}{8}$

47. Hipérbole de vértices $(\pm 8, 0)$ e assíntotas $y = \pm\dfrac{3}{4}x$

48. Hipérbole de focos $(2, 0)$ e $(10, 0)$ e excentricidade $e = 4$

49. Parábola de foco $(8, 0)$ e diretriz $x = -8$

50. Parábola de vértice $(4, -1)$ e diretriz $x = 15$

51. Encontre as assíntotas da hipérbole $3x^2 + 6x - y^2 - 10y = 1$.

52. Mostre que a "seção cônica" de equação $x^2 - 4x + y^2 + 5 = 0$ não possui pontos.

53. Mostre que a relação $\dfrac{dy}{dx} = (e^2 - 1)\dfrac{x}{y}$ é válida com uma elipse ou hipérbole padrão de excentricidade e.

54. A órbita de Júpiter é uma elipse com o Sol num dos focos. Encontre a excentricidade da órbita se o periélio (menor distância ao Sol) for igual a 740×10^6 km e o afélio (maior distância ao Sol) for igual a 816×10^6 km.

55. Use a Figura 25 da Seção 11.5. Prove que o produto das distâncias perpendiculares $F_1 R_1$ e $F_2 R_2$ dos focos à reta tangente de uma elipse é igual ao quadrado b^2 do semieixo menor.

12 GEOMETRIA VETORIAL

Os vetores desempenham um papel em quase todas as áreas da Matemática e suas aplicações. Nas áreas da Física, eles são usados para representar quantidades que têm direção e sentido além da magnitude, como velocidade e força. A mecânica newtoniana, a física quântica e as relatividades especial e geral, todas elas dependem fundamentalmente de vetores. Não seríamos capazes de entender a eletricidade e o magnetismo sem os vetores, que são utilizados para construir o embasamento teórico.

Os vetores também desempenham um papel crítico na computação gráfica, descrevendo como deveria ser representada a luz e fornecendo um meio para variar o ponto de vista da tela apropriadamente. Em áreas como a Economia e a Estatística, os vetores são usados para encapsular informação de uma maneira que permita sua manipulação eficiente. Eles são uma ferramenta indispensável numa variada gama de disciplinas.

Neste capítulo, desenvolvemos as propriedades geométricas e algébricas básicas de vetores. Embora neste capítulo não utilizemos o Cálculo, os conceitos desenvolvidos aqui serão utilizados em todo o resto do texto.

Os ferrofluidos contêm nanopartículas magnéticas suspensas. Quando colocados num campo magnético, eles formam picos e depressões para minimizar a energia total do sistema. Os vetores e seus produtos desempenham um papel fundamental no entendimento dos ferrofluidos sujeitos a variações do campo magnético.
(*Oliver Hoffmann/Shutterstock*)

12.1 Vetores no plano

Um **vetor** bidimensional $\mathbf{v}$ é determinado por dois pontos no plano: um ponto inicial P (também denominado base, ou a "cauda") e um ponto final Q (terminal, ou, ainda, a "ponta"). Escrevemos

$$\mathbf{v} = \overrightarrow{PQ}$$

e desenhamos $\mathbf{v}$ como uma seta apontando de P para Q. Dizemos que esse vetor está posicionado no ponto P. A Figura 1(A) mostra o vetor de ponto inicial $P = (2, 2)$ e final $Q = (7, 5)$. O **comprimento**, ou **magnitude**, de $\mathbf{v}$, denotado por $\|\mathbf{v}\|$, é a distância de P a Q.

O **vetor posição** $\mathbf{v} = \overrightarrow{OR}$ de um ponto R é o vetor da origem de ponto final R. A Figura 1(B) mostra o vetor posição do ponto $R = (3, 5)$.

NOTAÇÃO Neste texto, representamos os vetores por letras minúsculas em negrito, como $\mathbf{v}$, $\mathbf{w}$, $\mathbf{a}$, $\mathbf{b}$, etc.

(A) O vetor $\overrightarrow{PQ}$

(B) O vetor posição $\overrightarrow{OR}$

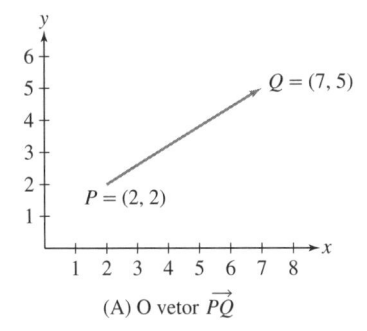

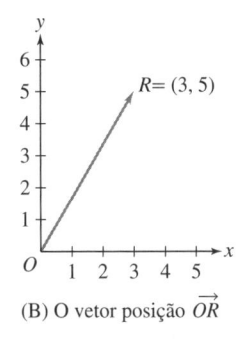

FIGURA 1

Agora introduzimos alguma terminologia.
- Dois vetores $\mathbf{v}$ e $\mathbf{w}$ de comprimento não nulo são ditos **paralelos** se as retas por $\mathbf{v}$ e $\mathbf{w}$ forem paralelas. Vetores paralelos têm a mesma direção e apontam no mesmo sentido ou em sentidos opostos [Figura 2(A)].
- Dizemos que um vetor $\mathbf{v}$ sofreu uma **translação** se tiver sido movido paralelamente a si mesmo sem alterar seu comprimento, sua direção ou seu sentido. O vetor $\mathbf{w}$ resultante é um transladado de $\mathbf{v}$ [Figura 2(B)]. Vetores transladados têm mesmo comprimento, direção e sentido, mas pontos iniciais diferentes.

(A) Vetores paralelos a $\mathbf{v}$

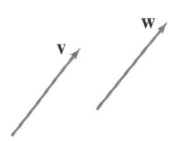

(B) $\mathbf{w}$ é uma translação de $\mathbf{v}$

FIGURA 2

Em quase todas as situações, é conveniente tratar vetores de mesmo comprimento, direção e sentido como sendo equivalentes, mesmo se tiverem diferentes pontos iniciais. Pensando nisso, dizemos que

- **v** e **w** são **equivalentes** se **w** for um transladado de **v** [Figura 3(A)].

Cada vetor pode ser transladado de tal modo que seu ponto inicial esteja na origem [Figura 3(C)]. Portanto,
*Cada vetor **v** é equivalente a um único vetor $\mathbf{v}_0$ posicionado na origem.*

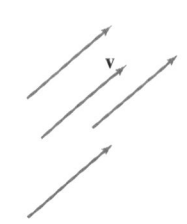

(A) Vetores equivalentes a **v** (translações de **v**)
(B) Vetores que não são equivalentes
(C) $\mathbf{v}_0$ é o único vetor posicionado na origem equivalente a **v**

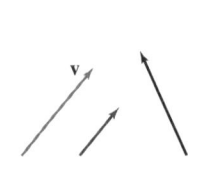

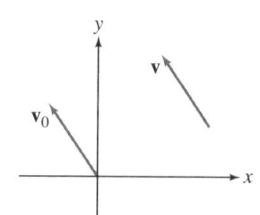

FIGURA 3

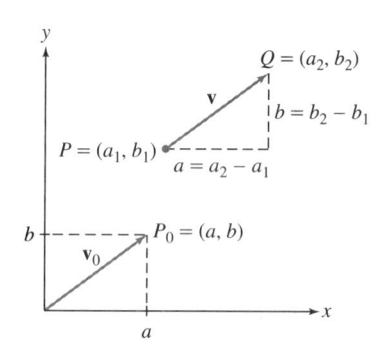

Para trabalhar algebricamente com vetores, definimos os componentes de um vetor (Figura 4).

DEFINIÇÃO Componentes de um vetor Os componentes de $\mathbf{v} = \overrightarrow{PQ}$, em que $P = (a_1, b_1)$ e $Q = (a_2, b_2)$, são as quantidades

$$a = a_2 - a_1 \quad \text{(o componente } x\text{)}, \qquad b = b_2 - b_1 \quad \text{(o componente } y\text{)}$$

Denotamos o par de componentes por $\langle a, b \rangle$.

FIGURA 4 Ambos os vetores, **v** e $\mathbf{v}_0$, têm componentes $\langle a, b \rangle$.

- Quando o ponto inicial for $P = (0, 0)$, os componentes de **v** são, simplesmente, as coordenadas de seu ponto final Q.
- O comprimento de um vetor em termos de seus componentes (pela fórmula da distância, ver Figura 4) é

$$\|\mathbf{v}\| = \|\overrightarrow{PQ}\| = \sqrt{a^2 + b^2}$$

- O **vetor zero**, ou **nulo** (cujos pontos inicial e final coincidem), é o vetor $\mathbf{0} = \langle 0, 0 \rangle$, de comprimento zero. É o único vetor que não tem direção, nem sentido.

Os componentes $\langle a, b \rangle$ determinam comprimento, direção e sentido de **v**, mas não seu ponto inicial. Portanto, *dois vetores são equivalentes se, e só se, têm os mesmos componentes*. Mesmo assim, é costume descrever um vetor por seus componentes, ou seja, escrevemos

$$\mathbf{v} = \langle a, b \rangle$$

Vetores equivalentes têm o mesmo comprimento e apontam na mesma direção e sentido. No entanto, podem começar em qualquer ponto inicial. Quando não for especificado o contrário, vamos supor que o vetor sob consideração tem seu ponto inicial na origem.

- *Neste texto, usamos "parênteses angulares" para distinguir entre o vetor $\mathbf{v} = \langle a, b \rangle$ e o ponto $P = (a, b)$. Alguns livros denotam tanto **v** quanto P por (a, b).*
- *Quando tratamos com vetores, usamos, sem distinção, os termos "comprimento", "tamanho" e "magnitude". Também é comum utilizar o termo "norma".*

■ **EXEMPLO 1** Determine se $\mathbf{v}_1 = \overrightarrow{P_1 Q_1}$ e $\mathbf{v}_2 = \overrightarrow{P_2 Q_2}$ são equivalentes, sendo

$$P_1 = (3, 7), \quad Q_1 = (6, 5) \quad \text{e} \quad P_2 = (-1, 4), \quad Q_2 = (2, 1)$$

Qual é a magnitude de $\mathbf{v}_1$?

Solução Podemos testar a equivalência calculando os componentes (Figura 5):

$$\mathbf{v}_1 = \langle 6 - 3, 5 - 7 \rangle = \langle 3, -2 \rangle, \qquad \mathbf{v}_2 = \langle 2 - (-1), 1 - 4 \rangle = \langle 3, -3 \rangle$$

Os componentes de $\mathbf{v}_1$ e $\mathbf{v}_2$ não são iguais, portanto $\mathbf{v}_1$ e $\mathbf{v}_2$ não são equivalentes. Como $\mathbf{v}_1 = \langle 3, -2 \rangle$, sua magnitude é

$$\|\mathbf{v}_1\| = \sqrt{3^2 + (-2)^2} = \sqrt{13}$$

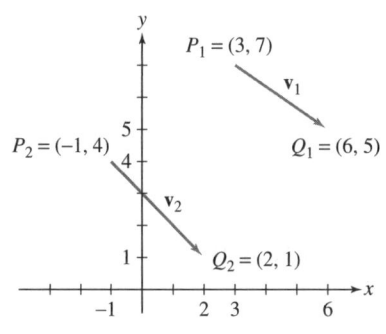

■ **EXEMPLO 2** Esboce o vetor $\mathbf{v} = \langle 2, -3 \rangle$ posicionado em $P = (1, 4)$ e o vetor $\mathbf{v}_0$ equivalente a $\mathbf{v}$ posicionado na origem.

Solução O vetor $\mathbf{v} = \langle 2, -3 \rangle$ posicionado em $P = (1, 4)$ tem ponto terminal $Q = (1+2, 4-3) = (3,1)$, localizado 2 unidades para a direita e 3 unidades para baixo de P, como mostra a Figura 6. O vetor $\mathbf{v}_0$ equivalente a $\mathbf{v}$ posicionado em O tem ponto terminal $(2, -3)$.■

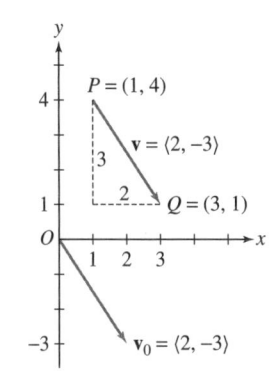

FIGURA 5

Álgebra vetorial

Agora definimos duas operações vetoriais básicas: adição vetorial e multiplicação por escalar.

O vetor soma $\mathbf{v} + \mathbf{w}$ é definido quando $\mathbf{v}$ e $\mathbf{w}$ têm o mesmo ponto inicial: transladamos $\mathbf{w}$ para o vetor $\mathbf{w}'$ equivalente cuja base coincida com a ponta de $\mathbf{v}$. A soma $\mathbf{v} + \mathbf{w}$ é o vetor apontando da base de $\mathbf{v}$ para a ponta de $\mathbf{w}'$ [Figura 7(A)]. Alternativamente, podemos usar a **lei do paralelogramo:** $\mathbf{v} + \mathbf{w}$ é o vetor apontando desde o ponto inicial até o vértice oposto do paralelogramo formado por $\mathbf{v}$ e $\mathbf{w}$ [Figura 7(B)].

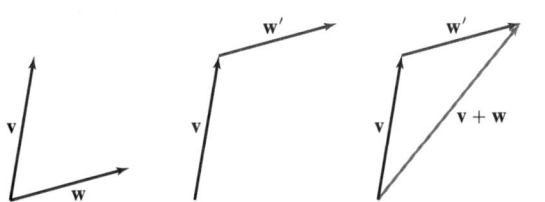

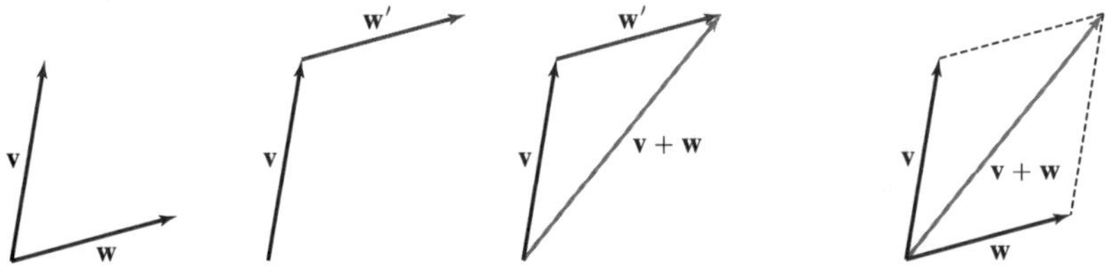

(A) O vetor soma $\mathbf{v} + \mathbf{w}$

(B) Adição usando a lei do paralelogramo

FIGURA 7

FIGURA 6 Os vetores $\mathbf{v}$ e $\mathbf{v}_0$ têm os mesmos componentes, mas pontos base diferentes.

Para somar vários vetores $\mathbf{v}_1, \mathbf{v}_2, \ldots, \mathbf{v}_n$, transladamos os vetores até $\mathbf{v}_1 = \mathbf{v}'_1, \mathbf{v}'_2, \ldots, \mathbf{v}'_n$, de tal modo que eles fiquem ponta a cauda, como na Figura 8. O vetor soma $\mathbf{v} = \mathbf{v}_1 + \mathbf{v}_2 + \cdots + \mathbf{v}_n$ é o vetor cujo ponto final é o ponto final de $\mathbf{v}'_n$.

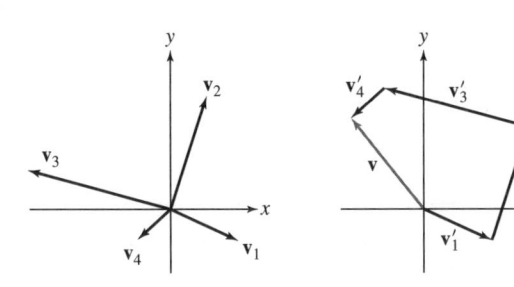

FIGURA 8 A soma $\mathbf{v} = \mathbf{v}_1 + \mathbf{v}_2 + \mathbf{v}_3 + \mathbf{v}_4$.

A subtração vetorial $\mathbf{v} - \mathbf{w}$ é efetuada somando $-\mathbf{w}$ a $\mathbf{v}$, como na Figura 9(A). Ou, mais simplesmente, desenhamos o vetor apontando de $\mathbf{w}$ para $\mathbf{v}$, como na Figura 9(B), e transladamos de volta para o ponto inicial para obter $\mathbf{v} - \mathbf{w}$.

O termo **escalar** é outra palavra para "número real", e muitas vezes falamos de quantidades escalares para diferenciar de quantidades vetoriais. Assim, o número 8 é um escalar, enquanto que $\langle 8, 2 \rangle$ é um vetor. Se λ for um escalar e $\mathbf{v}$ for um vetor não nulo, então o **múltiplo escalar** $\lambda \mathbf{v}$ é definido como segue (Figura 10):

- $\lambda \mathbf{v}$ tem comprimento $|\lambda|\, \|\mathbf{v}\|$
- aponta na mesma direção e sentido de $\mathbf{v}$ se $\lambda > 0$
- aponta na mesma direção e em sentido oposto se $\lambda < 0$

ADVERTÊNCIA Lembre-se de que o vetor $\mathbf{v} - \mathbf{w}$ aponta desde a ponta de $\mathbf{w}$ para a ponta de $\mathbf{v}$ (e não da ponta de $\mathbf{v}$ para a de $\mathbf{w}$).

NOTAÇÃO λ é a décima primeira letra do alfabeto grego. Muitas vezes (mas não sempre), usamos o símbolo λ para denotar um escalar.

628 Cálculo

FIGURA 9 Subtração vetorial.

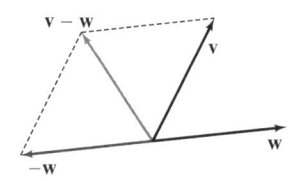

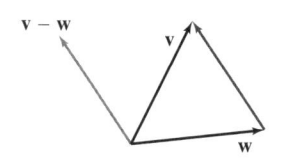

(A) $\mathbf{v} - \mathbf{w}$ é igual a $\mathbf{v}$ somado com $(-\mathbf{w})$.

(B) Mais simplesmente, $\mathbf{v} - \mathbf{w}$ é a translação do vetor desde a ponta de $\mathbf{w}$ até a de $\mathbf{v}$.

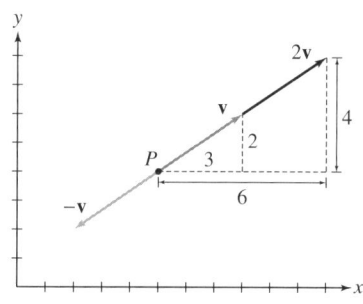

FIGURA 10 Os vetores $\mathbf{v}$ e $2\mathbf{v}$ estão posicionados em P, mas $2\mathbf{v}$ tem o dobro do comprimento. Os vetores $\mathbf{v}$ e $-\mathbf{v}$ têm o mesmo cumprimento e direção, mas sentidos opostos.

Observe que $0\mathbf{v} = \mathbf{0}$ com qualquer $\mathbf{v}$, e

$$\|\lambda \mathbf{v}\| = |\lambda| \, \|\mathbf{v}\|$$

Em particular, $-\mathbf{v}$ tem o mesmo comprimento que $\mathbf{v}$, mas aponta no sentido oposto. Um vetor $\mathbf{w}$ é paralelo a $\mathbf{v}$ se, e só se, $\mathbf{w} = \lambda \mathbf{v}$ com algum escalar não nulo λ.

As operações de adição e a multiplicação por escalar são efetuadas facilmente usando componentes. Para somar ou subtrair dois vetores $\mathbf{v}$ e $\mathbf{w}$, somamos ou subtraímos seus componentes. Isso decorre da lei do paralelogramo, como indica a Figura 11(A).

Analogamente, para multiplicar $\mathbf{v}$ por um escalar λ, multiplicamos os componentes de $\mathbf{v}$ por λ [Figuras 11(B) e (C)]. De fato, se $\mathbf{v} = \langle a, b \rangle$ for não nulo, então $\langle \lambda a, \lambda b \rangle$ tem comprimento $|\lambda| \, \|\mathbf{v}\|$. Esse vetor aponta na mesma direção e sentido que $\langle a, b \rangle$ se $\lambda > 0$ e no sentido oposto se $\lambda < 0$.

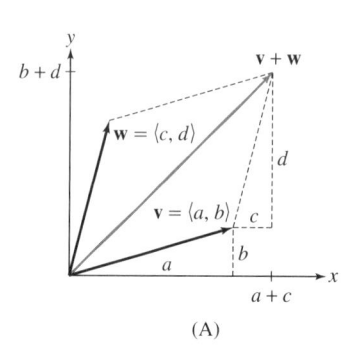

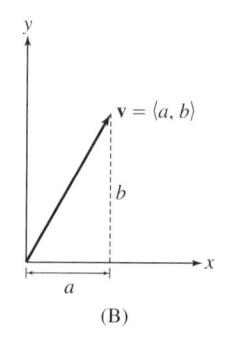

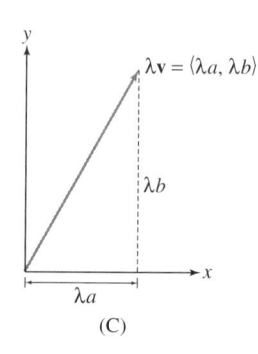

FIGURA 11 Operações vetoriais usando componentes.

Operações vetoriais usando componentes Se $\mathbf{v} = \langle a, b \rangle$ e $\mathbf{w} = \langle c, d \rangle$, então:

(i) $\mathbf{v} + \mathbf{w} = \langle a + c, b + d \rangle$
(ii) $\mathbf{v} - \mathbf{w} = \langle a - c, b - d \rangle$
(iii) $\lambda \mathbf{v} = \langle \lambda a, \lambda b \rangle$
(iv) $\mathbf{v} + \mathbf{0} = \mathbf{0} + \mathbf{v} = \mathbf{v}$

Também notamos que se $P = (a_1, b_1)$ e $Q = (a_2, b_2)$, então os componentes do vetor $\mathbf{v} = \overrightarrow{PQ}$ são calculados convenientemente como a diferença

$$\overrightarrow{PQ} = \overrightarrow{OQ} - \overrightarrow{OP} = \langle a_2, b_2 \rangle - \langle a_1, b_1 \rangle = \langle a_2 - a_1, b_2 - b_1 \rangle$$

■ **EXEMPLO 3** Dados $\mathbf{v} = \langle 1, 4 \rangle$, $\mathbf{w} = \langle 3, 2 \rangle$, calcule

(a) $\mathbf{v} + \mathbf{w}$ (b) $5\mathbf{v}$

Solução

$$\mathbf{v} + \mathbf{w} = \langle 1, 4 \rangle + \langle 3, 2 \rangle = \langle 1 + 3, 4 + 2 \rangle = \langle 4, 6 \rangle$$
$$5\mathbf{v} = 5 \langle 1, 4 \rangle = \langle 5, 20 \rangle$$

O vetor soma está ilustrado na Figura 12. ■

FIGURA 12

As operações vetoriais obedecem às leis usuais da Álgebra.

TEOREMA 1 Propriedades básicas da álgebra vetorial Dados quaisquer vetores **u**, **v** e **w** e escalar λ,

Lei da comutatividade: $\mathbf{v} + \mathbf{w} = \mathbf{w} + \mathbf{v}$
Lei da associatividade: $\mathbf{u} + (\mathbf{v} + \mathbf{w}) = (\mathbf{u} + \mathbf{v}) + \mathbf{w}$
Lei da distributividade de escalares: $\lambda(\mathbf{v} + \mathbf{w}) = \lambda\mathbf{v} + \lambda\mathbf{w}$

Essas propriedades são facilmente verificadas utilizando componentes. Por exemplo, podemos conferir a comutatividade da adição vetorial como segue:

$$\langle v_1, v_2 \rangle + \langle w_1, w_2 \rangle = \underbrace{\langle v_1 + w_1, v_2 + w_2 \rangle = \langle w_1 + v_1, w_2 + v_2 \rangle}_{\text{Comutatividade da adição comum}} = \langle w_1, w_2 \rangle + \langle v_1, v_2 \rangle$$

Uma **combinação linear** dos vetores **v** e **w** é um vetor

$$r\mathbf{v} + s\mathbf{w}$$

em que r e s são escalares. Se **v** e **w** não forem paralelos, então qualquer vetor **u** do plano pode ser expresso como uma combinação linear $\mathbf{u} = r\mathbf{v} + s\mathbf{w}$ [Figura 13(A)]. Dizemos que o paralelogramo $\mathcal{P}$ de vértices na origem e nos pontos finais de **v**, **w** e **v** + **w** é o **paralelogramo gerado** por **v** e **w** [Figura 13(B)], que consiste nas combinações lineares $r\mathbf{v} + s\mathbf{w}$ com $0 \leq r \leq 1$ e $0 \leq s \leq 1$.

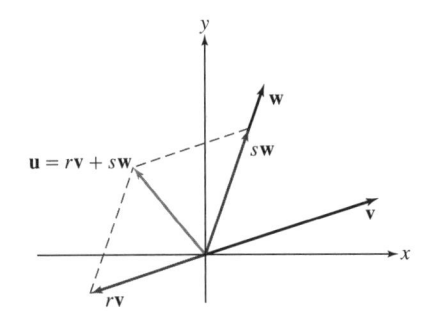

(A) O vetor **u** pode ser expresso como uma combinação linear $\mathbf{u} = r\mathbf{v} + s\mathbf{w}$. Nesta figura, $r < 0$.

(B) O paralelogramo $\mathcal{P}$ gerado por **v** e **w** consiste em todas as combinações lineares $r\mathbf{v} + s\mathbf{w}$, com $0 \leq r, s \leq 1$.

FIGURA 13

■ **EXEMPLO 4 Combinações lineares** Expresse o vetor $\mathbf{u} = \langle 4, 4 \rangle$ da Figura 14 como uma combinação linear de $\mathbf{v} = \langle 6, 2 \rangle$ e $\mathbf{w} = \langle 2, 4 \rangle$.

Solução Precisamos encontrar r e s tais que $r\mathbf{v} + s\mathbf{w} = \langle 4, 4 \rangle$, ou

$$r \langle 6, 2 \rangle + s \langle 2, 4 \rangle = \langle 6r + 2s, 2r + 4s \rangle = \langle 4, 4 \rangle$$

Os componentes devem ser iguais, portanto temos um sistema de duas equações lineares

$$6r + 2s = 4$$
$$2r + 4s = 4$$

Subtraindo as equações, obtemos $4r - 2s = 0$, ou $s = 2r$. Substituindo $s = 2r$ na primeira equação, temos $6r + 4r = 4$, ou $r = \frac{2}{5}$, e então $s = 2r = \frac{4}{5}$. Assim,

$$\mathbf{u} = \langle 4, 4 \rangle = \frac{2}{5} \langle 6, 2 \rangle + \frac{4}{5} \langle 2, 4 \rangle$$ ■

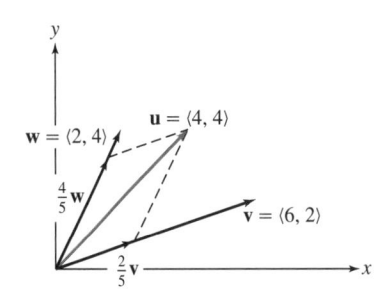

FIGURA 14

ENTENDIMENTO CONCEITUAL Em geral, para escrever um vetor $\mathbf{u} = \langle u_1, u_2 \rangle$ como uma combinação linear de dois outros vetores $\mathbf{v} = \langle v_1, v_2 \rangle$ e $\mathbf{w} = \langle w_1, w_2 \rangle$, precisamos resolver um sistema de duas equações lineares com duas incógnitas r e s:

$$r\mathbf{v} + s\mathbf{w} = \mathbf{u} \quad \Leftrightarrow \quad r\langle v_1, v_2 \rangle + s\langle w_1, w_2 \rangle = \langle w_1, w_2 \rangle \quad \Leftrightarrow \quad \begin{cases} rv_1 + sw_1 = u_1 \\ rv_2 + sw_2 = u_2 \end{cases}$$

Em outras palavras, os vetores nos dão uma maneira de visualizar o sistema de equações geometricamente. A solução é representada por um paralelogramo como o da Figura 14. Essa relação entre vetores e sistemas de equações lineares se estende a um número qualquer de variáveis e é o ponto inicial da importante área de Álgebra Linear.

Dizemos que um vetor de comprimento 1 é um **vetor unitário**. Muitas vezes, utilizamos vetores unitários para indicar uma direção e sentido, quando não é necessário indicar comprimento. A ponta do vetor unitário $\mathbf{e}$ posicionado na origem fica no círculo unitário e pode ser dada por

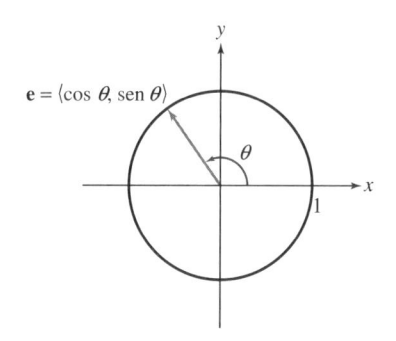

$$\mathbf{e} = \langle \cos\theta, \operatorname{sen}\theta \rangle$$

FIGURA 15 A ponta de um vetor unitário fica no círculo unitário.

em que θ é o ângulo entre $\mathbf{e}$ o eixo x positivo (Figura 15). Que seu tamanho é 1 quando representado dessa maneira segue imediatamente da identidade trigonométrica $\operatorname{sen}^2\theta + \cos^2\theta = 1$.

Sempre podemos redimensionar um vetor não nulo $\mathbf{v} = \langle v_1, v_2 \rangle$ para obter um vetor unitário de mesma direção e sentido (Figura 16):

$$\mathbf{e}_\mathbf{v} = \frac{1}{\|\mathbf{v}\|}\mathbf{v}$$

De fato, podemos conferir que $\mathbf{e}_\mathbf{v}$ é um vetor unitário, como segue:

$$\|\mathbf{e}_\mathbf{v}\| = \left\|\frac{1}{\|\mathbf{v}\|}\mathbf{v}\right\| = \frac{1}{\|\mathbf{v}\|}\|\mathbf{v}\| = 1$$

Se $\mathbf{v} = \langle v_1, v_2 \rangle$ fizer um ângulo θ com o eixo x positivo, então

$$\mathbf{v} = \langle v_1, v_2 \rangle = \|\mathbf{v}\|\mathbf{e}_\mathbf{v} = \|\mathbf{v}\| \langle \cos\theta, \operatorname{sen}\theta \rangle \qquad \boxed{1}$$

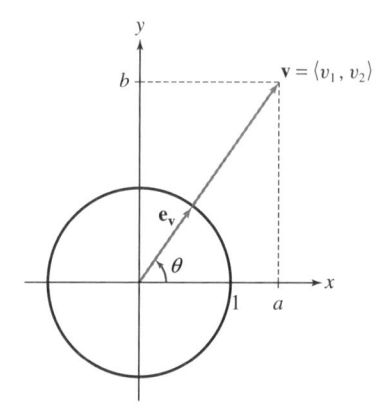

FIGURA 16 Um vetor unitário na direção e sentido de $\mathbf{v}$.

■ **EXEMPLO 5** Encontre o vetor unitário na direção e sentido de $\mathbf{v} = \langle 3, 5 \rangle$.

Solução $\|\mathbf{v}\| = \sqrt{3^2 + 5^2} = \sqrt{34}$ e, portanto, $\mathbf{e}_\mathbf{v} = \dfrac{1}{\sqrt{34}}\mathbf{v} = \left\langle \dfrac{3}{\sqrt{34}}, \dfrac{5}{\sqrt{34}} \right\rangle$. ■

É costume introduzir uma notação especial para os vetores unitários na direção e sentido dos eixos x e y positivos (Figura 17):

$$\mathbf{i} = \langle 1, 0 \rangle, \qquad \mathbf{j} = \langle 0, 1 \rangle$$

Os vetores $\mathbf{i}$ e $\mathbf{j}$ são denominados **vetores da base canônica**. Qualquer vetor do plano é uma combinação linear de $\mathbf{i}$ e $\mathbf{j}$ (Figura 17):

$$\mathbf{v} = \langle a, b \rangle = a\mathbf{i} + b\mathbf{j}$$

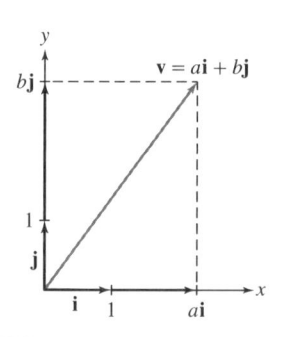

FIGURA 17

Por exemplo, $\langle 4, -2 \rangle = 4\mathbf{i} - 2\mathbf{j}$. A adição vetorial é efetuada somando os coeficientes de $\mathbf{i}$ e de $\mathbf{j}$. Por exemplo,

$$(4\mathbf{i} - 2\mathbf{j}) + (5\mathbf{i} + 7\mathbf{j}) = (4+5)\mathbf{i} + (-2+7)\mathbf{j} = 9\mathbf{i} + 5\mathbf{j}$$

Capítulo 12 Geometria vetorial **631**

ENTENDIMENTO CONCEITUAL Costumamos dizer que quantidades como força e velocidade são vetores porque têm tanto magnitude quanto direção e sentido, mas há mais do que isso incluído nessa conceituação. Uma quantidade vetorial deve obedecer à lei de adição vetorial (Figura 18), de modo que, quando dizemos que a força é um vetor, estamos afirmando, realmente, que forças somam segundo a lei do paralelogramo. Em outras palavras, se as forças $\mathbf{F}_1$ e $\mathbf{F}_2$ agirem num objeto, então a força resultante será o **vetor soma** $\mathbf{F}_1 + \mathbf{F}_2$. Isso é um fato físico que deve ser verificado experimentalmente. Isso era muito bem conhecido pelos cientistas e engenheiros muito antes da introdução formal do conceito de vetores nos anos 1800.

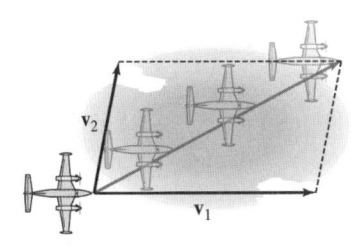

FIGURA 18 Quando um avião voando à velocidade $\mathbf{v}_1$ encontra um vento de velocidade $\mathbf{v}_2$, sua velocidade resultante é o vetor soma $\mathbf{v}_1 + \mathbf{v}_2$.

■ **EXEMPLO 6** Encontre as forças nos cabos 1 e 2 na Figura 19(A).

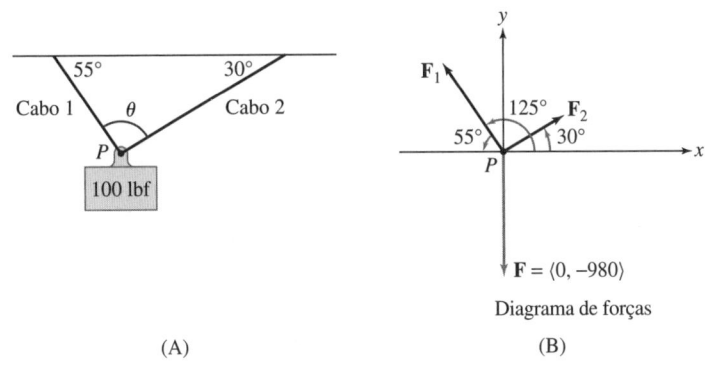

FIGURA 19

Solução Três forças agindo no ponto P na Figura 19(A): a força $\mathbf{F}g$ devido à gravidade de $100g = 980$ N ($g = 9{,}8$ m/s^2) verticalmente para baixo e duas forças desconhecidas, $\mathbf{F}_1$ e $\mathbf{F}_2$, através dos cabos 1 e 2, conforme indicado na Figura 19(B).

Como o ponto P não está em movimento, a força líquida em P é nula:

$$\mathbf{F}_1 + \mathbf{F}_2 + \mathbf{F}_g = \mathbf{0}$$

Usamos esse fato para determinar $\mathbf{F}_1$ e $\mathbf{F}_2$.

Sejam $f_1 = \|\mathbf{F}_1\|$ e $f_2 = \|\mathbf{F}_2\|$. Como $\mathbf{F}_1$ faz um ângulo de 125° (o suplemento de 55°) com o eixo x positivo e $\mathbf{F}_2$ faz um ângulo de 30°, podemos usar a Equação (1) e a tabela ao lado para escrever esses vetores em forma de componentes:

$$\mathbf{F}_1 = f_1 \langle \cos 125°, \operatorname{sen} 125° \rangle \approx f_1 \langle -0{,}573, 0{,}819 \rangle$$

$$\mathbf{F}_2 = f_2 \langle \cos 30°, \operatorname{sen} 30° \rangle \approx f_2 \langle 0{,}866, 0{,}5 \rangle$$

$$\mathbf{F}_g = \langle 0, -980 \rangle$$

θ	$\cos \theta$	$\operatorname{sen} \theta$
125°	−0,573	0,819
30°	0,866	0,5

$$f_1 \langle -0{,}573, 0{,}819 \rangle + f_2 \langle 0{,}866, 0{,}5 \rangle + \langle 0, -980 \rangle = \langle 0, 0 \rangle$$

Isso nos dá duas equações com duas incógnitas:

$$-0{,}573 f_1 + 0{,}866 f_2 = 0, \qquad 0{,}819 f_1 + 0{,}5 f_2 - 980 = 0$$

Pela primeira equação, $f_2 = \left(\frac{0{,}573}{0{,}866}\right) f_1$. Substituindo na segunda equação, obtemos

$$0{,}819 f_1 + 0{,}5 \left(\frac{0{,}573}{0{,}866}\right) f_1 - 980 \approx 1{,}15 f_1 - 980 = 0$$

Portanto, as forças são

$$f_1 \approx \frac{980}{1{,}15} \approx 852 \text{ N} \qquad \text{e} \qquad f_2 \approx \left(\frac{0{,}573}{0{,}866}\right) 852 \approx 564 \text{ N}$$

Logo,

$$\mathbf{F}_1 \approx 852 \langle -0{,}573, 0{,}819 \rangle \approx \langle -488{,}196, 697{,}788 \rangle$$

e

$$\mathbf{F}_2 \approx 564 \langle 0{,}866, 0{,}5 \rangle \approx \langle 488{,}424, 282 \rangle$$

■

Terminamos esta seção com a desigualdade triangular. A Figura 20 mostra o vetor soma **v** + **w** de três vetores **w** diferentes de mesma magnitude. Observe que a magnitude $\|\mathbf{v} + \mathbf{w}\|$ da soma depende do ângulo entre **v** e **w**. Portanto, em geral, $\|\mathbf{v} + \mathbf{w}\|$ não é igual à soma $\|\mathbf{v}\| + \|\mathbf{w}\|$. O que podemos dizer é que $\|\mathbf{v} + \mathbf{w}\|$ é, *no máximo*, igual à soma $\|\mathbf{v}\| + \|\mathbf{w}\|$. Isso corresponde ao fato seguinte: o comprimento de um lado de um triângulo é, no máximo, a soma dos comprimentos dos outros dois lados. Uma demonstração formal pode ser dada usando o produto escalar (ver Exercício 92 na Seção 12.3).

TEOREMA 2 Desigualdade triangular Dados dois vetores quaisquer **v** e **w**,

$$\|\mathbf{v} + \mathbf{w}\| \leq \|\mathbf{v}\| + \|\mathbf{w}\|$$

A igualdade vale só se $\mathbf{v} = \mathbf{0}$ ou $\mathbf{w} = \mathbf{0}$, ou se $\mathbf{w} = \lambda \mathbf{v}$, com $\lambda \geq 0$.

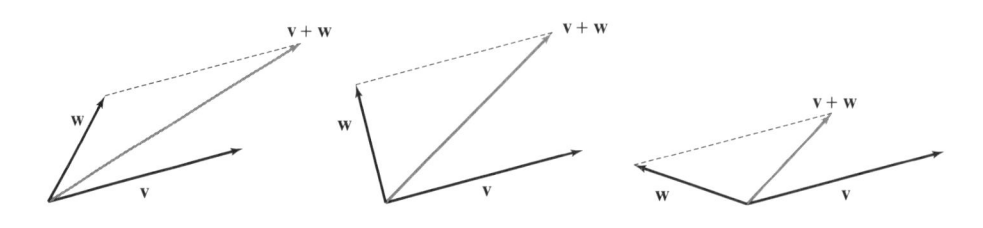

FIGURA 20 O comprimento de **v** + **w** depende do ângulo entre **v** e **w**.

12.1 Resumo

- Um *vetor* $\mathbf{v} = \overrightarrow{PQ}$ é determinado por um ponto inicial P (a "cauda") e um ponto final Q (a "ponta").
- Componentes de $\mathbf{v} = \overrightarrow{PQ}$ se $P = (a_1, b_1)$ e $Q = (a_2, b_2)$:

$$\mathbf{v} = \langle a, b \rangle$$

com $a = a_2 - a_1$, $b = b_2 - b_1$.
- Comprimento ou magnitude: $\|\mathbf{v}\| = \sqrt{a^2 + b^2}$.
- O *comprimento* $\|\mathbf{v}\|$ é a distância de P a Q.
- O *vetor posição* de $P_0 = (a, b)$ é o vetor $\mathbf{v} = \langle a, b \rangle$ apontando da origem O para P_0.
- Vetores **v** e **w** são *equivalentes* se tiverem mesma magnitude, direção e sentido. Dois vetores são equivalentes se, e só se, têm os mesmos componentes.
- O *vetor zero*, ou *nulo*, é o vetor $\mathbf{0} = \langle 0, 0 \rangle$ de comprimento 0.
- *Adição vetorial* é definida geometricamente pela *lei do paralelogramo*. Em componentes,

$$\langle v_1, v_2 \rangle + \langle w_1, w_2 \rangle = \langle v_1 + w_1, v_2 + w_2 \rangle$$

- Multiplicação escalar: $\lambda \mathbf{v}$ é o vetor de comprimento $|\lambda| \, \|\mathbf{v}\|$ de mesma direção e sentido de **v** se $\lambda > 0$ e no sentido oposto se $\lambda < 0$. Em componentes,

$$\lambda \langle v_1, v_2 \rangle = \langle \lambda v_1, \lambda v_2 \rangle$$

- Vetores não nulos **v** e **w** são *paralelos* se $\mathbf{w} = \lambda \mathbf{v}$ com algum escalar λ.
- Vetor unitário fazendo um ângulo θ com o eixo x positivo: $\mathbf{e} = \langle \cos \theta, \operatorname{sen} \theta \rangle$.
- Vetor unitário na direção de $\mathbf{v} \neq \mathbf{0}$: $\mathbf{e_v} = \dfrac{1}{\|\mathbf{v}\|} \mathbf{v}$.
- Se $\mathbf{v} = \langle v_1, v_2 \rangle$ fizer um ângulo θ com o eixo x positivo, então

$$v_1 = \|\mathbf{v}\| \cos \theta, \qquad v_2 = \|\mathbf{v}\| \operatorname{sen} \theta, \qquad \mathbf{e_v} = \langle \cos \theta, \operatorname{sen} \theta \rangle$$

- Vetores da base canônica: $\mathbf{i} = \langle 1, 0 \rangle$ e $\mathbf{j} = \langle 0, 1 \rangle$.
- Cada vetor $\mathbf{v} = \langle a, b \rangle$ é uma combinação linear $\mathbf{v} = a\mathbf{i} + b\mathbf{j}$.
- Desigualdade triangular: $\|\mathbf{v} + \mathbf{w}\| \leq \|\mathbf{v}\| + \|\mathbf{w}\|$.

12.1 Exercícios

Exercícios preliminares

1. Responda: verdadeira ou falsa? Cada vetor não nulo é:
   (a) equivalente a um vetor posicionado na origem.
   (b) equivalente a um vetor unitário posicionado na origem.
   (c) paralelo a um vetor posicionado na origem.
   (d) paralelo a um vetor unitário posicionado na origem.
2. Qual é o comprimento de $-3\mathbf{a}$ se $\|\mathbf{a}\| = 5$?
3. Suponha que $\mathbf{v}$ tenha componentes $\langle 3, 1 \rangle$. Como variam os componentes, se é que variam, se transladarmos $\mathbf{v}$ horizontalmente duas unidades para a direita?
4. Quais são os componentes do vetor zero posicionado em $P = (3, 5)$?
5. Verdadeira ou falsa?
   (a) Os vetores $\mathbf{v}$ e $-2\mathbf{v}$ são paralelos.
   (b) Os vetores $\mathbf{v}$ e $-2\mathbf{v}$ apontam na mesma direção e sentido.
6. Explique a comutatividade da adição vetorial em termos da lei do paralelogramo.

Exercícios

1. Esboce os vetores $\mathbf{v}_1, \mathbf{v}_2, \mathbf{v}_3, \mathbf{v}_4$ de cauda P e ponta Q e calcule seus comprimentos. Alguns desses vetores são equivalentes?

	$\mathbf{v}_1$	$\mathbf{v}_2$	$\mathbf{v}_3$	$\mathbf{v}_4$
P	$(2, 4)$	$(-1, 3)$	$(-1, 3)$	$(4, 1)$
Q	$(4, 4)$	$(1, 3)$	$(2, 4)$	$(6, 3)$

2. Esboce o vetor $\mathbf{b} = \langle 3, 4 \rangle$ posicionado em $P = (-2, -1)$.
3. Qual é o ponto final do vetor $\mathbf{a} = \langle 1, 3 \rangle$ posicionado em $P = (2, 2)$? Esboce $\mathbf{a}$ e o vetor $\mathbf{a}_0$ equivalente a $\mathbf{a}$ posicionado na origem.
4. Seja $\mathbf{v} = \overrightarrow{PQ}$, com $P = (1, 1)$ e $Q = (2, 2)$. Qual é a ponta do vetor $\mathbf{v}'$ equivalente a $\mathbf{v}$ posicionado em $(2, 4)$? Qual é a ponta do vetor $\mathbf{v}_0$ equivalente a $\mathbf{v}$ posicionado na origem? Esboce $\mathbf{v}, \mathbf{v}_0$ e $\mathbf{v}'$.

Nos Exercícios 5-8, use a Figura 21.

5. Encontre os componentes de $\mathbf{u}$.
6. Encontre os componentes de $\mathbf{v}$.
7. Encontre os componentes de $\mathbf{w}$.
8. Encontre os componentes de $\mathbf{q}$.

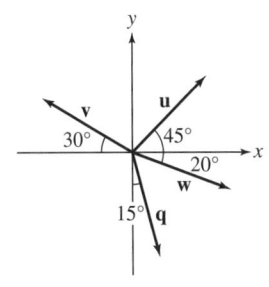

FIGURA 21

Nos Exercícios 9-12, encontre os componentes de $\overrightarrow{PQ}$.

9. $P = (3, 2)$, $Q = (2, 7)$
10. $P = (1, -4)$, $Q = (3, 5)$
11. $P = (3, 5)$, $Q = (1, -4)$
12. $P = (0, 2)$, $Q = (5, 0)$

Nos Exercícios 13-18, calcule:

13. $\langle 2, 1 \rangle + \langle 3, 4 \rangle$
14. $\langle -4, 6 \rangle - \langle 3, -2 \rangle$
15. $5\langle 6, 2 \rangle$
16. $4(\langle 1, 1 \rangle + \langle 3, 2 \rangle)$
17. $\left\langle -\frac{1}{2}, \frac{5}{3} \right\rangle + \left\langle 3, \frac{10}{3} \right\rangle$
18. $\langle \ln 2, e \rangle + \langle \ln 3, \pi \rangle$
19. Qual dos vetores (A)-(C) da Figura 22 é equivalente a $\mathbf{v} - \mathbf{w}$?

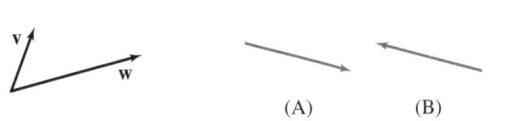

FIGURA 22

20. Esboce $\mathbf{v} + \mathbf{w}$ e $\mathbf{v} - \mathbf{w}$ usando os vetores da Figura 23.

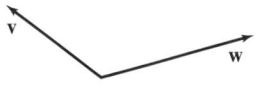

FIGURA 23

21. Esboce $2\mathbf{v}, -\mathbf{w}, \mathbf{v} + \mathbf{w}$ e $2\mathbf{v} - \mathbf{w}$ usando os vetores da Figura 24.

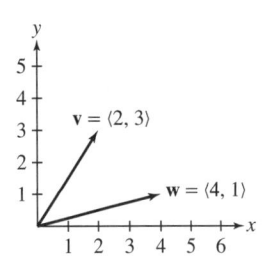

FIGURA 24

22. Esboce $\mathbf{v} = \langle 1, 3 \rangle, \mathbf{w} = \langle 2, -2 \rangle, \mathbf{v} + \mathbf{w}, \mathbf{v} - \mathbf{w}$.
23. Esboce $\mathbf{v} = \langle 0, 2 \rangle, \mathbf{w} = \langle -2, 4 \rangle, 3\mathbf{v} + \mathbf{w}, 2\mathbf{v} - 2\mathbf{w}$.
24. Esboce $\mathbf{v} = \langle -2, 1 \rangle, \mathbf{w} = \langle 2, 2 \rangle, \mathbf{v} + 2\mathbf{w}, \mathbf{v} - 2\mathbf{w}$.
25. Esboce o vetor $\mathbf{v}$ tal que $\mathbf{v} + \mathbf{v}_1 + \mathbf{v}_2 = \mathbf{0}$, usando $\mathbf{v}_1$ e $\mathbf{v}_2$ da Figura 25(A).

26. Esboce o vetor soma $\mathbf{v} = \mathbf{v}_1 + \mathbf{v}_2 + \mathbf{v}_3 + \mathbf{v}_4$ da Figura 25(B).

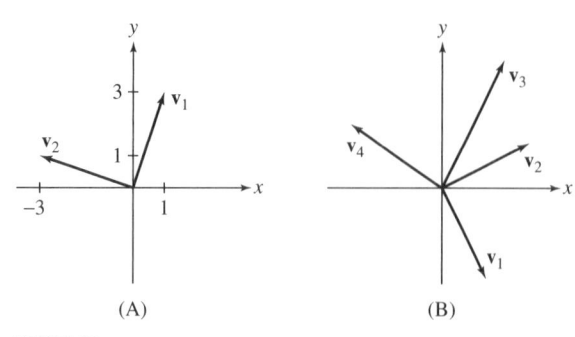

FIGURA 25

27. Seja $\mathbf{v} = \overrightarrow{PQ}$, com $P = (-2, 5)$, $Q = (1, -2)$. Quais dos vetores com cauda e ponta dados a seguir são equivalentes a $\mathbf{v}$?
(a) $(-3, 3)$, $(0, 4)$
(b) $(0, 0)$, $(3, -7)$
(c) $(-1, 2)$, $(2, -5)$
(d) $(4, -5)$, $(1, 4)$

28. Quais dos vetores seguintes são paralelos a $\mathbf{v} = \langle 6, 9 \rangle$ e quais apontam na mesma direção e sentido?
(a) $\langle 12, 18 \rangle$
(b) $\langle 3, 2 \rangle$
(c) $\langle 2, 3 \rangle$
(d) $\langle -6, -9 \rangle$
(e) $\langle -24, -27 \rangle$
(f) $\langle -24, -36 \rangle$

Nos Exercícios 29-32, esboce os vetores $\overrightarrow{AB}$ e $\overrightarrow{PQ}$ e determine se são equivalentes.

29. $A = (1, 1)$, $B = (3, 7)$, $P = (4, -1)$, $Q = (6, 5)$
30. $A = (1, 4)$, $B = (-6, 3)$, $P = (1, 4)$, $Q = (6, 3)$
31. $A = (-3, 2)$, $B = (0, 0)$, $P = (0, 0)$, $Q = (3, -2)$
32. $A = (5, 8)$, $B = (1, 8)$, $P = (1, 8)$, $Q = (-3, 8)$

Nos Exercícios 33-36, os vetores $\overrightarrow{AB}$ e $\overrightarrow{PQ}$ são paralelos (e, se forem, apontam no mesmo sentido)?

33. $A = (1, 1)$, $B = (3, 4)$, $P = (1, 1)$, $Q = (7, 10)$
34. $A = (-3, 2)$, $B = (0, 0)$, $P = (0, 0)$, $Q = (3, 2)$
35. $A = (2, 2)$, $B = (-6, 3)$, $P = (9, 5)$, $Q = (17, 4)$
36. $A = (5, 8)$, $B = (2, 2)$, $P = (2, 2)$, $Q = (-3, 8)$

Nos Exercícios 37-40, seja $R = (-2, 7)$. Calcule os seguintes:

37. O comprimento de $\overrightarrow{OR}$.
38. Os componentes de $\mathbf{u} = \overrightarrow{PR}$, com $P = (1, 2)$.
39. O ponto P tal que $\overrightarrow{PR}$ tenha componentes $\langle -2, 7 \rangle$.
40. O ponto Q tal que $\overrightarrow{RQ}$ tenha componentes $\langle 8, -3 \rangle$.

Nos Exercícios 41-48, encontre o vetor dado.

41. Vetor unitário $\mathbf{e_v}$, sendo $\mathbf{v} = \langle 3, 4 \rangle$.
42. Vetor unitário $\mathbf{e_w}$, sendo $\mathbf{w} = \langle 24, 7 \rangle$.
43. Vetor de comprimento 4 na direção e sentido de $\mathbf{u} = \langle -1, -1 \rangle$.
44. Vetor de comprimento 3 na direção e sentido de $\mathbf{v} = 4\mathbf{i} + 3\mathbf{j}$.
45. Vetor de comprimento 2 na direção de $\mathbf{v} = \mathbf{i} - \mathbf{j}$, mas de sentido oposto.
46. Vetor unitário na direção de $\mathbf{v} = \langle -2, 4 \rangle$, mas de sentido oposto.
47. Vetor unitário $\mathbf{e}$ fazendo um ângulo de $\frac{4\pi}{7}$ com o eixo x positivo.
48. Vetor $\mathbf{v}$ de comprimento 2 fazendo um ângulo de $30°$ com o eixo x positivo.
49. Encontre todos os escalares λ tais que $\lambda \langle 2, 3 \rangle$ tenha comprimento 1.
50. Encontre um vetor $\mathbf{v}$ satisfazendo $3\mathbf{v} + \langle 5, 20 \rangle = \langle 11, 17 \rangle$.
51. Quais são as coordenadas do ponto P no paralelogramo da Figura 26(A)?

52. Quais são as coordenadas a e b no paralelogramo da Figura 26(B)?

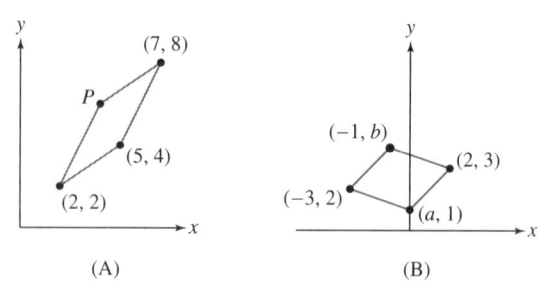

FIGURA 26

53. Sejam $\mathbf{v} = \overrightarrow{AB}$ e $\mathbf{w} = \overrightarrow{AC}$, sendo A, B e C três pontos distintos do plano. Combine (a)-(d) com (i)-(iv). (*Sugestão:* faça um desenho.)
(a) $-\mathbf{w}$
(b) $-\mathbf{v}$
(c) $\mathbf{w} - \mathbf{v}$
(d) $\mathbf{v} - \mathbf{w}$
(i) $\overrightarrow{CB}$
(ii) $\overrightarrow{CA}$
(iii) $\overrightarrow{BC}$
(iv) $\overrightarrow{BA}$

54. Encontre os componentes e o comprimento dos vetores seguintes:
(a) $4\mathbf{i} + 3\mathbf{j}$
(b) $2\mathbf{i} - 3\mathbf{j}$
(c) $\mathbf{i} + \mathbf{j}$
(d) $\mathbf{i} - 3\mathbf{j}$

Nos Exercícios 55-58, calcule a combinação linear.

55. $3\mathbf{j} + (9\mathbf{i} + 4\mathbf{j})$
56. $-\frac{3}{2}\mathbf{i} + 5(\frac{1}{2}\mathbf{j} - \frac{1}{2}\mathbf{i})$
57. $(3\mathbf{i} + \mathbf{j}) - 6\mathbf{j} + 2(\mathbf{j} - 4\mathbf{i})$
58. $3(3\mathbf{i} - 4\mathbf{j}) + 5(\mathbf{i} + 4\mathbf{j})$

59. Para cada um dos vetores posição $\mathbf{u}$ de pontos finais A, B e C da Figura 27, indique com um diagrama os múltiplos $r\mathbf{v}$ e $s\mathbf{w}$ tais que $\mathbf{u} = r\mathbf{v} + s\mathbf{w}$. Uma amostra é dada com $\mathbf{u} = \overrightarrow{OQ}$.

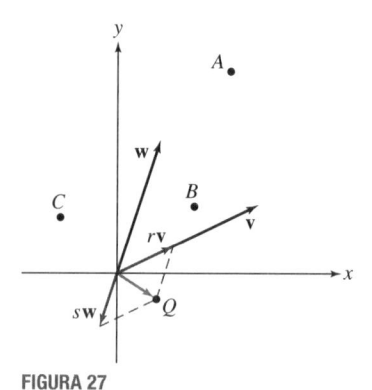

FIGURA 27

60. Esboce o paralelogramo gerado por $\mathbf{v} = \langle 1, 4 \rangle$ e $\mathbf{w} = \langle 5, 2 \rangle$. Junte o vetor $\mathbf{u} = \langle 2, 3 \rangle$ ao esboço e expresse $\mathbf{u}$ como uma combinação linear de $\mathbf{v}$ e $\mathbf{w}$.

Nos Exercícios 61 e 62, expresse $\mathbf{u}$ como uma combinação linear $\mathbf{u} = r\mathbf{v} + s\mathbf{w}$. Então esboce os vetores $\mathbf{u}$, $\mathbf{v}$ e $\mathbf{w}$ e o paralelogramo formado por $r\mathbf{v}$ e $s\mathbf{w}$.

61. $\mathbf{u} = \langle 3, -1 \rangle$; $\mathbf{v} = \langle 2, 1 \rangle$, $\mathbf{w} = \langle 1, 3 \rangle$
62. $\mathbf{u} = \langle 6, -2 \rangle$; $\mathbf{v} = \langle 1, 1 \rangle$, $\mathbf{w} = \langle 1, -1 \rangle$
63. Calcule a magnitude da força nos cabos 1 e 2 da Figura 28.

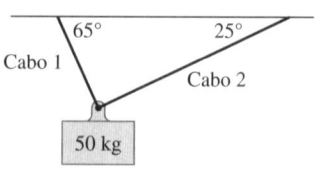

FIGURA 28

64. Determine a magnitude das forças F_1 e F_2 da Figura 29, supondo que a força resultante no objeto seja nula.

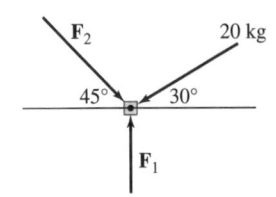

FIGURA 29

65. Um avião em direção ao Leste a 200 km/h encontra um vento de 40 km/h soprando em direção ao Nordeste. A velocidade resultante do avião é o vetor soma $v = v_1 + v_2$, em que v_1 é o vetor velocidade do avião e v_2, o do vento (Figura 30). O ângulo entre v_1 e v_2 é $\frac{\pi}{4}$. Determine a velocidade *escalar* resultante do avião (isto é, o comprimento de v).

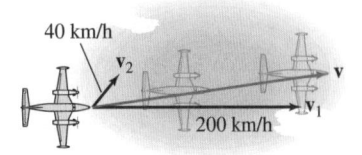

FIGURA 30

Compreensão adicional e desafios

Nos Exercícios 66-68, use a Figura 31, que mostra um braço robótico consistindo em dois segmentos de comprimentos L_1 e L_2.

66. Encontre os componentes do vetor $r = \overrightarrow{OP}$ em termos de θ_1 e θ_2.

67. Sejam $L_1 = 5$ e $L_2 = 3$. Encontre r com $\theta_1 = \frac{\pi}{3}$, $\theta_2 = \frac{\pi}{4}$.

68. Sejam $L_1 = 5$ e $L_2 = 3$. Mostre que o conjunto de pontos alcançados pelo braço robótico com $\theta_1 = \theta_2$ constitui uma elipse.

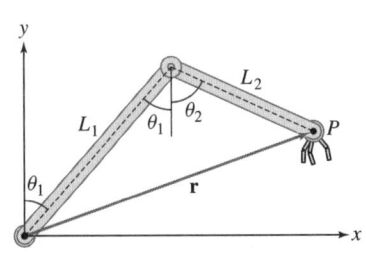

FIGURA 31

69. Use vetores para provar que as diagonais $\overline{AC}$ e $\overline{BD}$ de um paralelogramo se bissectam (Figura 32). *Sugestão:* observe que o ponto médio de $\overline{BD}$ é o ponto final de $w + \frac{1}{2}(v - w)$.

70. Use vetores para provar que todos os segmentos que ligam os pontos médios de lados opostos de um quadrilátero se bissectam (Figura 33). *Sugestão:* mostre que os pontos médios desses segmentos são os pontos finais de

$$\frac{1}{4}(2u + v + z) \quad \text{e} \quad \frac{1}{4}(2v + w + u)$$

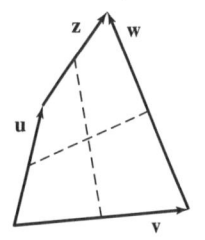

FIGURA 33

71. Prove que os vetores $v = \langle a, b \rangle$ e $w = \langle c, d \rangle$ são perpendiculares se, e só se,

$$ac + bd = 0$$

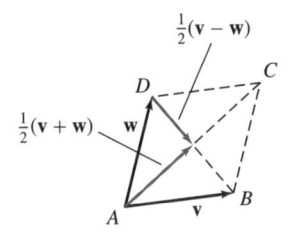

FIGURA 32

12.2 Vetores em três dimensões

Nesta seção, estendemos os conceitos vetoriais introduzidos na seção precedente ao espaço tridimensional. Começamos com observações introdutórias sobre o sistema tridimensional de coordenadas.

Por convenção, identificamos os eixos como na Figura 1(A), em que os lados positivos dos eixos são identificados por x, y e z. Essa identificação satisfaz a **regra da mão direita**, que significa o seguinte: se posicionarmos a mão direita de tal modo que os dedos se curvem do eixo x positivo para o eixo y positivo, então o polegar aponta para o eixo z positivo. Os eixos na Figura 1(B) não estão identificados de acordo com a regra da mão direita.

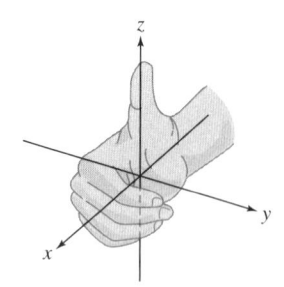

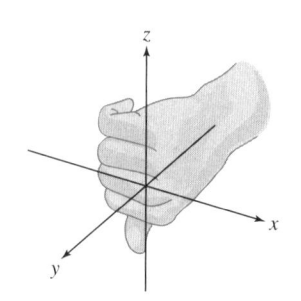

(A) Sistema de coordenadas padrão (satisfazendo a regra da mão direita).

(B) Esse sistema de coordenadas não satisfaz a regra da mão direita, porque o polegar aponta no sentido de z negativo.

FIGURA 1 Os dedos da mão direita se curvam do eixo x positivo para o eixo y positivo.

Cada ponto do espaço tem coordenadas únicas (a, b, c) em relação aos eixos (Figura 2). Denotamos o conjunto de todos esses ternos (a, b, c) por $\mathbf{R}^3$. Os **planos coordenados** em $\mathbf{R}^3$ são definidos colocando uma das coordenadas igual a zero (Figura 3). O plano xy consiste nos pontos $(a, b, 0)$ e é definido pela equação $z = 0$. Analogamente, $x = 0$ define o plano yz consistindo nos pontos $(0, b, c)$ e $y = 0$ define o plano xz consistindo nos pontos $(a, 0, c)$. Os planos coordenados dividem $\mathbf{R}^3$ em oito **octantes** (analogamente aos quatro quadrantes do plano). Cada octante corresponde a uma combinação possível de sinais das coordenadas. O conjunto dos pontos (a, b, c) com $a, b, c > 0$ é denominado **primeiro octante**.

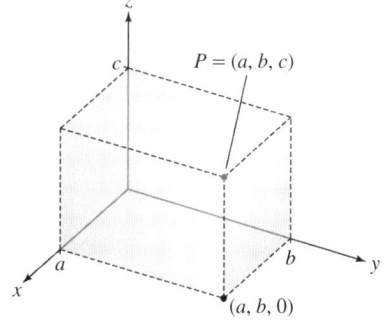

FIGURA 2

$z = 0$ define o plano xy

$y = 0$ define o plano xz

$x = 0$ define o plano yz

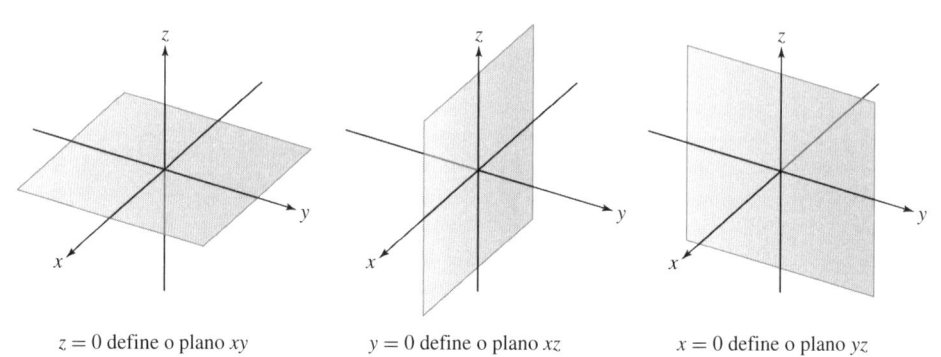

FIGURA 3

Como em duas dimensões, deduzimos a fórmula da distância em $\mathbf{R}^3$ do teorema de Pitágoras.

TEOREMA 1 Fórmula da distância em $\mathbf{R}^3$ A distância $|P - Q|$ entre dois pontos, $P = (a_1, b_1, c_1)$ e $Q = (a_2, b_2, c_2)$, é

$$|P - Q| = \sqrt{(a_2 - a_1)^2 + (b_2 - b_1)^2 + (c_2 - c_1)^2}$$ 1

Demonstração Inicialmente aplicamos a fórmula da distância no plano aos pontos P e R (Figura 4):

$$|P - R|^2 = (a_2 - a_1)^2 + (b_2 - b_1)^2$$

(A)

(B)

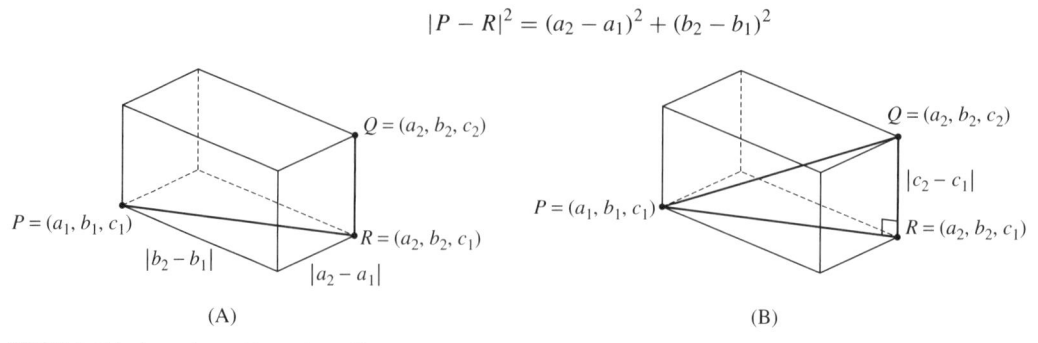

FIGURA 4 Calculamos $|P - Q|$ usando o triângulo retângulo $\triangle PRQ$.

Em seguida, observamos que $\triangle PRQ$ é um triângulo retângulo [Figura 4(B)] e usamos o teorema de Pitágoras:

$$|P - Q|^2 = |P - R|^2 + |R - Q|^2 = (a_2 - a_1)^2 + (b_2 - b_1)^2 + (c_2 - c_1)^2 \quad \blacksquare$$

A esfera de raio R e centro $Q = (a, b, c)$ consiste em todos os pontos $P = (x, y, z)$ localizados à distância R de Q (Figura 5). Pela fórmula da distância, as coordenadas de $P = (x, y, z)$ devem satisfazer

$$\sqrt{(x-a)^2 + (y-b)^2 + (z-c)^2} = R$$

Elevando ambos os lados ao quadrado, obtemos a equação padrão da esfera [Equação (3), a seguir].

Agora considere a equação

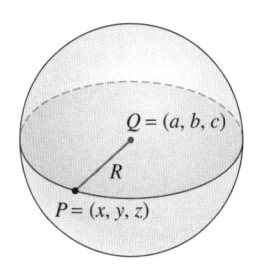

$$(x-a)^2 + (y-b)^2 = R^2 \qquad \boxed{2}$$

FIGURA 5 A esfera de raio R centrada em (a, b, c).

No plano xy, a Equação (2) define o círculo de raio R com centro em (a, b). Contudo, como uma equação em $\mathbf{R}^3$, ela define o cilindro de raio R cujo eixo central é a reta vertical por $(a, b, 0)$ (Figura 6). De fato, um ponto (x, y, z) satisfaz a Equação (2) com qualquer valor de z se (x, y) estiver no círculo. Em geral, fica claro pelo contexto em qual dos seguintes estamos pensando:

$$\text{Círculo} = \{(x, y) : (x-a)^2 + (y-b)^2 = R^2\}$$

$$\text{Cilindro circular reto} = \{(x, y, z) : (x-a)^2 + (y-b)^2 = R^2\}$$

Equações de esferas e cilindros Uma equação da esfera em $\mathbf{R}^3$ de raio R centrada em $Q = (a, b, c)$ é

$$(x-a)^2 + (y-b)^2 + (z-c)^2 = R^2 \qquad \boxed{3}$$

Uma equação do cilindro circular reto em $\mathbf{R}^3$ de raio R cujo eixo central seja a reta vertical por $(a, b, 0)$ é

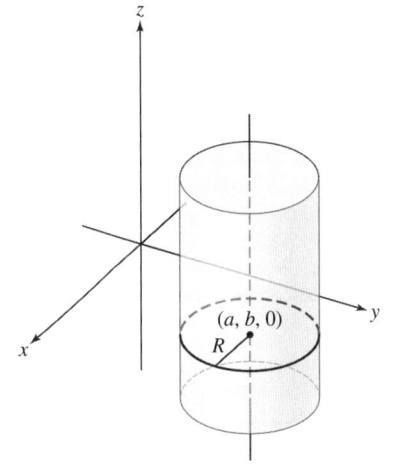

$$(x-a)^2 + (y-b)^2 = R^2 \qquad \boxed{4}$$

FIGURA 6 Cilindro circular reto de raio R centrado em $(a, b, 0)$.

■ **EXEMPLO 1** Descreva o conjunto de pontos definido pelas condições seguintes:

(a) $x^2 + y^2 + z^2 = 4, \quad y \geq 0$ **(b)** $(x-3)^2 + (y-2)^2 = 1, \quad z \geq -1$

Solução

(a) A equação $x^2 + y^2 + z^2 = 4$ define uma esfera de raio 2 centrada na origem. A desigualdade $y \geq 0$ vale com os pontos situados do lado positivo do plano xz. Obtemos o hemisfério direito de raio 2 ilustrado na Figura 7(A).

(b) A equação $(x-3)^2 + (y-2)^2 = 1$ define um cilindro de raio 1 cujo eixo central é a reta vertical por $(3, 2, 0)$. A parte do cilindro em que $z \geq -1$ está ilustrada na Figura 7(B). ■

(A)   (B)

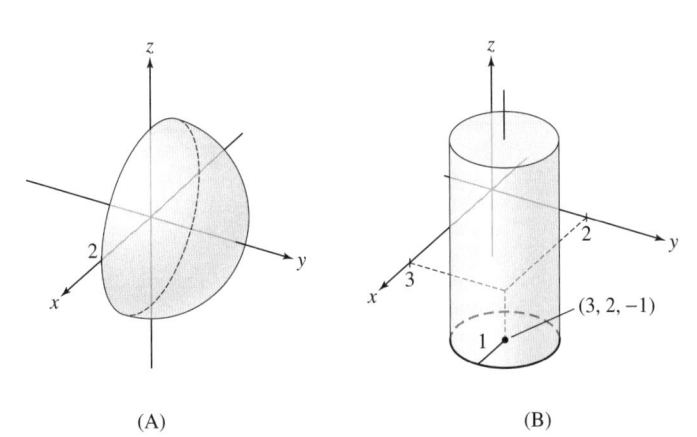

FIGURA 7 Um hemisfério e o cilindro superior.

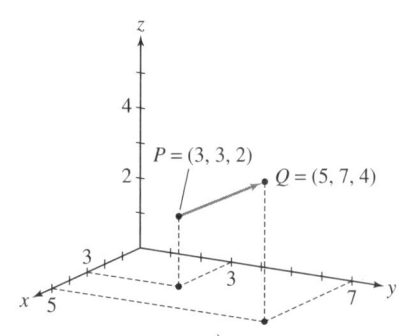

FIGURA 8 Um vetor $\overrightarrow{PQ}$ no espaço tridimensional.

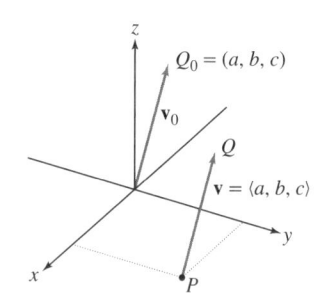

FIGURA 9 Um vetor **v** e seu transladado posicionado na origem.

Nossa convenção sobre os pontos iniciais permanece em vigor: supomos que todos os vetores estão posicionados na origem, a menos de menção explícita ao contrário.

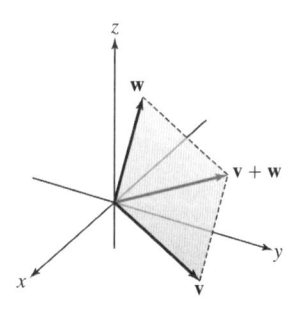

FIGURA 10 A adição vetorial é definida pela lei do paralelogramo.

Conceitos vetoriais

Como no plano, um vetor $\mathbf{v} = \overrightarrow{PQ}$ de $\mathbf{R}^3$ é determinado por um ponto inicial P e um ponto final Q (Figura 8). Se $P = (a_1, b_1, c_1)$ e $Q = (a_2, b_2, c_2)$, então o **comprimento**, ou **magnitude**, de $\mathbf{v} = \overrightarrow{PQ}$, denotado por $\|\mathbf{v}\|$, é a distância de P a Q:

$$\|\mathbf{v}\| = \|\overrightarrow{PQ}\| = \sqrt{(a_2 - a_1)^2 + (b_2 - b_1)^2 + (c_2 - c_1)^2}$$

A terminologia e as propriedades básicas discutidas na seção precedente passam para o $\mathbf{R}^3$ com pouca alteração.

- Dizemos que um vetor sofreu uma **translação** se tiver sido movido sem alterar direção, sentido ou magnitude.
- Dois vetores, **v** e **w**, são ditos **equivalentes** se **w** for um transladado de **v**; ou seja, **v** e **w** têm mesmo comprimento, direção e sentido.
- Dois vetores, **v** e **w**, são ditos **paralelos** se $\mathbf{v} = \lambda \mathbf{w}$ com algum escalar λ.
- O **vetor posição** de um ponto Q_0 é o vetor $\mathbf{v}_0 = \overrightarrow{OQ_0}$ posicionado na origem (Figura 9).
- Um vetor $\mathbf{v} = \overrightarrow{PQ}$ de componentes $\langle a, b, c \rangle$ é equivalente ao vetor $\mathbf{v}_0 = \overrightarrow{OQ_0}$ posicionado na origem com $Q_0 = (a, b, c)$ (Figura 9).
- Os **componentes** de $\mathbf{v} = \overrightarrow{PQ}$ com $P = (a_1, b_1, c_1)$ e $Q = (a_2, b_2, c_2)$, são as diferenças $a = a_2 - a_1$, $b = b_2 - b_1$, $c = c_2 - c_1$, ou seja,

$$\mathbf{v} = \overrightarrow{PQ} = \overrightarrow{OQ} - \overrightarrow{OP} = \langle a_2, b_2, c_2 \rangle - \langle a_1, b_1, c_1 \rangle$$

Por exemplo, se $P = (3, -4, -4)$ e $Q = (2, 5, -1)$, então

$$\mathbf{v} = \overrightarrow{PQ} = \langle 2, 5, -1 \rangle - \langle 3, -4, -4 \rangle = \langle -1, 9, 3 \rangle$$

- Dois vetores são equivalentes se, e só se, têm os mesmos componentes.
- A adição e a multiplicação por escalar são definidas como no caso bidimensional. A adição vetorial é definida pela lei do paralelogramo (Figura 10).
- Em termos de componentes, se $\mathbf{v} = \langle v_1, v_2, v_3 \rangle$ e $\mathbf{w} = \langle w_1, w_2, w_3 \rangle$, então

$$\lambda \mathbf{v} = \lambda \langle v_1, v_2, v_3 \rangle = \langle \lambda v_1, \lambda v_2, \lambda v_3 \rangle$$
$$\mathbf{v} + \mathbf{w} = \langle v_1, v_2, v_3 \rangle + \langle w_1, w_2, w_3 \rangle = \langle v_1 + w_1, v_2 + w_2, v_3 + w_3 \rangle$$

- A adição vetorial é comutativa e associativa, e a multiplicação por escalar é distributiva sobre a adição vetorial (Teorema 1 da Seção 12.1).

■ **EXEMPLO 2** **Cálculo com vetores** Calcule $\|\mathbf{v}\|$ e $6\mathbf{v} - \frac{1}{2}\mathbf{w}$, se $\mathbf{v} = \langle 3, -1, 2 \rangle$ e $\mathbf{w} = \langle 4, 6, -8 \rangle$. Depois, determine se **v** e **w** são paralelos.

Solução

$$\|\mathbf{v}\| = \sqrt{3^2 + (-1)^2 + 2^2} = \sqrt{14}$$

$$6\mathbf{v} - \frac{1}{2}\mathbf{w} = 6 \langle 3, -1, 2 \rangle - \frac{1}{2} \langle 4, 6, -8 \rangle$$
$$= \langle 18, -6, 12 \rangle - \langle 2, 3, -4 \rangle$$
$$= \langle 16, -9, 16 \rangle$$

Se os vetores **v** e **w** forem paralelos, deverá existir algum escalar λ tal que $\mathbf{v} = \lambda \mathbf{w}$. Assim,

$$\langle 3, -1, 2 \rangle = \lambda \langle 4, 6, -8 \rangle$$

Considerando componentes, isso significa que

$$3 = \lambda 4, \quad -1 = \lambda 6, \quad 2 = \lambda(-8)$$

Pela primeira equação, $\lambda = \frac{3}{4}$, um valor que não satisfaz nenhuma das duas outras equações. Segue que os vetores não são paralelos. ∎

Os **vetores da base canônica** de $\mathbf{R}^3$ são

$$\mathbf{i} = \langle 1, 0, 0 \rangle, \qquad \mathbf{j} = \langle 0, 1, 0 \rangle, \qquad \mathbf{k} = \langle 0, 0, 1 \rangle$$

Cada vetor pode sr escrito como uma **combinação linear** dos vetores da base canônica (Figura 11):

$$\langle a, b, c \rangle = a \langle 1, 0, 0 \rangle + b \langle 0, 1, 0 \rangle + c \langle 0, 0, 1 \rangle = a\mathbf{i} + b\mathbf{j} + c\mathbf{k}$$

Por exemplo, $\langle -9, -4, 17 \rangle = -9\mathbf{i} - 4\mathbf{j} + 17\mathbf{k}$.

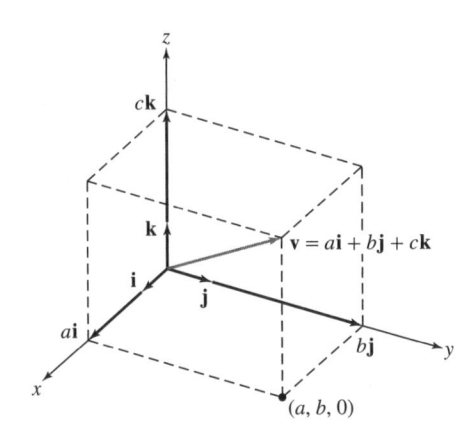

FIGURA 11 Escrevendo $\mathbf{v} = \langle a, b, c \rangle$ como a soma $a\mathbf{i} + b\mathbf{j} + c\mathbf{k}$.

■ **EXEMPLO 3** Encontre o vetor unitário $\mathbf{e_v}$ na direção e sentido de $\mathbf{v} = 3\mathbf{i} + 2\mathbf{j} - 4\mathbf{k}$.

Solução Como $\|\mathbf{v}\| = \sqrt{3^2 + 2^2 + (-4)^2} = \sqrt{29}$,

$$\mathbf{e_v} = \frac{1}{\|\mathbf{v}\|}\mathbf{v} = \frac{1}{\sqrt{29}}(3\mathbf{i} + 2\mathbf{j} - 4\mathbf{k}) = \left\langle \frac{3}{\sqrt{29}}, \frac{2}{\sqrt{29}}, \frac{-4}{\sqrt{29}} \right\rangle$$

■

Equações paramétricas de uma reta

Embora os conceitos básicos de vetores sejam essencialmente iguais em duas e três dimensões, existe uma distinção importante na maneira pela qual descrevemos retas. Uma reta em $\mathbf{R}^2$ pode ser definida com uma única equação linear, tal como $y = mx + b$. Em $\mathbf{R}^3$, uma única equação linear define um plano em vez de uma reta. Portanto, descrevemos as retas em $\mathbf{R}^3$ de forma paramétrica.

Inicialmente, observamos que uma reta $\mathcal{L}_0$ pela origem consiste nos múltiplos de um vetor não nulo $\mathbf{v} = \langle a, b, c \rangle$, como na Figura 12(A). Mais precisamente,

$$t\mathbf{v} = \langle ta, tb, tc \rangle \qquad (-\infty < t < \infty)$$

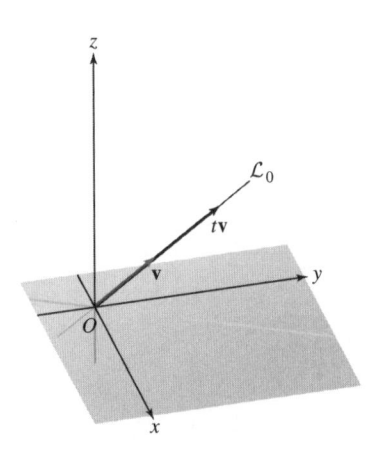

(A) Reta pela origem (múltiplos de $\mathbf{v}$)

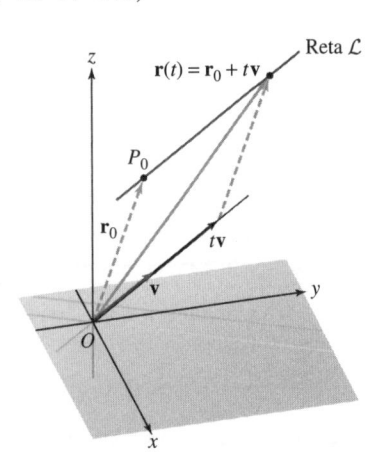

(B) Reta por P_0 na direção de $\mathbf{v}$

FIGURA 12

Então a reta $\mathcal{L}_0$ consiste nos pontos finais (ta, tb, tc) dos vetores $t\mathbf{v}$ se t varia de $-\infty$ a ∞. As coordenadas (x, y, z) dos pontos da reta são dadas pelas equações paramétricas

$$x = at, \quad y = bt, \quad z = ct$$

Suponha, mais geralmente, que queiramos parametrizar a reta $\mathcal{L}$ paralela a $\mathbf{v}$, mas passando por um ponto $P_0 = (x_0, y_0, z_0)$, como na Figura 12(B). Precisamos, então, transladar a reta $t\mathbf{v}$ de modo que passe por P_0. Para isso, somamos o vetor posição $\mathbf{r}_0 = \overrightarrow{OP_0}$ aos múltiplos $t\mathbf{v}$:

$$\mathbf{r}(t) = \mathbf{r}_0 + t\mathbf{v} = \langle x_0, y_0, z_0 \rangle + t \langle a, b, c \rangle$$

O ponto final de $\mathbf{r}(t)$ traça a reta $\mathcal{L}$ se t variar de $-\infty$ a ∞. O vetor $\mathbf{v}$ é denominado um **vetor diretor** de $\mathcal{L}$, e as coordenadas (x, y, z) dos pontos da reta $\mathcal{L}$ são dadas pelas equações paramétricas

$$x = x_0 + at, \quad y = y_0 + bt, \quad z = z_0 + ct$$

Equação de uma reta (forma ponto-direção) A reta $\mathcal{L}$ por $P_0 = (x_0, y_0, z_0)$ na direção de $\mathbf{v} = \langle a, b, c \rangle$ é descrita por

Parametrização vetorial:

$$\boxed{\mathbf{r}(t) = \mathbf{r}_0 + t\mathbf{v} = \langle x_0, y_0, z_0 \rangle + t \langle a, b, c \rangle} \qquad 5$$

em que $\mathbf{r}_0 = \overrightarrow{OP_0}$.

Equações paramétricas:

$$\boxed{x = x_0 + at, \quad y = y_0 + bt, \quad z = z_0 + ct} \qquad 6$$

O parâmetro t percorre os valores $-\infty < t < \infty$.

As equações paramétricas especificam as coordenadas x, y e z de um ponto da reta como funções do parâmetro t. Já vimos funções dessas na discussão de curvas paramétricas no plano na Seção 11.1. Observe que cada uma dessas três equações paramétricas é uma função linear do parâmetro t. O que há de novo é a noção de parametrização vetorial, a ideia de que $\mathbf{r}(t)$ descreve um vetor cujo ponto final traça uma reta se t variar de $-\infty$ a ∞ (Figura 13).

■ **EXEMPLO 4** Encontre uma parametrização vetorial e equações paramétricas da reta por $P_0 = (3, -1, 4)$ de vetor diretor $\mathbf{v} = \langle 2, 1, 7 \rangle$.

Solução Pela Equação (5), uma parametrização vetorial é dada por

$$\mathbf{r}(t) = \underbrace{\langle 3, -1, 4 \rangle}_{\text{Coordenadas de } P_0} + t \underbrace{\langle 2, 1, 7 \rangle}_{\text{Vetor diretor}} = \langle 3 + 2t, -1 + t, 4 + 7t \rangle$$

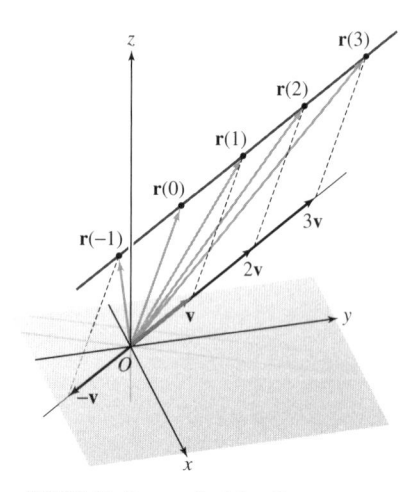

FIGURA 13 O ponto final de $\mathbf{r}(t)$ traça uma reta se t variar de $-\infty$ a ∞.

As correspondentes equações paramétricas são $x = 3 + 2t$, $y = -1 + t$, $z = 4 + 7t$. ■

■ **EXEMPLO 5 Equações paramétricas da reta por dois pontos** Encontre equações paramétricas da reta por $P = (1, 0, 2)$ e $Q = (2, 5, -1)$. Use-as para obter equações paramétricas do segmento de reta entre P e Q.

Solução Podemos tomar o vetor diretor $\mathbf{v} = \overrightarrow{PQ} = \langle 2 - 1, 5 - 0, -1 - 2 \rangle = \langle 1, 5, -3 \rangle$.
Então, obtemos

$$\mathbf{r}(t) = \langle 1, 0, 2 \rangle + t \langle 1, 5, -3 \rangle = \langle 1 + t, 5t, 2 - 3t \rangle$$

Assim, as equações paramétricas da reta são $x = 1 + t$, $y = 5t$, $z = 2 - 3t$, com $-\infty < t < \infty$.

Para obter equações paramétricas do segmento de reta entre P e Q, observamos que $\mathbf{r}(0) = \langle 1, 0, 2 \rangle = \overrightarrow{OP}$ e $\mathbf{r}(1) = \langle 2, 5, -1 \rangle = \overrightarrow{OQ}$. Portanto, usando as mesmas equações paramétricas, mas restringindo t a $0 \leq t \leq 1$, obtemos equações paramétricas do segmento de reta. ∎

A parametrização de uma reta $\mathcal{L}$ não é única. Temos a liberdade de escolher qualquer ponto P_0 de $\mathcal{L}$ e também substituir o vetor $\mathbf{v}$ por qualquer múltiplo escalar não nulo $\lambda \mathbf{v}$. No entanto, duas retas em $\mathbf{R}^3$ coincidirão se forem paralelas e passarem por um ponto em comum, de modo que sempre podemos conferir se duas parametrizações descrevem a mesma reta.

■ **EXEMPLO 6** **Parametrizações diferentes de uma mesma reta** Mostre que

$$\mathbf{r}_1(t) = \langle 1, 1, 0 \rangle + t \langle -2, 1, 3 \rangle \quad \text{e} \quad \mathbf{r}_2(t) = \langle -3, 3, 6 \rangle + t \langle 4, -2, -6 \rangle$$

parametrizam a mesma reta.

Solução A reta $\mathbf{r}_1(t)$ tem vetor diretor $\mathbf{v} = \langle -2, 1, 3 \rangle$, ao passo que $\mathbf{r}_2(t)$ tem vetor diretor $\mathbf{w} = \langle 4, -2, -6 \rangle$. Esses vetores são paralelos porque $\mathbf{w} = -2\mathbf{v}$. Assim, as retas descritas por $\mathbf{r}_1(t)$ e $\mathbf{r}_2(t)$ são paralelas. Agora precisamos conferir se essas retas têm algum ponto em comum. Escolhemos um ponto qualquer de $\mathbf{r}_1(t)$, digamos, $P = (1, 1, 0)$ [correspondente a $t = 0$]. Esse ponto estará na reta $\mathbf{r}_2(t)$ se existir algum valor de t tal que

$$\langle 1, 1, 0 \rangle = \langle -3, 3, 6 \rangle + t \langle 4, -2, -6 \rangle \qquad \boxed{7}$$

Isso dá três equações

$$1 = -3 + 4t, \qquad 1 = 3 - 2t, \qquad 0 = 6 - 6t$$

Todas elas estão satisfeitas com $t = 1$. Assim P também está em $\mathbf{r}_2(t)$. Concluímos que $\mathbf{r}_1(t)$ e $\mathbf{r}_2(t)$ parametrizam a mesma reta. Se a Equação (7) não tivesse solução, poderíamos concluir que $\mathbf{r}_1(t)$ e $\mathbf{r}_2(t)$ são paralelas, mas não coincidentes. ∎

■ **EXEMPLO 7** **Interseção de duas retas** Determine se as duas retas seguintes intersectam:

$$\mathbf{r}_1(t) = \langle 1, 0, 1 \rangle + t \langle 3, 3, 5 \rangle$$

$$\mathbf{r}_2(t) = \langle 3, 6, 1 \rangle + t \langle 4, -2, 7 \rangle$$

Solução As duas retas intersectam se existirem valores paramétricos t_1 e t_2 tais que $\mathbf{r}_1(t_1) = \mathbf{r}_2(t_2)$, ou seja, se

$$\langle 1, 0, 1 \rangle + t_1 \langle 3, 3, 5 \rangle = \langle 3, 6, 1 \rangle + t_2 \langle 4, -2, 7 \rangle \qquad \boxed{8}$$

Isso equivale a três equações dos componentes:

$$x = 1 + 3t_1 = 3 + 4t_2, \qquad y = 3t_1 = 6 - 2t_2, \qquad z = 1 + 5t_1 = 1 + 7t_2 \qquad \boxed{9}$$

Resolvemos as duas primeiras em t_1 e t_2. Subtraindo a segunda equação da primeira, obtemos $1 = 6t_2 - 3$, ou $t_2 = \frac{2}{3}$. Usando esse valor na segunda equação, obtemos $t_1 = 2 - \frac{2}{3}t_2 = \frac{14}{9}$. Os valores $t_1 = \frac{14}{9}$ e $t_2 = \frac{2}{3}$ satisfazem as duas primeiras equações e, assim, $\mathbf{r}_1(t_1)$ e $\mathbf{r}_2(t_2)$ têm as mesmas coordenadas x e y (Figura 14). Contudo, não têm a mesma coordenada z porque t_1 e t_2 não satisfazem a terceira equação em (9):

$$1 + 5\left(\frac{14}{9}\right) \neq 1 + 7\left(\frac{2}{3}\right)$$

Portanto, a Equação (8) não tem solução e as retas não se cortam. ∎

ADVERTÊNCIA Na Equação (8), não podemos supor que os valores paramétricos t_1 e t_2 sejam iguais. O ponto de interseção pode corresponder a valores paramétricos diferentes nas duas retas.

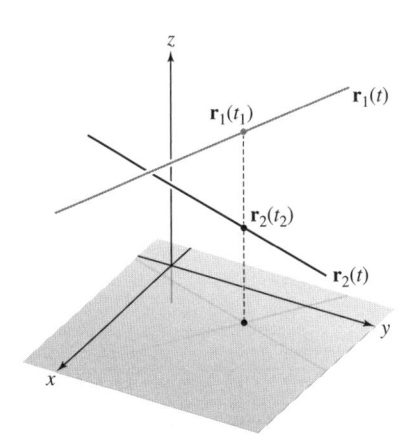

FIGURA 14 As retas $\mathbf{r}_1(t)$ e $\mathbf{r}_2(t)$ não se cortam, mas os pontos específicos $\mathbf{r}_1(t_1)$ e $\mathbf{r}_2(t_2)$ têm as mesmas coordenadas x e y.

12.2 Resumo

- Os eixos em $\mathbf{R}^3$ são identificados de tal modo que valha a *regra da mão direita*: se curvarmos os dedos da mão direita do eixo x positivo para o eixo y positivo, o polegar aponta para o eixo z positivo (Figura 15).

Esfera de raio R e centro (a, b, c)	$(x-a)^2 + (y-b)^2 + (z-c)^2 = R^2$
Cilindro de raio R com eixo vertical por $(a, b, 0)$	$(x-a)^2 + (y-b)^2 = R^2$

- A notação e a terminologia dos vetores no plano passam para vetores em $\mathbf{R}^3$.
- O comprimento (ou magnitude) de $\mathbf{v} = \overrightarrow{PQ}$, em que $P = (a_1, b_1, c_1)$ e $Q = (a_2, b_2, c_2)$, é
$$\|\mathbf{v}\| = \|\overrightarrow{PQ}\| = \sqrt{(a_2 - a_1)^2 + (b_2 - b_1)^2 + (c_2 - c_1)^2}$$
- Equação da reta por $P_0 = (x_0, y_0, z_0)$ de vetor diretor $\mathbf{v} = \langle a, b, c \rangle$:

  Parametrização vetorial: $\mathbf{r}(t) = \overrightarrow{OP_0} + t\mathbf{v} = \langle x_0, y_0, z_0 \rangle + t \langle a, b, c \rangle$
  Equações paramétricas: $x = x_0 + at, \quad y = y_0 + bt, \quad z = z_0 + ct$

- Para obter a reta por $P = (a_1, b_1, c_1)$ e $Q = (a_2, b_2, c_2)$, tomamos o vetor diretor $\mathbf{v} = \overrightarrow{PQ} = \langle a_2 - a_1, b_2 - b_1, c_2 - c_1 \rangle$ e usamos a parametrização acima. O segmento $\overline{PQ}$ é parametrizado por $\mathbf{r}(t)$, com $0 \leq t \leq 1$.

FIGURA 15

12.2 Exercícios

Exercícios preliminares

1. Qual é o ponto final do vetor $\mathbf{v} = \langle 3, 2, 1 \rangle$ posicionado no ponto $P = (1, 1, 1)$?

2. Quais são os componentes do vetor $\mathbf{v} = \langle 3, 2, 1 \rangle$ posicionado no ponto $P = (1, 1, 1)$?

3. Se $\mathbf{v} = -3\mathbf{w}$, então (escolha a resposta correta):
   (a) $\mathbf{v}$ e $\mathbf{w}$ são paralelos.
   (b) $\mathbf{v}$ e $\mathbf{w}$ apontam na mesma direção e sentido.

4. Qual dos seguintes é um vetor diretor da reta por $P = (3, 2, 1)$ e $Q = (1, 1, 1)$?
   (a) $\langle 3, 2, 1 \rangle$ (b) $\langle 1, 1, 1 \rangle$ (c) $\langle 2, 1, 0 \rangle$

5. Uma reta tem quantos vetores diretores diferentes?

6. Verdadeira ou falsa? Se $\mathbf{v}$ for um vetor diretor de uma reta $\mathcal{L}$, então $-\mathbf{v}$ também é um vetor diretor de $\mathcal{L}$.

Exercícios

1. Esboce o vetor $\mathbf{v} = \langle 1, 3, 2 \rangle$ e calcule seu comprimento.

2. Seja $\mathbf{v} = \overrightarrow{P_0 Q_0}$, com $P_0 = (1, -2, 5)$ e $Q_0 = (0, 1, -4)$. Quais dos vetores seguintes (com base em P e ponta em Q) são equivalentes a $\mathbf{v}$?

	$\mathbf{v}_1$	$\mathbf{v}_2$	$\mathbf{v}_3$	$\mathbf{v}_4$
P	$(1, 2, 4)$	$(1, 5, 4)$	$(0, 0, 0)$	$(2, 4, 5)$
Q	$(0, 5, -5)$	$(0, -8, 13)$	$(-1, 3, -9)$	$(1, 7, 4)$

3. Esboce o vetor $\mathbf{v} = \langle 1, 1, 0 \rangle$ posicionado em $P = (0, 1, 1)$. Descreva esse vetor no formato $\overrightarrow{PQ}$ com algum ponto Q e esboce o vetor $\mathbf{v}_0$ posicionado na origem que seja equivalente a $\mathbf{v}$.

4. Determine se os sistemas de coordenadas (A)-(C) na Figura 16 satisfazem a regra da mão direita.

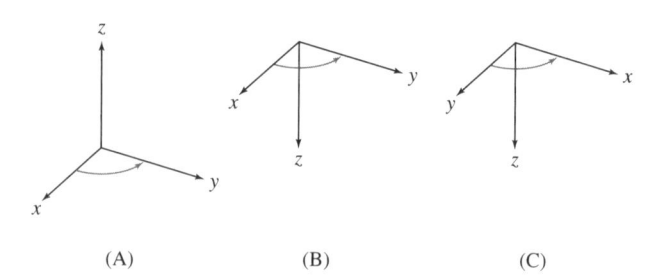

FIGURA 16

Nos Exercícios 5-8, encontre os componentes do vetor $\overrightarrow{PQ}$.

5. $P = (1, 0, 1), \quad Q = (2, 1, 0)$
6. $P = (-3, -4, 2), \quad Q = (1, -4, 3)$
7. $P = (4, 6, 0), \quad Q = \left(-\frac{1}{2}, \frac{9}{2}, 1\right)$
8. $P = \left(-\frac{1}{2}, \frac{9}{2}, 1\right), \quad Q = (4, 6, 0)$

Nos Exercícios 9-12, seja $R = (1, 4, 3)$.

9. Calcule o comprimento de $\overrightarrow{OR}$.
10. Encontre o ponto Q tal que $\mathbf{v} = \overrightarrow{RQ}$ tenha componentes $\langle 4, 1, 1 \rangle$ e esboce $\mathbf{v}$.
11. Encontre o ponto P tal que $\mathbf{w} = \overrightarrow{PR}$ tenha componentes $\langle 3, -2, 3 \rangle$ e esboce $\mathbf{w}$.
12. Encontre os componentes de $\mathbf{u} = \overrightarrow{PR}$, se $P = (1, 2, 2)$.
13. Seja $\mathbf{v} = \langle 4, 8, 12 \rangle$. Qual dos vetores seguintes é paralelo a $\mathbf{v}$? Qual aponta na mesma direção e sentido?
    (a) $\langle 2, 4, 6 \rangle$ (b) $\langle -1, -2, 3 \rangle$
    (c) $\langle -7, -14, -21 \rangle$ (d) $\langle 6, 10, 14 \rangle$

Nos Exercícios 14-17, determine se $\overrightarrow{AB}$ *é equivalente a* $\overrightarrow{PQ}$.

14. $A = (1, 1, 1) \quad B = (3, 3, 3)$
    $P = (1, 4, 5) \quad Q = (3, 6, 7)$
15. $A = (1, 4, 1) \quad B = (-2, 2, 0)$
    $P = (2, 5, 7) \quad Q = (-3, 2, 1)$
16. $A = (0, 0, 0) \quad B = (-4, 2, 3)$
    $P = (4, -2, -3) \quad Q = (0, 0, 0)$
17. $A = (1, 1, 0) \quad B = (3, 3, 5)$
    $P = (2, -9, 7) \quad Q = (4, -7, 13)$

Nos Exercícios 18-23, calcule a combinação linear.

18. $5 \langle 2, 2, -3 \rangle + 3 \langle 1, 7, 2 \rangle$
19. $-2 \langle 8, 11, 3 \rangle + 4 \langle 2, 1, 1 \rangle$
20. $6(4\mathbf{j} + 2\mathbf{k}) - 3(2\mathbf{i} + 7\mathbf{k})$
21. $\frac{1}{2} \langle 4, -2, 8 \rangle - \frac{1}{3} \langle 12, 3, 3 \rangle$
22. $5(\mathbf{i} + 2\mathbf{j}) - 3(2\mathbf{j} + \mathbf{k}) + 7(2\mathbf{k} - \mathbf{i})$
23. $4 \langle 6, -1, 1 \rangle - 2 \langle 1, 0, -1 \rangle + 3 \langle -2, 1, 1 \rangle$

Nos Exercícios 24-27, determine se os dois vetores são paralelos, ou não.

24. $\mathbf{u} = \langle 1, -2, 5 \rangle$, $\mathbf{v} = \langle -2, 4, -10 \rangle$
25. $\mathbf{u} = \langle 4, 2, -6 \rangle$, $\mathbf{v} = \langle 2, -1, 3 \rangle$
26. $\mathbf{u} = \langle 4, 2, -6 \rangle$, $\mathbf{v} = \langle 2, 1, 3 \rangle$
27. $\mathbf{u} = \langle -3, 1, 4 \rangle$, $\mathbf{v} = \langle 6, -2, 8 \rangle$

Nos Exercícios 28-31, encontre o vetor.

28. $\mathbf{e_v}$, se $\mathbf{v} = \langle 1, 1, 2 \rangle$
29. $\mathbf{e_w}$, se $\mathbf{w} = \langle 4, -2, -1 \rangle$
30. O vetor unitário na direção e sentido de $\mathbf{u} = \langle 1, 0, 7 \rangle$.
31. O vetor unitário na direção de $\mathbf{v} = \langle -4, 4, 2 \rangle$, mas de sentido oposto.
32. Esboce os vetores seguintes e encontre seus componentes e comprimentos.
    (a) $4\mathbf{i} + 3\mathbf{j} - 2\mathbf{k}$ (b) $\mathbf{i} + \mathbf{j} + \mathbf{k}$
    (c) $4\mathbf{j} + 3\mathbf{k}$ (d) $12\mathbf{i} + 8\mathbf{j} - \mathbf{k}$

Nos Exercícios 33-40, encontre uma parametrização vetorial da reta com a descrição dada.

33. Passa por $P = (1, 2, -8)$, vetor diretor $\mathbf{v} = \langle 2, 1, 3 \rangle$.
34. Passa por $P = (4, 0, 8)$, vetor diretor $\mathbf{v} = \langle 1, 0, 1 \rangle$.
35. Passa por $P = (4, 0, 8)$, vetor diretor $\mathbf{v} = 7\mathbf{i} + 4\mathbf{k}$.
36. Passa por O, vetor diretor $\mathbf{v} = \langle 3, -1, -4 \rangle$.
37. Passa por $(1, 1, 1)$ e $(3, -5, 2)$.
38. Passa por $(-2, 0, -2)$ e $(4, 3, 7)$.
39. Passa por O e $(4, 1, 1)$.
40. Passa por $(1, 1, 1)$ e é paralela à reta por $(2, 0, -1)$ e $(4, 1, 3)$.

Nos Exercícios 41-44, encontre equações paramétricas da reta com a descrição dada.

41. Perpendicular ao plano xy, passando pela origem.
42. Perpendicular ao plano yz, passando pelo ponto $(0, 0, 2)$.
43. Paralela à reta por $(1, 1, 0)$ e $(0, -1, 2)$ e passa por $(0, 0, 4)$.
44. Passa por $(1, -1, 0)$ e $(0, -1, 2)$.
45. Quais das seguintes é uma parametrização da reta por $P = (4, 9, 8)$ que é perpendicular ao plano xz (Figura 17)?
    (a) $\mathbf{r}(t) = \langle 4, 9, 8 \rangle + t \langle 1, 0, 1 \rangle$ (b) $\mathbf{r}(t) = \langle 4, 9, 8 \rangle + t \langle 0, 0, 1 \rangle$
    (c) $\mathbf{r}(t) = \langle 4, 9, 8 \rangle + t \langle 0, 1, 0 \rangle$ (d) $\mathbf{r}(t) = \langle 4, 9, 8 \rangle + t \langle 1, 1, 0 \rangle$

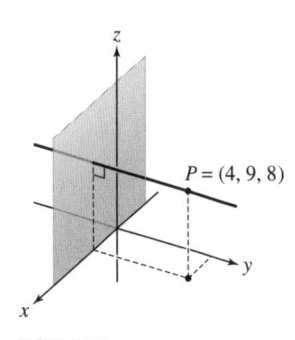

FIGURA 17

46. Encontre uma parametrização da reta por $P = (4, 9, 8)$ que é perpendicular ao plano yz.
47. Mostre que $\mathbf{r}_1(t)$ e $\mathbf{r}_2(t)$ definem a mesma reta, sendo
    $$\mathbf{r}_1(t) = \langle 3, -1, 4 \rangle + t \langle 8, 12, -6 \rangle$$
    $$\mathbf{r}_2(t) = \langle 11, 11, -2 \rangle + t \langle 4, 6, -3 \rangle$$
    Sugestão: mostre que $\mathbf{r}_2(t)$ passa por $(3, -1, 4)$ e que os vetores diretores de $\mathbf{r}_1(t)$ e $\mathbf{r}_2(t)$ são paralelos.
48. Mostre que $\mathbf{r}_1(t)$ e $\mathbf{r}_2(t)$ definem a mesma reta se
    $$\mathbf{r}_1(t) = t \langle 2, 1, 3 \rangle, \quad \mathbf{r}_2(t) = \langle -6, -3, -9 \rangle + t \langle 8, 4, 12 \rangle$$
49. Encontre duas parametrizações vetoriais diferentes da reta por $P = (5, 5, 2)$ e vetor diretor $\mathbf{v} = \langle 0, -2, 1 \rangle$.
50. Encontre o ponto de interseção das retas $\mathbf{r}(t) = \langle 1, 0, 0 \rangle + t \langle -3, 1, 0 \rangle$ e $\mathbf{s}(t) = \langle 0, 1, 1 \rangle + t \langle 2, 0, 1 \rangle$.
51. Mostre que as retas $\mathbf{r}_1(t) = \langle -1, 2, 2 \rangle + t \langle 4, -2, 1 \rangle$ e $\mathbf{r}_2(t) = \langle 0, 1, 1 \rangle + t \langle 2, 0, 1 \rangle$ não intersectam.
52. Determine se as retas $\mathbf{r}_1(t) = \langle 2, 1, 1 \rangle + t \langle -4, 0, 1 \rangle$ e $\mathbf{r}_2(s) = \langle -4, 1, 5 \rangle + s \langle 2, 1, -2 \rangle$ intersectam e, caso positivo, encontre o ponto de interseção.
53. Determine se as retas $\mathbf{r}_1(t) = \langle 0, 1, 1 \rangle + t \langle 1, 1, 2 \rangle$ e $\mathbf{r}_2(s) = \langle 2, 0, 3 \rangle + s \langle 1, 4, 4 \rangle$ intersectam e, caso positivo, encontre o ponto de interseção.
54. Encontre a interseção das retas $\mathbf{r}_1(t) = \langle -1, 1 \rangle + t \langle 2, 4 \rangle$ e $\mathbf{r}_2(s) = \langle 2, 1 \rangle + s \langle -1, 6 \rangle$ em $\mathbf{R}^2$.
55. Um meteorito segue uma trajetória $\mathbf{r}(t) = \langle 2, 1, 4 \rangle + t \langle 3, 2, -1 \rangle$ km, com t em minutos, perto da superfície terrestre, representada pelo plano xy. Determine o instante em que o meteorito atinge o solo.
56. Um laser brilha ao longo do raio dado por $\mathbf{r}_1(t) = \langle 1, 2, 4 \rangle + t \langle 2, 1, -1 \rangle$ com $t \geq 0$. Um segundo laser brilha ao longo do raio

dado por $\mathbf{r}_2(s) = \langle 6, 3, -1 \rangle + s\langle -5, 2, c \rangle$ com $s \geq 0$, sendo que o valor de c permite ajustamento na coordenada z de seu vetor diretor. Encontre o valor de c que faz os dois laser intersectarem.

57. Encontre os componentes do vetor **v** cujas extremidades são os pontos médios dos segmentos $\overline{AC}$ e $\overline{BC}$ na Figura 18. [Note que o ponto médio de (a_1, a_2, a_3) e (b_1, b_2, b_3) é dado por $\left(\frac{a_1+b_1}{2}, \frac{a_2+b_2}{2}, \frac{a_3+b_3}{2}\right)$.]

58. Encontre os componentes do vetor **w** cuja base é o ponto C e cuja ponta é o ponto médio de $\overline{AB}$ na Figura 18.

59. Uma caixa que pesa 1.000 kg está pendurada num guindaste no porto. O guindaste tem uma estrutura quadrada de 20 m de lado, como na Figura 19, com quatro cabos, todos de mesmo comprimento, presos à caixa. Encontre a magnitude da força agindo em cada cabo, sabendo que a caixa está 10 m abaixo da estrutura.

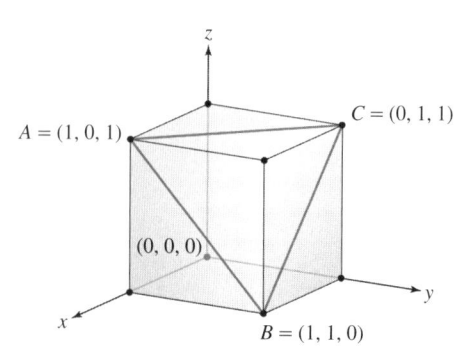

FIGURA 18

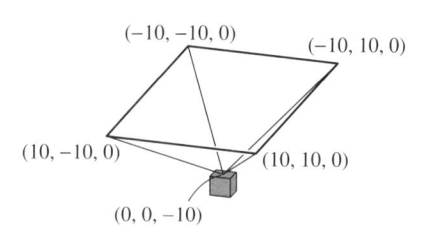

FIGURA 19

Compreensão adicional e desafios

*Nos Exercícios 60-66, consideramos as equações de uma reta em **forma simétrica**, com $a \neq 0$, $b \neq 0$, $c \neq 0$.*

$$\frac{x - x_0}{a} = \frac{y - y_0}{b} = \frac{z - z_0}{c} \qquad 10$$

60. Seja $\mathcal{L}$ a reta por $P_0 = (x_0, y_0, z_0)$ de vetor diretor $\mathbf{v} = \langle a, b, c \rangle$. Mostre que $\mathcal{L}$ é definida pelas equações simétricas (10). *Sugestão:* use a parametrização vetorial e mostre que cada ponto de $\mathcal{L}$ satisfaz (10).

61. Encontre as equações simétricas da reta por $P_0 = (-2, 3, 3)$ de vetor diretor $\mathbf{v} = \langle 2, 4, 3 \rangle$.

62. Encontre as equações simétricas da reta por $P = (1, 1, 2)$ e $Q = (-2, 4, 0)$.

63. Encontre as equações simétricas da reta
$$x = 3 + 2t, \quad y = 4 - 9t, \quad z = 12t$$

64. Encontre uma parametrização vetorial da reta
$$\frac{x-5}{9} = \frac{y+3}{7} = z - 10$$

65. Encontre uma parametrização vetorial da reta $\frac{x}{2} = \frac{y}{7} = \frac{z}{8}$.

66. Mostre que a reta no plano por (x_0, y_0) de inclinação m tem equações simétricas
$$x - x_0 = \frac{y - y_0}{m}$$

67. A mediana de um triângulo é um segmento que liga um vértice ao ponto médio do lado oposto. Usando a Figura 20(A), prove que as três medianas do triângulo ABC intersectam no ponto final P do vetor $\frac{1}{3}(\mathbf{u} + \mathbf{v} + \mathbf{w})$. Dizemos que P é o *centroide* do triângulo. *Sugestão:* mostre, parametrizando o segmento $\overline{AA'}$, que P fica a dois terços do caminho de A até A'. De maneira análoga, segue que P está nas duas outras medianas.

68. Uma mediana de um tetraedro é um segmento que liga um vértice ao centroide do lado oposto. O tetraedro da Figura 20(B) tem vértices na origem e nos pontos finais dos vetores **u**, **v** e **w**. Mostre que as medianas intersectam no ponto final de $\frac{1}{4}(\mathbf{u} + \mathbf{v} + \mathbf{w})$.

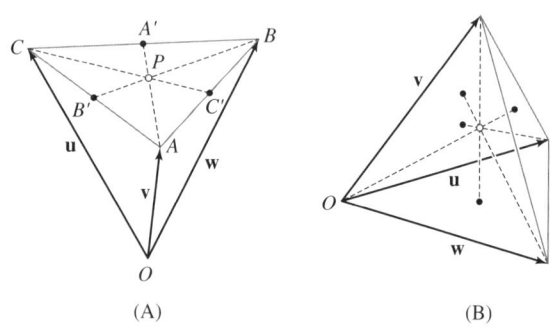

FIGURA 20

12.3 Produto escalar e o ângulo entre dois vetores

O produto escalar é uma das mais importantes operações vetoriais, desempenhando um papel em quase todos os aspectos do Cálculo a várias variáveis.

DEFINIÇÃO **Produto escalar** O **produto escalar** $\mathbf{v} \cdot \mathbf{w}$ de dois vetores
$$\mathbf{v} = \langle v_1, v_2, v_3 \rangle, \qquad \mathbf{w} = \langle w_1, w_2, w_3 \rangle$$
é o escalar definido por
$$\mathbf{v} \cdot \mathbf{w} = v_1 w_1 + v_2 w_2 + v_3 w_3$$

Em palavras, para calcular o produto escalar, *multiplicamos os componentes correspondentes e somamos*. Por exemplo,
$$\langle 2, 3, 1 \rangle \cdot \langle -4, 2, 5 \rangle = 2(-4) + 3(2) + 1(5) = -8 + 6 + 5 = 3$$
O produto escalar de vetores $\mathbf{v} = \langle v_1, v_2 \rangle$ e $\mathbf{w} = \langle w_1, w_2 \rangle$ em $\mathbf{R}^2$ é definido analogamente:
$$\mathbf{v} \cdot \mathbf{w} = v_1 w_1 + v_2 w_2$$

Como veremos a seguir, o produto escalar tem uma relação muito próxima com o ângulo entre $\mathbf{v}$ e $\mathbf{w}$. Antes de entrar nisso, descrevemos algumas propriedades elementares do produto escalar.

Em primeiro lugar, o produto escalar é *comutativo*: $\mathbf{v} \cdot \mathbf{w} = \mathbf{w} \cdot \mathbf{v}$, porque podemos multiplicar os componentes em qualquer ordem. Em segundo lugar, o produto escalar de um vetor consigo mesmo é o quadrado do comprimento do vetor: se $\mathbf{v} = \langle v_1, v_2, v_3 \rangle$, então
$$\mathbf{v} \cdot \mathbf{v} = v_1 \cdot v_1 + v_2 \cdot v_2 + v_3 \cdot v_3 = v_1^2 + v_2^2 + v_3^2 = \|\mathbf{v}\|^2$$

O produto escalar também satisfaz a distributividade e uma propriedade com escalares, resumidas no teorema seguinte (ver Exercícios 88-89).

TEOREMA 1 **Propriedades do produto escalar**
(i) $\mathbf{0} \cdot \mathbf{v} = \mathbf{v} \cdot \mathbf{0} = 0$
(ii) **Comutatividade:** $\mathbf{v} \cdot \mathbf{w} = \mathbf{w} \cdot \mathbf{v}$
(iii) **Tirando escalares para fora:** $(\lambda \mathbf{v}) \cdot \mathbf{w} = \mathbf{v} \cdot (\lambda \mathbf{w}) = \lambda (\mathbf{v} \cdot \mathbf{w})$
(iv) **Distributividade:** $\mathbf{u} \cdot (\mathbf{v} + \mathbf{w}) = \mathbf{u} \cdot \mathbf{v} + \mathbf{u} \cdot \mathbf{w}$
$\qquad (\mathbf{v} + \mathbf{w}) \cdot \mathbf{u} = \mathbf{v} \cdot \mathbf{u} + \mathbf{w} \cdot \mathbf{u}$
(v) **Relação com o comprimento:** $\mathbf{v} \cdot \mathbf{v} = \|\mathbf{v}\|^2$

Muitas vezes, conceitos importantes da Matemática têm vários nomes ou notações, ou por razões históricas ou porque surgiram em mais de um contexto. O produto escalar também é denominado "produto interno" e, em muitos textos, $\mathbf{v} \cdot \mathbf{w}$ é denotado $(\mathbf{v}, \mathbf{w})$ ou $\langle \mathbf{v}, \mathbf{w} \rangle$.

O produto escalar aparece numa grande variedade de aplicações. Para ordenar quão perto algum documento na Internet está de um assunto pesquisado no Google,

"tomamos o produto escalar do vetor de pesos de contagem com o vetor de pesos de tipos para calcular o escore do documento".

De "A Anatomia de um Serviço de Busca Hipertextual de Grande Escala" (em inglês) pelos fundadores da Google Sergey Brin e Lawrence Page.

■ **EXEMPLO 1** Verifique a distributividade $\mathbf{u} \cdot (\mathbf{v} + \mathbf{w}) = \mathbf{u} \cdot \mathbf{v} + \mathbf{u} \cdot \mathbf{w}$ com
$$\mathbf{u} = \langle 4, 3, 3 \rangle, \qquad \mathbf{v} = \langle 1, 2, 2 \rangle, \qquad \mathbf{w} = \langle 3, -2, 5 \rangle$$

Solução Calculamos ambos os lados e conferimos que são iguais:
$$\mathbf{u} \cdot (\mathbf{v} + \mathbf{w}) = \langle 4, 3, 3 \rangle \cdot \big(\langle 1, 2, 2 \rangle + \langle 3, -2, 5 \rangle \big)$$
$$= \langle 4, 3, 3 \rangle \cdot \langle 4, 0, 7 \rangle = 4(4) + 3(0) + 3(7) = 37$$
$$\mathbf{u} \cdot \mathbf{v} + \mathbf{u} \cdot \mathbf{w} = \langle 4, 3, 3 \rangle \cdot \langle 1, 2, 2 \rangle + \langle 4, 3, 3 \rangle \cdot \langle 3, -2, 5 \rangle$$
$$= \big(4(1) + 3(2) + 3(2) \big) + \big(4(3) + 3(-2) + 3(5) \big)$$
$$= 16 + 21 = 37 \qquad ■$$

Como já mencionamos, o produto escalar $\mathbf{v} \cdot \mathbf{w}$ está relacionado com o ângulo θ entre $\mathbf{v}$ e $\mathbf{w}$. Esse ângulo θ não está definido de maneira única porque, como vemos na Figura 1, θ e 2π

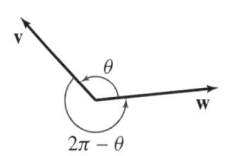

FIGURA 1 Por convenção, o ângulo θ entre dois vetores é escolhido de tal modo que $0 \leq \theta \leq \pi$.

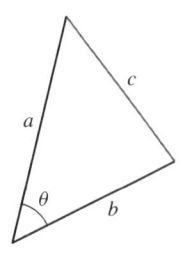

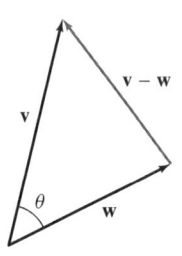

FIGURA 2

$-\theta$ podem, ambos, servir como ângulo entre **v** e **w**. Além disso, qualquer múltiplo de 2π pode ser somado a θ. Todos esses ângulos têm o mesmo cosseno, portanto não importa qual ângulo é utilizado no próximo teorema. No entanto, adotamos a convenção seguinte:

O ângulo entre dois vetores é escolhido para satisfazer $0 \le \theta \le \pi$.

TEOREMA 2 Produto escalar e o ângulo Seja θ o ângulo entre dois vetores não nulos **v** e **w**. Então

$$\mathbf{v} \cdot \mathbf{w} = \|\mathbf{v}\| \, \|\mathbf{w}\| \cos \theta \quad \text{ou} \quad \cos \theta = \frac{\mathbf{v} \cdot \mathbf{w}}{\|\mathbf{v}\| \, \|\mathbf{w}\|} \qquad \boxed{1}$$

Demonstração De acordo com a lei dos cossenos, os três lados de um triângulo satisfazem (Figura 2)

$$c^2 = a^2 + b^2 - 2ab \cos \theta$$

Se dois lados do triângulo são **v** e **w**, então o terceiro lado é $\mathbf{v} - \mathbf{w}$, como na figura, e pela lei dos cossenos,

$$\|\mathbf{v} - \mathbf{w}\|^2 = \|\mathbf{v}\|^2 + \|\mathbf{w}\|^2 - 2 \cos \theta \, \|\mathbf{v}\| \, \|\mathbf{w}\| \qquad \boxed{2}$$

Agora, pela propriedade (v) do Teorema 1 e a distributividade,

$$\|\mathbf{v} - \mathbf{w}\|^2 = (\mathbf{v} - \mathbf{w}) \cdot (\mathbf{v} - \mathbf{w}) = \mathbf{v} \cdot \mathbf{v} - 2\mathbf{v} \cdot \mathbf{w} + \mathbf{w} \cdot \mathbf{w}$$

$$= \|\mathbf{v}\|^2 + \|\mathbf{w}\|^2 - 2\mathbf{v} \cdot \mathbf{w} \qquad \boxed{3}$$

Comparando a Equação (2) com a (3), obtemos $-2 \cos \theta \, \|\mathbf{v}\| \, \|\mathbf{w}\| = -2\mathbf{v} \cdot \mathbf{w}$, e decorre a Equação (1). ∎

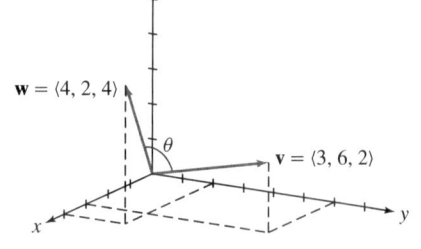

Por definição de arco cosseno, o ângulo $\theta = \arccos x$ é o ângulo do intervalo $[0, \pi]$ satisfazendo $\cos \theta = x$. Assim, para vetores não nulos **v** e **w**, temos

$$\cos \theta = \frac{\mathbf{v} \cdot \mathbf{w}}{\|\mathbf{v}\| \, \|\mathbf{w}\|} \quad \text{ou} \quad \theta = \arccos \left(\frac{\mathbf{v} \cdot \mathbf{w}}{\|\mathbf{v}\| \, \|\mathbf{w}\|} \right)$$

FIGURA 3

■ **EXEMPLO 2** Encontre o ângulo θ entre $\mathbf{v} = \langle 3, 6, 2 \rangle$ e $\mathbf{w} = \langle 4, 2, 4 \rangle$.

Solução Calculamos $\cos \theta$ usando o produto escalar:

$$\|\mathbf{v}\| = \sqrt{3^2 + 6^2 + 2^2} = \sqrt{49} = 7, \qquad \|\mathbf{w}\| = \sqrt{4^2 + 2^2 + 4^2} = \sqrt{36} = 6$$

$$\cos \theta = \frac{\mathbf{v} \cdot \mathbf{w}}{\|\mathbf{v}\| \|\mathbf{w}\|} = \frac{\langle 3, 6, 2 \rangle \cdot \langle 4, 2, 4 \rangle}{7 \cdot 6} = \frac{3 \cdot 4 + 6 \cdot 2 + 2 \cdot 4}{42} = \frac{32}{42} = \frac{16}{21}$$

Desse modo, o ângulo é $\theta = \arccos \left(\frac{16}{21} \right) \approx 0{,}705$ radianos (Figura 3). ■

Os termos "ortogonal" e "perpendicular" são sinônimos e podem ser usados indistintamente, embora "ortogonal" seja mais utilizado em relação a vetores.

Dizemos que dois vetores não nulos **v** e **w** são **perpendiculares** ou **ortogonais** se o ângulo entre eles for $\frac{\pi}{2}$. Nesse caso, escrevemos $\mathbf{v} \perp \mathbf{w}$.

Podemos usar o produto escalar para testar se **v** e **w** são ortogonais. Já que um ângulo θ entre 0 e π satisfaz $\cos \theta = 0$ se, e só se, $\theta = \frac{\pi}{2}$, vemos que

$$\mathbf{v} \cdot \mathbf{w} = \|\mathbf{v}\| \, \|\mathbf{w}\| \cos \theta = 0 \quad \Leftrightarrow \quad \theta = \frac{\pi}{2}$$

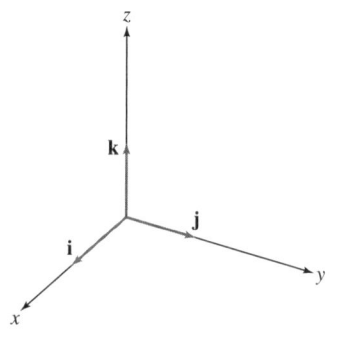

Definindo o vetor nulo como sendo ortogonal a qualquer vetor, segue que

$$\mathbf{v} \perp \mathbf{w} \quad \text{se, e só se,} \quad \mathbf{v} \cdot \mathbf{w} = 0$$

FIGURA 4 Os vetores da base canônica são mutuamente ortogonais e têm comprimento 1.

Os vetores da base canônica são mutuamente ortogonais e têm comprimento 1 (Figura 4). Em termos do produto escalar, como $\mathbf{i} = \langle 1, 0, 0\rangle$, $\mathbf{j} = \langle 0, 1, 0\rangle$ e $\mathbf{k} = \langle 0, 0, 1\rangle$, temos

$$\mathbf{i} \cdot \mathbf{j} = \mathbf{i} \cdot \mathbf{k} = \mathbf{j} \cdot \mathbf{k} = 0, \qquad \mathbf{i} \cdot \mathbf{i} = \mathbf{j} \cdot \mathbf{j} = \mathbf{k} \cdot \mathbf{k} = 1$$

■ **EXEMPLO 3** **Teste da ortogonalidade** Determine se $\mathbf{v} = \langle 2, 6, 1\rangle$ é ortogonal a $\mathbf{u} = \langle 2, -1, 1\rangle$ ou $\mathbf{w} = \langle -4, 1, 2\rangle$.

Solução Testamos a ortogonalidade calculando os produtos escalares (Figura 5):

$\mathbf{v} \cdot \mathbf{u} = \langle 2, 6, 1\rangle \cdot \langle 2, -1, 1\rangle = 2(2) + 6(-1) + 1(1) = -1$ (não ortogonais)

$\mathbf{v} \cdot \mathbf{w} = \langle 2, 6, 1\rangle \cdot \langle -4, 1, 2\rangle = 2(-4) + 6(1) + 1(2) = 0$ (ortogonais) ■

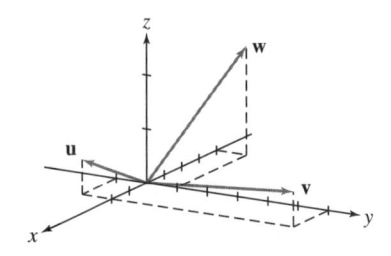

FIGURA 5 Os vetores $\mathbf{v}$, $\mathbf{w}$ e $\mathbf{u}$ do Exemplo 3.

■ **EXEMPLO 4** **Teste de ângulo obtuso** Determine se os ângulos entre o vetor $\mathbf{v} = \langle 3, 1, -2\rangle$ e os vetores $\mathbf{u} = \left\langle \frac{1}{2}, \frac{1}{2}, 5\right\rangle$ e $\mathbf{w} = \langle 4, -3, 0\rangle$ são obtusos.

Solução Por definição, o ângulo θ entre dois $\mathbf{v}$ e $\mathbf{u}$ é obtuso se $\frac{\pi}{2} < \theta \leq \pi$, e isso ocorre se $\cos \theta < 0$. Como $\mathbf{v} \cdot \mathbf{u} = \|\mathbf{v}\| \|\mathbf{u}\| \cos \theta$ e os comprimentos $\|\mathbf{v}\|$ e $\|\mathbf{u}\|$ são positivos, vemos que $\cos \theta$ é negativo se, e só se, $\mathbf{v} \cdot \mathbf{u}$ é negativo. Assim,

> O ângulo entre $\mathbf{v}$ e $\mathbf{u}$ é obtuso se $\mathbf{v} \cdot \mathbf{u} < 0$.

Temos

$\mathbf{v} \cdot \mathbf{u} = \langle 3, 1, -2\rangle \cdot \left\langle \frac{1}{2}, \frac{1}{2}, 5\right\rangle = \frac{3}{2} + \frac{1}{2} - 10 = -8 < 0$ (ângulo é obtuso)

$\mathbf{v} \cdot \mathbf{w} = \langle 3, 1, -2\rangle \cdot \langle 4, -3, 0\rangle = 12 - 3 + 0 = 9 > 0$ (ângulo é agudo) ■

■ **EXEMPLO 5** **Encontrando um vetor ortogonal** Encontre um vetor ortogonal a $\mathbf{w} = \langle 1, 3, 2\rangle$.

Solução Seja $\mathbf{v} = \langle a, b, c\rangle$. Então, se $\mathbf{v}$ for ortogonal a $\mathbf{w}$, devemos ter

$$\mathbf{w} \cdot \mathbf{v} = a + 3b + 2c = 0.$$

Portanto, quaisquer a, b, c não todos nulos satisfazendo essa equação servem. Por exemplo, poderíamos tomar $a = 1$ e $b = 1$. Então $1 + 3(1) + 2c = 0$ e, portanto, $c = -2$. Assim, $\mathbf{v} = \langle 1, 1, -2\rangle$ é um desses vetores ortogonais. Observe que a coleção de todos esses vetores ortogonais, posicionados na origem, constitui um plano pela origem. Esse plano é dado pela equação $x + 3y + 2z = 0$ e é o único plano pela origem que é perpendicular ao vetor $\mathbf{w}$ original. Na Seção 12.5, discutiremos planos no espaço tridimensional mais detalhadamente. ■

Outra utilidade importante do produto escalar é a obtenção da **projeção** $\mathbf{u}_{\|\mathbf{v}}$ de um vetor $\mathbf{u}$ ao longo de um vetor $\mathbf{v}$ não nulo. Por definição, $\mathbf{u}_{\|\mathbf{v}}$ é o vetor paralelo a $\mathbf{v}$ obtido baixando uma perpendicular de $\mathbf{u}$ até a reta por $\mathbf{v}$, como nas Figuras 6 e 7. Pensamos em $\mathbf{u}_{\|\mathbf{v}}$ como a parte de $\mathbf{u}$ que é paralela a $\mathbf{v}$ ou, então, como o vetor sombra de $\mathbf{u}$ obtido projetando uma luz sobre $\mathbf{v}$. No próximo teorema, lembre que $\mathbf{e}_\mathbf{v}$ representa um vetor unitário na direção e sentido de $\mathbf{v}$.

TEOREMA 3 **Projeção** Suponha que $\mathbf{v} \neq \mathbf{0}$. A **projeção** de $\mathbf{u}$ ao longo de $\mathbf{v}$ é o vetor

$$\mathbf{u}_{\|\mathbf{v}} = \left(\frac{\mathbf{u} \cdot \mathbf{v}}{\mathbf{v} \cdot \mathbf{v}}\right)\mathbf{v} = \left(\frac{\mathbf{u} \cdot \mathbf{v}}{\|\mathbf{v}\|^2}\right)\mathbf{v} = \left(\frac{\mathbf{u} \cdot \mathbf{v}}{\|\mathbf{v}\|}\right)\mathbf{e}_\mathbf{v} \qquad \boxed{4}$$

Às vezes, escrevemos $\text{proj}_\mathbf{v}\mathbf{u}$.

O escalar $\dfrac{\mathbf{u} \cdot \mathbf{v}}{\|\mathbf{v}\|}$ é denominado **componente** ou **componente escalar** de $\mathbf{u}$ ao longo de $\mathbf{v}$ e, às vezes, escrevemos $\text{comp}_\mathbf{v}\mathbf{u}$.

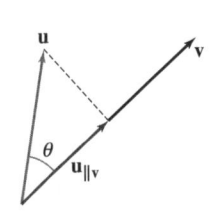

FIGURA 6 A projeção $\mathbf{u}_{\|\mathbf{v}}$ de $\mathbf{u}$ ao longo de $\mathbf{v}$ tem comprimento $\|\mathbf{u}\| \cos \theta$.

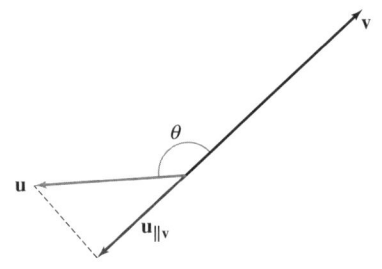

FIGURA 7 Se θ for obtuso, $\mathbf{u}_{\|\mathbf{v}}$ e $\mathbf{v}$ apontarão em sentidos opostos.

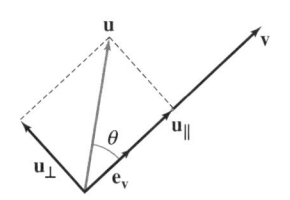

FIGURA 8 Decomposição de $\mathbf{u}$ como uma soma $\mathbf{u} = \mathbf{u}_{\|\mathbf{v}} + \mathbf{u}_{\perp\mathbf{v}}$ de vetores paralelo e ortogonal a $\mathbf{v}$.

Demonstração Observando as Figuras 6 e 7, vemos que a Trigonometria garante que $\mathbf{u}_{\|\mathbf{v}}$ tem comprimento $\|\mathbf{u}\| |\cos\theta|$. Se θ for agudo, então $\mathbf{u}_{\|\mathbf{v}}$ será um múltiplo positivo de $\mathbf{v}$; portanto, $\mathbf{u}_{\|\mathbf{v}} = (\|\mathbf{u}\|\cos\theta)\mathbf{e_v}$, já que $\cos\theta > 0$. Analogamente, se θ for obtuso, então $\mathbf{u}_{\|\mathbf{v}}$ será um múltiplo negativo de $\mathbf{e_v}$ e, novamente, $\mathbf{u}_{\|\mathbf{v}} = (\|\mathbf{u}\|\cos\theta)\mathbf{e_v}$, já que $\cos\theta < 0$. Agora, decorre a primeira fórmula de $\mathbf{u}_{\|\mathbf{v}}$, pois

$$\mathbf{u}_{\|\mathbf{v}} = (\|\mathbf{u}\|\cos\theta)\mathbf{e_v} = \|\mathbf{u}\|\cos\theta\frac{\mathbf{v}}{\|\mathbf{v}\|} = \frac{\|\mathbf{u}\|\|\mathbf{v}\|\cos\theta}{\|\mathbf{v}\|^2}\mathbf{v} = \left(\frac{\mathbf{u}\cdot\mathbf{v}}{\mathbf{v}\cdot\mathbf{v}}\right)\mathbf{v} \qquad\blacksquare$$

■ **EXEMPLO 6** Encontre a projeção de $\mathbf{u} = \langle 5, 1, -3\rangle$ ao longo de $\mathbf{v} = \langle 4, 4, 2\rangle$.

Solução É conveniente usar a primeira fórmula na Equação (4):

$$\mathbf{u}\cdot\mathbf{v} = \langle 5, 1, -3\rangle \cdot \langle 4, 4, 2\rangle = 20 + 4 - 6 = 18, \qquad \mathbf{v}\cdot\mathbf{v} = 4^2 + 4^2 + 2^2 = 36$$

$$\mathbf{u}_{\|\mathbf{v}} = \left(\frac{\mathbf{u}\cdot\mathbf{v}}{\mathbf{v}\cdot\mathbf{v}}\right)\mathbf{v} = \left(\frac{18}{36}\right)\langle 4, 4, 2\rangle = \langle 2, 2, 1\rangle \qquad\blacksquare$$

Agora mostramos que se $\mathbf{v} \neq \mathbf{0}$, então qualquer vetor $\mathbf{u}$ pode ser escrito como uma soma do vetor projeção $\mathbf{u}_{\|\mathbf{v}}$ e um vetor $\mathbf{u}_{\perp\mathbf{v}}$ que é ortogonal a $\mathbf{v}$ (ver Figura 8). De fato, denotando

$$\mathbf{u}_{\perp\mathbf{v}} = \mathbf{u} - \mathbf{u}_{\|\mathbf{v}}$$

segue que

$$\boxed{\mathbf{u} = \mathbf{u}_{\|\mathbf{v}} + \mathbf{u}_{\perp\mathbf{v}}} \qquad 5$$

A Equação (5) é denominada a **decomposição** de $\mathbf{u}$ em relação a $\mathbf{v}$. Ela expressa $\mathbf{u}$ como uma soma de vetores, um paralelo a $\mathbf{v}$ e outro perpendicular a $\mathbf{v}$. No entanto, precisamos verificar que $\mathbf{u}_{\perp\mathbf{v}}$ é perpendicular a $\mathbf{v}$. Fazemos isso mostrando que o produto escalar é nulo:

$$\mathbf{u}_{\perp\mathbf{v}}\cdot\mathbf{v} = (\mathbf{u} - \mathbf{u}_{\|\mathbf{v}})\cdot\mathbf{v} = \left(\mathbf{u} - \left(\frac{\mathbf{u}\cdot\mathbf{v}}{\mathbf{v}\cdot\mathbf{v}}\right)\mathbf{v}\right)\cdot\mathbf{v} = \mathbf{u}\cdot\mathbf{v} - \left(\frac{\mathbf{u}\cdot\mathbf{v}}{\mathbf{v}\cdot\mathbf{v}}\right)(\mathbf{v}\cdot\mathbf{v}) = 0$$

■ **EXEMPLO 7** Encontre a decomposição de $\mathbf{u} = \langle 5, 1, -3\rangle$ em relação a $\mathbf{v} = \langle 4, 4, 2\rangle$.

Solução No Exemplo 6, mostramos que $\mathbf{u}_{\|\mathbf{v}} = \langle 2, 2, 1\rangle$. O vetor ortogonal é

$$\mathbf{u}_{\perp\mathbf{v}} = \mathbf{u} - \mathbf{u}_{\|\mathbf{v}} = \langle 5, 1, -3\rangle - \langle 2, 2, 1\rangle = \langle 3, -1, -4\rangle$$

A decomposição de $\mathbf{u}$ em relação a $\mathbf{v}$ é

$$\mathbf{u} = \langle 5, 1, -3\rangle = \mathbf{u}_{\|\mathbf{v}} + \mathbf{u}_{\perp\mathbf{v}} = \underbrace{\langle 2, 2, 1\rangle}_{\text{Projeção ao longo de }\mathbf{v}} + \underbrace{\langle 3, -1, -4\rangle}_{\text{Ortogonal a }\mathbf{v}} \qquad\blacksquare$$

A decomposição em vetores paralelo e ortogonal é útil em muitas aplicações.

■ **EXEMPLO 8** Qual é a força mínima que deve ser aplicada para puxar um carrinho de 20 kg para cima numa rampa sem atrito, inclinada num ângulo de $\theta = 15°$?

Solução Sejam $\mathbf{v}$ um vetor na direção da rampa e $\mathbf{F}_g$ a força no carrinho devido à gravidade. Essa força tem magnitude $20g$ N com $g = 9{,}8$. Usando a Figura 9, decompomos a força $\mathbf{F}_g$ como uma soma

$$\mathbf{F}_g = \mathbf{F}_{\|\mathbf{v}} + \mathbf{F}_{\perp\mathbf{v}}$$

em que $\mathbf{F}_{\|\mathbf{v}}$ é a projeção ao longo da rampa e $\mathbf{F}_{\perp\mathbf{v}}$ é a "força normal" ortogonal à rampa. A força normal $\mathbf{F}_{\perp\mathbf{v}}$ é cancelada pela rampa, que empurra o carrinho de volta na direção normal e, portanto (como não há atrito), precisamos puxar somente contra $\mathbf{F}_{\|\mathbf{v}}$.

Observe que o ângulo entre $\mathbf{F}_g$ e a rampa é o ângulo complementar $90° - \theta$. Como $\mathbf{F}_{\|\mathbf{v}}$ é paralela à rampa, o ângulo entre $\mathbf{F}_g$ e $\mathbf{F}_{\|\mathbf{v}}$ também é $90° - \theta$, ou $75°$, e

$$\|\mathbf{F}_{\|\mathbf{v}}\| = \|\mathbf{F}_g\|\cos(75°) \approx 20(9{,}8)(0{,}26) \approx 51 \text{ N}$$

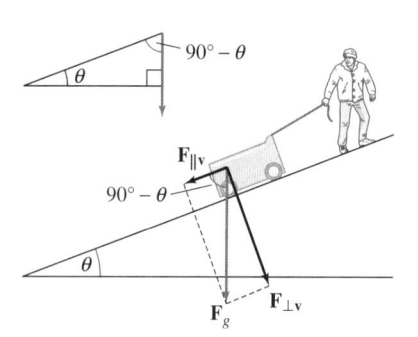

FIGURA 9 O ângulo entre $\mathbf{F}_g$ e $\mathbf{F}_{\|\mathbf{v}}$ é $90° - \theta$.

Como a gravidade puxa o carrinho rampa abaixo com a força de 51 N, precisamos de, no mínimo, uma força de 51 N para puxar o carrinho rampa acima. ∎

> **ENTENDIMENTO GRÁFICO** Parece que estamos utilizando o termo "componente" de duas maneiras. Dizemos que um vetor $\mathbf{u} = \langle a, b \rangle$ tem componentes a e b. Por outro lado, $\mathbf{u} \cdot \mathbf{e}$ é denominado o componente de $\mathbf{u}$ ao longo do vetor unitário $\mathbf{e}$.
>
> Na realidade, essas duas noções de componente são iguais. Os componentes a e b são dados pelo produto escalar de $\mathbf{u}$ com os vetores da base canônica:
>
> $$\mathbf{u} \cdot \mathbf{i} = \langle a, b \rangle \cdot \langle 1, 0 \rangle = a$$
> $$\mathbf{u} \cdot \mathbf{j} = \langle a, b \rangle \cdot \langle 0, 1 \rangle = b$$
>
> e temos a decomposição [Figura 10(A)]
>
> $$\mathbf{u} = a\mathbf{i} + b\mathbf{j}$$
>
> Ocorre que quaisquer dois vetores unitários ortogonais $\mathbf{e}$ e $\mathbf{f}$ formam um sistema de coordenadas girado, e vemos na Figura 10(B) que
>
> $$\mathbf{u} = (\mathbf{u} \cdot \mathbf{e})\mathbf{e} + (\mathbf{u} \cdot \mathbf{f})\mathbf{f}$$
>
> Em outras palavras, $\mathbf{u} \cdot \mathbf{e}$ e $\mathbf{u} \cdot \mathbf{f}$ realmente são os componentes quando expressamos $\mathbf{u}$ em relação ao sistema girado.

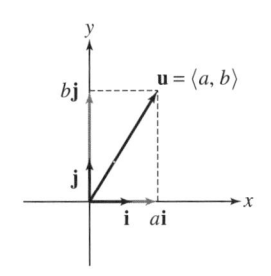

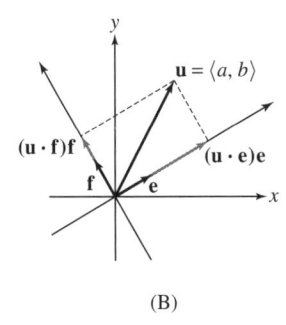

FIGURA 10

12.3 Resumo

- O *produto escalar* de $\mathbf{v} = \langle a_1, b_1, c_1 \rangle$ e $\mathbf{w} = \langle a_2, b_2, c_2 \rangle$ é

$$\mathbf{v} \cdot \mathbf{w} = a_1 a_2 + b_1 b_2 + c_1 c_2$$

- Propriedades básicas:
  - Comutatividade: $\mathbf{v} \cdot \mathbf{w} = \mathbf{w} \cdot \mathbf{v}$
  - Tirando escalares para fora: $(\lambda \mathbf{v}) \cdot \mathbf{w} = \mathbf{v} \cdot (\lambda \mathbf{w}) = \lambda(\mathbf{v} \cdot \mathbf{w})$
  - Distributividade: $\mathbf{u} \cdot (\mathbf{v} + \mathbf{w}) = \mathbf{u} \cdot \mathbf{v} + \mathbf{u} \cdot \mathbf{w}$

$$(\mathbf{v} + \mathbf{w}) \cdot \mathbf{u} = \mathbf{v} \cdot \mathbf{u} + \mathbf{w} \cdot \mathbf{u}$$

- $\boxed{\mathbf{v} \cdot \mathbf{v} = \|\mathbf{v}\|^2}$

- $\boxed{\mathbf{v} \cdot \mathbf{w} = \|\mathbf{v}\| \|\mathbf{w}\| \cos \theta}$, em que θ é o ângulo entre $\mathbf{v}$ e $\mathbf{w}$

- Por convenção, o ângulo θ é escolhido de tal modo que $0 \le \theta \le \pi$.
- Teste de ortogonalidade: $\mathbf{v} \perp \mathbf{w}$ se, e só se, $\mathbf{v} \cdot \mathbf{w} = 0$.
- O ângulo entre $\mathbf{v}$ e $\mathbf{w}$ é agudo se $\mathbf{v} \cdot \mathbf{w} > 0$ e obtuso se $\mathbf{v} \cdot \mathbf{w} < 0$.
- Suponha $\mathbf{v} \ne \mathbf{0}$. Cada vetor $\mathbf{u}$ tem uma decomposição $\mathbf{u} = \mathbf{u}_{\|\mathbf{v}} + \mathbf{u}_{\perp \mathbf{v}}$, em que $\mathbf{u}_{\|\mathbf{v}}$ é paralelo a $\mathbf{v}$ e $\mathbf{u}_{\perp \mathbf{v}}$ é ortogonal a $\mathbf{v}$ (ver Figura 11). O vetor $\mathbf{u}_{\|\mathbf{v}}$ é denominado *projeção* de $\mathbf{u}$ ao longo de $\mathbf{v}$.
- Seja $\mathbf{e}_\mathbf{v} = \dfrac{\mathbf{v}}{\|\mathbf{v}\|}$. Então

$$\boxed{\mathbf{u}_{\|\mathbf{v}} = \left(\frac{\mathbf{u} \cdot \mathbf{v}}{\mathbf{v} \cdot \mathbf{v}} \right) \mathbf{v} = \left(\frac{\mathbf{u} \cdot \mathbf{v}}{\|\mathbf{v}\|^2} \right) \mathbf{v} = \left(\frac{\mathbf{u} \cdot \mathbf{v}}{\|\mathbf{v}\|} \right) \mathbf{e}_\mathbf{v}, \qquad \mathbf{u}_{\perp \mathbf{v}} = \mathbf{u} - \mathbf{u}_{\|\mathbf{v}}}$$

- O coeficiente $\dfrac{\mathbf{u} \cdot \mathbf{v}}{\|\mathbf{v}\|}$ é denominado o *componente* de $\mathbf{u}$ ao longo de $\mathbf{v}$:

$$\boxed{\text{Componente de } \mathbf{u} \text{ ao longo de } \mathbf{v} = \frac{\mathbf{u} \cdot \mathbf{v}}{\|\mathbf{v}\|} = \|\mathbf{u}\| \cos \theta}$$

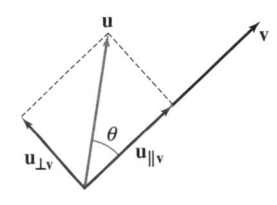

FIGURA 11

12.3 Exercícios

Exercícios preliminares

1. O produto escalar de dois vetores é um escalar ou um vetor?
2. O que pode ser dito sobre o ângulo entre **a** e **b** se $\mathbf{a} \cdot \mathbf{b} < 0$?
3. Suponha que **v** seja ortogonal a ambos, **u** e **w**. Qual é a propriedade do produto escalar que nos permite concluir que **v** é ortogonal a $\mathbf{u} + \mathbf{w}$?
4. Qual é a projeção de **v** ao longo de **v**: (a) **v** ou (b) $\mathbf{e_v}$?
5. Seja $\mathbf{u}_{\|\mathbf{v}}$ a projeção de **u** ao longo de **v**. Qual dos seguintes é a projeção de **u** ao longo do vetor $2\mathbf{v}$ e qual é a projeção de $2\mathbf{u}$ ao longo do vetor **v**?
   (a) $\frac{1}{2}\mathbf{u}_{\|\mathbf{v}}$ (b) $\mathbf{u}_{\|\mathbf{v}}$ (c) $2\mathbf{u}_{\|\mathbf{v}}$
6. Seja θ o ângulo entre **u** e **v**. Qual dos seguintes é igual a $\cos\theta$?
   (a) $\mathbf{u} \cdot \mathbf{v}$ (b) $\mathbf{u} \cdot \mathbf{e_v}$ (c) $\mathbf{e_u} \cdot \mathbf{e_v}$

Exercícios

Nos Exercícios 1-12, calcule o produto escalar.

1. $\langle 1, 2, 1 \rangle \cdot \langle 4, 3, 5 \rangle$
2. $\langle 3, -2, 2 \rangle \cdot \langle 1, 0, 1 \rangle$
3. $\langle 0, 1, 0 \rangle \cdot \langle 7, 41, -3 \rangle$
4. $\langle 1, 1, 1 \rangle \cdot \langle 6, 4, 2 \rangle$
5. $\langle 3, 1 \rangle \cdot \langle 4, -7 \rangle$
6. $\langle \frac{1}{6}, \frac{1}{2} \rangle \cdot \langle 3, \frac{1}{2} \rangle$
7. $\mathbf{k} \cdot \mathbf{j}$
8. $\mathbf{k} \cdot \mathbf{k}$
9. $(\mathbf{i} + \mathbf{j}) \cdot (\mathbf{j} + \mathbf{k})$
10. $(3\mathbf{j} + 2\mathbf{k}) \cdot (\mathbf{i} - 4\mathbf{k})$
11. $(\mathbf{i} + \mathbf{j} + \mathbf{k}) \cdot (3\mathbf{i} + 2\mathbf{j} - 5\mathbf{k})$
12. $(-\mathbf{k}) \cdot (\mathbf{i} - 2\mathbf{j} + 7\mathbf{k})$

Nos Exercícios 13-18, determine se os dois vetores são ortogonais e, se não forem, se o ângulo entre eles é agudo ou obtuso.

13. $\langle 1, 1, 1 \rangle$, $\langle 1, -2, -2 \rangle$
14. $\langle 0, 2, 4 \rangle$, $\langle -5, 0, 0 \rangle$
15. $\langle 1, 2, 1 \rangle$, $\langle 7, -3, -1 \rangle$
16. $\langle 0, 2, 4 \rangle$, $\langle 3, 1, 0 \rangle$
17. $\langle \frac{12}{5}, -\frac{4}{5} \rangle$, $\langle \frac{1}{2}, -\frac{7}{4} \rangle$
18. $\langle 12, 6 \rangle$, $\langle 2, -4 \rangle$

Nos Exercícios 19-22, encontre o cosseno do ângulo entre os vetores.

19. $\langle 0, 3, 1 \rangle$, $\langle 4, 0, 0 \rangle$
20. $\langle 1, 1, 1 \rangle$, $\langle 2, -1, 2 \rangle$
21. $\mathbf{i} + \mathbf{j}$, $\mathbf{j} + 2\mathbf{k}$
22. $3\mathbf{i} + \mathbf{k}$, $\mathbf{i} + \mathbf{j} + \mathbf{k}$

Nos Exercícios 23-28, encontre o ângulo entre os vetores. Use uma calculadora, se for preciso.

23. $\langle 2, \sqrt{2} \rangle$, $\langle 1+\sqrt{2}, 1-\sqrt{2} \rangle$
24. $\langle 5, \sqrt{3} \rangle$, $\langle \sqrt{3}, 2 \rangle$
25. $\langle 1, 1, 1 \rangle$, $\langle 1, 0, 1 \rangle$
26. $\langle 3, 1, 1 \rangle$, $\langle 2, -4, 2 \rangle$
27. $\langle 0, 1, 1 \rangle$, $\langle 1, -1, 0 \rangle$
28. $\langle 1, 1, -1 \rangle$, $\langle 1, -2, -1 \rangle$

29. Encontre todos valores de b com os quais os vetores são ortogonais.
    (a) $\langle b, 3, 2 \rangle$, $\langle 1, b, 1 \rangle$ (b) $\langle 4, -2, 7 \rangle$, $\langle b^2, b, 0 \rangle$
30. Encontre um vetor que seja ortogonal a $\langle -1, 2, 2 \rangle$.
31. Encontre dois vetores que não sejam múltiplos um do outro e que sejam, ambos, ortogonais a $\langle 2, 0, -3 \rangle$.
32. Encontre um vetor ortogonal a $\mathbf{v} = \langle 1, 2, 1 \rangle$, mas não a $\mathbf{w} = \langle 1, 0, -1 \rangle$.
33. Encontre $\mathbf{v} \cdot \mathbf{e}$ sabendo que $\|\mathbf{v}\| = 3$, **e** é um vetor unitário e o ângulo entre **e** e **v** é $\frac{2\pi}{3}$.
34. Suponha que **v** seja um vetor do plano yz. Quais dos produtos escalares seguintes são iguais a zero com qualquer escolha de **v**?
    (a) $\mathbf{v} \cdot \langle 0, 2, 1 \rangle$ (b) $\mathbf{v} \cdot \mathbf{k}$
    (c) $\mathbf{v} \cdot \langle -3, 0, 0 \rangle$ (d) $\mathbf{v} \cdot \mathbf{j}$

Nos Exercícios 35-38, simplifique a expressão.

35. $(\mathbf{v} - \mathbf{w}) \cdot \mathbf{v} + \mathbf{v} \cdot \mathbf{w}$
36. $(\mathbf{v} + \mathbf{w}) \cdot (\mathbf{v} + \mathbf{w}) - 2\mathbf{v} \cdot \mathbf{w}$
37. $(\mathbf{v} + \mathbf{w}) \cdot \mathbf{v} - (\mathbf{v} + \mathbf{w}) \cdot \mathbf{w}$
38. $(\mathbf{v} + \mathbf{w}) \cdot \mathbf{v} - (\mathbf{v} - \mathbf{w}) \cdot \mathbf{w}$

Nos Exercícios 39-42, use as propriedades do produto escalar para calcular a expressão, supondo que $\mathbf{u} \cdot \mathbf{v} = 2$, $\|\mathbf{u}\| = 1$ e $\|\mathbf{v}\| = 3$.

39. $\mathbf{u} \cdot (4\mathbf{v})$
40. $(\mathbf{u} + \mathbf{v}) \cdot \mathbf{v}$
41. $2\mathbf{u} \cdot (3\mathbf{u} - \mathbf{v})$
42. $(\mathbf{u} + \mathbf{v}) \cdot (\mathbf{u} - \mathbf{v})$
43. Encontre o ângulo entre **v** e **w** se $\mathbf{v} \cdot \mathbf{w} = -\|\mathbf{v}\|\|\mathbf{w}\|$.
44. Encontre o ângulo entre **v** e **w** se $\mathbf{v} \cdot \mathbf{w} = \frac{1}{2}\|\mathbf{v}\|\|\mathbf{w}\|$.
45. Suponha que $\|\mathbf{v}\| = 3$, $\|\mathbf{w}\| = 5$ e que o ângulo entre **v** e **w** seja $\theta = \frac{\pi}{3}$.
    (a) Use a relação $\|\mathbf{v} + \mathbf{w}\|^2 = (\mathbf{v} + \mathbf{w}) \cdot (\mathbf{v} + \mathbf{w})$ para mostrar que $\|\mathbf{v} + \mathbf{w}\|^2 = 3^2 + 5^2 + 2\mathbf{v} \cdot \mathbf{w}$.
    (b) Encontre $\|\mathbf{v} + \mathbf{w}\|$.
46. Suponha que $\|\mathbf{v}\| = 2$ e $\|\mathbf{w}\| = 3$ e que o ângulo entre **v** e **w** seja 120°. Determine:
    (a) $\mathbf{v} \cdot \mathbf{w}$ (b) $\|2\mathbf{v} + \mathbf{w}\|$ (c) $\|2\mathbf{v} - 3\mathbf{w}\|$
47. Prove que se **e** e **f** forem vetores unitários tais que $\|\mathbf{e} + \mathbf{f}\| = \frac{3}{2}$, então $\|\mathbf{e} - \mathbf{f}\| = \frac{\sqrt{7}}{2}$. *Sugestão*: mostre que $\mathbf{e} \cdot \mathbf{f} = \frac{1}{8}$.
48. Encontre $\|2\mathbf{e} - 3\mathbf{f}\|$, supondo que **e** e **f** sejam vetores unitários tais que $\|\mathbf{e} + \mathbf{f}\| = \sqrt{3/2}$.
49. Encontre o ângulo θ no triângulo da Figura 12.

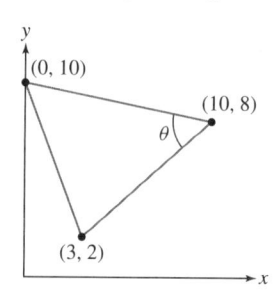

FIGURA 12

50. Encontre os três ângulos do triângulo da Figura 13.

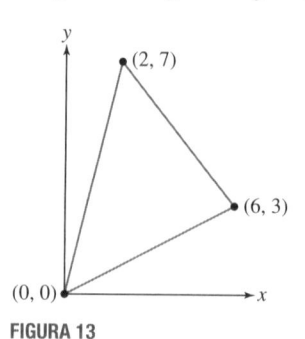

FIGURA 13

51. (a) Esboce $\mathbf{u}_{\|\mathbf{v}}$ e $\mathbf{v}_{\|\mathbf{u}}$ com os vetores da Figura 14.
(b) Qual dos dois tem a magnitude maior, $\mathbf{u}_{\|\mathbf{v}}$ ou $\mathbf{v}_{\|\mathbf{u}}$?

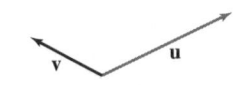

FIGURA 14

52. Sejam $\mathbf{u}$ e $\mathbf{v}$ dois vetores não nulos.
(a) Será possível o componente de $\mathbf{u}$ ao longo de $\mathbf{v}$ ter o sinal oposto ao do componente de $\mathbf{v}$ ao longo de $\mathbf{u}$? Por que sim ou por que não?
(b) O que deve ocorrer com esses vetores se um desses componentes for 0?

Nos Exercícios 53-60, encontre a projeção de $\mathbf{u}$ ao longo de $\mathbf{v}$.

53. $\mathbf{u} = \langle 2, 5 \rangle$, $\mathbf{v} = \langle 1, 1 \rangle$
54. $\mathbf{u} = \langle 2, -3 \rangle$, $\mathbf{v} = \langle 1, 2 \rangle$
55. $\mathbf{u} = \langle -1, 2, 0 \rangle$, $\mathbf{v} = \langle 2, 0, 1 \rangle$
56. $\mathbf{u} = \langle 1, 1, 1 \rangle$, $\mathbf{v} = \langle 1, 1, 0 \rangle$
57. $\mathbf{u} = 5\mathbf{i} + 7\mathbf{j} - 4\mathbf{k}$, $\mathbf{v} = \mathbf{k}$
58. $\mathbf{u} = \mathbf{i} + 29\mathbf{k}$, $\mathbf{v} = \mathbf{j}$
59. $\mathbf{u} = \langle a, b, c \rangle$, $\mathbf{v} = \mathbf{i}$
60. $\mathbf{u} = \langle a, a, b \rangle$, $\mathbf{v} = \mathbf{i} - \mathbf{j}$

Nos Exercícios 61 e 62, calcule o componente de $\mathbf{u}$ ao longo de $\mathbf{v}$.

61. $\mathbf{u} = \langle 3, 2, 1 \rangle$, $\mathbf{v} = \langle 1, 0, 1 \rangle$
62. $\mathbf{u} = \langle 3, 0, 9 \rangle$, $\mathbf{v} = \langle 1, 2, 2 \rangle$
63. Encontre o comprimento de $\overrightarrow{OP}$ na Figura 15.
64. Encontre $\|\mathbf{u}_{\perp\mathbf{v}}\|$ na Figura 15.

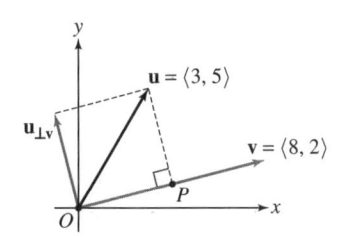

FIGURA 15

Nos Exercícios 65-70, encontre a decomposição $\mathbf{a} = \mathbf{a}_{\|\mathbf{b}} + \mathbf{a}_{\perp\mathbf{b}}$ em relação a $\mathbf{b}$.

65. $\mathbf{a} = \langle 1, 0 \rangle$, $\mathbf{b} = \langle 1, 1 \rangle$
66. $\mathbf{a} = \langle 2, -3 \rangle$, $\mathbf{b} = \langle 5, 0 \rangle$
67. $\mathbf{a} = \langle 4, -1, 0 \rangle$, $\mathbf{b} = \langle 0, 1, 1 \rangle$
68. $\mathbf{a} = \langle 4, -1, 5 \rangle$, $\mathbf{b} = \langle 2, 1, 1 \rangle$
69. $\mathbf{a} = \langle x, y \rangle$, $\mathbf{b} = \langle 1, -1 \rangle$
70. $\mathbf{a} = \langle x, y, z \rangle$, $\mathbf{b} = \langle 1, 1, 1 \rangle$
71. Seja $\mathbf{e}_\theta = \langle \cos\theta, \sen\theta \rangle$. Mostre que $\mathbf{e}_\theta \cdot \mathbf{e}_\psi = \cos(\theta - \psi)$ com quaisquer dois ângulos θ e ψ.
72. Sejam $\mathbf{v}$ e $\mathbf{w}$ vetores do plano.
(a) Use o Teorema 2 para explicar por que o produto escalar $\mathbf{v} \cdot \mathbf{w}$ não varia se ambos, $\mathbf{v}$ e $\mathbf{w}$, forem girados pelo mesmo ângulo θ.
(b) Esboce os vetores $\mathbf{e}_1 = \langle 1, 0 \rangle$ e $\mathbf{e}_2 = \left\langle \frac{\sqrt{2}}{2}, \frac{\sqrt{2}}{2} \right\rangle$ e determine os vetores $\mathbf{e}'_1$, $\mathbf{e}'_2$ obtidos pela rotação de $\mathbf{e}_1$, $\mathbf{e}_2$ por um ângulo $\frac{\pi}{4}$. Verifique que $\mathbf{e}_1 \cdot \mathbf{e}_2 = \mathbf{e}'_1 \cdot \mathbf{e}'_2$.

Nos Exercícios 73-76, use a Figura 16.

73. Encontre o ângulo entre $\overrightarrow{AB}$ e $\overrightarrow{AC}$.
74. Encontre o ângulo entre $\overrightarrow{AB}$ e $\overrightarrow{AD}$.
75. Calcule a projeção de $\overrightarrow{AC}$ ao longo de $\overrightarrow{AD}$.
76. Calcule a projeção de $\overrightarrow{AD}$ ao longo de $\overrightarrow{AB}$.

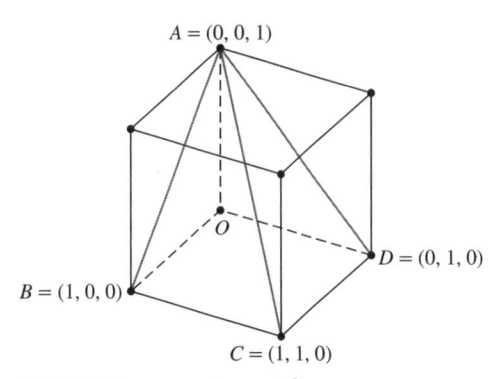

FIGURA 16 O cubo unitário em $\mathbf{R}^3$.

77. A molécula de metano CH_4 consiste numa molécula de carbono ligada a quatro moléculas de hidrogênio espaçadas entre si o máximo possível. Por isso, os átomos de hidrogênio estão nos vértices de um tetraedro com o átomo de carbono em seu centro, como na Figura 17. Podemos modelar isso com o átomo de carbono em $(\frac{1}{2}, \frac{1}{2}, \frac{1}{2})$ e os átomos de hidrogênio em $(0, 0, 0)$, $(1, 1, 0)$, $(1, 0, 1)$ e $(0, 1, 1)$. Use o produto escalar para encontrar o ângulo α entre as ligações formadas entre dois quaisquer dos segmentos de reta entre o átomo de carbono e um átomo de hidrogênio.

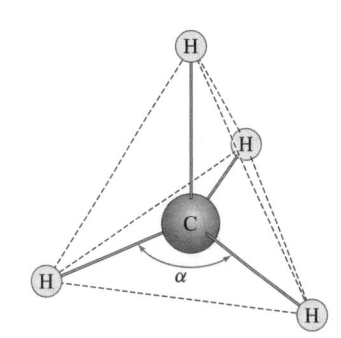

FIGURA 17 Uma molécula de metano.

78. O ferro forma um reticulado de cristal em que cada átomo central aparece no centro de um cubo, sendo que os vértices do cubo correspondem a átomos de ferro adicionais, como na Figura 18. Use o produto escalar para encontrar o ângulo β entre os segmentos de reta que ligam o átomo central a dois átomos adjacentes nos vértices. *Sugestão:* considere o átomo central situado na origem e os átomos dos vértices em $(\pm 1, \pm 1, \pm 1)$.

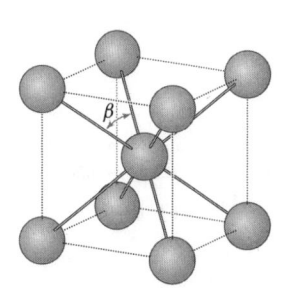

FIGURA 18 Um cristal de ferro.

79. Sejam **v** e **w** vetores não nulos e considere $\mathbf{u} = \mathbf{e_v} + \mathbf{e_w}$. Use o produto escalar para mostrar que o ângulo entre **u** e **v** é igual ao ângulo entre **u** e **w**. Explique esse resultado geometricamente com um diagrama.

80. Sejam **v**, **w** e **a** vetores não nulos tais que $\mathbf{v} \cdot \mathbf{a} = \mathbf{w} \cdot \mathbf{a}$. É verdade que $\mathbf{v} = \mathbf{w}$? Prove isso ou dê um contraexemplo.

81. Calcule a força (em Newtons) necessária para empurrar um carrinho de 40 kg para cima numa inclinação de 10° (Figura 19).

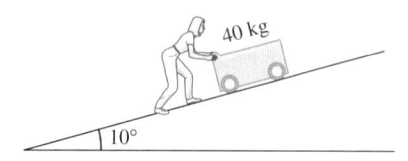

FIGURA 19

82. Um carrinho de 40 kg está preso em lados opostos por duas cordas (de peso desprezível) que fazem um ângulo de 35° com a horizontal (Figura 20). Qual é a magnitude máxima de **F** (em newtons) que pode ser aplicada sem levantar o carrinho do chão?

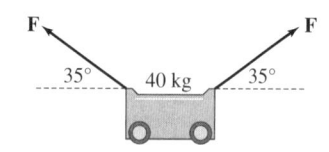

FIGURA 20

83. Um facho de luz percorre um raio determinado por um vetor unitário **L**, atinge uma superfície plana num ponto P e é refletido ao longo do raio determinado por um vetor unitário **R**, sendo $\theta_1 = \theta_2$ (Figura 21). Mostre que se **N** for o vetor unitário ortogonal à superfície, então

$$\mathbf{R} = 2(\mathbf{L} \cdot \mathbf{N})\mathbf{N} - \mathbf{L}$$

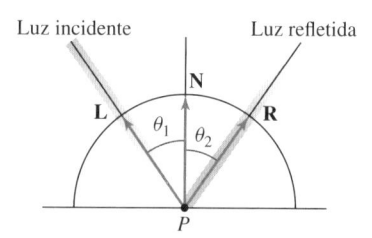

FIGURA 21

84. Sejam P e Q pontos antípodas (opostos) de uma esfera de raio r centrada na origem e seja R um terceiro ponto da esfera (Figura 22). Prove que $\overline{PR}$ e $\overline{QR}$ são ortogonais.

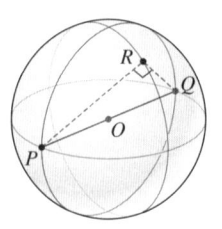

FIGURA 22

85. Prove que $\|\mathbf{v} + \mathbf{w}\|^2 - \|\mathbf{v} - \mathbf{w}\|^2 = 4\mathbf{v} \cdot \mathbf{w}$.

86. Use o Exercício 85 para mostrar que **v** e **w** são ortogonais se, e só se, $\|\mathbf{v} - \mathbf{w}\| = \|\mathbf{v} + \mathbf{w}\|$.

87. Mostre que as duas diagonais de um paralelogramo são perpendiculares se, e só se, seus lados têm o mesmo comprimento. *Sugestão:* use o Exercício 86 para mostrar que $\mathbf{v} - \mathbf{w}$ e $\mathbf{v} + \mathbf{w}$ são ortogonais se, e só se, $\|\mathbf{v}\| = \|\mathbf{w}\|$.

88. Verifique a lei da distributividade:

$$\mathbf{u} \cdot (\mathbf{v} + \mathbf{w}) = \mathbf{u} \cdot \mathbf{v} + \mathbf{u} \cdot \mathbf{w}$$

89. Verifique que $(\lambda \mathbf{v}) \cdot \mathbf{w} = \lambda(\mathbf{v} \cdot \mathbf{w})$, qualquer que seja o escalar λ.

Compreensão adicional e desafios

90. Prove a lei dos cossenos, $c^2 = a^2 + b^2 - 2ab\cos\theta$, usando a Figura 23. *Sugestão:* considere o triângulo retângulo $\triangle PQR$.

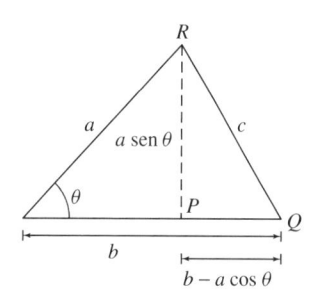

FIGURA 23

91. Neste exercício, provamos a desigualdade de Cauchy-Schwarz: se **v** e **w** forem quaisquer dois vetores, então

$$|\mathbf{v} \cdot \mathbf{w}| \leq \|\mathbf{v}\| \|\mathbf{w}\| \qquad \boxed{6}$$

(a) Seja $f(x) = \|x\mathbf{v} + \mathbf{w}\|^2$ com x escalar. Mostre que $f(x) = ax^2 + bx + c$, sendo $a = \|\mathbf{v}\|^2$, $b = 2\mathbf{v} \cdot \mathbf{w}$ e $c = \|\mathbf{w}\|^2$.

(b) Conclua que $b^2 - 4ac \leq 0$. *Sugestão:* observe que $f(x) \geq 0$ com qualquer x.

92. Use (6) para provar a desigualdade triangular

$$\|\mathbf{v} + \mathbf{w}\| \leq \|\mathbf{v}\| + \|\mathbf{w}\|$$

Sugestão: comece usando a desigualdade triangular de números para provar

$$|(\mathbf{v} + \mathbf{w}) \cdot (\mathbf{v} + \mathbf{w})| \leq |(\mathbf{v} + \mathbf{w}) \cdot \mathbf{v}| + |(\mathbf{v} + \mathbf{w}) \cdot \mathbf{w}|$$

93. Neste exercício elaboramos outra prova da relação entre o produto escalar e o ângulo θ entre dois vetores, $\mathbf{v} = \langle a_1, b_1 \rangle$ e $\mathbf{w} = \langle a_2, b_2 \rangle$, do plano. Observe que $\mathbf{v} = \|\mathbf{v}\| \langle \cos\theta_1, \sin\theta_1 \rangle$ e $\mathbf{w} = \|\mathbf{w}\| \langle \cos\theta_2, \sin\theta_2 \rangle$, com θ_1 e θ_2 como na Figura 24. Agora use a fórmula da adição do cosseno para provar que

$$\mathbf{v} \cdot \mathbf{w} = \|\mathbf{v}\| \|\mathbf{w}\| \cos\theta$$

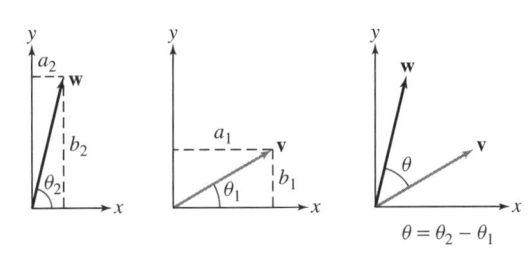

FIGURA 24

94. Sejam $\mathbf{v} = \langle x, y \rangle$ e

$$\mathbf{v}_\theta = \langle x \cos\theta + y \operatorname{sen}\theta, -x \operatorname{sen}\theta + y \cos\theta \rangle$$

Prove que o ângulo entre $\mathbf{v}$ e $\mathbf{v}_\theta$ é θ.

95. Seja $\mathbf{v}$ um vetor não nulo. Dizemos que os ângulos α, β, γ entre $\mathbf{v}$ e os vetores unitários $\mathbf{i}$, $\mathbf{j}$, $\mathbf{k}$ são os ângulos diretores de $\mathbf{v}$ (Figura 25). Os cossenos desses ângulos são os **cossenos diretores** de $\mathbf{v}$. Prove que

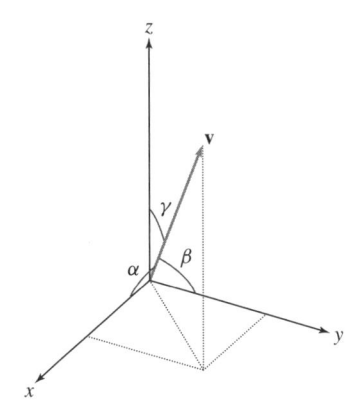

$$\cos^2\alpha + \cos^2\beta + \cos^2\gamma = 1$$

FIGURA 25 Ângulos diretores de $\mathbf{v}$.

96. Encontre os cossenos diretores de $\mathbf{v} = \langle 3, 6, -2 \rangle$.

97. O conjunto de todos os pontos $X = (x, y, z)$ equidistantes de dois pontos P e Q em $\mathbf{R}^3$ é um plano (Figura 26). Mostre que X está nesse plano se

$$\overrightarrow{PQ} \cdot \overrightarrow{OX} = \frac{1}{2}\left(\|\overrightarrow{OQ}\|^2 - \|\overrightarrow{OP}\|^2\right) \qquad \boxed{7}$$

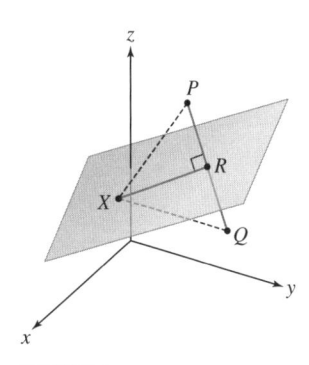

FIGURA 26

Sugestão: se R for o ponto médio de $\overline{PQ}$, então X é equidistante de P e Q se, e só se, $\overrightarrow{XR}$ é ortogonal a $\overrightarrow{PQ}$.

98. Esboce o plano consistindo em todos os pontos $X = (x, y, z)$ equidistantes dos pontos $P = (0, 1, 0)$ e $Q = (0, 0, 1)$. Use a Equação (7) para mostrar que X está nesse plano se, e só se, $y = z$.

99. Use a Equação (7) para encontrar a equação do plano consistindo em todos os pontos $X = (x, y, z)$ equidistantes de $P = (2, 1, 1)$ e $Q = (1, 0, 2)$.

12.4 Produto vetorial

Nesta seção, introduzimos o **produto vetorial** $\mathbf{v} \times \mathbf{w}$ de dois vetores tridimensionais $\mathbf{v}$ e $\mathbf{w}$. O produto vetorial é usado na Física e Engenharia para descrever quantidades que envolvam rotação, como o torque e o momento angular. Na teoria do eletromagnetismo, as forças magnéticas são descritas usando produto vetorial (Figuras 1 e 2).

FIGURA 1 Usando produto vetorial, podemos descrever os caminhos espiralados de partículas carregadas numa câmara de bolhas na presença de um campo magnético. (*Science Source*)

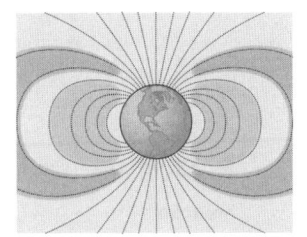

FIGURA 2 Os cinturões de radiação de Van Allen, localizados a milhares de quilômetros acima da superfície terrestre, são constituídos de correntes de prótons e elétrons que oscilam alternadamente ao longo de caminhos helicoidais entre dois "espelhos magnéticos" montados pelo campo magnético da Terra. Esse movimento helicoidal é explicado pela natureza "produto vetorial" das forças magnéticas.

Ao contrário do produto escalar $\mathbf{v} \cdot \mathbf{w}$ (que é um escalar), o produto vetorial $\mathbf{v} \times \mathbf{w}$ é, de novo, um vetor. Em sua definição, usamos determinantes, que agora definimos nos casos 2×2 e 3×3. Um determinante 2×2 é um número formado a partir de um arranjo de números com duas linhas e duas colunas (denominado **matriz**) de acordo com a fórmula

$$\begin{vmatrix} a & b \\ c & d \end{vmatrix} = ad - bc \qquad \boxed{1}$$

Observe que o determinante é a diferença dos produtos pelas diagonais. Por exemplo,

$$\begin{vmatrix} 3 & 2 \\ \tfrac{1}{2} & 4 \end{vmatrix} = \begin{vmatrix} 3 & 2 \\ \tfrac{1}{2} & 4 \end{vmatrix} - \begin{vmatrix} 3 & 2 \\ \tfrac{1}{2} & 4 \end{vmatrix} = 3 \cdot 4 - 2 \cdot \tfrac{1}{2} = 11$$

O determinante de uma matriz 3×3 é definido pela fórmula

$$\begin{vmatrix} a_1 & b_1 & c_1 \\ a_2 & b_2 & c_2 \\ a_3 & b_3 & c_3 \end{vmatrix} = a_1 \underbrace{\begin{vmatrix} b_2 & c_2 \\ b_3 & c_3 \end{vmatrix}}_{\text{Menor }(1,1)} - b_1 \underbrace{\begin{vmatrix} a_2 & c_2 \\ a_3 & c_3 \end{vmatrix}}_{\text{Menor }(1,2)} + c_1 \underbrace{\begin{vmatrix} a_2 & b_2 \\ a_3 & b_3 \end{vmatrix}}_{\text{Menor }(1,3)} \qquad \boxed{2}$$

Essa fórmula expressa o determinante 3×3 em termos de determinantes 2×2, denominados **menores**. Os menores são obtidos omitindo a primeira linha e uma das três colunas da matriz 3×3. Por exemplo, o menor identificado com $(1, 2)$ acima foi obtido como segue:

$$\begin{vmatrix} a_1 & b_1 & c_1 \\ a_2 & b_2 & c_2 \\ a_3 & b_3 & c_3 \end{vmatrix} \quad \text{para obter o menor } (1, 2) \quad \begin{vmatrix} a_2 & c_2 \\ a_3 & c_3 \end{vmatrix}$$

Omitir linha 1 e coluna 2 $\qquad$ Menor $(1, 2)$

A teoria de matrizes e determinantes é parte da Álgebra Linear, um assunto de grande importância em toda a Matemática. Nesta seção, veremos apenas algumas definições básicas e alguns fatos necessários para nosso tratamento de Cálculo a várias variáveis.

■ **EXEMPLO 1** Um determinante 3×3 $\quad$ Calcule $\begin{vmatrix} 2 & 4 & 3 \\ 0 & 1 & -7 \\ -1 & 5 & 3 \end{vmatrix}$.

Solução

$$\begin{vmatrix} 2 & 4 & 3 \\ 0 & 1 & -7 \\ -1 & 5 & 3 \end{vmatrix} = 2\begin{vmatrix} 1 & -7 \\ 5 & 3 \end{vmatrix} - 4\begin{vmatrix} 0 & -7 \\ -1 & 3 \end{vmatrix} + 3\begin{vmatrix} 0 & 1 \\ -1 & 5 \end{vmatrix}$$

$$= 2(38) - 4(-7) + 3(1) = 107 \qquad ■$$

Veremos adiante, nesta seção, que os determinantes estão relacionados com área e volume. Primeiro introduzimos o produto vetorial, que é definido como um determinante "simbólico" cuja primeira linha tem as entradas vetoriais $\mathbf{i}$, $\mathbf{j}$ e $\mathbf{k}$.

ADVERTÊNCIA Observe, na Equação (3), que a parcela do meio tem o sinal de menos.

O produto vetorial difere fundamentalmente do produto escalar, pois $\mathbf{u} \times \mathbf{v}$ é um vetor, ao passo que $\mathbf{u} \cdot \mathbf{v}$ é um número.

DEFINIÇÃO Produto vetorial O produto vetorial dos vetores $\mathbf{v} = \langle v_1, v_2, v_3 \rangle$ e $\mathbf{w} = \langle w_1, w_2, w_3 \rangle$ é o vetor

$$\mathbf{v} \times \mathbf{w} = \begin{vmatrix} \mathbf{i} & \mathbf{j} & \mathbf{k} \\ v_1 & v_2 & v_3 \\ w_1 & w_2 & w_3 \end{vmatrix} = \begin{vmatrix} v_2 & v_3 \\ w_2 & w_3 \end{vmatrix} \mathbf{i} - \begin{vmatrix} v_1 & v_3 \\ w_1 & w_3 \end{vmatrix} \mathbf{j} + \begin{vmatrix} v_1 & v_2 \\ w_1 & w_2 \end{vmatrix} \mathbf{k} \qquad \boxed{3}$$

■ **EXEMPLO 2** Calcule $\mathbf{v} \times \mathbf{w}$, com $\mathbf{v} = \langle -2, 1, 4 \rangle$ e $\mathbf{w} = \langle 3, 2, 5 \rangle$.

Solução

$$\mathbf{v} \times \mathbf{w} = \begin{vmatrix} \mathbf{i} & \mathbf{j} & \mathbf{k} \\ -2 & 1 & 4 \\ 3 & 2 & 5 \end{vmatrix} = \begin{vmatrix} 1 & 4 \\ 2 & 5 \end{vmatrix} \mathbf{i} - \begin{vmatrix} -2 & 4 \\ 3 & 5 \end{vmatrix} \mathbf{j} + \begin{vmatrix} -2 & 1 \\ 3 & 2 \end{vmatrix} \mathbf{k}$$

$$= (-3)\mathbf{i} - (-22)\mathbf{j} + (-7)\mathbf{k} = \langle -3, 22, -7 \rangle \qquad ■$$

A Fórmula (3) não fornece pista alguma sobre o significado geométrico do produto vetorial. Contudo, existe uma maneira simples de visualizar o vetor $\mathbf{v} \times \mathbf{w}$ usando a **regra da mão direita**. Digamos que $\mathbf{v}$, $\mathbf{w}$ e $\mathbf{u}$ sejam vetores não nulos e não coplanares. Dizemos que $\{\mathbf{v}, \mathbf{w}, \mathbf{u}\}$ constitui um **sistema de mão direita** se o sentido de $\mathbf{u}$ for determinado pela regra da mão direita: *se curvarmos os dedos da mão direita de $\mathbf{v}$ para $\mathbf{w}$, o polegar aponta para o mesmo lado do plano gerado por $\mathbf{v}$ e $\mathbf{w}$ do que $\mathbf{u}$* (Figura 3). A demonstração do teorema seguinte é dada ao final desta seção.

FIGURA 3 $\{\mathbf{v}, \mathbf{w}, \mathbf{u}\}$ constitui um sistema de mão direita.

TEOREMA 1 Descrição geométrica do produto vetorial Dados dois vetores não paralelos e não nulos $\mathbf{v}$ e $\mathbf{w}$, o produto vetorial $\mathbf{v} \times \mathbf{w}$ é o único vetor com as três propriedades seguintes:

(i) $\mathbf{v} \times \mathbf{w}$ é ortogonal a $\mathbf{v}$ e a $\mathbf{w}$.
(ii) $\mathbf{v} \times \mathbf{w}$ tem comprimento $\|\mathbf{v}\|\,\|\mathbf{w}\|\,\operatorname{sen}\theta$ (sendo θ o ângulo entre $\mathbf{v}$ e $\mathbf{w}$, $0 \leq \theta \leq \pi$.)
(iii) $\{\mathbf{v}, \mathbf{w}, \mathbf{v} \times \mathbf{w}\}$ constitui um sistema de mão direita.

Como é que as três propriedades no Teorema 1 determinam $\mathbf{v} \times \mathbf{w}$? Pela propriedade (i), $\mathbf{v} \times \mathbf{w}$ fica na reta perpendicular a $\mathbf{v}$ e $\mathbf{w}$. Pela propriedade (ii), $\mathbf{v} \times \mathbf{w}$ é um dos dois vetores dessa reta de tamanho $\|\mathbf{v}\|\,\|\mathbf{w}\|\,\operatorname{sen}\theta$. Finalmente, a propriedade (iii) nos diz qual desses dois vetores é $\mathbf{v} \times \mathbf{w}$, a saber, aquele com o qual $\{\mathbf{v}, \mathbf{w}, \mathbf{v} \times \mathbf{w}\}$ constitui um sistema de mão direita (Figura 4).

■ **EXEMPLO 3** Sejam $\mathbf{v} = \langle 2, 0, 0 \rangle$ e $\mathbf{w} = \langle 0, 1, 1 \rangle$. Determine $\mathbf{u} = \mathbf{v} \times \mathbf{w}$, usando as propriedades geométricas do produto vetorial em vez da Equação (3).

Solução Usamos o Teorema 1. Inicialmente, pela propriedade (i), $\mathbf{u} = \mathbf{v} \times \mathbf{w}$ é ortogonal a $\mathbf{v}$ e $\mathbf{w}$. Como $\mathbf{v}$ fica no eixo x, $\mathbf{u}$ deve ficar no plano yz (Figura 5). Em outras palavras, $\mathbf{u} = \langle 0, b, c \rangle$. Contudo, $\mathbf{u}$ também é ortogonal a $\mathbf{w} = \langle 0, 1, 1 \rangle$, portanto $\mathbf{u} \cdot \mathbf{w} = b + c = 0$ e, assim, $\mathbf{u} = \langle 0, b, -b \rangle$.

Agora, um cálculo direto mostra que $\|\mathbf{v}\| = 2$ e $\|\mathbf{w}\| = \sqrt{2}$. Além disso, o ângulo entre $\mathbf{v}$ e $\mathbf{w}$ é $\theta = \frac{\pi}{2}$, já que $\mathbf{v} \cdot \mathbf{w} = 0$. Pela propriedade (ii),

$$\|\mathbf{u}\| = \sqrt{b^2 + (-b)^2} = |b|\sqrt{2} \quad \text{é igual a} \quad \|\mathbf{v}\|\,\|\mathbf{w}\|\,\operatorname{sen}\frac{\pi}{2} = 2\sqrt{2}.$$

Portanto, $|b| = 2$ e $b = \pm 2$. Finalmente, a propriedade (iii) nos diz que $\mathbf{u}$ aponta na direção z positiva (Figura 5). Assim, $b = -2$ e $\mathbf{u} = \langle 0, -2, 2 \rangle$. O leitor pode verificar diretamente que a fórmula do produto vetorial dá a mesma resposta. ■

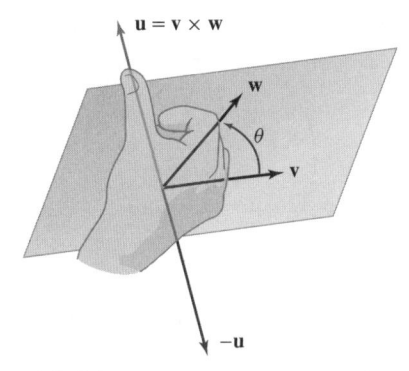

FIGURA 4 Existem dois vetores ortogonais a $\mathbf{v}$ e $\mathbf{w}$ de comprimento $\|\mathbf{v}\|\,\|\mathbf{w}\|\,\operatorname{sen}\theta$. A regra da mão direita determina qual deles é $\mathbf{v} \times \mathbf{w}$.

Uma das propriedades mais marcantes do produto vetorial é sua *anticomutatividade*. A troca da ordem dos fatores inverte o sinal:

$$\boxed{\mathbf{w} \times \mathbf{v} = -\mathbf{v} \times \mathbf{w}} \qquad 4$$

Isso segue da Equação (3): se trocarmos $\mathbf{v}$ com $\mathbf{w}$, cada um dos determinantes 2×2 troca de sinal. Por exemplo,

$$\begin{vmatrix} v_1 & v_2 \\ w_1 & w_2 \end{vmatrix} = v_1 w_2 - v_2 w_1$$
$$= -(v_2 w_1 - v_1 w_2) = -\begin{vmatrix} w_1 & w_2 \\ v_1 & v_2 \end{vmatrix}$$

A anticomutatividade também decorre da descrição geométrica do produto vetorial. Pelas propriedades (i) e (ii) do Teorema 1, $\mathbf{v} \times \mathbf{w}$ e $\mathbf{w} \times \mathbf{v}$ são, ambos, ortogonais a $\mathbf{v}$ e $\mathbf{w}$ e têm o mesmo comprimento. Contudo, pela regra da mão direita, $\mathbf{v} \times \mathbf{w}$ e $\mathbf{w} \times \mathbf{v}$ apontam em sentidos opostos e, assim, $\mathbf{v} \times \mathbf{w} = -\mathbf{w} \times \mathbf{v}$ (Figura 6). Em particular, $\mathbf{v} \times \mathbf{v} = -\mathbf{v} \times \mathbf{v}$ e, portanto, $\mathbf{v} \times \mathbf{v} = \mathbf{0}$.

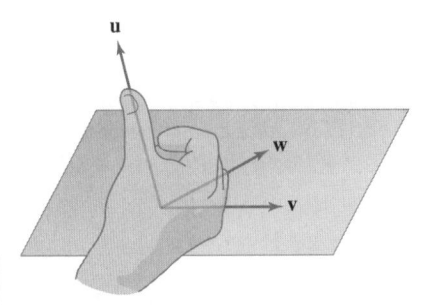

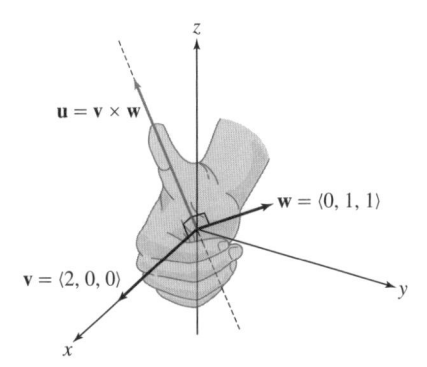

FIGURA 5 O sentido de $\mathbf{u} = \mathbf{v} \times \mathbf{w}$ é determinado pela regra da mão direita. Assim, $\mathbf{u}$ tem um componente z positivo.

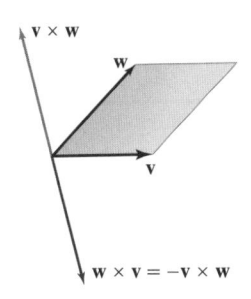

FIGURA 6

Atente para uma distinção importante entre os produtos escalar e vetorial de um vetor consigo mesmo:

$$\mathbf{v} \times \mathbf{v} = \mathbf{0}$$

$$\mathbf{v} \cdot \mathbf{v} = \|\mathbf{v}\|^2$$

O teorema seguinte enumera algumas propriedades adicionais do produto vetorial (as provas são dadas nos Exercícios 49-52).

TEOREMA 2 Propriedades básicas do produto vetorial
(i) $\mathbf{w} \times \mathbf{v} = -\mathbf{v} \times \mathbf{w}$
(ii) $\mathbf{v} \times \mathbf{v} = \mathbf{0}$
(iii) $\mathbf{v} \times \mathbf{w} = \mathbf{0}$ se, e só se, $\mathbf{w} = \lambda \mathbf{v}$ com algum escalar λ ou $\mathbf{v} = \mathbf{0}$
(iv) $(\lambda \mathbf{v}) \times \mathbf{w} = \mathbf{v} \times (\lambda \mathbf{w}) = \lambda(\mathbf{v} \times \mathbf{w})$
(v) $(\mathbf{u} + \mathbf{v}) \times \mathbf{w} = \mathbf{u} \times \mathbf{w} + \mathbf{v} \times \mathbf{w}$
$\mathbf{u} \times (\mathbf{v} + \mathbf{w}) = \mathbf{u} \times \mathbf{v} + \mathbf{u} \times \mathbf{w}$

O produto vetorial de dois vetores quaisquer da base canônica **i**, **j** e **k** é igual ao terceiro, possivelmente com sinal oposto. Mais precisamente (Exercício 53),

$$\mathbf{i} \times \mathbf{j} = \mathbf{k}, \qquad \mathbf{j} \times \mathbf{k} = \mathbf{i}, \qquad \mathbf{k} \times \mathbf{i} = \mathbf{j} \qquad \boxed{5}$$

$$\mathbf{i} \times \mathbf{i} = \mathbf{j} \times \mathbf{j} = \mathbf{k} \times \mathbf{k} = \mathbf{0}$$

Como o produto vetorial é anticomutativo, os sinais de menos ocorrem quando os produtos vetoriais são tomados na ordem trocada. Uma maneira fácil de lembrar-se dessas relações é desenhar **i**, **j** e **k** num círculo, como na Figura 7. Percorrendo o círculo no sentido horário (começando em qualquer ponto), obtemos as relações (5). Por exemplo, começando em **i** e prosseguindo no sentido horário, obtemos $\mathbf{i} \times \mathbf{j} = \mathbf{k}$. Indo no sentido anti-horário, obtemos as relações com o sinal de menos. Assim, começando em **k** e prosseguindo no sentido anti-horário, obtemos $\mathbf{k} \times \mathbf{j} = -\mathbf{i}$.

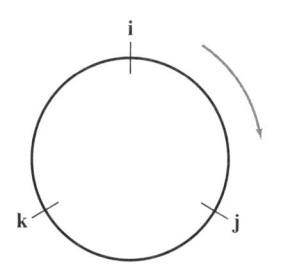

FIGURA 7 Círculo para calcular os produtos vetoriais dos vetores básicos.

■ **EXEMPLO 4** Usando as relações ijk   Calcule $(2\mathbf{i} + \mathbf{k}) \times (3\mathbf{j} + 5\mathbf{k})$.

Solução Pela lei da distributividade do produto vetorial:

$$(2\mathbf{i} + \mathbf{k}) \times (3\mathbf{j} + 5\mathbf{k}) = (2\mathbf{i}) \times (3\mathbf{j}) + (2\mathbf{i}) \times (5\mathbf{k}) + \mathbf{k} \times (3\mathbf{j}) + \mathbf{k} \times (5\mathbf{k})$$

$$= 6(\mathbf{i} \times \mathbf{j}) + 10(\mathbf{i} \times \mathbf{k}) + 3(\mathbf{k} \times \mathbf{j}) + 5(\mathbf{k} \times \mathbf{k})$$

$$= 6\mathbf{k} - 10\mathbf{j} - 3\mathbf{i} + 5(\mathbf{0}) = -3\mathbf{i} - 10\mathbf{j} + 6\mathbf{k} \qquad ■$$

■ **EXEMPLO 5 Velocidade num campo magnético** A força **F** num próton em movimento a uma velocidade **v** m/s num campo magnético uniforme **B** (em teslas, ou T), é $\mathbf{F} = q(\mathbf{v} \times \mathbf{B})$ em newtons, ou N, sendo $q = 1{,}6 \times 10^{-19}$ coulombs, ou C(Figura 8). Calcule **F** se $\mathbf{B} = 0{,}0004\mathbf{k}$ T e **v** tiver magnitude 10^6 m/s na direção e sentido de $-\mathbf{j} + \mathbf{k}$.

Solução O vetor $-\mathbf{j} + \mathbf{k}$ tem comprimento $\sqrt{2}$ e, como **v** tem magnitude 10^6,

$$\mathbf{v} = 10^6 \left(\frac{-\mathbf{j} + \mathbf{k}}{\sqrt{2}} \right)$$

Portanto, a força (em newtons) é

$$\mathbf{F} = q(\mathbf{v} \times \mathbf{B}) = 10^6 q \left(\frac{-\mathbf{j} + \mathbf{k}}{\sqrt{2}} \right) \times (0{,}0004\mathbf{k}) = \frac{400q}{\sqrt{2}} ((-\mathbf{j} + \mathbf{k}) \times \mathbf{k})$$

$$= -\frac{400q}{\sqrt{2}} \mathbf{i} = \frac{-400(1{,}6 \times 10^{-19})}{\sqrt{2}} \mathbf{i} \approx -(4{,}5 \times 10^{-17})\mathbf{i} \qquad ■$$

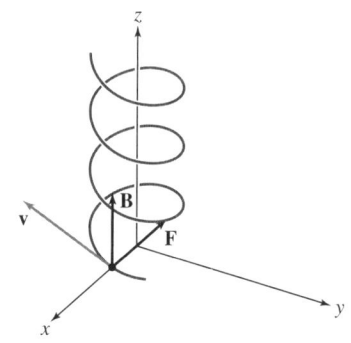

FIGURA 8 Um próton num campo magnético uniforme percorre uma trajetória helicoidal.

Produto vetorial, área e volume

O produto vetorial e os determinantes estão estreitamente relacionados com área e volume. Consideremos o paralelogramo $\mathcal{P}$ gerado por vetores não nulos **v** e **w** com ponto inicial comum. Na Figura 9(A), vemos que $\mathcal{P}$ tem base $b = \|\mathbf{v}\|$ e altura $h = \|\mathbf{w}\| \operatorname{sen} \theta$, sendo θ o ângulo entre **v** e **w**. Portanto, a área de $\mathcal{P}$ é $A = bh = \|\mathbf{v}\| \|\mathbf{w}\| \operatorname{sen} \theta = \|\mathbf{v} \times \mathbf{w}\|$.

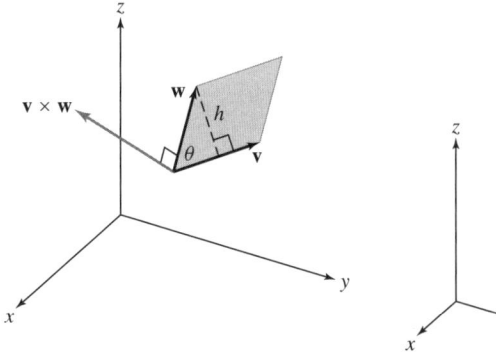

(A) A área do paralelogramo $\mathcal{P}$ é $\|\mathbf{v} \times \mathbf{w}\| = \|\mathbf{v}\|\,\|\mathbf{w}\|\,\text{sen}\,\theta$.

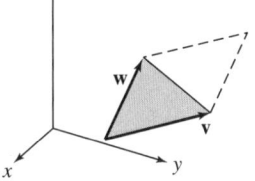

(B) A área do triângulo $\mathcal{T}$ é $\|\mathbf{v} \times \mathbf{w}\|/2$.

FIGURA 9

Observe ainda, como na Figura 9(B), que também sabemos que a área do triângulo $\mathcal{T}$ gerado pelos vetores não nulos $\mathbf{v}$ e $\mathbf{w}$ é exatamente a metade da área do paralelogramo. Assim, obtemos o seguinte:

Áreas Se $\mathcal{P}$ for o paralelogramo gerado por $\mathbf{v}$ e $\mathbf{w}$ e $\mathcal{T}$ for o triângulo gerado por $\mathbf{v}$ e $\mathbf{w}$, então

$$\text{Área}(\mathcal{P}) = \|\mathbf{v} \times \mathbf{w}\| \qquad 6$$

e

$$\text{Área}(\mathcal{T}) = \frac{\|\mathbf{v} \times \mathbf{w}\|}{2} \qquad 7$$

Em seguida, consideremos o **paralelepípedo P** gerado por três vetores não nulos $\mathbf{u}$, $\mathbf{v}$ e $\mathbf{w}$ em $\mathbf{R}^3$ (o prisma tridimensional da Figura 10). A base de **P** é o paralelogramo gerado por $\mathbf{v}$ e $\mathbf{w}$, de modo que a área da base é $\|\mathbf{v} \times \mathbf{w}\|$. A altura de **P** é $h = \|\mathbf{u}\| \cdot |\cos\theta|$, sendo θ o ângulo entre $\mathbf{u}$ e $\mathbf{v} \times \mathbf{w}$. Portanto,

Volume de $\mathbf{P}$ = (área da base)(altura) = $\|\mathbf{v} \times \mathbf{w}\| \cdot \|\mathbf{u}\| \cdot |\cos\theta|$

Ocorre que $\|\mathbf{v} \times \mathbf{w}\|\,\|\mathbf{u}\|\cos\theta$ é igual ao produto escalar de $\mathbf{v} \times \mathbf{w}$ e $\mathbf{u}$. Isso prova a fórmula

Volume de $\mathbf{P} = |\mathbf{u} \cdot (\mathbf{v} \times \mathbf{w})|$

A quantidade $\mathbf{u} \cdot (\mathbf{v} \times \mathbf{w})$, que é denominada **produto misto**, pode ser expressa como um determinante. Sejam

$$\mathbf{u} = \langle u_1, u_2, u_3 \rangle, \qquad \mathbf{v} = \langle v_1, v_2, v_3 \rangle, \qquad \mathbf{w} = \langle w_1, w_2, w_3 \rangle$$

Então

$$\mathbf{u} \cdot (\mathbf{v} \times \mathbf{w}) = \mathbf{u} \cdot \left(\begin{vmatrix} v_2 & v_3 \\ w_2 & w_3 \end{vmatrix} \mathbf{i} - \begin{vmatrix} v_1 & v_3 \\ w_1 & w_3 \end{vmatrix} \mathbf{j} + \begin{vmatrix} v_1 & v_2 \\ w_1 & w_2 \end{vmatrix} \mathbf{k} \right)$$

$$= u_1 \begin{vmatrix} v_2 & v_3 \\ w_2 & w_3 \end{vmatrix} - u_2 \begin{vmatrix} v_1 & v_3 \\ w_1 & w_3 \end{vmatrix} + u_3 \begin{vmatrix} v_1 & v_2 \\ w_1 & w_2 \end{vmatrix}$$

$$= \begin{vmatrix} u_1 & u_2 & u_3 \\ v_1 & v_2 & v_3 \\ w_1 & w_2 & w_3 \end{vmatrix} = \det \begin{pmatrix} \mathbf{u} \\ \mathbf{v} \\ \mathbf{w} \end{pmatrix} \qquad 8$$

Obtemos as fórmulas seguintes para área e volume.

Um "paralelepípedo" é o sólido gerado por três vetores. Cada face é um paralelogramo.

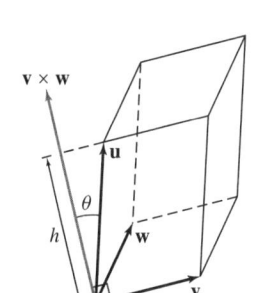

FIGURA 10 O volume do paralelepípedo é $|\mathbf{u} \cdot (\mathbf{v} \times \mathbf{w})|$.

A notação seguinte é utilizada para o determinante da matriz cujas linhas são os vetores $\mathbf{v}$, $\mathbf{w}$, $\mathbf{u}$:

$$\det \begin{pmatrix} \mathbf{u} \\ \mathbf{v} \\ \mathbf{w} \end{pmatrix} = \begin{vmatrix} u_1 & u_2 & u_3 \\ v_1 & v_2 & v_3 \\ w_1 & w_2 & w_3 \end{vmatrix}$$

É confuso escrever o valor absoluto de um determinante na notação à direita, mas podemos denotá-lo por

$$\left| \det \begin{pmatrix} \mathbf{u} \\ \mathbf{v} \\ \mathbf{w} \end{pmatrix} \right|$$

TEOREMA 3 Área e volume com produto vetorial e determinantes Sejam **u**, **v** e **w** vetores não nulos de $\mathbf{R}^3$. Então o paralelogramo **P** gerado por **u**, **v** e **w** tem volume

$$V = |\mathbf{u} \cdot (\mathbf{v} \times \mathbf{w})| = \left|\det \begin{pmatrix} \mathbf{u} \\ \mathbf{v} \\ \mathbf{w} \end{pmatrix}\right| \qquad 9$$

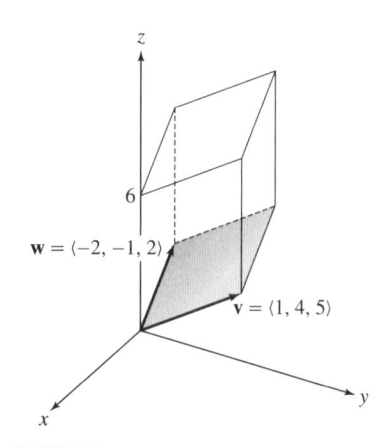

FIGURA 11

■ **EXEMPLO 6** Sejam $\mathbf{v} = \langle 1, 4, 5 \rangle$ e $\mathbf{w} = \langle -2, -1, 2 \rangle$. Calcule:

(a) A área A do paralelogramo gerado por **v** e **w**.
(b) O volume V do paralelepípedo na Figura 11.

Solução Calculamos o produto vetorial e aplicamos o Teorema 3:

$$\mathbf{v} \times \mathbf{w} = \begin{vmatrix} 4 & 5 \\ -1 & 2 \end{vmatrix} \mathbf{i} - \begin{vmatrix} 1 & 5 \\ -2 & 2 \end{vmatrix} \mathbf{j} + \begin{vmatrix} 1 & 4 \\ -2 & -1 \end{vmatrix} \mathbf{k} = \langle 13, -12, 7 \rangle$$

(a) A área do paralelogramo gerado por **v** e **w** é

$$A = \|\mathbf{v} \times \mathbf{w}\| = \sqrt{13^2 + (-12)^2 + 7^2} = \sqrt{362} \approx 19$$

(b) A perna vertical do paralelepípedo é o vetor $6\mathbf{k}$, portanto, pela Equação (9),

$$V = |(6\mathbf{k}) \cdot (\mathbf{v} \times \mathbf{w})| = |\langle 0, 0, 6 \rangle \cdot \langle 13, -12, 7 \rangle| = 6(7) = 42 \qquad ■$$

Podemos calcular a área A do paralelogramo gerado pelos vetores $\mathbf{v} = \langle v_1, v_2 \rangle$ e $\mathbf{w} = \langle w_1, w_2 \rangle$ considerando **v** e **w** como vetores de $\mathbf{R}^3$ com componentes nulos na direção z (Figura 12). Assim, escrevemos $\mathbf{v} = \langle v_1, v_2, 0 \rangle$ e $\mathbf{w} = \langle w_1, w_2, 0 \rangle$. O produto vetorial $\mathbf{v} \times \mathbf{w}$ é um vetor apontando na direção z:

$$\mathbf{v} \times \mathbf{w} = \begin{vmatrix} \mathbf{i} & \mathbf{j} & \mathbf{k} \\ v_1 & v_2 & 0 \\ w_1 & w_2 & 0 \end{vmatrix} = \begin{vmatrix} v_2 & 0 \\ w_2 & 0 \end{vmatrix} \mathbf{i} - \begin{vmatrix} v_1 & 0 \\ w_1 & 0 \end{vmatrix} \mathbf{j} + \begin{vmatrix} v_1 & v_2 \\ w_1 & w_2 \end{vmatrix} \mathbf{k} = \begin{vmatrix} v_1 & v_2 \\ w_1 & w_2 \end{vmatrix} \mathbf{k}$$

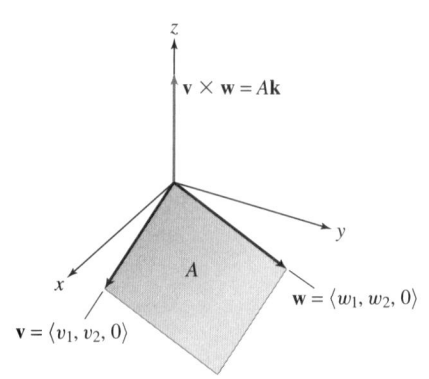

FIGURA 12 O paralelogramo gerado por **v** e **w** do plano xy.

Pelo Teorema 3, o paralelogramo gerado por **v** e **w** tem área $A = \|\mathbf{v} \times \mathbf{w}\|$, portanto

$$A = \left|\det \begin{pmatrix} \mathbf{v} \\ \mathbf{w} \end{pmatrix}\right| = \left|\det \begin{pmatrix} v_1 & v_2 \\ w_1 & w_2 \end{pmatrix}\right| = |v_1 w_2 - v_2 w_1| \qquad 10$$

■ **EXEMPLO 7** Calcule a área A do paralelogramo da Figura 13.

Solução Temos $\begin{vmatrix} \mathbf{v} \\ \mathbf{w} \end{vmatrix} = \begin{vmatrix} 1 & 4 \\ 3 & 2 \end{vmatrix} = 1 \cdot 2 - 3 \cdot 4 = -10$. A área é o valor absoluto $A = |-10| = 10$. ■

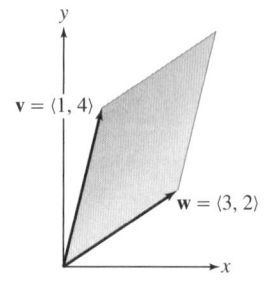

FIGURA 13

Demonstrações de propriedades do produto vetorial

Agora deduzimos as propriedades do produto vetorial enumeradas no Teorema 1. Sejam

$$\mathbf{v} = \langle v_1, v_2, v_3 \rangle, \qquad \mathbf{w} = \langle w_1, w_2, w_3 \rangle$$

Provamos que $\mathbf{v} \times \mathbf{w}$ é ortogonal a **v** mostrando que $\mathbf{v} \cdot (\mathbf{v} \times \mathbf{w}) = 0$. Pela Equação (8),

$$\mathbf{v} \cdot (\mathbf{v} \times \mathbf{w}) = \det \begin{pmatrix} \mathbf{v} \\ \mathbf{v} \\ \mathbf{w} \end{pmatrix} = v_1 \begin{vmatrix} v_2 & v_3 \\ w_2 & w_3 \end{vmatrix} - v_2 \begin{vmatrix} v_1 & v_3 \\ w_1 & w_3 \end{vmatrix} + v_3 \begin{vmatrix} v_1 & v_2 \\ w_1 & w_2 \end{vmatrix} \qquad 11$$

Uma conta elementar (deixada a cargo do leitor) mostra que o lado direito da Equação (11) é igual a zero. Isso mostra que $\mathbf{v} \cdot (\mathbf{v} \times \mathbf{w}) = 0$ e que, portanto, $\mathbf{v} \times \mathbf{w}$ é ortogonal a **v**, como queríamos. Trocando os papéis de **v** e **w**, concluímos que também $\mathbf{w} \times \mathbf{v}$ é ortogonal a **w** e, como $\mathbf{v} \times \mathbf{w} = -\mathbf{w} \times \mathbf{v}$, segue que $\mathbf{v} \times \mathbf{w}$ é ortogonal a $\mathbf{w}$. Isso prova a parte (i) do Teorema 1. Para provar (ii), usamos a identidade seguinte.

$$\|\mathbf{v} \times \mathbf{w}\|^2 = \|\mathbf{v}\|^2\|\mathbf{w}\|^2 - (\mathbf{v} \cdot \mathbf{w})^2 \qquad \boxed{12}$$

Para verificar essa identidade, calculamos $\|\mathbf{v} \times \mathbf{w}\|^2$ como a soma dos quadrados dos componentes de $\mathbf{v} \times \mathbf{w}$:

$$\|\mathbf{v} \times \mathbf{w}\|^2 = \begin{vmatrix} v_2 & v_3 \\ w_2 & w_3 \end{vmatrix}^2 + \begin{vmatrix} v_1 & v_3 \\ w_1 & w_3 \end{vmatrix}^2 + \begin{vmatrix} v_1 & v_2 \\ w_1 & w_2 \end{vmatrix}^2$$

$$= (v_2 w_3 - v_3 w_2)^2 + (v_1 w_3 - v_3 w_1)^2 + (v_1 w_2 - v_2 w_1)^2 \qquad \boxed{13}$$

Por outro lado,

$$\|\mathbf{v}\|^2\|\mathbf{w}\|^2 - (\mathbf{v} \cdot \mathbf{w})^2 = (v_1^2 + v_2^2 + v_3^2)(w_1^2 + w_2^2 + w_3^2) - (v_1 w_1 + v_2 w_2 + v_3 w_3)^2 \qquad \boxed{14}$$

Novamente, uma conta simples (deixada para o leitor) mostra que a Equação (13) é igual à Equação (14).

Agora, seja θ o ângulo entre $\mathbf{v}$ e $\mathbf{w}$. Pela Equação (12),

$$\|\mathbf{v} \times \mathbf{w}\|^2 = \|\mathbf{v}\|^2\|\mathbf{w}\|^2 - (\mathbf{v} \cdot \mathbf{w})^2 = \|\mathbf{v}\|^2\|\mathbf{w}\|^2 - \|\mathbf{v}\|^2\|\mathbf{w}\|^2 \cos^2 \theta$$

$$= \|\mathbf{v}\|^2\|\mathbf{w}\|^2 (1 - \cos^2 \theta) = \|\mathbf{v}\|^2\|\mathbf{w}\|^2 \operatorname{sen}^2 \theta$$

Portanto, $\|\mathbf{v} \times \mathbf{w}\| = \|\mathbf{v}\|\|\mathbf{w}\| \operatorname{sen} \theta$. Observe que $\operatorname{sen} \theta \geq 0$, já que, por convenção, θ fica entre 0 e π. Isso prova (ii)

A parte (iii) do Teorema 1 afirma que $\{\mathbf{v}, \mathbf{w}, \mathbf{v} \times \mathbf{w}\}$ é um sistema de mão direita. Essa é uma propriedade mais sutil que não pode ser verificada algebricamente. Dependemos de uma relação entre a propriedade da mão direita e o sinal de um determinante, que só pode ser estabelecida por meio da continuidade dos determinantes:

$$\det \begin{pmatrix} \mathbf{u} \\ \mathbf{v} \\ \mathbf{w} \end{pmatrix} > 0 \quad \text{se, e só se, } \{\mathbf{u}, \mathbf{v}, \mathbf{w}\} \text{ constitui um sistema de mão direita}$$

Além disso, pode ser verificado diretamente da Equação (2) que o determinante não varia se substituirmos $\{\mathbf{u}, \mathbf{v}, \mathbf{w}\}$ por $\{\mathbf{v}, \mathbf{w}, \mathbf{u}\}$ (ou $\{\mathbf{w}, \mathbf{u}, \mathbf{v}\}$). Admitindo isso, e usando a Equação (8), obtemos

$$\det \begin{pmatrix} \mathbf{v} \\ \mathbf{w} \\ \mathbf{v} \times \mathbf{w} \end{pmatrix} = \det \begin{pmatrix} \mathbf{v} \times \mathbf{w} \\ \mathbf{v} \\ \mathbf{w} \end{pmatrix} = (\mathbf{v} \times \mathbf{w}) \cdot (\mathbf{v} \times \mathbf{w}) = \|\mathbf{v} \times \mathbf{w}\|^2 > 0$$

FIGURA 14 $\{\mathbf{v} \times \mathbf{w}, \mathbf{v}, \mathbf{w}\}$ e $\{\mathbf{v}, \mathbf{w}, \mathbf{v} \times \mathbf{w}\}$ constituem sistemas de mão direita.

Assim, $\{\mathbf{v}, \mathbf{w}, \mathbf{v} \times \mathbf{w}\}$ constitui um sistema de mão direita, como queríamos provar (Figura 14).

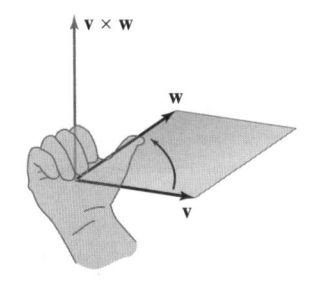

12.4 Resumo

- Determinantes de tamanhos 2×2 e 3×3:

$$\begin{vmatrix} a_{11} & a_{12} \\ a_{21} & a_{22} \end{vmatrix} = a_{11} a_{22} - a_{12} a_{21}$$

$$\begin{vmatrix} a_{11} & a_{12} & a_{13} \\ a_{21} & a_{22} & a_{23} \\ a_{31} & a_{32} & a_{33} \end{vmatrix} = a_{11} \begin{vmatrix} a_{22} & a_{23} \\ a_{32} & a_{33} \end{vmatrix} - a_{12} \begin{vmatrix} a_{21} & a_{23} \\ a_{31} & a_{33} \end{vmatrix} + a_{13} \begin{vmatrix} a_{21} & a_{22} \\ a_{31} & a_{32} \end{vmatrix}$$

- O *produto vetorial* de $\mathbf{v} = \langle v_1, v_2, v_3 \rangle$ e $\mathbf{w} = \langle w_1, w_2, w_3 \rangle$ é o determinante simbólico

$$\mathbf{v} \times \mathbf{w} = \begin{vmatrix} \mathbf{i} & \mathbf{j} & \mathbf{k} \\ v_1 & v_2 & v_3 \\ w_1 & w_2 & w_3 \end{vmatrix} = \begin{vmatrix} v_2 & v_3 \\ w_2 & w_3 \end{vmatrix} \mathbf{i} - \begin{vmatrix} v_1 & v_3 \\ w_1 & w_3 \end{vmatrix} \mathbf{j} + \begin{vmatrix} v_1 & v_2 \\ w_1 & w_2 \end{vmatrix} \mathbf{k}$$

- O produto vetorial $\mathbf{v} \times \mathbf{w}$ é o único vetor com as três propriedades seguintes:
  - (i) $\mathbf{v} \times \mathbf{w}$ é ortogonal a $\mathbf{v}$ e $\mathbf{w}$.
  - (ii) $\mathbf{v} \times \mathbf{w}$ tem comprimento $\|\mathbf{v}\| \|\mathbf{w}\| \operatorname{sen} \theta$ (θ é o ângulo entre $\mathbf{v}$ e $\mathbf{w}$, com $0 \leq \theta \leq \pi$).
  - (iii) $\{\mathbf{v}, \mathbf{w}, \mathbf{v} \times \mathbf{w}\}$ constitui um sistema de mão direita.
- Propriedades do produto vetorial:
  - (i) $\mathbf{w} \times \mathbf{v} = -\mathbf{v} \times \mathbf{w}$
  - (ii) $\mathbf{v} \times \mathbf{w} = \mathbf{0}$ se, e só se, $\mathbf{w} = \lambda \mathbf{v}$ com algum escalar ou $\mathbf{v} = \mathbf{0}$
  - (iii) $(\lambda \mathbf{v}) \times \mathbf{w} = \mathbf{v} \times (\lambda \mathbf{w}) = \lambda(\mathbf{v} \times \mathbf{w})$
  - (iv) $(\mathbf{u} + \mathbf{v}) \times \mathbf{w} = \mathbf{u} \times \mathbf{w} + \mathbf{v} \times \mathbf{w}$

  $$\mathbf{v} \times (\mathbf{u} + \mathbf{w}) = \mathbf{v} \times \mathbf{u} + \mathbf{v} \times \mathbf{w}$$
- Produto vetorial dos vetores da base canônica (Figura 15):

  $$\mathbf{i} \times \mathbf{j} = \mathbf{k}, \qquad \mathbf{j} \times \mathbf{k} = \mathbf{i}, \qquad \mathbf{k} \times \mathbf{i} = \mathbf{j}$$

- O paralelogramo gerado por $\mathbf{v}$ e $\mathbf{w}$ tem área $\|\mathbf{v} \times \mathbf{w}\|$.
- O triângulo gerado por $\mathbf{v}$ e $\mathbf{w}$ tem área $\dfrac{\|\mathbf{v} \times \mathbf{w}\|}{2}$.
- Identidade do produto vetorial: $\|\mathbf{v} \times \mathbf{w}\|^2 = \|\mathbf{v}\|^2 \|\mathbf{w}\|^2 - (\mathbf{v} \cdot \mathbf{w})^2$.
- O *produto misto* é definido por $\mathbf{u} \cdot (\mathbf{v} \times \mathbf{w})$. Temos

$$\mathbf{u} \cdot (\mathbf{v} \times \mathbf{w}) = \det \begin{pmatrix} \mathbf{u} \\ \mathbf{v} \\ \mathbf{w} \end{pmatrix}$$

- O paralelepípedo gerado por $\mathbf{u}$, $\mathbf{v}$ e $\mathbf{w}$ tem volume $|\mathbf{u} \cdot (\mathbf{v} \times \mathbf{w})|$.

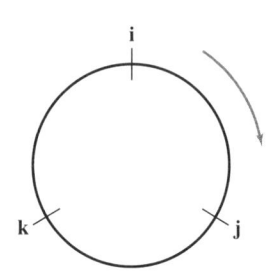

FIGURA 15 Circulamos para obter o produto vetorial dos vetores da base canônica.

12.4 Exercícios

Exercícios preliminares

1. Qual é o menor $(1, 3)$ da matriz $\begin{vmatrix} 3 & 4 & 2 \\ -5 & -1 & 1 \\ 4 & 0 & 3 \end{vmatrix}$?

2. O ângulo entre dois vetores unitários, $\mathbf{e}$ e $\mathbf{f}$, é $\frac{\pi}{6}$. Qual é o comprimento de $\mathbf{e} \times \mathbf{f}$?

3. Qual é o valor de $\mathbf{u} \times \mathbf{w}$, supondo que $\mathbf{w} \times \mathbf{u} = \langle 2, 2, 1 \rangle$?

4. Encontre o produto vetorial sem utilizar a fórmula:
   - (a) $\langle 4, 8, 2 \rangle \times \langle 4, 8, 2 \rangle$
   - (b) $\langle 4, 8, 2 \rangle \times \langle 2, 4, 1 \rangle$

5. Qual é o valor de $\mathbf{i} \times \mathbf{j}$ e $\mathbf{i} \times \mathbf{k}$?

6. Quando o produto vetorial $\mathbf{v} \times \mathbf{w}$ é nulo?

7. Quais das expressões seguintes fazem sentido e quais não? Explique.
   - (a) $(\mathbf{u} \cdot \mathbf{v}) \times \mathbf{w}$
   - (b) $(\mathbf{u} \times \mathbf{v}) \cdot \mathbf{w}$
   - (c) $\|\mathbf{w}\|(\mathbf{u} \cdot \mathbf{v})$
   - (d) $\|\mathbf{w}\|(\mathbf{u} \times \mathbf{v})$

8. Quais dos vetores seguintes são iguais a $\mathbf{j} \times \mathbf{i}$?
   - (a) $\mathbf{i} \times \mathbf{k}$
   - (b) $-\mathbf{k}$
   - (c) $\mathbf{i} \times \mathbf{j}$

Exercícios

Nos Exercícios 1-4, calcule o determinante 2×2.

1. $\begin{vmatrix} 1 & 2 \\ 4 & 3 \end{vmatrix}$

2. $\begin{vmatrix} \frac{2}{3} & \frac{1}{6} \\ -5 & 2 \end{vmatrix}$

3. $\begin{vmatrix} -6 & 9 \\ 1 & 1 \end{vmatrix}$

4. $\begin{vmatrix} 9 & 25 \\ 5 & 14 \end{vmatrix}$

Nos Exercícios 5-8, calcule o determinante 3×3.

5. $\begin{vmatrix} 1 & 2 & 1 \\ 4 & -3 & 0 \\ 1 & 0 & 1 \end{vmatrix}$

6. $\begin{vmatrix} 1 & 0 & 1 \\ -2 & 0 & 3 \\ 1 & 3 & -1 \end{vmatrix}$

7. $\begin{vmatrix} 1 & 2 & 3 \\ 2 & 4 & 6 \\ -3 & -4 & 2 \end{vmatrix}$

8. $\begin{vmatrix} 1 & 0 & 0 \\ 0 & 0 & -1 \\ 0 & 1 & 0 \end{vmatrix}$

Nos Exercícios 9-12, calcule $\mathbf{v} \times \mathbf{w}$.

9. $\mathbf{v} = \langle 1, 2, 1 \rangle, \quad \mathbf{w} = \langle 3, 1, 1 \rangle$

10. $\mathbf{v} = \langle 2, 0, 0 \rangle, \quad \mathbf{w} = \langle -1, 0, 1 \rangle$

11. $\mathbf{v} = \langle \frac{2}{3}, 1, \frac{1}{2} \rangle, \quad \mathbf{w} = \langle 4, -6, 3 \rangle$

12. $\mathbf{v} = \langle 1, 1, 0 \rangle, \quad \mathbf{w} = \langle 0, 1, 1 \rangle$

Nos Exercícios 13-16, use as relações da Equação (5) para calcular o produto vetorial.

13. $(\mathbf{i} + \mathbf{j}) \times \mathbf{k}$
14. $(\mathbf{j} - \mathbf{k}) \times (\mathbf{j} + \mathbf{k})$
15. $(\mathbf{i} - 3\mathbf{j} + 2\mathbf{k}) \times (\mathbf{j} - \mathbf{k})$
16. $(2\mathbf{i} - 3\mathbf{j} + 4\mathbf{k}) \times (\mathbf{i} + \mathbf{j} - 7\mathbf{k})$

Nos Exercícios 17-22, calcule o produto vetorial, supondo que

$$\mathbf{u} \times \mathbf{v} = \langle 1, 1, 0 \rangle, \quad \mathbf{u} \times \mathbf{w} = \langle 0, 3, 1 \rangle, \quad \mathbf{v} \times \mathbf{w} = \langle 2, -1, 1 \rangle$$

17. $\mathbf{v} \times \mathbf{u}$
18. $\mathbf{v} \times (\mathbf{u} + \mathbf{v})$
19. $\mathbf{w} \times (\mathbf{u} + \mathbf{v})$
20. $(3\mathbf{u} + 4\mathbf{w}) \times \mathbf{w}$
21. $(\mathbf{u} - 2\mathbf{v}) \times (\mathbf{u} + 2\mathbf{v})$
22. $(\mathbf{v} + \mathbf{w}) \times (3\mathbf{u} + 2\mathbf{v})$
23. Seja $\mathbf{v} = \langle a, b, c \rangle$. Calcule $\mathbf{v} \times \mathbf{i}$, $\mathbf{v} \times \mathbf{j}$ e $\mathbf{v} \times \mathbf{k}$.
24. Encontre $\mathbf{v} \times \mathbf{w}$, se $\mathbf{v}$ e $\mathbf{w}$ forem vetores de comprimento 3 do plano xz, orientados como na Figura 16, e $\theta = \frac{\pi}{6}$.

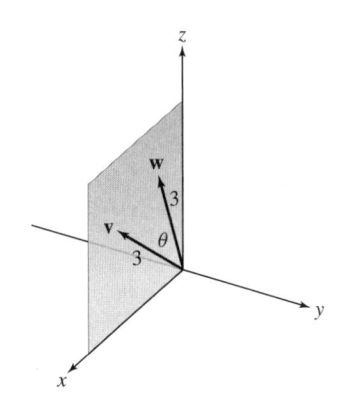

FIGURA 16

Nos Exercícios 25 e 26, utilize a Figura 17.

25. Qual dentre $\mathbf{u}$ e $-\mathbf{u}$ é igual a $\mathbf{v} \times \mathbf{w}$?
26. Quais dos seguintes constitui um sistema de mão direita?
    (a) $\{\mathbf{v}, \mathbf{w}, \mathbf{u}\}$
    (b) $\{\mathbf{w}, \mathbf{v}, \mathbf{u}\}$
    (c) $\{\mathbf{v}, \mathbf{u}, \mathbf{w}\}$
    (b) $\{\mathbf{u}, \mathbf{v}, \mathbf{w}\}$
    (e) $\{\mathbf{w}, \mathbf{v}, -\mathbf{u}\}$
    (f) $\{\mathbf{v}, -\mathbf{u}, \mathbf{w}\}$

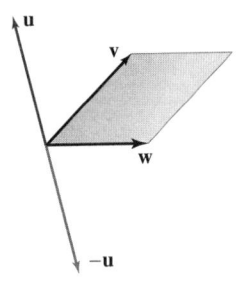

FIGURA 17

27. Sejam $\mathbf{v} = \langle 3, 0, 0 \rangle$ e $\mathbf{w} = \langle 0, 1, -1 \rangle$. Determine $\mathbf{u} = \mathbf{v} \times \mathbf{w}$ usando as propriedades geométricas do produto vetorial em vez da fórmula.

28. Quais são os ângulos θ possíveis entre dois vetores unitários $\mathbf{e}$ e $\mathbf{f}$ se $\|\mathbf{e} \times \mathbf{f}\| = \frac{1}{2}$?
29. Mostre que se $\mathbf{v}$ e $\mathbf{w}$ ficam no plano yz, então $\mathbf{v} \times \mathbf{w}$ é um múltiplo de $\mathbf{i}$.
30. Encontre os dois vetores unitários ortogonais a $\mathbf{a} = \langle 3, 1, 1 \rangle$ e $\mathbf{b} = \langle -1, 2, 1 \rangle$.
31. Sejam $\mathbf{e}$ e $\mathbf{e}'$ vetores unitários em $\mathbf{R}^3$ tais que $\mathbf{e} \perp \mathbf{e}'$. Use as propriedades geométricas do produto vetorial para calcular $\mathbf{e} \times (\mathbf{e}' \times \mathbf{e})$.
32. Calcule a força $\mathbf{F}$ num elétron (de carga $q = -1,6 \times 10^{-19}$ C) em movimento com velocidade 10^5 m/s na direção $\mathbf{i}$ num campo magnético uniforme $\mathbf{B}$, sendo $\mathbf{B} = 0,0004\mathbf{i} + 0,0001\mathbf{j}$ teslas (ver Exemplo 5).
33. Um elétron em movimento no plano com velocidade $\mathbf{v}$ sofre uma força $\mathbf{F} = q(\mathbf{v} \times \mathbf{B})$, em que q é a carga do elétron e $\mathbf{B}$ é um campo magnético uniforme apontando diretamente para fora da página. Qual dos dois vetores, $\mathbf{F}_1$ ou $\mathbf{F}_2$ na Figura 18, representa a força no elétron? Lembre que q é negativa.

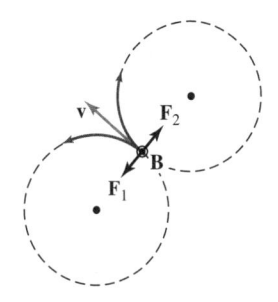

FIGURA 18 O campo vetorial magnético $\mathbf{B}$ aponta para fora da página.

34. Calcule o produto misto $\mathbf{u} \cdot (\mathbf{v} \times \mathbf{w})$ com $\mathbf{u} = \langle 1, 1, 0 \rangle$, $\mathbf{v} = \langle 3, -2, 2 \rangle$ e $\mathbf{w} = \langle 4, -1, 2 \rangle$.
35. Verifique a identidade (12) para os vetores $\mathbf{v} = \langle 3, -2, 2 \rangle$ e $\mathbf{w} = \langle 4, -1, 2 \rangle$.
36. Encontre o volume do paralelepípedo gerado por $\mathbf{u}$, $\mathbf{v}$ e $\mathbf{w}$ da Figura 19.
37. Encontre a área do paralelogramo gerado por $\mathbf{v}$ e $\mathbf{w}$ da Figura 19.

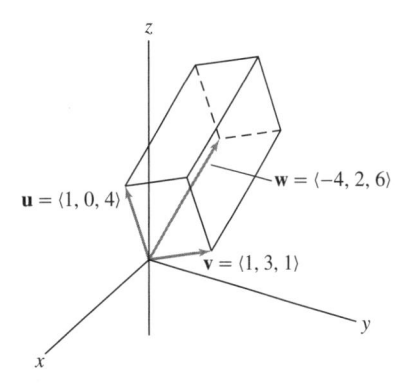

FIGURA 19

38. Calcule o volume do paralelepípedo gerado por
$$\mathbf{u} = \langle 2, 2, 1 \rangle, \quad \mathbf{v} = \langle 1, 0, 3 \rangle, \quad \mathbf{w} = \langle 0, -4, 0 \rangle$$

39. Esboce e calcule o volume do paralelepípedo gerado por
$$\mathbf{u} = \langle 1, 0, 0 \rangle, \quad \mathbf{v} = \langle 0, 2, 0 \rangle, \quad \mathbf{w} = \langle 1, 1, 2 \rangle$$

40. Esboce o paralelogramo gerado por $\mathbf{u} = \langle 1, 1, 1 \rangle$ e $\mathbf{v} = \langle 0, 0, 4 \rangle$ e calcule sua área.

41. Calcule a área do paralelogramo gerado por $\mathbf{u} = \langle 1, 0, 3 \rangle$ e $\mathbf{v} = \langle 2, 1, 1 \rangle$.

42. Encontre a área do paralelogramo determinado pelos vetores $\langle a, 0, 0 \rangle$ e $\langle 0, b, c \rangle$.

43. Esboce o triângulo de vértices O, $P = (3, 3, 0)$ e $Q = (0, 3, 3)$ e calcule sua área usando produto vetorial.

44. Use produto vetorial para encontrar a área do triângulo de vértices $P = (1, 1, 5)$, $Q = (3, 4, 3)$ e $R = (1, 5, 7)$ (Figura 20).

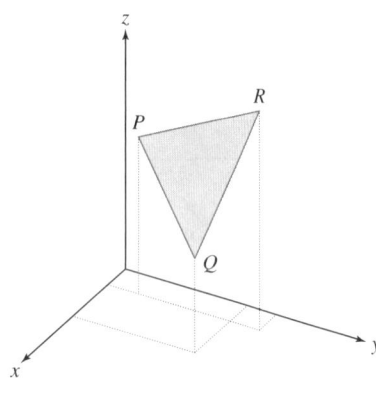

FIGURA 20

45. Use produto vetorial para encontrar a área do triângulo do plano xy definido por $(1, 2)$, $(3, 4)$ e $(-2, 2)$.

46. Use produto vetorial para encontrar a área do quadrilátero do plano xy definido por $(0, 0)$, $(1, -1)$, $(3, 1)$ e $(2, 4)$.

47. Confira que os quatro pontos $P(2, 4, 4)$, $Q(3, 1, 6)$, $R(2, 8, 0)$ e $S(7, 3, 1)$ estão todos num mesmo plano. Então use vetores para encontrar a área do quadrilátero que eles definem.

48. Encontre três vetores não nulos $\mathbf{a}$, $\mathbf{b}$ e $\mathbf{c}$ tais que $\mathbf{a} \times \mathbf{b} = \mathbf{a} \times \mathbf{c} \neq \mathbf{0}$, mas $\mathbf{b} \neq \mathbf{c}$.

Nos Exercícios 49-51, confira a validade da identidade usando a fórmula do produto vetorial.

49. $\mathbf{v} \times \mathbf{w} = -\mathbf{w} \times \mathbf{v}$

50. $(\lambda \mathbf{v}) \times \mathbf{w} = \lambda(\mathbf{v} \times \mathbf{w})$ (λ um escalar)

51. $(\mathbf{u} + \mathbf{v}) \times \mathbf{w} = \mathbf{u} \times \mathbf{w} + \mathbf{v} \times \mathbf{w}$

52. Use a descrição geométrica no Teorema 1 para provar (iii) do Teorema 2: $\mathbf{v} \times \mathbf{w} = \mathbf{0}$ se, e só se, $\mathbf{w} = \lambda \mathbf{v}$ com algum escalar λ ou $\mathbf{v} = \mathbf{0}$.

53. Confira a validade das relações (5).

54. Mostre que
$$(\mathbf{i} \times \mathbf{j}) \times \mathbf{j} \neq \mathbf{i} \times (\mathbf{j} \times \mathbf{j})$$
Conclua que a lei da associatividade não vale para o produto vetorial.

55. Os componentes do produto vetorial têm uma interpretação geométrica. Mostre que o valor absoluto do componente $\mathbf{k}$ de $\mathbf{v} \times \mathbf{w}$ é igual à área do paralelogramo gerado pelas projeções $\mathbf{v}_0$ e $\mathbf{w}_0$ sobre o plano xy (Figura 21).

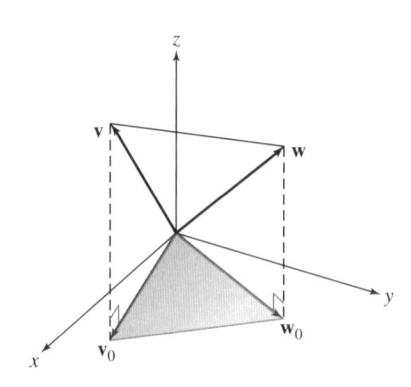

FIGURA 21

56. Formule e demonstre os análogos do Exercício 55 para os componentes $\mathbf{i}$ e $\mathbf{j}$ de $\mathbf{v} \times \mathbf{w}$.

57. Mostre que três pontos P, Q e R são colineares (estão numa reta) se, e só se, $\overrightarrow{PQ} \times \overrightarrow{PR} = \mathbf{0}$.

58. Use o resultado do Exercício 57 para determinar se os pontos P, Q e R dados são colineares e, caso não sejam, encontre um vetor normal ao plano que os contêm.
    (a) $P = (2, 1, 0)$, $Q = (1, 5, 2)$, $R = (-1, 13, 6)$
    (b) $P = (2, 1, 0)$, $Q = (-3, 21, 10)$, $R = (5, -2, 9)$
    (c) $P = (1, 1, 0)$, $Q = (1, -2, -1)$, $R = (3, 2, -4)$

59. Resolva a equação $\langle 1, 1, 1 \rangle \times \mathbf{X} = \langle 1, -1, 0 \rangle$, em que $\mathbf{X} = \langle x, y, z \rangle$. *Nota:* há uma infinidade de soluções.

60. Explique geometricamente por que a equação $\langle 1, 1, 1 \rangle \times \mathbf{X} = \langle 1, 0, 0 \rangle$ não tem solução, com $\mathbf{X} = \langle x, y, z \rangle$.

61. Seja $\mathbf{X} = \langle x, y, z \rangle$. Mostre que $\mathbf{i} \times \mathbf{X} = \mathbf{v}$ tem alguma solução se, e só se, $\mathbf{v}$ está contido no plano yz (ou seja, o componente $\mathbf{i}$ é nulo).

62. Suponha que os vetores $\mathbf{u}$, $\mathbf{v}$ e $\mathbf{w}$ sejam mutuamente ortogonais, ou seja, que $\mathbf{u} \perp \mathbf{v}$, $\mathbf{u} \perp \mathbf{w}$ e $\mathbf{v} \perp \mathbf{w}$. Prove que $(\mathbf{u} \times \mathbf{v}) \times \mathbf{w} = \mathbf{0}$ e $\mathbf{u} \times (\mathbf{v} \times \mathbf{w}) = \mathbf{0}$.

*Nos Exercícios 63-66, o **torque** em torno da origem O devido a uma força $\mathbf{F}$ agindo num objeto de vetor posição $\mathbf{r}$ é a quantidade vetorial $\tau = \mathbf{r} \times \mathbf{F}$. Se várias forças $\mathbf{F}_j$ agirem em posições $\mathbf{r}_j$, então o torque líquido (unidades: N-m) será a soma*

$$\tau = \sum \mathbf{r}_j \times \mathbf{F}_j$$

O torque mede o quanto a força faz o objeto girar. Pelas leis de Newton, τ é igual à taxa de variação do momento angular.

63. Calcule o torque τ em torno de O agindo no ponto P do braço mecânico na Figura 22(A), supondo que uma força de 25 N aja conforme indicado. Ignore o peso do próprio braço.

64. Calcule o torque líquido em torno de O agindo em P, supondo que uma massa de 30 kg esteja colocada em P [Figura 22(B)]. A força $\mathbf{F}_g$ devido à gravidade que age sobre uma massa m tem magnitude $9{,}8m$ m/s^2 no sentido vertical para baixo.

$$\mathbf{r}_1 = \frac{1}{2}L_1(\operatorname{sen}\theta_1\mathbf{i} + \cos\theta_1\mathbf{j})$$

$$\mathbf{r}_2 = L_1(\operatorname{sen}\theta_1\mathbf{i} + \cos\theta_1\mathbf{j}) + \frac{1}{2}L_2(\operatorname{sen}\theta_2\mathbf{i} - \cos\theta_2\mathbf{j})$$

$$\mathbf{r}_3 = L_1(\operatorname{sen}\theta_1\mathbf{i} + \cos\theta_1\mathbf{j}) + L_2(\operatorname{sen}\theta_2\mathbf{i} - \cos\theta_2\mathbf{j})$$

Em seguida, mostre que

$$\tau = -g\left(L_1\left(\frac{1}{2}m_1 + m_2 + m_3\right)\operatorname{sen}\theta_1 + L_2\left(\frac{1}{2}m_2 + m_3\right)\operatorname{sen}\theta_2\right)\mathbf{k}$$

em que $g = 9,8$ m/s². Para simplificar as contas, observe que as três forças gravitacionais agem no sentido de $-\mathbf{j}$, de modo que os componentes $\mathbf{j}$ dos vetores posição $\mathbf{r}_i$ não contribuem para o torque.

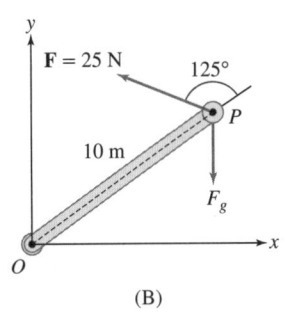

FIGURA 22

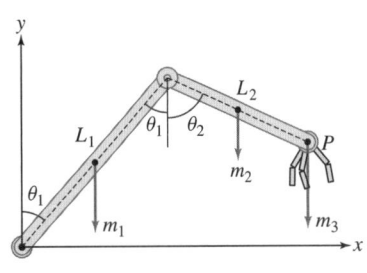

FIGURA 23

65. Seja τ o torque líquido em torno de O agindo no braço mecânico descrito na Figura 23. Suponha que os dois segmentos do braço tenham massas m_1 e m_2 (em kg) e que um peso de m_3 kg esteja localizado na extremidade P. No cálculo do torque, podemos supor que toda a massa de cada segmento do braço esteja localizada no ponto médio do segmento (seu centro de massa). Mostre que os vetores posição das massas m_1, m_2 e m_3 são:

66. Continuando com o Exercício 65, suponha que $L_1 = 3$ m, $L_2 = 2$ m, $m_1 = 15$ kg, $m_2 = 20$ kg e $m_3 = 18$ kg. Se os ângulos θ_1 e θ_2 forem iguais (digamos, a θ), qual é o maior valor de θ permitido se soubermos que o braço mecânico aguenta um torque de, no máximo, 1.200 N-m?

Compreensão adicional e desafios

67. Mostre que determinantes 3×3 podem ser calculados usando a **regra diagonal** seguinte. Repita as duas primeiras colunas da matriz e forme os produtos dos números ao longo da seis diagonais indicadas. Em seguida, some os produtos das diagonais que descem da esquerda para a direita e subtraia os produtos das diagonais que sobem da esquerda para a direita.

$$\det(A) = \begin{vmatrix} a_{11} & a_{12} & a_{13} \\ a_{21} & a_{22} & a_{23} \\ a_{31} & a_{32} & a_{33} \end{vmatrix} \begin{matrix} a_{11} & a_{12} \\ a_{21} & a_{22} \\ a_{31} & a_{32} \end{matrix}$$

$$= a_{11}a_{22}a_{33} + a_{12}a_{23}a_{31} + a_{13}a_{21}a_{32}$$
$$- a_{13}a_{22}a_{31} - a_{11}a_{23}a_{32} - a_{12}a_{21}a_{33}$$

68. Use a regra diagonal para calcular $\begin{vmatrix} 2 & 4 & 3 \\ 0 & 1 & -7 \\ -1 & 5 & 3 \end{vmatrix}$.

69. Prove que $\mathbf{v} \times \mathbf{w} = \mathbf{v} \times \mathbf{u}$ se, e só se, $\mathbf{u} = \mathbf{w} + \lambda\mathbf{v}$ com algum escalar λ. Suponha que $\mathbf{v} \neq \mathbf{0}$.

70. Use a Equação (12) para provar a desigualdade de Cauchy-Schwarz:

$$|\mathbf{v} \cdot \mathbf{w}| \leq \|\mathbf{v}\|\,\|\mathbf{w}\|$$

Mostre que a igualdade vale se, e só se, $\mathbf{w}$ é um múltiplo de $\mathbf{v}$ ou, pelo menos um dentre $\mathbf{v}$ e $\mathbf{w}$ é nulo.

71. Mostre que se $\mathbf{u}$, $\mathbf{v}$ e $\mathbf{w}$ são vetores não nulos e $(\mathbf{u} \times \mathbf{v}) \times \mathbf{w} = \mathbf{0}$, então ou (i) $\mathbf{u}$ e $\mathbf{v}$ são paralelos, ou (ii) $\mathbf{w}$ é ortogonal a $\mathbf{u}$ e a $\mathbf{v}$.

72. Suponha que $\mathbf{u}$, $\mathbf{v}$ e $\mathbf{w}$ sejam não nulos e

$$(\mathbf{u} \times \mathbf{v}) \times \mathbf{w} = \mathbf{u} \times (\mathbf{v} \times \mathbf{w}) = \mathbf{0}$$

Mostre que $\mathbf{u}$, $\mathbf{v}$ e $\mathbf{w}$ são ou mutuamente paralelos ou mutuamente perpendiculares. *Sugestão:* use o Exercício 71.

73. Sejam $\mathbf{a}$, $\mathbf{b}$ e $\mathbf{c}$ vetores não nulos. Suponha que $\mathbf{b}$ e $\mathbf{c}$ não sejam paralelos e defina

$$\mathbf{v} = \mathbf{a} \times (\mathbf{b} \times \mathbf{c}), \qquad \mathbf{w} = (\mathbf{a} \cdot \mathbf{c})\mathbf{b} - (\mathbf{a} \cdot \mathbf{b})\mathbf{c}$$

(a) Prove que:
  (i) $\mathbf{v}$ fica no plano gerado por $\mathbf{b}$ e $\mathbf{c}$.
  (ii) $\mathbf{v}$ é ortogonal a $\mathbf{a}$.
(b) Prove que $\mathbf{w}$ também satisfaz (i) e (ii). Conclua que $\mathbf{u}$, $\mathbf{v}$ e $\mathbf{w}$ são paralelos.
(c) Mostre algebricamente que $\mathbf{v} = \mathbf{w}$ (Figura 24).

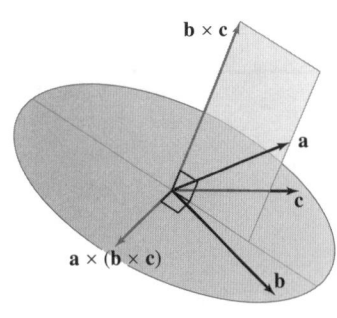

FIGURA 24

74. Use o Exercício 73 para provar a identidade

$$(\mathbf{a} \times \mathbf{b}) \times \mathbf{c} - \mathbf{a} \times (\mathbf{b} \times \mathbf{c}) = (\mathbf{a} \cdot \mathbf{b})\mathbf{c} - (\mathbf{b} \cdot \mathbf{c})\mathbf{a}$$

75. Mostre que se $\mathbf{a}$, $\mathbf{b}$ forem vetores não nulos tais que $\mathbf{a} \perp \mathbf{b}$, então existe um vetor $\mathbf{X}$ tal que

$$\mathbf{a} \times \mathbf{X} = \mathbf{b} \qquad \boxed{15}$$

Sugestão: mostre que se $\mathbf{X}$ for ortogonal a $\mathbf{b}$ e não for um múltiplo de $\mathbf{a}$, então $\mathbf{a} \times \mathbf{X}$ é um múltiplo de $\mathbf{b}$.

76. Mostre que se $\mathbf{a}$, $\mathbf{b}$ forem vetores não nulos tais que $\mathbf{a} \perp \mathbf{b}$, então o conjunto de todas as soluções da Equação (15) é uma reta de vetor diretor $\mathbf{a}$. *Sugestão:* seja $\mathbf{X}_0$ uma solução qualquer (que existe pelo Exercício 75) e mostre que qualquer outra solução é da forma $\mathbf{X}_0 + \lambda \mathbf{a}$, com algum escalar λ.

77. Suponha que $\mathbf{v}$ e $\mathbf{w}$ estejam no primeiro quadrante de $\mathbf{R}^2$ como na Figura 25. Use Geometria para provar que a área do paralelogramo é igual a $\det \begin{pmatrix} \mathbf{v} \\ \mathbf{w} \end{pmatrix}$.

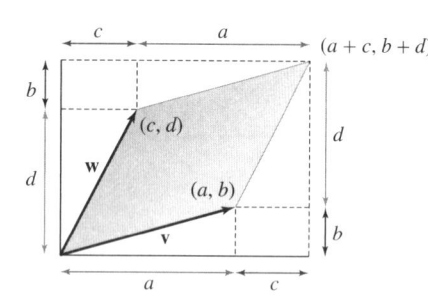

FIGURA 25

78. Considere o tetraedro gerado pelos vetores $\mathbf{a}$, $\mathbf{b}$ e $\mathbf{c}$, como na Figura 26(A). Sejam A, B e C as faces que contêm a origem e seja D a quarta face, oposta a O. Para cada face F, seja $\mathbf{v}_F$ o vetor normal à face, apontando para fora do tetraedro, de magnitude igual ao dobro da área de F. Prove que valem as relações

$$\mathbf{v}_A + \mathbf{v}_B + \mathbf{v}_C = \mathbf{a} \times \mathbf{b} + \mathbf{b} \times \mathbf{c} + \mathbf{c} \times \mathbf{a}$$

$$\mathbf{v}_A + \mathbf{v}_B + \mathbf{v}_C + \mathbf{v}_D = 0$$

Sugestão: mostre que $\mathbf{v}_D = (\mathbf{c} - \mathbf{b}) \times (\mathbf{b} - \mathbf{a})$.

79. Na notação do Exercício 78, suponha que $\mathbf{a}$, $\mathbf{b}$ e $\mathbf{c}$ sejam mutuamente perpendiculares, como na Figura 26(B). Seja S_F a área da face F. Prove a seguinte versão tridimensional do teorema de Pitágoras:

$$S_A^2 + S_B^2 + S_C^2 = S_D^2$$

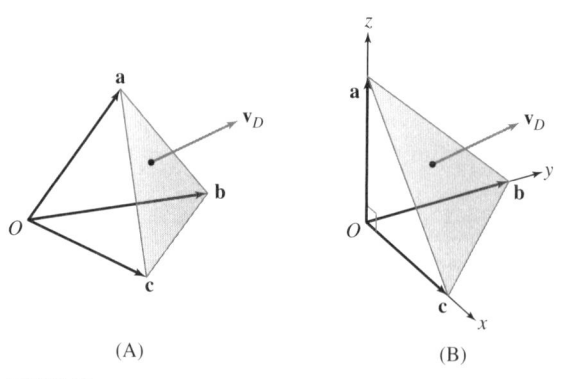

FIGURA 26 O vetor $\mathbf{v}_D$ é perpendicular à face.

12.5 Planos no espaço tridimensional

Uma equação linear $ax + by = c$ de duas variáveis define uma reta em $\mathbf{R}^2$. Nesta seção, mostramos que uma equação linear $ax + by + cz = d$ de três variáveis define um plano em $\mathbf{R}^3$.

Considere um plano $\mathcal{P}$ passando por um ponto $P_0 = (x_0, y_0, z_0)$. Podemos determinar $\mathcal{P}$ completamente especificando um vetor não nulo $\mathbf{n} = \langle a, b, c \rangle$ que seja ortogonal a $\mathcal{P}$. Um vetor desses é denominado vetor **normal**. Posicionando $\mathbf{n}$ em P_0 como na Figura 1, vemos que um ponto $P = (x, y, z)$ está no plano $\mathcal{P}$ precisamente se $\overrightarrow{P_0P}$ for ortogonal a $\mathbf{n}$. Logo, P está no plano se

$$\mathbf{n} \cdot \overrightarrow{P_0P} = 0 \qquad \boxed{1}$$

Em componentes, $\overrightarrow{P_0P} = \langle x - x_0, y - y_0, z - z_0 \rangle$, portanto a Equação (1) é dada por

$$\langle a, b, c \rangle \cdot \langle x - x_0, y - y_0, z - z_0 \rangle = 0$$

Isso nos dá a seguinte equação do plano:

$$a(x - x_0) + b(y - y_0) + c(z - z_0) = 0$$

Podemos reescrever essa equação como

$$ax + by + cz = ax_0 + by_0 + cz_0 \quad \text{ou} \quad \mathbf{n} \cdot \overrightarrow{OP} = \mathbf{n} \cdot \overrightarrow{OP_0} \qquad \boxed{2}$$

Denotemos $d = ax_0 + by_0 + cz_0$. Então a Equação (2) é dada por $\mathbf{n} \cdot \langle x, y, z \rangle = d$, ou

$$ax + by + cz = d$$

> O termo "normal" é outra palavra para "ortogonal" ou "perpendicular".

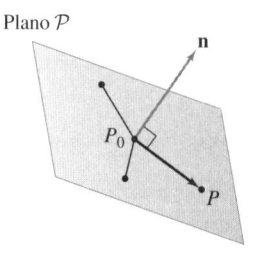

FIGURA 1 Um ponto P está em $\mathcal{P}$ se $\overrightarrow{P_0P} \perp \mathbf{n}$.

TEOREMA 1 Equação de um plano Plano por $P_0 = (x_0, y_0, z_0)$ com vetor normal $\mathbf{n} = \langle a, b, c \rangle$:

Forma vetorial: $\qquad \mathbf{n} \cdot \langle x, y, z \rangle = d \qquad$ **3**

Formas escalares: $\quad a(x - x_0) + b(y - y_0) + c(z - z_0) = 0 \qquad$ **4**

$\qquad\qquad\qquad\qquad ax + by + cz = d \qquad$ **5**

sendo $d = ax_0 + by_0 + cz_0$.

Observe que a equação $ax + by + cz = d$ de um plano no espaço tridimensional é uma generalização direta da equação $ax + by = c$ de uma reta no espaço bidimensional. Nesse sentido, os planos generalizam as retas.

Para mostrar como a equação do plano funciona num caso simples, considere o plano $\mathcal{P}$ por $P_0 = (1, 2, 0)$ de vetor normal $\mathbf{n} = \langle 0, 0, 3 \rangle$ (Figura 2). Como $\mathbf{n}$ aponta na direção z, $\mathcal{P}$ deve ser paralelo ao plano xy. Por outro lado, P_0 está no plano xy, de modo que $\mathcal{P}$ deve ser o próprio plano xy. Isso é precisamente o que a Equação (3) nos dá:

$$\mathbf{n} \cdot \langle x, y, z \rangle = \mathbf{n} \cdot \langle 1, 2, 0 \rangle$$
$$\langle 0, 0, 3 \rangle \cdot \langle x, y, z \rangle = \langle 0, 0, 3 \rangle \cdot \langle 1, 2, 0 \rangle$$
$$3z = 0 \quad \text{ou} \quad z = 0$$

Em outras palavras, a equação de $\mathcal{P}$ é $z = 0$, ou seja, $\mathcal{P}$ é o plano xy.

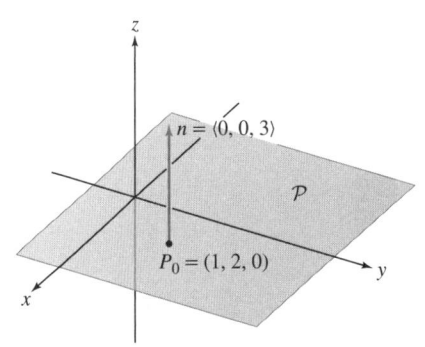

FIGURA 2 O plano de vetor normal $\mathbf{n} = \langle 0, 0, 3 \rangle$ passando por $P_0 = (1, 2, 0)$ é o plano xy.

■ **EXEMPLO 1** Encontre uma equação do plano por $P_0 = (3, 1, 0)$ de vetor normal $\mathbf{n} = \langle 3, 2, -5 \rangle$.

Solução Usando a Equação (4), obtemos

$$3(x - 3) + 2(y - 1) - 5z = 0$$

Alternativamente, podemos calcular

$$d = \mathbf{n} \cdot \overrightarrow{OP_0} = \langle 3, 2, -5 \rangle \cdot \langle 3, 1, 0 \rangle = 11$$

e escrever a equação como $\langle 3, 2, -5 \rangle \cdot \langle x, y, z \rangle = 11$, ou $3x + 2y - 5z = 11$. ■

ENTENDIMENTO CONCEITUAL Não esqueça que os componentes de um vetor normal estão "escondidos" dentro da equação $ax + by + cz = d$, pois $\mathbf{n} = \langle a, b, c \rangle$. O mesmo ocorre com retas em $\mathbf{R}^2$. A reta $ax + by = c$ da Figura 3 tem vetor normal $\mathbf{n} = \langle a, b \rangle$, porque a reta tem inclinação $-a/b$ e o vetor $\mathbf{n}$ tem inclinação b/a (retas são ortogonais se o produto de suas inclinações for -1).

Note que se $\mathbf{n}$ for normal a um plano $\mathcal{P}$, então o mesmo ocorre com qualquer múltiplo escalar não nulo $\lambda\mathbf{n}$. Usando $\lambda\mathbf{n}$ em vez de $\mathbf{n}$, a equação resultante de $\mathcal{P}$ varia por um fator de λ. Por exemplo, as duas equações seguintes definem o mesmo plano:

$$x + y + z = 1, \qquad 4x + 4y + 4z = 4$$

A primeira equação usa o vetor normal $\langle 1, 1, 1 \rangle$ e a segunda, $\langle 4, 4, 4 \rangle$.

Por outro lado, dois planos $\mathcal{P}$ e $\mathcal{P}'$ serão paralelos se tiverem um vetor normal comum. Os planos seguintes são paralelos porque cada um é normal a $\mathbf{n} = \langle 1, 1, 1 \rangle$:

$$x + y + z = 1, \qquad x + y + z = 2, \qquad 4x + 4y + 4z = 7$$

Em geral, obtemos uma família de planos paralelos escolhendo um vetor normal $\mathbf{n} = \langle a, b, c \rangle$ e variando a constante d da equação

$$ax + by + cz = d$$

O único plano dessa família que passa pela origem tem equação $ax + by + cz = 0$.

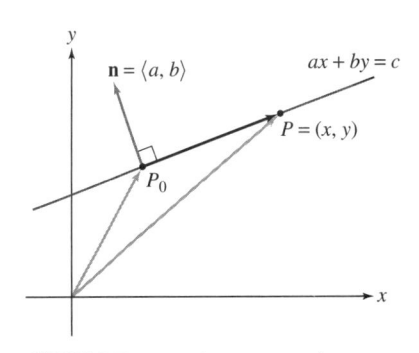

FIGURA 3 Uma reta de vetor normal $\mathbf{n}$.

■ **EXEMPLO 2** **Planos paralelos** Seja $\mathcal{P}$ o plano de equação $7x - 4y + 2z = -10$. Encontre uma equação do plano paralelo a $\mathcal{P}$ passando:

(a) pela origem;   (b) pelo ponto $Q = (2, -1, 3)$.

Solução Os planos paralelos a $\mathcal{P}$ têm uma equação da forma (Figura 4)

$$7x - 4y + 2z = d \qquad \boxed{6}$$

(a) Com $d = 0$, obtemos o plano pela origem: $7x - 4y + 2z = 0$.
(b) O ponto $Q = (2, -1, 3)$ satisfaz a Equação (6) com

$$d = 7(2) - 4(-1) + 2(3) = 24$$

Portanto, o plano paralelo a $\mathcal{P}$ passando por Q tem equação $7x - 4y + 2z = 24$. ■

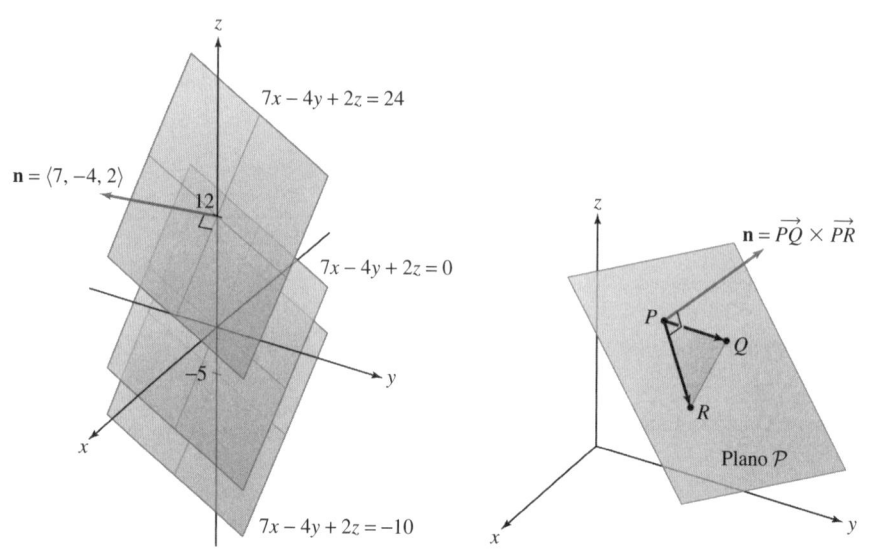

FIGURA 4 Planos paralelos de vetor normal $\mathbf{n} = \langle 7, -4, 2 \rangle$.

FIGURA 5 Três pontos P, Q e R determinam um plano (supondo que não sejam colineares).

Dizemos que pontos que estão numa reta são **colineares**. Se forem dados três pontos P, Q e R que não sejam colineares, então existe um único plano passando por P, Q e R (Figura 5). O exemplo seguinte mostra como encontrar uma equação desse plano.

■ **EXEMPLO 3** **O plano determinado por três pontos** Encontre uma equação do plano $\mathcal{P}$ determinado pelos pontos

$$P = (1, 0, -1), \qquad Q = (2, 2, 1), \qquad R = (4, 1, 2)$$

Solução

Passo 1. **Encontrar um vetor normal.**

Os vetores $\overrightarrow{PQ}$ e $\overrightarrow{PR}$ ficam no plano $\mathcal{P}$, de modo que seu produto vetorial é normal a $\mathcal{P}$:

$$\overrightarrow{PQ} = \langle 2, 2, 1 \rangle - \langle 1, 0, -1 \rangle = \langle 1, 2, 2 \rangle$$

$$\overrightarrow{PR} = \langle 4, 1, 2 \rangle - \langle 1, 0, -1 \rangle = \langle 3, 1, 3 \rangle$$

$$\mathbf{n} = \overrightarrow{PQ} \times \overrightarrow{PR} = \begin{vmatrix} \mathbf{i} & \mathbf{j} & \mathbf{k} \\ 1 & 2 & 2 \\ 3 & 1 & 3 \end{vmatrix} = 4\mathbf{i} + 3\mathbf{j} - 5\mathbf{k} = \langle 4, 3, -5 \rangle$$

Pela Equação (5), a equação de $\mathcal{P}$ é $4x + 3y - 5z = d$, com algum d.

No Exemplo 3, poderíamos também ter usado os vetores $\overrightarrow{QP}$ e $\overrightarrow{QR}$ (ou $\overrightarrow{RP}$ e $\overrightarrow{RQ}$) para encontrar um vetor normal $\mathbf{n}$.

Passo 2. **Escolher um ponto no plano e calcular *d*.**

Agora escolhemos qualquer um dos três pontos, digamos $P = (1, 0, -1)$, e calculamos

$$d = \mathbf{n} \cdot \overrightarrow{OP} = \langle 4, 3, -5 \rangle \cdot \langle 1, 0, -1 \rangle = 9$$

Concluímos que $\mathcal{P}$ tem equação $4x + 3y - 5z = 9$. ∎

■ **EXEMPLO 4** Interseção de um plano e uma reta Encontre o ponto P de interseção do plano $3x - 9y + 2z = 7$ e da reta $\mathbf{r}(t) = \langle 1, 2, 1 \rangle + t \langle -2, 0, 1 \rangle$.

Solução A reta tem equações paramétricas

$$x = 1 - 2t, \qquad y = 2, \qquad z = 1 + t$$

Substituímos na equação do plano e resolvemos em t:

$$3x - 9y + 2z = 3(1 - 2t) - 9(2) + 2(1 + t) = 7$$

Simplificando, obtemos $-4t - 13 = 7$, ou $t = -5$. Portanto, P tem coordenadas

$$x = 1 - 2(-5) = 11, \qquad y = 2, \qquad z = 1 + (-5) = -4$$

O plano e a reta intersectam no ponto $P = (11, 2, -4)$. ∎

A interseção de um plano $\mathcal{P}$ com um plano coordenado ou um plano paralelo a um plano coordenado é denominada **traço**. O traço é uma reta, a menos que $\mathcal{P}$ seja paralelo ao plano coordenado (caso em que o traço é vazio ou igual ao próprio $\mathcal{P}$).

■ **EXEMPLO 5** Traços de um plano Esboce o plano $-2x + 3y + z = 6$ e, então, encontre os traços do plano nos planos coordenados.

Solução Para esboçar o plano, determinamos suas interseções com os eixos coordenados. Para obter o ponto de corte com o eixo x, fazemos $y = z = 0$ e obtemos

$$-2x = 6, \quad \text{logo} \quad x = -3$$

A interseção com o eixo y é dada por $x = z = 0$, ou seja,

$$3y = 6, \quad \text{logo} \quad y = 2$$

A interseção com o eixo z é dada por $x = y = 0$, ou seja,

$$z = 6$$

O plano aparece na Figura 6.

Obtemos o traço no plano xy tomando $z = 0$ na equação do plano. Dessa forma, o traço é a reta $-2x + 3y = 6$ do plano xy (Figura 6).

Analogamente, o traço no plano xz é obtido tomando $y = 0$, que dá a reta $-2x + z = 6$ do plano xz. Finalmente, o traço no plano yz é $3y + z = 6$. ∎

Para esboçar um plano, é conveniente encontrar suas interseções com os eixos coordenados, a menos que o plano seja paralelo a algum dos eixos e, portanto, não o intersecte, ou o plano passe pela origem e, portanto, intersecte os três eixos num mesmo ponto. Nesses casos, podemos usar o vetor normal para ver como o plano está configurado no espaço.

ADVERTÊNCIA *Quando procuramos um vetor normal a um plano contendo os pontos P, Q e R, devemos ter o cuidado de calcular um produto vetorial como $\overrightarrow{PQ} \times \overrightarrow{PR}$. Um erro comum é usar um produto vetorial do tipo $\overrightarrow{OP} \times \overrightarrow{OQ}$ ou $\overrightarrow{OP} \times \overrightarrow{OR}$, que não precisa ser normal ao plano.*

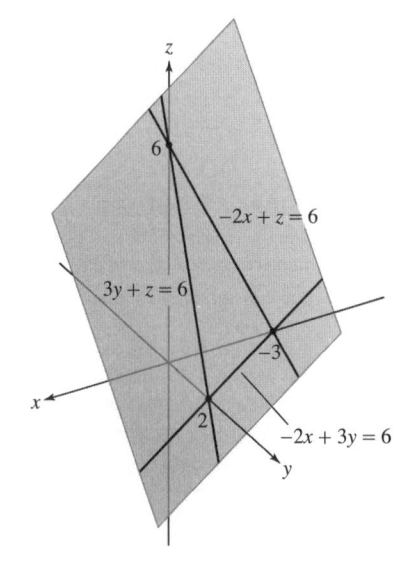

FIGURA 6 As três retas destacadas são os traços do plano $-2x + 3y + z = 6$ nos planos coordenados.

12.5 Resumo

- Equação do plano por $P_0 = (x_0, y_0, z_0)$ com vetor normal $\mathbf{n} = \langle a, b, c \rangle$:

  Forma vetorial: $\qquad\qquad\qquad \mathbf{n} \cdot \langle x, y, z \rangle = d$

  Formas escalares: $\qquad a(x - x_0) + b(y - y_0) + c(z - z_0) = 0$

  $$ax + by + cz = d$$

  sendo $d = \mathbf{n} \cdot \langle x_0, y_0, z_0 \rangle = ax_0 + by_0 + cz_0$.

- A família de planos paralelos com uma normal $\mathbf{n} = \langle a, b, c \rangle$ dada consiste em todos os planos de equação $ax + by + cz = d$, com algum d.
- O plano por três pontos P, Q e R não colineares:
  - $\mathbf{n} = \overrightarrow{PQ} \times \overrightarrow{PR}$
  - $d = \mathbf{n} \cdot \langle x_0, y_0, z_0 \rangle$, sendo $P = (x_0, y_0, z_0)$
- A interseção de um plano $\mathcal{P}$ com um plano coordenado ou um plano paralelo a um plano coordenado é denominada *traço*. O traço no plano yz é obtido tomando $x = 0$ na equação do plano (e analogamente para os traços nos planos xz e xy).

12.5 Exercícios

Exercícios preliminares

1. Qual é a equação do plano paralelo a $3x + 4y - z = 5$ que passa na origem?
2. O vetor $\mathbf{k}$ é normal a qual dos planos seguintes?
   (a) $x = 1$ (b) $y = 1$ (c) $z = 1$
3. Qual dos planos seguintes não é paralelo ao plano $x + y + z = 1$?
   (a) $2x + 2y + 2z = 1$ (b) $x + y + z = 3$
   (c) $x - y + z = 0$
4. O plano $y = 1$ é paralelo a qual dos planos coordenados?
5. Qual dos planos seguintes contém o eixo z?
   (a) $z = 1$ (b) $x + y = 1$ (c) $x + y = 0$
6. Suponha que um plano $\mathcal{P}$ de vetor normal $\mathbf{n}$ e uma reta $\mathcal{L}$ de vetor diretor $\mathbf{v}$ passem, ambos, pela origem e que $\mathbf{n} \cdot \mathbf{v} = 0$. Qual das afirmações seguintes está correta?
   (a) $\mathcal{L}$ está contida em $\mathcal{P}$.
   (b) $\mathcal{L}$ é ortogonal a $\mathcal{P}$.

Exercícios

Nos Exercícios 1-8, escreva uma equação do plano de vetor normal $\mathbf{n}$ passando pelo ponto dado na forma escalar $ax + by + cz = d$.

1. $\mathbf{n} = \langle 1, 3, 2 \rangle$, $(4, -1, 1)$
2. $\mathbf{n} = \langle -1, 2, 1 \rangle$, $(3, 1, 9)$
3. $\mathbf{n} = \langle -1, 2, 1 \rangle$, $(4, 1, 5)$
4. $\mathbf{n} = \langle 2, -4, 1 \rangle$, $\left(\frac{1}{3}, \frac{2}{3}, 1\right)$
5. $\mathbf{n} = \mathbf{i}$, $(3, 1, -9)$
6. $\mathbf{n} = \mathbf{j}$, $\left(-5, \frac{1}{2}, \frac{1}{2}\right)$
7. $\mathbf{n} = \mathbf{k}$, $(6, 7, 2)$
8. $\mathbf{n} = \mathbf{i} - \mathbf{k}$, $(4, 2, -8)$

9. Escreva a equação de um plano qualquer pela origem.
10. Escreva as equações de dois planos distintos quaisquer de vetor normal $\mathbf{n} = \langle 3, 2, 1 \rangle$, mas que não passem pela origem.
11. Qual das afirmações seguintes é verdadeira sobre um plano paralelo ao plano yz?
    (a) $\mathbf{n} = \langle 0, 0, 1 \rangle$ é um vetor normal.
    (b) $\mathbf{n} = \langle 1, 0, 0 \rangle$ é um vetor normal.
    (c) A equação tem a forma $ay + bz = d$
    (d) A equação tem a forma $x = d$.
12. Encontre um vetor normal $\mathbf{n}$ e uma equação dos planos nas Figuras 7(A)-(C).

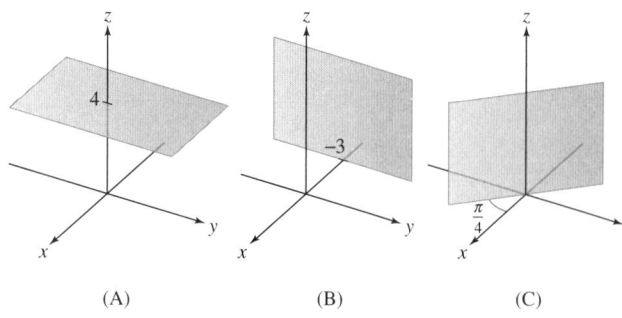

FIGURA 7

Nos Exercícios 13-16, encontre um vetor normal ao plano de equação dada.

13. $9x - 4y - 11z = 2$
14. $x - z = 0$
15. $3(x - 4) - 8(y - 1) + 11z = 0$
16. $x = 1$

Nos Exercícios 17-20, encontre uma equação do plano que passa pelos três pontos dados.

17. $P = (2, -1, 4)$, $Q = (1, 1, 1)$, $R = (3, 1, -2)$
18. $P = (5, 1, 1)$, $Q = (1, 1, 2)$, $R = (2, 1, 1)$
19. $P = (1, 0, 0)$, $Q = (0, 1, 1)$, $R = (2, 0, 1)$
20. $P = (2, 0, 0)$, $Q = (0, 4, 0)$, $R = (0, 0, 2)$

Nos Exercícios 21-28, encontre uma equação do plano com a descrição dada.

21. Passa por O e é paralelo a $4x - 9y + z = 3$.
22. Passa por $(4, 1, 9)$ e é paralelo a $x + y + z = 3$.
23. Passa por $(4, 1, 9)$ e é paralelo a $x = 3$.
24. Passa por $P = (3, 5, -9)$ e é paralelo ao plano xz.
25. Passa por $(-2, -3, 5)$ e tem vetor normal $\mathbf{i} + \mathbf{k}$.
26. Contém as retas $\mathbf{r}_1(t) = \langle t, 2t, 3t \rangle$ e $\mathbf{r}_2(t) = \langle 3t, t, 8t \rangle$.
27. Contém as retas $\mathbf{r}_1(t) = \langle 2, 1, 0 \rangle + \langle t, 2t, 3t \rangle$ e $\mathbf{r}_2(t) = \langle 2, 1, 0 \rangle + \langle 3t, t, 8t \rangle$.
28. Contém $P = (-1, 0, 1)$ e $\mathbf{r}(t) = \langle t + 1, 2t, 3t - 1 \rangle$.
29. Serão paralelos os planos $\frac{1}{2}x + 2y - z = 5$ e $3x + 12y - 6z = 1$?
30. Serão paralelos os planos $2x - 4y - z = 3$ e $-6x + 12y + 3z = 1$?

Nos Exercícios 31-35, esboce o plano de equação dada.

31. $x + y + z = 4$
32. $3x + 2y - 6z = 12$
33. $12x - 6y + 4z = 6$
34. $x + 2y = 6$
35. $x + y + z = 0$
36. Sejam a, b, c constantes. Quais duas das equações seguintes definem o plano que passa por $(a, 0, 0), (0, b, 0), (0,0, c)$?
   (a) $ax + by + cz = 1$
   (b) $bcx + acy + abz = abc$
   (c) $bx + cy + az = 1$
   (d) $\dfrac{x}{a} + \dfrac{y}{b} + \dfrac{z}{c} = 1$

37. Encontre uma equação do plano $\mathcal{P}$ na Figura 8.

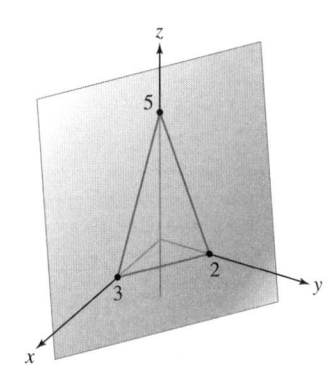

FIGURA 8

38. Verifique que a interseção do plano $x - y + 5z = 10$ e da reta $\mathbf{r}(t) = \langle 1, 0, 1 \rangle + t \langle -2, 1, 1 \rangle$ é o ponto $P = (-3, 2, 3)$.

Nos Exercícios 39-42, encontre a interseção da reta e do plano.

39. $x + y + z = 14$, $\mathbf{r}(t) = \langle 1, 1, 0 \rangle + t \langle 0, 2, 4 \rangle$
40. $2x + y = 3$, $\mathbf{r}(t) = \langle 2, -1, -1 \rangle + t \langle 1, 2, -4 \rangle$
41. $z = 12$, $\mathbf{r}(t) = t \langle -6, 9, 36 \rangle$
42. $x - z = 6$, $\mathbf{r}(t) = \langle 1, 0, -1 \rangle + t \langle 4, 9, 2 \rangle$

Nos Exercícios 43-48, encontre o traço do plano no plano coordenado dado.

43. $3x - 9y + 4z = 5$, yz
44. $3x - 9y + 4z = 5$, xz
45. $3x + 4z = -2$, xy
46. $3x + 4z = -2$, xz
47. $-x + y = 4$, xz
48. $-x + y = 4$, yz
49. O plano $x = 5$ tem um traço no plano yz? Explique.
50. Obtenha as equações de dois planos distintos cujos traços no plano xy tenham equação $4x + 3y = 8$.
51. Obtenha as equações de dois planos distintos cujos traços no plano yz tenham equação $y = 4z$.
52. Encontre equações paramétricas da reta por $P_0 = (3, -1, 1)$ perpendicular ao plano $3x + 5y - 7z = 29$.
53. Encontre todos os planos de $\mathbf{R}^3$ cujas interseções com o plano xz sejam a reta de equação $3x + 2z = 5$.
54. Encontre todos os planos de $\mathbf{R}^3$ cujas interseções com o plano xy sejam a reta $\mathbf{r}(t) = t \langle 2, 1, 0 \rangle$.

Nos Exercícios 55-60, calcule o ângulo entre os dois planos, definido como sendo o ângulo θ (entre 0 e π) formado por duas normais dos planos (Figura 9).

55. Planos de normais $\mathbf{n}_1 = \langle 1, 0, 1 \rangle$, $\mathbf{n}_2 = \langle -1, 1, 1 \rangle$
56. Planos de normais $\mathbf{n}_1 = \langle 1, 2, 1 \rangle$, $\mathbf{n}_2 = \langle 4, 1, 3 \rangle$
57. $2x + 3y + 7z = 2$ e $4x - 2y + 2z = 4$
58. $x - 3y + z = 3$ e $2x - 3z = 4$
59. $3(x - 1) - 5y + 2(z - 12) = 0$ e o plano de normal $\mathbf{n} = \langle 1, 0, 1 \rangle$
60. O plano por $(1, 0, 0), (0, 1, 0)$ e $(0, 0, 1)$ e o plano yz

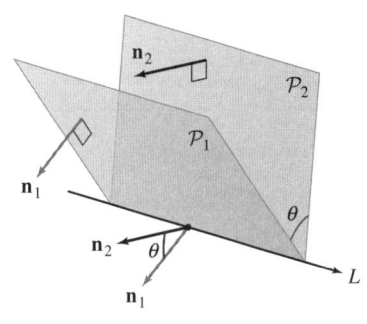

FIGURA 9 Por definição, o ângulo entre dois planos é o ângulo θ entre seus vetores normais.

61. Encontre uma equação de um plano que faça um ângulo de $\dfrac{\pi}{2}$ com o plano $3x + y - 4z = 2$.
62. Sejam $\mathcal{P}_1$ e $\mathcal{P}_2$ planos de normais $\mathbf{n}_1$ e $\mathbf{n}_2$. Suponha que os planos não sejam paralelos e seja $\mathcal{L}$ sua interseção (uma reta). Mostre que $\mathbf{n}_1 \times \mathbf{n}_2$ é um vetor diretor de $\mathcal{L}$.
63. Encontre um plano que seja perpendicular aos dois planos $x + y = 3$ e $x + 2y - z = 4$.
64. Seja $\mathcal{L}$ a interseção dos planos $x + y + z = 1$ e $x + 2y + 3z = 1$. Use o Exercício 62 para encontrar um vetor diretor de $\mathcal{L}$. Em seguida, encontre, *sem fazer contas*, um ponto P em $\mathcal{L}$ e escreva as equações paramétricas de $\mathcal{L}$.
65. Seja $\mathcal{L}$ a interseção dos planos $x - y - z = 1$ e $2x + 3y + z = 2$. Encontre equações paramétricas da reta $\mathcal{L}$. *Sugestão:* para encontrar um ponto de $\mathcal{L}$, substitua um valor arbitrário em z (digamos, $z = 2$) e resolva o par de equações resultantes em x e y.
66. Encontre equações paramétricas da interseção dos planos $2x + y - 3z = 0$ e $x + y = 1$.
67. Dois vetores $\mathbf{v}$ e $\mathbf{w}$, cada um de comprimento 12, estão no plano $x + 2y - 2z = 0$. O ângulo entre $\mathbf{v}$ e $\mathbf{w}$ é de $\pi/6$. Essa informação determina $\mathbf{v} \times \mathbf{w}$ a menos de um sinal ± 1. Quais são os valores possíveis de $\mathbf{v} \times \mathbf{w}$?
68. O plano
$$\dfrac{x}{2} + \dfrac{y}{4} + \dfrac{z}{3} = 1$$
intersecta os eixos x, y e z nos pontos P, Q e R. Encontre a área do triângulo $\triangle PQR$.

69. 📖 Neste exercício, mostramos que a distância ortogonal D do plano $\mathcal{P}$ de equação $ax + by + cz = d$ à origem O é igual a (Figura 10)

$$D = \frac{|d|}{\sqrt{a^2 + b^2 + c^2}}$$

Seja $\mathbf{n} = \langle a, b, c \rangle$ e denote por P o ponto em que a reta por $\mathbf{n}$ intersecta $\mathcal{P}$. Por definição, a distância ortogonal de $\mathcal{P}$ a O é a distância de P a O.

(a) Mostre que P é o ponto final de $\mathbf{v} = \left(\dfrac{d}{\mathbf{n} \cdot \mathbf{n}}\right) \mathbf{n}$.

(b) Mostre que a distância de P a O é D.

70. Use o Exercício 69 para calcular a distância ortogonal do plano $x + 2y + 3z = 5$ à origem.

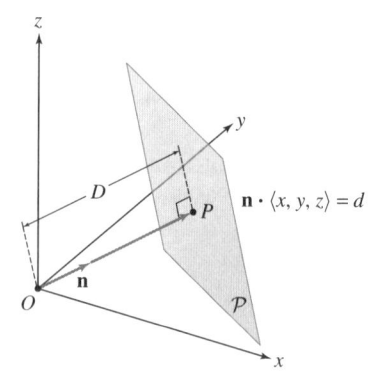

FIGURA 10

Compreensão adicional e desafios

Nos Exercícios 71 e 72, seja $\mathcal{P}$ um plano de equação

$$ax + by + cz = d$$

e vetor normal $\mathbf{n} = \langle a, b, c \rangle$. Dado qualquer ponto Q, existe um único ponto P de $\mathcal{P}$ que está mais próximo de Q, e esse ponto é tal que $\overrightarrow{PQ}$ é ortogonal a $\mathcal{P}$ (Figura 11).

71. Mostre que o ponto P de $\mathcal{P}$ mais próximo de Q é determinado pela equação

$$\overrightarrow{OP} = \overrightarrow{OQ} + \left(\frac{d - \overrightarrow{OQ} \cdot \mathbf{n}}{\mathbf{n} \cdot \mathbf{n}}\right) \mathbf{n} \quad \boxed{7}$$

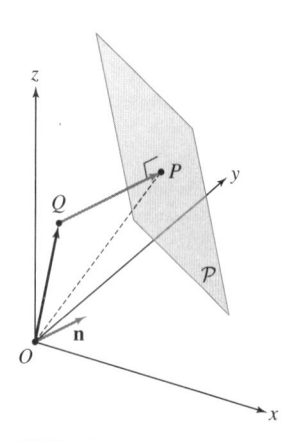

FIGURA 11

72. Por definição, a distância de $Q = (x_1, y_1, z_1)$ ao plano $\mathcal{P}$ é a distância de Q ao ponto P de $\mathcal{P}$ que está mais próximo de Q. Prove que

$$\text{Distância de } Q \text{ a } \mathcal{P} = \frac{|ax_1 + by_1 + cz_1 - d|}{\|\mathbf{n}\|} \quad \boxed{8}$$

73. Use a Equação (7) para encontrar o ponto P do plano $x + y + z = 1$ que está mais próximo de $Q = (2, 1, 2)$.

74. Encontre o ponto P mais próximo de $Q = (-1, 3, -1)$ no plano

$$x - 4z = 2$$

75. Use a Equação (8) para encontrar a distância de $Q = (1, 1, 1)$ ao plano $2x + y + 5z = 2$.

76. Encontre a distância de $Q = (1, 2, 2)$ ao plano $\mathbf{n} \cdot \langle x, y, z \rangle = 3$, se $\mathbf{n} = \langle \frac{3}{5}, \frac{4}{5}, 0 \rangle$.

77. Qual é a distância de $Q = (a, b, c)$ ao plano $x = 0$? Visualize sua resposta geometricamente e a explique, sem fazer contas. Em seguida, verifique que a Equação (8) dá a mesma resposta.

78. Dizemos que a equação de um plano $\mathbf{n} \cdot \langle x, y, z \rangle = d$ está em **forma normal** se $\mathbf{n}$ for um vetor unitário. Mostre que, neste caso, $|d|$ é a distância do plano à origem. Escreva a equação do plano $4x - 2y + 4z = 24$ em forma normal.

12.6 Classificação de superfícies quádricas

As superfícies quádricas são o análogo para superfícies das seções cônicas. Lembre que uma seção cônica é uma curva em $\mathbf{R}^2$ definida por uma equação quadrática a duas variáveis. Uma superfície quádrica é definida por uma equação quadrática a *três* variáveis:

$$Ax^2 + By^2 + Cz^2 + Dxy + Eyz + Fzx + ax + by + cz + d = 0 \quad \boxed{1}$$

Para garantir que a Equação (1) seja genuinamente quadrática, supomos que os coeficientes A, B, C, D, E e F de grau dois não sejam todos nulos.

Assim como as seções cônicas, as superfícies quádricas são classificadas num número pequeno de tipos. A equação da quádrica tem uma forma simples quando os eixos coordenados são escolhidos de modo a coincidir com os eixos da quádrica. Nesse caso, dizemos que a quádrica está em **posição padrão**. Em posição padrão, os coeficientes D, E e F são todos nulos, e a parte linear ($ax + by + cz + d$) também se reduz ao termo constante d. Neste pequeno levantamento das quádricas, restringimos nossa atenção às quádricas em posição padrão. A ideia aqui é não memorizar as fórmulas das várias superfícies quádricas, mas sim ser capaz de reconhecê-las e traçar seu gráfico usando seções transversais obtidas cortando a superfície com certos planos, como veremos a seguir.

O análogo da elipse para superfícies é o **elipsoide**, que tem a forma de um ovo (Figura 1). Em posição padrão, o elipsoide tem a equação

$$\text{Elipsoide} \quad \left(\frac{x}{a}\right)^2 + \left(\frac{y}{b}\right)^2 + \left(\frac{z}{c}\right)^2 = 1$$

Se $a = b = c$, essa equação é equivalente a $x^2 + y^2 + z^2 = a^2$ e o elipsoide é uma esfera de raio a.

Costumamos representar superfícies graficamente por um reticulado de curvas denominadas **traços**, obtidos pela interseção da superfície com planos paralelos a um dos planos coordenados (Figura 2), que fornecem certas seções transversais da superfície. Algebricamente, isso corresponde a **congelar** uma das três variáveis (mantendo-a constante). Por exemplo, a interseção do plano horizontal $z = z_0$ com a superfície é uma curva de traço horizontal.

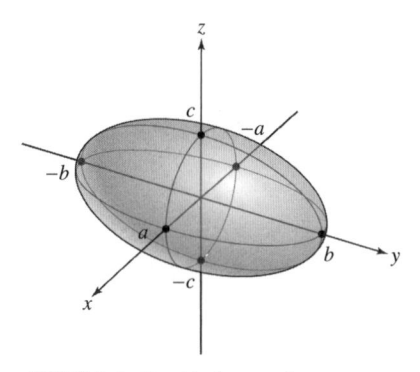

FIGURA 1 O elipsoide de equação $\left(\frac{x}{a}\right)^2 + \left(\frac{y}{b}\right)^2 + \left(\frac{z}{c}\right)^2 = 1$.

■ **EXEMPLO 1** Os traços de um elipsoide Descreva os traços do elipsoide

$$\left(\frac{x}{5}\right)^2 + \left(\frac{y}{7}\right)^2 + \left(\frac{z}{9}\right)^2 = 1$$

Solução Inicialmente, observamos que os traços nos planos coordenados são elipses [Figura 3(A)]:

Traço xy (tomando $z = 0$): $\quad \left(\frac{x}{5}\right)^2 + \left(\frac{y}{7}\right)^2 = 1$

Traço yz (tomando $x = 0$): $\quad \left(\frac{y}{7}\right)^2 + \left(\frac{z}{9}\right)^2 = 1$

Traço xz (tomando $y = 0$): $\quad \left(\frac{x}{5}\right)^2 + \left(\frac{z}{9}\right)^2 = 1$

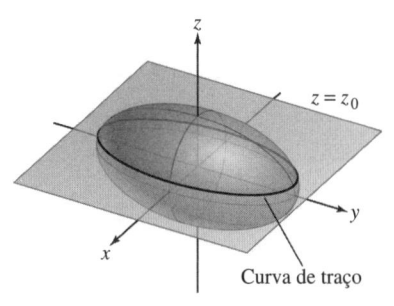

FIGURA 2 A interseção do plano $z = z_0$ com um elipsoide é uma elipse.

De fato, todos os traços de um elipsoide são elipses (ou, então, só um ponto). Por exemplo, o traço horizontal definido tomando $z = z_0$ é a elipse [Figura 3(B)]

Traço à altura z_0: $\quad \left(\frac{x}{5}\right)^2 + \left(\frac{y}{7}\right)^2 + \left(\frac{z_0}{9}\right)^2 = 1 \quad$ ou $\quad \frac{x^2}{25} + \frac{y^2}{49} = \underbrace{1 - \frac{z_0^2}{81}}_{\text{Uma constante}}$

O traço à altura $z_0 = 9$ é o único ponto $(0, 0, 9)$, porque $x^2/25 + y^2/49 = 0$ só tem uma única solução: $x = 0$, $y = 0$. Analogamente, se $z_0 = -9$, o traço é o ponto $(0, 0, -9)$. Se $|z_0| > 9$, então $1 - z_0^2/81 < 0$ e o plano fica acima ou abaixo do elipsoide. Nesse caso, o traço é desprovido de pontos. Os traços nos planos verticais $x = x_0$ e $y = y_0$ têm uma descrição análoga [Figura 3(C)]. ■

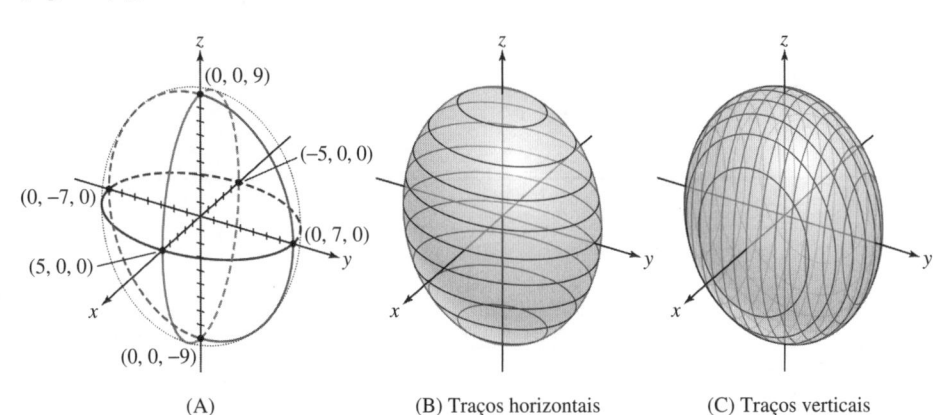

(A) (B) Traços horizontais (C) Traços verticais

FIGURA 3 O elipsoide $\left(\frac{x}{5}\right)^2 + \left(\frac{y}{7}\right)^2 + \left(\frac{z}{9}\right)^2 = 1$.

O análogo da hipérbole é o **hiperboloide**, que aparece em dois formatos, dependendo de a superfície ter um ou dois componentes. Dizemos que esses são os hiperboloides de uma e de duas folhas (Figura 4). Em posição padrão, têm as equações

Hiperboloides Uma folha $\left(\dfrac{x}{a}\right)^2 + \left(\dfrac{y}{b}\right)^2 = \left(\dfrac{z}{c}\right)^2 + 1$

Duas folhas $\left(\dfrac{x}{a}\right)^2 + \left(\dfrac{y}{b}\right)^2 = \left(\dfrac{z}{c}\right)^2 - 1$

$\boxed{2}$

Observe que um hiperboloide de duas folhas não contém pontos cujas coordenadas z satisfaçam $-c < z < c$ porque, neste caso, o lado direito $\left(\dfrac{z}{c}\right)^2 - 1$ é negativo, mas o lado esquerdo da equação é maior do que ou igual a zero.

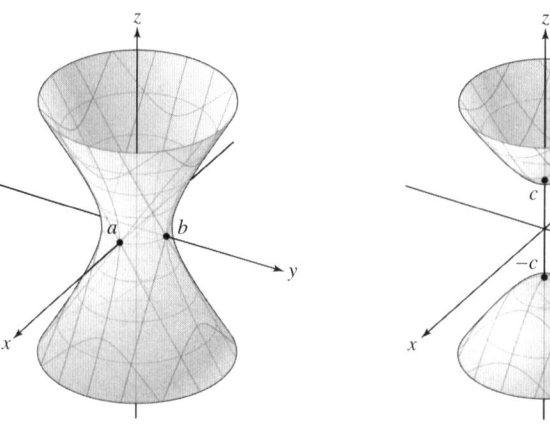

FIGURA 4 Os hiperboloides de uma e duas folhas.

(A) Hiperboloide de uma folha

(B) Hiperboloide de duas folhas

■ **EXEMPLO 2** **Os traços de um hiperboloide de uma folha** Determine os traços do hiperboloide $\left(\dfrac{x}{2}\right)^2 + \left(\dfrac{y}{3}\right)^2 = \left(\dfrac{z}{4}\right)^2 + 1$.

Solução Os traços horizontais são elipses e os traços verticais (paralelos aos planos yz ou xz) são hipérboles ou um par de retas concorrentes (Figura 5):

Traço $z = z_0$ (elipse): $\left(\dfrac{x}{2}\right)^2 + \left(\dfrac{y}{3}\right)^2 = \left(\dfrac{z_0}{4}\right)^2 + 1$

Traço $x = x_0$ (hipérbole): $\left(\dfrac{y}{3}\right)^2 - \left(\dfrac{z}{4}\right)^2 = 1 - \left(\dfrac{x_0}{2}\right)^2$

Traço $y = y_0$ (hipérbole): $\left(\dfrac{x}{2}\right)^2 - \left(\dfrac{z}{4}\right)^2 = 1 - \left(\dfrac{y_0}{3}\right)^2$ ■

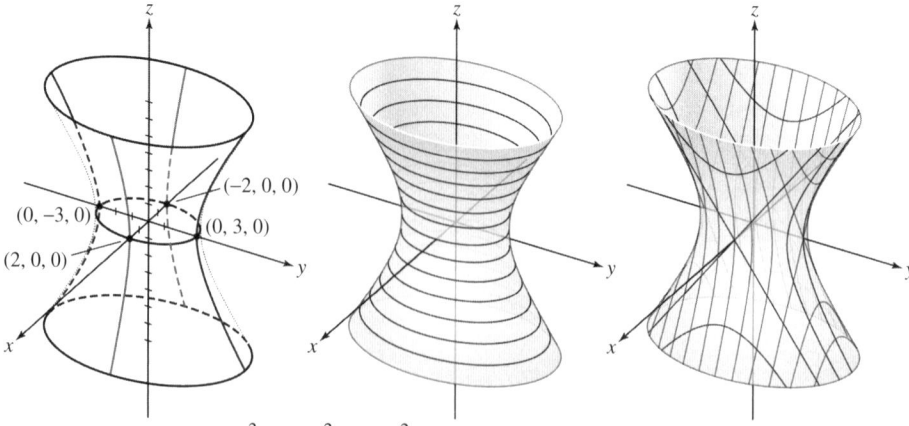

FIGURA 5 O hiperboloide $\left(\dfrac{x}{2}\right)^2 + \left(\dfrac{y}{3}\right)^2 = \left(\dfrac{z}{4}\right)^2 + 1$.

■ **EXEMPLO 3** **Hiperboloide de duas folhas simétrico em relação ao eixo** y Mostre que $\left(\frac{x}{a}\right)^2 + \left(\frac{z}{c}\right)^2 = \left(\frac{y}{b}\right)^2 - 1$ não tem pontos com $-b < y < b$.

Solução Essa equação não tem o mesmo formato da Equação (2), porque foram permutadas as variáveis y e z. Esse hiperboloide é simétrico em relação ao eixo y em vez do eixo z (Figura 6). O lado esquerdo da equação é sempre ≥ 0. Assim, não há soluções com $|y| < b$, pois o lado direito é $\left(\frac{y}{b}\right)^2 - 1 < 0$. Portanto, o hiperboloide tem duas folhas, correspondentes a $y \geq b$ e $y \leq -b$. ■

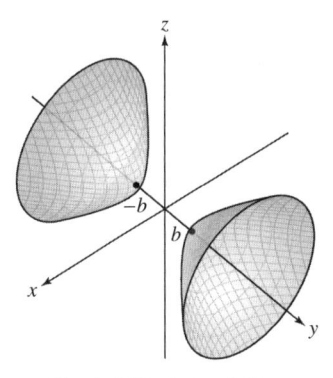

A equação seguinte define um **cone elíptico** (Figura 7):

$$\boxed{\text{Cone elíptico} \quad \left(\frac{x}{a}\right)^2 + \left(\frac{y}{b}\right)^2 = \left(\frac{z}{c}\right)^2}$$

Um cone elíptico pode ser pensado como um caso limite de um hiperboloide de uma folha em que "apertamos a cintura" até reduzi-la a um ponto. Os cones elípticos podem ser difíceis de entender. Observe o que acontece quando intersectamos o cone elíptico com os planos coordenados. Se $z = 0$, obtemos $\left(\frac{x}{a}\right)^2 + \left(\frac{y}{b}\right)^2 = 0$, que força $x = y = 0$. Assim, a interseção com o plano xy é somente a origem. Se $y = 0$, obtemos $\left(\frac{x}{a}\right)^2 = \left(\frac{z}{c}\right)^2$, que é o par de retas diagonais do plano xz dadas por $z = \pm \left(\frac{c}{a}\right) x$. Se $x = 0$, obtemos $\left(\frac{y}{b}\right)^2 = \left(\frac{z}{c}\right)^2$, que é o par de retas diagonais do plano yz dadas por $z = \pm \left(\frac{c}{b}\right) y$. No entanto, dadas essas retas diagonais, como poderíamos ver que elas geram um cone elíptico? O truque é cortar a superfície com planos paralelos ao plano xy. Por exemplo, tomando $z = 1$, o traço no plano $z = 1$ é dado por $\left(\frac{x}{a}\right)^2 + \left(\frac{y}{b}\right)^2 = \left(\frac{1}{c}\right)^2$. Essa é a equação de uma elipse. Cortando com o plano $z = 2$, obtemos uma elipse maior. Cortando com os planos $z = -1$ e $z = -2$, obtemos elipses semelhantes. Assim, podemos reconhecer que a superfície resultante é o cone elíptico que aparece na Figura 7.

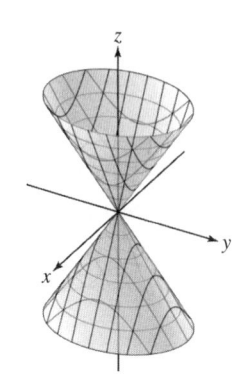

A terceira grande família de superfícies quádricas é a dos **paraboloides**. Existem dois tipos, os elípticos e os hiperbólicos. Em posição padrão, suas equações são

$$\boxed{\begin{array}{lll} \textbf{Paraboloides} & \text{Elíptico} & z = \left(\frac{x}{a}\right)^2 + \left(\frac{y}{b}\right)^2 \\ & \text{Hiperbólico} & z = \left(\frac{x}{a}\right)^2 - \left(\frac{y}{b}\right)^2 \end{array}} \quad \boxed{3}$$

Comparemos os traços desses paraboloides (Figura 8):

Hiperboloide de duas folhas

FIGURA 6 O hiperboloide de duas folhas $\left(\frac{x}{a}\right)^2 + \left(\frac{z}{c}\right)^2 = \left(\frac{y}{b}\right)^2 - 1$.

FIGURA 7 O cone elíptico $\left(\frac{x}{a}\right)^2 + \left(\frac{y}{b}\right)^2 = \left(\frac{z}{c}\right)^2$.

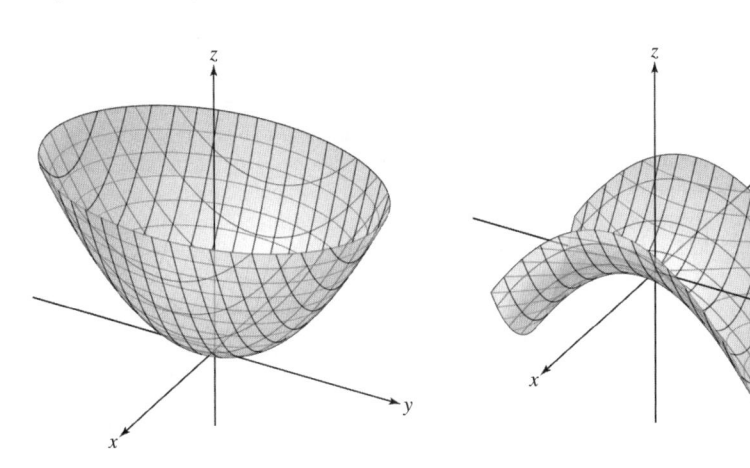

(A) Paraboloide elíptico
$z = \left(\frac{x}{2}\right)^2 + \left(\frac{y}{3}\right)^2$

(B) Paraboloide hiperbólico
$z = \left(\frac{x}{2}\right)^2 - \left(\frac{y}{3}\right)^2$

FIGURA 8

Os paraboloides desempenham um papel importante na otimização de funções de duas variáveis. O paraboloide elíptico na Figura 8 tem um mínimo local na origem. O paraboloide hiperbólico tem um formato de sela na origem, que é o análogo para superfícies de um ponto de inflexão.

674 Cálculo

	Paraboloide elíptico	Paraboloide hiperbólico
Traços horizontais	elipses	hipérboles
Traços verticais	parábolas para cima	parábolas para cima e para baixo

Observe, por exemplo, que no caso do paraboloide hiperbólico, os traços verticais $x = x_0$ são parábolas para baixo:

$$\underbrace{z = -\left(\frac{y}{b}\right)^2 + \left(\frac{x_0}{a}\right)^2}_{\text{Traço } x = x_0 \text{ do paraboloide hiperbólico}}$$

ao passo que os traços verticais $y = y_0$ são parábolas para cima:

$$\underbrace{z = \left(\frac{x}{a}\right)^2 - \left(\frac{y_0}{b}\right)^2}_{\text{Traço } y = y_0 \text{ do paraboloide hiperbólico}}$$

Não deixa de ser um pouco surpreendente que o corte do paraboloide hiperbólico com o plano $z = 0$, dado por $0 = \left(\frac{x}{a}\right)^2 - \left(\frac{y}{b}\right)^2$, seja o par de retas diagonais definidas por $y = \left(\frac{b}{a}\right) x$, que constituem o traço no plano xy. Não é óbvio que essa superfície contenha esse par de retas diagonais, mas isso é um fato.

■ **EXEMPLO 4** Forma alternativa de um paraboloide hiperbólico Mostre que $z = 4xy$ é um paraboloide hiperbólico escrevendo a equação em termos das variáveis $u = x + y$ e $v = x - y$.

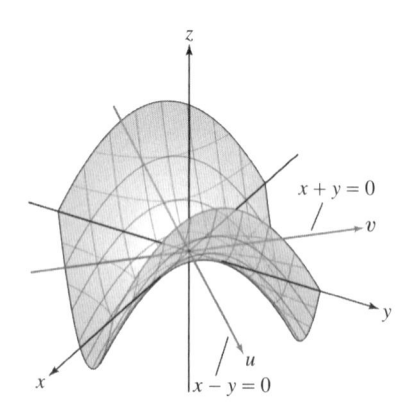

FIGURA 9 O paraboloide hiperbólico é definido por $z = 4xy$ ou $z = u^2 - v^2$.

Solução Note que $u + v = 2x$ e $u - v = 2y$. Portanto,

$$4xy = (u + v)(u - v) = u^2 - v^2$$

e, assim, nas coordenadas $\{u, v, z\}$, a equação toma a forma $z = u^2 - v^2$. As coordenadas $\{u, v, z\}$ são obtidas pela rotação das coordenadas $\{x, y, z\}$ por 45° em torno do eixo z (Figura 9). ■

■ **EXEMPLO 5** Sem utilizar as fórmulas, use traços para determinar e esboçar a superfície quádrica dada por $x^2 + 2z^2 - y^2 = 0$.

Solução Começamos fatiando pelos planos coordenados. Se $x = 0$, obtemos $2z^2 - y^2 = 0$ e, portanto, o traço no plano yz é o par de retas diagonais $z = \pm \frac{y}{\sqrt{2}}$. Se $y = 0$, obtemos $x^2 + 2z^2 = 0$, que tem a solução $x = z = 0$. Logo, o plano xz só intersecta a superfície num único ponto, que é a origem. Se $z = 0$, obtemos $x^2 - y^2 = 0$, que gera duas retas diagonais do plano xy, dadas por $y = \pm x$. No entanto, ainda é difícil obter a superfície resultante a partir desses traços. Assim, fatiamos a superfície com planos paralelos ao plano xz. Por exemplo, fixando $y = 1$, obtemos $x^2 + 2z^2 = 1$, que é uma elipse. Fixando $y = 2$, obtemos $x^2 + 2z^2 = 4$, que é uma elipse maior. O mesmo par de elipses é obtido cortando com os planos $y = -1$ e $y = -2$, respectivamente. Assim, agora podemos ver que a superfície é um cone elíptico abrindo ao longo do eixo y, como na Figura 10. ■

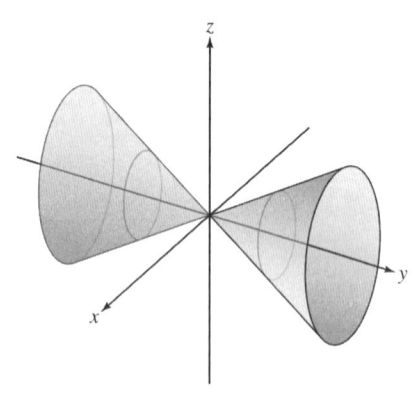

FIGURA 10 Um cone elíptico abrindo no eixo y.

Exemplos adicionais de superfícies quádricas são os **cilindros quadráticos**. Usamos o termo *cilindro* no sentido geral seguinte: dada uma curva $\mathcal{C}$ no plano xy, o cilindro de base $\mathcal{C}$ consiste em todas retas verticais que passam por $\mathcal{C}$ (Figura 11). As equações dos cilindros envolvem somente as duas variáveis x e y. A equação $x^2 + y^2 = r^2$ define um cilindro circular reto de raio r com eixo central no eixo z. A Figura 12 mostra um cilindro circular e três outros tipos de cilindros quadráticos.

Dizemos que os elipsoides, hiperboloides, paraboloides e cilindros quadráticos são superfícies quádricas **não degeneradas**. Também existem algumas superfícies quádricas "degeneradas". Por exemplo, $x^2 + y^2 + z^2 = 0$ é uma quádrica que reduz ao único ponto $(0, 0, 0)$ e $(x + y + z)^2 = 1$ reduz à união dos dois planos $x + y + z = \pm 1$.

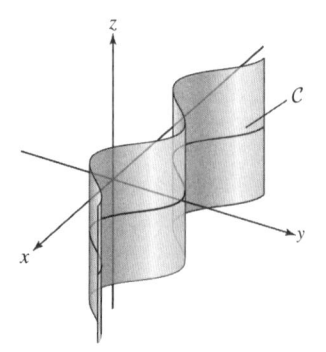

FIGURA 11 O cilindro de base $\mathcal{C}$.

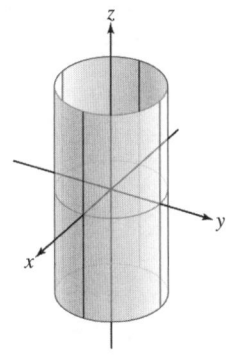

$x^2 + y^2 = r^2$
Cilindro circular reto de raio r

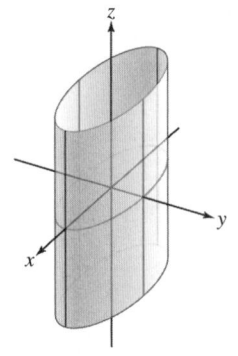

$\left(\dfrac{x}{a}\right)^2 + \left(\dfrac{y}{b}\right)^2 = 1$
Cilindro elíptico

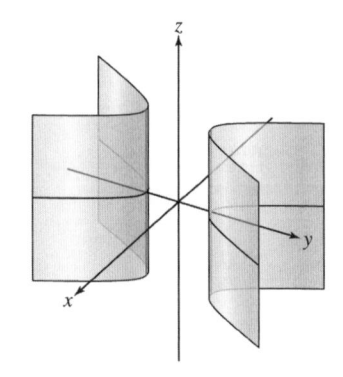

$\left(\dfrac{x}{a}\right)^2 - \left(\dfrac{y}{b}\right)^2 = 1$
Cilindro hiperbólico

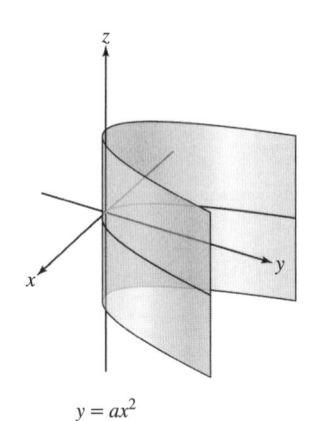

$y = ax^2$
Cilindro parabólico

FIGURA 12

12.6 Resumo

- Uma *superfície quádrica* é uma superfície definida por uma equação quadrática a três variáveis em que os coeficientes $A-F$ não são todos nulos:

$$Ax^2 + By^2 + Cz^2 + Dxy + Eyz + Fzx + ax + by + cz + d = 0$$

- Superfícies quádricas em posição padrão:

Elipsoide

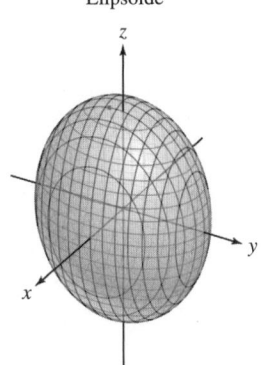

$\left(\dfrac{x}{a}\right)^2 + \left(\dfrac{y}{b}\right)^2 + \left(\dfrac{z}{c}\right)^2 = 1$

Hiperboloide (de uma folha)

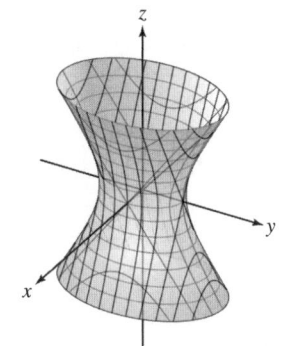

$\left(\dfrac{x}{a}\right)^2 + \left(\dfrac{y}{b}\right)^2 = \left(\dfrac{z}{c}\right)^2 + 1$

Hiperboloide (de duas folhas)

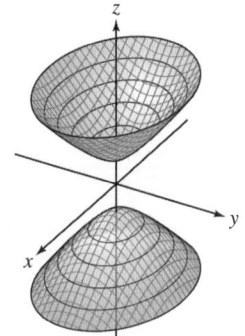

$\left(\dfrac{x}{a}\right)^2 + \left(\dfrac{y}{b}\right)^2 = \left(\dfrac{z}{c}\right)^2 - 1$

Paraboloide (elíptico)

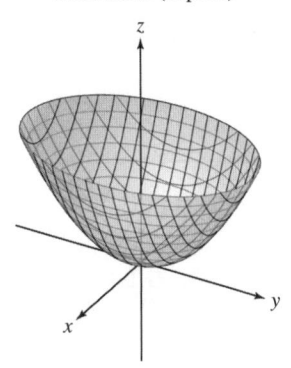

$z = \left(\dfrac{x}{a}\right)^2 + \left(\dfrac{y}{b}\right)^2$

Paraboloide (hiperbólico)

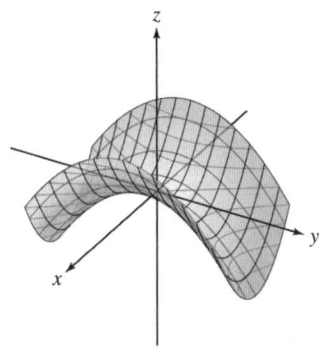

$z = \left(\dfrac{x}{a}\right)^2 - \left(\dfrac{y}{b}\right)^2$

Cone (elíptico)

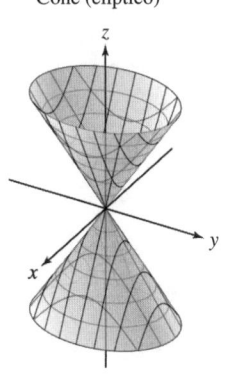

$\left(\dfrac{x}{a}\right)^2 + \left(\dfrac{y}{b}\right)^2 = \left(\dfrac{z}{c}\right)^2$

- Um cilindro (vertical) é uma superfície consistindo em todas as retas verticais que passam por uma curva (denominada base) no plano xy. Um cilindro quadrático é um cilindro cuja base é uma seção cônica. Existem três tipos:

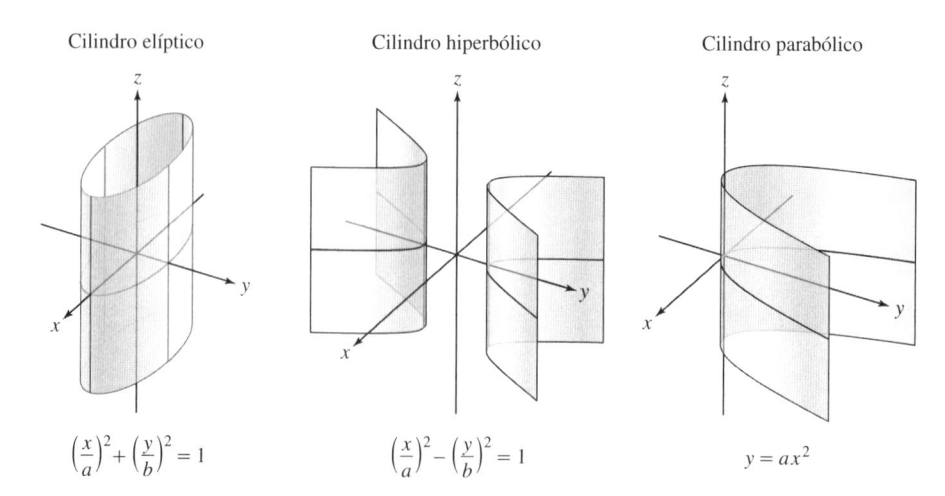

Cilindro elíptico
$\left(\dfrac{x}{a}\right)^2 + \left(\dfrac{y}{b}\right)^2 = 1$

Cilindro hiperbólico
$\left(\dfrac{x}{a}\right)^2 - \left(\dfrac{y}{b}\right)^2 = 1$

Cilindro parabólico
$y = ax^2$

12.6 Exercícios

Exercícios preliminares

1. Verdadeira ou falsa? Todos os traços de um elipsoide são elipses.
2. Verdadeira ou falsa? Todos os traços de um hiperboloide são hipérboles.
3. Quais superfícies quádricas têm ambas, as hipérboles e as parábolas, como traços?
4. Existe alguma superfície quádrica cujos traços sejam todos parábolas?
5. Dizemos que uma superfície é **limitada** se existir $M > 0$ tal que todo ponto da superfície esteja a uma distância de, no máximo, M da origem. Quais das superfícies quádricas são limitadas?
6. Qual é a definição de um cilindro parabólico?

Exercícios

Nos Exercícios 1-6, decida se a equação dada define um elipsoide ou hiperboloide e, se for um hiperboloide, se é de uma ou de duas folhas.

1. $\left(\dfrac{x}{2}\right)^2 + \left(\dfrac{y}{3}\right)^2 + \left(\dfrac{z}{5}\right)^2 = 1$
2. $\left(\dfrac{x}{5}\right)^2 + \left(\dfrac{y}{5}\right)^2 - \left(\dfrac{z}{7}\right)^2 = 1$
3. $x^2 + 3y^2 + 9z^2 = 1$
4. $-\left(\dfrac{x}{2}\right)^2 - \left(\dfrac{y}{3}\right)^2 + \left(\dfrac{z}{5}\right)^2 = 1$
5. $x^2 - 3y^2 + 9z^2 = 1$
6. $x^2 - 3y^2 - 9z^2 = 1$

Nos Exercícios 7-12, decida se a equação dada define um paraboloide elíptico ou hiperbólico ou um cone elíptico.

7. $z = \left(\dfrac{x}{4}\right)^2 + \left(\dfrac{y}{3}\right)^2$
8. $z^2 = \left(\dfrac{x}{4}\right)^2 + \left(\dfrac{y}{3}\right)^2$
9. $z = \left(\dfrac{x}{9}\right)^2 - \left(\dfrac{y}{12}\right)^2$
10. $4z = 9x^2 + 5y^2$
11. $3x^2 - 7y^2 = z$
12. $3x^2 + 7y^2 = 14z^2$

Nos Exercícios 13-20, decida o tipo da superfície quádrica e descreva o traço obtido pela interseção com o plano dado.

13. $x^2 + \left(\dfrac{y}{4}\right)^2 + z^2 = 1$, $y = 0$
14. $x^2 + \left(\dfrac{y}{4}\right)^2 + z^2 = 1$, $y = 5$
15. $x^2 + \left(\dfrac{y}{4}\right)^2 + z^2 = 1$, $z = \dfrac{1}{4}$
16. $\left(\dfrac{x}{2}\right)^2 + \left(\dfrac{y}{5}\right)^2 - 5z^2 = 1$, $x = 0$
17. $\left(\dfrac{x}{3}\right)^2 + \left(\dfrac{y}{5}\right)^2 - 5z^2 = 1$, $y = 1$
18. $4x^2 + \left(\dfrac{y}{3}\right)^2 - 2z^2 = -1$, $z = 1$
19. $y = 3x^2$, $z = 27$
20. $y = 3x^2$, $y = 27$
21. Combine cada um dos elipsoides na Figura 13 com a equação correta:
    (a) $x^2 + 4y^2 + 4z^2 = 16$
    (b) $4x^2 + y^2 + 4z^2 = 16$
    (c) $4x^2 + 4y^2 + z^2 = 16$

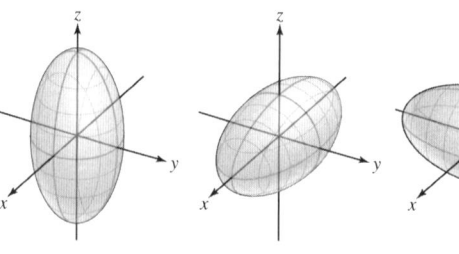

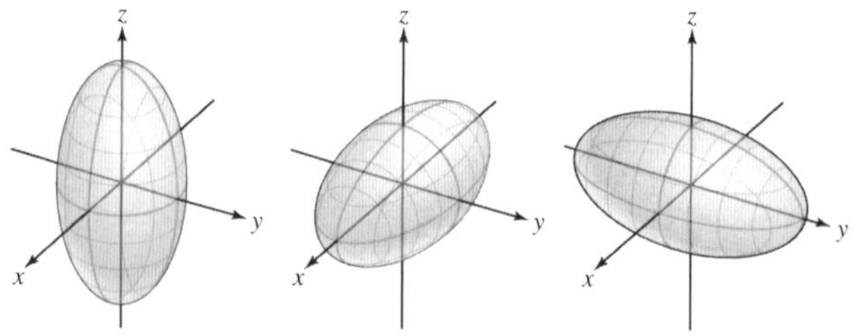

FIGURA 13

22. Descreva a superfície obtida escolhendo, na equação $\pm 8x^2 \pm 3y^2 \pm z^2 = 1$, (a) todos os sinais de mais, (b) um sinal de menos e (c) dois sinais de menos.

23. Qual é a equação da superfície obtida quando o paraboloide elíptico $z = \left(\dfrac{x}{2}\right)^2 + \left(\dfrac{y}{4}\right)^2$ é girado em torno do eixo x por 90º? Use a Figura 14.

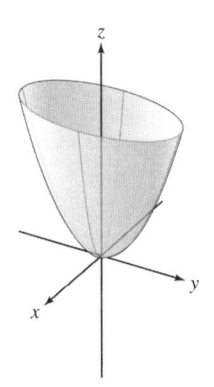

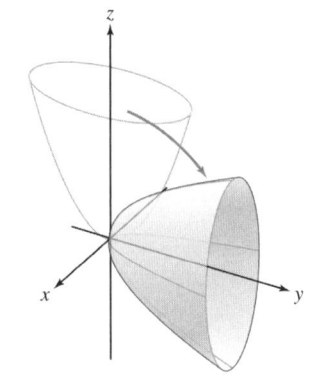

FIGURA 14

24. Descreva a interseção do plano horizontal $z = h$ com o hiperboloide $-x^2 - 4y^2 + 4z^2 = 1$. Essa interseção será vazia com quais valores de h?

Nos Exercícios 25-38, esboce a superfície dada.

25. $x^2 + y^2 - z^2 = 1$

26. $\left(\dfrac{x}{4}\right)^2 + \left(\dfrac{y}{8}\right)^2 + \left(\dfrac{z}{12}\right)^2 = 1$

27. $z = \left(\dfrac{x}{4}\right)^2 + \left(\dfrac{y}{8}\right)^2$

28. $z = \left(\dfrac{x}{4}\right)^2 - \left(\dfrac{y}{8}\right)^2$

29. $z^2 = \left(\dfrac{x}{4}\right)^2 + \left(\dfrac{y}{8}\right)^2$

30. $z = -x^2$

31. $x^2 - y^2 + 9z^2 = 9$

32. $y^2 + z^2 = 1$

33. $x = \operatorname{sen} y$

34. $x = 2y^2 - z^2$

35. $x = 1 + y^2 + z^2$

36. $x^2 - 4y^2 = z$

37. $x^2 + 9y^2 + 4z^2 = 36$

38. $y^2 - 4x^2 - z^2 = 4$

39. Encontre a equação do elipsoide que passa pelos pontos indicados na Figura 15(A).

40. Encontre a equação do cilindro elíptico que passa pelos pontos indicados na Figura 15(B).

41. Encontre a equação do hiperboloide mostrado na Figura 16(A).

42. Encontre a equação da superfície quádrica mostrada na Figura 16(B).

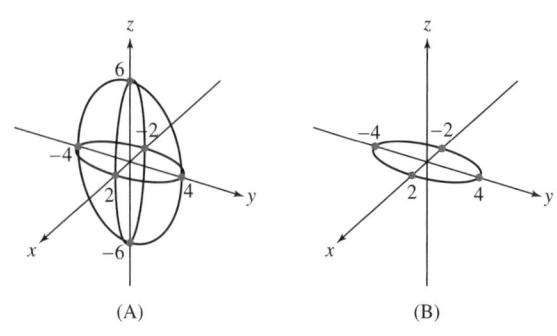

FIGURA 15

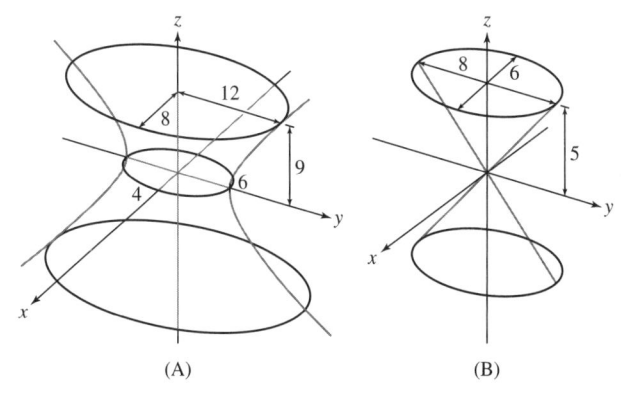

FIGURA 16

43. Determine os traços verticais dos cilindros elípticos e parabólicos em forma padrão.

44. Qual é a equação de um hiperboloide de uma ou duas folhas em forma padrão se cada traço horizontal for um círculo?

45. Seja $\mathcal{C}$ uma elipse num plano horizontal localizado acima do plano xy. Que tipo de superfície quádrica é constituída de todas as retas que passam pela origem e algum ponto de $\mathcal{C}$?

46. A excentricidade de uma seção cônica foi definida na Seção 11.5. Mostre que os traços horizontais do elipsoide

$$\left(\frac{x}{a}\right)^2 + \left(\frac{y}{b}\right)^2 + \left(\frac{z}{c}\right)^2 = 1$$

são elipses de mesma excentricidade (exceto pelos traços de altura $h = \pm c$, que reduzem a um único ponto). Encontre a excentricidade.

Compreensão adicional e desafios

47. Sejam $\mathcal{S}$ o hiperboloide $x^2 + y^2 = z^2 + 1$ e $P = (\alpha, \beta, 0)$ um ponto de $\mathcal{S}$ no plano (x, y). Mostre que existem precisamente duas retas por P inteiramente contidas em $\mathcal{S}$ (Figura 17). *Sugestão:* considere a reta $\mathbf{r}(t) = \langle \alpha + at, \beta + bt, t \rangle$ por P. Mostre que $\mathbf{r}(t)$ está contida em $\mathcal{S}$ se (a, b) for um dos dois pontos do círculo unitário obtidos pela rotação de (α, β) por um ângulo $\pm\dfrac{\pi}{2}$. Isso prova que um hiperboloide de uma folha é uma **superfície duplamente regrada**, o que significa que ela pode ser construída de duas maneiras diferentes por uma reta em movimento espacial.

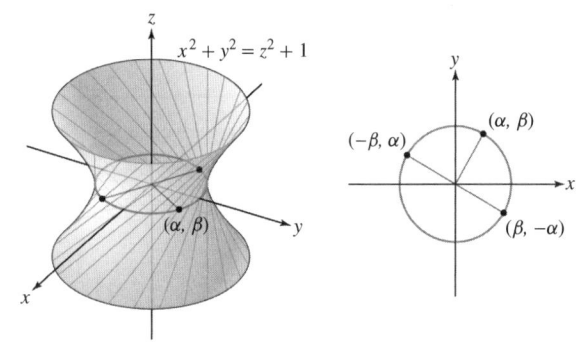

FIGURA 17

Nos Exercícios 48 e 49, seja $\mathcal{C}$ uma curva em $\mathbf{R}^3$ que não passa pela origem. O cone em $\mathcal{C}$ é a superfície consistindo em todas as retas que passam pela origem e algum ponto de $\mathcal{C}$ [Figura 18(A)].

48. Mostre que o cone elíptico $\left(\dfrac{z}{c}\right)^2 = \left(\dfrac{x}{a}\right)^2 + \left(\dfrac{y}{b}\right)^2$ é, na realidade, um cone na elipse $\mathcal{C}$ consistindo em todos os pontos (x, y, c) tais que $\left(\dfrac{x}{a}\right)^2 + \left(\dfrac{y}{b}\right)^2 = 1$.

44. Sejam a e c constantes não nulas e seja $\mathcal{C}$ a parábola à altura c consistindo em todos os pontos (x, ax^2, c) [Figura 18(B)]. Seja $\mathcal{S}$ o cone consistindo em todas as retas pela origem e algum ponto de $\mathcal{C}$. Neste exercício, mostramos que $\mathcal{S}$ é, também, um cone elíptico.
  (a) Mostre que $\mathcal{S}$ tem equação $yz = acx^2$.
  (b) Mostre que, com a mudança de variáveis $y = u + v$ e $z = u - v$, essa equação se transforma em $acx^2 = u^2 - v^2$, ou $u^2 = acx^2 + v^2$ (a equação de um cone elíptico nas variáveis x, v, u).

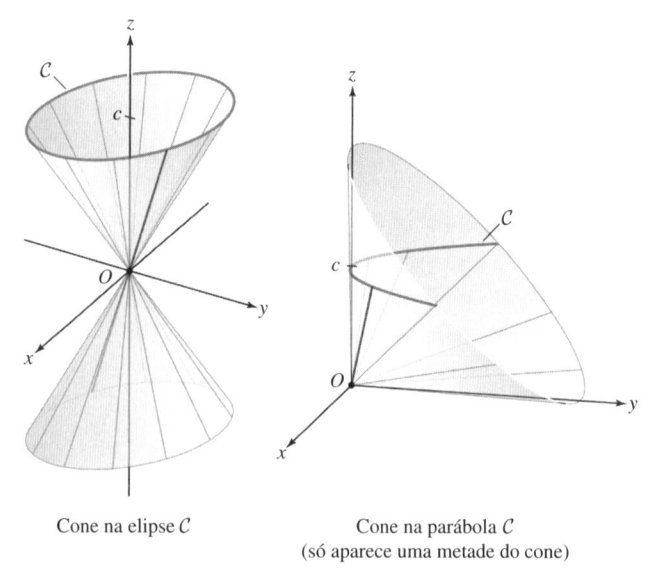

Cone na elipse $\mathcal{C}$ Cone na parábola $\mathcal{C}$
(só aparece uma metade do cone)

FIGURA 18

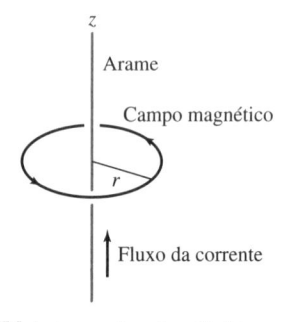

FIGURA 1 As coordenadas cilíndricas expressam convenientemente o campo magnético gerado por uma corrente que flui ao longo de um arame longo e reto.

12.7 Coordenadas cilíndricas e esféricas

Nesta seção, introduzimos duas generalizações das coordenadas polares para o $\mathbf{R}^3$: as coordenadas cilíndricas e as esféricas. Esses sistemas de coordenadas são comumente utilizados em problemas que tenham alguma simetria rotacional ou em relação a um eixo. Por exemplo, o campo magnético gerado por uma corrente que flui ao longo de um arame reto comprido é convenientemente expresso em coordenadas cilíndricas (Figura 1). Também veremos as vantagens das coordenadas cilíndricas e esféricas no estudo da mudança de variáveis em integrais múltiplas.

Coordenadas cilíndricas

Em coordenadas cilíndricas, substituímos as coordenadas x e y de um ponto $P = (x, y, z)$ por coordenadas polares. Assim, as **coordenadas cilíndricas** de P são (r, θ, z), em que (r, θ) são as coordenadas polares da projeção $Q = (x, y, 0)$ de P sobre o plano xy (Figura 2). Note que os pontos a uma distância r fixada do eixo z formam um cilindro, justificando o nome de coordenadas cilíndricas.

A conversão entre coordenadas retangulares e cilíndricas é feita com as fórmulas de conversão de retangulares em polares da Seção 11.3. Em coordenadas cilíndricas, costumamos supor $r \geq 0$.

Cilíndricas para retangulares	Retangulares para cilíndricas
$x = r \cos \theta$	$r = \sqrt{x^2 + y^2}$
$y = r \operatorname{sen} \theta$	$\operatorname{tg} \theta = \dfrac{y}{x}$
$z = z$	$z = z$

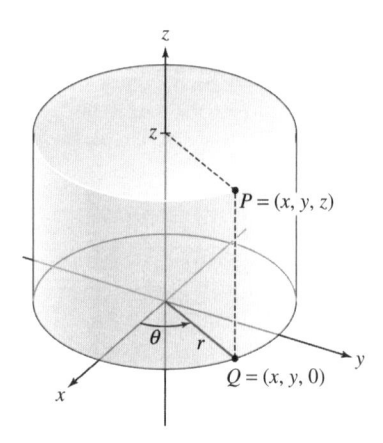

FIGURA 2 P tem coordenadas cilíndricas (r, θ, z).

■ **EXEMPLO 1** **Convertendo de coordenadas cilíndricas para retangulares** Encontre as coordenadas retangulares do ponto P de coordenadas cilíndricas $(r, \theta, z) = \left(2, \dfrac{3\pi}{4}, 5\right)$.

Solução A conversão para coordenadas retangulares é direta (Figura 3):

$$x = r \cos \theta = 2 \cos \dfrac{3\pi}{4} = 2\left(-\dfrac{\sqrt{2}}{2}\right) = -\sqrt{2}$$

$$y = r \operatorname{sen} \theta = 2 \operatorname{sen} \dfrac{3\pi}{4} = 2\left(\dfrac{\sqrt{2}}{2}\right) = \sqrt{2}$$

A coordenada z permanece inalterada, portanto $(x, y, z) = (-\sqrt{2}, \sqrt{2}, 5)$.

■ **EXEMPLO 2 Convertendo de coordenadas retangulares para cilíndricas** Encontre as coordenadas cilíndricas do ponto de coordenadas retangulares $(x, y, z) = (-3\sqrt{3}, -3, 5)$.

Solução Temos $r = \sqrt{x^2 + y^2} = \sqrt{(-3\sqrt{3})^2 + (-3)^2} = 6$. O ângulo θ satisfaz

$$\operatorname{tg} \theta = \frac{y}{x} = \frac{-3}{-3\sqrt{3}} = \frac{1}{\sqrt{3}} \quad \Rightarrow \quad \theta = \frac{\pi}{6} \quad \text{ou} \quad \frac{7\pi}{6}$$

A escolha correta é $\theta = \frac{7\pi}{6}$, porque a projeção $Q = (-3\sqrt{3}, -3, 0)$ está no terceiro quadrante (Figura 4). As coordenadas cilíndricas são $(r, \theta, z) = \left(6, \frac{7\pi}{6}, 5\right)$. ■

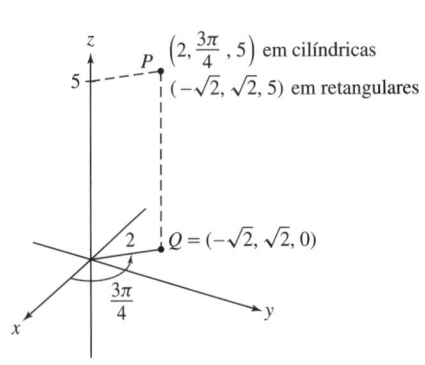

FIGURA 3

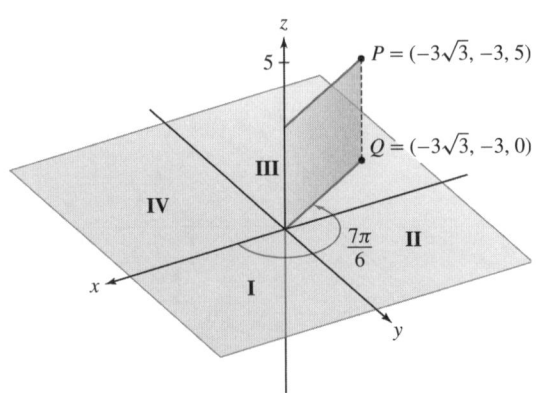

FIGURA 4 A projeção Q fica no terceiro quadrante. Portanto, $\theta = \frac{7\pi}{6}$.

FIGURA 5 Superfícies de nível em coordenadas cilíndricas.

As **superfícies de nível** de um sistema de coordenadas são as superfícies obtidas fazendo uma das coordenadas igual a uma constante. Em coordenadas retangulares, as superfícies de nível são os planos $x = x_0$, $y = y_0$ e $z = z_0$. Em coordenadas cilíndricas, temos superfícies de nível de três tipos (Figura 5). A superfície $r = R$ é o cilindro de raio R consistindo em todos os pontos localizados à distância R do eixo z. A equação $\theta = \theta_0$ define o semiplano de todos os pontos cuja projeção cai no raio $\theta = \theta_0$ do plano (x, y). Finalmente, $z = c$ é o plano horizontal à altura c.

Superfícies de nível em coordenadas cilíndricas:
- $r = R$ *Cilindro de raio R com eixo de simetria no eixo z*
- $\theta = \theta_0$ *Semiplano pelo eixo z fazendo um ângulo θ_0 com o plano xz*
- $z = c$ *Plano horizontal à altura c*

■ **EXEMPLO 3 Equações em coordenadas cilíndricas** Encontre uma equação da forma $z = f(r, \theta)$ para as superfícies

(a) $x^2 + y^2 + z^2 = 9$ **(b)** $x + y + z = 1$

Solução Usamos as fórmulas

$$x^2 + y^2 = r^2, \quad x = r \cos \theta, \quad y = r \operatorname{sen} \theta$$

(a) A equação $x^2 + y^2 + z^2 = 9$ passa a ser $r^2 + z^2 = 9$, ou $z = \pm\sqrt{9 - r^2}$. Isso é uma esfera de raio 3.

(b) O plano $x + y + z = 1$ passa a ser dado por

$$z = 1 - x - y = 1 - r\cos\theta - r\operatorname{sen}\theta \quad \text{ou} \quad z = 1 - r(\cos\theta + \operatorname{sen}\theta) \quad ■$$

■ **EXEMPLO 4 Esboço de gráficos em coordenadas cilíndricas** Esboce o gráfico da superfície que corresponde à equação $z = r^2$ em coordenadas cilíndricas.

Solução Poderíamos converter a equação para coordenadas retangulares e, então, veríamos que a equação é uma superfície quádrica e poderíamos utilizar as técnicas já desenvolvidas para esboçá-la. No entanto, é mais fácil esboçá-la sem converter. Começamos esboçando sua interseção com o plano yz. Observe que, com um ponto do plano yz, $|y|$ é a distância de volta ao eixo z. Logo, no plano yz, o comportamento de y e r é semelhante. Assim, neste exemplo, podemos trocar $z = r^2$ por $z = y^2$ no plano yz. Uma vez esboçada essa parábola, como não há restrição sobre θ, resta girar a parábola em torno do eixo z para obter o paraboloide circular mostrado na Figura 6. ■

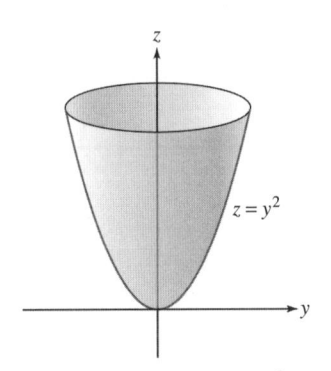

FIGURA 6 A rotação da curva $z = y^2$ em torno do eixo z gera a superfície $z = r^2$.

Coordenadas esféricas

As coordenadas esféricas utilizam o fato de que um ponto P de uma esfera de raio ρ é determinado por duas coordenadas angulares, θ e ϕ (Figura 7):

- θ é o ângulo polar da projeção Q de P sobre o plano xy.
- ϕ é **ângulo de declinação**, que mede quanto o raio por P declina da vertical.

Assim, P é determinado pelo terno (ρ, θ, ϕ), que são as **coordenadas esféricas**.

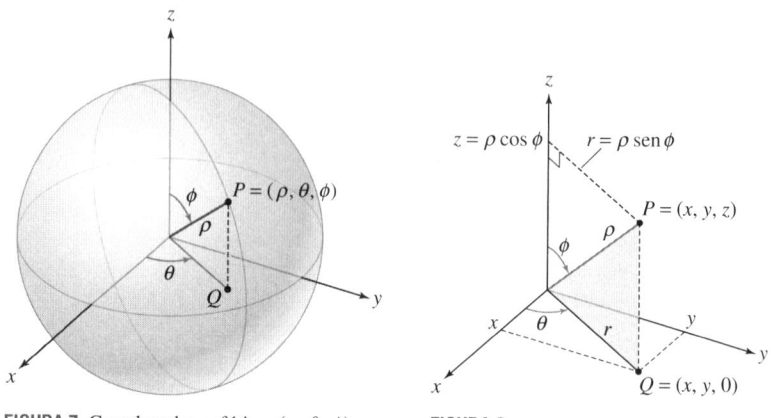

FIGURA 7 Coordenadas esféricas (ρ, θ, ϕ). **FIGURA 8**

- *O símbolo ϕ (pronunciado "fi") é a vigésima primeira letra do alfabeto grego.*
- *Utilizamos ρ (pronunciado "rô") para a coordenada radial, mesmo que r também seja utilizado para denotar a distância à origem em outros contextos.*

Coordenadas esféricas
ρ = distância à origem
θ = ângulo polar no plano xy
ϕ = declinação angular da vertical

Em alguns livros, θ é denominado ângulo azimutal e ϕ é o ângulo polar

Suponha que $P = (x, y, z)$ seja dado em coordenadas retangulares. Como ρ é a distância de P à origem,

$$\rho = \sqrt{x^2 + y^2 + z^2}$$

Por outro lado, vemos na Figura 8 que

$$\text{tg}\,\theta = \frac{y}{x}, \qquad \cos\phi = \frac{z}{\rho}$$

A coordenada radial r de $Q = (x, y, 0)$ é $r = \rho\,\text{sen}\,\phi$ e, portanto,

$$x = r\cos\theta = \rho\,\text{sen}\,\phi\cos\theta, \qquad y = r\,\text{sen}\,\theta = \rho\,\text{sen}\,\phi\,\text{sen}\,\theta, \qquad z = \rho\cos\phi$$

Esféricas para retangulares	Retangulares para esféricas
$x = \rho\,\text{sen}\,\phi\cos\theta$	$\rho = \sqrt{x^2 + y^2 + z^2}$
$y = \rho\,\text{sen}\,\phi\,\text{sen}\,\theta$	$\text{tg}\,\theta = \dfrac{y}{x}$
$z = \rho\cos\phi$	$\cos\phi = \dfrac{z}{\rho}$

■ **EXEMPLO 5 De coordenadas esféricas para retangulares** Encontre as coordenadas retangulares de $P = (\rho, \theta, \phi) = \left(3, \frac{\pi}{3}, \frac{\pi}{4}\right)$ e encontre a coordenada radial r da projeção Q de P sobre o plano xy.

Solução Pelas fórmulas destacadas acima,

$$x = \rho\,\text{sen}\,\phi\cos\theta = 3\,\text{sen}\,\frac{\pi}{4}\cos\frac{\pi}{3} = 3\left(\frac{\sqrt{2}}{2}\right)\frac{1}{2} = \frac{3\sqrt{2}}{4}$$

$$y = \rho\,\text{sen}\,\phi\,\text{sen}\,\theta = 3\,\text{sen}\,\frac{\pi}{4}\,\text{sen}\,\frac{\pi}{3} = 3\left(\frac{\sqrt{2}}{2}\right)\frac{\sqrt{3}}{2} = \frac{3\sqrt{6}}{4}$$

$$z = \rho\cos\phi = 3\cos\frac{\pi}{4} = 3\frac{\sqrt{2}}{2} = \frac{3\sqrt{2}}{2}$$

Agora, considere a projeção $Q = (x, y, 0) = \left(\frac{3\sqrt{2}}{4}, \frac{3\sqrt{6}}{4}, 0\right)$ (Figura 9). A coordenada radial r de Q satisfaz

$$r^2 = x^2 + y^2 = \left(\frac{3\sqrt{2}}{4}\right)^2 + \left(\frac{3\sqrt{6}}{4}\right)^2 = \frac{9}{2}$$

Portanto, $r = 3/\sqrt{2}$.

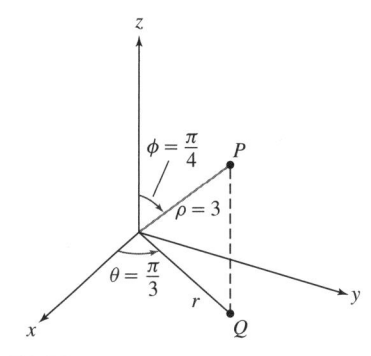

■ **EXEMPLO 6** De coordenadas retangulares para esféricas Encontre as coordenadas esféricas do ponto $P = (x, y, z) = (2, -2\sqrt{3}, 3)$.

Solução A coordenada radial é $\rho = \sqrt{2^2 + (-2\sqrt{3})^2 + 3^2} = \sqrt{25} = 5$. A coordenada angular θ satisfaz

$$\text{tg }\theta = \frac{y}{x} = \frac{-2\sqrt{3}}{2} = -\sqrt{3} \quad \Rightarrow \quad \theta = \frac{2\pi}{3} \text{ ou } \frac{5\pi}{3}$$

Como o ponto $(x, y) = (2, -2\sqrt{3})$ está no quarto quadrante, a escolha correta é $\theta = \frac{5\pi}{3}$ (Figura 10). Finalmente, $\cos\phi = \frac{z}{\rho} = \frac{3}{5}$ e, portanto, $\phi = \text{arc cos }\frac{3}{5} \approx 0{,}93$. Assim, P tem coordenadas esféricas $\left(5; \frac{5\pi}{3}; 0{,}93\right)$.

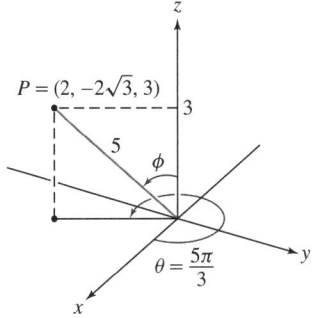

A Figura 11 mostra os três tipos de superfícies de nível em coordenadas esféricas. Observe que, se $\phi \neq 0, \frac{\pi}{2}$ ou π, então a superfície de nível $\phi = \phi_0$ é uma folha de cone circular reto consistindo nos pontos P tais que $\overline{OP}$ faz um ângulo ϕ_0 com o eixo z. Há três casos excepcionais: $\phi = \frac{\pi}{2}$ define o plano xy, $\phi = 0$ é o eixo z positivo e $\phi = \pi$ é o eixo z negativo.

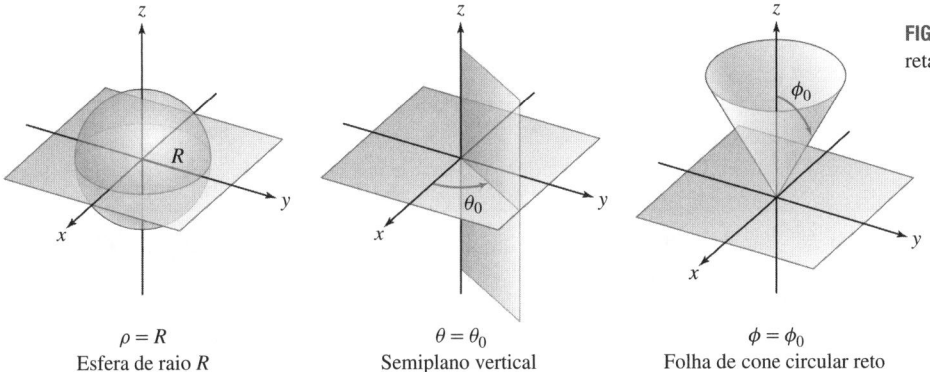

FIGURA 9 O ponto de coordenadas esféricas $\left(3, \frac{\pi}{3}, \frac{\pi}{4}\right)$.

FIGURA 10 O ponto de coordenadas retangulares $(2, -2\sqrt{3}, 3)$.

$\rho = R$
Esfera de raio R

$\theta = \theta_0$
Semiplano vertical

$\phi = \phi_0$
Folha de cone circular reto

FIGURA 11

■ **EXEMPLO 7** Encontrando uma equação em coordenadas esféricas Encontre uma equação da forma $\rho = f(\theta, \phi)$ para as superfícies

(a) $x^2 + y^2 + z^2 = 9$ (b) $z = x^2 - y^2$

Solução
(a) A equação $x^2 + y^2 + z^2 = 9$ define uma esfera de raio 3 centrada na origem. Como $\rho^2 = x^2 + y^2 + z^2$, a equação em esféricas é $\rho = 3$.
(b) Para converter $z = x^2 - y^2$ em esféricas, substituímos x, y e z pelas fórmulas em termos de ρ, θ e ϕ:

$$\underbrace{\rho\cos\phi}_{z} = \underbrace{(\rho\,\text{sen}\,\phi\cos\theta)^2}_{x^2} - \underbrace{(\rho\,\text{sen}\,\phi\,\text{sen}\,\theta)^2}_{y^2}$$

$\cos\phi = \rho\,\text{sen}^2\phi(\cos^2\theta - \text{sen}^2\theta)$ (dividimos por ρ e fatoramos)

$\cos\phi = \rho\,\text{sen}^2\phi\cos 2\theta$ (pois $\cos^2\theta - \text{sen}^2\theta = \cos 2\theta$)

Resolvendo em ρ, obtemos $\rho = \dfrac{\cos\phi}{\text{sen}^2\phi\cos 2\theta}$, que é válido com $\phi \neq 0, \pi$ e se $\theta \neq \pi/4$, $3\pi/4$, $5\pi/4$, $7\pi/4$.

As coordenadas angulares (θ, ϕ) numa esfera de raio fixo estão relacionadas de perto com o sistema de longitudes e latitudes utilizado para identificar pontos na superfície da Terra (Figura 12). Por convenção, utilizamos graus em vez de radianos.

- Uma **longitude** é um semicírculo que se estende do polo Norte ao polo Sul (Figura 13). Os eixos são escolhidos de tal modo que $\theta = 0$ passa por Greenwich, na Inglaterra (essa longitude é denominada *meridiano de Greenwich*). A longitude de um ponto é dada por um ângulo entre 0 e 180° junto com uma identificação L ou O, dependendo de o ponto estar a Leste ou Oeste de Greenwich.
- O conjunto de pontos da esfera satisfazendo $\phi = \phi_0$ é um círculo horizontal denominado uma **latitude**. Medimos as latitudes a partir do Equador e usamos a identificação N ou S para especificar o hemisfério Norte ou Sul. Assim, no hemisfério Norte $0 \le \phi_0 \le 90°$, uma coordenada esférica ϕ_0 corresponde à latitude $(90° - \phi_0)$ N. No hemisfério Sul $90° \le \phi_0 \le 180°$, ϕ_0 corresponde à latitude $(\phi_0 - 90°)$ S.

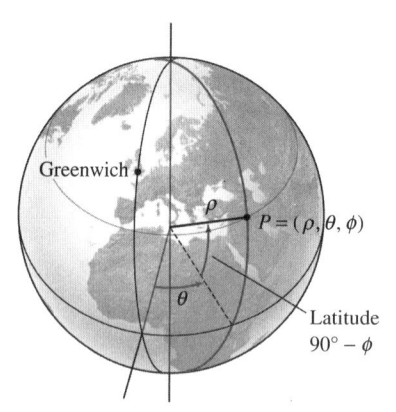

FIGURA 12 A longitude e a latitude dão coordenadas esféricas na superfície da Terra.

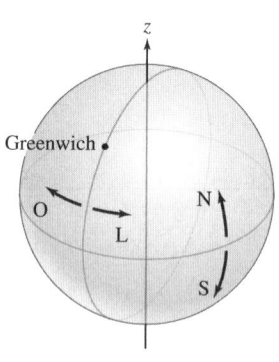

FIGURA 13 A latitude é medida a partir do Equador e é identificada por N (Norte) no hemisfério superior e S (Sul) no hemisfério inferior.

■ **EXEMPLO 8** **Coordenadas esféricas por longitude e latitude** Encontre os ângulos (θ, ϕ) de Nairobi (1,17° S, 36,48° L) e Ottawa (45,27° N, 75,42° O).

Solução Em Nairobi, $\theta = 36{,}48°$, já que a longitude fica a leste de Greenwich. A latitude de Nairobi é ao sul do Equador, portanto $1{,}17 = \phi_0 - 90$ e $\phi_0 = 91{,}17°$.

Em Ottawa, temos $\theta = 360 - 75{,}42 = 284{,}58°$ já que 75,42° O se refere a 75,42° no sentido θ negativo. Como a latitude de Ottawa é ao norte do Equador, temos $45{,}27 = 90 - \phi_0$ e $\phi_0 = 44{,}73°$. ■

■ **EXEMPLO 9** **Esboço de equações em coordenadas esféricas** Esboce a superfície correspondente à equação $\rho = \sec \phi$ em coordenadas esféricas.

Solução Poderíamos substituir alguns valores de ϕ para obter os valores correspondentes de ρ e, então, esboçar os pontos, mas isso não ficará muito preciso. Em vez disso, observe que podemos reescrever a equação:

$$\rho = \frac{1}{\cos \phi}$$

$$\rho \cos \phi = 1$$

Usando as equações de conversão, vemos que isso é $z = 1$. Assim, nossa superfície é, simplesmente, o plano horizontal de altura $z = 1$, como na Figura 14. ■

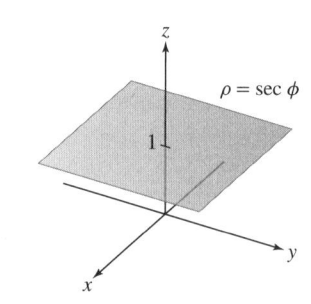

FIGURA 14 Esse plano é o gráfico de $\rho = \sec \phi$.

12.7 Resumo

- Conversão de coordenadas retangulares para cilíndricas (Figura 15) e esféricas (Figura 16):

Cilíndricas	Esféricas
$r = \sqrt{x^2 + y^2}$	$\rho = \sqrt{x^2 + y^2 + z^2}$
$\operatorname{tg} \theta = \dfrac{y}{x}$	$\operatorname{tg} \theta = \dfrac{y}{x}$
$z = z$	$\cos \phi = \dfrac{z}{\rho}$

Os ângulos são escolhidos de tal maneira que

$0 \leq \theta < 2\pi$ (cilíndricas ou esféricas), $0 \leq \phi \leq \pi$ (esféricas)

- Conversão para coordenadas retangulares:

Cilíndricas (r, θ, z)	Esféricas (ρ, θ, ϕ)
$x = r \cos \theta$	$x = \rho \operatorname{sen} \phi \cos \theta$
$y = r \operatorname{sen} \theta$	$y = \rho \operatorname{sen} \phi \operatorname{sen} \theta$
$z = z$	$z = \rho \cos \phi$

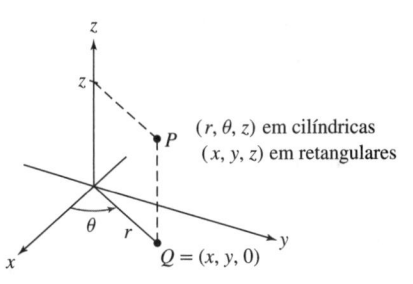

FIGURA 15 Coordenadas cilíndricas (r, θ, z).

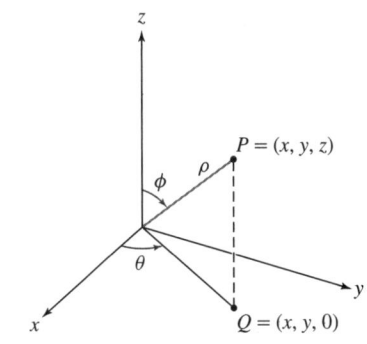

FIGURA 16 Coordenadas esféricas (ρ, θ, ϕ).

- Superfícies de nível:

Cilíndricas		Esféricas	
$r = R$:	Cilindro de raio R	$\rho = R$:	Esfera de raio R
$\theta = \theta_0$:	Semiplano vertical	$\theta = \theta_0$:	Semiplano vertical
$z = c$:	Plano horizontal	$\phi = \phi_0$:	Folha de cone circular reto

12.7 Exercícios

Exercícios preliminares

1. Descreva as superfícies $r = R$ em coordenadas cilíndricas e $\rho = R$ em coordenadas esféricas.
2. Qual afirmação acerca de coordenadas cilíndricas está correta?
   (a) Se $\theta = 0$, então P está no eixo z.
   (b) Se $\theta = 0$, então P está no plano xz.
3. Qual afirmação acerca de coordenadas esféricas está correta?
   (a) Se $\phi = 0$, então P está no eixo z.
   (b) Se $\phi = 0$, então P está no plano xy.
4. A superfície de nível $\phi = \phi_0$ em coordenadas esféricas, que geralmente é uma folha de cone, reduz a uma semirreta com dois valores de ϕ_0. Quais dois valores?
5. Com quais valores de ϕ_0 a equação $\phi = \phi_0$ é um plano? Qual plano?

Exercícios

Nos Exercícios 1-4, converta de coordenadas cilíndricas para retangulares.

1. $(4, \pi, 4)$
2. $\left(2, \dfrac{\pi}{3}, -8\right)$
3. $\left(0, \dfrac{\pi}{5}, \dfrac{1}{2}\right)$
4. $\left(1, \dfrac{\pi}{2}, -2\right)$

Nos Exercícios 5-10, converta de coordenadas retangulares para cilíndricas.

5. $(1, -1, 1)$
6. $(2, 2, 1)$
7. $(1, \sqrt{3}, 7)$
8. $\left(\dfrac{3}{2}, \dfrac{3\sqrt{3}}{2}, 9\right)$
9. $\left(\dfrac{5}{\sqrt{2}}, \dfrac{5}{\sqrt{2}}, 2\right)$
10. $(3, 3\sqrt{3}, 2)$

Nos Exercícios 11-16, descreva o conjunto em coordenadas cilíndricas.

11. $x^2 + y^2 \leq 1$ **12.** $x^2 + y^2 + z^2 \leq 1$
13. $y^2 + z^2 \leq 4$, $x = 0$
14. $x^2 + y^2 + z^2 = 4$, $x \geq 0$, $y \geq 0$, $z \geq 0$
15. $x^2 + y^2 \leq 9$, $x \geq y$ **16.** $y^2 + z^2 \leq 9$, $x \geq y$

Nos Exercícios 17-26, esboce o conjunto (descrito em coordenadas cilíndricas).

17. $r = 4$ **18.** $\theta = \dfrac{\pi}{3}$
19. $z = -2$ **20.** $r = 2$, $z = 3$
21. $1 \leq r \leq 3$, $0 \leq z \leq 4$ **22.** $z = r$
23. $r = \operatorname{sen} \theta$ (*Sugestão:* converta para retangulares)
24. $1 \leq r \leq 3$, $0 \leq \theta \leq \dfrac{\pi}{2}$, $0 \leq z \leq 4$
25. $z^2 + r^2 \leq 4$
26. $r \leq 3$, $\pi \leq \theta \leq \dfrac{3\pi}{2}$, $z = 4$

Nos Exercícios 27-32, encontre uma equação da forma $r = f(\theta, z)$ em coordenadas cilíndricas para as superfícies seguintes.

27. $z = x + y$ **28.** $x^2 + y^2 + z^2 = 4$
29. $\dfrac{x^2}{yz} = 1$ **30.** $x^2 - y^2 = 4$
31. $x^2 + y^2 = 4$ **32.** $z = 3xy$

Nos Exercícios 33-38, converta de coordenadas esféricas para retangulares.

33. $\left(3, 0, \dfrac{\pi}{2}\right)$ **34.** $\left(2, \dfrac{\pi}{4}, \dfrac{\pi}{3}\right)$ **35.** $(3, \pi, 0)$
36. $\left(5, \dfrac{3\pi}{4}, \dfrac{\pi}{4}\right)$ **37.** $\left(6, \dfrac{\pi}{6}, \dfrac{5\pi}{6}\right)$ **38.** $(0{,}5;\, 3{,}7;\, 2)$

Nos Exercícios 39-44, converta de coordenadas retangulares para esféricas.

39. $(\sqrt{3}, 0, 1)$ **40.** $\left(\dfrac{\sqrt{3}}{2}, \dfrac{3}{2}, 1\right)$
41. $(1, 1, 1)$ **42.** $(1, -1, 1)$
43. $\left(\dfrac{1}{2}, \dfrac{\sqrt{3}}{2}, \sqrt{3}\right)$ **44.** $\left(\dfrac{\sqrt{2}}{2}, \dfrac{\sqrt{2}}{2}, \sqrt{3}\right)$

Nos Exercícios 45 e 46, converta de coordenadas cilíndricas para esféricas.

45. $(2, 0, 2)$ **46.** $(3, \pi, \sqrt{3})$

Nos Exercícios 47 e 48, converta de coordenadas esféricas para cilíndricas.

47. $\left(4, 0, \dfrac{\pi}{4}\right)$ **48.** $\left(2, \dfrac{\pi}{3}, \dfrac{\pi}{6}\right)$

Nos Exercícios 49-54, descreva o conjunto dado em coordenadas esféricas.

49. $x^2 + y^2 + z^2 \leq 1$
50. $x^2 + y^2 + z^2 = 1$, $z \geq 0$
51. $x^2 + y^2 + z^2 = 1$, $x \geq 0$, $y \geq 0$, $z \geq 0$
52. $x^2 + y^2 + z^2 \leq 1$, $x = y$, $x \geq 0$, $y \geq 0$
53. $y^2 + z^2 \leq 4$, $x = 0$
54. $x^2 + y^2 = 3z^2$

Nos Exercícios 55-64, esboce o conjunto de pontos (descrito em coordenadas esféricas).

55. $\rho = 4$ **56.** $\phi = \dfrac{\pi}{4}$
57. $\rho = 2$, $\theta = \dfrac{\pi}{4}$ **58.** $\rho = 2$, $\phi = \dfrac{\pi}{4}$
59. $\rho = 2$, $0 \leq \phi \leq \dfrac{\pi}{2}$ **60.** $\theta = \dfrac{\pi}{2}$, $\phi = \dfrac{\pi}{4}$, $\rho \geq 1$
61. $\rho \leq 2$, $0 \leq \theta \leq \dfrac{\pi}{2}$, $\dfrac{\pi}{2} \leq \phi \leq \pi$
62. $\rho = 1$, $\dfrac{\pi}{3} \leq \phi \leq \dfrac{2\pi}{3}$
63. $\rho = \operatorname{cossec} \phi$
64. $\rho = \operatorname{cossec} \phi \operatorname{cotg} \phi$

Nos Exercícios 65-70, encontre uma equação da forma $\rho = f(\theta, \phi)$ em coordenadas esféricas para as superfícies seguintes.

65. $z = 2$ **66.** $z^2 = 3(x^2 + y^2)$ **67.** $x = z^2$
68. $z = x^2 + y^2$ **69.** $x^2 - y^2 = 4$ **70.** $xy = z$

71. Qual dentre (a)-(c) é a equação do cilindro de raio R em coordenadas esféricas? Use a Figura 17.
 (a) $R\rho = \operatorname{sen} \phi$ **(b)** $\rho \operatorname{sen} \phi = R$ **(c)** $\rho = R \operatorname{sen} \phi$

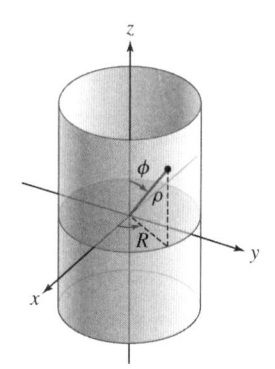

FIGURA 17

72. Sejam $P_1 = (1, -\sqrt{3}, 5)$ e $P_2 = (-1, \sqrt{3}, 5)$ em coordenadas retangulares. Em quais quadrantes ficam as projeções de P_1 e P_2 sobre o plano xy? Encontre o ângulo polar θ de cada ponto.

73. Encontre os ângulos esféricos (θ, ϕ) de Helsinki, na Finlândia (60,1° N, 25,0° L), e de São Paulo (23,52° S, 46,52° O).

74. Encontre a longitude e a latitude dos pontos do globo terrestre de coordenadas angulares $(\theta, \phi) = (\pi/8, 7\pi/12)$ e $(4, 2)$.

75. Considere um sistema de coordenadas retangulares de origem no centro da Terra, eixo z pelo polo Norte e eixo x pelo meridiano de Greenwich. Encontre as coordenadas retangulares de Sydney, na Austrália (34° S, 151° L), e Bogotá, na Colômbia (4° 32′N, 74° 15′O). Um minuto é 1/60°. Suponha que a Terra seja uma esfera de raio $R = 6.370$ km.

76. Encontre a equação em coordenadas retangulares da superfície quádrica consistindo nas duas folhas de cone $\phi = \dfrac{\pi}{4}$ e $\phi = \dfrac{3\pi}{4}$.

77. Encontre uma equação da forma $z = f(r, \theta)$ em coordenadas cilíndricas para $z^2 = x^2 - y^2$.

78. Mostre que $\rho = 2 \cos \phi$ é a equação de uma esfera centrada no eixo z. Encontre seu raio e centro.

79. Uma maçã, modelada tomando todos os pontos de uma esfera de raio igual a 2 polegadas e todos os pontos de seu interior, é cortada através de seu centro por um instrumento cilíndrico de 1 polegada de raio. Use desigualdades em coordenadas cilíndricas para descrever o conjunto de pontos da maçã que restam depois do corte.

80. Repita o Exercício 79 usando desigualdades em coordenadas esféricas.

81. Explique a afirmação seguinte: se a equação de uma superfície em coordenadas cilíndricas ou esféricas não envolver a coordenada θ, então a superfície é simétrica em relação ao eixo z.

82. Esboce a superfície S dada por $\rho = 1 - \cos\phi$. Em seguida, esboce o traço de S no plano xz e explique por que S pode ser obtida pela rotação desse traço. Use um sistema algébrico computacional.

83. Encontre equações $r = g(\theta, z)$ (cilíndricas) e $\rho = f(\theta, \phi)$ (esféricas) do hiperboloide $x^2 + y^2 = z^2 + 1$ (Figura 18). Existem pontos nesse hiperboloide em que $\phi = 0$ ou π? Quais valores de ϕ ocorrem nos pontos desse hiperboloide?

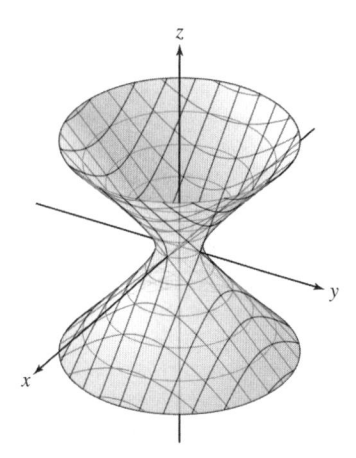

FIGURA 18 O hiperboloide $x^2 + y^2 = z^2 + 1$.

Compreensão adicional e desafios

*Nos Exercícios 84-88, um **círculo máximo** numa esfera S de centro O e raio R é um círculo obtido pela interseção de S com um plano que passa por O (Figura 19). Se P e Q não forem pontos antípodas da esfera (opostos pelo centro), existirá um único círculo máximo por P e Q em S (basta intersectar S com o plano por O, P e Q). A distância geodésica de P a Q é definida como o comprimento do menor dos dois arcos circulares desse círculo máximo.*

84. Mostre que a distância geodésica de P a Q é igual a $R\psi$, em que ψ é o ângulo central entre P e Q (o ângulo entre os vetores $\mathbf{v} = \overrightarrow{OP}$ e $\mathbf{u} = \overrightarrow{OQ}$).

85. Mostre que a distância geodésica de $Q = (a, b, c)$ ao Polo Norte $P = (0, 0, R)$ é igual a $R\arccos\left(\dfrac{c}{R}\right)$.

86. As coordenadas de Los Angeles são 34° N e 118° O. Encontre a distância geodésica do Polo Norte a Los Angeles, supondo que a Terra seja uma esfera com 6.370 km de raio.

87. Mostre que o ângulo central ψ entre dois pontos P e Q de uma esfera (de qualquer raio) com coordenadas angulares (θ, ϕ) e (θ', ϕ') é igual a
$$\psi = \arccos\left(\operatorname{sen}\phi\operatorname{sen}\phi'\cos(\theta - \theta') + \cos\phi\cos\phi'\right)$$

Sugestão: calcule o produto escalar de $\overrightarrow{OP}$ com $\overrightarrow{OQ}$. Confira essa fórmula calculando a distância geodésica entre os Polos Norte e Sul.

88. Use o Exercício 87 para encontrar a distância geodésica entre Los Angeles (34° N, 118° O) e Bombaim (19° N, 72,8° L).

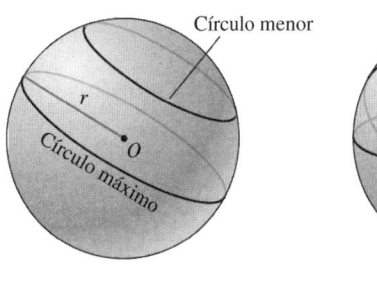

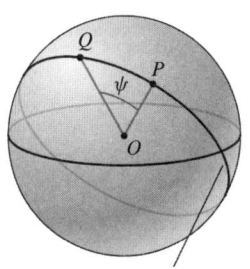

FIGURA 19

EXERCÍCIOS DE REVISÃO DO CAPÍTULO

Nos Exercícios 1-6, use $\mathbf{v} = \langle -2, 5\rangle$ e $\mathbf{w} = \langle 3, -2\rangle$.

1. Calcule $5\mathbf{w} - 3\mathbf{v}$ e $5\mathbf{v} - 3\mathbf{w}$.

2. Esboce $\mathbf{v}$, $\mathbf{w}$ e $2\mathbf{v} - 3\mathbf{w}$.

3. Encontre o vetor unitário na direção e sentido de $\mathbf{v}$.

4. Encontre o comprimento de $\mathbf{v} + \mathbf{w}$.

5. Expresse $\mathbf{i}$ como uma combinação linear $r\mathbf{v} + s\mathbf{w}$.

6. Encontre um escalar α tal que $\|\mathbf{v} + \alpha\mathbf{w}\| = 6$.

7. Se $P = (1, 4)$ e $Q = (-3, 5)$, quais são os componentes de $\overrightarrow{PQ}$? Qual é o comprimento de $\overrightarrow{PQ}$?

8. Sejam $A = (2, -1)$, $B = (1, 4)$ e $P = (2, 3)$. Encontre o ponto Q tal que $\overrightarrow{PQ}$ seja equivalente a $\overrightarrow{AB}$. Esboce $\overrightarrow{PQ}$ e $\overrightarrow{AB}$.

9. Encontre o vetor de comprimento 3 que faz um ângulo de $\dfrac{7\pi}{4}$ com o eixo x positivo.

10. Calcule $3(\mathbf{i} - 2\mathbf{j}) - 6(\mathbf{i} + 6\mathbf{j})$.

11. Encontre o valor de β com o qual $\mathbf{w} = \langle -2, \beta\rangle$ seja paralelo a $\mathbf{v} = \langle 4, -3\rangle$.

12. Seja $P = (1, 4, -3)$.
  (a) Encontre o ponto Q tal que $\overrightarrow{PQ}$ seja equivalente a $\langle 3, -1, 5\rangle$.
  (b) Encontre um vetor unitário $\mathbf{e}$ equivalente a $\overrightarrow{PQ}$.

13. Sejam $\mathbf{w} = \langle 2, -2, 1\rangle$ e $\mathbf{v} = \langle 4, 5, -4\rangle$. Resolva em $\mathbf{u}$ se $\mathbf{v} + 5\mathbf{u} = 3\mathbf{w} - \mathbf{u}$.

14. Seja $\mathbf{v} = 3\mathbf{i} - \mathbf{j} + 4\mathbf{k}$. Encontre o comprimento de $\mathbf{v}$ e o vetor $2\mathbf{v} + 3(4\mathbf{i} - \mathbf{k})$.

15. Encontre uma parametrização $\mathbf{r}_1(t)$ da reta que passa por $(1, 4, 5)$ e $(-2, 3, -1)$. Em seguida, encontre uma parametrização $\mathbf{r}_2(t)$ da reta paralela a $\mathbf{r}_1$ que passa por $(1, 0, 0)$.

16. Sejam $\mathbf{r}_1(t) = \mathbf{v}_1 + t\mathbf{w}_1$ e $\mathbf{r}_2(t) = \mathbf{v}_2 + t\mathbf{w}_2$ parametrizações das retas $\mathcal{L}_1$ e $\mathcal{L}_2$. Para cada afirmação (a)-(e), forneça uma demonstração se for verdadeira ou um contraexemplo se for falsa.
  (a) Se $\mathcal{L}_1 = \mathcal{L}_2$, então $\mathbf{v}_1 = \mathbf{v}_2$ e $\mathbf{w}_1 = \mathbf{w}_2$.
  (b) Se $\mathcal{L}_1 = \mathcal{L}_2$ e $\mathbf{v}_1 = \mathbf{v}_2$, então $\mathbf{w}_1 = \mathbf{w}_2$.
  (c) Se $\mathcal{L}_1 = \mathcal{L}_2$ e $\mathbf{w}_1 = \mathbf{w}_2$, então $\mathbf{v}_1 = \mathbf{v}_2$.
  (d) Se $\mathcal{L}_1$ for paralela a $\mathcal{L}_2$ então $\mathbf{w}_1 = \mathbf{w}_2$.
  (e) Se $\mathcal{L}_1$ for paralela a $\mathcal{L}_2$, então $\mathbf{w}_1 = \lambda\mathbf{w}_2$, com algum escalar λ.

17. Encontre a e b tais que as retas $\mathbf{r}_1 = \langle 1, 2, 1 \rangle + t\langle 1, -1, 1 \rangle$ e $\mathbf{r}_2 = \langle 3, -1, 1 \rangle + t\langle a, b, -2 \rangle$ sejam paralelas.

18. Encontre a tal que as retas $\mathbf{r}_1 = \langle 1, 2, 1 \rangle + t\langle 1, -1, 1 \rangle$ e $\mathbf{r}_2 = \langle 3, -1, 1 \rangle + t\langle a, 4, -2 \rangle$ intersectem.

19. Esboce o vetor soma $\mathbf{v} = \mathbf{v}_1 - \mathbf{v}_2 + \mathbf{v}_3$ com os vetores da Figura 1(A).

20. Esboce as somas $\mathbf{v}_1 + \mathbf{v}_2 + \mathbf{v}_3$, $\mathbf{v}_1 + 2\mathbf{v}_2$ e $\mathbf{v}_2 - \mathbf{v}_3$ com os vetores da Figura 1(B).

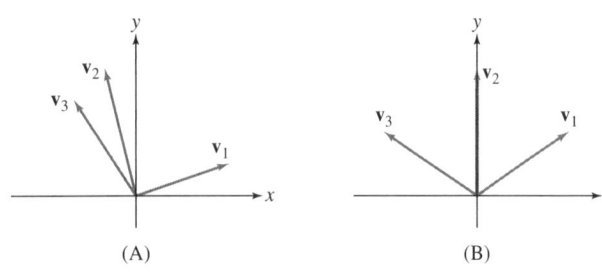

FIGURA 1

Nos Exercícios 21-26, use $\mathbf{v} = \langle 1, 3, -2 \rangle$ *e* $\mathbf{w} = \langle 2, -1, 4 \rangle$.

21. Calcule $\mathbf{v} \cdot \mathbf{w}$.

22. Calcule o ângulo entre $\mathbf{v}$ e $\mathbf{w}$.

23. Calcule $\mathbf{v} \times \mathbf{w}$.

24. Encontre a área do paralelogramo gerado por $\mathbf{v}$ e $\mathbf{w}$.

25. Encontre o volume do paralelepípedo gerado por $\mathbf{v}$, $\mathbf{w}$ e $\mathbf{u} = \langle 1, 2, 6 \rangle$.

26. Encontre todos os vetores ortogonais a ambos, $\mathbf{v}$ e $\mathbf{w}$.

27. Use vetores para provar que a reta que liga os pontos médios de dois lados de um triângulo é paralela ao terceiro lado.

28. Sejam $\mathbf{v} = \langle 1, -1, 3 \rangle$ e $\mathbf{w} = \langle 4, -2, 1 \rangle$.
  (a) Encontre a decomposição $\mathbf{v} = \mathbf{v}_{\|\mathbf{w}} + \mathbf{v}_{\perp\mathbf{w}}$ em relação a $\mathbf{w}$.
  (b) Encontre a decomposição $\mathbf{w} = \mathbf{w}_{\|\mathbf{v}} + \mathbf{w}_{\perp\mathbf{v}}$ em relação a $\mathbf{v}$.

29. Calcule os componentes de $\mathbf{v} = \langle -2, \frac{1}{2}, 3 \rangle$ ao longo de $\mathbf{w} = \langle 1, 2, 2 \rangle$.

30. Calcule as magnitudes das forças nas duas cordas da Figura 2.

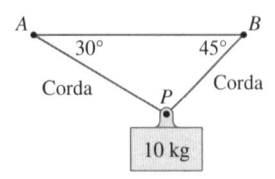

FIGURA 2

31. Um vagão de 50 kg é puxado para a direita por uma força $\mathbf{F}_1$ que faz um ângulo de 30° com o solo. No mesmo instante, o vagão é puxado para a esquerda por uma força horizontal $\mathbf{F}_2$.
  (a) Encontre a magnitude de $\mathbf{F}_1$ em termos da magnitude de $\mathbf{F}_2$ se o vagão não se mover.
  (b) Qual é a magnitude máxima de $\mathbf{F}_1$ que pode ser aplicada ao vagão sem levantá-lo?

32. Sejam $\mathbf{v}$, $\mathbf{w}$ e $\mathbf{u}$ vetores de $\mathbf{R}^3$. Qual dos seguintes é um escalar?
  (a) $\mathbf{v} \times (\mathbf{u} + \mathbf{w})$
  (b) $(\mathbf{u} + \mathbf{w}) \cdot (\mathbf{v} \times \mathbf{w})$
  (c) $(\mathbf{u} \times \mathbf{w}) + (\mathbf{w} - \mathbf{v})$

Nos Exercícios 33-36, sejam $\mathbf{v} = \langle 1, 2, 4 \rangle$, $\mathbf{u} = \langle 6, -1, 2 \rangle$ *e* $\mathbf{w} = \langle 1, 0, -3 \rangle$. *Calcule a quantidade dada.*

33. $\mathbf{v} \times \mathbf{w}$

34. $\mathbf{w} \times \mathbf{u}$

36. $\det\begin{pmatrix} \mathbf{u} \\ \mathbf{v} \\ \mathbf{w} \end{pmatrix}$

36. $\mathbf{v} \cdot (\mathbf{u} \times \mathbf{w})$

37. Use produto vetorial para encontrar a área do triângulo de vértices $(1, 3, -1)$, $(2, -1, 3)$ e $(4, 1, 1)$.

38. Calcule $\|\mathbf{v} \times \mathbf{w}\|$ se $\|\mathbf{v}\| = 2$, $\mathbf{v} \cdot \mathbf{w} = 3$ e o ângulo entre $\mathbf{v}$ e $\mathbf{w}$ for $\frac{\pi}{6}$.

39. Mostre que se os vetores $\mathbf{v}$ e $\mathbf{w}$ forem ortogonais, então $\|\mathbf{v} + \mathbf{w}\|^2 = \|\mathbf{v}\|^2 + \|\mathbf{w}\|^2$.

40. Encontre o ângulo entre $\mathbf{v}$ e $\mathbf{w}$ se $\|\mathbf{v} + \mathbf{w}\| = \|\mathbf{v}\| = \|\mathbf{w}\|$.

41. Encontre $\|\mathbf{e} - 4\mathbf{f}\|$, supondo que $\mathbf{e}$ e $\mathbf{f}$ sejam vetores unitários tais que $\|\mathbf{e} + \mathbf{f}\| = \sqrt{3}$.

42. Encontre a área do paralelogramo gerado pelos vetores $\mathbf{v}$ e $\mathbf{w}$ tais que $\|\mathbf{v}\| = \|\mathbf{w}\| = 2$ e $\mathbf{v} \cdot \mathbf{w} = 1$.

43. Mostre que a equação $\langle 1, 2, 3 \rangle \times \mathbf{v} = \langle -1, 2, a \rangle$ não possui solução se $a \neq -1$.

44. Use um diagrama para provar o seguinte: se $\mathbf{e}$ for um vetor unitário ortogonal a $\mathbf{v}$, então $\mathbf{e} \times (\mathbf{v} \times \mathbf{e}) = (\mathbf{e} \times \mathbf{v}) \times \mathbf{e} = \mathbf{v}$.

45. Use a identidade
$$\mathbf{u} \times (\mathbf{v} \times \mathbf{w}) = (\mathbf{u} \cdot \mathbf{w})\mathbf{v} - (\mathbf{u} \cdot \mathbf{v})\mathbf{w}$$
para provar que
$$\mathbf{u} \times (\mathbf{v} \times \mathbf{w}) + \mathbf{v} \times (\mathbf{w} \times \mathbf{u}) + \mathbf{w} \times (\mathbf{u} \times \mathbf{v}) = \mathbf{0}$$

46. Encontre uma equação do plano por $(1, -3, 5)$ com vetor normal $\mathbf{n} = \langle 2, 1, -4 \rangle$.

47. Escreva a equação do plano $\mathcal{P}$ de equação vetorial
$$\langle 1, 4, -3 \rangle \cdot \langle x, y, z \rangle = 7$$
na forma
$$a(x - x_0) + b(y - y_0) + c(z - z_0) = 0$$

Sugestão: é preciso encontrar um ponto $P = (x_0, y_0, z_0)$ de $\mathcal{P}$.

48. Encontre todos os planos paralelos ao plano que passa pelos pontos $(1, 2, 3)$, $(1, 2, 7)$ e $(1, 1, -3)$.

49. Encontre o plano por $P = (4, -1, 9)$ que contém a reta $\mathbf{r}(t) = \langle 1, 4, -3 \rangle + t\langle 2, 1, 1 \rangle$.

50. Encontre a interseção da reta $\mathbf{r}(t) = \langle 3t + 2, 1, -7t \rangle$ e do plano $2x - 3y + z = 5$.

51. Encontre o traço do plano $3x - 2y + 5z = 4$ no plano xy.

52. Encontre a interseção dos planos $x + y + z = 1$ e $3x - 2y + z = 5$.

Nos Exercícios 53-58, determine o tipo da superfície quádrica.

53. $\left(\dfrac{x}{3}\right)^2 + \left(\dfrac{y}{4}\right)^2 + 2z^2 = 1$ **54.** $\left(\dfrac{x}{3}\right)^2 - \left(\dfrac{y}{4}\right)^2 + 2z^2 = 1$

55. $\left(\dfrac{x}{3}\right)^2 + \left(\dfrac{y}{4}\right)^2 - 2z = 0$ **56.** $\left(\dfrac{x}{3}\right)^2 - \left(\dfrac{y}{4}\right)^2 - 2z = 0$

57. $\left(\dfrac{x}{3}\right)^2 - \left(\dfrac{y}{4}\right)^2 - 2z^2 = 0$ **58.** $\left(\dfrac{x}{3}\right)^2 - \left(\dfrac{y}{4}\right)^2 - 2z^2 = 1$

59. Determine o tipo da superfície quádrica $ax^2 + by^2 - z^2 = 1$ se:
 (a) $a < 0, b < 0$
 (b) $a > 0, b > 0$
 (c) $a > 0, b < 0$

60. Descreva os traços da superfície
$$\left(\dfrac{x}{2}\right)^2 - y^2 + \left(\dfrac{z}{2}\right)^2 = 1$$
nos três planos coordenados.

61. Converta $(x, y, z) = (3, 4, -1)$ de coordenadas retangulares para cilíndricas e esféricas.

62. Converta $(r, \theta, z) = \left(3, \dfrac{\pi}{6}, 4\right)$ de coordenadas cilíndricas para esféricas.

63. Converta o ponto $(\rho, \theta, \phi) = \left(3, \dfrac{\pi}{6}, \dfrac{\pi}{3}\right)$ de coordenadas esféricas para cilíndricas.

64. Descreva em coordenadas cilíndricas e também esféricas o conjunto de todos os pontos $P = (x, y, z)$ satisfazendo $x^2 + y^2 \le 4$.

65. Esboce o gráfico da equação cilíndrica $z = 2r\cos\theta$ e escreva a equação em coordenadas retangulares.

66. Escreva a superfície $x^2 + y^2 - z^2 = 2(x + y)$ como uma equação $r = f(\theta, z)$ em coordenadas cilíndricas.

67. Mostre que a equação cilíndrica
$$r^2(1 - 2\,\text{sen}^2\,\theta) + z^2 = 1$$
é um hiperboloide de uma folha.

68. Esboce o gráfico da equação esférica $\rho = 2\cos\theta\,\text{sen}\,\phi$ e escreva a equação em coordenadas retangulares.

69. Descreva como a superfície de equação esférica
$$\rho^2(1 + A\cos^2\phi) = 1$$
depende da constante A.

70. Mostre que a equação esférica $\cot g\,\phi = 2\cos\theta + \text{sen}\,\theta$ define um plano pela origem (com a origem excluída). Encontre um vetor normal a esse plano.

71. Sejam c um escalar, $\mathbf{a}$ e $\mathbf{b}$ vetores e $\mathbf{X} = \langle x, y, z \rangle$. Mostre que a equação $(\mathbf{X} - \mathbf{a}) \cdot (\mathbf{X} - \mathbf{b}) = c^2$ define uma esfera de centro $\mathbf{m} = \dfrac{1}{2}(\mathbf{a} + \mathbf{b})$ e raio R, sendo $R^2 = c^2 + \left\|\dfrac{1}{2}(\mathbf{a} - \mathbf{b})\right\|^2$.

13 CÁLCULO DE FUNÇÕES VETORIAIS

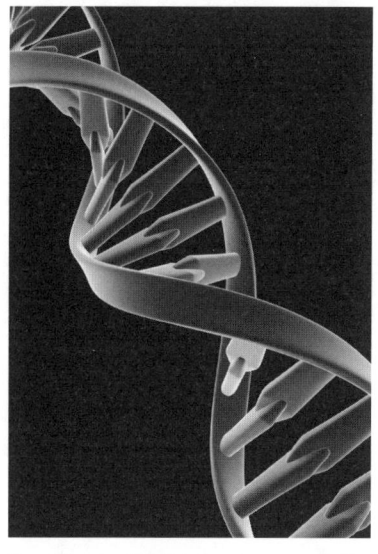

Neste capítulo, estudamos funções vetoriais e suas derivadas e as utilizamos para analisar curvas e movimento no espaço tridimensional. Embora muitas técnicas do Cálculo a uma variável transportem para o contexto vetorial, há um aspecto novo importante na derivada. Uma função real f só pode variar de uma de duas maneiras: crescer ou decrescer. Diferentemente disso, uma função vetorial pode variar não só na magnitude, mas também na direção e sentido, e a taxa de variação não é só um número, mas é, ela mesmo, um vetor. Para desenvolver esses novos conceitos, começamos com uma introdução a funções vetoriais.

Os polímeros de DNA formam curvas helicoidais cuja orientação espacial influencia suas propriedades bioquímicas.
(Alfred Pasieka/Science Source)

13.1 Funções vetoriais

Considere uma partícula em movimento no $\mathbf{R}^3$ e suponha que suas coordenadas no instante t sejam $(x(t), y(t), z(t))$. É conveniente representar a trajetória da partícula pela **função vetorial**

$$\mathbf{r}(t) = \langle x(t), y(t), z(t) \rangle = x(t)\mathbf{i} + y(t)\mathbf{j} + z(t)\mathbf{k} \qquad \boxed{1}$$

Pensamos em $\mathbf{r}(t)$ como um vetor em movimento que aponta da origem à posição da partícula no instante t (Figura 1).

Muitas vezes, dizemos que as funções f (com valores reais) são escalares, para distingui-las das funções vetoriais.

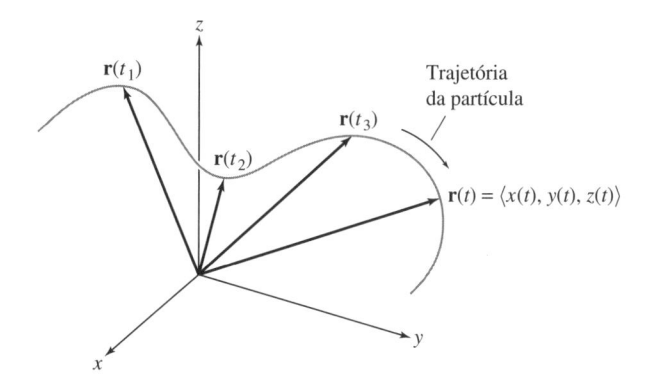

FIGURA 1

Mais geralmente, uma função vetorial é qualquer função $\mathbf{r}(t)$ da forma da Equação (1) cujo domínio $\mathcal{D}$ seja um conjunto de números reais e cuja imagem seja um conjunto de vetores posição. A variável t é denominada um **parâmetro**, e as funções $x(t)$, $y(t)$ e $z(t)$ são denominadas **funções componentes** ou **coordenadas**. Geralmente consideramos o domínio como sendo o conjunto de todos os valores de t com os quais $\mathbf{r}(t)$ esteja definida, ou seja, todos os valores de t que pertencem ao domínio das três funções coordenadas $x(t)$, $y(t)$ e $z(t)$. Por exemplo,

$$\mathbf{r}(t) = \langle t^2, e^t, 4 - 7t \rangle, \quad \text{tem domínio} \quad \mathcal{D} = \mathbf{R}$$
$$\mathbf{r}(s) = \langle \sqrt{s}, e^s, s^{-1} \rangle, \quad \text{tem domínio} \quad \mathcal{D} = \{s \in \mathbf{R} : s > 0\}$$

O parâmetro costuma ser t (de tempo), mas temos liberdade de escolher qualquer outra variável, tal como s ou θ. É melhor não escrever $\mathbf{r}(x)$ ou $\mathbf{r}(y)$, para evitar confusão com os componentes x e y de $\mathbf{r}$.

O ponto final de uma função vetorial $\mathbf{r}(t)$ traça um caminho em $\mathbf{R}^3$ à medida que t variar. Dizemos que $\mathbf{r}(t)$ é um caminho ou uma **parametrização vetorial** de um caminho. Ao longo deste capítulo, vamos supor que os componentes de $\mathbf{r}(t)$ têm derivadas contínuas.

Já estudamos casos especiais de parametrizações vetoriais. No Capítulo 12, descrevemos retas em $\mathbf{R}^3$ usando parametrizações vetoriais. Lembre que

$$\mathbf{r}(t) = \langle x_0, y_0, z_0\rangle + t\mathbf{v} = \langle x_0 + ta, y_0 + tb, z_0 + tc\rangle$$

parametriza a reta por $P = (x_0, y_0, z_0)$ na direção e sentido do vetor $\mathbf{v} = \langle a, b, c\rangle$.

No Capítulo 11, estudamos curvas parametrizadas no plano $\mathbf{R}^2$ da forma

$$c(t) = (x(t), y(t))$$

Uma curva dessas é igualmente descrita por uma função vetorial $\mathbf{r}(t) = \langle x(t), y(t)\rangle$. A diferença consiste em visualizar o caminho como sendo traçado por um "ponto em movimento" $c(t)$ ou um "vetor em movimento" $\mathbf{r}(t)$. A forma vetorial é utilizada neste capítulo porque leva mais naturalmente à definição de derivadas vetoriais.

É importante distinguir entre o caminho parametrizado por $\mathbf{r}(t)$ e a curva espacial $\mathcal{C}$ subjacente traçada por $\mathbf{r}(t)$. A curva $\mathcal{C}$ é o conjunto de todos os pontos $(x(t), y(t), z(t))$ com t percorrendo o domínio de $\mathbf{r}(t)$. O caminho é uma maneira particular de percorrer a curva: pode percorrer várias vezes a curva, trocar de sentido de percurso, ir para frente e para trás, etc.

■ **EXEMPLO 1** Distinção de caminho e curva Descreva o caminho

$$\mathbf{r}(t) = \langle \cos t, \operatorname{sen} t, 1\rangle, \quad -\infty < t < \infty$$

Qual é a diferença entre o caminho e a curva $\mathcal{C}$ traçada por $\mathbf{r}(t)$?

Solução À medida que t varia de $-\infty$ a ∞, o ponto final do vetor $\mathbf{r}(t)$ percorre infinitas vezes o círculo unitário à altura $z = 1$ no sentido anti-horário se for visto de cima (Figura 2). A curva $\mathcal{C}$ subjacente traçada por $\mathbf{r}(t)$ é o próprio circulo unitário. ■

Uma curva em $\mathbf{R}^3$ também e denominada uma **curva espacial** (para distingui-la de uma curva em $\mathbf{R}^2$, denominada **curva plana**). Curvas espaciais podem ser bem complicadas e difíceis de esboçar à mão. A maneira mais eficaz de visualizar uma curva espacial é esboçá-la de diferentes pontos de vista usando um computador (Figura 3). É conveniente traçar uma curva "engordada" para auxiliar a visualização, como nas Figuras 3 e 5, mas não esqueça que as curvas espaciais são unidimensionais e não têm espessura.

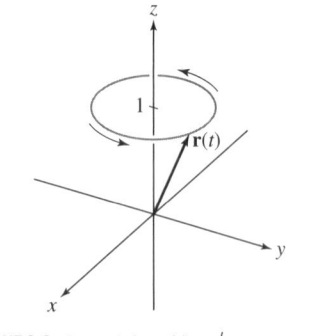

FIGURA 2 O caminho $\mathbf{r}(t) = \langle\cos t, \operatorname{sen} t, 1\rangle$.

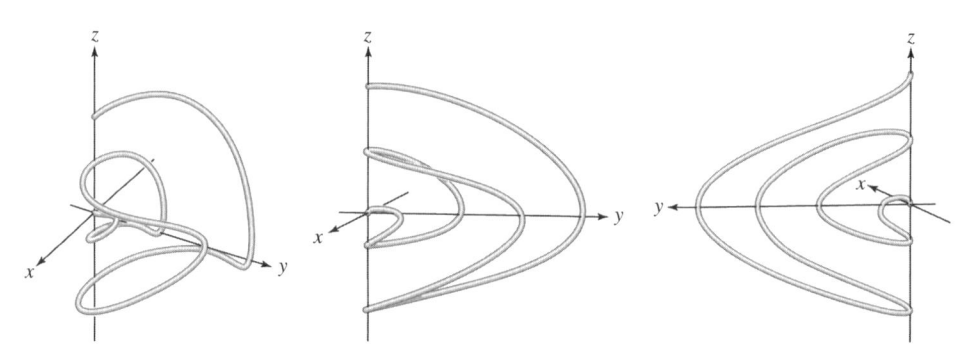

FIGURA 3 A curva $\mathbf{r}(t) = \langle t \operatorname{sen} 2t \cos t, t \operatorname{sen}^2 t, t \cos t\rangle$, com $0 \leq t \leq 4\pi$, vista de três pontos de vista distintos.

As projeções sobre os planos coordenados fornecem outra ferramenta para visualizar curvas espaciais. A projeção de um caminho $\mathbf{r}(t) = \langle x(t), y(t), z(t)\rangle$ sobre o plano xy é o caminho $\mathbf{p}(t) = \langle x(t), y(t), 0\rangle$ (Figura 4). Analogamente, as projeções sobre os planos yz e xz são os caminhos $\langle 0, y(t), z(t)\rangle$ e $\langle x(t), 0, z(t)\rangle$, respectivamente.

■ **EXEMPLO 2** Hélice Descreva a curva traçada por $\mathbf{r}(t) = \langle -\operatorname{sen} t, \cos t, t\rangle$ com $t \geq 0$ em termos de suas projeções sobre os planos coordenados.

Solução As projeções são as seguintes (Figura 4):

- plano xy (tomamos $z = 0$): o caminho $\mathbf{p}(t) = \langle -\operatorname{sen} t, \cos t, 0\rangle$, que descreve um ponto em movimento anti-horário em torno do círculo unitário começando em $\mathbf{p}(0) = (0, 1, 0)$

- plano xz (tomamos $y = 0$): o caminho $\langle -\operatorname{sen} t, 0, t \rangle$, que é uma onda na direção z
- plano yz (tomamos $x = 0$): o caminho $\langle 0, \cos t, t \rangle$, que é uma onda na direção z

A função $\mathbf{r}(t)$ descreve um ponto cuja projeção percorre o círculo unitário do plano xy, enquanto a altura $z = t$ cresce linearmente, resultando na hélice da Figura 4. ∎

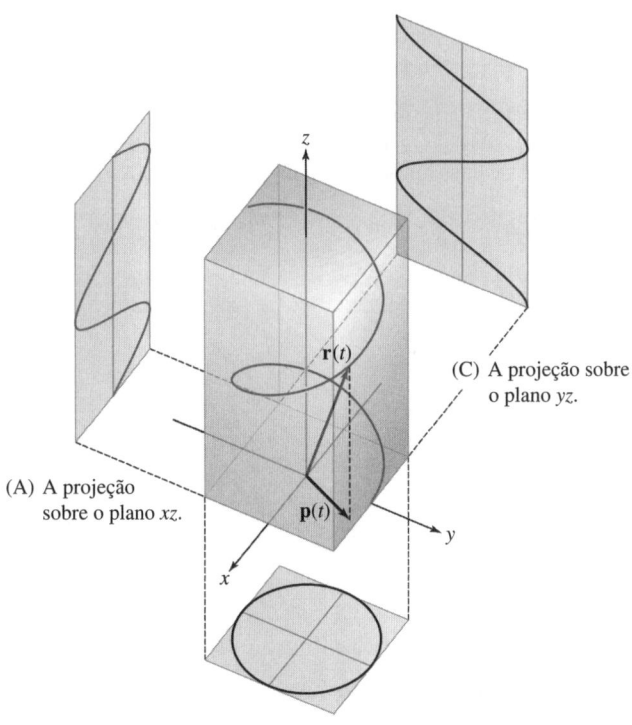

(A) A projeção sobre o plano xz.

(B) A projeção sobre o plano xy.

(C) A projeção sobre o plano yz.

FIGURA 4 As projeções da hélice $\mathbf{r}(t) = \langle -\operatorname{sen} t, \cos t, t \rangle$.

Qualquer curva pode ser parametrizada de infinitas maneiras (porque há infinitas maneiras de uma partícula percorrer uma curva como função do tempo). No exemplo seguinte, descrevemos duas parametrizações bem diferentes da mesma curva.

■ **EXEMPLO 3 Parametrização de interseção de superfícies** Parametrize a curva $\mathcal{C}$ obtida pela interseção das superfícies $x^2 - y^2 = z - 1$ e $x^2 + y^2 = 4$ (Figura 5).

Solução Nosso objetivo é expressar as coordenadas (x, y, z) de um ponto da curva como funções de um parâmetro t. Há duas maneiras de fazer isso.

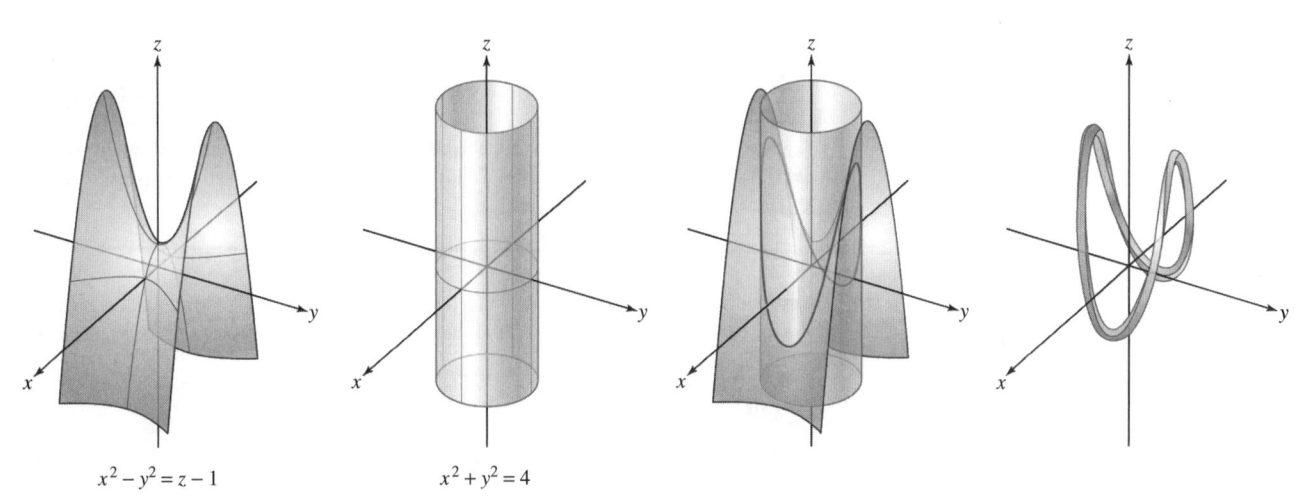

$x^2 - y^2 = z - 1$ $x^2 + y^2 = 4$

FIGURA 5 A interseção das superfícies $x^2 - y^2 = z - 1$ e $x^2 + y^2 = 4$.

Primeiro método: Resolvemos as equações dadas em y e z como funções de x. Inicialmente, resolvemos em y:

$$x^2 + y^2 = 4 \quad \Rightarrow \quad y^2 = 4 - x^2 \quad \Rightarrow \quad y = \pm\sqrt{4 - x^2}$$

A equação $x^2 - y^2 = z - 1$ pode ser escrita como $z = x^2 - y^2 + 1$. Assim, podemos substituir $y^2 = 4 - x^2$ e resolver em z:

$$z = x^2 - y^2 + 1 = x^2 - (4 - x^2) + 1 = 2x^2 - 3$$

Agora, tomamos $t = x$ como parâmetro. Então $y = \pm\sqrt{4 - t^2}$, $z = 2t^2 - 3$. Os dois sinais da raiz quadrada correspondem às duas metades da curva, em que $y > 0$ e $y < 0$, conforme a Figura 6. Portanto, precisamos de duas funções vetoriais para parametrizar toda a curva:

$$\mathbf{r}_1(t) = \left\langle t, \sqrt{4 - t^2}, 2t^2 - 3 \right\rangle, \quad \mathbf{r}_2(t) = \left\langle t, -\sqrt{4 - t^2}, 2t^2 - 3 \right\rangle, \quad -2 \leq t \leq 2$$

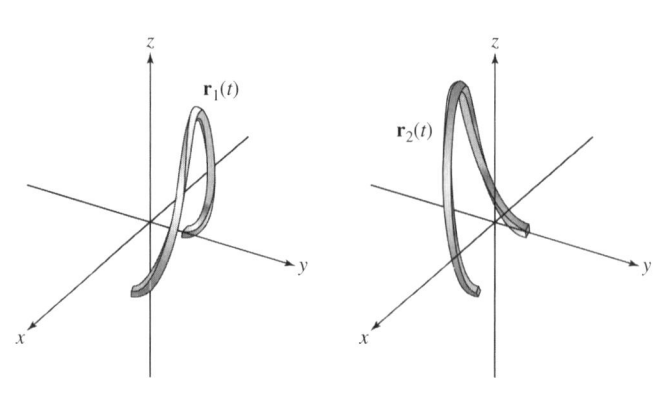

FIGURA 6 As duas metades da curva de interseção do Exemplo 3.

A parte da curva em que $y > 0$ A parte da curva em que $y < 0$

Segundo método: Observe que $x^2 + y^2 = 4$ tem uma parametrização trigonométrica: $x = 2\cos t$, $y = 2\,\text{sen}\,t$ com $0 \leq t < 2\pi$. A equação $x^2 - y^2 = z - 1$ fornece

$$z = x^2 - y^2 + 1 = 4\cos^2 t - 4\,\text{sen}^2 t + 1 = 4\cos 2t + 1$$

Assim, podemos parametrizar toda a curva por meio de uma única função vetorial:

$$\mathbf{r}(t) = \langle 2\cos t, 2\,\text{sen}\,t, 4\cos 2t + 1 \rangle, \qquad 0 \leq t < 2\pi$$

■ **EXEMPLO 4** Parametrize o círculo de raio 3 centrado em $P = (2, 6, 8)$ situado num plano

(a) paralelo ao plano xy \hspace{2cm} (b) paralelo ao plano xz.

Solução (a) Um círculo de raio R no plano xy centrado na origem tem parametrização $\langle R\cos t, R\,\text{sen}\,t \rangle$. Para colocar o círculo no espaço tridimensional, usamos a parametrização $\langle R\cos t, R\,\text{sen}\,t, 0 \rangle$.

Assim, o círculo de raio 3 centrado em $(0, 0, 0)$ tem uma parametrização $\langle 3\cos t, 3\,\text{sen}\,t, 0 \rangle$. Para mover esse círculo paralelamente até ter seu centro em $P = (2, 6, 8)$, transladamos pelo vetor $\langle 2, 6, 8 \rangle$:

$$\mathbf{r}_1(t) = \langle 2, 6, 8 \rangle + \langle 3\cos t, 3\,\text{sen}\,t, 0 \rangle = \langle 2 + 3\cos t, 6 + 3\,\text{sen}\,t, 8 \rangle$$

(b) A parametrização $\langle 3\cos t, 0, 3\,\text{sen}\,t \rangle$ nos dá um círculo de raio 3 centrado na origem no plano xz. Para mover esse círculo paralelamente até ter seu centro em $(2, 6, 8)$, transladamos pelo vetor $\langle 2, 6, 8 \rangle$:

$$\mathbf{r}_2(t) = \langle 2, 6, 8 \rangle + \langle 3\cos t, 0, 3\,\text{sen}\,t \rangle = \langle 2 + 3\cos t, 6, 8 + 3\,\text{sen}\,t \rangle$$

Esses dois círculos aparecem na Figura 7. ■

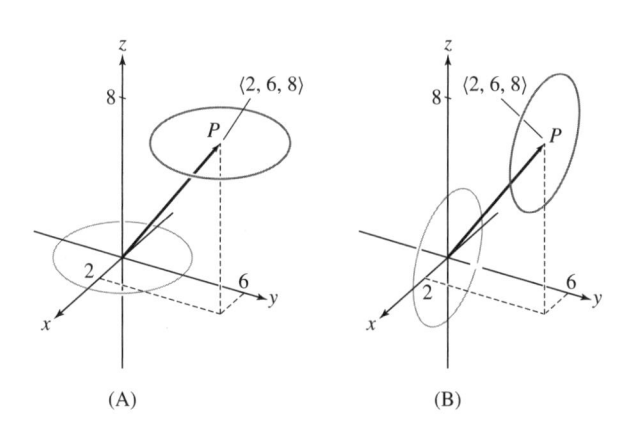

FIGURA 7 Os círculos horizontal e vertical de raio 3 e centro $P = (2, 6, 8)$ obtidos por translação.

13.1 Resumo

- Uma *função vetorial* é uma função da forma

$$\mathbf{r}(t) = \langle x(t), y(t), z(t)\rangle = x(t)\mathbf{i} + y(t)\mathbf{j} + z(t)\mathbf{k}$$

- Costumamos pensar em t como sendo o tempo e em $\mathbf{r}(t)$ como um "vetor em movimento" cujo ponto final traça um caminho como função do tempo. Dizemos que $\mathbf{r}(t)$ é uma *parametrização vetorial* do caminho ou, simplesmente, um "caminho".
- A curva $\mathcal{C}$ subjacente traçada por $\mathbf{r}(t)$ é o conjunto de todos os pontos $(x(t), y(t)$ e $z(t))$ de $\mathbf{R}^3$, com t no domínio de $\mathbf{r}(t)$. Uma curva em $\mathbf{R}^3$ também é denominada *curva espacial*.
- Cada curva $\mathcal{C}$ pode ser parametrizada de infinitas maneiras.
- A projeção de $\mathbf{r}(t)$ sobre o plano xy é a curva traçada por $\langle x(t), y(t), 0\rangle$. A projeção sobre o plano xz é $\langle x(t), 0, z(t)\rangle$ e a projeção sobre o plano yz é $\langle 0, y(t), z(t)\rangle$.

13.1 Exercícios

Exercícios preliminares

1. Qual das seguintes funções *não* parametriza uma reta?
   (a) $\mathbf{r}_1(t) = \langle 8 - t, 2t, 3t\rangle$
   (b) $\mathbf{r}_2(t) = t^3\mathbf{i} - 7t^3\mathbf{j} + t^3\mathbf{k}$
   (c) $\mathbf{r}_3(t) = \langle 8 - 4t^3, 2 + 5t^2, 9t^3\rangle$

2. Qual é a projeção de $\mathbf{r}(t) = t\mathbf{i} + t^4\mathbf{j} + e^t\mathbf{k}$ sobre o plano xz?

3. Qual projeção de $\langle \cos t, \cos 2t, \sen t\rangle$ é um círculo?

4. Qual é o centro do círculo da parametrização seguinte?

$$\mathbf{r}(t) = (-2 + \cos t)\mathbf{i} + 2\mathbf{j} + (3 - \sen t)\mathbf{k}$$

5. Qual é a diferença entre os caminhos $\mathbf{r}_1(t) = \langle \cos t, \sen t\rangle$ e $\mathbf{r}_2(t) = \langle \sen t, \cos t\rangle$ em torno do círculo unitário?

6. Quais três das funções vetoriais seguintes parametrizam a mesma curva espacial?
   (a) $(-2 + \cos t)\mathbf{i} + 9\mathbf{j} + (3 - \sen t)\mathbf{k}$
   (b) $(2 + \cos t)\mathbf{i} - 9\mathbf{j} + (-3 - \sen t)\mathbf{k}$
   (c) $(-2 + \cos 3t)\mathbf{i} + 9\mathbf{j} + (3 - \sen 3t)\mathbf{k}$
   (d) $(-2 - \cos t)\mathbf{i} + 9\mathbf{j} + (3 + \sen t)\mathbf{k}$
   (e) $(2 + \cos t)\mathbf{i} + 9\mathbf{j} + (3 + \sen t)\mathbf{k}$

Exercícios

1. Qual é o domínio de $\mathbf{r}(t) = e^t\mathbf{i} + \dfrac{1}{t}\mathbf{j} + (t + 1)^{-3}\mathbf{k}$?

2. Qual é o domínio de $\mathbf{r}(s) = e^s\mathbf{i} + \sqrt{s}\mathbf{j} + \cos s\mathbf{k}$?

3. Calcule $\mathbf{r}(2)$ e $\mathbf{r}(-1)$ se $\mathbf{r}(t) = \left\langle \sen \dfrac{\pi}{2}t, t^2, (t^2 + 1)^{-1}\right\rangle$.

4. Decida se o ponto $P = (4, 11, 20)$ ou o ponto $Q = (-1, 6, 16)$ está no caminho $\mathbf{r}(t) = \left\langle 1 + t, 2 + t^2, t^4\right\rangle$.

5. Encontre uma parametrização vetorial da reta por $P = (3, -5, 7)$ na direção e no sentido de $\mathbf{v} = \langle 3, 0, 1\rangle$.

6. Encontre um vetor diretor da reta parametrizada por
$\mathbf{r}(t) = (4 - t)\mathbf{i} + (2 + 5t)\mathbf{j} + \tfrac{1}{2}t\mathbf{k}$.

7. Decida se a curva espacial dada por $\mathbf{r}(t) = \langle \sen t, \cos t/2, t\rangle$ intersecta o eixo z e, se intersectar, determine onde.

8. Decida se a curva espacial dada por $\mathbf{r}(t) = \left\langle t^2, t^2 - 2t - 3, t - 3\right\rangle$ intersecta o eixo x e, se intersectar, determine onde.

9. Decida se a curva espacial dada por $\mathbf{r}(t) = \left\langle t, t^3, t^2 + 1\right\rangle$ intersecta o plano xy e, se intersectar, determine onde.

10. Decida se as curvas espaciais dadas por $\mathbf{r}_1(t) = \left\langle t, t^2, t + 1\right\rangle$ e $\mathbf{r}_2(s) = \left\langle \sqrt{s}, s, s - 1\right\rangle$ se intersectam e, se intersectarem, determine onde.

11. Combine as curvas espaciais da Figura 8 com suas projeções sobre o plano xy na Figura 9.

12. Combine as curvas espaciais da Figura 8 com as funções vetoriais seguintes:
(a) $\mathbf{r}_1(t) = \langle \cos 2t, \cos t, \operatorname{sen} t \rangle$ (b) $\mathbf{r}_2(t) = \langle t, \cos 2t, \operatorname{sen} 2t \rangle$
(c) $\mathbf{r}_3(t) = \langle 1, t, t \rangle$

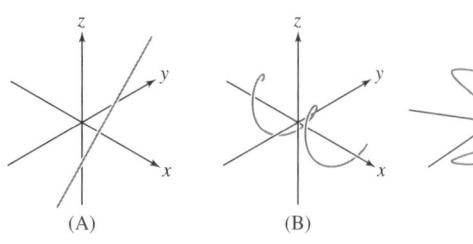

FIGURA 8

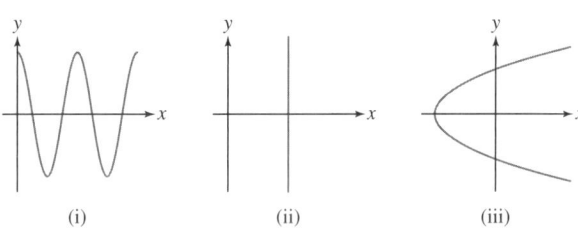

FIGURA 9

13. Combine as funções vetoriais (a)-(f) com as curvas espaciais (i)-(vi) da Figura 10.
(a) $\mathbf{r}(t) = \langle t + 15, e^{0,08t} \cos t, e^{0,08t} \operatorname{sen} t \rangle$
(b) $\mathbf{r}(t) = \langle \cos t, \operatorname{sen} t, \operatorname{sen} 12t \rangle$ (c) $\mathbf{r}(t) = \langle t, t, \dfrac{25t}{1+t^2} \rangle$
(d) $\mathbf{r}(t) = \langle \cos^3 t, \operatorname{sen}^3 t, \operatorname{sen} 2t \rangle$ (e) $\mathbf{r}(t) = \langle t, t^2, 2t \rangle$
(f) $\mathbf{r}(t) = \langle \cos t, \operatorname{sen} t, \cos t \operatorname{sen} 12t \rangle$

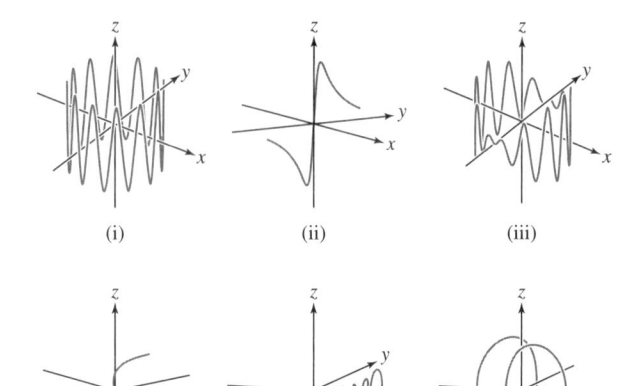

FIGURA 10

14. Quais das curvas seguintes têm a mesma projeção sobre o plano xy?
(a) $\mathbf{r}_1(t) = \langle t, t^2, e^t \rangle$ (b) $\mathbf{r}_2(t) = \langle e^t, t^2, t \rangle$
(c) $\mathbf{r}_3(t) = \langle t, t^2, \cos t \rangle$

15. Combine as curvas espaciais (A)-(C) da Figura 11 com suas projeções (i)-(iii) sobre o plano xy.

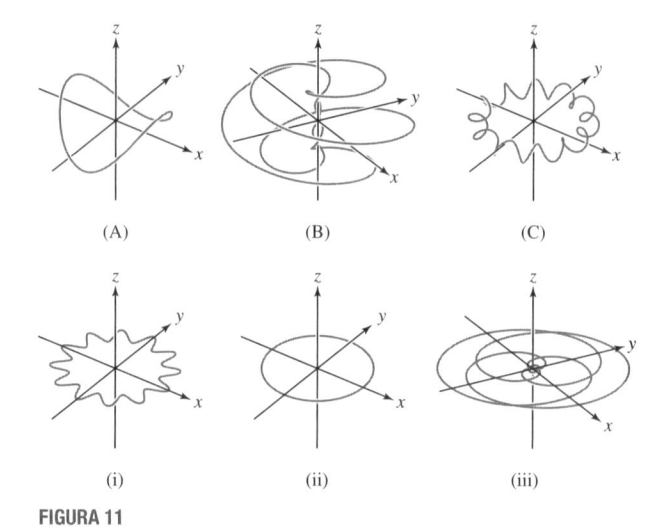

FIGURA 11

16. Descreva as projeções do círculo $\mathbf{r}(t) = \langle \operatorname{sen} t, 0, 4 + \cos t \rangle$ sobre os planos coordenados.

Nos Exercícios 17-20, a função $\mathbf{r}(t)$ traça um círculo. Determine o raio, o centro e o plano que contém o círculo.

17. $\mathbf{r}(t) = (9 \cos t)\mathbf{i} + (9 \operatorname{sen} t)\mathbf{j}$

18. $\mathbf{r}(t) = 7\mathbf{i} + (12 \cos t)\mathbf{j} + (12 \operatorname{sen} t)\mathbf{k}$

19. $\mathbf{r}(t) = \langle \operatorname{sen} t, 0, 4 + \cos t \rangle$

20. $\mathbf{r}(t) = \langle 6 + 3 \operatorname{sen} t, 9, 4 + 3 \cos t \rangle$

21. Seja $\mathcal{C}$ a curva dada por $\mathbf{r}(t) = \langle t \cos t, t \operatorname{sen} t, t \rangle$.
(a) Mostre que $\mathcal{C}$ é uma curva no cone $x^2 + y^2 = z^2$.
(b) Esboce o cone e obtenha um esboço rudimentar de $\mathcal{C}$ no cone.

22. Use um sistema algébrico computacional para esboçar as projeções sobre os planos xy e xz da curva $\mathbf{r}(t) = \langle t \cos t, t \operatorname{sen} t, t \rangle$ do Exercício 21.

Nos Exercícios 23 e 24, seja

$$\mathbf{r}(t) = \langle \operatorname{sen} t, \cos t, \operatorname{sen} t \cos 2t \rangle$$

a parametrização da curva mostrada na Figura 12.

23. Encontre os pontos em que $\mathbf{r}(t)$ intersecta o plano xy.

24. Mostre que a projeção de $\mathbf{r}(t)$ sobre o plano xz é a curva

$$z = x - 2x^3 \quad \text{com} \quad -1 \leq x \leq 1$$

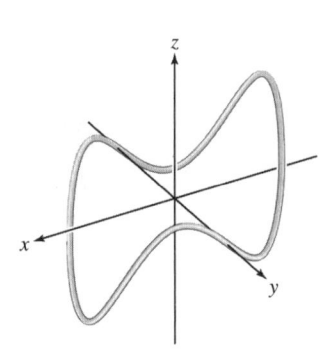

FIGURA 12

25. Parametrize a interseção das superfícies
$$y^2 - z^2 = x - 2, \qquad y^2 + z^2 = 9$$
usando $t = y$ como parâmetro (serão necessárias duas funções vetoriais, como no Exemplo 3).

26. Encontre uma parametrização da curva do Exercício 25 usando funções trigonométricas.

27. A **curva de Viviani** $\mathcal{C}$ é a interseção das superfícies (Figura 13)
$$x^2 + y^2 = z^2, \qquad y = z^2$$
  (a) Parametrize cada uma das duas partes de $\mathcal{C}$ correspondentes a $x \geq 0$ e $x \leq 0$, usando $t = z$ como parâmetro.
  (b) Descreva a projeção de $\mathcal{C}$ sobre o plano xy.
  (c) Mostre que $\mathcal{C}$ fica na esfera de raio 1 centrada em $(0, 1, 0)$. Essa curva parece um oito deitado numa esfera [Figura 13(B)].

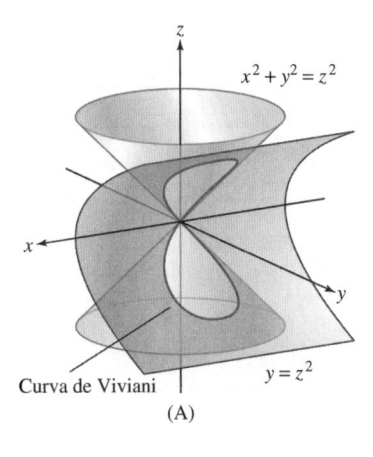

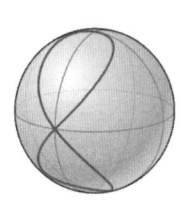

Curva de Viviani
(A)   (B) A curva de Viviani vista do eixo y negativo

FIGURA 13 A curva de Viviani é a interseção das superfícies $x^2 + y^2 = z^2$ e $y = z^2$.

28. (a) Mostre que qualquer ponto de $x^2 + y^2 = z^2$ pode ser escrito na forma $(z \cos\theta, z \sen\theta, z)$ com algum θ.
  (b) Use isso para encontrar uma parametrização da curva de Viviani (Exercício 27) com parâmetro θ.

29. Use seno e cosseno para parametrizar a interseção dos cilindros $x^2 + y^2 = 1$ e $x^2 + z^2 = 1$ (use duas funções vetoriais). Em seguida, descreva as projeções dessa curva nos três planos coordenados.

30. Use funções hiperbólicas para parametrizar a interseção das superfícies $x^2 - y^2 = 4$ e $z = xy$.

31. Use seno e cosseno para parametrizar a interseção das superfícies $x^2 + y^2 = 1$ e $z = 4x^2$ (Figura 14).

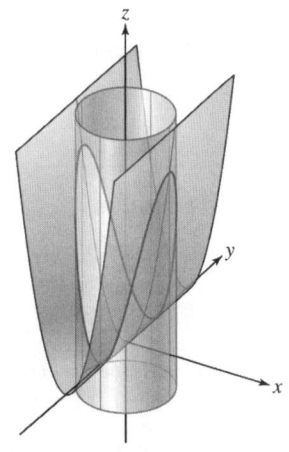

FIGURA 14 A interseção das superfícies $x^2 + y^2 = 1$ e $z = 4x^2$.

Nos Exercícios 32-34, dizemos que dois caminhos, $\mathbf{r}_1(t)$ e $\mathbf{r}_2(t)$, intersectam se existir um ponto P que esteja em ambas as curvas. Dizemos que $\mathbf{r}_1(t)$ e $\mathbf{r}_2(t)$ colidem se $\mathbf{r}_1(t_0) = \mathbf{r}_2(t_0)$ em algum instante t_0.

32. Quais das afirmações seguintes são verdadeiras?
  (a) Se $\mathbf{r}_1(t)$ e $\mathbf{r}_2(t)$ intersectam, então eles colidem.
  (b) Se $\mathbf{r}_1(t)$ e $\mathbf{r}_2(t)$ colidem, então eles intersectam.
  (c) A interseção depende somente das curvas subjacentes traçadas por $\mathbf{r}_1$ e $\mathbf{r}_2$, mas a colisão depende das próprias parametrizações.

33. Determine se $\mathbf{r}_1(t)$ e $\mathbf{r}_2(t)$ colidem ou intersectam, fornecendo as coordenadas dos pontos correspondentes, se existirem:
$$\mathbf{r}_1(t) = \langle t^2 + 3, t + 1, 6t^{-1}\rangle$$
$$\mathbf{r}_2(t) = \langle 4t, 2t - 2, t^2 - 7\rangle$$

34. Determine se $\mathbf{r}_1(t)$ e $\mathbf{r}_2(t)$ colidem ou intersectam, fornecendo as coordenadas dos pontos correspondentes, se existirem:
$$\mathbf{r}_1(t) = \langle t, t^2, t^3\rangle, \qquad \mathbf{r}_2(t) = \langle 4t + 6, 4t^2, 7 - t\rangle$$

Nos Exercícios 35-44, encontre uma parametrização da curva.

35. A reta vertical passando pelo ponto $(3, 2, 0)$.

36. A reta passando por $(1, 0, 4)$ e $(4, 1, 2)$.

37. A reta pela origem cuja projeção sobre o plano xy é uma reta de inclinação 3 e sobre o plano yz é uma reta de inclinação 5 (ou seja, $\Delta z / \Delta y = 5$).

38. O círculo horizontal de raio 1 centrado em $(2, -1, 4)$.

39. O círculo de raio 2 centrado em $(1, 2, 5)$ num plano paralelo ao plano yz.

40. A elipse $\left(\dfrac{x}{2}\right)^2 + \left(\dfrac{y}{3}\right)^2 = 1$ no plano xy, transladada para estar centrada em $(9, -4, 0)$.

41. A interseção do plano $y = \tfrac{1}{2}$ com a esfera $x^2 + y^2 + z^2 = 1$.

42. A interseção das superfícies
$$z = x^2 - y^2 \quad \text{e} \quad z = x^2 + xy - 1$$

43. A elipse $\left(\dfrac{x}{2}\right)^2 + \left(\dfrac{z}{3}\right)^2 = 1$ no plano xz, transladada para estar centrada em $(3, 1, 5)$ [Figura 15(A)].

44. A elipse $\left(\dfrac{y}{2}\right)^2 + \left(\dfrac{z}{3}\right)^2 = 1$, transladada para estar centrada em $(3, 1, 5)$ [Figura 15(B)].

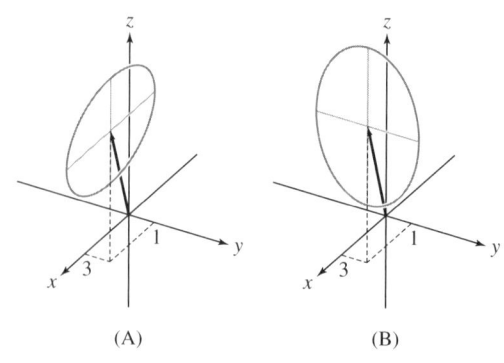

FIGURA 15 As elipses descritas nos Exercícios 43 e 44.

Compreensão adicional e desafios

45. Esboce a curva parametrizada por $\mathbf{r}(t) = \langle |t| + t, |t| - t \rangle$.

46. Encontre a altura máxima acima do plano xy de um ponto em $\mathbf{r}(t) = \langle e^t, \operatorname{sen} t, t(4 - t) \rangle$.

47. Seja $\mathcal{C}$ a curva obtida pela interseção de um cilindro de raio r com um plano. Insira duas esferas de raio r no cilindro, uma acima e outra abaixo do plano, e sejam F_1 e F_2 os pontos em que o plano é tangente às esferas [Figura 16(A)]. Seja K a distância vertical entre os equadores das duas esferas. Redescubra a prova de Arquimedes de que $\mathcal{C}$ é uma elipse, mostrando que cada ponto P de $\mathcal{C}$ satisfaz

$$PF_1 + PF_2 = K \qquad \boxed{2}$$

Sugestão: se duas retas tangentes a uma esfera passam por um mesmo ponto P e intersectam a esfera em dois pontos, Q_1 e Q_2, como na Figura 16(B), então os segmentos $\overline{PQ_1}$ e $\overline{PQ_2}$ têm o mesmo comprimento. Use isso para mostrar que $PF_1 = PR_1$ e $PF_2 = PR_2$.

48. Suponha que o cilindro da Figura 16 tenha equação $x^2 + y^2 = r^2$ e que o plano tenha equação $z = ax + by$. Encontre uma parametrização vetorial $\mathbf{r}(t)$ da curva de interseção usando as funções trigonométricas $y = \cos t$ e $y = \operatorname{sen} t$.

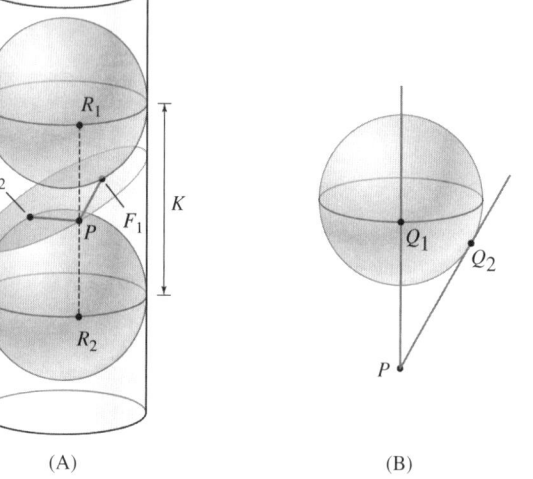

FIGURA 16

49. Agora volte a demonstrar o resultado do Exercício 47 usando geometria vetorial. Suponha que o cilindro tenha equação $x^2 + y^2 = r^2$ e o plano $z = ax + by$.

(a) Mostre que os centros das esferas superior e inferior da Figura 16(A) são

$$C_1 = \left(0, 0, r\sqrt{a^2 + b^2 + 1}\right)$$
$$C_2 = \left(0, 0, -r\sqrt{a^2 + b^2 + 1}\right)$$

(b) Mostre que os pontos em que o plano é tangente às esferas são

$$F_1 = \frac{r}{\sqrt{a^2 + b^2 + 1}}\left(a, b, a^2 + b^2\right)$$
$$F_2 = \frac{-r}{\sqrt{a^2 + b^2 + 1}}\left(a, b, a^2 + b^2\right)$$

Sugestão: mostre que $\overline{C_1 F_1}$ e $\overline{C_2 F_2}$ têm comprimento r e são ortogonais ao plano.

(c) Verifique, com a ajuda de um sistema algébrico computacional, que a Equação (2) é válida com

$$K = 2r\sqrt{a^2 + b^2 + 1}$$

Para simplificar as contas, observe que é suficiente verificar a Equação (2) com o ponto $P = (r, 0, ar)$, já que a e b são arbitrários.

13.2 Cálculo de funções vetoriais

Nesta seção, estendemos derivação e integração a funções vetoriais. Isso é simples, porque as técnicas do Cálculo de funções de uma variável permanecem válidas, com poucas alterações. Contudo, o que é novo, e importante, é a interpretação geométrica da derivada como um vetor tangente. Veremos isso adiante, nesta seção.

O passo inicial é definir limites de funções vetoriais.

DEFINIÇÃO **Limite de uma função vetorial** Uma função vetorial $\mathbf{r}(t)$ tende ao limite $\mathbf{u}$ (um vetor) quando t tende a t_0 se $\lim_{t \to t_0} \|\mathbf{r}(t) - \mathbf{u}\| = 0$. Nesse caso, escrevemos

$$\lim_{t \to t_0} \mathbf{r}(t) = \mathbf{u}$$

Podemos visualizar o limite de uma função vetorial como um vetor $\mathbf{r}(t)$ "em movimento" em direção ao limite $\mathbf{u}$ (Figura 1). De acordo com o teorema seguinte, os limites vetoriais podem ser calculados componente a componente.

TEOREMA 1 **Limites vetoriais são calculados por componentes** Uma função vetorial $\mathbf{r}(t) = \langle x(t), y(t), z(t) \rangle$ tende a um limite quando $t \to t_0$ se, e só se, cada componente tende a um limite; nesse caso,

$$\lim_{t \to t_0} \mathbf{r}(t) = \left\langle \lim_{t \to t_0} x(t), \lim_{t \to t_0} y(t), \lim_{t \to t_0} z(t) \right\rangle \qquad \boxed{1}$$

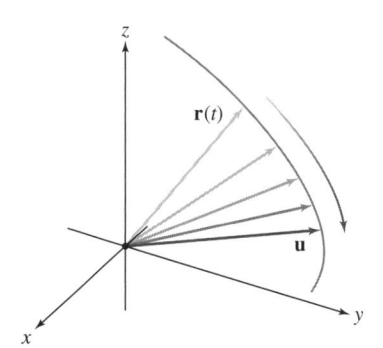

FIGURA 1 A função vetorial $\mathbf{r}(t)$ tende ao vetor $\mathbf{u}$ se $t \to t_0$.

Demonstração Suponha que $\mathbf{u} = \langle a, b, c \rangle$ e considere o quadrado do comprimento

$$\|\mathbf{r}(t) - \mathbf{u}\|^2 = (x(t) - a)^2 + (y(t) - b)^2 + (z(t) - c)^2 \qquad \boxed{2}$$

O termo à esquerda tende a zero se, e só se, cada termo à direita tende a zero (pois esses termos são não negativos). Segue que $\|\mathbf{r}(t) - \mathbf{u}\|$ tende a zero se, e só se, $|x(t) - a|$, $|y(t) - b|$ e $|z(t) - c|$ tendem a zero. Portanto, $\mathbf{r}(t)$ tende a um limite $\mathbf{u}$ com $t \to t_0$ se, e só se, $x(t)$, $y(t)$ e $z(t)$ convergem aos componentes a, b e c. ∎

As leis de limite das funções escalares permanecem válidas no caso vetorial, podendo ser conferidas aplicando as leis de limites aos componentes.

■ **EXEMPLO 1** Calcule $\lim_{t \to 3} \mathbf{r}(t)$, com $\mathbf{r}(t) = \langle t^2, 1 - t, t^{-1} \rangle$.

Solução Pelo Teorema 1,

$$\lim_{t \to 3} \mathbf{r}(t) = \lim_{t \to 3} \langle t^2, 1 - t, t^{-1} \rangle = \left\langle \lim_{t \to 3} t^2, \lim_{t \to 3} (1 - t), \lim_{t \to 3} t^{-1} \right\rangle = \left\langle 9, -2, \frac{1}{3} \right\rangle \qquad ■$$

A continuidade de funções vetoriais é definida da mesma maneira que no caso escalar. Uma função vetorial $\mathbf{r}(t) = \langle x(t), y(t), z(t) \rangle$ é **contínua** em t_0 se

$$\lim_{t \to t_0} \mathbf{r}(t) = \mathbf{r}(t_0)$$

Pelo Teorema 1, $\mathbf{r}(t)$ é contínua em t_0 se, e só se, os componentes $x(t)$, $y(t)$, $z(t)$ são contínuos em t_0.

Definimos a derivada de $\mathbf{r}(t)$ como o limite das razões incrementais:

$$\mathbf{r}'(t) = \frac{d}{dt} \mathbf{r}(t) = \lim_{h \to 0} \frac{\mathbf{r}(t + h) - \mathbf{r}(t)}{h} \qquad \boxed{3}$$

Na notação de Leibniz, a derivada é denotada por $d\mathbf{r}/dt$.

Dizemos que $\mathbf{r}(t)$ é *derivável* em t se existir o limite na Equação (3). Observe que os componentes da razão incremental também são razões incrementais:

$$\lim_{h\to 0}\frac{\mathbf{r}(t+h)-\mathbf{r}(t)}{h}=\lim_{h\to 0}\left\langle\frac{x(t+h)-x(t)}{h},\frac{y(t+h)-y(t)}{h},\frac{z(t+h)-z(t)}{h}\right\rangle$$

e, pelo Teorema 1, $\mathbf{r}(t)$ é derivável se, e só se, os componentes são deriváveis. Nesse caso, $\mathbf{r}'(t)$ é igual ao vetor das derivadas $\langle x'(t), y'(t), z'(t)\rangle$.

Os Teoremas 1 e 2 mostram que os limite e derivadas vetoriais são calculados componente a componente e que, portanto, não são mais difíceis de calcular do que limites e derivadas comuns.

TEOREMA 2 Derivadas vetoriais são calculadas por componentes Uma função vetorial $\mathbf{r}(t)=\langle x(t), y(t), z(t)\rangle$ é derivável se, e só se, cada componente é derivável. Nesse caso,

$$\mathbf{r}'(t)=\frac{d}{dt}\mathbf{r}(t)=\langle x'(t), y'(t), z'(t)\rangle$$

Algumas derivadas vetoriais calculadas por componentes são as seguintes:

$$\frac{d}{dt}\langle t^2, t^3, \operatorname{sen} t\rangle=\langle 2t, 3t^2, \cos t\rangle, \qquad \frac{d}{dt}\langle \cos t, -1, e^{2t}\rangle=\langle -\operatorname{sen} t, 0, 2e^{2t}\rangle$$

As derivadas de ordens superiores são definidas por derivação repetida:

$$\mathbf{r}''(t)=\frac{d}{dt}\mathbf{r}'(t), \quad \mathbf{r}'''(t)=\frac{d}{dt}\mathbf{r}''(t), \quad \dots$$

■ **EXEMPLO 2** Calcule $\mathbf{r}''(3)$, se $\mathbf{r}(t)=\langle \ln t, t, t^2\rangle$.

Solução Obtemos as derivadas por componentes:

$$\mathbf{r}'(t)=\frac{d}{dt}\langle \ln t, t, t^2\rangle=\langle t^{-1}, 1, 2t\rangle$$

$$\mathbf{r}''(t)=\frac{d}{dt}\langle t^{-1}, 1, 2t\rangle=\langle -t^{-2}, 0, 2\rangle$$

Portanto, $\mathbf{r}''(3)=\langle -\frac{1}{9}, 0, 2\rangle$. ■

As regras de derivação de uma variável transferem para o contexto vetorial.

Regras de derivação Suponha que $\mathbf{r}(t)$, $\mathbf{r}_1(t)$ e $\mathbf{r}_2(t)$ sejam deriváveis. Então
- **Regra da soma:** $(\mathbf{r}_1(t)+\mathbf{r}_2(t))'=\mathbf{r}_1'(t)+\mathbf{r}_2'(t)$
- **Regra do múltiplo constante:** Dada qualquer constante c, $(c\,\mathbf{r}(t))'=c\,\mathbf{r}'(t)$.
- **Regra do produto:** Dada qualquer função escalar derivável f,

$$\frac{d}{dt}\bigl(f(t)\mathbf{r}(t)\bigr)=f'(t)\mathbf{r}(t)+f(t)\mathbf{r}'(t)$$

- **Regra da cadeia:** Dada qualquer função escalar derivável g,

$$\frac{d}{dt}\mathbf{r}(g(t))=\mathbf{r}'(g(t))g'(t)$$

Demonstração Cada regra é demonstrada aplicando as regras de derivação aos componentes. Por exemplo, para provar a regra do produto (considerando funções vetoriais no plano, para manter a notação simples), escrevemos

$$f(t)\mathbf{r}(t)=f(t)\langle x(t), y(t)\rangle=\langle f(t)x(t), f(t)y(t)\rangle$$

Agora aplicamos a regra do produto a cada componente:

$$\frac{d}{dt}f(t)\mathbf{r}(t) = \left\langle \frac{d}{dt}f(t)x(t), \frac{d}{dt}f(t)y(t) \right\rangle$$

$$= \langle f'(t)x(t) + f(t)x'(t), f'(t)y(t) + f(t)y'(t) \rangle$$

$$= \langle f'(t)x(t), f'(t)y(t) \rangle + \langle f(t)x'(t), f(t)y'(t) \rangle$$

$$= f'(t)\langle x(t), y(t) \rangle + f(t)\langle x'(t), y'(t) \rangle = f'(t)\mathbf{r}(t) + f(t)\mathbf{r}'(t)$$

As demais demonstrações são deixadas como exercícios (Exercícios 69-70). ∎

■ **EXEMPLO 3** Sejam $\mathbf{r}(t) = \langle t^2, 5t, 1 \rangle$ e $f(t) = e^{3t}$. Calcule:

(a) $\dfrac{d}{dt}f(t)\mathbf{r}(t)$ (b) $\dfrac{d}{dt}\mathbf{r}(f(t))$

Solução Temos $\mathbf{r}'(t) = \langle 2t, 5, 0 \rangle$ e $f'(t) = 3e^{3t}$.

(a) Pela regra do produto,

$$\frac{d}{dt}f(t)\mathbf{r}(t) = f'(t)\mathbf{r}(t) + f(t)\mathbf{r}'(t) = 3e^{3t}\langle t^2, 5t, 1 \rangle + e^{3t}\langle 2t, 5, 0 \rangle$$

$$= \langle (3t^2 + 2t)e^{3t}, (15t + 5)e^{3t}, 3e^{3t} \rangle$$

Observe que poderíamos ter calculado primeiro $f(t)\mathbf{r}(t) = e^{3t}\langle t^2, 5t, 1 \rangle = \langle e^{3t}t^2, e^{3t}5t, e^{3t} \rangle$ e depois derivado para obter a mesma resposta, mas nosso objetivo aqui foi mostrar como aplicar a regra do produto com uma função escalar f.

(b) Pela regra da cadeia,

$$\frac{d}{dt}\mathbf{r}(f(t)) = \mathbf{r}'(f(t))f'(t) = \mathbf{r}'(e^{3t})3e^{3t} = \langle 2e^{3t}, 5, 0 \rangle 3e^{3t} = \langle 6e^{6t}, 15e^{3t}, 0 \rangle \quad ∎$$

Existem três regras do produto distintas para funções vetoriais. Além da regra para o produto de uma função escalar f com uma vetorial $\mathbf{r}$, existem as regras do produto para os produtos escalar e vetorial. Como veremos, essas regras são muito importantes nas aplicações.

TEOREMA 3   **Regras do produto para os produtos escalar e vetorial**   Suponha que $\mathbf{r}_1(t)$ e $\mathbf{r}_2(t)$ sejam deriváveis. Então

Produto escalar: $\dfrac{d}{dt}\bigl(\mathbf{r}_1(t) \cdot \mathbf{r}_2(t)\bigr) = \mathbf{r}_1'(t) \cdot \mathbf{r}_2(t) + \mathbf{r}_1(t) \cdot \mathbf{r}_2'(t)$ **4**

Produto vetorial: $\dfrac{d}{dt}\bigl(\mathbf{r}_1(t) \times \mathbf{r}_2(t)\bigr) = \bigl[\mathbf{r}_1'(t) \times \mathbf{r}_2(t)\bigr] + \bigl[\mathbf{r}_1(t) \times \mathbf{r}_2'(t)\bigr]$ **5**

ADVERTÊNCIA *Na regra do produto para o produto vetorial, é importante observar a ordem. O primeiro termo na Equação (5) precisa ser escrito como*

$$\mathbf{r}_1'(t) \times \mathbf{r}_2(t)$$

e não $\mathbf{r}_2(t) \times \mathbf{r}_1'(t)$. Analogamente, o segundo termo é $\mathbf{r}_1(t) \times \mathbf{r}_2'(t)$. Por que a ordem não é importante para o produto escalar?

Demonstração Verificamos a Equação (4) com funções vetoriais no plano. Se $\mathbf{r}_1(t) = \langle x_1(t), y_1(t) \rangle$ e $\mathbf{r}_2(t) = \langle x_2(t), y_2(t) \rangle$, então

$$\frac{d}{dt}\bigl(\mathbf{r}_1(t) \cdot \mathbf{r}_2(t)\bigr) = \frac{d}{dt}\bigl(x_1(t)x_2(t) + y_1(t)y_2(t)\bigr)$$

$$= x_1'(t)x_2(t) + x_1(t)x_2'(t) + y_1'(t)y_2(t) + y_1(t)y_2'(t)$$

$$= \bigl(x_1'(t)x_2(t) + y_1'(t)y_2(t)\bigr) + \bigl(x_1(t)x_2'(t) + y_1(t)y_2'(t)\bigr)$$

$$= \mathbf{r}_1'(t) \cdot \mathbf{r}_2(t) + \mathbf{r}_1(t) \cdot \mathbf{r}_2'(t)$$

A prova da Equação (5) é deixada como um exercício (Exercício 71). ∎

No próximo exemplo, e em todo este capítulo, *supomos que todas as funções vetoriais são deriváveis, a menos de menção explícita em contrário.*

■ **EXEMPLO 4** Prove a fórmula $\dfrac{d}{dt}\bigl(\mathbf{r}(t) \times \mathbf{r}'(t)\bigr) = \mathbf{r}(t) \times \mathbf{r}''(t)$.

Solução Pela regra do produto para o produto vetorial,

$$\frac{d}{dt}\bigl(\mathbf{r}(t) \times \mathbf{r}'(t)\bigr) = \underbrace{\mathbf{r}'(t) \times \mathbf{r}'(t)}_{\text{Igual a } \mathbf{0}} + \mathbf{r}(t) \times \mathbf{r}''(t) = \mathbf{r}(t) \times \mathbf{r}''(t)$$

Aqui, $\mathbf{r}'(t) \times \mathbf{r}'(t) = \mathbf{0}$ porque o produto vetorial de um vetor consigo mesmo é o vetor nulo. ■

Derivada como um vetor tangente

O vetor $\mathbf{r}'(t_0)$ tem uma interpretação geométrica importante: ele aponta na direção tangente ao caminho traçado por $\mathbf{r}(t)$ em $t = t_0$.

Para entender isso, considere a razão incremental, em que escrevemos $\Delta\mathbf{r} = \mathbf{r}(t_0 + h) - \mathbf{r}(t_0)$ e $\Delta t = h$ com $h \neq 0$:

$$\frac{\Delta\mathbf{r}}{\Delta t} = \frac{\mathbf{r}(t_0 + h) - \mathbf{r}(t_0)}{h} \qquad\qquad 6$$

O vetor $\Delta\mathbf{r}$ aponta desde o ponto final de $\mathbf{r}(t_0)$ até o ponto final de $\mathbf{r}(t_0 + h)$, como na Figura 2(A). A razão incremental $\Delta\mathbf{r}/\Delta t$ é um múltiplo escalar de $\Delta\mathbf{r}$ e, portanto, aponta na mesma direção [Figura 2(B)].

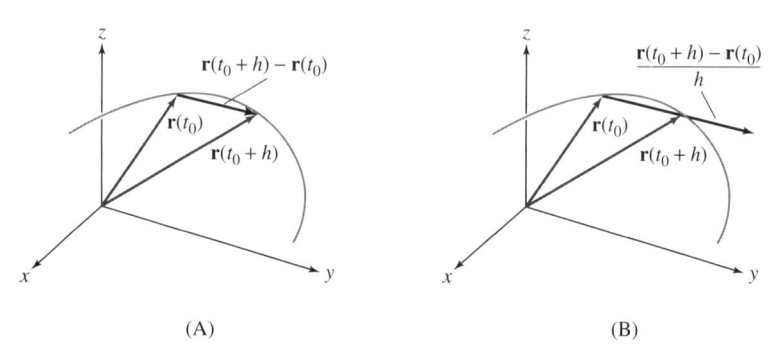

FIGURA 2 A razão incremental aponta na direção e sentido de $\Delta\mathbf{r} = \mathbf{r}(t_0 + h) - \mathbf{r}(t_0)$.

Quando $h = \Delta t$ tende a zero, $\Delta\mathbf{r}$ também tende a zero, mas o quociente $\Delta\mathbf{r}/\Delta t$ tende a um vetor $\mathbf{r}'(t_0)$ (supondo que exista) que, se for não nulo, aponta na direção tangente à curva. A Figura 3 ilustra esse processo de limite. Dizemos que $\mathbf{r}'(t_0)$ é o **vetor tangente**, ou **vetor velocidade**, em $\mathbf{r}(t_0)$.

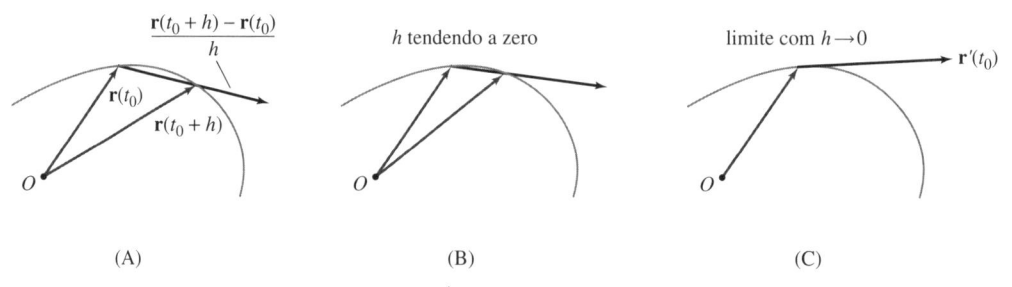

FIGURA 3 A razão incremental converge a um vetor $\mathbf{r}'(t_0)$, tangente à curva.

Mesmo tendo convencionado, até aqui, considerar todos os vetores com ponto base na origem, o vetor tangente $\mathbf{r}'(t)$ é uma exceção; visualizamos esse vetor como localizado no ponto terminal de $\mathbf{r}(t)$. Isso faz sentido porque, então, $\mathbf{r}'(t)$ parece ser um vetor tangente à curva (Figura 3).

O vetor tangente $\mathbf{r}'(t_0)$ (se existir e for não nulo) é um vetor diretor da reta tangente à curva. Portanto, a reta tangente tem a parametrização vetorial:

$$\boxed{\text{Reta tangente em } \mathbf{r}(t_0): \qquad \mathbf{L}(t) = \mathbf{r}(t_0) + t\,\mathbf{r}'(t_0)} \qquad 7$$

■ **EXEMPLO 5** **Esboçando vetores tangentes** Esboce $\mathbf{r}(t) = \langle \cos t, \operatorname{sen} t, 4\cos^2 t\rangle$ junto a seus vetores tangentes em $t = \dfrac{\pi}{4}$ e $\dfrac{3\pi}{2}$. Encontre uma parametrização da reta tangente em $t = \dfrac{\pi}{4}$. Use um sistema algébrico computacional.

Solução A derivada é $\mathbf{r}'(t) = \langle -\operatorname{sen} t, \cos t, -8\cos t \operatorname{sen} t\rangle$ e, portanto, os vetores tangentes em $t = \frac{\pi}{4}$ e $\frac{3\pi}{2}$ são

$$\mathbf{r}'\left(\frac{\pi}{4}\right) = \left\langle -\frac{\sqrt{2}}{2}, \frac{\sqrt{2}}{2}, -4\right\rangle, \qquad \mathbf{r}'\left(\frac{3\pi}{2}\right) = \langle 1, 0, 0\rangle$$

A Figura 4 mostra um esboço de $\mathbf{r}(t)$ com $\mathbf{r}'\left(\frac{\pi}{4}\right)$ localizado em $\mathbf{r}\left(\frac{\pi}{4}\right)$ e $\mathbf{r}'\left(\frac{3\pi}{2}\right)$ localizado em $\mathbf{r}\left(\frac{3\pi}{2}\right)$.

Em $t = \frac{\pi}{4}$, $\mathbf{r}\left(\frac{\pi}{4}\right) = \left\langle \frac{\sqrt{2}}{2}, \frac{\sqrt{2}}{2}, 2\right\rangle$ e, portanto, a reta tangente é parametrizada por

$$\mathbf{L}(t) = \mathbf{r}\left(\frac{\pi}{4}\right) + t\,\mathbf{r}'\left(\frac{\pi}{4}\right) = \left\langle \frac{\sqrt{2}}{2}, \frac{\sqrt{2}}{2}, 2\right\rangle + t\left\langle -\frac{\sqrt{2}}{2}, \frac{\sqrt{2}}{2}, -4\right\rangle \qquad ■$$

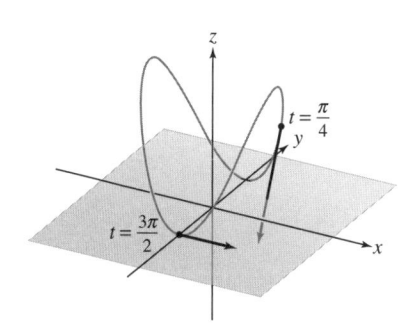

FIGURA 4 Os vetores tangentes a

$$\mathbf{r}(t) = \langle \cos t, \operatorname{sen} t, 4\cos^2 t\rangle$$

em $t = \frac{\pi}{4}$ e $\frac{3\pi}{2}$.

Existem algumas diferenças importantes entre derivadas escalares e vetoriais. A reta tangente a uma curva plana $y = f(x)$ é horizontal em x_0 exatamente se $f'(x_0) = 0$. Contudo, numa parametrização vetorial, o vetor tangente $\mathbf{r}'(t_0) = \langle x'(t_0), y'(t_0)\rangle$ é horizontal e não nulo se $y'(t_0) = 0$, mas $x'(t_0) \neq 0$.

Imaginando o caso de uma função vetorial $\mathbf{r}(t)$ descrever uma partícula em movimento ao longo de uma curva, se ocorrer que $\mathbf{r}'(t_0) = \mathbf{0}$, então a partícula terá parado momentaneamente seu movimento para a frente. Subsequentemente, ela poderia continuar se movendo para a frente ou em qualquer outra direção a partir desse ponto, inclusive voltando sobre si mesma e retornando ao longo do caminho pelo qual chegou. Veremos esse fenômeno no próximo exemplo.

■ **EXEMPLO 6** **Vetor tangente horizontal na cicloide** A função

$$\mathbf{r}(t) = \langle t - \operatorname{sen} t, 1 - \cos t\rangle$$

traça uma cicloide. Encontre os pontos em que:

(a) $\mathbf{r}'(t)$ é horizontal e não nulo.   (b) $\mathbf{r}'(t)$ é o vetor nulo.

Solução O vetor tangente é $\mathbf{r}'(t) = \langle 1 - \cos t, \operatorname{sen} t\rangle$. O componente y de $\mathbf{r}'(t)$ é nulo se $\operatorname{sen} t = 0$, ou seja, se $t = 0, \pi, 2\pi, \ldots$. Temos

$$\mathbf{r}(0) = \langle 0, 0\rangle, \quad \mathbf{r}'(0) = \langle 1 - \cos 0, \operatorname{sen} 0\rangle = \langle 0, 0\rangle \quad \text{(vetor nulo)}$$

$$\mathbf{r}(\pi) = \langle \pi, 2\rangle, \quad \mathbf{r}'(\pi) = \langle 1 - \cos\pi, \operatorname{sen}\pi\rangle = \langle 2, 0\rangle \quad \text{(horizontal)}$$

Por periodicidade, concluímos que $\mathbf{r}'(t)$ é não nulo e horizontal se $t = \pi, 3\pi, 5\pi, \ldots$ e $\mathbf{r}'(t) = \mathbf{0}$ com $t = 0, 2\pi, 4\pi, \ldots$ (Figura 5). ■

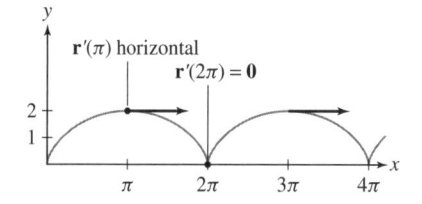

FIGURA 5 Pontos da cicloide

$$r(t) = \langle t - \operatorname{sen} t, 1 - \cos t\rangle$$

em que o vetor tangente é horizontal.

> **ENTENDIMENTO CONCEITUAL** A cicloide da Figura 5 tem bicos afiados denominados **cúspides** nos pontos em que $x = 0, 2\pi, 4\pi, \ldots$. Se descrevermos a cicloide como o gráfico de uma função $y = f(x)$, então $f'(x)$ não existe nesses pontos. Contrastando com isso, o vetor derivada $\mathbf{r}'(t) = \langle 1 - \cos t, \operatorname{sen} t\rangle$ existe *em qualquer* t, mas $\mathbf{r}'(t) = \mathbf{0}$ nas cúspides. Em geral, $\mathbf{r}'(t)$ é um vetor diretor da reta tangente se essa reta existir, mas não obtemos informação alguma sobre a reta tangente (que pode existir, ou não) nos pontos em que $\mathbf{r}'(t) = \mathbf{0}$.

No exemplo seguinte, estabelecemos uma propriedade importante de funções vetoriais, que será utilizada nas Seções 13.4 a 13.6.

■ **EXEMPLO 7** **Ortogonalidade de r e r' se r tiver comprimento constante** Prove que se $\mathbf{r}(t)$ tiver comprimento constante, então $\mathbf{r}(t)$ é ortogonal a $\mathbf{r}'(t)$.

Solução Pela regra do produto para o produto escalar,

$$\frac{d}{dt}\|\mathbf{r}(t)\|^2 = \frac{d}{dt}\big(\mathbf{r}(t)\cdot\mathbf{r}(t)\big) = \mathbf{r}'(t)\cdot\mathbf{r}(t) + \mathbf{r}(t)\cdot\mathbf{r}'(t) = 2\mathbf{r}'(t)\cdot\mathbf{r}(t)$$

Essa derivada é nula porque $\|\mathbf{r}(t)\|$ é constante. Assim, $\mathbf{r}'(t)\cdot\mathbf{r}(t) = 0$ e $\mathbf{r}(t)$ é ortogonal a $\mathbf{r}'(t)$ [ou $\mathbf{r}'(t) = \mathbf{0}$]. ■

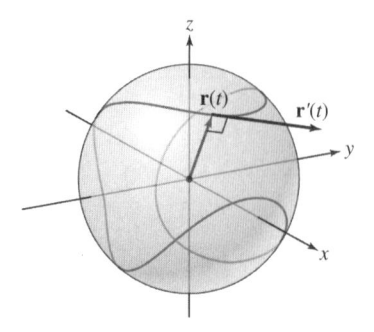

FIGURA 6 $\mathbf{r}'(t)$ é ortogonal a $\mathbf{r}(t)$ se $\mathbf{r}(t)$ tiver comprimento constante.

ENTENDIMENTO GRÁFICO O resultado do Exemplo 7 tem uma explicação geométrica. Uma parametrização vetorial $\mathbf{r}(t)$ que consiste em vetores de comprimento constante R traça uma curva na superfície de uma esfera de raio R centrada na origem (Figura 6). Assim, o vetor $\mathbf{r}'(t)$ é tangente a essa esfera. Contudo, qualquer segmento tangente a uma esfera num ponto P é ortogonal ao vetor radial por P e, portanto, $\mathbf{r}'(t)$ é ortogonal a $\mathbf{r}(t)$.

Integração vetorial

A integral de uma função vetorial pode ser definida em termos de somas de Riemann, como no Capítulo 5. Vamos defini-la mais simplesmente usando integração por componentes (as duas definições são equivalentes). Em outras palavras,

$$\int_a^b \mathbf{r}(t)\, dt = \left\langle \int_a^b x(t)\, dt, \int_a^b y(t)\, dt, \int_a^b z(t)\, dt \right\rangle$$

A integral existe se cada um dos componentes $x(t)$, $y(t)$ e $z(t)$ for integrável. Por exemplo,

$$\int_0^\pi \langle 1, t, \operatorname{sen} t \rangle\, dt = \left\langle \int_0^\pi 1\, dt, \int_0^\pi t\, dt, \int_0^\pi \operatorname{sen} t\, dt \right\rangle = \left\langle \pi, \frac{1}{2}\pi^2, 2 \right\rangle$$

As integrais vetoriais obedecem às mesmas regras de linearidade que as integrais escalares (Exercício 72).

Uma **antiderivada** de $\mathbf{r}(t)$ é uma função vetorial $\mathbf{R}(t)$ tal que $\mathbf{R}'(t) = \mathbf{r}(t)$. No caso de uma variável, duas funções f_1 e f_2 com a mesma derivada diferem por uma constante. Analogamente, duas funções vetoriais com a mesma derivada diferem por um *vetor constante* (ou seja, um vetor que não depende de t). Isso pode ser provado aplicando o resultado escalar a cada componente de $\mathbf{r}(t)$.

TEOREMA 4 Se $\mathbf{R}_1(t)$ e $\mathbf{R}_2(t)$ forem deriváveis e $\mathbf{R}_1'(t) = \mathbf{R}_2'(t)$, então

$$\mathbf{R}_1(t) = \mathbf{R}_2(t) + \mathbf{c}$$

com algum vetor constante $\mathbf{c}$.

A antiderivada geral de $\mathbf{r}(t)$ é denotada por

$$\int \mathbf{r}(t)\, dt = \mathbf{R}(t) + \mathbf{c}$$

em que $\mathbf{c} = \langle c_1, c_2, c_3 \rangle$ é um vetor constante arbitrário. Por exemplo,

$$\int \langle 1, t, \operatorname{sen} t \rangle\, dt = \left\langle t, \frac{1}{2}t^2, -\cos t \right\rangle + \mathbf{c} = \left\langle t + c_1, \frac{1}{2}t^2 + c_2, -\cos t + c_3 \right\rangle$$

Teorema fundamental do Cálculo para funções vetoriais Se $\mathbf{r}(t)$ for contínua em $[a, b]$ e $\mathbf{R}(t)$ for uma antiderivada de $\mathbf{r}(t)$, então

$$\int_a^b \mathbf{r}(t)\, dt = \mathbf{R}(b) - \mathbf{R}(a)$$

■ **EXEMPLO 8** Encontrando a posição usando equações diferenciais vetoriais A trajetória de uma partícula satisfaz

$$\frac{d\mathbf{r}}{dt} = \left\langle 1 - 6\operatorname{sen} 3t, \frac{1}{5}t \right\rangle$$

Encontre a localização da partícula em $t = 4$ se $\mathbf{r}(0) = \langle 4, 1 \rangle$.

Solução A solução geral é obtida por integração:

$$\mathbf{r}(t) = \int \left\langle 1 - 6\operatorname{sen} 3t, \frac{1}{5}t \right\rangle dt = \left\langle t + 2\cos 3t, \frac{1}{10}t^2 \right\rangle + \mathbf{c}$$

A condição inicial $\mathbf{r}(0) = \langle 4, 1 \rangle$ dá

$$\mathbf{r}(0) = \langle 2, 0 \rangle + \mathbf{c} = \langle 4, 1 \rangle$$

Portanto, $\mathbf{c} = \langle 2, 1 \rangle$ e (Figura 7)

$$\mathbf{r}(t) = \left\langle t + 2\cos 3t, \frac{1}{10}t^2 \right\rangle + \langle 2, 1 \rangle = \left\langle t + 2\cos 3t + 2, \frac{1}{10}t^2 + 1 \right\rangle$$

A posição da partícula em $t = 4$ é

$$\mathbf{r}(4) = \left\langle 4 + 2\cos 12 + 2, \frac{1}{10}(4^2) + 1 \right\rangle \approx \langle 7{,}69; 2{,}6 \rangle \qquad \blacksquare$$

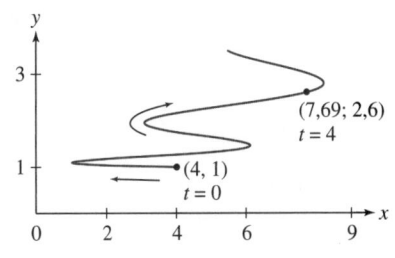

FIGURA 7 O caminho da partícula

$\mathbf{r}(t) = \langle t + 2\cos 3t + 2, \frac{1}{10}t^2 + 1 \rangle$.

13.2 Resumo

- Limites, derivadas e integrais de funções vetoriais são calculados componente a componente.
- Regras de derivação:
  - Regra da soma: $(\mathbf{r}_1(t) + \mathbf{r}_2(t))' = \mathbf{r}_1'(t) + \mathbf{r}_2'(t)$
  - Regra do múltiplo constante: $(c\,\mathbf{r}(t))' = c\,\mathbf{r}'(t)$
  - Regra da cadeia: $\dfrac{d}{dt}\mathbf{r}(g(t)) = g'(t)\mathbf{r}'(g(t))$
- Regras do produto:

  Escalar vezes vetor: $\quad \dfrac{d}{dt}\big(f(t)\mathbf{r}(t)\big) = f'(t)\mathbf{r}(t) + f(t)\mathbf{r}'(t)$

  Produto escalar: $\quad \dfrac{d}{dt}\big(\mathbf{r}_1(t) \cdot \mathbf{r}_2(t)\big) = \mathbf{r}_1'(t) \cdot \mathbf{r}_2(t) + \mathbf{r}_1(t) \cdot \mathbf{r}_2'(t)$

  Produto vetorial: $\quad \dfrac{d}{dt}\big(\mathbf{r}_1(t) \times \mathbf{r}_2(t)\big) = \big[\mathbf{r}_1'(t) \times \mathbf{r}_2(t)\big] + \big[\mathbf{r}_1(t) \times \mathbf{r}_2'(t)\big]$

- Dizemos que a derivada $\mathbf{r}'(t_0)$ é o *vetor tangente* ou o *vetor velocidade*.
- Se $\mathbf{r}'(t_0)$ for não nulo, então ele aponta na direção tangente à curva em $\mathbf{r}(t_0)$. A reta tangente em $\mathbf{r}(t_0)$ tem parametrização vetorial

$$\mathbf{L}(t) = \mathbf{r}(t_0) + t\mathbf{r}'(t_0)$$

- Se $\mathbf{R}_1'(t) = \mathbf{R}_2'(t)$, então $\mathbf{R}_1(t) = \mathbf{R}_2(t) + \mathbf{c}$ com algum vetor constante $\mathbf{c}$.
- O teorema fundamental de funções vetoriais: se $\mathbf{r}(t)$ for contínua e se $\mathbf{R}(t)$ for uma antiderivada de $\mathbf{r}(t)$, então

$$\int_a^b \mathbf{r}(t)\,dt = \mathbf{R}(b) - \mathbf{R}(a)$$

13.2 Exercícios

Exercícios preliminares

1. Enuncie as três formas da regra do produto para funções vetoriais.

Nos Exercícios 2-6, decida se a afirmação é verdadeira ou falsa e, se falsa, forneça a afirmação correta.

2. A derivada de uma função vetorial é definida como o limite da razão incremental, exatamente como no caso escalar.

3. Existem duas regras da cadeia para funções vetoriais, uma para a composição de duas funções vetoriais e outra para a composição de uma função vetorial com uma escalar.

4. Os termos "vetor velocidade" e "vetor tangente" de um caminho $\mathbf{r}(t)$ significam a mesma coisa.

5. A derivada de uma função vetorial é a inclinação da reta tangente, exatamente como no caso escalar.
6. A derivada do produto vetorial é o produto vetorial das derivadas.
7. Decida se as derivadas seguintes de funções vetoriais $\mathbf{r}_1(t)$ e $\mathbf{r}_2(t)$ são escalares ou vetores:

   (a) $\dfrac{d}{dt}\mathbf{r}_1(t)$ (b) $\dfrac{d}{dt}(\mathbf{r}_1(t)\cdot\mathbf{r}_2(t))$ (c) $\dfrac{d}{dt}(\mathbf{r}_1(t)\times\mathbf{r}_2(t))$

Exercícios

Nos Exercícios 1-4, calcule o limite.

1. $\lim\limits_{t\to 3}\left\langle t^2, 4t, \dfrac{1}{t}\right\rangle$

2. $\lim\limits_{t\to\pi}\operatorname{sen}2t\mathbf{i}+\cos t\mathbf{j}+\operatorname{tg}4t\mathbf{k}$

3. $\lim\limits_{t\to 0}e^{2t}\mathbf{i}+\ln(t+1)\mathbf{j}+4\mathbf{k}$

4. $\lim\limits_{t\to 0}\left\langle \dfrac{1}{t+1}, \dfrac{e^t-1}{t}, 4t\right\rangle$

5. Calcule $\lim\limits_{h\to 0}\dfrac{\mathbf{r}(t+h)-\mathbf{r}(t)}{h}$ se $\mathbf{r}(t)=\langle t^{-1}, \operatorname{sen} t, 4\rangle$.

6. Calcule $\lim\limits_{t\to 0}\dfrac{\mathbf{r}(t)}{t}$ se $\mathbf{r}(t)=\langle \operatorname{sen} t, 1-\cos t, -2t\rangle$.

Nos Exercícios 7-12, calcule a derivada.

7. $\mathbf{r}(t)=\langle t, t^2, t^3\rangle$

8. $\mathbf{r}(t)=\langle 7-t, 4\sqrt{t}, 8\rangle$

9. $\mathbf{r}(s)=\langle e^{3s}, e^{-s}, s^4\rangle$

10. $\mathbf{b}(t)=\left\langle e^{3t-4}, e^{6-t}, (t+1)^{-1}\right\rangle$

11. $\mathbf{c}(t)=t^{-1}\mathbf{i}-e^{2t}\mathbf{k}$

12. $\mathbf{a}(\theta)=(\cos 3\theta)\mathbf{i}+(\operatorname{sen}^2\theta)\mathbf{j}+(\operatorname{tg}\theta)\mathbf{k}$

13. Calcule $\mathbf{r}'(t)$ e $\mathbf{r}''(t)$ se $\mathbf{r}(t)=\langle t, t^2, t^3\rangle$.

14. Esboce a curva parametrizada por $\mathbf{r}(t)=\langle 1-t^2, t\rangle$ com $-1\le t\le 1$. Calcule o vetor tangente em $t=1$ e inclua-o no esboço.

15. Esboce a curva parametrizada por $\mathbf{r}_1(t)=\langle t, t^2\rangle$ junto a seu vetor tangente em $t=1$. Em seguida, faça o mesmo com $\mathbf{r}_2(t)=\langle t^3, t^6\rangle$.

16. Esboce a cicloide $\mathbf{r}(t)=\langle t-\operatorname{sen} t, 1-\cos t\rangle$ junto a seus vetores tangentes em $t=\dfrac{\pi}{3}$ e $\dfrac{3\pi}{4}$.

Nos Exercícios 17-20, use a regra do produto apropriada para calcular a derivada, sendo

$$\mathbf{r}_1(t)=\langle t^2, t^3, t\rangle,\qquad \mathbf{r}_2(t)=\langle e^{3t}, e^{2t}, e^t\rangle$$

17. $\dfrac{d}{dt}(\mathbf{r}_1(t)\cdot\mathbf{r}_2(t))$

18. $\dfrac{d}{dt}(t^4\mathbf{r}_1(t))$

19. $\dfrac{d}{dt}(\mathbf{r}_1(t)\times\mathbf{r}_2(t))$

20. $\dfrac{d}{dt}(\mathbf{r}(t)\cdot\mathbf{r}_1(t))\bigg|_{t=2}$, supondo que

$$\mathbf{r}(2)=\langle 2, 1, 0\rangle,\qquad \mathbf{r}'(2)=\langle 1, 4, 3\rangle$$

Nos Exercícios 21 e 22, sejam

$$\mathbf{r}_1(t)=\langle t^2, 1, 2t\rangle,\qquad \mathbf{r}_2(t)=\langle 1, 2, e^t\rangle$$

21. Calcule $\dfrac{d}{dt}\mathbf{r}_1(t)\cdot\mathbf{r}_2(t)\bigg|_{t=1}$ de duas maneiras:

   (a) Calculando $\mathbf{r}_1(t)\cdot\mathbf{r}_2(t)$ e derivando.
   (b) Usando a regra do produto.

22. Calcule $\dfrac{d}{dt}\mathbf{r}_1(t)\times\mathbf{r}_2(t)\bigg|_{t=1}$ de duas maneiras:

   (a) Calculando $\mathbf{r}_1(t)\times\mathbf{r}_2(t)$ e derivando.
   (b) Usando a regra do produto.

Nos Exercícios 23-26, calcule $\dfrac{d}{dt}\mathbf{r}(g(t))$ usando a regra da cadeia.

23. $\mathbf{r}(t)=\langle t^2, 1-t\rangle,\quad g(t)=e^t$

24. $\mathbf{r}(t)=\langle t^2, t^3\rangle,\quad g(t)=\operatorname{sen} t$

25. $\mathbf{r}(t)=\langle e^t, e^{2t}, 4\rangle,\quad g(t)=4t+9$

26. $\mathbf{r}(t)=\langle 4\operatorname{sen} 2t, 6\cos 2t\rangle,\quad g(t)=t^2$

27. Seja $\mathbf{r}(t)=\langle t^2, 1-t, 4t\rangle$. Calcule a derivada de $\mathbf{r}(t)\cdot\mathbf{a}(t)$ em $t=2$ supondo que $\mathbf{a}(2)=\langle 1,3,3\rangle$ e $\mathbf{a}'(2)=\langle -1,4,1\rangle$.

28. Seja $\mathbf{v}(s)=s^2\mathbf{i}+2s\mathbf{j}+9s^{-2}\mathbf{k}$. Calcule $\dfrac{d}{ds}\mathbf{v}(g(s))$ em $s=4$, supondo que $g(4)=3$ e $g'(4)=-9$.

Nos Exercícios 29-34, encontre uma parametrização da reta tangente no ponto indicado.

29. $\mathbf{r}(t)=\langle t^2, t^4\rangle,\quad t=-2$

30. $\mathbf{r}(t)=\langle\cos 2t, \operatorname{sen} 3t\rangle,\quad t=\dfrac{\pi}{4}$

31. $\mathbf{r}(t)=\langle 1-t^2, 5t, 2t^3\rangle,\quad t=2$

32. $\mathbf{r}(t)=\langle 4t, 5t, 9t\rangle,\quad t=-4$

33. $\mathbf{r}(s)=4s^{-1}\mathbf{i}-\dfrac{8}{3}s^{-3}\mathbf{k},\quad s=2$

34. $\mathbf{r}(s)=(\ln s)\mathbf{i}+s^{-1}\mathbf{j}+9s\mathbf{k},\quad s=1$

35. Use o Exemplo 4 para calcular $\dfrac{d}{dt}(\mathbf{r}\times\mathbf{r}')$, sendo $\mathbf{r}(t)=\langle t, t^2, e^t\rangle$.

36. Seja $\mathbf{r}(t)=\langle 3\cos t, 5\operatorname{sen} t, 4\cos t\rangle$. Mostre que $\|\mathbf{r}(t)\|$ é constante e conclua, usando o Exemplo 7, que $\mathbf{r}(t)$ e $\mathbf{r}'(t)$ são ortogonais. Em seguida, calcule $\mathbf{r}'(t)$ e verifique diretamente que $\mathbf{r}'(t)$ é ortogonal a $\mathbf{r}(t)$.

37. Mostre que a *derivada da norma* não é igual à *norma da derivada* verificando que $\|\mathbf{r}(t)\|' \ne \|\mathbf{r}(t)'\|$ com $\mathbf{r}(t)=\langle t, 1, 1\rangle$.

38. Mostre que $\dfrac{d}{dt}(\mathbf{a}\times\mathbf{r})=\mathbf{a}\times\mathbf{r}'$, com qualquer vetor constante $\mathbf{a}$.

Nos Exercícios 39-46, calcule a integral.

39. $\displaystyle\int_{-1}^{3}\left\langle 8t^2-t, 6t^3+t\right\rangle dt$

40. $\displaystyle\int_{0}^{1}\left\langle \dfrac{1}{1+s^2}, \dfrac{s}{1+s^2}\right\rangle ds$

41. $\displaystyle\int_{-2}^{2}(u^3\mathbf{i}+u^5\mathbf{j})\,du$

42. $\displaystyle\int_{0}^{1}\left(te^{-t^2}\mathbf{i}+t\ln(t^2+1)\mathbf{j}\right)dt$

43. $\displaystyle\int_{0}^{1}\langle 2t, 4t, -\cos 3t\rangle\,dt$

44. $\displaystyle\int_{1/2}^{1}\left\langle \dfrac{1}{u^2}, \dfrac{1}{u^4}, \dfrac{1}{u^5}\right\rangle du$

45. $\displaystyle\int_{1}^{4}\left(t^{-1}\mathbf{i}+4\sqrt{t}\,\mathbf{j}-8t^{3/2}\mathbf{k}\right)dt$

46. $\displaystyle\int_{0}^{t}(3s\mathbf{i}+6s^2\mathbf{j}+9\mathbf{k})\,ds$

Nos Exercícios 47-54, encontre a solução geral da equação diferencial, bem como a solução com a condição inicial dada.

47. $\dfrac{d\mathbf{r}}{dt}=\langle 1-2t, 4t\rangle,\quad \mathbf{r}(0)=\langle 3, 1\rangle$

48. $\mathbf{r}'(t)=\mathbf{i}-\mathbf{j},\quad \mathbf{r}(0)=2\mathbf{i}+3\mathbf{k}$

49. $\mathbf{r}'(t)=t^2\mathbf{i}+5t\mathbf{j}+\mathbf{k},\quad \mathbf{r}(1)=\mathbf{j}+2\mathbf{k}$

50. $\mathbf{r}'(t)=\langle\operatorname{sen} 3t, \operatorname{sen} 3t, t\rangle,\quad \mathbf{r}\!\left(\dfrac{\pi}{2}\right)=\left\langle 2, 4, \dfrac{\pi^2}{4}\right\rangle$

51. $\mathbf{r}''(t)=16\mathbf{k},\quad \mathbf{r}(0)=\langle 1,0,0\rangle,\quad \mathbf{r}'(0)=\langle 0,1,0\rangle$

52. $\mathbf{r}''(t) = \langle e^{2t-2}, t^2 - 1, 1 \rangle$, $\mathbf{r}(1) = \langle 0, 0, 1 \rangle$,
$\mathbf{r}'(1) = \langle 2, 0, 0 \rangle$

53. $\mathbf{r}''(t) = \langle 0, 2, 0 \rangle$, $\mathbf{r}(3) = \langle 1, 1, 0 \rangle$,
$\mathbf{r}'(3) = \langle 0, 0, 1 \rangle$

54. $\mathbf{r}''(t) = \langle e^t, \operatorname{sen} t, \cos t \rangle$, $\mathbf{r}(0) = \langle 1, 0, 1 \rangle$,
$\mathbf{r}'(0) = \langle 0, 2, 2 \rangle$

55. Encontre a localização em $t = 3$ de uma partícula cujo caminho (Figura 8) satisfaz

$$\frac{d\mathbf{r}}{dt} = \left\langle 2t - \frac{1}{(t+1)^2}, 2t - 4 \right\rangle, \qquad \mathbf{r}(0) = \langle 3, 8 \rangle$$

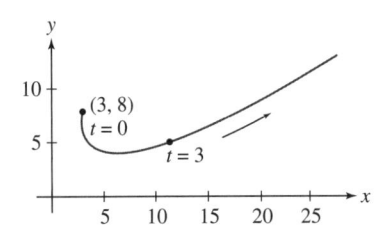

FIGURA 8 O caminho da partícula.

56. Encontre a localização e a velocidade em $t = 4$ de uma partícula cujo caminho satisfaz

$$\frac{d\mathbf{r}}{dt} = \left\langle 2t^{-1/2}, 6, 8t \right\rangle, \qquad \mathbf{r}(1) = \langle 4, 9, 2 \rangle$$

57. Um avião de combate, que dispara projéteis para a frente, percorre o caminho $\mathbf{r}(t) = \langle 5 - t, 21 - t^2, 3 - t^3/27 \rangle$. Mostre que existe exatamente um instante t em que o piloto pode atingir um alvo localizado na origem.

58. O avião de combate do Exercício 57 percorre o caminho $\mathbf{r}(t) = \langle t - t^3, 12 - t^2, 3 - t \rangle$. Mostre que o piloto não consegue atingir alvo algum no eixo x.

59. Encontre todas as soluções de $\mathbf{r}'(t) = \mathbf{v}$ com condição inicial $\mathbf{r}(1) = \mathbf{w}$, se $\mathbf{v}$ e $\mathbf{w}$ forem vetores constantes em $\mathbf{R}^3$.

60. Seja $\mathbf{u}$ um vetor constante em $\mathbf{R}^3$. Encontre a solução de $\mathbf{r}'(t) = (\operatorname{sen} t)\mathbf{u}$ que satisfaz $\mathbf{r}'(0) = \mathbf{0}$.

61. Encontre todas as soluções de $\mathbf{r}'(t) = 2\mathbf{r}(t)$, em que $\mathbf{r}(t)$ é uma função vetorial no espaço tridimensional.

62. Mostre que $\mathbf{w}(t) = \langle \operatorname{sen}(3t + 4), \operatorname{sen}(3t - 2), \cos 3t \rangle$ satisfaz a equação diferencial $\mathbf{w}''(t) = -9\mathbf{w}(t)$.

63. Prove que a **espiral de Bernoulli** (Figura 9) parametrizada por $\mathbf{r}(t) = \langle e^t \cos 4t, e^t \operatorname{sen} 4t \rangle$ tem a propriedade de que é constante o ângulo ψ entre o vetor posição e o vetor tangente. Encontre o ângulo ψ em graus.

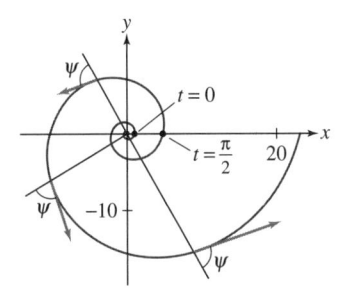

FIGURA 9 A espiral de Bernoulli.

64. Uma curva em forma polar $r = f(\theta)$ tem uma parametrização

$$\mathbf{r}(\theta) = f(\theta) \langle \cos \theta, \operatorname{sen} \theta \rangle$$

Seja ψ o ângulo entre os vetores radial e tangente (Figura 10). Prove que

$$\operatorname{tg} \psi = \frac{r}{dr/d\theta} = \frac{f(\theta)}{f'(\theta)}$$

Sugestão: calcule $\mathbf{r}(\theta) \times \mathbf{r}'(\theta)$ e $\mathbf{r}(\theta) \cdot \mathbf{r}'(\theta)$.

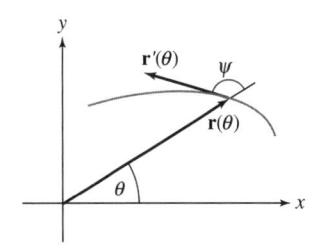

FIGURA 10 Curva de parametrização polar $\mathbf{r}(\theta) = f(\theta) \langle \cos \theta, \operatorname{sen} \theta \rangle$.

65. Prove que se $\|\mathbf{r}(t)\|$ atingir um valor mínimo ou máximo local em t_0, então $\mathbf{r}(t_0)$ é ortogonal a $\mathbf{r}'(t_0)$. Explique como esse resultado está relacionado com a Figura 11. *Sugestão:* observe que se $\|\mathbf{r}(t_0)\|$ for um mínimo, então $\mathbf{r}(t)$ é tangente em t_0 à esfera de raio $\|\mathbf{r}(t_0)\|$ centrada na origem.

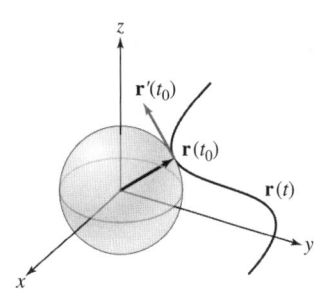

FIGURA 11

66. A segunda lei do movimento de Newton, em formato vetorial, afirma que $\mathbf{F} = \dfrac{d\mathbf{p}}{dt}$, em que $\mathbf{F}$ é a força agindo sobre um objeto de massa m e $\mathbf{p} = m\mathbf{r}'(t)$ é o momento do objeto. Os análogos da força e do momento no movimento rotacional são o **torque** $\boldsymbol{\tau} = \mathbf{r} \times \mathbf{F}$ e o **momento angular**

$$\mathbf{J} = \mathbf{r}(t) \times \mathbf{p}(t)$$

Use a segunda lei do movimento para provar que $\boldsymbol{\tau} = \dfrac{d\mathbf{J}}{dt}$.

Compreensão adicional e desafios

67. Suponha que $\mathbf{r}(t) = \langle x(t), y(t) \rangle$ trace uma curva plana $\mathcal{C}$. Suponha que $x'(t_0) \neq 0$. Mostre que a inclinação do vetor tangente $\mathbf{r}'(t_0)$ é igual à inclinação dy/dx da curva em $\mathbf{r}(t_0)$.

68. Prove que $\dfrac{d}{dt}(\mathbf{r} \cdot (\mathbf{r}' \times \mathbf{r}'')) = \mathbf{r} \cdot (\mathbf{r}' \times \mathbf{r}''')$.

69. Verifique a validade das regras da soma e do produto para derivadas de funções vetoriais.

70. Verifique a validade da regra da cadeia para funções vetoriais.

71. Verifique a validade da regra do produto para o produto vetorial [Equação (5)].

72. Verifique as propriedades de linearidade

$$\int c\mathbf{r}(t)\, dt = c \int \mathbf{r}(t)\, dt \qquad (c \text{ constante qualquer})$$

$$\int \big(\mathbf{r}_1(t) + \mathbf{r}_2(t)\big)\, dt = \int \mathbf{r}_1(t)\, dt + \int \mathbf{r}_2(t)\, dt$$

73. Prove a regra da substituição [em que g é uma função escalar derivável]:

$$\int_a^b \mathbf{r}(g(t)) g'(t)\, dt = \int_{g^{-1}(a)}^{g^{-1}(b)} \mathbf{r}(u)\, du$$

74. Mostre que se $\|\mathbf{r}(t)\| \leq K$ com $t \in [a, b]$, então

$$\left\| \int_a^b \mathbf{r}(t)\, dt \right\| \leq K(b - a)$$

13.3 Comprimento de arco e velocidade

Na Seção 11.2, deduzimos uma fórmula para o comprimento de arco de uma curva plana dada em forma paramétrica. Aquela discussão pode ser aplicada, com poucas alterações, a caminhos no espaço tridimensional.

Lembre que o comprimento de arco é definido como o limite dos comprimentos de aproximações poligonais. Para obter uma aproximação poligonal a um caminho

$$\mathbf{r}(t) = \langle x(t), y(t), z(t) \rangle, \qquad a \leq t \leq b$$

escolhemos uma partição $a = t_0 < t_1 < t_2 < \cdots < t_N = b$ e ligamos com segmentos de reta os pontos finais dos vetores $\mathbf{r}(t_j)$, como na Figura 1. Argumentando como na Seção 11.2, verificamos que, se $\mathbf{r}'(t)$ existir e for contínua no intervalo $[a, b]$, então os comprimentos das aproximações poligonais tendem a um limite L quando o máximo dos comprimentos $|t_j - t_{j-1}|$ tende a zero. Esse limite é o comprimento de arco s do caminho, que é calculado pela integral do teorema seguinte.

LEMBRETE *O comprimento de um caminho ou curva é denominado comprimento de arco.*

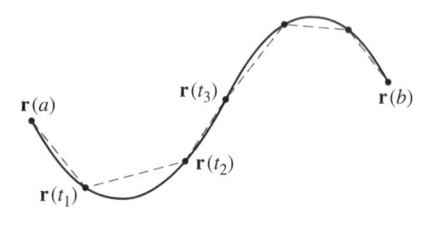

FIGURA 1 Aproximação poligonal do arco $\mathbf{r}(t)$ com $a \leq t \leq b$.

Lembre que o comprimento s na Equação (1) é a distância percorrida por uma partícula que segue a trajetória $\mathbf{r}(t)$. O comprimento de arco s não é igual ao comprimento da curva subjacente, a menos que $\mathbf{r}(t)$ percorra a curva uma única vez sem mudar o sentido de percurso.

TEOREMA 1 Comprimento de um caminho Suponha que $\mathbf{r}(t)$ seja derivável e que $\mathbf{r}'(t)$ seja contínua em $[a, b]$. Então o comprimento s do caminho $\mathbf{r}(t)$ ao longo de $a \leq t \leq b$ é igual a

$$s = \int_a^b \|\mathbf{r}'(t)\|\, dt = \int_a^b \sqrt{x'(t)^2 + y'(t)^2 + z'(t)^2}\, dt \qquad \boxed{1}$$

■ **EXEMPLO 1** Encontre o comprimento de arco s da hélice dada por $\mathbf{r}(t) = \langle \cos 3t, \operatorname{sen} 3t, 3t \rangle$ com $0 \leq t \leq 2\pi$.

Solução A derivada é $\mathbf{r}'(t) = \langle -3\operatorname{sen} 3t, 3\cos 3t, 3 \rangle$ e

$$\|\mathbf{r}'(t)\|^2 = 9\operatorname{sen}^2 3t + 9\cos^2 3t + 9 = 9(\operatorname{sen}^2 3t + \cos^2 3t) + 9 = 18$$

Portanto, $s = \displaystyle\int_0^{2\pi} \|\mathbf{r}'(t)\|\, dt = \int_0^{2\pi} \sqrt{18}\, dt = 6\sqrt{2}\,\pi$. ∎

Por definição, a velocidade escalar é a taxa de variação da distância percorrida em relação ao tempo t. Para calcular a velocidade escalar, definimos a **função comprimento de arco**:

$$s(t) = \int_a^t \|\mathbf{r}'(u)\|\, du$$

Então $s(t)$ é a distância percorrida durante o intervalo de tempo $[a, t]$. Pelo teorema fundamental do Cálculo (Parte II),

$$\text{Velocidade escalar no instante } t = \frac{ds}{dt} = \|\mathbf{r}'(t)\|$$

Assim, podemos ver por que $\mathbf{r}'(t)$ é conhecido como o vetor velocidade (e também como o vetor tangente). Ele aponta na direção e sentido do movimento e sua magnitude é a velocidade escalar (Figura 2). Muitas vezes denotamos o vetor velocidade por $\mathbf{v}(t)$ e a velocidade escalar por $v(t)$:

$$\mathbf{v}(t) = \mathbf{r}'(t), \qquad v(t) = \|\mathbf{v}(t)\|$$

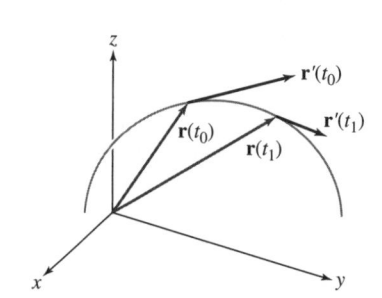

FIGURA 2 O vetor velocidade é maior em t_0 do que em t_1, indicando que a partícula está se movendo mais rapidamente em t_0.

■ **EXEMPLO 2** Encontre a velocidade escalar no instante $t = 2$ s de uma partícula cujo vetor posição é

$$\mathbf{r}(t) = t^3\mathbf{i} - e^t\mathbf{j} + 4t\mathbf{k}$$

Solução O vetor velocidade é $\mathbf{v}(t) = \mathbf{r}'(t) = 3t^2\mathbf{i} - e^t\mathbf{j} + 4\mathbf{k}$ e, em $t = 2$,

$$\mathbf{v}(2) = 12\mathbf{i} - e^2\mathbf{j} + 4\mathbf{k}$$

A velocidade escalar da partícula é $v(2) = \|\mathbf{v}(2)\| = \sqrt{12^2 + (-e^2)^2 + 4^2} \approx 14{,}65$ m/s. ■

Parametrização pelo comprimento de arco

Vimos que uma parametrização não é única. Por exemplo, $\mathbf{r}_1(t) = \langle t, t^2 \rangle$ e $\mathbf{r}_2(u) = \langle u^3, u^6 \rangle$ parametrizam a parábola $y = x^2$. Observe que, nesse caso, $\mathbf{r}_2(u)$ pode ser obtida substituindo $t = u^3$ em $\mathbf{r}_1(t)$.

Em geral, obtemos um nova parametrização fazendo uma substituição $t = g(u)$, ou seja, substituímos $\mathbf{r}(t)$ por $\mathbf{r}_1(u) = \mathbf{r}(g(u))$ (Figura 3). Se $t = g(u)$ cresce de a até b quando u varia de c até d, então o caminho $\mathbf{r}(t)$ com $a \leq t \leq b$ também é parametrizado por $\mathbf{r}_1(u)$ com $c \leq u \leq d$.

Lembre que uma parametrização $\mathbf{r}(t)$ faz mais do que simplesmente descrever uma curva. Ela também nos diz como a partícula percorre a curva, possivelmente aumentando ou diminuindo sua velocidade, ou então invertendo seu sentido de percurso ao longo do caminho. Mudar a parametrização significa descrever uma maneira diferente de percorrer a mesma curva subjacente.

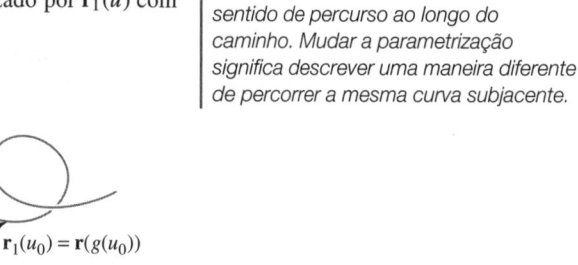

FIGURA 3 O caminho é parametrizado por $\mathbf{r}(t)$ e por $\mathbf{r}_1(u) = \mathbf{r}(g(u))$.

■ **EXEMPLO 3** Parametrize o caminho $\mathbf{r}(t) = (t^2, \operatorname{sen} t, t)$ com $3 \leq t \leq 9$ usando o parâmetro u, sendo $t = g(u) = e^u$.

Solução Substituindo $t = e^u$ em $\mathbf{r}(t)$, obtemos a parametrização

$$\mathbf{r}_1(u) = \mathbf{r}(g(u)) = \langle e^{2u}, \operatorname{sen} e^u, e^u \rangle$$

Como $u = \ln t$, o parâmetro t varia de 3 a 9 se u varia de $\ln 3$ a $\ln 9$. Desse modo, o caminho é parametrizado por $\mathbf{r}_1(u)$ com $\ln 3 \leq u \leq \ln 9$. ■

Uma maneira de parametrizar um caminho é escolher um ponto inicial e "sair caminhando pelo caminho" com velocidade unitária, digamos, 1 m/s. Uma parametrização desse tipo é denominada **parametrização pelo comprimento de arco** [Figura 4(A)]. Essa parametrização é definida pela propriedade de que sua velocidade escalar tem o valor constante 1:

$$\|\mathbf{r}'(t)\| = 1 \quad \text{com qualquer } t.$$

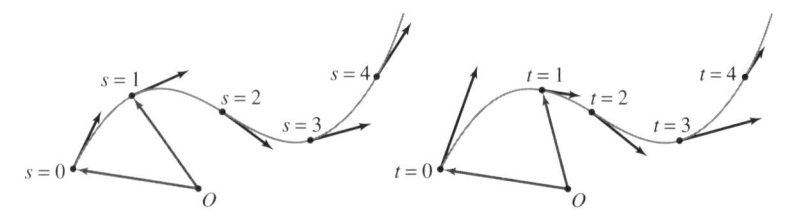

(A) Uma parametrização pelo comprimento de arco: todos os vetores tangentes têm comprimento 1, logo a velocidade é 1.

(B) Não é uma parametrização pelo comprimento de arco: os comprimentos dos vetores tangentes variam, logo a velocidade varia.

FIGURA 4

*Uma parametrização pelo comprimento de arco é também denominada **parametrização de velocidade unitária**. A parametrização pelo comprimento de arco será utilizada para definir a curvatura na Seção 13.4.*

É costume utilizar a letra "s" para o parâmetro de uma parametrização pelo comprimento de arco.

Numa parametrização pelo comprimento de arco, a distância percorrida ao longo de algum intervalo de tempo $[a, b]$ é igual ao comprimento do intervalo:

$$\text{Distância percorrida em } [a, b] = \int_a^b \|\mathbf{r}'(t)\| \, dt = \int_a^b 1 \, dt = b - a$$

Encontrando uma parametrização pelo comprimento de arco: começamos com alguma parametrização $\mathbf{r}(t)$ tal que $\mathbf{r}'(t) \neq \mathbf{0}$ com qualquer t.

Passo 1. Formamos a integral do comprimento de arco

$$s = g(t) = \int_0^t \|\mathbf{r}'(u)\| \, du$$

Passo 2. Como $\|\mathbf{r}'(t)\| \neq 0$, $s = g(t)$ é uma função crescente e, portanto, tem uma inversa $t = g^{-1}(s)$.

Passo 3. Tomamos a nova parametrização

$$\mathbf{r}_1(s) = \mathbf{r}(g^{-1}(s))$$

Essa é nossa parametrização pelo comprimento de arco.

Na maioria dos casos, não sabemos calcular a integral do comprimento de arco $s = g(t)$ explicitamente e tampouco encontramos uma fórmula para sua inversa $g^{-1}(s)$. Dessa forma, embora as parametrizações por comprimento de arco existam em geral, somente sabemos encontrá-las em casos especiais.

■ **EXEMPLO 4** **Encontrando uma parametrização pelo comprimento de arco** Encontre a parametrização pelo comprimento de arco da hélice $\mathbf{r}(t) = \langle \cos 4t, \text{sen } 4t, 3t \rangle$.

Solução *Passo 1.* Inicialmente, calculamos a função comprimento de arco

$$\|\mathbf{r}'(t)\| = \|\langle -4 \text{ sen } 4t, 4 \cos 4t, 3 \rangle\| = \sqrt{16 \text{ sen}^2 4t + 16 \cos^2 4t + 3^2} = 5$$

$$s = g(t) = \int_0^t \|\mathbf{r}'(t)\| \, dt = \int_0^t 5 \, dt = 5t$$

Passo 2. Em seguida, observamos que a inversa de $s = 5t$ é $t = s/5$; ou seja, $g^{-1}(s) = s/5$.

Passo 3. Substituindo cada t da parametrização original por $\frac{s}{5}$, obtemos a parametrização pelo comprimento de arco

$$\mathbf{r}_1(s) = \mathbf{r}(g^{-1}(s)) = \mathbf{r}\left(\frac{s}{5}\right) = \left\langle \cos \frac{4s}{5}, \text{sen } \frac{4s}{5}, \frac{3s}{5} \right\rangle$$

Para conferir, verifiquemos que $\mathbf{r}_1(s)$ tem velocidade unitária:

$$\|\mathbf{r}_1'(s)\| = \left\|\left\langle -\frac{4}{5} \text{ sen } \frac{4s}{5}, \frac{4}{5} \cos \frac{4s}{5}, \frac{3}{5} \right\rangle\right\| = \sqrt{\frac{16}{25} \text{ sen}^2 \frac{4s}{5} + \frac{16}{25} \cos^2 \frac{4s}{5} + \frac{9}{25}} = 1 \quad ■$$

13.3 Resumo

- O comprimento s de um caminho $\mathbf{r}(t) = \langle x(t), y(t), z(t) \rangle$ com $a \le t \le b$ é

$$s = \int_a^b \|\mathbf{r}'(t)\|\, dt = \int_a^b \sqrt{x'(t)^2 + y'(t)^2 + z'(t)^2}\, dt$$

- Função comprimento de arco: $s(t) = \int_a^t \|\mathbf{r}'(u)\|\, du$

- A velocidade escalar é a derivada da distância percorrida em relação ao tempo:

$$v(t) = \frac{ds}{dt} = \|\mathbf{r}'(t)\|$$

- O vetor velocidade $\mathbf{v}(t) = \mathbf{r}'(t)$ aponta na direção do movimento [desde que $\mathbf{r}'(t) \ne \mathbf{0}$], e sua magnitude $v(t) = \|\mathbf{r}'(t)\|$ é a velocidade escalar do objeto.
- Dizemos que $\mathbf{r}(s)$ é uma *parametrização pelo comprimento de arco* se $\|\mathbf{r}'(s)\| = 1$ com qualquer s. Nesse caso, o comprimento de arco do caminho em $a \le s \le b$ é $b - a$.
- Se $\mathbf{r}(t)$ for alguma parametrização tal que $\mathbf{r}'(t) \ne \mathbf{0}$ com qualquer t, então

$$\mathbf{r}_1(s) = \mathbf{r}(g^{-1}(s))$$

é uma parametrização pelo comprimento de arco, sendo $t = g^{-1}(s)$ a inversa da função comprimento de arco $s = g(t)$.

13.3 Exercícios

Exercícios preliminares

1. Num dado instante, um carrinho de montanha-russa tem vetor velocidade $\mathbf{r}' = \langle 25, -35, 10 \rangle$ (em milhas por hora). Qual seria o vetor velocidade se a velocidade escalar do carrinho dobrasse? E qual seria se o sentido de percurso fosse invertido, mas a velocidade escalar fosse mantida?
2. Dois carrinhos percorrem a mesma montanha-russa no mesmo sentido (em tempos diferentes). Quais das afirmações seguintes sobre seus vetores velocidade num dado ponto P da montanha-russa são verdadeiras?
   (a) Os vetores velocidade são idênticos.
   (b) Os vetores velocidade apontam na mesma direção e sentido, mas podem ter comprimentos diferentes.
   (c) Os vetores velocidade podem apontar em sentidos opostos.
3. Um mosquito voa ao longo de uma parábola com velocidade $v(t) = t^2$. Seja $L(t)$ a distância total percorrida até o instante t.
   (a) Quão rápido varia $L(t)$ em $t = 2$?
   (b) Será $L(t)$ igual à distância do mosquito à origem?
4. Qual é o comprimento do caminho traçado por $\mathbf{r}(t)$ ao longo de $4 \le t \le 10$ se $\mathbf{r}(t)$ for uma parametrização pelo comprimento de arco?

Exercícios

Nos Exercícios 1-8, calcule o comprimento da curva ao longo do intervalo dado.

1. $\mathbf{r}(t) = \langle 3t, 4t - 3, 6t + 1 \rangle$, $\quad 0 \le t \le 3$
2. $\mathbf{r}(t) = 2t\mathbf{i} - 3t\mathbf{k}$, $\quad 11 \le t \le 15$
3. $\mathbf{r}(t) = \langle 2t, \ln t, t^2 \rangle$, $\quad 1 \le t \le 4$
4. $\mathbf{r}(t) = \langle \cos t, \operatorname{sen} t, t^{3/2} \rangle$, $\quad 0 \le t \le 2\pi$
5. $\mathbf{r}(t) = \langle t, 4t^{3/2}, 2t^{3/2} \rangle$, $\quad 0 \le t \le 3$
6. $\mathbf{r}(t) = \langle 2t^2 + 1, 2t^2 - 1, t^3 \rangle$, $\quad 0 \le t \le 2$
7. $\mathbf{r}(t) = \langle t \cos t, t \operatorname{sen} t, 3t \rangle$, $\quad 0 \le t \le 2\pi$. *Sugestão:*

$$\int \sqrt{t^2 + a^2}\, dt = \frac{1}{2}t\sqrt{t^2 + a^2} + \frac{1}{2}a^2 \ln\left(t + \sqrt{t^2 + a^2}\right)$$

8. $\mathbf{r}(t) = t\mathbf{i} + 2t\mathbf{j} + (t^2 - 3)\mathbf{k}$, $\quad 0 \le t \le 2$ (Ver sugestão precedente.)

Nos Exercícios 9 e 10, calcule a função comprimento de arco

$$s(t) = \int_a^t \|\mathbf{r}'(u)\|\, du \text{ para o valor de } a.$$

9. $\mathbf{r}(t) = \langle t^2, 2t^2, t^3 \rangle$, $\quad a = 0$
10. $\mathbf{r}(t) = \langle 4t^{1/2}, \ln t, 2t \rangle$, $\quad a = 1$

Nos Exercícios 11-16, encontre a velocidade escalar no valor de t dado.

11. $\mathbf{r}(t) = \langle 2t + 3, 4t - 3, 5 - t \rangle$, $\quad t = 4$
12. $\mathbf{r}(t) = \langle t, t^2, t^3 \rangle$, $\quad t = 1$
13. $\mathbf{r}(t) = \langle t, \ln t, (\ln t)^2 \rangle$, $\quad t = 1$
14. $\mathbf{r}(t) = \langle e^{t-3}, 12, 3t^{-1} \rangle$, $\quad t = 3$
15. $\mathbf{r}(t) = \langle \operatorname{sen} 3t, \cos 4t, \cos 5t \rangle$, $\quad t = \frac{\pi}{2}$
16. $\mathbf{r}(t) = \langle \cosh t, \operatorname{senh} t, t \rangle$, $\quad t = 0$

17. A trajetória de um caça num show aéreo segue a curva $y = x^2$. Supondo que a velocidade do caça seja de 500 km/h quando estiver no ponto (1, 1), determine seu vetor tangente nesse ponto.

18. Qual é o vetor velocidade de uma partícula percorrendo para a direita a hipérbole $y = x^{-1}$ com velocidade constante de 5 cm/s quando a partícula está localizada em $\left(2, \frac{1}{2}\right)$?

19. Uma abelha com vetor velocidade $\mathbf{r}'(t)$ começa na origem em $t = 0$ e fica voando por T segundos. Onde estará localizada a abelha no instante T se $\int_0^T \mathbf{r}'(u)\, du = \mathbf{0}$? O que representa a quantidade $\int_0^T \|\mathbf{r}'(u)\|\, du$?

20. A molécula de DNA tem um formato helicoidal duplo, ou seja, o de duas hélices enroladas uma na outra. Suponha que uma dessas hélices tenha um raio de 10Å (1 angstrom Å $= 10^{-8}$ cm) e que uma volta completa da hélice tenha altura de 34Å.
(a) Mostre que a hélice pode ser parametrizada por
$$\mathbf{r}(t) = \left\langle 10\cos t,\, 10\operatorname{sen} t,\, \frac{34t}{2\pi} \right\rangle.$$
(b) Calcule o comprimento de arco de uma volta completa.

21. Seja
$$\mathbf{r}(t) = \left\langle R\cos\left(\frac{2\pi N t}{h}\right),\, R\operatorname{sen}\left(\frac{2\pi N t}{h}\right),\, t \right\rangle,\quad 0 \leq t \leq h$$
(a) Mostre que $\mathbf{r}(t)$ parametriza uma hélice de raio R e altura h que dá N voltas completas.
(b) Dê um palpite sobre qual das duas molas na Figura 5 utiliza mais arame.
(c) Calcule os comprimentos das duas molas e compare.

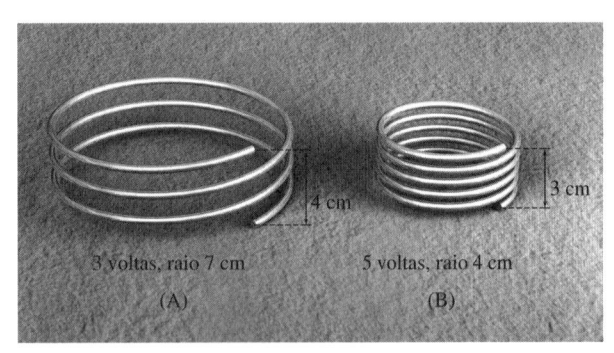

FIGURA 5 Qual mola utiliza mais arame?

22. Use o Exercício 21 para encontrar uma fórmula geral do comprimento de uma hélice de raio R e altura h que dá N voltas completas.

23. A cicloide gerada pelo círculo unitário tem parametrização
$$\mathbf{r}(t) = \langle t - \operatorname{sen} t,\, 1 - \cos t \rangle$$
(a) Encontre o valor de t em $[0, 2\pi]$ no qual a velocidade é máxima.
(b) Mostre que um arco da cicloide tem comprimento 8. Lembre-se da identidade $\operatorname{sen}^2(t/2) = (1 - \cos t)/2$.

24. Qual dos seguintes é uma parametrização pelo comprimento de arco de um círculo de raio 4 centrado na origem?
(a) $\mathbf{r}_1(t) = \langle 4\operatorname{sen} t,\, 4\cos t \rangle$
(b) $\mathbf{r}_2(t) = \langle 4\operatorname{sen} 4t,\, 4\cos 4t \rangle$
(c) $\mathbf{r}_3(t) = \left\langle 4\operatorname{sen} \frac{t}{4},\, 4\cos \frac{t}{4} \right\rangle$

25. Seja $\mathbf{r}(t) = \langle 3t + 1,\, 4t - 5,\, 2t \rangle$.
(a) Calcule a integral do comprimento de arco
$$s(t) = \int_0^t \|\mathbf{r}'(u)\|\, du.$$
(b) Encontre a inversa $g(s)$ de $s(t)$.
(c) Verifique que $\mathbf{r}_1(s) = \mathbf{r}(g(s))$ é uma parametrização pelo comprimento de arco.

26. Encontre uma parametrização pelo comprimento de arco da reta $y = 4x + 9$.

27. Seja $\mathbf{r}(t) = \mathbf{w} + t\mathbf{v}$ a parametrização de uma reta.
(a) Mostre que a função comprimento de arco $s(t) = \int_0^t \|\mathbf{r}'(u)\|\, du$ é dada por $s(t) = t\|\mathbf{v}\|$. Isso mostra que $\mathbf{r}(t)$ é uma parametrização pelo comprimento de arco se, e só se, $\mathbf{v}$ é um vetor unitário.
(b) Encontre uma parametrização pelo comprimento de arco da reta com $\mathbf{w} = \langle 1, 2, 3 \rangle$ e $\mathbf{v} = \langle 3, 4, 5 \rangle$.

28. Encontre uma parametrização pelo comprimento de arco do círculo no plano $z = 9$ de raio 4 e centro (1, 4, 9).

29. Encontre um caminho que traça o círculo no plano $y = 10$ de raio 4 e centro em (2, 10, –3) com velocidade constante 8.

30. Encontre uma parametrização pelo comprimento de arco da curva $\mathbf{r}(t) = \left\langle t,\, \frac{2}{3}t^{3/2},\, \frac{2}{\sqrt{3}}t^{3/2} \right\rangle$, com parâmetro s medido a partir de (0, 0, 0).

31. Encontre uma parametrização pelo comprimento de arco da curva $\mathbf{r}(t) = \left\langle \cos t,\, \operatorname{sen} t,\, \frac{2}{3}t^{3/2} \right\rangle$, com parâmetro s medido a partir de (1, 0, 0).

32. Encontre uma parametrização pelo comprimento de arco de $\mathbf{r}(t) = \langle e^t \operatorname{sen} t,\, e^t \cos t,\, e^t \rangle$.

33. Encontre uma parametrização pelo comprimento de arco de $\mathbf{r}(t) = \langle t^2,\, t^3 \rangle$.

34. Encontre uma parametrização pelo comprimento de arco da cicloide parametrizada por $\mathbf{r}(t) = \langle t - \operatorname{sen} t,\, 1 - \cos t \rangle$.

35. Encontre uma parametrização pelo comprimento de arco de uma reta $y = mx$ de inclinação m arbitrária.

36. Expresse o comprimento de arco L de $y = x^3$ ao longo de $0 \leq x \leq 8$ como uma integral de duas maneiras, usando as parametrizações $\mathbf{r}_1(t) = \langle t, t^3 \rangle$ e $\mathbf{r}_2(t) = \langle t^3, t^9 \rangle$. Não calcule as integrais, mas use substituição para mostrar que fornecem o mesmo resultado.

37. A curva conhecida como **espiral de Bernoulli** (Figura 6) tem parametrização $\mathbf{r}(t) = \langle e^t \cos 4t,\, e^t \operatorname{sen} 4t \rangle$.
(a) Calcule $s(t) = \int_{-\infty}^t \|\mathbf{r}'(u)\|\, du$. É conveniente tomar $-\infty$ como limite inferior de integração porque $\mathbf{r}(-\infty) = \langle 0, 0 \rangle$.
(b) Use (a) para encontrar uma parametrização pelo comprimento de arco de $\mathbf{r}(t)$.

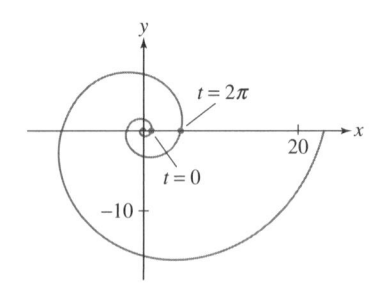

FIGURA 6 A espiral de Bernoulli.

Compreensão adicional e desafios

38. Prove que o comprimento de uma curva calculado segundo a integral do comprimento de arco não depende de sua parametrização. Mais precisamente, seja $\mathcal{C}$ a curva traçada por $\mathbf{r}(t)$ ao longo de $a \leq t \leq b$. Seja $f(s)$ uma função derivável tal que $f'(s) > 0$, $f(c) = a$ e $f(d) = b$. Então $\mathbf{r}_1(s) = \mathbf{r}(f(s))$ parametriza $\mathcal{C}$ ao longo de $c \leq s \leq d$. Verifique que

$$\int_a^b \|\mathbf{r}'(t)\| \, dt = \int_c^d \|\mathbf{r}_1'(s)\| \, ds$$

39. O círculo unitário com o ponto $(-1, 0)$ removido tem a parametrização (ver Exercício 79 da Seção 11.1)

$$\mathbf{r}(t) = \left\langle \frac{1-t^2}{1+t^2}, \frac{2t}{1+t^2} \right\rangle, \quad -\infty < t < \infty$$

Use essa parametrização para calcular o comprimento do círculo unitário como uma integral imprópria. *Sugestão:* simplifique a expressão de $\|\mathbf{r}'(t)\|$.

40. A involuta de um círculo (Figura 7), traçada por um ponto na ponta de um barbante desenrolando de um carretel circular de raio R, tem parametrização (ver Exercício 29 da Seção 11.2)

$$\mathbf{r}(\theta) = \langle R(\cos\theta + \theta\sin\theta), R(\sin\theta - \theta\cos\theta) \rangle$$

Determine uma parametrização pelo comprimento de arco da involuta.

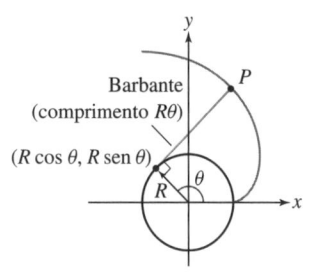

FIGURA 7 A involuta de um círculo.

41. A curva $\mathbf{r}(t) = \langle t - \operatorname{tgh} t, \operatorname{sech} t \rangle$ é denominada **tractriz** (ver Exercício 100 da Seção 11.1).

(a) Mostre que $s(t) = \int_0^t \|\mathbf{r}'(u)\| \, du$ é igual a $s(t) = \ln(\cosh t)$.

(b) Mostre que $t = g(s) = \ln(e^s + \sqrt{e^{2s} - 1})$ é uma inversa de $s(t)$ e verifique que

$$\mathbf{r}_1(s) = \left\langle \operatorname{arc\,tgh}\left(\sqrt{1 - e^{-2s}}\right) - \sqrt{1 - e^{-2s}}, e^{-s} \right\rangle$$

é uma parametrização pelo comprimento de arco da tractriz.

13.4 Curvatura

A curvatura é uma medida de quanto uma curva se entorta. Ela é utilizada para estudar as propriedades geométricas das curvas e o movimento ao longo de curvas, tendo aplicações em áreas diversas, como projetos de montanhas-russas (Figura 1), óptica, cirurgia ocular (ver Exercício 68) e bioquímica (Figura 2).

FIGURA 1 A curvatura é um ingrediente essencial no projeto de uma montanha-russa. (*Robin Smith/Getty Images*)

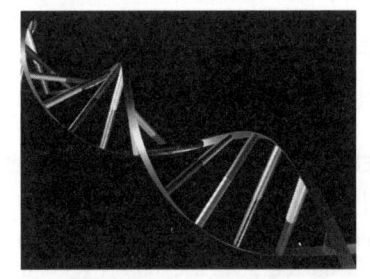

FIGURA 2 Os bioquímicos estudam o efeito da curvatura de sequências de DNA sobre processos biológicos. (*Alfred Pasieka/Science Source*)

No Capítulo 4, usamos o valor da derivada segunda $f''(x)$ para medir o "entortamento", ou a concavidade de um gráfico $y = f(x)$; portanto, poderia parecer natural tomar $f''(x)$ como nossa definição de curvatura. Contudo, existem duas razões pelas quais essa proposta de definição não funciona. Em primeiro lugar, $f''(x)$ só faz sentido com um gráfico $y = f(x)$ no plano, e nosso objetivo é definir curvatura de curvas no espaço tridimensional. Em segundo lugar, um problema mais sério é que $f''(x)$ realmente não captura a curvatura intrínseca de uma curva. Um círculo, por exemplo, é simétrico, portanto sua curvatura deveria ser a mesma em cada ponto (Figura 3). No entanto, o semicírculo superior é o gráfico de $f(x) = (1-x^2)^{1/2}$, e a derivada segunda $f''(x) = -(1-x^2)^{-3/2}$ não tem o mesmo valor em cada ponto do semicírculo. Precisamos encontrar uma definição que dependa somente da própria curva e não de sua orientação em relação aos eixos.

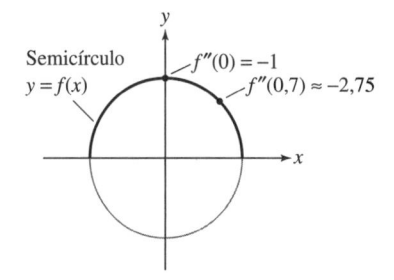

FIGURA 3 A derivada segunda de $f(x) = \sqrt{1-x^2}$ não captura a curvatura do círculo que, por simetria, deveria ser a mesma em todos os pontos.

Consideremos um caminho com uma parametrização $\mathbf{r}(t) = \langle x(t), y(t), z(t) \rangle$. Vamos supor que $\mathbf{r}'(t) \neq \mathbf{0}$ em cada t do domínio de $\mathbf{r}(t)$. Uma parametrização com essa propriedade é dita **regular**. Em cada ponto P ao longo do caminho, existe um **vetor tangente unitário** $\mathbf{T} = \mathbf{T}_P$ que aponta na direção e sentido do movimento da parametrização. Escrevemos $\mathbf{T}(t)$ para o vetor tangente unitário no ponto final de $\mathbf{r}(t)$:

$$\text{Vetor tangente unitário} = \mathbf{T}(t) = \frac{\mathbf{r}'(t)}{\|\mathbf{r}'(t)\|}$$

Por exemplo, se $\mathbf{r}(t) = \langle t, t^2, t^3 \rangle$, então $\mathbf{r}'(t) = \langle 1, 2t, 3t^2 \rangle$ e o vetor tangente unitário em $P = (1, 1, 1)$, que é o ponto final de $\mathbf{r}(1) = \langle 1, 1, 1 \rangle$, é

$$\mathbf{T}_P = \frac{\langle 1, 2, 3 \rangle}{\|\langle 1, 2, 3 \rangle\|} = \frac{\langle 1, 2, 3 \rangle}{\sqrt{1^2 + 2^2 + 3^2}} = \left\langle \frac{1}{\sqrt{14}}, \frac{2}{\sqrt{14}}, \frac{3}{\sqrt{14}} \right\rangle$$

Se escolhermos outra parametrização, digamos, $\mathbf{r}_1(s)$, então também podemos ver $\mathbf{T}$ como função de s: $\mathbf{T}(s)$ é o vetor tangente unitário no ponto final de $\mathbf{r}_1(s)$.

Agora imagine que caminhemos ao longo de um caminho observando a variação da direção do vetor tangente unitário $\mathbf{T}$ (Figura 4). Uma variação em $\mathbf{T}$ indica que o caminho está se curvando e, quanto mais rápido variar $\mathbf{T}$, mais curvo será o caminho. Assim, $\left\| \dfrac{d\mathbf{T}}{dt} \right\|$ poderia parecer uma boa medida da curvatura. No entanto, $\left\| \dfrac{d\mathbf{T}}{dt} \right\|$ depende de quão rápido se caminha (quando caminhamos mais rapidamente, o vetor tangente unitário varia mais rapidamente). Por isso, vamos supor que caminhamos a uma velocidade escalar unitária. Em outras palavras, a curvatura é a magnitude $\kappa(s) = \left\| \dfrac{d\mathbf{T}}{ds} \right\|$, em que s é parâmetro de uma parametrização pelo comprimento de arco. Lembre que $\mathbf{r}(s)$ é uma parametrização pelo comprimento de arco se $\|\mathbf{r}'(s)\| = 1$ com qualquer s.

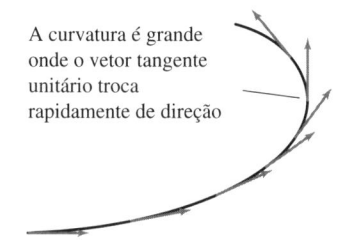

FIGURA 4 Os vetores tangentes unitários variam de direção, mas não de comprimento.

A curvatura é grande onde o vetor tangente unitário troca rapidamente de direção

DEFINIÇÃO Curvatura Sejam $\mathbf{r}(s)$ uma parametrização pelo comprimento de arco e $\mathbf{T}$ o vetor tangente unitário. A **curvatura** em $\mathbf{r}(s)$ é a quantidade (denotada pela letra grega minúscula "capa")

$$\kappa(s) = \left\| \frac{d\mathbf{T}}{ds} \right\| \qquad \boxed{1}$$

Nossos dois primeiros exemplos ilustram a curvatura no caso de retas e círculos.

■ **EXEMPLO 1 Uma reta tem curvatura nula** Calcule a curvatura em cada ponto da reta $\mathbf{r}(t) = \langle x_0, y_0, z_0 \rangle + t\mathbf{u}$, sendo $\|\mathbf{u}\| = 1$.

Solução Em primeiro lugar, por ser $\mathbf{u}$ um vetor unitário, $\mathbf{r}(t)$ é uma parametrização pelo comprimento de arco. De fato, $\mathbf{r}'(t) = \mathbf{u}$ e, portanto, $\|\mathbf{r}'(t)\| = \|\mathbf{u}\| = 1$. Logo, temos $\mathbf{T}(t) = \mathbf{r}'(t)/\|\mathbf{r}'(t)\| = \mathbf{r}'(t)$ e, assim, $\mathbf{T}'(t) = \mathbf{r}''(t) = \mathbf{0}$ [porque $\mathbf{r}'(t) = \mathbf{u}$ é constante]. Como era de se esperar, a curvatura é nula em cada ponto de uma reta:

$$\kappa(t) = \left\| \frac{d\mathbf{T}}{dt} \right\| = \|\mathbf{r}''(t)\| = 0 \qquad \blacksquare$$

■ **EXEMPLO 2 A curvatura de um círculo de raio R é $1/R$** Calcule a curvatura de um círculo de raio R.

Solução Suponha que o círculo esteja centrado na origem e considere a parametrização $\mathbf{r}(\theta) = \langle R\cos\theta, R\,\text{sen}\,\theta \rangle$ (Figura 5). Essa não é uma parametrização pelo comprimento de arco se $R \neq 1$. Para encontrar uma parametrização pelo comprimento de arco, calculamos a função comprimento de arco:

$$s(\theta) = \int_0^\theta \|\mathbf{r}'(u)\|\, du = \int_0^\theta R\, du = R\theta$$

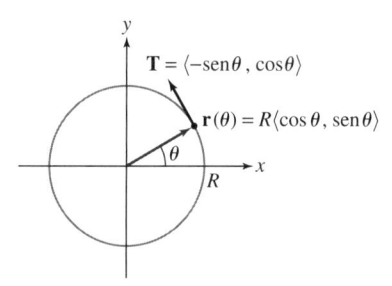

FIGURA 5 O vetor tangente unitário num ponto do círculo de raio R.

Assim, $s = R\theta$, e a inversa da função comprimento de arco $s = g(\theta)$ é $\theta = g^{-1}(s) = s/R$. Na Seção 13.3, mostramos que $\mathbf{r}_1(s) = \mathbf{r}(g^{-1}(s))$ é uma parametrização pelo comprimento de arco. No caso presente, obtemos

$$\mathbf{r}_1(s) = \mathbf{r}(g(s)) = \mathbf{r}\left(\frac{s}{R}\right) = \left\langle R\cos\frac{s}{R}, R\,\text{sen}\,\frac{s}{R}\right\rangle$$

O vetor tangente unitário e sua derivada são

$$\mathbf{T}(s) = \frac{d\mathbf{r}_1}{ds} = \frac{d}{ds}\left\langle R\cos\frac{s}{R}, R\,\text{sen}\,\frac{s}{R}\right\rangle = \left\langle -\text{sen}\,\frac{s}{R}, \cos\frac{s}{R}\right\rangle$$

$$\frac{d\mathbf{T}}{ds} = -\frac{1}{R}\left\langle \cos\frac{s}{R}, \text{sen}\,\frac{s}{R}\right\rangle$$

Por definição de curvatura,

$$\kappa(s) = \left\|\frac{d\mathbf{T}}{ds}\right\| = \frac{1}{R}\left\|\left\langle \cos\frac{s}{R}, \text{sen}\,\frac{s}{R}\right\rangle\right\| = \frac{1}{R}$$

Assim, mostramos que a curvatura é $1/R$ em cada ponto do círculo. ∎

> *O Exemplo 2 mostra que um círculo de raio R grande tem curvatura 1/R pequena. Isso faz sentido porque nossa direção do movimento varia lentamente se caminharmos com velocidade unitária ao longo de um círculo de raio grande.*

Na prática, muitas vezes é impossível encontrar explicitamente uma parametrização pelo comprimento de arco. Felizmente, sabemos calcular a curvatura usando uma parametrização regular $\mathbf{r}(t)$ qualquer.

Como o comprimento de arco s é uma função do tempo t, as derivadas de $\mathbf{T}$ em relação a t e a s estão relacionadas pela regra da cadeia. Denotando a derivada em relação a t com uma linha, temos

$$\mathbf{T}'(t) = \frac{d\mathbf{T}}{dt} = \frac{d\mathbf{T}}{ds}\frac{ds}{dt} = v(t)\frac{d\mathbf{T}}{ds}$$

em que $v(t) = \dfrac{ds}{dt} = \|\mathbf{r}'(t)\|$ é a velocidade escalar de $\mathbf{r}(t)$. Como a curvatura é a magnitude $\left\|\dfrac{d\mathbf{T}}{ds}\right\|$, obtemos

$$\|\mathbf{T}'(t)\| = v(t)\kappa(t)$$

Isso fornece uma fórmula alternativa da curvatura no caso em que não dispormos de uma parametrização pelo comprimento de arco:

$$\boxed{\kappa(t) = \frac{1}{v(t)}\|\mathbf{T}'(t)\|} \qquad \boxed{2}$$

Essa fórmula pode ser aplicada diretamente para encontrar a curvatura, mas também podemos usá-la para deduzir outra opção para os cálculos.

TEOREMA 1 Fórmula da curvatura Se $\mathbf{r}(t)$ for uma parametrização regular, então a curvatura em $\mathbf{r}(t)$ é

$$\kappa(t) = \frac{\|\mathbf{r}'(t) \times \mathbf{r}''(t)\|}{\|\mathbf{r}'(t)\|^3} \qquad \boxed{3}$$

> *Para aplicar a Equação (3) a curvas planas, trocamos $\mathbf{r}(t) = \langle x(t), y(t)\rangle$ por $\mathbf{r}(t) = \langle x(t), y(t), 0\rangle$ e calculamos o produto vetorial.*

Demonstração Como $v(t) = \|\mathbf{r}'(t)\|$, temos $\mathbf{r}'(t) = v(t)\mathbf{T}(t)$. Pela regra do produto,

$$\mathbf{r}''(t) = v'(t)\mathbf{T}(t) + v(t)\mathbf{T}'(t)$$

Agora calculamos o produto vetorial seguinte, lembrando que $\mathbf{T}(t) \times \mathbf{T}(t) = \mathbf{0}$:

$$\mathbf{r}'(t) \times \mathbf{r}''(t) = v(t)\mathbf{T}(t) \times \bigl(v'(t)\mathbf{T}(t) + v(t)\mathbf{T}'(t)\bigr)$$

$$= v(t)^2 \mathbf{T}(t) \times \mathbf{T}'(t) \qquad \boxed{4}$$

LEMBRETE *Para provar que $\mathbf{T}(t)$ e $\mathbf{T}'(t)$ são ortogonais, note que $\mathbf{T}(t)$ é um vetor unitário, portanto $\mathbf{T}(t) \cdot \mathbf{T}(t) = 1$. Derivamos usando a regra do produto para o produto escalar:*

$$\frac{d}{dt}(\mathbf{T}(t) \cdot \mathbf{T}(t)) = 2\mathbf{T}'(t) \cdot \mathbf{T}(t) = 0$$

Assim, $\mathbf{T}'(t) \cdot \mathbf{T}(t) = 0$. (Esse argumento já foi utilizado no Exemplo 7 da Seção 13.2.)

LEMBRETE *Pelo Teorema 1 da Seção 12.4,*

$$\|\mathbf{v} \times \mathbf{w}\| = \|\mathbf{v}\| \, \|\mathbf{w}\| \, \text{sen}\, \theta$$

em que θ é o ângulo entre $\mathbf{v}$ e $\mathbf{w}$.

Como $\mathbf{T}(t)$ e $\mathbf{T}'(t)$ são ortogonais (ver primeira nota ao lado), temos (pela segunda nota) que

$$\|\mathbf{T}(t) \times \mathbf{T}'(t)\| = \|\mathbf{T}(t)\| \, \|\mathbf{T}'(t)\| \, \text{sen}\, \frac{\pi}{2} = \|\mathbf{T}'(t)\|$$

Pela Equação (4), resulta $\|\mathbf{r}'(t) \times \mathbf{r}''(t)\| = v(t)^2 \|\mathbf{T}'(t)\|$. Usando a Equação (2), obtemos

$$\|\mathbf{r}'(t) \times \mathbf{r}''(t)\| = v(t)^2 \|\mathbf{T}'(t)\| = v(t)^3 \kappa(t) = \|\mathbf{r}'(t)\|^3 \kappa(t)$$

que é o que queríamos provar. ∎

■ **EXEMPLO 3 Cúbica torcida** Calcule a curvatura $\kappa(t)$ da cúbica torcida $\mathbf{r}(t) = \langle t, t^2, t^3 \rangle$. Em seguida, esboce o gráfico de $\kappa(t)$ e determine onde a curvatura é a maior. Use um sistema algébrico computacional.

Solução As derivadas são

$$\mathbf{r}'(t) = \langle 1, 2t, 3t^2 \rangle, \qquad \mathbf{r}''(t) = \langle 0, 2, 6t \rangle$$

A parametrização é regular, porque $\mathbf{r}'(t) \neq \mathbf{0}$ em qualquer t, portanto podemos usar a Equação (3):

$$\mathbf{r}'(t) \times \mathbf{r}''(t) = \begin{vmatrix} \mathbf{i} & \mathbf{j} & \mathbf{k} \\ 1 & 2t & 3t^2 \\ 0 & 2 & 6t \end{vmatrix} = 6t^2 \mathbf{i} - 6t\mathbf{j} + 2\mathbf{k}$$

$$\kappa(t) = \frac{\|\mathbf{r}'(t) \times \mathbf{r}''(t)\|}{\|\mathbf{r}'(t)\|^3} = \frac{\sqrt{36t^4 + 36t^2 + 4}}{(1 + 4t^2 + 9t^4)^{3/2}}$$

O gráfico de $\kappa(t)$ na Figura 6 mostra que a curvatura é maior em $t = 0$. A curva $\mathbf{r}(t)$ está ilustrada na Figura 7. O gráfico está dado segundo a curvatura, com curvatura grande representada pela tonalidade mais clara e curvatura pequena pela tonalidade mais escura. ∎

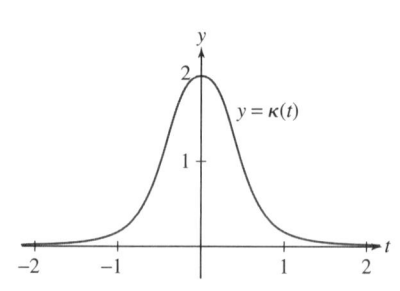

FIGURA 6 O gráfico da curvatura $\kappa(t)$ da cúbica torcida $\mathbf{r}(t) = \langle t, t^2, t^3 \rangle$.

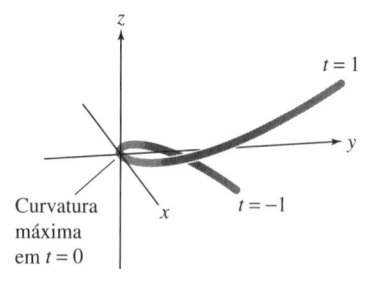

FIGURA 7 O gráfico da cúbica torcida $\mathbf{r}(t) = \langle t, t^2, t^3 \rangle$ com indicação da curvatura.

No segundo parágrafo desta seção, indicamos que a curvatura de um gráfico $y = f(x)$ deve envolver mais do que apenas a derivada segunda $f''(x)$. Agora mostramos que a curvatura pode ser expressa em termos de ambas, $f''(x)$ e $f'(x)$.

TEOREMA 2 Curvatura de um gráfico no plano A curvatura no ponto $(x, f(x))$ do gráfico de $y = f(x)$ é igual a

$$\kappa(x) = \frac{|f''(x)|}{\left(1 + f'(x)^2\right)^{3/2}} \qquad \boxed{5}$$

Demonstração A curva $y = f(x)$ é parametrizada por $\mathbf{r}(x) = \langle x, f(x) \rangle$. Portanto, $\mathbf{r}'(x) = \langle 1, f'(x) \rangle$ e $\mathbf{r}''(x) = \langle 0, f''(x) \rangle$. Para aplicar o Teorema 1, tratamos $\mathbf{r}'(x)$ e $\mathbf{r}''(x)$ como vetores de $\mathbf{R}^3$ de componente z igual a 0. Então

$$\mathbf{r}'(x) \times \mathbf{r}''(x) = \begin{vmatrix} \mathbf{i} & \mathbf{j} & \mathbf{k} \\ 1 & f'(x) & 0 \\ 0 & f''(x) & 0 \end{vmatrix} = f''(x)\mathbf{k}$$

Como $\|\mathbf{r}'(x)\| = \|\langle 1, f'(x) \rangle\| = (1 + f'(x)^2)^{1/2}$, a Equação (3) fornece

$$\kappa(x) = \frac{\|\mathbf{r}'(x) \times \mathbf{r}''(x)\|}{\|\mathbf{r}'(x)\|^3} = \frac{|f''(x)|}{\left(1 + f'(x)^2\right)^{3/2}} \qquad ∎$$

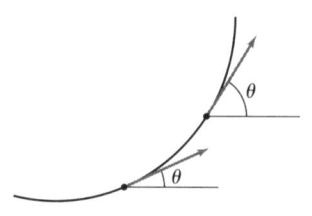

FIGURA 8 O ângulo θ varia à medida que a curva se curva.

ENTENDIMENTO CONCEITUAL A curvatura de curvas planas tem uma interpretação geométrica em termos do ângulo de inclinação, definido como sendo o ângulo θ entre o vetor tangente e a horizontal (Figura 8). O ângulo θ varia à medida que a curva se curva, e podemos mostrar que a curvatura κ é a taxa de variação de θ, desde que caminhemos ao longo da curva com velocidade unitária (Exercício 69).

■ **EXEMPLO 4** Calcule a curvatura de $f(x) = x^3 - 3x^2 + 4$ em $x = 0, 1, 2$ e 3.

Solução Aplicamos a Equação (5):

$$f'(x) = 3x^2 - 6x = 3x(x-2), \qquad f''(x) = 6x - 6$$

$$\kappa(x) = \frac{|f''(x)|}{\left(1 + f'(x)^2\right)^{3/2}} = \frac{|6x - 6|}{\left(1 + 9x^2(x-2)^2\right)^{3/2}}$$

Obtemos os valores seguintes:

$$\kappa(0) = \frac{6}{(1+0)^{3/2}} = 6, \qquad \kappa(1) = \frac{0}{(1+9)^{3/2}} = 0$$

$$\kappa(2) = \frac{6}{(1+0)^{3/2}} = 6, \qquad \kappa(3) = \frac{12}{82^{3/2}} \approx 0{,}016$$

A Figura 9 mostra que o gráfico curva mais onde a curvatura é maior. ■

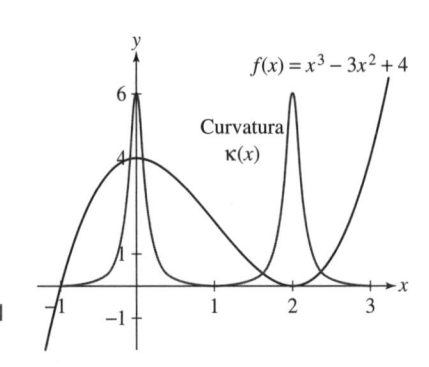

FIGURA 9 O gráfico de $f(x) = x^3 - 3x^2 + 4$ e da curvatura $\kappa(x)$.

Vetor normal

Já observamos que $\mathbf{T}'(t)$ e $\mathbf{T}(t)$ são ortogonais. O vetor unitário na direção de $\mathbf{T}'(t)$, supondo que seja não nulo, é denominado o **vetor normal** e é denotado por $\mathbf{N}(t)$ ou, simplesmente, $\mathbf{N}$:

$$\text{Vetor normal:} \quad \mathbf{N}(t) = \frac{\mathbf{T}'(t)}{\|\mathbf{T}'(t)\|} \qquad \boxed{6}$$

Esse par $\mathbf{T}$ e $\mathbf{N}$ de vetores unitários ortogonais desempenha um papel fundamental no entendimento de uma dada curva espacial. Como $\|\mathbf{T}'(t)\| = v(t)\kappa(t)$ pela Equação (2), temos

$$\mathbf{T}'(t) = v(t)\kappa(t)\mathbf{N}(t) \qquad \boxed{7}$$

Intuitivamente, $\mathbf{N}$ aponta na direção e sentido para que a curva está virando (Figura 10). Isso é particularmente visível para uma curva no plano. Nesse caso, existem dois vetores unitários ortogonais a $\mathbf{T}$ (Figura 10) e, desses dois, $\mathbf{N}$ é o vetor que aponta para o lado "de dentro" da curva.

■ **EXEMPLO 5** **Vetor normal de uma hélice** Encontre o vetor normal em $t = \frac{\pi}{4}$ da hélice $\mathbf{r}(t) = \langle \cos t, \operatorname{sen} t, t \rangle$.

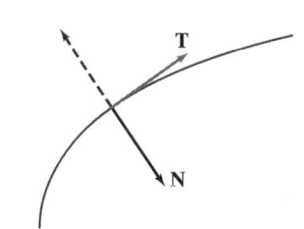

FIGURA 10 Numa curva plana, o vetor normal aponta para o lado para o qual a curva está virando.

Solução O vetor tangente $\mathbf{r}'(t) = \langle -\operatorname{sen} t, \cos t, 1 \rangle$ tem comprimento $\|\mathbf{r}'(t)\| = \sqrt{(-\operatorname{sen} t)^2 + (\cos t)^2 + 1} = \sqrt{2}$, portanto

$$\mathbf{T}(t) = \frac{\mathbf{r}'(t)}{\|\mathbf{r}'(t)\|} = \frac{1}{\sqrt{2}} \langle -\operatorname{sen} t, \cos t, 1 \rangle$$

$$\mathbf{T}'(t) = \frac{1}{\sqrt{2}} \langle -\cos t, -\operatorname{sen} t, 0 \rangle$$

$$\|\mathbf{T}'(t)\| = \frac{1}{\sqrt{2}} \sqrt{(-\cos t)^2 + (-\operatorname{sen} t)^2 + 0} = \frac{1}{\sqrt{2}}$$

$$\mathbf{N}(t) = \frac{\mathbf{T}'(t)}{\|\mathbf{T}'(t)\|} = \langle -\cos t, -\operatorname{sen} t, 0 \rangle$$

Desse modo, $\mathbf{N}\left(\dfrac{\pi}{4}\right) = \left\langle -\dfrac{\sqrt{2}}{2}, -\dfrac{\sqrt{2}}{2}, 0 \right\rangle$ (Figura 11).

Observe que o vetor normal em cada ponto da hélice é um vetor horizontal que aponta diretamente para o eixo z. Isso reflete o fato de que a curva está sempre virando para o eixo z. ■

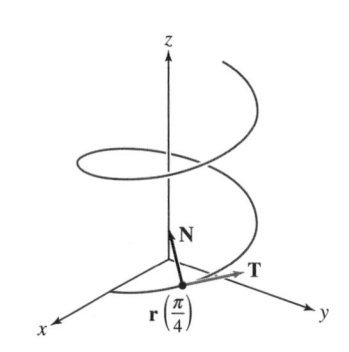

FIGURA 11 Os vetores unitários tangente e normal em $t = \frac{\pi}{4}$ da hélice do Exemplo 5.

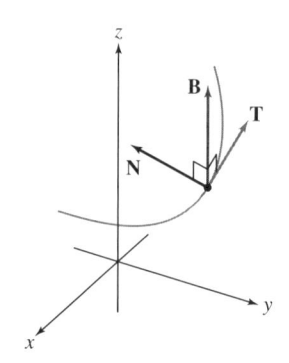

FIGURA 12 O triedro de Frenet num ponto da curva.

O triedro de Frenet, também conhecido como triedro de Frenet-Serret, ou triedro TNB, depende somente de propriedades intrínsecas da curva espacial e não necessita referência alguma a um sistema de coordenadas externo. Como tal, é muito útil na análise da trajetória de uma espaçonave, um satélite ou um asteroide.

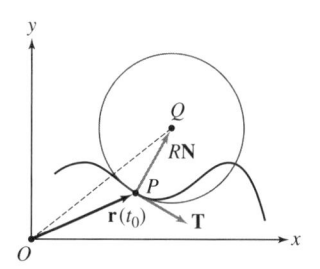

FIGURA 13 O centro Q do círculo osculador em P fica a uma distância $R = \kappa_P^{-1}$ de P na direção normal.

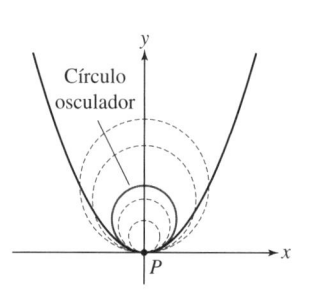

FIGURA 14 Dentre todos os círculos tangentes à curva em P, o osculador tem o melhor ajuste à curva.

Triedro de Frenet

Dado um ponto numa curva correspondente a um valor t do parâmetro, temos agora dois vetores unitários localizados nesse ponto: o vetor tangente unitário $\mathbf{T}(t)$, que aponta na direção e sentido do movimento, e o vetor normal $\mathbf{N}(t)$, que aponta na direção e sentido em que a curva se curva. Existe um terceiro vetor relacionado a esses dois que, junto a eles, fornece um referencial da curva no ponto. O **vetor binormal**, denotado por $\mathbf{B}(t)$, é dado por

$$\text{Vetor binormal:} \quad \mathbf{B}(t) = \mathbf{T}(t) \times \mathbf{N}(t) \qquad \boxed{8}$$

A verificação de que $\mathbf{B}$ é um vetor unitário é feita no Exercício 83. Como $\mathbf{T}$ e $\mathbf{N}$ já são perpendiculares e como, por sua definição em termos do produto vetorial, $\mathbf{B}$ é perpendicular a cada um desses vetores, esses três vetores constituem um conjunto $(\mathbf{T}, \mathbf{N}, \mathbf{B})$ de vetores unitários mutuamente ortogonais, denominado **triedro de Frenet**, em homenagem ao geômetra francês Jean Frenet (1816-1900). À medida que nos movemos ao longo de uma curva espacial, esse referencial se move e torce junto conosco, sempre centrado num ponto da curva, como na Figura 12.

■ **EXEMPLO 6** Continuando o Exemplo 5, encontre uma fórmula para o vetor binormal num ponto da hélice $\mathbf{r}(t) = \langle \cos t, \operatorname{sen} t, t \rangle$.

Solução Já calculamos

$$\mathbf{T}(t) = \frac{1}{\sqrt{2}} \langle -\operatorname{sen} t, \cos t, 1 \rangle$$

$$\mathbf{N}(t) = \langle -\cos t, -\operatorname{sen} t, 0 \rangle$$

Logo,

$$\mathbf{B}(t) = \mathbf{T}(t) \times \mathbf{N}(t) = \begin{vmatrix} \mathbf{i} & \mathbf{j} & \mathbf{k} \\ \frac{-\operatorname{sen} t}{\sqrt{2}} & \frac{\cos t}{\sqrt{2}} & \frac{1}{\sqrt{2}} \\ -\cos t & -\operatorname{sen} t & 0 \end{vmatrix} = \frac{\operatorname{sen} t}{\sqrt{2}} \mathbf{i} + \frac{-\cos t}{\sqrt{2}} \mathbf{j} + \frac{1}{\sqrt{2}} \mathbf{k} \qquad ■$$

Concluímos esta seção descrevendo outra interpretação da curvatura, em termos do "círculo de melhor ajuste". Suponha que P seja um ponto de uma curva plana $\mathcal{C}$ em que a curvatura κ_P seja não nula. O **círculo osculador**, denotado por Osc_P, é o círculo de raio $R = 1/\kappa_P$ por P cujo centro Q está na direção e sentido do vetor normal $\mathbf{N}$ (Figura 13). Em outras palavras, o centro Q é determinado por

$$\overrightarrow{OQ} = \mathbf{r}(t_0) + \frac{1}{\kappa_P}\mathbf{N} = \mathbf{r}(t_0) + R\mathbf{N} \qquad \boxed{9}$$

Dentre todos os círculos tangente a $\mathcal{C}$ por P, o círculo Osc_P é o que "melhor se ajusta" à curva (Figura 14; ver também Exercício 79). Dizemos que $R = 1/\kappa_P$ é o **raio de curvatura** em P. O centro Q de Osc_P é denominado **centro de curvatura** em P.

■ **EXEMPLO 7** Parametrize o círculo osculador de $y = x^2$ em $x = \frac{1}{2}$.

Solução Seja $f(x) = x^2$. Usamos a parametrização

$$\mathbf{r}(x) = \langle x, f(x) \rangle = \langle x, x^2 \rangle$$

e procedemos segundo os passos seguintes.

Passo 1. Encontrar o raio.

Aplicamos a Equação (5) a $f(x) = x^2$ para calcular a curvatura:

$$\kappa(x) = \frac{|f''(x)|}{(1 + f'(x)^2)^{3/2}} = \frac{2}{(1 + 4x^2)^{3/2}}, \qquad \kappa\left(\frac{1}{2}\right) = \frac{2}{2^{3/2}} = \frac{1}{\sqrt{2}}$$

O raio do círculo osculador é $R = 1/\kappa\left(\frac{1}{2}\right) = \sqrt{2}$.

Passo 2. **Encontrar N em $t = \frac{1}{2}$.**

Com uma curva plana, existe uma maneira fácil de encontrar **N** sem calcular **T**′. O vetor tangente é $\mathbf{r}'(x) = \langle 1, 2x \rangle$, e sabemos que $\langle 2x, -1 \rangle$ é ortogonal a $\mathbf{r}'(x)$ (pois seu produto escalar é nulo). Portanto, $\mathbf{N}(x)$ é o vetor unitário em um dos dois sentidos $\pm \langle 2x, -1 \rangle$. A Figura 15 mostra que o vetor normal aponta no sentido y positivo (a direção da curvatura). Assim,

$$\mathbf{N}(x) = \frac{\langle -2x, 1 \rangle}{\|\langle -2x, 1 \rangle\|} = \frac{\langle -2x, 1 \rangle}{\sqrt{1+4x^2}}, \qquad \mathbf{N}\left(\frac{1}{2}\right) = \frac{1}{\sqrt{2}} \langle -1, 1 \rangle$$

Passo 3. **Encontrar o centro Q.**

Aplicamos a Equação (9) com $t_0 = \frac{1}{2}$:

$$\overrightarrow{OQ} = \mathbf{r}\left(\frac{1}{2}\right) + \frac{1}{\kappa(1/2)} \mathbf{N}\left(\frac{1}{2}\right) = \left\langle \frac{1}{2}, \frac{1}{4} \right\rangle + \sqrt{2} \left(\frac{\langle -1, 1 \rangle}{\sqrt{2}} \right) = \left\langle -\frac{1}{2}, \frac{5}{4} \right\rangle$$

Passo 4. **Parametrizar o círculo osculador.**

O círculo osculador tem raio $R = \sqrt{2}$, portanto tem a parametrização

$$\mathbf{r}(t) = \underbrace{\left\langle -\frac{1}{2}, \frac{5}{4} \right\rangle}_{\text{Centro}} + \sqrt{2} \langle \cos t, \operatorname{sen} t \rangle \qquad \blacksquare$$

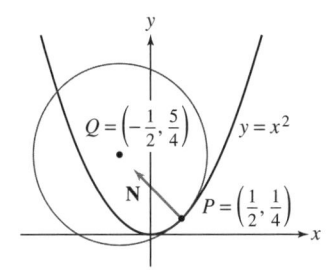

FIGURA 15 O círculo osculador a $y = x^2$ em $x = \frac{1}{2}$ tem centro Q e raio $R = \sqrt{2}$.

Para definir o círculo osculador num ponto P de uma curva espacial $\mathcal{C}$, devemos especificar, inicialmente, o plano em que fica esse círculo. O **plano osculador** é o plano por P determinado pelos vetores unitários tangente $\mathbf{T}_P$ e normal $\mathbf{N}_P$ (estamos supondo que $\mathbf{T}' \neq 0$, de modo que $\mathbf{N}$ está definido). Intuitivamente, o plano osculador é o plano que "melhor quase" contém a curva $\mathcal{C}$ perto de P (ver Figura 16). Observe que $\mathbf{B}_P$ é um vetor normal ao plano, por conter os vetores $\mathbf{T}_P$ e $\mathbf{N}_P$. O círculo osculador é o círculo no plano osculador por P de raio $R = 1/\kappa_P$ cujo centro está localizado na direção normal $\mathbf{N}_P$ de P. A Equação (9) permanece válida para curvas espaciais.

Se uma curva $\mathcal{C}$ fica num plano, então esse plano é o plano osculador. Com uma curva qualquer no espaço tridimensional, o plano osculador varia de ponto a ponto.

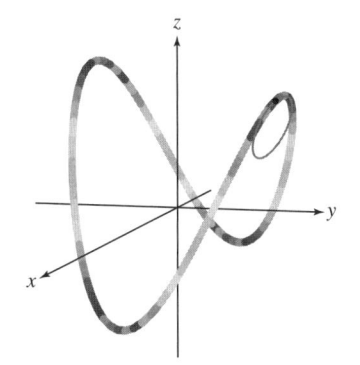

(A) Círculo osculador em $t = \frac{\pi}{4}$
Curvatura é $\kappa = 4,12$.

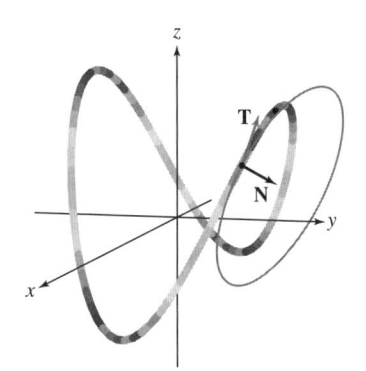

(B) Círculo osculador em $t = \frac{\pi}{8}$
Curvatura é $\kappa = 0,64$.

FIGURA 16 Círculos osculadores de $\mathbf{r}(t) = \langle \cos t, \operatorname{sen} t, \operatorname{sen} 2t \rangle$.

■ **EXEMPLO 8** Continuando os Exemplos 5 e 6, encontre o plano osculador da hélice $\mathbf{r}(t) = \langle \cos t, \operatorname{sen} t, t \rangle$ no ponto da hélice correspondente a $t = \frac{\pi}{4}$.

Solução O ponto da hélice é dado por $\mathbf{r}(\frac{\pi}{4}) = \left\langle \frac{\sqrt{2}}{2}, \frac{\sqrt{2}}{2}, \frac{\pi}{4} \right\rangle$.

No Exemplo 6, obtivemos $\mathbf{B}(t) = \left\langle \frac{\operatorname{sen} t}{\sqrt{2}}, \frac{-\cos t}{\sqrt{2}}, \frac{1}{\sqrt{2}} \right\rangle$. Logo, $\mathbf{B}(\frac{\pi}{4}) = \left\langle \frac{1}{2}, \frac{-1}{2}, \frac{1}{\sqrt{2}} \right\rangle$.

Segue que a equação do plano osculador, que contém esse ponto e tem vetor normal $\mathbf{B}$, é

$$\frac{1}{2}\left(x - \frac{\sqrt{2}}{2}\right) - \frac{1}{2}\left(y - \frac{\sqrt{2}}{2}\right) + \frac{1}{\sqrt{2}}\left(z - \frac{\pi}{4}\right) = 0$$

ou

$$x - y + \sqrt{2}z = \frac{\sqrt{2}\pi}{4} \qquad \blacksquare$$

13.4 Resumo

- Uma parametrização $\mathbf{r}(t)$ é dita *regular* se $\mathbf{r}'(t) \neq \mathbf{0}$ em qualquer t. Se $\mathbf{r}(t)$ for regular, definimos o *vetor tangente unitário* $\mathbf{T}(t) = \dfrac{\mathbf{r}'(t)}{\|\mathbf{r}'(t)\|}$.

- A *curvatura* é definida por $\kappa(s) = \left\| \dfrac{d\mathbf{T}}{ds} \right\|$, sendo $\mathbf{r}(s)$ uma parametrização pelo comprimento de arco, ou $\kappa(s) = \dfrac{1}{v(t)} \left\| \dfrac{d\mathbf{T}}{dt} \right\|$ se $\mathbf{r}(t)$ não for uma parametrização pelo comprimento de arco.

- Na prática, calculamos as curvaturas usando a fórmula seguinte, válida com parametrizações regulares arbitrárias:

$$\kappa(t) = \frac{\|\mathbf{r}'(t) \times \mathbf{r}''(t)\|}{\|\mathbf{r}'(t)\|^3}$$

- A curvatura num ponto de um gráfico $y = f(x)$ no plano é

$$\kappa(x) = \frac{|f''(x)|}{\left(1 + f'(x)^2\right)^{3/2}}$$

- Se $\|\mathbf{T}'(t)\| \neq 0$, definimos o *vetor normal unitário* $\mathbf{N}(t) = \dfrac{\mathbf{T}'(t)}{\|\mathbf{T}'(t)\|}$.
- $\mathbf{T}'(t) = \kappa(t) v(t) \mathbf{N}(t)$.
- O *vetor binormal* é definido por $\mathbf{B} = \mathbf{T} \times \mathbf{N}$.
- O *plano osculador* num ponto P de uma curva $\mathcal{C}$ é o plano por P determinado pelos vetores $\mathbf{T}_P$ e $\mathbf{N}_P$. Tem vetor normal $\mathbf{B}_P$. Só está definido se a curvatura κ_P em P não for nula.
- O *círculo osculador* Osc_P é o círculo do plano osculador por P de raio $R = 1/\kappa_P$ cujo centro Q está na direção e sentido da normal $\mathbf{N}_P$:

$$\overrightarrow{OQ} = \mathbf{r}(t_0) + \kappa_P^{-1} \mathbf{N}_P = \mathbf{r}(t_0) + R \mathbf{N}_P$$

O centro de Osc_P é denominado *centro de curvatura* e R é o *raio de curvatura*.

13.4 Exercícios

Exercícios preliminares

1. Qual é o vetor tangente unitário de uma reta de vetor diretor $\mathbf{v} = \langle 2, 1, -2 \rangle$?
2. Qual é a curvatura de um círculo de raio 4?
3. Qual tem uma curvatura maior, um círculo de raio 2 ou um círculo de raio 4?
4. Qual é a curvatura de $\mathbf{r}(t) = \langle 2 + 3t, 7t, 5 - t \rangle$?
5. Qual é a curvatura num ponto em que $\mathbf{T}'(s) = \langle 1, 2, 3 \rangle$ numa parametrização pelo comprimento de arco $\mathbf{r}(s)$?
6. Qual é o raio de curvatura de um círculo de raio 4?
7. Qual é o raio de curvatura em P se $\kappa_P = 9$?

Exercícios

Nos Exercícios 1-6, calcule $\mathbf{r}'(t)$ e $\mathbf{T}(t)$ e obtenha $\mathbf{T}(1)$.

1. $\mathbf{r}(t) = \langle 4t^2, 9t \rangle$
2. $\mathbf{r}(t) = \langle e^t, t^2 \rangle$
3. $\mathbf{r}(t) = \langle 3 + 4t, 3 - 5t, 9t \rangle$
4. $\mathbf{r}(t) = \langle 1 + 2t, t^2, 3 - t^2 \rangle$
5. $\mathbf{r}(t) = \langle \cos \pi t, \operatorname{sen} \pi t, t \rangle$
6. $\mathbf{r}(t) = \langle e^t, e^{-t}, t^2 \rangle$

Nos Exercícios 7-10, use a Equação (3) para calcular a função curvatura $\kappa(t)$.

7. $\mathbf{r}(t) = \langle 1, e^t, t \rangle$
8. $\mathbf{r}(t) = \langle 4 \cos t, t, 4 \operatorname{sen} t \rangle$
9. $\mathbf{r}(t) = \langle 4t + 1, 4t - 3, 2t \rangle$
10. $\mathbf{r}(t) = \langle t^{-1}, 1, t \rangle$

Nos Exercícios 11-14, use a Equação (3) para calcular a curvatura no ponto dado.

11. $\mathbf{r}(t) = \langle 1/t, 1/t^2, t^2 \rangle$, $t = -1$
12. $\mathbf{r}(t) = \langle 3 - t, e^{t-4}, 8t - t^2 \rangle$, $t = 4$
13. $\mathbf{r}(t) = \langle \cos t, \operatorname{sen} t, t^2 \rangle$, $t = \frac{\pi}{2}$
14. $\mathbf{r}(t) = \langle \cosh t, \operatorname{senh} t, t \rangle$, $t = 0$

Nos Exercícios 15-18, encontre a curvatura da curva plana no ponto indicado.

15. $y = e^t$, $t = 3$
16. $y = \cos x$, $x = 0$

17. $y = t^4$, $t = 2$ **18.** $y = t^n$, $t = 1$

19. Encontre a curvatura de $\mathbf{r}(t) = \langle 2\,\text{sen}\,t, \cos 3t, t\rangle$ em $t = \frac{\pi}{3}$ e $t = \frac{\pi}{2}$ (Figura 17).

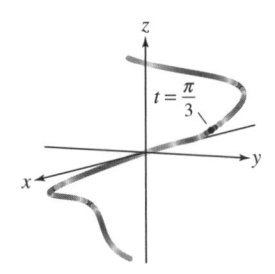

FIGURA 17 A curva $\mathbf{r}(t) = \langle 2\,\text{sen}\,t, \cos 3t, t\rangle$.

20. [CG] Encontre a função curvatura $\kappa(x)$ de $y = \text{sen}\,x$. Use um sistema algébrico computacional para esboçar $\kappa(x)$ ao longo de $0 \le x \le 2\pi$. Prove que a curvatura atinge seu máximo em $x = \frac{\pi}{2}$ e $\frac{3\pi}{2}$. *Sugestão:* para simplificar a obtenção do máximo, observe que o máximo do numerador e o mínimo do denominador de $\kappa(x)$ ocorrem no mesmo ponto.

21. Mostre que a tractriz $\mathbf{r}(t) = \langle t - \tgh t, \sech t\rangle$ tem função curvatura dada por $\kappa(t) = \sech t$.

22. Mostre que é nula a curvatura num ponto de inflexão de uma curva plana $y = f(x)$.

23. Encontre o(s) valor(es) de α tal(is) que a curvatura de $y = e^{\alpha x}$ em $x = 0$ seja a maior possível.

24. Encontre o ponto de curvatura máxima de $y = e^x$.

25. Mostre que a função curvatura da parametrização

$$\mathbf{r}(t) = \langle a\cos t, b\,\text{sen}\,t\rangle \text{ da elipse } \left(\frac{x}{a}\right)^2 + \left(\frac{y}{b}\right)^2 = 1 \text{ é}$$

$$\kappa(t) = \frac{ab}{(b^2\cos^2 t + a^2\,\text{sen}^2 t)^{3/2}} \quad \boxed{10}$$

26. Use um esboço para prever onde ocorrem os pontos de curvatura mínima e máxima numa elipse. Em seguida, use a Equação (10) para confirmar ou refutar sua previsão.

27. Usando a notação do Exercício 25, suponha que $a \ge b$. Mostre que $b/a^2 \le \kappa(t) \le a/b^2$ com qualquer t.

28. Use a Equação (3) para provar que, com uma curva plana $\mathbf{r}(t) = \langle x(t), y(t)\rangle$,

$$\kappa(t) = \frac{|x'(t)y''(t) - x''(t)y'(t)|}{(x'(t)^2 + y'(t)^2)^{3/2}} \quad \boxed{11}$$

Nos Exercícios 29-32, use a Equação (11) para calcular a curvatura no ponto dado.

29. $\langle t^2, t^3\rangle$, $t = 2$ **30.** $\langle\cosh s, s\rangle$, $s = 0$

31. $\langle t\cos t, \text{sen}\,t\rangle$, $t = \pi$ **32.** $\langle\text{sen}\,3s, 2\,\text{sen}\,4s\rangle$, $s = \frac{\pi}{2}$

33. Seja $s(t) = \int_{-\infty}^{t}\|\mathbf{r}'(u)\|\,du$ da espiral de Bernoulli $\mathbf{r}(t) = \langle e^t\cos 4t, e^t\,\text{sen}\,4t\rangle$ (ver Exercício 37 da Seção 13.3). Mostre que o raio de curvatura é proporcional a $s(t)$.

34. A **espiral de Cornu** é a curva plana $\mathbf{r}(t) = \langle x(t), y(t)\rangle$, com

$$x(t) = \int_0^t \text{sen}\,\frac{u^2}{2}\,du, \qquad y(t) = \int_0^t \cos\frac{u^2}{2}\,du$$

Verifique que $\kappa(t) = |t|$. Como a curvatura cresce linearmente, a espiral de Cornu é utilizada em projetos de rodovias para criar transições entre segmentos retos e curvos de estradas (Figura 18).

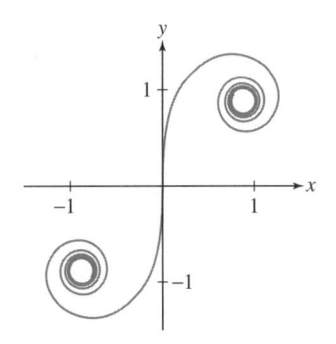

FIGURA 18 A espiral de Cornu.

35. Use um sistema algébrico computacional e esboce a **clotoide** $\mathbf{r}(t) = \langle x(t), y(t)\rangle$ e calcule sua curvatura $\kappa(t)$, sendo

$$x(t) = \int_0^t \text{sen}\,\frac{u^3}{3}\,du, \qquad y(t) = \int_0^t \cos\frac{u^3}{3}\,du$$

36. Encontre o vetor normal $\mathbf{N}(\theta)$ do círculo de raio R dado por $\mathbf{r}(\theta) = R\langle\cos\theta, \text{sen}\,\theta\rangle$. Esse vetor normal $\mathbf{N}(\theta)$ aponta para dentro ou para fora do círculo? Esboce $\mathbf{N}(\theta)$ em $\theta = \frac{\pi}{4}$ com $R = 4$.

37. Encontre o vetor normal $\mathbf{N}(t)$ de $\mathbf{r}(t) = \langle 4, \text{sen}\,2t, \cos 2t\rangle$.

38. Esboce o gráfico de $\mathbf{r}(t) = \langle t, t^3\rangle$. Como $\mathbf{r}'(t) = \langle 1, 3t^2\rangle$, o vetor normal unitário $\mathbf{N}(t)$ aponta em um dos dois sentidos $\pm\langle -3t^2, 1\rangle$. Qual é o sinal correto em $t = 1$? E em $t = -1$?

39. Encontre os vetores normais de $\mathbf{r}(t) = \langle t, \cos t\rangle$ em $t = \frac{\pi}{4}$ e $t = \frac{3\pi}{4}$.

40. Encontre o vetor normal da espiral de Cornu (Exercício 34) em $t = \sqrt{\pi}$.

Nos Exercícios 41-44, encontre $\mathbf{T}$, $\mathbf{N}$ e $\mathbf{B}$ da curva no ponto indicado. Sugestão: depois de encontrar $\mathbf{T}'$, substitua o valor dado de t antes de calcular $\mathbf{N}$ e $\mathbf{B}$.

41. $\mathbf{r}(t) = \langle 0, t, t^2\rangle$ em $(0, 1, 1)$. Nesse caso, esboce a curva e os três vetores resultantes no espaço tridimensional.

42. $\mathbf{r}(t) = \langle\cos t, \text{sen}\,t, 2\rangle$ em $(1, 0, 0)$. Nesse caso, esboce a curva e os três vetores resultantes no espaço tridimensional.

43. $\mathbf{r}(t) = \langle t, t^2, \frac{2}{3}t^3\rangle$ em $(1, 1, \frac{2}{3})$.

44. $\mathbf{r}(t) = \langle t, t, e^t\rangle$ em $(0, 0, 1)$.

45. Encontre o vetor normal da clotoide (Exercício 35) em $t = \pi^{1/3}$.

46. Método para calcular N Seja $v(t) = \|\mathbf{r}'(t)\|$. Mostre que

$$\mathbf{N}(t) = \frac{v(t)\mathbf{r}''(t) - v'(t)\mathbf{r}'(t)}{\|v(t)\mathbf{r}''(t) - v'(t)\mathbf{r}'(t)\|} \quad \boxed{12}$$

Sugestão: $\mathbf{N}$ é o vetor unitário na direção de $\mathbf{T}'(t)$. Derive $\mathbf{T}(t) = \mathbf{r}'(t)/v(t)$ para mostrar que $v(t)\mathbf{r}''(t) - v'(t)\mathbf{r}'(t)$ é um múltiplo positivo de $\mathbf{T}'(t)$.

Nos Exercícios 47-52, use a Equação (12) para encontrar $\mathbf{N}$ no ponto indicado.

47. $\langle t^2, t^3\rangle$, $t = 1$

48. $\langle t - \text{sen}\,t, 1 - \cos t\rangle$, $t = \pi$

49. $\langle t^2/2, t^3/3, t\rangle$, $t = 1$ **50.** $\langle t^{-1}, t, t^2\rangle$, $t = -1$

51. $\langle t, e^t, t \rangle$, $t = 0$ **52.** $\langle \cosh t, \operatorname{senh} t, t^2 \rangle$, $t = 0$

53. Seja $\mathbf{r}(t) = \langle t, \frac{4}{3}t^{3/2}, t^2 \rangle$.
  (a) Encontre **T**, **N** e **B** no ponto correspondente a $t = 1$.
  (b) Encontre a equação do plano osculador no ponto correspondente a $t = 1$.

54. Seja $\mathbf{r}(t) = \langle \cos t, \operatorname{sen} t, \ln(\cos t) \rangle$.
  (a) Encontre **T**, **N** e **B** em $(1, 0, 0)$.
  (b) Encontre a equação do plano osculador em $(1, 0, 0)$.

55. Seja $\mathbf{r}(t) = \langle t, 1-t, t^2 \rangle$.
  (a) Encontre fórmulas gerais de **T** e **N** como funções de t.
  (b) Encontre uma fórmula geral de **B** como uma função de t.
  (c) Usando sua resposta ao item (b), o que pode ser concluído a respeito do plano osculador da curva?

56. (a) O que significa para uma curva espacial ter um vetor tangente unitário **T** constante?
  (b) O que significa para uma curva espacial ter um vetor normal **N** constante?
  (c) O que significa para uma curva espacial ter um vetor binormal **B** constante?

57. Seja $f(x) = x^2$. Mostre que o centro do círculo osculador em (x_0, x_0^2) é $\left(-4x_0^3, \frac{1}{2} + 3x_0^2\right)$.

58. Use a Equação (9) para encontrar o centro de curvatura de $\mathbf{r}(t) = \langle t^2, t^3 \rangle$ em $t = 1$.

Nos Exercícios 59-66, encontre uma parametrização do círculo osculador no ponto indicado.

59. $\mathbf{r}(t) = \langle \cos t, \operatorname{sen} t \rangle$, $t = \frac{\pi}{4}$ **60.** $\mathbf{r}(t) = \langle \operatorname{sen} t, \cos t \rangle$, $t = 0$
61. $y = x^2$, $x = 1$ **62.** $y = \operatorname{sen} x$, $x = \frac{\pi}{2}$
63. $\langle t - \operatorname{sen} t, 1 - \cos t \rangle$, $t = \pi$
64. $\mathbf{r}(t) = \langle t^2/2, t^3/3, t \rangle$, $t = 0$
65. $\mathbf{r}(t) = \langle \cos t, \operatorname{sen} t, t \rangle$, $t = 0$
66. $\mathbf{r}(t) = \langle \cosh t, \operatorname{senh} t, t \rangle$, $t = 0$

67. A Figura 19 mostra o gráfico da metade $y = \pm\sqrt{2rx - px^2}$ da elipse, sendo r e p constantes positivas. Mostre que o raio de curvatura na origem é igual a r. *Sugestão:* uma maneira de abordar isso é escrever a elipse no formato do Exercício 25 e aplicar a Equação (10).

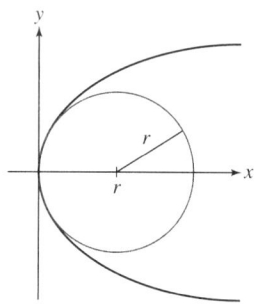

FIGURA 19 A curva $y = \pm\sqrt{2rx - px^2}$ e o círculo osculador na origem.

68. A metade de elipse do Exercício 67 é utilizada como modelo de uma seção transversal vertical da córnea, num estudo recente de cirurgia ocular por raio laser de autoria de Gatinel, Hoang-Xuan e Azar. Mostre que a metade de elipse pode ser escrita na forma $x = f(y)$, com $f(y) = p^{-1}\left(r - \sqrt{r^2 - py^2}\right)$. Durante a cirurgia,

o tecido é retirado até uma profundidade $t(y)$ à altura y ao longo de $-S \leq y \leq S$, sendo $t(y)$ dada pela equação de Munnerlyn (com algum $R > r$):

$$t(y) = \sqrt{R^2 - S^2} - \sqrt{R^2 - y^2} - \sqrt{r^2 - S^2} + \sqrt{r^2 - y^2}$$

Depois da cirurgia, a seção transversal da córnea tem o formato $x = f(y) + t(y)$ (Figura 20). Mostre que, depois da cirurgia, o raio de curvatura no ponto P (em que $y = 0$) é R.

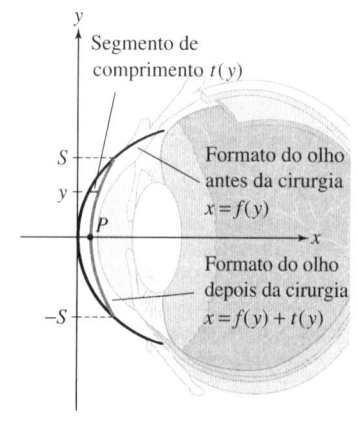

FIGURA 20 O contorno da córnea antes e depois da cirurgia.

69. O **ângulo de inclinação** em um ponto P de uma curva plana é o ângulo θ entre o vetor tangente unitário **T** e o eixo x (Figura 21). Suponha que $\mathbf{r}(s)$ seja uma parametrização pelo comprimento de arco, e seja $\theta = \theta(s)$ o ângulo de inclinação em $\mathbf{r}(s)$. Prove que

$$\kappa(s) = \left|\frac{d\theta}{ds}\right| \qquad \boxed{13}$$

Sugestão: observe que $\mathbf{T}(s) = \langle \cos \theta(s), \operatorname{sen} \theta(s) \rangle$.

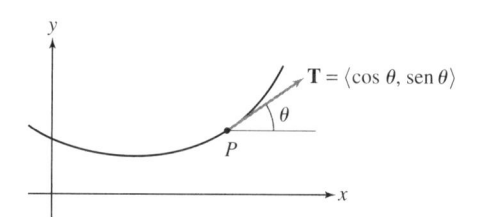

FIGURA 21 A curvatura em P é a quantidade $|d\theta/ds|$.

70. Uma partícula se move ao longo de $y = x^3$ com velocidade unitária. Com que velocidade varia a tangente (ou seja, quão rápido varia o ângulo de inclinação) quando a partícula passa pelo ponto $(2, 8)$?

71. Seja $\theta(x)$ o ângulo de inclinação num ponto do gráfico de $y = f(x)$ (ver Exercício 69).
  (a) Use a relação $f'(x) = \operatorname{tg} \theta$ para provar que
  $$\frac{d\theta}{dx} = \frac{f''(x)}{(1 + f'(x)^2)}.$$
  (b) Use a integral do comprimento de arco para mostrar que
  $$\frac{ds}{dx} = \sqrt{1 + f'(x)^2}.$$
  (c) Agora prove a Equação (5) usando a Equação (13).

72. Use a parametrização $\mathbf{r}(\theta) = \langle f(\theta)\cos\theta, f(\theta)\operatorname{sen}\theta\rangle$ para mostrar que uma curva $r = f(\theta)$ em coordenadas polares tem curvatura

$$\kappa(\theta) = \frac{|f(\theta)^2 + 2f'(\theta)^2 - f(\theta)f''(\theta)|}{\left(f(\theta)^2 + f'(\theta)^2\right)^{3/2}} \qquad \boxed{14}$$

Nos Exercícios 73-75, use a Equação (14) para encontrar a curvatura da curva dada em forma polar.

73. $f(\theta) = 2\cos\theta$ **74.** $f(\theta) = \theta$ **75.** $f(\theta) = e^\theta$

76. Use a Equação (14) para encontrar a curvatura da espiral de Bernoulli geral $r = ae^{b\theta}$ em forma polar (com a e b constantes).

77. Mostre que ambos, $\mathbf{r}'(t)$ e $\mathbf{r}''(t)$, ficam no plano osculador com uma função vetorial $\mathbf{r}(t)$. *Sugestão:* derive $\mathbf{r}'(t) = v(t)\mathbf{T}(t)$.

78. Mostre que

$$\gamma(s) = \mathbf{r}(t_0) + \frac{1}{\kappa}\mathbf{N} + \frac{1}{\kappa}\big((\operatorname{sen}\kappa s)\mathbf{T} - (\cos\kappa s)\mathbf{N}\big)$$

é uma parametrização pelo comprimento de arco do círculo osculador em $\mathbf{r}(t_0)$.

79. Dizemos que duas funções vetoriais $\mathbf{r}_1(s)$ e $\mathbf{r}_2(s)$ *coincidem até ordem 2* em s_0 se

$$\mathbf{r}_1(s_0) = \mathbf{r}_2(s_0), \quad \mathbf{r}_1'(s_0) = \mathbf{r}_2'(s_0), \quad \mathbf{r}_1''(s_0) = \mathbf{r}_2''(s_0)$$

Seja $\mathbf{r}(s)$ uma parametrização pelo comprimento de arco de uma curva $\mathcal{C}$ e seja P o ponto final de $\mathbf{r}(0)$. Seja $\gamma(s)$ a parametrização pelo comprimento de arco do círculo osculador dada no Exercício 78. Mostre que $\mathbf{r}(s)$ e $\gamma(s)$ coincidem até ordem 2 em $s = 0$ (de fato, o círculo osculador é o único círculo que aproxima $\mathcal{C}$ até ordem 2 em P).

80. Seja $\mathbf{r}(t) = \langle x(t), y(t), z(t)\rangle$ um caminho de curvatura $\kappa(t)$ e defina o caminho homotético $\mathbf{r}_1(t) = \langle \lambda x(t), \lambda y(t), \lambda z(t)\rangle$, em que $\lambda \neq 0$ é uma constante. Prove que a curvatura varia inversamente com o fator de homotetia. Ou seja, prove que a curvatura $\kappa_1(t)$ de $\mathbf{r}_1(t)$ é $\kappa_1(t) = \lambda^{-1}\kappa(t)$. Isso explica por que a curvatura de um círculo de raio R é proporcional a $1/R$ (de fato, é igual a $1/R$). *Sugestão:* use a Equação (3).

Compreensão adicional e desafios

81. Mostre que a curvatura da curva de Viviani, dada por $\mathbf{r}(t) = \langle 1+\cos t, \operatorname{sen} t, 2\operatorname{sen}(t/2)\rangle$, é

$$\kappa(t) = \frac{\sqrt{13 + 3\cos t}}{(3+\cos t)^{3/2}}$$

82. Seja $\mathbf{r}(s)$ uma parametrização pelo comprimento de arco de uma curva fechada $\mathcal{C}$ de comprimento L. Dizemos que $\mathcal{C}$ é uma **oval** se $d\theta/ds > 0$ (ver Exercício 69). Observe que $-\mathbf{N}$ aponta para o lado *de fora* de $\mathcal{C}$. Dado $k > 0$, a curva $\mathcal{C}_1$ definida por $\mathbf{r}_1(s) = \mathbf{r}(s) - k\mathbf{N}$ é denominada a expansão de $c(s)$ na direção normal.

(a) Mostre que $\|\mathbf{r}_1'(s)\| = \|\mathbf{r}'(s)\| + k\kappa(s)$.

(b) Quando P se move pela oval no sentido anti-horário, θ cresce por 2π [Figura 22(A)]. Use isso e uma mudança de variáveis para provar que $\displaystyle\int_0^L \kappa(s)\,ds = 2\pi$.

(c) Mostre que $\mathcal{C}_1$ tem comprimento $L + 2\pi k$.

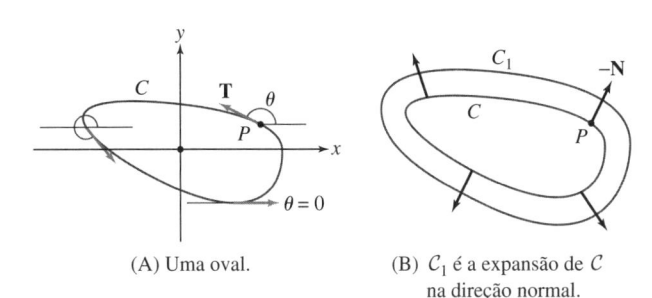

(A) Uma oval.   (B) $\mathcal{C}_1$ é a expansão de $\mathcal{C}$ na direção normal.

FIGURA 22 Quando P se move numa oval, θ cresce por 2π.

Nos Exercícios 83-91, continuamos a investigar o vetor binormal.

83. Mostre que $\mathbf{B}$ é um vetor unitário.

84. Utilize os passos (a)-(c) para provar que existe um número τ (letra grega "tau" minúscula) denominado **torsão** tal que

$$\frac{d\mathbf{B}}{ds} = -\tau\mathbf{N} \qquad \boxed{15}$$

(a) Mostre que $\dfrac{d\mathbf{B}}{ds} = \mathbf{T} \times \dfrac{d\mathbf{N}}{ds}$ e conclua que $d\mathbf{B}/ds$ é ortogonal a $\mathbf{T}$.

(b) Derive $\mathbf{B}\cdot\mathbf{B} = 1$ em relação a s para mostrar que $d\mathbf{B}/ds$ é ortogonal a $\mathbf{B}$.

(c) Conclua que $d\mathbf{B}/ds$ é um múltiplo de $\mathbf{N}$.

85. Mostre que se $\mathcal{C}$ estiver contida num plano $\mathcal{P}$, então $\mathbf{B}$ é um vetor unitário normal a $\mathcal{P}$. Conclua que $\tau = 0$ com curvas planas.

86. 📖 Torsão é o efeito de torcer. Esse é um termo apropriado para τ? Explique interpretando geometricamente τ.

87. Use a identidade

$$\mathbf{a}\times(\mathbf{b}\times\mathbf{c}) = (\mathbf{a}\cdot\mathbf{c})\mathbf{b} - (\mathbf{a}\cdot\mathbf{b})\mathbf{c}$$

para provar

$$\mathbf{N}\times\mathbf{B} = \mathbf{T}, \qquad \mathbf{B}\times\mathbf{T} = \mathbf{N} \qquad \boxed{16}$$

88. Siga os passos (a)-(b) para provar que

$$\frac{d\mathbf{N}}{ds} = -\kappa\mathbf{T} + \tau\mathbf{B} \qquad \boxed{17}$$

(a) Mostre que $d\mathbf{N}/ds$ é ortogonal a $\mathbf{N}$. Conclua que $d\mathbf{N}/ds$ fica no plano gerado por $\mathbf{T}$ e $\mathbf{B}$ e que, portanto, $d\mathbf{N}/ds = a\mathbf{T} + b\mathbf{B}$ com certos escalares a e b.

(b) Use $\mathbf{N}\cdot\mathbf{T} = 0$ para mostrar que $\mathbf{T}\cdot\dfrac{d\mathbf{N}}{ds} = -\mathbf{N}\cdot\dfrac{d\mathbf{T}}{ds}$ e calcule a. Calcule b de maneira análoga. As Equações (15) e (17), juntamente a $d\mathbf{T}/dt = \kappa\mathbf{N}$, são denominadas **fórmulas de Frenet**.

89. Mostre que $\mathbf{r}'\times\mathbf{r}''$ é um múltiplo de $\mathbf{B}$. Conclua que

$$\mathbf{B} = \frac{\mathbf{r}'\times\mathbf{r}''}{\|\mathbf{r}'\times\mathbf{r}''\|} \qquad \boxed{18}$$

90. Use a fórmula do exercício precedente para encontrar $\mathbf{B}$ da curva espacial dada por $\mathbf{r}(t) = \langle \operatorname{sen} t, -\cos t, \operatorname{sen} t\rangle$. Conclua que essa curva espacial está contida num plano.

91. O vetor $\mathbf{N}$ pode ser calculado usando $\mathbf{N} = \mathbf{B}\times\mathbf{T}$ [Equação (16)], com $\mathbf{B}$ dado pela Equação (18). Use esse método para encontrar $\mathbf{N}$ nos casos seguintes:

(a) $\mathbf{r}(t) = \langle \cos t, t, t^2\rangle$ em $t = 0$.
(b) $\mathbf{r}(t) = \langle t^2, t^{-1}, t\rangle$ em $t = 1$.

FIGURA 1 O voo do ônibus espacial é analisado usando cálculo vetorial. (*NASA*)

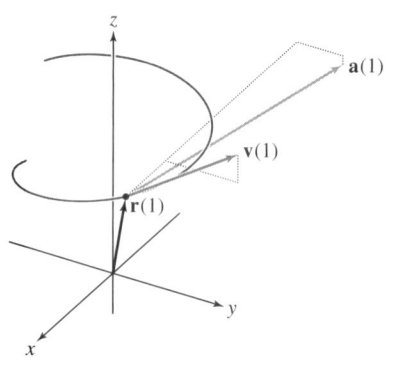

FIGURA 2

13.5 Movimento no espaço tridimensional

Nesta seção, estudamos o movimento de um objeto percorrendo um caminho $\mathbf{r}(t)$. Esse objeto poderia ser muitas coisas, incluindo uma partícula, uma bola de beisebol ou um ônibus espacial (Figura 1). Lembre que o vetor velocidade é a derivada

$$\mathbf{v}(t) = \mathbf{r}'(t) = \lim_{h \to 0} \frac{\mathbf{r}(t+h) - \mathbf{r}(t)}{h}$$

Conforme vimos, $\mathbf{v}(t)$ aponta na direção e sentido do movimento (se não for nulo), e sua magnitude $v(t) = \|\mathbf{v}(t)\|$ é a velocidade escalar do objeto. O **vetor aceleração** é a derivada segunda $\mathbf{r}''(t)$, que denotaremos por $\mathbf{a}(t)$. Resumindo,

$$\mathbf{v}(t) = \mathbf{r}'(t), \qquad v(t) = \|\mathbf{v}(t)\|, \qquad \mathbf{a}(t) = \mathbf{r}''(t)$$

■ **EXEMPLO 1** Calcule e esboce os vetores velocidade e aceleração em $t = 1$ de $\mathbf{r}(t) = \langle \operatorname{sen} 2t, -\cos 2t, \sqrt{t+1} \rangle$. Então encontre a velocidade escalar em $t = 1$ (Figura 2).

Solução

$$\mathbf{v}(t) = \mathbf{r}'(t) = \left\langle 2\cos 2t, 2\operatorname{sen} 2t, \frac{1}{2}(t+1)^{-1/2} \right\rangle, \qquad \mathbf{v}(1) \approx \langle -0{,}83;\, 1{,}82;\, 0{,}35 \rangle$$

$$\mathbf{a}(t) = \mathbf{r}''(t) = \left\langle -4\operatorname{sen} 2t, 4\cos 2t, -\frac{1}{4}(t+1)^{-3/2} \right\rangle, \qquad \mathbf{a}(1) \approx \langle -3{,}64;\, -1{,}66;\, -0{,}089 \rangle$$

A velocidade escalar em $t = 1$ é

$$\|\mathbf{v}(1)\| \approx \sqrt{(-0{,}83)^2 + (1{,}82)^2 + (0{,}35)^2} \approx 2{,}03 \qquad ■$$

Se for dada a aceleração de um objeto, podemos resolver em $\mathbf{v}(t)$ e $\mathbf{r}(t)$ integrando duas vezes:

$$\mathbf{v}(t) = \int \mathbf{a}(t)\, dt$$

$$\mathbf{r}(t) = \int_0^t \mathbf{v}(t)\, dt$$

As constantes arbitrárias que resultam podem ser determinadas por condições iniciais.

■ **EXEMPLO 2** Encontre $\mathbf{r}(t)$ se

$$\mathbf{a}(t) = 2\mathbf{i} + 12t\mathbf{j}, \qquad \mathbf{v}(0) = 7\mathbf{i}, \qquad \mathbf{r}(0) = 2\mathbf{i} + 9\mathbf{k}$$

Solução Temos

$$\mathbf{v}(t) = \int \mathbf{a}(t)\, dt = 2t\mathbf{i} + 6t^2\mathbf{j} + \mathbf{C}_0$$

A condição inicial $\mathbf{v}(0) = 0 + \mathbf{C}_0 = 7\mathbf{i}$ dá $\mathbf{v}(t) = 2t\mathbf{i} + 6t^2\mathbf{j} + 7\mathbf{i} = (2t+7)\mathbf{i} + 6t^2\mathbf{j}$. Então, temos

$$\mathbf{r}(t) = \int \mathbf{v}(t)\, dt = (t^2 + 7t)\mathbf{i} + 2t^3\mathbf{j} + \mathbf{C}_1$$

A condição inicial $\mathbf{r}(0) = 0 + \mathbf{C}_1 = 2\mathbf{i} + 9\mathbf{k}$ fornece

$$\mathbf{r}(t) = (t^2 + 7t)\mathbf{i} + 2t^3\mathbf{j} + (2\mathbf{i} + 9\mathbf{k}) = (t^2 + 7t + 2)\mathbf{i} + 2t^3\mathbf{j} + 9\mathbf{k} \qquad ■$$

■ **EXEMPLO 3** Encontre $\mathbf{r}(t)$ se

$$\mathbf{a}(t) = (\cos t)\mathbf{i} + e^t\mathbf{j} + t\mathbf{k}, \qquad \mathbf{v}(0) = \mathbf{i}, \qquad \mathbf{r}(0) = \mathbf{k}$$

Solução Obtemos

$$\mathbf{v}(t) = \int \mathbf{a}(t)\,dt = (\operatorname{sen} t)\mathbf{i} + e^t\mathbf{j} + \frac{t^2}{2}\mathbf{k} + \mathbf{C}_0$$

Agora precisamos ser cuidadosos, pois não é verdade que quando **v** for calculado em 0 reste somente o vetor constante arbitrário. A condição inicial fornece

$$\mathbf{v}(0) = \mathbf{j} + \mathbf{C}_0 = \mathbf{i}$$

Então, $\mathbf{C}_0 = \mathbf{i} - \mathbf{j}$. Portanto,

$$\mathbf{v}(t) = (\operatorname{sen} t)\mathbf{i} + e^t\mathbf{j} + \frac{t^2}{2}\mathbf{k} + \mathbf{i} - \mathbf{j} = (\operatorname{sen} t + 1)\mathbf{i} + (e^t - 1)\mathbf{j} + \frac{t^2}{2}\mathbf{k}$$

Então temos

$$\mathbf{r}(t) = \int \mathbf{v}(t)\,dt = (-\cos t + t)\mathbf{i} + (e^t - t)\mathbf{j} + \frac{t^3}{6}\mathbf{i} + \mathbf{C}_1$$

A condição inicial $\mathbf{r}(0) = -1\mathbf{i} + 1\mathbf{j} + \mathbf{C}_1 = \mathbf{k}$ fornece $\mathbf{C}_1 = \mathbf{i} - \mathbf{j} + \mathbf{k}$. Assim,

$$\mathbf{r}(t) = (-\cos t + t)\mathbf{i} + (e^t - t)\mathbf{j} + \frac{t^3}{6}\mathbf{k} + \mathbf{i} - \mathbf{j} + \mathbf{k}$$

$$= (-\cos t + t + 1)\mathbf{i} + (e^t - t - 1)\mathbf{j} + \left(\frac{t^3}{6} + 1\right)\mathbf{k} \qquad\blacksquare$$

ADVERTÊNCIA No Exemplo 3, observe que quando determinamos $\mathbf{v}(t)$, a constante arbitrária $\mathbf{C}_0 \neq \mathbf{v}(0)$. O mesmo ocorre na determinação de $\mathbf{r}(t)$, pois a constante arbitrária não é igual ao valor inicial $\mathbf{r}(0)$.

Perto da superfície terrestre, a gravidade impõe uma aceleração de $-9,8$ m/s^2 na direção z. Se as unidades forem em pés, é igual a -32 pés/s^2. Isso significa que se tivermos um projétil (em movimento perto da superfície da Terra) que não tenha alguma maneira adicional de adquirir aceleração, seu vetor aceleração será dado por $\mathbf{a}(t) = -9,8\mathbf{k}$. Observe que no caso de o projétil permanecer num plano vertical, podemos supor que esteja acima do eixo x, de modo que toda o problema ocorre no plano xy. Podemos tomar a direção vertical como sendo a do eixo y e considerar o vetor aceleração como sendo $\mathbf{a}(t) = -9,8\mathbf{j}$.

■ **EXEMPLO 4** Um projétil é disparado desde o solo num ângulo de 60° acima da horizontal. Qual é a velocidade inicial v_0 que o projétil deve ter para atingir um ponto a 150 m de altura numa torre localizada a uma distância de 250 m (ignorando a resistência do ar)?

Solução Colocando a arma na origem, seja $\mathbf{r}(t)$ o vetor posição do projétil (Figura 3). Sabemos que $\mathbf{r}_0 = \mathbf{0}$. Além disso, como o ângulo da arma é de 60°, mesmo desconhecendo a velocidade inicial v_0, podemos dizer que o vetor velocidade é $\mathbf{v}_0 = v_0 \cos 60°\mathbf{i} + v_0 \operatorname{sen} 60°\mathbf{j} = \frac{1}{2}v_0\mathbf{i} + v_0\frac{\sqrt{3}}{2}\mathbf{j}$.

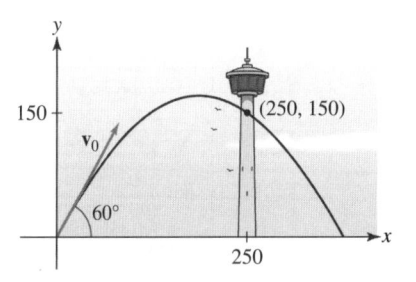

FIGURA 3 A trajetória do projétil.

Passo 1. **Usar a aceleração devido à gravidade.**

Como podemos supor que a trajetória inteira ocorre no plano xy, podemos supor que a gravidade exerce uma força para baixo que gera um vetor aceleração $\mathbf{a}(t) = -9,8\mathbf{j}$. Determinamos $\mathbf{r}(t)$ integrando duas vezes:

$$\mathbf{v}(t) = \int \mathbf{a}(t)\,dt = -9,8t\mathbf{j} + \mathbf{C}_0$$

Passo 2. **Usar a condição inicial.**

Sabemos que $\mathbf{v}(0) = \mathbf{v}_0$. Portanto, $\mathbf{0} + \mathbf{C}_0 = \frac{1}{2}v_0\mathbf{i} + v_0\frac{\sqrt{3}}{2}\mathbf{j}$. Substituindo essa expressão em $\mathbf{C}_0$, resulta

$$\mathbf{v}(t) = -9,8t\mathbf{j} + \frac{1}{2}v_0\mathbf{i} + v_0\frac{\sqrt{3}}{2}\mathbf{j} = \frac{1}{2}v_0\mathbf{i} + (v_0\frac{\sqrt{3}}{2} - 9,8t)\mathbf{j}$$

Passo 3. **Integrar novamente.**

$$\mathbf{r}(t) = \int \mathbf{v}(t)\,dt = \frac{1}{2}v_0t\mathbf{i} + (v_0\frac{\sqrt{3}}{2}t - 4,9t^2)\mathbf{j} + \mathbf{C}_1$$

Passo 4. **Usar a condição inicial.**

Sabemos que $\mathbf{r}(0) = \mathbf{r}_0 = \mathbf{0}$. Portanto, $\mathbf{0} + \mathbf{C}_1 = \mathbf{0}$. Substituindo essa expressão em $\mathbf{C}_1$, obtemos

$$\mathbf{r}(t) = \frac{1}{2} v_0 t \mathbf{i} + \left(v_0 \frac{\sqrt{3}}{2} t - 4{,}9 t^2 \right) \mathbf{j}$$

Passo 5. **Resolver em v_0.**

O projétil atinge o ponto $250\mathbf{i} + 150\mathbf{j}$ da torre se existir um instante de tempo t tal que $\mathbf{r}(t) = 250\mathbf{i} + 150\mathbf{j}$; ou seja,

$$\frac{1}{2} v_0 t \mathbf{i} + \left(v_0 \frac{\sqrt{3}}{2} t - 4{,}9 t^2 \right) \mathbf{j} = 250\mathbf{i} + 150\mathbf{j}$$

Igualando componentes, obtemos

$$\frac{1}{2} t v_0 = 250, \qquad v_0 \frac{\sqrt{3}}{2} t - 4{,}9 t^2 = 150$$

A primeira equação dá $t = 500/v_0$. Agora substituímos na segunda equação e resolvemos:

$$\frac{\sqrt{3}}{2} \left(\frac{500}{v_0} \right) v_0 - 4{,}9 \left(\frac{500}{v_0} \right)^2 = 150$$

$$\left(\frac{500}{v_0} \right)^2 = \frac{250\sqrt{3} - 150}{4{,}9}$$

$$\left(\frac{v_0}{500} \right)^2 = \frac{4{,}9}{250\sqrt{3} - 150} \approx 0{,}0173$$

Obtemos $v_0 \approx 500\sqrt{0{,}0173} \approx 66$ m/s. ∎

No movimento linear, a aceleração é a taxa segundo a qual um objeto está aumentando ou diminuindo sua velocidade. A aceleração é nula se a velocidade for constante. Diferentemente disso, em duas ou três dimensões, a aceleração pode ser não nula mesmo quando a velocidade do objeto for constante. Isso ocorre quando $v(t) = \|\mathbf{v}(t)\|$ for constante, mas a *direção* de $\mathbf{v}(t)$ estiver variando. O exemplo mais simples é o do **movimento circular uniforme**, em que um objeto percorre uma trajetória circular com velocidade constante (Figura 4).

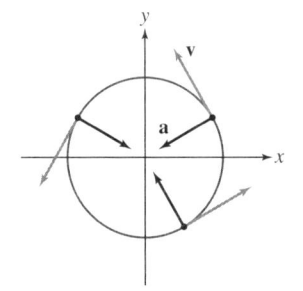

FIGURA 4 No movimento circular uniforme, $\mathbf{v}$ tem comprimento constante, mas gira continuamente. A aceleração $\mathbf{a}$ é centrípeta, apontando para o centro do círculo.

A constante ω (letra grega minúscula "ômega") é denominada a velocidade angular porque o ângulo da partícula ao longo do círculo varia segundo uma taxa de ω radianos por unidade de tempo.

■ **EXEMPLO 5** **Movimento circular uniforme** Encontre $\mathbf{a}(t)$ e $\|\mathbf{a}(t)\|$ do movimento em torno de um círculo de raio R com velocidade escalar constante v.

Solução Suponha que a partícula percorra o caminho circular $\mathbf{r}(t) = R\langle \cos \omega t, \operatorname{sen} \omega t \rangle$ com alguma constante ω. Então as velocidades vetorial e escalar da partícula são

$$\mathbf{v}(t) = R\omega \langle -\operatorname{sen} \omega t, \cos \omega t \rangle, \qquad v = \|\mathbf{v}(t)\| = R|\omega|$$

Assim, $|\omega| = v/R$ e, portanto,

$$\mathbf{a}(t) = \mathbf{v}'(t) = -R\omega^2 \langle \cos \omega t, \operatorname{sen} \omega t \rangle, \qquad \|\mathbf{a}(t)\| = R\omega^2 = R \left(\frac{v}{R} \right)^2 = \frac{v^2}{R}$$

O vetor $\mathbf{a}(t)$ é denominado **aceleração centrípeta**: tem comprimento v^2/R e aponta na direção da origem [pois $\mathbf{a}(t)$ é um múltiplo negativo do vetor posição $\mathbf{r}(t)$], como na Figura 4. ∎

Entendendo o vetor aceleração

Observamos que $\mathbf{v}(t)$ pode variar de duas maneiras: magnitude e direção. Para entender como a aceleração $\mathbf{a}(t)$ carrega essas variações, decompomos $\mathbf{a}(t)$ numa soma de componentes tangencial e normal.

Recordemos a definição de vetores tangente e normal unitários:

$$\mathbf{T}(t) = \frac{\mathbf{v}(t)}{\|\mathbf{v}(t)\|}, \qquad \mathbf{N}(t) = \frac{\mathbf{T}'(t)}{\|\mathbf{T}'(t)\|}$$

Assim, $\mathbf{v}(t) = v(t)\mathbf{T}(t)$, em que $v(t) = \|\mathbf{v}(t)\|$, e, portanto, pela regra do produto,

$$\mathbf{a}(t) = \frac{d\mathbf{v}}{dt} = \frac{d}{dt}v(t)\mathbf{T}(t) = v'(t)\mathbf{T}(t) + v(t)\mathbf{T}'(t)$$

Além disso, $\mathbf{T}'(t) = v(t)\kappa(t)\mathbf{N}(t)$ pela Equação (7) da Seção 13.4, sendo $\kappa(t)$ a curvatura. Assim, podemos escrever

$$\boxed{\mathbf{a} = a_\mathbf{T}\mathbf{T} + a_\mathbf{N}\mathbf{N}, \qquad a_\mathbf{T} = v'(t), \quad a_\mathbf{N} = \kappa(t)v(t)^2} \qquad 1$$

Dizemos que $a_\mathbf{T}(t)$ é o **componente tangencial** e $a_\mathbf{N}(t)$ é o **componente normal** da aceleração (Figura 5).

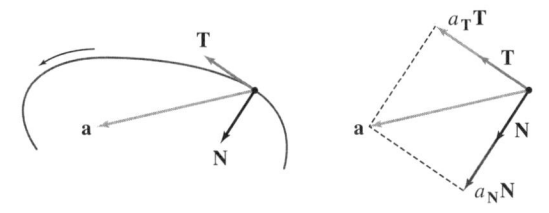

FIGURA 5 Decomposição de $\mathbf{a}$ em componentes tangencial e normal.

Se fizermos uma curva para a esquerda dirigindo à velocidade constante, nossa aceleração tangencial é nula [porque $v'(t) = 0$] e não somos empurrados para trás contra o assento do carro. Contudo, o assento do carro (pelo atrito) nos empurra para a esquerda em direção à porta do carro, causando uma aceleração na direção normal. Devido à inércia, parece que estamos sendo empurrados para a direita, em direção à porta do passageiro. Essa força é proporcional a κv^2, de modo que uma curva fechada (κ grande) ou uma velocidade alta (v grande) produzem uma força normal grande.

ENTENDIMENTO CONCEITUAL O componente tangencial $a_\mathbf{T} = v'(t)$ é a taxa segundo a qual varia a *velocidade escalar* $v(t)$, ao passo que o componente normal $a_\mathbf{N} = \kappa(t)v(t)^2$ descreve a variação de $\mathbf{v}$ causada pelas variações na *direção*. Essas interpretações ficam evidentes considerando os casos extremos seguintes:

- Uma partícula em movimento retilíneo. Então a direção não varia [$\kappa(t) = 0$] e $\mathbf{a}(t) = v'(t)\mathbf{T}$ é paralelo à direção do movimento.
- Uma partícula à velocidade escalar constante ao longo de uma curva. Então $v'(t) = 0$ e o vetor aceleração $\mathbf{a}(t) = \kappa(t)v(t)^2\mathbf{N}$ é normal à direção do movimento.

Em geral, o movimento é uma combinação que envolve ambas as acelerações, tangencial e normal.

*O componente normal $a_\mathbf{N}$ é também denominado **aceleração centrípeta**, especialmente no caso do movimento circular, em que é direcionado para o centro do círculo.*

■ **EXEMPLO 6** A enorme roda gigante de Viena, na Áustria, tem $R = 30$ m de raio (Figura 6). Suponha que, no instante $t = t_0$, a roda gire no sentido anti-horário a 40 m/min e que esteja desacelerando a uma taxa de 15 m/min². Encontre o vetor aceleração $\mathbf{a}$ de uma pessoa sentada num carrinho no ponto mais baixo da roda.

Solução Ao pé da roda, $\mathbf{T} = \langle 1, 0 \rangle$ e $\mathbf{N} = \langle 0, 1 \rangle$. Sabe-se que $a_\mathbf{T} = v' = -15$ no instante t_0. A curvatura da roda é $\kappa = 1/R = 1/30$, portanto o componente normal é $a_\mathbf{N} = \kappa v^2 = v^2/R = (40)^2/30 \approx 53{,}3$. Desse modo (Figura 7),

$$\mathbf{a} \approx -15\mathbf{T} + 53{,}3\mathbf{N} = \langle -15, 53{,}3 \rangle \text{ m/min}^2 \qquad ■$$

O teorema seguinte fornece algumas fórmulas úteis para os componentes tangencial e normal do vetor aceleração.

FIGURA 6 A enorme roda gigante de Viena, na Áustria, foi construída em 1897 para celebrar o quinquagésimo aniversário da coroação do imperador Franz Joseph I.
(© *Peter M. Wilson/Alamy*)

TEOREMA 1 Componentes tangencial e normal da aceleração Na decomposição $\mathbf{a} = a_\mathbf{T}\mathbf{T} + a_\mathbf{N}\mathbf{N}$, temos

$$\boxed{a_\mathbf{T} = \mathbf{a} \cdot \mathbf{T} = \frac{\mathbf{a} \cdot \mathbf{v}}{\|\mathbf{v}\|}, \qquad a_\mathbf{N} = \mathbf{a} \cdot \mathbf{N} = \sqrt{\|\mathbf{a}\|^2 - |a_\mathbf{T}|^2}} \qquad 2$$

e

$$\boxed{a_\mathbf{T}\mathbf{T} = \left(\frac{\mathbf{a} \cdot \mathbf{v}}{\mathbf{v} \cdot \mathbf{v}}\right)\mathbf{v}, \qquad a_\mathbf{N}\mathbf{N} = \mathbf{a} - a_\mathbf{T}\mathbf{T} = \mathbf{a} - \left(\frac{\mathbf{a} \cdot \mathbf{v}}{\mathbf{v} \cdot \mathbf{v}}\right)\mathbf{v}} \qquad 3$$

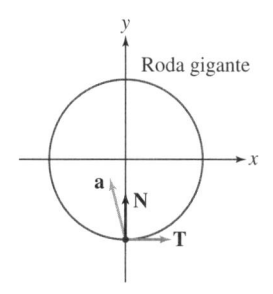

FIGURA 7

Demonstração Temos $\mathbf{T} \cdot \mathbf{T} = 1$ e $\mathbf{N} \cdot \mathbf{T} = 0$. Assim,

$$\mathbf{a} \cdot \mathbf{T} = (a_\mathbf{T}\mathbf{T} + a_\mathbf{N}\mathbf{N}) \cdot \mathbf{T} = a_\mathbf{T}$$

$$\mathbf{a} \cdot \mathbf{N} = (a_\mathbf{T}\mathbf{T} + a_\mathbf{N}\mathbf{N}) \cdot \mathbf{N} = a_\mathbf{N}$$

e, como $\mathbf{T} = \dfrac{\mathbf{v}}{\|\mathbf{v}\|}$, temos

$$a_\mathbf{T}\mathbf{T} = (\mathbf{a} \cdot \mathbf{T})\mathbf{T} = \left(\frac{\mathbf{a} \cdot \mathbf{v}}{\|\mathbf{v}\|}\right)\frac{\mathbf{v}}{\|\mathbf{v}\|} = \left(\frac{\mathbf{a} \cdot \mathbf{v}}{\mathbf{v} \cdot \mathbf{v}}\right)\mathbf{v}$$

e

$$a_\mathbf{N}\mathbf{N} = \mathbf{a} - a_\mathbf{T}\mathbf{T} = \mathbf{a} - \left(\frac{\mathbf{a} \cdot \mathbf{v}}{\|\mathbf{v}\|}\right)\mathbf{v}$$

Finalmente, os vetores $a_\mathbf{T}\mathbf{T}$ e $a_\mathbf{N}\mathbf{N}$ são os catetos de um triângulo retângulo de hipotenusa $\mathbf{a}$, como na Figura 5, de modo que, pelo teorema de Pitágoras,

$$\|\mathbf{a}\|^2 = |a_\mathbf{T}|^2 + |a_\mathbf{N}|^2 \quad \Rightarrow \quad a_\mathbf{N} = \sqrt{\|\mathbf{a}\|^2 - |a_\mathbf{T}|^2}$$ ∎

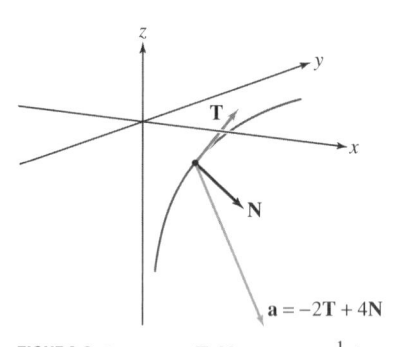

Não esqueça que $a_\mathbf{N} \geq 0$, mas $a_\mathbf{T}$ pode ser positivo ou negativo, dependendo de o objeto estar aumentando ou diminuindo sua velocidade.

■ **EXEMPLO 7** Decomponha o vetor aceleração $\mathbf{a}$ de $\mathbf{r}(t) = \langle t^2, 2t, \ln t \rangle$ em componentes tangencial e normal em $t = \frac{1}{2}$ (Figura 8).

Solução Inicialmente, calculamos os componentes tangenciais $\mathbf{T}$ e $a_\mathbf{T}$. Temos

$$\mathbf{v}(t) = \mathbf{r}'(t) = \langle 2t, 2, t^{-1}\rangle, \qquad \mathbf{a}(t) = \mathbf{r}''(t) = \langle 2, 0, -t^{-2}\rangle$$

Em $t = \frac{1}{2}$,

$$\mathbf{v} = \mathbf{r}'\left(\frac{1}{2}\right) = \left\langle 2\left(\frac{1}{2}\right), 2, \left(\frac{1}{2}\right)^{-1}\right\rangle = \langle 1, 2, 2\rangle$$

$$\mathbf{a} = \mathbf{r}''\left(\frac{1}{2}\right) = \left\langle 2, 0, -\left(\frac{1}{2}\right)^{-2}\right\rangle = \langle 2, 0, -4\rangle$$

Assim,

$$\mathbf{T} = \frac{\mathbf{v}}{\|\mathbf{v}\|} = \frac{\langle 1, 2, 2\rangle}{\sqrt{1^2 + 2^2 + 2^2}} = \left\langle \frac{1}{3}, \frac{2}{3}, \frac{2}{3}\right\rangle$$

e, pela Equação (2),

$$a_\mathbf{T} = \mathbf{a} \cdot \mathbf{T} = \langle 2, 0, -4\rangle \cdot \left\langle \frac{1}{3}, \frac{2}{3}, \frac{2}{3}\right\rangle = -2$$

Agora usamos a Equação (3):

$$a_\mathbf{N}\mathbf{N} = \mathbf{a} - a_\mathbf{T}\mathbf{T} = \langle 2, 0, -4\rangle - (-2)\left\langle \frac{1}{3}, \frac{2}{3}, \frac{2}{3}\right\rangle = \left\langle \frac{8}{3}, \frac{4}{3}, -\frac{8}{3}\right\rangle$$

Esse vetor tem comprimento

$$a_\mathbf{N} = \|a_\mathbf{N}\mathbf{N}\| = \sqrt{\frac{64}{9} + \frac{16}{9} + \frac{64}{9}} = 4$$

e, portanto,

$$\mathbf{N} = \frac{a_\mathbf{N}\mathbf{N}}{a_\mathbf{N}} = \frac{\left\langle \frac{8}{3}, \frac{4}{3}, -\frac{8}{3}\right\rangle}{4} = \left\langle \frac{2}{3}, \frac{1}{3}, -\frac{2}{3}\right\rangle$$

Finalmente, obtemos a decomposição

$$\mathbf{a} = \langle 2, 0, -4\rangle = a_\mathbf{T}\mathbf{T} + a_\mathbf{N}\mathbf{N} = -2\mathbf{T} + 4\mathbf{N}$$ ∎

FIGURA 8 Os vetores $\mathbf{T}$, $\mathbf{N}$ e $\mathbf{a}$ em $t = \frac{1}{2}$ da curva dada por $\mathbf{r}(t) = \langle t^2, 2t, \ln t\rangle$.

Resumo dos passos no Exemplo 7:

$$\mathbf{T} = \frac{\mathbf{v}}{\|\mathbf{v}\|}$$

$$a_\mathbf{T} = \mathbf{a} \cdot \mathbf{T}$$

$$a_\mathbf{N}\mathbf{N} = \mathbf{a} - a_\mathbf{T}\mathbf{T}$$

$$a_\mathbf{N} = \|a_\mathbf{N}\mathbf{N}\|$$

$$\mathbf{N} = \frac{a_\mathbf{N}\mathbf{N}}{a_\mathbf{N}}$$

■ **EXEMPLO 8** **Movimento circular não uniforme** A Figura 9 mostra os vetores aceleração de três partículas em movimento *no sentido anti-horário* em torno de um círculo. Em cada caso, decida se a velocidade escalar v da partícula está crescendo, decrescendo ou é momentaneamente constante.

LEMBRETE
- *Pela Equação (2)*, $v' = a_T = \mathbf{a} \cdot \mathbf{T}$
- $\mathbf{v} \cdot \mathbf{w} = \|\mathbf{v}\| \|\mathbf{w}\| \cos\theta$
em que θ é o ângulo entre $\mathbf{v}$ e $\mathbf{w}$.

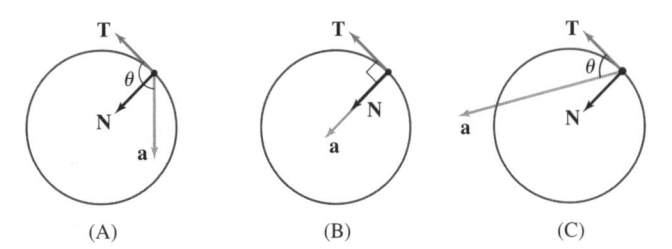

FIGURA 9 Os vetores aceleração de partículas em movimento anti-horário (na direção e sentido de $\mathbf{T}$) em torno de um círculo.

Solução A taxa de variação da velocidade escalar depende do ângulo θ entre $\mathbf{a}$ e $\mathbf{T}$:

$$v' = a_T = \mathbf{a} \cdot \mathbf{T} = \|\mathbf{a}\| \|\mathbf{T}\| \cos\theta = \|\mathbf{a}\| \cos\theta$$

- Em (A), θ é obtuso, portanto $\cos\theta < 0$ e $v' < 0$. A velocidade da partícula é decrescente.
- Em (B), $\theta = \frac{\pi}{2}$, portanto $\cos\theta = 0$ e $v' = 0$. A velocidade da partícula é constante nesse momento.
- Em (C), θ é agudo, portanto $\cos\theta > 0$ e $v' > 0$. A velocidade da partícula é crescente. ■

■ **EXEMPLO 9** Encontre a curvatura $\kappa\left(\frac{1}{2}\right)$ do caminho $\mathbf{r}(t) = \langle t^2, 2t, \ln t \rangle$ do Exemplo 7.

Solução Pela Equação (1), o componente normal é

$$a_N = \kappa v^2$$

No Exemplo 7, mostramos que $a_N = 4$ e $\mathbf{v} = \langle 1, 2, 2 \rangle$ em $t = \frac{1}{2}$. Portanto, $v^2 = \mathbf{v} \cdot \mathbf{v} = 9$ e a curvatura é $\kappa\left(\frac{1}{2}\right) = a_N/v^2 = \frac{4}{9}$. ■

13.5 Resumo

- Um objeto cuja trajetória é descrita por uma função vetorial $\mathbf{r}(t)$ tem

$$\mathbf{v}(t) = \mathbf{r}'(t), \qquad v(t) = \|\mathbf{v}(t)\|, \qquad \mathbf{a}(t) = \mathbf{r}''(t)$$

- O *vetor velocidade* $\mathbf{v}(t)$ aponta na direção e sentido do movimento. Seu comprimento $v(t) = \|\mathbf{v}(t)\|$ é a velocidade escalar do objeto.
- O *vetor aceleração* $\mathbf{a}$ é a soma de um componente tangencial (que reflete a variação da velocidade) e um componente normal (que reflete a variação na direção):

$$\mathbf{a}(t) = a_T(t)\mathbf{T}(t) + a_N(t)\mathbf{N}(t)$$

Vetor tangente unitário	$\mathbf{T}(t) = \dfrac{\mathbf{v}(t)}{\|\mathbf{v}(t)\|}$
Vetor normal unitário	$\mathbf{N}(t) = \dfrac{\mathbf{T}'(t)}{\|\mathbf{T}'(t)\|}$
Componente tangencial	$a_T = v'(t) = \mathbf{a} \cdot \mathbf{T} = \dfrac{\mathbf{a} \cdot \mathbf{v}}{\|\mathbf{v}\|}$
	$a_T \mathbf{T} = \left(\dfrac{\mathbf{a} \cdot \mathbf{v}}{\mathbf{v} \cdot \mathbf{v}}\right) \mathbf{v}$
Componente normal	$a_N = \kappa(t)v(t)^2 = \sqrt{\|\mathbf{a}\|^2 - |a_T|^2}$
	$a_N \mathbf{N} = \mathbf{a} - a_T \mathbf{T} = \mathbf{a} - \left(\dfrac{\mathbf{a} \cdot \mathbf{v}}{\mathbf{v} \cdot \mathbf{v}}\right) \mathbf{v}$

13.5 Exercícios

Exercícios preliminares

1. Deve ser nulo o vetor aceleração de uma partícula em movimento com velocidade escalar constante? Explique.

2. Para uma partícula em movimento circular uniforme em torno de um círculo, qual dos vetores, $\mathbf{v}(t)$ ou $\mathbf{a}(t)$, sempre aponta para o centro do círculo?

3. Dois objetos percorrem a parábola $y = x^2$ da esquerda para a direita com velocidade não nula. Qual das afirmações seguintes deve ser verdadeira?
   (a) Seus vetores velocidade apontam na mesma direção e sentido.
   (b) Seus vetores velocidade têm o mesmo comprimento.
   (c) Seus vetores aceleração apontam na mesma direção e sentido.

4. Use a decomposição da aceleração em componentes tangencial e normal para explicar a afirmação seguinte: se a velocidade escalar for constante, então os vetores aceleração e velocidade serão ortogonais.

5. Para uma partícula em movimento retilíneo, os vetores aceleração e velocidade são (escolha a afirmação correta):
   (a) ortogonais   (b) paralelos

6. Qual é o comprimento do vetor aceleração de uma partícula percorrendo um círculo de 2 cm de raio à velocidade constante de 4 cm/s?

7. Dois carros competem numa pista circular. Se, num dado momento, ambos os velocímetros marcarem 110 km/h, então os dois carros têm o mesmo (escolha um):
   (a) $a_\mathbf{T}$ (b) $a_\mathbf{N}$

Exercícios

1. Use a tabela dada para calcular as razões incrementais
$$\frac{\mathbf{r}(1+h) - \mathbf{r}(1)}{h}$$
com $h = -0,2$; $-0,1$; $0,1$ e $0,2$. Em seguida, dê uma estimativa da velocidade e da velocidade escalar em $t = 1$.

$\mathbf{r}(0,8)$	$\langle 1,557; 2,459; -1,970 \rangle$
$\mathbf{r}(0,9)$	$\langle 1,559; 2,634; -1,740 \rangle$
$\mathbf{r}(1)$	$\langle 1,540; 2,841; -1,443 \rangle$
$\mathbf{r}(1,1)$	$\langle 1,499; 3,078; -1,035 \rangle$
$\mathbf{r}(1,2)$	$\langle 1,435; 3,342; -0,428 \rangle$

2. Esboce os vetores $\mathbf{r}(2+h) - \mathbf{r}(2)$ e $\dfrac{\mathbf{r}(2+h) - \mathbf{r}(2)}{h}$ com $h = 0,5$ e o caminho da Figura 10. Esboce $\mathbf{v}(2)$ (usando uma estimativa grosseira para seu comprimento).

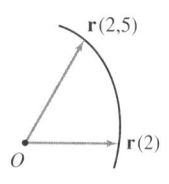

FIGURA 10

Nos Exercícios 3-6, calcule os vetores velocidade e aceleração e a velocidade escalar no instante indicado.

3. $\mathbf{r}(t) = \langle t^3, 1-t, 4t^2 \rangle$, $t = 1$
4. $\mathbf{r}(t) = e^t\mathbf{j} - \cos(2t)\mathbf{k}$, $t = 0$
5. $\mathbf{r}(\theta) = \langle \operatorname{sen}\theta, \cos\theta, \cos 3\theta \rangle$, $\theta = \frac{\pi}{3}$
6. $\mathbf{r}(s) = \left\langle \dfrac{1}{1+s^2}, \dfrac{s}{1+s^2} \right\rangle$, $s = 2$

7. Encontre $\mathbf{a}(t)$ de uma partícula movendo-se em torno de um círculo de 8 cm de raio a uma velocidade constante de $v = 4$ cm/s (ver Exemplo 5). Esboce o caminho e o vetor aceleração em $t = \frac{\pi}{4}$.

8. Esboce o caminho $\mathbf{r}(t) = \langle 1-t^2, 1-t \rangle$ ao longo de $-2 \leq t \leq 2$, indicando o sentido do movimento. Desenhe os vetores velocidade e aceleração em $t = 0$ e $t = 1$.

9. Esboce o caminho $\mathbf{r}(t) = \langle t^2, t^3 \rangle$ junto aos vetores velocidade e aceleração em $t = 1$.

10. Os caminhos $\mathbf{r}(t) = \langle t^2, t^3 \rangle$ e $\mathbf{r}_1(t) = \langle t^4, t^6 \rangle$ traçam a mesma curva, e $\mathbf{r}_1(1) = \mathbf{r}(1)$. Será que o vetor velocidade ou o vetor aceleração desses caminhos em $t = 1$ apontam na mesma direção e sentido? Calcule esses vetores e esboce-os num mesmo sistema de eixos coordenados.

Nos Exercícios 11-14, encontre $\mathbf{v}(t)$, dados $\mathbf{a}(t)$ e a velocidade inicial.

11. $\mathbf{a}(t) = \langle t, 4 \rangle$, $\mathbf{v}(0) = \langle \frac{1}{3}, -2 \rangle$
12. $\mathbf{a}(t) = \langle e^t, 0, t+1 \rangle$, $\mathbf{v}(0) = \langle 1, -3, \sqrt{2} \rangle$
13. $\mathbf{a}(t) = \mathbf{k}$, $\mathbf{v}(0) = \mathbf{i}$ 14. $\mathbf{a}(t) = t^2\mathbf{k}$, $\mathbf{v}(0) = \mathbf{i} - \mathbf{j}$

Nos Exercícios 15-18, encontre $\mathbf{r}(t)$ e $\mathbf{v}(t)$, dados $\mathbf{a}(t)$ e a velocidade e posição iniciais.

15. $\mathbf{a}(t) = \langle t, 4 \rangle$, $\mathbf{v}(0) = \langle 3, -2 \rangle$, $\mathbf{r}(0) = \langle 0, 0 \rangle$
16. $\mathbf{a}(t) = \langle e^t, 2t, t+1 \rangle$, $\mathbf{v}(0) = \langle 1, 0, 1 \rangle$, $\mathbf{r}(0) = \langle 2, 1, 1 \rangle$
17. $\mathbf{a}(t) = t\mathbf{k}$, $\mathbf{v}(0) = \mathbf{i}$, $\mathbf{r}(0) = \mathbf{j}$
18. $\mathbf{a}(t) = \cos t\mathbf{k}$, $\mathbf{v}(0) = \mathbf{i} - \mathbf{j}$, $\mathbf{r}(0) = \mathbf{i}$

Nos Exercícios 19-26, lembre que a aceleração devido à gravidade na superfície terrestre é $g = 9,8$ m/s^2 = 32 pés/s^2.

19. Um projétil é disparado desde o solo num ângulo de 45°. Qual é a velocidade inicial que o projétil deve ter para atingir o topo de uma torre de 120 m de altura a uma distância de 180 m?

20. Encontre a velocidade inicial $\mathbf{v}_0$ de um projétil disparado com velocidade inicial de 100 m/s que alcança uma altura máxima de 300 m.

21. Mostre que um projétil disparado num ângulo θ com velocidade inicial v_0 percorre uma distância de $(v_0^2/g) \operatorname{sen} 2\theta$ antes de atingir o solo. Conclua que a distância máxima (com uma dada v_0) é atingida com $\theta = 45°$.

22. Uma bola de beisebol é lançada para um jogador a 25 m com velocidade inicial de 18 m/s. Use o resultado do Exercício 21 para encontrar dois ângulos θ nos quais a bola pode ser lançada. Qual ângulo faz a bola alcançar o jogador mais rapidamente?

23. Um projétil é disparado num ângulo de $\theta = \frac{\pi}{4}$ na direção de uma torre a $d = 600$ m com uma velocidade inicial de $v_0 = 120$ m/s. Encontre a altura H na qual o projétil atinge a torre.

24. Mostre que um projétil disparado num ângulo θ atinge o topo de uma torre de h m de altura a d m de distância se sua velocidade inicial for
$$v_0 = \frac{\sqrt{g/2}\, d \sec\theta}{\sqrt{d \operatorname{tg} \theta - h}}$$

25. Na final norte-americana de futebol americano, um jogador lança a bola estando parado exatamente no centro do campo, na linha de 50 jardas (igual a 150 pés). A bola deixa sua mão a uma altura de 5 pés com velocidade inicial de $\mathbf{v}_0 = 40\mathbf{i} + 35\mathbf{j} + 32\mathbf{k}$ pés/s. Suponha uma aceleração de 32 pés/s^2 devido à gravidade e que o vetor $\mathbf{i}$ aponte para o sentido da zona final e o vetor $\mathbf{j}$ aponte na direção da lateral. O campo tem 150 pés de largura e 300 pés de comprimento.
    (a) Determine a função posição da bola t segundos depois de ter sido lançada.
    (b) Um jogador pega a bola a 5 pés do chão. Esse jogador está dentro ou fora do campo? Suponha que o jogador pegue a bola estando parado com a ponta dos pés apoiada no chão.

26. Na Copa do Mundo de futebol feminino, a estrela brasileira Marta cobra um pênalti na partida de quartas de final. Ela chuta a bola do nível do chão com coordenadas (x, y) dadas por $(85, 20)$ no campo de futebol dado na Figura 11 com velocidade inicial $\mathbf{v}_0 = 10\mathbf{i} - 5\mathbf{j} + 25\mathbf{k}$ pés/s. Suponha uma aceleração de 32 pés/s^2 devido à gravidade e que a trave da goleira tenha 8 pés de altura e 24 pés de largura.
    (a) Determine a função posição da bola t segundos depois de ela ter sido chutada.
    (b) A bola entra na goleira antes de bater no gramado? Explique por que sim, ou não.

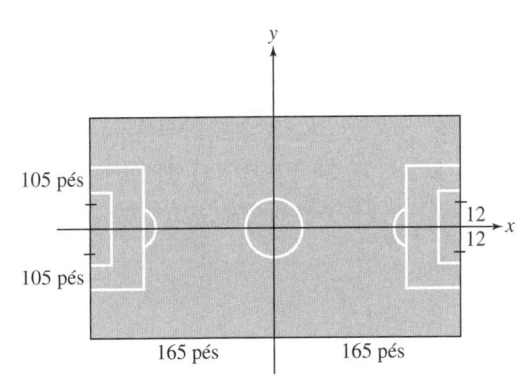

FIGURA 11

27. Uma força constante $\mathbf{F} = \langle 5, 2 \rangle$ (em newtons) age numa massa de 10 kg. Encontre a posição da massa no instante $t = 10$ s se estiver localizada na origem em $t = 0$ e sua velocidade inicial for de $\mathbf{v}_0 = \langle 2, -3 \rangle$ m/s.

28. Uma força $\mathbf{F} = \langle 24t, 16 - 8t \rangle$ (em newtons) age numa massa de 4 kg. Encontre a posição da massa no instante $t = 3$ s se estiver localizada em $(10, 12)$ em $t = 0$ e sua velocidade inicial for nula.

29. Uma partícula segue um caminho $\mathbf{r}(t)$ ao longo de $0 \leq t \leq T$, começando na origem O. Dizemos que o vetor $\bar{\mathbf{v}} = \frac{1}{T} \int_0^T \mathbf{r}'(t)\, dt$ é o vetor **velocidade média**. Suponha que $\bar{\mathbf{v}} = \mathbf{0}$. Responda e explique o seguinte:
    (a) Qual é a localização da partícula no instante T se $\bar{\mathbf{v}} = \mathbf{0}$?
    (b) Será necessariamente nula a velocidade escalar média da partícula?

30. Num certo momento, uma partícula em movimento tem uma velocidade $\mathbf{v} = \langle 2, 2, -1 \rangle$ e aceleração $\mathbf{a} = \langle 0, 4, 3 \rangle$. Encontre $\mathbf{T}$, $\mathbf{N}$ e a decomposição de $\mathbf{a}$ em componentes tangencial e normal.

31. Num certo momento, uma partícula em movimento tem uma velocidade $\mathbf{v} = \langle 12, 20, 20 \rangle$ e aceleração $\mathbf{a} = \langle 2, 1, -3 \rangle$. A partícula está aumentando ou diminuindo a velocidade?

Nos Exercícios 32-35, use a Equação (2) para encontrar os coeficientes $a_\mathbf{T}$ e $a_\mathbf{N}$ como função de t (ou no valor especificado de t).

32. $\mathbf{r}(t) = \langle t^2, t^3 \rangle$

33. $\mathbf{r}(t) = \langle t, \cos t, \operatorname{sen} t \rangle$

34. $\mathbf{r}(t) = \langle t^{-1}, \ln t, t^2 \rangle$, $t = 1$

35. $\mathbf{r}(t) = \langle e^{2t}, t, e^{-t} \rangle$, $t = 0$

Nos Exercícios 36-43, encontre a decomposição de $\mathbf{a}(t)$ em componentes tangencial e normal no ponto indicado, como no Exemplo 7.

36. $\mathbf{r}(t) = \langle e^t, 1 - t \rangle$, $t = 0$

37. $\mathbf{r}(t) = \langle \frac{1}{3}t^3, 1 - 3t \rangle$, $t = -1$

38. $\mathbf{r}(t) = \langle t, \frac{1}{2}t^2, \frac{1}{6}t^3 \rangle$, $t = 1$

39. $\mathbf{r}(t) = \langle t, \frac{1}{2}t^2, \frac{1}{6}t^3 \rangle$, $t = 4$

40. $\mathbf{r}(t) = \langle 4 - t, t + 1, t^2 \rangle$, $t = 2$

41. $\mathbf{r}(t) = \langle t, e^t, te^t \rangle$, $t = 0$

42. $\mathbf{r}(\theta) = \langle \cos\theta, \operatorname{sen}\theta, \theta \rangle$, $\theta = 0$

43. $\mathbf{r}(t) = \langle t, \cos t, t \operatorname{sen} t \rangle$, $t = \frac{\pi}{2}$

44. Seja $\mathbf{r}(t) = \langle t^2, 4t - 3 \rangle$. Encontre $\mathbf{T}(t)$ e $\mathbf{N}(t)$ e mostre que a decomposição de $\mathbf{a}(t)$ em componentes tangencial e normal é
$$\mathbf{a}(t) = \left(\frac{2t}{\sqrt{t^2 + 4}}\right)\mathbf{T} + \left(\frac{4}{\sqrt{t^2 + 4}}\right)\mathbf{N}$$

45. Encontre os componentes $a_\mathbf{T}$ e $a_\mathbf{N}$ do vetor aceleração de uma partícula em movimento ao longo de um caminho circular de raio $R = 100$ cm com velocidade constante $v_0 = 5$ cm/s.

46. Na notação do Exemplo 6, encontre o vetor de aceleração de uma pessoa sentada num carrinho da roda gigante que está (a) no ponto mais alto da roda-gigante e (b) nos dois pontos à mesma altura do centro da roda.

47. Suponha que a roda gigante do Exemplo 6 esteja girando no sentido horário e que o ponto P no ângulo de 45° tenha vetor aceleração $\mathbf{a} = \langle 0, -50 \rangle$ m/min^2 apontando para baixo, como na Figura 12. Determine a velocidade escalar e a aceleração tangencial da roda gigante.

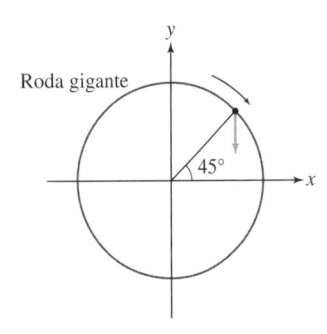

FIGURA 12

48. No instante t_0, uma partícula em movimento tem um vetor velocidade $\mathbf{v} = 2\mathbf{i}$ e vetor aceleração $\mathbf{a} = 3\mathbf{i} + 18\mathbf{k}$. Determine a curvatura $\kappa(t_0)$ da trajetória da partícula no instante t_0.

49. Um ônibus espacial orbita a Terra a uma altitude de 400 km acima da superfície terrestre com velocidade constante $v = 28.000$ km/h. Encontre a magnitude da aceleração do ônibus (em km/h^2), supondo que o raio da Terra seja de 6.378 km (Figura 13).

FIGURA 13 A órbita do ônibus espacial.

50. Um carro faz uma curva circular de $R = 300$ m de raio centrada na origem. Começando do repouso, sua velocidade cresce a uma taxa de t m/s^2. Encontre o vetor aceleração $\mathbf{a}$ no instante $t = 3$ s e determine sua decomposição em componentes tangencial e normal.

51. Um atleta corre por um caminho helicoidal $\mathbf{r}(t) = \langle \cos t, \operatorname{sen} t, t \rangle$. Quando está na posição $\mathbf{r}(\frac{\pi}{2})$, sua velocidade é de 3 m/s e sua aceleração é de $\frac{1}{2}$ m/s^2. Encontre seu vetor aceleração nesse momento. *Sugestão:* o vetor aceleração do atleta não coincide com o vetor aceleração de $\mathbf{r}(t)$.

52. Explique por que o vetor $\mathbf{w}$ na Figura 14 não pode ser o vetor aceleração de uma partícula em movimento em torno de um círculo. *Sugestão:* considere o sinal de $\mathbf{w} \cdot \mathbf{N}$.

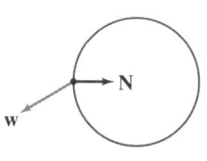

FIGURA 14

53. A Figura 15 mostra os vetores aceleração de uma partícula em movimento no sentido horário em torno de um círculo. Em cada caso, decida se a partícula está aumentando a velocidade, diminuindo a velocidade ou momentaneamente parada. Explique.

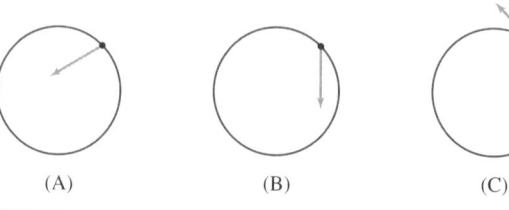

(A) (B) (C)

FIGURA 15

54. Prove que $a_{\mathbf{N}} = \dfrac{\|\mathbf{a} \times \mathbf{v}\|}{\|\mathbf{v}\|}$.

55. Suponha que $\mathbf{r} = \mathbf{r}(t)$ esteja numa esfera de raio R com qualquer t. Seja $\mathbf{J} = \mathbf{r} \times \mathbf{r}'$. Mostre que $\mathbf{r}' = (\mathbf{J} \times \mathbf{r})/\|\mathbf{r}\|^2$. *Sugestão:* observe que $\mathbf{r}$ e $\mathbf{r}'$ são perpendiculares.

Compreensão adicional e desafios

56. A órbita de um planeta é uma elipse com o Sol num dos focos. A força gravitacional do Sol age ao longo da reta radial do planeta ao Sol (as linhas pontilhadas na Figura 16) e, pela segunda lei de Newton, o vetor aceleração aponta na mesma direção e sentido. Supondo que a órbita tenha uma excentricidade positiva (a órbita não é um círculo), explique por que o planeta precisa diminuir a velocidade ao longo da parte superior da órbita (quando se afasta do Sol) e aumentar a velocidade na parte inferior. A segunda lei de Kepler, discutida na próxima seção, dá uma versão mais precisa dessa conclusão qualitativa. *Sugestão:* considere a decomposição de $\mathbf{a}$ em componentes tangencial e normal.

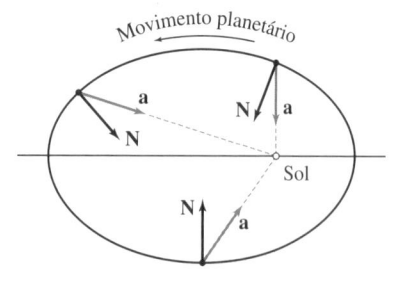

FIGURA 16 A órbita elíptica de um planeta em torno do Sol.

Nos Exercícios 57-61, considere um carro de massa m sendo dirigido numa estrada horizontal, mas sinuosa. Para evitar a derrapagem, a estrada deve fornecer uma força de atrito $\mathbf{F} = m\mathbf{a}$, sendo $\mathbf{a}$ o vetor de aceleração do carro. A magnitude máxima da força de atrito é μmg, em que μ é o coeficiente de atrito e $g = 9,8$ m/s^2. Seja v a velocidade escalar do carro em metros por segundo.

57. Mostre que o carro não derrapa se a curvatura κ da estrada for tal que (com $R = 1/\kappa$)

$$(v')^2 + \left(\frac{v^2}{R}\right)^2 \leq (\mu g)^2 \qquad \boxed{4}$$

Observe que frear ($v' < 0$) e acelerar ($v' > 0$) contribuem igualmente para derrapar.

58. Suponha que o raio de curvatura máximo ao longo da estrada sinuosa seja $R = 180$ m. Qual é a velocidade máxima (à velocidade constante) ao longo da estada que não provoca derrapagem se o coeficiente de atrito da estrada for $\mu = 0,5$?

59. Começando do repouso, um carro se locomove ao longo de uma pista circular de raio $R = 300$ m acelerando a uma taxa de $0,3$ m/s^2. Depois de quantos segundos o carro começará a derrapar se o coeficiente de atrito for $\mu = 0,6$?

60. Desejamos fazer um retorno numa curva semicircular no menor tempo possível (Figura 17). Se usarmos a maior *velocidade constante* v possível que não provoque derrapagem, é mais rápido usar uma pista perto do acostamento interno (de raio r) ou do externo (de raio R)? *Sugestão:* use a Equação (4) para mostrar que, à velocidade máxima, o tempo necessário para contornar um semicírculo é proporcional à raiz quadrada do raio.

61. Qual é o menor raio R de uma curva que um carro pode fazer sem derrapar a 100 km/h se $\mu = 0,75$ (um valor comum de estrada)?

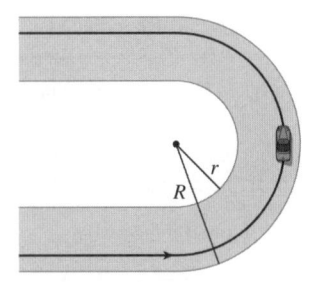

FIGURA 17 Um carro fazendo uma curva.

13.6 Movimento planetário segundo Kepler e Newton

Nesta seção, deduzimos as leis de Kepler do movimento planetário, um feito alcançado pela primeira vez por Isaac Newton e por ele publicado em 1687. Nenhum evento foi mais emblemático da revolução científica. Demonstrou o poder da Matemática para tornar compreensível o mundo natural e levou sucessivas gerações de cientistas a procurar e descobrir leis matemáticas governando outros fenômenos, como a eletricidade e o magnetismo, a termodinâmica e os processos atômicos.

De acordo com Kepler, as órbitas planetárias são elipses com o Sol num dos focos. Além disso, se imaginarmos um vetor radial **r**(t) apontando desde o Sol até o planeta, como na Figura 1, então esse vetor radial varre área a uma taxa constante ou, como enunciou Kepler em sua segunda lei, o vetor radial varre áreas iguais em tempos iguais (Figura 2). A terceira lei de Kepler determina o **período** T da órbita, definido como o tempo necessário para uma revolução completa. Essas leis são válidas não só para planetas em torno de um sol, como também para um corpo qualquer orbitando em torno de outro corpo de acordo com a lei do quadrado inverso da gravitação.

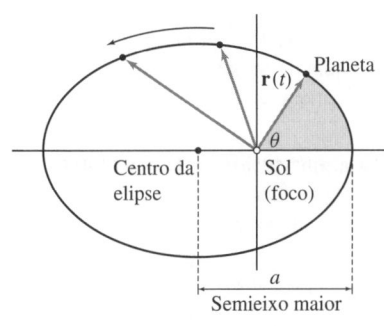

FIGURA 1 O planeta percorre uma elipse com o Sol num dos focos.

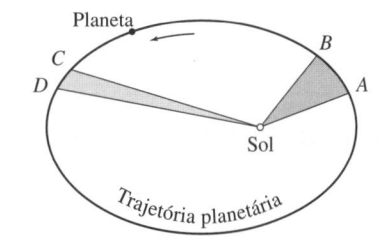

FIGURA 2 As duas regiões sombreadas têm áreas iguais e, pela segunda lei de Kepler, o planeta varre as duas áreas em tempos iguais. Para conseguir isso, o planeta deve ir mais rápido de A até B do que de C até D.

As três leis de Kepler
  (i) **Lei das elipses:** a órbita de um planeta é uma elipse com o Sol num dos focos.
 (ii) **Lei da área igual em tempo igual:** o vetor posição desde o Sol até o planeta varre áreas iguais em tempos iguais.
(iii) **Lei do período do movimento:** $T^2 = \left(\dfrac{4\pi^2}{GM}\right) a^3$, em que
  - a é o comprimento do semieixo maior da elipse (Figura 1) em metros.
  - G é a constante universal de gravitação: $6{,}673 \times 10^{-11}$ m^3 kg^{-1} s^{-2}.
  - M é a massa do Sol, aproximadamente $1{,}989 \times 10^{30}$ kg
  - T é o período da órbita, em segundos.

A versão de Kepler da terceira lei afirma somente que T^2 é proporcional a a^3. Newton descobriu que a constante de proporcionalidade é igual a $4\pi^2/(GM)$ e observou que se pudermos medir T e a por observação, então poderemos usar a terceira lei para encontrar a massa M. Esse método foi usado pelos astrônomos para encontrar as massas dos planetas (medindo T e a para luas orbitando o planeta), bem como as massas de estrelas binárias e de galáxias. Ver Exercícios 2-5.

Na nossa dedução dessas leis, introduzimos algumas simplificações. Tratamos o Sol e o planeta como massas pontuais e ignoramos a atração gravitacional dos planetas entre si. Além disso, embora tanto o Sol quanto o planeta girem em torno de seu centro de massa comum, ignoramos o movimento do Sol e supomos que o planeta revolva em torno do centro do Sol. A justificativa para isso é que a massa do Sol é muito maior que a do planeta.

Colocamos o Sol na origem do sistema de coordenadas. Tomamos $\mathbf{r} = \mathbf{r}(t)$ como o vetor posição de um planeta de massa m, como na Figura 1, e consideramos (Figura 3)

$$\mathbf{e}_r = \frac{\mathbf{r}(t)}{\|\mathbf{r}(t)\|}$$

o vetor unitário radial no instante t ($\mathbf{e}_r$ é o vetor que aponta para o planeta em movimento ao redor do Sol). Pela lei da gravitação universal de Newton (a lei do quadrado inverso), o Sol atrai o planeta com uma força gravitacional

$$\mathbf{F}(\mathbf{r}(t)) = -\left(\frac{km}{\|\mathbf{r}(t)\|^2}\right)\mathbf{e}_r$$

em que $k = GM$ (Figura 3). Combinando a lei da gravitação com a segunda lei do movimento de Newton, $\mathbf{F}(\mathbf{r}(t)) = m\mathbf{r}''(t)$, obtemos

$$\boxed{\mathbf{r}''(t) = -\frac{k}{\|\mathbf{r}(t)\|^2}\mathbf{e}_r} \qquad \boxed{1}$$

As leis de Kepler são uma consequência dessa *equação diferencial*.

A segunda lei de Kepler

A chave para a segunda lei de Kepler é o fato de ser um vetor constante o produto vetorial seguinte [mesmo que tanto $\mathbf{r}(t)$ como $\mathbf{r}'(t)$ estejam variando com o tempo]:

$$\boxed{\mathbf{J} = \mathbf{r}(t) \times \mathbf{r}'(t)}$$

TEOREMA 1 O vetor $\mathbf{J}$ é constante, isto é,

$$\boxed{\frac{d\mathbf{J}}{dt} = \mathbf{0}} \qquad \boxed{2}$$

Demonstração Pela regra do produto para o produto vetorial (Teorema 3 da Seção 13.2),

$$\frac{d\mathbf{J}}{dt} = \frac{d}{dt}\big(\mathbf{r}(t) \times \mathbf{r}'(t)\big) = \mathbf{r}'(t) \times \mathbf{r}'(t) + \mathbf{r}(t) \times \mathbf{r}''(t)$$

O produto vetorial de vetores paralelos é nulo, de modo que o primeiro termo é certamente nulo. O segundo termo também é nulo porque, pela Equação (1), temos que $\mathbf{r}''(t)$ é um múltiplo de $\mathbf{e}_r$ e, portanto, também de $\mathbf{r}(t)$. ∎

Como poderíamos utilizar a Equação (2)? Em primeiro lugar, o produto vetorial $\mathbf{J}$ é ortogonal tanto a $\mathbf{r}(t)$ quanto a $\mathbf{r}'(t)$. Como $\mathbf{J}$ é constante, $\mathbf{r}(t)$ e $\mathbf{r}'(t)$ estão confinados ao plano ortogonal a $\mathbf{J}$ fixado. Isso prova que *o movimento de um planeta em torno do Sol ocorre num plano*.

Podemos escolher coordenadas de tal modo que o Sol esteja na origem e o planeta se mova no sentido anti-horário (Figura 4). Sejam (r, θ) as coordenadas polares do planeta, em que $r = r(t)$ e $\theta = \theta(t)$ são funções do tempo. Observe que $r(t) = \|\mathbf{r}(t)\|$.

Lembre que na Seção 11.4 (Teorema 1) foi visto que a área varrida pelo vetor radial do planeta é

$$A = \frac{1}{2}\int_0^\theta r^2 \, d\theta$$

A segunda lei de Kepler afirma que essa área é varrida a uma taxa constante. Ocorre que essa taxa é simplesmente dA/dt. Pelo teorema fundamental do Cálculo, $\dfrac{dA}{d\theta} = \dfrac{1}{2}r^2$ e, pela regra da cadeia,

$$\frac{dA}{dt} = \frac{dA}{d\theta}\frac{d\theta}{dt} = \frac{1}{2}\theta'(t)r(t)^2 = \frac{1}{2}r(t)^2\theta'(t)$$

Assim, a segunda lei de Kepler decorre do teorema seguinte, que nos diz que dA/dt tem o valor constante $\frac{1}{2}\|\mathbf{J}\|$.

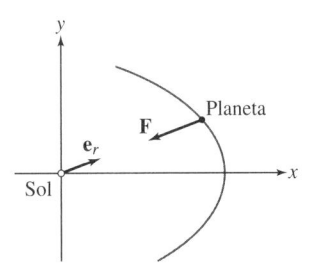

FIGURA 3 A força gravitacional $\mathbf{F}$, dirigida do planeta para o Sol, é um múltiplo negativo de $\mathbf{e}_r$.

*Na Física, dizemos que $m\mathbf{J}$ é o vetor **momento angular**. Quando $\mathbf{J}$ for constante, dizemos que o momento angular é conservado. Essa lei de conservação é válida sempre que a força atuar na direção radial.*

LEMBRETE
- $\mathbf{a} \times \mathbf{b}$ *é ortogonal a ambos*, $\mathbf{a}$ *e* $\mathbf{b}$.
- $\mathbf{a} \times \mathbf{b} = \mathbf{0}$ *se* $\mathbf{a}$ *e* $\mathbf{b}$ *forem paralelos, isto é, se um for um múltiplo do outro.*

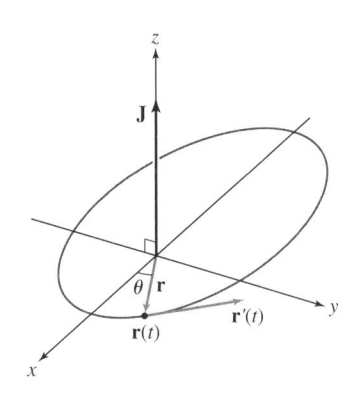

FIGURA 4 A órbita está contida no plano ortogonal a $\mathbf{J}$. É claro que ainda não mostramos que a órbita é uma elipse.

TEOREMA 2 Seja $J = \|\mathbf{J}\|$ ($\mathbf{J}$ e, portanto, J, são constantes pelo Teorema 1). Então

$$r(t)^2\theta'(t) = J \qquad \boxed{3}$$

Demonstração Observe que, em coordenadas polares, $\mathbf{e}_r = \langle \cos\theta, \sen\theta \rangle$. Também definimos o vetor unitário $\mathbf{e}_\theta = \langle -\sen\theta, \cos\theta \rangle$, ortogonal a $\mathbf{e}_r$ (Figura 5). Resumindo,

$$r(t) = \|\mathbf{r}(t)\|, \quad \mathbf{e}_r = \langle \cos\theta, \sen\theta \rangle, \quad \mathbf{e}_\theta = \langle -\sen\theta, \cos\theta \rangle, \quad \mathbf{e}_r \cdot \mathbf{e}_\theta = 0$$

Podemos ver diretamente que as derivadas de $\mathbf{e}_r$ e $\mathbf{e}_\theta$ em relação a θ são

$$\frac{d}{d\theta}\mathbf{e}_r = \mathbf{e}_\theta, \qquad \frac{d}{d\theta}\mathbf{e}_\theta = -\mathbf{e}_r \qquad \boxed{4}$$

A derivada de $\mathbf{e}_r$ em relaço ao tempo é calculada usando a regra da cadeia:

$$\mathbf{e}'_r = \left(\frac{d\theta}{dt}\right)\left(\frac{d}{d\theta}\mathbf{e}_r\right) = \theta'(t)\mathbf{e}_\theta \qquad \boxed{5}$$

Agora aplicamos a regra do produto a $\mathbf{r} = r\mathbf{e}_r$:

$$\mathbf{r}' = \frac{d}{dt}r\mathbf{e}_r = r'\mathbf{e}_r + r\mathbf{e}'_r = r'\mathbf{e}_r + r\theta'\mathbf{e}_\theta$$

Usando $\mathbf{e}_r \times \mathbf{e}_r = \mathbf{0}$, obtemos

$$\mathbf{J} = \mathbf{r} \times \mathbf{r}' = r\mathbf{e}_r \times (r'\mathbf{e}_r + r\theta'\mathbf{e}_\theta) = r^2\theta'(\mathbf{e}_r \times \mathbf{e}_\theta)$$

É imediato conferir que $\mathbf{e}_r \times \mathbf{e}_\theta = \mathbf{k}$ e, por ser $\mathbf{k}$ um vetor unitário, $J = \|\mathbf{J}\| = |r^2\theta'|$. No entanto, $\theta' > 0$, porque o planeta se move no sentido anti-horário, ou seja, $J = r^2\theta'$. Assim demonstramos o Teorema 2. ∎

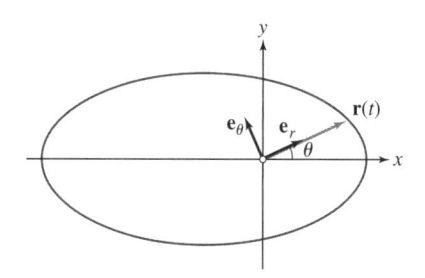

FIGURA 5 Os vetores unitários $\mathbf{e}_r$ e $\mathbf{e}_\theta$ são ortogonais e giram em torno da origem junto ao planeta.

Prova da lei das elipses

Agora mostramos que a órbita de um planeta é, realmente, uma elipse com o Sol num dos focos.

Seja $\mathbf{v} = \mathbf{r}'(t)$ o vetor velocidade. Então $\mathbf{r}'' = \mathbf{v}'$ e a Equação (1) pode ser escrita como

$$\frac{d\mathbf{v}}{dt} = -\frac{k}{r(t)^2}\mathbf{e}_r \qquad \boxed{6}$$

Por outro lado, pela regra da cadeia e a relação $r(t)^2\theta'(t) = J$ da Equação (3),

$$\frac{d\mathbf{v}}{dt} = \frac{d\theta}{dt}\frac{d\mathbf{v}}{d\theta} = \theta'(t)\frac{d\mathbf{v}}{d\theta} = \frac{J}{r(t)^2}\frac{d\mathbf{v}}{d\theta}$$

Junto à Equação (6), isso fornece $J\dfrac{d\mathbf{v}}{d\theta} = -k\mathbf{e}_r$, ou

$$\frac{d\mathbf{v}}{d\theta} = -\frac{k}{J}\mathbf{e}_r = -\frac{k}{J}\langle \cos\theta, \sen\theta \rangle$$

Isso é uma equação diferencial de primeira ordem que não envolve mais o tempo t. Podemos resolvê-la por integração:

$$\mathbf{v} = -\frac{k}{J}\int \langle \cos\theta, \sen\theta \rangle \, d\theta = \frac{k}{J}\langle -\sen\theta, \cos\theta \rangle + \mathbf{c} = \frac{k}{J}\mathbf{e}_\theta + \mathbf{c} \qquad \boxed{7}$$

em que $\mathbf{c}$ é um vetor constante arbitrário.

Ainda temos a liberdade de girar nosso sistema de coordenadas no plano do movimento, de modo que podemos supor que $\mathbf{c}$ aponte ao longo do eixo y. Então podemos escrever $\mathbf{c} = \langle 0, (k/J)e \rangle$, com alguma constante e. Completamos a prova calculando $\mathbf{J} = \mathbf{r} \times \mathbf{v}$:

$$\mathbf{J} = \mathbf{r} \times \mathbf{v} = r\mathbf{e}_r \times \left(\frac{k}{J}\mathbf{e}_\theta + \mathbf{c}\right) = \frac{k}{J}r\bigl(\mathbf{e}_r \times \mathbf{e}_\theta + \mathbf{e}_r \times \langle 0, e \rangle\bigr)$$

Para calcular o produto vetorial de vetores do plano, como $\mathbf{r}$, $\mathbf{e}_r$ e $\mathbf{e}_\theta$, tratamos esses vetores como sendo do espaço tridimensional com uma coordenada z igual a zero. Então, o produto vetorial é um múltiplo de $\mathbf{k}$.

LEMBRETE A Equação (1) afirma que

$$\mathbf{r}''(t) = -\frac{k}{r(t)^2}\mathbf{e}_r$$

com $r(t) = \|\mathbf{r}(t)\|$.

Uma conta direta dá

$$\mathbf{e}_r \times \mathbf{e}_\theta = \mathbf{k}, \qquad \mathbf{e}_r \times \langle 0, e \rangle = (e \cos \theta) \mathbf{k}$$

de modo que nossa equação passa a ser $\mathbf{J} = \dfrac{k}{J} r (1 + e \cos \theta) \mathbf{k}$. Como $\mathbf{k}$ é um vetor unitário,

$$J = \|\mathbf{J}\| = \frac{k}{J} r (1 + e \cos \theta)$$

Resolvendo em r, obtemos a equação polar de uma seção cônica (uma elipse, parábola ou hipérbole) de excentricidade e:

$$r = \frac{J^2/k}{1 + e \cos \theta}$$

LEMBRETE *A equação de uma seção cônica em coordenadas polares foi discutida na Seção 11.5.*

Esse resultado mostra que se um planeta viajar em torno do Sol numa órbita limitada, então a órbita deve ser uma elipse. Também existem "órbitas abertas" que são parabólicas ou hiperbólicas, que descrevem cometas que passam pelo Sol e seguem pelo espaço, sem retornar jamais. Na nossa dedução, supomos, implicitamente, que $\mathbf{J} \neq \mathbf{0}$. Se $\mathbf{J} = \mathbf{0}$, então $\theta'(t) = 0$ e, nesse caso, a órbita é uma reta, e o planeta cai diretamente no Sol.

A terceira lei de Kepler é verificada nos Exercícios 23 e 24.

O telescópio espacial Hubble produziu esta imagem das galáxias Antena, um par de galáxias espirais que começaram a colidir há centenas de milhões de anos.

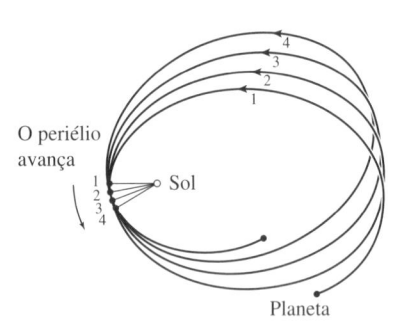

FIGURA 6 O periélio de uma órbita varia lentamente com o tempo. Para Mercúrio, o semieixo maior completa uma rotação a cada 24.000 anos, aproximadamente.

PERSPECTIVA HISTÓRICA

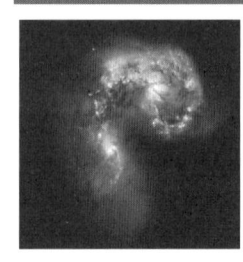

(NASA, ESA e o Hubble Heritage Team (STScI/AURA)-ESA/Hubble Collaboration)

Os astrônomos da Antiguidade (Babilônia, Egito e Grécia) mapearam o céu noturno com uma precisão impressionante, mas seus modelos do movimento planetário estavam baseados na suposição errada de que os planetas giravam em torno da Terra. Embora o astrônomo grego Aristarco (310-230 a.C.) tenha sugerido que a Terra girasse em torno do Sol, essa ideia foi rejeitada e esquecida por quase dezoito séculos, até que o astrônomo polonês Nicolau Copérnico (1473-1543) introduzisse um conjunto de ideias revolucionárias sobre o sistema solar, incluindo a hipótese de que os planetas giravam em torno do Sol. As ideias de Copérnico pavimentaram o caminho para a próxima geração, mais notavelmente Tycho Brahe (1546-1601), Galileu Galilei (1564-1642) e Johannes Kepler (1571-1630).

O astrônomo alemão Johannes Kepler era o filho de um soldado mercenário que, aparentemente, deixou sua família quando Johannes tinha 5 anos e pode ter morrido em combate. Kepler foi criado pela mãe no albergue do avô. Suas habilidades matemáticas lhe garantiram uma bolsa de estudos na Universidade de Tübingen. Com 29 anos, ele foi trabalhar para Tycho Brahe, um astrônomo dinamarquês que compilara a coleção mais precisa e completa até então disponível de dados sobre as órbitas planetárias. Quando Brahe morreu em 1601, Kepler sucedeu-o como "matemático imperial" do Santo Imperador Romano e, em 1609, formulou as duas primeiras de suas leis sobre o movimento planetário num trabalho intitulado *Astronomia Nova*.

Nos séculos que se passaram desde a morte de Kepler, quando melhoraram os dados de observação, os astrônomos descobriram que as órbitas dos planetas não são exatamente elípticas. Além disso, o periélio (o ponto da órbita mais próximo do Sol) varia lentamente com o tempo (Figura 6). A maioria desses desvios pode ser explicada pela atração gravitacional mútua dos planetas, mas a variação do periélio de Mercúrio é maior do que pode ser explicado com as leis de Newton. Em 18 de novembro de 1915, Albert Einstein fez uma descoberta sobre a qual, mais tarde, ele escreveu a um amigo: "permaneci em estado de êxtase por dias". Ele estava trabalhando há uma década na sua famosa **teoria geral da relatividade**, uma teoria que substituiria a lei de gravitação de Newton por uma nova coleção de equações muito mais complicadas, denominadas equações de campo de Einstein. Naquele 18 de novembro, Einstein mostrou que o retrocesso do periélio de Mercúrio podia ser precisamente explicado pela sua nova teoria. Naquela época, essa acabou sendo a única prova substancial da validade da teoria geral da relatividade.

ENTENDIMENTO CONCEITUAL Exploramos o fato de **J** ser constante para provar a lei das elipses sem jamais encontrar uma fórmula para o vetor posição **r**(*t*) do planeta como uma função do tempo *t*. De fato, **r**(*t*) não pode ser expresso em termos de funções elementares. Isso ilustra um princípio importante: às vezes, é possível descrever soluções de uma equação diferencial mesmo se não soubermos determiná-las explicitamente.

13.6 Resumo

- As três leis do movimento planetário de Kepler:
  - Lei das elipses
  - Lei da área igual em tempo igual
  - Lei do período $T^2 = \left(\dfrac{4\pi^2}{GM}\right)a^3$, em que T é o período (tempo de uma revolução completa) e a é o semieixo maior (Figura 7).
- De acordo com a lei da gravitação universal e a segunda lei do movimento de Newton, o vetor posição **r**(*t*) de um planeta satisfaz a equação diferencial

$$\mathbf{r}''(t) = -\dfrac{k}{r(t)^2}\mathbf{e}_r, \quad \text{em que } r(t) = \|\mathbf{r}(t)\|, \quad \mathbf{e}_r = \dfrac{\mathbf{r}(t)}{\|\mathbf{r}(t)\|}$$

- Propriedades de $\mathbf{J} = \mathbf{r}(t) \times \mathbf{r}'(t)$:
  - **J** é uma constante do movimento planetário.
  - Seja $J = \|\mathbf{J}\|$. Então $J = r(t)^2\theta'(t)$.
  - O planeta varre áreas a uma taxa de $\dfrac{dA}{dt} = \dfrac{1}{2}J$.
- Uma órbita planetária tem equação polar $r = \dfrac{J^2/k}{1 + e\cos\theta}$, em que e é a excentricidade da órbita.

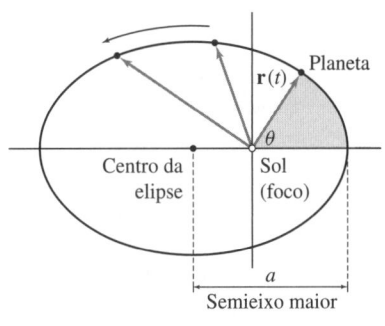

FIGURA 7 Órbita planetária.

Constantes:
- *Constante gravitacional:*

$$G \approx 6{,}673 \times 10^{-11} \text{ m}^3 \text{ kg}^{-1} \text{ s}^{-2}$$

- *Massa do Sol:*

$$M \approx 1{,}989 \times 10^{30} \text{ kg}$$

- $k = GM \approx 1{,}327 \times 10^{20}$

13.6 Exercícios

Exercícios preliminares

1. Descreva a relação entre o vetor $\mathbf{J} = \mathbf{r} \times \mathbf{r}'$ e a taxa segundo a qual o vetor radial varre área.

2. A Equação (1) mostra que $\mathbf{r}''$ é proporcional a $\mathbf{r}$. Explique como esse fato é usado para provar a segunda lei de Kepler.

3. Como o período T será afetado se o semieixo maior a for aumentado quatro vezes?

Exercícios

1. A terceira lei de Kepler afirma que T^2/a^3 tem o mesmo valor em qualquer órbita planetária. Os dados na tabela a seguir corroboram essa conclusão? Dê uma estimativa do tamanho do período de Júpiter, supondo que $a = 77{,}8 \times 10^{10}$ m.

Planeta	Mercúrio	Vênus	Terra	Marte
a (10^{10} m)	5,79	10,8	15,0	22,8
T (anos)	0,241	0,615	1,00	1,88

2. **Encontrando a massa de uma estrela** Usando a terceira lei de Kepler, mostre que se um planeta gira em torno de uma estrela com um período T e semieixo maior a, então a massa da estrela é

$$M = \left(\dfrac{4\pi^2}{G}\right)\left(\dfrac{a^3}{T^2}\right).$$

3. Ganimede, uma das luas de Júpiter descobertas por Galileu, tem um período orbital de 7,154 dias e um semieixo maior de $1{,}07 \times 10^9$ m. Use o Exercício 2 para estimar a massa de Júpiter.

4. Um astrônomo observa um planeta orbitando uma estrela com um período de 9,5 anos e um semieixo maior de 3×10^8 km. Encontre a massa da estrela usando o Exercício 2.

5. **A massa da Via Láctea** O Sol gira em torno do centro de massa da nossa galáxia, a Via Láctea, numa órbita aproximadamente circular, com raio de $a \approx 2{,}8 \times 10^{17}$ km e velocidade $v \approx 250$ km/s. Use o resultado do Exercício 2 para obter uma estimativa da massa da porção da Via Láctea interna à órbita do Sol (colocando toda essa massa no centro da órbita).

6. Dizemos que um satélite acima do Equador da Terra é **geossíncrono** se o período de sua órbita for de $T = 24$ horas (nesse caso, o satélite permanece acima de um ponto fixado do Equador). Use a

terceira lei de Kepler para mostrar que, numa órbita circular geossíncrona, a distância ao centro da Terra é $R \approx 42.246$ km. Então calcule a altitude h da órbita acima da superfície da Terra. A massa da Terra é de $M \approx 5{,}974 \times 10^{24}$ kg e seu raio é de $R \approx 6371$ km.

7. Prove que um planeta em órbita circular mantém uma velocidade constante. *Sugestão:* use que $\mathbf{J}$ é constante e que $\mathbf{r}(t)$ é ortogonal a $\mathbf{r}'(t)$ numa órbita circular.

8. Verifique que a órbita circular
$$\mathbf{r}(t) = \langle R\cos\omega t,\, R\operatorname{sen}\omega t\rangle$$
satisfaz a equação diferencial dada na Equação (1), desde que $\omega^2 = kR^{-3}$. Em seguida, deduza a terceira lei de Kepler
$$T^2 = \left(\frac{4\pi^2}{k}\right)R^3 \text{ para essa órbita.}$$

9. Prove que se uma órbita planetária for circular de raio R, então $vT = 2\pi R$, em que v é a velocidade do planeta (constante pelo Exercício 7) e T é o período. Então use a terceira lei de Kepler para provar que $v = \sqrt{\dfrac{k}{R}}$.

10. Encontre a velocidade de um satélite em órbita geossíncrona em torno da Terra. *Sugestão:* use os Exercícios 6 e 9.

11. Um satélite de comunicações orbitando a Terra tem uma posição inicial $\mathbf{r} = \langle 29.000;\, 20.000;\, 0\rangle$ (em quilômetros) e velocidade inicial $\mathbf{r}' = \langle 1, 1, 1\rangle$ (em quilômetros por segundo), sendo a origem no centro da Terra. Encontre a equação do plano que contém a órbita do satélite. *Sugestão:* esse plano é ortogonal a $\mathbf{J}$.

12. Suponha que a órbita da Terra seja circular, com um raio $R = 150 \times 10^6$ km (a órbita é quase circular, com excentricidade $e = 0{,}017$). Encontre a taxa segundo a qual o vetor radial da Terra varre área em unidades de quilômetros quadrados por segundo. Qual é a magnitude do vetor $\mathbf{J} = \mathbf{r} \times \mathbf{r}'$ da Terra (nas mesmas unidades)?

Nos Exercícios 13-19, o periélio e o afélio são os pontos da órbita mais próximos e distantes do Sol, respectivamente (Figura 8). Denotamos a distâncias ao Sol no periélio por r_{per} e a velocidade nesse ponto por v_{per}. Analogamente, escrevermos r_{afe} e v_{afe} para a distância e a velocidade no afélio. O semieixo maior é denotado por a.

13. Use a equação polar de uma elipse
$$r = \frac{p}{1 + e\cos\theta}$$
para mostrar que $r_{\text{per}} = a(1 - e)$ e $r_{\text{afe}} = a(1 + e)$. *Sugestão:* use o fato de que $r_{\text{per}} + r_{\text{afe}} = 2a$.

14. Use o resultado do Exercício 13 para provar as fórmulas
$$e = \frac{r_{\text{afe}} - r_{\text{per}}}{r_{\text{afe}} + r_{\text{per}}}, \qquad p = \frac{2r_{\text{afe}}r_{\text{per}}}{r_{\text{afe}} + r_{\text{per}}}$$

15. Use o fato de que $\mathbf{J} = \mathbf{r} \times \mathbf{r}'$ é constante para provar que
$$v_{\text{per}}(1 - e) = v_{\text{afe}}(1 + e)$$
Sugestão: $\mathbf{r}$ é perpendicular a $\mathbf{r}'$ no periélio e afélio.

16. Calcule r_{per} e r_{afe} da órbita de Mercúrio, que tem excentricidade $e = 0{,}244$ (ver tabela no Exercício 1 para o semieixo maior).

17. **Conservação da Energia** A energia mecânica total (cinética mais potencial) de um planeta de massa m em órbita em torno de uma estrela de massa M com vetor posição $\mathbf{r}$ e velocidade $v = \|\mathbf{r}'\|$ é
$$E = \frac{1}{2}mv^2 - \frac{GMm}{\|\mathbf{r}\|} \qquad \text{8}$$

(a) Prove as equações
$$\frac{d}{dt}\frac{1}{2}mv^2 = \mathbf{v}\cdot(m\mathbf{a}), \qquad \frac{d}{dt}\frac{GMm}{\|\mathbf{r}\|} = \mathbf{v}\cdot\left(-\frac{GMm}{\|\mathbf{r}\|^3}\mathbf{r}\right)$$

(b) Use a lei de Newton $\mathbf{F} = m\mathbf{a}$ e a Equação (1) para provar que a energia é conservada, ou seja, que $\dfrac{dE}{dt} = 0$.

18. Mostre que a energia total [Equação (8)] de um planeta em órbita circular de raio R é $E = -\dfrac{GMm}{2R}$. *Sugestão:* use o Exercício 9.

19. Prove que $v_{\text{per}} = \sqrt{\left(\dfrac{GM}{a}\right)\dfrac{1+e}{1-e}}$ como segue:

(a) Use a conservação da energia (Exercício 17) para mostrar que
$$v_{\text{per}}^2 - v_{\text{afe}}^2 = 2GM\left(r_{\text{per}}^{-1} - r_{\text{afe}}^{-1}\right)$$

(b) Mostre que $r_{\text{per}}^{-1} - r_{\text{afe}}^{-1} = \dfrac{2e}{a(1-e^2)}$ usando o Exercício 13.

(c) Mostre que $v_{\text{per}}^2 - v_{\text{afe}}^2 = 4\dfrac{e}{(1+e)^2}v_{\text{per}}^2$ usando o Exercício 15. Em seguida, resolva para v_{per} usando (a) e (b).

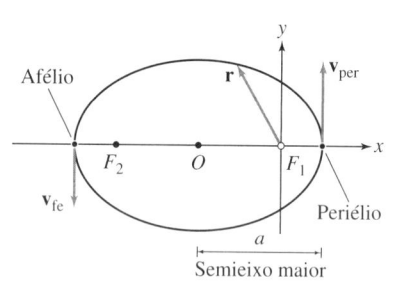

FIGURA 8 Os vetores $\mathbf{r}$ e $\mathbf{v} = \mathbf{r}'$ são perpendiculares no periélio e no afélio.

20. Mostre que um planeta em órbita elíptica tem energia mecânica total $E = -\dfrac{GMm}{2a}$, sendo a o semieixo maior. *Sugestão:* use o Exercício 19 para calcular a energia total no periélio.

21. Prove que $v^2 = GM\left(\dfrac{2}{r} - \dfrac{1}{a}\right)$ em qualquer ponto de uma órbita elíptica, sendo $r = \|\mathbf{r}\|$, v a velocidade e a o semieixo maior da órbita.

22. Dois ônibus espaciais A e B estão em órbita terrestre ao longo da trajetória sólida indicada na Figura 9. Na esperança de alcançar B, a pilota de A aplica um empuxo para a frente para aumentar a energia cinética de seu ônibus. Use o Exercício 20 para mostrar que o ônibus A vai passar para uma órbita maior, conforme indicado na figura. Em seguida, use a terceira lei de Kepler para mostrar que o período orbital T de A aumentará (e A ficará cada vez mais atrás de B)!

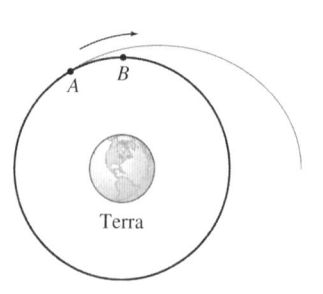

FIGURA 9

Compreensão adicional e desafios

Nos Exercícios 23 e 24, provamos a terceira lei de Kepler. A Figura 10 mostra uma órbita elíptica de equação polar

$$r = \frac{p}{1 + e\cos\theta}$$

em que $p = J^2/k$. A origem das coordenadas polares ocorre em F_1. Sejam a e b os semieixos maior e menor, respectivamente.

23. Neste exercício, mostramos que $b = \sqrt{pa}$.
    (a) Mostre que $CF_1 = ae$. *Sugestão:* $r_{\text{per}} = a(1-e)$ pelo Exercício 13.
    (b) Mostre que $a = \dfrac{p}{1-e^2}$.
    (c) Mostre que $F_1 A + F_2 A = 2a$. Conclua que $F_1 B + F_2 B = 2a$ e, portanto, $F_1 B = F_2 B = a$.
    (d) Use o teorema de Pitágoras para provar que $b = \sqrt{pa}$.

24. A área A da elipse é $A = \pi ab$.
    (a) Prove, usando a primeira lei de Kepler, que $A = \frac{1}{2}JT$, em que T é o período da órbita.
    (b) Use o Exercício 23 para mostrar que $A = (\pi\sqrt{p})a^{3/2}$.
    (c) Deduza a terceira lei de Kepler: $T^2 = \dfrac{4\pi^2}{GM}a^3$.

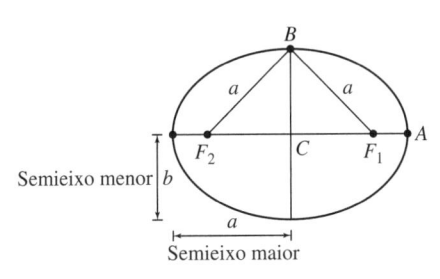

FIGURA 10

25. De acordo com a Equação (7), o vetor velocidade de um planeta como função do ângulo θ é

$$\mathbf{v}(\theta) = \frac{k}{J}\mathbf{e}_\theta + \mathbf{c}$$

Use isso para explicar a afirmação seguinte: à medida que um planeta gira em torno do Sol, seu vetor velocidade traça um círculo de raio k/J centrado no ponto final de $\mathbf{c}$ (Figura 11). Essa bela e obscura propriedade das órbitas foi descoberta por William Rowan Hamilton em 1847.

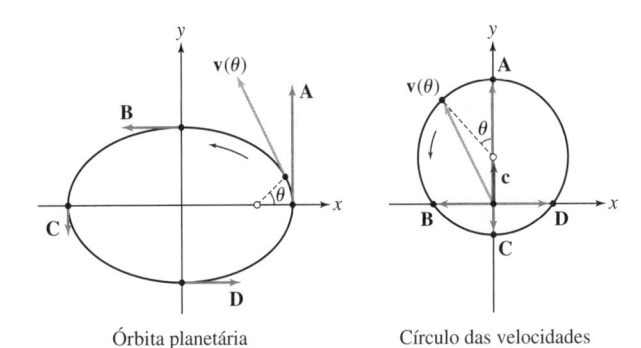

Órbita planetária   Círculo das velocidades

FIGURA 11 O vetor velocidade traça um círculo quando o planeta percorre sua órbita.

EXERCÍCIOS DE REVISÃO DO CAPÍTULO

1. Determine os domínios das funções vetoriais.
   (a) $\mathbf{r}_1(t) = \langle t^{-1}, (t+1)^{-1}, \text{arc sen } t\rangle$
   (b) $\mathbf{r}_2(t) = \langle \sqrt{8-t^3}, \ln t, e^{\sqrt{t}}\rangle$

2. Esboce os caminhos $\mathbf{r}_1(\theta) = \langle \theta, \cos\theta\rangle$ e $\mathbf{r}_2(\theta) = \langle \cos\theta, \theta\rangle$ no plano xy.

3. Encontre uma parametrização vetorial da interseção das superfícies $x^2 + y^4 + 2z^3 = 6$ e $x = y^2$ em $\mathbf{R}^3$.

4. Encontre uma parametrização vetorial usando funções trigonométricas da interseção do plano $x + y + z = 1$ com o cilindro elíptico $\left(\dfrac{y}{3}\right)^2 + \left(\dfrac{z}{8}\right)^2 = 1$ em $\mathbf{R}^3$.

Nos Exercícios 5-10, calcule a derivada indicada.

5. $\mathbf{r}'(t)$, $\mathbf{r}(t) = \langle 1-t, t^{-2}, \ln t\rangle$
6. $\mathbf{r}'''(t)$, $\mathbf{r}(t) = \langle t^3, 4t^2, 7t\rangle$
7. $\mathbf{r}'(0)$, $\mathbf{r}(t) = \langle e^{2t}, e^{-4t^2}, e^{6t}\rangle$
8. $\mathbf{r}''(-3)$, $\mathbf{r}(t) = \langle t^{-2}, (t+1)^{-1}, t^3 - t\rangle$
9. $\dfrac{d}{dt}e^t\langle 1, t, t^2\rangle$
10. $\dfrac{d}{d\theta}\mathbf{r}(\cos\theta)$, $\mathbf{r}(s) = \langle s, 2s, s^2\rangle$

Nos Exercícios 11-14, calcule a derivada em $t = 3$, supondo que

$$\mathbf{r}_1(3) = \langle 1, 1, 0\rangle, \quad \mathbf{r}_2(3) = \langle 1, 1, 0\rangle$$
$$\mathbf{r}_1'(3) = \langle 0, 0, 1\rangle, \quad \mathbf{r}_2'(3) = \langle 0, 2, 4\rangle$$

11. $\dfrac{d}{dt}(6\mathbf{r}_1(t) - 4\cdot\mathbf{r}_2(t))$
12. $\dfrac{d}{dt}\left(e^t\mathbf{r}_2(t)\right)$
13. $\dfrac{d}{dt}\left(\mathbf{r}_1(t)\cdot\mathbf{r}_2(t)\right)$
14. $\dfrac{d}{dt}\left(\mathbf{r}_1(t)\times\mathbf{r}_2(t)\right)$
15. Calcule $\displaystyle\int_0^3 \langle 4t+3, t^2, -4t^3\rangle dt$.
16. Calcule $\displaystyle\int_0^\pi \langle \text{sen } \theta, \theta, \cos 2\theta\rangle d\theta$.
17. Uma partícula situada em $(1,1,0)$ no instante $t=0$ segue uma trajetória cujo vetor velocidade é $\mathbf{v}(t) = \langle 1, t, 2t^2\rangle$. Encontre a posição da partícula em $t = 2$.
18. Encontre a função vetorial $\mathbf{r}(t) = \langle x(t), y(t)\rangle$ em $\mathbf{R}^2$ que satisfaça $\mathbf{r}'(t) = -\mathbf{r}(t)$ com condição inicial $\mathbf{r}(0) = \langle 1, 2\rangle$.
19. Calcule $\mathbf{r}(t)$, supondo que

$$\mathbf{r}''(t) = \langle 4-16t, 12t^2 - t\rangle, \quad \mathbf{r}'(0) = \langle 1, 0\rangle, \quad \mathbf{r}(0) = \langle 0, 1\rangle$$

20. Resolva $\mathbf{r}''(t) = \langle t^2 - 1, t + 1, t^3 \rangle$ sujeita às condições iniciais $\mathbf{r}(0) = \langle 1, 0, 0 \rangle$ e $\mathbf{r}'(0) = \langle -1, 1, 0 \rangle$.

21. Calcule o comprimento do caminho
$$\mathbf{r}(t) = \langle \operatorname{sen} 2t, \cos 2t, 3t - 1 \rangle \quad \text{com } 1 \leq t \leq 3$$

22. Expresse o comprimento do caminho $\mathbf{r}(t) = \langle \ln t, t, e^t \rangle$ ao longo de $1 \leq t \leq 2$ como uma integral definida e use um sistema algébrico computacional para encontrar o valor da integral com duas casas decimais.

23. Encontre uma parametrização pelo comprimento de arco de uma hélice de 20 cm de altura que faz quatro rotações completas sobre um círculo de 5 cm de raio.

24. Encontre a velocidade mínima de uma partícula com trajetória $\mathbf{r}(t) = \langle t, e^{t-3}, e^{4-t} \rangle$.

25. Um projétil disparado a um ângulo de 60° volta ao solo 400 m adiante. Qual foi a sua velocidade inicial?

26. Um camundongo especialmente treinado corre à velocidade de 0,3 m/s no sentido anti-horário num círculo de 0,6 m de raio no chão de um elevador enquanto o elevador sobe (ao longo do eixo z) desde o nível do solo a uma velocidade de 12 m/s. Encontre o vetor aceleração do camundongo como função do tempo. Suponha que o círculo esteja centrado na origem do plano xy e que o camundongo esteja em $(2, 0, 0)$ no instante $t = 0$.

27. Durante o curto intervalo de tempo [0,5; 1,5], a trajetória de um drone (não tripulado) é descrita por
$$\mathbf{r}(t) = \left\langle -\frac{100}{t^2}, 7 - t, 40 - t^2 \right\rangle$$
Um laser é disparado (na direção tangencial) em direção ao plano yz no instante $t = 1$. Qual é o ponto desse plano atingido pelo laser?

28. Uma força $\mathbf{F} = \langle 12t + 4, 8 - 24t \rangle$ (em newtons) age sobre uma massa de 2 kg. Encontre a posição da massa em $t = 2$ s se, no instante $t = 0$, ela estiver localizada em $(4, 6)$ e sua velocidade inicial for o vetor $\langle 2, 3 \rangle$ em metros por segundo.

29. Encontre o vetor tangente unitário de $\mathbf{r}(t) = \langle \operatorname{sen} t, t, \cos t \rangle$ em $t = \pi$.

30. Encontre o vetor tangente unitário de $\mathbf{r}(t) = \langle t^2, \operatorname{arc\,tg} t, t \rangle$ em $t = 1$.

31. Calcule $\kappa(1)$ se $\mathbf{r}(t) = \langle \ln t, t \rangle$.

32. Calcule $\kappa\left(\frac{\pi}{4}\right)$ se $\mathbf{r}(t) = \langle \operatorname{tg} t, \sec t, \cos t \rangle$.

Nos Exercícios 33 e 34, escreva o vetor aceleração $\mathbf{a}$ *no ponto indicado como uma soma de componentes tangencial e normal.*

33. $\mathbf{r}(\theta) = \langle \cos \theta, \operatorname{sen} 2\theta \rangle$, $\quad \theta = \frac{\pi}{4}$

34. $\mathbf{r}(t) = \langle t^2, 2t - t^2, t \rangle$, $\quad t = 2$

35. Num certo instante t_0, a trajetória de uma partícula em movimento é tangente ao eixo y no sentido positivo. A velocidade da partícula no instante t_0 é de 4 m/s e seu vetor aceleração é $\mathbf{a} = \langle 5, 4, 12 \rangle$. Determine a curvatura do caminho em t_0.

36. Parametrize o círculo osculador de $y = x^2 - x^3$ em $x = 1$.

37. Parametrize o círculo osculador de $y = \sqrt{x}$ em $x = 4$.

38. Seja $\mathbf{r}(t) = \langle \cos t, \operatorname{sen} t, 2t \rangle$.
  (a) Encontre $\mathbf{T}$, $\mathbf{N}$ e $\mathbf{B}$ no ponto correspondente a $t = \frac{\pi}{2}$. *Sugestão:* calcule $\mathbf{T}$ em $t = \frac{\pi}{2}$ antes de calcular $\mathbf{N}$ e $\mathbf{B}$.
  (b) Encontre a equação do plano osculador correspondente a $t = \frac{\pi}{2}$.

39. Seja $\mathbf{r}(t) = \left\langle \ln t, t, \frac{t^2}{2} \right\rangle$. Encontre a equação do plano osculador correspondente a $t = 1$.

40. Se um planeta tiver massa zero ($m = 0$), a lei do movimento de Newton reduz a $\mathbf{r}''(t) = \mathbf{0}$ e a órbita é uma reta $\mathbf{r}(t) = \mathbf{r}_0 + t\mathbf{v}_0$, sendo $\mathbf{r}_0 = \mathbf{r}(0)$ e $\mathbf{v}_0 = \mathbf{r}'(0)$ (Figura 1). Mostre que a área varrida pelo vetor radial no instante de tempo t é $A(t) = \frac{1}{2}\|\mathbf{r}_0 \times \mathbf{v}_0\| t$ e que, portanto, a segunda lei de Kepler continua válida (a taxa é constante).

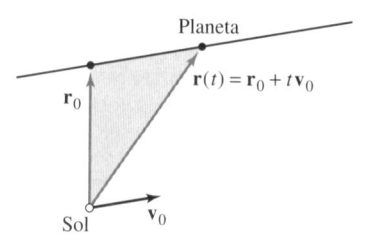

FIGURA 1

41. Suponha que a órbita de um planeta seja uma elipse de excentricidade $e = c/a$ e período T (Figura 2). Use a segunda lei de Kepler para mostrar que o tempo que o planeta leva para percorrer a distância de A' até B' é igual a
$$\left(\frac{1}{4} + \frac{e}{2\pi}\right) T$$

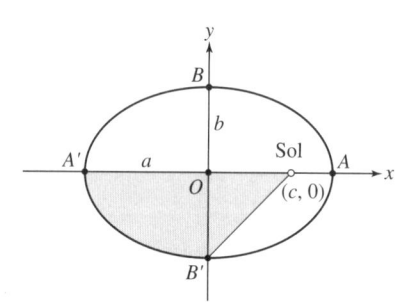

FIGURA 2

42. O período de Mercúrio é de, aproximadamente, 88 dias, e sua órbita tem uma excentricidade 0,205. Quanto tempo Mercúrio leva a mais para percorrer a distância de A' até B' em vez da distância de B' até A (Figura 2)?

14 DERIVAÇÃO EM VÁRIAS VARIÁVEIS

Neste capítulo, estendemos os conceitos e as técnicas do Cálculo Diferencial a funções de várias variáveis. Como veremos, uma função f que depende de duas ou mais variáveis não tem só uma derivada, mas, em vez disso, um conjunto de *derivadas parciais*, uma para cada variável. As derivadas parciais constituem os componentes do vetor gradiente, que fornece um entendimento valioso do comportamento da função. Nas duas últimas seções do capítulo, aplicamos as ferramentas desenvolvidas à otimização em várias variáveis.

A inclinação que um alpinista enfrenta depende da direção e do sentido de seu movimento e é dada por uma generalização apropriada da derivada de uma função de uma variável.
(*Philip e Karen Smith/Getty Images*)

14.1 Funções de duas ou mais variáveis

Um exemplo familiar de uma função de duas variáveis é a área A de um retângulo, que é igual ao produto xy da base x pela altura y. Escrevemos

$$A(x, y) = xy$$

ou $A = f(x, y)$, sendo $f(x, y) = xy$. Um exemplo de três variáveis é a distância de um ponto $P = (x, y, z)$ à origem:

$$g(x, y, z) = \sqrt{x^2 + y^2 + z^2}$$

Um exemplo importante, mas menos conhecido, é o da densidade da água dos oceanos, denotada por ρ, que é uma função da salinidade S e da temperatura T (Figura 1). Embora não exista uma fórmula simples para $\rho(S, T)$, os cientistas determinam valores dessa função experimentalmente (Figura 2). De acordo com a Tabela 1, se $S = 32$ (em partes por milhar, ou ppm) e $T = 10°C$, então

$$\rho(32, 10) = 1{,}0246 \text{ kg/m}^3$$

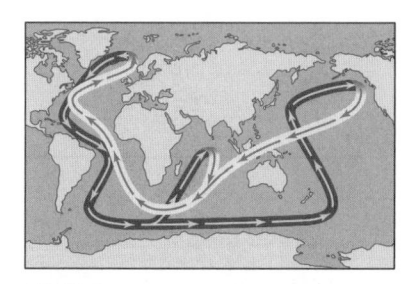

TABELA 1 Densidade da água do oceano ρ (kg/m³) como uma função da temperatura e salinidade

	Salinidade (ppm)		
°C	32	32,5	33
5	1,0253	1,0257	1,0261
10	1,0246	1,0250	1,0254
15	1,0237	1,0240	1,0244
20	1,0224	1,0229	1,0232

FIGURA 1 O clima global é influenciado pela "esteira" oceânica, um sistema de correntes marítimas profundas movidas por variações na densidade da água dos oceanos.

Uma função a n variáveis é uma função $f(x_1, \ldots, x_n)$ que associa um número real a cada ênupla $(x_1, \ldots, x_n)$ de um domínio em $\mathbf{R}^n$. Às vezes, escrevemos $f(P)$ para o valor de f num ponto $P = (x_1, \ldots, x_n)$. Se f estiver definida por uma fórmula, costumamos considerar seu domínio como sendo o conjunto de todas as ênuplas com as quais $f(x_1, \ldots, x_n)$ estiver definido. A imagem de f é o conjunto de todos os valores $f(x_1, \ldots, x_n)$, com $(x_1, \ldots, x_n)$ no domínio. Como enfocamos funções de duas ou três variáveis, geralmente utilizamos x, y e z (em vez de x_1, x_2, x_3).

FIGURA 2 Um instrumento denominado Condutividade-Temperatura-Profundidade (CDT, em inglês) é utilizado para medir variáveis da água oceânica, como densidade, temperatura, pressão e salinidade. (*NOAA*)

■ **EXEMPLO 1** Esboce o domínio de:

(a) $f(x, y) = \sqrt{9 - x^2 - y}$
(b) $g(x, y, z) = x\sqrt{y} + \ln(z - 1)$

Qual é a imagem de cada uma dessas funções?

Solução

(a) $f(x, y) = \sqrt{9 - x^2 - y}$ está definida se $9 - x^2 - y \geq 0$, ou $y \leq 9 - x^2$. Assim, o domínio consiste em todos os pontos (x, y) acima da ou na parábola $y = 9 - x^2$ [Figura 3(A)]:

$$\mathcal{D} = \{(x, y) : y \leq 9 - x^2\}$$

Para determinar a imagem, observe que f é uma função não negativa e que $f(0, y) = \sqrt{9 - y}$. Como $9 - y$ pode ser qualquer número positivo, $f(0, y)$ atinge todos os valores não negativos. Logo, a imagem de f é o intervalo infinito $[0, \infty)$.

(b) $g(x, y, z) = x\sqrt{y} + \ln(z - 1)$ só está definida se ambos, $\sqrt{y}$ e $\ln(z - 1)$, estiverem definidos. Assim, exigimos que $y \geq 0$ e $z > 1$, portanto o domínio da função é dado por $\{(x, y, z) : y \geq 0, z > 1\}$ [Figura 3(B)]. A imagem de g é toda a reta real **R**. De fato, com as escolhas particulares $y = 1$ e $z = 2$, temos $g(x, 1, 2) = x\sqrt{1} + \ln 1 = x$ e, como x é arbitrário, vemos que g atinge todos os valores. ■

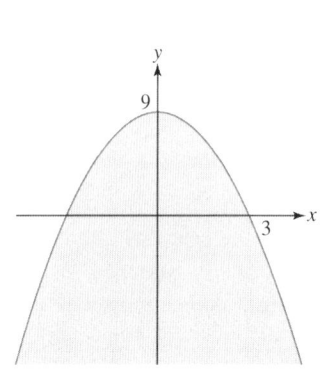

(A) O domínio de $f(x, y) = \sqrt{9 - x^2 - y}$ é o conjunto de todos os pontos acima da ou na parábola $y = 9 - x^2$.

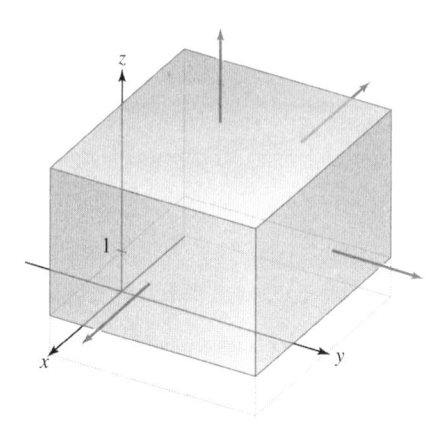

(B) O domínio de $g(x, y, z) = x\sqrt{y} + \ln(z - 1)$ é o conjunto de todos os pontos com $y \geq 0$ e $z > 1$. O domínio continua até o infinito nos sentidos indicados pelas setas.

FIGURA 3

Esboço do gráfico de funções a duas variáveis

No Cálculo a uma variável, utilizamos gráficos para visualizar as características importantes de uma função. Os gráficos desempenham um papel semelhante com funções de duas variáveis. O gráfico de uma função f a duas variáveis consiste em todos os pontos $(a, b, f(a, b))$ em $\mathbf{R}^3$, com (a, b) no domínio $\mathcal{D}$ de f. Supondo que f seja contínua (conforme definido na seção seguinte), o gráfico será uma superfície cuja *altura* acima ou abaixo do plano xy em (a, b) é o valor $f(a, b)$ da função (Figura 4). Muitas vezes escrevemos $z = f(x, y)$ para reforçar que a coordenada z de um ponto do gráfico é uma função de x e y.

■ **EXEMPLO 2** Esboce o gráfico de $f(x, y) = 2x^2 + 5y^2$.

Solução O gráfico é um paraboloide (Figura 5), como vimos na Seção 12.6. Esboçamos o gráfico usando a informação de que a seção transversal horizontal (denominada "traço" horizontal, a seguir) à altura $z = c$ é a elipse $2x^2 + 5y^2 = c$. ■

Esboçar a mão gráficos mais complicados pode ser bem difícil. Felizmente, os sistemas algébricos computacionais eliminam esse trabalho e aumentam, em muito, nossa habilidade de explorar graficamente as funções. Os gráficos podem ser girados e vistos de diferentes perspectivas (Figura 6).

(A) Gráfico de $y = f(x)$

(B) Gráfico de $z = f(x, y)$

FIGURA 4

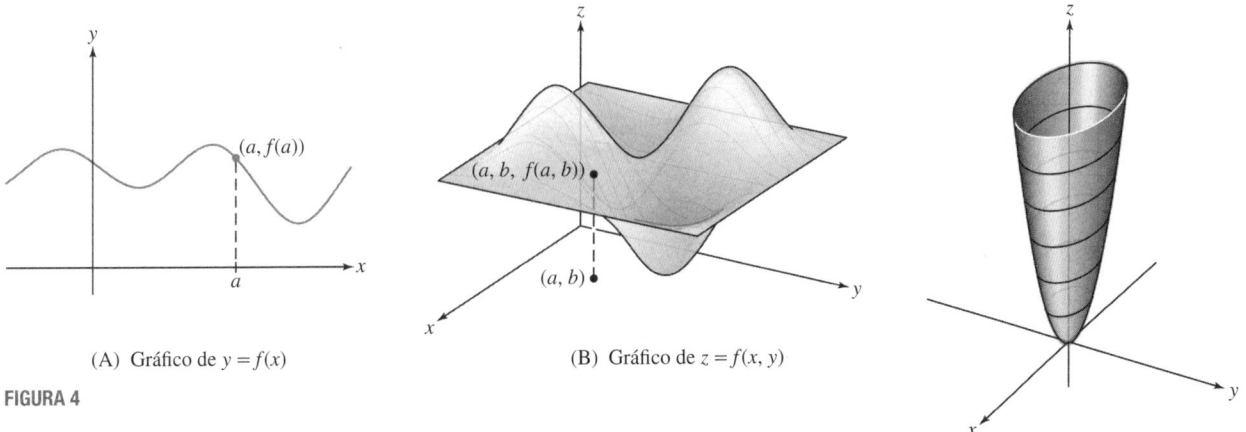

FIGURA 5 Gráfico de $f(x, y) = 2x^2 + 5y^2$.

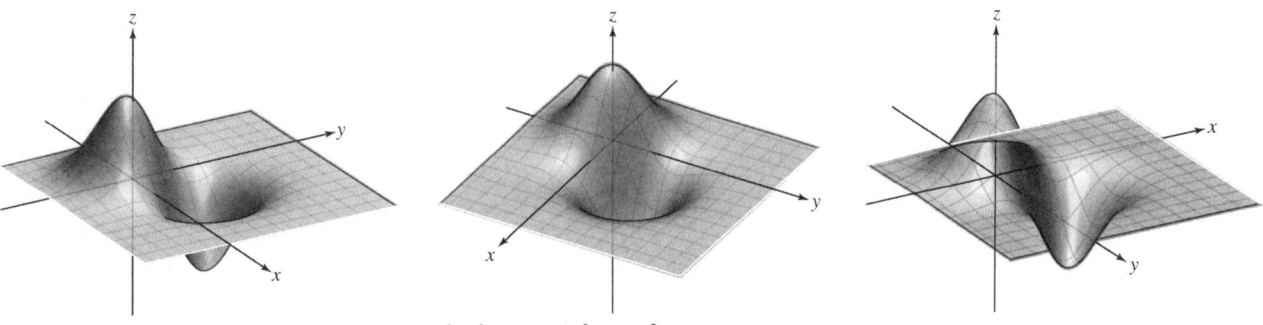

FIGURA 6 Algumas visualizações distintas de $z = e^{-x^2-y^2} - e^{-(x-1)^2-(y-1)^2}$.

Traços e curvas de nível

Uma maneira de analisar o gráfico de $f(x, y)$ é congelar a coordenada x tomando $x = a$ e examinar a curva resultante dada por $z = f(a, y)$. Analogamente, podemos tomar $y = b$ e considerar a curva $z = f(x, b)$. Curvas desse tipo são denominadas **traços verticais**. Elas são obtidas intersectando o gráfico com planos paralelos a um plano coordenado vertical (Figura 7):

- **Traço vertical no plano $x = a$:** a interseção do gráfico com o plano vertical $x = a$, consistindo em todos os pontos $(a, y, f(a, y))$
- **Traço vertical no plano $y = b$:** a interseção do gráfico com o plano vertical $y = b$, consistindo em todos os pontos $(x, b, f(x, b))$.

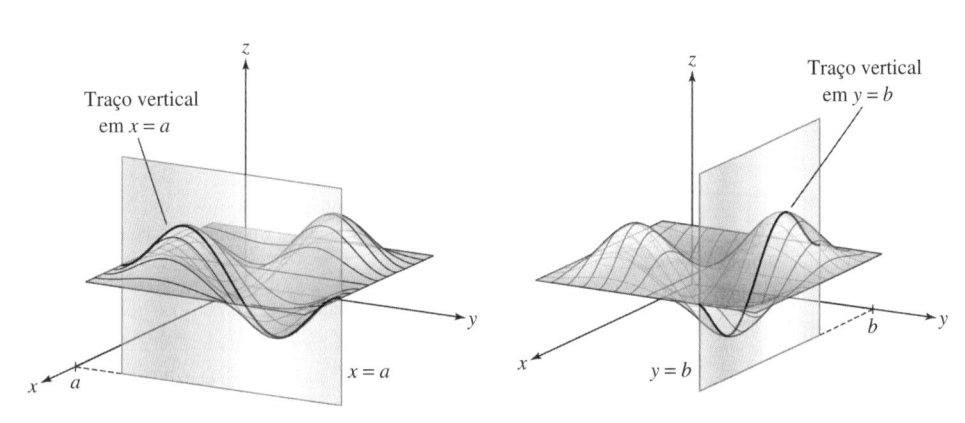

(A) Traços verticais paralelos ao plano yz.

(B) Traços verticais paralelos ao plano xz.

FIGURA 7

■ **EXEMPLO 3** Descreva os traços verticais de $f(x, y) = x \operatorname{sen} y$.

Solução Congelando a coordenada x tomando $x = a$, obtemos o traço $z = a \operatorname{sen} y$ (ver Figura 8). Essa é uma curva senoidal localizada no plano $x = a$. Tomando $y = b$, obtemos uma reta $z = x(\operatorname{sen} b)$ de inclinação $\operatorname{sen} b$, localizada no plano $y = b$. ■

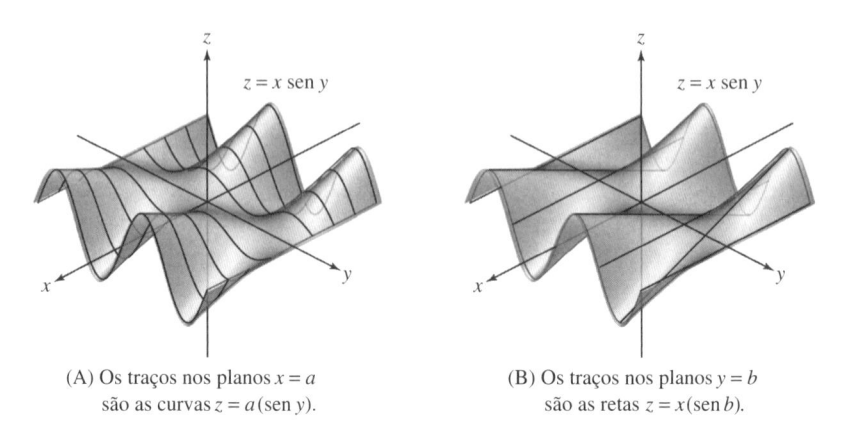

FIGURA 8 Traços verticais de $f(x, y) = x \operatorname{sen} y$.

(A) Os traços nos planos $x = a$ são as curvas $z = a(\operatorname{sen} y)$.

(B) Os traços nos planos $y = b$ são as retas $z = x(\operatorname{sen} b)$.

■ **EXEMPLO 4** **Identificação das características de um gráfico** Combine os gráficos da Figura 9 com as funções seguintes:

(i) $f(x, y) = x - y^2$ (ii) $g(x, y) = x^2 - y$

Solução Comparemos os traços verticais. O traço vertical de $f(x, y) = x - y^2$ no plano $x = a$ é uma parábola virada *para baixo* $z = a - y^2$. Isso combina com (B). Por outro lado, o traço vertical de $g(x, y)$ no plano $y = b$ é uma parábola virada *para cima* $z = x^2 - b$. Isso combina com (A).

Observe, também, que $f(x, y) = x - y^2$ é uma função crescente de x [ou seja, $f(x, y)$ cresce se x cresce] como em (B), ao passo que $g(x, y) = x^2 - y$ é uma função decrescente de y, como em (A). ■

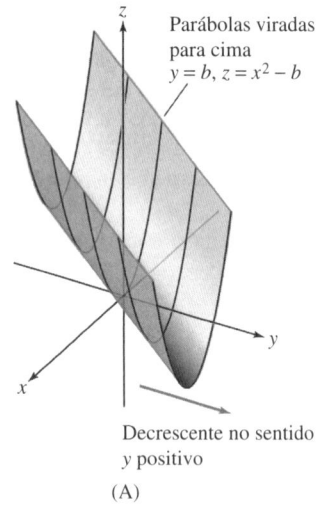

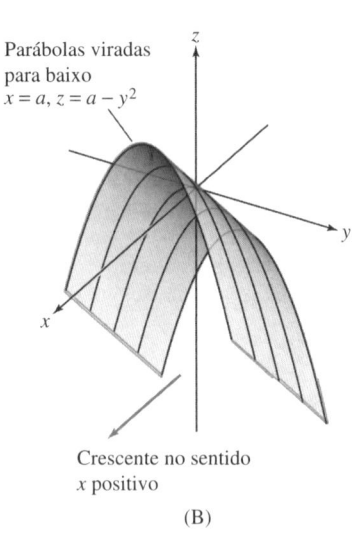

Parábolas viradas para cima
$y = b, z = x^2 - b$

Parábolas viradas para baixo
$x = a, z = a - y^2$

Decrescente no sentido y positivo
(A)

Crescente no sentido x positivo
(B)

FIGURA 9

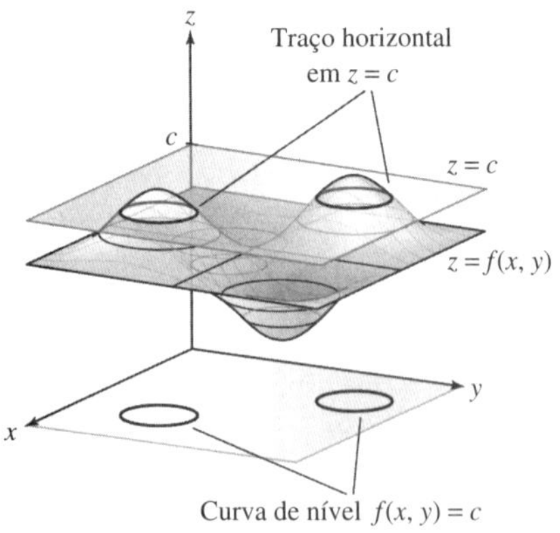

Traço horizontal em $z = c$

$z = c$

$z = f(x, y)$

Curva de nível $f(x, y) = c$

FIGURA 10 A curva de nível consiste em todos os pontos (x, y) em que a função toma o valor c.

Curvas de nível e mapas de contornos

Além dos traços verticais, o gráfico de $f(x, y)$ tem traços horizontais. Esses traços e suas curvas de nível associadas são especialmente importantes na análise do comportamento de uma função (Figura 10):

- **Traço horizontal à altura c:** a interseção do gráfico com o plano horizontal $z = c$, consistindo em todos os pontos $(x, y, f(x, y))$ tais que $f(x, y) = c$.
- **Curva de nível:** a curva $f(x, y) = c$ no plano xy.

Assim, a curva de nível correspondente a c consiste em todos os pontos (x, y) do plano em que a função toma o valor c. Cada curva de nível é a projeção sobre o plano xy do traço horizontal do gráfico que fica acima dela.

Um **mapa de contornos** é um esboço no plano xy que mostra as curvas de nível $f(x, y) = c$ com valores igualmente espaçados de c. O intervalo m entre os espaçamentos é denominado **intervalo de contornos**. Quando passamos de uma curva de nível para a seguinte, o valor de $f(x, y)$ (e, portanto, a altura no gráfico) varia por $\pm m$.

A Figura 11 compara os gráficos de uma função $f(x, y)$ em (A) e seus traços horizontais em (B) com o mapa de contornos em (C). O mapa de contornos em (C) tem intervalo de contornos $m = 100$.

É importante entender como a inclinação do gráfico é detectada pelo mapa de contornos. Se as curvas de nível estiverem próximas, então um pequeno movimento desde uma curva de nível para a seguinte no plano xy produz uma grande mudança na altura. Em outras palavras, *as curvas de nível estarão próximas nas partes íngremes do gráfico* (Figura 11). Analogamente, as curvas de nível estarão mais afastadas nas partes mais planas do gráfico.

*Nos mapas de contornos, as curvas de nível também são denominadas **curvas de contorno**.*

(A)

(B) Traços horizontais

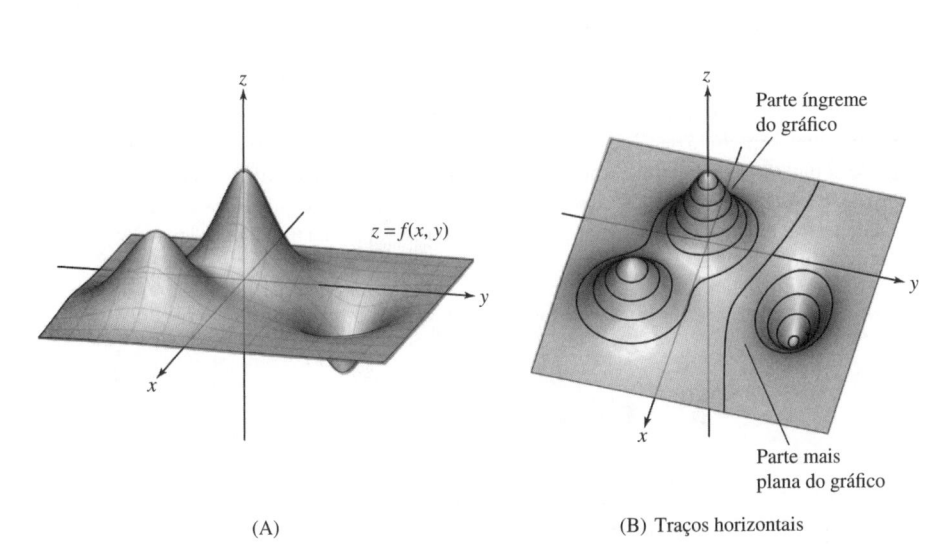

FIGURA 11

■ **EXEMPLO 5** **Paraboloide elíptico** Esboce o mapa de contornos de $f(x, y) = x^2 + 3y^2$ e observe o espaçamento das curvas de nível.

Solução As curvas de nível têm equação $f(x, y) = c$, ou
$$x^2 + 3y^2 = c$$

- Se $c > 0$, a curva de nível é uma elipse.
- Se $c = 0$, a curva de nível reduz ao ponto $(0, 0)$, porque $x^2 + 3y^2 = 0$ somente se $(x, y) = (0, 0)$.
- A curva de nível é vazia se $c < 0$, porque $f(x, y)$ nunca é negativo.

O gráfico de $f(x, y)$ é um paraboloide elíptico (Figura 12). À medida que nos afastamos da origem, $f(x, y)$ cresce mais rapidamente. O gráfico fica mais íngreme e as curvas de nível ficam mais próximas. ■

■ **EXEMPLO 6** **Paraboloide hiperbólico** Esboce o mapa de contornos de $g(x, y) = x^2 - 3y^2$.

Solução As curvas de nível têm equação $g(x, y) = c$, ou
$$x^2 - 3y^2 = c$$

- Se $c \neq 0$, a curva de nível é a hipérbole $x^2 - 3y^2 = c$.
- Se $c = 0$, a curva de nível consiste nas duas retas $x = \pm\sqrt{3}y$, porque a equação $g(x, y) = 0$ fatora como segue:
$$x^2 - 3y^2 = 0 = (x - \sqrt{3}y)(x + \sqrt{3}y) = 0$$

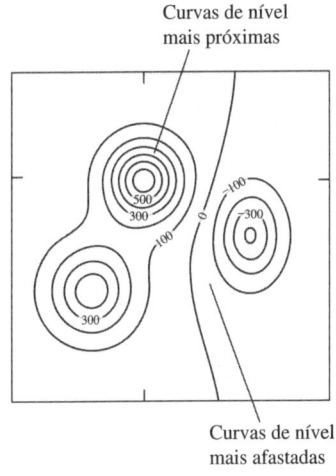

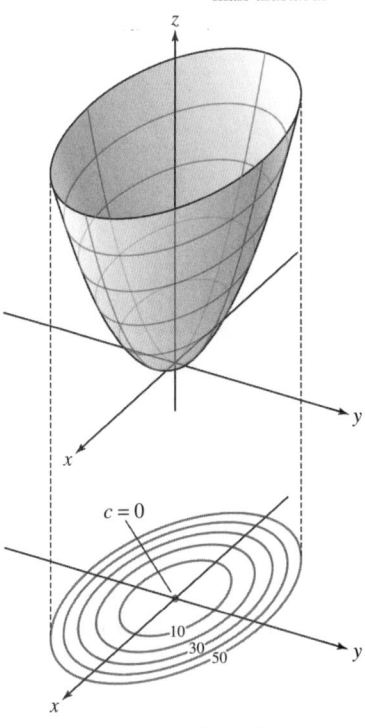

FIGURA 12 $f(x, y) = x^2 + 3y^2$. O intervalo de contornos é $m = 10$.

O gráfico de $g(x, y)$ é um paraboloide hiperbólico (Figura 13). Partindo da origem, $g(x, y)$ cresce em ambos os sentidos ao longo do eixo x e decresce em ambos os sentidos ao longo do eixo y. Além disso, o gráfico fica mais íngreme mais longe da origem, de modo que as curvas de nível ficam cada vez mais próximas. ∎

■ **EXEMPLO 7 Mapa de contornos de uma função linear** Esboce o gráfico de $f(x, y) = 12 - 2x - 3y$ e o mapa de contornos associado com intervalo de contornos $m = 4$.

Solução Observe que tomando $z = f(x, y)$, podemos escrever a equação como $2x + 3y + z = 12$. Conforme vimos na Seção 12.5, essa é a equação de um plano. Para traçar o gráfico, encontramos os cortes do plano com os eixos (Figura 14). O gráfico corta o eixo z em $z = f(0, 0) = 12$. Para encontrar o corte com o eixo x, tomamos $y = z = 0$ para obter $12 - 2x - 3(0) = 0$, ou $x = 6$. Analogamente, resolvendo $12 - 3y = 0$, obtemos o corte $y = 4$ com o eixo y. O gráfico é o plano determinado pelos três pontos de corte.

Em geral, as curvas de nível de uma função linear $f(x, y) = qx + ry + s$ são as retas de equação $qx + ry + s = c$. Portanto, *o mapa de contornos de uma função linear consiste em retas paralelas igualmente espaçadas*. No nosso caso, as curvas de nível são as retas $12 - 2x - 3y = c$, ou $2x + 3y = 12 - c$ (Figura 14). ∎

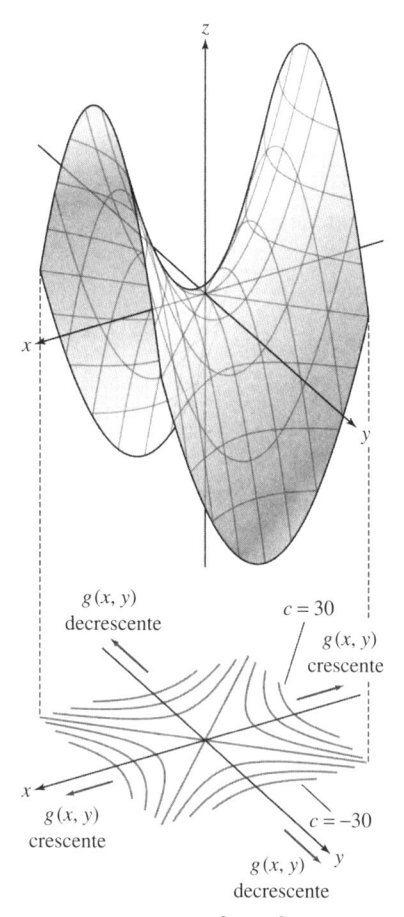

FIGURA 13 $g(x, y) = x^2 - 3y^2$. O intervalo de contornos é $m = 10$.

Como podemos medir quantitativamente se uma região é mais íngreme que outra? Imaginemos uma superfície dada por $z = f(x, y)$ como uma cadeia de montanhas. De fato, os mapas de contornos (também denominados mapas topográficos) são utilizados extensivamente para descrever a superfície terrestre (Figura 15). Colocamos o plano xy ao nível do mar, de modo que $f(a, b)$ é a altura (nesse caso, a altitude, ou elevação) da montanha acima do nível do mar no ponto acima de (a, b) no plano.

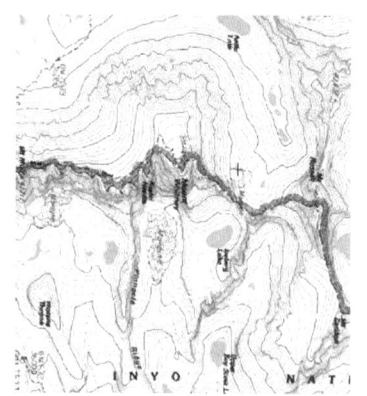

FIGURA 15 Cadeia de montanhas Whitney, na Califórnia (EUA), com mapa de contornos.
(*à esquerda:* © *Rachid Dahnoun/Aurora Photos; à direita: USGS/http://www.topoquest.com*)

A Figura 16(A) mostra dois pontos, P e Q, do plano xy, junto aos pontos $\widetilde{P}$ e $\widetilde{Q}$ do gráfico que ficam acima deles. Definimos a **taxa de variação média**:

$$\text{Taxa de variação média de } P \text{ a } Q = \frac{\Delta \text{ altitude}}{\Delta \text{ horizontal}}$$

em que

Δ altitude = variação na altura entre $\widetilde{P}$ e $\widetilde{Q}$
Δ horizontal = distância de P a Q

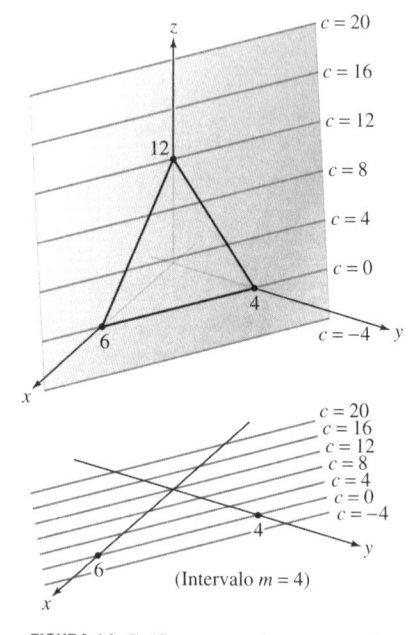

FIGURA 14 Gráfico e mapa de contornos de $f(x, y) = 12 - 2x - 3y$.

ENTENDIMENTO CONCEITUAL A ideia de que as taxas de variação dependem da direção será discutida quando chegarmos às derivadas direcionais, na Seção 14.5. No Cálculo a uma variável, medimos a taxa de variação pela derivada $f'(a)$. No caso de várias variáveis, não há só uma única taxa de variação, pois a variação de $f(x, y)$ depende da direção: a taxa é nula ao longo de uma curva de nível [porque $f(x, y)$ é constante ao longo da curva de nível] e a taxa é não nula nas direções apontando de uma curva de nível à próxima [Figura 16(B)].

Δ altitude

Δ horizontal

Intervalo de contornos: 0,8 km
Escala horizontal: 2 km

(A)

Função não varia ao longo da curva de nível

A ⌐⎯⎯⎯⌐ B
    200
A ⌐⎯⎯⎯⎯⎯⌐ C
    400

Intervalo de contornos: 100 m
Escala horizontal: 200 m

(B)

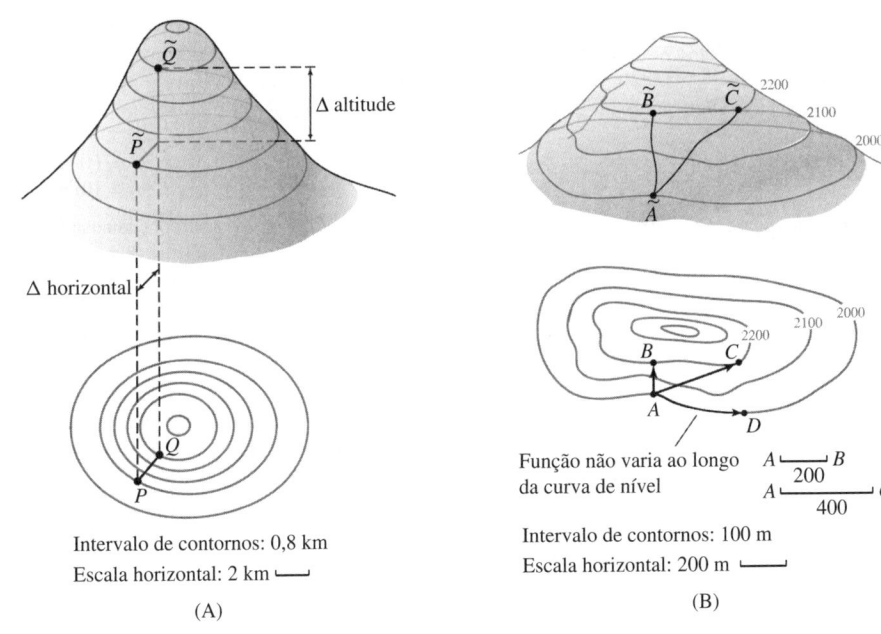

FIGURA 16

■ **EXEMPLO 8 A taxa de variação média depende da direção** Calcule a taxa de variação média de A aos pontos B, C e D da Figura 16(B).

Solução O intervalo de contornos na Figura 16(B) é $m = 100$ m. Ambos os segmentos, $\overline{AB}$ e $\overline{AC}$, atravessam duas curvas de nível, de modo que a variação na altitude é de 200 m em ambos os casos. A escala horizontal mostra que $\overline{AB}$ corresponde a uma variação horizontal de 200 m e $\overline{AC}$ corresponde a uma variação horizontal de 400 m. Por outro lado, não há variação de altitude de A até D. Portanto,

$$\text{Taxa de variação média de } A \text{ até } B = \frac{\Delta \text{ altitude}}{\Delta \text{ horizontal}} = \frac{200}{200} = 1,0$$

$$\text{Taxa de variação média de } A \text{ até } C = \frac{\Delta \text{ altitude}}{\Delta \text{ horizontal}} = \frac{200}{400} = 0,5$$

$$\text{Taxa de variação média de } A \text{ até } D = \frac{\Delta \text{ altitude}}{\Delta \text{ horizontal}} = 0 \qquad ■$$

Nesse exemplo, vemos explicitamente que a taxa média varia de acordo com a direção.

Quando subimos uma montanha, a inclinação em cada momento depende do caminho escolhido. Se caminharmos "em volta" da montanha, nossa altitude não varia. Por outro lado, em cada ponto há uma direção e sentido *mais íngremes*, nos quais a altitude cresce mais rapidamente. Num mapa de contornos, a direção de maior subida é, aproximadamente, a direção que nos leva ao ponto mais próximo da curva de nível imediatamente maior [Figura 17(A)]. Dizemos "aproxi-

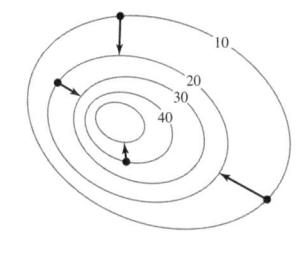

(A) Vetores apontando, aproximadamente, na direção de maior subida.

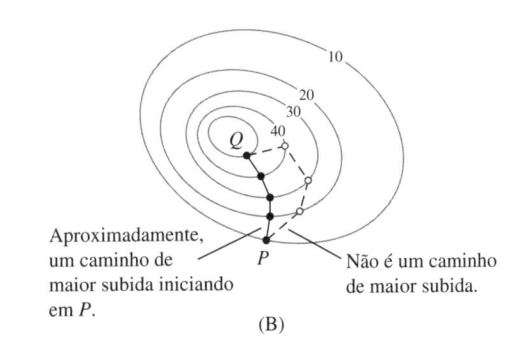

Aproximadamente, um caminho de maior subida iniciando em P.

Não é um caminho de maior subida.

(B)

FIGURA 17

Um caminho de maior descida é o mesmo que um caminho de maior subida percorrido no sentido oposto. A água que escorre montanha abaixo segue um caminho de maior descida.

madamente" porque o terreno pode variar entre curvas de nível. Um **caminho de maior subida** é um caminho que começa num ponto P e, em cada ponto ao longo do trajeto, sempre aponta na direção de maior subida. Podemos aproximar o caminho de maior subida esboçando uma sequência de segmentos que liguem o mais diretamente possível uma curva de nível à seguinte. Na Figura 17(B), temos dois caminhos de P a Q. O caminho sólido é um de maior subida, mas o tracejado não, pois não passa de uma curva de nível à seguinte pelo menor segmento possível.

Mais de duas variáveis

Existem muitas situações em que necessitamos de uma função de mais de duas variáveis. Por exemplo, podemos querer manter o registro da temperatura em vários pontos de uma sala usando uma função $T(x, y, z)$ que depende das três variáveis correspondentes às coordenadas de cada ponto. Na elaboração de modelos quantitativos na Economia, as funções podem depender de mais de 100 variáveis.

Infelizmente, não é possível esboçar o gráfico de uma função de mais de duas variáveis. O gráfico de uma função $f(x, y, z)$ consistiria no conjunto de pontos $(x, y, z, f(x, y, z))$ no espaço quadridimensional $\mathbf{R}^4$. Contudo, assim como utilizamos mapas de contornos para visualizar uma montanha tridimensional usando curvas num plano bidimensional, é possível esboçar as **superfícies de nível** de uma função $f(x, y, z)$ de três variáveis. Essas são as superfícies de equação $f(x, y, z) = c$. Por exemplo, as superfícies de nível de

$$f(x, y, z) = x^2 + y^2 + z^2$$

são as esferas de equação $x^2 + y^2 + z^2 = c$ (Figura 18). No caso de uma função $T(x, y, z)$ representar a temperatura em pontos do espaço, dizemos que as superfícies de nível correspondentes a $T(x, y, z) = k$ são as **isotermas**. Essas são as coleções de pontos que têm a mesma temperatura.

Com funções de quatro ou mais variáveis, não podemos mais visualizar nem o gráfico nem as superfícies de nível. Precisamos depender de nossa intuição desenvolvida com o estudo de funções de duas e três variáveis.

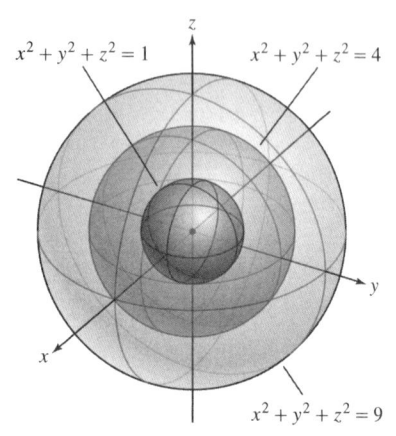

FIGURA 18 As superfícies de nível de $f(x, y, z) = x^2 + y^2 + z^2$ são esferas.

■ **EXEMPLO 9** Descreva as superfícies de nível de $g(x, y, z) = x^2 + y^2 - z^2$.

Solução A superfície de nível com $c = 0$ é o cone $x^2 + y^2 - z^2 = 0$. Com $c \neq 0$, as superfícies de nível são os hiperboloides $x^2 + y^2 - z^2 = c$. O hiperboloide tem uma folha se $c > 0$ e duas folhas se $c < 0$ (Figura 19). ■

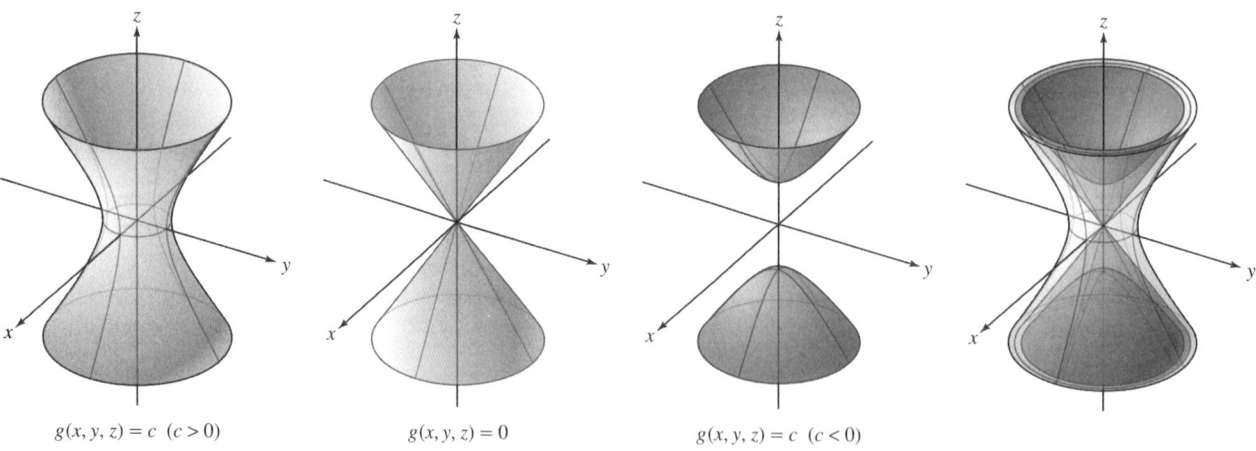

$g(x, y, z) = c \ (c > 0)$ $g(x, y, z) = 0$ $g(x, y, z) = c \ (c < 0)$

FIGURA 19 As superfícies de nível de $g(x, y, z) = x^2 + y^2 - z^2$.

14.1 Resumo

- O domínio $\mathcal{D}$ de uma função $f(x_1, \ldots, x_n)$ a n variáveis é o conjunto de ênuplas $(a_1, \ldots, a_n)$ em $\mathbf{R}^n$ nas quais $f(a_1, \ldots, a_n)$ está definida. A imagem de f é o conjunto de valores atingidos por f.
- O gráfico de uma função real contínua $f(x, y)$ é a superfície em $\mathbf{R}^3$ consistindo nos pontos $(a, b, f(a, b))$ com (a, b) no domínio $\mathcal{D}$ de f.

- Um *traço vertical* é a curva obtida pela interseção do gráfico com um plano vertical $x = a$ ou $y = b$.
- Uma *curva de nível* é uma curva no plano xy definida por uma equação $f(x, y) = c$. A curva de nível $f(x, y) = c$ é a projeção sobre o plano xy da curva de traço horizontal obtida pela interseção do gráfico com um plano horizontal $z = c$.
- Um *mapa de contornos* mostra as curvas de nível $f(x, y) = c$ com valores igualmente espaçados de c. O espaçamento m é denominado *intervalo de contornos*.
- Interpretando um mapa de contornos, não esqueça que:
  - A altitude não varia se caminharmos ao longo de uma curva de nível.
  - A altitude cresce ou decresce por m (o intervalo de contornos) se caminharmos de uma curva de nível para a seguinte.
- O espaçamento entre as curvas de nível indica a variação da altitude: elas estão mais próximas onde o gráfico for mais íngreme.
- A *taxa de variação média* de P a Q é a razão (Δ altitude) / (Δ horizontal).
- A direção de maior subida num ponto P é a direção e sentido ao longo dos quais $f(x, y)$ varia o mais rapidamente. A direção de maior subida é obtida (aproximadamente) desenhando o segmento de P até o ponto mais próximo da curva de nível seguinte.
- As superfícies de nível podem ser usadas para entender uma função $f(x, y, z)$. Se essa função representar temperatura, dizemos que as superfície de nível são isotermas.

14.1 Exercícios

Exercícios preliminares

1. Qual é a diferença entre um traço horizontal e uma curva de nível? Como estão relacionados?
2. Descreva o traço de $f(x, y) = x^2 - \text{sen}(x^3 y)$ no plano xz.
3. É possível duas curvas de nível diferentes de uma mesma função se intersectarem? Explique.
4. Descreva o mapa de contornos de $f(x, y) = x$ com intervalo de contornos 1.
5. Como diferem os mapas de contornos de
$$f(x, y) = x \quad \text{e} \quad g(x, y) = 2x$$
com intervalos de contornos 1?

Exercícios

Nos Exercícios 1-4, calcule o valor da função nos pontos especificados.

1. $f(x, y) = x + yx^3$, $(2, 2), (-1, 4)$
2. $g(x, y) = \dfrac{y}{x^2 + y^2}$, $(1, 3), (3, -2)$
3. $h(x, y, z) = xyz^{-2}$, $(3, 8, 2), (3, -2, -6)$
4. $Q(y, z) = y^2 + y \,\text{sen}\, z$, $(y, z) = \left(2, \frac{\pi}{2}\right), \left(-2, \frac{\pi}{6}\right)$

Nos Exercícios 5-12, esboce o domínio da função.

5. $f(x, y) = 12x - 5y$
6. $f(x, y) = \sqrt{81 - x^2}$
7. $f(x, y) = \ln(4x^2 - y)$
8. $h(x, t) = \dfrac{1}{x + t}$
9. $g(y, z) = \dfrac{1}{z + y^2}$
10. $f(x, y) = \text{sen}\, \dfrac{y}{x}$
11. $F(I, R) = \sqrt{IR}$
12. $f(x, y) = \text{arc cos}\,(x + y)$

Nos Exercícios 13-16, descreva o domínio e a imagem da função.

13. $f(x, y, z) = xz + e^y$
14. $f(x, y, z) = x\sqrt{y + z}e^{z/x}$
15. $P(r, s, t) = \sqrt{16 - r^2 s^2 t^2}$
16. $g(r, s) = \text{arc cos}\,(rs)$

17. Combine os gráficos (A) e (B) da Figura 20 com as funções
    (i) $f(x, y) = -x + y^2$ (ii) $g(x, y) = x + y^2$

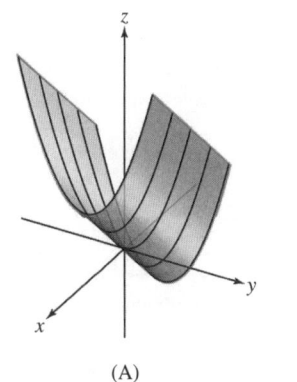

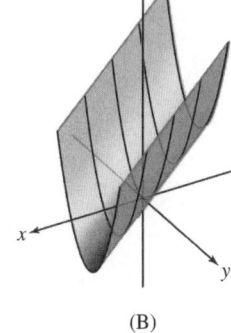

FIGURA 20

18. Combine cada um dos gráficos (A) e (B) da Figura 21 com uma das funções seguintes:
    (i) $f(x, y) = (\cos x)(\cos y)$
    (ii) $g(x, y) = \cos(x^2 + y^2)$

748 Cálculo

(A) (B)

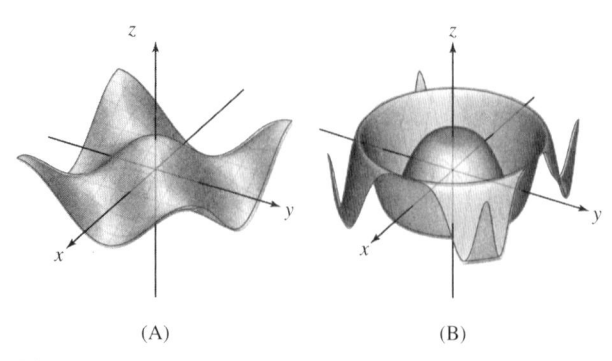

FIGURA 21

19. Combine as funções (a)-(f) com seus gráficos (A)-(F) na Figura 22.
  (a) $f(x, y) = |x| + |y|$
  (b) $f(x, y) = \cos(x - y)$
  (c) $f(x, y) = \dfrac{-1}{1 + 9x^2 + y^2}$
  (d) $f(x, y) = \cos(y^2)e^{-0,1(x^2+y^2)}$
  (e) $f(x, y) = \dfrac{-1}{1 + 9x^2 + 9y^2}$
  (f) $f(x, y) = \cos(x^2 + y^2)e^{-0,1(x^2+y^2)}$

(A) (B)

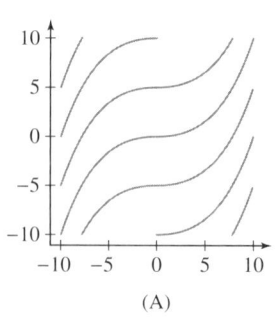

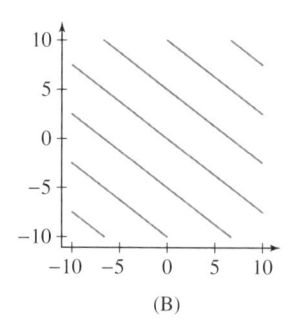

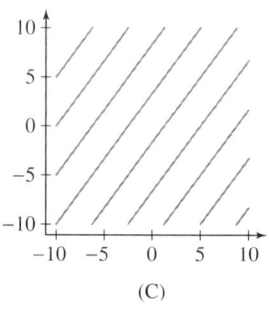

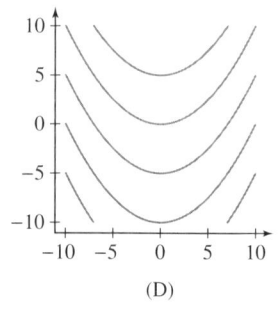

(C) (D)

FIGURA 23

Nos Exercícios 21-26, esboce o gráfico e alguns traços verticais e horizontais.

21. $f(x, y) = 12 - 3x - 4y$ **22.** $f(x, y) = \sqrt{4 - x^2 - y^2}$
23. $f(x, y) = x^2 + 4y^2$ **24.** $f(x, y) = y^2$
25. $f(x, y) = \text{sen}(x - y)$ **26.** $f(x, y) = \dfrac{1}{x^2 + y^2 + 1}$

27. Esboce o mapa de contornos de $f(x, y) = x + y$ com intervalos de contornos $m = 1$ e 2.

28. Esboce o mapa de contornos de $f(x, y) = x^2 + y^2$ com curvas de níveis $c = 0, 4, 8, 12$ e 16.

Nos Exercícios 29-36, esboce um mapa de contornos de f(x, y) com um intervalo de contornos adequado, mostrando pelo menos seis curvas de nível.

29. $f(x, y) = x^2 - y$ **30.** $f(x, y) = \dfrac{y}{x^2}$
31. $f(x, y) = \dfrac{y}{x}$ **32.** $f(x, y) = xy$
33. $f(x, y) = x^2 + 4y^2$ **34.** $f(x, y) = x + 2y - 1$
35. $f(x, y) = x^2$ **36.** $f(x, y) = 3x^2 - y^2$

37. Encontre a função linear cujo mapa de contornos (com intervalo de contornos $m = 6$) é mostrado na Figura 24. Qual será a função linear se $m = 3$ (e a curva de nível $c = 6$ for renomeada $c = 3$)?

(A) (B)

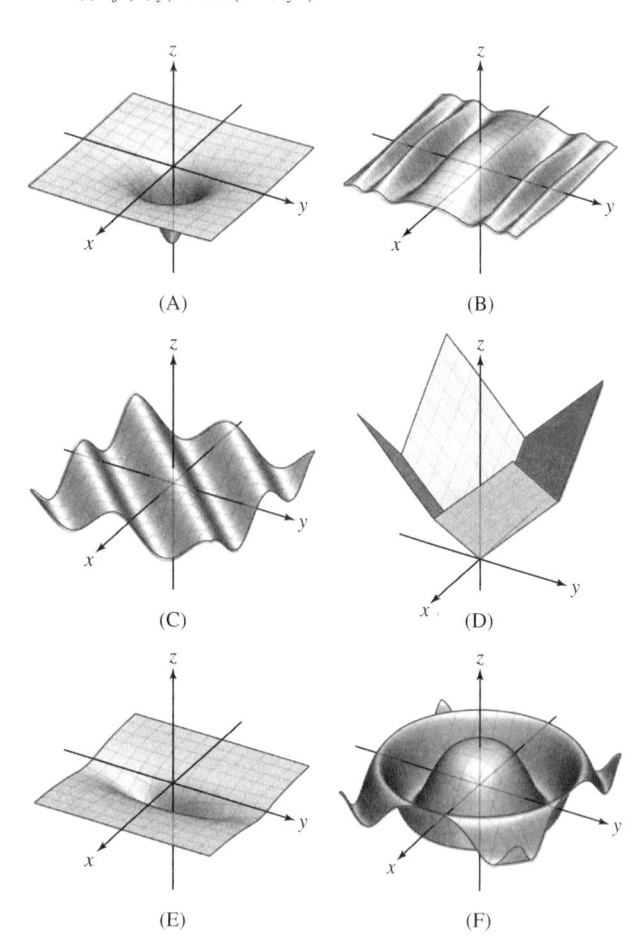

(C) (D)

(E) (F)

FIGURA 22

20. Combine as funções (a)-(d) com seus mapas de contornos (A)-(D) na Figura 23.
  (a) $f(x, y) = 3x + 4y$ (b) $g(x, y) = x^3 - y$
  (c) $h(x, y) = 4x - 3y$ (d) $k(x, y) = x^2 - y$

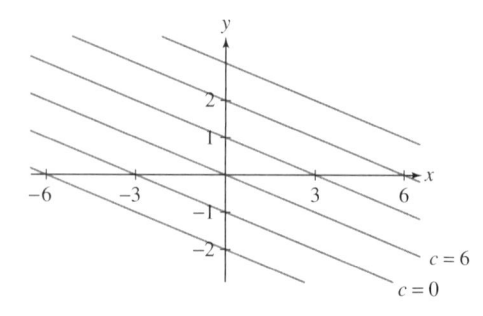

FIGURA 24 Mapa de contornos com intervalo de contornos $m = 6$.

38. Use o mapa de contornos da Figura 25 para calcular a taxa de variação média:
(a) de A até B.
(b) de A até C.

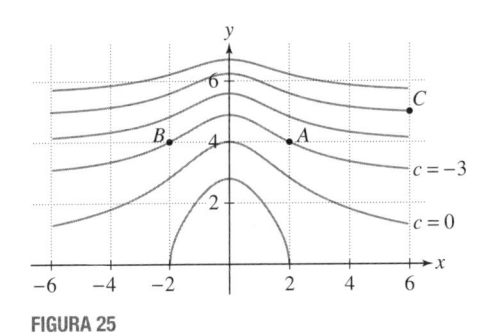

FIGURA 25

39. Usando a Figura 26, responda às questões seguintes.
(a) Em qual das localidades (A)-(C) a pressão cresce no sentido Norte?
(b) Em qual das localidades (A)-(C) a pressão cresce no sentido Leste?
(c) Em qual sentido a pressão cresce mais rapidamente na localidade (B)?

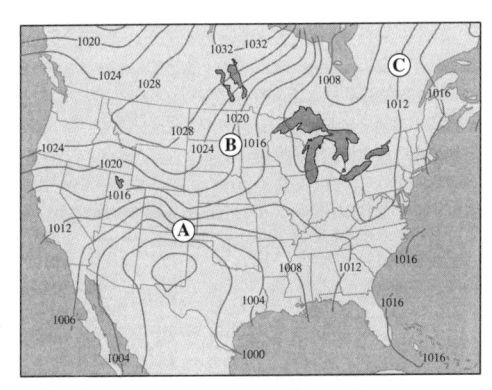

FIGURA 26 A pressão atmosférica (em milibares) na América do Norte em 26 de março de 2009.

Nos Exercícios 40-43, seja T(x, y, z) a temperatura em cada ponto do espaço. Esboce superfícies de nível (denominadas isotérmicas) correspondentes às temperaturas fixadas dadas.

40. $T(x, y, z) = 2x + 3y - z$. $T = 0, 1, 2$
41. $T(x, y, z) = x - y + 2z$. $T = 0, 1, 2$
42. $T(x, y, z) = x^2 + y^2 - z$. $T = 0, 1, 2$
43. $T(x, y, z) = x^2 - y^2 + z^2$. $T = 0, 1, 2, -1, -2$

Nos Exercícios 44-47, $\rho(S, T)$ denota a densidade da água do oceano (quilogramas por metro cúbico) como uma função da salinidade S (partes por milhar) e temperatura T (em graus Celsius). Utilize o mapa de contornos da Figura 27.

44. Calcule a taxa de variação média de ρ em relação a T de B até A.
45. Calcule a taxa de variação média de ρ em relação a S de B até C.
46. Num nível fixado de salinidade, a densidade da água do oceano é uma função crescente ou decrescente da temperatura?

47. A densidade da água parece ser mais sensível a uma variação da temperatura no ponto A ou no ponto B?

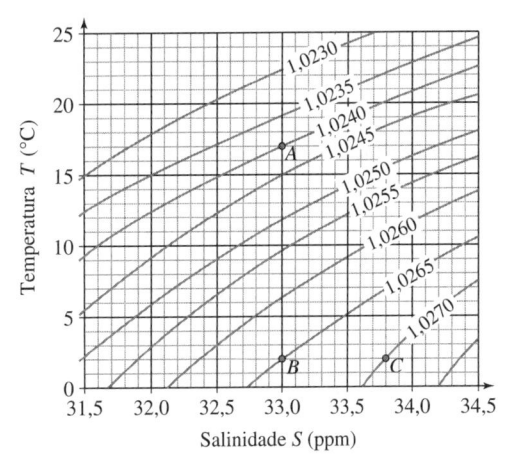

FIGURA 27 O mapa de contornos da densidade $\rho(S, T)$ da água do oceano (kg/m³).

Nos Exercícios 48-51, use a Figura 28.

48. Encontre a variação de elevação entre A e B.
49. Dê uma estimativa da taxa de variação média da elevação entre A e B e de A até C.
50. Dê uma estimativa da taxa de variação média da elevação de A até os pontos i, ii e iii.
51. Esboce o caminho de maior subida começando em D.

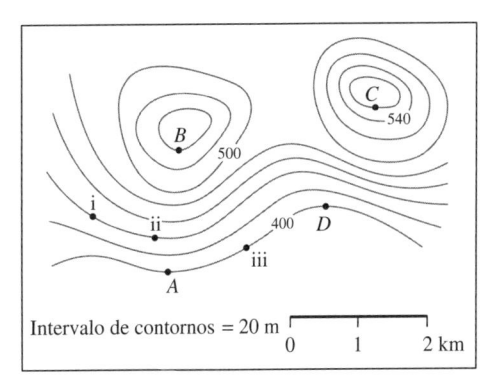

FIGURA 28

52. Suponha que a temperatura no espaço seja dada por
$T(x, y, z) = x^2 + y^2 - z$. Esboce as isotermas correspondentes às temperaturas $T = -2, -1, 0, 1$ e 2.

53. Suponha que a temperatura no espaço seja dada por
$T(x, y, z) = \frac{x^2}{4} + \frac{y^2}{9} + z^2$. Esboce as isotermas correspondentes às temperaturas $T = 0, 1$ e 4.

54. Suponha que a temperatura no espaço seja dada por
$T(x, y, z) = x^2 - y^2 - z$. Esboce as isotermas correspondentes às temperaturas $T = -1, 0$ e 1.

55. Suponha que a temperatura no espaço seja dada por
$T(x, y, z) = x^2 - y^2 - z^2$. Esboce as isotermas correspondentes às temperaturas $T = -2, -1, 0, 1$ e 2.

Compreensão adicional e desafios

56. A função $f(x,t) = t^{-1/2}e^{-x^2/t}$, cujo gráfico aparece na Figura 29, modela a temperatura ao longo de uma barra metálica depois de uma grande quantidade de calor ter sido aplicada em seu ponto central.

  (a) Esboce os traços verticais nos instantes $t = 1, 2$ e 3. O que esses traços nos dizem sobre a maneira pela qual o calor se propaga através da barra?

  (b) Esboce os traços verticais $x = c$ com $c = \pm 0,2$ e $\pm 0,4$. Descreva como a temperatura varia com o tempo em pontos perto do centro.

57. Seja
$$f(x,y) = \frac{x}{\sqrt{x^2+y^2}} \quad \text{com } (x,y) \neq (0,0)$$

Escreva f como uma função $f(r, \theta)$ em coordenadas polares e use isso para encontrar as curvas de nível de f.

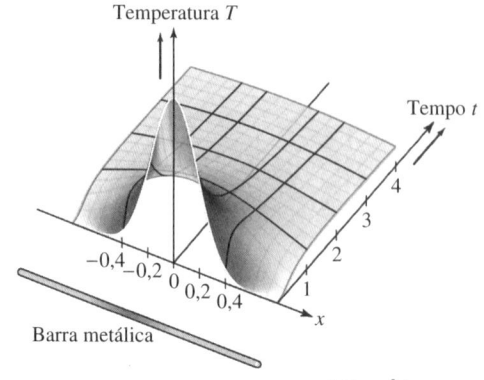

FIGURA 29 O gráfico de $f(x,t) = t^{-1/2}e^{-x^2/t}$ começando logo depois de $t = 0$.

14.2 Limites e continuidade em várias variáveis

Nesta seção, desenvolvemos os conceitos de limites e continuidade no contexto de várias variáveis. Concentramos nossa atenção a duas variáveis, mas definições e resultados análogos podem ser dados no caso de três ou mais variáveis.

Vimos que, na reta real, um número x está próximo de a se a distância $|x - a|$ for pequena. No plano, um ponto (x, y) está próximo de outro ponto $P = (a, b)$ se a distância
$$d((x,y),(a,b)) = \sqrt{(x-a)^2 + (y-b)^2}$$ entre eles for pequena.

Observe que se tomarmos todos os pontos que estão a uma distância menor do que r de $P = (a, b)$, como na Figura 1, obteremos um disco $D(P, r)$ centrado em P que não inclui sua fronteira. Se insistirmos que também $d((x, y), (a, b)) \neq 0$, então obteremos um disco perfurado que não incluirá P e que denotaremos por $D^*(P, r)$.

Suponha, agora, que $f(x, y)$ esteja **definida perto** de P, mas não necessariamente no próprio ponto P. Em outras palavras, $f(x, y)$ está definida em cada ponto (x, y) de algum disco perfurado $D^*(P, r)$ com $r > 0$. Dizemos que $f(x, y)$ tende ao limite L com (x, y) tendendo a $P = (a, b)$ se $|f(x, y) - L|$ se tornar arbitrariamente pequeno com (x, y) suficientemente próximo de $P = (a, b)$ [Figura 2(C)]. Nesse caso, escrevemos
$$\lim_{(x,y)\to P} f(x,y) = \lim_{(x,y)\to(a,b)} f(x,y) = L$$

A definição formal é a seguinte.

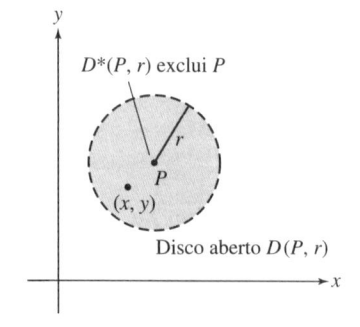

FIGURA 1 O disco aberto $D(P, r)$ consiste nos pontos (x, y) a uma distância $< r$ de P. Não inclui o círculo da fronteira.

DEFINIÇÃO Limite Suponha que $f(x, y)$ esteja definida perto de $P = (a, b)$. Então
$$\lim_{(x,y)\to P} f(x,y) = L$$
se, qualquer que seja $\epsilon > 0$, existir $\delta > 0$ tal que, se (x, y) satisfaz
$$0 < d((x,y),(a,b)) < \delta, \quad \text{então} \quad |f(x,y) - L| < \epsilon$$

Isso é análogo à definição de limite em uma variável, mas há uma diferença importante. No limite unidimensional, exigimos que $f(x)$ tenda a L com x se aproximando de a pela esquerda ou direita [Figura 2(A)]. No limite multidimensional, $f(x, y)$ deve tender a L independentemente da maneira pela qual (x, y) tender a P [Figura 2(B)].

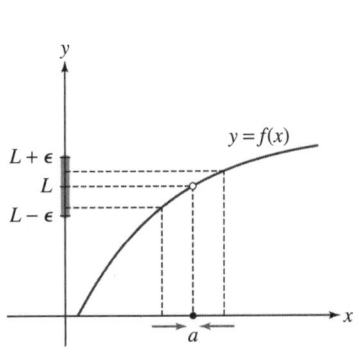

(A) Em uma variável, só podemos tender a a por dois lados.

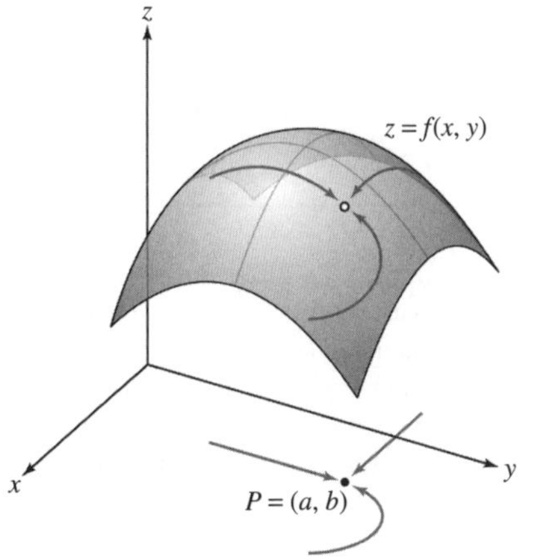

(B) Em duas variáveis, (x, y) pode tender a $P = (a, b)$ ao longo de qualquer caminho.

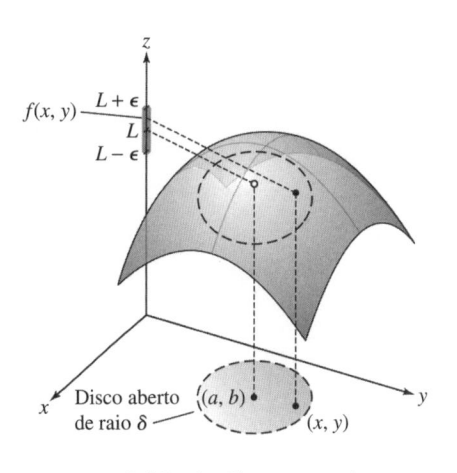

(C) $|f(x, y) - L| < \epsilon$ com qualquer (x, y) dentro do disco perfurado.

FIGURA 2

■ **EXEMPLO 1** Mostre que **(a)** $\lim_{(x,y) \to (a,b)} x = a$ e **(b)** $\lim_{(x,y) \to (a,b)} y = b$.

Solução Seja $P = (a, b)$. Para verificar (a), sejam $f(x, y) = x$ e $L = a$. Devemos mostrar que, qualquer que seja $\epsilon > 0$, podemos encontrar $\delta > 0$ tal que

$$\text{Se } 0 < d((x, y), (a, b)) < \delta, \quad \text{então} \quad |f(x, y) - L| = |x - a| < \epsilon \qquad \boxed{1}$$

De fato, podemos escolher $\delta = \epsilon$, pois, se $d((x, y), (a, b)) < \epsilon$, então

$$(x - a)^2 + (y - b)^2 < \epsilon^2 \quad \Rightarrow \quad (x - a)^2 < \epsilon^2 \quad \Rightarrow \quad |x - a| < \epsilon$$

Em outras palavras, dado qualquer $\epsilon > 0$, se $0 < d((x, y), (a, b)) < \epsilon$, então $|x - a| < \epsilon$. Isso prova (a). A prova de (b) é análoga (ver Figura 3). ■

O teorema seguinte enumera as leis básicas de limites. As demonstrações são análogas às provas das leis básicas dos limites de uma variável e são omitidas.

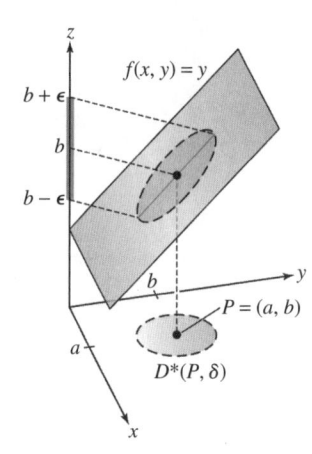

TEOREMA 1 Leis de limites Suponha que existam $\lim_{(x,y) \to P} f(x, y)$ e $\lim_{(x,y) \to P} g(x, y)$. Então:

(i) Lei da soma:

$$\lim_{(x,y) \to P} (f(x, y) + g(x, y)) = \lim_{(x,y) \to P} f(x, y) + \lim_{(x,y) \to P} g(x, y)$$

(ii) Lei do múltiplo constante: dado qualquer número k,

$$\lim_{(x,y) \to P} kf(x, y) = k \lim_{(x,y) \to P} f(x, y)$$

(iii) Lei do produto:

$$\lim_{(x,y) \to P} f(x, y)\, g(x, y) = \left(\lim_{(x,y) \to P} f(x, y) \right) \left(\lim_{(x,y) \to P} g(x, y) \right)$$

(iv) Lei do quociente: se $\lim_{(x,y) \to P} g(x, y) \neq 0$, então

$$\lim_{(x,y) \to P} \frac{f(x, y)}{g(x, y)} = \frac{\lim_{(x,y) \to P} f(x, y)}{\lim_{(x,y) \to P} g(x, y)}$$

FIGURA 3 Se $|y - b| < \delta$ com $\delta = \epsilon$, então $|f(x, y) - b| < \epsilon$. Assim, $\lim_{(x,y) \to (a,b)} y = b$.

Como no caso de uma variável, dizemos que f é contínua em $P = (a, b)$ se $f(x, y)$ tender ao valor $f(a, b)$ da função com $(x, y) \to (a, b)$.

> **DEFINIÇÃO Continuidade** Uma função f de duas variáveis é **contínua** em $P = (a, b)$ se
> $$\lim_{(x,y) \to (a,b)} f(x, y) = f(a, b)$$
> Dizemos que f é contínua se for contínua em cada ponto (a, b) de seu domínio.

As leis de limites nos dizem que somas, múltiplos e produtos de funções contínuas são contínuas. Aplicando esses leis a $f(x, y) = x$ e $g(x, y) = y$, que são contínuas pelo Exemplo 1, vemos que as funções potência $f(x, y) = x^m y^n$ são contínuas, quaisquer que sejam os números inteiros m e n, e que todos os polinômios são contínuos. Além disso, uma função racional $h(x, y)/g(x, y)$, em que h e g são polinômios, é contínua em todos os pontos (a, b) tais que $g(a, b) \neq 0$. Como ocorre em uma variável, podemos calcular limites de funções contínuas usando substituição.

■ **EXEMPLO 2 Cálculo de limites por substituição** Mostre que
$$f(x, y) = \frac{3x + y}{x^2 + y^2 + 1}$$
é contínua (Figura 4). Então calcule $\lim_{(x,y) \to (1,2)} f(x, y)$.

Solução A função f é contínua em todos os pontos (a, b) porque é uma função racional cujo denominador $Q(x, y) = x^2 + y^2 + 1$ nunca se anula. Portanto, podemos calcular o limite por substituição:
$$\lim_{(x,y) \to (1,2)} \frac{3x + y}{x^2 + y^2 + 1} = \frac{3(1) + 2}{1^2 + 2^2 + 1} = \frac{5}{6}$$ ■

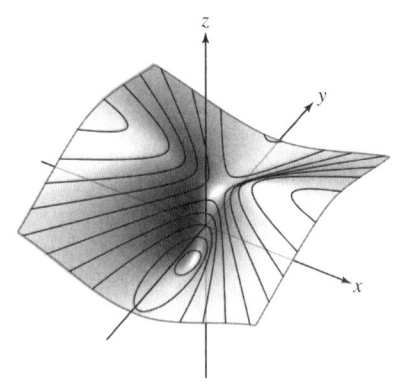

FIGURA 4 O gráfico, visto de cima, de $f(x, y) = \dfrac{3x + y}{x^2 + y^2 + 1}$.

Se f for um produto $f(x, y) = h(x)g(y)$, em que $h(x)$ e $g(y)$ são contínuas, então o limite é um produto de limites pela lei do produto:
$$\lim_{(x,y) \to (a,b)} f(x, y) = \lim_{(x,y) \to (a,b)} h(x)g(y) = \left(\lim_{x \to a} h(x) \right)\left(\lim_{y \to b} g(y) \right)$$

■ **EXEMPLO 3 Produto de funções** Calcule $\lim_{(x,y) \to (3,0)} x^3 \dfrac{\operatorname{sen} y}{y}$.

Solução O limite é igual a um produto de limites e, como existem ambos, $\lim_{x \to 3} x^3$ e $\lim_{y \to 0} \dfrac{\operatorname{sen} y}{y}$:
$$\lim_{(x,y) \to (3,0)} x^3 \frac{\operatorname{sen} y}{y} = \left(\lim_{x \to 3} x^3 \right)\left(\lim_{y \to 0} \frac{\operatorname{sen} y}{y} \right) = (3^3)(1) = 27$$ ■

A composição é outra maneira importante de construir funções. Se f for uma função de duas variáveis e $G(u)$ for uma função de uma variável, então a função composta $G \circ f$ é a função de duas variáveis dada por $G(f(x, y))$. De acordo com o teorema seguinte, a composição de funções contínuas é, também, contínua.

> **TEOREMA 2 Composição de funções contínuas é contínua** Se f for uma função de duas variáveis contínua em (a, b) e G for uma função de uma variável contínua em $c = f(a, b)$, então a função composta $G(f(x, y))$ será contínua em (a, b).

■ **EXEMPLO 4** Escreva $H(x, y) = e^{-x^2 + 2y}$ como uma função composta e calcule
$$\lim_{(x,y) \to (1,2)} H(x, y)$$

Solução Temos $H(x, y) = G \circ f$, sendo $G(u) = e^u$ e $f(x, y) = -x^2 + 2y$. Ambas as funções, f e G, são contínuas, portanto H também é contínua e
$$\lim_{(x,y) \to (1,2)} H(x, y) = \lim_{(x,y) \to (1,2)} e^{-x^2 + 2y} = e^{-(1)^2 + 2(2)} = e^3$$ ■

Como ocorre com limites de funções de uma variável, os limites mais difíceis são os de uma forma indeterminada. Se quisermos determinar $\lim_{(x,y)\to(a,b)} f(x, y)$, mas aplicando $f(x, y)$ em (a, b) resultar numa forma indeterminada do tipo $\frac{0}{0}$, então, em alguns casos, o limite existirá e, em outros, não. Sabemos que se um limite $\lim_{(x,y)\to(a,b)} f(x, y)$ existir e for igual a L, então $f(x, y)$ tende a L com (x, y) se aproximando de (a, b) ao longo de qualquer caminho. No exemplo seguinte, provamos que um limite *não existe* mostrando que $f(x, y)$ tende a *limites diferentes* quando $(0, 0)$ for aproximado ao longo de retas diferentes pela origem. Utilizamos três métodos neste exemplo para mostrar a variedade de abordagens que podem ser utilizadas.

■ **EXEMPLO 5** **Mostrando que um limite não existe** Examine numericamente
$\lim_{(x,y)\to(0,0)} \dfrac{x^2}{x^2 + y^2}$. Então, prove que o limite não existe.

Solução Se o limite existisse, seria de se esperar que os valores de $f(x, y)$ na Tabela 1 se aproximassem de um valor limite L com (x, y) se aproximando de $(0, 0)$. No entanto, a Tabela 1 sugere que $f(x, y)$ atinge todos os valores entre 0 e 1, por mais próximo que (x, y) esteja de $(0, 0)$. Por exemplo,

$$f(0,1; 0) = 1, \quad f(0,1; 0,1) = 0,5, \quad f(0; 0,1) = 0$$

Assim, parece que $f(x, y)$ não tende a valor fixado L algum com $(x, y) \to (0, 0)$.

TABELA 1 Valores de $f(x, y) = \dfrac{x^2}{x^2 + y^2}$

y \ x	−0,5	−0,4	−0,3	−0,2	−0,1	0	0,1	0,2	0,3	0,4	0,5
0,5	**0,5**	0,39	0,265	0,138	0,038	0	0,038	0,138	0,265	0,39	**0,5**
0,4	0,61	**0,5**	0,36	0,2	0,059	0	0,059	0,2	0,36	**0,5**	0,61
0,3	0,735	0,64	**0,5**	0,308	0,1	0	0,1	0,308	**0,5**	0,64	0,735
0,2	0,862	0,8	0,692	**0,5**	0,2	0	0,2	**0,5**	0,692	0,8	0,862
0,1	0,962	0,941	0,9	0,8	**0,5**	0	**0,5**	0,8	0,9	0,941	0,962
0	1	1	1	1	1		1	1	1	1	1
−0,1	0,962	0,941	0,9	0,8	**0,5**	0	**0,5**	0,8	0,9	0,941	0,962
−0,2	0,862	0,8	0,692	**0,5**	0,2	0	0,2	**0,5**	0,692	0,8	0,862
−0,3	0,735	0,640	**0,5**	0,308	0,1	0	0,1	0,308	**0,5**	0,640	0,735
−0,4	0,610	**0,5**	0,360	0,2	0,059	0	0,059	0,2	0,36	**0,5**	0,61
−0,5	**0,5**	0,39	0,265	0,138	0,038	0	0,038	0,138	0,265	0,390	**0,5**

Agora, provemos que o limite não existe.

Primeiro método Mostramos que $f(x, y)$ tende a limites diferentes ao longo dos eixos x e y (Figura 5):

Limite ao longo do eixo x $\quad \lim_{x\to 0} f(x, 0) = \lim_{x\to 0} \dfrac{x^2}{x^2 + 0^2} = \lim_{x\to 0} 1 = 1$

Limite ao longo do eixo y $\quad \lim_{y\to 0} f(0, y) = \lim_{y\to 0} \dfrac{0^2}{0^2 + y^2} = \lim_{y\to 0} 0 = 0$

Esses dois limites são diferentes e, portanto, não existe $\lim_{(x,y)\to(0,0)} f(x, y)$.

Segundo método Tomando $y = mx$, estamos nos restringindo à reta pela origem de inclinação m. Então o limite passa a ser

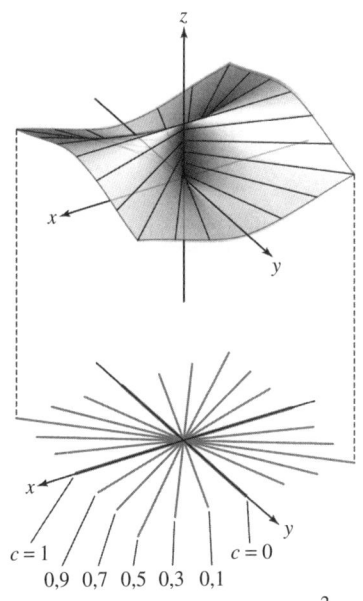

$$\lim_{x\to 0} f(x, mx) = \lim_{x\to 0} \dfrac{x^2}{x^2 + (mx)^2} = \dfrac{1}{1 + m^2}$$

FIGURA 5 O gráfico de $f(x, y) = \dfrac{x^2}{x^2 + y^2}$.

Isso depende, claramente, da inclinação m e, portanto, fornece valores diferentes se a origem for aproximada ao longo de retas de inclinações diferentes. Por exemplo, se $m = 0$, ou seja, se aproximarmos a origem pelo eixo x, obteremos um limite igual a 1. No entanto, se $m = 1$, ou seja, se aproximarmos a origem pela diagonal, o limite será $\frac{1}{2}$. Logo, o limite não existe. O mapa de contornos da Figura 5 mostra a variedade de limites que ocorrem quando a origem é aproximada por várias retas.

Terceiro método Passemos para coordenadas polares, tomando $x = r\cos\theta$ e $y = r\,\text{sen}\,\theta$. Então, dado qualquer caminho que tenda a (0, 0), necessariamente deve acontecer que r tende a 0. Obtemos caminhos diferentes fixando θ em vários valores e fazendo r tender a 0.

Dessa forma, podemos considerar

$$\lim_{r\to 0}\frac{x^2}{x^2+y^2} = \lim_{r\to 0}\frac{(r\cos\theta)^2}{(r\cos\theta)^2+(r\,\text{sen}\,\theta)^2} = \lim_{r\to 0}\cos^2\theta$$

Esse resultado depende de θ. Por exemplo, fixando θ igual a 0, o que significa tender a (0, 0) ao longo do eixo x positivo, obtemos um limite igual a 1. Fixando θ igual a $\pi/2$, o que significa tender a (0, 0) ao longo do eixo y positivo, obtemos um limite igual a 0. Como valores diferentes de θ dão resultados diferentes, o limite não existe. ∎

■ **EXEMPLO 6 Verificando um limite** Calcule $\lim_{(x,y)\to(0,0)} f(x,y)$, em que $f(x,y)$ é definida em $(x,y)\neq (0,0)$ por

$$f(x,y) = \frac{xy^2}{x^2+y^2}$$

como na Figura 6.

Solução Como a substituição dá uma forma indeterminada do tipo $\frac{0}{0}$, tentamos converter para coordenadas polares:

$$x = r\cos\theta, \qquad y = r\,\text{sen}\,\theta$$

Observe que r tenderá para 0 com qualquer caminho tendendo a (0, 0).
Então $x^2 + y^2 = r^2$ e, se $r \neq 0$,

$$0 \leq \left|\frac{xy^2}{x^2+y^2}\right| = \left|\frac{(r\cos\theta)(r\,\text{sen}\,\theta)^2}{r^2}\right| = r|\cos\theta\,\text{sen}^2\theta| \leq r$$

Se (x,y) tender a (0, 0), então a variável r também tenderá para 0, de modo que a conclusão esperada segue do teorema do confronto:

$$0 \leq \lim_{(x,y)\to(0,0)}\left|\frac{xy^2}{x^2+y^2}\right| \leq \lim_{r\to 0} r = 0 \qquad \blacksquare$$

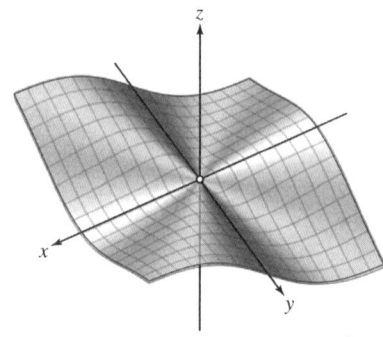

FIGURA 6 O gráfico de $f(x,y) = \dfrac{xy^2}{x^2+y^2}$.

Note que, nos dois exemplos precedentes, utilizamos coordenadas polares para provar, no primeiro, que um limite não existe e, no segundo, que um limite existe. Poderíamos concluir que as coordenadas polares sempre podem ser aplicadas o que, infelizmente, não ocorre. Elas só podem funcionar se tomarmos um limite com (x,y) tendendo a (0, 0). Além disso, há muitas situações em que elas não funcionam, nem para provar a existência, nem a não existência de um limite, mesmo se (x,y) estiver tendendo a (0, 0).

■ **EXEMPLO 7** Determine se existe, ou não, o limite

$$\lim_{(x,y)\to(0,0)}\frac{x^2 y}{x^4+y^2}$$

Solução Começamos considerando caminhos ao longo de retas pela origem da forma $y = mx$.

Então o limite passa a ser

$$\lim_{x \to 0} \frac{x^2(mx)}{x^4 + (mx)^2} = \lim_{x \to 0} \frac{xm}{x^2 + m^2} = 0$$

Assim, todos os caminhos ao longo de retas pela origem fornecem o mesmo limite. Contudo, isso não significa que qualquer caminho pela origem vá dar o mesmo resultado. Consideremos o caminho ao longo da parábola $y = x^2$. Então o limite passa a ser

$$\lim_{x \to 0} \frac{x^2(x^2)}{x^4 + (x^2)^2} = \frac{1}{2}$$

Como esse limite não é igual ao limite que obtivemos tendendo à origem por retas, concluímos que o limite não existe. ∎

Para provar que um limite não existe, basta encontrar dois caminhos que deem limites diferentes. Contudo, como demonstra o Exemplo 7, para provar que um limite *existe* num ponto, não é suficiente considerar os limites ao longo de uma coleção finita de retas pelo ponto e, nem mesmo, a coleção de todas as retas pelo ponto.

14.2 Resumo

- Suponha que $f(x, y)$ esteja definida perto de $P = (a, b)$. Então

$$\lim_{(x,y) \to (a,b)} f(x, y) = L$$

se, qualquer que seja $\epsilon > 0$, existir $\delta > 0$ tal que se (x, y) satisfizer

$$0 < d((x, y), (a, b)) < \delta, \quad \text{então} \quad |f(x, y) - L| < \epsilon$$

- O limite de um produto $f(x, y) = h(x)g(y)$ é um produto de limites:

$$\lim_{(x,y) \to (a,b)} f(x, y) = \left(\lim_{x \to a} h(x)\right)\left(\lim_{y \to b} g(y)\right)$$

- Uma função f de duas variáveis é *contínua* em $P = (a, b)$ se

$$\lim_{(x,y) \to (a,b)} f(x, y) = f(a, b)$$

- Para provar que um limite não existe, é suficiente mostrar que não coincidem os limites obtidos ao longo de dois caminhos distintos.

14.2 Exercícios

Exercícios preliminares

1. Qual é a diferença entre $D(P, r)$ e $D^*(P, r)$?

2. Suponha que $f(x, y)$ seja contínua em $(2, 3)$ e que $f(2, y) = y^3$ com $y \neq 3$. Qual é o valor de $f(2, 3)$?

3. Suponha que $Q(x, y)$ seja uma função tal que $1/Q(x, y)$ é contínua em qualquer (x, y). Quais das afirmações seguintes são verdadeiras?

    (a) $Q(x, y)$ é contínua em cada (x, y).
    (b) $Q(x, y)$ é contínua em cada $(x, y) \neq (0, 0)$.
    (c) $Q(x, y) \neq 0$ com qualquer (x, y).

4. Suponha que $f(x, 0) = 3$ com qualquer $x \neq 0$ e $f(0, y) = 5$ com qualquer $y \neq 0$. O que podemos concluir sobre $\lim_{(x,y) \to (0,0)} f(x, y)$?

Exercícios

Nos Exercícios 1-8, use continuidade para calcular o limite.

1. $\lim_{(x,y) \to (1,2)} (x^2 + y)$

2. $\lim_{(x,y) \to (\frac{4}{9}, \frac{2}{9})} \frac{x}{y}$

3. $\lim_{(x,y) \to (2,-1)} (xy - 3x^2 y^3)$

4. $\lim_{(x,y) \to (-2,1)} \frac{2x^2}{4x + y}$

5. $\lim_{(x,y)\to(\frac{\pi}{4},0)} \text{tg } x \cos y$

6. $\lim_{(x,y)\to(2,3)} \text{arc tg}(x^2 - y)$

7. $\lim_{(x,y)\to(1,1)} \dfrac{e^{x^2} - e^{-y^2}}{x+y}$

8. $\lim_{(x,y)\to(1,0)} \ln(x-y)$

Nos Exercícios 9-12, calcule o limite supondo que

$$\lim_{(x,y)\to(2,5)} f(x,y) = 3, \qquad \lim_{(x,y)\to(2,5)} g(x,y) = 7$$

9. $\lim_{(x,y)\to(2,5)} \big(g(x,y) - 2f(x,y)\big)$

10. $\lim_{(x,y)\to(2,5)} f(x,y)^2 g(x,y)$

11. $\lim_{(x,y)\to(2,5)} e^{f(x,y)^2 - g(x,y)}$

12. $\lim_{(x,y)\to(2,5)} \dfrac{f(x,y)}{f(x,y) + g(x,y)}$

13. O limite $\lim_{(x,y)\to(0,0)} \dfrac{y^2}{x^2+y^2}$ existe? Explique.

14. Seja $f(x,y) = xy/(x^2+y^2)$. Mostre que $f(x,y)$ tende a zero ao longo dos eixos x e y. Então prove que não existe $\lim_{(x,y)\to(0,0)} f(x,y)$ mostrando que, ao longo da reta $y=x$, o limite não é nulo.

15. Seja $f(x,y) = \dfrac{x^3 + y^3}{xy^2}$. Substitua $y = mx$ e mostre que o limite resultante depende de m e que, portanto, não existe $\lim_{(x,y)\to(0,0)} f(x,y)$.

16. Seja $f(x,y) = \dfrac{2x^2 + 3y^2}{xy}$. Substitua $y = mx$ e mostre que o limite resultante depende de m e que, portanto, não existe $\lim_{(x,y)\to(0,0)} f(x,y)$.

17. Prove que
$$\lim_{(x,y)\to(0,0)} \dfrac{x}{x^2+y^2}$$
não existe, considerando o limite ao longo do eixo x.

18. Sejam $f(x,y) = x^3/(x^2+y^2)$ e $g(x,y) = x^2/(x^2+y^2)$. Usando coordenadas polares, prove que
$$\lim_{(x,y)\to(0,0)} f(x,y) = 0$$
e que não existe $\lim_{(x,y)\to(0,0)} g(x,y)$. *Sugestão:* mostre que $g(x,y) = \cos^2\theta$ e observe que $\cos\theta$ pode ser qualquer valor entre -1 e 1 se $(x,y) \to (0,0)$.

Nos Exercícios 19-22, use qualquer método para calcular o limite ou determine que ele não existe.

19. $\lim_{(x,y)\to(0,0)} \dfrac{x^2 - y^2}{\sqrt{x^2+y^2}}$

20. $\lim_{(x,y)\to(0,0)} \dfrac{x^2 - y^2}{x^2+y^2}$

21. $\lim_{(x,y)\to(0,0)} \dfrac{xy}{3x^2 + 2y^2}$

22. $\lim_{(x,y)\to(0,0)} \dfrac{x^4 - y^4}{x^4 + x^2y^2 + y^4}$

Nos Exercícios 23 e 24, mostre que o limite não existe usando tendência à origem ao longo de um ou mais eixos coordenados.

23. $\lim_{(x,y,z)\to(0,0,0)} \dfrac{x+y+z}{x^2+y^2+z^2}$

24. $\lim_{(x,y)\to(0,0)} \dfrac{x^2 - y^2 + z^2}{x^2 + y^2 + z^2}$

25. Use o teorema do confronto para calcular
$$\lim_{(x,y)\to(4,0)} (x^2 - 16) \cos\left(\dfrac{1}{(x-4)^2 + y^2}\right)$$

26. Calcule $\lim_{(x,y)\to(0,0)} \text{tg } x \text{ sen}\left(\dfrac{1}{|x|+|y|}\right)$.

Nos Exercícios 27-40, calcule o limite ou determine que ele não existe.

27. $\lim_{(z,w)\to(-2,1)} \dfrac{z^4 \cos(\pi w)}{e^{z+w}}$

28. $\lim_{(z,w)\to(-1,2)} (z^2 w - 9z)$

29. $\lim_{(x,y)\to(4,2)} \dfrac{y-2}{\sqrt{x^2-4}}$

30. $\lim_{(x,y)\to(0,0)} \dfrac{x^2+y^2}{1+y^2}$

31. $\lim_{(x,y)\to(3,4)} \dfrac{1}{\sqrt{x^2+y^2}}$

32. $\lim_{(x,y)\to(0,0)} \dfrac{xy}{\sqrt{x^2+y^2}}$

33. $\lim_{(x,y)\to(1,-3)} e^{x-y} \ln(x-y)$

34. $\lim_{(x,y)\to(0,0)} \dfrac{|x|}{|x|+|y|}$

35. $\lim_{(x,y)\to(-3,-2)} (x^2 y^3 + 4xy)$

36. $\lim_{(x,y)\to(2,1)} e^{x^2 - y^2}$

37. $\lim_{(x,y)\to(0,0)} \text{tg}(x^2+y^2)\, \text{arc tg}\left(\dfrac{1}{x^2+y^2}\right)$

38. $\lim_{(x,y)\to(0,0)} (x+y+2)e^{-1/(x^2+y^2)}$

39. $\lim_{(x,y)\to(0,0)} \dfrac{x^2+y^2}{\sqrt{x^2+y^2+1}-1}$

40. $\lim_{(x,y)\to(1,1)} \dfrac{x^2+y^2-2}{|x-1|+|y-1|}$

Sugestão: reescreva o limite em termos de $u = x-1$ e $v = y-1$.

41. Seja $f(x,y) = \dfrac{x^3+y^3}{x^2+y^2}$.

   (a) Mostre que
   $$|x^3| \le |x|(x^2+y^2), \quad |y^3| \le |y|(x^2+y^2)$$
   (b) Mostre que $|f(x,y)| \le |x| + |y|$.
   (c) Use o teorema do confronto para provar que
   $$\lim_{(x,y)\to(0,0)} f(x,y) = 0.$$

42. Sejam $a, b \ge 0$. Mostre que $\lim_{(x,y)\to(0,0)} \dfrac{x^a y^b}{x^2+y^2} = 0$ se $a+b > 2$ e que não existe o limite se $a+b \le 2$.

43. A Figura 7 mostra o mapa de contornos de duas funções. Explique por que não existe o limite $\lim_{(x,y)\to P} f(x,y)$. O limite $\lim_{(x,y)\to Q} g(x,y)$ em (B) parece existir? Caso afirmativo, qual será esse limite?

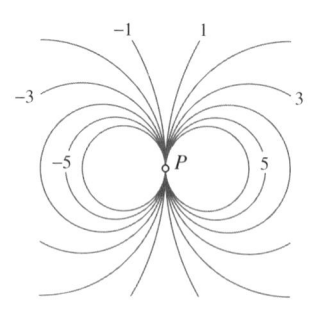

(A) Mapa de contornos de $f(x,y)$. (B) Mapa de contornos de $g(x,y)$.

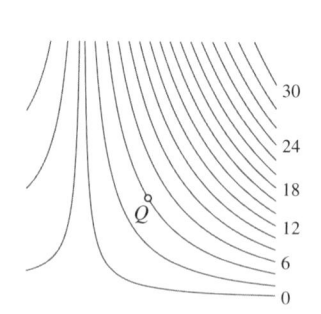

FIGURA 7

Compreensão adicional e desafios

44. Calcule $\lim_{(x,y)\to(0,2)} (1+x)^{y/x}$.

45. A função abaixo é contínua?
$$f(x,y) = \begin{cases} x^2 + y^2 & \text{se } x^2 + y^2 < 1 \\ 1 & \text{se } x^2 + y^2 \geq 1 \end{cases}$$

46. 📖 A função $f(x,y) = \text{sen}(xy)/xy$ está definida com $xy \neq 0$.
  (a) É possível estender o domínio de f a todo $\mathbf{R}^2$ de tal modo que o resultado seja uma função contínua?
  (b) Use um sistema algébrico computacional para esboçar f. O resultado confirma sua conclusão em (a)?

47. Prove que a função
$$f(x,y) = \begin{cases} \dfrac{(2^x - 1)(\text{sen } y)}{xy} & \text{se } xy \neq 0 \\ \ln 2 & \text{se } xy = 0 \end{cases}$$
é contínua em $(0, 0)$.

48. Prove que se $f(x)$ for contínua em $x = a$ e $g(y)$ for contínua em $y = b$, então $F(x, y) = f(x)g(y)$ será contínua em (a, b).

49. Considere a função $f(x, y) = \dfrac{x^3 y}{x^6 + 2y^2}$.
  (a) Mostre que se $(x, y) \to (0, 0)$ ao longo de qualquer reta $y = mx$, o limite será igual a 0.
  (b) Mostre que se $(x, y) \to (0, 0)$ ao longo da curva $y = x^3$ o limite não será igual a 0 e, portanto, não existe $\lim_{(x,y)\to(0,0)} f(x,y)$.

14.3 Derivadas parciais

Já enfatizamos que uma função f de duas ou mais variáveis não tem uma única taxa de variação porque cada variável pode afetar f de maneiras diferentes. Por exemplo, a corrente I num circuito é uma função tanto da voltagem V quanto da resistência R dada pela lei de Ohm:

$$I(V, R) = \frac{V}{R}$$

A corrente I é *crescente* como uma função de V (mantendo R fixado), mas é *decrescente* como uma função de R (mantendo V fixado).

As **derivadas parciais** são as taxas de variação em relação a cada variável separadamente. Uma função $f(x, y)$ de duas variáveis tem duas derivadas parciais, denotadas por f_x e f_y, definidas pelos limites seguintes (se existirem):

$$f_x(a,b) = \lim_{h \to 0} \frac{f(a+h, b) - f(a, b)}{h}, \quad f_y(a,b) = \lim_{k \to 0} \frac{f(a, b+k) - f(a, b)}{k}$$

Assim, f_x é a derivada de $f(x, b)$ como uma função só de x, e f_y é a derivada de $f(a, y)$ como uma função só de y. A notação de Leibniz para as derivadas parciais é

$$\frac{\partial f}{\partial x} = f_x, \qquad \frac{\partial f}{\partial y} = f_y$$

$$\left.\frac{\partial f}{\partial x}\right|_{(a,b)} = f_x(a,b), \qquad \left.\frac{\partial f}{\partial y}\right|_{(a,b)} = f_y(a,b)$$

> *O símbolo de derivada parcial ∂ é um "d" arredondado. Os símbolos $\partial f/\partial x$ e $\partial f/\partial y$ são pronunciados "de efe de xis" e "de efe de ípsilon".*

Se $z = f(x, y)$, também escrevemos $\partial z/\partial x$ e $\partial z/\partial y$.

As derivadas parciais são calculadas exatamente como derivadas comuns em uma variável, com essa diferença: para calcular f_x, tratamos y como constante e, para calcular f_y, tratamos x como constante.

■ **EXEMPLO 1** Calcule as derivadas parciais de $f(x, y) = x^2 y^5$.

Solução

$$\frac{\partial f}{\partial x} = \underbrace{\frac{\partial}{\partial x}\left(x^2 y^5\right) = y^5 \frac{\partial}{\partial x}\left(x^2\right)}_{\text{Tratamos } y^5 \text{ como uma constante}} = y^5(2x) = 2xy^5$$

$$\frac{\partial f}{\partial y} = \underbrace{\frac{\partial}{\partial y}\left(x^2 y^5\right) = x^2 \frac{\partial}{\partial x}\left(y^5\right)}_{\text{Tratamos } x^2 \text{ como uma constante}} = x^2(5y^4) = 5x^2 y^4 \qquad ■$$

ENTENDIMENTO GRÁFICO As derivadas parciais em $P = (a, b)$ são as inclinações das retas tangentes às curvas dadas pelos traços verticais passando pelo ponto $(a, b, f(a, b))$ na Figura 1(A). Para calcular $f_x(a, b)$, tomamos $y = b$ e derivamos na direção x. Isso nos dá a inclinação da reta tangente à curva do traço no plano $y = b$ [Figura 1(B)]. Analogamente, $f_y(a, b)$ é a inclinação da curva do traço no plano vertical $x = a$ [Figura 1(C)].

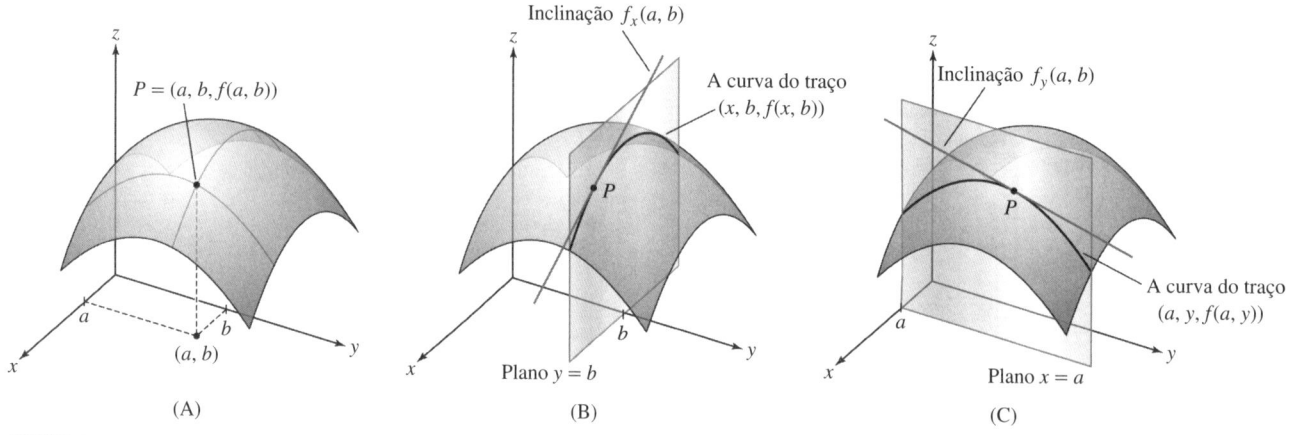

FIGURA 1 As derivadas parciais são as inclinações das curvas dadas pelos traços verticais.

As regras de derivação do Cálculo a uma variável (regras do produto, quociente e da cadeia) são válidas com derivadas parciais.

■ **EXEMPLO 2** Calcule $g_x(1, 3)$ e $g_y(1, 3)$, sendo $g(x, y) = \dfrac{y^2}{(1 + x^2)^3}$.

Solução Para calcular g_x, tratamos y (e, portanto, y^2) como uma constante:

$$g_x(x, y) = \frac{\partial}{\partial x}\left(\frac{y^2}{(1+x^2)^3}\right) = y^2 \frac{\partial}{\partial x}(1+x^2)^{-3} = \frac{-6xy^2}{(1+x^2)^4}$$

$$g_x(1, 3) = \frac{-6(1)3^2}{(1+1^2)^4} = -\frac{27}{8}$$

Para calcular g_y, tratamos x (e, portanto, $1 + x^2$) como uma constante:

$$g_y(x, y) = \frac{\partial}{\partial y}\left(\frac{y^2}{(1+x^2)^3}\right) = \frac{1}{(1+x^2)^3}\frac{\partial}{\partial y}y^2 = \frac{2y}{(1+x^2)^3} \qquad \boxed{1}$$

$$g_y(1, 3) = \frac{2(3)}{(1+1^2)^3} = \frac{3}{4}$$

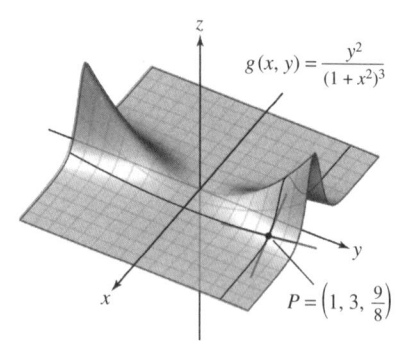

FIGURA 2 As inclinações das retas tangentes às curvas dos traços são $g_x(1, 3)$ e $g_y(1, 3)$.

Essas derivadas parciais são as inclinações das curvas dadas pelos traços pelo ponto $\left(1, 3, \frac{9}{8}\right)$, mostradas na Figura 2. ■

ADVERTÊNCIA Não é necessário utilizar a regra do quociente para calcular a derivada parcial na Equação (1). O denominador não depende de y, portanto é tratado como uma constante quando derivamos em relação a y.

Utilizamos a regra da cadeia para calcular derivadas parciais de uma função composta $f(x, y) = F(g(x, y))$, em que $F(u)$ é uma função de uma variável e $u = g(x, y)$:

$$\frac{\partial f}{\partial x} = \frac{dF}{du}\frac{\partial u}{\partial x}, \qquad \frac{\partial f}{\partial y} = \frac{dF}{du}\frac{\partial u}{\partial y}$$

■ **EXEMPLO 3** **Regra da cadeia com derivadas parciais** Calcule $\dfrac{\partial}{\partial x}\operatorname{sen}(x^2 y^5)$.

Solução Escrevemos $\operatorname{sen}(x^2 y^5) = F(u)$, sendo $F(u) = \operatorname{sen} u$ e $u = x^2 y^5$. Então temos $\dfrac{dF}{du} = \cos u$ e a regra da cadeia dá

$$\underbrace{\frac{\partial}{\partial x}\operatorname{sen}(x^2 y^5) = \frac{dF}{du}\frac{\partial u}{\partial x}}_{\text{Regra da cadeia}} = \cos(x^2 y^5)\frac{\partial}{\partial x}x^2 y^5 = 2xy^5 \cos(x^2 y^5)$$

■

As derivadas parciais são definidas para funções de qualquer número de variáveis. Calculamos a derivada parcial em relação a qualquer uma delas mantendo constantes as demais variáveis.

■ **EXEMPLO 4** **Mais de duas variáveis** Calcule $f_z(0, 0, 1, 1)$, sendo

$$f(x, y, z, w) = \frac{e^{xz+y}}{z^2 + w}$$

Solução Usamos a regra do quociente, tratando x, y e w como constantes:

$$f_z(x, y, z, w) = \frac{\partial}{\partial z}\left(\frac{e^{xz+y}}{z^2 + w}\right) = \frac{(z^2 + w)\frac{\partial}{\partial z}e^{xz+y} - e^{xz+y}\frac{\partial}{\partial z}(z^2 + w)}{(z^2 + w)^2}$$

$$= \frac{(z^2 + w)xe^{xz+y} - 2ze^{xz+y}}{(z^2 + w)^2} = \frac{(z^2x + wx - 2z)e^{xz+y}}{(z^2 + w)^2}$$

$$f_z(0, 0, 1, 1) = \frac{-2e^0}{(1^2 + 1)^2} = -\frac{1}{2}$$
■

No Exemplo 4, a conta

$$\frac{\partial}{\partial z}e^{xz+y} = xe^{xz+y}$$

decorre da regra da cadeia, da mesma forma que

$$\frac{d}{dz}e^{az+b} = ae^{az+b}$$

Como a derivada parcial $f_x(a, b)$ é a derivada da função $f(x, b)$ vista como uma função só de x, podemos obter uma estimativa da variação Δf quando x varia de a a $a + \Delta x$ como no caso de uma variável. Analogamente, podemos obter uma estimativa da variação quando y varia por Δy. Com Δx e Δy pequenos (exatamente quão pequenos depende de f e da precisão desejada):

$$\boxed{\begin{aligned} f(a + \Delta x, b) - f(a, b) &\approx f_x(a, b)\Delta x \\ f(a, b + \Delta y) - f(a, b) &\approx f_y(a, b)\Delta y \end{aligned}}$$

Essa aproximação é aplicável a qualquer número de variáveis. Por exemplo, $\Delta f \approx f_w \Delta w$ se uma das variáveis w variar por Δw e todas as demais variáveis permanecerem fixadas.

■ **EXEMPLO 5** **Teste de microprocessadores** Um **reticulado de bolas** consiste num microprocessador ligado a uma placa por pequenas bolas de solda de R mm de raio separadas por uma distância de L mm (Figura 3). Os fabricantes testam a confiabilidade do reticulado sujeitando-o a ciclos repetidos, em que a temperatura varia de 0 a 100°C num período de 40 minutos. De acordo com um modelo, o número médio N de ciclos até o processador falhar é

$$N = \left(\frac{2200R}{Ld}\right)^{1,9}$$

em que d é a diferença entre os coeficientes de expansão do processador e da placa. Dê uma estimativa da variação ΔN se $R = 0,12$, $d = 10$ e L for aumentado de 0,4 para 0,42.

Solução Usamos a aproximação

$$\Delta N \approx \frac{\partial N}{\partial L} \Delta L$$

com $\Delta L = 0,42 - 0,4 = 0,02$. Como R e d são constantes, a derivada parcial é

$$\frac{\partial N}{\partial L} = \frac{\partial}{\partial L}\left(\frac{2200R}{Ld}\right)^{1,9} = \left(\frac{2200R}{d}\right)^{1,9}\frac{\partial}{\partial L}L^{-1,9} = -1,9\left(\frac{2200R}{d}\right)^{1,9}L^{-2,9}$$

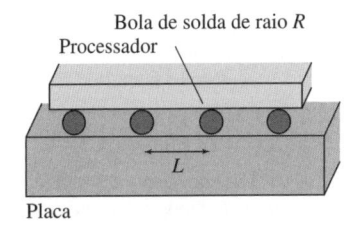

FIGURA 3 Um reticulado de bolas. As variações de temperatura forçam o reticulado e podem levá-lo a falhar, porque o processador e a placa se expandem a taxas diferentes.

Agora calculamos em $L = 0{,}4$, $R = 0{,}12$ e $d = 10$:

$$\left.\frac{\partial N}{\partial L}\right|_{(L,R,d)=(0,4,0,12,10)} = -1{,}9\left(\frac{2200(0{,}12)}{10}\right)^{1,9}(0{,}4)^{-2,9} \approx -13.609$$

O decréscimo no número médio de ciclos antes de o processador falhar é

$$\Delta N \approx \frac{\partial N}{\partial L}\Delta L = -13.609(0{,}02) \approx -272 \text{ ciclos}$$

No próximo exemplo, obtemos uma estimativa numérica de uma derivada parcial. Como f_x e f_y são limites de razões incrementais, temos as duas aproximações seguintes, quando h e k forem "pequenos":

$$f_x(a,b) \approx \frac{\Delta f}{\Delta x} = \frac{f(a+h,b) - f(a,b)}{h}$$

$$f_y(a,b) \approx \frac{\Delta f}{\Delta y} = \frac{f(a,b+k) - f(a,b)}{k}$$

Aproximações análogas são válidas com qualquer número de variáveis.

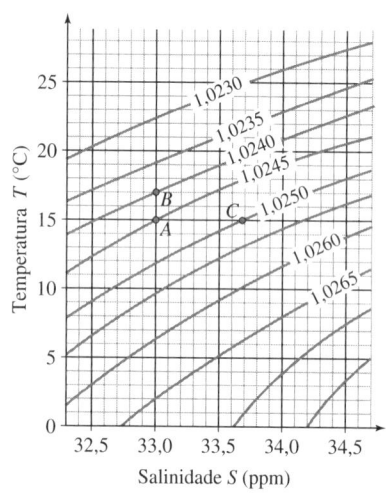

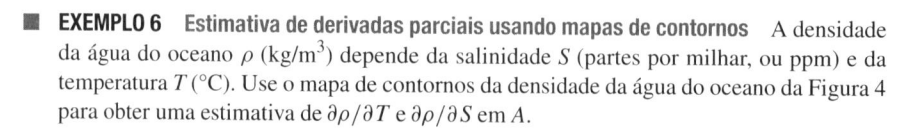

■ **EXEMPLO 6** **Estimativa de derivadas parciais usando mapas de contornos** A densidade da água do oceano ρ (kg/m^3) depende da salinidade S (partes por milhar, ou ppm) e da temperatura T (°C). Use o mapa de contornos da densidade da água do oceano da Figura 4 para obter uma estimativa de $\partial\rho/\partial T$ e $\partial\rho/\partial S$ em A.

Solução O ponto A tem coordenadas $(S, T) = (33, 15)$ e fica na curva de nível $\rho = 1{,}0245$. Obtemos a estimativa de $\partial\rho/\partial T$ em dois passos.

Passo 1. **Mover verticalmente partindo de A.**

Como T varia na direção vertical, passamos verticalmente do ponto A para o ponto B na próxima curva de nível, onde $\rho = 1{,}0240$. O ponto B tem coordenadas $(S, T) = (33, 17)$. Observe que ao mover de A para B, mantivemos S constante, já que ambos os pontos apresentam salinidade $S = 33$.

Passo 2. **Calcular a razão incremental.**

$$\Delta\rho = 1{,}0240 - 1{,}0245 = -0{,}0005 \text{ kg/m}^3$$
$$\Delta T = 17 - 15 = 2°C$$

Isso nos dá a aproximação

$$\left.\frac{\partial\rho}{\partial T}\right|_A \approx \frac{\Delta\rho}{\Delta T} = \frac{-0{,}0005}{2} = -0{,}00025 \text{ kg-m}^{-3}/°C$$

Obtemos uma estimativa de $\partial\rho/\partial S$ de modo análogo, movendo horizontalmente para a direita até o ponto C de coordenadas $(S, T) \approx (33{,}7, 15)$, em que $\rho = 1{,}0250$:

$$\left.\frac{\partial\rho}{\partial S}\right|_A \approx \frac{\Delta\rho}{\Delta S} = \frac{1{,}0250 - 1{,}0245}{33{,}7 - 33} = \frac{0{,}0005}{0{,}7} \approx 0{,}0007 \text{ kg-m}^{-3}/\text{ppm}$$ ■

FIGURA 4 O mapa de contornos da densidade da água do oceano como uma função da temperatura e salinidade.

Para maior precisão, podemos estimar $f_x(a, b)$ tomando a média dos quocientes de diferença para Δx e $-\Delta x$. Uma observação semelhante aplica-se a $f_y(a, b)$.

Derivadas parciais de ordens superiores

As derivadas parciais de ordens superiores são as derivadas das derivadas. As derivadas parciais de *segunda ordem* de f são as derivadas parciais de f_x e f_y. Escrevemos f_{xx} para a derivada em relação a x de f_x e f_{yy} para a derivada em relação a y de f_y:

$$f_{xx} = \frac{\partial}{\partial x}\left(\frac{\partial f}{\partial x}\right), \qquad f_{yy} = \frac{\partial}{\partial y}\left(\frac{\partial f}{\partial y}\right)$$

Também temos as derivadas *parciais mistas*, que são as derivadas

$$f_{xy} = \frac{\partial}{\partial y}\left(\frac{\partial f}{\partial x}\right), \qquad f_{yx} = \frac{\partial}{\partial x}\left(\frac{\partial f}{\partial y}\right)$$

O processo pode ser continuado. Por exemplo, f_{xyx} é a derivada em relação a x de f_{xy}, e f_{xyy} é a derivada em relação a y de f_{xy} (a derivação é efetuada na ordem dos subscritos, da esquerda para a direita). A notação de Leibniz para as derivadas parciais de ordens superiores é

$$f_{xx} = \frac{\partial^2 f}{\partial x^2}, \qquad f_{xy} = \frac{\partial^2 f}{\partial y \partial x}, \qquad f_{yx} = \frac{\partial^2 f}{\partial x \partial y}, \qquad f_{yy} = \frac{\partial^2 f}{\partial y^2}$$

As derivadas parciais de ordens superiores para funções de três ou mais variáveis são definidas de maneira análoga.

■ **EXEMPLO 7** Calcule as derivadas parciais de segunda ordem de $f(x, y) = x^3 + y^2 e^x$.

Solução Começamos calculando as derivadas parciais de primeira ordem:

$$f_x(x, y) = \frac{\partial}{\partial x}(x^3 + y^2 e^x) = 3x^2 + y^2 e^x, \qquad f_y(x, y) = \frac{\partial}{\partial y}(x^3 + y^2 e^x) = 2y e^x$$

Agora calculamos as derivadas parciais de segunda ordem:

$$f_{xx}(x, y) = \frac{\partial}{\partial x} f_x = \frac{\partial}{\partial x}(3x^2 + y^2 e^x) \qquad f_{yy}(x, y) = \frac{\partial}{\partial y} f_y = \frac{\partial}{\partial y} 2y e^x$$

$$= 6x + y^2 e^x, \qquad\qquad\qquad\qquad = 2e^x$$

$$f_{xy}(x, y) = \frac{\partial f_x}{\partial y} = \frac{\partial}{\partial y}(3x^2 + y^2 e^x) \qquad f_{yx}(x, y) = \frac{\partial f_y}{\partial x} = \frac{\partial}{\partial x} 2y e^x$$

$$= 2y e^x, \qquad\qquad\qquad\qquad = 2y e^x \qquad ■$$

■ **EXEMPLO 8** Calcule f_{xyy} se $f(x, y) = x^3 + y^2 e^x$.

Solução Pelo exemplo precedente, $f_{xy} = 2y e^x$. Então

$$f_{xyy} = \frac{\partial}{\partial y} f_{xy} = \frac{\partial}{\partial y} 2y e^x = 2e^x \qquad ■$$

Observe no Exemplo 7 que f_{xy} e f_{yx} são, ambas, iguais a $2y e^x$. É uma circunstância conveniente que a igualdade $f_{xy} = f_{yx}$ seja válida em geral, desde que as parciais mistas sejam contínuas. Ver Apêndice D para uma prova do teorema seguinte, que leva o nome do matemático francês Alexis Clairaut (Figura 5).

> *Lembre a maneira como são usados os subscritos na derivação parcial. A notação f_{xyy} significa "derivar primeiro em relação a x e depois derivar duas vezes em relação a y".*

> *A hipótese do teorema de Clairaut, de que f_{xy} e f_{yx} sejam contínuas, é quase sempre satisfeita na prática, mas veja o Exercício 84 para um exemplo em que as parciais mistas não são iguais.*

TEOREMA 1 Teorema de Clairaut: igualdade das parciais mistas Se f_{xy} e f_{yx} forem, ambas, funções contínuas num disco D, então $f_{xy}(a, b) = f_{yx}(a, b)$ em qualquer $(a, b) \in D$. Em outras palavras,

$$\boxed{\frac{\partial^2 f}{\partial x \, \partial y} = \frac{\partial^2 f}{\partial y \, \partial x}}$$

FIGURA 5 Alexis Clairaut (1713-1765) foi um matemático francês brilhante que apresentou seu primeiro trabalho para a Academia de Ciências de Paris aos 13 anos. Em 1752, Clairaut recebeu um prêmio por um ensaio sobre o movimento lunar que Euler elogiou (com certeza exageradamente) como "a descoberta mais importante e profunda jamais feita na Matemática".
(© *SSPL/The Image Works*)

■ **EXEMPLO 9** Confira que $\dfrac{\partial^2 W}{\partial U \partial T} = \dfrac{\partial^2 W}{\partial T \partial U}$ se $W = e^{U/T}$.

Solução Calculamos ambas as derivadas e observamos que são iguais:

$$\frac{\partial W}{\partial T} = e^{U/T}\frac{\partial}{\partial T}\left(\frac{U}{T}\right) = -UT^{-2}e^{U/T}, \qquad \frac{\partial W}{\partial U} = e^{U/T}\frac{\partial}{\partial U}\left(\frac{U}{T}\right) = T^{-1}e^{U/T}$$

$$\frac{\partial}{\partial U}\frac{\partial W}{\partial T} = -T^{-2}e^{U/T} - UT^{-3}e^{U/T}, \qquad \frac{\partial}{\partial T}\frac{\partial W}{\partial U} = -T^{-2}e^{U/T} - UT^{-3}e^{U/T} \quad ■$$

Embora o Teorema de Clairaut esteja enunciado para f_{xy} e f_{yx}, ele implica, mais geralmente, que a derivação parcial pode ser efetuada em qualquer ordem, desde que as derivadas parciais em questão sejam contínuas (ver Exercício 75). Por exemplo, podemos calcular f_{xyxy} derivando f duas vezes em relação a x e duas vezes em relação a y, em qualquer ordem. Assim,

$$f_{xyxy} = f_{xxyy} = f_{yyxx} = f_{yxyx} = f_{xyyx} = f_{yxxy}$$

■ **EXEMPLO 10** **Escolhendo sabiamente a ordem de derivação** Calcule a derivada g_{zzwx} se $g(x, y, z, w) = x^3 w^2 z^2 + \text{sen}\left(\dfrac{xy}{z^2}\right)$.

Solução Tiremos vantagem do fato de que as derivadas podem ser calculadas em qualquer ordem. Se derivarmos primeiro em relação a w, desaparece a segunda parcela, porque não depende de w:

$$g_w = \frac{\partial}{\partial w}\left(x^3 w^2 z^2 + \text{sen}\left(\frac{xy}{z^2}\right)\right) = 2x^3 w z^2$$

Agora, derivamos duas vezes em relação a z e uma vez em relação a x:

$$g_{wz} = \frac{\partial}{\partial z} 2x^3 w z^2 = 4x^3 w z$$

$$g_{wzz} = \frac{\partial}{\partial z} 4x^3 w z = 4x^3 w$$

$$g_{wzzx} = \frac{\partial}{\partial x} 4x^3 w = 12x^2 w$$

Concluímos que $g_{zzwx} = g_{wzzx} = 12x^2 w$. ■

Uma **equação diferencial parcial** (EDP) é uma equação diferencial que envolve funções de várias variáveis e suas derivadas parciais. Uma solução de uma EDP é uma função que satisfaz a equação. A equação do calor no exemplo seguinte é uma EDP que modela a temperatura à medida que o calor se espalha num objeto. Existe uma infinidade de soluções, mas a solução particular do exemplo descreve as temperaturas nos instantes $t > 0$ ao longo de um bastão metálico se o ponto central for submetido a um calor intenso em $t = 0$ (Figura 6).

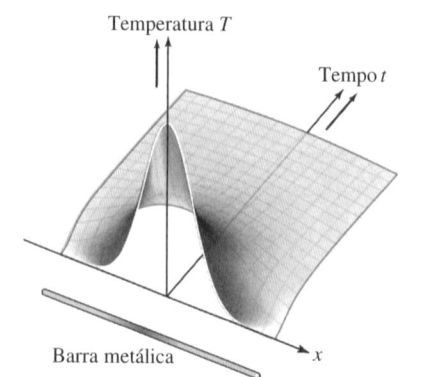

FIGURA 6 O gráfico de

$$u(x, t) = \frac{1}{2\sqrt{\pi t}} e^{-(x^2/4t)}$$

ilustra a difusão do calor ao longo do tempo.

■ **EXEMPLO 11** A equação do calor Mostre que $u(x, t) = \dfrac{1}{2\sqrt{\pi t}} e^{-(x^2/4t)}$, definida com $t > 0$, satisfaz a equação do calor

$$\frac{\partial u}{\partial t} = \frac{\partial^2 u}{\partial x^2} \qquad \boxed{2}$$

Solução Escrevemos $u(x, t) = \dfrac{1}{2\sqrt{\pi}} t^{-1/2} e^{-(x^2/4t)}$. Inicialmente calculamos $\dfrac{\partial^2 u}{\partial x^2}$:

$$\frac{\partial u}{\partial x} = \frac{\partial}{\partial x}\left(\frac{1}{2\sqrt{\pi}} t^{-1/2} e^{-(x^2/4t)}\right) = -\frac{1}{4\sqrt{\pi}} x t^{-3/2} e^{-(x^2/4t)}$$

$$\frac{\partial^2 u}{\partial x^2} = \frac{\partial}{\partial x}\left(-\frac{1}{4\sqrt{\pi}} x t^{-3/2} e^{-(x^2/4t)}\right) = -\frac{1}{4\sqrt{\pi}} t^{-3/2} e^{-(x^2/4t)} + \frac{1}{8\sqrt{\pi}} x^2 t^{-5/2} e^{-(x^2/4t)}$$

Agora calculamos $\partial u/\partial t$ e observamos que é igual a $\partial^2 u/\partial x^2$, como deveria:

$$\frac{\partial u}{\partial t} = \frac{\partial}{\partial t}\left(\frac{1}{2\sqrt{\pi}} t^{-1/2} e^{-(x^2/4t)}\right) = -\frac{1}{4\sqrt{\pi}} t^{-3/2} e^{-(x^2/4t)} + \frac{1}{8\sqrt{\pi}} x^2 t^{-5/2} e^{-(x^2/4t)} \qquad ■$$

PERSPECTIVA HISTÓRICA

A equação geral do calor, da qual a Equação (2) é um caso particular, foi apresentada pela primeira vez em 1807 pelo matemático francês Jean Baptiste Joseph Fourier. Quando jovem, Fourier não tinha certeza se queria tornar-se padre ou matemático, mas deve ter sido bastante ambicioso, pois, numa carta, escreveu: "Ontem completei 21 anos, uma idade na qual Newton e Pascal já tinham alcançado vários motivos para serem imortais". Antes dos trinta, Fourier envolveu-se com a Revolução Francesa e acabou sendo preso por um curto período em 1794, em virtude de um incidente envolvendo facções diferentes. Em 1798 foi convocado, junto a outros 150 cientistas, a se juntar a Napoleão em sua campanha fracassada no Egito.

O verdadeiro impacto provocado por Fourier, no entanto, foi sua contribuição matemática. A equação do calor é aplicada em toda as ciências físicas e engenharias, desde o estudo do fluxo do calor nos oceanos e na atmosfera ao uso de sondas sensíveis ao calor utilizadas para destruir tumores e tratar problemas cardíacos.

Fourier também introduziu uma impressionante ferramenta para resolver sua equação, conhecida como **transformada de Fourier**, utilizando a ideia de que uma função periódica pode ser expressa como uma soma (possivelmente infinita) de senos e cossenos. Os matemáticos dominantes da época, incluindo Lagrange e Laplace, inicialmente levantaram objeções, porque essa técnica não era fácil de ser justificada rigorosamente. Não obstante, a transformada de Fourier acabou sendo uma das descobertas matemáticas mais importantes do século XIX. Uma busca na Internet do termo "transformada de Fourier" revela sua vasta gama de aplicações modernas.

Em 1855, o fisiologista alemão Adolf Fick mostrou que a equação do calor descreve não só a condução do calor, mas também uma enormidade de processos de difusão, como a osmose, o transporte de íons através da membrana celular e o movimento de poluentes pelo ar ou água. Dessa forma, a equação do calor tornou-se uma ferramenta básica na Química, na Biologia Molecular e na Ecologia, na qual, muitas vezes, é denominada **segunda lei de Fick**.

Joseph Fourier (1768-1830)
(*Hulton Archive/Getty Images*)

Adolf Fick (1829-1901)
(*Science Source*)

14.3 Resumo

- As derivadas parciais de $f(x, y)$ são definidas como os limites

$$f_x(a, b) = \frac{\partial f}{\partial x}\bigg|_{(a,b)} = \lim_{h \to 0} \frac{f(a+h, b) - f(a, b)}{h}$$

$$f_y(a, b) = \frac{\partial f}{\partial y}\bigg|_{(a,b)} = \lim_{k \to 0} \frac{f(a, b+k) - f(a, b)}{k}$$

- Calculamos f_x mantendo y constante e calculamos f_y mantendo x constante.
- $f_x(a, b)$ é a inclinação em $x = a$ da reta tangente à curva do traço $z = f(x, b)$. Analogamente, $f_y(a, b)$ é a inclinação em $y = b$ da reta tangente à curva do traço $z = f(a, y)$.
- Com variações Δx e Δy pequenas,

$$f(a + \Delta x, b) - f(a, b) \approx f_x(a, b)\Delta x$$

$$f(a, b + \Delta y) - f(a, b) \approx f_y(a, b)\Delta y$$

Mais geralmente, se f for uma função de n variáveis e se w for uma das variáveis, então $\Delta f \approx f_w \Delta w$ se w variar Δw e todas as demais variáveis permanecerem fixadas.

- As derivadas parciais de segunda ordem são

$$\frac{\partial^2}{\partial x^2} f = f_{xx}, \qquad \frac{\partial^2}{\partial y \, \partial x} f = f_{xy}, \qquad \frac{\partial^2}{\partial x \, \partial y} f = f_{yx}, \qquad \frac{\partial^2}{\partial y^2} f = f_{yy}$$

- O teorema de Clairaut afirma que as parciais mistas são iguais, ou seja, que $f_{xy} = f_{yx}$, desde que f_{xy} e f_{yx} sejam contínuas.
- Mais geralmente, as derivadas parciais superiores podem ser calculadas em qualquer ordem. Por exemplo, $f_{xyyz} = f_{yxzy}$ se f for uma função de x, y e z cujas derivadas parciais de quarta ordem sejam contínuas.

14.3 Exercícios

Exercícios preliminares

1. Patrícia deduziu a seguinte fórmula *incorreta* utilizando erroneamente a regra do produto:

$$\frac{\partial}{\partial x}(x^2 y^2) = x^2(2y) + y^2(2x)$$

Qual foi seu erro e qual é o cálculo correto?

2. Explique por que não é necessário usar a regra do quociente para calcular $\dfrac{\partial}{\partial x}\left(\dfrac{x+y}{y+1}\right)$. Deveríamos usar a regra do quociente para calcular $\dfrac{\partial}{\partial y}\left(\dfrac{x+y}{y+1}\right)$?

3. Qual das derivadas parciais seguintes deveria ser calculada sem usar a regra do quociente?

   (a) $\dfrac{\partial}{\partial x} \dfrac{xy}{y^2+1}$ (b) $\dfrac{\partial}{\partial y} \dfrac{xy}{y^2+1}$ (c) $\dfrac{\partial}{\partial x} \dfrac{y^2}{y^2+1}$

4. O que é f_x, se $f(x, y, z) = (\text{sen } yz)e^{z^3 - z^{-1}\sqrt{y}}$?

5. Supondo válidas as hipóteses do teorema de Clairaut, quais das derivadas parciais seguintes são iguais a f_{xxy}?

   (a) f_{xyx} (b) f_{yyx} (c) f_{xyy} (d) f_{yxx}

Exercícios

1. Use a definição via limite da derivada parcial para conferir a validade das fórmulas

$$\frac{\partial}{\partial x} xy^2 = y^2, \qquad \frac{\partial}{\partial y} xy^2 = 2xy$$

2. Use a regra do produto para calcular $\dfrac{\partial}{\partial y}(x^2 + y)(x + y^4)$.

3. Use a regra do quociente para calcular $\dfrac{\partial}{\partial y} \dfrac{y}{x+y}$.

4. Use a regra da cadeia para calcular $\dfrac{\partial}{\partial u} \ln(u^2 + uv)$.

5. Calcule $f_z(2, 3, 1)$ se $f(x, y, z) = xyz$.

6. Explique a relação entre as duas fórmulas (em que c é uma constante)

$$\frac{d}{dx} \text{sen}(cx) = c\cos(cx), \qquad \frac{\partial}{\partial x} \text{sen}(xy) = y\cos(xy)$$

7. O plano $y = 1$ intersecta a superfície $z = x^4 + 6xy - y^4$ numa certa curva. Encontre a inclinação da reta tangente a essa curva no ponto $P = (1, 1, 6)$.

8. Determine se as derivadas parciais $\partial f/\partial x$ e $\partial f/\partial y$ são positivas ou negativas no ponto P do gráfico na Figura 7.

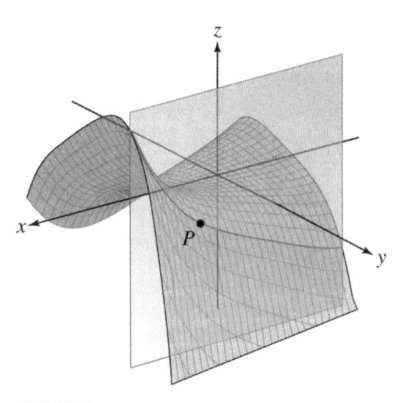

FIGURA 7

Nos Exercícios 9-12, use a Figura 8.

9. Dê uma estimativa de f_x e f_y no ponto A.
10. f_x é positiva ou negativa em B?
11. Começando em B, em qual direção e sentido da bússola (N, NE, SO, etc.) a função f cresce mais rapidamente?
12. Em qual dos pontos, A, B ou C, temos o menor valor de f_y?

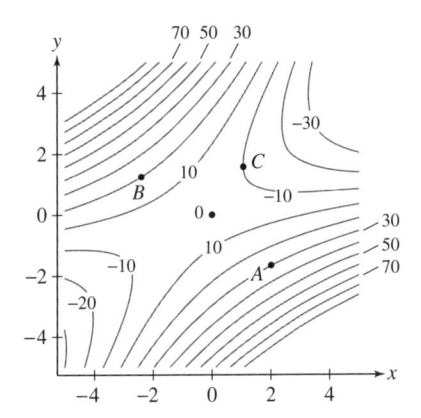

FIGURA 8 O mapa de contornos de $f(x, y)$.

Nos Exercícios 13-40, calcule as derivadas parciais.

13. $z = x^2 + y^2$
14. $z = x^4 y^3$
15. $z = x^4 y + xy^{-2}$
16. $V = \pi r^2 h$
17. $z = \dfrac{x}{y}$
18. $z = \dfrac{x}{x-y}$
19. $z = \sqrt{9 - x^2 - y^2}$
20. $z = \dfrac{x}{\sqrt{x^2 + y^2}}$
21. $z = (\operatorname{sen} x)(\operatorname{sen} y)$
22. $z = \operatorname{sen}(u^2 v)$
23. $z = \operatorname{tg} \dfrac{x}{y}$
24. $S = \operatorname{arc tg}(wz)$
25. $z = \ln(x^2 + y^2)$
26. $A = \operatorname{sen}(4\theta - 9t)$
27. $W = e^{r+s}$
28. $Q = re^\theta$
29. $z = e^{xy}$
30. $R = e^{-v^2/k}$
31. $z = e^{-x^2 - y^2}$
32. $P = e^{\sqrt{y^2 + z^2}}$
33. $U = \dfrac{e^{-rt}}{r}$
34. $z = y^x$
35. $z = \operatorname{senh}(x^2 y)$
36. $z = \cosh(t - \cos x)$
37. $w = xy^2 z^3$
38. $w = \dfrac{x}{y+z}$
39. $Q = \dfrac{L}{M} e^{-Lt/M}$
40. $w = \dfrac{x}{(x^2 + y^2 + z^2)^{3/2}}$

Nos Exercícios 41-44, calcule as derivadas parciais dadas.

41. $f(x, y) = 3x^2 y + 4x^3 y^2 - 7xy^5$, $f_x(1, 2)$
42. $f(x, y) = \operatorname{sen}(x^2 - y)$, $f_y(0, \pi)$
43. $g(u, v) = u \ln(u + v)$, $g_u(1, 2)$
44. $h(x, z) = e^{xz - x^2 z^3}$, $h_z(3, 0)$

Os Exercícios 45 e 46 referem-se ao Exemplo 5.

45. Calcule N com $L = 0{,}4$, $R = 0{,}12$ e $d = 10$ e use a aproximação linear para estimar ΔN se d for aumentado de 10 para 10,4.
46. Dê uma estimativa de ΔN se $(L, R, d) = (0{,}5;\ 0{,}15;\ 8)$ e R for aumentado de 0,15 para 0,17.
47. O **índice de calor** (sensação térmica) I é uma medida de quão quente nos parece o ar se a umidade relativa do ar for H (uma percentagem) e a temperatura real do ar for de T (em graus Fahrenheit). Uma fórmula aproximada do índice de calor válida com (T, H) perto de $(90, 40)$ é

$$I(T, H) = 45{,}33 + 0{,}6845T + 5{,}758H - 0{,}00365T^2 - 0{,}1565HT + 0{,}001HT^2$$

   (a) Calcule I se $(T, H) = (95, 50)$.
   (b) Qual é a derivada parcial que nos diz quanto aumenta I com um aumento de um grau de T se $(T, H) = (95, 50)$? Calcule essa derivada parcial.

48. O **índice de frio** (sensação térmica) W é uma medida (que utiliza a taxa de perda de calor da pele exposta) de quão frio nos parece o ar se a temperatura real do ar for de T °C (com $T \leq 10$) e a velocidade do vento for de v m/s (com v):

$$W = 13{,}1267 + 0{,}6215T - 13{,}947v^{0{,}16} + 0{,}486Tv^{0{,}16}$$

   Calcule $\partial W/\partial v$ se $(T, v) = (-10, 15)$ e use esse valor para obter uma estimativa de ΔW se $\Delta v = 2$.

49. O volume do cone circular reto de raio r e altura h é $V = \frac{\pi}{3} r^2 h$. Suponha que $r = h = 12$ cm. O que leva a um aumento maior no volume V: um aumento de 1 cm em r ou 1 cm de aumento em h? Argumente usando derivadas parciais.

50. Use a aproximação linear local para estimar a variação percentual do volume de um cone circular reto de raio $r = 40$ cm se a altura crescer de 40 para 41 cm.

51. Calcule $\partial W/\partial E$ e $\partial W/\partial T$ se $W = e^{-E/kT}$ e k for uma constante.

52. Calcule $\partial P/\partial T$ e $\partial P/\partial V$, sendo a pressão P, o volume V e a temperatura T relacionados pela lei dos gases ideais, $PV = nRT$ (R e n são constantes).

53. Use o mapa de contornos de $f(x, y)$ na Figura 9 para explicar as afirmações seguintes:
   (a) f_y é maior em P de que em Q e f_x é menor (mais negativa) em P do que em Q.
   (b) $f_x(x, y)$ é decrescente como uma função de y, ou seja, fixado qualquer $x = a$, a função $f_x(a, y)$ é decrescente em y.

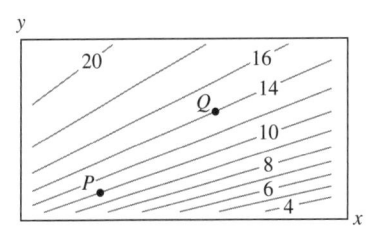

FIGURA 9

54. Dê uma estimativa das derivadas parciais em P da função cujo mapa de contornos é dado na Figura 10.

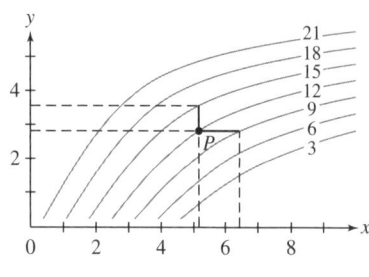

FIGURA 10

55. Na maior parte da Terra, uma bússola magnética não aponta para o Norte verdadeiro (geográfico); em vez disso, ela aponta num certo ângulo a Leste ou Oeste do Norte verdadeiro. O ângulo D entre o Norte magnético e o Norte verdadeiro é denominado **declinação magnética**. Use a Figura 11 para determinar qual das afirmações seguintes é verdadeira.

(a) $\left.\dfrac{\partial D}{\partial y}\right|_A > \left.\dfrac{\partial D}{\partial y}\right|_B$ (b) $\left.\dfrac{\partial D}{\partial x}\right|_C > 0$ (c) $\left.\dfrac{\partial D}{\partial y}\right|_C > 0$

Observe que o eixo horizontal cresce da direita para a esquerda pela maneira em que a longitude é medida.

Declinação magnética nos EUA em 2004

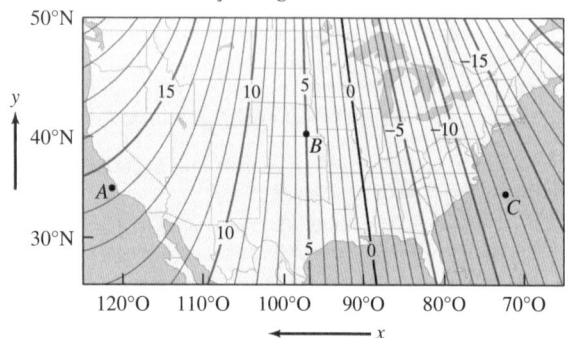

FIGURA 11 Intervalo de contornos 1°.

56. Use a Tabela 1.
   (a) Dê uma estimativa de $\partial \rho/\partial T$ e $\partial \rho/\partial S$ nos pontos $(S, T) = (34, 2)$ e $(35, 10)$ calculando a média das razões incrementais pela esquerda e pela direita.
   (b) Com uma salinidade fixada em $S = 33$, a função ρ será côncava para cima ou para baixo como função de T? *Sugestão:* determine se os quocientes $\Delta \rho/\Delta T$ são crescentes ou decrescentes. O que podemos concluir sobre o sinal de $\partial^2 \rho/\partial T^2$?

TABELA 1 Densidade da água do oceano ρ como uma função da temperatura T e da salinidade S

T\S	30	31	32	33	34	35	36
12	22,75	23,51	24,27	25,07	25,82	26,6	27,36
10	23,07	23,85	24,62	25,42	26,17	26,99	27,73
8	23,36	24,15	24,93	25,73	26,5	27,28	29,09
6	23,62	24,44	25,22	26	26,77	27,55	28,35
4	23,85	24,62	25,42	26,23	27	27,8	28,61
2	24	24,78	25,61	26,38	27,18	28,01	28,78
0	24,11	24,92	25,72	26,5	27,34	28,12	28,91

Nos Exercícios 57-62, calcule a derivada indicada.

57. $f(x, y) = 3x^2 y - 6xy^4$, $\dfrac{\partial^2 f}{\partial x^2}$ e $\dfrac{\partial^2 f}{\partial y^2}$

58. $g(x, y) = \dfrac{xy}{x - y}$, $\dfrac{\partial^2 g}{\partial x \, \partial y}$

59. $h(u, v) = \dfrac{u}{u + 4v}$, $h_{vv}(u, v)$

60. $h(x, y) = \ln(x^3 + y^3)$, $h_{xy}(x, y)$

61. $f(x, y) = x \ln(y^2)$, $f_{yy}(2, 3)$

62. $g(x, y) = xe^{-xy}$, $g_{xy}(-3, 2)$

63. Calcule f_{xyxzy} se $f(x, y, z) =$

$$y \, \text{sen}(xz) \, \text{sen}(x + z) + (x + z^2) \, \text{tg} \, y + x \, \text{tg} \left(\dfrac{z + z^{-1}}{y - y^{-1}} \right)$$

Sugestão: escolha cuidadosamente a ordem de derivação em cada parcela.

64. Seja

$$f(x, y, u, v) = \dfrac{x^2 + e^y v}{3y^2 + \ln(2 + u^2)}$$

Qual é a maneira mais rápida de mostrar que $f_{uvxyvu}(x, y, u, v) = 0$ com qualquer (x, y, u, v)?

Nos Exercícios 65-72, calcule a derivada indicada.

65. $f(u, v) = \cos(u + v^2)$, f_{uuv}
66. $g(x, y, z) = x^4 y^5 z^6$, g_{xxyz}
67. $F(r, s, t) = r(s^2 + t^2)$, F_{rst}
68. $u(x, t) = t^{-1/2} e^{-(x^2/4t)}$, u_{xx}
69. $F(\theta, u, v) = \text{senh}(uv + \theta^2)$, $F_{uu\theta}$
70. $R(u, v, w) = \dfrac{u}{v + w}$, R_{uvw}
71. $g(x, y, z) = \sqrt{x^2 + y^2 + z^2}$, g_{xyz}
72. $u(x, t) = \text{sech}^2(x - t)$, u_{xxx}

73. Encontre uma função tal que $\dfrac{\partial f}{\partial x} = 2xy$ e $\dfrac{\partial f}{\partial y} = x^2$.

74. Prove que não existe qualquer função $f(x, y)$ tal que $\dfrac{\partial f}{\partial x} = xy$ e $\dfrac{\partial f}{\partial y} = x^2$. *Sugestão:* mostre que f não pode satisfazer o teorema de Clairaut.

75. Suponha que f_{xy} e f_{yx} sejam contínuas e que exista f_{yxx}. Mostre que f_{xyx} também existe e que $f_{yxx} = f_{xyx}$

76. Mostre que $u(x, t) = \text{sen}(nx) \, e^{-n^2 t}$ satisfaz a equação do calor com qualquer constante n:

$$\dfrac{\partial u}{\partial t} = \dfrac{\partial^2 u}{\partial x^2} \qquad \boxed{3}$$

77. Encontre todos os valores de A e B tais $f(x, t) = e^{Ax + Bt}$ satisfaça a Equação (3).

78. A função

$$f(x, t) = \dfrac{1}{2\sqrt{\pi t}} e^{-x^2/4t}$$

descreve a distribuição de temperatura ao longo de um bastão metálico com $t > 0$ se a origem tiver sido submetida a um calor intenso (ver Exemplo 11). Um pequeno besouro pousado no bastão a uma distância x da origem sente a temperatura subir e descer durante a difusão do calor. Mostre que o besouro sente a temperatura máxima no instante $t = \tfrac{1}{2} x^2$.

*Nos Exercícios 79-82, o **operador de Laplace** Δ é definido por* $\Delta f = f_{xx} + f_{yy}$. *Dizemos que uma função u(x, y) que satisfaz a equação de Laplace* $\Delta u = 0$ *é **harmônica**.*

79. Mostre que as funções seguintes são harmônicas:
   (a) $u(x, y) = x$
   (b) $u(x, y) = e^x \cos y$
   (c) $u(x, y) = \text{arc tg } \dfrac{y}{x}$
   (d) $u(x, y) = \ln(x^2 + y^2)$

80. Encontre todos os polinômios harmônicos $u(x, y)$ de grau 3, ou seja, $u(x, y) = ax^3 + bx^2y + cxy^2 + dy^3$.

81. Mostre que se $u(x, y)$ for harmônica, então as derivadas parciais $\partial u/\partial x$ e $\partial u/\partial y$ serão harmônicas.

82. Encontre todas as constantes a, b tais que $u(x, y) = \cos(ax)e^{by}$ seja harmônica.

83. Mostre que $u(x, t) = \text{sech}^2(x - t)$ satisfaz a **equação de Korteweg-deVries** (que aparece no estudo de ondas)
$$4u_t + u_{xxx} + 12uu_x = 0$$

Compreensão adicional e desafios

84. Hipóteses importam Neste exercício, mostramos que precisamos das hipóteses no teorema de Clairaut. Seja
$$f(x, y) = xy\frac{x^2 - y^2}{x^2 + y^2}$$
com $(x, y) \neq (0, 0)$ e $f(0, 0) = 0$.

(a) Verifique que, com $(x, y) \neq (0, 0)$:
$$f_x(x, y) = \frac{y(x^4 + 4x^2y^2 - y^4)}{(x^2 + y^2)^2}$$
$$f_y(x, y) = \frac{x(x^4 - 4x^2y^2 - y^4)}{(x^2 + y^2)^2}$$

(b) Use a definição via limite da derivada parcial para mostrar que $f_x(0, 0) = f_y(0, 0) = 0$ e que ambas, $f_{yx}(0, 0)$ e $f_{xy}(0, 0)$, existem, mas não são iguais.

(c) Mostre que, com $(x, y) \neq (0, 0)$:
$$f_{xy}(x, y) = f_{yx}(x, y) = \frac{x^6 + 9x^4y^2 - 9x^2y^4 - y^6}{(x^2 + y^2)^3}$$

Mostre que f_{xy} não é contínua em $(0, 0)$. *Sugestão:* mostre que $\lim_{h \to 0} f_{xy}(h, 0) \neq \lim_{h \to 0} f_{xy}(0, h)$.

(d) Explique por que o resultado de (b) não contradiz o teorema de Clairaut.

14.4 Diferenciabilidade e planos tangentes

Nesta seção, generalizamos dois conceitos básicos do Cálculo a uma variável: a derivabilidade e a reta tangente. Com funções de duas variáveis, a derivabilidade passa a ser a *diferenciabilidade*, e a reta tangente passa a ser o *plano tangente* (Figura 1).

Intuitivamente, gostaríamos de dizer que uma função contínua $f(x, y)$ é diferenciável se for **localmente linear**, ou seja, se seu gráfico parecer cada vez mais plano se ampliarmos perto de um ponto $P = (a, b, f(a, b))$ e acabar ficando indistinguível de seu plano tangente (Figura 2).

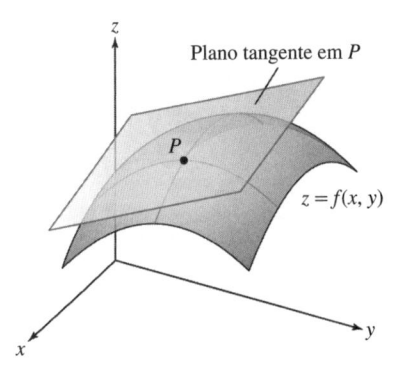

FIGURA 1 O plano tangente ao gráfico de $z = f(x, y)$.

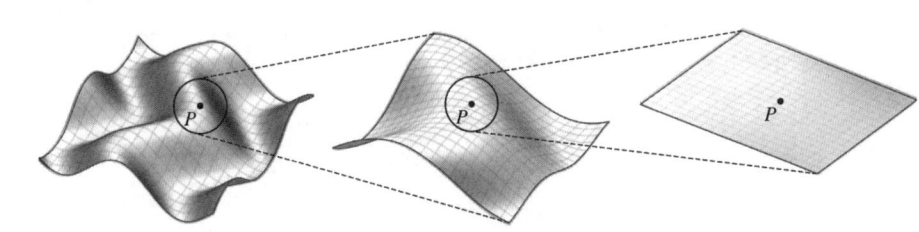

FIGURA 2 O gráfico parece cada vez mais plano se ampliarmos num ponto P.

Vamos supor, momentaneamente, que nossa função contínua $f(x, y)$ seja localmente linear e encontremos a equação do plano tangente no ponto $P = (a, b, f(a, b))$ de seu gráfico. Já temos um ponto desse plano, a saber, P, de modo que resta encontrar um vetor normal para determinar o plano. Atualmente conhecemos as inclinações de duas retas tangentes em P, a primeira com inclinação $f_x(a, b)$ no plano vertical dado por $y = b$ e a segunda com inclinação $f_y(a, b)$ no plano vertical dado por $x = a$. Agora convertemos essa informação em dois vetores **u** e **v** para tomar o produto vetorial e obter um vetor normal ao plano.

Inicialmente, consideremos a reta tangente no plano $y = b$ de inclinação $f_x(a, b)$. Para permanecer nessa reta, podemos andar 1 unidade no sentido de x positivo a partir de $(a, b, f(a, b))$ e então $f_x(a, b)$ unidades no sentido de z positivo a partir do ponto $(a, b, f(a, b))$. Em outras palavras, o vetor definido por $\mathbf{u} = \langle 1, 0, f_x(a, b) \rangle$ está nessa reta tangente e, portanto, no plano tangente, como na Figura 3.

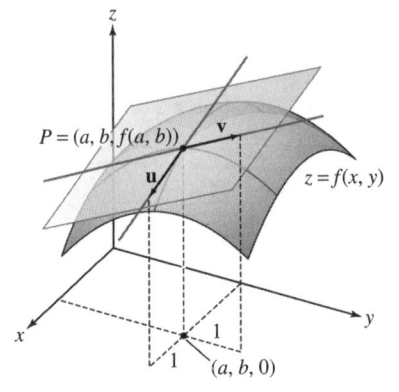

FIGURA 3 Encontrando a equação do plano tangente.

Agora considere a reta tangente no plano $x = a$ de inclinação $f_y(a, b)$. Para permanecer nessa reta, podemos andar 1 unidade no sentido de y positivo a partir de $(a, b, f(a, b))$ e então $f_y(a, b)$ unidades no sentido de z positivo a partir do ponto $(a, b, f(a, b))$. Em outras palavras, o vetor definido por $\mathbf{v} = \langle 0, 1, f_y(a, b) \rangle$ está nessa reta tangente e, portanto, no plano tangente, como na Figura 3.

Assim, temos dois vetores que estão, ambos, no plano tangente. Eles nunca serão paralelos, porque um deles está no plano dado por $x = a$ e o outro está no plano dado por $y = b$, e vetores paralelos nesses dois planos deveriam ser verticais, o que eles não são. Portanto, podemos tomar seu produto vetorial como um vetor normal ao plano tangente:

$$\mathbf{n} = \mathbf{v} \times \mathbf{u} = \begin{vmatrix} \mathbf{i} & \mathbf{j} & \mathbf{k} \\ 0 & 1 & f_y(a,b) \\ 1 & 0 & f_x(a,b) \end{vmatrix} = \langle f_x(a,b), f_y(a,b), -1 \rangle$$

> **LEMBRETE** Um plano pelo ponto $P = (x_0, y_0, z_0)$ de vetor normal $\mathbf{n} = \langle A, B, C \rangle$ tem equação $A(x - x_0) + B(y - y_0) + C(z - z_0) = 0$.

Agora temos um vetor normal do plano tangente e um ponto P nesse plano, de modo que podemos escrever a equação do plano:

$$f_x(a,b)(x - a) + f_y(a,b)(y - b) - (z - f(a,b)) = 0$$

Assim obtemos o resultado seguinte.

TEOREMA 1 Equação do plano tangente Se $f(x, y)$ for localmente linear em (a, b), então seu plano tangente é dado pela equação

$$\boxed{z = f(a,b) + f_x(a,b)(x - a) + f_y(a,b)(y - b)}$$

Definimos $L(x, y) = f(a, b) + f_x(a, b)(x - a) + f_y(a, b)(y - b)$, que é a função que dá o plano tangente. Observe que essa função é linear, por ser da forma $L(x, y) = Ax + By + C$, com A, B e C constantes.

Entretanto, antes de poder dizer que o plano tangente existe, devemos impor uma condição em $f(x, y)$ que garanta que o gráfico pareça plano se ampliarmos perto de P. Denotamos

$$e(x, y) = f(x, y) - L(x, y).$$

Como podemos ver na Figura 4(B), $|e(x, y)|$ é a distância vertical entre o gráfico de $f(x, y)$ e o plano $z = L(x, y)$. Podemos pensar nesse valor como sendo o erro produzido se usarmos $L(x, y)$ para aproximar $f(x, y)$ no ponto (x, y). Essa distância tende a zero se (x, y) tender a (a, b) porque $f(x, y)$ é contínua. Para ser localmente linear, exigimos que essa distância tenda a zero *mais rapidamente* que a distância de (x, y) a (a, b). Isso é expresso pela exigência

$$\lim_{(x,y) \to (a,b)} \frac{e(x,y)}{\sqrt{(x-a)^2 + (y-b)^2}} = 0$$

> **LEMBRETE**
> $L(x, y) = f(a, b) + f_x(a, b)(x - a)$
> $\qquad\qquad + f_y(a, b)(y - b)$

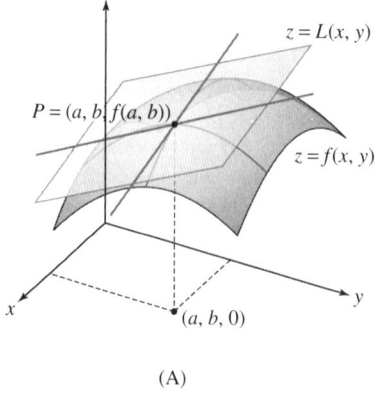

FIGURA 4

(A) (B)

DEFINIÇÃO Diferenciabilidade Suponha que $f(x, y)$ esteja definida num disco D contendo (a, b) e que existam $f_x(a, b)$ e $f_y(a, b)$.

- $f(x, y)$ é **diferenciável** em (a, b) se for **localmente linear**, ou seja, se

$$f(x, y) = L(x, y) + e(x, y) \qquad \boxed{1}$$

em que $e(x, y)$ satisfaz

$$\lim_{(x,y)\to(a,b)} \frac{e(x, y)}{\sqrt{(x-a)^2 + (y-b)^2}} = 0$$

- Nesse caso, o **plano tangente** ao gráfico em $(a, b, f(a, b))$ é o plano de equação $z = L(x, y)$. Explicitamente,

$$\boxed{z = f(a, b) + f_x(a, b)(x - a) + f_y(a, b)(y - b)} \qquad \boxed{2}$$

Se $f(x, y)$ for diferenciável em todos os pontos de um domínio $\mathcal{D}$, dizemos que $f(x, y)$ é diferenciável em $\mathcal{D}$.

É bastante complicado conferir a condição de linearidade local diretamente (ver Exercício 41), mas, felizmente, isso quase nunca é necessário. O teorema seguinte fornece um critério de diferenciabilidade que é fácil de aplicar. Ele nos garante que a maioria das funções que aparecem na prática é diferenciável em seu domínio. Ver Apêndice D para uma demonstração.

TEOREMA 2 Critério de diferenciabilidade Se $f_x(x, y)$ e $f_y(x, y)$ existirem e forem contínuas num disco aberto D, então $f(x, y)$ será diferenciável em D.

A definição de diferenciabilidade se estende a funções de n variáveis, e o Teorema 2 continua válido nesse contexto: se todas as derivadas parciais de $f(x_1, \ldots, x_n)$ existirem e forem contínuas num domínio aberto $\mathcal{D}$, então $f(x_1, \ldots, x_n)$ é diferenciável em $\mathcal{D}$.

■ **EXEMPLO 1** Mostre que $f(x, y) = 5x + 4y^2$ é diferenciável (Figura 5). Encontre a equação do plano tangente em $(a, b) = (2, 1)$.

Solução As derivadas parciais existem e são funções contínuas:

$$f(x, y) = 5x + 4y^2, \qquad f_x(x, y) = 5, \qquad f_y(x, y) = 8y$$

Assim, $f(x, y)$ é diferenciável em qualquer (x, y) pelo Teorema 2. Para encontrar o plano tangente, calculamos as derivadas parciais em $(2, 1)$:

$$f(2, 1) = 14, \qquad f_x(2, 1) = 5, \qquad f_y(2, 1) = 8$$

De acordo com a Equação (2), a equação do plano tangente em $(2, 1)$ é

$$z = \underbrace{14 + 5(x - 2) + 8(y - 1)}_{f(a,b) + f_x(a,b)(x-a) + f_y(a,b)(y-b)} = -4 + 5x + 8y$$

O plano tangente por $P = (2, 1, 14)$ tem equação $z = -4 + 5x + 8y$. ■

Hipóteses importam A linearidade local desempenha um papel essencial e, embora a maioria das funções razoáveis seja localmente linear, a simples existência das derivadas parciais não garante a linearidade local. Isso contrasta com o caso de uma variável, em que $f(x)$ é automaticamente localmente linear em $x = a$ se existir $f'(a)$ (Exercício 44).

A função $g(x, y)$ da Figura 6(A) mostra o que pode dar errado. O gráfico contém os eixos x e y, ou seja, $g(x, 0) = 0$ e $g(0, y) = 0$ e, portanto, as derivadas parciais $g_x(0, 0)$ e $g_y(0, 0)$ são, ambas, nulas. O plano tangente na origem $(0, 0)$, se existisse, deveria ser o plano xy. No entanto, a Figura 6(B) mostra que o gráfico também contém retas pela origem que não estão no plano xy (de fato, o gráfico todo é constituído de retas pela origem). Ampliando na origem, essas retas permanecem num ângulo com o plano xy, e a superfície não fica mais plana. Assim, $g(x, y)$ não pode ser localmente linear em $(0, 0)$ e não existe o plano tangente. Em particular, $g(x, y)$ não pode satisfazer as hipóteses do Teorema 1, de modo que as derivadas parciais $g_x(x, y)$ e $g_y(x, y)$ não podem ser contínuas na origem (ver Exercício 45 para detalhes).

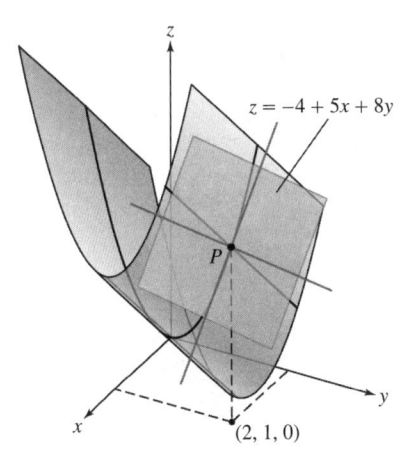

FIGURA 5 O gráfico de $f(x, y) = 5x + 4y^2$ e o plano tangente em $P = (2, 1, 14)$.

Nesta seção, utilizamos a linearidade local para provar a regra da cadeia para caminhos, da qual dependem propriedades fundamentais do gradiente.

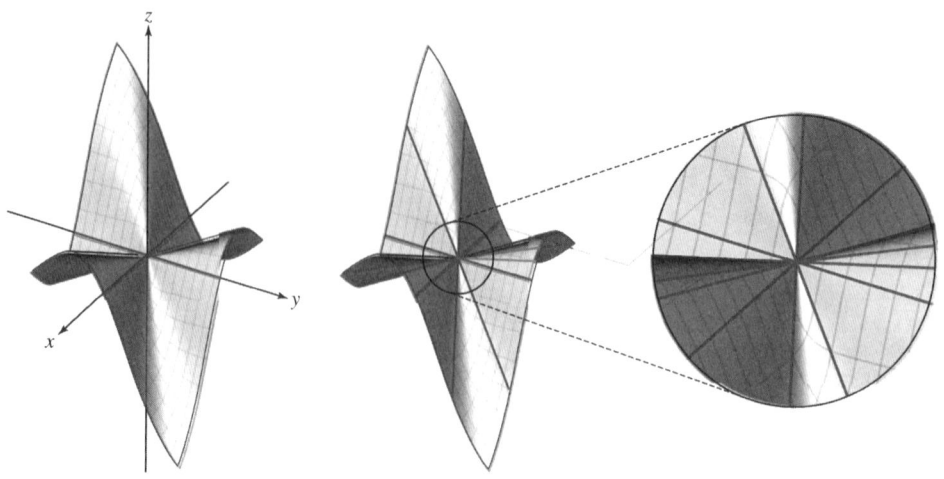

FIGURA 6 Gráficos de $g(x, y) = \dfrac{2xy(x + y)}{x^2 + y^2}$.

(A) O traço horizontal em $z = 0$ inclui os eixos x e y.

(B) Ocorre que o gráfico também contém retas não horizontais pela origem.

(C) Assim, o gráfico não fica mais plano se ampliarmos na origem.

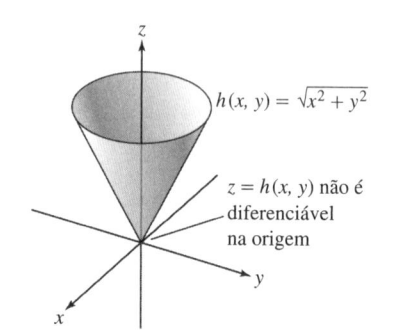

FIGURA 7 A função $h(x, y) = \sqrt{x^2 + y^2}$ é diferenciável, exceto na origem.

■ **EXEMPLO 2** Onde a função $h(x, y) = \sqrt{x^2 + y^2}$ é diferenciável?

Solução As derivadas parciais existem e são contínuas em cada $(x, y) \neq (0, 0)$:

$$h_x(x, y) = \frac{x}{\sqrt{x^2 + y^2}}, \qquad h_y(x, y) = \frac{y}{\sqrt{x^2 + y^2}}$$

No entanto, as derivadas parciais não existem em $(0, 0)$. De fato, $h_x(0, 0)$ não existe porque $h(x, 0) = \sqrt{x^2} = |x|$ não é derivável em $x = 0$. Analogamente, não existe $h_y(0, 0)$. Pelo Teorema 2, $h(x, y)$ é diferenciável, exceto em $(0, 0)$ (Figura 7). ■

■ **EXEMPLO 3** Encontre uma equação do plano tangente ao gráfico de $f(x, y) = xy^3 + x^2$ em $(2, -2)$.

Solução As derivadas parciais são contínuas, portanto $f(x, y)$ é diferenciável:

$$f_x(x, y) = y^3 + 2x, \qquad f_x(2, -2) = -4$$
$$f_y(x, y) = 3xy^2, \qquad f_y(2, -2) = 24$$

Como $f(2, -2) = -12$, o plano tangente por $(2, -2, -12)$ tem equação

$$z = -12 - 4(x - 2) + 24(y + 2)$$

Isso pode ser reescrito como $z = 44 - 4x + 24y$ (Figura 8). ■

FIGURA 8 O plano tangente à superfície $f(x, y) = xy^3 + x^2$ pelo ponto $P = (2, -2, -12)$.

Aproximação linear e diferenciais

Por definição, se uma função $f(x, y)$ for diferenciável em (a, b), então é localmente linear e a **aproximação linear** é

$$f(x, y) \approx f(a, b) + f_x(a, b)(x - a) + f_y(a, b)(y - b) \qquad \text{com } (x, y) \text{ perto de } (a, b)$$

Escrevendo $x = a + \Delta x$ e $y = b + \Delta y$ e pensando em Δx e Δy como pequenas variações de x e y, obtemos

$$\boxed{f(a + \Delta x, b + \Delta y) \approx f(a, b) + f_x(a, b)\Delta x + f_y(a, b)\Delta y} \qquad 3$$

A aproximação linear também pode ser escrita em termos da *variação de f*:

$$\Delta f = f(x, y) - f(a, b) \qquad 4$$

$$\boxed{\Delta f \approx f_x(a, b)\Delta x + f_y(a, b)\Delta y} \qquad 5$$

Finalmente, é conveniente definir a função denominada a **diferencial** de f. Tomando $dx = \Delta x$ e $dy = \Delta y$, obtemos

$$df = f_x(x, y)\, dx + f_y(x, y)\, dy = \frac{\partial f}{\partial x}dx + \frac{\partial f}{\partial y}dy$$

Conforme vemos na Figura 9, df representa a variação na altura do plano tangente com as dadas variações dx e dy de x e y (tratando com diferenciais, é costume usar dx e dy em vez de Δx e Δy), ao passo que Δf é a variação da própria função. A aproximação linear nos diz que essas duas variações são, aproximadamente, iguais:

$$\Delta f \approx df$$

Essas aproximações são aplicáveis em qualquer número de variáveis. Em três variáveis,

$$f(a + \Delta x, b + \Delta y, c + \Delta z) \approx f(a, b, c) + f_x(a, b, c)\Delta x \\ + f_y(a, b, c)\Delta y + f_z(a, b, c)\Delta z$$

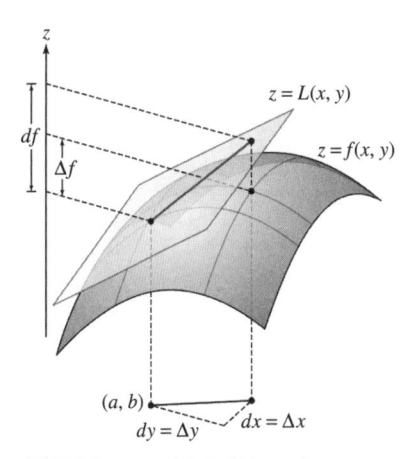

FIGURA 9 A quantidade df é a variação na altura do plano tangente.

■ **EXEMPLO 4** Use a aproximação linear para estimar

$$(3{,}99)^3(1{,}01)^4(1{,}98)^{-1}$$

Então use uma calculadora para encontrar o erro percentual.

LEMBRETE O erro percentual é igual a

$$\left| \frac{\text{Erro}}{\text{Valor exato}} \right| \times 100\%$$

Solução Pensamos em $(3{,}99)^3(1{,}01)^4(1{,}98)^{-1}$ como um valor de $f(x, y, z) = x^3y^4z^{-1}$:

$$f(3{,}99, 1{,}01, 1{,}98) = (3{,}99)^3(1{,}01)^4(1{,}98)^{-1}$$

Então faz sentido usar a aproximação linear em $(a, b, c) = (4, 1, 2)$:

$$f(x, y, z) = x^3y^4z^{-1}, \qquad f(4, 1, 2) = (4^3)(1^4)(2^{-1}) = 32$$
$$f_x(x, y, z) = 3x^2y^4z^{-1}, \qquad f_x(4, 1, 2) = 24$$
$$f_y(x, y, z) = 4x^3y^3z^{-1}, \qquad f_y(4, 1, 2) = 128$$
$$f_z(x, y, z) = -x^3y^4z^{-2}, \qquad f_z(4, 1, 2) = -16$$

A aproximação linear em três variáveis enunciada acima, com $a = 4$, $b = 1$ e $c = 2$, dá

$$\underbrace{(4 + \Delta x)^3(1 + \Delta y)^4(2 + \Delta z)^{-1}}_{f(4+\Delta x, 1+\Delta y, 2+\Delta z)} \approx 32 + 24\Delta x + 128\Delta y - 16\Delta z$$

Com $\Delta x = -0{,}01$, $\Delta y = 0{,}01$ e $\Delta z = -0{,}02$, obtemos a aproximação esperada

$$(3{,}99)^3(1{,}01)^4(1{,}98)^{-1} \approx 32 + 24(-0{,}01) + 128(0{,}01) - 16(-0{,}02) = 33{,}36$$

Usando uma calculadora, obtemos $(3{,}99)^3(1{,}01)^4(1{,}98)^{-1} \approx 33{,}38$, portanto o erro da nossa estimativa é menor que $0{,}025$. O erro percentual é

$$\text{Erro percentual} \approx \frac{|33{,}38 - 33{,}36|}{33{,}38} \times 100 \approx 0{,}075\% \qquad ■$$

■ **EXEMPLO 5** **Índice de massa corporal** O índice de massa corporal (IMC) de uma pessoa é dado por $I = W/H^2$, em que W é a massa do corpo (em kg) e H é a altura (em metros). Dê uma estimativa da variação da IMC de uma criança se (W, H) variar de $(40; 1{,}45)$ para $(41{,}5; 1{,}47)$.

O IMC é um fator utilizado para avaliar os riscos de certas doenças como o diabetes e a pressão alta. A variação $18{,}5 \leq I \leq 24{,}9$ é considerada normal para adultos com mais de 20 anos.

Solução

Passo 1. **Calcular as derivadas parciais em $(W, H) = (40; 1{,}45)$.**

$$\frac{\partial I}{\partial W} = \frac{\partial}{\partial W}\left(\frac{W}{H^2}\right) = \frac{1}{H^2}, \qquad \frac{\partial I}{\partial H} = \frac{\partial}{\partial H}\left(\frac{W}{H^2}\right) = -\frac{2W}{H^3}$$

Em $(W, H) = (40; 1{,}45)$, temos

$$\left.\frac{\partial I}{\partial W}\right|_{(40,1{,}45)} = \frac{1}{1{,}45^2} \approx 0{,}48, \qquad \left.\frac{\partial I}{\partial H}\right|_{(40,1{,}45)} = -\frac{2(40)}{1{,}45^3} \approx -26{,}24$$

Passo 2. **Estimar a variação.**

Se (W, H) variar de $(40; 1{,}45)$ para $(41{,}5; 1{,}47)$, temos

$$\Delta W = 41{,}5 - 40 = 1{,}5, \qquad \Delta H = 1{,}47 - 1{,}45 = 0{,}02$$

Portanto, pela Equação (5),

$$\Delta I \approx \left.\frac{\partial I}{\partial W}\right|_{(40,1{,}45)} \Delta W + \left.\frac{\partial I}{\partial H}\right|_{(40,1{,}45)} \Delta H = 0{,}48(1{,}5) - 26{,}24(0{,}02) \approx 0{,}2$$

Assim, vemos que o IMC aumenta aproximadamente 0,2. ∎

14.4 Resumo

- A *linearização* de f em duas e três variáveis:

$$L(x, y) = f(a, b) + f_x(a, b)(x - a) + f_y(a, b)(y - b)$$
$$L(x, y, z) = f(a, b, c) + f_x(a, b, c)(x - a) + f_y(a, b, c)(y - b) + f_z(a, b, c)(z - c)$$

- $f(x, y)$ é *diferenciável* em (a, b) se existirem $f_x(a, b)$ e $f_y(a, b)$ e

$$f(x, y) = L(x, y) + e(x, y)$$

em que $e(x, y)$ é uma função tal que

$$\lim_{(x,y) \to (a,b)} \frac{e(x, y)}{\sqrt{(x-a)^2 + (y-b)^2}} = 0$$

- Na prática, usamos o resultado seguinte: *se $f_x(x, y)$ e $f_y(x, y)$ existirem e forem contínuas num disco D contendo (a, b), então $f(x, y)$ é diferenciável em (a, b).*
- Equação do plano tangente a $z = f(x, y)$ em (a, b):

$$z = f(a, b) + f_x(a, b)(x - a) + f_y(a, b)(y - b)$$

- Aproximação linear:

$$f(a + \Delta x, b + \Delta y) \approx f(a, b) + f_x(a, b)\Delta x + f_y(a, b)\Delta y$$
$$\Delta f \approx f_x(a, b)\,\Delta x + f_y(a, b)\,\Delta y$$

- Em formato diferencial, $\Delta f \approx df$, sendo

$$df = f_x(x, y)\,dx + f_y(x, y)\,dy = \frac{\partial f}{\partial x}dx + \frac{\partial f}{\partial y}dy$$

$$df = f_x(x, y, z)\,dx + f_y(x, y, z)\,dy + f_z(x, y, z)\,dz = \frac{\partial f}{\partial x}dx + \frac{\partial f}{\partial y}dy + \frac{\partial f}{\partial z}dz$$

14.4 Exercícios

Exercícios preliminares

1. Como se define a linearização de $f(x, y)$ em (a, b)?
2. Defina linearidade local para funções de duas variáveis.

Nos Exercícios 3-5, suponha que

$$f(2, 3) = 8, \qquad f_x(2, 3) = 5, \qquad f_y(2, 3) = 7$$

3. Qual dentre (a)-(b) é a linearização de f em $(2, 3)$?
   (a) $L(x, y) = 8 + 5x + 7y$
   (b) $L(x, y) = 8 + 5(x - 2) + 7(y - 3)$
4. Dê uma estimativa de $f(2; 3,1)$.

5. Dê uma estimativa de Δf em $(2, 3)$ se $\Delta x = -0,3$ e $\Delta y = 0,2$.
6. Qual é o teorema que nos permite concluir que $f(x, y) = x^3 y^8$ é diferenciável?

Exercícios

1. Use a Equação (2) para encontrar uma equação do plano tangente ao gráfico de $f(x, y) = 2x^2 - 4xy^2$ no ponto $(-1, 2)$.

2. Encontre a equação do plano na Figura 10, que é tangente ao gráfico no ponto $(1; 0,8)$.

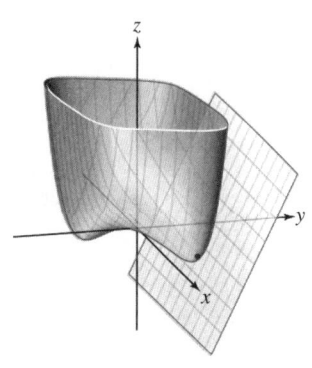

FIGURA 10 O gráfico de $f(x, y) = 0,2x^4 + y^6 - xy$.

Nos Exercícios 3-10, encontre uma equação do plano tangente no ponto dado.

3. $f(x, y) = x^2 y + xy^3$, $(2, 1)$
4. $f(x, y) = \dfrac{x}{\sqrt{y}}$, $(4, 4)$
5. $f(x, y) = x^2 + y^{-2}$, $(4, 1)$
6. $G(u, w) = \text{sen}(uw)$, $\left(\dfrac{\pi}{6}, 1\right)$
7. $F(r, s) = r^2 s^{-1/2} + s^{-3}$, $(2, 1)$
8. $g(x, y) = e^{x/y}$, $(2, 1)$
9. $f(x, y) = \text{sech}(x - y)$, $(\ln 4, \ln 2)$
10. $f(x, y) = \ln(4x^2 - y^2)$, $(1, 1)$

11. Encontre os pontos no gráfico de $z = 3x^2 - 4y^2$ nos quais o vetor $\mathbf{n} = \langle 3, 2, 2 \rangle$ seja normal ao plano tangente.

12. Encontre os pontos do gráfico de $z = xy^3 + 8y^{-1}$ nos quais o plano tangente seja paralelo a $2x + 7y + 2z = 0$.

13. Encontre a linearização $L(x, y)$ de $f(x, y) = x^2 y^3$ em $(a, b) = (2, 1)$. Use-a para estimar $f(2,01; 1,02)$ e $f(1,97; 1,01)$ e compare com os valores obtidos com uma calculadora.

14. Escreva a aproximação linear de $f(x, y) = x(1 + y)^{-1}$ em $(a, b) = (8, 1)$ no formato
$$f(a + h, b + k) \approx f(a, b) + f_x(a, b)h + f_y(a, b)k$$
Use-a para estimar $\dfrac{7,98}{2,02}$ e compare com o valor obtido com uma calculadora.

15. Seja $f(x, y) = x^3 y^{-4}$. Use a Equação (5) para dar uma estimativa da variação
$$\Delta f = f(2,03, 0,9) - f(2, 1)$$

16. Use a aproximação linear de $f(x, y) = \sqrt{x/y}$ em $(9, 4)$ para dar uma estimativa de $\sqrt{9,1/3,9}$.

17. Use a aproximação linear de $f(x, y) = e^{x^2 + y}$ em $(0, 0)$ para dar uma estimativa de $f(0,01; -0,02)$. Compare com o valor obtido com uma calculadora.

18. Seja $f(x, y) = x^2/(y^2 + 1)$. Use a aproximação linear num ponto (a, b) apropriado para dar uma estimativa de $f(4,01; 0,98)$.

19. Encontre a linearização de $f(x, y, z) = z\sqrt{x + y}$ em $(8, 4, 5)$.

20. Encontre a linearização de $f(x, y, z) = xy/z$ no ponto $(2, 1, 2)$. Use-a para estimar $f(2,05; 0,9; 2,01)$ e compare com o valor obtido com uma calculadora.

21. Dê uma estimativa de $f(2,1; 3,8)$, sabendo que
$$f(2, 4) = 5, \quad f_x(2, 4) = 0,3, \quad f_y(2, 4) = -0,2$$

22. Dê uma estimativa de $f(1,02; 0,01; -0,03)$ supondo que
$$f(1, 0, 0) = -3, \quad f_x(1, 0, 0) = -2$$
$$f_y(1, 0, 0) = 4, \quad f_z(1, 0, 0) = 2$$

Nos Exercícios 23-28, use a aproximação linear para dar uma estimativa do valor dado. Compare com o valor obtido com uma calculadora.

23. $(2,01)^3 (1,02)^2$
24. $\dfrac{4,1}{7,9}$
25. $\sqrt{3,01^2 + 3,99^2}$
26. $\dfrac{0,98^2}{2,01^3 + 1}$
27. $\sqrt{(1,9)(2,02)(4,05)}$
28. $\dfrac{8,01}{\sqrt{(1,99)(2,01)}}$

29. Suponha que o plano tangente a $z = f(x, y)$ em $(-2, 3, 4)$ tenha equação $4x + 2y + z = 2$. Dê uma estimativa de $f(-2,1; 3,1)$.

30. Na dedução da equação do plano tangente dada no Teorema 1, escolhemos $\mathbf{n} = \mathbf{v} \times \mathbf{u}$ para vetor normal ao plano. Como seria afetada a equação resultante se tivéssemos escolhido $\mathbf{n} = \mathbf{u} \times \mathbf{v}$ como vetor normal?

Nos Exercícios 31-34, seja $I = W/H^2$ o IMC descrito no Exemplo 5.

31. Um menino pesa $W = 34$ kg e mede $H = 1,3$ m. Use a aproximação linear para dar uma estimativa da variação em I se (W, H) variar para $(36; 1,32)$.

32. Suponha que $(W, H) = (34; 1,3)$. Use a aproximação linear para dar uma estimativa do aumento de H necessário para manter I constante se W aumentar para 35.

33. (a) Mostre que $\Delta I \approx 0$ se $\Delta H / \Delta W \approx H/2W$.
    (b) Suponha que $(W, H) = (25; 1,1)$. Qual é o aumento em H que faz I ficar (aproximadamente) constante se W aumentar 1 kg?

34. Dê uma estimativa da variação de altura que faz I decrescer por 1 unidade se $(W, H) = (25; 1,1)$, supondo que W permaneça constante.

774 Cálculo

35. O volume de um cilindro de raio r e altura h é $V = \pi r^2 h$.
  (a) Use a aproximação linear para mostrar que
  $$\frac{\Delta V}{V} \approx \frac{2\Delta r}{r} + \frac{\Delta h}{h}$$
  (b) Estime o aumento percentual em V se r e h aumentarem 2% cada.
  (c) O volume V de certo cilindro é determinado pela medição de r e h. O que leva a um erro maior em V: um erro de 1% em r ou um erro de 1% em h?

36. Use a aproximação linear para mostrar que se $I = x^a y^b$, então
  $$\frac{\Delta I}{I} \approx a\frac{\Delta x}{x} + b\frac{\Delta y}{y}$$

37. A prestação mensal de um empréstimo imobiliário é dada por uma função $f(P, r, N)$, em que P é o principal (o valor inicial do empréstimo), r é a taxa de juros e N é a duração do empréstimo em meses. As taxas de juros são expressas em decimais: uma taxa de 6% é denotada por $r = 0{,}06$. Se $P = \$100.000$, $r = 0{,}06$ e $N = 240$ (um empréstimo de 20 anos), então o pagamento mensal é de $f(100.000; 0{,}06; 240) = 716{,}43$. Além disso, com esses valores, temos
  $$\frac{\partial f}{\partial P} = 0{,}0071, \qquad \frac{\partial f}{\partial r} = 5769, \qquad \frac{\partial f}{\partial N} = -1{,}5467$$
  Dê uma estimativa do que segue.
  (a) A variação na prestação mensal com um aumento de 1.000 no principal.
  (b) A variação na prestação mensal se a taxa de juros aumentar para $r = 6{,}5\%$ e para $r = 7\%$.
  (c) A variação na prestação mensal se a duração do empréstimo aumentar para 24 anos.

38. O fluxo de carros num ponto P de uma estrada de w pés de largura apresenta uma taxa média de R veículos por segundo. Embora a chegada dos carros seja irregular, os engenheiros de tráfego descobriram que o tempo médio T que leva até haver uma lacuna de pelo menos t segundos no fluxo de carros é, aproximadamente, $T = te^{Rt}$ segundos. Um pedestre caminhando a 3,5 pés/s (5,1 milhas por hora) precisa de $t = w/3{,}5$ s para cruzar a estrada. Portanto, o tempo médio que o pedestre vai ter que esperar até poder cruzar é $f(w, R) = (w/3{,}5)e^{wR/3{,}5}$ s.
  (a) Qual é o tempo médio de espera de um pedestre se $w = 25$ pés e $R = 0{,}2$ carros por segundo?
  (b) Use a aproximação linear para dar uma estimativa do aumento no tempo médio de espera se w aumentar para 27 pés.
  (c) Dê uma estimativa do aumento no tempo médio de espera se a largura w aumentar para 27 pés e R decrescer para 0,18.
  (d) Qual é a taxa de aumento no tempo médio de espera por 1 pé de aumento na largura quando $w = 30$ pés e $R = 0{,}3$ veículos por segundo?

39. O volume V de um cilindro circular reto é calculado usando os valores de 3,5 m para o diâmetro e 6,2 m para a altura. Use a aproximação linear para dar uma estimativa do erro máximo em V se cada um desses valores tiver um erro possível de, no máximo, 5%. Lembre que $V = \pi r^2 h$.

Compreensão adicional e desafios

40. Mostre que se $f(x, y)$ for diferenciável em (a, b), então a função $f(x, b)$ de uma variável é derivável em $x = a$. Use isso para provar que $f(x, y) = \sqrt{x^2 + y^2}$ não é diferenciável em $(0, 0)$.

41. Neste exercício, mostramos diretamente (sem utilizar o Teorema 2) que a função $f(x, y) = 5x + 4y^2$ do Exemplo 1 é localmente linear em $(a, b) = (2, 1)$.
  (a) Mostre que $f(x, y) = L(x, y) + e(x, y)$, com $e(x, y) = 4(y - 1)^2$.
  (b) Mostre que
  $$0 \leq \frac{e(x, y)}{\sqrt{(x-2)^2 + (y-1)^2}} \leq 4|y - 1|$$
  (c) Verifique que $f(x, y)$ é localmente linear.

42. Mostre diretamente, como no Exercício 41, que $f(x, y) = xy^2$ é diferenciável em $(0, 2)$.

43. **Diferenciabilidade implica continuidade** Use a definição de diferenciabilidade para provar que se f for diferenciável em (a, b), então f será contínua em (a, b).

44. Seja $f(x)$ uma função de uma variável definida perto de $x = a$. Dado algum número M, defina
  $$L(x) = f(a) + M(x - a), \qquad e(x) = f(x) - L(x)$$
  Assim, $f(x) = L(x) + e(x)$. Dizemos que f é localmente linear em $x = a$ se M puder ser escolhido de tal modo que
  $$\lim_{x \to a} \frac{e(x)}{|x - a|} = 0.$$
  (a) Mostre que se $f(x)$ for derivável em $x = a$, então $f(x)$ será localmente linear, com $M = f'(a)$.
  (b) Mostre, reciprocamente, que se f for localmente linear em $x = a$, então $f(x)$ será derivável e $M = f'(a)$.

45. **Hipóteses importam** Defina $g(x, y) = 2xy(x + y)/(x^2 + y^2)$ com $(x, y) \neq 0$ e $g(0, 0) = 0$. Neste exercício, mostramos que $g(x, y)$ é contínua em $(0, 0)$ e que $g_x(0, 0)$ e $g_y(0, 0)$ existem, mas $g(x, y)$ não é diferenciável em $(0, 0)$.
  (a) Usando coordenadas polares, mostre que $g(x, y)$ é contínua em $(0, 0)$.
  (b) Use a definição via limite para mostrar que $g_x(0, 0)$ e $g_y(0, 0)$ existem e que ambas são iguais a zero.
  (c) Mostre que a linearização de $g(x, y)$ em $(0, 0)$ é $L(x, y) = 0$.
  (d) Mostre que se $g(x, y)$ fosse localmente linear em $(0, 0)$, teríamos $\lim_{h \to 0} \frac{g(h, h)}{h} = 0$. Então observe que isso não ocorre porque $g(h, h) = 2h$. Isso mostra que $g(x, y)$ não é localmente linear em $(0, 0)$ e que, portanto, não é diferenciável em $(0, 0)$.

14.5 Gradiente e derivadas direcionais

Vimos que a taxa de variação de uma função f de várias variáveis depende da escolha da direção e do sentido. Como esses são indicados por vetores, é natural usar vetores para descrever a derivada de f numa direção e num sentido especificados.

Para isso, introduzimos o **gradiente** ∇f_P, que é o vetor cujos componentes são as derivadas parciais de f em P.

> **DEFINIÇÃO   Gradiente**   O gradiente de uma função $f(x, y)$ num ponto $P = (a, b)$ é o vetor
>
> $$\nabla f_P = \langle f_x(a, b), f_y(a, b) \rangle$$
>
> Em três variáveis, se $P = (a, b, c)$,
>
> $$\nabla f_P = \langle f_x(a, b, c), f_y(a, b, c), f_z(a, b, c) \rangle$$

Também escrevemos $\nabla f_{(a,b)}$ ou $\nabla f(a, b)$ para o gradiente. Às vezes, omitimos a referência ao ponto P e escrevemos

$$\nabla f = \left\langle \frac{\partial f}{\partial x}, \frac{\partial f}{\partial y} \right\rangle \quad \text{ou} \quad \nabla f = \left\langle \frac{\partial f}{\partial x}, \frac{\partial f}{\partial y}, \frac{\partial f}{\partial z} \right\rangle$$

O gradiente ∇f "associa" um vetor ∇f_P a cada ponto do domínio de f, como na Figura 1.

■ **EXEMPLO 1   Esboço de vetores gradientes**   Seja $f(x, y) = x^2 + y^2$. Calcule o gradiente ∇f, esboce alguns vetores gradientes e calcule ∇f_P em $P = (1, 1)$.

Solução   As derivadas parciais são $f_x(x, y) = 2x$ e $f_y(x, y) = 2y$, portanto

$$\nabla f = \langle 2x, 2y \rangle$$

O gradiente associa o vetor $\langle 2x, 2y \rangle$ ao ponto (x, y). Como vemos na Figura 1, esses vetores apontam para longe da origem. No ponto específico $(1, 1)$,

$$\nabla f_P = \nabla f(1, 1) = \langle 2, 2 \rangle \qquad ■$$

■ **EXEMPLO 2   Gradiente em três variáveis**   Calcule $\nabla f_{(3, -2, 4)}$, sendo

$$f(x, y, z) = ze^{2x+3y}$$

Solução   As derivadas parciais e o gradiente são

$$\frac{\partial f}{\partial x} = 2ze^{2x+3y}, \quad \frac{\partial f}{\partial y} = 3ze^{2x+3y}, \quad \frac{\partial f}{\partial z} = e^{2x+3y}$$

$$\nabla f = \langle 2ze^{2x+3y}, 3ze^{2x+3y}, e^{2x+3y} \rangle$$

Portanto, $\nabla f_{(3, -2, 4)} = \langle 2 \cdot 4e^0, 3 \cdot 4e^0, e^0 \rangle = \langle 8, 12, 1 \rangle$. ■

O teorema seguinte enumera algumas propriedades úteis do gradiente. As demonstrações ficam como exercícios (ver Exercícios 64-66).

> **TEOREMA 1   Propriedades do gradiente**   Se $f(x, y, z)$ e $g(x, y, z)$ forem diferenciáveis e c for uma constante, então
> (i) $\nabla(f + g) = \nabla f + \nabla g$
> (ii) $\nabla(cf) = c\nabla f$
> (iii) **Regra do produto para gradientes:** $\nabla(fg) = f\nabla g + g\nabla f$
> (iv) **Regra da cadeia para gradientes:** Se $F(t)$ for uma função derivável de uma variável, então
>
> $$\nabla(F(f(x, y, z))) = F'(f(x, y, z))\nabla f \qquad \boxed{1}$$

Observe que o comportamento de ∇f é exatamente o de uma derivada.

O gradiente de uma função de n variáveis é o vetor

$$\nabla f = \left\langle \frac{\partial f}{\partial x_1}, \frac{\partial f}{\partial x_2}, \ldots, \frac{\partial f}{\partial x_n} \right\rangle$$

Podemos pensar nesse vetor como um método conveniente de lembrar-se da coleção de derivadas parciais de primeira ordem. No entanto, logo veremos que esse vetor é mais do que isso.

O símbolo ∇, denominado "del", é um delta grego maiúsculo invertido. Seu uso foi popularizado pelo físico escocês P. G. Tait (1831-1901) que o denominava "nabla" pela sua semelhança com uma antiga harpa assíria. O grande físico James Clerk Maxwell relutou em adotar esse termo e chamava o gradiente simplesmente de "inclinação". Em 1871, escreveu ao seu amigo Tait provocando: "Ainda harpejando naquele nabla?"

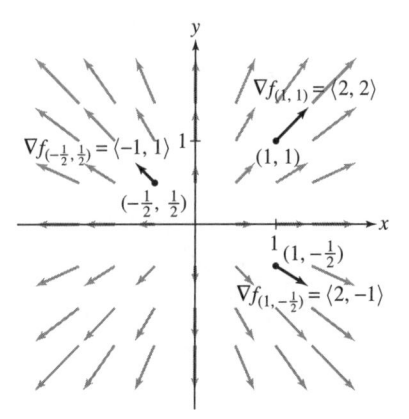

FIGURA 1 Vetores gradientes de $f(x, y) = x^2 + y^2$ em vários pontos (os vetores não estão desenhados em escala).

■ **EXEMPLO 3** **Usando a regra da cadeia para gradientes** Encontre o gradiente de

$$g(x, y, z) = (x^2 + y^2 + z^2)^8$$

Solução A função g é a composição $g(x, y, z) = F(f(x, y, z))$, com $F(t) = t^8$ e $f(x, y, z) = x^2 + y^2 + z^2$. Aplicamos a Equação (1):

$$\nabla g = \nabla\big((x^2 + y^2 + z^2)^8\big) = 8(x^2 + y^2 + z^2)^7 \nabla(x^2 + y^2 + z^2)$$

$$= 8(x^2 + y^2 + z^2)^7 \langle 2x, 2y, 2z \rangle$$

$$= 16(x^2 + y^2 + z^2)^7 \langle x, y, z \rangle \qquad ■$$

Regra da cadeia para caminhos

Nossa primeira aplicação do gradiente é a regra da cadeia para caminhos. No Capítulo 13, representamos um caminho em $\mathbf{R}^3$ por uma função vetorial $\mathbf{r}(t) = \langle x(t), y(t), z(t) \rangle$. Quando não houver motivo para confusão, pensamos em $\mathbf{r}(t)$ como o caminho traçado pelo ponto final do vetor, em vez do caminho do próprio vetor (Figura 2). Assim, podemos escrever $\mathbf{r}(t) = (x(t), y(t), z(t))$ em vez de $\mathbf{r}(t) = \langle x(t), y(t), z(t) \rangle$.

Por definição, $\mathbf{r}'(t)$ é o vetor das derivadas, como antes:

$$\mathbf{r}(t) = (x(t), y(t), z(t)), \qquad \mathbf{r}'(t) = \langle x'(t), y'(t), z'(t) \rangle$$

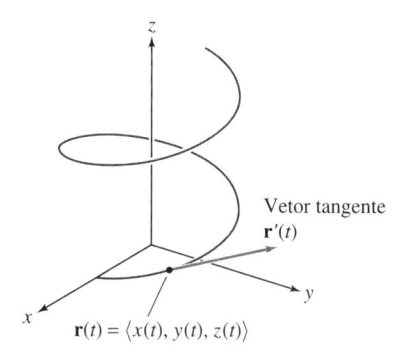

FIGURA 2 O vetor tangente $\mathbf{r}'(t)$ de um caminho $\mathbf{r}(t) = \langle x(t), y(t), z(t) \rangle$.

Lembre que, na Seção 13.2, vimos que $\mathbf{r}'(t)$ é o vetor tangente, ou "velocidade", que é tangente ao caminho e aponta no sentido do movimento. Notação análoga é utilizada com caminhos em $\mathbf{R}^2$.

A regra da cadeia para caminhos trata de funções compostas do tipo $f(\mathbf{r}(t))$. Qual é a ideia subjacente a uma composição dessas? Como um exemplo, suponha que $T(x, y)$ seja a temperatura externa na localidade (x, y) (Figura 3). Agora imagine uma ciclista, digamos, Aline, pedalando ao longo de um caminho $\mathbf{r}(t)$. Vamos supor que Aline carregue consigo um termômetro que ela confere ao longo do caminho. Sua localização no instante t é $\mathbf{r}(t)$, de modo que a leitura da temperatura no instante t é a função composta

$$T(\mathbf{r}(t)) = \text{temperatura registrada por Aline no instante } t$$

A leitura da temperatura varia à medida que Aline avança pelo caminho, e a taxa segundo a qual varia é a derivada

$$\frac{d}{dt} T(\mathbf{r}(t))$$

A regra da cadeia para caminhos afirma que essa derivada é, simplesmente, o produto escalar do gradiente da temperatura ∇T, calculado em $\mathbf{r}(t)$, com o vetor velocidade $\mathbf{r}'(t)$ de Aline.

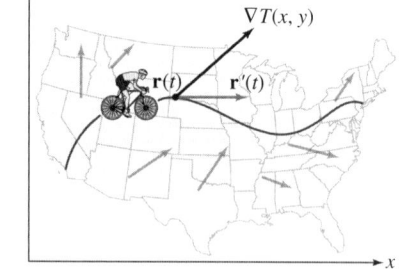

FIGURA 3 A temperatura registrada por Aline varia à taxa $\nabla T_{\mathbf{r}(t)} \cdot \mathbf{r}'(t)$.

ADVERTÊNCIA *Não confunda a regra da cadeia para caminhos com a regra da cadeia para gradientes, que é mais elementar e está enunciada no Teorema 1.*

TEOREMA 2 **Regra da cadeia para caminhos** Se f for diferenciável e $\mathbf{r}(t)$ for derivável, então

$$\frac{d}{dt} f(\mathbf{r}(t)) = \nabla f_{\mathbf{r}(t)} \cdot \mathbf{r}'(t)$$

Explicitamente, no caso de três variáveis, se $\mathbf{r}(t) = \langle x(t), y(t), z(t) \rangle$, então

$$\frac{d}{dt} f(\mathbf{r}(t)) = \left\langle \frac{\partial f}{\partial x}, \frac{\partial f}{\partial y}, \frac{\partial f}{\partial z} \right\rangle \cdot \langle x'(t), y'(t), z'(t) \rangle = \frac{\partial f}{\partial x}\frac{dx}{dt} + \frac{\partial f}{\partial y}\frac{dy}{dt} + \frac{\partial f}{\partial z}\frac{dz}{dt}$$

Demonstração Por definição,

$$\frac{d}{dt} f(\mathbf{r}(t)) = \lim_{h \to 0} \frac{f(x(t+h), y(t+h)) - f(x(t), y(t))}{h}$$

Para calcular essa derivada, denotemos

$$\Delta f = f(x(t+h), y(t+h)) - f(x(t), y(t))$$

$$\Delta x = x(t+h) - x(t), \qquad \Delta y = y(t+h) - y(t)$$

A demonstração utiliza a linearidade local de f. Como na Seção 14.4, escrevemos:

$$\Delta f = f_x(x(t), y(t))\Delta x + f_y(x(t), y(t))\Delta y + e(x(t+h), y(t+h))$$

Agora tomamos $h = \Delta t$ e dividimos por Δt:

$$\frac{\Delta f}{\Delta t} = f_x(x(t), y(t))\frac{\Delta x}{\Delta t} + f_y(x(t), y(t))\frac{\Delta y}{\Delta t} + \frac{e(x(t+\Delta t), y(t+\Delta t))}{\Delta t}$$

Suponhamos, por um momento, que a última parcela tenda a zero com $\Delta t \to 0$. Então obteremos o resultado procurado:

$$\frac{d}{dt} f(\mathbf{r}(t)) = \lim_{\Delta t \to 0} \frac{\Delta f}{\Delta t}$$

$$= f_x(x(t), y(t)) \lim_{\Delta t \to 0} \frac{\Delta x}{\Delta t} + f_y(x(t), y(t)) \lim_{\Delta t \to 0} \frac{\Delta y}{\Delta t}$$

$$= f_x(x(t), y(t))\frac{dx}{dt} + f_y(x(t), y(t))\frac{dy}{dt}$$

$$= \nabla f_{\mathbf{r}(t)} \cdot \mathbf{r}'(t)$$

Verifiquemos, pois, que a última parcela tende a zero:

$$\lim_{\Delta t \to 0} \frac{e(x(t+\Delta t), y(t+\Delta t))}{\Delta t} = \lim_{\Delta t \to 0} \frac{e(x(t+\Delta t), y(t+\Delta t))}{\sqrt{(\Delta x)^2 + (\Delta y)^2}} \left(\frac{\sqrt{(\Delta x)^2 + (\Delta y)^2}}{\Delta t} \right)$$

$$= \underbrace{\left(\lim_{\Delta t \to 0} \frac{e(x(t+\Delta t), y(t+\Delta t))}{\sqrt{(\Delta x)^2 + (\Delta y)^2}} \right)}_{\text{Zero}} \lim_{\Delta t \to 0} \left(\sqrt{\left(\frac{\Delta x}{\Delta t}\right)^2 + \left(\frac{\Delta y}{\Delta t}\right)^2} \right) = 0$$

O primeiro limite é zero porque a função diferenciável f é localmente linear (Seção 14.4). O segundo limite é igual a $\sqrt{x'(t)^2 + y'(t)^2}$, de modo que o produto é zero. ∎

■ EXEMPLO 4 A temperatura na localidade (x, y) é $T(x, y) = 20 + 10e^{-0,3(x^2+y^2)}$ °C. Um besouro carrega um minúsculo termômetro ao longo do caminho

$$\mathbf{r}(t) = \langle \cos(t-2), \operatorname{sen} 2t \rangle$$

(com t em segundos), como na Figura 4. Quão rapidamente está mudando a temperatura em $t = 0,6$ s?

Solução A localização do besouro em $t = 0,6$ s é

$$\mathbf{r}(0,6) = \langle \cos(-1,4), \operatorname{sen} 0,6 \rangle \approx \langle 0,170, 0,932 \rangle$$

Pela regra da cadeia para caminhos, a taxa de variação da temperatura é o produto escalar

$$\left.\frac{dT}{dt}\right|_{t=0,6} = \nabla T_{\mathbf{r}(0,6)} \cdot \mathbf{r}'(0,6)$$

Calculamos os vetores

$$\nabla T = \left\langle -6xe^{-0,3(x^2+y^2)}, -6ye^{-0,3(x^2+y^2)} \right\rangle$$

$$\mathbf{r}'(t) = \langle -\operatorname{sen}(t-2), 2\cos 2t \rangle$$

e aplicamos em $\mathbf{r}(0,6) = \langle 0,170, 0,932 \rangle$ usando uma calculadora:

$$\nabla T_{\mathbf{r}(0,6)} \approx \langle -0,779; -4,272 \rangle \quad \text{e} \quad \mathbf{r}'(0,6) \approx \langle 0,985; 0,725 \rangle$$

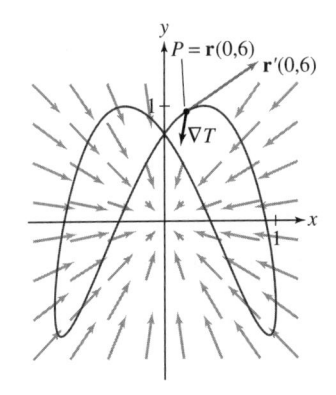

FIGURA 4 Vetores gradientes ∇T e o caminho $\mathbf{r}(t) = \langle \cos(t-2), \operatorname{sen} 2t \rangle$.

Assim, a taxa de variação é

$$\left.\frac{dT}{dt}\right|_{t=0,6} \nabla T_{\mathbf{r}(0,6)} \cdot \mathbf{r}'(t) \approx \langle -0{,}779, -4{,}272 \rangle \cdot \langle 0{,}985, 0{,}725 \rangle \approx -3{,}87°\text{C/s}$$

No exemplo seguinte, aplicamos a regra da cadeia para caminhos a uma função de três variáveis. Em geral, se $f(x_1, \ldots, x_n)$ for uma função diferenciável de n variáveis e $\mathbf{r}(t) = \langle x_1(t), \ldots, x_n(t) \rangle$ um caminho derivável, então

$$\frac{d}{dt} f(\mathbf{r}(t)) = \nabla f \cdot \mathbf{r}'(t) = \frac{\partial f}{\partial x_1}\frac{dx_1}{dt} + \frac{\partial f}{\partial x_2}\frac{dx_2}{dt} + \cdots + \frac{\partial f}{\partial x_n}\frac{dx_n}{dt}$$

■ **EXEMPLO 5** Calcule $\left.\dfrac{d}{dt} f(\mathbf{r}(t))\right|_{t=\pi/2}$, sendo

$$f(x, y, z) = xy + z^2 \qquad \text{e} \qquad \mathbf{r}(t) = \langle \cos t, \sen t, t \rangle$$

Solução Temos $\mathbf{r}\left(\frac{\pi}{2}\right) = \left\langle \cos\frac{\pi}{2}, \sen\frac{\pi}{2}, \frac{\pi}{2} \right\rangle = \left(0, 1, \frac{\pi}{2}\right)$. Calculemos o gradiente:

$$\nabla f = \left\langle \frac{\partial f}{\partial x}, \frac{\partial f}{\partial y}, \frac{\partial f}{\partial z} \right\rangle = \langle y, x, 2z \rangle, \qquad \nabla f_{\mathbf{r}(\pi/2)} = \nabla f\left(0, 1, \frac{\pi}{2}\right) = \langle 1, 0, \pi \rangle$$

Em seguida, calculamos o vetor tangente:

$$\mathbf{r}'(t) = \langle -\sen t, \cos t, 1 \rangle, \qquad \mathbf{r}'\left(\frac{\pi}{2}\right) = \left\langle -\sen\frac{\pi}{2}, \cos\frac{\pi}{2}, 1 \right\rangle = \langle -1, 0, 1 \rangle$$

Pela regra da cadeia,

$$\left.\frac{d}{dt} f(\mathbf{r}(t))\right|_{t=\pi/2} = \nabla f_{\mathbf{r}(\pi/2)} \cdot \mathbf{r}'\left(\frac{\pi}{2}\right) = \langle 1, 0, \pi \rangle \cdot \langle -1, 0, 1 \rangle = \pi - 1 \qquad ■$$

Derivadas direcionais

Agora alcançamos uma das mais importantes aplicações da regra da cadeia para caminhos. Considere uma reta pelo ponto $P = (a, b)$ na direção de um vetor unitário $\mathbf{u} = \langle h, k \rangle$ (ver Figura 5):

$$\mathbf{r}(t) = \langle a + th, b + tk \rangle$$

A derivada de $f(\mathbf{r}(t))$ em $t = 0$ é denominada a **derivada direcional de f em relação a u em P** e é denotada por $D_{\mathbf{u}} f(P)$, ou $D_{\mathbf{u}} f(a, b)$:

$$D_{\mathbf{u}} f(a, b) = \left.\frac{d}{dt} f(\mathbf{r}(t))\right|_{t=0} = \lim_{t \to 0} \frac{f(a + th, b + tk) - f(a, b)}{t}$$

As derivadas direcionais de funções de três ou mais variáveis são definidas analogamente.

DEFINIÇÃO Derivada direcional A derivada direcional na direção e sentido de um vetor unitário $\mathbf{u} = \langle h, k \rangle$ é o limite (supondo que exista)

$$D_{\mathbf{u}} f(P) = D_{\mathbf{u}} f(a, b) = \lim_{t \to 0} \frac{f(a + th, b + tk) - f(a, b)}{t}$$

FIGURA 5 A derivada direcional $D_{\mathbf{u}} f(a, b)$ é a taxa de variação de f ao longo do caminho linear por P de vetor diretor $\mathbf{u}$.

Observe que as derivadas parciais são as derivadas direcionais em relação aos vetores da base canônica $\mathbf{i} = \langle 1, 0 \rangle$ e $\mathbf{j} = \langle 0, 1 \rangle$. Por exemplo,

$$D_{\mathbf{i}} f(a, b) = \lim_{t \to 0} \frac{f(a + t(1), b + t(0)) - f(a, b)}{t} = \lim_{t \to 0} \frac{f(a + t, b) - f(a, b)}{t}$$
$$= f_x(a, b)$$

Assim, temos

$$f_x(a, b) = D_{\mathbf{i}} f(a, b), \qquad f_y(a, b) = D_{\mathbf{j}} f(a, b)$$

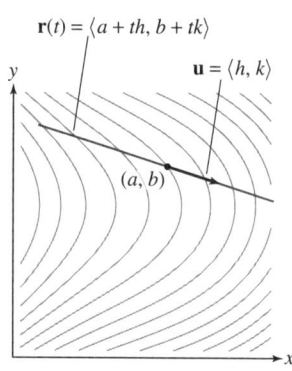

ENTENDIMENTO CONCEITUAL A derivada direcional $D_\mathbf{u} f(P)$ é a taxa de variação de f por *variação unitária* na direção e sentido de $\mathbf{u}$ em P (Figura 6). Isso é a inclinação da reta tangente em Q à curva do traço obtida intersectando o gráfico de f com o plano vertical por P na direção $\mathbf{u}$.

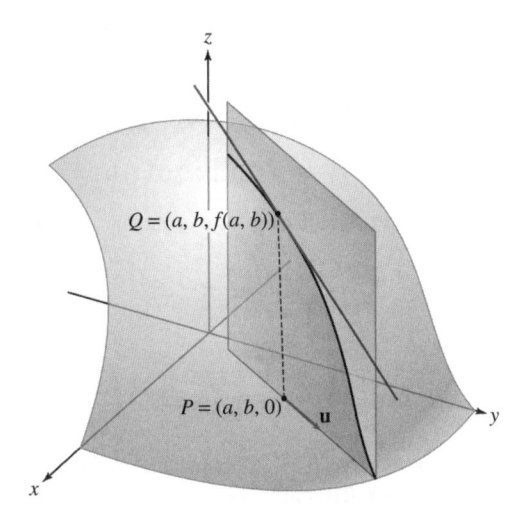

FIGURA 6 $D_\mathbf{u} f(a, b)$ é a inclinação da reta tangente em Q à curva do traço no plano vertical por P na direção $\mathbf{u}$.

Para calcular a derivada direcional, tomamos $\mathbf{r}(t) = (a + th, b + tk)$. Então $D_\mathbf{u} f(a, b)$ é a derivada em $t = 0$ da função composta $f(\mathbf{r}(t))$, e podemos calculá-la usando a regra da cadeia para caminhos. Temos $\mathbf{r}'(t) = \langle h, k \rangle = \mathbf{u}$, portanto

$$D_\mathbf{u} f(a, b) = \nabla f_{(a,b)} \cdot \mathbf{r}'(0) = \nabla f_{(a,b)} \cdot \mathbf{u}$$

Assim, obtemos a fórmula básica

$$D_\mathbf{u} f(a, b) = \nabla f_{(a,b)} \cdot \mathbf{u} \quad \boxed{2}$$

Analogamente, em três variáveis, $D_\mathbf{u} f(a, b, c) = \nabla f_{(a,b,c)} \cdot \mathbf{u}$.

TEOREMA 3 Calculando a derivada direcional Se $\mathbf{u}$ for um vetor unitário, então a derivada direcional na direção e sentido de $\mathbf{u}$ é dada por

$$D_\mathbf{u} f(P) = \nabla f_P \cdot \mathbf{u} \quad \boxed{3}$$

■ **EXEMPLO 6** Sejam $f(x, y) = xe^y$, $P = (2, -1)$ e $\mathbf{v} = \langle 2, 3 \rangle$. Calcule a derivada direcional na direção e sentido de $\mathbf{v}$.

Solução Observe, inicialmente, que $\mathbf{v}$ NÃO é um vetor unitário. Por isso, começamos substituindo $\mathbf{v}$ pelo vetor

$$\mathbf{u} = \frac{\mathbf{v}}{\|\mathbf{v}\|} = \frac{\langle 2, 3 \rangle}{\sqrt{13}} = \left\langle \frac{2}{\sqrt{13}}, \frac{3}{\sqrt{13}} \right\rangle$$

Agora calculamos o gradiente em $P = (2, -1)$:

$$\nabla f = \left\langle \frac{\partial f}{\partial x}, \frac{\partial f}{\partial y} \right\rangle = \langle e^y, xe^y \rangle \quad \Rightarrow \quad \nabla f_P = \nabla f_{(2,-1)} = \langle e^{-1}, 2e^{-1} \rangle$$

Em seguida, usamos o Teorema 3:

$$D_\mathbf{u} f(P) = \nabla f_P \cdot \mathbf{u} = \langle e^{-1}, 2e^{-1} \rangle \cdot \left\langle \frac{2}{\sqrt{13}}, \frac{3}{\sqrt{13}} \right\rangle = \frac{8e^{-1}}{\sqrt{13}} \approx 0{,}82. \quad ■$$

O resultado desse exercício significa que se pensarmos que a função representa uma montanha, então, na coordenada $(x, y) = (2, -1)$, devemos esperar que, se caminharmos uma unidade na direção e sentido de **v**, então precisaremos subir aproximadamente 0,82 unidade na direção vertical.

■ **EXEMPLO 7** Encontre a taxa de variação da pressão no ponto $Q = (1, 2, 1)$ na direção e sentido de $\mathbf{v} = \langle 0, 1, 1 \rangle$, supondo que a pressão (em milibares) seja dada por

$$f(x, y, z) = 1000 + 0{,}01(yz^2 + x^2z - xy^2) \qquad (x, y, z \text{ em quilômetros})$$

Solução Começamos calculando o gradiente em $Q = (1, 2, 1)$:

$$\nabla f = 0{,}01 \left\langle 2xz - y^2, z^2 - 2xy, 2yz + x^2 \right\rangle$$

$$\nabla f_Q = \nabla f_{(1,2,1)} = \langle -0{,}02;\, -0{,}03;\, 0{,}05 \rangle$$

Em seguida, substituímos **v** pelo vetor unitário **u** de mesma direção e sentido:

$$\mathbf{u} = \frac{\mathbf{v}}{\|\mathbf{v}\|} = \left\langle 0, \frac{1}{\sqrt{2}}, \frac{1}{\sqrt{2}} \right\rangle$$

Finalmente,

$$D_\mathbf{u} f(Q) = \nabla f_Q \cdot \mathbf{u} = \langle -0{,}02;\, -0{,}03;\, 0{,}05 \rangle \cdot \left\langle 0, \frac{1}{\sqrt{2}}, \frac{1}{\sqrt{2}} \right\rangle \approx 0{,}014 \text{ milibares/km}$$

Assim, se nos movermos na direção e sentido de **v** a partir de Q, sentiremos um aumento de pressão de aproximadamente 0,014 milibares/km. ■

Propriedades do gradiente

Agora estamos em condições de obter conclusões interessantes e importantes sobre o gradiente. Inicialmente, suponha que $\nabla f_P \neq \mathbf{0}$ e seja **u** um vetor unitário (Figura 7). Pelas propriedades do produto escalar,

$$D_\mathbf{u} f(P) = \nabla f_P \cdot \mathbf{u} = \|\nabla f_P\| \cos \theta \qquad \boxed{4}$$

sendo θ o ângulo entre ∇f_P e **u**. Em outras palavras, *a taxa de variação numa dada direção e sentido varia com o cosseno do ângulo θ entre o gradiente e a direção.*

Já que o cosseno toma valores entre -1 e 1, resulta

$$-\|\nabla f_P\| \leq D_\mathbf{u} f(P) \leq \|\nabla f_P\|$$

Como $\cos 0 = 1$, o valor máximo de $D_\mathbf{u} f(P)$ ocorre com $\theta = 0$, isto é, quando **u** aponta na direção e sentido de ∇f_P. Em outras palavras, *o vetor gradiente aponta na direção e sentido da maior taxa de crescimento, e essa taxa máxima é* $\|\nabla f_P\|$. Analogamente, f decresce mais rapidamente no sentido oposto, $-\nabla f_P$, já que $\cos \theta = -1$ com $\theta = \pi$. A taxa de decrescimento máxima é $-\|\nabla f_P\|$. A derivada direcional é nula na direção ortogonal ao gradiente, porque $\cos \frac{\pi}{2} = 0$.

No cenário anteriormente considerado em que a ciclista Aline pedala ao longo de um caminho (Figura 8), a temperatura T varia a uma taxa que depende do cosseno do ângulo θ entre ∇T e a direção e o sentido do movimento.

LEMBRETE *Dados vetores **u** e **v** quaisquer,*

$$\mathbf{v} \cdot \mathbf{u} = \|\mathbf{v}\| \|\mathbf{u}\| \cos \theta$$

*sendo θ o ângulo entre **v** e **u**. Se **u** for um vetor unitário, então*

$$\mathbf{v} \cdot \mathbf{u} = \|\mathbf{v}\| \cos \theta$$

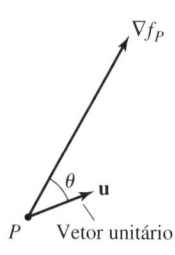

FIGURA 7 $D_\mathbf{u} f(P) = \|\nabla f_P\| \cos \theta$.

Aumento máximo de temperatura na direção e sentido do gradiente.

Nessa direção e sentido, a taxa de variação da temperatura é $\|\nabla T\| \cos \theta$.

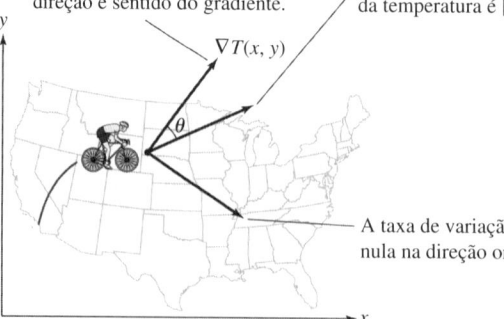

A taxa de variação da temperatura é nula na direção ortogonal a $\nabla T(x, y)$.

FIGURA 8

Outra propriedade fundamental é que os vetores gradientes são normais às curvas de nível (Figura 9). Para provar isso, suponha que P esteja na curva de nível $f(x, y) = k$. Parametrizamos essa curva de nível com um caminho $\mathbf{r}(t)$ tal que $\mathbf{r}(0) = P$ e $\mathbf{r}'(0) \neq \mathbf{0}$ (isso é possível sempre que $\nabla f_P \neq \mathbf{0}$). Então $f(\mathbf{r}(t)) = k$ com qualquer t, de modo que, pela regra da cadeia,

$$\nabla f_P \cdot \mathbf{r}'(0) = \frac{d}{dt} f(\mathbf{r}(t)) \Big|_{t=0} = \frac{d}{dt} k = 0$$

Isso prova que ∇f_P é ortogonal a $\mathbf{r}'(0)$ e, como $\mathbf{r}'(0)$ é tangente à curva de nível, concluímos que ∇f_P é normal à curva de nível (Figura 9). Agrupamos esses fatos no teorema seguinte.

TEOREMA 4 Interpretação do gradiente Suponha que $\nabla f_P \neq \mathbf{0}$. Seja $\mathbf{u}$ um vetor unitário fazendo um ângulo θ com ∇f_P. Então

$$D_{\mathbf{u}} f(P) = \|\nabla f_P\| \cos \theta \qquad 5$$

- ∇f_P aponta na direção e sentido da maior taxa de crescimento de f em P.
- $-\nabla f_P$ aponta na direção e sentido da maior taxa de decrescimento de f em P.
- ∇f_P é normal à curva de nível (ou superfície) de f em P.
- $\|\nabla f_P\|$ é a maior inclinação de uma reta tangente em $(P, f(P))$ à superfície dada por $z = f(x, y)$.

ENTENDIMENTO GRÁFICO Em cada ponto P, existe uma única direção e sentido em que $f(x, y)$ cresce mais rapidamente (por distância unitária). O Teorema 4 nos diz que essa direção de maior crescimento é perpendicular às curvas de nível e é dada pelo vetor gradiente (Figura 9). No entanto, para a maioria das funções, essa direção e sentido de crescimento máximo variam de ponto a ponto.

LEMBRETE
- *Os termos "normal" e "ortogonal" significam "perpendicular".*
- *Dizemos que um vetor é normal a uma curva num ponto P se for normal à reta tangente à curva em P.*

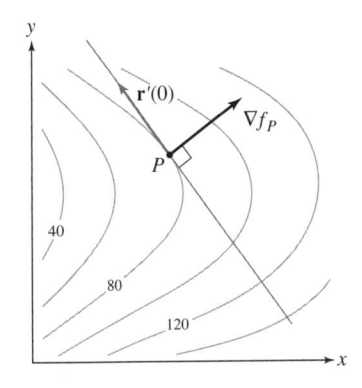

FIGURA 9 Mapa de contornos de $f(x, y)$. O gradiente em P é ortogonal à curva de nível por P e aponta na direção e sentido de crescimento máximo de $f(x, y)$.

■ **EXEMPLO 8** Sejam $f(x, y) = x^4 y^{-2}$ e $P = (2, 1)$. Encontre o vetor unitário que aponta na direção e sentido da maior taxa de crescimento em P e determine essa taxa máxima.

Solução O gradiente aponta na direção e sentido de taxa de crescimento máxima, portanto calculamos o gradiente em P:

$$\nabla f = \left\langle 4x^3 y^{-2}, -2x^4 y^{-3} \right\rangle, \qquad \nabla f_{(2,1)} = \langle 32, -32 \rangle$$

O vetor unitário nessa direção e sentido é

$$\mathbf{u} = \frac{\langle 32, -32 \rangle}{\|\langle 32, -32 \rangle\|} = \frac{\langle 32, -32 \rangle}{32\sqrt{2}} = \left\langle \frac{\sqrt{2}}{2}, -\frac{\sqrt{2}}{2} \right\rangle$$

A taxa máxima, que é a taxa nessa direção e sentido, é dada por

$$\|\nabla f_{(2,1)}\| = \sqrt{(32^2 + (-32)^2)} = 32\sqrt{2} \qquad ■$$

■ **EXEMPLO 9** Esboce o mapa de contornos e vetores gradientes em vários pontos do plano correspondentes à função $f(x, y) = y^2 - x^2$.

Solução A equação $z = y^2 - x^2$ fornece uma sela ou, como a estamos chamando, um paraboloide hiperbólico. Podemos tomar z igual a vários valores e determinar as curvas de nível e o mapa de contorno, como o da Figura 10. Em cada ponto de uma curva de nível qualquer dada, o vetor gradiente deve apontar na direção horizontal e no sentido que fornecem o maior crescimento na sela. Isso sempre será na direção perpendicular à curva de nível, pois na direção da curva de nível a altitude não varia. Assim, obtemos um esboço como o da Figura 10. Se estivéssemos na própria sela, cada vetor gradiente nos daria a direção horizontal e o sentido em que nos deveríamos dirigir para subir o mais rapidamente na sela. Observe que em $(0, 0)$ o vetor gradiente é o vetor nulo, já que o plano tangente à sela nesse ponto é horizontal e não há direção alguma que, na superfície, corresponderia a uma de maior crescimento. ■

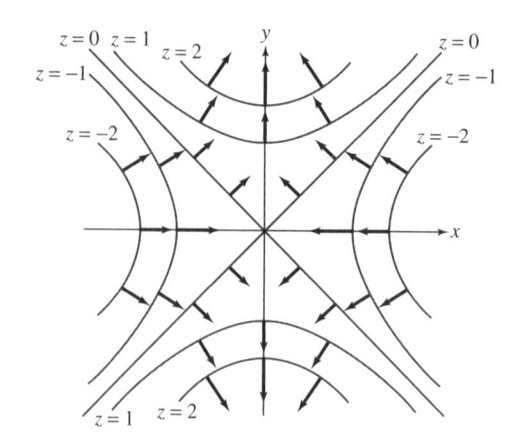

FIGURA 10 Mapa de contornos de $f(x, y) = y^2 - x^2$ e vetores gradientes correspondentes em vários pontos.

■ **EXEMPLO 10** A altitude de uma montanha em (x, y) é

$$f(x, y) = 2500 + 100(x + y^2)e^{-0,3y^2}$$

em que x e y são unidades de 100 m.

(a) Encontre a derivada direcional de f em $P = (-1, -1)$ na direção e sentido do vetor unitário **u** que faz um ângulo de $\theta = \frac{\pi}{4}$ com o gradiente (Figura 11).

(b) Qual é a interpretação dessa derivada?

Solução Começamos calculando $\|\nabla f_P\|$:

$$f_x(x, y) = 100e^{-0,3y^2}, \qquad f_y(x, y) = 100y(2 - 0,6x - 0,6y^2)e^{-0,3y^2}$$

$$f_x(-1, -1) = 100e^{-0,3} \approx 74, \qquad f_y(-1, -1) = -200e^{-0,3} \approx -148$$

Logo, $\nabla f_P \approx \langle 74, -148 \rangle$ e

$$\|\nabla f_P\| \approx \sqrt{74^2 + (-148)^2} \approx 165,5$$

Aplicamos a Equação (5) com $\theta = \pi/4$:

$$D_{\mathbf{u}} f(P) = \|\nabla f_P\| \cos \theta \approx 165,5 \left(\frac{\sqrt{2}}{2}\right) \approx 117$$

Como x e y são medidos em unidades de 100 m, a interpretação é a seguinte: se estivermos na montanha no ponto acima de $(-1, -1)$ e começarmos a escalar de tal modo que nosso deslocamento horizontal seja na direção e sentido de **u**, então nossa altitude crescerá à taxa de 117 m por 100 m de deslocamento horizontal, ou 1,17 m por metro de deslocamento horizontal. ■

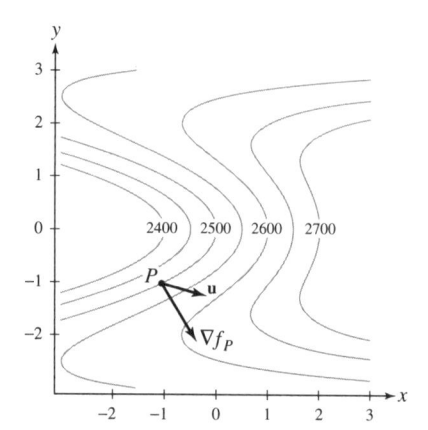

FIGURA 11 Mapa de contornos da função $f(x, y)$ do Exemplo 10.

O símbolo ψ (pronunciado "psi") é letra grega minúscula psi.

ENTENDIMENTO CONCEITUAL A derivada direcional está relacionada com o **ângulo de inclinação** ψ da Figura 12. Imagine que o gráfico de $z = f(x, y)$ seja uma montanha acima do plano xy. Seja Q um ponto da montanha localizado acima de um ponto $P = (a, b)$ do plano xy. Se começarmos a andar montanha acima de tal modo que nosso deslocamento horizontal seja na direção e sentido de **u**, então, de fato, estaremos subindo a montanha num ângulo de inclinação ψ definido por

$$\operatorname{tg} \psi = D_{\mathbf{u}} f(P) \qquad \boxed{6}$$

A direção (e sentido) que dá a subida mais íngreme montanha acima é aquela com a qual o deslocamento horizontal é na direção (e sentido) de ∇f_P.

■ **EXEMPLO 11 Ângulo de inclinação** Suponha que estejamos na encosta de uma montanha no formato de $z = f(x, y)$, num ponto $Q = (a, b, f(a, b))$ em que $\nabla f_{(a,b)} = \langle 0,4, 0,02 \rangle$. Encontre o ângulo de inclinação na direção e no sentido que fazem um ângulo de $\theta = \frac{\pi}{3}$ com o gradiente.

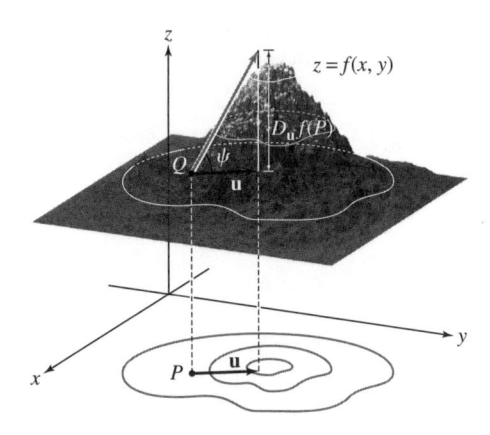

FIGURA 12

Solução O gradiente tem comprimento $\|\nabla f_{(a,b)}\| = \sqrt{(0,4)^2 + (0,02)^2} \approx 0,4$. Se **u** for um vetor unitário que faz um ângulo de $\theta = \frac{\pi}{3}$ com $\nabla f_{(a,b)}$, então

$$D_{\mathbf{u}}f(a,b) = \|\nabla f_{(a,b)}\| \cos \frac{\pi}{3} \approx (0,4)(0,5) = 0,2$$

O ângulo de inclinação em Q na direção e sentido de **u** satisfaz tg $\psi = 0,2$. Segue que $\psi \approx$ arc tg $0,2 \approx 0,197$ radianos ou, aproximadamente, $11,3°$.

Outro uso do gradiente é para encontrar vetores normais a uma superfície de equação $F(x, y, z) = k$, em que k é uma constante.

TEOREMA 5 Gradiente como vetor normal Seja $P = (a, b, c)$ um ponto da superfície dada por $F(x, y, z) = k$ e suponha que $\nabla F_P \neq \mathbf{0}$. Então ∇F_P é um vetor normal ao plano tangente da superfície em P. Além disso, o plano tangente à superfície em P tem equação

$$F_x(a,b,c)(x-a) + F_y(a,b,c)(y-b) + F_z(a,b,c)(z-c) = 0$$

Demonstração Seja $\mathbf{r}(t)$ um caminho qualquer na superfície tal que $\mathbf{r}(0) = P$ e $\mathbf{r}'(0) \neq \mathbf{0}$. Então $F(\mathbf{r}(t)) = k$, pois todos os pontos da curva devem satisfazer a equação $F(x, y, z) = k$. Derivando ambos os lados dessa equação e aplicando a regra da cadeia, obtemos

$$\nabla F_P \cdot \mathbf{r}'(0) = 0$$

Logo, ∇F_P é perpendicular a $\mathbf{r}'(0)$ que sabemos ser tangente em P à curva dada por $\mathbf{r}(t)$ e, portanto, tangente à superfície em P. No entanto, podemos tomar $\mathbf{r}(t)$ passando por P em qualquer direção, como na Figura 13; logo, ∇F_P deve ser perpendicular aos vetores tangentes apontando em qualquer direção e, portanto, perpendicular a todo o plano tangente em P.

Como $\nabla F_P = \langle F_x(a,b,c), F_y(a,b,c), F_z(a,b,c)\rangle$ é um vetor normal ao plano tangente e $P = (a, b, c)$ é um ponto desse plano, obtemos a equação seguinte do plano tangente:

$$F_x(a,b,c)(x-a) + F_y(a,b,c)(y-b) + F_z(a,b,c)(z-c) = 0$$

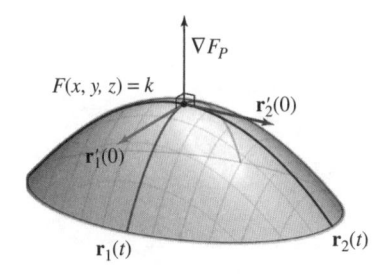

FIGURA 13 ∇F_P é normal à superfície $F(x, y, z) = k$ em P.

■ **EXEMPLO 12 Vetor normal e plano tangente** Encontre uma equação do plano tangente à superfície $4x^2 + 9y^2 - z^2 = 16$ em $P = (2, 1, 3)$.

Solução Seja $F(x, y, z) = 4x^2 + 9y^2 - z^2$. Então

$$\nabla F = \langle 8x, 18y, -2z \rangle, \qquad \nabla F_P = \nabla F_{(2,1,3)} = \langle 16, 18, -6 \rangle$$

O vetor $\langle 16, 18, -6 \rangle$ é normal à superfície $F(x, y, z) = 16$ (Figura 14), portanto o plano tangente em P tem equação

$$16(x-2) + 18(y-1) - 6(z-3) = 0 \quad \text{ou} \quad 16x + 18y - 6z = 32$$

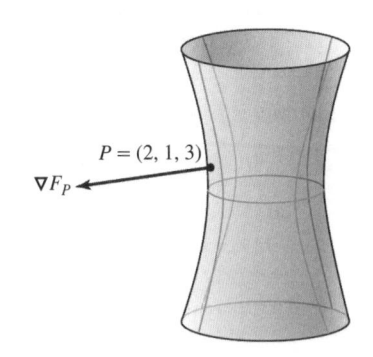

FIGURA 14 O vetor gradiente ∇F_P é normal à superfície em P.

Note como essa equação do plano tangente está relacionada com a Equação (2) da Seção 14.4, em que mostramos que a equação do plano tangente à superfície dada por $z = f(x, y)$ num ponto $(a, b, f(a, b))$ é

$$z = f(a, b) + f_x(a, b)(x - a) + f_y(a, b)(y - b)$$

Se quisermos aplicar a nossa nova fórmula do plano tangente a essa situação, devemos tomar $F(x, y, z) = f(x, y) - z = 0$. Então, observe que $F_x = f_x$, $F_y = f_y$ e $F_z = -1$. Assim, a nova fórmula fornece

$$f_x(a, b)(x - a) + f_y(a, b)(y - b) + (-1)(z - c) = 0$$

em que $c = f(a, b)$. Essa é exatamente a Equação (2) da Seção 14.4.

14.5 Resumo

- O *gradiente* de uma função f é o vetor das derivadas parciais:

$$\nabla f = \left\langle \frac{\partial f}{\partial x}, \frac{\partial f}{\partial y} \right\rangle \quad \text{ou} \quad \nabla f = \left\langle \frac{\partial f}{\partial x}, \frac{\partial f}{\partial y}, \frac{\partial f}{\partial z} \right\rangle$$

- Regra da cadeia para caminhos:

$$\frac{d}{dt} f(\mathbf{r}(t)) = \nabla f_{\mathbf{r}(t)} \cdot \mathbf{r}'(t)$$

- Se $\mathbf{u}$ for um vetor unitário, dizemos que $D_{\mathbf{u}} f$ é a *derivada direcional*.
- *Derivada direcional em relação a* $\mathbf{u} = \langle h, k \rangle$:

$$D_{\mathbf{u}} f(a, b) = \lim_{t \to 0} \frac{f(a + th, b + tk) - f(a, b)}{t}$$

Essa definição se estende a três ou mais variáveis.
- Fórmula da derivada direcional em relação a $\mathbf{u}$: $D_{\mathbf{u}} f(a, b) = \nabla f_{(a,b)} \cdot \mathbf{u}$.
- $D_{\mathbf{u}} f(a, b) = \|\nabla f_{(a,b)}\| \cos \theta$, em que θ é o ângulo entre $\nabla f_{(a,b)}$ e $\mathbf{u}$.
- Propriedades geométricas básicas do gradiente (supondo $\nabla f_P \neq \mathbf{0}$):
  - ∇f_P aponta na direção e sentido da maior taxa de crescimento. Essa taxa de crescimento máxima é $\|\nabla f_P\|$.
  - $-\nabla f_P$ aponta na direção e sentido da maior taxa de decrescimento. Essa taxa de decrescimento máxima é $-\|\nabla f_P\|$.
  - ∇f_P é ortogonal à curva de nível (ou superfície) por P.
- Equação do plano tangente à superfície de nível $F(x, y, z) = k$ em $P = (a, b, c)$:

$$\nabla F_P \cdot \langle x - a, y - b, z - c \rangle = 0$$

$$F_x(a, b, c)(x - a) + F_y(a, b, c)(y - b) + F_z(a, b, c)(z - c) = 0$$

14.5 Exercícios

Exercícios preliminares

1. Qual dos seguintes é um valor possível do gradiente ∇f de uma função $f(x, y)$ de duas variáveis?
   (a) 5   (b) $\langle 3, 4 \rangle$ (c) $\langle 3, 4, 5 \rangle$

2. Verdadeira ou falsa? Uma função diferenciável cresce a uma taxa de $\|\nabla f_P\|$ na direção e sentido de ∇f_P.

3. Descreva as duas principais propriedades geométricas do gradiente ∇f.

4. Suponha que estejamos parados num ponto em que o vetor gradiente de temperatura esteja apontando para o nordeste (NE). Em que direção(ões) podemos caminhar se quisermos evitar uma mudança de temperatura?
   (a) NE   (b) NO   (c) SE   (d) SO

5. Qual é a taxa de variação de $f(x, y)$ em $(0, 0)$ na direção que faz um ângulo de $45°$ com o eixo x positivo se $\nabla f(0, 0) = \langle 2, 4 \rangle$?

Exercícios

1. Sejam $f(x,y) = xy^2$ e $\mathbf{r}(t) = \left\langle \frac{1}{2}t^2, t^3 \right\rangle$.
   (a) Calcule ∇f e $\mathbf{r}'(t)$.
   (b) Use a regra da cadeia para caminhos para calcular $\frac{d}{dt}f(\mathbf{r}(t))$ em $t=1$ e $t=-1$.

2. Sejam $f(x,y) = e^{xy}$ e $\mathbf{r}(t) = \left\langle t^3, 1+t \right\rangle$.
   (a) Calcule ∇f e $\mathbf{r}'(t)$.
   (b) Use a regra da cadeia para caminhos para calcular $\frac{d}{dt}f(\mathbf{r}(t))$.
   (c) Escreva por extenso a composta $f(\mathbf{r}(t))$ como uma função de t e derive. Confira que o resultado está de acordo com o da parte (b).

3. A Figura 15 mostra as curvas de nível de uma função $f(x,y)$ e um caminho $\mathbf{r}(t)$ percorrido no sentido indicado. Decida se a derivada $\frac{d}{dt}f(\mathbf{r}(t))$ é positiva, negativa ou zero nos pontos A-D.

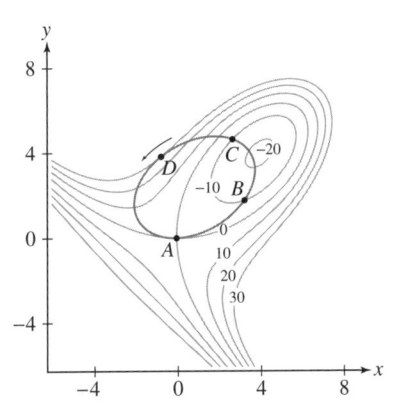

FIGURA 15

4. Sejam $f(x,y) = x^2 + y^2$ e $\mathbf{r}(t) = \langle \cos t, \operatorname{sen} t \rangle$.
   (a) Encontre $\frac{d}{dt}f(\mathbf{r}(t))$ sem fazer contas. Explique.
   (b) Confira sua resposta em (a) usando a regra da cadeia.

Nos Exercícios 5-8, calcule o gradiente.

5. $f(x,y) = \cos(x^2 + y)$
6. $g(x,y) = \dfrac{x}{x^2+y^2}$
7. $h(x,y,z) = xyz^{-3}$
8. $r(x,y,z,w) = xze^{yw}$

Nos Exercícios 9-20, use a regra da cadeia para calcular $\frac{d}{dt}f(\mathbf{r}(t))$.

9. $f(x,y) = 3x - 7y$, $\mathbf{r}(t) = \langle \cos t, \operatorname{sen} t \rangle$, $t=0$
10. $f(x,y) = 3x - 7y$, $\mathbf{r}(t) = \left\langle t^2, t^3 \right\rangle$, $t=2$
11. $f(x,y) = x^2 - 3xy$, $\mathbf{r}(t) = \langle \cos t, \operatorname{sen} t \rangle$, $t=0$
12. $f(x,y) = x^2 - 3xy$, $\mathbf{r}(t) = \langle \cos t, \operatorname{sen} t \rangle$, $t=\frac{\pi}{2}$
13. $f(x,y) = \operatorname{sen}(xy)$, $\mathbf{r}(t) = \left\langle e^{2t}, e^{3t} \right\rangle$, $t=0$
14. $f(x,y) = \cos(y-x)$, $\mathbf{r}(t) = \left\langle e^t, e^{2t} \right\rangle$, $t=\ln 3$
15. $f(x,y) = x - xy$, $\mathbf{r}(t) = \left\langle t^2, t^2 - 4t \right\rangle$, $t=4$
16. $f(x,y) = xe^y$, $\mathbf{r}(t) = \left\langle t^2, t^2 - 4t \right\rangle$, $t=0$
17. $f(x,y) = \ln x + \ln y$, $\mathbf{r}(t) = \left\langle \cos t, t^2 \right\rangle$, $t=\frac{\pi}{4}$
18. $g(x,y,z) = xye^z$, $\mathbf{r}(t) = \left\langle t^2, t^3, t-1 \right\rangle$, $t=1$
19. $g(x,y,z) = xyz^{-1}$, $\mathbf{r}(t) = \left\langle e^t, t, t^2 \right\rangle$, $t=1$
20. $g(x,y,z,w) = x + 2y + 3z + 5w$, $\mathbf{r}(t) = \left\langle t^2, t^3, t, t-2 \right\rangle$, $t=1$

Nos Exercícios 21-30, calcule a derivada direcional na direção e sentido de $\mathbf{v}$ no ponto dado. Não se esqueça de normalizar o vetor direcional.

21. $f(x,y) = x^2 + y^3$, $\mathbf{v} = \langle 4, 3 \rangle$, $P = (1,2)$
22. $f(x,y) = x^2 y^3$, $\mathbf{v} = \mathbf{i} + \mathbf{j}$, $P = (-2,1)$
23. $f(x,y) = x^2 y^3$, $\mathbf{v} = \mathbf{i} + \mathbf{j}$, $P = \left(\frac{1}{6}, 3\right)$
24. $f(x,y) = \operatorname{sen}(x-y)$, $\mathbf{v} = \langle 1,1 \rangle$, $P = \left(\frac{\pi}{2}, \frac{\pi}{6}\right)$
25. $f(x,y) = \operatorname{arc\,tg}(xy)$, $\mathbf{v} = \langle 1,1 \rangle$, $P = (3,4)$
26. $f(x,y) = e^{xy-y^2}$, $\mathbf{v} = \langle 12, -5 \rangle$, $P = (2,2)$
27. $f(x,y) = \ln(x^2 + y^2)$, $\mathbf{v} = 3\mathbf{i} - 2\mathbf{j}$, $P = (1,0)$
28. $g(x,y,z) = z^2 - xy^2$, $\mathbf{v} = \langle -1, 2, 2 \rangle$, $P = (2,1,3)$
29. $g(x,y,z) = xe^{-yz}$, $\mathbf{v} = \langle 1,1,1 \rangle$, $P = (1,2,0)$
30. $g(x,y,z) = x\ln(y+z)$, $\mathbf{v} = 2\mathbf{i} - \mathbf{j} + \mathbf{k}$, $P = (2, e, e)$

31. Encontre a derivada direcional de $f(x,y) = x^2 + 4y^2$ no ponto $P = (3,2)$ na direção e sentido da origem.

32. Encontre a derivada direcional de $f(x,y,z) = xy + z^3$ no ponto $P = (3,-2,-1)$ na direção e sentido da origem.

33. Um besouro localizado em $(3,9,4)$ começa a caminhar numa linha reta em direção a $(5,7,3)$. A que taxa varia a temperatura para o besouro se ela for dada por $T(x,y,z) = xe^{y-z}$? As unidades são metros e graus Celsius.

Nos Exercícios 34 e 35, suponha que o eixo x positivo aponte para o Leste e o eixo y positivo, para o Norte.

34. Suponha que estejamos caminhando num terreno modelado por $z = x^2 + y^2 - y$ e que atualmente estejamos no ponto $(1,2,3)$.
    (a) Determine a inclinação que teremos pela frente se caminharmos para o Leste. Isso corresponde a qual ângulo de inclinação?
    (b) Determine a inclinação que teremos pela frente se caminharmos para o Norte. Isso corresponde a qual ângulo de inclinação?
    (c) Determine a inclinação que teremos pela frente se caminharmos para o Nordeste. Isso corresponde a qual ângulo de inclinação?
    (d) Determine a maior inclinação que podemos encontrar a partir de nossa posição.

35. Suponha que estejamos caminhando num terreno modelado por $z = xy + y^3 - x^2$ e que atualmente estejamos no ponto $(2, 1, -1)$.
    (a) Determine a inclinação que teremos pela frente se caminharmos para o Oeste. Isso corresponde a qual ângulo de inclinação?
    (b) Determine a inclinação que teremos pela frente se caminharmos para o Noroeste. Isso corresponde a qual ângulo de inclinação?
    (c) Determine a inclinação que teremos pela frente se caminharmos para o Sudeste. Isso corresponde a qual ângulo de inclinação?

(d) Determine a maior inclinação que podemos encontrar a partir de nossa posição e a direção na bússola, medida em graus a partir do Leste, na qual ocorre essa maior inclinação.

36. A temperatura na localização (x, y) é $T(x, y) = 20 + 0{,}1(x^2 - xy)$ em graus Celsius. Começando em $(200, 0)$ no instante $t = 0$ (em segundos), um besouro começa a percorrer um círculo de 200 cm de raio centrado na origem no sentido anti-horário a uma velocidade de 3 cm/s. Qual é a variação da temperatura que o besouro sente quando estiver na posição do círculo correspondente a um ângulo de $\theta = \pi/3$?

37. Suponha que $\nabla f_P = \langle 2, -4, 4\rangle$. Em P, a função f está crescendo ou decrescendo na direção e sentido de $\mathbf{v} = \langle 2, 1, 3\rangle$?

38. Sejam $f(x, y) = xe^{x^2-y}$ e $P = (1, 1)$.
 (a) Calcule $\|\nabla f_P\|$.
 (b) Encontre a taxa de variação de f na direção e sentido de ∇f_P.
 (c) Encontre a taxa de variação de f na direção e sentido de um vetor que faz um ângulo de $45°$ com ∇f_P.

39. Sejam $f(x, y, z) = \operatorname{sen}(xy + z)$ e $P = (0, -1, \pi)$. Calcule $D_{\mathbf{u}} f(P)$ se $\mathbf{u}$ for um vetor unitário fazendo um ângulo $\theta = 30°$ com ∇f_P.

40. Seja $T(x, y)$ a temperatura na localização (x, y) de uma lâmina metálica fina. Suponha que $\nabla T = \langle y - 4, x + 2y\rangle$. Seja $\mathbf{r}(t) = \langle t^2, t\rangle$ um caminho na lâmina. Encontre os valores de t tais que
$$\frac{d}{dt}T(\mathbf{r}(t)) = 0$$

41. Encontre um vetor normal à superfície $x^2 + y^2 - z^2 = 6$ em $P = (3, 1, 2)$.

42. Encontre um vetor normal à superfície $3z^3 + x^2y - y^2x = 1$ em $P = (1, -1, 1)$.

43. Encontre os dois pontos do elipsoide
$$\frac{x^2}{4} + \frac{y^2}{9} + z^2 = 1$$
em que o plano tangente é normal a $\mathbf{v} = \langle 1, 1, -2\rangle$.

Nos Exercícios 44-47, encontre uma equação do plano tangente à superfície no ponto dado.

44. $x^2 + 3y^2 + 4z^2 = 20$, $P = (2, 2, 1)$

45. $xz + 2x^2y + y^2z^3 = 11$, $P = (2, 1, 1)$

46. $x^2 + z^2 e^{y-x} = 13$, $P = \left(2, 3, \dfrac{3}{\sqrt{e}}\right)$

47. $\ln[1 + 4x^2 + 9y^4] - 0{,}1z^2 = 0$, $P = (3, 1, 6{,}1876)$

48. Verifique a validade do que pode ser constatado na Figura 16: qualquer plano tangente ao cone $x^2 + y^2 - z^2 = 0$ passa pela origem.

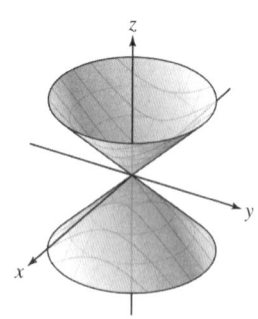

FIGURA 16 O gráfico de $x^2 + y^2 - z^2 = 0$.

49. Use um sistema algébrico computacional para obter um mapa de contornos de $f(x, y) = x^2 - 3xy + y - y^2$ junto a seu campo vetorial gradiente no domínio $[-4, 4] \times [-4, 4]$.

50. Encontre uma função $f(x, y, z)$ tal que ∇f seja o vetor constante $\langle 1, 3, 1\rangle$.

51. Encontre uma função $f(x, y, z)$ tal que $\nabla f = \langle 2x, 1, 2\rangle$.

52. Encontre uma função $f(x, y, z)$ tal que $\nabla f = \langle x, y^2, z^3\rangle$.

53. Encontre uma função $f(x, y, z)$ tal que $\nabla f = \langle z, 2y, x\rangle$.

54. Encontre uma função $f(x, y)$ tal que $\nabla f = \langle y, x\rangle$.

55. Mostre que não existe uma função $f(x, y)$ tal que $\nabla f = \langle y^2, x\rangle$. *Sugestão:* use o teorema de Clairaut $f_{xy} = f_{yx}$.

56. Seja $\Delta f = f(a + h, b + k) - f(a, b)$ a variação de f em $P = (a, b)$ e denote $\Delta\mathbf{v} = \langle h, k\rangle$. Mostre que a aproximação linear pode ser escrita como
$$\Delta f \approx \nabla f_P \cdot \Delta \mathbf{v} \qquad \boxed{7}$$

57. Use a Equação (7) para dar uma estimativa de
$$\Delta f = f(3{,}53; 8{,}98) - f(3{,}5; 9)$$
supondo que $\nabla f_{(3,5,9)} = \langle 2, -1\rangle$.

58. Encontre um vetor unitário $\mathbf{n}$ que seja normal à superfície $z^2 - 2x^4 - y^4 = 16$ em $P = (2, 2, 8)$ e que aponte na direção do plano xy (em outras palavras, se viajarmos na direção e sentido de $\mathbf{u}$ a partir de P, acabaremos cruzando o plano xy).

59. No exercício precedente, suponha que uma partícula localizada no ponto $P = (2, 2, 8)$ locomova-se perpendicularmente à superfície na direção do plano xy.
 (a) Qual será o ponto Q do plano xy pelo qual a partícula passa?
 (b) Suponha que os eixos estejam regrados em centímetros. Determine o caminho $\mathbf{r}(t)$ da partícula se ela se locomove a uma velocidade constante de 8 cm/s. Em quanto tempo a partícula alcançará Q?

60. Sejam $f(x, y) = \operatorname{arc tg}\dfrac{x}{y}$ e $\mathbf{u} = \left\langle \dfrac{\sqrt{2}}{2}, \dfrac{\sqrt{2}}{2}\right\rangle$.
 (a) Calcule o gradiente de f.
 (b) Calcule $D_{\mathbf{u}}f(1, 1)$ e $D_{\mathbf{u}}f(\sqrt{3}, 1)$.
 (c) Mostre que as retas $y = mx$ com $m \neq 0$ são curvas de nível de f.
 (d) Verifique que ∇f_P é ortogonal à curva de nível por P se $P = (x, y) \neq (0, 0)$.

61. Suponha que a interseção de duas superfícies $F(x, y, z) = 0$ e $G(x, y, z) = 0$ seja uma curva $\mathcal{C}$, e seja P um ponto de $\mathcal{C}$. Explique por que o vetor $\mathbf{v} = \nabla F_P \times \nabla G_P$ é um vetor diretor da reta tangente a $\mathcal{C}$ em P.

62. Seja $\mathcal{C}$ a curva de interseção das duas esferas $x^2 + y^2 + z^2 = 3$ e $(x - 2)^2 + (y - 2)^2 + z^2 = 3$. Use o resultado do Exercício 61 para encontrar equações paramétricas da reta tangente a $\mathcal{C}$ em $P = (1, 1, 1)$.

63. Seja $\mathcal{C}$ a curva de interseção das duas superfícies $x^3 + 2xy + yz = 7$ e $3x^2 - yz = 1$. Encontre equações paramétricas da reta tangente a $\mathcal{C}$ em $P = (1, 2, 1)$.

64. Confira a validade das relações de linearidade do gradiente.
 (a) $\nabla(f + g) = \nabla f + \nabla g$
 (b) $\nabla(cf) = c\nabla f$

65. Prove a regra da cadeia para gradientes (Teorema 1).

66. Prove a regra do produto para gradientes (Teorema 1).

Compreensão adicional e desafios

67. Seja **u** um vetor unitário. Mostre que a derivada direcional $D_{\mathbf{u}} f$ é igual ao componente de ∇f ao longo de **u**.

68. Seja $f(x, y) = (xy)^{1/3}$.
    (a) Use a definição via limite para mostrar que $f_x(0, 0) = f_y(0, 0) = 0$.
    (b) Use a definição via limite para mostrar que a derivada direcional $D_{\mathbf{u}} f(0, 0)$ não existe com nenhum vetor unitário **u** exceto **i** e **j**.
    (c) Será f diferenciável em $(0, 0)$?

69. Use a definição de diferenciabilidade para mostrar que se $f(x, y)$ for diferenciável em $(0, 0)$ e
    $$f(0, 0) = f_x(0, 0) = f_y(0, 0) = 0$$
    então
    $$\lim_{(x,y)\to(0,0)} \frac{f(x, y)}{\sqrt{x^2 + y^2}} = 0 \quad \boxed{8}$$

70. Neste exercício, mostramos que existe uma função que não é diferenciável em $(0, 0)$, embora todas as suas derivadas direcionais existam em $(0, 0)$. Defina $f(x, y) = x^2 y/(x^2 + y^2)$ com $(x, y) \neq 0$ e $f(0, 0) = 0$.
    (a) Use a definição via limite para mostrar que $D_{\mathbf{v}} f(0, 0)$ existe com qualquer vetor **v**. Mostre que $f_x(0, 0) = f_y(0, 0) = 0$.
    (b) Prove que f não é diferenciável em $(0, 0)$, mostrando que não vale a Equação (8).

71. Prove que se $f(x, y)$ for diferenciável e $\nabla f_{(x, y)} = \mathbf{0}$ com qualquer (x, y), então f será constante.

72. Prove a regra do quociente seguinte, em que f e g são diferenciáveis:
    $$\nabla\left(\frac{f}{g}\right) = \frac{g\nabla f - f\nabla g}{g^2}$$

Nos Exercícios 73-75, dizemos que um caminho $\mathbf{r}(t) = \langle x(t), y(t) \rangle$ segue o gradiente de uma função $f(x, y)$ se o vetor tangente $\mathbf{r}'(t)$ aponta na direção e sentido de ∇f, qualquer que seja t. Em outras palavras, $\mathbf{r}'(t) = k(t)\nabla f_{\mathbf{r}(t)}$ com alguma função $k(t)$ positiva. Observe que, nesse caso, $\mathbf{r}(t)$ cruza cada curva de nível de $f(x, y)$ num ângulo reto.

73. Mostre que, se o caminho $\mathbf{r}(t) = \langle x(t), y(t) \rangle$ seguir o gradiente de $f(x, y)$, então
    $$\frac{y'(t)}{x'(t)} = \frac{f_y}{f_x}$$

74. Encontre um caminho da forma $\mathbf{r}(t) = (t, g(t))$ passando por $(1, 2)$ que siga o gradiente de $f(x, y) = 2x^2 + 8y^2$ (Figura 17). *Sugestão:* use separação de variáveis.

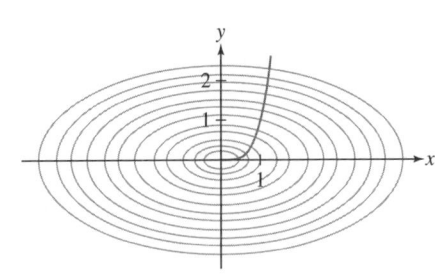

FIGURA 17 O caminho $\mathbf{r}(t)$ é ortogonal às curvas de nível de $f(x, y) = 2x^2 + 8y^2$.

75. Encontre a curva $y = g(x)$ passando por $(0, 1)$ que cruza cada curva de nível de $f(x, y) = y \operatorname{sen} x$ num ângulo reto. Com um sistema algébrico computacional, esboce o gráfico de $y = g(x)$ junto às curvas de nível de f.

14.6 Regra da cadeia

A regra da cadeia para caminhos que deduzimos na seção precedente pode ser estendida a funções compostas em geral. Suponha, por exemplo, que x, y e z sejam funções diferenciáveis de s e t, digamos, $x = x(s, t)$, $y = y(s, t)$ e $z = z(s, t)$. Então a função composta

$$f(x(s, t), y(s, t), z(s, t)) \quad \boxed{1}$$

é uma função de s e t. Dizemos que s e t são as **variáveis independentes**.

■ **EXEMPLO 1** Encontre a função composta se $f(x, y, z) = xy + z$ e $x = s^2$, $y = st$ e $z = t^2$.

Solução Podemos controlar qual variável depende de quais outras variáveis usando um esquema como o da Figura 1. A função composta é dada por

$$f(x(s, t), y(s, t), z(s, t)) = xy + z = (s^2)(st) + t^2 = s^3 t + t^2 \quad ■$$

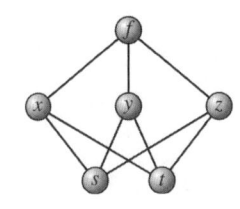

FIGURA 1 Controle das relações entre as variáveis.

A regra da cadeia expressa as derivadas de f em relação às variáveis independentes. Por exemplo, as derivadas parciais de $f(x(s, t), y(s, t), z(s, t))$ são

$$\frac{\partial f}{\partial s} = \frac{\partial f}{\partial x}\frac{\partial x}{\partial s} + \frac{\partial f}{\partial y}\frac{\partial y}{\partial s} + \frac{\partial f}{\partial z}\frac{\partial z}{\partial s} \quad \boxed{2}$$

$$\frac{\partial f}{\partial t} = \frac{\partial f}{\partial x}\frac{\partial x}{\partial t} + \frac{\partial f}{\partial y}\frac{\partial y}{\partial t} + \frac{\partial f}{\partial z}\frac{\partial z}{\partial t} \quad \boxed{3}$$

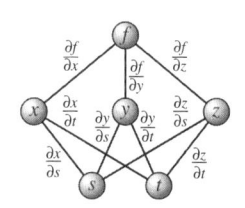

FIGURA 2 Controle das relações entre as variáveis.

Observe que podemos recuperar a fórmula para $\dfrac{\partial f}{\partial s}$ identificando cada aresta na Figura 2 com a derivada parcial da variável acima em relação à variável debaixo como na Figura 2. Então, para obter a fórmula para $\dfrac{\partial f}{\partial s}$, consideramos cada um dos caminhos ao longo das arestas, de f para baixo até s: o primeiro caminho por x, o segundo por y e o terceiro por z. Cada caminho contribui com uma parcela na fórmula. A primeira parcela é o produto das derivadas parciais que identificam suas arestas, dando $\dfrac{\partial f}{\partial x}\dfrac{\partial x}{\partial s}$. A segunda dá $\dfrac{\partial f}{\partial y}\dfrac{\partial y}{\partial s}$ e a terceira, $\dfrac{\partial f}{\partial z}\dfrac{\partial z}{\partial s}$. Assim, obtemos a fórmula

$$\frac{\partial f}{\partial s} = \frac{\partial f}{\partial x}\frac{\partial x}{\partial s} + \frac{\partial f}{\partial y}\frac{\partial y}{\partial s} + \frac{\partial f}{\partial z}\frac{\partial z}{\partial s}$$

Podemos recuperar a fórmula para $\dfrac{\partial f}{\partial t}$ de maneira análoga. Para provar essas fórmulas, observamos que $\dfrac{\partial f}{\partial s}$, calculado num ponto (s_0, t_0), é igual à derivada em relação ao caminho

$$\mathbf{r}(s) = \langle x(s, t_0), y(s, t_0), z(s, t_0) \rangle$$

Em outras palavras, fixamos $t = t_0$ e tomamos a derivada em relação a s:

$$\frac{\partial f}{\partial s}(s_0, t_0) = \frac{d}{ds} f(\mathbf{r}(s))\bigg|_{s=s_0}$$

O vetor tangente é

$$\mathbf{r}'(s) = \left\langle \frac{\partial x}{\partial s}(s, t_0), \frac{\partial y}{\partial s}(s, t_0), \frac{\partial z}{\partial s}(s, t_0) \right\rangle$$

Portanto, pela regra da cadeia para caminhos,

$$\frac{\partial f}{\partial s}\bigg|_{(s_0, t_0)} = \frac{d}{ds} f(\mathbf{r}(s))\bigg|_{s=s_0} = \nabla f \cdot \mathbf{r}'(s_0) = \frac{\partial f}{\partial x}\frac{\partial x}{\partial s} + \frac{\partial f}{\partial y}\frac{\partial y}{\partial s} + \frac{\partial f}{\partial z}\frac{\partial z}{\partial s}$$

As derivadas parciais do lado direito são calculadas em (s_0, t_0). Isso prova a Equação (2). Um argumento análogo prova a Equação (3), bem como o caso geral de uma função $f(x_1, \ldots, x_n)$, em que as variáveis x_i dependem das variáveis independentes $t_1, \ldots, t_m$.

TEOREMA 1 Versão geral da regra da cadeia Seja $f(x_1, \ldots, x_n)$ uma função diferenciável de n variáveis. Suponha que cada uma das variáveis $x_1, \ldots, x_n$ seja uma função diferenciável de m variáveis independentes $t_1, \ldots, t_m$. Então, dado $k = 1, \ldots, m$,

$$\boxed{\frac{\partial f}{\partial t_k} = \frac{\partial f}{\partial x_1}\frac{\partial x_1}{\partial t_k} + \frac{\partial f}{\partial x_2}\frac{\partial x_2}{\partial t_k} + \cdots + \frac{\partial f}{\partial x_n}\frac{\partial x_n}{\partial t_k}}\qquad 4$$

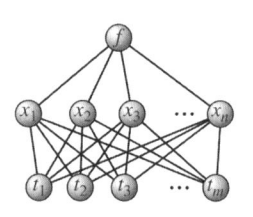

FIGURA 3 Controle das dependências entre as variáveis.

O termo "derivada primária" não é padrão. Somente nesta seção será usado para deixar clara a estrutura da regra da cadeia.

Controlamos as dependências entre as variáveis como na Figura 3. Como um auxílio para ajudar a lembrar a regra da cadeia geral, vamos nos referir às derivadas

$$\frac{\partial f}{\partial x_1}, \quad \ldots, \quad \frac{\partial f}{\partial x_n}$$

como sendo as **derivadas primárias**. Elas são os componentes do gradiente ∇f. Pela Equação (4), a derivada de f em relação à variável independente t_k é igual a uma soma de n parcelas:

$$j\text{-ésima parcela:} \quad \frac{\partial f}{\partial x_j}\frac{\partial x_j}{\partial t_k} \quad \text{com } j = 1, 2, \ldots, n$$

Observe que podemos escrever a Equação (4) como um produto escalar:

$$\frac{\partial f}{\partial t_k} = \left\langle \frac{\partial f}{\partial x_1}, \frac{\partial f}{\partial x_2}, \ldots, \frac{\partial f}{\partial x_n} \right\rangle \cdot \left\langle \frac{\partial x_1}{\partial t_k}, \frac{\partial x_2}{\partial t_k}, \ldots, \frac{\partial x_n}{\partial t_k} \right\rangle$$

$$\boxed{\frac{\partial f}{\partial t_k} = \nabla f \cdot \left\langle \frac{\partial x_1}{\partial t_k}, \frac{\partial x_2}{\partial t_k}, \ldots, \frac{\partial x_n}{\partial t_k} \right\rangle} \qquad 5$$

■ **EXEMPLO 2** Usando a regra da cadeia Seja $f(x, y, z) = xy + z$. Calcule $\dfrac{\partial f}{\partial s}$ se

$$x = s^2, \quad y = st, \quad z = t^2$$

Solução
Controlamos as dependências entre as variáveis como na Figura 2.

Passo 1. **Calcular as derivadas primárias.**

$$\frac{\partial f}{\partial x} = y, \qquad \frac{\partial f}{\partial y} = x, \qquad \frac{\partial f}{\partial z} = 1$$

Passo 2. **Aplicar a regra da cadeia.**

$$\frac{\partial f}{\partial s} = \frac{\partial f}{\partial x}\frac{\partial x}{\partial s} + \frac{\partial f}{\partial y}\frac{\partial y}{\partial s} + \frac{\partial f}{\partial z}\frac{\partial z}{\partial s} = y\frac{\partial}{\partial s}(s^2) + x\frac{\partial}{\partial s}(st) + \frac{\partial}{\partial s}(t^2)$$

$$= (y)(2s) + (x)(t) + 0$$

$$= 2sy + xt$$

Isso expressa a derivada em termos dos dois conjuntos de variáveis. Se quisermos, podemos usar $x = s^2$ e $y = st$ para expressar a derivada em termos de s e t:

$$\frac{\partial f}{\partial s} = 2ys + xt = 2(st)s + (s^2)t = 3s^2 t$$

Para conferir esse resultado, lembre que, no Exemplo 1, calculamos a função composta

$$f(x(s, t), y(s, t), z(s, t)) = f(s^2, st, t^2) = s^3 t + t^2$$

Disso, vemos diretamente que $\dfrac{\partial f}{\partial s} = 3s^2 t$, confirmando nosso resultado. ■

■ **EXEMPLO 3** Cálculo da derivada num ponto Seja $f(x, y) = e^{xy}$. Calcule $\dfrac{\partial f}{\partial t}$ em $(s, t, u) = (2, 3, -1)$ se $x = st$ e $y = s - ut^2$.

Solução Controlamos as dependências entre as variáveis como na Figura 4. Podemos usar a Equação (4) ou a (5). Vamos usar o formato de produto escalar da Equação (5). Temos

$$\nabla f = \left\langle \frac{\partial f}{\partial x}, \frac{\partial f}{\partial y} \right\rangle = \langle y e^{xy}, x e^{xy} \rangle, \qquad \left\langle \frac{\partial x}{\partial t}, \frac{\partial y}{\partial t} \right\rangle = \langle s, -2ut \rangle$$

e a regra da cadeia nos dá

$$\frac{\partial f}{\partial t} = \nabla f \cdot \left\langle \frac{\partial x}{\partial t}, \frac{\partial y}{\partial t} \right\rangle = \langle y e^{xy}, x e^{xy} \rangle \cdot \langle s, -2ut \rangle$$

$$= y e^{xy}(s) + x e^{xy}(-2ut)$$

$$= (ys - 2xut)e^{xy}$$

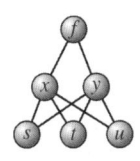

FIGURA 4 Controle das dependências entre as variáveis.

Para concluir o exercício, não precisamos reescrever $\dfrac{\partial f}{\partial t}$ em termos de s, t e u. Com $(s, t, u) = (2, 3, -1)$, obtemos

$$x = st = 2(3) = 6, \qquad y = s - ut^2 = 2 - (-1)(3^2) = 11$$

Com $(s, t, u) = (2, 3, -1)$ e $(x, y) = (6, 11)$, obtemos

$$\left.\frac{\partial f}{\partial t}\right|_{(2,3,-1)} = \left.(ys - 2xut)e^{xy}\right|_{(2,3,-1)} = \Big((11)(2) - 2(6)(-1)(3)\Big)e^{6(11)} = 58e^{66} \quad ■$$

■ **EXEMPLO 4 Coordenadas polares** Seja $f(x, y)$ uma função de duas variáveis e sejam (r, θ) coordenadas polares.

(a) Expresse $\dfrac{\partial f}{\partial \theta}$ em termos de $\dfrac{\partial f}{\partial x}$ e $\dfrac{\partial f}{\partial y}$.

(b) Calcule $\dfrac{\partial f}{\partial \theta}$ em $(x, y) = (1, 1)$ se $f(x, y) = x^2 y$.

Solução

(a) Como $x = r \cos\theta$ e $y = r \,\text{sen}\,\theta$,

$$\frac{\partial x}{\partial \theta} = -r\,\text{sen}\,\theta, \qquad \frac{\partial y}{\partial \theta} = r\cos\theta$$

Pela regra da cadeia,

$$\frac{\partial f}{\partial \theta} = \frac{\partial f}{\partial x}\frac{\partial x}{\partial \theta} + \frac{\partial f}{\partial y}\frac{\partial y}{\partial \theta} = -r\,\text{sen}\,\theta\,\frac{\partial f}{\partial x} + r\cos\theta\,\frac{\partial f}{\partial y}$$

Como $x = r\cos\theta$ e $y = r\,\text{sen}\,\theta$, podemos escrever $\dfrac{\partial f}{\partial \theta}$ em termos de x e y somente:

$$\frac{\partial f}{\partial \theta} = x\frac{\partial f}{\partial y} - y\frac{\partial f}{\partial x} \qquad \boxed{6}$$

*Quem já estudou Mecânica Quântica pode ter reconhecido, no lado direito da Equação (6), o operador **momento angular** (em relação ao eixo z) aplicado à função f.*

(b) Aplicando a Equação (6) a $f(x, y) = x^2 y$, obtemos

$$\frac{\partial f}{\partial \theta} = x\frac{\partial}{\partial y}(x^2 y) - y\frac{\partial}{\partial x}(x^2 y) = x^3 - 2xy^2$$

$$\left.\frac{\partial f}{\partial \theta}\right|_{(x,y)=(1,1)} = 1^3 - 2(1)(1^2) = -1 \qquad ■$$

Observe que a versão geral da regra da cadeia engloba a regra da cadeia para caminhos, que é o Teorema 2 da Seção 14.5. Na regra da cadeia para caminhos, há só uma variável independente, que é o parâmetro do caminho.

Derivação implícita

No Cálculo a uma variável, usamos a derivação implícita para calcular dy/dx se y estiver implicitamente definida como uma função de x por meio de uma equação $f(x, y) = 0$. Esse método também funciona com funções de várias variáveis. Suponha que z esteja definido implicitamente por uma equação

$$F(x, y, z) = 0$$

Assim, $z = z(x, y)$ é uma função de x e y. Podemos não ser capazes de resolver em $z(x, y)$ explicitamente, mas podemos tratar $F(x, y, z)$ como uma função composta de variáveis independentes x e y e usar a regra da cadeia para derivar em relação a x:

$$\frac{\partial F}{\partial x}\frac{\partial x}{\partial x} + \frac{\partial F}{\partial y}\frac{\partial y}{\partial x} + \frac{\partial F}{\partial z}\frac{\partial z}{\partial x} = 0$$

Temos $\partial x/\partial x = 1$ e, também, $\partial y/\partial x = 0$, pois y não depende de x. Assim,

$$\frac{\partial F}{\partial x} + \frac{\partial F}{\partial z}\frac{\partial z}{\partial x} = F_x + F_z\frac{\partial z}{\partial x} = 0$$

Se $F_z \neq 0$, podemos resolver em $\partial z/\partial x$ (calculamos $\partial z/\partial y$ analogamente):

$$\boxed{\frac{\partial z}{\partial x} = -\frac{F_x}{F_z}, \qquad \frac{\partial z}{\partial y} = -\frac{F_y}{F_z}} \qquad \boxed{7}$$

■ **EXEMPLO 5** Calcule $\partial z/\partial x$ e $\partial z/\partial y$ em $P = (1, 1, 1)$, sendo

$$F(x, y, z) = x^2 + y^2 - 2z^2 + 12x - 8z - 4 = 0$$

Qual é a interpretação gráfica dessas derivadas parciais?

Solução Temos
$$F_x = 2x + 12, \qquad F_y = 2y, \qquad F_z = -4z - 8$$
Portanto,
$$\frac{\partial z}{\partial x} = -\frac{F_x}{F_z} = \frac{2x+12}{4z+8}, \qquad \frac{\partial z}{\partial y} = -\frac{F_y}{F_z} = \frac{2y}{4z+8}$$

As derivadas em $P = (1, 1, 1)$ são
$$\left.\frac{\partial z}{\partial x}\right|_{(1,1,1)} = \frac{2(1)+12}{4(1)+8} = \frac{14}{12} = \frac{7}{6}, \qquad \left.\frac{\partial z}{\partial y}\right|_{(1,1,1)} = \frac{2(1)}{4(1)+8} = \frac{2}{12} = \frac{1}{6}$$

A Figura 5 mostra a superfície $F(x, y, z) = 0$. Como um todo, essa superfície não é o gráfico de uma função, pois falha no teste da reta vertical. Contudo, um pedaço pequeno perto de P pode ser representado como o gráfico de alguma função $z = f(x, y)$ e as derivadas parciais $\frac{\partial z}{\partial x}$ e $\frac{\partial z}{\partial y}$ são iguais a f_x e f_y. A derivação implícita nos permitiu calcular essas derivadas parciais sem encontrar explicitamente $f(x, y)$. ■

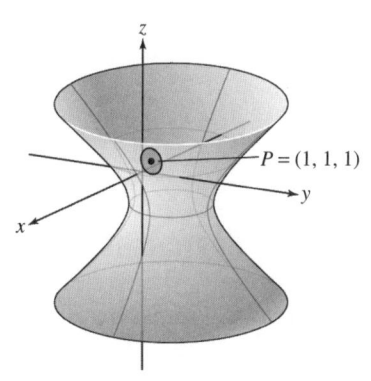

FIGURA 5 A superfície $x^2 + y^2 - 2z^2 + 12x - 8z - 4 = 0$. Num pedaço pequeno em torno de P, a superfície pode ser representada como o gráfico de uma função de x e y.

Hipóteses importam A derivação implícita tem por base a hipótese de que a equação $F(x, y, z) = 0$ possa ser resolvida em z na forma $z = f(x, y)$. Caso contrário, as derivadas parciais $\frac{\partial z}{\partial x}$ e $\frac{\partial z}{\partial y}$ não teriam sentido algum. O teorema da função implícita do Cálculo Avançado garante que isso pode ser feito (pelo menos perto de P) se F tiver derivadas parciais contínuas e $F_z(P) \neq 0$. Por que seria necessária essa condição? Lembre que o vetor gradiente $\nabla F_P = \langle F_x(P), F_y(P), F_z(P) \rangle$ é normal à superfície em P, de modo que $F_z(P) = 0$ significa que o plano tangente em P é vertical. Para ver o que pode dar errado, considere o cilindro (mostrado na Figura 6)
$$F(x, y, z) = x^2 + y^2 - 1 = 0$$
Nesse caso extremo, F_z é sempre nulo. A coordenada z do cilindro não depende de x ou y, portanto é impossível representar o cilindro como um gráfico $z = f(x, y)$, e as derivadas parciais $\frac{\partial z}{\partial x}$ e $\frac{\partial z}{\partial y}$ não existem.

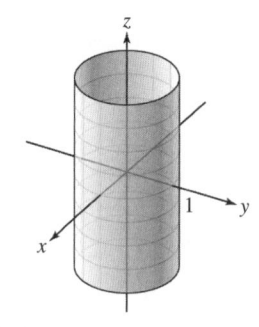

FIGURA 6 O gráfico do cilindro $x^2 + y^2 - 1 = 0$.

14.6 Resumo

- Se $f(x, y, z)$ for uma função de x, y e z e se x, y e z dependerem de duas outras variáveis, digamos, s e t, então
$$f(x, y, z) = f(x(s, t), y(s, t), z(s, t))$$
é a função composta de s e t. Dizemos que s e t são as *variáveis independentes*.

- A *regra da cadeia* expressa as derivadas parciais em relação às variáveis independentes s e t em termos das *derivadas primárias:*
$$\frac{\partial f}{\partial x}, \qquad \frac{\partial f}{\partial y}, \qquad \frac{\partial f}{\partial z}$$

A saber,
$$\frac{\partial f}{\partial s} = \frac{\partial f}{\partial x}\frac{\partial x}{\partial s} + \frac{\partial f}{\partial y}\frac{\partial y}{\partial s} + \frac{\partial f}{\partial z}\frac{\partial z}{\partial s}, \qquad \frac{\partial f}{\partial t} = \frac{\partial f}{\partial x}\frac{\partial x}{\partial t} + \frac{\partial f}{\partial y}\frac{\partial y}{\partial t} + \frac{\partial f}{\partial z}\frac{\partial z}{\partial t}$$

- Em geral, se $f(x_1, \ldots, x_n)$ for uma função de n variáveis e se $x_1, \ldots, x_n$ dependerem das variáveis independentes $t_1, \ldots, t_m$, então
$$\frac{\partial f}{\partial t_k} = \frac{\partial f}{\partial x_1}\frac{\partial x_1}{\partial t_k} + \frac{\partial f}{\partial x_2}\frac{\partial x_2}{\partial t_k} + \cdots + \frac{\partial f}{\partial x_n}\frac{\partial x_n}{\partial t_k}$$

- A regra da cadeia pode ser expressa como um produto escalar:
$$\frac{\partial f}{\partial t_k} = \underbrace{\left\langle \frac{\partial f}{\partial x_1}, \frac{\partial f}{\partial x_2}, \ldots, \frac{\partial f}{\partial x_n} \right\rangle}_{\nabla f} \cdot \left\langle \frac{\partial x_1}{\partial t_k}, \frac{\partial x_2}{\partial t_k}, \ldots, \frac{\partial x_n}{\partial t_k} \right\rangle$$

- A derivação implícita é usada para encontrar as derivadas parciais $\partial z/\partial x$ e $\partial z/\partial y$ se z estiver definida implicitamente por uma equação $F(x, y, z) = 0$:

$$\frac{\partial z}{\partial x} = -\frac{F_x}{F_z}, \qquad \frac{\partial z}{\partial y} = -\frac{F_y}{F_z}$$

14.6 Exercícios

Exercícios preliminares

1. Considere a função $f(x, y)$ em que $x = uv$ e $y = u + v$.
   (a) Quais são as derivadas primárias de f?
   (b) Quais são as variáveis independentes?

Nos Exercícios 2 e 3, suponha que $f(u, v) = ue^v$, com $u = rs$ e $v = r + s$.

2. A função composta $f(u, v)$ é igual a:
   (a) rse^{r+s} (b) re^s (c) rse^{rs}

3. Qual é o valor de $f(u, v)$ em $(r, s) = (1, 1)$?

4. De acordo com a regra da cadeia, $\partial f/\partial r$ é igual a (escolha a resposta correta):

   (a) $\dfrac{\partial f}{\partial x}\dfrac{\partial x}{\partial r} + \dfrac{\partial f}{\partial x}\dfrac{\partial x}{\partial s}$

   (b) $\dfrac{\partial f}{\partial x}\dfrac{\partial x}{\partial r} + \dfrac{\partial f}{\partial y}\dfrac{\partial y}{\partial r}$

   (c) $\dfrac{\partial f}{\partial r}\dfrac{\partial r}{\partial x} + \dfrac{\partial f}{\partial s}\dfrac{\partial s}{\partial x}$

5. Suponha que x, y e z sejam funções das variáveis independentes u, v e w. Qual dos termos seguintes aparece na expressão da regra da cadeia para $\partial f/\partial w$?

   (a) $\dfrac{\partial f}{\partial v}\dfrac{\partial x}{\partial v}$ (b) $\dfrac{\partial f}{\partial w}\dfrac{\partial w}{\partial x}$ (c) $\dfrac{\partial f}{\partial z}\dfrac{\partial z}{\partial w}$

6. Com a notação do exercício precedente, o termo $\partial x/\partial v$ aparece na expressão da regra da cadeia para $\partial f/\partial u$?

Exercícios

1. Sejam $f(x, y, z) = x^2 y^3 + z^4$ e $x = s^2$, $y = st^2$ e $z = s^2 t$.
   (a) Calcule as derivadas primárias $\dfrac{\partial f}{\partial x}, \dfrac{\partial f}{\partial y}, \dfrac{\partial f}{\partial z}$.
   (b) Calcule $\dfrac{\partial x}{\partial s}, \dfrac{\partial y}{\partial s}, \dfrac{\partial z}{\partial s}$.
   (c) Calcule $\dfrac{\partial f}{\partial s}$ usando a regra da cadeia:
   $$\frac{\partial f}{\partial s} = \frac{\partial f}{\partial x}\frac{\partial x}{\partial s} + \frac{\partial f}{\partial y}\frac{\partial y}{\partial s} + \frac{\partial f}{\partial z}\frac{\partial z}{\partial s}$$
   Expresse a resposta em termos das variáveis independentes s, t.

2. Sejam $f(x, y) = x \cos(y)$ e $x = u^2 + v^2$ e $y = u - v$.
   (a) Calcule as derivadas primárias $\dfrac{\partial f}{\partial x}, \dfrac{\partial f}{\partial y}$.
   (b) Use a regra da cadeia para calcular $\partial f/\partial v$. Deixe a resposta em termos das variáveis dependentes e também das independentes.
   (c) Determine (x, y) se $(u, v) = (2, 1)$ e calcule $\partial f/\partial v$ em $(u, v) = (2, 1)$.

Nos Exercícios 3-10, use a regra da cadeia para calcular as derivadas parciais. Expresse a resposta em termos das variáveis independentes.

3. $\dfrac{\partial f}{\partial s}, \dfrac{\partial f}{\partial r}$; $f(x, y, z) = xy + z^2$, $x = s^2$, $y = 2rs$, $z = r^2$

4. $\dfrac{\partial f}{\partial r}, \dfrac{\partial f}{\partial t}$; $f(x, y, z) = xy + z^2$, $x = r + s - 2t$, $y = 3rt$, $z = s^2$

5. $\dfrac{\partial g}{\partial u}, \dfrac{\partial g}{\partial v}$; $g(x, y) = \cos(x - y)$, $x = 3u - 5v$, $y = -7u + 15v$

6. $\dfrac{\partial R}{\partial u}, \dfrac{\partial R}{\partial v}$; $R(x, y) = (3x + 4y)^5$, $x = u^2$, $y = uv$

7. $\dfrac{\partial F}{\partial y}$; $F(u, v) = e^{u+v}$, $u = x^2$, $v = xy$

8. $\dfrac{\partial f}{\partial u}$; $f(x, y) = x^2 + y^2$, $x = e^{u+v}$, $y = u + v$

9. $\dfrac{\partial h}{\partial t_2}$; $h(x, y) = \dfrac{x}{y}$, $x = t_1 t_2$, $y = t_1^2 t_2$

10. $\dfrac{\partial f}{\partial \theta}$; $f(x, y, z) = xy - z^2$, $x = r\cos\theta$, $y = \cos^2\theta$, $z = r$

Nos Exercícios 11-16, use a regra da cadeia para calcular a derivada parcial no ponto especificado.

11. $\partial f/\partial u$ e $\partial f/\partial v$ em $(u, v) = (-1, -1)$, sendo $f(x, y, z) = x^3 + yz^2$, $x = u^2 + v$, $y = u + v^2$, $z = uv$

12. $\partial f/\partial s$ em $(r, s) = (1, 0)$, sendo $f(x, y) = \ln(xy)$, $x = 3r + 2s$, $y = 5r + 3s$

13. $\partial g/\partial \theta$ em $(r, \theta) = \left(2\sqrt{2}, \dfrac{\pi}{4}\right)$, sendo $g(x, y) = 1/(x + y^2)$, $x = r\cos\theta$, $y = r\,\text{sen}\,\theta$

14. $\partial g/\partial s$ em $s = 4$, sendo $g(x, y) = x^2 - y^2$, $x = s^2 + 1$, $y = 1 - 2s$

15. $\partial g/\partial u$ em $(u, v) = (0, 1)$, sendo $g(x, y) = x^2 - y^2$, $x = e^u \cos v$, $y = e^u\,\text{sen}\,v$

16. $\dfrac{\partial h}{\partial q}$ em $(q, r) = (3, 2)$, sendo $h(u, v) = ue^v$, $u = q^3$, $v = qr^2$

17. Um jogador de beisebol rebate a bola e corre em direção à primeira base a 20 pés/s. O jogador que está na primeira base sai para pegar a bola e volta correndo a 18 pés/s para a primeira base ao longo da linha da segunda base, como na Figura 7.

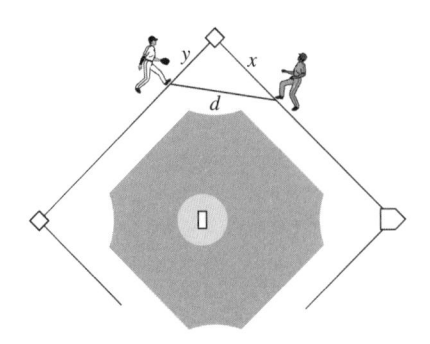

FIGURA 7

Determine quão rápido varia a distância entre os dois jogadores no momento em que o rebatedor está a 8 pés da primeira base e o jogador que estava na primeira base está a 6 pés da primeira base.

18. Jéssica e Lucas estão correndo em direção a um ponto P ao longo de caminhos retos que fazem um ângulo fixado de θ (Figura 8). Suponha que Lucas corra à velocidade de v_a m/s e Jéssica à velocidade de v_b m/s. Seja $f(x, y)$ a distância de Lucas até Jéssica quando Lucas estiver a x metros de P e Jéssica estiver a y metros de P.
    (a) Mostre que $f(x, y) = \sqrt{x^2 + y^2 - 2xy \cos \theta}$.
    (b) Suponha que $\theta = \pi/3$. Use a regra da cadeia para determinar a taxa de variação da distância entre Lucas e Jéssica quando $x = 30$, $y = 20$, $v_a = 4$ m/s e $v_b = 3$ m/s.

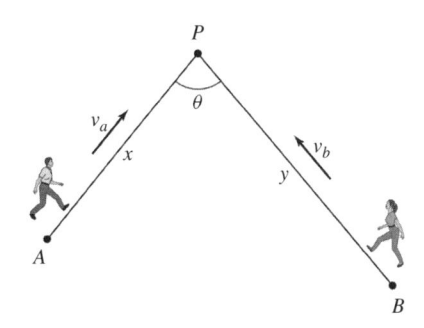

FIGURA 8

19. Duas espaçonaves estão seguindo caminhos no espaço dados por $\mathbf{r}_1 = \langle \operatorname{sen} t, t, t^2 \rangle$ e $\mathbf{r}_2 = \langle \cos t, 1 - t, t^3 \rangle$. Supondo que a temperatura nos pontos do espaço seja dada por $T(x, y, z) = x^2 y (1 - z)$, use a regra da cadeia para determinar a taxa de variação da diferença D das temperaturas dos lugares ocupados pelas duas espaçonaves no instante $t = \pi$.

20. A lei dos cossenos afirma que $c^2 = a^2 + b^2 - 2ab \cos \theta$, em que a, b e c são os lados de um triângulo e θ é o ângulo oposto ao lado de comprimento c.
    (a) Calcule $\partial \theta / \partial a$, $\partial \theta / \partial b$ e $\partial \theta / \partial c$ usando derivação implícita.
    (b) Suponha que $a = 10$, $b = 16$ e $c = 22$. Dê uma estimativa da variação de θ se a e b aumentarem 1 unidade e c aumentar 2.

21. Seja $u = u(x, y)$ e considere as coordenadas polares (r, θ). Verifique a relação
$$\|\nabla u\|^2 = u_r^2 + \frac{1}{r^2} u_\theta^2 \qquad 8$$

Sugestão: calcule o lado direito expressando u_θ e u_r em termos de u_x e u_y.

22. Seja $u(r, \theta) = r^2 \cos^2 \theta$. Use a Equação (8) para calcular $\|\nabla u\|^2$. Então calcule $\|\nabla u\|^2$ diretamente observando que $u(x, y) = x^2$ e compare.

23. Sejam $x = s + t$ e $y = s - t$. Mostre que, dada qualquer função diferenciável $f(x, y)$, vale
$$\left(\frac{\partial f}{\partial x}\right)^2 - \left(\frac{\partial f}{\partial y}\right)^2 = \frac{\partial f}{\partial s} \frac{\partial f}{\partial t}$$

24. Expresse as derivadas
$$\frac{\partial f}{\partial \rho}, \frac{\partial f}{\partial \theta}, \frac{\partial f}{\partial \phi} \quad \text{em termos de} \quad \frac{\partial f}{\partial x}, \frac{\partial f}{\partial y}, \frac{\partial f}{\partial z}$$
sendo (ρ, θ, ϕ) as coordenadas esféricas.

25. Suponha que z esteja definida implicitamente como uma função de x e y pela equação $F(x, y, z) = xz^2 + y^2 z + xy - 1 = 0$.
    (a) Calcule F_x, F_y, F_z.
    (b) Use a Equação (7) para calcular $\dfrac{\partial z}{\partial x}$ e $\dfrac{\partial z}{\partial y}$.

26. Calcule $\partial z / \partial x$ e $\partial z / \partial y$ nos pontos $(3, 2, 1)$ e $(3, 2, -1)$, em que z está definida implicitamente pela equação $z^4 + z^2 x^2 - y - 8 = 0$.

Nos Exercícios 27-32, calcule a derivada usando derivação implícita.

27. $\dfrac{\partial z}{\partial x}$, $\quad x^2 y + y^2 z + xz^2 = 10$

28. $\dfrac{\partial w}{\partial z}$, $\quad x^2 w + w^3 + wz^2 + 3yz = 0$

29. $\dfrac{\partial z}{\partial y}$, $\quad e^{xy} + \operatorname{sen}(xz) + y = 0$

30. $\dfrac{\partial r}{\partial t}$ e $\dfrac{\partial t}{\partial r}$, $\quad r^2 = t e^{s/r}$

31. $\dfrac{\partial w}{\partial y}$, $\quad \dfrac{1}{w^2 + x^2} + \dfrac{1}{w^2 + y^2} = 1$ em $(x, y, w) = (1, 1, 1)$

32. $\partial U / \partial T$ e $\partial T / \partial U$, $\quad (TU - V)^2 \ln(W - UV) = 1$ em $(T, U, V, W) = (1, 1, 2, 4)$

33. Sejam $\mathbf{r} = \langle x, y, z \rangle$ e $\mathbf{e_r} = \mathbf{r}/\|\mathbf{r}\|$. Mostre que se uma função $f(x, y, z) = F(r)$ depender somente da distância da origem a $r = \|\mathbf{r}\| = \sqrt{x^2 + y^2 + z^2}$, então
$$\nabla f = F'(r) \mathbf{e_r} \qquad 9$$

34. Seja $f(x, y, z) = e^{-x^2 - y^2 - z^2} = e^{-r^2}$, com r como no Exercício 33. Calcule ∇f diretamente e, depois, usando a Equação (9).

35. Use a Equação (9) para calcular $\nabla\left(\dfrac{1}{r}\right)$.

36. Use a Equação (9) para calcular $\nabla(\ln r)$.

37. A Figura 9 mostra o gráfico da equação
$$F(x, y, z) = x^2 + y^2 - z^2 - 12x - 8z - 4 = 0$$
    (a) Use a fórmula de Bhaskara para resolver z como uma função de x e y. Isso dá duas fórmulas, dependendo da escolha de um sinal.
    (b) Qual é a fórmula que define a parte da superfície que satisfaz $z \geq -4$? Qual é a fórmula que define a parte que satisfaz $z \leq -4$?
    (c) Calcule $\partial z / \partial x$ usando a fórmula $z = f(x, y)$ (com ambas as escolhas de sinal) e em seguida usando derivação implícita. Verifique que as duas respostas são equivalentes.

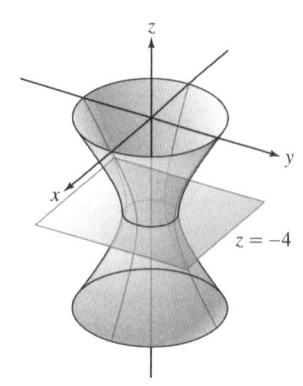

FIGURA 9 O gráfico de
$x^2 + y^2 - z^2 - 12x - 8z - 4 = 0$.

38. Dado qualquer $x > 0$, existe um único valor $y = r(x)$ que resolve a equação $y^3 + 4xy = 16$.
  (a) Mostre que $dy/dx = -4y/(3y^2 + 4x)$.
  (b) Seja $g(x) = f(x, r(x))$, em que $f(x, y)$ é uma função satisfazendo
$$f_x(1, 2) = 8, \quad f_y(1, 2) = 10$$
  Use a regra da cadeia para calcular $g'(1)$. Note que $r(1) = 2$, pois $(x, y) = (1, 2)$ satisfaz $y^3 + 4xy = 16$.

39. A pressão P, o volume V e a temperatura T de certo gás real com n moléculas (n constante) estão relacionados pela equação
$$\left(P + \frac{an^2}{V^2}\right)(V - nb) = nRT$$
em que a, b e R são constantes. Calcule $\partial P/\partial T$ e $\partial V/\partial P$.

40. Quando x, y e z estão relacionadas por uma equação $F(x, y, z) = 0$, às vezes escrevemos $(\partial z/\partial x)_y$ em vez de $\partial z/\partial x$ para indicar que, na derivação, z é tratada como uma função de x com y mantida constante (e analogamente para as outras variáveis).
  (a) Use a Equação (7) para provar a **relação cíclica**
$$\left(\frac{\partial z}{\partial x}\right)_y \left(\frac{\partial x}{\partial y}\right)_z \left(\frac{\partial y}{\partial z}\right)_x = -1 \qquad \boxed{10}$$
  (b) Verifique a Equação (10) com $F(x, y, z) = x + y + z = 0$.
  (c) Verifique a relação cíclica para as variáveis P, V e T da lei dos gases ideais $PV - nRT = 0$ (com n e R constantes).

41. Mostre que se $f(x)$ for derivável e $c \neq 0$ for uma constante, então $u(x, t) = f(x - ct)$ satisfaz a assim chamada **equação de advecção**
$$\frac{\partial u}{\partial t} + c\frac{\partial u}{\partial x} = 0$$

Compreensão adicional e desafios

*Nos Exercícios 42-47, dizemos que uma função $f(x, y, z)$ é **homogênea de grau n** se $f(\lambda x, \lambda y, \lambda z) = \lambda^n f(x, y, z)$ com qualquer $\lambda \in \mathbf{R}$.*

42. Mostre que as funções seguintes são homogêneas e determine seu grau.
  (a) $f(x, y, z) = x^2 y + xyz$ (b) $f(x, y, z) = 3x + 2y - 8z$
  (c) $f(x, y, z) = \ln\left(\frac{xy}{z^2}\right)$ (d) $f(x, y, z) = z^4$

43. Prove que se $f(x, y, z)$ for homogênea de grau n, então $f_x(x, y, z)$ é homogênea de grau $n - 1$. *Sugestão:* use a definição via limite ou aplique a regra da cadeia a $f(\lambda x, \lambda y, \lambda z)$.

44. Prove que se $f(x, y, z)$ for homogênea de grau n, então
$$x\frac{\partial f}{\partial x} + y\frac{\partial f}{\partial y} + z\frac{\partial f}{\partial z} = nf \qquad \boxed{11}$$

Sugestão: seja $F(t) = f(tx, ty, tz)$ e calcule $F'(1)$ usando a regra da cadeia.

45. Confira a validade da Equação (11) com as funções do Exercício 42.

46. Suponha que f seja uma função de x e y, sendo $x = g(t, s)$ e $y = h(t, s)$. Mostre que f_{tt} é igual a
$$f_{xx}\left(\frac{\partial x}{\partial t}\right)^2 + 2f_{xy}\left(\frac{\partial x}{\partial t}\right)\left(\frac{\partial y}{\partial t}\right) + f_{yy}\left(\frac{\partial y}{\partial t}\right)^2$$
$$+ f_x\frac{\partial^2 x}{\partial t^2} + f_y\frac{\partial^2 y}{\partial t^2} \qquad \boxed{12}$$

47. Sejam $r = \sqrt{x_1^2 + \cdots + x_n^2}$ e $g(r)$ uma função de r. Prove as fórmulas
$$\frac{\partial g}{\partial x_i} = \frac{x_i}{r}g_r, \qquad \frac{\partial^2 g}{\partial x_i^2} = \frac{x_i^2}{r^2}g_{rr} + \frac{r^2 - x_i^2}{r^3}g_r$$

48. Prove que se $g(r)$ for uma função de r, como no Exercício 47, então
$$\frac{\partial^2 g}{\partial x_1^2} + \cdots + \frac{\partial^2 g}{\partial x_n^2} = g_{rr} + \frac{n-1}{r}g_r$$

*Nos Exercícios 49-53, usamos o **operador de Laplace** definido por $\Delta f = f_{xx} + f_{yy}$. Dizemos que uma função $f(x, y)$ que satisfaz a equação de Laplace $\Delta f = 0$ é **harmônica**. Dizemos que uma função $f(x, y)$ é **radial** se $f(x, y) = g(r)$, sendo $r = \sqrt{x^2 + y^2}$.*

49. Use a Equação (12) para provar que, em coordenadas polares (r, θ),
$$\Delta f = f_{rr} + \frac{1}{r^2}f_{\theta\theta} + \frac{1}{r}f_r \qquad \boxed{13}$$

50. Use a Equação (13) para mostrar que $f(x, y) = \ln r$ é harmônica.

51. Verifique que $f(x, y) = x$ e $f(x, y) = y$ são harmônicas, usando a expressão de Δf em coordenadas cartesianas e também em polares.

52. Verifique que $f(x, y) = \text{arc tg}\,\frac{y}{x}$ é harmônica, usando a expressão de Δf em coordenadas cartesianas e também em polares.

53. Use a regra do produto para mostrar que
$$f_{rr} + \frac{1}{r}f_r = r^{-1}\frac{\partial}{\partial r}\left(r\frac{\partial f}{\partial r}\right)$$
Use essa fórmula para mostrar que se f for uma função harmônica radial, então $rf_r = C$, com alguma constante C. Conclua que $f(x, y) = C \ln r + b$ com alguma constante b.

14.7 Otimização em várias variáveis

Lembre que a otimização é o processo de encontrar os valores extremos de uma função. Isso significa encontrar os pontos mais altos e mais baixos do gráfico num domínio dado. Como vimos no caso de uma variável, é importante distinguir entre valores extremos *locais* e *globais*. Um valor extremo local é um valor $f(a, b)$ que é um valor máximo ou mínimo num disco aberto pequeno centrado em (a, b) (Figura 1).

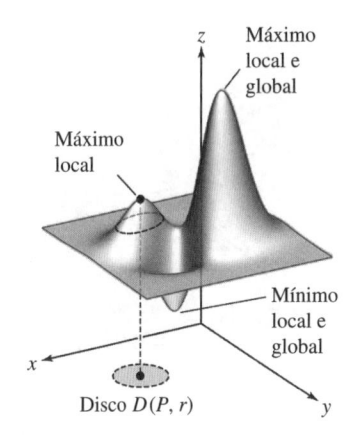

> **DEFINIÇÃO Valores extremos locais** Dizemos que uma função $f(x, y)$ tem um **extremo local** em $P = (a, b)$ se existir um disco aberto $D(P, r)$ tal que
> - **Máximo local:** $f(x, y) \leq f(a, b)$ com qualquer $(x, y) \in D(P, r)$;
> - **Mínimo local:** $f(x, y) \geq f(a, b)$ com qualquer $(x, y) \in D(P, r)$.

Em uma variável, o teorema de Fermat afirma que se $f(a)$ for um valor extremo local, então a é um ponto crítico e que, portanto, a reta tangente (se existir) é horizontal em $x = a$. Um resultado análogo é válido com funções de duas variáveis mas, nesse caso, é o *plano tangente* que deve ser horizontal (Figura 2). O plano tangente a $z = f(x, y)$ em $P = (a, b)$ tem equação

$$z = f(a, b) + f_x(a, b)(x - a) + f_y(a, b)(y - b)$$

Assim, o plano tangente é horizontal se $f_x(a, b) = f_y(a, b) = 0$, ou seja, se a equação reduz a $z = f(a, b)$. Isso nos leva à definição seguinte de ponto crítico, em que também cobrimos a possibilidade de uma ou ambas as derivadas parciais não existirem.

FIGURA 1 $f(x, y)$ tem um máximo local em P.

LEMBRETE *O termo "extremo" significa um valor máximo ou mínimo.*

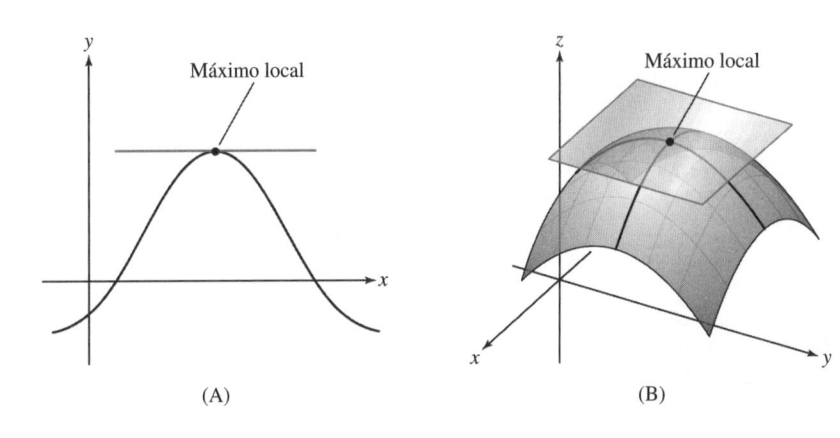

FIGURA 2 A reta ou o plano tangente é horizontal num extremo local.

> **DEFINIÇÃO Ponto crítico** Dizemos que um ponto $P = (a, b)$ do domínio de uma função $f(x, y)$ é um **ponto crítico** se:
> - $f_x(a, b) = 0$ ou $f_x(a, b)$ não existe, e
> - $f_y(a, b) = 0$ ou $f_y(a, b)$ não existe.

Como no caso de uma variável, temos o teorema seguinte.

> **TEOREMA 1 Teorema de Fermat** Se $f(x, y)$ tiver um mínimo ou máximo local em $P = (a, b)$, então (a, b) é um ponto crítico de $f(x, y)$.

- *Mais geralmente, dizemos que $(a_1, \ldots, a_n)$ é um ponto crítico de $f(x_1, \ldots, x_n)$ se cada derivada parcial satisfizer*
  $$f_{x_j}(a_1, \ldots, a_n) = 0$$
  ou não existir.
- *O Teorema 1 é válido com qualquer número de variáveis: extremos locais ocorrem em pontos críticos.*

Demonstração Se $f(x, y)$ tiver um mínimo local em $P = (a, b)$, então $f(x, y) \geq f(a, b)$ em cada (x, y) perto de (a, b). Em particular, existe algum $r > 0$ tal que $f(x, b) \geq f(a, b)$ se $|x - a| < r$. Em outras palavras, $g(x) = f(x, b)$ tem um mínimo local em $x = a$. Pelo teorema de Fermat em uma variável, ou $g'(a) = 0$, ou não existe $g'(a)$. Como $g'(a) = f_x(a, b)$, concluímos que, ou $f_x(a, b) = 0$, ou não existe $f_x(a, b)$. Analogamente, ou $f_y(a, b) = 0$, ou não existe $f_y(a, b)$. Assim, $P = (a, b)$ é um ponto crítico. O caso de um máximo local é análogo. ∎

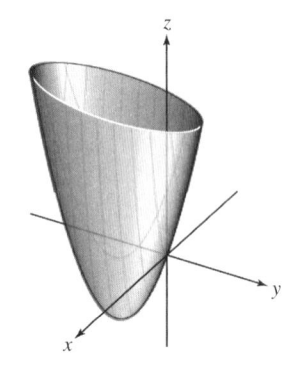

FIGURA 3 O gráfico de $f(x, y) = 11x^2 - 2xy + 2y^2 + 3y$.

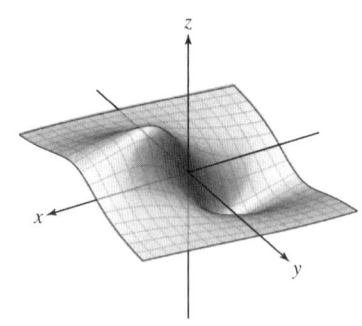

FIGURA 4 O gráfico de $f(x, y) = \dfrac{x - y}{2x^2 + 8y^2 + 3}$.

Em geral, tratamos com funções cujas derivadas parciais existem. Nesse caso, encontrar os pontos críticos significa resolver as equações simultâneas $f_x(x, y) = 0$ e $f_y(x, y) = 0$.

■ **EXEMPLO 1** Mostre que $f(x, y) = 11x^2 - 2xy + 2y^2 + 3y$ tem um ponto crítico. Use a Figura 3 para determinar se corresponde a um mínimo ou máximo local.

Solução Igualamos as derivadas parciais a zero e resolvemos:

$$f_x(x, y) = 22x - 2y = 0$$
$$f_y(x, y) = -2x + 4y + 3 = 0$$

Pela primeira equação, $y = 11x$. Substituindo $y = 11x$ na segunda equação, temos

$$-2x + 4y + 3 = -2x + 4(11x) + 3 = 42x + 3 = 0$$

Assim, $x = -\frac{1}{14}$ e $y = -\frac{11}{14}$. Existe apenas um ponto crítico, $P = \left(-\frac{1}{14}, -\frac{11}{14}\right)$. A Figura 3 mostra que $f(x, y)$ tem um mínimo local em P. ■

Nem sempre é possível encontrar exatamente as soluções, mas podemos usar um computador para encontrar aproximações numéricas.

■ **EXEMPLO 2** **Exemplo numérico** Use um sistema algébrico computacional para aproximar os pontos críticos de

$$f(x, y) = \frac{x - y}{2x^2 + 8y^2 + 3}$$

Esses críticos são mínimos ou máximos locais? Use a Figura 4.

Solução Usamos o sistema algébrico computacional para calcular as derivadas parciais e resolver

$$f_x(x, y) = \frac{-2x^2 + 8y^2 + 4xy + 3}{(2x^2 + 8y^2 + 3)^2} = 0$$
$$f_y(x, y) = \frac{-2x^2 + 8y^2 - 16xy - 3}{(2x^2 + 8y^2 + 3)^2} = 0$$

Para resolver essas equações, igualamos os numeradores a zero. A Figura 4 sugere que $f(x, y)$ tem um max local com $x > 0$ e um min local com $x < 0$. O comando seguinte do *Mathematica* procura por uma solução perto de $(1, 0)$:

```
FindRoot[{-2x^2+8y^2+4xy+3 == 0, -2x^2+8y^2-16xy-3 == 0},
 {{x,1},{y,0}}]
```

O resultado é

```
{x -> 1.095, y -> -0.274}
```

Assim, $(1{,}095;\ -0{,}274)$ é uma aproximação do ponto crítico no qual, pela Figura 4, f tem um máximo local. Uma segunda busca perto de $(-1, 0)$ fornece $(-1{,}095;\ 0{,}274)$, que é uma aproximação do ponto crítico no qual $f(x, y)$ tem um mínimo local. ■

Sabemos que, em uma variável, uma função $f(x)$ pode ter um ponto de inflexão em vez de um extremo local num ponto crítico. Um fenômeno análogo ocorre com várias variáveis. Cada uma das funções na Figura 5 tem um ponto crítico em $(0, 0)$. Contudo, a função da Figura 5(C) tem um ponto de sela, que não é nem um mínimo nem um máximo local. Se estivéssemos de pé no ponto de sela e começássemos a caminhar, em algumas direções, como as de **+j** ou **−j** nos levariam morro acima e outras direções, como **+i** ou **−i** nos levariam lomba abaixo.

Como no caso de uma variável, temos um teste da derivada segunda para determinar o tipo de um ponto crítico (a, b) de uma função $f(x, y)$ de duas variáveis. Esse teste depende do sinal do **discriminante** $D = D(a, b)$, definido como segue:

O discriminante também é conhecido como "determinante hessiano".

$$D = D(a,b) = f_{xx}(a,b)f_{yy}(a,b) - f_{xy}^2(a,b)$$

Podemos lembrar-nos da fórmula do discriminante reconhecendo-o como um determinante:

$$D = \begin{vmatrix} f_{xx}(a,b) & f_{xy}(a,b) \\ f_{yx}(a,b) & f_{yy}(a,b) \end{vmatrix}$$

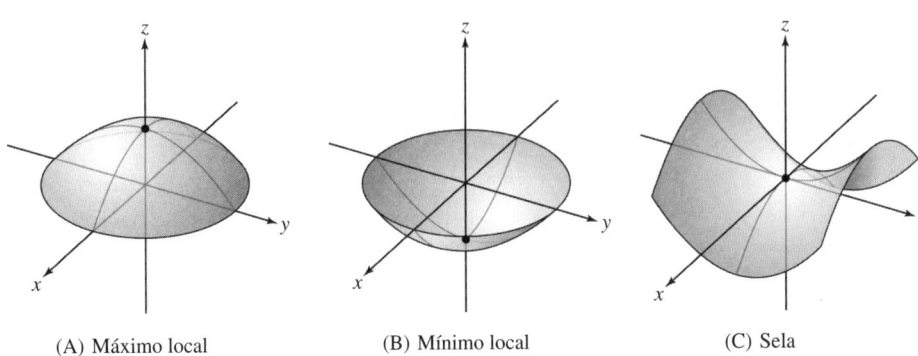

(A) Máximo local   (B) Mínimo local   (C) Sela

FIGURA 5

TEOREMA 2 **Teste da derivada segunda para** $f(x,y)$ Seja $P = (a,b)$ um ponto crítico de $f(x,y)$. Suponha que f_{xx}, f_{yy}, f_{xy} sejam contínuas perto de P. Então:

(i) se $D > 0$ e $f_{xx}(a,b) > 0$, então $f(a,b)$ é um mínimo local;
(ii) se $D > 0$ e $f_{xx}(a,b) < 0$, então $f(a,b)$ é um máximo local;
(iii) se $D < 0$, então (a,b) é um ponto de sela de f;
(iv) se $D = 0$, o teste é inconclusivo.

Se $D > 0$, então $f_{xx}(a,b)$ e $f_{yy}(a,b)$ devem ter o mesmo sinal, de modo que o sinal de $f_{yy}(a,b)$ também determina se $f(a,b)$ é um máximo ou um mínimo local.

Uma demonstração desse teorema é discutida no final desta seção.

■ **EXEMPLO 3** **Aplicação do teste da derivada segunda**   Encontre os pontos críticos de

$$f(x,y) = (x^2 + y^2)e^{-x}$$

e analise-os usando o teste da derivada segunda.

Solução

Passo 1. **Encontrar os pontos críticos.**

Igualamos as derivadas parciais a zero e resolvemos:

$$f_x(x,y) = -(x^2 + y^2)e^{-x} + 2xe^{-x} = (2x - x^2 - y^2)e^{-x} = 0$$

$$f_y(x,y) = 2ye^{-x} = 0 \quad \Rightarrow \quad y = 0$$

Substituindo $y = 0$ na primeira equação, obtemos

$$(2x - x^2 - y^2)e^{-x} = (2x - x^2)e^{-x} = 0 \quad \Rightarrow \quad x = 0, 2$$

Os pontos críticos são $(0,0)$ e $(2,0)$ (Figura 6).

Passo 2. **Calcular as parciais de segunda ordem.**

$$f_{xx}(x,y) = \frac{\partial}{\partial x}\big((2x - x^2 - y^2)e^{-x}\big) = (2 - 4x + x^2 + y^2)e^{-x}$$

$$f_{yy}(x,y) = \frac{\partial}{\partial y}(2ye^{-x}) = 2e^{-x}$$

$$f_{xy}(x,y) = f_{yx}(x,y) = \frac{\partial}{\partial x}(2ye^{-x}) = -2ye^{-x}$$

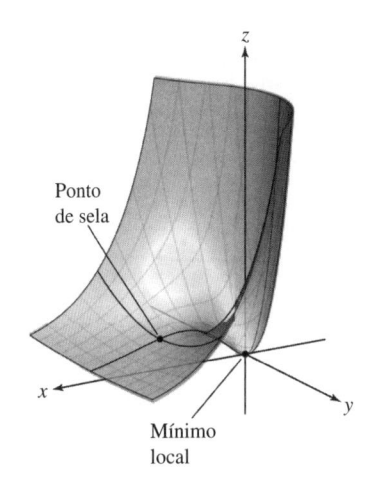

FIGURA 6 O gráfico de $f(x,y) = (x^2 + y^2)e^{-x}$.

Passo 3. **Aplicar o teste da derivada segunda.**

Ponto crítico	f_{xx}	f_{yy}	f_{xy}	Discriminante $D = f_{xx}f_{yy} - f_{xy}^2$	Tipo
$(0, 0)$	2	2	0	$2(2) - 0^2 = 4$	Mínimo local, pois $D > 0$ e $f_{xx} > 0$
$(2, 0)$	$-2e^{-2}$	$2e^{-2}$	0	$-2e^{-2}(2e^{-2}) - 0^2 = -4e^{-4}$	Sela, pois $D < 0$

ENTENDIMENTO GRÁFICO Também podemos ver o tipo de ponto crítico a partir do mapa de contornos. Observe que as curvas de nível na Figura 7 circundam o mínimo local em P, com f crescendo em todas as direções emanando de P. Contrastando com isso, f tem um ponto de sela em Q: a vizinhança perto de Q é dividida em quatro regiões nas quais $f(x, y)$ alternadamente cresce e decresce.

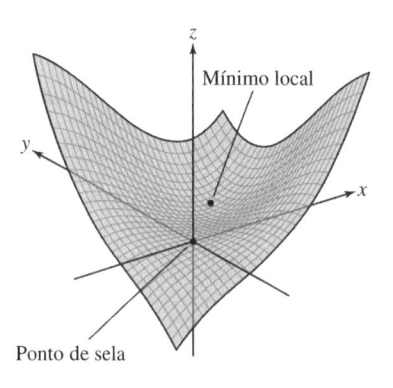

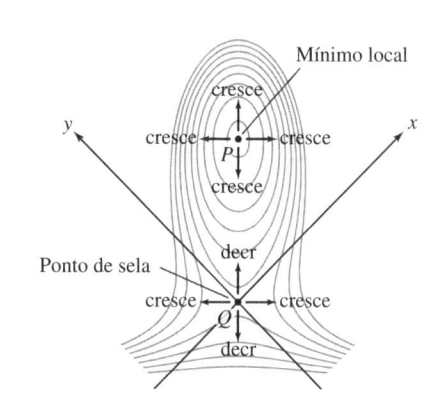

FIGURA 7 $f(x, y) = x^3 + y^3 - 12xy$.

■ **EXEMPLO 4** Analise os pontos críticos de $f(x, y) = x^3 + y^3 - 12xy$.

Solução Novamente, igualamos as derivadas parciais a zero e resolvemos:

$$f_x(x, y) = 3x^2 - 12y = 0 \quad \Rightarrow \quad y = \frac{1}{4}x^2$$

$$f_y(x, y) = 3y^2 - 12x = 0$$

Substituir $y = \frac{1}{4}x^2$ na segunda equação fornece

$$3y^2 - 12x = 3\left(\frac{1}{4}x^2\right)^2 - 12x = \frac{3}{16}x(x^3 - 64) = 0 \quad \Rightarrow \quad x = 0, 4$$

Como $y = \frac{1}{4}x^2$, os pontos críticos são $(0, 0)$ e $(4, 4)$.
Temos

$$f_{xx}(x, y) = 6x, \qquad f_{yy}(x, y) = 6y, \qquad f_{xy}(x, y) = -12$$

O teste da derivada segunda confirma o que vemos na Figura 7: f tem um mín local em $(4, 4)$ e uma sela em $(0, 0)$.

Ponto crítico	f_{xx}	f_{yy}	f_{xy}	Discriminante $D = f_{xx}f_{yy} - f_{xy}^2$	Tipo
$(0, 0)$	0	0	-12	$0(0) - 12^2 = -144$	Sela, pois $D < 0$
$(4, 4)$	24	24	-12	$24(24) - 12^2 = 432$	Mínimo local, pois $D > 0$ e $f_{xx} > 0$

■ **EXEMPLO 5** **Quando o teste da derivada segunda falhar** Analise os pontos críticos de $f(x, y) = 3xy^2 - x^3$.

Solução Igualamos as derivadas parciais a zero e resolvemos:

$$f_x(x, y) = 3y^2 - 3x^2 = 0$$
$$f_y(x, y) = 6xy = 0$$

Pela segunda equação, $x = 0$ ou $y = 0$. Pela primeira equação, vemos que o único ponto crítico é $(0, 0)$. Temos

$$f_{xx}(x, y) = -6x, \qquad f_{yy}(x, y) = 6x, \qquad f_{xy}(x, y) = 6y$$

Aplicando o teste da derivada segunda, obtemos

Ponto crítico	f_{xx}	f_{yy}	f_{xy}	Discriminante $D = f_{xx}f_{yy} - f_{xy}^2$	Tipo
$(0, 0)$	0	0	0	0	Nenhuma informação, pois $D = 0$

Assim, para analisar esse ponto crítico, precisamos examinar mais cuidadosamente o gráfico. Fatiando o gráfico pelo plano xz, ou seja, tomando $y = 0$, obtemos $f(x, 0) = -x^3$. Um gráfico dessa função parece com o da Figura 8. Passando por $(0, 0)$, esse gráfico não tem um máximo local nem um mínimo local, portanto o ponto crítico em $(0, 0)$ não é um extremo local, mas uma sela.

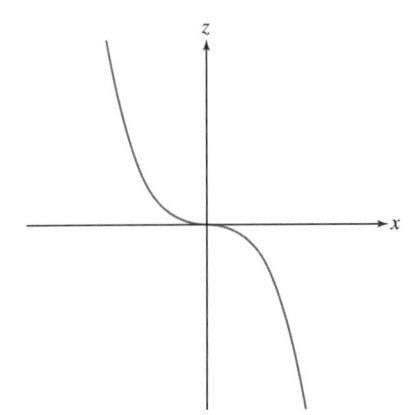

FIGURA 8 Interseção do gráfico de $f(x, y) = 3xy^2 - x^3$ com o plano xz.

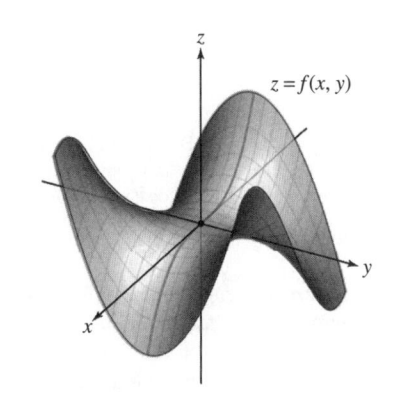

FIGURA 9 Gráfico da "sela de macaco" de equação $f(x, y) = 3xy^2 - x^3$.

No entanto, existe uma variedade de formas de gráficos possíveis numa sela. O gráfico de $f(x, y)$ aparece na Figura 9. A curva $f(x, 0) = -x^3$ está destacada na figura. Essa superfície é denominada "sela de macaco" porque um macaco pode sentar nessa sela com espaço especial para a sua cauda. ∎

Extremos globais

Muitas vezes, estamos interessados em encontrar os valores máximo ou mínimo de uma função f num dado domínio $\mathcal{D}$. Esses valores são denominados **valores extremos globais** ou **absolutos**. No entanto, extremos globais nem sempre existem. A função $f(x, y) = x + y$ tem um valor máximo no quadrado unitário $\mathcal{D}_1$ da Figura 10 [o max é $f(1, 1) = 2$], mas não tem valor máximo no plano todo $\mathbf{R}^2$.

Para enunciar condições que garantam a existência de extremos globais, precisamos de algumas definições. Em primeiro lugar, dizemos que um domínio $\mathcal{D}$ é **limitado** se existir algum número $M > 0$ tal que $\mathcal{D}$ esteja contido no disco de raio M centrado na origem. Em outras palavras, nenhum ponto de $\mathcal{D}$ dista mais do que M da origem [Figuras 12(A) e (B)]. Em segundo lugar, um ponto P é dito um:

- **ponto interior** de $\mathcal{D}$ se $\mathcal{D}$ contiver algum disco aberto $D(P, r)$ centrado em P;
- **ponto de fronteira** de $\mathcal{D}$ se qualquer disco aberto centrado em P contiver pontos de $\mathcal{D}$ e pontos não de $\mathcal{D}$.

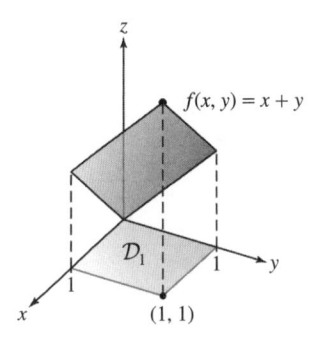

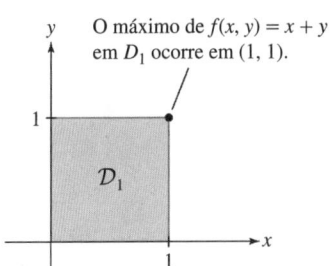

O máximo de $f(x, y) = x + y$ em $\mathcal{D}_1$ ocorre em $(1, 1)$.

FIGURA 10

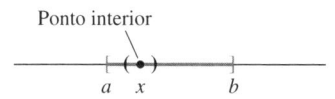

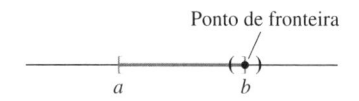

FIGURA 11 Pontos interior e de fronteira do intervalo [a, b].

ENTENDIMENTO CONCEITUAL Para entender os conceitos de pontos interior e de fronteira, pense no caso familiar de um intervalo $I = [a, b]$ da reta real **R** (Figura 11). Cada ponto x do intervalo aberto (a, b) é um *ponto interior* de I (porque existe um intervalo aberto pequeno contendo x totalmente contido em I). As duas extremidades a e b são *pontos de fronteira* de I (porque qualquer intervalo aberto contendo a ou b também contém pontos que não estão em I).

O **interior** de $\mathcal{D}$ é o conjunto de todos os pontos interiores, e a **fronteira** de $\mathcal{D}$ é o conjunto de todos os pontos de fronteira. Na Figura 12(C), a fronteira é a curva que circunda o domínio. O interior consiste em todos os pontos do domínio que não estão na curva de fronteira.

Dizemos que um domínio $\mathcal{D}$ é **fechado** se $\mathcal{D}$ contiver todos os seus pontos de fronteira (como um intervalo fechado em **R**). Um domínio $\mathcal{D}$ é denominado **aberto** se qualquer ponto de $\mathcal{D}$ for um ponto interior (como um intervalo aberto em **R**). O domínio na Figura 12(A) é fechado porque inclui sua curva de fronteira. Na Figura 12(C), alguns dos pontos de fronteira estão incluídos e alguns estão excluídos, logo o domínio não é nem aberto nem fechado.

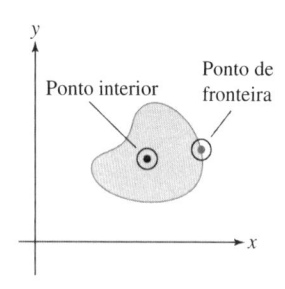

(A) Este domínio é limitado e fechado (contém todos os pontos de fronteira).

(B) Um domínio ilimitado (contém pontos arbitrariamente distantes da origem).

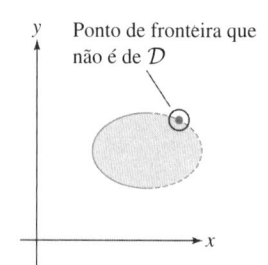

(C) Um domínio que não é fechado (contém alguns, mas não todos os pontos de fronteira)

FIGURA 12 Domínios em $\mathbf{R}^2$.

Na Seção 4.2, enunciamos dois resultados básicos. O primeiro, que uma função contínua $f(x)$ num *intervalo fechado e limitado* $[a, b]$ atinge um valor mínimo e um valor máximo em $[a, b]$. O segundo, que esses valores extremos ocorrem em pontos críticos no interior (a, b) ou nas extremidades. Resultados análogos valem em várias variáveis.

TEOREMA 3 Existência e localização de extremos globais Seja $f(x, y)$ uma função contínua num domínio limitado e fechado $\mathcal{D}$ de $\mathbf{R}^2$. Então:

(i) $f(x, y)$ atinge um valor mínimo e um valor máximo em $\mathcal{D}$;
(ii) os valores extremos ocorrem em pontos críticos no interior de $\mathcal{D}$ ou em pontos de fronteira de $\mathcal{D}$.

■ **EXEMPLO 6** Encontre o valor máximo de $f(x, y) = 2x + y - 3xy$ no quadrado unitário $\mathcal{D} = \{(x, y) : 0 \leq x, y \leq 1\}$.

Solução Pelo Teorema 3, o máximo ocorre num ponto crítico ou na fronteira do quadrado (Figura 13).

Passo 1. Examinar os pontos críticos.

Igualamos as derivadas parciais a zero e resolvemos:

$$f_x(x, y) = 2 - 3y = 0 \quad \Rightarrow \quad y = \frac{2}{3}, \qquad f_y(x, y) = 1 - 3x = 0 \quad \Rightarrow \quad x = \frac{1}{3}$$

Existe um único ponto crítico $P = \left(\frac{1}{3}, \frac{2}{3}\right)$ e

$$f(P) = f\left(\frac{1}{3}, \frac{2}{3}\right) = 2\left(\frac{1}{3}\right) + \left(\frac{2}{3}\right) - 3\left(\frac{1}{3}\right)\left(\frac{2}{3}\right) = \frac{2}{3}$$

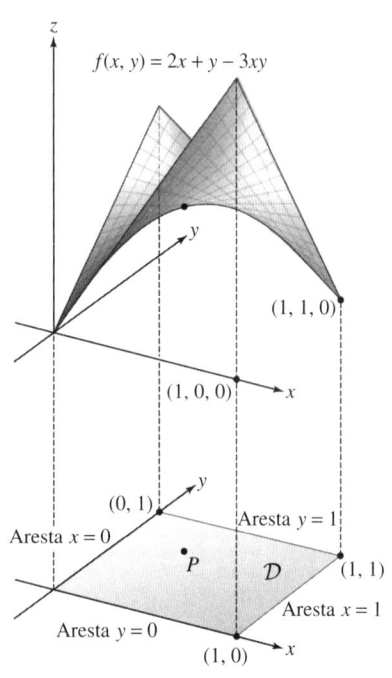

FIGURA 13

Passo 2. **Conferir a fronteira.**
Fazemos isso conferindo cada uma das quatro arestas do quadrado separadamente. A aresta inferior é descrita por $y = 0, 0 \leq x \leq 1$. Nessa aresta, $f(x, 0) = 2x$, e o valor máximo ocorre em $x = 1$, onde $f(1, 0) = 2$. Tratando as demais arestas de maneira análoga, obtemos

Aresta	Restrição de $f(x,y)$ à aresta	Máximo de $f(x,y)$ na aresta
Inferior: $y = 0, 0 \leq x \leq 1$	$f(x, 0) = 2x$	$f(1, 0) = 2$
Superior: $y = 1, 0 \leq x \leq 1$	$f(x, 1) = 1 - x$	$f(0, 1) = 1$
Esquerda: $x = 0, 0 \leq y \leq 1$	$f(0, y) = y$	$f(0, 1) = 1$
Direita: $x = 1, 0 \leq y \leq 1$	$f(1, y) = 2 - 2y$	$f(1, 0) = 2$

Passo 3. **Comparar.**
O máximo de f na fronteira é $f(1, 0) = 2$. Isso é maior do que o valor $f(P) = \frac{2}{3}$ no ponto crítico, portanto o máximo de f no quadrado unitário é 2. ∎

■ **EXEMPLO 7** Encontre os valores máximo e mínimo da função $f(x, y) = xy$ no disco unitário $\mathcal{D} = \{(x, y) : x^2 + y^2 \leq 1\}$.

Solução

Passo 1. **Examinar os pontos críticos.**

$$f_x(x, y) = y = 0, \qquad f_y(x, y) = x = 0$$

Existe o único ponto crítico $P = (0, 0)$ no interior do disco, e $f(0, 0) = 0$.

Passo 2. **Conferir a fronteira.**
Como na Figura 14, subdividimos a fronteira em dois arcos, identificados por I e II. O primeiro é dado por $y = +\sqrt{1 - x^2}, -1 \leq x \leq 1$. Restringindo f a essa parte da fronteira, temos $f(x, \sqrt{1 - x^2}) = x\sqrt{1 - x^2}$. Assim,

$$f'(x) = \sqrt{1 - x^2} - x\frac{x}{\sqrt{1 - x^2}} = 0$$

$$1 - 2x^2 = 0$$

$$x = \pm\frac{1}{\sqrt{2}}$$

Como $y = \sqrt{1 - x^2}$, temos dois pontos críticos no arco I, dados por $\left(\frac{1}{\sqrt{2}}, \frac{1}{\sqrt{2}}\right)$ e $\left(-\frac{1}{\sqrt{2}}, \frac{1}{\sqrt{2}}\right)$.

Restringindo f ao arco II, que é dado por $y = -\sqrt{1 - x^2}, -1 \leq x \leq 1$, nossa função passa a ser $f(x, -\sqrt{1 - x^2}) = -x\sqrt{1 - x^2}$. Como isso só difere por um sinal da restrição de nossa função ao arco I, sabemos que os pontos críticos nesse arco são $\left(\frac{1}{\sqrt{2}}, -\frac{1}{\sqrt{2}}\right)$ e $\left(-\frac{1}{\sqrt{2}}, -\frac{1}{\sqrt{2}}\right)$.

Passo 3. **Comparar.**
Calculando f no ponto crítico interior, em cada um dos pontos críticos dos arcos e nas extremidades dos arcos, obtemos

$$f(0, 0) = 0, \ f\left(\tfrac{1}{\sqrt{2}}, \tfrac{1}{\sqrt{2}}\right) = \tfrac{1}{2}, \ f\left(-\tfrac{1}{\sqrt{2}}, \tfrac{1}{\sqrt{2}}\right) = -\tfrac{1}{2}, \ f\left(\tfrac{1}{\sqrt{2}}, -\tfrac{1}{\sqrt{2}}\right) = -\tfrac{1}{2},$$

$$f\left(-\tfrac{1}{\sqrt{2}}, -\tfrac{1}{\sqrt{2}}\right) = \tfrac{1}{2}, f(1, 0) = 0, f(-1, 0) = 0$$

Comparando esses valores, vemos que o valor máximo de $\frac{1}{2}$ no disco ocorre nos dois pontos de fronteira $\left(\frac{1}{\sqrt{2}}, \frac{1}{\sqrt{2}}\right)$ e $\left(-\frac{1}{\sqrt{2}}, -\frac{1}{\sqrt{2}}\right)$, e o valor mínimo de $-\frac{1}{2}$ ocorre nos dois pontos de fronteira $\left(-\frac{1}{\sqrt{2}}, \frac{1}{\sqrt{2}}\right)$ e $\left(\frac{1}{\sqrt{2}}, -\frac{1}{\sqrt{2}}\right)$. ∎

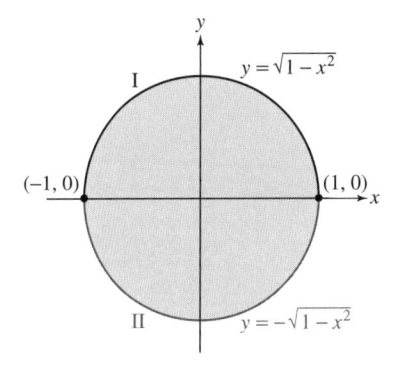

FIGURA 14 Divisão da fronteira do domínio em arcos.

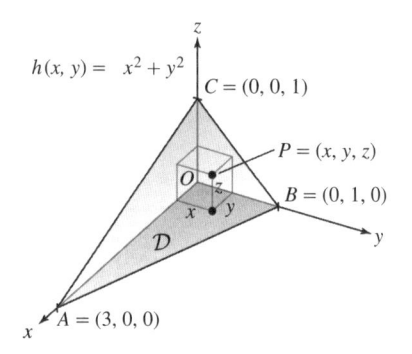

FIGURA 15 O triângulo sombreado é o domínio de $V(x, y)$.

■ **EXEMPLO 8** **Caixa de volume máximo** Encontre o volume máximo de uma caixa inscrita no tetraedro delimitado pelos planos coordenados e o plano $\frac{1}{3}x + y + z = 1$.

Solução

Passo 1. **Encontrar uma função para maximizar.**

Seja $P = (x, y, z)$ o vértice da caixa que fica na face frontal do tetraedro (Figura 15). Então a caixa tem lados de comprimentos x, y, z e volume $V = xyz$. Usando a equação $\frac{1}{3}x + y + z = 1$, ou $z = 1 - \frac{1}{3}x - y$, expressamos V em termos de x e y:

$$V(x, y) = xyz = xy\left(1 - \frac{1}{3}x - y\right) = xy - \frac{1}{3}x^2y - xy^2$$

Nosso problema é maximizar V, mas qual domínio $\mathcal{D}$ deveríamos escolher? Tomamos $\mathcal{D}$ como o triângulo $\triangle OAB$ sombreado do plano xy da Figura 15. Então o vértice $P = (x, y, z)$ de qualquer caixa possível fica acima de um ponto (x, y) de $\mathcal{D}$. Como $\mathcal{D}$ é limitado e fechado, o máximo ocorre num ponto crítico dentro de $\mathcal{D}$ ou na fronteira de $\mathcal{D}$.

Passo 2. **Examinar os pontos críticos.**

Primeiro, igualamos as derivadas parciais a zero e resolvemos:

$$\frac{\partial V}{\partial x} = y - \frac{2}{3}xy - y^2 = y\left(1 - \frac{2}{3}x - y\right) = 0$$

$$\frac{\partial V}{\partial y} = x - \frac{1}{3}x^2 - 2xy = x\left(1 - \frac{1}{3}x - 2y\right) = 0$$

Se $x = 0$ ou $y = 0$, então (x, y) fica na fronteira de $\mathcal{D}$, portanto podemos supor que x e y são, ambos, não nulos. Então a primeira equação dá

$$1 - \frac{2}{3}x - y = 0 \quad \Rightarrow \quad y = 1 - \frac{2}{3}x$$

e a segunda,

$$1 - \frac{1}{3}x - 2y = 1 - \frac{1}{3}x - 2\left(1 - \frac{2}{3}x\right) = 0 \quad \Rightarrow \quad x - 1 = 0 \quad \Rightarrow \quad x = 1$$

Se $x = 1$, temos $y = 1 - \frac{2}{3}x = \frac{1}{3}$. Portanto, $\left(1, \frac{1}{3}\right)$ é um ponto crítico, e

$$V\left(1, \frac{1}{3}\right) = (1)\frac{1}{3} - \frac{1}{3}(1)^2\frac{1}{3} - (1)\left(\frac{1}{3}\right)^2 = \frac{1}{9}$$

Passo 3. **Conferir a fronteira.**

Temos $V(x, y) = 0$ em todos os pontos da fronteira de $\mathcal{D}$ (porque as três arestas da fronteira são definidas por $x = 0, y = 0$ ou $1 - \frac{1}{3}x - y = 0$). Claramente, então, o máximo ocorre no ponto crítico, e o volume máximo é $\frac{1}{9}$. ■

Demonstração do teste da derivada segunda A prova tem por base o "completamento do quadrado" de formas quadráticas. Uma **forma quadrática** é uma função

$$\boxed{Q(h, k) = ah^2 + 2bhk + ck^2}$$

em que a, b e c são constantes (não todas nulas). O discriminante de Q é a quantidade

$$\boxed{D = ac - b^2}$$

Algumas formas quadráticas atingem somente valores positivos com $(h, k) \neq (0, 0)$ e outras atingem valores positivos e negativos. De acordo com o teorema seguinte, o sinal do discriminante determina qual dessas duas possibilidades ocorre.

TEOREMA 4 Com $Q(h, k)$ e D como anteriormente:

(i) Se $D > 0$ e $a > 0$, então $Q(h, k) > 0$ com $(h, k) \neq (0, 0)$.
(ii) Se $D > 0$ e $a < 0$, então $Q(h, k) < 0$ com $(h, k) \neq (0, 0)$.
(iii) Se $D < 0$, então $Q(h, k)$ atinge valores positivos e também negativos.

Demonstração Suponha, inicialmente, que $a \neq 0$; reescrevamos $Q(h, k)$ "completando o quadrado":

$$Q(h, k) = ah^2 + 2bhk + ck^2 = a\left(h + \frac{b}{a}k\right)^2 + \left(c - \frac{b^2}{a}\right)k^2$$

$$= a\left(h + \frac{b}{a}k\right)^2 + \frac{D}{a}k^2 \qquad \boxed{1}$$

Se $D > 0$ e $a > 0$, então $D/a > 0$ e ambos os termos na Equação (1) são não negativos. Além disso, se $Q(h, k) = 0$, então cada parcela na Equação (1) deve ser igual a zero. Assim, $k = 0$ e $h + \frac{b}{a}k = 0$, de modo que, necessariamente, $h = 0$. Isso mostra que $Q(h, k) > 0$ se $(h, k) \neq 0$ e provamos (i). A parte (ii) decorre analogamente. Para provar (iii), observe que, se $a \neq 0$ e $D < 0$, então os coeficientes dos termos com quadrado na Equação (1) têm sinais opostos e $Q(h, k)$ atinge valores positivos e, também, negativos. Finalmente, se $a = 0$ e $D < 0$, então $Q(h, k) = 2bhk + ck^2$ com $b \neq 0$. Nesse caso, novamente, $Q(h, k)$ atinge valores positivos e, também, negativos.

Agora suponha que $f(x, y)$ tenha um ponto crítico em $P = (a, b)$. Vamos analisar f considerando a restrição de $f(x, y)$ à reta (Figura 16) por $P = (a, b)$ na direção de um vetor unitário $\langle h, k \rangle$:

$$F(t) = f(a + th, b + tk)$$

Então $F(0) = f(a, b)$. Pela regra da cadeia,

$$F'(t) = f_x(a + th, b + tk)h + f_y(a + th, b + tk)k$$

Como P é um ponto crítico, temos $f_x(a, b) = f_y(a, b) = 0$, e, portanto,

$$F'(0) = f_x(a, b)h + f_y(a, b)k = 0$$

Assim, $t = 0$ é um ponto crítico de $F(t)$.

Agora aplicamos novamente a regra da cadeia:

$$F''(t) = \frac{d}{dt}\Big(f_x(a + th, b + tk)h + f_y(a + th, b + tk)k\Big)$$

$$= \Big(f_{xx}(a + th, b + tk)h^2 + f_{xy}(a + th, b + tk)hk\Big)$$

$$+ \Big(f_{yx}(a + th, b + tk)kh + f_{yy}(a + th, b + tk)k^2\Big)$$

$$= f_{xx}(a + th, b + tk)h^2 + 2f_{xy}(a + th, b + tk)hk + f_{yy}(a + th, b + tk)k^2 \qquad \boxed{2}$$

Vemos que $F''(t)$ é o valor em (h, k) de uma forma quadrática cujo discriminante é igual a $D(a + th, b + tk)$. Denotemos

$$D(r, s) = f_{xx}(r, s)f_{yy}(r, s) - f_{xy}(r, s)^2$$

Note que o discriminante de $f(x, y)$ no ponto crítico $P = (a, b)$ é $D = D(a, b)$.

Caso 1: $D(a, b) > 0$ e $f_{xx}(a, b) > 0$. Devemos provar que $f(a, b)$ é um mínimo local. Considere um disco pequeno de raio r centrado em P (Figura 16). Como as derivadas segundas são contínuas perto de P, podemos escolher algum $r > 0$ de tal modo que, qualquer que seja o vetor unitário $\langle h, k \rangle$,

$$D(a + th, b + tk) > 0 \qquad \text{se } |t| < r$$

$$f_{xx}(a + th, b + tk) > 0 \qquad \text{se } |t| < r$$

Para ilustrar o Teorema 4, considere

$$Q(h, k) = h^2 + 2hk + 2k^2$$

O discriminante é positivo,

$$D = (1)(2) - 1 = 1$$

Podemos ver diretamente que $Q(h, k)$ só atinge valores positivos com $(h, k) \neq (0, 0)$ escrevendo $Q(h, k)$ como

$$Q(h, k) = (h + k)^2 + k^2$$

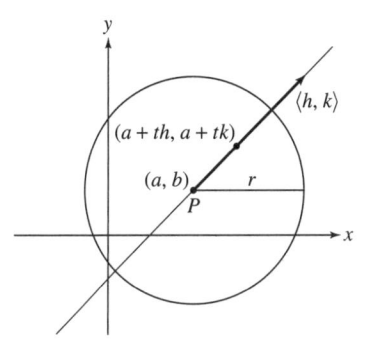

FIGURA 16 A reta por P na direção de $\langle h, k \rangle$.

Então $F''(t)$ é positiva com $|t| < r$ pelo Teorema 4(i). Isso nos diz que $F(t)$ é côncava para cima e que, portanto, $F(0) < F(t)$ se $0 < |t| < |r|$ (ver Exercício 68 da Seção 4,4). Como $F(0) = f(a, b)$, podemos concluir que $f(a, b)$ é o valor mínimo de f ao longo de qualquer segmento de raio r por (a, b). Assim, $f(a, b)$ é um valor mínimo local de f, como queríamos mostrar. O caso $D(a, b) > 0$ e $f_{xx}(a, b) < 0$ é análogo.

Caso 2: $D(a, b) < 0$. Se $t = 0$, a Equação (2) fornece

$$F''(0) = f_{xx}(a, b)h^2 + 2f_{xy}(a, b)hk + f_{yy}(a, b)k^2$$

Como $D(a, b) < 0$, essa forma quadrática toma valores positivos e negativos pelo Teorema 4(iii). Escolhamos $\langle h, k \rangle$ com o qual $F''(0) > 0$. Pelo teste da derivada segunda de uma variável, $F(0)$ é um mínimo local de $F(t)$ e, portanto, existe algum valor $r > 0$ tal que $F(0) < F(t)$ com qualquer $0 < |t| < r$. No entanto, também podemos escolher $\langle h, k \rangle$ com o qual $F''(0) < 0$, caso em que $F(0) > F(t)$ com qualquer $0 < |t| < r$ e algum $r > 0$. Como $F(0) = f(a, b)$, concluímos que $f(a, b)$ é um mínimo local em algumas direções e um máximo local em outras direções. Portanto, f tem um ponto de sela em $P = (a, b)$. ∎

14.7 Resumo

- Dizemos que $P = (a, b)$ é um *ponto crítico* de $f(x, y)$ se
  - $f_x(a, b) = 0$ ou $f_x(a, b)$ não existe e
  - $f_y(a, b) = 0$ ou $f_y(a, b)$ não existe.

  Em n variáveis, $P = (a_1, \ldots, a_n)$ é um ponto crítico de $f(x_1, \ldots, x_n)$ se cada derivada parcial $f_{x_j}(a_1, \ldots, a_n)$ for zero ou não existir.

- Os valores mínimo e máximo locais de f ocorrem em pontos críticos.

- O *discriminante* de $f(x, y)$ em $P = (a, b)$ é a quantidade

$$D(a, b) = f_{xx}(a, b)f_{yy}(a, b) - f_{xy}^2(a, b)$$

- Teste da derivada segunda: se $P = (a, b)$ for um ponto crítico de $f(x, y)$ então:

$$D(a, b) > 0, \quad f_{xx}(a, b) > 0 \quad \Rightarrow \quad f(a, b) \text{ é um mínimo local}$$

$$D(a, b) > 0, \quad f_{xx}(a, b) < 0 \quad \Rightarrow \quad f(a, b) \text{ é um máximo local}$$

$$D(a, b) < 0 \quad \Rightarrow \quad \text{ponto de sela}$$

$$D(a, b) = 0 \quad \Rightarrow \quad \text{teste inconclusivo}$$

- Um ponto P é um ponto *interior* de um domínio $\mathcal{D}$ se $\mathcal{D}$ contiver algum disco aberto $D(P, r)$ centrado em P. Um ponto P é um ponto *de fronteira* de $\mathcal{D}$ se qualquer disco aberto $D(P, r)$ centrado em P contiver pontos de $\mathcal{D}$ e pontos não de $\mathcal{D}$. O *interior* de $\mathcal{D}$ é o conjunto de todos os pontos interiores e a *fronteira* é o conjunto de todos os pontos de fronteira. Um domínio é *fechado* se contiver todos os seus pontos de fronteira e é *aberto* se for igual ao seu interior.

- Existência e localização de extremos globais: se f for contínua e $\mathcal{D}$ for fechado e limitado, então
  - f atinge um valor máximo e também um valor mínimo em $\mathcal{D}$ e
  - os valores extremos ocorrem em pontos críticos do interior de $\mathcal{D}$ ou em pontos da fronteira de $\mathcal{D}$.

  Para determinar os valores extremos, primeiro encontramos os pontos críticos no interior de $\mathcal{D}$. Depois comparamos os valores de f nos pontos críticos com os valores mínimo e máximo de f na fronteira.

14.7 Exercícios

Exercícios preliminares

1. As funções $f(x, y) = x^2 + y^2$ e $g(x, y) = x^2 - y^2$ têm, ambas, um ponto crítico em $(0, 0)$. Qual é a diferença de comportamento dessas duas funções no ponto crítico?

2. Identifique os pontos indicados nos mapas de contornos como mínimo local, máximo local, ponto de sela ou nenhum desses (Figura 17).

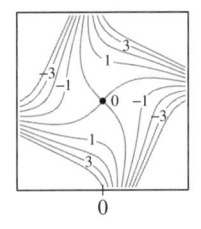

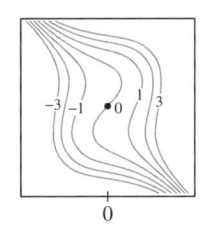

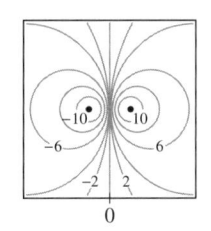

FIGURA 17

3. Seja $f(x, y)$ uma função contínua no domínio $\mathcal{D}$ de $\mathbf{R}^2$. Determine quais das afirmações seguintes são verdadeiras.
   (a) Se $\mathcal{D}$ for fechado e limitado, então f atinge um valor máximo em $\mathcal{D}$.
   (b) Se $\mathcal{D}$ não for fechado nem limitado, então f não atinge um valor máximo em $\mathcal{D}$.
   (c) $f(x, y)$ não precisa atingir um valor máximo no domínio $\mathcal{D}$ definido por $0 \leq x \leq 1, 0 \leq y \leq 1$.
   (d) Uma função contínua não atinge nem um valor mínimo nem um valor máximo no quadrante aberto
   $$\{(x, y) : x > 0, y > 0\}$$

Exercícios

1. Seja $P = (a, b)$ um ponto crítico de $f(x, y) = x^2 + y^4 - 4xy$.
   (a) Primeiro, use $f_x(x, y) = 0$ para mostrar que $a = 2b$. Em seguida, use $f_y(x, y) = 0$ para mostrar que $P = (0, 0)$, $(2\sqrt{2}, \sqrt{2})$ ou $(-2\sqrt{2}, -\sqrt{2})$.
   (b) Usando a Figura 18, determine os pontos de mínimo local e os pontos de sela de $f(x, y)$ e encontre o valor mínimo absoluto de $f(x, y)$.

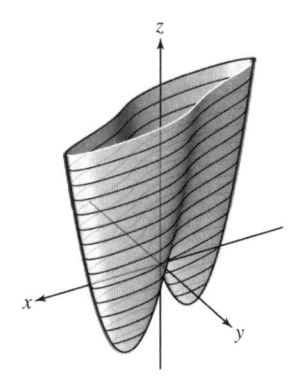

FIGURA 18

2. Encontre os pontos críticos das funções
$$f(x, y) = x^2 + 2y^2 - 4y + 6x, \qquad g(x, y) = x^2 - 12xy + y$$

Use o teste da derivada segunda para determinar os máximos e mínimos locais e os pontos de sela. Combine $f(x, y)$ e $g(x, y)$ com seus gráficos na Figura 19.

(A) (B)

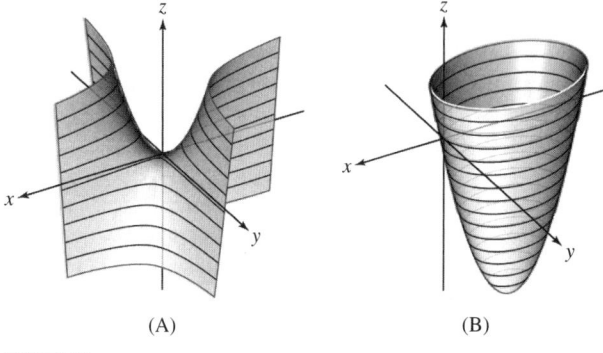

FIGURA 19

3. Encontre os pontos críticos de
$$f(x, y) = 8y^4 + x^2 + xy - 3y^2 - y^3$$

Use o mapa de contornos da Figura 20 para determinar sua natureza (min local, max local, sela).

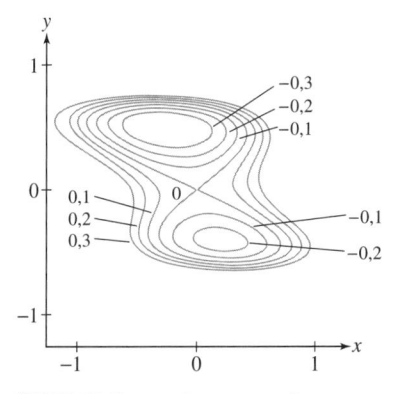

FIGURA 20 O mapa de contornos de $f(x, y) = 8y^4 + x^2 + xy - 3y^2 - y^3$.

4. Use o mapa de contornos da Figura 21 para determinar se os pontos críticos A, B, C e D são mínimo local, máximo local ou ponto de sela.

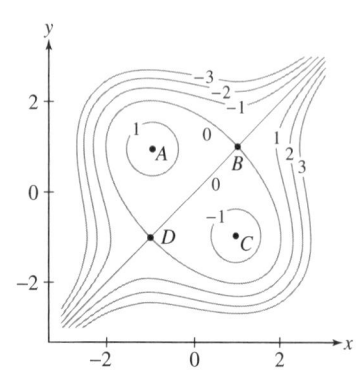

FIGURA 21

5. Seja $f(x, y) = y^2 x - yx^2 + xy$.
   (a) Mostre que os pontos críticos (x, y) satisfazem as equações
   $$y(y - 2x + 1) = 0, \qquad x(2y - x + 1) = 0$$
   (b) Mostre que f tem três pontos críticos com $x = 0$ ou $y = 0$ (ou ambos) e um ponto crítico em que x e y são não nulos.
   (c) Use o teste da derivada segunda para determinar a natureza dos pontos críticos.

6. Mostre que $f(x, y) = \sqrt{x^2 + y^2}$ tem um ponto crítico P e que f não é diferenciável em P. Decida se f tem um mínimo, máximo ou ponto de sela em P.

Nos Exercícios 7-23, encontre os pontos críticos da função. Em seguida, use o teste da derivada segunda para determinar se eles são mínimos ou máximos locais ou pontos de sela (ou diga que o teste falha).

7. $f(x, y) = x^2 + y^2 - xy + x$
8. $f(x, y) = x^3 - xy + y^3$
9. $f(x, y) = x^3 + 2xy - 2y^2 - 10x$
10. $f(x, y) = x^3 y + 12x^2 - 8y$
11. $f(x, y) = 4x - 3x^3 - 2xy^2$
12. $f(x, y) = x^3 + y^4 - 6x - 2y^2$
13. $f(x, y) = x^4 + y^4 - 4xy$
14. $f(x, y) = e^{x^2 - y^2 + 4y}$
15. $f(x, y) = xy e^{-x^2 - y^2}$
16. $f(x, y) = e^x - xe^y$
17. $f(x, y) = \operatorname{sen}(x + y) - \cos x$
18. $f(x, y) = x \ln(x + y)$
19. $f(x, y) = \ln x + 2 \ln y - x - 4y$
20. $f(x, y) = (x + y) \ln(x^2 + y^2)$
21. $f(x, y) = x - y^2 - \ln(x + y)$
22. $f(x, y) = (x - y) e^{x^2 - y^2}$
23. $f(x, y) = (x + 3y) e^{y - x^2}$

24. Mostre que $f(x, y) = x^2$ tem uma infinidade de pontos críticos (como uma função de duas variáveis) e que o teste da derivada segunda falha em cada um deles. Qual é o valor mínimo de f? A função $f(x, y)$ tem algum máximo local?

25. Prove que a função $f(x, y) = \frac{1}{3}x^3 + \frac{2}{3}y^{3/2} - xy$ satisfaz $f(x, y) \geq 0$ com $x \geq 0$ e $y \geq 0$.
   (a) Inicialmente, verifique que o conjunto dos pontos críticos de f é a parábola $y = x^2$ e que o teste da derivada segunda falha nesses pontos.
   (b) Mostre que, com b fixado, a função $g(x) = f(x, b)$ é côncava para cima em $x > 0$ com um ponto crítico em $x = b^{1/2}$.
   (c) Conclua que $f(a, b) \geq f(b^{1/2}, b) = 0$ com quaisquer $a, b \geq 0$.

26. Seja $f(x, y) = (x^2 + y^2) e^{-x^2 - y^2}$.
   (a) Em qual ponto f atinge seu valor mínimo? Não use Cálculo para responder a esta questão.
   (b) Verifique que o conjunto dos pontos críticos de f consiste na origem $(0, 0)$ e o círculo unitário $x^2 + y^2 = 1$.
   (c) O teste da derivada segunda falha nos pontos do círculo unitário (isso até pode ser conferido com contas extensas). No entanto, prove que f atinge seu valor máximo no círculo unitário analisando a função $g(t) = te^{-t}$ com $t > 0$.

27. Use um sistema algébrico computacional para encontrar uma aproximação numérica do ponto crítico de
$$f(x, y) = (1 - x + x^2) e^{y^2} + (1 - y + y^2) e^{x^2}$$
Aplique o teste da derivada segunda para confirmar que corresponde a um mínimo local, como na Figura 22.

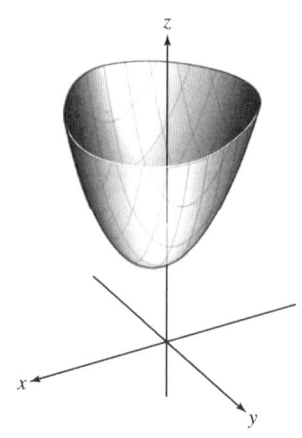

FIGURA 22 O gráfico de
$f(x, y) = (1 - x + x^2) e^{y^2} + (1 - y + y^2) e^{x^2}$.

28. Quais dos domínios seguintes são fechados e quais são limitados?
   (a) $\{(x, y) \in \mathbf{R}^2 : x^2 + y^2 \leq 1\}$
   (b) $\{(x, y) \in \mathbf{R}^2 : x^2 + y^2 < 1\}$
   (c) $\{(x, y) \in \mathbf{R}^2 : x \geq 0\}$
   (d) $\{(x, y) \in \mathbf{R}^2 : x > 0, y > 0\}$
   (e) $\{(x, y) \in \mathbf{R}^2 : 1 \leq x \leq 4, 5 \leq y \leq 10\}$
   (f) $\{(x, y) \in \mathbf{R}^2 : x > 0, x^2 + y^2 \leq 10\}$

Nos Exercícios 29-32, determine os valores extremos globais da função no conjunto dado sem usar Cálculo.

29. $f(x, y) = x + y$, $0 \leq x \leq 1$, $0 \leq y \leq 1$
30. $f(x, y) = 2x - y$, $0 \leq x \leq 1$, $0 \leq y \leq 3$
31. $f(x, y) = (x^2 + y^2 + 1)^{-1}$, $0 \leq x \leq 3$, $0 \leq y \leq 5$
32. $f(x, y) = e^{-x^2 - y^2}$, $x^2 + y^2 \leq 1$

33. Hipóteses importam Mostre que $f(x, y) = xy$ não tem mínimos ou máximos globais no domínio
$$\mathcal{D} = \{(x, y) : 0 < x < 1, 0 < y < 1\}$$
Explique por que isso não contradiz o Teorema 3.

34. Encontre uma função contínua que não tenha um máximo global no domínio $\mathcal{D} = \{(x, y) : x + y \geq 0, x + y \leq 1\}$. Explique por que isso não contradiz o Teorema 3.

35. Encontre o máximo de
$$f(x, y) = x + y - x^2 - y^2 - xy$$
no quadrado $0 \leq x \leq 2$, $0 \leq y \leq 2$ (Figura 23).
   (a) Inicialmente, localize o ponto crítico de f no quadrado e calcule f nesse ponto.

(b) Na aresta inferior do quadrado, $y = 0$ e $f(x, 0) = x - x^2$. Encontre os valores extremos de f na aresta inferior.
(c) Encontre os valores extremos de f nas demais arestas.
(d) Encontre o maior dentre os valores calculados em (a), (b) e (c).

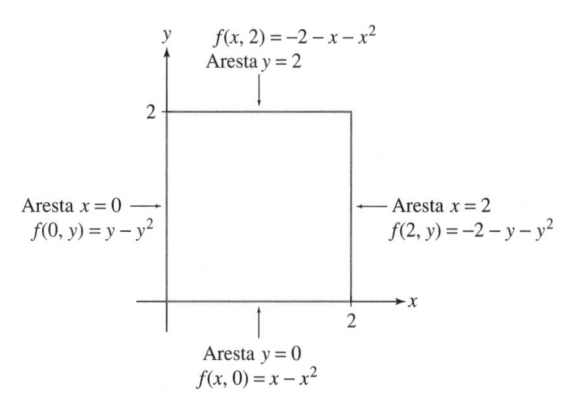

FIGURA 23 A função $f(x, y) = x + y - x^2 - y^2 - xy$ nos segmentos da fronteira do quadrado $0 \leq x \leq 2, 0 \leq y \leq 2$.

36. Encontre o máximo de $f(x, y) = y^2 + xy - x^2$ no quadrado $0 \leq x \leq 2, 0 \leq y \leq 2$.

Nos Exercícios 37-45, determine os valores extremos globais da função no domínio dado.

37. $f(x, y) = x^3 - 2y$, $0 \leq x \leq 1$, $0 \leq y \leq 1$
38. $f(x, y) = 5x - 3y$, $y \geq x - 2$, $y \geq -x - 2$, $y \leq 3$
39. $f(x, y) = x^2 + 2y^2$, $0 \leq x \leq 1$, $0 \leq y \leq 1$
40. $f(x, y) = x^3 + x^2y + 2y^2$, $x, y \geq 0$, $x + y \leq 1$
41. $f(x, y) = x^2 + xy^3 + y^2$, $x, y \geq 0$, $x + y \leq 1$
42. $f(x, y) = x^3 + y^3 - 3xy$, $0 \leq x \leq 1$, $0 \leq y \leq 1$
43. $f(x, y) = x^2 + y^2 - 2x - 4y$, $x \geq 0$, $0 \leq y \leq 3$, $y \geq x$
44. $f(x, y) = (4y^2 - x^2)e^{-x^2-y^2}$, $x^2 + y^2 \leq 2$
45. $f(x, y) = x^2 + 2xy^2$, $x^2 + y^2 \leq 1$

46. Encontre o volume máximo de uma caixa inscrita no tetraedro delimitado pelos planos coordenados e o plano
$$x + \frac{1}{2}y + \frac{1}{3}z = 1$$

47. Encontre o volume da maior caixa do tipo mostrado na Figura 24, com um vértice na origem e o oposto num ponto $P = (x, y, z)$ do paraboloide
$$z = 1 - \frac{x^2}{4} - \frac{y^2}{9} \quad \text{com } x, y, z \geq 0$$

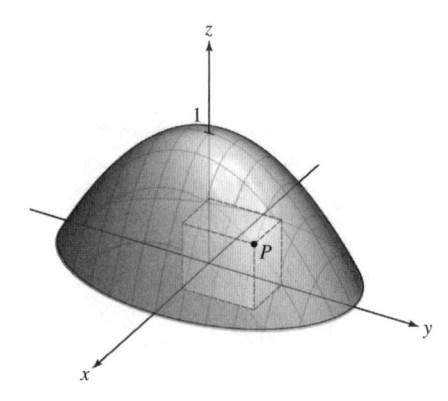

FIGURA 24

48. Encontre o ponto do plano
$$z = x + y + 1$$
mais próximo do ponto $P = (1, 0, 0)$. *Sugestão:* minimize o quadrado da distância.

49. Mostre que a soma dos quadrados das distâncias de um ponto $P = (c, d)$ a n pontos $(a_1, b_1), \ldots, (a_n, b_n)$ fixados é minimizada se c for a média das coordenadas a_i no eixo x e d for a média das coordenadas b_i no eixo y.

50. Mostre que a caixa retangular (incluindo tampa e fundo) de volume $V = 27$ m³ e a menor área de superfície possível é um cubo (Figura 25).

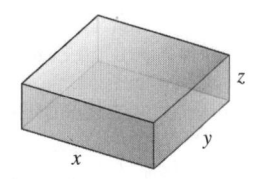

FIGURA 25 Caixa retangular de lados x, y e z.

51. Considere uma caixa retangular B com fundo e lados mas sem tampa que tenha área de superfície mínima dentre todas as caixas de volume V fixado.
(a) Será B um cubo como na solução do Exercício 50? Se não for, como é que seu formato difere do de um cubo?
(b) Encontre as dimensões de B e compare com sua resposta de (a).

52. Encontre três números positivos cuja soma seja 150 e cujo produto seja o maior possível.

53. Uma cerca de 120 m de comprimento deve ser cortada em pedaços para fazer três cercados, cada um sendo um quadrado. Como deveria ser cortada a cerca para minimizar a área total englobada pela cerca?

54. Uma caixa de 8 m³ de volume será construída com o topo de ouro, a base de prata e os lados de cobre. Se o metro quadrado do ouro custa $120, o de prata $40 e o de cobre $10, encontre as dimensões que minimizam o custo dos materiais da caixa.

55. Encontre o volume máximo de uma lata cilíndrica tal que a soma de sua altura com sua circunferência seja de 120 cm.

56. Dados n pontos de dados $(x_1, y_1), \ldots, (x_n, y_n)$, o **ajuste linear de mínimos quadrados** é a função linear
$$f(x) = mx + b$$
que minimiza a soma de quadrados (Figura 26):
$$E(m, b) = \sum_{j=1}^{n}(y_j - f(x_j))^2$$
Mostre que o valor mínimo de E ocorre com m e b satisfazendo as duas equações
$$m\left(\sum_{j=1}^{n} x_j\right) + bn = \sum_{j=1}^{n} y_j$$
$$m\sum_{j=1}^{n} x_j^2 + b\sum_{j=1}^{n} x_j = \sum_{j=1}^{n} x_j y_j$$

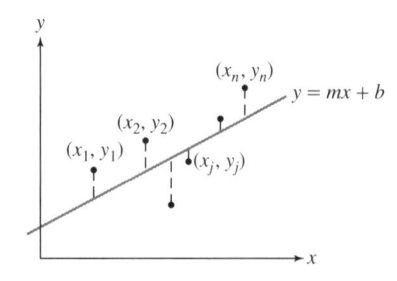

FIGURA 26 O ajuste linear de mínimos quadrados minimiza a soma dos quadrados das distâncias verticais dos pontos de dados à reta.

57. A potência (em microwatts) de um laser é medida como uma função da corrente (em miliampères). Encontre o ajuste linear de mínimos quadrados (Exercício 56) para os pontos de dados seguintes.

Corrente (mA)	1,0	1,1	1,2	1,3	1,4	1,5
Potência do laser (microwatts)	0,52	0,56	0,82	0,78	1,23	1,50

58. Sejam $A = (a, b)$ um ponto fixado no plano e $f_A(P)$ a distância de A até o ponto $P = (x, y)$. Com $P \neq A$, seja $\mathbf{e}_{AP}$ o vetor unitário apontando de A para P (Figura 27):

$$\mathbf{e}_{AP} = \frac{\overrightarrow{AP}}{\|\overrightarrow{AP}\|}$$

mostre que

$$\nabla f_A(P) = \mathbf{e}_{AP}$$

Note que podemos obter esse resultado sem fazer contas: como $\nabla f_A(P)$ aponta na direção de crescimento máximo, deve apontar diretamente para longe de A em P, e como a distância $f_A(x, y)$ cresce a uma taxa 1 se movermos para longe de A ao longo da reta por A e P, $\nabla f_A(P)$ deve ser um vetor unitário.

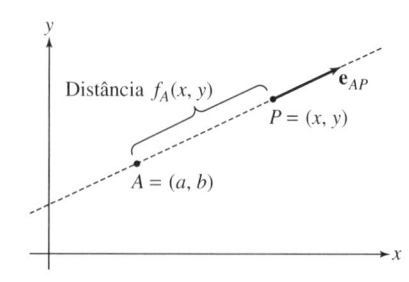

FIGURA 27 A distância de A até P cresce mais rapidamente na direção e sentido $\mathbf{e}_{AP}$.

Compreensão adicional e desafios

59. Neste exercício, provamos que, com quaisquer $x, y \geq 0$:

$$\frac{1}{\alpha}x^\alpha + \frac{1}{\beta}x^\beta \geq xy$$

sendo $\alpha \geq 1$ e $\beta \geq 1$ números tais que $\alpha^{-1} + \beta^{-1} = 1$. Para isso, provamos que a função

$$f(x, y) = \alpha^{-1}x^\alpha + \beta^{-1}y^\beta - xy$$

satisfaz $f(x, y) \geq 0$ com quaisquer $y \geq 0$.
(a) Mostre que o conjunto dos pontos críticos de $f(x, y)$ é a curva $y = x^{\alpha-1}$ (Figura 28). Note que essa curva também pode ser descrita por $x = y^{\beta-1}$. Qual é o valor de $f(x, y)$ nos pontos dessa curva?
(b) Verifique que o teste da derivada segunda falha. Mostre, contudo, que com $b > 0$ fixado, a função $g(x) = f(x, b)$ é côncava para cima com um ponto crítico em $x = b^{\beta-1}$.
(c) Conclua que $f(x, b) \geq f(b^{\beta-1}, b) = 0$ com qualquer $x > 0$.

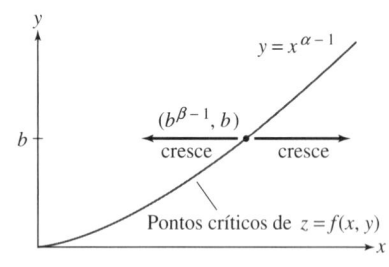

FIGURA 28 Os pontos críticos de $f(x, y) = \alpha^{-1}x^\alpha + \beta^{-1}y^\beta - xy$ formam uma curva $y = x^{\alpha-1}$.

60. O problema a seguir foi proposto por Pierre de Fermat: dados três pontos $A = (a_1, a_2)$, $B = (b_1, b_2)$ e $C = (c_1, c_2)$ do plano, encontre o ponto $P = (x, y)$ que minimiza a soma das distâncias

$$f(x, y) = AP + BP + CP$$

Sejam $\mathbf{e}$, $\mathbf{f}$ e $\mathbf{g}$ os vetores unitários apontando de P até A, B e C, como na Figura 29.
(a) Use o Exercício 58 para mostrar que a condição $\nabla f(P) = \mathbf{0}$ é equivalente a

$$\mathbf{e} + \mathbf{f} + \mathbf{g} = \mathbf{0} \qquad 3$$

(b) Mostre que $f(x, y)$ é diferenciável, exceto nos pontos A, B e C. Conclua que o mínimo de $f(x, y)$ ocorre num ponto P satisfazendo a Equação (3) ou em um dos pontos A, B ou C.
(c) Prove que a Equação (3) é válida se, e só se, P for o **ponto de Fermat**, definido como o ponto P com o qual os ângulos entre os segmentos $\overline{AP}$, $\overline{BP}$ e $\overline{CP}$ são todos de 120° (Figura 29).
(d) Mostre que o ponto de Fermat não existe se um dos ângulos de $\triangle ABC$ for maior que 120°. Onde ocorre o mínimo nesse caso?

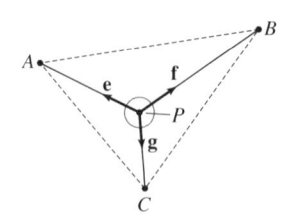

(A) P é o ponto de Fermat (os ângulos entre $\mathbf{e}$, $\mathbf{f}$ e $\mathbf{g}$ são todos de 120°).

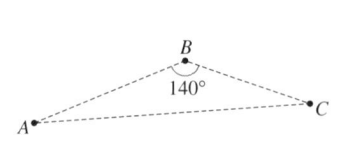

(B) O ponto de Fermat não existe.

FIGURA 29

14.8 Multiplicadores de Lagrange: otimização com restrição

Alguns problemas de otimização envolvem encontrar os valores extremos de uma função $f(x, y)$ sujeita a uma restrição $g(x, y) = 0$. Suponha que queiramos encontrar o ponto da reta $2x + 3y = 6$ mais próximo da origem (Figura 1). A distância de (x, y) à origem é $f(x, y) = \sqrt{x^2 + y^2}$, de modo que o nosso problema é

$$\text{Minimizar} \quad f(x, y) = \sqrt{x^2 + y^2} \quad \text{sujeita a} \quad g(x, y) = 2x + 3y - 6 = 0$$

Não estamos procurando o valor mínimo de $f(x, y)$ (que é 0), mas o mínimo dentre todos os pontos (x, y) que estão na reta.

O método dos **multiplicadores de Lagrange** é um procedimento geral para resolver problemas de otimização com uma restrição. Vejamos uma descrição da ideia central.

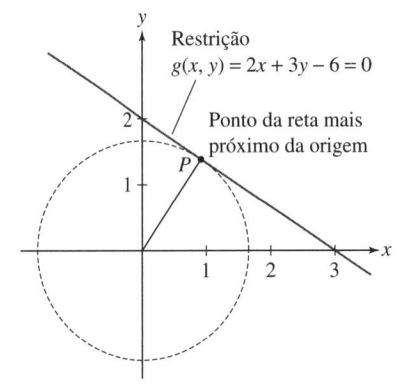

FIGURA 1 Encontrando o mínimo de

$$f(x, y) = \sqrt{x^2 + y^2}$$

na reta $2x + 3y = 6$.

ENTENDIMENTO GRÁFICO Suponha que estejamos parados no ponto Q na Figura 2(A). Queremos aumentar o valor de f permanecendo na curva de restrição. O vetor gradiente ∇f_Q aponta na direção e sentido de crescimento *máximo*, mas não podemos caminhar na direção do gradiente porque isso nos tiraria da curva de restrição. No entanto, o gradiente aponta para a direita, de modo que ainda podemos aumentar f um pouco indo para a direita ao longo da curva de restrição.

Continuamos caminhando para a direita até chegar ao ponto P, em que ∇f_P é ortogonal à curva de restrição [Figura 2(B)]. Uma vez em P, não podemos mais aumentar f caminhando para a esquerda ou direita ao longo da curva de restrição. Assim, $f(P)$ é um máximo local sujeito à restrição.

Agora, o vetor ∇g_P também é ortogonal à curva de restrição, portanto ∇f_P e ∇g_P devem ter a mesma direção, apontando no mesmo sentido ou em sentidos opostos. Em outras palavras, $\nabla f_P = \lambda \nabla g_P$ com algum escalar λ (denominado **multiplicador de Lagrange**). Graficamente, isso significa que um máximo local sujeito à restrição ocorre nos pontos P em que as curvas de nível de f e de g são tangentes.

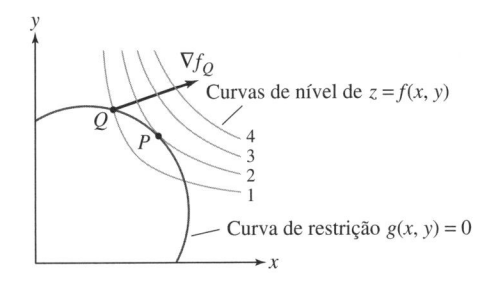

(A) f aumenta quando nos movemos para a direita ao longo da curva de restrição.

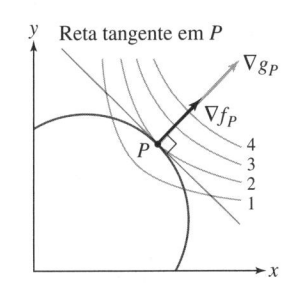

(B) O máximo local de f na curva de restrição ocorre onde ∇f_P e ∇g_P são paralelos.

FIGURA 2

TEOREMA 1 Multiplicadores de Lagrange Suponha que $f(x, y)$ e $g(x, y)$ sejam funções diferenciáveis. Se $f(x, y)$ tiver um mínimo ou máximo local na curva de restrição $g(x, y) = 0$ em $P = (a, b)$ e se $\nabla g_P \neq \mathbf{0}$, então existirá algum escalar λ tal que

$$\boxed{\nabla f_P = \lambda \nabla g_P} \qquad \boxed{1}$$

No Teorema 1, a hipótese $\nabla g_P \neq \mathbf{0}$ garante (pelo teorema da função implícita do Cálculo Avançado) que podemos parametrizar a curva $g(x, y) = 0$ na vizinhança de P por um caminho $\mathbf{r}(t)$ tal que $\mathbf{r}(0) = P$ e $\mathbf{r}'(0) \neq \mathbf{0}$.

Demonstração Seja $\mathbf{r}(t)$ uma parametrização da curva de restrição $g(x, y) = 0$ perto de P tal que $\mathbf{r}(0) = P$ e $\mathbf{r}'(0) \neq \mathbf{0}$. Então $f(\mathbf{r}(0)) = f(P)$ e, por hipótese, $f(\mathbf{r}(t))$ tem um mínimo ou máximo local em $t = 0$. Assim, $t = 0$ é um ponto crítico de $f(\mathbf{r}(t))$ e

$$\underbrace{\left.\frac{d}{dt} f(\mathbf{r}(t))\right|_{t=0} = \nabla f_P \cdot \mathbf{r}'(0)}_{\text{Regra da cadeia}} = 0$$

Isso mostra que ∇f_P é ortogonal ao vetor tangente $\mathbf{r}'(0)$ da curva $g(x, y) = 0$. O gradiente ∇g_P também é ortogonal a $\mathbf{r}'(0)$ [pois ∇g_P é ortogonal à curva de nível $g(x, y) = 0$ em P]. Concluímos que ∇f_P e ∇g_P são paralelos, de modo que ∇f_P é um múltiplo de ∇g_P, como queríamos mostrar. ■

LEMBRETE A Equação (1) afirma que se um min ou max local de f(x, y) sujeito a uma restrição g(x, y) = 0 ocorrer em P = (a, b), então

$$\nabla f_P = \lambda \nabla g_P$$

desde que $\nabla g_P \neq \mathbf{0}$.

Dizemos que a Equação (1) é a **condição de Lagrange**. Escrevendo essa condição em termos de componentes, obtemos as **equações de Lagrange**:

$$f_x(a, b) = \lambda g_x(a, b)$$
$$f_y(a, b) = \lambda g_y(a, b)$$

Um ponto $P = (a, b)$ satisfazendo essas equações é denominado **ponto crítico** do problema de otimização com restrição e $f(a, b)$ também é denominado **valor crítico**.

■ **EXEMPLO 1** Encontre os valores extremos de $f(x, y) = 2x + 5y$ na elipse

$$\left(\frac{x}{4}\right)^2 + \left(\frac{y}{3}\right)^2 = 1$$

Solução

Passo 1. **Escrever as equações de Lagrange.**

A curva de restrição é $g(x, y) = 0$, sendo $g(x, y) = (x/4)^2 + (y/3)^2 - 1$. Temos

$$\nabla f = \langle 2, 5 \rangle, \qquad \nabla g = \left\langle \frac{x}{8}, \frac{2y}{9} \right\rangle$$

As equações de Lagrange $\nabla f_P = \lambda \nabla g_P$ são

$$\langle 2, 5 \rangle = \lambda \left\langle \frac{x}{8}, \frac{2y}{9} \right\rangle \quad \Rightarrow \quad 2 = \frac{\lambda x}{8}, \qquad 5 = \frac{\lambda(2y)}{9} \qquad \boxed{2}$$

Passo 2. **Resolver para λ em termos de x e y.**

A Equação (2) nos dá duas equações em λ:

$$\lambda = \frac{16}{x}, \qquad \lambda = \frac{45}{2y} \qquad \boxed{3}$$

Para justificar a divisão por x e y, note que x e y devem ser não nulos, porque $x = 0$ ou $y = 0$ são impossíveis pela Equação (2).

Passo 3. **Resolver em x e y usando a restrição.**

As duas expressões de λ devem ser iguais, portanto obtemos $\dfrac{16}{x} = \dfrac{45}{2y}$ ou $y = \dfrac{45}{32}x$.

Agora substituímos isso na equação de restrição e resolvemos em x:

$$\left(\frac{x}{4}\right)^2 + \left(\frac{\frac{45}{32}x}{3}\right)^2 = 1$$

$$x^2\left(\frac{1}{16} + \frac{225}{1024}\right) = x^2\left(\frac{289}{1024}\right) = 1$$

Assim, $x = \pm\sqrt{\dfrac{1024}{289}} = \pm\dfrac{32}{17}$ e, como $y = \dfrac{45x}{32}$, os pontos críticos são $P = \left(\dfrac{32}{17}, \dfrac{45}{17}\right)$ e $Q = \left(-\dfrac{32}{17}, -\dfrac{45}{17}\right)$.

Passo 4. **Calcular os valores críticos.**

$$f(P) = f\left(\frac{32}{17}, \frac{45}{17}\right) = 2\left(\frac{32}{17}\right) + 5\left(\frac{45}{17}\right) = 17$$

e $f(Q) = -17$. Concluímos que o máximo de $f(x, y)$ na elipse é 17 e o mínimo é -17 (Figura 3). ■

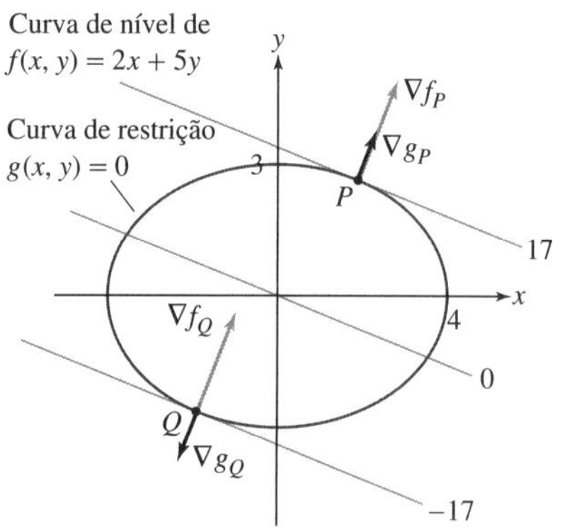

FIGURA 3 O min e o max ocorrem onde uma curva de nível de f for tangente à curva de restrição $g(x, y) = \left(\dfrac{x}{4}\right)^2 + \left(\dfrac{y}{3}\right)^2 - 1 = 0$.

Hipóteses importam De acordo com o Teorema 3 da Seção 14.7, uma função contínua num domínio fechado e limitado atinge valores extremos. Isso nos diz que se a curva de restrição for *limitada* (como no exemplo precedente, em que a curva de restrição é uma elipse), então qualquer função contínua $f(x, y)$ atinge um valor mínimo e um valor máximo na restrição. Fique atento, entretanto, pois os valores extremos não precisam existir se a curva de restrição não for limitada. Por exemplo, a restrição $x - y = 0$ é uma reta ilimitada. A função $f(x, y) = x$ não tem mínimo nem máximo sujeita a $x - y = 0$ porque $P = (a, a)$ satisfaz a restrição, mas $f(a, a) = a$ pode ser arbitrariamente grande ou pequeno.

■ **EXEMPLO 2** **Função de produção Cobb-Douglas** Investindo x unidades de trabalho e y unidades de capital, um pequeno produtor pode fabricar $P(x, y) = 50x^{0,4}y^{0,6}$ relógios. (Ver Figura 4.) Encontre o número máximo de relógios que podem ser produzidos com um orçamento de $20.000 se o custo do trabalho for de $100 por unidade e o do capital for de $200 por unidade.

FIGURA 4 O economista Paul Douglas, trabalhando com o matemático Charles Cobb, obteve as funções de produção $P(x, y) = Cx^a y^b$ ajustando dados recolhidos das relações entre trabalho, capital e produção de uma economia industrial. Douglas foi professor da Universidade de Chicago e, de 1949 a 1967, foi senador pelo estado norte-americano de Illinois. (© *Bettmann/CORBIS*)

Solução O custo total de x unidades de trabalho e y unidades de capital é $100x + 200y$. Nossa tarefa é maximizar a função $P(x, y) = 50x^{0,4}y^{0,6}$ sujeita à restrição orçamentária seguinte (Figura 5):

$$g(x, y) = 100x + 200y - 20.000 = 0 \qquad \boxed{4}$$

Passo 1. **Escrever as equações de Lagrange.**

$$P_x(x, y) = \lambda g_x(x, y): \quad 20x^{-0,6}y^{0,6} = 100\lambda$$

$$P_y(x, y) = \lambda g_y(x, y): \quad 30x^{0,4}y^{-0,4} = 200\lambda$$

Passo 2. **Resolver para λ em termos de x e y.**

Essas equações fornecem duas expressões para λ que devem ser iguais:

$$\lambda = \frac{1}{5}\left(\frac{y}{x}\right)^{0,6} = \frac{3}{20}\left(\frac{y}{x}\right)^{-0,4} \qquad \boxed{5}$$

Passo 3. **Resolver em x e y usando a restrição.**

Multiplicamos a Equação (5) por $5(y/x)^{0,4}$ para obter $y/x = 15/20$, ou $y = \frac{3}{4}x$. Então substituímos na Equação (4):

$$100x + 200y = 100x + 200\left(\frac{3}{4}x\right) = 20.000 \quad \Rightarrow \quad 250x = 20.000$$

Obtemos $x = \dfrac{20.000}{250} = 80$ e $y = \frac{3}{4}x = 60$. O ponto crítico é $A = (80, 60)$.

Passo 4. **Calcular os valores críticos.**

Como $P(x, y)$ é crescente como uma função de x e de y, ∇P aponta para o Nordeste, e é evidente que $P(x, y)$ atinge um valor máximo em A (Figura 5). O máximo é $P(80, 60) = 50(80)^{0,4}(60)^{0,6} = 3365,87$ ou, aproximadamente 3.365 relógios, com um custo de $\dfrac{20.000}{3365}$ ou, aproximadamente, $5,94, por relógio. ■

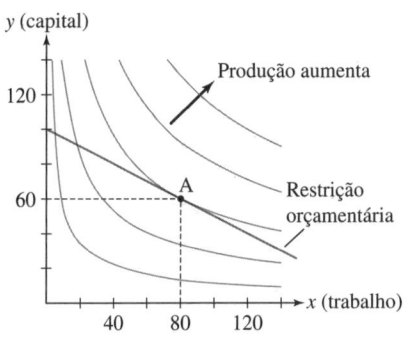

FIGURA 5 O mapa de contornos da função de produção $P(x, y) = 50x^{0,4}y^{0,6}$ de Cobb-Douglas. As curvas de nível de uma função produção são denominadas *isoquantas*.

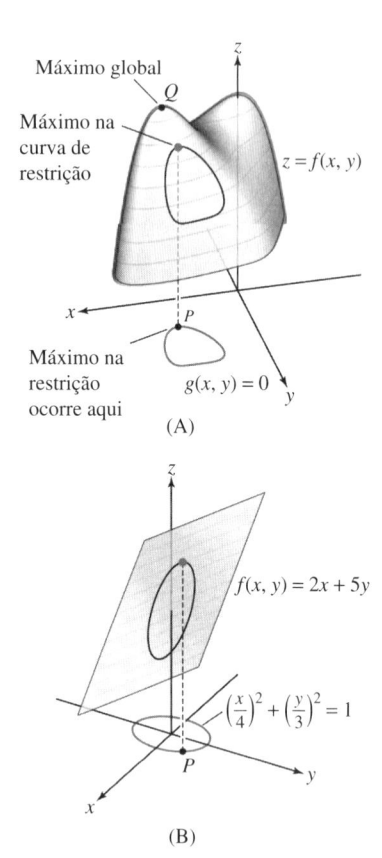

FIGURA 6

(A) Máximo global Q; Máximo na curva de restrição; $z = f(x, y)$; Máximo na restrição ocorre aqui; $g(x, y) = 0$

(B) $f(x, y) = 2x + 5y$; $\left(\dfrac{x}{4}\right)^2 + \left(\dfrac{y}{3}\right)^2 = 1$

ENTENDIMENTO GRÁFICO Num problema de otimização comum, sem restrição, o valor máximo global é a altura do ponto mais alto da superfície $z = f(x, y)$ [o ponto Q na Figura 6(A)]. Quando é dada uma restrição, restringimos nossa atenção à curva da superfície que fica acima da curva de restrição $g(x, y) = 0$. O valor máximo sujeito à restrição é a altura do ponto mais alto dessa curva. A Figura 6(B) mostra o problema de otimização que foi resolvido no Exemplo 1.

O método dos multiplicadores de Lagrange é válido em qualquer número de variáveis. Imagine, por exemplo, que estejamos tentando encontrar a temperatura máxima $f(x, y, z)$ dos pontos de uma superfície S no espaço tridimensional dada por $g(x, y, z) = 0$, como na Figura 7. Essa superfície é um conjunto de nível da função g e, portanto, ∇g_P é perpendicular ao plano tangente dessa superfície em cada ponto P da superfície. Considere os conjuntos de nível da temperatura, que denominamos isotermas. Elas aparecem como superfícies no espaço tridimensional, e suas interseções com S formam os conjuntos de nível de temperatura em S. Se, como na figura, a temperatura cresce quando nos movemos para a direita na superfície, então é visível que a temperatura máxima na superfície ocorre quando a última isoterma intersecta a superfície num único ponto e, portanto, essa isoterma é tangente à superfície. Assim, a última isoterma e a superfície compartilham o mesmo plano tangente nesse ponto único de interseção.

Contudo, como sabemos, ∇f_P é sempre perpendicular ao plano tangente dos conjuntos de nível de f em cada ponto P de um conjunto de nível. Então, no ponto mais quente da superfície, ∇g_P e ∇f_P são, ambos, perpendiculares ao mesmo plano tangente. Segue que devem ser paralelos, e um deve ser um múltiplo do outro. Assim, nesse ponto, $\nabla f_P = \lambda \nabla g_P$. Um argumento análogo funciona com a temperatura mínima na superfície.

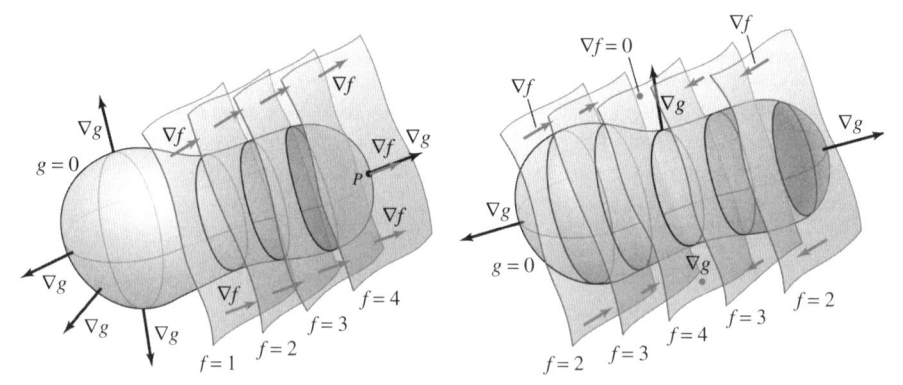

FIGURA 7 A temperatura aumenta movendo para a direita, atingindo em P um máximo na superfície $f = 4$.

FIGURA 8 Movendo para a direita, a temperatura aumenta e depois diminui.

Existe outra situação a considerar. Imagine que movendo da esquerda para a direita pela superfície a temperatura primeiro aumente para $f = 4$ e, depois, volte a diminuir, como na Figura 8. Então temos toda uma coleção de pontos com a temperatura máxima de $f = 4$. Nesse caso, ∇f deve apontar para a direita das isotermas à esquerda de $f = 4$, pois esse é o sentido de temperatura crescente, e deve apontar para a esquerda das isotermas à direita de $f = 4$, pois esse é o sentido de temperatura crescente. Logo, para que os vetores gradiente apontando para a direita possam passar a ser vetores apontando para a esquerda de maneira contínua, eles devem ser nulos na isoterma $f = 4$. Isso faz sentido, pois nessa isoterma não há direção e sentido de temperatura crescente. Assim, em cada um dos pontos da superfície nos quais a temperatura é máxima (e desses pontos temos, agora, muitos), continua válida a equação $\nabla f = \lambda \nabla g$ só que, nesse caso, $\lambda = 0$.

No exemplo seguinte, consideramos um problema em três variáveis.

■ **EXEMPLO 3** **Multiplicadores de Lagrange em três variáveis** Encontre o ponto do plano $\dfrac{x}{2} + \dfrac{y}{4} + \dfrac{z}{4} = 1$ mais próximo da origem em $\mathbf{R}^3$.

Solução Nossa tarefa é minimizar a distância $d = \sqrt{x^2 + y^2 + z^2}$ sujeita à restrição $\frac{x}{2} + \frac{y}{4} + \frac{z}{4} = 1$. No entanto, encontrar a distância mínima d é o mesmo que encontrar o quadrado da distância mínima d^2, e podemos enunciar nosso problema como segue:

Minimizar $f(x, y, z) = x^2 + y^2 + z^2$ sujeita a $g(x, y, z) = \frac{x}{2} + \frac{y}{4} + \frac{z}{4} - 1 = 0$

A condição de Lagrange é

$$\underbrace{\langle 2x, 2y, 2z \rangle}_{\nabla f} = \lambda \underbrace{\left\langle \frac{1}{2}, \frac{1}{4}, \frac{1}{4} \right\rangle}_{\nabla g}$$

Isso fornece

$$\lambda = 4x = 8y = 8z \quad \Rightarrow \quad z = y = \frac{x}{2}$$

Substituindo a equação de restrição, obtemos

$$\frac{x}{2} + \frac{y}{4} + \frac{z}{4} = \frac{2z}{2} + \frac{z}{4} + \frac{z}{4} = \frac{3z}{2} = 1 \quad \Rightarrow \quad z = \frac{2}{3}$$

Assim, obtemos $x = 2z = \frac{4}{3}$ e $y = z = \frac{2}{3}$. Esse ponto crítico deve corresponder ao mínimo de f. Não existe máximo de f no plano, porque há pontos do plano que estão arbitrariamente longe da origem. Portanto, o ponto do plano mais próximo da origem é $P = \left(\frac{4}{3}, \frac{2}{3}, \frac{2}{3}\right)$ (Figura 9). ∎

O método dos multiplicadores de Lagrange pode ser usado quando houver mais de uma restrição, mas precisamos acrescentar mais um multiplicador para cada restrição adicional. Por exemplo, se o problema for minimizar $f(x, y, z)$ sujeita às restrições $g(x, y, z) = 0$ e $h(x, y, z) = 0$, então a condição de Lagrange é

$$\nabla f = \lambda \nabla g + \mu \nabla h$$

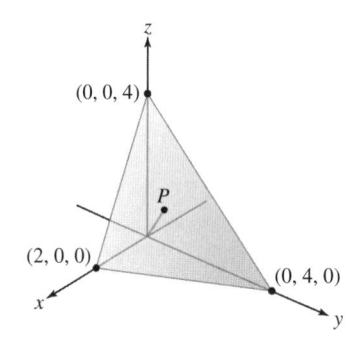

FIGURA 9 O ponto P do plano mais próximo da origem.

■ **EXEMPLO 4** **Multiplicadores de Lagrange com restrições múltiplas** A interseção do plano $x + \frac{1}{2}y + \frac{1}{3}z = 0$ com a esfera unitária $x^2 + y^2 + z^2 = 1$ é um círculo máximo (Figura 10). Encontre o ponto desse círculo máximo com a maior coordenada x.

Solução Nossa tarefa é maximizar a função $f(x, y, z) = x$ sujeita às duas equações de restrição

$$g(x, y, z) = x + \frac{1}{2}y + \frac{1}{3}z = 0, \qquad h(x, y, z) = x^2 + y^2 + z^2 - 1 = 0$$

A condição de Lagrange é

$$\nabla f = \lambda \nabla g + \mu \nabla h$$

$$\langle 1, 0, 0 \rangle = \lambda \left\langle 1, \frac{1}{2}, \frac{1}{3} \right\rangle + \mu \langle 2x, 2y, 2z \rangle$$

*A interseção de uma esfera com um plano pelo centro da esfera é denominada **círculo máximo**.*

Observe que μ não pode ser nulo, pois, se fosse, teríamos a condição de Lagrange $\langle 1, 0, 0 \rangle = \lambda \langle 1, \frac{1}{2}, \frac{1}{3} \rangle$, e essa equação não é satisfeita por valor algum de μ. Agora, a condição de Lagrange nos dá três equações

$$\lambda + 2\mu x = 1, \qquad \frac{1}{2}\lambda + 2\mu y = 0, \qquad \frac{1}{3}\lambda + 2\mu z = 0$$

A últimas duas equações fornecem $\lambda = -4\mu y$ e $\lambda = -6\mu z$. Como $\mu \neq 0$,

$$-4\mu y = -6\mu z \quad \Rightarrow \quad \boxed{y = \frac{3}{2}z}$$

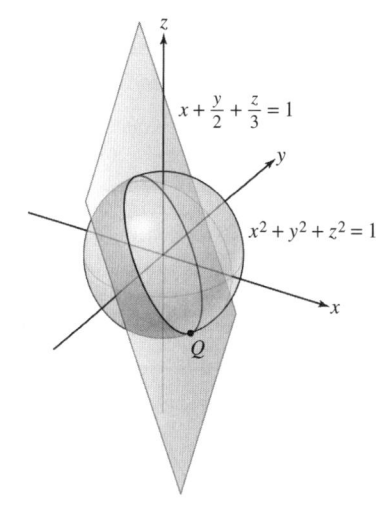

FIGURA 10 O plano intersecta a esfera num círculo máximo. O ponto desse círculo máximo com a maior coordenada x é Q.

Agora usamos essa relação na primeira equação de restrição:

$$x + \frac{1}{2}y + \frac{1}{3}z = x + \frac{1}{2}\left(\frac{3}{2}z\right) + \frac{1}{3}z = 0 \quad \Rightarrow \quad \boxed{x = -\frac{13}{12}z}$$

Finalmente, podemos substituir na segunda equação de restrição:

$$x^2 + y^2 + z^2 - 1 = \left(-\frac{13}{12}z\right)^2 + \left(\frac{3}{2}z\right)^2 + z^2 - 1 = 0$$

para obter $\frac{637}{144}z^2 = 1$ ou $z = \pm\frac{12}{7\sqrt{13}}$. Como $x = -\frac{13}{12}z$ e $y = \frac{3}{2}z$, os pontos críticos são

$$P = \left(-\frac{\sqrt{13}}{7}, \frac{18}{7\sqrt{13}}, \frac{12}{7\sqrt{13}}\right), \qquad Q = \left(\frac{\sqrt{13}}{7}, -\frac{18}{7\sqrt{13}}, -\frac{12}{7\sqrt{13}}\right)$$

O ponto crítico com a maior coordenada x [o valor máximo de $f(x, y, z)$] é Q, com coordenada x igual a $\frac{\sqrt{13}}{7} \approx 0{,}515$. ∎

14.8 Resumo

- Método dos multiplicadores de Lagrange: os valores extremos locais de $f(x, y)$ sujeita a uma restrição $g(x, y) = 0$ ocorrem nos pontos P (denominados pontos críticos) que satisfaçam a condição de Lagrange $\nabla f_P = \lambda \nabla g_P$. Essa condição é equivalente às *equações de Lagrange*

$$f_x(x, y) = \lambda g_x(x, y), \qquad f_y(x, y) = \lambda g_y(x, y)$$

- Se a curva de restrição $g(x, y) = 0$ for limitada [por exemplo, se $g(x, y) = 0$ for um círculo ou uma elipse], então existem os valores mínimo e máximo globais da função f sujeita à restrição.
- As condições de Lagrange para uma função de três variáveis $f(x, y, z)$ sujeita a dois vínculos $g(x, y, z) = 0$ e $h(x, y, z) = 0$:

$$\nabla f = \lambda \nabla g + \mu \nabla h$$

14.8 Exercícios

Exercícios preliminares

1. Suponha que o máximo de $f(x, y)$ sujeita à restrição $g(x, y) = 0$ ocorra num ponto $P = (a, b)$ tal que $\nabla f_P \neq \mathbf{0}$. Qual das afirmações seguintes é verdadeira?
   (a) ∇f_P é tangente a $g(x, y) = 0$ em P.
   (b) ∇f_P é ortogonal a $g(x, y) = 0$ em P.

2. A Figura 11 mostra uma restrição $g(x, y) = 0$ e as curvas de nível de uma função f. Em cada caso, determine se f tem um mínimo local, um máximo local ou nenhum desses no ponto identificado.

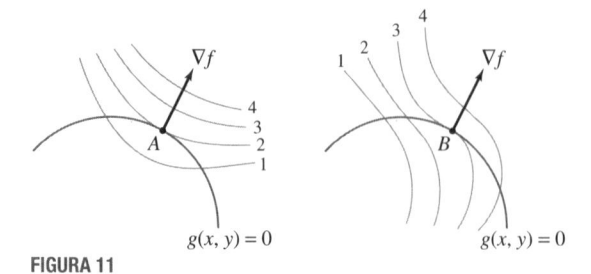

FIGURA 11

3. No mapa de contornos da Figura 12:
   (a) identifique os pontos em que $\nabla f = \lambda \nabla g$ com algum escalar λ;
   (b) identifique os valores mínimo e máximo de $f(x, y)$ sujeita a $g(x, y) = 0$.

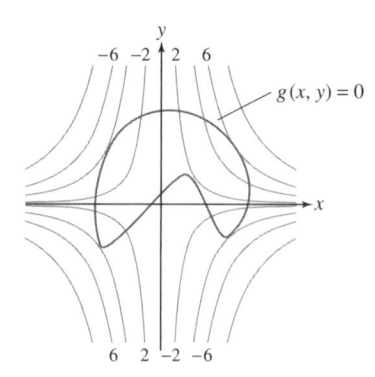

FIGURA 12 Mapa de contornos de $f(x, y)$; intervalo de contornos 2.

Exercícios

Em todos estes exercícios, use o método dos multiplicadores de Lagrange, a menos de menção explícita em contrário.

1. Encontre os valores extremos da função $f(x, y) = 2x + 4y$ sujeita à restrição $g(x, y) = x^2 + y^2 - 5 = 0$.
   (a) Mostre que a equação de Lagrange $\nabla f = \lambda \nabla g$ dá $\lambda x = 1$ e $\lambda y = 2$.
   (b) Mostre que essas equações implicam $\lambda \neq 0$ e $y = 2x$.
   (c) Use a equação de restrição para determinar os possíveis pontos críticos (x, y).
   (d) Calcule $f(x, y)$ nos pontos críticos e determine os valores mínimo e máximo.

2. Encontre os valores extremos de $f(x, y) = x^2 + 2y^2$ sujeita à restrição $g(x, y) = 4x - 6y = 25$.
   (a) Mostre que as equações de Lagrange dão $2x = 4\lambda$, $4y = -6\lambda$.
   (b) Mostre que se $x = 0$ ou $y = 0$, então as equações de Lagrange dão $x = y = 0$. Como $(0, 0)$ não satisfaz a restrição, podemos supor que x e y sejam não nulos.
   (c) Use a equação de Lagrange para mostrar que $y = -\frac{3}{4}x$.
   (d) Substitua na equação da restrição para mostrar que há um único ponto crítico P.
   (e) O ponto P corresponde a um valor mínimo ou máximo de f? Use a Figura 13 para justificar sua resposta. *Sugestão:* os valores de $f(x, y)$ crescem ou decrescem quando (x, y) se afasta de P ao longo da reta $g(x, y) = 0$?

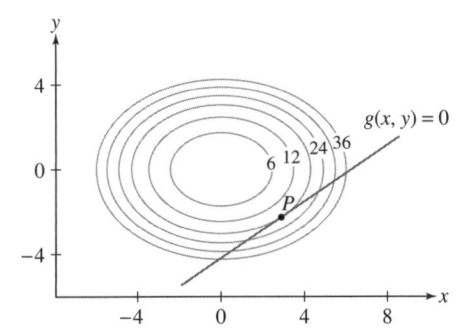

FIGURA 13 As curvas de nível de $f(x, y) = x^2 + 2y^2$ e o gráfico da restrição $g(x, y) = 4x - 6y - 25 = 0$.

3. Aplique o método dos multiplicadores de Lagrange à função $f(x, y) = (x^2 + 1)y$ sujeita à restrição $x^2 + y^2 = 5$. *Sugestão:* primeiro mostre que $y \neq 0$; em seguida, trate os casos $x = 0$ e $x \neq 0$ separadamente.

Nos Exercícios 4-15, encontre os valores mínimo e máximo da função sujeita à restrição dada.

4. $f(x, y) = 2x + 3y$, $x^2 + y^2 = 4$
5. $f(x, y) = x^2 + y^2$, $2x + 3y = 6$
6. $f(x, y) = 4x^2 + 9y^2$, $xy = 4$
7. $f(x, y) = xy$, $4x^2 + 9y^2 = 32$
8. $f(x, y) = x^2y + x + y$, $xy = 4$
9. $f(x, y) = x^2 + y^2$, $x^4 + y^4 = 1$
10. $f(x, y) = x^2y^4$, $x^2 + 2y^2 = 6$
11. $f(x, y, z) = 3x + 2y + 4z$, $x^2 + 2y^2 + 6z^2 = 1$
12. $f(x, y, z) = x^2 - y - z$, $x^2 - y^2 + z = 0$
13. $f(x, y, z) = xy + 2z$, $x^2 + y^2 + z^2 = 36$
14. $f(x, y, z) = x^2 + y^2 + z^2$, $x + 3y + 2z = 36$
15. $f(x, y, z) = xy + xz$, $x^2 + y^2 + z^2 = 4$

16. Sejam
    $$f(x, y) = x^3 + xy + y^3, \qquad g(x, y) = x^3 - xy + y^3$$
    (a) Mostre que existe um único ponto $P = (a, b)$ em $g(x, y) = 1$ no qual $\nabla f_P = \lambda \nabla g_P$ com algum escalar λ.
    (b) Use a Figura 14 para determinar se $f(P)$ é um mínimo ou máximo local de f sujeita à restrição.
    (c) A Figura 14 sugere que $f(P)$ seja um extremo global sujeito à restrição?

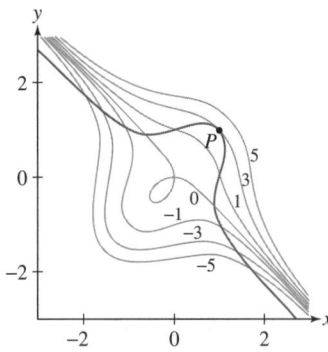

FIGURA 14 O mapa de contornos de $f(x, y) = x^3 + xy + y^3$ e o gráfico da restrição $g(x, y) = x^3 - xy + y^3 = 1$.

17. Encontre o ponto (a, b) do gráfico de $y = e^x$ em que o valor de ab é o menor possível.

18. Encontre a caixa retangular de volume máximo tal que a soma dos comprimentos de suas arestas seja 300 cm.

19. A área de superfície de um cone circular reto de raio r e altura h é $S = \pi r \sqrt{r^2 + h^2}$ e seu volume é $V = \frac{1}{3}\pi r^2 h$.
    (a) Determine a razão h/r de um cone de área de superfície S dada e volume máximo V.
    (b) Qual é a razão h/r de um cone de volume V dado e área de superfície S mínima?
    (c) Existe um cone de dado volume V e área de superfície máxima?

20. No Exemplo 1, encontramos o máximo de $f(x, y) = 2x + 5y$ na elipse $(x/4)^2 + (y/3)^2 = 1$. Resolva esse problema de novo, sem utilizar multiplicadores de Lagrange. Primeiro, mostre que a elipse é parametrizada por $x = 4 \cos t$, $y = 3 \operatorname{sen} t$. Em seguida, encontre o valor máximo de $f(4 \cos t, 3 \operatorname{sen} t)$ usando Cálculo a uma variável. Qual método parece ser mais fácil?

21. Encontre o ponto da elipse
    $$x^2 + 6y^2 + 3xy = 40$$
    com coordenada x máxima (Figura 15).

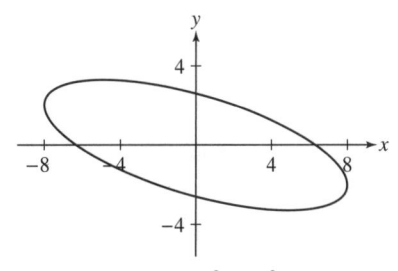

FIGURA 15 Gráfico de $x^2 + 6y^2 + 3xy = 40$.

22. Use multiplicadores de Lagrange para encontrar a área máxima de um retângulo inscrito na elipse (Figura 16)
$$\frac{x^2}{a^2} + \frac{y^2}{b^2} = 1$$

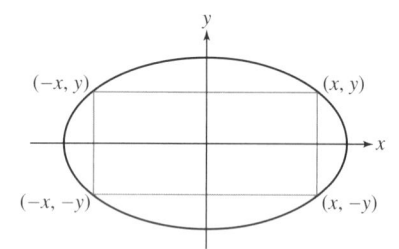

FIGURA 16 Um retângulo inscrito na elipse $\frac{x^2}{a^2} + \frac{y^2}{b^2} = 1$.

23. Encontre o ponto (x_0, y_0) da reta $4x + 9y = 12$ que está mais próximo da origem.

24. Mostre que o ponto (x_0, y_0) da reta $ax + by = c$ mais próximo da origem tem coordenadas
$$x_0 = \frac{ac}{a^2 + b^2}, \qquad y_0 = \frac{bc}{a^2 + b^2}$$

25. Encontre o valor máximo de $f(x, y) = x^a y^b$ com $x \geq 0$, $y \geq 0$ na reta $x + y = 1$, sendo $a, b > 0$ constantes.

26. Mostre que o valor máximo de $f(x, y) = x^2 y^3$ no círculo unitário é $\frac{6}{25}\sqrt{\frac{3}{5}}$.

27. Encontre o valor máximo de $f(x, y) = x^a y^b$ com $x \geq 0$, $y \geq 0$ no círculo unitário, sendo $a, b > 0$ constantes.

28. Encontre o valor máximo de $f(x, y, z) = x^a y^b z^c$ com $x, y, z \geq 0$ no esfera unitária, sendo $a, b, c > 0$ constantes.

29. Mostre que a distância mínima de origem a um ponto do plano $ax + by + cz = d$ é
$$\frac{|d|}{\sqrt{a^2 + b^2 + c^2}}$$

30. Antônio tem $\$5,00$ para gastar num lanche que consiste em hambúrgers ($\$1,50$ cada) e batatas fritas ($\$1,00$ a porção). A satisfação de Antônio de comer x_1 hambúrgers e x_2 porções de batata frita é medida por uma função $U(x_1, x_2) = \sqrt{x_1 x_2}$. Quanto de cada tipo de comida deveria ser comprado para maximizar a satisfação de Antônio (supondo que possam ser adquiridas quantidades fracionárias de cada comida)?

31. Seja Q o ponto da elipse mais próximo de um ponto P dado fora da elipse. O matemático grego Apolônio (século III a.C.) sabia que $\overline{PQ}$ é perpendicular à tangente da elipse em Q (Figura 17). Explique por que essa conclusão é uma consequência do método dos multiplicadores de Lagrange. *Sugestão:* os círculos centrados em P são curvas de nível da função a ser minimizada.

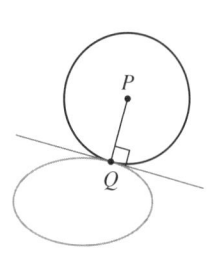

FIGURA 17

32. Numa competição, um corredor começando em A precisa alcançar um ponto P ao longo de um rio e então correr até um ponto B no menor tempo possível (Figura 18). O corredor deveria escolher o ponto P que minimiza o comprimento total do caminho.
   (a) Defina uma função
$$f(x, y) = AP + PB, \qquad \text{em que } P = (x, y).$$
   Reescreva o problema do corredor como um problema de otimização com restrição, supondo que o rio seja dado por uma equação $g(x, y) = 0$.
   (b) Explique por que as curvas de nível de $f(x, y)$ são elipses.
   (c) Use multiplicadores de Lagrange para justificar a afirmação seguinte: a elipse pelo ponto P que minimiza o comprimento do caminho é tangente ao rio.
   (d) Identifique o ponto do rio na Figura 18 com o qual o comprimento é mínimo.

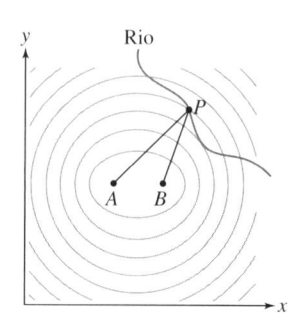

FIGURA 18

Nos Exercícios 33 e 34, seja V o volume de uma lata de raio r e altura h e seja S a área de superfície dessa lata, incluindo a tampa e o fundo.

33. Encontre r e h que minimizam S sujeita à restrição $V = 54\pi$.

34. Mostre que $P = (r, h)$ é um ponto crítico de Lagrange se $h = 2r$, em ambos os problemas a seguir:
   • minimizar a área de superfície S com volume V fixado;
   • maximizar o volume V com área de superfície S fixada.

Em seguida, use os mapas de contornos na Figura 19 para explicar por que S tem um mínimo com V fixado, mas não tem máximo e, analogamente, V tem um máximo com S fixado, mas não tem mínimo.

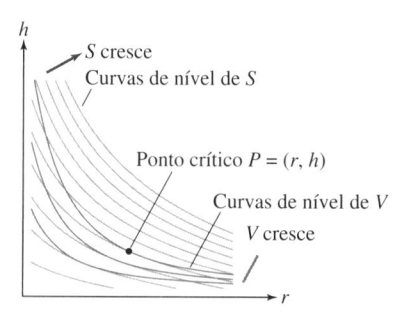

FIGURA 19

35. Um plano de equação $\frac{x}{a} + \frac{y}{b} + \frac{z}{c} = 1$ ($a, b, c > 0$) junto aos planos coordenados positivos forma um tetraedro de volume $V = \frac{1}{6}abc$ (Figura 20). Encontre o valor mínimo de V dentre todos os planos passando pelo ponto $P = (1, 1, 1)$.

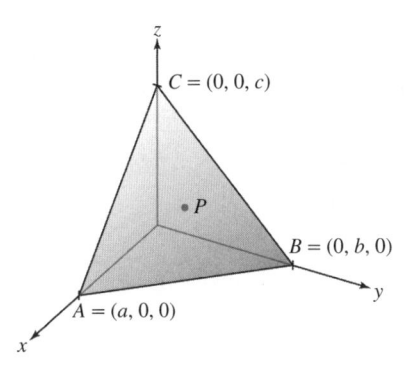

FIGURA 20

36. Com o mesmo contexto do exercício precedente, encontre o plano que minimiza V se o plano está condicionado a passar por um ponto $P = (\alpha, \beta, \gamma)$, com $\alpha, \beta, \gamma > 0$.

37. Mostre que as equações de Lagrange de $f(x, y) = x + y$ sujeita à restrição $g(x, y) = x + 2y = 0$ não têm solução. O que pode ser concluído sobre os valores mínimo e máximo de f sujeita a $g = 0$? Mostre isso diretamente.

38. Mostre que as equações de Lagrange de $f(x, y) = 2x + y$ sujeita à restrição $g(x, y) = x^2 - y^2 = 1$ têm solução, mas que f não tem min nem max na curva de restrição. Isso contradiz o Teorema 1?

39. Seja L o comprimento mínimo de uma escada que possa passar por cima de uma cerca de altura h e alcançar uma parede localizada a uma distância b depois da cerca.
  (a) Use multiplicadores de Lagrange para mostrar que $L = (h^{2/3} + b^{2/3})^{3/2}$ (Figura 21). *Sugestão:* mostre que o problema equivale a minimizar $f(x, y) = (x + b)^2 + (y + h)^2$ sujeita a $y/b = h/x$ ou $xy = bh$.
  (b) Mostre que o valor de L também é igual ao raio do círculo de centro $(-b, -h)$ que é tangente ao gráfico de $xy = bh$.

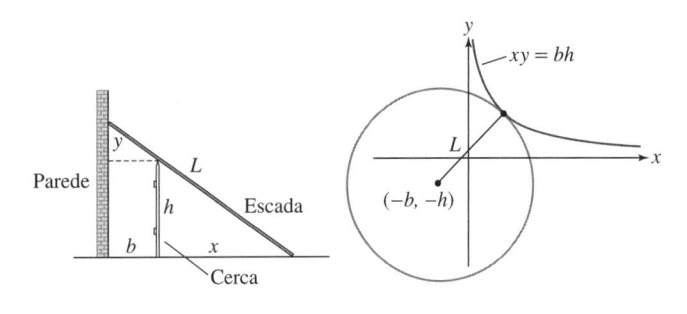

FIGURA 21

40. Encontre o valor máximo de $f(x, y, z) = xy + xz + yz - xyz$ sujeita à restrição $x + y + z = 1$, com $x \geq 0$, $y \geq 0$, $z \geq 0$.

41. Encontre o mínimo de $f(x, y, z) = x^2 + y^2 + z^2$ sujeita às duas restrições $x + y + z = 1$ e $x + 2y + 3z = 6$.

42. Encontre o máximo de $f(x, y, z) = z$ sujeita às duas restrições $x^2 + y^2 = 1$ e $x + y + z = 1$.

43. Encontre o ponto na interseção do plano $x + \frac{1}{2}y + \frac{1}{4}z = 0$ com a esfera $x^2 + y^2 + z^2 = 9$ com a maior coordenada z.

44. Encontre o máximo de $f(x, y, z) = x + y + z$ sujeita às duas restrições $x^2 + y^2 + z^2 = 9$ e $\frac{1}{4}x^2 + \frac{1}{4}y^2 + 4z^2 = 9$.

45. O cilindro $x^2 + y^2 = 1$ intersecta o plano $x + z = 1$ numa elipse. Encontre o ponto dessa elipse que está mais longe da origem.

46. Encontre o mínimo e o máximo de $f(x, y, z) = y + 2z$ sujeita às duas restrições $2x + z = 4$ e $x^2 + y^2 = 1$.

47. Encontre o valor mínimo de $f(x, y, z) = x^2 + y^2 + z^2$ sujeita às duas restrições $x + 2y + z = 3$ e $x - y = 4$.

Compreensão adicional e desafios

48. Suponha que tanto $f(x, y)$ quanto a função restrição $g(x, y)$ sejam lineares. Use mapas de contornos para explicar por que $f(x, y)$ não tem um máximo na restrição $g(x, y) = 0$, a menos que $g = af + b$ com algumas constantes a, b.

49. Hipóteses importam Considere o problema de minimizar $f(x, y) = x$ sujeita a $g(x, y) = (x - 1)^3 - y^2 = 0$.
  (a) Mostre, sem usar Cálculo, que o mínimo ocorre em $P = (1, 0)$.
  (b) Mostre que a condição de Lagrange $\nabla f_P = \lambda \nabla g_P$ não é válida com valor algum de λ.
  (c) Isso contradiz o Teorema 1?

50. Utilidade marginal Os preços (em reais) dos bens 1 e 2 são p_1 por unidade do bem 1 e p_2 por unidade do bem 2. Uma função utilidade $U(x_1, x_2)$ é uma função que representa a **utilidade**, ou o benefício obtido, com o consumo de x_j unidades do bem j. A **utilidade marginal** do j-ésimo bem é $\partial U/\partial x_j$, que é a taxa de crescimento de utilidade por unidade a mais do bem j. Prove a lei de Economia seguinte: dado um orçamento de L reais, a utilidade é maximizada no nível de consumo (a, b) em que a razão das utilidades marginais é igual à razão dos preços:

$$\frac{\text{Utilidade marginal do bem 1}}{\text{Utilidade marginal do bem 2}} = \frac{U_{x_1}(a, b)}{U_{x_2}(a, b)} = \frac{p_1}{p_2}$$

51. Considere a função utilidade $U(x_1, x_2) = x_1 x_2$ com restrição orçamentária $p_1 x_1 + p_2 x_2 = c$.
  (a) Mostre que o máximo de $U(x_1, x_2)$ sujeita à restrição orçamentária é igual a $c^2/(4p_1 p_2)$.
  (b) Calcule o valor do multiplicador de Lagrange λ que ocorre em (a).
  (c) Prove a interpretação seguinte: λ é a taxa de aumento da utilidade por unidade de aumento do orçamento total c.

52. Neste exercício, mostramos que o multiplicador λ sempre pode ser interpretado como uma taxa de variação. Suponha que o valor máximo de $f(x, y)$ sujeita a $g(x, y) = c$ ocorra num ponto P. Então P depende do valor de c, de modo que podemos escrever $P = (x(c), y(c))$, de modo que $g(x(c), y(c)) = c$.
  (a) Mostre que
  $$\nabla g(x(c), y(c)) \cdot \langle x'(c), y'(c) \rangle = 1$$
  Sugestão: use a regra da cadeia para derivar a equação $g(x(c), y(c)) = c$ em relação a c.
  (b) Use a regra da cadeia e a condição de Lagrange $\nabla f_P = \lambda \nabla g_P$ para mostrar que
  $$\frac{d}{dc} f(x(c), y(c)) = \lambda$$
  (c) Conclua que λ é a taxa de aumento em f por unidade de aumento do "nível de orçamento" c.

53. Seja $B > 0$. Mostre que o máximo de
$$f(x_1, \ldots, x_n) = x_1 x_2 \cdots x_n$$

sujeita às restrições $x_1 + \cdots + x_n = B$ e $x_j \geq 0$ com $j = 1, \ldots, n$ ocorre com $x_1 = \cdots = x_n = B/n$. Use isso para concluir que

$$(a_1 a_2 \cdots a_n)^{1/n} \leq \frac{a_1 + \cdots + a_n}{n}$$

quaisquer que sejam os números positivos $a_1, \ldots, a_n$.

54. Seja $B > 0$. Mostre que o máximo de
$f(x_1, \ldots, x_n) = x_1 + \cdots + x_n$ sujeita à restrição
$x_1^2 + \cdots + x_n^2 = B^2$ é $\sqrt{n}B$. Conclua que

$$|a_1| + \cdots + |a_n| \leq \sqrt{n}(a_1^2 + \cdots + a_n^2)^{1/2}$$

quaisquer que sejam os números $a_1, \ldots, a_n$.

55. Dadas as constantes E, E_1, E_2, E_3, considere o máximo de

$$S(x_1, x_2, x_3) = x_1 \ln x_1 + x_2 \ln x_2 + x_3 \ln x_3$$

sujeita às duas restrições

$$x_1 + x_2 + x_3 = N, \qquad E_1 x_1 + E_2 x_2 + E_3 x_3 = E$$

Mostre que existe uma constante μ tal que $x_i = A^{-1} e^{\mu E_i}$ com $i = 1, 2, 3$, sendo $A = N^{-1}(e^{\mu E_1} + e^{\mu E_2} + e^{\mu E_3})$.

56. Distribuição de Boltzmann Generalize o Exercício 55 para n variáveis. Mostre que existe uma constante μ tal que o máximo de

$$S = x_1 \ln x_1 + \cdots + x_n \ln x_n$$

sujeita às restrições

$$x_1 + \cdots + x_n = N, \qquad E_1 x_1 + \cdots + E_n x_n = E$$

ocorre com $x_i = A^{-1} e^{\mu E_i}$, onde

$$A = N^{-1}(e^{\mu E_1} + \cdots + e^{\mu E_n})$$

Esse resultado é fundamental na Mecânica Estatística. É utilizado para determinar a distribuição de velocidades de moléculas de gás à temperatura T; x_i é o número de moléculas com energia cinética E_i; $\mu = -(kT)^{-1}$, sendo k a constante de Boltzmann. A quantidade S é denominada **entropia**.

EXERCÍCIOS DE REVISÃO DO CAPÍTULO

1. Dada $f(x, y) = \dfrac{\sqrt{x^2 - y^2}}{x + 3}$:
   (a) esboce o domínio de f;
   (b) calcule $f(3, 1)$ e $f(-5, -3)$;
   (c) encontre um ponto satisfazendo $f(x, y) = 1$.

2. Encontre o domínio e a imagem de:
   (a) $f(x, y, z) = \sqrt{x - y} + \sqrt{y - z}$
   (b) $f(x, y) = \ln(4x^2 - y)$

3. Esboce o gráfico de $f(x, y) = x^2 - y + 1$ e descreva seus traços verticais e horizontais.

4. Use um recurso gráfico para esboçar o gráfico da função $\cos(x^2 + y^2)e^{1-xy}$ nos domínios $[-1, 1] \times [-1, 1]$, $[-2, 2] \times [-2, 2]$ e $[-3, 3] \times [-3, 3]$ e explique seu comportamento.

5. Combine as funções (a)-(d) com seus gráficos na Figura 1.
   (a) $f(x, y) = x^2 + y$
   (b) $f(x, y) = x^2 + 4y^2$
   (c) $f(x, y) = \operatorname{sen}(4xy)e^{-x^2-y^2}$
   (d) $f(x, y) = \operatorname{sen}(4x)e^{-x^2-y^2}$

6. Usando o mapa de contornos da Figura 2:
   (a) dê uma estimativa da taxa de variação média da elevação de A até B e de A até D;
   (b) dê uma estimativa da derivada direcional em A na direção e sentido de **v**.
   (c) Quais são os sinais de f_x e f_y em D?
   (d) f_x e f_y são, ambas, negativas em quais dos pontos identificados?

7. Descreva as curvas de nível de:
   (a) $f(x, y) = e^{4x-y}$
   (b) $f(x, y) = \ln(4x - y)$
   (c) $f(x, y) = 3x^2 - 4y^2$
   (d) $f(x, y) = x + y^2$

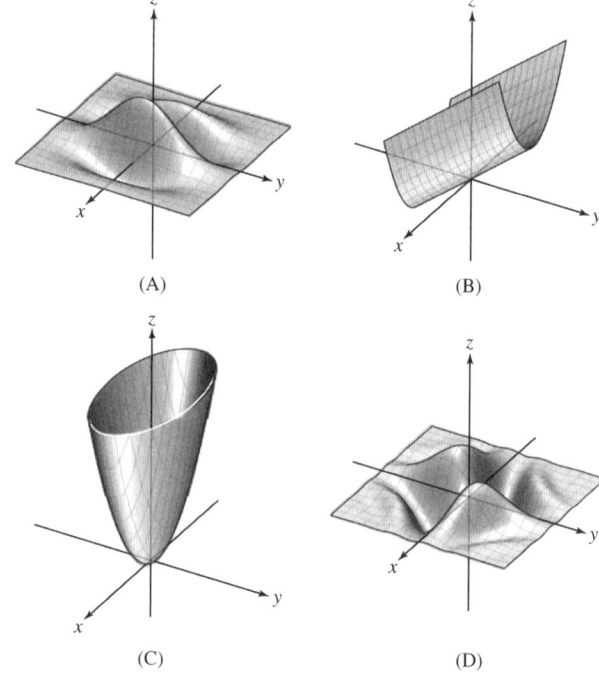

(A)   (B)   (C)   (D)

FIGURA 1

Intervalo de contornos = 50 m   0   1   2 km

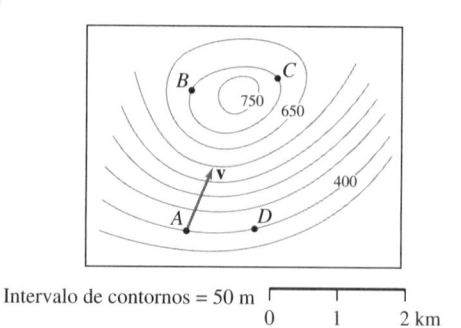

FIGURA 2

8. Combine cada função (a)-(c) com seu mapa de contornos (i)-(iii) na Figura 3.
   (a) $f(x, y) = xy$
   (b) $f(x, y) = e^{xy}$
   (c) $f(x, y) = \text{sen}(xy)$

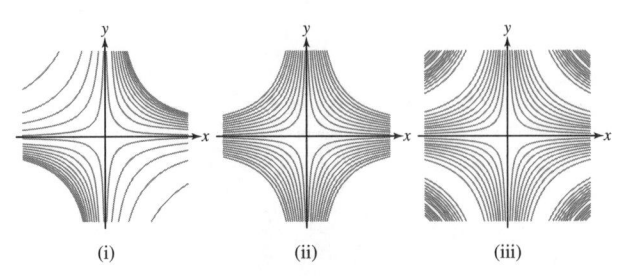

FIGURA 3

Nos Exercícios 9-14, calcule o limite ou diga que não existe.

9. $\lim_{(x,y) \to (1,-3)} (xy + y^2)$

10. $\lim_{(x,y) \to (1,-3)} \ln(3x + y)$

11. $\lim_{(x,y) \to (0,0)} \dfrac{xy + xy^2}{x^2 + y^2}$

12. $\lim_{(x,y) \to (0,0)} \dfrac{x^3 y^2 + x^2 y^3}{x^4 + y^4}$

13. $\lim_{(x,y) \to (1,-3)} (2x + y)e^{-x+y}$

14. $\lim_{(x,y) \to (0,2)} \dfrac{(e^x - 1)(e^y - 1)}{x}$

15. Seja
$$f(x, y) = \begin{cases} \dfrac{(xy)^p}{x^4 + y^4} & (x, y) \neq (0, 0) \\ 0 & (x, y) = (0, 0) \end{cases}$$

Use coordenadas polares para mostrar que $f(x, y)$ é contínua em cada (x, y) se $p > 2$, mas é descontínua em $(0, 0)$ se $p \leq 2$.

16. Calcule $f_x(1, 3)$ e $f_y(1, 3)$ se $f(x, y) = \sqrt{7x + y^2}$.

Nos Exercícios 17-20, calcule f_x e f_y.

17. $f(x, y) = 2x + y^2$
18. $f(x, y) = 4xy^3$
19. $f(x, y) = \text{sen}(xy)e^{-x-y}$
20. $f(x, y) = \ln(x^2 + xy^2)$

21. Calcule f_{xxyz} se $f(x, y, z) = y\,\text{sen}(x + z)$.

22. Fixemos $c > 0$. Mostre que, quaisquer que sejam as constantes α e β, a função $u(t, x) = \text{sen}(\alpha ct + \beta)\,\text{sen}(\alpha x)$ satisfaz a equação da onda
$$\frac{\partial^2 u}{\partial t^2} = c^2 \frac{\partial^2 u}{\partial x^2}$$

23. Encontre uma equação do plano tangente ao gráfico de $f(x, y) = xy^2 - xy + 3x^3$ em $P = (1, 3)$.

24. Suponha que $f(4, 4) = 3$ e $f_x(4, 4) = f_y(4, 4) = -1$. Use a aproximação linear para dar uma estimativa de $f(4,1; 4)$ e $f(3,88; 4,03)$.

25. Use a aproximação linear de $f(x, y, z) = \sqrt{x^2 + y^2 + z}$ para dar uma estimativa de $\sqrt{7,1^2 + 4,9^2 + 69,5}$. Compare com o valor de calculadora.

26. O plano $z = 2x - y - 1$ é tangente ao gráfico de $z = f(x, y)$ em $P = (5, 3)$.
   (a) Determine $f(5, 3)$, $f_x(5, 3)$ e $f_y(5, 3)$.
   (b) Aproxime $f(5,2; 2,9)$.

27. A Figura 4 mostra o mapa de contornos de uma função $f(x, y)$ junto a um caminho $\mathbf{r}(t)$ percorrido no sentido anti-horário. Os pontos $\mathbf{r}(1)$, $\mathbf{r}(2)$ e $\mathbf{r}(3)$ estão identificados. Seja $g(t) = f(\mathbf{r}(t))$. Quais dentre as afirmações (i)-(iv) são verdadeiras? Explique.
   (i) $g'(1) > 0$.
   (ii) $g(t)$ tem um mínimo local com algum $1 \leq t \leq 2$.
   (iii) $g'(2) = 0$.
   (iv) $g'(3) = 0$.

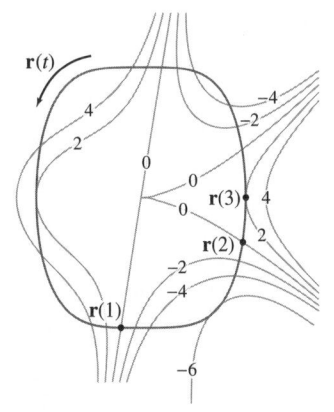

FIGURA 4

28. Felipe ganha $S(h, c) = 20h\left(1 + \dfrac{c}{100}\right)^{1,5}$ dólares por mês numa revenda de carros usados, sendo h o número de horas que trabalha e c o número de carros vendidos. Ele já trabalhou 160 horas e vendeu 69 carros. Agora Felipe quer ir para casa, mas fica pensando em quanto mais poderia receber se ficasse mais 10 minutos com um cliente que está quase comprando um carro. Use a aproximação linear para dar uma estimativa de quanto dinheiro a mais Felipe pode receber se ele vender o septuagésimo carro durante esses 10 minutos.

Nos Exercícios 29-32, calcule $\dfrac{d}{dt} f(\mathbf{r}(t))$ no valor de t dado.

29. $f(x, y) = x + e^y$, $\mathbf{r}(t) = \langle 3t - 1, t^2 \rangle$ em $t = 2$

30. $f(x, y, z) = xz - y^2$, $\mathbf{r}(t) = \langle t, t^3, 1 - t \rangle$ em $t = -2$

31. $f(x, y) = xe^{3y} - ye^{3x}$, $\mathbf{r}(t) = \langle e^t, \ln t \rangle$ em $t = 1$

32. $f(x, y) = \text{arc tg}\,\dfrac{y}{x}$, $\mathbf{r}(t) = \langle \cos t, \text{sen}\,t \rangle$, $t = \dfrac{\pi}{3}$

Nos Exercícios 33-36, calcule a derivada direcional em P na direção e sentido de $\mathbf{v}$.

33. $f(x, y) = x^3 y^4$, $P = (3, -1)$, $\mathbf{v} = 2\mathbf{i} + \mathbf{j}$

34. $f(x, y, z) = zx - xy^2$, $P = (1, 1, 1)$, $\mathbf{v} = \langle 2, -1, 2 \rangle$

35. $f(x, y) = e^{x^2 + y^2}$, $P = \left(\dfrac{\sqrt{2}}{2}, \dfrac{\sqrt{2}}{2}\right)$, $\mathbf{v} = \langle 3, -4 \rangle$

36. $f(x, y, z) = \text{sen}(xy + z)$, $P = (0, 0, 0)$, $\mathbf{v} = \mathbf{j} + \mathbf{k}$

37. Encontre o vetor unitário $\mathbf{e}$ em $P = (0, 0, 1)$ apontando na direção e sentido em que $f(x, y, z) = xz + e^{-x^2 + y}$ cresce mais rapidamente.

38. Encontre uma equação do plano tangente em $P = (0, 3, -1)$ da superfície de equação
$$ze^x + e^{z+1} = xy + y - 3$$

39. Sejam $n \neq 0$ um inteiro e r uma constante arbitrária. Mostre que o plano tangente da superfície $x^n + y^n + z^n = r$ em $P = (a, b, c)$ tem equação
$$a^{n-1}x + b^{n-1}y + c^{n-1}z = r$$

40. Seja $f(x, y) = (x - y)e^x$. Use a regra da cadeia para calcular $\partial f/\partial u$ e $\partial f/\partial v$ (em termo de u e v), se $x = u - v$ e $y = u + v$.

41. Seja $f(x, y, z) = x^2y + y^2z$. Use a regra da cadeia para calcular $\partial f/\partial s$ e $\partial f/\partial t$ (em termos de s e t), se
$$x = s + t, \quad y = st, \quad z = 2s - t$$

42. Suponha que P tenha coordenadas esféricas $(\rho, \theta, \phi) = \left(2, \frac{\pi}{4}, \frac{\pi}{4}\right)$. Calcule $\left.\frac{\partial f}{\partial \phi}\right|_P$, supondo que
$$f_x(P) = 4, \quad f_y(P) = -3, \quad f_z(P) = 8$$
Lembre que $x = \rho \cos\theta \sen\phi$, $y = \rho \sen\theta \sen\phi$, $z = \rho \cos\phi$.

43. Seja $g(u, v) = f(u^3 - v^3, v^3 - u^3)$. Prove que
$$v^2 \frac{\partial g}{\partial u} - u^2 \frac{\partial g}{\partial v} = 0$$

44. Seja $f(x, y) = g(u)$, em que $u = x^2 + y^2$ e $g(u)$ é uma função derivável. Prove que
$$\left(\frac{\partial f}{\partial x}\right)^2 + \left(\frac{\partial f}{\partial y}\right)^2 = 4u\left(\frac{dg}{du}\right)^2$$

45. Calcule $\partial z/\partial x$, se $xe^z + ze^y = x + y$.

46. Seja $f(x, y) = x^4 - 2x^2 + y^2 - 6y$.
 (a) Encontre os pontos críticos de f e use o teste da derivada segunda para determinar se são mínimos ou máximos locais.
 (b) Encontre o valor mínimo de f sem usar Cálculo, completando o quadrado.

Nos Exercícios 47-50, encontre os pontos críticos da função e analise-os usando o teste da derivada segunda.

47. $f(x, y) = x^4 - 4xy + 2y^2$

48. $f(x, y) = x^3 + 2y^3 - xy$

49. $f(x, y) = e^{x+y} - xe^{2y}$

50. $f(x, y) = \sen(x + y) - \frac{1}{2}(x + y^2)$

51. Prove que $f(x, y) = (x + 2y)e^{xy}$ não tem pontos críticos.

52. Encontre os extremos globais de $f(x, y) = x^3 - xy - y^2 + y$ no quadrado $[0, 1] \times [0, 1]$.

53. Encontre os extremos globais de $f(x, y) = 2xy - x - y$ no domínio $\{y \leq 4, y \geq x^2\}$.

54. Encontre o máximo de $f(x, y, z) = xyz$ sujeita à restrição $g(x, y, z) = 2x + y + 4z = 1$.

55. Use multiplicadores de Lagrange para encontrar os valores mínimo e máximo de $f(x, y) = 3x - 2y$ no círculo $x^2 + y^2 = 4$.

56. Encontre o valor mínimo de $f(x, y) = xy$ sujeita à restrição $5x - y = 4$ de duas maneiras: usando multiplicadores de Lagrange e tomando $y = 5x - 4$ em $f(x, y)$.

57. Encontre os valores mínimo e máximo de $f(x, y) = x^2y$ na elipse $4x^2 + 9y^2 = 36$.

58. Encontre o ponto do primeiro quadrante da curva $y = x + x^{-1}$ que esteja mais próximo da origem.

59. Encontre os valores extremos de $f(x, y, z) = x + 2y + 3z$ sujeita às duas restrições $x + y + z = 1$ e $x^2 + y^2 + z^2 = 1$.

60. Encontre os valores mínimo e máximo de $f(x, y, z) = x - z$ na interseção dos cilindros $x^2 + y^2 = 1$ e $x^2 + z^2 = 1$ (Figura 5).

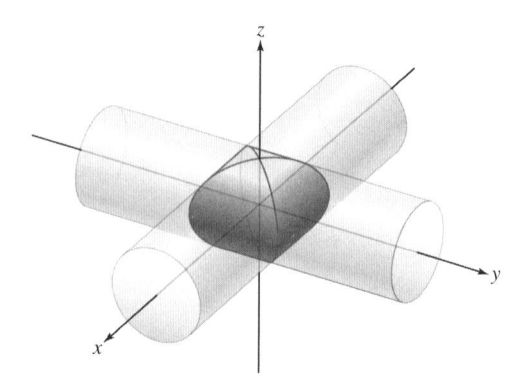

FIGURA 5

61. Use multiplicadores de Lagrange para encontrar as dimensões de uma lata cilíndrica com base, mas sem tampa, de volume fixado V com área de superfície mínima.

62. Encontre as dimensões da caixa de volume máximo cujos lados sejam paralelos aos planos coordenados e que possa ser inscrita no elipsoide (Figura 6)
$$\left(\frac{x}{a}\right)^2 + \left(\frac{y}{b}\right)^2 + \left(\frac{z}{c}\right)^2 = 1$$

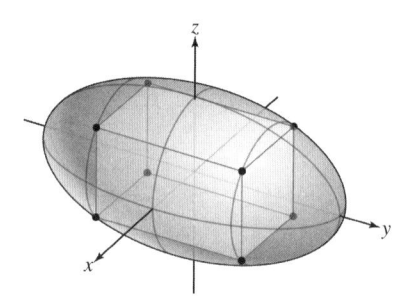

FIGURA 6

63. Dados n números não nulos $\sigma_1, \ldots, \sigma_n$, mostre que o valor mínimo de
$$f(x_1, \ldots, x_n) = x_1^2\sigma_1^2 + \cdots + x_n^2\sigma_n^2$$
sujeito a $x_1 + \cdots + x_n = 1$ é c, em que $c = \left(\sum_{j=1}^{n}\sigma_j^{-2}\right)^{-1}$.

15 INTEGRAÇÃO MÚLTIPLA

As integrais de funções de várias variáveis, denominadas **integrais múltiplas**, são uma extensão natural das integrais de uma variável estudadas na primeira parte do texto. Elas são utilizadas para calcular muitas quantidades que surgem nas aplicações, como volumes, áreas de superfície, centros de massa, probabilidades e valores médios.

Estas plantações em terraços ilustram como o volume abaixo de um gráfico pode ser calculado usando integração iterada.
(© bbbar/age fotostock)

15.1 Integração em duas variáveis

A integral de uma função $f(x, y)$ de duas variáveis, denominada **integral dupla**, é denotada por

$$\iint_{\mathcal{D}} f(x, y)\, dA$$

Ela representa o volume com sinal da região sólida entre o gráfico de $f(x, y)$ e o domínio $\mathcal{D}$ no plano xy (Figura 1), sendo que o volume é positivo com regiões acima do plano xy e negativo com regiões abaixo.

Há muitas semelhanças entre integrais duplas e integrais simples:

- Integrais duplas são definidas como limites de somas.
- Integrais duplas são calculadas usando o teorema fundamental do Cálculo (mas precisamos aplicá-lo duas vezes – ver a discussão de integrais iteradas adiante).

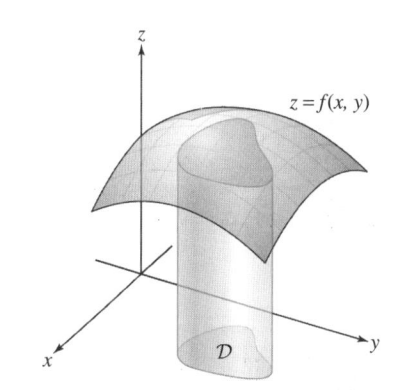

No entanto, uma diferença importante é que o domínio de integração é potencialmente bastante mais complicado no caso de várias variáveis. Em uma variável, o domínio de integração é apenas um intervalo $[a, b]$. Em duas variáveis, o domínio $\mathcal{D}$ é uma região plana cuja fronteira pode ser curvilínea (Figura 1).

Nesta seção, restringimos nossa atenção ao caso mais simples em que o domínio é um retângulo, deixando os domínios mais gerais para a Seção 15.2. Por

$$\mathcal{R} = [a, b] \times [c, d]$$

denotamos o retângulo do plano (Figura 2) consistindo em todos os pontos (x, y) tais que

$$\mathcal{R}: \quad a \leq x \leq b, \qquad c \leq y \leq d$$

Da mesma forma que em uma variável, as integrais duplas são definidas por meio de um processo em três passos: subdivisão, somatório e passagem ao limite. A Figura 3 ilustra como é subdividido o retângulo $\mathcal{R}$:

1. Subdividimos $[a, b]$ e $[c, d]$ escolhendo partições:

$$a = x_0 < x_1 < \cdots < x_N = b, \qquad c = y_0 < y_1 < \cdots < y_M = d$$

   em que N e M são inteiros positivos.
2. Criamos uma grade $N \times M$ de sub-retângulos $\mathcal{R}_{ij}$.
3. Escolhemos um ponto de amostragem P_{ij} em cada $\mathcal{R}_{ij}$.

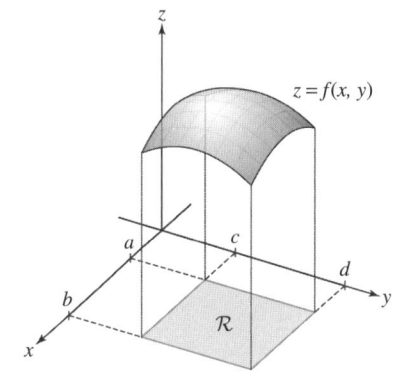

Observe que $\mathcal{R}_{ij} = [x_{i-1}, x_i] \times [y_{j-1}, y_j]$, portanto $\mathcal{R}_{ij}$ tem área

$$\Delta A_{ij} = \Delta x_i\, \Delta y_j$$

sendo $\Delta x_i = x_i - x_{i-1}$ e $\Delta y_j = y_j - y_{j-1}$.

Em seguida, formamos a soma de Riemann com os valores da função $f(P_{ij})$:

$$S_{N,M} = \sum_{i=1}^{N} \sum_{j=1}^{M} f(P_{ij})\, \Delta A_{ij} = \sum_{i=1}^{N} \sum_{j=1}^{M} f(P_{ij})\, \Delta x_i\, \Delta y_j$$

FIGURA 1 A integral dupla de $f(x, y)$ no domínio $\mathcal{D}$ dá o volume da região sólida entre o gráfico de $f(x, y)$ e o plano xy, acima do domínio $\mathcal{D}$.

FIGURA 2

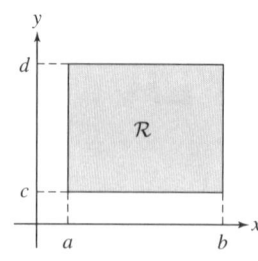

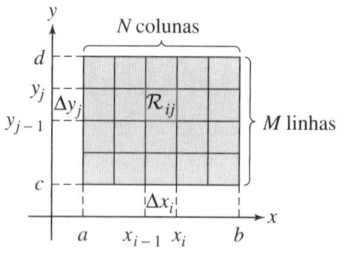

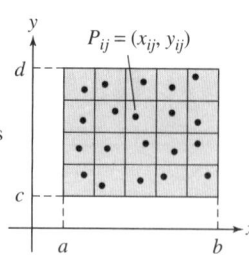

(A) Retângulo $\mathcal{R} = [a, b] \times [c, d]$ (B) Criação de uma grade $N \times M$ (C) Pontos de amostragem P_{ij}

FIGURA 3

Não esqueça que uma soma de Riemann depende da escolha da partição e dos pontos de amostragem. Seria mais correto escrever

$$S_{N,M}(\{P_{ij}\}, \{x_i\}, \{y_j\})$$

mas escrevemos $S_{N,M}$ para manter a notação mais simples.

O somatório duplo percorre todos os índices i e j com $1 \leq i \leq N$ e $1 \leq j \leq M$, num total de NM parcelas.

A interpretação geométrica de $S_{N,M}$ aparece na Figura 4. Cada parcela individual $f(P_{ij})\,\Delta A_{ij}$ da soma é igual ao volume com sinal da caixa estreita de altura $f(P_{ij})$ acima de $\mathcal{R}_{ij}$:

$$f(P_{ij})\,\Delta A_{ij} = f(P_{ij})\,\Delta x_i\,\Delta y_j = \underbrace{\text{altura} \times \text{área}}_{\text{Volume com sinal da caixa}}$$

Se $f(P_{ij})$ for negativo, a caixa fica abaixo do plano xy e tem volume com sinal negativo. A soma $S_{N,M}$ dos volumes com sinal dessas caixas estreitas aproxima o volume da mesma maneira que as somas de Riemann de uma variável aproximam a área por retângulos [Figura 4(A)].

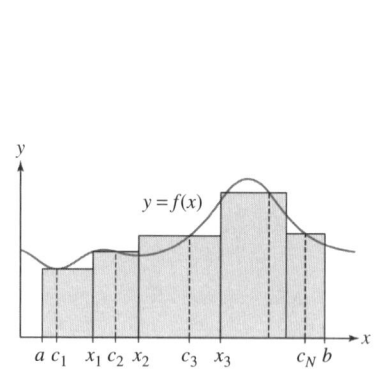

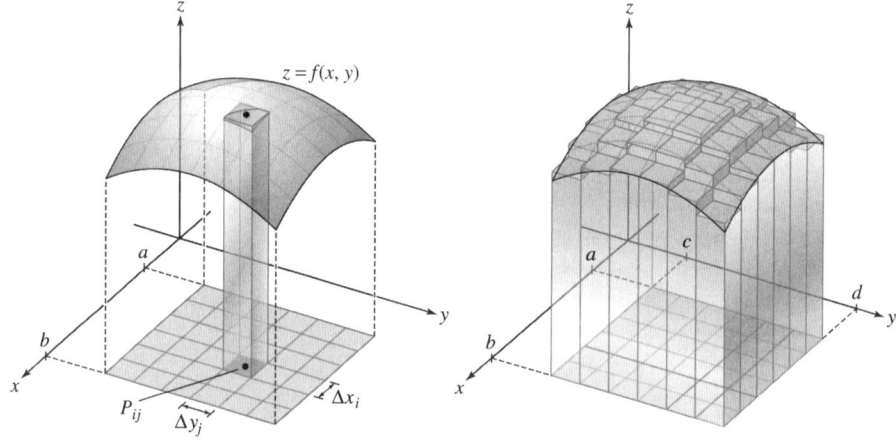

(A) Em uma variável, uma soma de Riemann aproxima a área abaixo da curva com uma soma de áreas de retângulos.

(B) O volume da caixa é $f(P_{ij})\Delta A_{ij}$, em que $\Delta A_{ij} = \Delta x_i \Delta y_j$.

(C) A soma de Riemann $S_{N,M}$ é a soma dos volumes das caixas.

FIGURA 4

O passo final na definição da integral dupla é a passagem ao limite. Denotamos a partição por $\mathcal{P} = \{\{x_i\}, \{y_j\}\}$ e escrevemos $\|\mathcal{P}\|$ para o máximo das larguras Δx_i, Δy_j. Se $\|\mathcal{P}\|$ tende a zero (e N e M, ambos, tendem ao infinito), as caixas aproximam a região sólida abaixo do gráfico cada vez melhor (Figura 5). A definição precisa desse limite é a seguinte:

Limite de somas de Riemann   A soma de Riemann $S_{N,M}$ tende a um limite L com $\|\mathcal{P}\| \to 0$ se, qualquer que seja $\epsilon > 0$ dado, existir algum $\delta > 0$ tal que

$$|L - S_{N,M}| < \epsilon$$

com qualquer partição satisfazendo $\|\mathcal{P}\| < \delta$ e quaisquer escolhas de pontos de amostragem.

(A) $N = 4, M = 6$ (B) $N = 8, M = 12$ (C) $N = 20, M = 30$

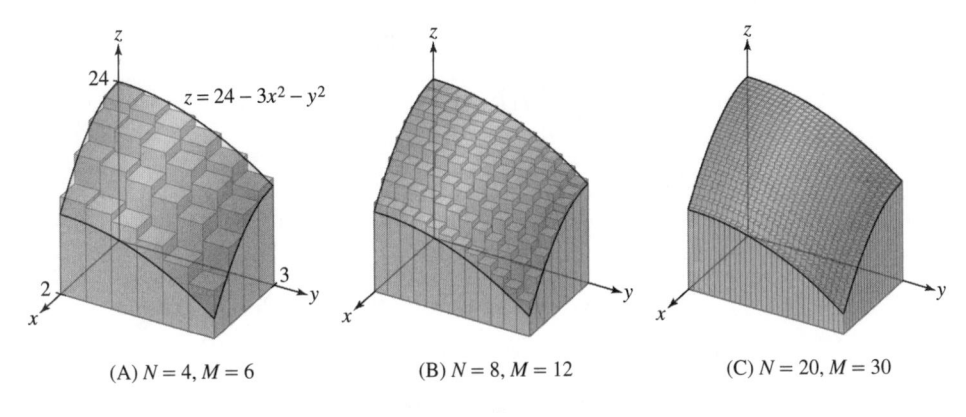

FIGURA 5 As aproximações pelo ponto médio do volume abaixo de $z = 24 - 3x^2 - y^2$.

Nesse caso, escrevemos

$$\lim_{\|\mathcal{P}\| \to 0} S_{N,M} = \lim_{\|\mathcal{P}\| \to 0} \sum_{i=1}^{N} \sum_{j=1}^{M} f(P_{ij}) \Delta A_{ij} = L$$

Esse limite L, se existir, é a integral dupla $\iint_{\mathcal{R}} f(x, y)\, dA$.

DEFINIÇÃO **Integral dupla num retângulo** A integral dupla de $f(x, y)$ no retângulo $\mathcal{R}$ é definida como o limite

$$\iint_{\mathcal{R}} f(x, y)\, dA = \lim_{\|\mathcal{P}\| \to 0} \sum_{i=1}^{N} \sum_{j=1}^{M} f(P_{ij}) \Delta A_{ij}$$

Se existir esse limite, dizemos que $f(x, y)$ é **integrável** em $\mathcal{R}$.

A integral dupla nos permite definir o volume V da região sólida entre o gráfico de uma função positiva $f(x, y)$ e o retângulo $\mathcal{R}$ por

$$V = \iint_{\mathcal{R}} f(x, y)\, dA$$

Se $f(x, y)$ tomar valores positivos e negativos, então a integral dupla define o volume com sinal. Assim, na Figura 6, $\iint_{\mathcal{R}} f(x, y)\, dA = V_1 + V_2 - V_3 - V_4$.

Nos cálculos, muitas vezes supomos que a partição $\mathcal{P}$ é **regular**, o que significa que os intervalos $[a, b]$ e $[c, d]$ são divididos em subintervalos de mesmo comprimento. Em outras palavras, a partição é regular se $\Delta x_i = \Delta x$ e $\Delta y_j = \Delta y$, sendo

$$\Delta x = \frac{b - a}{N}, \qquad \Delta y = \frac{d - c}{M}$$

Com uma partição regular, $\|\mathcal{P}\|$ tende a zero se N e M tenderem a ∞.

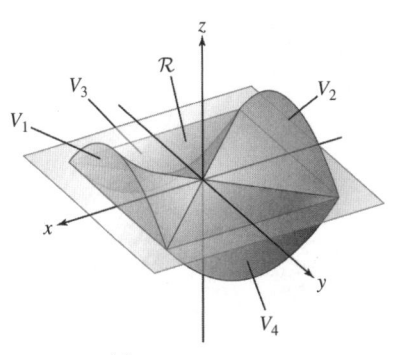

FIGURA 6 $\iint_{\mathcal{R}} f(x, y)\, dA$ é o volume com sinal da região sólida entre o gráfico de $z = f(x, y)$ e o retângulo $\mathcal{R}$.

■ **EXEMPLO 1** **Estimativa de uma integral dupla** Seja $\mathcal{R} = [1, 2{,}5] \times [1, 2]$. Calcule $S_{3,2}$ da integral (Figura 7)

$$\iint_{\mathcal{R}} xy\, dA$$

usando as escolhas de pontos de amostragem seguintes:

(a) vértice inferior esquerdo; **(b)** ponto médio do retângulo.

Solução Como usamos a partição regular para calcular $S_{3,2}$, cada sub-retângulo (nesse caso, são quadrados) tem lados de comprimento

$$\Delta x = \frac{2{,}5 - 1}{3} = \frac{1}{2}, \qquad \Delta y = \frac{2 - 1}{2} = \frac{1}{2}$$

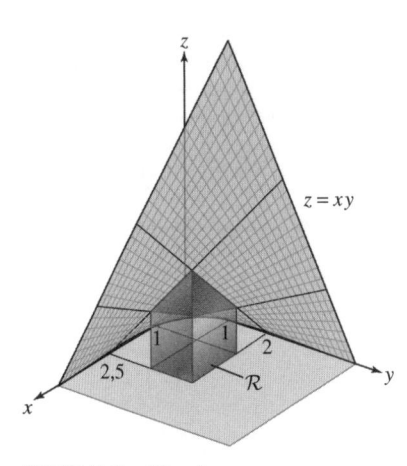

FIGURA 7 O gráfico de $z = xy$.

e área $\Delta A = \Delta x\,\Delta y = \frac{1}{4}$. A soma de Riemann correspondente é

$$S_{3,2} = \sum_{i=1}^{3}\sum_{j=1}^{2} f(P_{ij})\,\Delta A = \frac{1}{4}\sum_{i=1}^{3}\sum_{j=1}^{2} f(P_{ij})$$

com $f(x, y) = xy$.

(a) Se usarmos os vértices inferiores à esquerda, mostrados na Figura 8(A), a soma de Riemann é

$$S_{3,2} = \tfrac{1}{4}\left(f(1,1) + f\!\left(1,\tfrac{3}{2}\right) + f\!\left(\tfrac{3}{2},1\right) + f\!\left(\tfrac{3}{2},\tfrac{3}{2}\right) + f(2,1) + f\!\left(2,\tfrac{3}{2}\right)\right)$$
$$= \tfrac{1}{4}\left(1 + \tfrac{3}{2} + \tfrac{3}{2} + \tfrac{9}{4} + 2 + 3\right) = \tfrac{1}{4}\!\left(\tfrac{45}{4}\right) = 2{,}8125$$

(b) Usando os pontos médios dos retângulos, mostrados na Figura 8(B), obtemos

$$S_{3,2} = \tfrac{1}{4}\left(f\!\left(\tfrac{5}{4},\tfrac{5}{4}\right) + f\!\left(\tfrac{5}{4},\tfrac{7}{4}\right) + f\!\left(\tfrac{7}{4},\tfrac{5}{4}\right) + f\!\left(\tfrac{7}{4},\tfrac{7}{4}\right) + f\!\left(\tfrac{9}{4},\tfrac{5}{4}\right) + f\!\left(\tfrac{9}{4},\tfrac{7}{4}\right)\right)$$
$$= \tfrac{1}{4}\!\left(\tfrac{25}{16} + \tfrac{35}{16} + \tfrac{35}{16} + \tfrac{49}{16} + \tfrac{45}{16} + \tfrac{63}{16}\right) = \tfrac{1}{4}\!\left(\tfrac{252}{16}\right) = 3{,}9375$$

(A) Os pontos de amostragem são os vértices inferiores à esquerda.

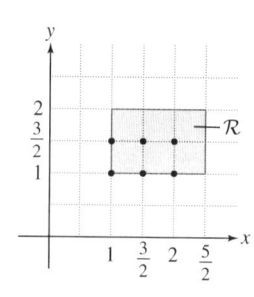

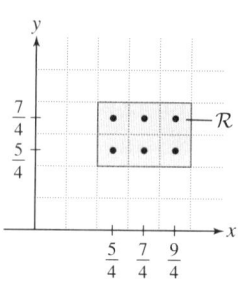

(B) Os pontos de amostragem são os pontos médios.

FIGURA 8

■ **EXEMPLO 2** Use Geometria para calcular $\iint_{\mathcal{R}} (8 - 2y)\,dA$, sendo $\mathcal{R} = [0, 3] \times [0, 4]$.

Solução A Figura 9 mostra o gráfico de $z = 8 - 2y$. A integral dupla é igual ao volume V da cunha sólida abaixo do gráfico. A face triangular da cunha tem área $A = \tfrac{1}{2}(8)4 = 16$. O volume da cunha é igual à área A vezes sua largura $\ell = 3$; ou seja, $V = \ell A = 3(16) = 48$. Assim,

$$\iint_{\mathcal{R}} (8 - 2y)\,dA = 48$$

O teorema seguinte nos garante que funções contínuas são integráveis. Como ainda não definimos continuidade em pontos de fronteira de um domínio, para o uso do teorema seguinte definimos continuidade em $\mathcal{R}$ como significando que f está definida e é contínua em algum conjunto aberto contendo $\mathcal{R}$. Omitimos a prova, que é análoga ao caso de uma variável.

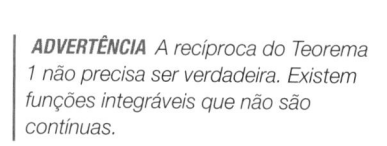

FIGURA 9 Cunha sólida abaixo do gráfico de $z = 8 - 2y$.

ADVERTÊNCIA A recíproca do Teorema 1 não precisa ser verdadeira. Existem funções integráveis que não são contínuas.

TEOREMA 1 Funções contínuas são integráveis Se uma função f de duas variáveis for contínua num retângulo $\mathcal{R}$, então $f(x, y)$ será integrável em $\mathcal{R}$.

Como no caso de uma variável, muitas vezes utilizamos as propriedades de linearidade da integral dupla. Essas propriedades decorrem da definição da integral dupla como um limite de somas de Riemann.

TEOREMA 2 Linearidade da integral dupla Suponha que $f(x, y)$ e $g(x, y)$ sejam integráveis num retângulo $\mathcal{R}$. Então:

(i) $\iint_{\mathcal{R}} \left(f(x, y) + g(x, y)\right) dA = \iint_{\mathcal{R}} f(x, y)\,dA + \iint_{\mathcal{R}} g(x, y)\,dA$

(ii) dada qualquer constante C, $\iint_{\mathcal{R}} C f(x, y)\,dA = C \iint_{\mathcal{R}} f(x, y)\,dA$

Se $f(x, y) = C$ for uma função constante, então

$$\iint_{\mathcal{R}} C \, dA = C \cdot \text{Área}(\mathcal{R})$$

A integral dupla é o volume com sinal da caixa de base $\mathcal{R}$ e altura C (Figura 10). Se $C < 0$, então o retângulo fica abaixo do plano xy, e a integral é igual ao volume com sinal, que é negativo.

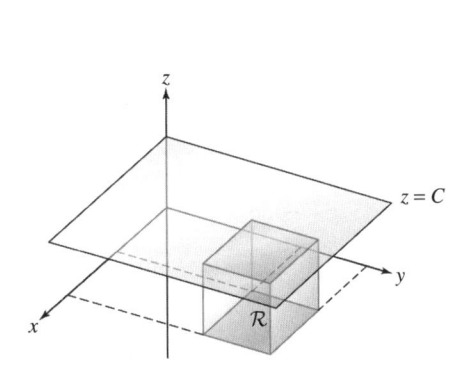

FIGURA 10 A integral dupla de $f(x, y) = C$ no retângulo $\mathcal{R}$ é $C \cdot \text{Área}(\mathcal{R})$.

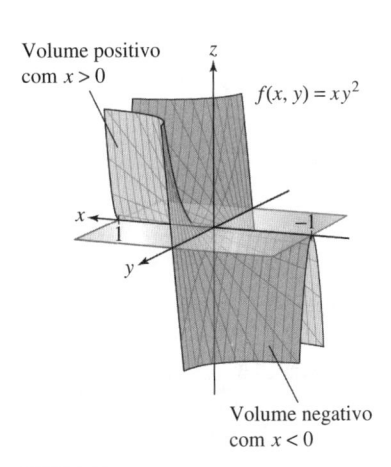

FIGURA 11

■ **EXEMPLO 3** **Argumentação com simetria** Use simetria para mostrar que

$$\iint_{\mathcal{R}} xy^2 \, dA = 0, \text{ sendo } \mathcal{R} = [-1, 1] \times [-1, 1].$$

Solução A integral dupla é o volume com sinal da região entre o gráfico de $f(x, y) = xy^2$ e o plano xy (Figura 11). No entanto, $f(x, y)$ toma valores de sinais opostos em (x, y) e $(-x, y)$:

$$f(-x, y) = -xy^2 = -f(x, y)$$

Em virtude da simetria, o volume com sinal (negativo) da região abaixo do plano xy, em que $-1 \leq x \leq 0$, cancela o volume com sinal (positivo) da região acima do plano xy, em que $0 \leq x \leq 1$. O resultado líquido é $\iint_{\mathcal{R}} xy^2 \, dA = 0$. ■

Integrais iteradas

Nossa principal ferramenta para calcular integrais duplas é o teorema fundamental do Cálculo (TFC), como no caso de uma variável. Para usar o TFC, expressamos a integral dupla como uma **integral iterada**, que é uma expressão do tipo

$$\int_a^b \left(\int_c^d f(x, y) \, dy \right) dx$$

Integrais iteradas são calculadas em dois passos.

Passo 1. Manter x constante e calcular a integral de dentro em relação a y. Isso dá uma função só de x:

$$S(x) = \int_c^d f(x, y) \, dy$$

Passo 2. Integrar a função $S(x)$ resultante em relação a x.

Muitas vezes, omitimos os parênteses na notação de uma integral iterada:

$$\int_a^b \int_c^d f(x, y) \, dy \, dx$$

A ordem das variáveis dydx nos diz para integrar primeiro em relação a y entre os limites de integração $y = c$ e $y = d$.

■ **EXEMPLO 4** Calcule $\int_2^4 \left(\int_1^9 y e^x \, dy \right) dx$.

Solução Primeiro calculamos a integral de dentro, tratando x como uma constante:

$$S(x) = \int_1^9 y e^x \, dy = e^x \int_1^9 y \, dy = e^x \left(\frac{1}{2} y^2 \right) \Big|_{y=1}^9 = e^x \left(\frac{81-1}{2} \right) = 40 e^x$$

Então integramos $S(x)$ em relação a x:

$$\int_2^4 \left(\int_1^9 y e^x \, dy \right) dx = \int_2^4 40 e^x \, dx = 40 e^x \Big|_2^4 = 40(e^4 - e^2) \quad \blacksquare$$

Numa integral iterada em que dx precede dy, integramos primeiro em relação a x:

$$\int_c^d \int_a^b f(x, y) \, dx \, dy = \int_{y=c}^d \left(\int_{x=a}^b f(x, y) \, dx \right) dy$$

Às vezes, por clareza, como no lado direito, incluímos as variáveis nos limites de integração.

■ **EXEMPLO 5** Calcule $\int_{y=0}^4 \int_{x=0}^3 \dfrac{dx \, dy}{\sqrt{3x+4y}}$.

Solução Primeiro calculamos a integral de dentro, tratando y como uma constante. Como estamos integrando em relação a x, precisamos de uma antiderivada de $1/\sqrt{3x+4y}$ como uma função de x. Podemos usar $\frac{2}{3}\sqrt{3x+4y}$, pois

$$\frac{\partial}{\partial x} \left(\frac{2}{3} \sqrt{3x+4y} \right) = \frac{1}{\sqrt{3x+4y}}$$

Assim, temos

$$\int_{x=0}^3 \frac{dx}{\sqrt{3x+4y}} = \frac{2}{3} \sqrt{3x+4y} \Big|_{x=0}^3 = \frac{2}{3} \left(\sqrt{4y+9} - \sqrt{4y} \right)$$

$$\int_{y=0}^4 \int_{x=0}^3 \frac{dx \, dy}{\sqrt{3x+4y}} = \frac{2}{3} \int_{y=0}^4 \left(\sqrt{4y+9} - \sqrt{4y} \right) dy$$

Dessa forma, obtemos

$$\int_{y=0}^4 \int_{x=0}^3 \frac{dx \, dy}{\sqrt{3x+4y}} = \frac{2}{3} \left(\frac{1}{6}(4y+9)^{3/2} - \frac{1}{6}(4y)^{3/2} \right) \Big|_{y=0}^4$$

$$= \frac{1}{9} \left(25^{3/2} - 16^{3/2} - 9^{3/2} \right) = \frac{34}{9} \quad \blacksquare$$

■ **EXEMPLO 6** **Inversão da ordem de integração** Verifique que

$$\int_{y=0}^4 \int_{x=0}^3 \frac{dx \, dy}{\sqrt{3x+4y}} = \int_{x=0}^3 \int_{y=0}^4 \frac{dy \, dx}{\sqrt{3x+4y}}$$

Solução A integral iterada à esquerda foi calculada no exemplo precedente. Calculamos a integral à direita e verificamos que o resultado também é $\frac{34}{9}$:

$$\int_{y=0}^{4} \frac{dy}{\sqrt{3x+4y}} = \frac{1}{2}\sqrt{3x+4y}\Big|_{y=0}^{4} = \frac{1}{2}\left(\sqrt{3x+16} - \sqrt{3x}\right)$$

$$\int_{x=0}^{3}\int_{y=0}^{4} \frac{dy\,dx}{\sqrt{3x+4y}} = \frac{1}{2}\int_{0}^{3}\left(\sqrt{3x+16} - \sqrt{3x}\right)dy$$

$$= \frac{1}{2}\left(\frac{2}{9}(3x+16)^{3/2} - \frac{2}{9}(3x)^{3/2}\right)\Big|_{x=0}^{3}$$

$$= \frac{1}{9}\left(25^{3/2} - 9^{3/2} - 16^{3/2}\right) = \frac{34}{9} \qquad \blacksquare$$

O exemplo precedente ilustra um fato geral: o valor de uma integral iterada não depende da ordem em que efetuamos a integração. Isso é parte do teorema de Fubini. Mais importante do que isso, o teorema de Fubini afirma que uma integral dupla num retângulo pode ser calculada como uma integral iterada.

TEOREMA 3 Teorema de Fubini   A integral dupla de uma função contínua $f(x, y)$ num retângulo $\mathcal{R} = [a, b] \times [c, d]$ é igual à integral iterada (em qualquer ordem):

$$\iint_{\mathcal{R}} f(x, y)\,dA = \int_{x=a}^{b}\int_{y=c}^{d} f(x, y)\,dy\,dx = \int_{y=c}^{d}\int_{x=a}^{b} f(x, y)\,dx\,dy$$

ADVERTÊNCIA Quando inverter a ordem de integração de uma integral iterada num retângulo, não se esqueça de trocar os limites de integração (os limites internos tornam-se os externos).

Demonstração   Vejamos um esboço da prova. Podemos calcular a integral dupla como um limite de somas de Riemann dadas por uma partição regular $\mathcal{R}$ e pontos de amostragem $P_{ij} = (x_i, y_j)$, em que $\{x_i\}$ são pontos de amostragem de uma partição regular de $[a, b]$ e $\{y_j\}$ são pontos de amostragem de uma partição regular de $[c, d]$:

$$\iint_{\mathcal{R}} f(x, y)\,dA = \lim_{N,M\to\infty} \sum_{i=1}^{N}\sum_{j=1}^{M} f(x_i, y_j)\Delta y \Delta x$$

Aqui, $\Delta x = (b - a)/N$ e $\Delta y = (d - c)/M$. O Teorema de Fubini decorre do fato elementar de que podemos somar as parcelas nessa soma em qualquer ordem. Assim, se listarmos os valores $f(P_{ij})$ numa tabela $N \times M$ como a que temos ao lado, podemos somar primeiro as colunas e depois somamos as somas de colunas. Isso dá

$j \backslash i$	1	2	3
3	$f(P_{13})$	$f(P_{23})$	$f(P_{33})$
2	$f(P_{12})$	$f(P_{22})$	$f(P_{32})$
1	$f(P_{11})$	$f(P_{21})$	$f(P_{31})$

$$\iint_{\mathcal{R}} f(x, y)\,dA = \lim_{N,M\to\infty} \sum_{i=1}^{N} \underbrace{\left(\sum_{j=1}^{M} f(x_i, y_j)\Delta y\right)}_{\text{Primeiro somamos as colunas, depois somamos as somas de colunas}} \Delta x$$

Com i fixado, $f(x_i, y)$ é uma função contínua de y e a soma interna à direita é uma soma de Riemann que tende à integral simples $\int_{c}^{d} f(x_i, y)\,dy$. Em outras palavras, denotando $S(x) = \int_{c}^{d} f(x, y)\,dy$, temos

$$\lim_{M\to\infty} \sum_{j=1}^{M} f(x_i, y_j) = \int_{c}^{d} f(x_i, y)\,dy = S(x_i)$$

Para completar a prova, vamos supor sabidos dois fatos. O primeiro é que $S(x)$ é uma função contínua em $a \leq x \leq b$. O segundo é que os limites com $N, M \to \infty$ podem ser calculados tomando primeiro o limite em relação a M e só depois em relação a N. Supondo isso, obtemos

$$\iint_{\mathcal{R}} f(x, y)\, dA = \lim_{N\to\infty} \sum_{i=1}^{N} \left(\lim_{M\to\infty} \sum_{j=1}^{M} f(x_i, y_j)\Delta y \right) \Delta x = \lim_{N\to\infty} \sum_{i=1}^{N} S(x_i)\Delta x$$

$$= \int_{a}^{b} S(x)\, dx = \int_{a}^{b} \left(\int_{c}^{d} f(x, y)\, dy \right) dx$$

Observe que as somas do lado direito da primeira linha são somas de Riemann de $S(x)$ que convergem à integral de $S(x)$ na segunda linha. Isso prova o Teorema de Fubini para a ordem $dy\,dx$. Um argumento análogo pode ser aplicado à ordem $dx\,dy$. ∎

ENTENDIMENTO GRÁFICO Quando escrevemos uma integral dupla como uma integral iterada na ordem $dy\,dx$ então, com cada valor $x = x_0$ fixado, a integral de dentro é a área da seção transversal de S no plano vertical $x = x_0$ perpendicular ao eixo x [Figura 12(A)]:

$$S(x_0) = \int_{c}^{d} f(x_0, y)\, dy = \begin{array}{l}\text{área da seção transversal no plano vertical}\\ x = x_0 \text{ perpendicular ao eixo } x\end{array}$$

O que o teorema de Fubini afirma é que o volume V de S pode ser calculado como a integral da área de seção transversal $S(x)$:

$$V = \int_{a}^{b} \int_{c}^{d} f(x, y)\, dy\, dx = \int_{a}^{b} S(x)\, dx = \text{integral da área de seção transversal}$$

Analogamente, a integral iterada na ordem $dx\,dy$ calcula V como a integral das seções transversais perpendiculares ao eixo y [Figura 12(B)].

(A)   (B)

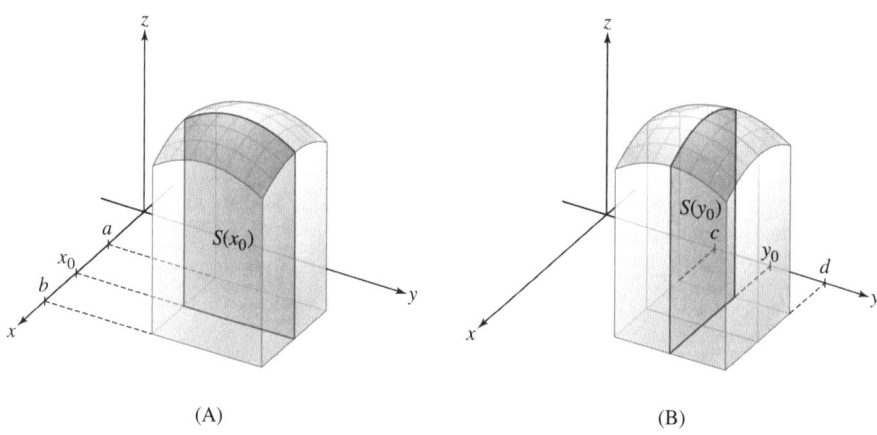

FIGURA 12

■ **EXEMPLO 7** Encontre o volume V entre o gráfico de $f(x, y) = 16 - x^2 - 3y^2$ e o retângulo $\mathcal{R} = [0, 3] \times [0, 1]$ (Figura 13).

Solução O volume V é igual à integral dupla de $f(x, y)$, que escrevemos como uma integral iterada:

$$V = \iint_{\mathcal{R}} (16 - x^2 - 3y^2)\, dA = \int_{x=0}^{3} \int_{y=0}^{1} (16 - x^2 - 3y^2)\, dy\, dx$$

Calculamos a integral de dentro e, depois, calculamos V:

$$\int_{y=0}^{1} (16 - x^2 - 3y^2)\, dy = (16y - x^2 y - y^3)\Big|_{y=0}^{1} = 15 - x^2$$

$$V = \int_{x=0}^{3} (15 - x^2)\, dx = \left(15x - \frac{1}{3}x^3\right)\Big|_{0}^{3} = 36 \qquad ∎$$

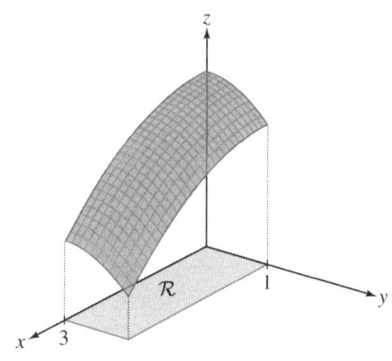

FIGURA 13 O gráfico de $f(x, y) = 16 - x^2 - 3y^2$ acima de $\mathcal{R} = [0, 3] \times [0, 1]$.

■ **EXEMPLO 8** Calcule $\iint_{\mathcal{R}} \dfrac{dA}{(x+y)^2}$ se $\mathcal{R} = [1, 2] \times [0, 1]$ (Figura 14).

Solução

$$\iint_{\mathcal{R}} \frac{dA}{(x+y)^2} = \int_{x=1}^{2} \left(\int_{y=0}^{1} \frac{dy}{(x+y)^2} \right) dx = \int_{1}^{2} \left(-\frac{1}{x+y} \bigg|_{y=0}^{1} \right) dx$$

$$= \int_{1}^{2} \left(-\frac{1}{x+1} + \frac{1}{x} \right) dx = (\ln x - \ln(x+1)) \bigg|_{1}^{2}$$

$$= (\ln 2 - \ln 3) - (\ln 1 - \ln 2) = 2\ln 2 - \ln 3 = \ln \frac{4}{3} \qquad ■$$

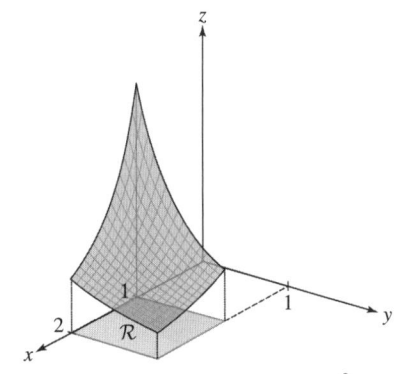

FIGURA 14 O gráfico de $z = (x+y)^{-2}$ acima de $\mathcal{R} = [1, 2] \times [0, 1]$.

15.1 Resumo

- Uma *soma de Riemann* de $f(x, y)$ num retângulo $\mathcal{R} = [a, b] \times [c, d]$ é uma soma do tipo

$$S_{N,M} = \sum_{i=1}^{N} \sum_{j=1}^{M} f(P_{ij}) \Delta x_i \Delta y_j$$

correspondendo a partições de $[a, b]$ e $[c, d]$ e uma escolha de pontos de amostragem P_{ij} nos sub-retângulos $\mathcal{R}_{ij}$.

- A integral dupla de $f(x, y)$ em $\mathcal{R}$ é definida como o limite (se existir)

$$\iint_{\mathcal{R}} f(x, y) \, dA = \lim_{M,N \to \infty} \sum_{i=1}^{N} \sum_{j=1}^{M} f(P_{ij}) \Delta x_i \Delta y_j$$

Dizemos que $f(x, y)$ é *integrável* em $\mathcal{R}$ se existir esse limite.
- Toda função contínua num retângulo $\mathcal{R}$ é integrável.
- A integral dupla é igual ao *volume com sinal* da região entre o gráfico de $z = f(x, y)$ e o retângulo $\mathcal{R}$. O volume com sinal de uma região que fica acima do plano xy é positivo e o de uma região que fica abaixo do plano xy é negativo.
- Se $f(x, y) = C$ for uma função constante, então

$$\iint_{\mathcal{R}} C \, dA = C \cdot \text{Área}(\mathcal{R})$$

- Teorema de Fubini: a integral dupla de uma função contínua $f(x, y)$ num retângulo $\mathcal{R} = [a, b] \times [c, d]$ pode ser calculada como uma integral iterada (em qualquer ordem):

$$\iint_{\mathcal{R}} f(x, y) \, dA = \int_{x=a}^{b} \int_{y=c}^{d} f(x, y) \, dy \, dx = \int_{y=c}^{d} \int_{x=a}^{b} f(x, y) \, dx \, dy$$

15.1 Exercícios

Exercícios preliminares

1. Na soma de Riemann $S_{8,4}$ de uma integral dupla em $\mathcal{R} = [1, 5] \times [2, 10]$ usando uma partição regular, o que é a área de cada sub-retângulo e quantos sub-retângulos existem?

2. Dê uma estimativa da integral dupla de uma função contínua f no retângulo pequeno $\mathcal{R} = [0,9; 1,1] \times [1,9; 2,1]$ se $f(1, 2) = 4$.

3. O que é a integral da função constante $f(x, y) = 5$ no retângulo $[-2, 3] \times [2, 4]$?

4. Qual é a interpretação de $\iint_{\mathcal{R}} f(x, y) \, dA$ se $f(x, y)$ toma valores positivos e negativos em $\mathcal{R}$?

5. Qual dentre (a) e (b) é igual a $\int_{1}^{2} \int_{4}^{5} f(x, y) \, dy \, dx$?

   (a) $\int_{1}^{2} \int_{4}^{5} f(x, y) \, dx \, dy$ (b) $\int_{4}^{5} \int_{1}^{2} f(x, y) \, dx \, dy$

6. Com quais das funções seguintes é nula a integral dupla no retângulo da Figura 15? Explique seu raciocínio.
  (a) $f(x, y) = x^2 y$
  (b) $f(x, y) = xy^2$
  (c) $f(x, y) = \operatorname{sen} x$
  (d) $f(x, y) = e^x$

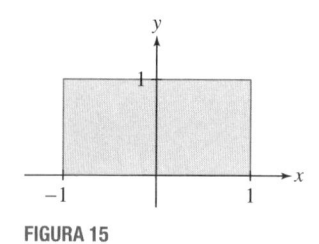

FIGURA 15

Exercícios

1. Calcule a soma de Riemann $S_{4,3}$ para dar uma estimativa da integral dupla de $f(x, y) = xy$ em $\mathcal{R} = [1, 3] \times [1, 2{,}5]$. Use a partição regular e os vértices superiores direitos dos sub-retângulos como pontos de amostragem.

2. Calcule a soma de Riemann com $N = M = 2$ para dar uma estimativa da integral de $\sqrt{x + y}$ em $\mathcal{R} = [0, 1] \times [0, 1]$. Use a partição regular e os pontos médios dos sub-retângulos como pontos de amostragem.

Nos Exercícios 3-6, calcule as somas de Riemann da integral dupla $\iint_{\mathcal{R}} f(x, y)\, dA$, *em que* $\mathcal{R} = [1, 4] \times [1, 3]$, *para a grade e as duas escolhas de pontos de amostragem mostradas na Figura 16.*

3. $f(x, y) = 2x + y$
4. $f(x, y) = 7$
5. $f(x, y) = 4x$
6. $f(x, y) = x - 2y$

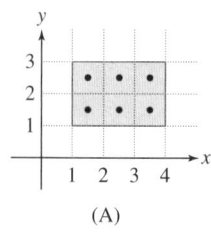

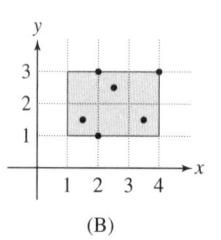

FIGURA 16

7. Seja $\mathcal{R} = [0, 1] \times [0, 1]$. Dê uma estimativa de $\iint_{\mathcal{R}} (x + y)\, dA$ calculando duas somas de Riemann diferentes, cada uma com seis retângulos, no mínimo.

8. Calcule $\iint_{\mathcal{R}} 4\, dA$, em que $\mathcal{R} = [2, 5] \times [4, 7]$.

9. Calcule $\iint_{\mathcal{R}} (15 - 3x)\, dA$, em que $\mathcal{R} = [0, 5] \times [0, 3]$, e esboce a região sólida correspondente (ver Exemplo 2).

10. Calcule $\iint_{\mathcal{R}} (-5)\, dA$, em que $\mathcal{R} = [2, 5] \times [4, 7]$.

11. A tabela seguinte dá a altura aproximada a intervalos de 25 cm de um amontoado de cascalho. Dê uma estimativa do volume do amontoado calculando a média das duas somas de Riemann $S_{4,3}$, usando os vértices inferior esquerdo e superior direito dos sub-retângulos como pontos de amostragem.

0,75	0,1	0,2	0,2	0,15	0,1
0,5	0,2	0,3	0,5	0,4	0,2
0,25	0,15	0,2	0,4	0,3	0,2
0	0,1	0,15	0,2	0,15	0,1
y\x	0	0,25	0,5	0,75	1

12. Use a tabela seguinte para calcular uma soma de Riemann $S_{3,3}$ de $f(x, y)$ no quadrado $\mathcal{R} = [0, 1{,}5] \times [0{,}5, 2]$. Use a partição regular e pontos de amostragem à sua escolha.

Valores de $f(x, y)$

2	2,6	2,17	1,86	1,62	1,44
1,5	2,2	1,83	1,57	1,37	1,22
1	1,8	1,5	1,29	1,12	1
0,5	1,4	1,17	1	0,87	0,78
0	1	0,83	0,71	0.62	0,56
y\x	0	0,5	1	1,5	2

13. Seja $S_{N,N}$ a soma de Riemann de $\int_0^1 \int_0^1 e^{x^3 - y^3}\, dy\, dx$ usando a partição regular e o vértice inferior esquerdo de cada sub-retângulo como ponto de amostragem. Use um sistema algébrico computacional para calcular $S_{N,N}$ com $N = 25, 50, 100$.

14. Seja $S_{N,M}$ a soma de Riemann de
$$\int_0^4 \int_0^2 \ln(1 + x^2 + y^2)\, dy\, dx$$
usando a partição regular e o vértice superior direito de cada sub-retângulo como ponto de amostragem. Use um sistema algébrico computacional para calcular $S_{2N,N}$ com $N = 25, 50, 100$.

Nos Exercícios 15-18, use simetria para calcular a integral dupla.

15. $\iint_{\mathcal{R}} x^3\, dA, \quad \mathcal{R} = [-4, 4] \times [0, 5]$

16. $\iint_{\mathcal{R}} 1\, dA, \quad \mathcal{R} = [2, 4] \times [-7, 7]$

17. $\iint_{\mathcal{R}} \operatorname{sen} x\, dA, \quad \mathcal{R} = [0, 2\pi] \times [0, 2\pi]$

18. $\iint_{\mathcal{R}} (2 + x^2 y)\, dA, \quad \mathcal{R} = [0, 1] \times [-1, 1]$

Nos Exercícios 19-36, calcule a integral iterada.

19. $\int_1^3 \int_0^2 x^3 y\, dy\, dx$

20. $\int_0^2 \int_1^3 x^3 y\, dx\, dy$

21. $\int_4^9 \int_{-3}^8 1\, dx\, dy$

22. $\int_{-4}^{-1} \int_4^8 (-5)\, dx\, dy$

23. $\int_{-1}^1 \int_0^\pi x^2 \operatorname{sen} y\, dy\, dx$

24. $\int_{-1}^1 \int_0^\pi x^2 \operatorname{sen} y\, dx\, dy$

25. $\int_2^6 \int_1^4 x^2\, dx\, dy$

26. $\int_2^6 \int_1^4 y^2\, dx\, dy$

27. $\int_0^1 \int_0^2 (x + 4y^3)\, dx\, dy$

28. $\int_0^2 \int_0^2 (x^2 - y^2)\, dy\, dx$

29. $\int_0^4 \int_0^9 \sqrt{x + 4y}\, dx\, dy$

30. $\displaystyle\int_0^{\pi/4}\int_{\pi/4}^{\pi/2} \cos(2x+y)\,dy\,dx$ **31.** $\displaystyle\int_1^2\int_0^4 \frac{dy\,dx}{x+y}$

32. $\displaystyle\int_1^2\int_2^4 e^{3x-y}\,dy\,dx$ **33.** $\displaystyle\int_0^4\int_0^5 \frac{dy\,dx}{\sqrt{x+y}}$

34. $\displaystyle\int_0^8\int_1^2 \frac{x\,dx\,dy}{\sqrt{x^2+y}}$ **35.** $\displaystyle\int_1^2\int_1^3 \frac{\ln(xy)\,dy\,dx}{y}$

36. $\displaystyle\int_0^1\int_2^3 \frac{1}{(x+4y)^3}\,dx\,dy$

Nos Exercícios 37-42, calcule a integral.

37. $\displaystyle\iint_{\mathcal{R}} \frac{x}{y}\,dA,\quad \mathcal{R}=[-2,4]\times[1,3]$

38. $\displaystyle\iint_{\mathcal{R}} x^2 y\,dA,\quad \mathcal{R}=[-1,1]\times[0,2]$

39. $\displaystyle\iint_{\mathcal{R}} \cos x\,\text{sen}\,2y\,dA,\quad \mathcal{R}=\left[0,\tfrac{\pi}{2}\right]\times\left[0,\tfrac{\pi}{2}\right]$

40. $\displaystyle\iint_{\mathcal{R}} \frac{y}{x+1}\,dA,\quad \mathcal{R}=[0,2]\times[0,4]$

41. $\displaystyle\iint_{\mathcal{R}} e^x\,\text{sen}\,y\,dA,\quad \mathcal{R}=[0,2]\times\left[0,\tfrac{\pi}{4}\right]$

42. $\displaystyle\iint_{\mathcal{R}} e^{3x+4y}\,dA,\quad \mathcal{R}=[0,1]\times[1,2]$

43. Seja $f(x,y)=mxy^2$, sendo m uma constante. Encontre um valor de m tal que $\iint_{\mathcal{R}} f(x,y)\,dA=1$, se $\mathcal{R}=[0,1]\times[0,2]$.

44. Calcule $I=\displaystyle\int_1^3\int_0^1 ye^{xy}\,dy\,dx$. Para isso, será necessário usar integração por partes e a fórmula
$$\int e^x(x^{-1}-x^{-2})\,dx = x^{-1}e^x + C$$
Em seguida calcule I novamente, usando o teorema de Fubini para trocar a ordem de integração (ou seja, integrando primeiro em relação a x). Qual dos dois métodos é mais fácil?

45. Calcule $\displaystyle\int_0^1\int_0^1 y\sqrt{1+xy}\,dy\,dx$. *Sugestão:* troque a ordem de integração.

46. Calcule $\displaystyle\int_0^1\int_0^1 xe^{xy}\,dx\,dy$. *Sugestão:* troque a ordem de integração.

47. Calcule $\displaystyle\int_0^1\int_0^1 \frac{y}{1+xy}\,dy\,dx$. *Sugestão:* troque a ordem de integração.

48. Calcule uma soma de Riemann $S_{3,3}$ no quadrado $\mathcal{R}=[0,3]\times[0,3]$ da função $f(x,y)$ cujo mapa de contornos aparece na Figura 17. Escolha pontos de amostragem e use o mapa para obter os valores de $f(x,y)$ nesses pontos.

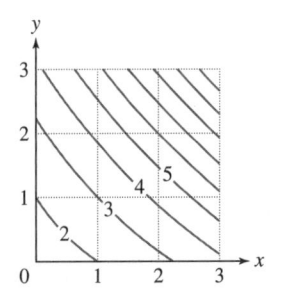

FIGURA 17 O mapa de contornos de $f(x,y)$.

49. Usando o teorema de Fubini, dê um argumento para mostrar que o sólido da Figura 18 tem volume AL, sendo A a área da face frontal do sólido.

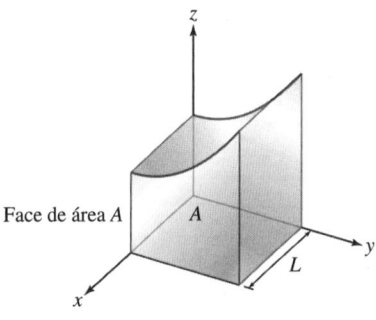

FIGURA 18

Compreensão adicional e desafios

50. Prove a extensão seguinte do teorema fundamental do Cálculo para duas variáveis: se $\dfrac{\partial^2 F}{\partial x\,\partial y} = f(x,y)$, então
$$\iint_{\mathcal{R}} f(x,y)\,dA = F(b,d) - F(a,d) - F(b,c) + F(a,c)$$
sendo $\mathcal{R}=[a,b]\times[c,d]$.

51. Seja $F(x,y)=x^{-1}e^{xy}$. Mostre que $\dfrac{\partial^2 F}{\partial x\,\partial y}=ye^{xy}$ e então use o resultado do Exercício 50 para calcular $\iint_{\mathcal{R}} ye^{xy}\,dA$ no retângulo $\mathcal{R}=[1,3]\times[0,1]$.

52. Encontre uma função $F(x,y)$ satisfazendo $\dfrac{\partial^2 F}{\partial x\,\partial y}=6x^2y$ e use o resultado do Exercício 50 para calcular $\iint_{\mathcal{R}} 6x^2y\,dA$ no retângulo $\mathcal{R}=[0,1]\times[0,4]$.

53. Neste exercício, usamos integração dupla para calcular a integral imprópria seguinte, em que $a>0$ é uma constante positiva:
$$I(a)=\int_0^\infty \frac{e^{-x}-e^{-ax}}{x}\,dx$$

(a) Use a regra de L'Hôpital para mostrar que
$f(x)=\dfrac{e^{-x}-e^{-ax}}{x}$, mesmo não estando definida em $x=0$, pode ser tornada contínua associando o valor $f(0)=a-1$.

(b) Prove que $|f(x)|\le e^{-x}+e^{-ax}$ com $x>1$ (use a desigualdade triangular) e aplique o teorema da comparação para mostrar que $I(a)$ converge.

(c) Mostre que $I(a)=\displaystyle\int_0^\infty\int_1^a e^{-xy}\,dy\,dx$.

(d) Prove, trocando a ordem de integração, que
$$I(a)=\ln a - \lim_{T\to\infty}\int_1^a \frac{e^{-Ty}}{y}\,dy$$

(e) Use o teorema da comparação para mostrar que o limite na Equação (1) é zero. *Sugestão:* se $a \geq 1$, mostre que $e^{-Ty}/y \leq e^{-T}$ com $y \geq 1$, e, se $a < 1$, mostre que $e^{-Ty}/y \leq e^{-aT}/a$ com $a \leq y \leq 1$. Conclua que $I(a) = \ln a$ (Figura 19).

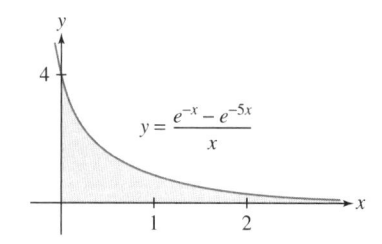

FIGURA 19 A região sombreada tem área $\ln 5$.

15.2 Integrais duplas em regiões mais gerais

Na seção precedente, restringimos nossa atenção a domínios retangulares. Agora tratamos do caso mais geral de domínios $\mathcal{D}$ cujas fronteiras sejam curvas fechadas simples (uma curva é dita *simples* se não se autointersectar). Vamos supor que a fronteira de $\mathcal{D}$ seja lisa, como na Figura 1(A), ou que consista num número finito de curvas lisas ligadas por possíveis vértices, como na Figura 1(B). Uma curva de fronteira desse tipo é dita **lisa por partes**. Também vamos supor que $\mathcal{D}$ seja um domínio fechado, ou seja, que $\mathcal{D}$ contenha sua fronteira.

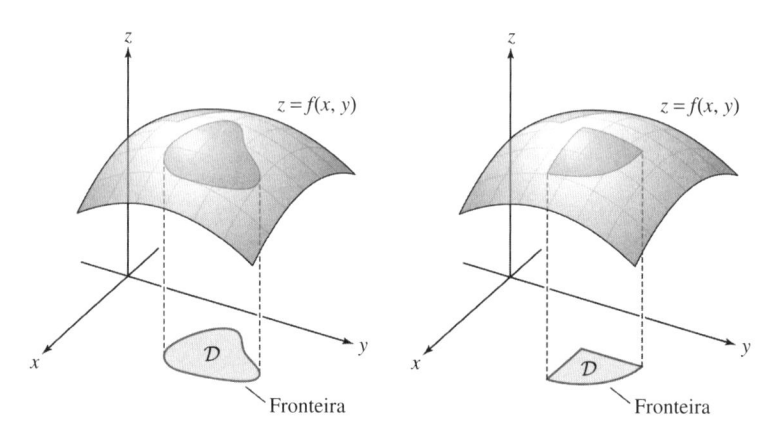

(A) $\mathcal{D}$ tem fronteira lisa.

(B) $\mathcal{D}$ tem uma fronteira lisa por partes, consistindo em três curvas lisas ligadas por vértices.

FIGURA 1

Felizmente, não é necessário começar do começo para definir a integral dupla num domínio $\mathcal{D}$ desse tipo. Dada alguma função $f(x, y)$ de $\mathcal{D}$, escolhemos um retângulo $\mathcal{R} = [a, b] \times [c, d]$ contendo $\mathcal{D}$ e definimos uma nova função $\tilde{f}(x, y)$ que coincide com $f(x, y)$ em $\mathcal{D}$ e que é nula fora de $\mathcal{D}$ (Figura 2):

$$\tilde{f}(x, y) = \begin{cases} f(x, y) & \text{se } (x, y) \in \mathcal{D} \\ 0 & \text{se } (x, y) \notin \mathcal{D} \end{cases}$$

A integral dupla de f em $\mathcal{D}$ é definida como a integral de $\tilde{f}$ em $\mathcal{R}$:

$$\iint_{\mathcal{D}} f(x, y)\, dA = \iint_{\mathcal{R}} \tilde{f}(x, y)\, dA \qquad \boxed{1}$$

Dizemos que f é **integrável** em $\mathcal{D}$ se existir a integral de $\tilde{f}$ em $\mathcal{R}$. O valor da integral não depende da particular escolha de $\mathcal{R}$ porque $\tilde{f}$ se anula fora de $\mathcal{D}$.

Essa definição parece ser razoável porque a integral de $\tilde{f}$ só "pega" os valores de f em $\mathcal{D}$. No entanto, $\tilde{f}$ provavelmente é descontínua porque seus valores pulam subitamente para

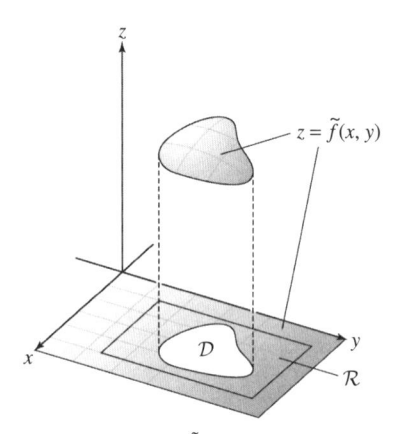

FIGURA 2 A função $\tilde{f}$ é nula fora de $\mathcal{D}$.

zero quando cruzamos a fronteira. Apesar dessa possível descontinuidade, o teorema seguinte garante que a integral de $\tilde{f}$ em $\mathcal{R}$ existe se nossa função original f for contínua.

> **TEOREMA 1** Se $f(x, y)$ for contínua num domínio fechado $\mathcal{D}$ cuja fronteira é uma curva simples, fechada e lisa por partes, então existe $\iint_{\mathcal{D}} f(x, y) \, dA$.

Como na seção precedente, a integral dupla define o volume com sinal entre o gráfico de $f(x, y)$ e o plano xy, sendo que a regiões abaixo do plano xy são associados volumes negativos.

Podemos aproximar a integral dupla por somas de Riemann da função $\tilde{f}$ num retângulo $\mathcal{R}$ contendo $\mathcal{D}$. Como $\tilde{f}(P) = 0$ nos pontos P de $\mathcal{R}$ que não pertencem a $\mathcal{D}$, qualquer soma de Riemann dessas reduz a uma soma daqueles pontos de amostragem que estão em $\mathcal{D}$:

$$\iint_{\mathcal{D}} f(x, y) \, dA \approx \sum_{i=1}^{N} \sum_{j=1}^{M} \tilde{f}(P_{ij}) \Delta x_i \Delta y_j = \underbrace{\sum f(P_{ij}) \Delta x_i \Delta y_j}_{\text{Somamos somente nos pontos } P_{ij} \text{ que estão em } \mathcal{D}} \qquad \boxed{2}$$

No Teorema 1, a continuidade de f em $\mathcal{D}$ significa que f está definida e é contínua em algum conjunto aberto que contém $\mathcal{D}$.

■ **EXEMPLO 1** Calcule $S_{4,4}$ da integral $\iint_{\mathcal{D}} (x + y) \, dA$, sendo $\mathcal{D}$ o domínio sombreado na Figura 3. Use os vértices superiores direitos dos quadrados como pontos de amostragem.

Solução Seja $f(x, y) = x + y$. Os sub-retângulos na Figura 3 têm lados de comprimento $\Delta x = \Delta y = \frac{1}{2}$ e área $\Delta A = \frac{1}{4}$. Dos 16 pontos de amostragem, somente 7 estão em $\mathcal{D}$, portanto

$$S_{4,4} = \sum_{i=1}^{4} \sum_{j=1}^{4} \tilde{f}(P_{ij}) \Delta x \Delta y = \frac{1}{4} \big(f(0{,}5, 0{,}5) + f(1, 0{,}5) + f(0{,}5, 1) + f(1, 1)$$
$$+ f(1{,}5, 1) + f(1, 1{,}5) + f(1{,}5, 1{,}5) \big)$$
$$= \frac{1}{4}(1 + 1{,}5 + 1{,}5 + 2 + 2{,}5 + 2{,}5 + 3) = \frac{7}{2} \qquad ■$$

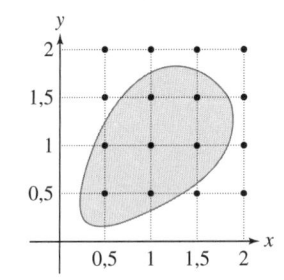

FIGURA 3 Domínio $\mathcal{D}$.

As propriedades de linearidade da integral dupla permanecem válidas em domínios gerais. Se $f(x, y)$ e $g(x, y)$ forem integráveis e C for uma constante, então

$$\iint_{\mathcal{D}} (f(x, y) + g(x, y)) \, dA = \iint_{\mathcal{D}} f(x, y) \, dA + \iint_{\mathcal{D}} g(x, y) \, dA$$

$$\iint_{\mathcal{D}} C f(x, y) \, dA = C \iint_{\mathcal{D}} f(x, y) \, dA$$

Embora geralmente pensemos em integrais duplas como representando volumes, vale a pena observar que também podemos expressar a *área* de um domínio $\mathcal{D}$ do plano como uma integral dupla da função constante $f(x, y) = 1$:

$$\boxed{\text{Área}(\mathcal{D}) = \iint_{\mathcal{D}} 1 \, dA} \qquad \boxed{3}$$

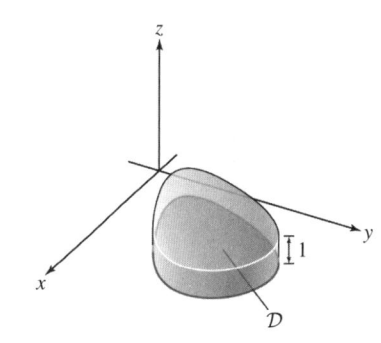

FIGURA 4 O volume do cilindro de altura 1 e base $\mathcal{D}$ é igual à área de $\mathcal{D}$.

De fato, como vemos na Figura 4, a área de $\mathcal{D}$ é igual ao volume do "cilindro" de altura 1 e base $\mathcal{D}$. Mais geralmente, com qualquer constante C,

$$\iint_{\mathcal{D}} C \, dA = C \, \text{Área}(\mathcal{D}) \qquad \boxed{4}$$

> **ENTENDIMENTO CONCEITUAL** A Equação (3) nos diz que podemos aproximar a área de um domínio $\mathcal{D}$ por uma soma de Riemann de $\iint_{\mathcal{D}} 1 \, dA$. Nesse caso, $f(x, y) = 1$, e obtemos uma soma de Riemann somando as áreas $\Delta x_i \Delta y_j$ daqueles retângulos da grade que estão contidos em $\mathcal{D}$ ou que intersectam a fronteira de $\mathcal{D}$ (Figura 5). Quanto mais fina a grade, melhor a aproximação. A área exata é o limite com os lados dos retângulos tendendo a zero.

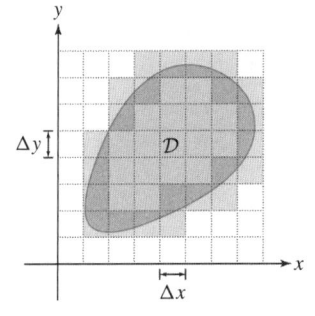

FIGURA 5 A área de $\mathcal{D}$ é aproximada pela soma das áreas dos retângulos contidos em $\mathcal{D}$.

Regiões entre dois gráficos

Quando $\mathcal{D}$ for uma região entre dois gráficos no plano xy, podemos calcular integrais duplas em $\mathcal{D}$ como integrais iteradas. Dizemos que $\mathcal{D}$ é **verticalmente simples** se for a região entre os gráficos de duas funções contínuas $y = g_1(x)$ e $y = g_2(x)$ (Figura 6):

$$\mathcal{D} = \{(x, y) : a \leq x \leq b, \quad g_1(x) \leq y \leq g_2(x)\}$$

Analogamente, $\mathcal{D}$ é **horizontalmente simples** se

$$\mathcal{D} = \{(x, y) : c \leq y \leq d, \quad g_1(y) \leq x \leq g_2(y)\}$$

Quando escrevemos uma integral dupla numa região verticalmente simples como uma integral iterada, a integral de dentro é uma integral no segmento hachurado mostrado na Figura 6(A). Com um região horizontalmente simples, a integral de dentro é uma integral no segmento hachurado mostrado na Figura 6(B).

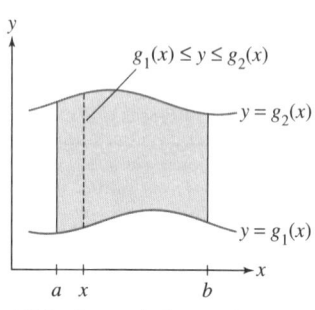

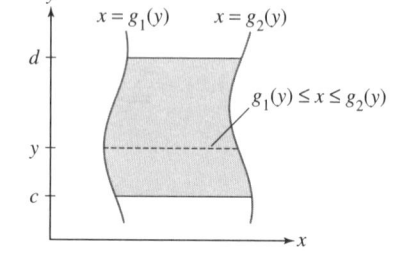

(A) Região verticalmente simples

(B) Região horizontalmente simples

FIGURA 6

TEOREMA 2 Se $\mathcal{D}$ for verticalmente simples com descrição

$$a \leq x \leq b, \qquad g_1(x) \leq y \leq g_2(x)$$

então

$$\iint_{\mathcal{D}} f(x, y) \, dA = \int_a^b \int_{g_1(x)}^{g_2(x)} f(x, y) \, dy \, dx$$

Se $\mathcal{D}$ for horizontalmente simples com descrição

$$c \leq y \leq d, \qquad g_1(y) \leq x \leq g_2(y)$$

então

$$\iint_{\mathcal{D}} f(x, y) \, dA = \int_c^d \int_{g_1(y)}^{g_2(y)} f(x, y) \, dx \, dy$$

Embora $\tilde{f}$, definida por f dentro de $\mathcal{D}$ e 0 fora de $\mathcal{D}$, não precise ser contínua, podemos justificar o uso do teorema de Fubini na Equação (5). Em particular, a integral $\int_c^d \tilde{f}(x, y) \, dy$ existe e é uma função contínua de x.

Demonstração Vamos dar um esboço da prova, supondo que $\mathcal{D}$ seja verticalmente simples (o caso horizontalmente simples é análogo). Seja $\mathcal{R} = [a, b] \times [c, d]$ um retângulo contendo $\mathcal{D}$. Então

$$\iint_{\mathcal{D}} f(x, y) \, dA = \int_a^b \int_c^d \tilde{f}(x, y) \, dy \, dx \qquad \boxed{5}$$

Por definição, $\tilde{f}(x, y)$ é zero fora de $\mathcal{D}$, portanto, fixado x, $\tilde{f}(x, y)$ é nula a menos que y satisfaça $g_1(x) \leq y \leq g_2(x)$. Desse modo,

$$\int_c^d \tilde{f}(x, y) \, dy = \int_{g_1(x)}^{g_2(x)} f(x, y) \, dy$$

Substituindo na Equação (5), obtemos a igualdade procurada:

$$\iint_{\mathcal{D}} f(x, y) \, dA = \int_a^b \int_{g_1(x)}^{g_2(x)} f(x, y) \, dy \, dx \qquad \blacksquare$$

A integração numa região vertical ou horizontalmente simples é análoga à integração num retângulo, com uma diferença: os limites da integral de dentro podem ser funções em vez de constantes.

■ **EXEMPLO 2** Calcule $\iint_{\mathcal{D}} x^2 y \, dA$, sendo $\mathcal{D}$ a região na Figura 7.

Solução

Passo 1. **Descrever $\mathcal{D}$ como uma região verticalmente simples.**

$$\underbrace{1 \leq x \leq 3}_{\text{Limites da integral de fora}}, \quad \underbrace{\frac{1}{x} \leq y \leq \sqrt{x}}_{\text{Limites da integral de dentro}}$$

Nesse caso, $g_1(x) = 1/x$ e $g_2(x) = \sqrt{x}$.

Passo 2. **Montar a integral iterada.**

$$\iint_{\mathcal{D}} x^2 y \, dA = \int_1^3 \int_{y=1/x}^{\sqrt{x}} x^2 y \, dy \, dx$$

Observe que a integral de dentro é uma integral num segmento vertical entre os gráficos de $y = 1/x$ e $y = \sqrt{x}$.

Passo 3. **Calcular a integral iterada.**

Como de costume, calculamos a integral de dentro tratando x como uma constante; contudo, agora os dois limites de integração dependem de x:

$$\int_{y=1/x}^{\sqrt{x}} x^2 y \, dy = \frac{1}{2} x^2 y^2 \Big|_{y=1/x}^{\sqrt{x}} = \frac{1}{2} x^2 (\sqrt{x})^2 - \frac{1}{2} x^2 \left(\frac{1}{x}\right)^2 = \frac{1}{2} x^3 - \frac{1}{2}$$

Completamos a conta integrando em relação a x:

$$\iint_{\mathcal{D}} x^2 y \, dA = \int_1^3 \left(\frac{1}{2} x^3 - \frac{1}{2}\right) dx = \left(\frac{1}{8} x^4 - \frac{1}{2} x\right)\Big|_1^3$$

$$= \frac{69}{8} - \left(-\frac{3}{8}\right) = 9 \quad ■$$

FIGURA 7 O domínio entre $y = \sqrt{x}$ e $y = 1/x$.

■ **EXEMPLO 3** **Melhor descrição é horizontalmente simples** Encontre o volume V da região entre o plano $z = 2x + 3y$ e o triângulo $\mathcal{D}$ na Figura 8.

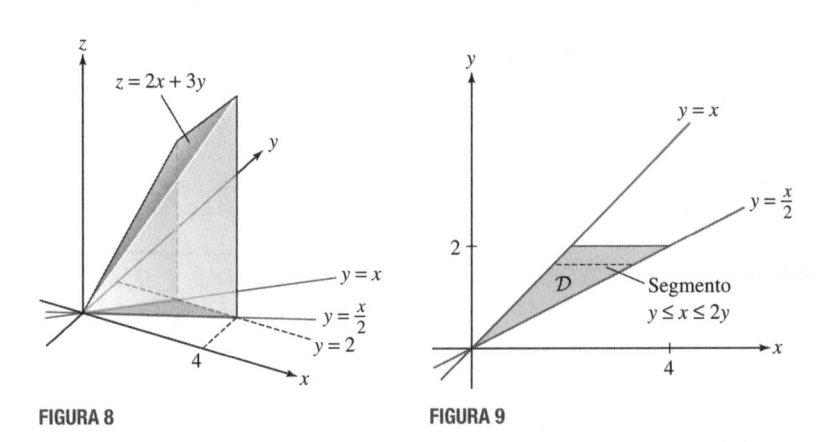

FIGURA 8

FIGURA 9

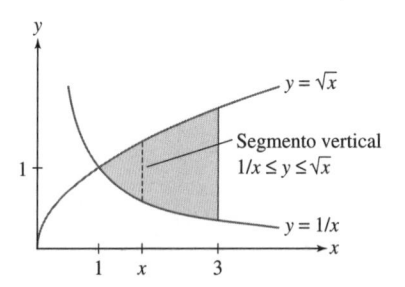

Solução O triângulo $\mathcal{D}$ é delimitado pelas retas $y = x/2$, $y = x$ e $y = 2$. Vemos na Figura 9 que $\mathcal{D}$ é verticalmente simples, mas a curva superior não é dada por uma única fórmula: a fórmula troca de $y = x$ para $y = 2$. Por isso, é mais conveniente descrever $\mathcal{D}$ como uma região horizontalmente simples (Figura 9):

$$\mathcal{D}: 0 \leq y \leq 2, \quad y \leq x \leq 2y$$

O volume é igual à integral dupla de $f(x, y) = 2x + 3y$ em $\mathcal{D}$:

$$V = \iint_{\mathcal{D}} f(x, y)\, dA = \int_0^2 \int_{x=y}^{2y} (2x + 3y)\, dx\, dy$$

$$= \int_0^2 \left. (x^2 + 3yx) \right|_{x=y}^{2y} dy = \int_0^2 \left((4y^2 + 6y^2) - (y^2 + 3y^2) \right) dy$$

$$= \int_0^2 6y^2\, dy = 2y^3 \Big|_0^2 = 16$$

O próximo exemplo mostra que, em alguns casos, uma integral iterada é mais fácil de calcular do que a outra.

■ **EXEMPLO 4** **Escolhendo a melhor integral iterada** Calcule $\iint_{\mathcal{D}} e^{y^2}\, dA$, sendo $\mathcal{D}$ a região na Figura 10.

Solução Primeiro, tentemos descrever $\mathcal{D}$ como um domínio verticalmente simples. Usando a Figura 10(A), temos:

$$\mathcal{D}: 0 \leq x \leq 4, \quad \frac{1}{2}x \leq y \leq 2 \quad \Rightarrow \quad \iint_{\mathcal{D}} e^{y^2}\, dA = \int_{x=0}^{4} \int_{y=x/2}^{2} e^{y^2}\, dy\, dx$$

A integral de dentro não pode ser calculada porque não temos antiderivada explícita de e^{y^2}. Portanto, tentamos descrever $\mathcal{D}$ como horizontalmente simples [Figura 10(B)]:

$$\mathcal{D}: 0 \leq y \leq 2, \quad 0 \leq x \leq 2y$$

Isso nos leva a uma integral iterada que sabemos calcular:

$$\int_0^2 \int_{x=0}^{2y} e^{y^2}\, dx\, dy = \int_0^2 \left(x e^{y^2} \Big|_{x=0}^{2y} \right) dy = \int_0^2 2y e^{y^2}\, dy$$

$$= e^{y^2} \Big|_0^2 = e^4 - 1$$

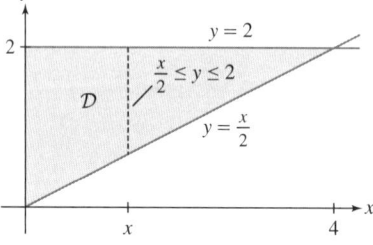

FIGURA 10 A região $\mathcal{D}$ é horizontal e verticalmente simples, mas só uma das integrais iteradas pode ser calculada.

(A) $\mathcal{D}$ é um domínio verticalmente simples: $0 \leq x \leq 4,\ x/2 \leq y \leq 2$

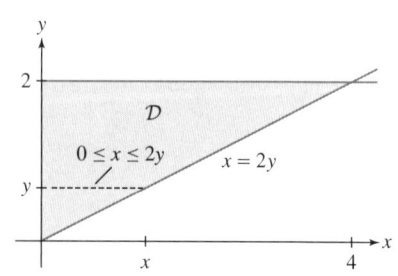

(B) $\mathcal{D}$ é um domínio horizontalmente simples: $0 \leq y \leq 2,\ 0 \leq x \leq 2y$

■ **EXEMPLO 5** **Trocando a ordem de integração** Esboce o domínio $\mathcal{D}$ de integração que corresponde a

$$\int_1^9 \int_{\sqrt{y}}^{3} x e^y\, dx\, dy$$

Em seguida, troque a ordem de integração e calcule o valor da integral.

Solução Os limites de integração nos dão as desigualdades que descrevem o domínio $\mathcal{D}$ (como uma região horizontalmente simples, já que dx precede dy):

$$1 \leq y \leq 9, \quad \sqrt{y} \leq x \leq 3$$

Capítulo 15   Integração múltipla   **837**

Esboçamos a região na Figura 11. Agora observe que $\mathcal{D}$ também é verticalmente simples:

$$1 \leq x \leq 3, \qquad 1 \leq y \leq x^2$$

Por isso, podemos reescrever a integral e calcular:

$$\int_1^9 \int_{x=\sqrt{y}}^3 xe^y \, dx \, dy = \int_1^3 \int_{y=1}^{x^2} xe^y \, dy \, dx = \int_1^3 \left(\int_{y=1}^{x^2} xe^y \, dy \right) dx$$

$$= \int_1^3 \left(xe^y \Big|_{y=1}^{x^2} \right) dx = \int_1^3 (xe^{x^2} - ex) \, dx = \frac{1}{2}(e^{x^2} - ex^2)\Big|_1^3$$

$$= \frac{1}{2}(e^9 - 9e) - 0 = \frac{1}{2}(e^9 - 9e) \qquad \blacksquare$$

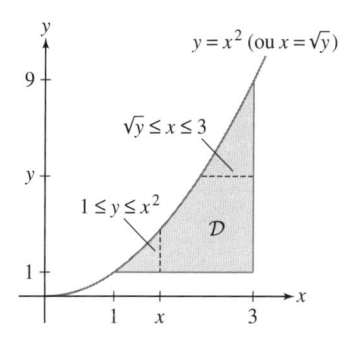

FIGURA 11 Descrevendo $\mathcal{D}$ como uma região horizontal ou verticalmente simples.

Se quisermos calcular o volume de uma região sólida do espaço que está delimitada por duas superfícies que ficam acima de um domínio $\mathcal{D}$ do plano xy, como na Figura 12, podemos usar a linearidade da integral dupla para encontrar uma fórmula.

TEOREMA 3   Suponha que $z_1(x, y)$ e $z_2(x, y)$ sejam funções integráveis em $\mathcal{D}$ e que $z_1(x, y) \leq z_2(x, y)$ em cada ponto de $\mathcal{D}$. Então o volume da região sólida delimitada pelas superfícies $z = z_1(x, y)$ e $z = z_2(x, y)$ é dado por

$$V = \iint_{\mathcal{D}} (z_2(x, y) - z_1(x, y)) \, dA$$

Demonstração   Inicialmente, supomos que $0 \leq z_1(x, y) \leq z_2(x, y)$ em cada (x, y) de $\mathcal{D}$, como na Figura 12. Então, se Q for a região sólida delimitada pelas duas superfícies e T for a região sólida entre a superfície de baixo e o plano xy, segue que

$$\text{Vol}(Q) = \text{Vol}(Q \cup T) - \text{Vol}(T)$$

$$= \iint_{\mathcal{D}} z_2(x, y) \, dA - \iint_{\mathcal{D}} z_1(x, y) \, dA = \iint_{\mathcal{D}} (z_2(x, y) - z_1(x, y)) \, dA$$

Um argumento análogo pode ser usado mesmo se as duas superfícies não estiverem acima do plano xy. $\blacksquare$

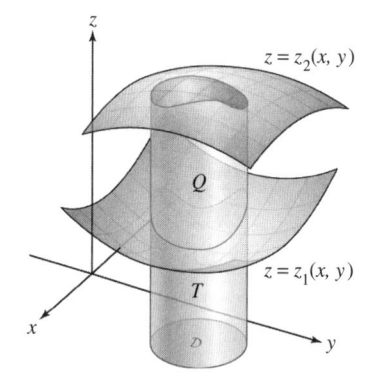

FIGURA 12 Encontrando o volume de um sólido Q delimitado por duas superfícies acima de um domínio $\mathcal{D}$.

■ **EXEMPLO 6**   Encontre o volume V do sólido delimitado acima e abaixo pelos paraboloides correspondentes a $z = 8 - x^2 - y^2$ e $z = x^2 + y^2$ e que fica acima do domínio $\mathcal{D} = \{(x, y) : -1 \leq x \leq 1, -1 \leq y \leq 1\}$.

Solução   A região sólida aparece na Figura 13. Podemos aplicar o Teorema 3 porque é verdade que, acima do domínio $\mathcal{D}$, o paraboloide dado por $z = 8 - x^2 - y^2$ fica sempre acima do paraboloide dado por $z = x^2 + y^2$.

$$V = \iint_{\mathcal{D}} (h_2(x, y) - h_1(x, y)) \, dA = \int_{-1}^1 \int_{-1}^1 ((8 - x^2 - y^2) - (x^2 + y^2)) \, dy \, dx$$

$$= \int_{-1}^1 \int_{-1}^1 (8 - 2x^2 - 2y^2) \, dy \, dx = \int_{-1}^1 \left(8y - 2x^2 y - \frac{2y^3}{3} \right)\Big|_{-1}^1 dx$$

$$= \int_{-1}^1 \left(8 - 2x^2 - \frac{2}{3} \right) - \left(-8 + 2x^2 + \frac{2}{3} \right) dx = \int_{-1}^1 \left(16 - 4x^2 - \frac{4}{3} \right) dx$$

$$= 16x - \frac{4x^3}{3} - \frac{4x}{3}\Big|_{-1}^1 = \left(16 - \frac{4}{3} - \frac{4}{3} \right) - \left(-16 + \frac{4}{3} + \frac{4}{3} \right) = 26\frac{2}{3} \qquad \blacksquare$$

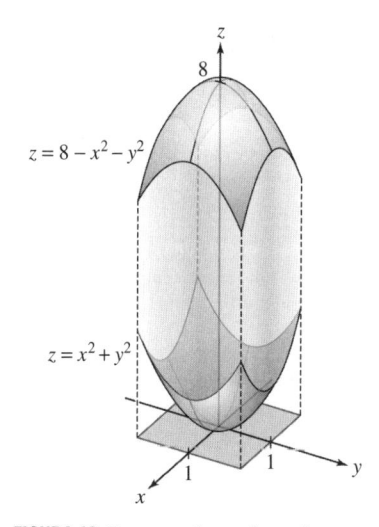

FIGURA 13 Encontrando o volume de um sólido delimitado por dois paraboloides acima de um quadrado.

No teorema seguinte, a parte (a) é um enunciado formal do fato de que funções maiores têm integrais maiores, algo que já havia sido observado no caso de uma variável. A parte (b) é útil para obter estimativas de integrais.

TEOREMA 4 Sejam $f(x, y)$ e $g(x, y)$ funções integráveis em $\mathcal{D}$.

(a) Se $f(x, y) \leq g(x, y)$ em cada $(x, y) \in \mathcal{D}$, então

$$\iint_\mathcal{D} f(x, y)\, dA \leq \iint_\mathcal{D} g(x, y)\, dA \qquad \boxed{6}$$

(b) Se $m \leq f(x, y) \leq M$ em cada $(x, y) \in \mathcal{D}$, então

$$m \cdot \text{Área}(\mathcal{D}) \leq \iint_\mathcal{D} f(x, y)\, dA \leq M \cdot \text{Área}(\mathcal{D}) \qquad \boxed{7}$$

Demonstração Se $f(x, y) \leq g(x, y)$, então cada soma de Riemann de $f(x, y)$ é menor do que ou igual à soma de Riemann de g correspondente:

$$\sum f(P_{ij})\, \Delta x_i\, \Delta y_j \leq \sum g(P_{ij})\, \Delta x_i\, \Delta y_j$$

Obtemos (6) tomando o limite. Agora suponha que $f(x, y) \leq M$ e aplique (6) com $g(x, y) = M$:

$$\iint_\mathcal{D} f(x, y)\, dA \leq \iint_\mathcal{D} M\, dA = M\, \text{Área}(\mathcal{D})$$

Isso prova uma metade da Equação (7). A outra metade decorre analogamente. ∎

■ **EXEMPLO 7** Obtenha uma estimativa de $\iint_\mathcal{D} \dfrac{dA}{\sqrt{x^2 + (y-2)^2}}$, sendo $\mathcal{D}$ o disco de raio 1 centrado na origem.

Solução A quantidade $\sqrt{x^2 + (y-2)^2}$ é a distância d entre (x, y) e $(0, 2)$ e vemos, na Figura 14, que $1 \leq d \leq 3$. Tomando recíprocos, obtemos

$$\frac{1}{3} \leq \frac{1}{\sqrt{x^2 + (y-2)^2}} \leq 1$$

Aplicamos a Equação (7) com $m = \tfrac{1}{3}$ e $M = 1$ e usamos o fato de que Área($\mathcal{D}$) $= \pi$ para obter

$$\frac{\pi}{3} \leq \iint_\mathcal{D} \frac{dA}{\sqrt{x^2 + (y-2)^2}} \leq \pi \qquad ∎$$

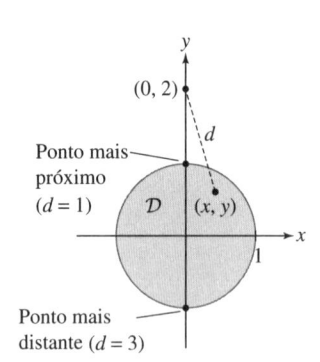

FIGURA 14 A distância d entre (x, y) e $(0, 2)$ varia entre 1 e 3 com (x, y) no disco unitário.

LEMBRETE A Equação (8) é análoga à definição de um valor médio em uma variável:

$$\overline{f} = \frac{1}{b - a} \int_a^b f(x)\, dx = \frac{\int_a^b f(x)\, dx}{\int_a^b 1\, dx}$$

Valor médio

O **valor médio** de uma função $f(x, y)$ num domínio $\mathcal{D}$, que denotamos por $\overline{f}$, é a quantidade

$$\boxed{\overline{f} = \frac{1}{\text{Área}(\mathcal{D})} \iint_\mathcal{D} f(x, y)\, dA = \frac{\iint_\mathcal{D} f(x, y)\, dA}{\iint_\mathcal{D} 1\, dA}} \qquad \boxed{8}$$

Equivalentemente, $\overline{f}$ é o valor satisfazendo a relação

$$\boxed{\iint_\mathcal{D} f(x, y)\, dA = \overline{f} \cdot \text{Área}(\mathcal{D})}$$

ENTENDIMENTO GRÁFICO A região sólida abaixo do gráfico tem o mesmo volume (com sinal) que o cilindro de base $\mathcal{D}$ e altura $\overline{f}$ (Figura 15).

■ **EXEMPLO 8** Um arquiteto precisa saber a altura média $\overline{H}$ do teto de uma pagode cuja base $\mathcal{D}$ é o quadrado $[-4, 4] \times [-4, 4]$ e o teto é o gráfico de

$$H(x, y) = 32 - x^2 - y^2$$

sendo as distâncias medidas em pés (Figura 16). Calcule $\overline{H}$.

Solução Primeiro, calculamos a integral de $H(x, y)$ em $\mathcal{D}$:

$$\iint_{\mathcal{D}} (32 - x^2 - y^2) \, dA = \int_{-4}^{4} \int_{-4}^{4} (32 - x^2 - y^2) \, dy \, dx$$

$$= \int_{-4}^{4} \left(\left(32y - x^2 y - \frac{1}{3} y^3 \right) \bigg|_{-4}^{4} \right) dx = \int_{-4}^{4} \left(\frac{640}{3} - 8x^2 \right) dx$$

$$= \left(\frac{640}{3} x - \frac{8}{3} x^3 \right) \bigg|_{-4}^{4} = \frac{4096}{3}$$

A área de $\mathcal{D}$ é $8 \times 8 = 64$, portanto a altura média do teto da pagode é

$$\overline{H} = \frac{1}{\text{Área}(\mathcal{D})} \iint_{\mathcal{D}} H(x, y) \, dA = \frac{1}{64} \left(\frac{4096}{3} \right) = \frac{64}{3} \approx 21{,}3 \text{ pés} \quad ■$$

O teorema do valor médio afirma que uma função contínua num domínio $\mathcal{D}$ deve atingir seu valor médio em algum ponto P de $\mathcal{D}$, desde que $\mathcal{D}$ seja fechado, limitado e, também, **conexo** (ver Exercício 67 para uma prova). Por definição, $\mathcal{D}$ é conexo se quaisquer dois pontos de $\mathcal{D}$ puderem ser ligados por uma curva em $\mathcal{D}$ (Figura 17).

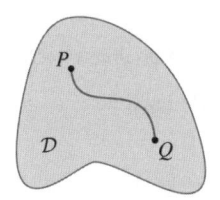

(A) Domínio conexo: quaisquer dois pontos podem ser ligados por uma curva inteiramente contida em $\mathcal{D}$.

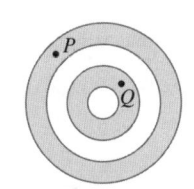

(B) Domínio desconexo.

FIGURA 17

TEOREMA 5   Teorema do valor médio para integrais duplas   Se $f(x, y)$ for contínua e $\mathcal{D}$ for fechado, limitado e conexo, então existe um pondo $P \in \mathcal{D}$ tal que

$$\iint_{\mathcal{D}} f(x, y) \, dA = f(P) \, \text{Área}(\mathcal{D)} \qquad \boxed{9}$$

Equivalentemente, $f(P) = \overline{f}$, sendo $\overline{f}$ o valor médio de f em $\mathcal{D}$.

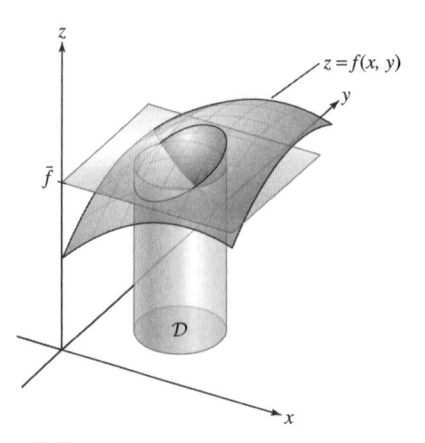

FIGURA 15

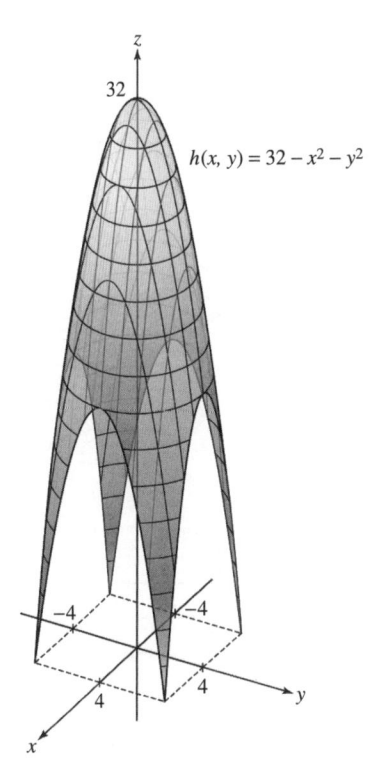

FIGURA 16 Uma pagode de teto $H(x, y) = 32 - x^2 - y^2$.

Decomposição de um domínio em domínios menores

As integrais duplas são aditivas em relação ao domínio: se $\mathcal{D}$ for a união de domínios $\mathcal{D}_1, \mathcal{D}_2, \ldots, \mathcal{D}_N$ que não se intersectam exceto, possivelmente, em curvas de fronteira (Figura 18), então

$$\iint_{\mathcal{D}} f(x, y) \, dA = \iint_{\mathcal{D}_1} f(x, y) \, dA + \cdots + \iint_{\mathcal{D}_N} f(x, y) \, dA$$

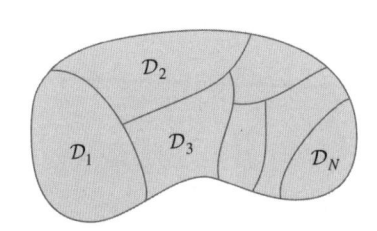

FIGURA 18 A região $\mathcal{D}$ é uma união de domínios menores.

A aditividade pode ser usada para calcular integrais duplas em domínios $\mathcal{D}$ que não sejam simples, mas que possam ser decompostos num número finito de domínios simples.

Terminamos esta seção com uma observação elementar, mas útil. Se $f(x, y)$ for uma função contínua num domínio *pequeno* $\mathcal{D}$, então

$$\iint_{\mathcal{D}} f(x, y)\, dA \approx \underbrace{f(P)\,\text{Área}(\mathcal{D})}_{\text{Valor da função} \times \text{área}} \qquad \boxed{10}$$

em que P é um ponto de amostragem qualquer em $\mathcal{D}$. De fato, podemos escolher P de tal maneira que (10) seja uma igualdade pelo Teorema 5. No entanto, se $\mathcal{D}$ for suficientemente pequeno, então f é quase constante em $\mathcal{D}$ e (10) vale como uma boa aproximação em qualquer $P \in \mathcal{D}$.

Se o domínio $\mathcal{D}$ não for pequeno, podemos particioná-lo em N subdomínios menores $\mathcal{D}_1, \ldots, \mathcal{D}_N$ e escolher pontos de amostragem P_j em $\mathcal{D}_j$. Pela aditividade,

$$\iint_{\mathcal{D}} f(x, y)\, dA = \sum_{j=1}^{N} \iint_{\mathcal{D}_j} f(x, y)\, dA \approx \sum_{j=1}^{N} f(P_j)\,\text{Área}(\mathcal{D}_j)$$

e, assim, obtemos a aproximação

$$\boxed{\iint_{\mathcal{D}} f(x, y)\, dA \approx \sum_{j=1}^{N} f(P_j)\,\text{Área}(\mathcal{D}_j)} \qquad \boxed{11}$$

Podemos pensar na Equação (11) como uma generalização da aproximação por soma de Riemann. Numa soma de Riemann, $\mathcal{D}$ é particionada em retângulos $\mathcal{R}_{ij}$ de área $\Delta A_{ij} = \Delta x_i\, \Delta y_j$.

■ **EXEMPLO 9** Dê uma estimativa de $\iint_{\mathcal{D}} f(x, y)\, dA$ no domínio $\mathcal{D}$ da Figura 19, usando as áreas e os valores da função dados ali e na tabela seguinte.

Solução

$$\iint_{\mathcal{D}} f(x, y)\, dA \approx \sum_{j=1}^{4} f(P_j)\,\text{Área}(\mathcal{D}_j)$$

$$= (1{,}8)(1) + (2{,}2)(1) + (2{,}1)(0{,}9) + (2{,}4)(1{,}2) \approx 8{,}8 \qquad ■$$

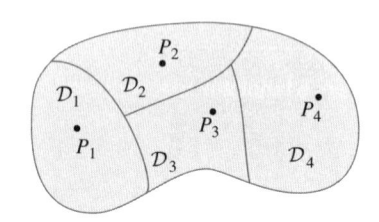

FIGURA 19

j	1	2	3	4
Área($\mathcal{D}_j$)	1	1	0,9	1,2
$f(P_j)$	1,8	2,2	2,1	2,4

15.2 Resumo

- Supomos que $\mathcal{D}$ seja um domínio fechado e limitado cuja fronteira seja uma curva fechada simples que é lisa ou tem um número finito de vértices. A integral dupla é definida por

$$\iint_{\mathcal{D}} f(x, y)\, dA = \iint_{\mathcal{R}} \tilde{f}(x, y)\, dA$$

em que $\mathcal{R}$ é um retângulo que contém $\mathcal{D}$ e $\tilde{f}(x, y) = f(x, y)$ com $(x, y) \in \mathcal{D}$ e, caso contrário, $\tilde{f}(x, y) = 0$. O valor da integral não depende da escolha de $\mathcal{R}$.
- A integral dupla define o volume com sinal entre o gráfico de $f(x, y)$ e o plano xy, sendo que a regiões sólidas abaixo do plano xy é associado um volume negativo.
- Dada qualquer constante C, $\iint_{\mathcal{D}} C\, dA = C \cdot \text{Área}(\mathcal{D})$.
- Se $\mathcal{D}$ for vertical ou horizontalmente simples, podemos calcular $\iint_{\mathcal{D}} f(x, y)\, dA$ como uma integral iterada:

Domínio verticalmente simples $a \leq x \leq b, \quad g_1(x) \leq y \leq g_2(x)$	$\int_a^b \int_{g_1(x)}^{g_2(x)} f(x,y)\,dy\,dx$
Domínio horizontalmente simples $c \leq y \leq d, \quad g_1(y) \leq x \leq g_2(y)$	$\int_c^d \int_{g_1(y)}^{g_2(y)} f(x,y)\,dx\,dy$

- Se $f(x,y) \leq g(x,y)$ em $\mathcal{D}$, então $\iint_\mathcal{D} f(x,y)\,dA \leq \iint_\mathcal{D} g(x,y)\,dA$.

- Se m for o valor mínimo e M o valor máximo de f em $\mathcal{D}$, então

$$m \cdot \text{Área}(\mathcal{D}) \leq \iint_\mathcal{D} f(x,y)\,dA \leq M \cdot \text{Área}(\mathcal{D})$$

- Se $z_1(x,y) \leq z_2(x,y)$ em cada ponto de $\mathcal{D}$, então o volume V da região sólida entre as superfícies $z = z_1(x,y)$ e $z = z_2(x,y)$ e acima de $\mathcal{D}$ é dado por

$$V = \iint_\mathcal{D} (z_2(x,y) - z_1(x,y))\,dA$$

- O *valor médio* de f em $\mathcal{D}$ é

$$\overline{f} = \frac{1}{\text{Área}(\mathcal{D})} \iint_\mathcal{D} f(x,y)\,dA = \frac{\iint_\mathcal{D} f(x,y)\,dA}{\iint_\mathcal{D} 1\,dA}$$

- O teorema do valor médio para integrais: se $f(x,y)$ for contínua e $\mathcal{D}$ for fechado, limitado e conexo, então existe algum ponto $P \in \mathcal{D}$ tal que

$$\iint_\mathcal{D} f(x,y)\,dA = f(P) \cdot \text{Área}(\mathcal{D})$$

Equivalentemente, $f(P) = \overline{f}$, em que $\overline{f}$ é o valor médio de f em $\mathcal{D}$.

- Aditividade em relação ao domínio: se $\mathcal{D}$ for uma união de domínios $\mathcal{D}_1, \ldots, \mathcal{D}_N$, sem interseção comum (exceto, possivelmente, em suas fronteiras), então

$$\iint_\mathcal{D} f(x,y)\,dA = \sum_{j=1}^{N} \iint_{\mathcal{D}_j} f(x,y)\,dA$$

- Se os domínios $\mathcal{D}_1, \ldots, \mathcal{D}_N$ forem pequenos e P_j for um ponto de amostragem em $\mathcal{D}_j$, então

$$\iint_\mathcal{D} f(x,y)\,dA \approx \sum_{j=1}^{N} f(P_j)\text{Área}(\mathcal{D}_j)$$

15.2 Exercícios

Exercícios preliminares

1. Quais das expressões seguintes não fazem sentido?

   (a) $\int_0^1 \int_1^x f(x,y)\,dy\,dx$ (b) $\int_0^1 \int_1^y f(x,y)\,dy\,dx$

   (c) $\int_0^1 \int_x^y f(x,y)\,dy\,dx$ (d) $\int_0^1 \int_x^1 f(x,y)\,dy\,dx$

2. Esboce um domínio no plano que não seja nem vertical nem horizontalmente simples.

3. Qual das quatro regiões na Figura 20 é o domínio de integração de

$$\int_{-\sqrt{2}/2}^{0} \int_{-x}^{\sqrt{1-x^2}} f(x,y)\,dy\,dx?$$

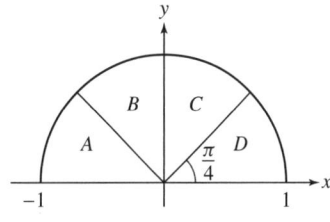

FIGURA 20

4. Seja $\mathcal{D}$ o círculo unitário. Se 4 for o valor máximo de $f(x,y)$ em $\mathcal{D}$, então o maior valor possível de $\iint_\mathcal{D} f(x,y)\,dA$ é (escolha a resposta correta):

   (a) 4   (b) 4π (c) $\dfrac{4}{\pi}$

Exercícios

1. Calcule as somas de Riemann de $f(x, y) = x - y$ no domínio $\mathcal{D}$ sombreado na Figura 21 com duas escolhas de pontos de amostragem, ● e ○. Qual dessas somas é uma aproximação melhor da integral de f em $\mathcal{D}$? Por quê?

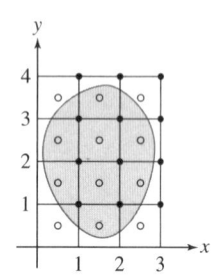

FIGURA 21

2. Na Figura 22 estão dados os valores aproximados de $f(x, y)$ em pontos de amostragem de uma grade. Dê uma estimativa de $\iint_{\mathcal{D}} f(x, y)\, dx\, dy$ no domínio sombreado calculando a soma de Riemann nos pontos de amostragem dados.

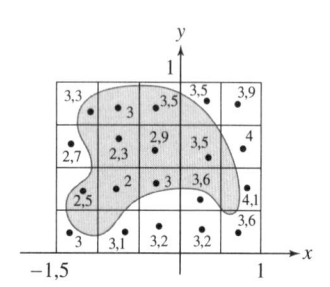

FIGURA 22

3. Expresse o domínio $\mathcal{D}$ na Figura 23 como uma região verticalmente simples e, também, como horizontalmente simples e calcule a integral de $f(x, y) = xy$ em $\mathcal{D}$ como uma integral iterada das duas maneiras.

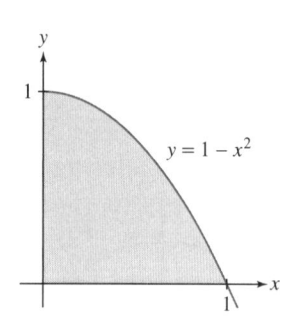

FIGURA 23

4. Esboce o domínio
$$\mathcal{D}: 0 \leq x \leq 1, \quad x^2 \leq y \leq 4 - x^2$$
e calcule $\iint_{\mathcal{D}} y\, dA$ como uma integral iterada.

Nos Exercícios 5-7, calcule a integral dupla de $f(x, y) = x^2 y$ no domínio sombreado na Figura 24.

5. (A)   6. (B)   7. (C)

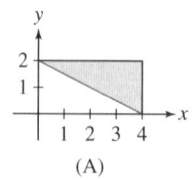

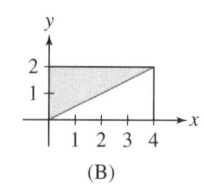

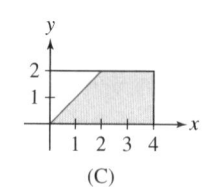

FIGURA 24

8. Esboce o domínio $\mathcal{D}$ definido por $x + y \leq 12$, $x \geq 4$, $y \geq 4$ e calcule $\iint_{\mathcal{D}} e^{x+y}\, dA$.

9. Integre $f(x, y) = x$ na região delimitada por $y = x^2$ e $y = x + 2$.

10. Esboce a região $\mathcal{D}$ entre $y = x^2$ e $y = x(1 - x)$. Expresse $\mathcal{D}$ como uma região simples e calcule a integral de $f(x, y) = 2y$ em $\mathcal{D}$.

11. Calcule $\iint_{\mathcal{D}} \dfrac{y}{x}\, dA$, sendo $\mathcal{D}$ a região sombreada do semicírculo de raio 2 da Figura 25.

12. Calcule a integral dupla de $f(x, y) = y^2$ no losango $\mathcal{R}$ da Figura 26.

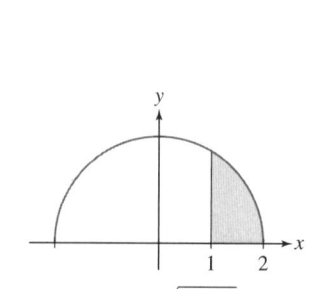

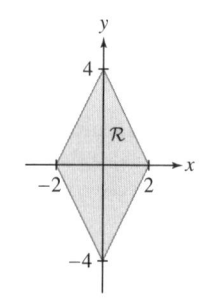

FIGURA 25 $y = \sqrt{4 - x^2}$.   **FIGURA 26** $|x| + \tfrac{1}{2}|y| \leq 1$.

13. Calcule a integral dupla de $f(x, y) = x + y$ no domínio $\mathcal{D} = \{(x, y) : x^2 + y^2 \leq 4,\ y \geq 0\}$.

14. Integre $f(x, y) = (x + y + 1)^{-2}$ no triângulo de vértices $(0, 0)$, $(4, 0)$ e $(0, 8)$.

15. Calcule a integral de $f(x, y) = x$ na região $\mathcal{D}$ limitada acima por $y = x(2 - x)$ e abaixo por $x = y(2 - y)$. *Sugestão:* use a fórmula de Bhaskara na curva de baixo para resolver y como função de x.

16. Integre $f(x, y) = x$ na região delimitada por $y = x$, $y = 4x - x^2$ e $y = 0$ de duas maneiras: como uma região verticalmente simples e como uma região horizontalmente simples.

Nos Exercícios 17-24, calcule a integral dupla de $f(x, y)$ no domínio $\mathcal{D}$ indicado.

17. $f(x, y) = x^2 y;\quad 1 \leq x \leq 3,\quad x \leq y \leq 2x + 1$
18. $f(x, y) = 1;\quad 0 \leq x \leq 1,\quad 1 \leq y \leq e^x$
19. $f(x, y) = x;\quad 0 \leq x \leq 1,\quad 1 \leq y \leq e^{x^2}$
20. $f(x, y) = \cos(2x + y);\quad \tfrac{1}{2} \leq x \leq \tfrac{\pi}{2},\quad 1 \leq y \leq 2x$
21. $f(x, y) = 2xy;$ delimitada por $x = y$, $x = y^2$
22. $f(x, y) = \operatorname{sen} x;$ delimitada por $x = 0$, $x = 1$, $y = \cos x$
23. $f(x, y) = e^{x+y};$ delimitada por $y = x - 1$, $y = 12 - x$ com $2 \leq y \leq 4$
24. $f(x, y) = (x + y)^{-1};$ delimitada por $y = x$, $y = 1$, $y = e$, $x = 0$

Nos Exercícios 25-28, esboce o domínio de integração e expresse como uma integral iterada na ordem inversa.

25. $\int_0^4 \int_x^4 f(x, y)\, dy\, dx$

26. $\int_4^9 \int_{\sqrt{y}}^3 f(x, y)\, dx\, dy$

27. $\int_4^9 \int_2^{\sqrt{y}} f(x, y)\, dx\, dy$

28. $\int_0^1 \int_{e^x}^e f(x, y)\, dy\, dx$

29. Esboce o domínio $\mathcal{D}$ correspondente a

$$\int_0^4 \int_{\sqrt{y}}^2 \sqrt{4x^2 + 5y}\, dx\, dy$$

Em seguida, troque a ordem de integração e calcule a integral.

30. Troque a ordem de integração e calcule

$$\int_0^1 \int_0^{\pi/2} x \cos(xy)\, dx\, dy$$

Explique a simplificação obtida com a troca de ordem.

31. Calcule a integral de $f(x, y) = (\ln y)^{-1}$ no domínio $\mathcal{D}$ delimitado por $y = e^x$ e $y = e^{\sqrt{x}}$. *Sugestão:* escolha a ordem de integração que permita calcular a integral.

32. Calcule trocando a ordem de integração:

$$\int_0^4 \int_{\sqrt{x}}^2 \operatorname{sen} y^3\, dy\, dx$$

Nos Exercícios 33-36, esboce o domínio de integração. Em seguida, troque a ordem de integração e calcule a integral. Explique a simplificação alcançada pela inversão de ordem.

33. $\int_0^1 \int_y^1 \frac{\operatorname{sen} x}{x}\, dx\, dy$

34. $\int_0^4 \int_{\sqrt{y}}^2 \sqrt{x^3 + 1}\, dx\, dy$

35. $\int_0^1 \int_{y=x}^1 xe^{y^3}\, dy\, dx$

36. $\int_0^1 \int_{y=x^{2/3}}^1 xe^{y^4}\, dy\, dx$

37. Esboce o domínio $\mathcal{D}$ em que $0 \le x \le 2$, $0 \le y \le 2$ e x ou y é maior do que 1. Então calcule $\iint_{\mathcal{D}} e^{x+y}\, dA$.

38. Calcule $\iint_{\mathcal{D}} e^x\, dA$, sendo $\mathcal{D}$ delimitado pelas retas $y = x + 1$, $y = x$, $x = 0$ e $x = 1$.

Nos Exercícios 39-42, calcule a integral dupla de $f(x, y)$ no triângulo indicado na Figura 27.

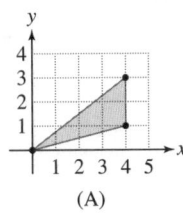

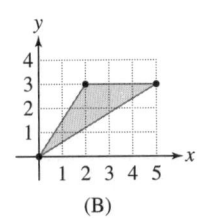

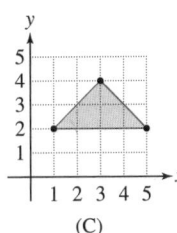

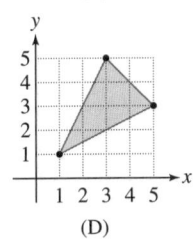

FIGURA 27

39. $f(x, y) = e^{x^2}$, (A)

40. $f(x, y) = 1 - 2x$, (B)

41. $f(x, y) = \dfrac{x}{y^2}$, (C)

42. $f(x, y) = x + 1$, (D)

43. Calcule a integral dupla de $f(x, y) = \dfrac{\operatorname{sen} y}{y}$ na região $\mathcal{D}$ na Figura 28.

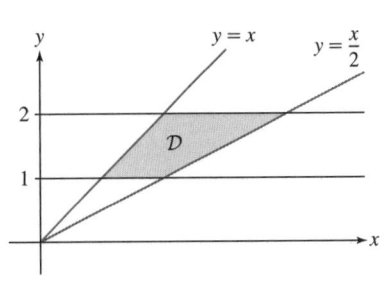

FIGURA 28

44. Calcule $\iint_{\mathcal{D}} x\, dA$ sendo $\mathcal{D}$ dado na Figura 29.

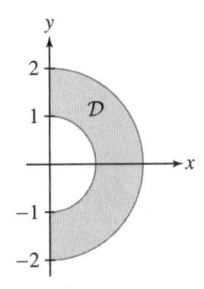

FIGURA 29

45. Encontre o volume da região delimitada por $z = 40 - 10y$, $z = 0$, $y = 0$ e $y = 4 - x^2$.

46. Encontre o volume da região delimitada por $z = 1 - y^2$ e $z = y^2 - 1$ com $0 \le x \le 2$.

47. Encontre o volume da região delimitada por $z = 16 - y$, $z = y$, $y = x^2$ e $y = 8 - x^2$.

48. Encontre o volume da região delimitada por $y = 1 - x^2$, $z = 1$, $y = 0$ e $z + y = 2$.

49. Monte uma integral dupla que dê o volume da região delimitada pelos dois paraboloides $z = x^2 + y^2$ e $z = 8 - x^2 - y^2$. (Não calcule a integral dupla.)

50. Monte uma integral dupla que dê o volume da região delimitada por $z = 1 - y^2$, $z = y$, $x = 0$, $y = 0$ e $x + y = 1$. (Não calcule a integral dupla.)

51. Calcule o valor médio de $f(x, y) = e^{x+y}$ no quadrado $[0, 1] \times [0, 1]$.

52. Calcule a altura média acima do eixo x de um ponto da região $0 \le x \le 1$, $0 \le y \le x^2$.

53. Encontre a altura média do "teto" da Figura 30, definido por $z = y^2 \operatorname{sen} x$, com $0 \le x \le \pi$, $0 \le y \le 1$.

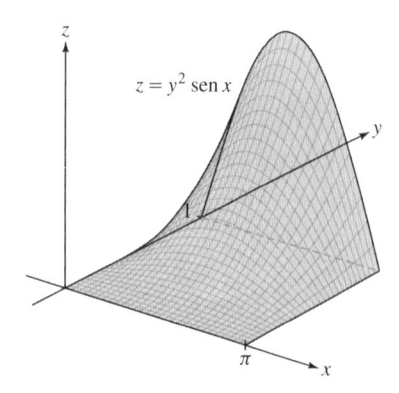

FIGURA 30

54. Calcule o valor médio da coordenada x de um ponto no semicírculo $x^2 + y^2 \leq R^2$, $x \geq 0$. Qual é o valor médio da coordenada y?

55. Qual é o valor médio da função linear
$$f(x, y) = mx + ny + p$$
na elipse $\left(\dfrac{x}{a}\right)^2 + \left(\dfrac{y}{b}\right)^2 \leq 1$? Argumente com simetria no lugar de contas.

56. Encontre a distância ao quadrado média da origem a um ponto no domínio $\mathcal{D}$ da Figura 31.

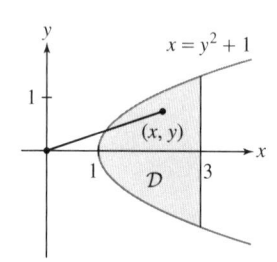

FIGURA 31

57. Seja $\mathcal{D}$ o retângulo $0 \leq x \leq 2$, $-\frac{1}{8} \leq y \leq \frac{1}{8}$, e considere $f(x, y) = \sqrt{x^3 + 1}$. Prove que
$$\iint_{\mathcal{D}} f(x, y)\, dA \leq \frac{3}{2}$$

58. (a) Use a desigualdade $0 \leq \operatorname{sen} x \leq x$ com $x \geq 0$ para mostrar que
$$\int_0^1 \int_0^1 \operatorname{sen}(xy)\, dx\, dy \leq \frac{1}{4}$$

(b) Use um sistema algébrico computacional para calcular a integral dupla com três casas decimais.

59. Prove a desigualdade $\iint_{\mathcal{D}} \dfrac{dA}{4 + x^2 + y^2} \leq \pi$, se $\mathcal{D}$ for o disco $x^2 + y^2 \leq 4$.

60. Seja $\mathcal{D}$ o domínio delimitado por $y = x^2 + 1$ e $y = 2$. Prove a desigualdade
$$\frac{4}{3} \leq \iint_{\mathcal{D}} (x^2 + y^2)\, dA \leq \frac{20}{3}$$

61. Seja $\overline{f}$ a média de $f(x, y) = xy^2$ em $\mathcal{D} = [0, 1] \times [0, 4]$. Encontre um ponto $P \in \mathcal{D}$ tal que $f(P) = \overline{f}$ (a existência de tal ponto é garantida pelo teorema do valor médio para integrais duplas).

62. Verifique a validade do teorema do valor médio para integrais duplas com $f(x, y) = e^{x-y}$ no triângulo delimitado por $y = 0$, $x = 1$ e $y = x$.

Nos Exercícios 63 e 64, use a Equação (11) para calcular a integral dupla.

63. A tabela seguinte lista as áreas dos subdomínios $\mathcal{D}_j$ do domínio $\mathcal{D}$ da Figura 32 e os valores de uma função $f(x, y)$ em pontos de amostragem $P_j \in \mathcal{D}_j$. Dê uma estimativa de $\iint_{\mathcal{D}} f(x, y)\, dA$.

j	1	2	3	4	5	6
Área($\mathcal{D}_j$)	1,2	1,1	1,4	0,6	1,2	0,8
$f(P_j)$	9	9,1	9,3	9,1	8,9	8,8

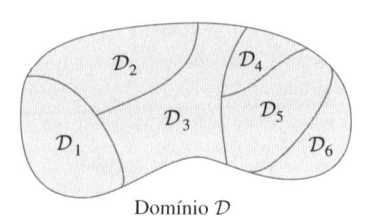

FIGURA 32

64. O domínio $\mathcal{D}$ entre os círculos de raios 5 e 5,2 no primeiro quadrante, dado na Figura 33, foi dividido em seis subdomínios de largura angular $\Delta\theta = \dfrac{\pi}{12}$; na figura também são dados os valores de uma função $f(x, y)$ em pontos de amostragem. Calcule a área dos subdomínios e dê uma estimativa de $\iint_{\mathcal{D}} f(x, y)\, dA$.

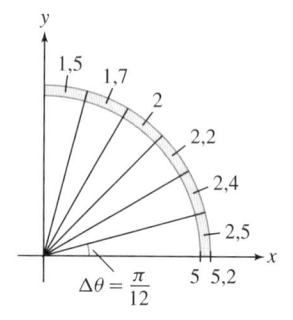

FIGURA 33

65. De acordo com a Equação (3), a área de um domínio $\mathcal{D}$ é igual a $\iint_{\mathcal{D}} 1\, dA$. Prove que se $\mathcal{D}$ for a região entre duas curvas $y = g_1(x)$ e $y = g_2(x)$ tais que $g_2(x) \leq g_1(x)$ com $a \leq x \leq b$, então
$$\iint_{\mathcal{D}} 1\, dA = \int_a^b (g_1(x) - g_2(x))\, dx$$

Compreensão adicional e desafios

66. Seja $\mathcal{D}$ um domínio fechado e conexo e sejam $P, Q \in \mathcal{D}$. O teorema do valor intermediário (TVI) afirma que se f for contínua em $\mathcal{D}$, então $f(x, y)$ atinge cada valor entre $f(P)$ e $f(Q)$ em algum ponto de $\mathcal{D}$.
   (a) Mostre, obtendo um contraexemplo, que o TVI é falso se $\mathcal{D}$ não for conexo.
   (b) Prove o TVI como segue: seja $\mathbf{r}(t)$ um caminho tal que $\mathbf{r}(0) = P$ e $\mathbf{r}(1) = Q$ (tal caminho existe porque $\mathcal{D}$ é conexo). Aplique o TVI de uma variável à função composta $f(\mathbf{r}(t))$.

67. Use o fato de que uma função contínua num domínio fechado e limitado $\mathcal{D}$ atinge um valor mínimo m e um valor máximo M, junto ao Teorema 3, para provar que o valor médio $\overline{f}$ fica entre m e M. Então use o TVI do Exercício 66 para provar o teorema do valor médio para integrais duplas.

68. Seja $f(y)$ uma função só de y e defina $G(t) = \int_0^t \int_0^x f(y) \, dy \, dx$.
   (a) Use o teorema fundamental do Cálculo para provar que $G''(t) = f(t)$.
   (b) Trocando a ordem de integração na integral iterada, mostre que $G(t) = \int_0^t (t - y) f(y) \, dy$. Isso mostra que a "antiderivada segunda" de $f(y)$ pode ser dada como uma integral simples.

15.3 Integrais triplas

As integrais triplas de funções $f(x, y, z)$ de três variáveis são uma generalização bastante imediata das integrais duplas. Em vez de um retângulo no plano, nosso domínio é uma caixa (Figura 1)

$$\mathcal{B} = [a, b] \times [c, d] \times [p, q]$$

consistindo em todos os pontos (x, y, z) de $\mathbf{R}^3$ tais que

$$a \leq x \leq b, \quad c \leq y \leq d, \quad p \leq z \leq q$$

Para integrar nessa caixa, subdividimos a caixa (como sempre) em subcaixas

$$\mathcal{B}_{ijk} = [x_{i-1}, x_i] \times [y_{j-1}, y_j] \times [z_{k-1}, z_k]$$

escolhendo partições dos três intervalos

$$a = x_0 < x_1 < \cdots < x_N = b$$
$$c = y_0 < y_1 < \cdots < y_M = d$$
$$p = z_0 < z_1 < \cdots < z_L = q$$

Aqui N, M e L são inteiros positivos. O volume de $\mathcal{B}_{ijk}$ é $\Delta V_{ijk} = \Delta x_i \, \Delta y_j \, \Delta z_k$, sendo

$$\Delta x_i = x_i - x_{i-1}, \quad \Delta y_j = y_j - y_{j-1}, \quad \Delta z_k = z_k - z_{k-1}$$

Em seguida, escolhemos um ponto de amostragem P_{ijk} em cada caixa $\mathcal{B}_{ijk}$ e formamos a soma de Riemann:

$$S_{N,M,L} = \sum_{i=1}^{N} \sum_{j=1}^{M} \sum_{k=1}^{L} f(P_{ijk}) \, \Delta V_{ijk}$$

Como na Seção 15.1, escrevemos $\mathcal{P} = \{\{x_i\}, \{y_j\}, \{z_k\}\}$ para a partição e tomamos $\|\mathcal{P}\|$ como o máximo dos comprimentos Δx_i, Δy_j, Δz_k. Se as somas $S_{N,M,L}$ tenderem a um limite se $\|\mathcal{P}\| \to 0$, com quaisquer escolhas de pontos de amostragem, dizemos que f é **integrável** em $\mathcal{B}$. O valor do limite é denotado por

$$\iiint_{\mathcal{B}} f(x, y, z) \, dV = \lim_{\|\mathcal{P}\| \to 0} S_{N,M,L}$$

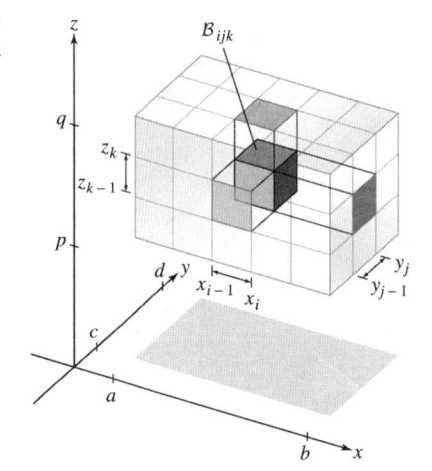

FIGURA 1 A caixa $\mathcal{B} = [a, b] \times [c, d] \times [p, q]$ decomposta em subcaixas.

As integrais triplas têm muitas das mesmas propriedades das integrais duplas e simples. As propriedades de linearidade são satisfeitas, e funções contínuas são integráveis em caixas. Além disso, as integrais triplas podem ser calculadas como integrais iteradas.

A notação dA, usada nas seções precedentes, sugere área e ocorre nas integrais duplas em domínios do plano. Analogamente, dV sugere volume e é usado na notação das integrais triplas.

TEOREMA 1   Teorema de Fubini para integrais triplas   A integral tripla de uma função contínua $f(x, y, z)$ numa caixa $\mathcal{B} = [a, b] \times [c, d] \times [p, q]$ é igual à integral iterada:

$$\iiint_\mathcal{B} f(x, y, z)\, dV = \int_{x=a}^{b} \int_{y=c}^{d} \int_{z=p}^{q} f(x, y, z)\, dz\, dy\, dx$$

Além disso, a integral iterada pode ser calculada em qualquer ordem.

Como observamos no teorema, temos liberdade de calcular a integral iterada em qualquer ordem (existem seis ordens diferentes). Por exemplo,

$$\int_{x=a}^{b} \int_{y=c}^{d} \int_{z=p}^{q} f(x, y, z)\, dz\, dy\, dx = \int_{z=p}^{q} \int_{y=c}^{d} \int_{x=a}^{b} f(x, y, z)\, dx\, dy\, dz$$

■ **EXEMPLO 1   Integração numa caixa**   Calcule a integral $\iiint_\mathcal{B} x^2 e^{y+3z}\, dV$, em que $\mathcal{B} = [1, 4] \times [0, 3] \times [2, 6]$.

Solução   Escrevemos essa integral tripla como uma integral iterada:

$$\iiint_\mathcal{B} x^2 e^{y+3z}\, dV = \int_1^4 \int_0^3 \int_2^6 x^2 e^{y+3z}\, dz\, dy\, dx$$

Passo 1. **Calcular a integral de dentro em relação a z, mantendo x e y constantes.**

$$\int_{z=2}^{6} x^2 e^{y+3z}\, dz = \frac{1}{3} x^2 e^{y+3z} \Big|_2^6 = \frac{1}{3} x^2 e^{y+18} - \frac{1}{3} x^2 e^{y+6} = \frac{1}{3}(e^{18} - e^6) x^2 e^y$$

Passo 2. **Calcular a integral do meio em relação a y, mantendo x constante.**

$$\int_{y=0}^{3} \frac{1}{3}(e^{18} - e^6) x^2 e^y\, dy = \frac{1}{3}(e^{18} - e^6) x^2 \int_{y=0}^{3} e^y\, dy = \frac{1}{3}(e^{18} - e^6)(e^3 - 1) x^2$$

Passo 3. **Calcular a integral de fora em relação a x.**

$$\iiint_\mathcal{B} (x^2 e^{y+3z})\, dV = \frac{1}{3}(e^{18} - e^6)(e^3 - 1) \int_{x=1}^{4} x^2\, dx = 7(e^{18} - e^6)(e^3 - 1) \quad ■$$

Observe que, no exemplo precedente, o integrando fatora num produto de três funções $f(x, y, z) = g(x) h(y) k(z)$, a saber,

$$f(x, y, z) = x^2 e^{y+3z} = x^2 e^y e^{3z}$$

Por isso, a integral tripla pode ser calculada simplesmente como o produto de três integrais simples:

$$\iiint_\mathcal{B} x^2 e^y e^{3z}\, dV = \left(\int_1^4 x^2\, dx \right) \left(\int_0^3 e^y\, dy \right) \left(\int_2^6 e^{3z}\, dz \right)$$

$$= (21)(e^3 - 1) \left(\frac{e^{18} - e^6}{3} \right) = 7(e^{18} - e^6)(e^3 - 1)$$

Em seguida, em vez de numa caixa, integramos numa região sólida $\mathcal{W}$ que é *simples em z* como na Figura 2. Em outras palavras, $\mathcal{W}$ é a região entre duas superfícies $z = z_1(x, y)$ e $z = z_2(x, y)$ acima de um domínio $\mathcal{D}$ do plano xy. Nesse caso,

$$\mathcal{W} = \{(x, y, z) : (x, y) \in \mathcal{D} \quad \text{e} \quad z_1(x, y) \leq z \leq z_2(x, y)\} \qquad \boxed{1}$$

O domínio $\mathcal{D}$ é a **projeção** de $\mathcal{W}$ sobre o plano xy.

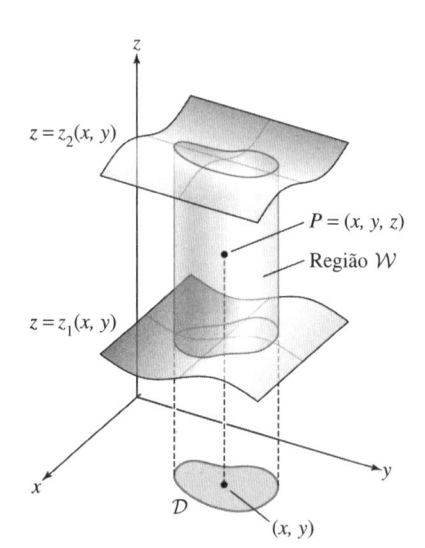

FIGURA 2 O ponto $P = (x, y, z)$ está na região simples em z $\mathcal{W}$ se $(x, y) \in \mathcal{D}$ e $z_1(x, y) \leq z \leq z_2(x, y)$.

Formalmente, como no caso de integrais duplas, definimos a integral tripla de $f(x, y, z)$ em $\mathcal{W}$ por

$$\iiint_{\mathcal{W}} f(x, y, z)\, dV = \iiint_{\mathcal{B}} \tilde{f}(x, y, z)\, dV$$

em que $\mathcal{B}$ é uma caixa que contém $\mathcal{W}$ e $\tilde{f}$ é a função que é igual a f em $\mathcal{W}$ e é igual a zero fora de $\mathcal{W}$. A integral tripla existe se $z_1(x, y)$, $z_2(x, y)$ e o integrando f forem contínuas. No entanto, na prática, calculamos integrais triplas como integrais iteradas. Isso é justificado pelo teorema seguinte, cuja prova é análoga à do Teorema 2 da Seção 15.2.

TEOREMA 2 A integral tripla de uma função contínua f no domínio

$$\mathcal{W} : (x, y) \in \mathcal{D}, \quad z_1(x, y) \leq z \leq z_2(x, y)$$

e é igual à integral iterada

$$\iiint_{\mathcal{W}} f(x, y, z)\, dV = \iint_{\mathcal{D}} \left(\int_{z=z_1(x,y)}^{z_2(x,y)} f(x, y, z)\, dz \right) dA$$

O que está faltando na nossa discussão é a interpretação geométrica das integrais triplas. Uma integral dupla representa o volume com sinal da região tridimensional entre um gráfico $z = f(x, y)$ e o plano xy. O gráfico de uma função $f(x, y, z)$ de três variáveis vive *no espaço de quatro dimensões* e, portanto, uma integral tripla representa um volume de dimensão quatro. Esse volume é difícil, ou impossível, de visualizar. Por outro lado, as integrais triplas representam muitos outros tipos de quantidades. Alguns exemplos são massa total, valor médio, probabilidades e centros de massa (ver Seção 15.5).

Além disso, o volume V de uma região sólida $\mathcal{W}$ é definido como a integral tripla da função constante $f(x, y, z) = 1$:

$$V = \iiint_{\mathcal{W}} 1\, dV \qquad \boxed{2}$$

Em particular, se $\mathcal{W}$ for uma região simples em z entre $z = h_1(x, y)$ e $z = h_2(x, y)$, então

$$\iiint_{\mathcal{W}} 1\, dV = \iint_{\mathcal{D}} \left(\int_{z=h_1(x,y)}^{h_2(x,y)} 1\, dz \right) dA = \iint_{\mathcal{D}} (h_2(x, y) - h_1(x, y))\, dA$$

Assim, a integral tripla é igual à integral dupla que define o volume da região entre as duas superfícies.

■ **EXEMPLO 2** **Região sólida de base retangular** Calcule $\iiint_{\mathcal{W}} z\, dV$ se $\mathcal{W}$ for a região entre os planos $z = x + y$ e $z = 3x + 5y$ que fica acima do retângulo $\mathcal{D} = [0, 3] \times [0, 2]$ (Figura 3).

Solução Aplicamos o Teorema 2 com $z_1(x, y) = x + y$ e $z_2(x, y) = 3x + 5y$:

$$\iiint_{\mathcal{W}} z\, dV = \iint_{\mathcal{D}} \left(\int_{z=x+y}^{3x+5y} z\, dz \right) dA = \int_{x=0}^{3} \int_{y=0}^{2} \int_{z=x+y}^{3x+5y} z\, dz\, dy\, dx$$

Passo 1. **Calcular a integral de dentro em relação a z.**

$$\int_{z=x+y}^{3x+5y} z\, dz = \frac{1}{2} z^2 \bigg|_{z=x+y}^{3x+5y} = \frac{1}{2}(3x + 5y)^2 - \frac{1}{2}(x + y)^2 = 4x^2 + 14xy + 12y^2 \qquad \boxed{3}$$

Mais geralmente, as integrais de funções de n variáveis (qualquer n) surgem naturalmente em muitos contextos diferentes. Por exemplo, a distância média entre dois pontos numa bola é expressa como um integral de seis variáveis, porque integramos em todas as coordenadas possíveis de dois pontos. Cada ponto tem três coordenadas, num total de seis variáveis.

A Equação (2) é o análogo do que já foi visto: a área A de uma região $\mathcal{R}$ do plano xy é dada pela integral dupla da função constante 1 na região: $A = \iint_{\mathcal{R}} 1\, dA$.

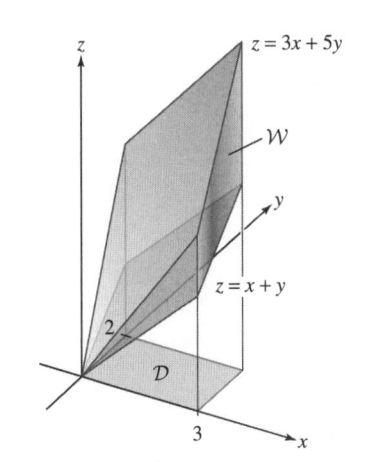

FIGURA 3 A região $\mathcal{W}$ entre os planos $z = x + y$ e $z = 3x + 5y$ e acima de $\mathcal{D} = [0, 3] \times [0, 2]$.

Passo 2. **Calcular o resultado em relação a y.**

$$\int_{y=0}^{2} (4x^2 + 14xy + 12y^2)\,dy = (4x^2 y + 7xy^2 + 4y^3)\Big|_{y=0}^{2} = 8x^2 + 28x + 32$$

Passo 3. **Calcular o resultado em relação a x.**

$$\iiint_{\mathcal{W}} z\,dV = \int_{x=0}^{3} (8x^2 + 28x + 32)\,dx = \left(\frac{8}{3}x^3 + 14x^2 + 32x\right)\Big|_{0}^{3}$$

$$= 72 + 126 + 96 = 294 \qquad \blacksquare$$

■ **EXEMPLO 3** **Região sólida de base triangular** Calcule $\iiint_{\mathcal{W}} z\,dV$ se $\mathcal{W}$ for a região na Figura 4.

Solução Isso é semelhante ao exemplo precedente, mas agora $\mathcal{W}$ fica acima do triângulo $\mathcal{D}$ do plano xy definido por

$$0 \le x \le 1, \qquad 0 \le y \le 1 - x$$

Assim, a integral tripla é igual à integral iterada:

$$\iiint_{\mathcal{W}} z\,dV = \iint_{\mathcal{D}} \left(\int_{z=x+y}^{3x+5y} z\,dz\right) dA = \underbrace{\int_{x=0}^{1} \int_{y=0}^{1-x}}_{\text{Integral no triângulo}} \int_{z=x+y}^{3x+5y} z\,dz\,dy\,dx$$

Calculamos a integral de dentro como no exemplo precedente [ver Equação (3)]:

$$\int_{z=x+y}^{3x+5y} z\,dz = \frac{1}{2}z^2\Big|_{x+y}^{3x+5y} = 4x^2 + 14xy + 12y^2$$

Em seguida, integramos em relação a y:

$$\int_{y=0}^{1-x} (4x^2 + 14xy + 12y^2)\,dy = (4x^2 y + 7xy^2 + 4y^3)\Big|_{y=0}^{1-x}$$

$$= 4x^2(1-x) + 7x(1-x)^2 + 4(1-x)^3$$

$$= 4 - 5x + 2x^2 - x^3$$

Finalmente,

$$\iiint_{\mathcal{W}} z\,dV = \int_{x=0}^{1} (4 - 5x + 2x^2 - x^3)\,dx$$

$$= 4 - \frac{5}{2} + \frac{2}{3} - \frac{1}{4} = \frac{23}{12} \qquad \blacksquare$$

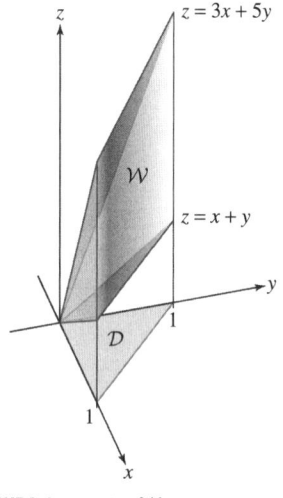

FIGURA 4 A região $\mathcal{W}$ entre os planos $z = x + y$ e $z = 3x + 5y$ e acima do triângulo $\mathcal{D}$.

■ **EXEMPLO 4** **Região entre superfícies que se intersectam** Integre $f(x, y, z) = x$ na região $\mathcal{W}$ delimitada acima por $z = 4 - x^2 - y^2$ e abaixo por $z = x^2 + 3y^2$ no octante $x \ge 0, y \ge 0, z \ge 0$.

Solução A região $\mathcal{W}$ é simples em z, portanto

$$\iiint_{\mathcal{W}} x\,dV = \iint_{\mathcal{D}} \int_{z=x^2+3y^2}^{4-x^2-y^2} x\,dz\,dA$$

sendo $\mathcal{D}$ a projeção de $\mathcal{W}$ sobre o plano xy. Para calcular a integral em $\mathcal{D}$, devemos encontrar a equação da parte curvilínea da fronteira de $\mathcal{D}$.

Passo 1. **Encontrar a fronteira de $\mathcal{D}$.**

As superfícies superior e inferior intersectam nos pontos que têm a mesma altura:

$$4 - x^2 - y^2 = z = x^2 + 3y^2 \qquad \text{ou} \qquad x^2 + 2y^2 = 2$$

Portanto, como vemos na Figura 5, $\mathcal{W}$ projeta sobre o domínio $\mathcal{D}$ que consiste na quarta parte da elipse $x^2 + 2y^2 = 2$ que está no primeiro quadrante. Essa elipse corta os eixos em $(\sqrt{2}, 0)$ e $(0, 1)$.

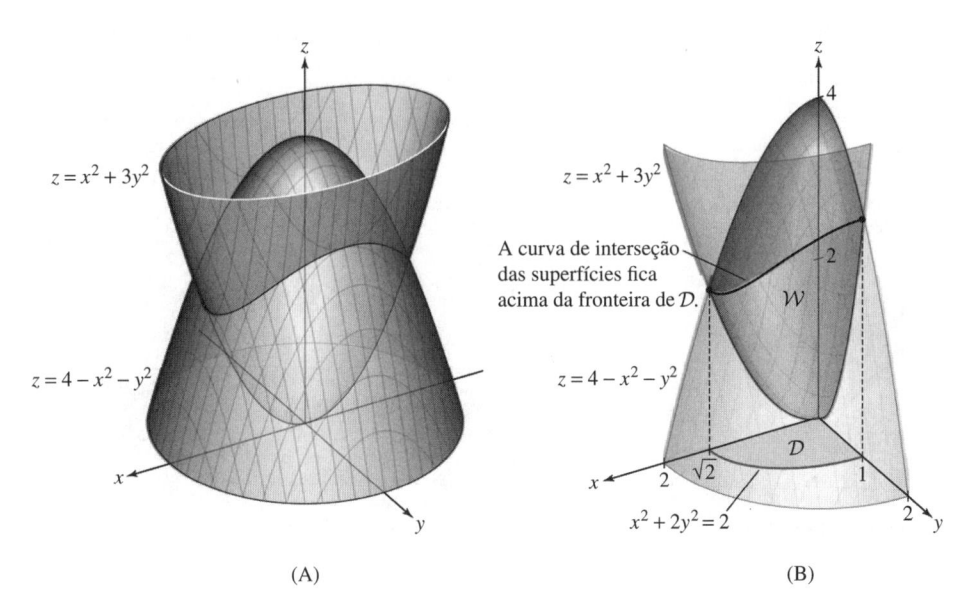

FIGURA 5 A região $x^2 + 3y^2 \le z \le 4 - x^2 - y^2$.

Passo 2. Expressar $\mathcal{D}$ como um domínio simples.
Como $\mathcal{D}$ é vertical e horizontalmente simples, podemos integrar na ordem $dy\,dx$ ou na ordem $dx\,dy$. Escolhendo $dx\,dy$, temos que y varia de 0 a 1 e o domínio é descrito por

$$\mathcal{D}: 0 \le y \le 1, \quad 0 \le x \le \sqrt{2 - 2y^2}$$

Passo 3. Escrever a integral tripla como uma integral iterada.

$$\iiint_{\mathcal{W}} x\,dV = \int_{y=0}^{1} \int_{x=0}^{\sqrt{2-2y^2}} \int_{z=x^2+3y^2}^{4-x^2-y^2} x\,dz\,dx\,dy$$

Passo 4. Calcular.
Aqui estão os resultados de calcular as integrais em ordem:

Integral de dentro: $\displaystyle\int_{z=x^2+y^2}^{4-x^2-y^2} x\,dz = xz\Big|_{z=x^2+3y^2}^{4-x^2-y^2} = 4x - 2x^3 - 4y^2 x$

Integral do meio: $\displaystyle\int_{x=0}^{\sqrt{2-2y^2}} (4x - 2x^3 - 4y^2 x)\,dx = \left(2x^2 - \frac{1}{2}x^4 - 2x^2 y^2\right)\Big|_{x=0}^{\sqrt{2-2y^2}}$

$$= 2 - 4y^2 + 2y^4$$

Integral tripla: $\displaystyle\iiint_{\mathcal{W}} x\,dV = \int_0^1 (2 - 4y^2 + 2y^4)\,dy = 2 - \frac{4}{3} + \frac{2}{5} = \frac{16}{15}$ ∎

Até aqui, calculamos integrais triplas projetando a região $\mathcal{W}$ sobre um domínio $\mathcal{D}$ do plano xy. Podemos integrar da mesma maneira projetando sobre domínios dos planos xz ou yz. Por exemplo, se $\mathcal{W}$ for a região entre os gráficos de $x = x_1(y, z)$ e $x = x_2(y, z)$ acima de um domínio $\mathcal{D}$ do plano yz (Figura 6), então

$$\iiint_{\mathcal{W}} f(x,y,z)\,dV = \iint_{\mathcal{D}} \left(\int_{x=x_1(y,z)}^{x_2(y,z)} f(x,y,z)\,dx\right) dA$$

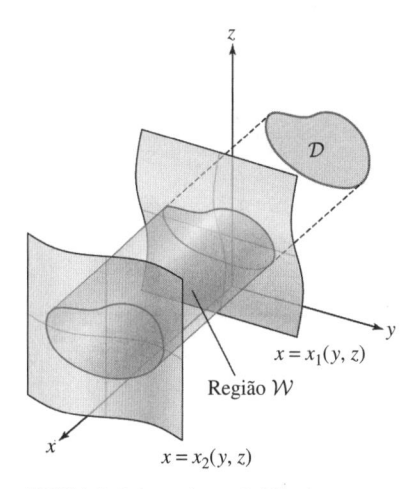

FIGURA 6 $\mathcal{D}$ é a projeção de $\mathcal{W}$ sobre o plano yz.

EXEMPLO 5 Escrevendo uma integral tripla de três maneiras A região $\mathcal{W}$ da Figura 7 é delimitada por

$$z = 4 - y^2, \qquad y = 2x, \qquad z = 0, \qquad x = 0$$

Expresse $\iiint_{\mathcal{W}} xyz\, dV$ como uma integral iterada de três maneiras, projetando sobre cada um dos três planos coordenados (mas não calcule).

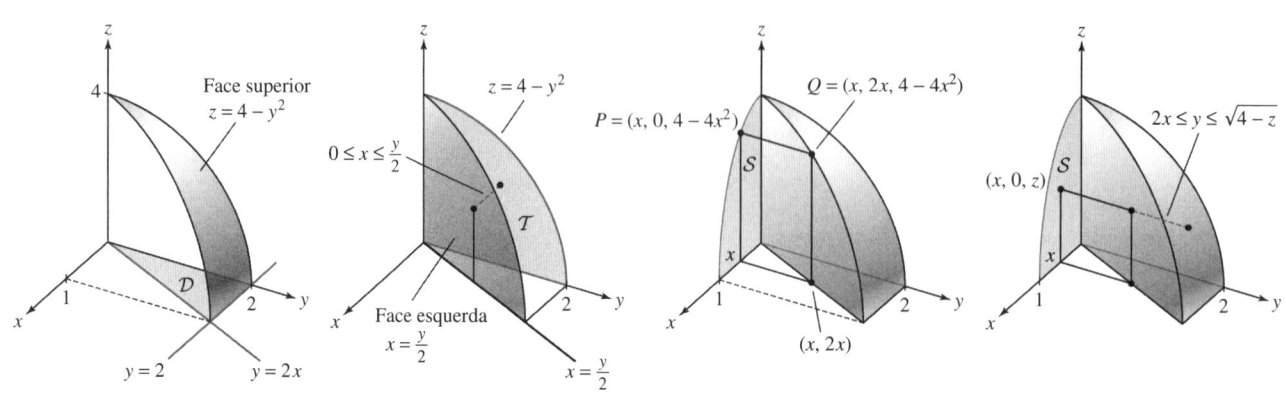

(A) Projeção sobre o plano xy.
(B) Projeção sobre o plano yz.
(C) Projeção sobre o plano xz.
(D) As coordenadas y dos pontos do sólido satisfazem $2x \leq y \leq \sqrt{4-z}$.

FIGURA 7

É possível conferir que as três maneiras de escrever a integral no Exemplo 5 dão a mesma resposta:

$$\iiint_{\mathcal{W}} xyz\, dV = \frac{2}{3}$$

Solução Consideramos separadamente cada plano coordenado.

Passo 1. **O plano xy.**

Essa é uma região simples em z. A face superior $z = 4 - y^2$ intersecta o primeiro quadrante do plano xy ($z = 0$) na reta $y = 2$ [Figura 7(A)]. Portanto, a projeção de $\mathcal{W}$ sobre o plano xy é um triângulo $\mathcal{D}$ definido por $0 \leq x \leq 1$, $2x \leq y \leq 2$, e

$$\mathcal{W}: 0 \leq x \leq 1, \quad 2x \leq y \leq 2, \quad 0 \leq z \leq 4 - y^2$$

$$\iiint_{\mathcal{W}} xyz\, dV = \int_{x=0}^{1} \int_{y=2x}^{2} \int_{z=0}^{4-y^2} xyz\, dz\, dy\, dx \qquad \boxed{4}$$

Passo 2. **O plano yz.**

Essa é uma região simples em x. A projeção de $\mathcal{W}$ sobre o plano yz é o domínio $\mathcal{T}$ [Figura 7(B)]:

$$\mathcal{T}: 0 \leq y \leq 2, \quad 0 \leq z \leq 4 - y^2$$

A região $\mathcal{W}$ consiste em todos os pontos que ficam entre $\mathcal{T}$ e a "face esquerda" $x = \frac{1}{2}y$. Em outras palavras, a coordenada x precisa satisfazer $0 \leq x \leq \frac{1}{2}y$. Assim,

$$\mathcal{W}: 0 \leq y \leq 2, \quad 0 \leq z \leq 4 - y^2, \quad 0 \leq x \leq \frac{1}{2}y$$

$$\iiint_{\mathcal{W}} xyz\, dV = \int_{y=0}^{2} \int_{z=0}^{4-y^2} \int_{x=0}^{y/2} xyz\, dx\, dz\, dy$$

Passo 3. **O plano xz.**

Essa é uma região simples em y. O desafio nesse caso é determinar a projeção de $\mathcal{W}$ sobre o plano xz, ou seja, a região $\mathcal{S}$ da Figura 7(C). Precisamos encontrar a equação da fronteira de $\mathcal{S}$. Um ponto P dessa curva é a projeção de um ponto $Q = (x, y, z)$ da fronteira da face esquerda. Como Q está tanto no plano $y = 2x$ quanto na superfície $z = 4 - y^2$, temos $Q = (x, 2x, 4 - 4x^2)$. A projeção de Q é $P = (x, 0, 4 - 4x^2)$. Vemos que a projeção de $\mathcal{W}$ sobre o plano xz é o domínio

$$\mathcal{S}: 0 \leq x \leq 1, \quad 0 \leq z \leq 4 - 4x^2$$

Isso nos dá os limites das variáveis x e z, de modo que a integral tripla pode ser escrita como

$$\iiint_{\mathcal{W}} xyz\, dV = \int_{x=0}^{1} \int_{z=0}^{4-4x^2} \int_{y=??}^{??} xyz\, dy\, dz\, dx$$

Quais são os limites de y? A equação da face superior $z = 4 - y^2$ pode ser escrita como $y = \sqrt{4-z}$. Usando a Figura 7(D), vemos que $\mathcal{W}$ está limitada pela face esquerda $y = 2x$ e pela face superior $y = \sqrt{4-z}$. Em outras palavras, a coordenada y de um ponto de $\mathcal{W}$ satisfaz

$$2x \leq y \leq \sqrt{4-z}$$

Agora podemos escrever a integral tripla como a integral iterada seguinte:

$$\iiint_{\mathcal{W}} xyz\, dV = \int_{x=0}^{1} \int_{z=0}^{4-4x^2} \int_{y=2x}^{\sqrt{4-z}} xyz\, dy\, dz\, dx \qquad \blacksquare$$

O **valor médio** de uma função de três variáveis é definido como no caso de duas variáveis:

$$\overline{f} = \frac{1}{\text{Volume}(\mathcal{W})} \iiint_{\mathcal{W}} f(x,y,z)\, dV \qquad \boxed{5}$$

em que $\text{Volume}(\mathcal{W}) = \iiint_{\mathcal{W}} 1\, dV$. E, como no caso de duas variáveis, $\overline{f}$ fica entre os valores mínimo e máximo de f em $\mathcal{D}$, e vale o teorema do valor médio: se $\mathcal{W}$ for conexo e f for contínua em $\mathcal{W}$, então existirá algum ponto $P \in \mathcal{W}$ tal que $f(P) = \overline{f}$.

■ **EXEMPLO 6** Um pedaço de cristal sólido $\mathcal{W}$ do primeiro octante do espaço é delimitado pelos cinco planos dados por $z = 0, y = 0, x = 0, x + z = 1$ e $x + y + z = 3$. A temperatura em cada ponto do cristal é dada por $T(x, y, z) = x$ em graus Celsius. Encontre a temperatura média dos pontos do cristal.

Solução Para encontrar a temperatura média, precisamos encontrar, antes, o volume. A região $\mathcal{W}$ que aparece na Figura 8 não é simples em z porque não há uma só superfície definindo o topo. Tampouco é simples em x porque não há uma só superfície definindo o lado esquerdo. No entanto, é simples em y porque fica entre os planos dados por $x + y + z = 3$ e $y = 0$, projetando sobre o triângulo do plano xz dado por $0 \leq x \leq 1, 0 \leq z \leq 1 - x$. Então $\mathcal{W}$ pode ser descrito por

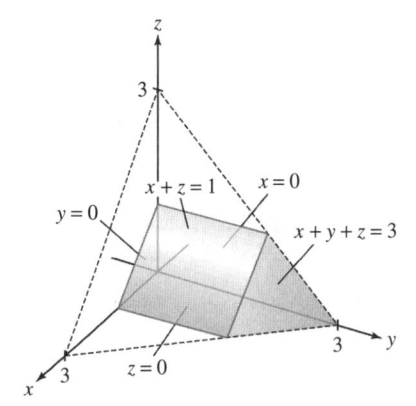

$$0 \leq x \leq 1, \quad 0 \leq z \leq 1 - x, \quad 0 \leq y \leq 3 - x - z$$

FIGURA 8 Encontrando a temperatura média de um cristal.

$$\text{Volume}(\mathcal{W}) = \iiint_{\mathcal{W}} dV = \int_{x=0}^{1} \int_{z=0}^{1-x} \int_{y=0}^{3-x-z} dy\, dz\, dx$$

$$= \int_{x=0}^{1} \int_{z=0}^{1-x} y \Big|_{y=0}^{3-x-z} dz\, dx$$

$$= \int_{x=0}^{1} \int_{z=0}^{1-x} (3 - x - z)\, dz\, dx$$

$$= \int_{x=0}^{1} \left(3z - xz - \frac{z^2}{2}\right) \Big|_{z=0}^{1-x} dx$$

$$= \int_{x=0}^{1} \left(3(1-x) - x(1-x) - \frac{(1-x)^2}{2}\right) dx$$

$$= 3x - \frac{3x^2}{2} - \frac{x^2}{2} + \frac{x^3}{3} + \frac{(1-x)^3}{6} \Big|_{x=0}^{1} = \frac{7}{6}$$

Para obter a temperatura média, devemos calcular $\iiint_{\mathcal{W}} T(x, y, z)\, dV$. A única diferença da nossa conta anterior é que agora temos $T(x, y, z)$ na integral tripla:

$$\iiint_{\mathcal{W}} T(x, y, z)\, dV = \int_{x=0}^{1} \int_{z=0}^{1-x} \int_{y=0}^{3-x-z} x\, dy\, dz\, dx$$

$$= \int_{x=0}^{1} \int_{z=0}^{1-x} xy \Big|_{y=0}^{3-x-z} dz\, dx$$

$$= \int_{x=0}^{1} \int_{z=0}^{1-x} \left(3x - x^2 - zx\right) dz\, dx$$

$$= \int_{x=0}^{1} \left(3xz - x^2 z - \frac{xz^2}{2}\right)\Big|_{z=0}^{1-x} dx$$

$$= \int_{x=0}^{1} \left(3x(1-x) - x^2(1-x) - \frac{x(1-x)^2}{2}\right) dx$$

$$= \frac{3x^2}{2} - x^3 - \frac{x^3}{3} + \frac{x^4}{4} - \frac{x^2}{4} + \frac{x^3}{3} - \frac{x^4}{8}\Big|_{x=0}^{1} = \frac{3}{8}$$

Portanto,

$$\overline{T} = \frac{1}{\text{Volume}(\mathcal{W})} \iiint_{\mathcal{W}} T(x, y, z)\, dV = \left(\frac{6}{7}\right)\left(\frac{3}{8}\right) = \frac{9}{28}\,°C$$

Observe que o teorema do valor médio implica que existe algum ponto no cristal em que a temperatura é exatamente 9/28°C. ∎

Excursão: o volume da esfera em dimensões superiores

Arquimedes (287-212 a.C.) provou a belíssima fórmula $V = \frac{4}{3}\pi r^3$ para o volume de uma esfera quase 2.000 anos antes da invenção do Cálculo, por meio de um argumento geométrico brilhante mostrando que o volume da esfera é igual a dois terços do volume do cilindro circunscrito. De acordo com Plutarco (aproximadamente 45-120 d.C), ele valorizou tanto essa descoberta que pediu que na lápide de seu túmulo fosse gravada uma esfera com um cilindro circunscrito.

Podemos usar integração para generalizar a fórmula de Arquimedes a n dimensões. A bola de raio r em $\mathbf{R}^n$, denotada por $B_n(r)$, é o conjunto de todos os pontos $(x_1, \ldots, x_n)$ em $\mathbf{R}^n$ tais que

$$x_1^2 + x_2^2 + \cdots + x_n^2 \leq r^2$$

As bolas $B_n(r)$ de dimensões 1, 2 e 3 são o intervalo, o disco e a bola mostrados na Figura 9. Em dimensões $n \geq 4$, é difícil, se não impossível, visualizar, mas podemos calcular seu volume. Denote esse volume por $V_n(r)$. Se $n = 1$, o "volume" $V_1(r)$ é o comprimento do intervalo $B_1(r)$ e, se $n = 2$, $V_2(r)$ é a área do disco $B_2(r)$. Sabemos que

$$V_1(r) = 2r, \qquad V_2(r) = \pi r^2, \qquad V_3(r) = \frac{4}{3}\pi r^3$$

Se $n \geq 4$, o volume $V_n(r)$ pode ser denominado o **hipervolume**.

A ideia fundamental é determinar $V_n(r)$ a partir da fórmula de $V_{n-1}(r)$ integrando o volume de seções transversais. Considere o caso $n = 3$, em que a fatia horizontal à altura $z = c$ é uma bola bidimensional (um disco) de raio $\sqrt{r^2 - c^2}$ (Figura 10). O volume $V_3(r)$ é igual à integral dessas fatias horizontais:

$$V_3(r) = \int_{z=-r}^{r} V_2\left(\sqrt{r^2 - z^2}\right) dz = \int_{z=-r}^{r} \pi(r^2 - z^2)\, dz = \frac{4}{3}\pi r^3$$

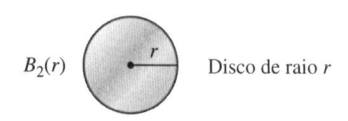

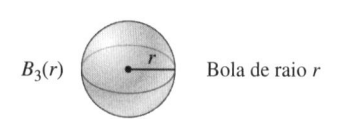

FIGURA 9 As bolas de raio r em dimensões $n = 1, 2$ e 3.

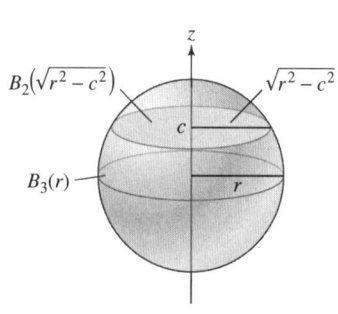

$B_1(r)$ — Intervalo de raio r

$B_2(r)$ — Disco de raio r

$B_3(r)$ — Bola de raio r

FIGURA 10 O volume $V_3(r)$ é a integral da área da seção transversal $V_2(\sqrt{r^2 - c^2})$.

Em seguida, mostramos por indução que, com $n \geq 1$, existe uma constante A_n (igual ao volume da bola unitária de dimensão n) tal que

$$\boxed{V_n(r) = A_n r^n} \qquad 6$$

A fatia de $B_n(r)$ à altura $x_n = c$ tem equação

$$x_1^2 + x_2^2 + \cdots + x_{n-1}^2 + c^2 = r^2$$

Essa fatia é a bola $B_{n-1}\left(\sqrt{r^2 - c^2}\right)$ de raio $\sqrt{r^2 - c^2}$, e $V_n(r)$ é obtido integrando o volume dessas fatias:

$$V_n(r) = \int_{x_n=-r}^{r} V_{n-1}\left(\sqrt{r^2 - x_n^2}\right) dx_n = A_{n-1} \int_{x_n=-r}^{r} \left(\sqrt{r^2 - x_n^2}\right)^{n-1} dx_n$$

Usando a substituição $x_n = r \,\text{sen}\,\theta$ e $dx_n = r \cos \theta \, d\theta$, obtemos

$$V_n(r) = A_{n-1} r^n \int_{-\pi/2}^{\pi/2} \cos^n \theta \, d\theta = A_{n-1} C_n r^n$$

sendo $C_n = \int_{\theta=-\pi/2}^{\pi/2} \cos^n \theta \, d\theta$. Isso prova a Equação (6) com

$$\boxed{A_n = A_{n-1} C_n} \qquad 7$$

No Exercício 43, usando integração por partes, obtemos a relação

$$C_n = \left(\frac{n-1}{n}\right) C_{n-2} \qquad 8$$

É fácil verificar diretamente que $C_0 = \pi$ e $C_1 = 2$. Pela Equação (8), $C_2 = \frac{1}{2} C_0 = \frac{\pi}{2}$, $C_3 = \frac{2}{3}(2) = \frac{4}{3}$ e assim por diante. Aqui estão os primeiros valores de C_n:

n	0	1	2	3	4	5	6	7
C_n	π	2	$\dfrac{\pi}{2}$	$\dfrac{4}{3}$	$\dfrac{3\pi}{8}$	$\dfrac{16}{15}$	$\dfrac{5\pi}{16}$	$\dfrac{32}{35}$

Também temos $A_1 = 2$ e $A_2 = \pi$, portanto podemos usar os valores de C_n junto à Equação (7) para obter os valores de A_n na Tabela 1. Vemos, por exemplo, que o volume da bola de raio r em dimensão quatro é $V_4(r) = \frac{1}{2}\pi^2 r^4$. A fórmula geral depende de n ser par ou ímpar. Usando indução e as Fórmulas (7) e (8), podemos provar que

$$\boxed{A_{2m} = \frac{\pi^m}{m!}, \qquad A_{2m+1} = \frac{2^{m+1}\pi^m}{1 \cdot 3 \cdot 5 \cdot \,\cdots\, \cdot (2m+1)}}$$

A sequência de números A_n tem uma propriedade curiosa. Tomando $r = 1$ na Equação (6), vemos que A_n é o volume da bola unitária n-dimensional. Pela Tabela 1, parece que os hipervolumes crescem até dimensão 5 e daí começam a decrescer. No Exercício 44, pede-se para mostrar que a bola unitária de dimensão 5 tem, de fato, o maior volume. Além disso, os volumes A_n tendem a 0 com $n \to \infty$.

TABELA 1 O volume da bola unitária de dimensão n é $V_n = A_n$

n	A_n
1	2
2	$\pi \approx 3{,}14$
3	$\dfrac{4}{3}\pi \approx 4{,}19$
4	$\dfrac{\pi^2}{2} \approx 4{,}93$
5	$\dfrac{8\pi^2}{15} \approx 5{,}26$
6	$\dfrac{\pi^3}{6} \approx 5{,}17$
7	$\dfrac{16\pi^3}{105} \approx 4{,}72$

15.3 Resumo

- A integral tripla numa caixa $\mathcal{B} = [a, b] \times [c, d] \times [p, q]$ é igual à integral iterada

$$\iiint_{\mathcal{B}} f(x, y, z) \, dV = \int_{x=a}^{b} \int_{y=c}^{d} \int_{z=p}^{q} f(x, y, z) \, dz \, dy \, dx$$

A integral iterada pode ser escrita em qualquer uma de seis ordens possíveis; por exemplo,

$$\int_{z=p}^{q} \int_{y=c}^{d} \int_{x=a}^{b} f(x, y, z)\, dx\, dy\, dz$$

- Uma *região simples em z* $\mathcal{W}$ em $\mathbf{R}^3$ consiste nos pontos (x, y, z) entre duas superfícies $z = z_1(x, y)$ e $z = z_2(x, y)$, sendo que $z_1(x, y) \leq z_2(x, y)$, acima de um domínio $\mathcal{D}$ do plano xy. Em outras palavras, $\mathcal{W}$ é definida por

$$(x, y) \in \mathcal{D}, \qquad z_1(x, y) \leq z \leq z_2(x, y)$$

Analogamente, temos regiões simples em x e regiões simples em y.
- A integral tripla em $\mathcal{W}$ é igual a uma integral iterada:

$$\iiint_{\mathcal{W}} f(x, y, z)\, dV = \iint_{\mathcal{D}} \left(\int_{z=z_1(x,y)}^{z_2(x,y)} f(x, y, z)\, dz \right) dA$$

- O *valor médio* de $f(x, y, z)$ numa região $\mathcal{W}$ de volume V é a quantidade

$$\overline{f} = \frac{1}{V} \iiint_{\mathcal{W}} f(x, y, z)\, dV, \qquad V = \iiint_{\mathcal{W}} 1\, dV$$

15.3 Exercícios

Exercícios preliminares

1. Quais dentre (a)-(c) não são iguais a

$$\int_0^1 \int_3^4 \int_6^7 f(x, y, z)\, dz\, dy\, dx?$$

(a) $\int_6^7 \int_0^1 \int_3^4 f(x, y, z)\, dy\, dx\, dz$

(b) $\int_3^4 \int_0^1 \int_6^7 f(x, y, z)\, dz\, dx\, dy$

(c) $\int_0^1 \int_3^4 \int_6^7 f(x, y, z)\, dx\, dz\, dy$

2. Qual dentre os seguintes não é uma integral tripla que faça sentido?

(a) $\int_0^1 \int_0^x \int_{x+y}^{2x+y} e^{x+y+z}\, dz\, dy\, dx$

(b) $\int_0^1 \int_0^z \int_{x+y}^{2x+y} e^{x+y+z}\, dz\, dy\, dx$

3. Descreva a projeção da região de integração $\mathcal{W}$ sobre o plano xy:

(a) $\int_0^1 \int_0^x \int_0^{x^2+y^2} f(x, y, z)\, dz\, dy\, dx$

(b) $\int_0^1 \int_0^{\sqrt{1-x^2}} \int_2^4 f(x, y, z)\, dz\, dy\, dx$

Exercícios

Nos Exercícios 1-8, calcule $\iiint_{\mathcal{B}} f(x, y, z)\, dV$ *com a função f e a caixa $\mathcal{B}$ especificadas.*

1. $f(x, y, z) = z^4;\quad 2 \leq x \leq 8,\ 0 \leq y \leq 5,\ 0 \leq z \leq 1$
2. $f(x, y, z) = xz^2;\quad [-2, 3] \times [1, 3] \times [1, 4]$
3. $f(x, y, z) = xe^{y-2z};\quad 0 \leq x \leq 2,\ 0 \leq y \leq 1,\ 0 \leq z \leq 1$
4. $f(x, y, z) = \dfrac{x}{(y+z)^2};\quad [0, 2] \times [2, 4] \times [-1, 1]$
5. $f(x, y, z) = (x-y)(y-z);\quad [0, 1] \times [0, 3] \times [0, 3]$
6. $f(x, y, z) = \dfrac{z}{x};\quad 1 \leq x \leq 3,\ 0 \leq y \leq 2,\ 0 \leq z \leq 4$
7. $f(x, y, z) = (x+z)^3;\quad [0, a] \times [0, b] \times [0, c]$
8. $f(x, y, z) = (x+y-z)^2;\quad [0, a] \times [0, b] \times [0, c]$

Nos Exercícios 9-14, calcule $\iiint_{\mathcal{W}} f(x, y, z)\, dV$ *com a função f e a região $\mathcal{W}$ especificadas.*

9. $f(x, y, z) = x + y;\quad \mathcal{W}: y \leq z \leq x,\ 0 \leq y \leq x,\ 0 \leq x \leq 1$
10. $f(x, y, z) = e^{x+y+z};\quad \mathcal{W}: 0 \leq z \leq 1,\ 0 \leq y \leq x,\ 0 \leq x \leq 1$
11. $f(x, y, z) = xyz;\quad \mathcal{W}: 0 \leq z \leq 1,\ 0 \leq y \leq \sqrt{1-x^2},\ 0 \leq x \leq 1$
12. $f(x, y, z) = x;\quad \mathcal{W}: x^2 + y^2 \leq z \leq 4$
13. $f(x, y, z) = e^z;\quad \mathcal{W}: x + y + z \leq 1,\ x \geq 0,\ y \geq 0,\ z \geq 0$
14. $f(x, y, z) = z;\quad \mathcal{W}: x^2 \leq y \leq 2,\ 0 \leq x \leq 1,\ x - y \leq z \leq x + y$

15. Calcule a integral de $f(x, y, z) = z$ na região $\mathcal{W}$ da Figura 11 abaixo do hemisfério de raio 3 que fica acima do triângulo $\mathcal{D}$ do plano xy delimitado por $x = 1$, $y = 0$ e $x = y$.

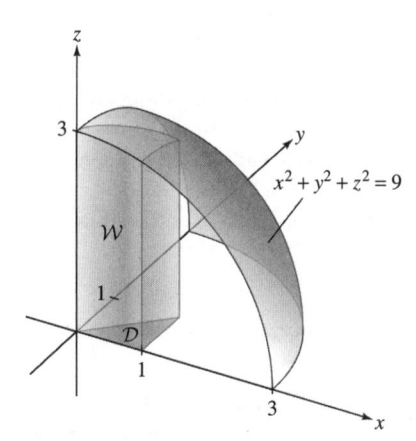

FIGURA 11

16. Calcule a integral de $f(x, y, z) = e^z$ no tetraedro $\mathcal{W}$ da Figura 12.

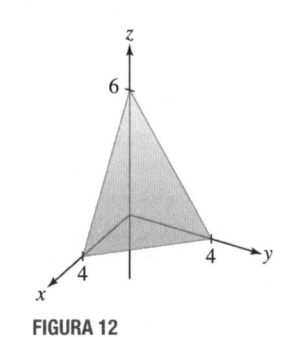

FIGURA 12

17. Integre $f(x, y, z) = x$ na região do primeiro octante ($x \geq 0, y \geq 0, z \geq 0$) acima de $z = y^2$ e abaixo de $z = 8 - 2x^2 - y^2$.

18. Calcule a integral de $f(x, y, z) = y^2$ na região dentro do cilindro $x^2 + y^2 = 4$ com $0 \leq z \leq y$.

19. Encontre a integral tripla da função z na cunha da Figura 13. Aqui, z é a altura acima da base.

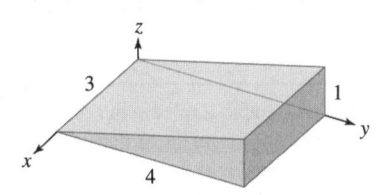

FIGURA 13

20. Encontre o volume do sólido em $\mathbf{R}^3$ delimitado por $y = x^2, x = y^2, z = x + y + 5$ e $z = 0$.

21. Encontre o volume do sólido no octante $x \geq 0, y \geq 0, z \geq 0$ delimitado por $x + y + z = 1$ e $x + y + 2z = 1$.

22. Calcule $\iiint_{\mathcal{W}} y\, dV$ se $\mathcal{W}$ for a região acima de $z = x^2 + y^2$ e abaixo de $z = 5$, delimitada por $y = 0$ e $y = 1$.

23. Calcule $\iiint_{\mathcal{W}} xz\, dV$ se $\mathcal{W}$ for o domínio delimitado pelo cilindro elíptico $\dfrac{x^2}{4} + \dfrac{y^2}{9} = 1$ e a esfera $x^2 + y^2 + z^2 = 16$ no primeiro octante $x \geq 0, y \geq 0, z \geq 0$ (Figura 14).

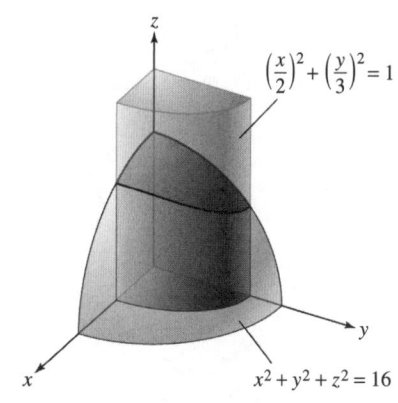

FIGURA 14

24. Descreva o domínio de integração e calcule
$$\int_0^3 \int_0^{\sqrt{9-x^2}} \int_0^{\sqrt{9-x^2-y^2}} xy\, dz\, dy\, dx$$

25. Descreva o domínio de integração da integral
$$\int_{-2}^{2} \int_{-\sqrt{4-z^2}}^{\sqrt{4-z^2}} \int_{1}^{\sqrt{5-x^2-z^2}} f(x, y, z)\, dy\, dx\, dz$$

26. Seja $\mathcal{W}$ a região abaixo do paraboloide
$$x^2 + y^2 = z - 2$$
que fica acima da parte do plano $x + y + z = 1$ que está no primeiro octante ($x \geq 0, y \geq 0, z \geq 0$). Expresse
$$\iiint_{\mathcal{W}} f(x, y, z)\, dV$$
como uma integral iterada (sendo f uma função arbitrária).

27. No Exemplo 5, expressamos a integral tripla como uma integral iterada nas três ordens
$$dz\,dy\,dx, \qquad dx\,dz\,dy \qquad \text{e} \qquad dy\,dz\,dx.$$
Escreva essa integral nas três outras ordens:
$$dz\,dx\,dy, \qquad dx\,dy\,dz \qquad \text{e} \qquad dy\,dx\,dz.$$

28. Seja $\mathcal{W}$ a região delimitada por
$$y + z = 2, \quad 2x = y, \quad x = 0 \quad \text{e} \quad z = 0$$
(Figura 15). Expresse e calcule a integral tripla de $f(x, y, z) = z$ usando a projeção de $\mathcal{W}$ sobre o:
(a) plano xy (b) plano yz (c) plano xz

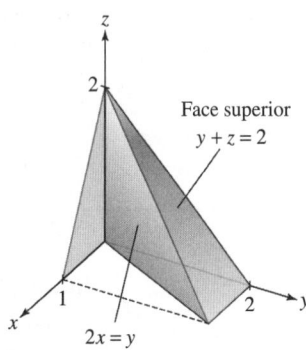

FIGURA 15

29. Seja
$$\mathcal{W} = \left\{(x, y, z) : \sqrt{x^2 + y^2} \leq z \leq 1\right\}$$

(ver Figura 16). Expresse $\iiint_{\mathcal{W}} f(x, y, z)\, dV$ como uma integral iterada na ordem $dzdydx$ (com uma função f arbitrária).

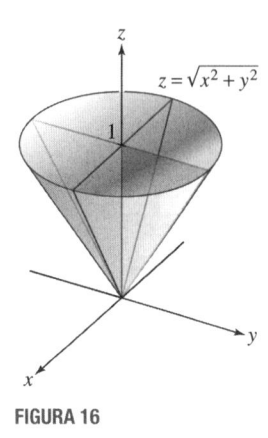

FIGURA 16

30. Repita o Exercício 29 com a ordem $dxdydz$.

31. Seja $\mathcal{W}$ a região delimitada por $z = 1 - y^2$, $y = x^2$ e o plano $z = 0$. Calcule o volume de $\mathcal{W}$ como uma integral tripla na ordem $dzdydx$.

32. Calcule o volume da região $\mathcal{W}$ do Exercício 31 como uma integral tripla nas ordens
   (a) $dxdzdy$ (b) $dydzdx$.

Nos Exercícios 33-36, esboce a região $\mathcal{W}$ e então monte (mas NÃO calcule) uma única integral tripla que dê o volume de $\mathcal{W}$.

33. A região $\mathcal{W}$ é delimitada pelas superfícies dadas por $z = 1 - y^2$, $x = 0$ e $z = 0$, $z + x = 3$.

34. A região $\mathcal{W}$ é delimitada pelas superfícies dadas por $z = x^2$, $z + y = 1$ e $z - y = 1$.

35. A região $\mathcal{W}$ é delimitada pelas superfícies dadas por $z = y^2$, $y = z^2$ e $x = 0$, $x + y + z = 4$.

36. A região $\mathcal{W}$ é delimitada pelas superfícies dadas por $z = 1 - x^2$, $z = 0$ e $y = 3 - x^2 - z^2$.

Nos Exercícios 37-40, calcule o valor médio de $f(x, y, z)$ na região $\mathcal{W}$.

37. $f(x, y, z) = xy\,\text{sen}(\pi z)$; $\mathcal{W} = [0, 1] \times [0, 1] \times [0, 1]$

38. $f(x, y, z) = xyz$; $\mathcal{W}: 0 \le z \le y \le x \le 1$

39. $f(x, y, z) = e^y$; $\mathcal{W}: 0 \le y \le 1 - x^2$, $0 \le z \le x$

40. $f(x, y, z) = x^2 + y^2 + z^2$; $\mathcal{W}$ delimitada pelos planos $2y + z = 1$, $x = 0$, $x = 1$, $z = 0$ e $y = 0$.

Nos Exercícios 41 e 42, denote $I = \int_0^1 \int_0^1 \int_0^1 f(x, y, z)\, dV$ e seja $S_{N,N,N}$ a aproximação dada pela soma de Riemann

$$S_{N,N,N} = \frac{1}{N^3} \sum_{i=1}^{N} \sum_{j=1}^{N} \sum_{k=1}^{N} f\left(\frac{i}{N}, \frac{j}{N}, \frac{k}{N}\right)$$

41. Calcule $S_{N,N,N}$ de $f(x, y, z) = e^{x^2 - y - z}$ com $N = 10, 20$ e 30. Em seguida, calcule I e encontre N tal que $S_{N,N,N}$ aproxime I com duas casas decimais. Use um sistema algébrico computacional.

42. Calcule $S_{N,N,N}$ de $f(x, y, z) = \text{sen}(xyz)$ com $N = 10, 20$ e 30. Em seguida, use um sistema algébrico computacional para calcular I numericamente e dê uma estimativa do erro $|I - S_{N,N,N}|$.

Compreensão adicional e desafios

43. Use integração por partes para verificar a Equação (8).

44. Calcule o volume A_n da bola unitária em $\mathbf{R}^n$ com $n = 8, 9$ e 10. Mostre que $C_n \le 1$ se $n \ge 6$ e use isso para provar que, dentre todas as bolas unitárias, a bola em dimensão 5 tem o maior volume. Como se explica que A_n tenda a 0 com $n \to \infty$?

15.4 Integração em coordenadas polares, cilíndricas e esféricas

No Cálculo a uma variável, muitas vezes uma substituição (também denominada mudança de variáveis) bem escolhida transforma uma integral complicada numa mais simples. A mudança de variáveis também é útil no Cálculo a várias variáveis, mas a ênfase é outra. No caso de várias variáveis, costumamos estar interessados em simplificar não só o integrando, mas também o domínio de integração.

Nesta seção, tratamos das três mais úteis mudanças de variáveis, com as quais uma integral é expressa em coordenadas polares, cilíndricas ou esféricas. Como na Figura 1, certos sistemas físicos são muito mais facilmente modelados com o sistema de coordenadas correto. A fórmula da mudança de variáveis geral é discutida na Seção 15.6.

Integrais duplas em coordenadas polares

As coordenadas polares são convenientes quando o domínio de integração for um setor angular ou um **retângulo polar** (Figura 2):

$$\mathcal{R}: \theta_1 \le \theta \le \theta_2, \quad r_1 \le r \le r_2$$

1

FIGURA 2 Retângulo polar.

Passamos a supor que sempre $r_1 \geq 0$ e que todas as coordenadas radiais são não negativas. Lembre que as coordenadas retangulares e polares estão relacionadas por

$$x = r\cos\theta, \qquad y = r\sin\theta$$

Assim, escrevemos uma função $f(x, y)$ em coordenadas polares como $f(r\cos\theta, r\sin\theta)$. A fórmula da mudança de variáveis seguinte para um retângulo polar $\mathcal{R}$ é

$$\iint_{\mathcal{R}} f(x, y)\, dA = \int_{\theta_1}^{\theta_2} \int_{r_1}^{r_2} f(r\cos\theta, r\sin\theta)\, r\, dr\, d\theta \qquad \boxed{2}$$

Observe o fator adicional r no integrando do lado direito.

O passo fundamental na dedução da Equação (2) é a estimativa da área ΔA do retângulo polar pequeno mostrado na Figura 3. Se Δr e $\Delta\theta$ forem pequenos, então esse retângulo polar é praticamente um retângulo usual de lados Δr e $r\Delta\theta$, como observamos no lembrete ao lado e, portanto, $\Delta A \approx r\,\Delta r\,\Delta\theta$. De fato, ΔA é a diferença das áreas de dois setores:

$$\Delta A = \frac{1}{2}(r + \Delta r)^2\,\Delta\theta - \frac{1}{2}r^2\,\Delta\theta = r(\Delta r\,\Delta\theta) + \frac{1}{2}(\Delta r)^2\Delta\theta \approx r\,\Delta r\,\Delta\theta$$

O erro na nossa aproximação é o termo $\frac{1}{2}(\Delta r)^2\Delta\theta$, que tem uma ordem de magnitude menor do que $\Delta r\,\Delta\theta$ se Δr e $\Delta\theta$ forem, ambos, pequenos.

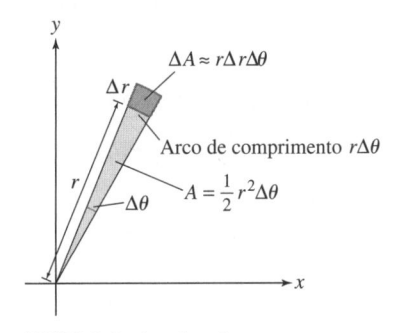

FIGURA 3 Retângulo polar pequeno.

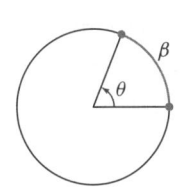

FIGURA 4

Em seguida, decompomos $\mathcal{R}$ numa grade de $N \times M$ sub-retângulos polares pequenos $\mathcal{R}_{ij}$, como na Figura 5, e escolhemos um ponto de amostragem P_{ij} em $\mathcal{R}_{ij}$. Se $\mathcal{R}_{ij}$ for pequeno e $f(x, y)$ for contínua, então

$$\iint_{\mathcal{R}_{ij}} f(x, y)\, dx\, dy \approx f(P_{ij})\,\text{Área}(\mathcal{R}_{ij}) \approx f(P_{ij})\, r_{ij}\,\Delta r\,\Delta\theta \qquad \boxed{3}$$

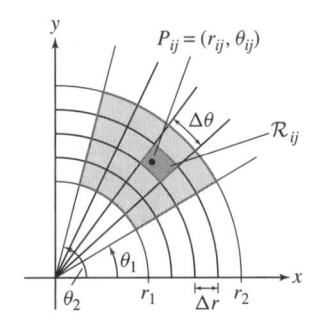

FIGURA 1 As coordenadas esféricas são utilizadas em modelos matemáticos do campo magnético terrestre. Esta simulação computadorizada, baseada no modelo de Glatzmaier-Roberts, mostra as linhas de força magnéticas, representando linhas de campo dirigidas para dentro e para fora em azul e amarelo, respectivamente.
(*Gary A. Glatzmaier [Universidade da Califórnia em Santa Cruz] e Paul H. Roberts [Universidade da Califórnia em Los Angeles]*)

A Equação (2) expressa a integral de $f(x, y)$ no retângulo polar da Figura 2 como a integral de uma função nova $rf(r\cos\theta, r\sin\theta)$ no retângulo usual $[\theta_1, \theta_2] \times [r_1, r_2]$. Nesse sentido, a mudança de variáveis "simplifica" o domínio de integração.

LEMBRETE Na Figura 4, o comprimento β do arco subentendido pelo ângulo θ é a mesma fração de toda a circunferência que θ é de todo o ângulo 2π. Logo, $\beta = \frac{\theta}{2\pi} 2\pi r = r\theta$. Analogamente, a área do setor subentendido por θ é $\frac{1}{2}r^2\theta$.

LEMBRETE Na Equação (3), utilizamos a aproximação (10) da Seção 15.2: se f for contínua e se $\mathcal{D}$ for um domínio pequeno,

$$\iint_{\mathcal{D}} f(x, y)\, dA \approx f(P)\,\text{Área}(\mathcal{D})$$

sendo P um ponto de amostragem qualquer de $\mathcal{D}$.

FIGURA 5 A decomposição de um retângulo polar em sub-retângulos.

Observe que cada retângulo polar $\mathcal{R}_{ij}$ tem largura angular $\Delta\theta = (\theta_2 - \theta_1)/N$ e largura radial $\Delta r = (r_2 - r_1)/M$. A integral em $\mathcal{R}$ é a soma

$$\iint_{\mathcal{R}} f(x,y)\,dx\,dy = \sum_{i=1}^{N}\sum_{j=1}^{M} \iint_{\mathcal{R}_{ij}} f(x,y)\,dx\,dy$$

$$\approx \sum_{i=1}^{N}\sum_{j=1}^{M} f(P_{ij})\,\text{Área}(\mathcal{R}_{ij})$$

$$\approx \sum_{i=1}^{N}\sum_{j=1}^{M} f(r_{ij}\cos\theta_{ij}, r_{ij}\,\text{sen}\,\theta_{ij})\,r_{ij}\,\Delta r\,\Delta\theta$$

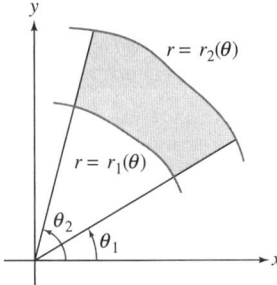

Isso é uma soma de Riemann da integral dupla de $rf(r\cos\theta, r\,\text{sen}\,\theta)$ na região $r_1 \le r \le r_2$, $\theta_1 \le \theta \le \theta_2$ e é possível provar que ela tende à integral dupla se $N, M \to \infty$. Uma dedução análoga é válida em domínios (Figura 6) que possam ser descritos como a região entre duas curvas polares $r = r_1(\theta)$ e $r = r_2(\theta)$, com θ variando entre θ_1 e θ_2. Isso nos dá o Teorema 1.

FIGURA 6 Uma região polar geral.

TEOREMA 1 **Integral dupla em coordenadas polares** Se f for uma função contínua no domínio

$$\mathcal{D}: \theta_1 \le \theta \le \theta_2, \quad r_1(\theta) \le r \le r_2(\theta)$$

$$\boxed{\iint_{\mathcal{D}} f(x,y)\,dA = \int_{\theta_1}^{\theta_2}\int_{r=r_1(\theta)}^{r_2(\theta)} f(r\cos\theta, r\,\text{sen}\,\theta)\,r\,dr\,d\theta}$$ **4**

A Equação (4) é resumida na expressão simbólica do "elemento de área" dA em coordenadas polares:

$$\boxed{dA = r\,dr\,d\theta}$$

Dizemos que uma região $\mathcal{D}$ dessas é **radialmente simples**. Ela tem a propriedade de que cada raio da origem intersecta a região num único ponto ou num segmento de reta que começa em $r = r_1(\theta)$ e termina em $r = r_2(\theta)$.

■ **EXEMPLO 1** Calcule $\iint_{\mathcal{D}} (x+y)\,dA$, se $\mathcal{D}$ for a quarta parte do anel na Figura 7.

Solução A quarta parte do anel é um exemplo de um domínio radialmente simples.

Passo 1. **Descrever $\mathcal{D}$ e f em coordenadas polares.**

A quarta parte de anel $\mathcal{D}$ é definida pelas desigualdades (Figura 7)

$$\mathcal{D}: 0 \le \theta \le \frac{\pi}{2}, \quad 2 \le r \le 4$$

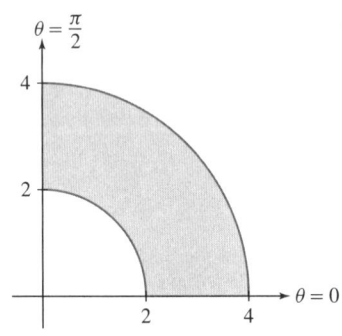

Em coordenadas polares,

$$f(x,y) = x + y = r\cos\theta + r\,\text{sen}\,\theta = r(\cos\theta + \text{sen}\,\theta)$$

FIGURA 7 A quarta parte de anel $0 \le \theta \le \frac{\pi}{2}, 2 \le r \le 4$.

Passo 2. **Mudar variáveis e calcular.**

Para escrever a integral em coordenadas polares, trocamos dA por $r\,dr\,d\theta$:

$$\iint_{\mathcal{D}} (x+y)\,dA = \int_0^{\pi/2}\int_{r=2}^{4} r(\cos\theta + \text{sen}\,\theta)\,r\,dr\,d\theta$$

A integral de dentro é

$$\int_{r=2}^{4} (\cos\theta + \text{sen}\,\theta)\,r^2\,dr = (\cos\theta + \text{sen}\,\theta)\left(\frac{4^3}{3} - \frac{2^3}{3}\right) = \frac{56}{3}(\cos\theta + \text{sen}\,\theta)$$

e

$$\iint_{\mathcal{D}} (x+y)\,dA = \frac{56}{3}\int_0^{\pi/2}(\cos\theta + \text{sen}\,\theta)\,d\theta = \frac{56}{3}(\text{sen}\,\theta - \cos\theta)\Big|_0^{\pi/2} = \frac{112}{3}$$ ■

■ **EXEMPLO 2** Calcule $\iint_{\mathcal{D}} (x^2 + y^2)^{-2} \, dA$ se $\mathcal{D}$ for o domínio sombreado na Figura 8.

Solução

Passo 1. **Descrever $\mathcal{D}$ e f em coordenadas polares.**

A quarta parte do círculo fica no setor angular $0 \leq \theta \leq \frac{\pi}{4}$ porque a reta por $P = (1, 1)$ faz um ângulo de $\frac{\pi}{4}$ com o eixo x (Figura 8).

Para determinar os limites de r, usamos a informação da Seção 11.3 (Exemplos 6 e 8), onde vimos que:
- a reta vertical $x = 1$ tem equação polar $r \cos \theta = 1$ ou $r = \sec \theta$;
- o círculo de raio 1 e centro $(1, 0)$ tem equação polar $r = 2 \cos \theta$.

Portanto, um raio de ângulo θ intersecta $\mathcal{D}$ no segmento em que r varia entre $\sec \theta$ e $2 \cos \theta$. Em outras palavras, nosso domínio tem descrição polar

$$\mathcal{D}: 0 \leq \theta \leq \frac{\pi}{4}, \quad \sec \theta \leq r \leq 2 \cos \theta$$

Em coordenadas polares, a função é

$$f(x, y) = (x^2 + y^2)^{-2} = (r^2)^{-2} = r^{-4}$$

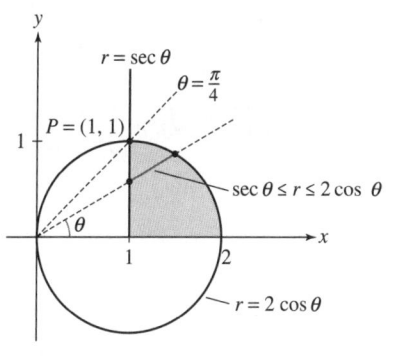

FIGURA 8

Passo 2. **Mudar variáveis e calcular.**

$$\iint_{\mathcal{D}} (x^2 + y^2)^{-2} \, dA = \int_0^{\pi/4} \int_{r=\sec\theta}^{2\cos\theta} r^{-4} r \, dr \, d\theta = \int_0^{\pi/4} \int_{r=\sec\theta}^{2\cos\theta} r^{-3} \, dr \, d\theta$$

A integral de dentro é

$$\int_{r=\sec\theta}^{2\cos\theta} r^{-3} \, dr = -\frac{1}{2} r^{-2} \Big|_{r=\sec\theta}^{2\cos\theta} = -\frac{1}{8} \sec^2 \theta + \frac{1}{2} \cos^2 \theta$$

Portanto,

$$\iint_{\mathcal{D}} (x^2 + y^2)^{-2} \, dA = \int_0^{\pi/4} \left(\frac{1}{2} \cos^2 \theta - \frac{1}{8} \sec^2 \theta \right) d\theta$$

$$= \left(\frac{1}{4} \left(\theta + \frac{1}{2} \operatorname{sen} 2\theta \right) - \frac{1}{8} \operatorname{tg} \theta \right) \Big|_0^{\pi/4}$$

$$= \frac{1}{4} \left(\frac{\pi}{4} + \frac{1}{2} \operatorname{sen} \frac{\pi}{2} \right) - \frac{1}{8} \operatorname{tg} \frac{\pi}{4} = \frac{\pi}{16} \quad ■$$

LEMBRETE

$$\int \cos^2 \theta \, d\theta = \frac{1}{2} \left(\theta + \frac{1}{2} \operatorname{sen} 2\theta \right) + C$$

$$\int \sec^2 \theta \, d\theta = \operatorname{tg} \theta + C$$

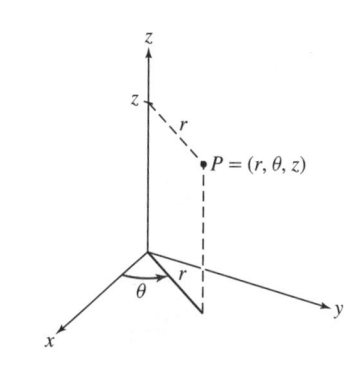

Integrais triplas em coordenadas cilíndricas

As coordenadas cilíndricas, introduzidas na Seção 12.7, são úteis quando o domínio tem **simetria axial**, ou seja, simetria em relação a um eixo. Em coordenadas cilíndricas (r, θ, z), o eixo de simetria é o eixo z. Lembre-se das relações (Figura 9)

$$x = r \cos \theta, \qquad y = r \operatorname{sen} \theta, \qquad z = z$$

Para montar uma integral tripla em coordenadas cilíndricas, vamos supor que o domínio de integração $\mathcal{W}$ possa ser descrito como a região entre duas superfícies (Figura 10)

$$z_1(r, \theta) \leq z \leq z_2(r, \theta)$$

acima de um domínio $\mathcal{D}$ do plano xy, com descrição polar

$$\mathcal{D}: \theta_1 \leq \theta \leq \theta_2, \quad r_1(\theta) \leq r \leq r_2(\theta)$$

Uma integral tripla em $\mathcal{W}$ pode ser escrita como uma integral iterada (Teorema 2 da Seção 15.3):

$$\iiint_{\mathcal{W}} f(x, y, z) \, dV = \iint_{\mathcal{D}} \left(\int_{z=z_1(r,\theta)}^{z_2(r,\theta)} f(x, y, z) \, dz \right) dA$$

FIGURA 9 Coordenadas cilíndricas.

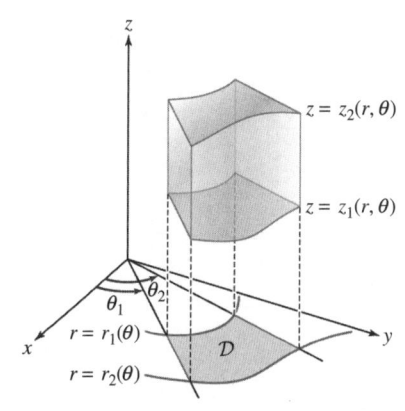

FIGURA 10 Uma região descrita em coordenadas cilíndricas.

Resumimos a Equação (5) na expressão simbólica do "elemento de volume" dV em coordenadas cilíndricas:

$$dV = r\,dz\,dr\,d\theta$$

Expressando a integral em $\mathcal{D}$ em coordenadas polares, obtemos a fórmula da mudança de variáveis seguinte.

TEOREMA 2 Integral tripla em coordenadas cilíndricas Dada uma função contínua f na região

$$\theta_1 \leq \theta \leq \theta_2, \qquad r_1(\theta) \leq r \leq r_2(\theta), \qquad z_1(r,\theta) \leq z \leq z_2(r,\theta),$$

a integral tripla $\iiint_{\mathcal{W}} f(x,y,z)\,dV$ é igual a

$$\int_{\theta_1}^{\theta_2} \int_{r=r_1(\theta)}^{r_2(\theta)} \int_{z=z_1(r,\theta)}^{z_2(r,\theta)} f(r\cos\theta, r\,\text{sen}\,\theta, z)\, r\,dz\,dr\,d\theta \qquad \boxed{5}$$

■ **EXEMPLO 3** Integre $f(x,y,z) = z\sqrt{x^2+y^2}$ no cilindro $x^2+y^2 \leq 4$ com $1 \leq z \leq 5$ (Figura 11).

Solução O domínio de integração $\mathcal{W}$ fica acima do disco de raio 2, portanto, em coordenadas cilíndricas,

$$\mathcal{W}: 0 \leq \theta \leq 2\pi, \quad 0 \leq r \leq 2, \quad 1 \leq z \leq 5$$

Escrevemos a função em coordenadas cilíndricas:

$$f(x,y,z) = z\sqrt{x^2+y^2} = zr$$

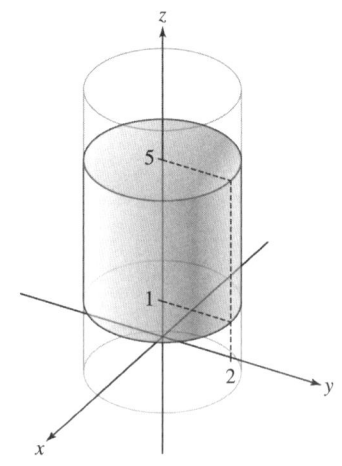

FIGURA 11 O cilindro $x^2+y^2 \leq 4$.

e integramos em relação a $dV = r\,dz\,dr\,d\theta$. A função f é um produto zr, portanto a integral tripla resultante é igual a um produto de integrais simples:

$$\iiint_{\mathcal{W}} z\sqrt{x^2+y^2}\,dV = \int_0^{2\pi} \int_{r=0}^{2} \int_{z=1}^{5} (zr)r\,dz\,dr\,d\theta$$

$$= \left(\int_0^{2\pi} d\theta\right)\left(\int_{r=0}^{2} r^2\,dr\right)\left(\int_{z=1}^{5} z\,dz\right)$$

$$= (2\pi)\left(\frac{2^3}{3}\right)\left(\frac{5^2-1^2}{2}\right) = 64\pi \qquad ■$$

■ **EXEMPLO 4** Calcule a integral de $f(x,y,z) = z$ na região $\mathcal{W}$ dentro do cilindro $x^2+y^2 \leq 4$, com $0 \leq z \leq y$.

Solução

Passo 1. **Descrever $\mathcal{W}$ em coordenadas cilíndricas.**

A condição $0 \leq z \leq y$ nos diz que $y \geq 0$, portanto $\mathcal{W}$ projeta sobre o semicírculo $\mathcal{D}$ de raio 2 no plano xy em que $y \geq 0$, como na Figura 12. Em coordenadas polares,

$$\mathcal{D}: 0 \leq \theta \leq \pi, \quad 0 \leq r \leq 2$$

A coordenada z de $\mathcal{W}$ varia de $z = 0$ até $z = y$ e, em coordenadas polares, $y = r\,\text{sen}\,\theta$, de modo que a região tem a descrição

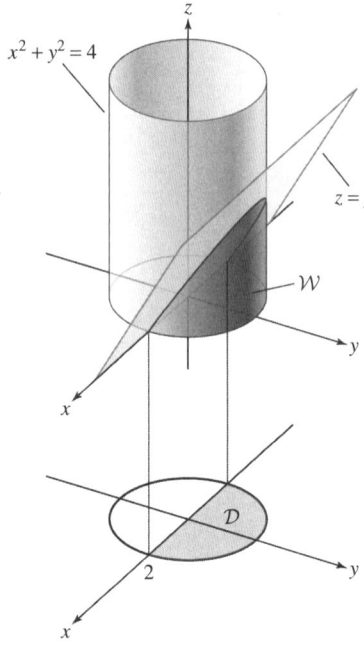

$$\mathcal{W}: 0 \leq \theta \leq \pi, \quad 0 \leq r \leq 2, \quad 0 \leq z \leq r\,\text{sen}\,\theta$$

FIGURA 12

Passo 2. **Mudar as variáveis e calcular.**

$$\iiint_{\mathcal{W}} f(x, y, z)\, dV = \int_0^{\pi} \int_{r=0}^{2} \int_{z=0}^{r\operatorname{sen}\theta} zr\, dz\, dr\, d\theta$$

$$= \int_0^{\pi} \int_{r=0}^{2} \frac{1}{2}(r\operatorname{sen}\theta)^2 r\, dr\, d\theta$$

$$= \frac{1}{2}\left(\int_0^{\pi} \operatorname{sen}^2\theta\, d\theta\right)\left(\int_0^{2} r^3\, dr\right)$$

$$= \frac{1}{2}\left(\frac{\pi}{2}\right)\frac{2^4}{4} = \pi \qquad \blacksquare$$

LEMBRETE

$$\int \operatorname{sen}^2\theta\, d\theta = \frac{1}{2}\left(\theta - \frac{1}{2}\operatorname{sen}2\theta\right) + C$$

$$\int_0^{\pi} \operatorname{sen}^2\theta\, d\theta = \frac{\pi}{2}$$

Integrais triplas em coordenadas esféricas

Vimos que a fórmula da mudança de variáveis em coordenadas cilíndricas é resumida pela equação simbólica $dV = r\, dr\, d\theta\, dz$. Em coordenadas esféricas (ρ, θ, ϕ) (introduzidas na Seção 12.7), o análogo é a fórmula

$$dV = \rho^2 \operatorname{sen}\phi\, d\rho\, d\phi\, d\theta$$

Lembre (Figura 13) que

$$x = \rho\operatorname{sen}\phi\cos\theta, \qquad y = \rho\operatorname{sen}\phi\operatorname{sen}\theta, \qquad z = \rho\cos\phi, \qquad r = \rho\operatorname{sen}\phi$$

O ponto fundamental na dedução dessa fórmula é obter uma estimativa do volume de uma **cunha esférica** pequena $\mathcal{W}$. Suponha que a cunha seja definida fixando valores de ρ, ϕ e θ e variando as coordenadas por quantidades pequenas, dadas por $\Delta\rho$, $\Delta\phi$ e $\Delta\theta$, como na Figura 14.

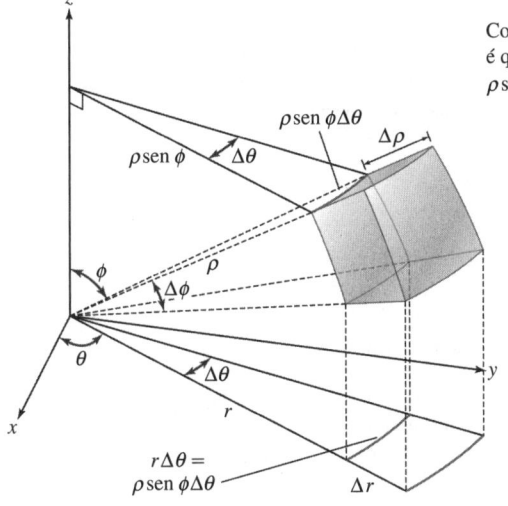

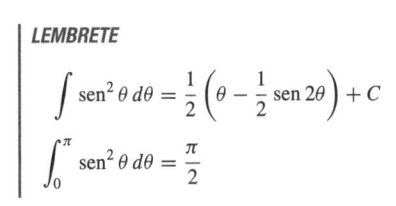

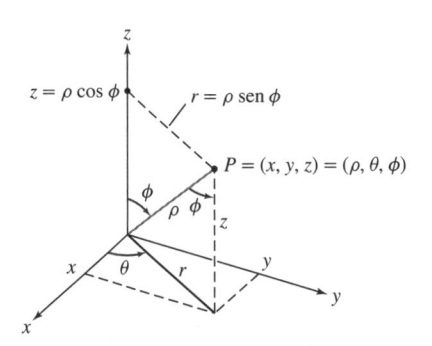

FIGURA 13 Coordenadas esféricas.

Com incrementos pequenos, a cunha é quase uma caixa retangular de dimensões $\rho\operatorname{sen}\phi\Delta\theta \times \rho\Delta\phi \times \Delta\rho$.

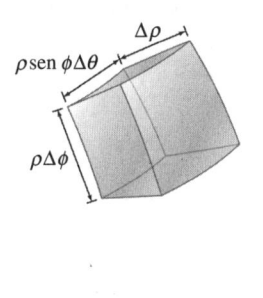

FIGURA 14 Cunha esférica.

Observando o comprimento das projeções no plano xy, vemos que a cunha esférica é quase uma caixa de lados $\Delta\rho$, $\rho\Delta\phi$ e $r\Delta\theta$. Convertendo $r\Delta\theta$ para coordenadas esféricas, obtemos $\rho\operatorname{sen}\phi\Delta\theta$ para essa terceira dimensão da caixa.

Portanto, o volume da cunha esférica é dado, aproximadamente, pelo produto dessas três dimensões, sendo que a precisão aumenta tomando menores as variações das variáveis:

$$\text{Volume}(\mathcal{W}) \approx \rho^2 \operatorname{sen}\phi\, \Delta\rho\, \Delta\phi\, \Delta\theta \qquad \boxed{6}$$

Prosseguindo com os passos usuais, decompomos $\mathcal{W}$ em N^3 subcunhas esféricas $\mathcal{W}_i$ (Figura 15) com incrementos

$$\Delta\theta = \frac{\theta_2 - \theta_1}{N}, \qquad \Delta\phi = \frac{\phi_2 - \phi_1}{N}, \qquad \Delta\rho = \frac{\rho_2 - \rho_1}{N}$$

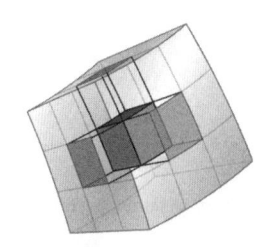

FIGURA 15 A decomposição de uma cunha esférica em subcunhas.

e escolhemos um ponto de amostragem $P_i = (\rho_i, \theta_i, \phi_i)$ qualquer em cada $\mathcal{W}_i$. Supondo f contínua, com N grande ($\mathcal{W}_i$ pequeno) vale a aproximação seguinte:

$$\iiint_{\mathcal{W}_i} f(x, y, z)\, dV \approx f(P_i)\text{Volume}(\mathcal{W}_i)$$

$$\approx f(P_i)\rho_i^2 \operatorname{sen} \phi_i\, \Delta\rho\, \Delta\theta\, \Delta\phi$$

Somando em i, obtemos

$$\iiint_{\mathcal{W}} f(x, y, z)\, dV \approx \sum_i f(P_i)\rho_i^2 \operatorname{sen} \phi_i\, \Delta\rho\, \Delta\theta\, \Delta\phi \qquad \boxed{7}$$

A soma do lado direito é uma soma de Riemann da função

$$f(\rho \cos\theta \operatorname{sen}\phi,\ \rho \operatorname{sen}\theta \operatorname{sen}\phi,\ \rho \cos\phi)\, \rho^2 \operatorname{sen}\phi$$

no domínio $\mathcal{W}$. A Equação (8) a seguir decorre tomando o limite com $N \to \infty$ [e mostrando que o erro na Equação (7) tende a zero]. Esse argumento é aplicável a regiões mais gerais, definidas por uma desigualdade $\rho_1(\theta, \phi) \leq \rho \leq \rho_2(\theta, \phi)$.

TEOREMA 3 **Integral tripla em coordenadas esféricas** Se $\mathcal{W}$ for uma região definida por

$$\theta_1 \leq \theta \leq \theta_2, \qquad \phi_1 \leq \phi \leq \phi_2, \qquad \rho_1(\theta, \phi) \leq \rho \leq \rho_2(\theta, \phi)$$

a integral tripla $\iiint_{\mathcal{W}} f(x, y, z)\, dV$ é igual a

$$\int_{\theta_1}^{\theta_2} \int_{\phi=\phi_1}^{\phi_2} \int_{\rho=\rho_1(\theta,\phi)}^{\rho_2(\theta,\phi)} f(\rho \operatorname{sen}\phi \cos\theta,\ \rho \operatorname{sen}\phi \operatorname{sen}\theta,\ \rho \cos\phi)\, \rho^2 \operatorname{sen}\phi\, d\rho\, d\phi\, d\theta \qquad \boxed{8}$$

Resumimos a Equação (8) na expressão simbólica do "elemento de volume" dV em coordenadas esféricas:

$$dV = \rho^2 \operatorname{sen}\phi\, d\rho\, d\phi\, d\theta$$

Dizemos que uma região $\mathcal{W}$ dessas é **centralmente simples**. Ela tem a propriedade de que cada raio da origem intersecta o sólido num único ponto ou num segmento de reta que começa na superfície $\rho = \rho_1(\theta, \phi)$ e termina na superfície $\rho = \rho_2(\theta, \phi)$.

■ **EXEMPLO 5** Calcule a integral de $f(x, y, z) = x^2 + y^2$ na esfera $\mathcal{S}$ de raio 4 centrada na origem (Figura 16).

Solução Inicialmente escrevemos $f(x, y, z)$ em coordenadas esféricas:

$$f(x, y, z) = x^2 + y^2 = (\rho \operatorname{sen}\phi \cos\theta)^2 + (\rho \operatorname{sen}\phi \operatorname{sen}\theta)^2$$
$$= \rho^2 \operatorname{sen}^2\phi(\cos^2\theta + \operatorname{sen}^2\theta) = \rho^2 \operatorname{sen}^2\phi$$

Como estamos integrando em toda a esfera $\mathcal{S}$ de raio 4, essa é uma região centralmente simples, em que cada raio começa na origem e termina na esfera. Logo, ρ varia de 0 a 4, θ de 0 a 2π e ϕ de 0 a π. Nas contas seguintes, integramos primeiro em relação a θ:

$$\iiint_{\mathcal{S}} (x^2 + y^2)\, dV = \int_0^{2\pi} \int_{\phi=0}^{\pi} \int_{\rho=0}^{4} (\rho^2 \operatorname{sen}^2\phi)\, \rho^2 \operatorname{sen}\phi\, d\rho\, d\phi\, d\theta$$

$$= 2\pi \int_{\phi=0}^{\pi} \int_{\rho=0}^{4} \rho^4 \operatorname{sen}^3\phi\, d\rho\, d\phi = 2\pi \int_0^{\pi} \left(\left.\frac{\rho^5}{5}\right|_0^4\right) \operatorname{sen}^3\phi\, d\phi$$

$$= \frac{2048\pi}{5} \int_0^{\pi} \operatorname{sen}^3\phi\, d\phi$$

$$= \frac{2048\pi}{5} \left(\frac{1}{3}\cos^3\phi - \cos\phi\right)\bigg|_0^{\pi} = \frac{8192\pi}{15} \qquad ■$$

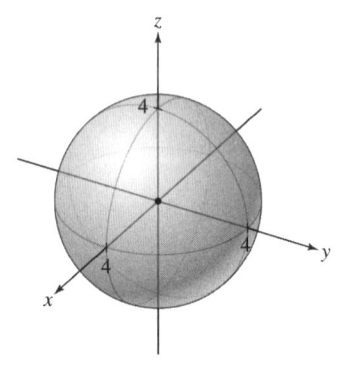

FIGURA 16 A esfera de raio 4.

LEMBRETE

$$\int \operatorname{sen}^3\phi\, d\phi = \frac{1}{3}\cos^3\phi - \cos\phi + C$$

[escreva $\operatorname{sen}^3\phi = \operatorname{sen}\phi(1 - \cos^2\phi)$].

■ **EXEMPLO 6** Integre $f(x, y, z) = z$ no sólido $\mathcal{W}$ da Figura 17 em forma de casquinha de sorvete, que fica acima do cone e abaixo da esfera.

Solução O cone tem equação $x^2 + y^2 = z^2$ que, em coordenadas esféricas, é

$$(\rho \operatorname{sen} \phi \cos \theta)^2 + (\rho \operatorname{sen} \phi \operatorname{sen} \theta)^2 = (\rho \cos \phi)^2$$

$$\rho^2 \operatorname{sen}^2 \phi (\cos^2 \theta + \operatorname{sen}^2 \theta) = \rho^2 \cos^2 \phi$$

$$\operatorname{sen}^2 \phi = \cos^2 \phi$$

$$\operatorname{sen} \phi = \pm \cos \phi \quad \Rightarrow \quad \phi = \frac{\pi}{4}, \frac{3\pi}{4}$$

A equação da folha superior do cone é, simplesmente, $\phi = \frac{\pi}{4}$. Por outro lado, a esfera tem equação $\rho = R$, de modo que a casquinha de sorvete tem a descrição

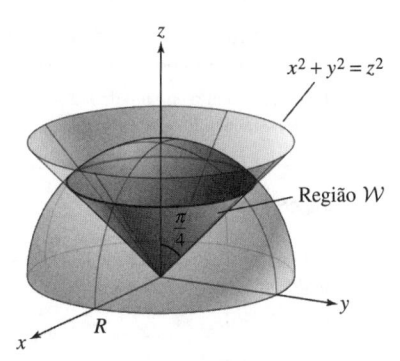

$$\mathcal{W}: 0 \leq \theta \leq 2\pi, \quad 0 \leq \phi \leq \frac{\pi}{4}, \quad 0 \leq \rho \leq R$$

FIGURA 17 Casquinha de sorvete definida por $0 \leq \rho \leq R$, $0 \leq \phi \leq \pi/4$.

Temos

$$\iiint_{\mathcal{W}} z \, dV = \int_0^{2\pi} \int_{\phi=0}^{\pi/4} \int_{\rho=0}^{R} (\rho \cos \phi) \rho^2 \operatorname{sen} \phi \, d\rho \, d\phi \, d\theta$$

$$= 2\pi \int_{\phi=0}^{\pi/4} \int_{\rho=0}^{R} \rho^3 \cos \phi \operatorname{sen} \phi \, d\rho \, d\phi = \frac{\pi R^4}{2} \int_0^{\pi/4} \operatorname{sen} \phi \cos \phi \, d\phi = \frac{\pi R^4}{8} \quad \blacksquare$$

15.4 Resumo

- Integral dupla em *coordenadas polares*:

$$\iint_{\mathcal{D}} f(x, y) \, dA = \int_{\theta_1}^{\theta_2} \int_{r=r_1(\theta)}^{r_2(\theta)} f(r \cos \theta, r \operatorname{sen} \theta) \, r \, dr \, d\theta$$

- Integral tripla $\iiint_{\mathcal{R}} f(x, y, z) \, dV$

  - Em *coordenadas cilíndricas*:

$$\int_{\theta_1}^{\theta_2} \int_{r=r_1(\theta)}^{r_2(\theta)} \int_{z=z_1(r,\theta)}^{z_2(r,\theta)} f(r \cos \theta, r \operatorname{sen} \theta, z) \, r \, dz \, dr \, d\theta$$

  - Em *coordenadas esféricas*:

$$\int_{\theta_1}^{\theta_2} \int_{\phi=\phi_1}^{\phi_2} \int_{\rho=\rho_1(\theta,\phi)}^{\rho_2(\theta,\phi)} f(\rho \operatorname{sen} \phi \cos \theta, \rho \operatorname{sen} \phi \operatorname{sen} \theta, \rho \cos \phi) \, \rho^2 \operatorname{sen} \phi \, d\rho \, d\phi \, d\theta$$

Em forma simbólica:

$$dA = r \, dr \, d\theta$$

$$dV = r \, dz \, dr \, d\theta$$

$$dV = \rho^2 \operatorname{sen} \phi \, d\rho \, d\phi \, d\theta$$

15.4 Exercícios

Exercícios preliminares

1. Qual das seguintes representa a integral de $f(x, y) = x^2 + y^2$ no círculo unitário?

   (a) $\displaystyle\int_0^1 \int_0^{2\pi} r^2 \, dr \, d\theta$ \quad (b) $\displaystyle\int_0^{2\pi} \int_0^1 r^2 \, dr \, d\theta$

   (c) $\displaystyle\int_0^1 \int_0^{2\pi} r^3 \, dr \, d\theta$ \quad (d) $\displaystyle\int_0^{2\pi} \int_0^1 r^3 \, dr \, d\theta$

2. Quais são os limites de integração de $\iiint f(r, \theta, z) r \, dr \, d\theta \, dz$ se a integração for efetuada nas regiões seguintes?

   (a) $x^2 + y^2 \leq 4$, $-1 \leq z \leq 2$
   (b) O hemisfério inferior da esfera de raio 2 centrada na origem.

3. Quais são os limites de integração em

$$\iiint f(\rho, \phi, \theta) \rho^2 \operatorname{sen} \phi \, d\rho \, d\phi \, d\theta$$

se a integração for efetuada nas seguintes regiões esféricas centradas na origem?

   (a) A esfera de raio 4.

(b) A região entre as esferas de raios 4 e 5.
(c) O hemisfério inferior da esfera de raio 2.

4. Um retângulo comum de lados Δx e Δy tem área $\Delta x\, \Delta y$, independentemente de onde estiver localizado no plano. Contudo, a área de um retângulo polar de lados Δr e $\Delta \theta$ depende de sua distância à origem. Como essa diferença se reflete na fórmula da mudança de variáveis em coordenadas polares?

Exercícios

Nos Exercícios 1-6, esboce a região $\mathcal{D}$ indicada e integre $f(x, y)$ em $\mathcal{D}$ usando coordenadas polares.

1. $f(x, y) = \sqrt{x^2 + y^2}$, $x^2 + y^2 \leq 2$
2. $f(x, y) = x^2 + y^2$; $1 \leq x^2 + y^2 \leq 4$
3. $f(x, y) = xy$; $x \geq 0$, $y \geq 0$, $x^2 + y^2 \leq 4$
4. $f(x, y) = y(x^2 + y^2)^3$; $y \geq 0$, $x^2 + y^2 \leq 1$
5. $f(x, y) = y(x^2 + y^2)^{-1}$; $y \geq \frac{1}{2}$, $x^2 + y^2 \leq 1$
6. $f(x, y) = e^{x^2+y^2}$; $x^2 + y^2 \leq R$

Nos Exercícios 7-14, esboce a região de integração e calcule a integral mudando para coordenadas polares.

7. $\int_{-2}^{2} \int_{0}^{\sqrt{4-x^2}} (x^2 + y^2)\, dy\, dx$
8. $\int_{0}^{3} \int_{0}^{\sqrt{9-y^2}} \sqrt{x^2 + y^2}\, dx\, dy$
9. $\int_{0}^{1/2} \int_{\sqrt{3}x}^{\sqrt{1-x^2}} x\, dy\, dx$
10. $\int_{0}^{4} \int_{0}^{\sqrt{16-x^2}} \operatorname{arc\,tg} \frac{y}{x}\, dy\, dx$
11. $\int_{0}^{5} \int_{0}^{y} x\, dx\, dy$
12. $\int_{0}^{2} \int_{x}^{\sqrt{3}x} y\, dy\, dx$
13. $\int_{-1}^{2} \int_{0}^{\sqrt{4-x^2}} (x^2 + y^2)\, dy\, dx$
14. $\int_{1}^{2} \int_{0}^{\sqrt{2x-x^2}} \frac{1}{\sqrt{x^2 + y^2}}\, dy\, dx$

Nos Exercícios 15-20, calcule a integral na região indicada mudando para coordenadas polares.

15. $f(x, y) = (x^2 + y^2)^{-2}$; $x^2 + y^2 \leq 2$, $x \geq 1$
16. $f(x, y) = x$; $2 \leq x^2 + y^2 \leq 4$
17. $f(x, y) = |xy|$; $x^2 + y^2 \leq 1$
18. $f(x, y) = (x^2 + y^2)^{-3/2}$; $x^2 + y^2 \leq 1$, $x + y \geq 1$
19. $f(x, y) = x - y$; $x^2 + y^2 \leq 1$, $x + y \geq 1$
20. $f(x, y) = y$; $x^2 + y^2 \leq 1$, $(x-1)^2 + y^2 \leq 1$
21. Encontre o volume da região em forma de cunha (Figura 18) contida no cilindro $x^2 + y^2 = 9$ e delimitada acima pelo plano $z = x$ e abaixo pelo plano xy.

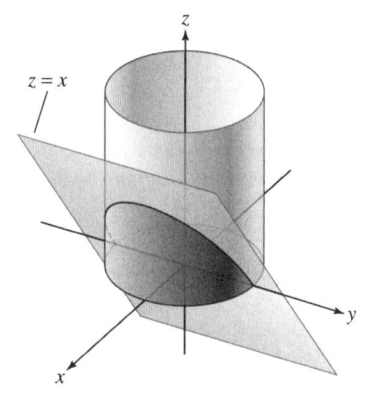

FIGURA 18

22. Seja $\mathcal{W}$ a região acima da esfera unitária $x^2 + y^2 + z^2 = 6$ e abaixo do paraboloide $z = 4 - x^2 - y^2$.
    (a) Mostre que a projeção de $\mathcal{W}$ sobre o plano xy é o disco $x^2 + y^2 \leq 2$ (Figura 19).
    (b) Calcule o volume de $\mathcal{W}$ usando coordenadas polares.

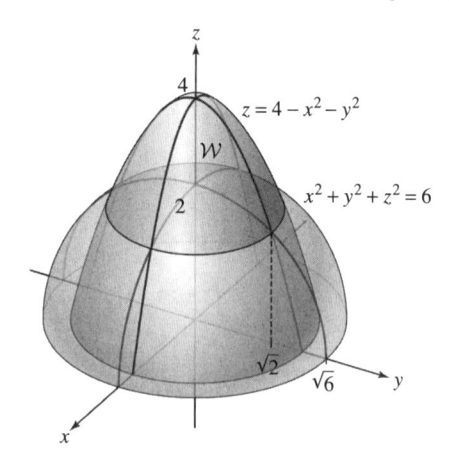

FIGURA 19

23. Calcule $\iint_{\mathcal{D}} \sqrt{x^2 + y^2}\, dA$ se $\mathcal{D}$ for o domínio na Figura 20.
    Sugestão: encontre a equação do círculo interno em coordenadas polares e trate separadamente as partes esquerda e direita da região.

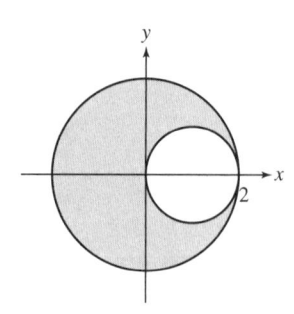

FIGURA 20

24. Calcule $\iint_{\mathcal{D}} x\sqrt{x^2+y^2}\, dA$ se $\mathcal{D}$ for a região delimitada pela lemniscata $r^2 = \text{sen}\, 2\theta$ da Figura 21.

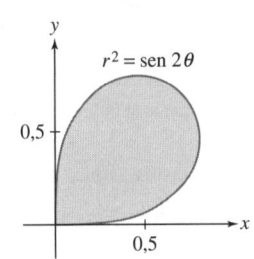

FIGURA 21

25. Seja $\mathcal{W}$ a região acima do plano $z = 2$ e abaixo do paraboloide $z = 6 - (x^2 + y^2)$.
  (a) Descreva $\mathcal{W}$ em coordenadas cilíndricas.
  (b) Use coordenadas cilíndricas para calcular o volume de $\mathcal{W}$.

26. Use coordenadas cilíndricas para calcular a integral da função $f(x, y, z) = z$ na região acima do disco $x^2 + y^2 \leq 1$ do plano xy e abaixo da superfície $z = 4 + x^2 + y^2$.

Nos Exercícios 27-32, use coordenadas cilíndricas para calcular $\iiint_{\mathcal{W}} f(x, y, z)\, dV$ *com a função e a região dadas.*

27. $f(x, y, z) = x^2 + y^2;\quad x^2 + y^2 \leq 9,\quad 0 \leq z \leq 5$
28. $f(x, y, z) = xz;\quad x^2 + y^2 \leq 1,\quad x \geq 0,\quad 0 \leq z \leq 2$
29. $f(x, y, z) = y;\quad x^2 + y^2 \leq 1,\quad x \geq 0,\quad y \geq 0,\quad 0 \leq z \leq 2$
30. $f(x, y, z) = z\sqrt{x^2+y^2};\quad x^2 + y^2 \leq z \leq 8 - (x^2 + y^2)$
31. $f(x, y, z) = z;\quad x^2 + y^2 \leq z \leq 9$
32. $f(x, y, z) = z;\quad 0 \leq z \leq x^2 + y^2 \leq 9$

Nos Exercícios 33-36, expresse a integral tripla em coordenadas cilíndricas.

33. $\int_{-1}^{1} \int_{y=-\sqrt{1-x^2}}^{y=\sqrt{1-x^2}} \int_{z=0}^{4} f(x, y, z)\, dz\, dy\, dx$

34. $\int_{0}^{1} \int_{y=-\sqrt{1-x^2}}^{y=\sqrt{1-x^2}} \int_{z=0}^{4} f(x, y, z)\, dz\, dy\, dx$

35. $\int_{-1}^{1} \int_{y=0}^{y=\sqrt{1-x^2}} \int_{z=0}^{x^2+y^2} f(x, y, z)\, dz\, dy\, dx$

36. $\int_{0}^{2} \int_{y=0}^{y=\sqrt{2x-x^2}} \int_{z=0}^{\sqrt{x^2+y^2}} f(x, y, z)\, dz\, dy\, dx$

37. Encontre a equação da folha de cone circular reto na Figura 22 em coordenadas cilíndricas e calcule seu volume.

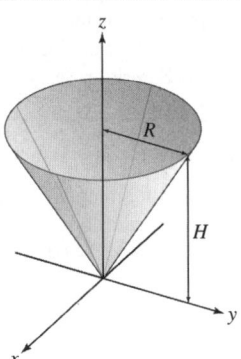

FIGURA 22

38. Use coordenadas cilíndricas para integrar $f(x, y, z) = z$ na interseção do hemisfério sólido $x^2 + y^2 + z^2 \leq 4$, $z \geq 0$ e o cilindro $x^2 + y^2 = 1$.

39. Encontre o volume da região delimitada pelas duas superfícies da Figura 23.

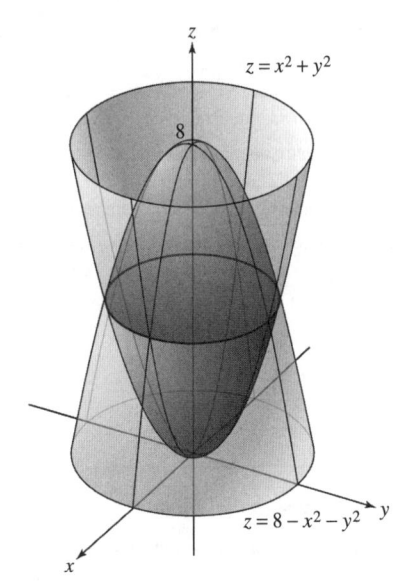

FIGURA 23

40. Use coordenadas cilíndricas para encontrar o volume de uma esfera de raio a da qual tenha sido removido um cilindro central sólido de raio b, com $0 < b < a$.

41. Use coordenadas cilíndricas para mostrar que o volume de uma esfera de raio a da qual tenha sido removido um cilindro central sólido de raio b, com $0 < b < a$, depende somente da altura do anel que resta. Em particular, isso implica que um anel desses de 2 m de raio e 1 m de altura tem o mesmo volume de um anel de 6.400 km (o raio da Terra) de raio e 1 m de altura.

42. Use coordenadas cilíndricas para encontrar o volume da região delimitada abaixo pelo plano $z = 1$ e acima pela esfera $x^2 + y^2 + z^2 = 4$.

43. Use coordenadas esféricas para encontrar o volume da região delimitada abaixo pelo plano $z = 1$ e acima pela esfera $x^2 + y^2 + z^2 = 4$.

44. Use coordenadas esféricas para encontrar o volume de uma esfera de raio 2 da qual tenha sido removido um cilindro central sólido de raio 1.

Nos Exercícios 45-50, use coordenadas esféricas para calcular a integral tripla de $f(x, y, z)$ na região dada.

45. $f(x, y, z) = y;\quad x^2 + y^2 + z^2 \leq 1,\quad x, y, z \leq 0$
46. $f(x, y, z) = \rho^{-3};\quad 2 \leq x^2 + y^2 + z^2 \leq 4$
47. $f(x, y, z) = x^2 + y^2;\quad \rho \leq 1$
48. $f(x, y, z) = 1;\quad x^2 + y^2 + z^2 \leq 4z,\quad z \geq \sqrt{x^2+y^2}$
49. $f(x, y, z) = \sqrt{x^2+y^2+z^2};\quad x^2+y^2+z^2 \leq 2z$
50. $f(x, y, z) = \rho;\quad x^2 + y^2 + z^2 \leq 4,\quad z \leq 1,\quad x \geq 0$

51. Use coordenadas esféricas para calcular a integral tripla de $f(x, y, z) = z$ na região
$$0 \leq \theta \leq \frac{\pi}{3}, \quad 0 \leq \phi \leq \frac{\pi}{2}, \quad 1 \leq \rho \leq 2$$

52. Encontre o volume da região delimitada acima pelo cone $\phi = \phi_0$ e abaixo pela esfera $\rho = R$.

53. Calcule a integral de
$$f(x, y, z) = z(x^2 + y^2 + z^2)^{-3/2}$$
na parte da bola $x^2 + y^2 + z^2 \leq 16$ definida por $z \geq 2$.

54. Calcule o volume do cone da Figura 22 usando coordenadas esféricas.

55. Calcule o volume da esfera $x^2 + y^2 + z^2 = a^2$ usando coordenadas esféricas e, também, cilíndricas.

56. Seja $\mathcal{W}$ a região dentro do cilindro $x^2 + y^2 = 2$ entre $z = 0$ e o cone $z = \sqrt{x^2 + y^2}$. Calcule a integral de $f(x, y, z) = x^2 + y^2$ em $\mathcal{W}$, usando coordenadas esféricas e, também, cilíndricas.

57. **Curva em forma de sino** Um dos resultados fundamentais do Cálculo é a obtenção da área abaixo da curva em forma de sino (Figura 24):
$$I = \int_{-\infty}^{\infty} e^{-x^2} dx$$

Essa integral aparece em toda a Engenharia, Física e Estatística e, embora e^{-x^2} não tenha uma antiderivada elementar, podemos calcular I usando integração múltipla.

(a) Mostre que $I^2 = J$, em que J é a integral dupla imprópria
$$J = \int_{-\infty}^{\infty} \int_{-\infty}^{\infty} e^{-x^2 - y^2} dx\, dy$$

Sugestão: use o teorema de Fubini e lembre que $e^{-x^2 - y^2} = e^{-x^2} e^{-y^2}$.

(b) Calcule J em coordenadas polares.
(c) Prove que $I = \sqrt{\pi}$.

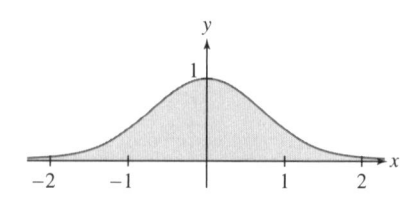

FIGURA 24 A curva em forma de sino $y = e^{-x^2}$.

Compreensão adicional e desafios

58. **Uma integral múltipla imprópria** Mostre que uma integral tripla de $(x^2 + y^2 + z^2 + 1)^{-2}$ em todo $\mathbf{R}^3$ é igual a π^2. Isso é uma integral imprópria, portanto integre primeiro em $\rho \leq R$ e depois faça $R \to \infty$.

59. Prove a fórmula
$$\iint_{\mathcal{D}} \ln r\, dA = -\frac{\pi}{2}$$
sendo $r = \sqrt{x^2 + y^2}$ e $\mathcal{D}$ o disco unitário $x^2 + y^2 \leq 1$. Isso é uma integral imprópria, pois $\ln r$ não está definida em $(0, 0)$; portanto, integre primeiro no anel $a \leq r \leq 1$ e depois faça $a \to 0$.

60. Lembre que a integral imprópria $\int_0^1 x^{-a} dx$ converge se, e só se, $a < 1$. Com quais valores de a converge a integral $\iint_{\mathcal{D}} r^{-a}\, dA$ se $r = \sqrt{x^2 + y^2}$ e $\mathcal{D}$ for o disco unitário $x^2 + y^2 \leq 1$?

15.5 Aplicações de integrais múltiplas

Nesta seção, discutimos algumas aplicações de integrais múltiplas. Inicialmente consideramos quantidades (como massa, carga e população) distribuídas com uma dada densidade δ em $\mathbf{R}^2$ ou $\mathbf{R}^3$. No Cálculo a uma variável, vimos que a "quantidade total" é definida como a integral da densidade. Analogamente, a quantidade total de uma quantidade distribuída em $\mathbf{R}^2$ ou $\mathbf{R}^3$ é definida como a integral dupla ou tripla:

$$\boxed{\text{Quantidade total} = \iint_{\mathcal{D}} \delta(x, y)\, dA \quad \text{ou} \quad \iiint_{\mathcal{W}} \delta(x, y, z)\, dV} \qquad \boxed{1}$$

A função densidade δ tem unidades de "quantidade por unidade de área" (ou de volume).

A intuição subjacente à Equação (1) é análoga à do caso unidimensional. Suponha, por exemplo, que $\delta(x, y)$ seja uma densidade populacional (Figura 1). Se a densidade for constante, a população total é simplesmente densidade vezes área:

$$\text{População} = \text{densidade (pessoas/km}^2\text{)} \times \text{área (km}^2\text{)}$$

Para tratar de densidade variável no caso, digamos, de um retângulo $\mathcal{R}$, dividimos $\mathcal{R}$ em retângulos $\mathcal{R}_{ij}$ menores de área $\Delta x \Delta y$ nos quais δ é praticamente constante (supondo δ contínua em $\mathcal{R}$). A população em $\mathcal{R}_{ij}$ é, aproximadamente, $\delta(P_{ij}) \Delta x \Delta y$, sendo P_{ij} um ponto de amostragem qualquer de $\mathcal{R}_{ij}$, e a soma dessas aproximações é uma soma de Riemann que converge à integral dupla

$$\int_{\mathcal{R}} \delta(x, y)\, dA \approx \sum_i \sum_j \delta(P_{ij}) \Delta x \Delta y$$

■ **EXEMPLO 1** **Densidade populacional** A população numa área rural perto de um rio tem densidade

$$\delta(x, y) = 40xe^{0,1y} \text{ pessoas por km}^2$$

Quantas pessoas vivem na região $\mathcal{R}$: $2 \leq x \leq 6$, $1 \leq y \leq 3$ (Figura 1)?

Solução A população total é a integral da densidade populacional:

$$\iint_{\mathcal{R}} 40xe^{0,1y} \, dA = \int_2^6 \int_1^3 40xe^{0,1y} \, dx \, dy$$

$$= \left(\int_2^6 40x \, dx \right) \left(\int_1^3 e^{0,1y} \, dy \right)$$

$$= \left(20x^2 \Big|_{x=2}^6 \right) \left(10e^{0,1y} \Big|_{y=1}^3 \right) \approx (640)(2{,}447) \approx 1566 \text{ pessoas} \quad \blacksquare$$

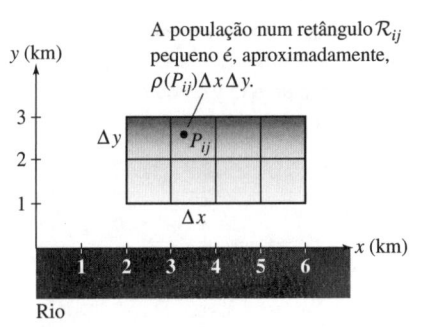

FIGURA 1 Vista aérea de uma região perto de um rio.

No próximo exemplo, calculamos a massa de um objeto como a integral da densidade. Em três dimensões, justificamos essa conta dividindo $\mathcal{W}$ em caixinhas $\mathcal{B}_{ijk}$ de volume ΔV que são tão pequenas que a densidade de massa é praticamente constante em $\mathcal{B}_{ijk}$ (Figura 2). A massa de $\mathcal{B}_{ijk}$ é, aproximadamente, $\delta(P_{ijk}) \Delta V$, em que P_{ijk} é um ponto de amostragem qualquer de $\mathcal{B}_{ijk}$, e a soma dessas aproximações é uma soma de Riemann que converge à integral tripla

$$\iiint_{\mathcal{W}} \delta(x, y, z) \, dV \approx \sum_i \sum_j \sum_k \underbrace{\delta(P_{ijk}) \Delta V}_{\text{Massa aproximada de } \mathcal{B}_{ijk}}$$

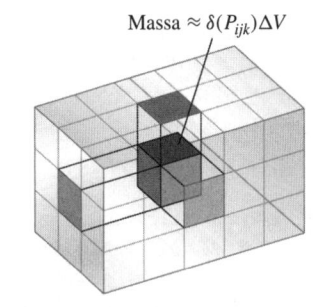

Se δ for constante, dizemos que o sólido tem densidade de massa **uniforme**. Nesse caso, a integral tripla tem o valor δV e a massa é, simplesmente, $M = \delta V$.

FIGURA 2 A massa de uma caixinha é, aproximadamente, $\delta(P_{ijk}) \Delta V$.

■ **EXEMPLO 2** Seja $a > 0$. Encontre a massa da "bacia sólida" $\mathcal{W}$ consistindo nos pontos dentro do paraboloide $z = a(x^2 + y^2)$ com $0 \leq z \leq H$ (Figura 3). Suponha uma densidade de massa $\delta(x, y, z) = z$.

Solução Como a bacia é simétrica em relação ao eixo z, usamos coordenadas cilíndricas (r, θ, z). Como $r^2 = x^2 + y^2$, a equação cilíndrica do paraboloide é $z = ar^2$. Um ponto (r, θ, z) fica *acima* do paraboloide se $z \geq ar^2$, de modo que estará *dentro* da bacia se $ar^2 \leq z \leq H$. Em outras palavras, a bacia é descrita por

$$0 \leq \theta \leq 2\pi, \qquad 0 \leq r \leq \sqrt{\frac{H}{a}}, \qquad ar^2 \leq z \leq H$$

A massa da bacia é a integral da densidade de massa:

$$M = \iiint_{\mathcal{W}} \delta(x, y, z) \, dV = \int_{\theta=0}^{2\pi} \int_{r=0}^{\sqrt{H/a}} \int_{z=ar^2}^{H} (z) r \, dz \, dr \, d\theta$$

$$= 2\pi \int_{r=0}^{\sqrt{H/a}} \left(\frac{1}{2} H^2 - \frac{1}{2} a^2 r^4 \right) r \, dr$$

$$= 2\pi \left(\frac{H^2 r^2}{4} - \frac{a^2 r^6}{12} \right) \Bigg|_{r=0}^{\sqrt{H/a}}$$

$$= 2\pi \left(\frac{H^3}{4a} - \frac{H^3}{12a} \right) = \frac{\pi H^3}{3a} \quad \blacksquare$$

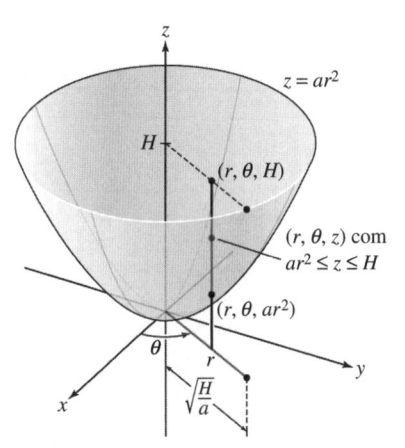

FIGURA 3 O paraboloide $z = a(x^2 + y^2)$.

Em $\mathbf{R}^2$, denotamos a integral de $x\delta(x, y)$ por M_y e dizemos que isso é o momento em relação ao eixo y porque a distância com sinal de (x, y) ao eixo y é x.

Em seguida, calculamos centros de massa. Na Seção 8.3, calculamos centros de massa de lâminas (placas finas do plano), mas precisando supor que a densidade de massa fosse constante. Agora, usando integrais múltiplas, podemos trabalhar com densidades de massa variáveis. Definimos os momentos de uma lâmina $\mathcal{D}$ em relação aos eixos coordenados:

$$M_y = \iint_{\mathcal{D}} x\delta(x, y)\, dA, \qquad M_x = \iint_{\mathcal{D}} y\delta(x, y)\, dA$$

O **centro de massa** é o ponto $P_{CM} = (x_{CM}, y_{CM})$, em que

$$\boxed{x_{CM} = \frac{M_y}{M}, \qquad y_{CM} = \frac{M_x}{M}} \qquad 2$$

Podemos pensar nas coordenadas x_{CM} e y_{CM} como **médias ponderadas**, pois são as médias de x e y nas quais o fator δ associa um coeficiente maior com densidade de massa maior.

Se $\mathcal{D}$ tiver densidade de massa uniforme (δ constante), então os fatores de δ no numerador e denominador na Equação (2) cancelam, e o centro de massa coincide com o **centroide**, definido como o ponto cujas coordenadas são as médias das coordenadas no domínio:

$$\boxed{\bar{x} = \frac{1}{A}\iint_{\mathcal{D}} x\, dA, \qquad \bar{y} = \frac{1}{A}\iint_{\mathcal{D}} y\, dA}$$

Aqui, $A = \iint_{\mathcal{D}} 1\, dA$ é a área de $\mathcal{D}$.

Em $\mathbf{R}^3$, denotamos a integral de $x\delta(x, y, z)$ por M_{yz} e dizemos que isso é o momento em relação ao plano yz porque a distância com sinal de (x, y, z) ao plano yz é x.

Em $\mathbf{R}^3$, os momentos de uma região sólida $\mathcal{W}$ são definidos, não em relação aos eixos como em $\mathbf{R}^2$, mas em relação aos planos coordenados:

$$M_{yz} = \iiint_{\mathcal{W}} x\delta(x, y, z)\, dV$$

$$M_{xz} = \iiint_{\mathcal{W}} y\delta(x, y, z)\, dV$$

$$M_{xy} = \iiint_{\mathcal{W}} z\delta(x, y, z)\, dV$$

O centro de massa é o ponto $P_{CM} = (x_{CM}, y_{CM}, z_{CM})$ de coordenadas

$$x_{CM} = \frac{M_{yz}}{M}, \qquad y_{CM} = \frac{M_{xz}}{M}, \qquad z_{CM} = \frac{M_{xy}}{M}$$

O centroide de $\mathcal{W}$ é o ponto $P = (\bar{x}, \bar{y}, \bar{z})$ que, como antes, coincide com o centro de massa se δ for constante:

$$\bar{x} = \frac{1}{V}\iiint_{\mathcal{W}} x\, dV, \qquad \bar{y} = \frac{1}{V}\iiint_{\mathcal{W}} y\, dV, \qquad \bar{z} = \frac{1}{V}\iiint_{\mathcal{W}} z\, dV$$

sendo $V = \iiint_{\mathcal{W}} 1\, dV$ o volume de $\mathcal{W}$.

No cálculo de centros de massa muitas vezes podemos usar simetria. Dizemos que uma região $\mathcal{W}$ de $\mathbf{R}^3$ é simétrica em relação ao plano xy se $(x, y, -z)$ for um ponto de $\mathcal{W}$ sempre que (x, y, z) for um ponto de $\mathcal{W}$. A densidade δ é simétrica em relação ao plano xy se

$$\delta(x, y, -z) = \delta(x, y, z)$$

Em outras palavras, a densidade de massa é a mesma em pontos localizados simetricamente em relação ao plano xy. Se $\mathcal{W}$ e δ tiverem, ambas, essa simetria, então $M_{xy} = 0$ e o centro de massa fica no plano xy, ou seja, $z_{CM} = 0$. Observações análogas valem com outros eixos coordenados e com domínios no plano.

■ **EXEMPLO 3** **Centro de massa** Encontre o centro de massa do domínio $\mathcal{D}$ delimitado por $y = 1 - x^2$ e o eixo x, supondo uma densidade de massa $\delta(x, y) = y$ (Figura 4).

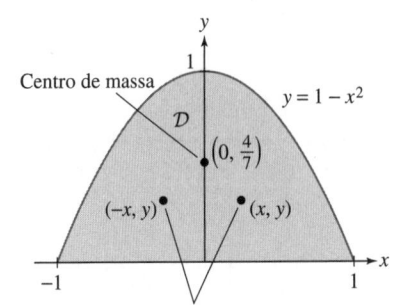

Solução O domínio é simétrico em relação ao eixo y, e também o é a densidade de massa, pois $\delta(x, y) = \delta(-x, y) = y$. Assim, $x_{CM} = 0$, e basta calcular y_{CM}:

$$M_x = \iint_{\mathcal{D}} y\delta(x, y)\, dA = \int_{x=-1}^{1} \int_{y=0}^{1-x^2} y^2\, dy\, dx = \int_{x=-1}^{1} \left(\frac{1}{3}y^3\bigg|_{y=0}^{1-x^2}\right) dx$$

$$= \frac{1}{3}\int_{x=-1}^{1} \left(1 - 3x^2 + 3x^4 - x^6\right) dx = \frac{1}{3}\left(2 - 2 + \frac{6}{5} - \frac{2}{7}\right) = \frac{32}{105}$$

$$M = \iint_{\mathcal{D}} \delta(x, y)\, dA = \int_{x=-1}^{1} \int_{y=0}^{1-x^2} y\, dy\, dx = \int_{x=-1}^{1} \left(\frac{1}{2}y^2\bigg|_{y=0}^{1-x^2}\right) dx$$

$$= \frac{1}{2}\int_{x=-1}^{1} \left(1 - 2x^2 + x^4\right) dx = \frac{1}{2}\left(2 - \frac{4}{3} + \frac{2}{5}\right) = \frac{8}{15}$$

Portanto, $y_{CM} = \dfrac{M_x}{M} = \dfrac{32}{105}\left(\dfrac{8}{15}\right)^{-1} = \dfrac{4}{7}$. ■

Densidades de massa coincidem em pontos simétricos em relação ao eixo y.

FIGURA 4

■ **EXEMPLO 4** Encontre o centro de massa da bacia sólida $\mathcal{W}$ do Exemplo 2 consistindo nos pontos dentro do paraboloide $z = a(x^2 + y^2)$ com $0 \leq z \leq H$, supondo uma densidade de massa $\delta(x, y, z) = z$.

Solução O domínio aparece na Figura 3.

Passo 1. **Usar a simetria.**
A bacia $\mathcal{W}$ e a densidade de massa são, ambas, simétricas em relação ao eixo z, de modo que podemos esperar que o centro de massa fique no eixo z. De fato, a densidade satisfaz $\delta(-x, y, z) = \delta(x, y, z)$ e, também, $\delta(x, -y, z) = \delta(x, y, z)$ e, assim, obtemos $M_{xz} = M_{yz} = 0$. Resta calcular o momento M_{xy}.

Passo 2. **Calcular o momento.**
No Exemplo 2, descrevemos a bacia em coordenadas cilíndricas por

$$0 \leq \theta \leq 2\pi, \qquad 0 \leq r \leq \sqrt{\frac{H}{a}}, \qquad ar^2 \leq z \leq H$$

e calculamos a massa da bacia como sendo $M = \dfrac{\pi H^3}{3a}$. O momento é

$$M_{xy} = \iiint_{\mathcal{W}} z\,\delta(x, y, z)\, dV = \iiint_{\mathcal{W}} z^2\, dV = \int_{\theta=0}^{2\pi} \int_{r=0}^{\sqrt{H/a}} \int_{z=ar^2}^{H} z^2 r\, dz\, dr\, d\theta$$

$$= 2\pi \int_{r=0}^{\sqrt{H/a}} \left(\frac{1}{3}H^3 - \frac{1}{3}a^3 r^6\right) r\, dr$$

$$= 2\pi \left(\frac{1}{6}H^3 r^2 - \frac{1}{24}a^3 r^8\right)\bigg|_{r=0}^{\sqrt{H/a}}$$

$$= 2\pi \left(\frac{H^4}{6a} - \frac{a^3 H^4}{24a^4}\right) = \frac{\pi H^4}{4a}$$

A coordenada z do centro de massa é

$$z_{CM} = \frac{M_{xy}}{V} = \frac{\pi H^4/(4a)}{\pi H^3/(3a)} = \frac{3}{4}H$$

e, portanto, o centro de massa é $\left(0, 0, \frac{3}{4}H\right)$. ■

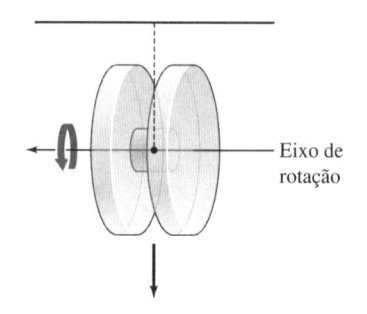

FIGURA 5 Um ioiô girando tem energia cinética rotacional $\frac{1}{2}I\omega^2$, em que I é o momento de inércia e ω é a velocidade angular. Ver Exercício 47.

Os momentos de inércia são utilizados para analisar a rotação em torno de um eixo. Por exemplo, o ioiô em movimento na Figura 5 gira em torno de seu centro à medida que cai e, de acordo com a Física, tem uma energia cinética rotacional igual a

$$\text{Energia cinética rotacional} = \frac{1}{2}I\omega^2$$

Aqui, ω é a velocidade angular (em radianos por segundo) em torno desse eixo e I é o **momento de inércia** em relação ao eixo de rotação. A quantidade I é o análogo rotacional da massa m, que aparece na expressão $\frac{1}{2}mv^2$ da energia cinética translacional.

Por definição, o momento de inércia em relação a um eixo L é a integral do "quadrado da distância ao eixo" ponderado pela densidade de massa. Restringimos nossa atenção aos eixos coordenados. Assim, dada uma lâmina no plano $\mathbf{R}^2$, definimos os momentos de inércia

$$I_x = \iint_\mathcal{D} y^2 \delta(x,y)\, dA$$

$$I_y = \iint_\mathcal{D} x^2 \delta(x,y)\, dA \qquad \boxed{3}$$

$$I_0 = \iint_\mathcal{D} (x^2+y^2)\delta(x,y)\, dA$$

A quantidade I_0 é denominada **momento de inércia polar**. É o momento de inércia em relação ao eixo z, porque x^2+y^2 é o quadrado da distância de um ponto do plano xy ao eixo z. Observe que $I_0 = I_x + I_y$.

Dado um objeto sólido ocupando uma região $\mathcal{W}$ de $\mathbf{R}^3$,

$$I_x = \iiint_\mathcal{W} (y^2+z^2)\delta(x,y,z)\, dV$$

$$I_y = \iiint_\mathcal{W} (x^2+z^2)\delta(x,y,z)\, dV$$

$$I_z = \iiint_\mathcal{W} (x^2+y^2)\delta(x,y,z)\, dV$$

A unidade dos momentos de inércia é massa vezes comprimento ao quadrado.

■ **EXEMPLO 5** Uma lâmina $\mathcal{D}$ de densidade de massa uniforme e massa total de M kg ocupa a região entre $y=1-x^2$ e o eixo x (em metros). Calcule a energia cinética rotacional se $\mathcal{D}$ girar com uma velocidade angular de $\omega=4$ radianos por segundo em torno do

(a) eixo x; **(b)** eixo z.

Solução A lâmina aparece na Figura 6. Para encontrar a energia cinética rotacional em torno dos eixos x e z, precisamos calcular I_x e I_0, respectivamente.

Passo 1. **Encontrar a densidade de massa.**

A densidade de massa é uniforme, ou seja, δ é constante, mas isso não significa que $\delta = 1$. De fato, a área de $\mathcal{D}$ é $\int_{-1}^{1}(1-x^2)\,dx = \frac{4}{3}$, portanto a densidade de massa (massa por unidade de área) é

$$\delta = \frac{\text{massa}}{\text{área}} = \frac{M}{\frac{4}{3}} = \frac{3M}{4}\ \text{kg/m}^2$$

Passo 2. **Calcular os momentos.**

$$I_x = \int_{-1}^{1}\int_{y=0}^{1-x^2} y^2 \delta\, dy\, dx = \int_{-1}^{1} \frac{1}{3}(1-x^2)^3 \left(\frac{3M}{4}\right) dx$$

$$= \frac{M}{4}\int_{-1}^{1}(1-3x^2+3x^4-x^6)\, dx = \frac{8M}{35}\ \text{kg-m}^2$$

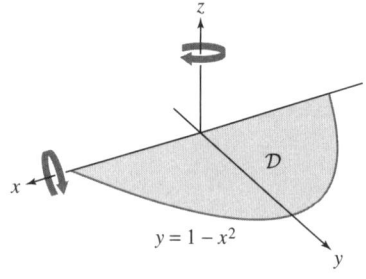

FIGURA 6 A lâmina permanece no plano xy se for girada em torno do eixo z. Ela sai do plano xy se for girada em torno do eixo x.

Para calcular I_0, usamos a relação $I_0 = I_x + I_y$. Temos

$$I_y = \int_{-1}^{1} \int_{y=0}^{1-x^2} x^2 \delta \, dy \, dx = \left(\frac{3M}{4}\right) \int_{-1}^{1} x^2(1-x^2) \, dx = \frac{M}{5} \text{ kg-m}^2$$

e, portanto,

$$I_0 = I_x + I_y = \frac{8M}{35} + \frac{M}{5} = \frac{3M}{7} \text{ kg-m}^2$$

ADVERTÊNCIA A relação
$$I_0 = I_x + I_y$$
é válida com lâminas no plano xy. No entanto, não há uma relação desse tipo para objetos sólidos de $\mathbf{R}^3$.

Passo 3. **Calcular a energia cinética.**
Supondo uma velocidade angular de $\omega = 4$ rad/s,

Energia cinética rotacional em torno do eixo $x = \frac{1}{2} I_x \omega^2 = \frac{1}{2}\left(\frac{8M}{35}\right) 4^2 \approx 1{,}8M$ joules

Energia cinética rotacional em torno do eixo $z = \frac{1}{2} I_0 \omega^2 = \frac{1}{2}\left(\frac{3M}{7}\right) 4^2 \approx 3{,}4M$ joules

A unidade de energia é o joule, que é igual a 1 kg-m²/s². ∎

Um ponto de massa m localizado a uma distância r de um eixo tem momento de inércia $I = mr^2$ em relação a esse eixo. Dado um objeto não necessariamente pontual de massa M cujo momento de inércia em relação ao eixo seja I, definimos o **raio de giração** por $r_g = (I/M)^{1/2}$. Com essa definição, o momento de inércia não mudaria se toda a massa do objeto estivesse concentrada num ponto localizado a uma distância r_g do eixo.

■ **EXEMPLO 6** **Raio de giração de um hemisfério** Encontre o raio de giração em torno do eixo z do hemisfério sólido $\mathcal{W}$ definido por $x^2 + y^2 + z^2 = R^2$, $0 \leq z \leq 1$, supondo uma densidade de massa $\delta(x, y, z) = z$ kg/m³.

Solução Para calcular o raio de giração em torno do eixo z, precisamos de I_z e da massa total M. Usamos coordenadas esféricas:

$$x^2 + y^2 = (\rho \cos\theta \operatorname{sen}\phi)^2 + (\rho \operatorname{sen}\theta \operatorname{sen}\phi)^2 = \rho^2 \operatorname{sen}^2 \phi, \qquad z = \rho \cos\phi$$

$$I_z = \iiint_{\mathcal{W}} (x^2 + y^2) z \, dV = \int_{\theta=0}^{2\pi} \int_{\phi=0}^{\pi/2} \int_{\rho=0}^{R} (\rho^2 \operatorname{sen}^2 \phi)(\rho \cos\phi) \rho^2 \operatorname{sen}\phi \, d\rho \, d\phi \, d\theta$$

$$= 2\pi \left(\int_0^R \rho^5 \, d\rho\right)\left(\int_{\phi=0}^{\pi/2} \operatorname{sen}^3 \phi \cos\phi \, d\phi\right)$$

$$= 2\pi \left(\frac{R^6}{6}\right)\left(\frac{\operatorname{sen}^4 \phi}{4}\bigg|_0^{\pi/2}\right) = \frac{\pi R^6}{12} \text{ kg-m}^2$$

$$M = \iiint_{\mathcal{W}} z \, dV = \int_{\theta=0}^{2\pi} \int_{\phi=0}^{\pi/2} \int_{\rho=0}^{R} (\rho \cos\phi) \rho^2 \operatorname{sen}\phi \, d\rho \, d\phi \, d\theta$$

$$= \left(\int_{\rho=0}^{R} \rho^3 \, d\rho\right)\left(\int_{\phi=0}^{\pi/2} \cos\phi \operatorname{sen}\phi \, d\phi\right)\left(\int_{\theta=0}^{2\pi} d\theta\right) = \frac{\pi R^4}{4} \text{ kg}$$

O raio de giração é $r_g = (I_z/M)^{1/2} = (R^2/3)^{1/2} = R/\sqrt{3}$ m. ∎

Teoria de probabilidade

Na Seção 7.8, discutimos como as probabilidades podem ser representadas por áreas abaixo de curvas (Figura 7). Naquela seção, definimos uma *variável aleatória* X como o resultado de um experimento ou medição cujo valor não é conhecido de antemão. A probabilidade de o valor X estar entre a e b é denotada por $P(a \leq X \leq b)$. Além disso, X é uma *variável aleatória*

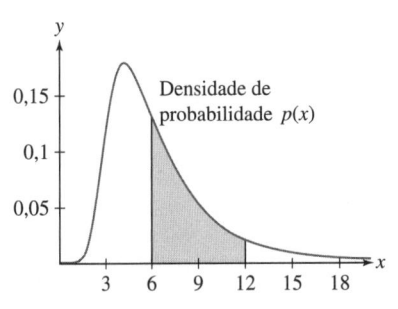

FIGURA 7 A área sombreada é a probabilidade de X estar entre 6 e 12.

contínua se existir alguma função contínua p de uma variável, denominada *função densidade de probabilidade*, tal que (Figura 7)

$$P(a \leq X \leq b) = \int_a^b p(x)\,dx$$

A integral dupla entra nessa história quando calculamos probabilidades conjuntas de duas variáveis aleatórias X e Y. Sejam

$$P(a \leq X \leq b \text{ e } c \leq Y \leq d)$$

as probabilidades de X e Y satisfazerem

$$a \leq X \leq b, \qquad c \leq Y \leq d$$

Por exemplo, se X for a altura (em cm) e Y for o peso (em kg) de certa população, então

$$P(160 \leq X \leq 170;\ 52 \leq Y \leq 63)$$

é a probabilidade de uma pessoa escolhida aleatoriamente ter uma altura entre 160 e 170 cm e um peso entre 52 e 63 kg.

Dizemos que X e Y são conjuntamente contínuas se existir alguma função contínua $p(x, y)$, denominada **função densidade de probabilidade conjunta** (ou só densidade conjunta), tal que, qualquer que sejam os intervalos $[a, b]$ e $[c, d]$ (Figura 8),

$$P(a \leq X \leq b; c \leq Y \leq d) = \int_{x=a}^{b}\int_{y=c}^{d} p(x, y)\,dy\,dx$$

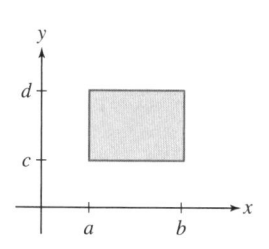

FIGURA 8 A probabilidade $P(a \leq X \leq b; c \leq Y \leq d)$ é igual à integral de $p(x, y)$ no retângulo.

LEMBRETE Condições impostas a uma função densidade de probabilidade:
- $p(x) \geq 0$
- $p(x)$ satisfaz $\int_{-\infty}^{\infty} p(x)\,dx = 1$

Ao lado, recapitulamos as duas condições satisfeitas por uma função densidade de probabilidade. As funções densidade conjunta devem satisfazer condições análogas: em primeiro lugar, $p(x, y) \geq 0$ com quaisquer x e y (porque probabilidades não podem ser negativas) e, em segundo,

$$\int_{-\infty}^{\infty}\int_{-\infty}^{\infty} p(x, y)\,dy\,dx = 1 \qquad\boxed{5}$$

Essa exigência costuma ser denominada **condição de normalização**. Ela é válida porque é um fato (a probabilidade é 1) que X e Y devem tomar, ambos, algum valor entre $-\infty$ e ∞.

■ **EXEMPLO 7** Sem revisão apropriada, o tempo de quebra (em meses) de dois sensores de uma aeronave são variáveis X e Y de densidade conjunta

$$p(x, y) = \begin{cases} \dfrac{1}{864}e^{-x/24 - y/36} & \text{se } x \geq 0, y \geq 0 \\ 0 & \text{caso contrário} \end{cases}$$

Qual é a probabilidade de nenhum dos dois sensores funcionar depois de 2 anos?

Solução O problema pede a probabilidade $P(0 \leq X \leq 24;\ 0 \leq Y \leq 24)$:

$$\int_{x=0}^{24}\int_{y=0}^{24} p(x, y)\,dy\,dx = \frac{1}{864}\int_{x=0}^{24}\int_{y=0}^{24} e^{-x/24 - y/36}\,dy\,dx$$

$$= \frac{1}{864}\left(\int_{x=0}^{24} e^{-x/24}\,dx\right)\left(\int_{y=0}^{24} e^{-y/36}\,dy\right)$$

$$= \frac{1}{864}\left(-24 e^{-x/24}\Big|_0^{24}\right)\left(-36 e^{-y/36}\Big|_0^{24}\right)$$

$$= (1 - e^{-1})(1 - e^{-24/36}) \approx 0{,}31$$

A chance é de 31% que nenhum dos dois sensores esteja funcionando depois de 2 anos. ■

Mais geralmente, podemos calcular a probabilidade de X e Y satisfazerem condições de vários tipos. Por exemplo, $P(X + Y \leq M)$ denota a probabilidade de que a soma $X + Y$ não seja maior do que M. Essa probabilidade é igual à integral

$$P(X + Y \leq M) = \iint_{\mathcal{D}} p(x, y) \, dy \, dx$$

em que $\mathcal{D} = \{(x, y) : x + y \leq M\}$.

■ **EXEMPLO 8** Calcule a probabilidade de $X + Y \leq 3$, se X e Y tiverem densidade de probabilidade conjunta

$$p(x, y) = \begin{cases} \dfrac{1}{81}(2xy + 2x + y) & \text{se } 0 \leq x \leq 3, \ 0 \leq y \leq 3 \\ 0 & \text{caso contrário} \end{cases}$$

Solução A função densidade de probabilidade $p(x, y)$ é não nula somente no quadrado da Figura 9. Dentro desse quadrado, a desigualdade $x + y \leq 3$ vale somente no triângulo sombreado, logo a probabilidade de ter $X + Y \leq 3$ é igual à integral de $p(x, y)$ no triângulo:

$$\int_{x=0}^{3} \int_{y=0}^{3-x} p(x, y) \, dy \, dx = \frac{1}{81} \int_{x=0}^{3} \left(xy^2 + \frac{1}{2}y^2 + 2xy \right) \bigg|_{y=0}^{3-x} dx$$

$$= \frac{1}{81} \int_{x=0}^{3} \left(x^3 - \frac{15}{2}x^2 + 12x + \frac{9}{2} \right) dx$$

$$= \frac{1}{81} \left(\frac{1}{4}3^4 - \frac{5}{2}3^3 + 6(3^2) + \frac{9}{2}(3) \right) = \frac{1}{4} \quad ■$$

$p(x, y)$ é nula fora desse quadrado

A região do primeiro quadrante em que $x + y \leq 3$

FIGURA 9

15.5 Resumo

- Se a densidade de massa for constante, então o centro de massa coincide com o *centroide*, cujas coordenadas $\bar{x}$, $\bar{y}$ (e $\bar{z}$ em três dimensões) são os valores médios de x, y (e z) no domínio. Com domínios em $\mathbf{R}^2$,

$$\bar{x} = \frac{1}{A} \iint_{\mathcal{D}} x \, dA, \qquad \bar{y} = \frac{1}{A} \iint_{\mathcal{D}} y \, dA, \qquad A = \iint_{\mathcal{D}} 1 \, dA$$

	Em $\mathbf{R}^2$	Em $\mathbf{R}^3$
Massa total	$M = \iint_{\mathcal{D}} \delta(x, y) \, dA$	$M = \iiint_{\mathcal{W}} \delta(x, y, z) \, dV$
Momentos	$M_x = \iint_{\mathcal{D}} y\delta(x, y) \, dA$ $M_y = \iint_{\mathcal{D}} x\delta(x, y) \, dA$	$M_{yz} = \iiint_{\mathcal{W}} x\delta(x, y, z) \, dV$ $M_{xz} = \iiint_{\mathcal{W}} y\delta(x, y, z) \, dV$ $M_{xy} = \iiint_{\mathcal{W}} z\delta(x, y, z) \, dV$
Centro de massa	$x_{\text{CM}} = \dfrac{M_y}{M}, \quad y_{\text{CM}} = \dfrac{M_x}{M}$	$x_{\text{CM}} = \dfrac{M_{yz}}{M}, \quad y_{\text{CM}} = \dfrac{M_{xz}}{M}, \quad z_{\text{CM}} = \dfrac{M_{xy}}{M}$
Momentos de inércia	$I_x = \iint_{\mathcal{D}} y^2 \delta(x, y) \, dA$ $I_y = \iint_{\mathcal{D}} x^2 \delta(x, y) \, dA$ $I_0 = \iint_{\mathcal{D}} (x^2 + y^2)\delta(x, y) \, dA$ $(I_0 = I_x + I_y)$	$I_x = \iiint_{\mathcal{W}} (y^2 + z^2)\delta(x, y, z) \, dV$ $I_y = \iiint_{\mathcal{W}} (x^2 + z^2)\delta(x, y, z) \, dV$ $I_z = \iiint_{\mathcal{W}} (x^2 + y^2)\delta(x, y, z) \, dV$

- Raio de giração: $r_g = (I/M)^{1/2}$

- Variáveis aleatórias X e Y têm função densidade de probabilidade conjunta $p(x, y)$ se

$$P(a \leq X \leq b; c \leq Y \leq d) = \int_{x=a}^{b} \int_{y=c}^{d} p(x, y) \, dy \, dx$$

- Uma função densidade de probabilidade conjunta deve satisfazer $p(x, y) \geq 0$ e

$$\int_{x=-\infty}^{\infty} \int_{y=-\infty}^{\infty} p(x, y) \, dy \, dx = 1$$

15.5 Exercícios

Exercícios preliminares

1. Qual é a densidade de massa $\delta(x, y, z)$ de um sólido de 5 m³ de volume com densidade de massa uniforme e massa total de 25 kg?

2. Um domínio $\mathcal{D}$ de $\mathbf{R}^2$ tem densidade de massa uniforme e é simétrico em relação ao eixo y. Quais das afirmações seguintes são verdadeiras?

   (a) $x_{CM} = 0$ (b) $y_{CM} = 0$ (c) $I_x = 0$ (d) $I_y = 0$

3. Se $p(x, y)$ for a função densidade de probabilidade conjunta das variáveis aleatórias X e Y, o que representa a integral dupla de $p(x, y)$ em $[0, 1] \times [0, 1]$? O que representa a integral de $p(x, y)$ no triângulo delimitado por $x = 0$, $y = 0$ e $x + y = 1$?

Exercícios

1. Encontre a massa total do quadrado $0 \leq x \leq 1$, $0 \leq y \leq 1$ supondo uma densidade de massa de
$$\delta(x, y) = x^2 + y^2$$

2. Calcule a massa total de uma lâmina delimitada por $y = 0$ e $y = x^{-1}$ com $1 \leq x \leq 4$ (em m) supondo uma densidade de massa de $\delta(x, y) = y/x$ kg/m².

3. Encontre a carga total da região abaixo do gráfico de $y = 4e^{-x^2/2}$ com $0 \leq x \leq 10$ (em cm) supondo uma densidade de carga de $\delta(x, y) = 10^{-6} xy$ coulombs por cm².

4. Encontre a população total dentro de um raio de 4 km do centro da cidade (localizado na origem) supondo uma densidade populacional de $\delta(x, y) = 2000(x^2 + y^2)^{-0,2}$ pessoas por quilômetro quadrado.

5. Encontre a população total dentro do setor $2|x| \leq y \leq 8$ supondo uma densidade populacional de $\delta(x, y) = 100e^{-0,1y}$ pessoas por quilômetro quadrado.

6. Encontre a massa total da região sólida $\mathcal{W}$ definida por $x \geq 0$, $y \geq 0$, $x^2 + y^2 \leq 4$ e $x \leq z \leq 32 - x$ (em cm) supondo uma densidade de massa de $\delta(x, y, z) = 6y$ g/cm³.

7. Calcule a carga total da bola sólida $x^2 + y^2 + z^2 \leq 5$ (em cm) supondo uma densidade de carga (em coulombs por cm³) de
$$\delta(x, y, z) = (3 \cdot 10^{-8})(x^2 + y^2 + z^2)^{1/2}$$

8. Calcule a massa total da lâmina da Figura 10 supondo uma densidade de massa $f(x, y) = x^2/(x^2 + y^2)$ g/cm².

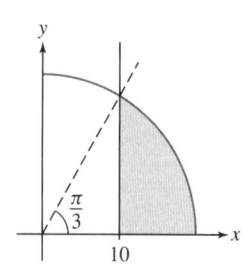

FIGURA 10

9. Suponha que a densidade da atmosfera como uma função da altitude h (em km) acima do nível do mar seja $\delta(h) = ae^{-bh}$ kg/km³, em que $a = 1{,}225 \times 10^9$ e $b = 0{,}13$. Calcule a massa total da atmosfera contida na região em forma de cone $\sqrt{x^2 + y^2} \leq h \leq 3$.

10. Calcule a carga total numa lâmina $\mathcal{D}$ no formato da elipse de equação polar
$$r^2 = \left(\frac{1}{6} \operatorname{sen}^2 \theta + \frac{1}{9} \cos^2 \theta\right)^{-1}$$
da qual foi removido o disco $x^2 + y^2 \leq 1$ (Figura 11) supondo uma densidade de carga de $\rho(r, \theta) = 3r^{-4}$ C/cm².

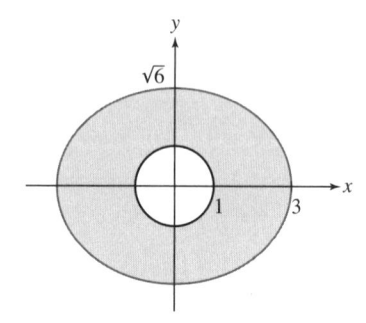

FIGURA 11

Nos Exercícios 11-14, encontre o centroide da região dada supondo a densidade $\delta(x, y) = 1$.

11. A região delimitada por $y = 1 - x^2$ e $y = 0$.

12. A região delimitada por $y^2 = x + 4$ e $x = 4$.

13. O quarto de círculo $x^2 + y^2 \leq R^2$, $x \geq 0$, $y \geq 0$.

14. A lâmina infinita delimitada pelos eixos x e y e o gráfico de $y = e^{-x}$.

15. Use um sistema algébrico computacional para calcular numericamente o centroide da região sombreada da Figura 12 delimitada por $r^2 = \cos 2\theta$ com $x \geq 0$.

FIGURA 12

16. Mostre que o centroide do setor na Figura 13 tem coordenada y

$$\bar{y} = \left(\frac{2R}{3}\right)\left(\frac{\operatorname{sen}\alpha}{\alpha}\right)$$

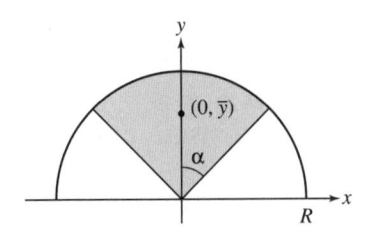

FIGURA 13

Nos Exercícios 17-19, encontre o centroide da região sólida dada supondo uma densidade de massa $\delta(x, y) = 1$.

17. O hemisfério $x^2 + y^2 + z^2 \leq R^2$, $z \geq 0$.

18. A região delimitada pelo plano xy, o cilindro $x^2 + y^2 = R^2$ e o plano $x/R + z/H = 1$, com $R > 0$ e $H > 0$.

19. A "casquinha de sorvete" $\mathcal{W}$ delimitada, em coordenadas esféricas, pelo cone $\phi = \pi/3$ e a esfera $\rho = 2$.

20. Mostre que a coordenada z do centroide do tetraedro delimitado pelos planos coordenados e o plano

$$\frac{x}{a} + \frac{y}{b} + \frac{z}{c} = 1$$

na Figura 14 é $\bar{z} = c/4$. Conclua por simetria que o centroide é $(a/4, b/4, c/4)$.

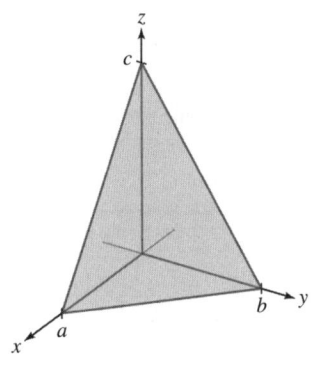

FIGURA 14

21. Encontre o centroide da região $\mathcal{W}$ que fica acima da esfera unitária $x^2 + y^2 + z^2 = 6$ e abaixo do paraboloide $z = 4 - x^2 - y^2$ (Figura 15).

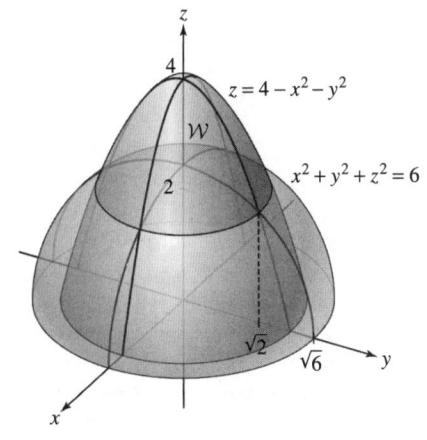

FIGURA 15

22. Com $R > 0$ e $H > 0$, seja $\mathcal{W}$ a metade superior do elipsoide $x^2 + y^2 + (Rz/H)^2 = R^2$, com $z \geq 0$ (Figura 16). Encontre o centroide de $\mathcal{W}$ e mostre que ele depende da altura H, mas não do raio R.

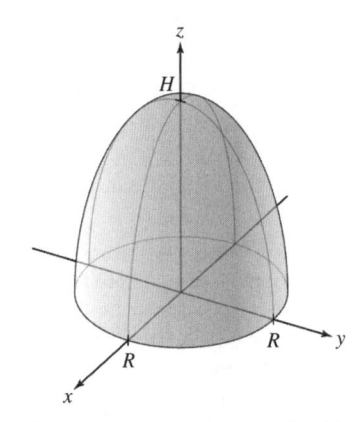

FIGURA 16 Metade superior do elipsoide $x^2 + y^2 + (Rz/H)^2 = R^2$, $z \geq 0$.

Nos Exercícios 23-26, encontre o centro de massa da região com a densidade de massa dada.

23. A região delimitada por $y = 4 - x$, $x = 0$, $y = 0$; $\delta(x, y) = x$.

24. A região delimitada por $y^2 = x + 4$ e $x = 0$; $\delta(x, y) = |y|$.

25. A região $|x| + |y| \leq 1$; $\delta(x, y) = (x + 1)(y + 1)$.

26. O semicírculo $x^2 + y^2 \leq R^2$, $y \geq 0$; $\delta(x, y) = y$.

27. Encontre a coordenada z do centro de massa do primeiro octante da esfera unitária de densidade de massa $\delta(x, y, z) = y$ (Figura 17).

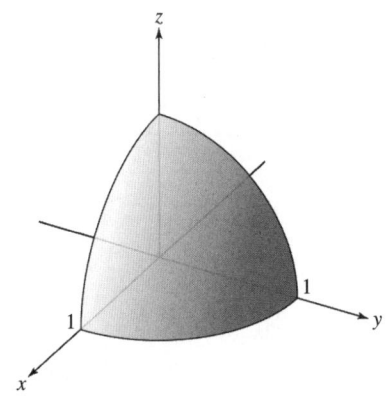

FIGURA 17

28. Encontre o centro de massa de um cilindro de raio 2, altura 4 e densidade de massa e^{-z}, sendo z a altura acima da base.

29. Seja $\mathcal{R}$ o retângulo $[-a, a] \times [b, -b]$ com densidade uniforme e massa total M. Calcule:
 (a) a densidade de massa δ de $\mathcal{R}$;
 (b) I_x e I_0;
 (c) o raio de giração em torno do eixo x.

30. Calcule I_x e I_0 do retângulo do Exercício 29, supondo que a densidade de massa seja $\delta(x, y) = x$.

31. Calcule I_0 e I_x do disco $\mathcal{D}$ definido por $x^2 + y^2 \leq 16$ (em metros), de massa total 1.000 kg e densidade de massa uniforme. *Sugestão:* primeiro calcule I_0 e observe que $I_0 = 2I_x$. Expresse sua resposta em unidades corretas.

32. Calcule I_x e I_y do semidisco $x^2 + y^2 \leq R^2, x \geq 0$ (em metros), de massa total M kg e densidade de massa uniforme.

Nos Exercícios 33-36, seja $\mathcal{D}$ o domínio triangular delimitado pelos eixos coordenados e a reta $y = 3 - x$, de densidade de massa $\delta(x, y) = y$. Calcule as quantidades dadas.

33. Massa total **34.** Centro de massa

35. I_x **36.** I_0

Nos Exercícios 37-40, seja $\mathcal{D}$ o domínio entre a reta $y = bx/a$ e a parábola $y = bx^2/a^2$, com $a, b > 0$. Suponha que a densidade de massa seja $\delta(x, y) = 1$ no Exercício 37 e $\delta(x, y) = xy$ nos Exercícios 38-40. Calcule as quantidades dadas.

37. Centroide **38.** Centro de massa

39. I_x **40.** I_0

41. Calcule o momento de inércia I_x do disco $\mathcal{D}$ definido por $x^2 + y^2 \leq R^2$ (em metros) de massa total M kg. Quanta energia cinética (em joules) é exigida para girar o disco em torno do eixo x com uma velocidade angular de 10 rad/s?

42. Calcule o momento de inércia I_z da caixa $\mathcal{W} = [-a, a] \times [-a, a] \times [0, H]$, supondo que $\mathcal{W}$ tenha massa total M.

43. Mostre que o momento de inércia de uma esfera de raio R, massa total M e densidade de massa uniforme em torno de qualquer eixo passando pelo centro da esfera é $\frac{2}{5}MR^2$. Note que a densidade de massa da esfera é $\delta = M/(\frac{4}{3}\pi R^3)$.

44. Use o resultado do Exercício 43 para calcular o raio de giração de uma esfera uniforme de raio R em torno de qualquer eixo pelo centro da esfera.

Nos Exercícios 45 e 46, prove a fórmula com o cilindro circular reto da Figura 18.

45. $I_z = \frac{1}{2}MR^2$ **46.** $I_x = \frac{1}{4}MR^2 + \frac{1}{12}MH^2$

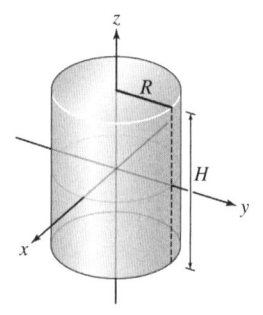

FIGURA 18

47. O ioiô da Figura 19 consiste em dois discos de raio $r = 3$ cm e um eixo de raio $b = 1$ cm. Cada disco tem massa $M_1 = 20$ g e o eixo tem massa $M_2 = 5$ g.

(a) Use o resultado do Exercício 45 para calcular o momento de inércia I do ioiô em relação ao eixo de simetria. Note que I é a soma dos momentos dos três componentes do ioiô.

(b) O ioiô é solto e cai até o fim de seu barbante de 100 cm, onde gira com velocidade angular ω. A massa total do ioiô é $m = 45$ g, portanto a energia potencial perdida é igual a $mgh = (45)(980)100$ g-cm^2/s^2. Encontre ω usando o fato de que a energia potencial é a soma da energia cinética rotacional com a energia cinética translacional e que a velocidade é $v = b\omega$, que é a taxa segundo a qual o barbante desenrola.

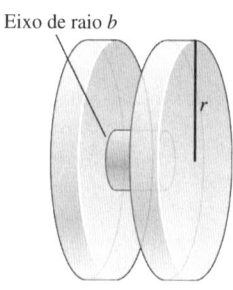

FIGURA 19

48. Calcule I_z da região sólida $\mathcal{W}$ dentro do hiperboloide $x^2 + y^2 = z^2 + 1$ entre $z = 0$ e $z = 1$.

49. Calcule $P(0 \leq X \leq 2; 1 \leq Y \leq 2)$, se X e Y têm uma função de densidade de probabilidade conjunta

$$p(x, y) = \begin{cases} \frac{1}{72}(2xy + 2x + y) & \text{se } 0 \leq x \leq 4 \text{ e } 0 \leq y \leq 2 \\ 0 & \text{caso contrário} \end{cases}$$

50. Calcule a probabilidade de $X + Y \leq 2$ com variáveis aleatórias de função de densidade de probabilidade conjunta como no Exercício 49.

51. O tempo de vida útil (em meses) de dois componentes de certo aparelho são variáveis aleatórias X e Y de função de densidade de probabilidade conjunta

$$p(x, y) = \begin{cases} \frac{1}{9216}(48 - 2x - y) & \text{se } x \geq 0, y \geq 0, 2x + y \leq 48 \\ 0 & \text{caso contrário} \end{cases}$$

Calcule a probabilidade de ambos os componentes funcionarem por, pelo menos, 12 meses sem falhar. Observe que $p(x, y)$ é não nula dentro do triângulo delimitado pelos eixos coordenados e a reta $2x + y = 48$, conforme a Figura 20.

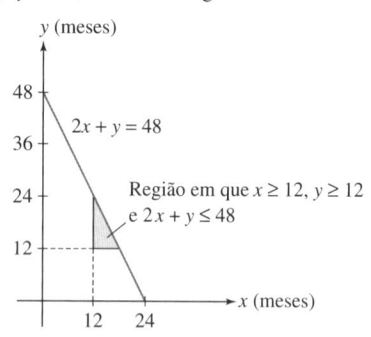

FIGURA 20

52. Encontre uma constante C tal que

$$p(x, y) = \begin{cases} Cxy & \text{se } 0 \leq x \text{ e } 0 \leq y \leq 1 - x \\ 0 & \text{caso contrário} \end{cases}$$

seja uma função de densidade de probabilidade conjunta. Então calcule

(a) $P(X \leq \frac{1}{2}; Y \leq \frac{1}{4})$ (b) $P(X \geq Y)$

53. Encontre uma constante C tal que
$$p(x,y) = \begin{cases} Cy & \text{se } 0 \le x \le 1 \text{ e } x^2 \le y \le x \\ 0 & \text{caso contrário} \end{cases}$$
seja uma função de densidade de probabilidade conjunta. Depois, calcule a probabilidade de ter $Y \ge X^{3/2}$.

54. Os números X e Y entre 0 e 1 são escolhidos aleatoriamente. A densidade de probabilidade conjunta é $p(x,y) = 1$ se $0 \le x \le 1$ e $0 \le y \le 1$; caso contrário, é $p(x,y) = 0$. Calcule a probabilidade P de que o produto XY seja, no mínimo, $\tfrac{1}{2}$.

55. De acordo com a Mecânica Quântica, as coordenadas x e y de uma partícula confinada à região $\mathcal{R} = [0,1] \times [0,1]$ são variáveis aleatórias com função densidade de probabilidade conjunta
$$p(x,y) = \begin{cases} C\,\text{sen}^2(2\pi \ell x)\,\text{sen}^2(2\pi n y) & \text{se } (x,y) \in \mathcal{R} \\ 0 & \text{caso contrário} \end{cases}$$
Os inteiros ℓ e n determinam a energia da partícula e C é uma constante.
(a) Encontre a constante C.
(b) Calcule a probabilidade de uma partícula com $\ell = 2$, $n = 3$ estar na região $\left[0, \tfrac{1}{4}\right] \times \left[0, \tfrac{1}{8}\right]$.

56. A função onda do primeiro estado de um elétron do átomo de hidrogênio é
$$\psi_{1s}(\rho) = \frac{1}{\sqrt{\pi a_0^3}} e^{-\rho/a_0}$$
em que a_0 é o raio de Bohr. A probabilidade de encontrar o elétron na região $\mathcal{W}$ de $\mathbf{R}^3$ é igual a
$$\iiint_{\mathcal{W}} p(x,y,z)\,dV$$
sendo, em coordenadas esféricas,
$$p(\rho) = |\psi_{1s}(\rho)|^2$$
Use integração em coordenadas esféricas para mostrar que a probabilidade de encontrar um elétron a uma distância maior do que o raio de Bohr é igual a $5/e^2 \approx 0{,}677$. (O raio de Bohr é $a_0 = 5{,}3 \times 10^{-11}$ m, mas não é necessário saber isso.)

57. De acordo com a lei de Coulomb, a força atratora entre duas cargas elétricas de magnitudes q_1 e q_2 separadas por uma distância r é kq_1q_2/r^2 (k é uma constante). Seja F a força líquida numa partícula P com uma carga de magnitude Q coulombs localizada a uma distância de d cm verticalmente acima do centro de um disco circular de raio R, com uma distribuição de carga uniforme de densidade de ρ coulombs por metro quadrado (Figura 21). Por simetria, F age na direção vertical.
(a) Seja $\mathcal{R}$ um retângulo polar pequeno de tamanho $\Delta r \times \Delta \theta$ localizado à distância r. Mostre que $\mathcal{R}$ exerce uma força em P cujo componente vertical é
$$\left(\frac{k\rho Q d}{(r^2 + d^2)^{3/2}}\right) r\, \Delta r\, \Delta \theta$$
(b) Explique por que F é igual à integral dupla seguinte e calcule-a:
$$F = k\rho Q d \int_0^{2\pi} \int_0^R \frac{r\,dr\,d\theta}{(r^2 + d^2)^{3/2}}$$

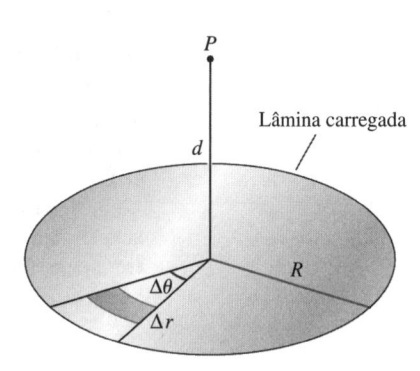

FIGURA 21

58. Seja $\mathcal{D}$ a região anelar
$$-\frac{\pi}{2} \le \theta \le \frac{\pi}{2}, \quad a \le r \le b$$
em que $b > a > 0$. Suponha que $\mathcal{D}$ tenha uma distribuição de carga uniforme de ρ coulombs por metro quadrado. Seja F a força líquida numa partícula carregada com uma carga de Q coulombs localizada na origem (por simetria, F age ao longo do eixo x).
(a) Argumente como no Exercício 57 para mostrar que
$$F = k\rho Q \int_{\theta=-\pi/2}^{\pi/2} \int_{r=a}^{b} \left(\frac{\cos\theta}{r^2}\right) r\,dr\,d\theta$$
(b) Calcule F.

Compreensão adicional e desafios

59. Seja $\mathcal{D}$ o domínio da Figura 22. Suponha que $\mathcal{D}$ seja simétrico em relação ao eixo y, ou seja, que $g_1(x)$ e $g_2(x)$ sejam funções pares.
(a) Prove que o centroide fica no eixo y, ou seja, que $\overline{x} = 0$.
(b) Mostre que se a densidade de massa satisfizer
$\delta(-x,y) = \delta(x,y)$, então $M_y = 0$ e $x_{CM} = 0$

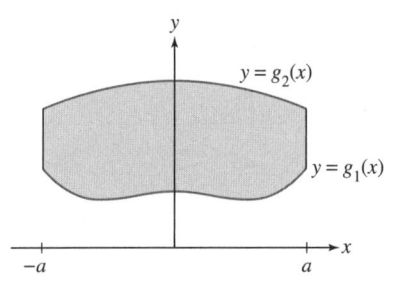

FIGURA 22

60. Teorema de Pappus Seja A a área da região $\mathcal{D}$ entre dois gráficos $y = g_1(x)$ e $y = g_2(x)$ no intervalo $[a,b]$, sendo $g_2(x) \ge g_1(x) \ge 0$. Prove o teorema de Pappus: o volume do sólido obtido pela revolução de $\mathcal{D}$ em torno do eixo y é $V = 2\pi A \overline{y}$, em que $\overline{y}$ é a coordenada y do centroide de $\mathcal{D}$ (a media das coordenadas y). *Sugestão:* mostre que
$$A\overline{y} = \int_{x=a}^{b} \int_{y=g_1(x)}^{g_2(x)} y\,dy\,dx$$

61. Use o teorema de Pappus do Exercício 60 para mostrar que o toro obtido pela revolução de um círculo de raio b centrado em $(a,0)$ em torno do eixo y (sendo $b < a$) tem volume $V = 2\pi^2 a b^2$.

62. Use o teorema de Pappus para calcular $\overline{y}$ da metade superior do disco $x^2 + y^2 \le a^2$, $y \ge 0$. *Sugestão:* a revolução do disco em torno do eixo x é uma esfera.

63. Teorema dos eixos paralelos Seja $\mathcal{W}$ uma região de $\mathbf{R}^3$ com centro de massa na origem. Seja I_z o momento de inércia de $\mathcal{W}$ em torno do eixo z e I_h o momento de inércia em torno do eixo vertical por um ponto $P = (a, b, 0)$, em que $h = \sqrt{a^2 + b^2}$. Por definição,

$$I_h = \iiint_{\mathcal{W}} ((x-a)^2 + (y-b)^2) \delta(x, y, z) \, dV$$

Prove o teorema dos eixos paralelos: $I_h = I_z + Mh^2$.

64. Seja $\mathcal{W}$ um cilindro de 10 cm de raio e 20 cm de altura, de massa total $M = 500$ g. Use o teorema dos eixos paralelos (Exercício 63) e o resultado do Exercício 45 para calcular o momento de inércia de $\mathcal{W}$ em torno de um eixo que seja paralelo ao eixo de simetria do cilindro, mas a uma distância de 30 cm desse eixo.

15.6 Mudança de variáveis

As fórmulas de integração em coordenadas polares, cilíndricas e esféricas são casos especiais da fórmula geral de mudança de variáveis de integrais múltiplas. Nesta seção, discutimos a fórmula geral.

Aplicações de $\mathbf{R}^2$ em $\mathbf{R}^2$

Uma função $G : X \to Y$ de um conjunto X (o domínio) para um conjunto Y muitas vezes é denominada uma **aplicação**, ou **transformação**. Dado $x \in X$, o elemento $G(x)$ pertence a Y e é denominado a **imagem** de x. O conjunto de todas as imagens $G(x)$ é denominado a **imagem** de G e denotado por $G(X)$.

Nesta seção, consideramos aplicações $G : \mathcal{D} \to \mathbf{R}^2$ definidas num domínio $\mathcal{D}$ em $\mathbf{R}^2$ (Figura 1). Para evitar confusão, costumamos usar variáveis u, v no domínio e x, y na imagem. Assim, escrevemos $G(u, v) = (x(u, v), y(u, v))$, em que os componentes x e y são funções de u e v:

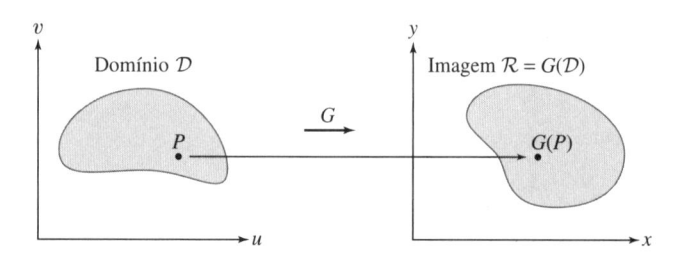

$$x = x(u, v), \qquad y = y(u, v)$$

FIGURA 1 G leva $\mathcal{D}$ em $\mathcal{R}$.

Uma aplicação que já conhecemos é a transformação que define as coordenadas polares. Nessa aplicação, usamos as variáveis r, θ em vez de u, v. A **transformação de coordenadas polares** $G : \mathbf{R}^2 \to \mathbf{R}^2$ é definida por

$$G(r, \theta) = (r \cos \theta, r \operatorname{sen} \theta)$$

■ **EXEMPLO 1** **Transformação de coordenadas polares** Descreva a imagem do retângulo $\mathcal{R} = [r_1, r_2] \times [\theta_1, \theta_2]$ pela transformação de coordenadas polares.

Solução Pela Figura 2, vemos que:
- Uma reta vertical $r = r_1$ (mostrada em tom mais claro) é levada no conjunto de pontos de coordenada radial r_1 e ângulo arbitrário. Isso é um círculo de raio r_1.

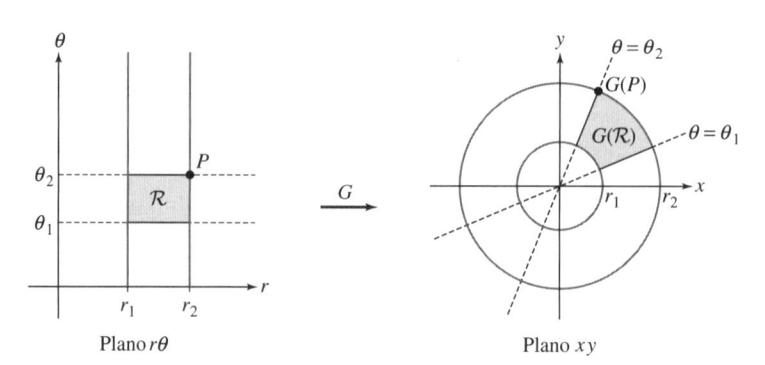

FIGURA 2 A transformação de coordenadas polares $G(r, \theta) = (r \cos \theta, r \operatorname{sen} \theta)$.

- Uma reta horizontal $\theta = \theta_1$ (reta tracejada na figura) é levada no conjunto de pontos de ângulo polar θ e coordenada r arbitrária. Isso é a reta pela origem de ângulo θ_1.

Decorre que a imagem do retângulo $\mathcal{R} = [r_1, r_2] \times [\theta_1, \theta_2]$ pela transformação de coordenadas polares $G(r, \theta) = (r\cos\theta, r\,\text{sen}\,\theta)$ é o retângulo polar do plano xy definido por $r_1 \leq r \leq r_2, \theta_1 \leq \theta \leq \theta_2$. ∎

Aplicações gerais podem ser bem complicadas, portanto é útil estudar mais detalhadamente os tipos mais simples de aplicações, as lineares. Dizemos que uma aplicação $G(u, v)$ é **linear**, ou então, uma **transformação linear**, se tiver o formato

$$G(u, v) = (Au + Cv, Bu + Dv) \quad (A, B, C \text{ e } D \text{ são constantes})$$

Podemos ter uma visualização clara dessa transformação linear pensando em G como uma aplicação que leva vetores do plano uv em vetores do plano xy. Então, G tem as propriedades de linearidade (ver Exercício 46):

$$G(u_1 + u_2, v_1 + v_2) = G(u_1, v_1) + G(u_2, v_2) \qquad \boxed{1}$$

$$G(cu, cv) = cG(u, v) \quad (c \text{ uma constante qualquer}) \qquad \boxed{2}$$

Uma consequência dessas propriedades é que G leva o paralelogramo gerado por dois vetores **a** e **b** quaisquer do plano uv no paralelogramo gerado pelas imagens $G(\mathbf{a})$ e $G(\mathbf{b})$, como vemos na Figura 3.

Mais geralmente, *G leva o segmento entre dois pontos P e Q quaisquer no segmento entre $G(P)$ e $G(Q)$* (ver Exercício 47). A grade gerada pelos vetores da base canônica $\mathbf{i} = \langle 1, 0 \rangle$ e $\mathbf{j} = \langle 0, 1 \rangle$ é levada na grade gerada pelos vetores imagem (Figura 3)

$$\mathbf{r} = G(1, 0) = \langle A, B \rangle$$
$$\mathbf{s} = G(0, 1) = \langle C, D \rangle$$

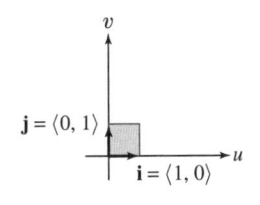

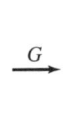

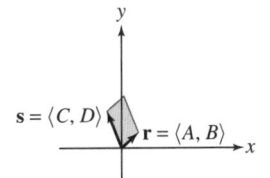

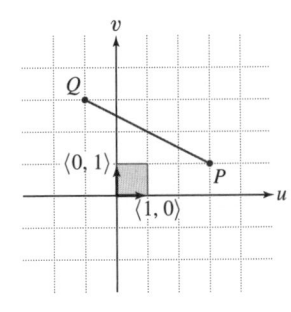

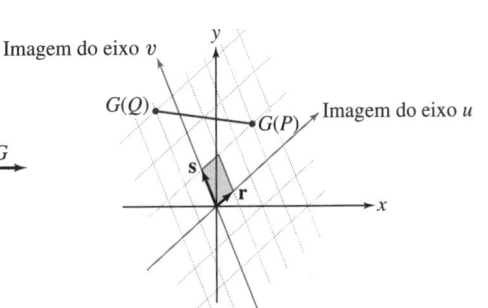

FIGURA 3 Uma transformação linear G leva um paralelogramo num paralelogramo.

■ **EXEMPLO 2** **Imagem de um triângulo** Encontre a imagem do triângulo $\mathcal{T}$ de vértices $(1, 2), (2,1)$ e $(3, 4)$ pela transformação linear $G(u, v) = (2u - v, u + v)$.

Solução Por ser linear, G leva o segmento de reta que liga dois vértices de $\mathcal{T}$ no segmento de reta que liga as imagens dos dois vértices. Portanto, a imagem de $\mathcal{T}$ é o triângulo cujos vértices são as imagens (Figura 4)

$$G(1, 2) = (0, 3), \qquad G(2, 1) = (3, 3), \qquad G(3, 4) = (2, 7) \qquad ∎$$

Para entender uma aplicação não linear, geralmente é útil determinar as imagens de retas horizontais e verticais, como fizemos com a transformação de coordenadas polares.

FIGURA 4 A transformação $G(u, v) = (2u - v, u + v)$.

■ **EXEMPLO 3** Seja $G(u, v) = (uv^{-1}, uv)$ com $u > 0, v > 0$. Determine as imagens

(a) das retas $u = c$ e $v = c$ (b) de $[1, 2] \times [1, 2]$.

Encontre a aplicação inversa G^{-1}.

Solução Nessa aplicação, temos $x = uv^{-1}$ e $y = uv$. Assim,

$$xy = u^2 \quad \text{e} \quad \frac{y}{x} = v^2 \qquad\qquad 3$$

(a) Pela primeira parte da Equação (3), G leva um ponto (c, v) num ponto do plano xy com $xy = c^2$. Em outras palavras, G leva a reta vertical $u = c$ na hipérbole $xy = c^2$. Analogamente, pela segunda parte da Equação (3), a reta horizontal $v = c$ é levada no conjunto de pontos tais que $x/y = c^2$, ou $y = c^2 x$, que é uma reta pela origem de inclinação c^2. Ver Figura 5.

(b) A imagem de $[1, 2] \times [1, 2]$ é o retângulo *curvilíneo* delimitado pelas quatro curvas que são as imagens das retas $u = 1$, $u = 2$ e $v = 1$, $v = 2$. Pela Equação (3), essa região é definida pelas desigualdades

$$1 \leq xy \leq 4, \qquad 1 \leq \frac{y}{x} \leq 4$$

O termo "retângulo curvilíneo" se refere a uma região delimitada por curvas nos quatro lados, como na Figura 5.

Para encontrar G^{-1}, usamos a Equação (3) para escrever $u = \sqrt{xy}$ e $v = \sqrt{y/x}$. Então, a aplicação inversa é $G^{-1}(x, y) = \left(\sqrt{xy}, \sqrt{y/x}\right)$. Tomamos as raízes quadradas positivas porque $u > 0$ e $v > 0$ no domínio sob consideração. ■

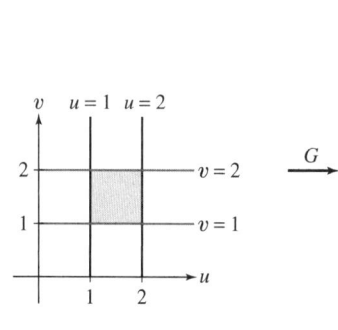

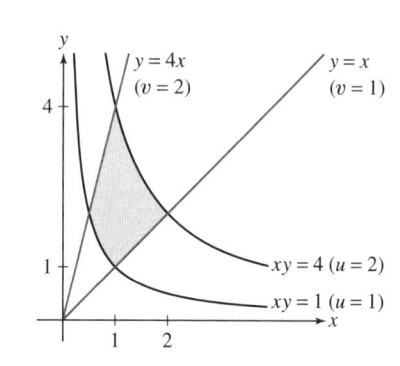

FIGURA 5 A aplicação $G(u, v) = (uv^{-1}, uv)$.

Como uma aplicação afeta a área: o determinante jacobiano

O **determinante jacobiano** (ou, simplesmente, "jacobiano") de uma aplicação

$$G(u, v) = (x(u, v), y(u, v))$$

é o determinante

LEMBRETE A definição de um determinante 2×2 é

$$\begin{vmatrix} a & b \\ c & d \end{vmatrix} = ad - bc \qquad 4$$

$$\text{Jac}(G) = \begin{vmatrix} \dfrac{\partial x}{\partial u} & \dfrac{\partial x}{\partial v} \\ \dfrac{\partial y}{\partial u} & \dfrac{\partial y}{\partial v} \end{vmatrix} = \dfrac{\partial x}{\partial u}\dfrac{\partial y}{\partial v} - \dfrac{\partial x}{\partial v}\dfrac{\partial y}{\partial u}$$

O jacobiano $\text{Jac}(G)$ também é denotado por $\dfrac{\partial(x, y)}{\partial(u, v)}$. Observe que $\text{Jac}(G)$ é uma função de u e v.

■ **EXEMPLO 4** Calcule o jacobiano de $G(u, v) = (u^3 + v, uv)$ em $(u, v) = (2, 1)$.

Solução Temos $x = u^3 + v$ e $y = uv$, portanto

$$\text{Jac}(G) = \frac{\partial(x, y)}{\partial(u, v)} = \begin{vmatrix} \dfrac{\partial x}{\partial u} & \dfrac{\partial x}{\partial v} \\ \dfrac{\partial y}{\partial u} & \dfrac{\partial y}{\partial v} \end{vmatrix}$$

$$= \begin{vmatrix} 3u^2 & 1 \\ v & u \end{vmatrix} = 3u^3 - v$$

O valor do jacobiano em $(2, 1)$ é $\text{Jac}(G)(2, 1) = 3(2)^3 - 1 = 23$. ■

O jacobiano nos diz como varia a área por uma aplicação G. Isso pode ser visto mais diretamente no caso de uma transformação linear $G(u, v) = (Au + Cv, Bu + Dv)$.

TEOREMA 1 Jacobiano de uma transformação linear O jacobiano de uma transformação linear

$$G(u, v) = (Au + Cv, Bu + Dv)$$

é *constante* e igual a

$$\text{Jac}(G) = \begin{vmatrix} A & C \\ B & D \end{vmatrix} = AD - BC \qquad \boxed{5}$$

Aplicando G, a área de uma região $\mathcal{D}$ é multiplicada pelo fator $|\text{Jac}(G)|$, ou seja,

$$\boxed{\text{Área}(G(\mathcal{D})) = |\text{Jac}(G)|\text{Área}(\mathcal{D})} \qquad \boxed{6}$$

Demonstração A Equação (5) é verificada com um cálculo direto: como

$$x = Au + Cv \quad \text{e} \quad y = Bu + Dv$$

as derivadas parciais no jacobiano são as constantes A, B, C e D.

A demonstração da Equação (6) é apenas esboçada. A afirmação certamente é válida com o quadrado unitário $\mathcal{D} = [0, 1] \times [0, 1]$, porque $G(\mathcal{D})$ é o paralelogramos gerado pelos vetores $\langle A, B \rangle$ e $\langle C, D \rangle$ (Figura 6) e esse paralelogramo tem área

$$|\text{Jac}(G)| = |AD - BC|$$

pela Equação (10) da Seção 12.4. Analogamente, podemos conferir diretamente que a Equação (6) é válida com paralelogramos arbitrários (ver Exercício 48). Para verificar a Equação (6) com um domínio $\mathcal{D}$ qualquer, usamos o fato de que $\mathcal{D}$ pode ser aproximado, com a precisão desejada, por uma união de retângulos numa grade fina de retas paralelas aos eixos u e v. ■

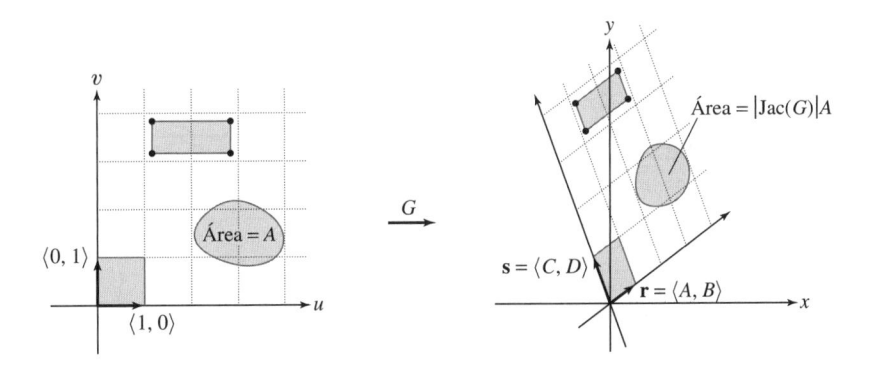

FIGURA 6 Uma transformação linear G expande (ou contrai) a área pelo fator $|\text{Jac}(G)|$.

Não podemos esperar que a Equação (6) seja válida com aplicações não lineares. De fato, nem faria sentido como está enunciada, porque o valor de Jac$(G)(P)$ pode variar de ponto a ponto. Contudo, a equação é *aproximadamente verdadeira* se o domínio $\mathcal{D}$ for pequeno e P for um ponto de amostragem de $\mathcal{D}$:

$$\text{Área}(G(\mathcal{D})) \approx |\text{Jac}(G)(P)|\text{Área}(\mathcal{D}) \qquad \boxed{7}$$

Esse resultado pode ser enunciado mais precisamente como uma relação de limite:

$$|\text{Jac}(G)(P)| = \lim_{|\mathcal{D}| \to 0} \frac{\text{Área}(G(\mathcal{D}))}{\text{Área}(\mathcal{D})} \qquad \boxed{8}$$

Aqui, escrevemos $|\mathcal{D}| \to 0$ para indicar o limite com o diâmetro de $\mathcal{D}$ (a distância máxima entre dois pontos de $\mathcal{D}$) tendendo a zero.

ENTENDIMENTO CONCEITUAL Embora uma prova rigorosa da Equação (8) seja técnica demais para ser desenvolvida aqui, podemos entender a Equação (7) como uma aplicação da aproximação linear. Considere um retângulo $\mathcal{R}$ com um vértice em $P = (u, v)$ e os lados de comprimentos Δu e Δv, que supomos pequenos, como na Figura 7. A imagem $G(\mathcal{R})$ não é um paralelogramo, mas é bem aproximada pelo paralelogramo gerado pelos vetores **A** e **B** da figura:

$$\mathbf{A} = G(u + \Delta u, v) - G(u, v)$$
$$= (x(u + \Delta u, v) - x(u, v), y(u + \Delta u, v) - y(u, v))$$
$$\mathbf{B} = G(u, v + \Delta v) - G(u, v)$$
$$= (x(u, v + \Delta v) - x(u, v), y(u, v + \Delta v) - y(u, v))$$

LEMBRETE As Equações (9) e (10) usam as aproximações lineares

$$x(u + \Delta u, v) - x(u, v) \approx \frac{\partial x}{\partial u}\Delta u$$
$$y(u + \Delta u, v) - y(u, v) \approx \frac{\partial y}{\partial u}\Delta u$$

e

$$x(u, v + \Delta v) - x(u, v) \approx \frac{\partial x}{\partial v}\Delta v$$
$$y(u, v + \Delta v) - y(u, v) \approx \frac{\partial y}{\partial v}\Delta v$$

A aproximação linear aplicada aos componentes de G fornece

$$\mathbf{A} \approx \left\langle \frac{\partial x}{\partial u}\Delta u, \frac{\partial y}{\partial u}\Delta u \right\rangle \qquad \boxed{9}$$

$$\mathbf{B} \approx \left\langle \frac{\partial x}{\partial v}\Delta v, \frac{\partial y}{\partial v}\Delta v \right\rangle \qquad \boxed{10}$$

Isso dá a aproximação procurada:

$$\text{Área}(G(\mathcal{R})) \approx \left|\det\begin{pmatrix}\mathbf{A}\\\mathbf{B}\end{pmatrix}\right| = \left|\det\begin{pmatrix}\frac{\partial x}{\partial u}\Delta u & \frac{\partial y}{\partial u}\Delta u\\\frac{\partial x}{\partial v}\Delta v & \frac{\partial y}{\partial v}\Delta v\end{pmatrix}\right|$$

$$= \left|\frac{\partial x}{\partial u}\frac{\partial y}{\partial v} - \frac{\partial y}{\partial u}\frac{\partial x}{\partial v}\right|\Delta u\,\Delta v$$

$$= |\text{Jac}(G)(P)|\text{Área}(\mathcal{R})$$

pois a área de $\mathcal{R}$ é $\Delta u\,\Delta v$.

FIGURA 7 A imagem de um retângulo pequeno por uma aplicação não linear pode ser aproximada por um paralelogramo cujos lados são determinados pela aproximação linear.

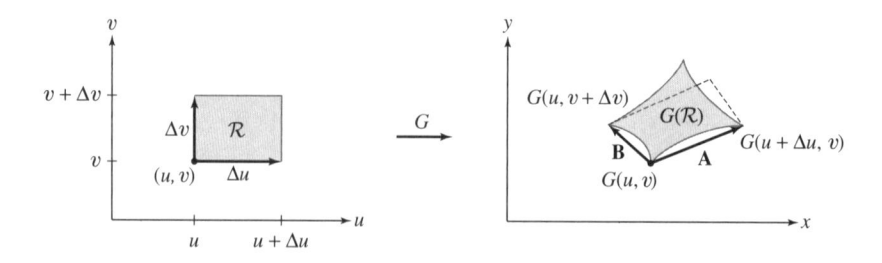

A fórmula da mudança de variáveis

Vimos a fórmula de integração em coordenadas polares:

$$\iint_{\mathcal{D}} f(x, y)\,dx\,dy = \int_{\theta_1}^{\theta_2}\int_{r_1}^{r_2} f(r\cos\theta, r\,\text{sen}\,\theta)\,r\,dr\,d\theta \qquad \boxed{11}$$

Aqui, $\mathcal{D}$ é o retângulo polar consistindo nos pontos $(x, y) = (r\cos\theta, r\sen\theta)$ do plano xy (ver Figura 2, no início desta seção). O domínio de integração do lado direito é o retângulo $\mathcal{R} = [\theta_1, \theta_2] \times [r_1, r_2]$ do plano $r\theta$. Assim, $\mathcal{D}$ é a imagem do domínio do lado direito pela transformação de coordenadas polares.

A fórmula geral de mudança de variáveis tem um formato análogo. Dada uma aplicação

$$G: \underset{\text{no plano } uv}{\mathcal{D}_0} \to \underset{\text{no plano } xy}{\mathcal{D}}$$

de um domínio no plano uv para um domínio no plano xy (Figura 8), nossa fórmula expressa uma integral em $\mathcal{D}$ como uma integral em $\mathcal{D}_0$. O jacobiano desempenha o papel do fator r do lado direito da Equação (11).

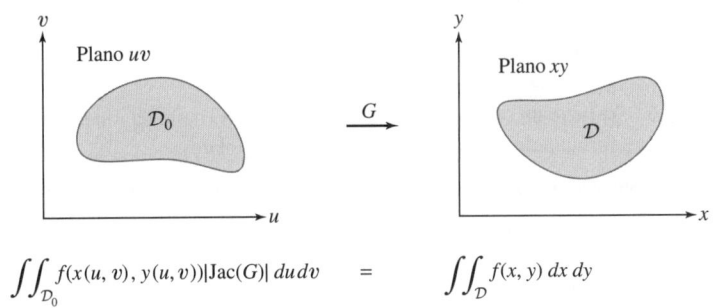

$$\iint_{\mathcal{D}_0} f(x(u,v), y(u,v))|\text{Jac}(G)|\, du\, dv = \iint_{\mathcal{D}} f(x, y)\, dx\, dy$$

FIGURA 8 A fórmula da mudança de variáveis expressa uma integral dupla em $\mathcal{D}$ como uma integral dupla em $\mathcal{D}_0$.

Necessitamos de algumas hipóteses técnicas. Em primeiro lugar, supomos que G seja injetora, pelo menos no interior de $\mathcal{D}_0$, porque queremos que G cubra o domínio $\mathcal{D}$ na imagem uma única vez. Também supomos que G seja uma **aplicação** C^1, com o que queremos dizer que os componentes x e y de G são funções com derivadas parciais contínuas. Com essas hipóteses, a continuidade de $f(x, y)$ garante o resultado seguinte.

LEMBRETE Dizemos que G é "injetora" se $G(P) = G(Q)$ só com $P = Q$.

TEOREMA 2 Fórmula da mudança de variáveis   Seja $G : \mathcal{D}_0 \to \mathcal{D}$ uma aplicação C^1 que seja injetora no interior de $\mathcal{D}_0$. Se $f(x, y)$ for contínua, então

$$\iint_{\mathcal{D}} f(x, y)\, dx\, dy = \iint_{\mathcal{D}_0} f(x(u,v), y(u,v)) \left|\frac{\partial(x,y)}{\partial(u,v)}\right| du\, dv \qquad \boxed{12}$$

A Equação (12) é resumida pela igualdade simbólica

$$dx\, dy = \left|\frac{\partial(x,y)}{\partial(u,v)}\right| du\, dv$$

Lembre que $\frac{\partial(x,y)}{\partial(u,v)}$ denota o jacobiano Jac(G).

Demonstração   Vejamos um esboço da demonstração. Inicialmente, observe que a Equação (12) é *aproximadamente* verdadeira se os domínios $\mathcal{D}_0$ e $\mathcal{D}$ forem pequenos. Seja $P = G(P_0)$, em que P_0 é um ponto de amostragem qualquer de $\mathcal{D}_0$. Como $f(x, y)$ é contínua, a aproximação mencionada ao lado e a Equação (7) garantem

$$\iint_{\mathcal{D}} f(x, y)\, dx\, dy \approx f(P)\text{Área}(\mathcal{D})$$
$$\approx f(G(P_0))\, |\text{Jac}(G)(P_0)|\, \text{Área}(\mathcal{D}_0)$$
$$\approx \iint_{\mathcal{D}_0} f(G(u,v))\, |\text{Jac}(G)(u,v)|\, du\, dv$$

LEMBRETE Se $\mathcal{D}$ for um domínio de diâmetro pequeno, se $P \in \mathcal{D}$ for um ponto de amostragem e $f(x, y)$ for contínua, então (ver Seção 15.2)

$$\iint_{\mathcal{D}} f(x, y)\, dx\, dy \approx f(P)\text{Área}(\mathcal{D})$$

Se $\mathcal{D}$ não for pequeno, podemos dividi-lo em subdomínios pequenos $D_j = G(\mathcal{D}_{0j})$ (a Figura 9 mostra um retângulo dividido em retângulos menores), aplicar a aproximação a cada subdomínio e somar:

$$\iint_{\mathcal{D}} f(x, y)\, dx\, dy = \sum_j \iint_{\mathcal{D}_j} f(x, y)\, dx\, dy$$
$$\approx \sum_j \iint_{\mathcal{D}_{0j}} f(G(u,v)))\, |\text{Jac}(G)(u,v)|\, du\, dv$$
$$= \iint_{\mathcal{D}_0} f(G(u,v))\, |\text{Jac}(G)(u,v)|\, du\, dv$$

Uma estimativa cuidadosa mostra que o erro tende a zero se o máximo dos diâmetros dos subdomínios $\mathcal{D}_j$ tender a zero. Isso dá a fórmula da mudança de variáveis. ∎

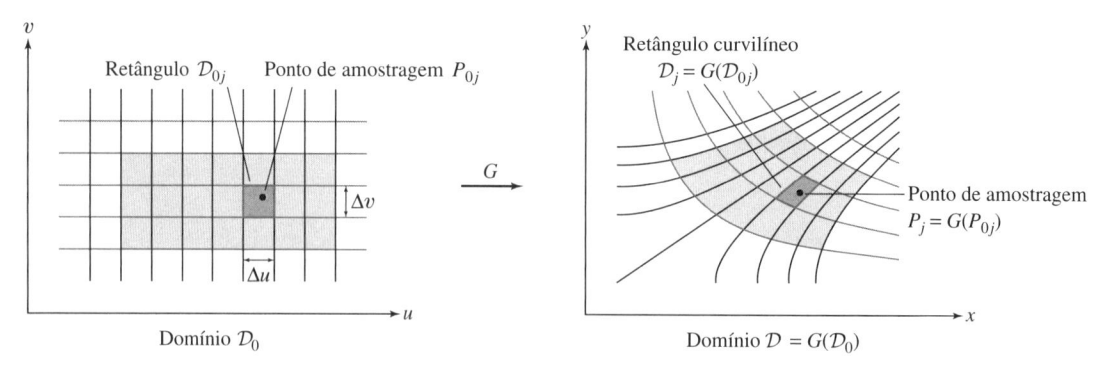

FIGURA 9 G leva um reticulado retangular em $\mathcal{D}_0$ num reticulado curvo em $\mathcal{D}$.

■ **EXEMPLO 5** **De novo as coordenadas polares** Use a fórmula da mudança de variáveis para deduzir a fórmula de integração em coordenadas polares.

Solução O jacobiano da transformação de coordenadas polares $G(r,\theta) = (r\cos\theta, r\,\textrm{sen}\,\theta)$ é

$$\textrm{Jac}(G) = \begin{vmatrix} \dfrac{\partial x}{\partial r} & \dfrac{\partial x}{\partial \theta} \\ \dfrac{\partial y}{\partial r} & \dfrac{\partial y}{\partial \theta} \end{vmatrix} = \begin{vmatrix} \cos\theta & -r\,\textrm{sen}\,\theta \\ \textrm{sen}\,\theta & r\cos\theta \end{vmatrix} = r(\cos^2\theta + \textrm{sen}^2\theta) = r$$

Seja $\mathcal{D} = G(\mathcal{R})$ a imagem pela transformação de coordenadas polares G do retângulo $\mathcal{R}$ definido por $r_0 \leq r \leq r_1, \theta_0 \leq \theta \leq \theta_1$ (ver Figura 2). Então a Equação (12) dá a fórmula conhecida em coordenadas polares:

$$\iint_{\mathcal{D}} f(x,y)\,dx\,dy = \int_{\theta_0}^{\theta_1}\int_{r_0}^{r_1} f(r\cos\theta, r\,\textrm{sen}\,\theta)\, r\, dr\, d\theta \qquad \boxed{13}$$

■

Hipóteses importam Na fórmula da mudança de variáveis, supomos que G seja injetora no interior, mas não necessariamente na fronteira do domínio. Assim, podemos aplicar a Equação (12) à transformação de coordenadas polares G no retângulo $\mathcal{D}_0 = [0,1] \times [0, 2\pi]$. Nesse caso, G é injetora no interior, mas não na fronteira de $\mathcal{D}_0$, pois $G(0,\theta) = (0,0)$ com qualquer θ e $G(r,0) = G(r, 2\pi)$ com qualquer r. Por outro lado, a Equação (12) não pode ser aplicada a G no retângulo $[0,1] \times [0, 4\pi]$ porque G não é injetora no interior.

■ **EXEMPLO 6** Use a fórmula da mudança de variáveis para calcular $\iint_{\mathcal{P}} e^{4x-y}\,dx\,dy$ se $\mathcal{P}$ for o paralelogramo gerado pelos vetores $\langle 4,1\rangle$, $\langle 3,3\rangle$ da Figura 10.

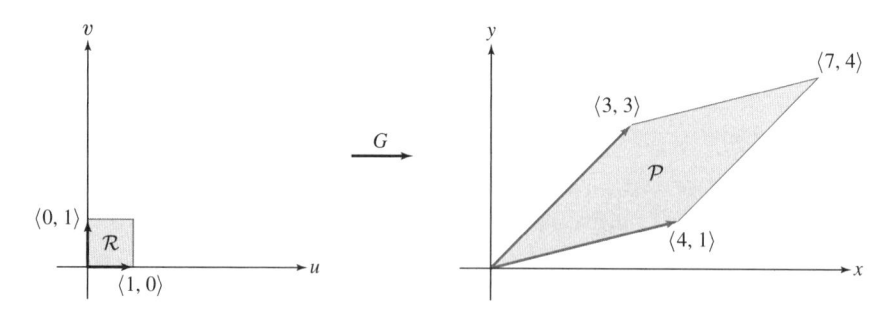

FIGURA 10 A aplicação $G(u,v) = (4u + 3v, u + 3v)$.

Observe que uma transformação linear

$$G(u,v) = (Au + Cv, Bu + Dv)$$

satisfaz

$$G(1,0) = (A,B), \quad G(0,1) = (C,D)$$

Solução

Passo 1. **Definir a aplicação.**

Podemos converter nossa integral dupla numa integral do quadrado unitário $\mathcal{R} = [0,1] \times [0,1]$ se conseguirmos encontrar uma aplicação que leve $\mathcal{R}$ em $\mathcal{P}$. A transformação linear seguinte faz isso:

$$G(u,v) = (4u + 3v, u + 3v)$$

De fato, $G(1, 0) = (4, 1)$ e $G(0, 1) = (3, 3)$, portanto leva $\mathcal{R}$ em $\mathcal{P}$ já que transformações lineares levam paralelogramos em paralelogramos.

Passo 2. Calcular o jacobiano.

$$\text{Jac}(G) = \begin{vmatrix} \dfrac{\partial x}{\partial u} & \dfrac{\partial x}{\partial v} \\ \dfrac{\partial y}{\partial u} & \dfrac{\partial y}{\partial v} \end{vmatrix} = \begin{vmatrix} 4 & 3 \\ 1 & 3 \end{vmatrix} = 9$$

Passo 3. Expressar $f(x, y)$ em termos das novas variáveis.

Como $x = 4u + 3v$ e $y = u + 3v$, temos

$$e^{4x-y} = e^{4(4u+3v)-(u+3v)} = e^{15u+9v}$$

Passo 4. Aplicar a fórmula da mudança de variáveis.

A fórmula da mudança de variáveis nos diz que $dx\,dy = 9\,du\,dv$:

$$\iint_{\mathcal{P}} e^{4x-y}\,dx\,dy = \iint_{\mathcal{R}} e^{15u+9v}\,|\text{Jac}(G)|\,du\,dv = \int_0^1 \int_0^1 e^{15u+9v}\,(9\,du\,dv)$$

$$= 9\left(\int_0^1 e^{15u}\,du\right)\left(\int_0^1 e^{9v}\,dv\right) = \frac{1}{15}(e^{15} - 1)(e^9 - 1) \qquad \blacksquare$$

■ **EXEMPLO 7** Use a fórmula da mudança de variáveis para calcular

$$\iint_{\mathcal{D}} (x^2 + y^2)\,dx\,dy$$

se $\mathcal{D}$ for o domínio $1 \le xy \le 4$, $1 \le y/x \le 4$ (Figura 11).

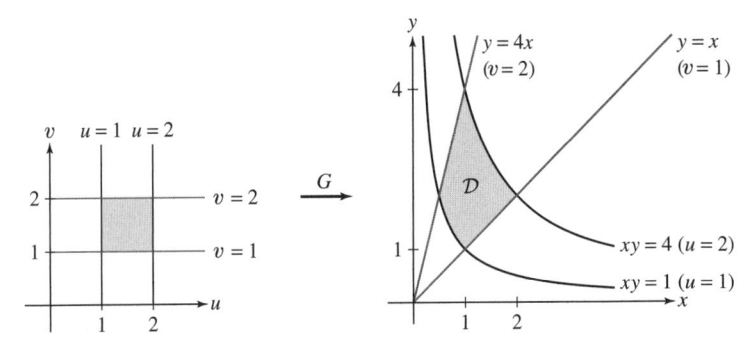

FIGURA 11

Solução No Exemplo 3, estudamos a aplicação $G(u, v) = (uv^{-1}, uv)$, que pode ser escrita como

$$x = uv^{-1}, \qquad y = uv$$

Mostramos (Figura 11) que G leva o retângulo $\mathcal{D}_0 = [1, 2] \times [1, 2]$ no nosso domínio $\mathcal{D}$. De fato, como $xy = u^2$ e $xy^{-1} = v^2$, as duas condições $1 \le xy \le 4$ e $1 \le y/x \le 4$ que definem $\mathcal{D}$ transformam-se em $1 \le u \le 2$ e $1 \le v \le 2$.

O jacobiano é

$$\text{Jac}(G) = \frac{\partial(x, y)}{\partial(u, v)} = \begin{vmatrix} \dfrac{\partial x}{\partial u} & \dfrac{\partial x}{\partial v} \\ \dfrac{\partial y}{\partial u} & \dfrac{\partial y}{\partial v} \end{vmatrix} = \begin{vmatrix} v^{-1} & -uv^{-2} \\ v & u \end{vmatrix} = \frac{2u}{v}$$

Para aplicar a fórmula da mudança de variáveis, escrevemos $f(x, y)$ em termos de u e v:

$$f(x, y) = x^2 + y^2 = \left(\frac{u}{v}\right)^2 + (uv)^2 = u^2(v^{-2} + v^2)$$

Pela fórmula da mudança de variáveis,

$$\iint_{\mathcal{D}} (x^2 + y^2)\, dx\, dy = \iint_{\mathcal{D}_0} u^2(v^{-2} + v^2) \left|\frac{2u}{v}\right| du\, dv$$

$$= 2 \int_{v=1}^{2} \int_{u=1}^{2} u^3(v^{-3} + v)\, du\, dv$$

$$= 2 \left(\int_{u=1}^{2} u^3\, du\right)\left(\int_{v=1}^{2} (v^{-3} + v)\, dv\right)$$

$$= 2 \left(\frac{1}{4} u^4 \Big|_1^2\right)\left(-\frac{1}{2} v^{-2} + \frac{1}{2} v^2 \Big|_1^2\right) = \frac{225}{16} \quad \blacksquare$$

Não esqueça que a fórmula da mudança de variáveis transforma uma integral em xy numa integral em uv, mas observe que G é uma aplicação do domínio uv para o domínio xy. Às vezes, é mais fácil encontrar uma aplicação F indo no *sentido errado*, do domínio xy para o domínio uv. Nesse caso, a aplicação procurada é a inversa $G = F^{-1}$. No exemplo seguinte, vemos que, em alguns casos, podemos calcular a integral sem precisar resolver em G. O fato básico é que o jacobiano de F é o recíproco de $\mathrm{Jac}(G)$ (ver Exercícios 49-51):

$$\boxed{\mathrm{Jac}(G) = \mathrm{Jac}(F)^{-1}, \quad \text{em que } F = G^{-1}} \quad \boxed{14}$$

A Equação (14) pode ser escrita sugestivamente como

$$\boxed{\frac{\partial(x, y)}{\partial(u, v)} = \left(\frac{\partial(u, v)}{\partial(x, y)}\right)^{-1}}$$

■ **EXEMPLO 8** Usando a aplicação inversa Integre $f(x, y) = xy(x^2 + y^2)$ em

$$\mathcal{D}: -3 \leq x^2 - y^2 \leq 3, \quad 1 \leq xy \leq 4$$

Solução É fácil obter uma aplicação F que vai no *sentido errado*. Sejam $u = x^2 - y^2$ e $v = xy$. Então nosso domínio é definido pelas desigualdades $-3 \leq u \leq 3$ e $1 \leq v \leq 4$, e podemos definir uma aplicação de $\mathcal{D}$ no retângulo $\mathcal{R} = [-3, 3] \times [1, 4]$ do plano uv (Figura 12):

$$F : \mathcal{D} \to \mathcal{R}$$

$$(x, y) \to (x^2 - y^2, xy)$$

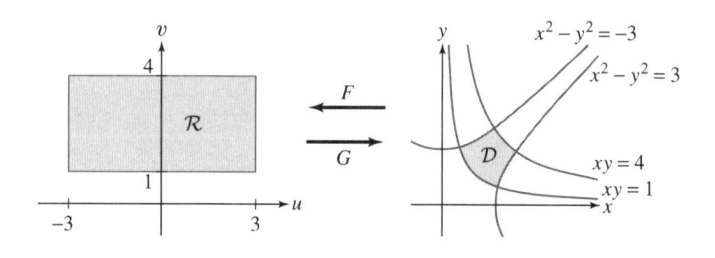

FIGURA 12 A aplicação F vai no sentido "errado".

Para converter a integral em $\mathcal{D}$ numa integral no retângulo $\mathcal{R}$, devemos aplicar a fórmula da mudança de variáveis com a aplicação inversa:

$$G = F^{-1} : \mathcal{R} \to \mathcal{D}$$

Mostremos que não é necessário encontrar G explicitamente. Como $u = x^2 - y^2$ e $v = xy$, o jacobiano de F é

$$\mathrm{Jac}(F) = \begin{vmatrix} \dfrac{\partial u}{\partial x} & \dfrac{\partial u}{\partial y} \\ \dfrac{\partial v}{\partial x} & \dfrac{\partial v}{\partial y} \end{vmatrix} = \begin{vmatrix} 2x & -2y \\ y & x \end{vmatrix} = 2(x^2 + y^2)$$

Pela Equação (14),

$$\text{Jac}(G) = \text{Jac}(F)^{-1} = \frac{1}{2(x^2+y^2)}$$

Normalmente, o passo seguinte seria expressar $f(x, y)$ em termos de u e v. No nosso caso, podemos evitar isso observando que o jacobiano cancela com um fator de $f(x,y)$:

$$\iint_{\mathcal{D}} xy(x^2+y^2)\, dx\, dy = \iint_{\mathcal{R}} f(x(u,v), y(u,v))\, |\text{Jac}(G)|\, du\, dv$$

$$= \iint_{\mathcal{R}} xy(x^2+y^2) \frac{1}{2(x^2+y^2)}\, du\, dv$$

$$= \frac{1}{2} \iint_{\mathcal{R}} xy\, du\, dv$$

$$= \frac{1}{2} \iint_{\mathcal{R}} v\, du\, dv \qquad \text{(pois } v = xy\text{)}$$

$$= \frac{1}{2} \int_{-3}^{3} \int_{1}^{4} v\, dv\, du = \frac{1}{2}(6)\left(\frac{1}{2}4^2 - \frac{1}{2}1^2\right) = \frac{45}{2} \quad \blacksquare$$

Mudança de variáveis em três variáveis

A fórmula da mudança de variáveis tem o mesmo formato em três (ou mais) variáveis que em duas variáveis. Seja

$$G : \mathcal{W}_0 \to \mathcal{W}$$

uma aplicação de uma região tridimensional $\mathcal{W}_0$ do espaço (u, v, w) numa região $\mathcal{W}$ do espaço (x, y, z), digamos,

$$x = x(u, v, w), \qquad y = y(u, v, w), \qquad z = z(u, v, w)$$

O jacobiano $\text{Jac}(G)$ é o determinante 3×3:

$$\text{Jac}(G) = \frac{\partial(x,y,z)}{\partial(u,v,w)} = \begin{vmatrix} \dfrac{\partial x}{\partial u} & \dfrac{\partial x}{\partial v} & \dfrac{\partial x}{\partial w} \\ \dfrac{\partial y}{\partial u} & \dfrac{\partial y}{\partial v} & \dfrac{\partial y}{\partial w} \\ \dfrac{\partial z}{\partial u} & \dfrac{\partial z}{\partial v} & \dfrac{\partial z}{\partial w} \end{vmatrix} \qquad \boxed{15}$$

LEMBRETE Os determinantes 3×3 estão definidos na Equação (2) da Seção 12.4.

A fórmula da mudança de variáveis afirma que

$$\boxed{dx\, dy\, dz = \left|\frac{\partial(x,y,z)}{\partial(u,v,w)}\right| du\, dv\, dw}$$

Mais precisamente, se G for C^1 e injetora no interior de $\mathcal{W}_0$ e se f for contínua, então

$$\iiint_{\mathcal{W}} f(x,y,z)\, dx\, dy\, dz$$

$$= \iiint_{\mathcal{W}_0} f(x(u,v,w), y(u,v,w), z(u,v,w)) \left|\frac{\partial(x,y,z)}{\partial(u,v,w)}\right| du\, dv\, dw \qquad \boxed{16}$$

Nos Exercícios 42 e 43, usamos a fórmula geral de mudança de variáveis para deduzir as fórmulas de integração em coordenadas cilíndricas e esféricas desenvolvidas na Seção 15.4.

15.6 Resumo

- Seja $G(u, v) = (x(u, v), y(u, v))$ uma aplicação. Escrevemos $x = x(u, v)$ e $y = y(u, v)$. O jacobiano de G é o determinante

$$\text{Jac}(G) = \frac{\partial(x, y)}{\partial(u, v)} = \begin{vmatrix} \dfrac{\partial x}{\partial u} & \dfrac{\partial x}{\partial v} \\ \dfrac{\partial y}{\partial u} & \dfrac{\partial y}{\partial v} \end{vmatrix}$$

- $\text{Jac}(G) = \text{Jac}(F)^{-1}$ se $F = G^{-1}$.
- Fórmula da mudança de variáveis: se $G : \mathcal{D}_0 \to \mathcal{D}$ for injetora no interior de $\mathcal{D}_0$, se as funções componentes tiverem derivadas parciais contínuas e se f for contínua, então

$$\iint_{\mathcal{D}} f(x, y) \, dx \, dy = \iint_{\mathcal{D}_0} f(x(u, v), y(u, v)) \left| \frac{\partial(x, y)}{\partial(u, v)} \right| du \, dv$$

- A fórmula da mudança de variáveis pode ser escrita simbolicamente em duas ou três variáveis como

$$dx \, dy = \left| \frac{\partial(x, y)}{\partial(u, v)} \right| du \, dv, \qquad dx \, dy \, dz = \left| \frac{\partial(x, y, z)}{\partial(u, v, w)} \right| du \, dv \, dw$$

15.6 Exercícios

Exercícios preliminares

1. Quais das aplicações seguintes é linear?
   (a) (uv, v)
   (b) $(u + v, u)$
   (c) $(3, e^u)$

2. Suponha que G seja uma transformação linear tal que $G(2, 0) = (4, 0)$ e $G(0, 3) = (-3, 9)$. Encontre as imagens de:
   (a) $G(1, 0)$
   (b) $G(1, 1)$
   (c) $G(2, 1)$

3. Qual é a área de $G(\mathcal{R})$ se $\mathcal{R}$ for um retângulo de área 9 e G for uma aplicação cujo jacobiano tem valor constante 4?

4. Dê uma estimativa da área de $G(\mathcal{R})$ se $\mathcal{R} = [1; 1,2] \times [3; 3,1]$ e G for uma aplicação tal que $\text{Jac}(G)(1, 3) = 3$.

Exercícios

1. Determine a imagem por $G(u, v) = (2u, u + v)$ dos conjuntos seguintes.
   (a) Os eixos u e v.
   (b) O retângulo $\mathcal{R} = [0, 5] \times [0, 7]$.
   (c) O segmento de reta ligando $(1, 2)$ a $(5, 3)$.
   (d) O triângulo de vértices $(0, 1)$, $(1, 0)$ e $(1, 1)$.

2. Descreva [na forma $y = f(x)$] as imagens das retas $u = c$ e $v = c$ pela aplicação $G(u, v) = (u/v, u^2 - v^2)$.

3. Seja $G(u, v) = (u^2, v)$. Essa aplicação é injetora? Se não for, determine um domínio no qual G seja injetora. Encontre a imagem por G:
   (a) dos eixos u e v.
   (b) do retângulo $\mathcal{R} = [-1, 1] \times [-1, 1]$.
   (c) do segmento de reta ligando $(0, 0)$ a $(1, 1)$.
   (d) do triângulo de vértices $(0, 0)$, $(0, 1)$ e $(1, 1)$.

4. Seja $G(u, v) = (e^u, e^{u+v})$.
   (a) Será G injetora? Qual é a imagem de G?
   (b) Descreva as imagens das retas verticais $u = c$ e horizontais $v = c$.

Nos Exercícios 5-12, seja $G(u, v) = (2u + v, 5u + 3v)$ uma aplicação do plano uv no plano xy.

5. Mostre que a imagem da reta horizontal $v = c$ é a reta $y = \frac{5}{2}x + \frac{1}{2}c$. Qual é a imagem (em forma inclinação-corte) da reta vertical $u = c$?

6. Descreva a imagem por G da reta pelos pontos $(u, v) = (1, 1)$ e $(u, v) = (1, -1)$ em forma inclinação-corte.

7. Descreva a imagem por G da reta $v = 4u$ em forma inclinação-corte.

8. Mostre que G leva a reta $v = mu$ na reta pela origem do plano xy de inclinação $(5 + 3m)/(2 + m)$.

9. Mostre que a inversa de G é
$$G^{-1}(x, y) = (3x - y, -5x + 2y)$$
Sugestão: mostre que $G(G^{-1}(x, y)) = (x, y)$ e $G^{-1}(G(u, v)) = (u, v)$.

10. Use a inversa do Exercício 9 para encontrar:
    (a) um ponto do plano uv que seja levado em $(2, 1)$;
    (b) um segmento no plano uv que seja levado no segmento que liga $(-2, 1)$ a $(3, 4)$.

11. Calcule $\text{Jac}(G) = \dfrac{\partial(x, y)}{\partial(u, v)}$.

12. Calcule $\text{Jac}(G^{-1}) = \dfrac{\partial(u, v)}{\partial(x, y)}$.

Nos Exercícios 13-18, calcule o jacobiano (no ponto dado, se houver).

13. $G(u, v) = (3u + 4v, u - 2v)$

14. $G(r, s) = (rs, r + s)$

15. $G(r, t) = (r \sen t, r - \cos t)$, $(r, t) = (1, \pi)$
16. $G(u, v) = (v \ln u, u^2 v^{-1})$, $(u, v) = (1, 2)$
17. $G(r, \theta) = (r \cos \theta, r \sen \theta)$, $(r, \theta) = \left(4, \frac{\pi}{6}\right)$
18. $G(u, v) = (ue^v, e^u)$
19. Encontre uma transformação linear G que leve $[0, 1] \times [0, 1]$ no paralelogramo do plano xy gerado pelos vetores $\langle 2, 3 \rangle$ e $\langle 4, 1 \rangle$.
20. Encontre uma transformação linear G que leve $[0, 1] \times [0, 1]$ no paralelogramo do plano xy gerado pelos vetores $\langle -2, 5 \rangle$ e $\langle 1, 7 \rangle$.
21. Seja $\mathcal{D}$ o paralelogramo da Figura 13. Aplique a fórmula da mudança de variáveis à aplicação $G(u, v) = (5u + 3v, u + 4v)$ para calcular $\iint_{\mathcal{D}} xy \, dx \, dy$ como uma integral em $\mathcal{D}_0 = [0, 1] \times [0, 1]$.

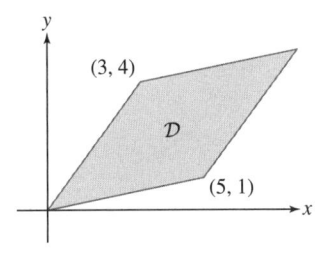

FIGURA 13

22. Seja $G(u, v) = (u - uv, uv)$.
    (a) Mostre que a imagem da reta horizontal $v = c$ é $y = \dfrac{c}{1 - c} x$ se $c \neq 1$ e é o eixo y se $c = 1$.
    (b) Determine a imagem das retas verticais do plano uv.
    (c) Calcule o jacobiano de G.
    (d) Observe que, pela fórmula da área de um triângulo, a região $\mathcal{D}$ da Figura 14 tem área $\frac{1}{2}(b^2 - a^2)$. Calcule essa área usando a fórmula da mudança de variáveis aplicada a G.
    (e) Calcule $\iint_{\mathcal{D}} xy \, dx \, dy$.

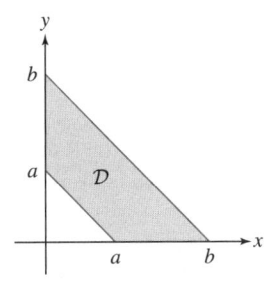

FIGURA 14

23. Seja $G(u, v) = (3u + v, u - 2v)$. Use o jacobiano para determinar a área de $G(\mathcal{R})$ se:
    (a) $\mathcal{R} = [0, 3] \times [0, 5]$ (b) $\mathcal{R} = [2, 5] \times [1, 7]$
24. Encontre uma transformação linear T que leve $[0, 1] \times [0, 1]$ no paralelogramo $\mathcal{P}$ do plano xy de vértices $(0, 0)$, $(2, 2)$, $(1, 4)$ e $(3, 6)$. Em seguida, calcule a integral dupla de e^{2x-y} em $\mathcal{P}$ usando mudança de variáveis.

25. Com G como no Exemplo 3, use a fórmula da mudança de variáveis para calcular a área da imagem de $[1, 4] \times [1, 4]$.

Nos Exercícios 26-28, seja $\mathcal{R}_0 = [0, 1] \times [0, 1]$ o quadrado unitário. A translação de uma aplicação $G_0(u, v) = (\phi(u, v), \psi(u, v))$ é a aplicação

$$G(u, v) = (a + \phi(u, v), b + \psi(u, v))$$

em que a, b são constantes. Observe que a aplicação G_0 da Figura 15 leva $\mathcal{R}_0$ no paralelogramo $\mathcal{P}_0$ e a translação

$$G_1(u, v) = (2 + 4u + 2v, 1 + u + 3v)$$

leva $\mathcal{R}_0$ em $\mathcal{P}_1$.

26. Encontre translações G_2 e G_3 da aplicação G_0 da Figura 15 que levem o quadrado unitário $\mathcal{R}_0$ nos paralelogramos $\mathcal{P}_2$ e $\mathcal{P}_3$.
27. Esboce o paralelogramo $\mathcal{P}$ de vértices $(1, 1)$, $(2, 4)$, $(3, 6)$ e $(4, 9)$ e encontre a translação de uma transformação linear que leve $\mathcal{R}_0$ em $\mathcal{P}$.
28. Encontre a translação de uma transformação linear que leve $\mathcal{R}_0$ no paralelogramo gerado pelos vetores $\langle 3, 9 \rangle$ e $\langle -4, 6 \rangle$ localizados em $(4, 2)$.

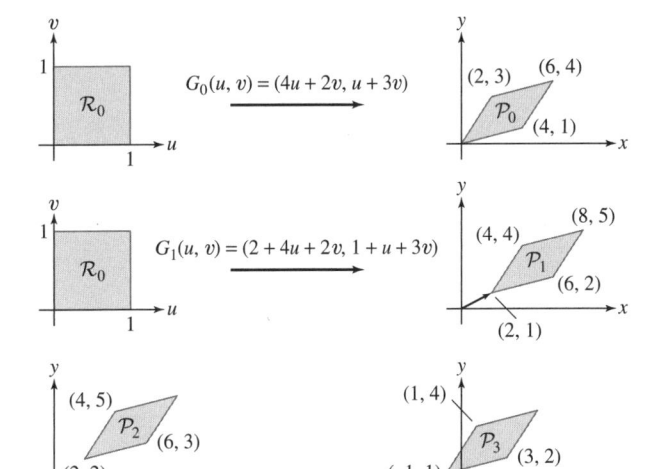

FIGURA 15

29. Seja $\mathcal{D} = G(\mathcal{R})$, em que $G(u, v) = (u^2, u + v)$ e $\mathcal{R} = [1, 2] \times [0, 6]$. Calcule $\iint_{\mathcal{D}} y \, dx \, dy$. *Nota:* não é necessário descrever $\mathcal{D}$.
30. Seja $\mathcal{D}$ a imagem de $\mathcal{R} = [1, 4] \times [1, 4]$ pela aplicação $G(u, v) = (u^2/v, v^2/u)$.
    (a) Calcule $\mathrm{Jac}(G)$.
    (b) Esboce $\mathcal{D}$.
    (c) Use a fórmula da mudança de variáveis para calcular Área$(\mathcal{D})$ e $\iint_{\mathcal{D}} f(x, y) \, dx \, dy$ se $f(x, y) = x + y$.
31. Calcule $\iint_{\mathcal{D}} (x + 3y) \, dx \, dy$ se $\mathcal{D}$ for a região sombreada da Figura 16. *Sugestão:* use a aplicação $G(u, v) = (u - 2v, v)$.

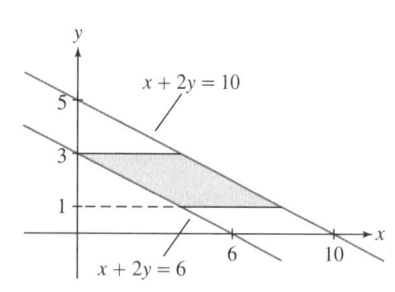

FIGURA 16

32. Use a aplicação $G(u, v) = \left(\dfrac{u}{v+1}, \dfrac{uv}{v+1}\right)$ para calcular
$$\iint_{\mathcal{D}} (x+y)\, dx\, dy$$
sendo $\mathcal{D}$ a região sombreada na Figura 17.

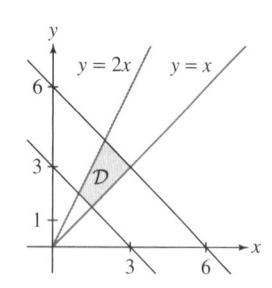

FIGURA 17

33. Mostre que $T(u, v) = (u^2 - v^2, 2uv)$ leva o triângulo $\mathcal{D}_0 = \{(u, v) : 0 \leq v \leq u \leq 1\}$ no domínio $\mathcal{D}$ delimitado por $x = 0$, $y = 0$ e $y^2 = 4 - 4x$. Use T para calcular
$$\iint_{\mathcal{D}} \sqrt{x^2 + y^2}\, dx\, dy$$

34. Encontre uma aplicação G que leve o disco $u^2 + v^2 \leq 1$ no interior da elipse $\left(\dfrac{x}{a}\right)^2 + \left(\dfrac{y}{b}\right)^2 \leq 1$. Em seguida, use a fórmula da mudança de variáveis para provar que a área da elipse é πab.

35. Calcule $\iint_{\mathcal{D}} e^{9x^2 + 4y^2}\, dx\, dy$ se $\mathcal{D}$ for o interior da elipse $\left(\dfrac{x}{2}\right)^2 + \left(\dfrac{y}{3}\right)^2 \leq 1$.

36. Calcule a área da região delimitada pela elipse $x^2 + 2xy + 2y^2 - 4y = 8$ como uma integral nas variáveis $u = x + y$, $v = y - 2$.

37. Esboce o domínio $\mathcal{D}$ delimitado por $y = x^2$, $y = \tfrac{1}{2}x^2$ e $y = x$. Use uma mudança de variáveis com a aplicação $x = uv$, $y = u^2$ para calcular
$$\iint_{\mathcal{D}} y^{-1}\, dx\, dy$$
Isso é uma integral imprópria, pois $f(x, y) = y^{-1}$ não está definida em $(0, 0)$, mas deixa de ser imprópria depois de uma mudança de variáveis.

38. Encontre uma mudança de variáveis apropriada para calcular
$$\iint_{\mathcal{R}} (x+y)^2 e^{x^2 - y^2}\, dx\, dy$$
em que $\mathcal{R}$ é o quadrado de vértices $(1, 0)$, $(0, 1)$, $(-1, 0)$, $(0, -1)$.

39. Seja G a inversa da aplicação $F(x, y) = (xy, x^2 y)$ do plano xy no plano uv. Seja $\mathcal{D}$ o domínio na Figura 18. Aplicando a fórmula da mudança de variáveis à inversa $G = F^{-1}$, mostre que
$$\iint_{\mathcal{D}} e^{xy}\, dx\, dy = \int_{10}^{20} \int_{20}^{40} e^u v^{-1}\, dv\, du$$
e calcule esse resultado. *Sugestão:* ver o Exemplo 8.

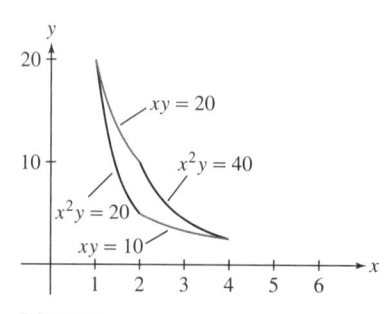

FIGURA 18

40. Esboce o domínio
$$\mathcal{D} = \{(x, y) : 1 \leq x + y \leq 4,\ -4 \leq y - 2x \leq 1\}$$
(a) Seja F a aplicação $u = x + y$, $v = y - 2x$ do plano xy no plano uv e seja G sua inversa. Use a Equação (14) para calcular Jac(G).

(b) Calcule $\iint_{\mathcal{D}} e^{x+y}\, dx\, dy$ usando a fórmula da mudança de variáveis com a aplicação G. *Sugestão:* não é necessário determinar G explicitamente.

41. Seja $I = \iint_{\mathcal{D}} (x^2 - y^2)\, dx\, dy$, com
$$\mathcal{D} = \{(x, y) : 2 \leq xy \leq 4,\ 0 \leq x - y \leq 3,\ x \geq 0,\ y \geq 0\}$$
(a) Mostre que a aplicação $u = xy$, $v = x - y$ leva $\mathcal{D}$ no retângulo $\mathcal{R} = [2, 4] \times [0, 3]$.

(b) Obtenha $\partial(x, y)/\partial(u, v)$, calculando primeiro $\partial(u, v)/\partial(x, y)$.

(c) Use a fórmula da mudança de variáveis para mostrar que I é igual à integral de $f(x, y) = v$ em $\mathcal{R}$ e calcule.

42. Deduza a Fórmula (5) da Seção 15.4 para a integração em coordenadas cilíndricas a partir da fórmula da mudança de variáveis.

43. Deduza a Fórmula (8) da Seção 15.4 para a integração em coordenadas esféricas a partir da fórmula da mudança de variáveis.

44. Use a fórmula da mudança de variáveis em três variáveis para provar que o volume do elipsoide $\left(\dfrac{x}{a}\right)^2 + \left(\dfrac{y}{b}\right)^2 + \left(\dfrac{z}{c}\right)^2 = 1$ é igual a $abc \times$ o volume da esfera unitária.

Compreensão adicional e desafios

45. Use a aplicação
$$x = \frac{\operatorname{sen} u}{\cos v}, \quad y = \frac{\operatorname{sen} v}{\cos u}$$

para calcular a integral
$$\int_0^1 \int_0^1 \frac{dx\, dy}{1 - x^2 y^2}$$

Isso é uma integral imprópria, pois o integrando é infinito se $x = \pm 1$, $y = \pm 1$, mas a fórmula da mudança de variáveis mostra que o resultado é finito.

46. Verifique a validade das propriedades das transformações lineares explicitadas nas Equações (1) e (2) e mostre que qualquer aplicação que satisfaça essas duas propriedades é linear.

47. Sejam P e Q pontos de $\mathbf{R}^2$. Mostre que uma transformação linear $G(u, v) = (Au + Cv, Bu + Dv)$ leva o segmento de reta ligando P a Q no segmento de reta ligando $G(P)$ a $G(Q)$. *Sugestão:* o segmento de reta de P a Q tem parametrização
$$(1 - t)\overrightarrow{OP} + t\overrightarrow{OQ} \quad \text{com} \quad 0 \le t \le 1$$

48. 📖 Seja G uma transformação linear. Prove a Equação (6) nos passos seguintes.
   (a) Dado qualquer conjunto $\mathcal{D}$ do plano uv e qualquer vetor $\mathbf{u}$, seja $\mathcal{D} + \mathbf{u}$ o conjunto obtido transladando todos os pontos de $\mathcal{D}$ por $\mathbf{u}$. Por linearidade, G leva $\mathcal{D} + \mathbf{u}$ no transladado $G(\mathcal{D}) + G(\mathbf{u})$ [Figura 19(C)]. Portanto, se a Equação (6) for verdadeira com $\mathcal{D}$, também o será com $\mathcal{D} + \mathbf{u}$.
   (b) No texto, verificamos a validade da Equação (6) com o retângulo unitário. Use linearidade para mostrar que a Equação (6) também é válida com quaisquer retângulos de vértice na origem e lados paralelos aos eixos. Em seguida, apresente um argumento que mostre a validade da equação com quaisquer triângulos que sejam metade desses retângulos, como na Figura 19(A).
   (c) A Figura 19(B) mostra que a área de um paralelogramo é a diferença das áreas de retângulos e triângulos cobertos nos passos (a) e (b). Use isso para provar a validade da Equação (6) com paralelogramos arbitrários.

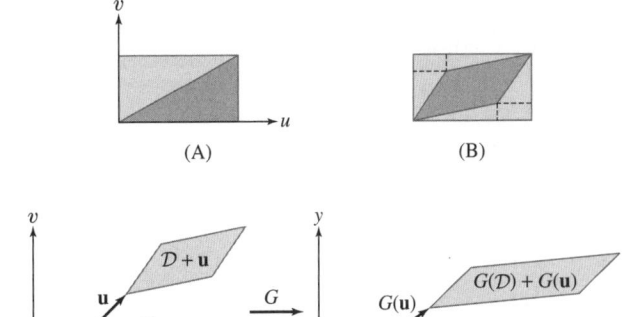

FIGURA 19

49. O produto de matrizes A e B de tamanho 2×2 é a matriz AB definida por
$$\underbrace{\begin{pmatrix} a & b \\ c & d \end{pmatrix}}_{A} \underbrace{\begin{pmatrix} a' & b' \\ c' & d' \end{pmatrix}}_{B} = \underbrace{\begin{pmatrix} aa' + bc' & ab' + bd' \\ ca' + dc' & cb' + dd' \end{pmatrix}}_{AB}$$

A (i, j)-ésima entrada de A é o **produto escalar** da i-ésima linha de A com a j-ésima coluna de B. Prove que $\det(AB) = \det(A)\det(B)$.

50. Sejam $G_1 : \mathcal{D}_1 \to \mathcal{D}_2$ e $G_2 : \mathcal{D}_2 \to \mathcal{D}_3$ aplicações C^1 e seja $G_2 \circ G_1 : \mathcal{D}_1 \to \mathcal{D}_3$ a aplicação composta. Use a regra da cadeia de várias variáveis e o Exercício 49 para mostrar que
$$\operatorname{Jac}(G_2 \circ G_1) = \operatorname{Jac}(G_2)\operatorname{Jac}(G_1)$$

51. Use o Exercício 50 para provar que
$$\operatorname{Jac}(G^{-1}) = \operatorname{Jac}(G)^{-1}$$

Sugestão: verifique que $\operatorname{Jac}(I) = 1$ se I for a transformação linear identidade $I(u, v) = (u, v)$.

52. Seja $(\overline{x}, \overline{y})$ o centroide de um domínio $\mathcal{D}$. Dado $\lambda > 0$, seja $\lambda \mathcal{D}$ a **homotetia** de $\mathcal{D}$, definida por
$$\lambda \mathcal{D} = \{(\lambda x, \lambda y) : (x, y) \in \mathcal{D}\}$$

Use a fórmula da mudança de variáveis para provar que o centroide de $\lambda \mathcal{D}$ é $(\lambda \overline{x}, \lambda \overline{y})$.

EXERCÍCIOS DE REVISÃO DO CAPÍTULO

1. Calcule a soma de Riemann $S_{2,3}$ de $\int_1^4 \int_2^6 x^2 y\, dx\, dy$, usando duas escolhas de pontos de amostragem:
   (a) vértice esquerdo inferior;
   (b) ponto médio do retângulo.

   Em seguida, calcule o valor exato da integral iterada.

2. Seja $S_{N,N}$ a soma de Riemann de $\int_0^1 \int_0^1 \cos(xy)\, dx\, dy$ usando os pontos médios como pontos de amostragem.
   (a) Calcule $S_{4,4}$.
   (b) Use um sistema algébrico computacional para calcular $S_{N,N}$ com $N = 10$, 50 e 100.

3. Seja $\mathcal{D}$ o domínio sombreado na Figura 1.

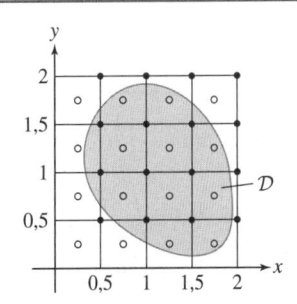

FIGURA 1

Dê uma estimativa de $\iint_{\mathcal{D}} xy \, dA$ usando a soma de Riemann cujos pontos de amostragem são os pontos médios dos quadrados da grade.

4. Explique o seguinte:

   (a) $\int_{-1}^{1} \int_{-1}^{1} \text{sen}(xy) \, dx \, dy = 0$

   (b) $\int_{-1}^{1} \int_{-1}^{1} \cos(xy) \, dx \, dy > 0$

Nos Exercícios 5-8, calcule a integral iterada.

5. $\int_{0}^{2} \int_{3}^{5} y(x - y) \, dx \, dy$

6. $\int_{1/2}^{0} \int_{0}^{\pi/6} e^{2y} \text{sen}(3x) \, dx \, dy$

7. $\int_{0}^{\pi/3} \int_{0}^{\pi/6} \text{sen}(x + y) \, dx \, dy$

8. $\int_{1}^{2} \int_{1}^{2} \dfrac{y \, dx \, dy}{x + y^2}$

Nos Exercícios 9-14, esboce o domínio $\mathcal{D}$ e calcule $\iint_{\mathcal{D}} f(x, y) \, dA$.

9. $\mathcal{D} = \{0 \le x \le 4, \ 0 \le y \le x\}, \quad f(x, y) = \cos y$

10. $\mathcal{D} = \{0 \le x \le 2, \ 0 \le y \le 2x - x^2\}, \quad f(x, y) = \sqrt{x} y$

11. $\mathcal{D} = \{0 \le x \le 1, \ 1 - x \le y \le 2 - x\}, \quad f(x, y) = e^{x+2y}$

12. $\mathcal{D} = \{1 \le x \le 2, \ 0 \le y \le 1/x\}, \quad f(x, y) = \cos(xy)$

13. $\mathcal{D} = \{0 \le y \le 1, \ 0{,}5y^2 \le x \le y^2\}, \quad f(x, y) = ye^{1+x}$

14. $\mathcal{D} = \{1 \le y \le e, \ y \le x \le 2y\}, \quad f(x, y) = \ln(x + y)$

15. Expresse $\int_{-3}^{3} \int_{0}^{9-x^2} f(x, y) \, dy \, dx$ como uma integral iterada na ordem $dxdy$.

16. Seja $\mathcal{W}$ a região delimitada pelos planos $y = z$, $2y + z = 3$ e $z = 0$ com $0 \le x \le 4$.

    (a) Expresse a integral tripla $\iiint_{\mathcal{W}} f(x, y, z) \, dV$ como uma integral iterada na ordem $dydxdz$ (projete $\mathcal{W}$ sobre o plano xz).

    (b) Calcule a integral tripla com $f(x, y, z) = 1$.

    (c) Calcule o volume de $\mathcal{W}$ usando Geometria e confira que sua resposta coincide com a resposta de (b).

17. Seja $\mathcal{D}$ o domínio entre $y = x$ e $y = \sqrt{x}$. Calcule $\iint_{\mathcal{D}} xy \, dA$ como uma integral iterada nas ordens $dxdy$ e $dydx$.

18. Encontre a integral dupla de $f(x, y) = x^3 y$ na região entre as curvas $y = x^2$ e $y = x(1 - x)$.

19. Troque a ordem de integração e calcule $\int_{0}^{9} \int_{0}^{\sqrt{y}} \dfrac{x \, dx \, dy}{(x^2 + y)^{1/2}}$.

20. Verifique diretamente a validade de
$$\int_{2}^{3} \int_{0}^{2} \dfrac{dy \, dx}{1 + x - y} = \int_{0}^{2} \int_{2}^{3} \dfrac{dx \, dy}{1 + x - y}$$

21. Prove a fórmula
$$\int_{0}^{1} \int_{0}^{y} f(x) \, dx \, dy = \int_{0}^{1} (1 - x) f(x) \, dx$$

    Em seguida, use-a para calcular $\int_{0}^{1} \int_{0}^{y} \dfrac{\text{sen } x}{1 - x} \, dx \, dy$.

22. Reescreva $\int_{0}^{1} \int_{-\sqrt{1-y^2}}^{\sqrt{1-y^2}} \dfrac{y \, dx \, dy}{(1 + x^2 + y^2)^2}$ trocando a ordem de integração e calcule.

23. Use coordenadas cilíndricas para calcular o volume da região definida por $4 - x^2 - y^2 \le z \le 10 - 4x^2 - 4y^2$.

24. Calcule $\iint_{\mathcal{D}} x \, dA$ se $\mathcal{D}$ for a região sombreada da Figura 2.

FIGURA 2

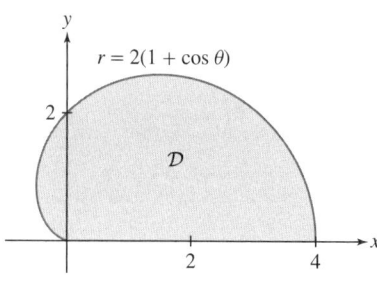

$r = 2(1 + \cos \theta)$

25. Encontre o volume da região entre o gráfico da função $f(x, y) = 1 - (x^2 + y^2)$ e o plano xy.

26. Calcule $\int_{0}^{3} \int_{1}^{4} \int_{2}^{4} (x^3 + y^2 + z) \, dx \, dy \, dz$.

27. Calcule $\iiint_{\mathcal{B}} (xy + z) \, dV$ se
$$\mathcal{B} = \{0 \le x \le 2, \ 0 \le y \le 1, \ 1 \le z \le 3\}$$
como uma integral iterada de duas maneiras diferentes.

28. Calcule $\iiint_{\mathcal{W}} xyz \, dV$ se
$$\mathcal{W} = \{0 \le x \le 1, \ x \le y \le 1, \ x \le z \le x + y\}$$

29. Calcule $I = \int_{-1}^{1} \int_{0}^{\sqrt{1-x^2}} \int_{0}^{1} (x + y + z) \, dz \, dy \, dx$.

30. Descreva a região cujo volume é dado por:

    (a) $\int_{0}^{2\pi} \int_{0}^{\pi/2} \int_{4}^{9} \rho^2 \, \text{sen } \phi \, d\rho \, d\phi \, d\theta$

    (b) $\int_{-2}^{1} \int_{\pi/3}^{\pi/4} \int_{0}^{2} r \, dr \, d\theta \, dz$

    (c) $\int_{0}^{2\pi} \int_{0}^{3} \int_{-\sqrt{9-r^2}}^{0} r \, dz \, dr \, d\theta$

31. Encontre o volume do sólido contido no cilindro $x^2 + y^2 = 1$, abaixo da superfície $z = (x + y)^2$ e acima da superfície $z = -(x - y)^2$.

32. Use coordenadas polares para calcular $\iint_{\mathcal{D}} x \, dA$, sendo $\mathcal{D}$ a região sombreada entre os dois círculos de raio 1 na Figura 3.

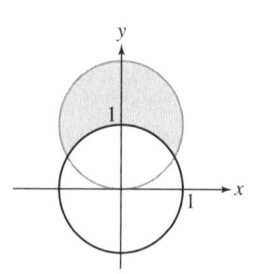

FIGURA 3

33. Use coordenadas polares para calcular $\iint_{\mathcal{D}} \sqrt{x^2 + y^2} \, dA$, sendo $\mathcal{D}$ a região do primeiro quadrante delimitada pela espiral $r = \theta$, o círculo $r = 1$ e o eixo x.

34. Calcule $\iint_{\mathcal{D}} \text{sen}(x^2 + y^2)\, dA$ se
$$\mathcal{D} = \left\{ \frac{\pi}{2} \leq x^2 + y^2 \leq \pi \right\}$$

35. Expresse em coordenadas cilíndricas e calcule:
$$\int_0^1 \int_0^{\sqrt{1-x^2}} \int_0^{\sqrt{x^2+y^2}} z\, dz\, dy\, dx$$

36. Use coordenadas esféricas para calcular a integral tripla de
$f(x, y, z) = x^2 + y^2 + z^2$ na região
$$1 \leq x^2 + y^2 + z^2 \leq 4$$

37. Converta para coordenadas esféricas e calcule
$$\int_{-2}^{2} \int_{-\sqrt{4-x^2}}^{\sqrt{4-x^2}} \int_0^{\sqrt{4-x^2-y^2}} e^{-(x^2+y^2+z^2)^{3/2}}\, dz\, dy\, dx$$

38. Encontre o valor médio de $f(x, y, z) = xy^2z^3$ na caixa $[0, 1] \times [0, 2] \times [0, 3]$.

39. Seja $\mathcal{W}$ a bola de raio R em $\mathbf{R}^3$ centrada na origem e seja $P = (0, 0, R)$ o polo Norte. Seja $d_P(x, y, z)$ a distância de P a (x, y, z). Mostre que o valor médio de d_P na esfera $\mathcal{W}$ é igual a $\overline{d} = 6R/5$. *Sugestão:* mostre que
$$\overline{d} = \frac{1}{\frac{4}{3}\pi R^3} \int_{\theta=0}^{2\pi} \int_{\rho=0}^{R} \int_{\phi=0}^{\pi} \rho^2 \,\text{sen}\,\phi \sqrt{R^2 + \rho^2 - 2\rho R \cos\phi}\, d\phi\, d\rho\, d\theta$$
e calcule.

40. Expresse o valor médio de $f(x, y) = e^{xy}$ na elipse $\frac{x^2}{2} + y^2 = 1$ como uma integral iterada e calcule-a numericamente usando um sistema algébrico computacional.

41. Use coordenadas cilíndricas para encontrar a massa do sólido delimitado por $z = 8 - x^2 - y^2$ e $z = x^2 + y^2$, supondo uma densidade de massa $f(x, y, z) = (x^2 + y^2)^{1/2}$.

42. Seja $\mathcal{W}$ a parte do semicilindro $x^2 + y^2 \leq 4$, $x \geq 0$ tal que $0 \leq z \leq 3y$. Use coordenadas cilíndricas para calcular a massa de $\mathcal{W}$ se a densidade de massa for $\rho(x, y, z) = z^2$.

43. Use coordenadas cilíndricas para encontrar a massa de um cilindro de raio 4 e altura 10 se a densidade de massa num ponto for igual ao quadrado da distância ao eixo central do cilindro.

44. Encontre o centroide da região $\mathcal{W}$ delimitada em coordenadas esféricas por $\phi = \phi_0$ e a esfera $\rho = R$.

45. Encontre o centroide do sólido delimitado pelo plano xy, o cilindro $x^2 + y^2 = R^2$ e o plano $x/R + z/H = 1$.

46. Usando coordenadas cilíndricas, prove que o centroide de um cone circular reto de altura h e raio R está localizado a uma altura $\frac{h}{4}$ em seu eixo central.

47. Encontre o centroide do sólido (A) da Figura 4 definido por $x^2 + y^2 \leq R^2$, $0 \leq z \leq H$ e $\frac{\pi}{6} \leq \theta \leq 2\pi$, sendo θ o ângulo polar de (x, y).

48. Calcule a coordenada y_{CM} do centroide do sólido (B) da Figura 4 definido por $x^2 + y^2 \leq 1$ e $0 \leq z \leq \frac{1}{2}y + \frac{3}{2}$.

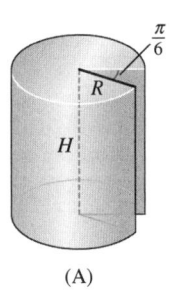

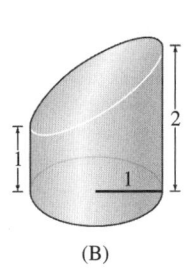

FIGURA 4

49. Encontre o centro de massa do cilindro $x^2 + y^2 = 1$ com $0 \leq z \leq 1$, supondo uma densidade de massa $\delta(x, y, z) = z$.

50. Encontre o centro de massa do setor de ângulo central $2\theta_0$ (simétrico em relação ao eixo y) na Figura 5, supondo que a densidade de massa seja $\delta(x, y) = x^2$.

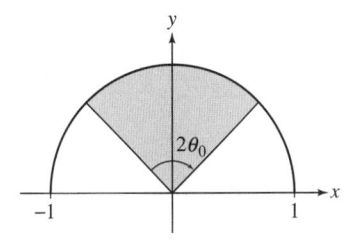

FIGURA 5

51. Encontre o centro de massa do primeiro octante da bola $x^2 + y^2 + z^2 = 1$, supondo uma densidade de massa $\rho(x, y, z) = x$.

52. Encontre uma constante C tal que
$$p(x, y) = \begin{cases} C(4x - y + 3) & \text{se } 0 \leq x \leq 2 \text{ e } 0 \leq y \leq 3 \\ 0 & \text{caso contrário} \end{cases}$$
seja uma distribuição de probabilidade e calcule $P(X \leq 1; Y \leq 2)$.

53. Calcule $P(3X + 2Y \geq 6)$ com a densidade de probabilidade do Exercício 52.

54. Os tempos de vida X e Y (em anos) de dois componentes de uma máquina têm densidade de probabilidade conjunta
$$p(x, y) = \begin{cases} \frac{6}{125}(5 - x - y) & \text{se } 0 \leq x \leq 5 - y \text{ e } 0 \leq y \leq 5 \\ 0 & \text{caso contrário} \end{cases}$$
Qual é a probabilidade de ambos os componentes estarem funcionando depois de 2 anos?

55. Uma seguradora oferece dois tipos de apólices, A e B. Sejam X e Y os tempos (em dias) decorridos até ser acionado um seguro do tipo A e B, respectivamente. As variáveis aleatórias têm densidade de probabilidade conjunta
$$p(x, y) = 12e^{-4x-3y}$$
Encontre a probabilidade de $X \leq Y$.

56. Calcule o jacobiano da aplicação
$$G(r, s) = \left(e^r \cosh(s), e^r \operatorname{senh}(s)\right)$$

57. Encontre uma transformação linear $G(u, v)$ que leve o quadrado unitário no paralelogramo do plano xy gerado pelos vetores $\langle 3, -1 \rangle$ e $\langle 1, 4 \rangle$. Em seguida, use o jacobiano para encontrar a área da imagem do retângulo $\mathcal{R} = [0, 4] \times [0, 3]$ por G.

58. Use a aplicação
$$G(u, v) = \left(\frac{u+v}{2}, \frac{u-v}{2}\right)$$
para calcular $\iint_{\mathcal{R}} \left((x-y)\operatorname{sen}(x+y)\right)^2 dx\, dy$ se $\mathcal{R}$ for o quadrado de vértices $(\pi, 0)$, $(2\pi, \pi)$, $(\pi, 2\pi)$ e $(0, \pi)$.

59. Seja $\mathcal{D}$ a região sombreada da Figura 6 e seja F a aplicação
$$u = y + x^2, \qquad v = y - x^3$$
   (a) Mostre que F leva $\mathcal{D}$ num retângulo $\mathcal{R}$ do plano uv.
   (b) Aplique a Equação (7) da Seção 15.6 com $P = (1, 7)$ para obter uma estimativa da área de $\mathcal{D}$.

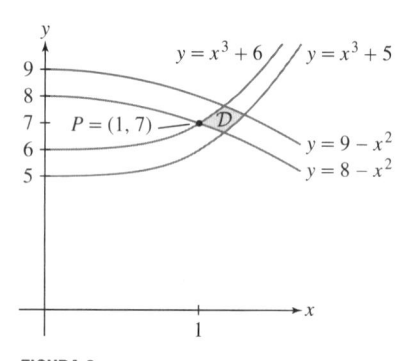

FIGURA 6

60. Calcule a integral de $f(x, y) = e^{3x - 2y}$ no paralelogramo da Figura 7.

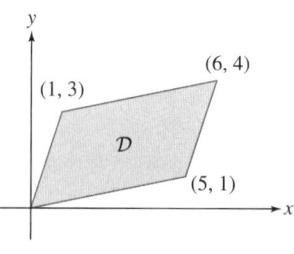

FIGURA 7

61. Esboce a região $\mathcal{D}$ delimitada no primeiro quadrante pelas curvas $y = 2/x$, $y = 1/(2x)$, $y = 2x$, $y = x/2$. Seja F a aplicação $u = xy$ do plano xy no plano uv.
   (a) Encontre a imagem de $\mathcal{D}$ por F.
   (b) Seja $G = F^{-1}$. Mostre que $|\operatorname{Jac}(G)| = \dfrac{1}{2|v|}$.
   (c) Aplique a fórmula da mudança de variáveis para deduzir a fórmula
   $$\iint_{\mathcal{D}} f\left(\frac{y}{x}\right) dx\, dy = \frac{3}{4} \int_{1/2}^{2} \frac{f(v)\, dv}{v}$$
   (d) Aplique (c) para calcular $\iint_{\mathcal{D}} \dfrac{y e^{y/x}}{x} dx\, dy$.

16 INTEGRAIS DE LINHA E DE SUPERFÍCIE

No capítulo anterior, generalizamos a integração de uma para várias variáveis. Neste capítulo, generalizamos ainda mais para incluir integração em curvas e superfícies, integrando não só funções, mas também campos vetoriais. As integrais de campos vetoriais são usadas no estudo de fenômenos como eletromagnetismo, dinâmica de fluidos e transferência do calor. Para começar do começo, o capítulo inicia com uma discussão de campos vetoriais.

O escoamento d'água pelo casco de um barco pode ser modelado usando um campo vetorial. (© *age fotostock Spain, S.L./Alamy*)

Em geral, um campo vetorial **F** *em* $\mathbf{R}^n$ *é uma função que a cada ponto* $(x_1, x_2, \ldots, x_n)$ *de* $\mathbf{R}^n$ *associa um vetor* $\mathbf{F}(x_1, x_2, \ldots, x_n)$ *de* $\mathbf{R}^n$. *Neste texto, enfocamos campos vetoriais em* $\mathbf{R}^2$ *e* $\mathbf{R}^3$.

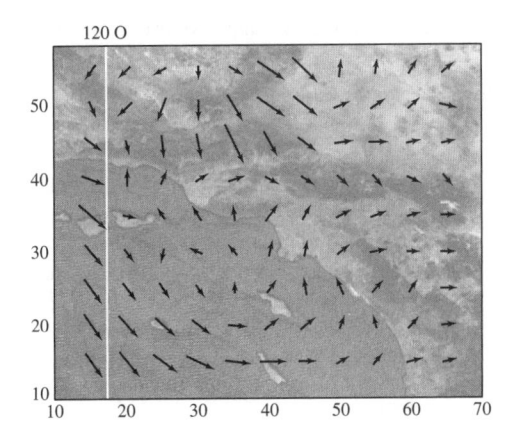

16.1 Campos vetoriais

Como poderíamos representar um objeto físico como o vento, que consiste num número grande de moléculas em movimento numa região do espaço? Para isso, necessitamos de um novo tipo de função, denominado **campo vetorial**. Nesse caso, um campo vetorial **F** associa a cada ponto $P = (x, y, z)$ um vetor $\mathbf{F}(x, y, z)$ que representa a velocidade (magnitude, direção e sentido) do vento naquele ponto (Figura 1). Outro campo de velocidades aparece na Figura 2. No entanto, os campos vetoriais descrevem muitos outros tipos de quantidades, como forças e campos elétricos e magnéticos.

FIGURA 1 O campo vetorial da velocidade do vento ao largo da costa de Los Angeles, na Califórnia.

Matematicamente, um campo vetorial em $\mathbf{R}^3$ é representado por um vetor cujos componentes são funções:

$$\mathbf{F}(x, y, z) = \langle F_1(x, y, z), F_2(x, y, z), F_3(x, y, z) \rangle$$

A cada ponto $P = (a, b, c)$ é associado o vetor $\mathbf{F}(a, b, c)$, que também denotamos por $\mathbf{F}(P)$. Alternativamente,

$$\mathbf{F} = F_1 \mathbf{i} + F_2 \mathbf{j} + F_3 \mathbf{k}$$

Ao esboçar um campo vetorial, desenhamos $\mathbf{F}(P)$ como um vetor localizado em P (e não na origem). O **domínio** de **F** é o conjunto de pontos P nos quais $\mathbf{F}(P)$ estiver definido. Os campos vetoriais no plano são denotados de maneira análoga:

$$\mathbf{F}(x, y) = \langle F_1(x, y), F_2(x, y) \rangle = F_1 \mathbf{i} + F_2 \mathbf{j}$$

Em todo este capítulo, vamos supor que os componentes F_j são funções lisas, ou seja, que têm derivadas parciais de todas as ordens em seus domínios.

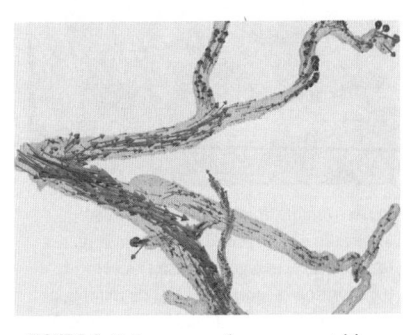

FIGURA 2 O fluxo sanguíneo numa artéria representado por um campo vetorial.
(*Michelle Borkin, Harvard University*)

EXEMPLO 1 Qual é o vetor que corresponde ao ponto $P = (2, 4, 2)$ com o campo vetorial $\mathbf{F}(x, y, z) = \langle y - z, x, z - \sqrt{y} \rangle$?

Solução O vetor associado a P é

$$\mathbf{F}(2, 4, 2) = \langle 4 - 2, 2, 2 - \sqrt{4} \rangle = \langle 2, 2, 0 \rangle$$

Esse é o vetor que aparece em cinza na Figura 3.

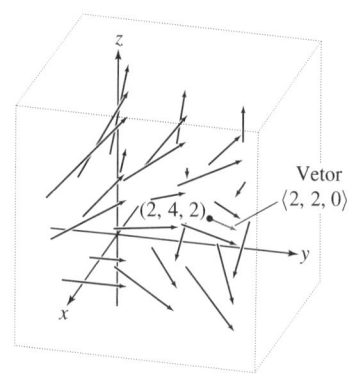

FIGURA 3

Embora não seja prático esboçar campos vetoriais no espaço tridimensional à mão, os sistemas algébricos computacionais podem produzir representações visuais úteis (Figura 4). O campo vetorial na Figura 4(B) é um exemplo de **campo vetorial constante**. Esse campo associa o mesmo vetor $\langle 1, -1, 3 \rangle$ a cada ponto de $\mathbf{R}^3$.

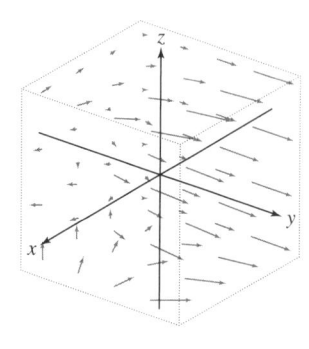

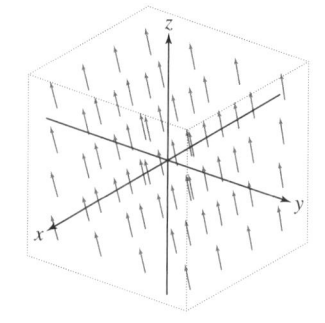

(A) $\mathbf{F} = \langle x \operatorname{sen} z, y^2, x/(z^2 + 1) \rangle$ (B) Campo vetorial constante $\mathbf{F} = \langle 1, -1, 3 \rangle$

FIGURA 4

No próximo exemplo, analisamos dois campos vetoriais "qualitativamente".

EXEMPLO 2 Descreva os campos vetoriais seguintes:

(a) $\mathbf{G} = \mathbf{i} + x\mathbf{j}$ \hspace{2cm} (b) $\mathbf{F} = \langle -y, x \rangle$

Solução (a) O campo vetorial $\mathbf{G} = \mathbf{i} + x\mathbf{j}$ associa o vetor $\langle 1, a \rangle$ ao ponto (a, b). Em particular, associa o mesmo vetor a todos os pontos com a mesma coordenada x [Figura 5(A)]. Observe que $\langle 1, a \rangle$ tem inclinação a e comprimento $\sqrt{1 + a^2}$. Podemos descrever $\mathbf{G}$ como segue: $\mathbf{G}$ associa um vetor de inclinação a e comprimento $\sqrt{1 + a^2}$ a cada ponto com $x = a$.

(b) Para visualizar $\mathbf{F}$, observe que $\mathbf{F}(a, b) = \langle -b, a \rangle$ tem comprimento $r = \sqrt{a^2 + b^2}$. Também é perpendicular ao vetor radial $\langle a, b \rangle$ e aponta no sentido anti-horário. Assim, $\mathbf{F}$ tem a descrição seguinte: todos os vetores ao longo do círculo de raio r centrado na origem têm comprimento r, são tangentes ao círculo e apontam no sentido anti-horário [Figura 5(B)].

O físico inglês Paul Dirac (1902-1984), agraciado com o prêmio Nobel, introduziu os "spinors", que generalizam os vetores, para unificar a teoria especial da relatividade com a Mecânica Quântica. Isso levou à descoberta do pósitron, uma partícula elementar atualmente utilizada na tomografia computadorizada. (© *Bettmann/CORBIS*)

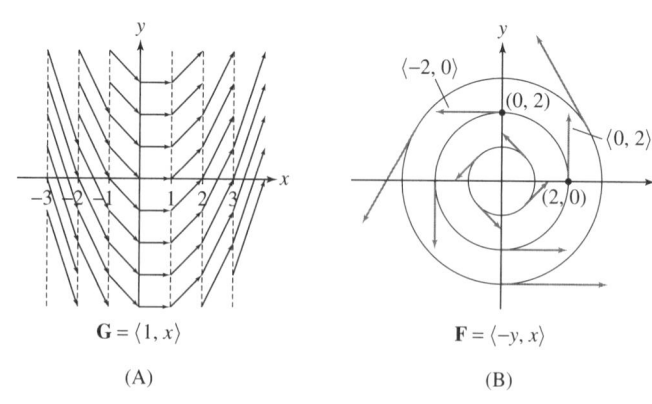

$\mathbf{G} = \langle 1, x \rangle$ \hspace{3cm} $\mathbf{F} = \langle -y, x \rangle$

(A) \hspace{5cm} (B)

FIGURA 5

Um **campo vetorial unitário** é um campo vetorial $\mathbf{F}$ tal que $\|\mathbf{F}(P)\| = 1$ em qualquer ponto P. Dizemos que um campo vetorial $\mathbf{F}$ é um **campo vetorial radial** se $\mathbf{F}(P)$ depender somente da distância r de P à origem e for paralelo a $\overrightarrow{OP}$. Aqui, usamos a notação $r = (x^2 + y^2)^{1/2}$ com $n = 2$ e $r = (x^2 + y^2 + z^2)^{1/2}$ com $n = 3$. Dois exemplos importantes são os campos vetoriais radiais unitários em duas e três dimensões [Figuras 6(A) e 6(B)]:

$$\mathbf{e}_r = \left\langle \frac{x}{r}, \frac{y}{r} \right\rangle = \left\langle \frac{x}{\sqrt{x^2 + y^2}}, \frac{y}{\sqrt{x^2 + y^2}} \right\rangle \quad \boxed{1}$$

$$\mathbf{e}_r = \left\langle \frac{x}{r}, \frac{y}{r}, \frac{z}{r} \right\rangle = \left\langle \frac{x}{\sqrt{x^2 + y^2 + z^2}}, \frac{y}{\sqrt{x^2 + y^2 + z^2}}, \frac{z}{\sqrt{x^2 + y^2 + z^2}} \right\rangle \quad \boxed{2}$$

Observe que $\mathbf{e}_r(P)$ é um vetor em P apontando para longe da origem. No entanto, note que $\mathbf{e}_r$ não está definido na origem, onde $r = 0$.

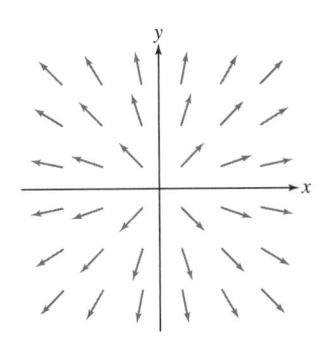

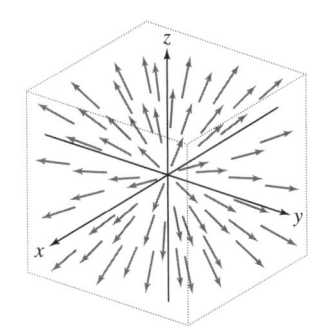

(A) Campo vetorial radial unitário no plano $\mathbf{e}_r = \langle x/r, y/r \rangle$

(B) Campo vetorial radial unitário no espaço $\mathbf{e}_r = \langle x/r, y/r, z/r \rangle$

FIGURA 6

Operações com campos vetoriais

Existem várias operações que podem ser aplicadas a um campo vetorial que são particularmente úteis numa variedade de contextos. A primeira é a **divergência** de um campo vetorial $\mathbf{F} = \langle F_1, F_2, F_3 \rangle$, definida por

$$\boxed{\operatorname{div}(\mathbf{F}) = \frac{\partial F_1}{\partial x} + \frac{\partial F_2}{\partial y} + \frac{\partial F_3}{\partial z}} \quad \boxed{3}$$

Muitas vezes, denotamos a divergência como um produto escalar simbólico entre o assim chamado operador *del* dado por

$$\nabla = \left\langle \frac{\partial}{\partial x}, \frac{\partial}{\partial y}, \frac{\partial}{\partial z} \right\rangle$$

e o campo vetorial $\mathbf{F}$:

$$\nabla \cdot \mathbf{F} = \left\langle \frac{\partial}{\partial x}, \frac{\partial}{\partial y}, \frac{\partial}{\partial z} \right\rangle \cdot \langle F_1, F_2, F_3 \rangle = \frac{\partial F_1}{\partial x} + \frac{\partial F_2}{\partial y} + \frac{\partial F_3}{\partial z}$$

Observe que, em vez de resultar um campo vetorial, $\operatorname{div}(\mathbf{F})$ é uma função escalar. A divergência obedece às regras de **linearidade**:

$$\operatorname{div}(\mathbf{F} + \mathbf{G}) = \operatorname{div}(\mathbf{F}) + \operatorname{div}(\mathbf{G})$$

$$\operatorname{div}(c\mathbf{F}) = c \operatorname{div}(\mathbf{F}) \quad (c \text{ uma constante qualquer})$$

Na Seção 17.3, veremos o que a divergência diz sobre um campo vetorial.

■ **EXEMPLO 3** Calcule a divergência de $\mathbf{F} = \langle e^{xy}, xy, z^4 \rangle$ em $P = (1, 0, 2)$.

Solução

$$\operatorname{div}(\mathbf{F}) = \frac{\partial}{\partial x} e^{xy} + \frac{\partial}{\partial y} xy + \frac{\partial}{\partial z} z^4 = ye^{xy} + x + 4z^3$$

$$\operatorname{div}(\mathbf{F})(P) = \operatorname{div}(\mathbf{F})(1, 0, 2) = 0 \cdot e^0 + 1 + 4 \cdot 2^3 = 33 \quad \blacksquare$$

Vejamos o significado físico da divergência, embora só na Seção 17.3 iremos ter as ferramentas para justificar essa interpretação. Considere **F** como o campo de vetores velocidade de um gás. Se div(**F**) > 0 num ponto, então ocorre um fluxo de gás para longe desse ponto. Em outras palavras, o gás está se expandindo em torno desse ponto, como pode ocorrer se o gás estiver sendo aquecido. Se div(**F**) < 0 num ponto, então o gás está se comprimindo em torno desse ponto, como pode ocorrer se o gás estiver sendo resfriado. Se div(**F**) = 0, o gás não está expandindo nem comprimindo perto desse ponto.

Por exemplo, o campo vetorial **F** = $\langle x, y, z \rangle$ que aparece na Figura 7(A) tem div(**F**) = 3 em cada ponto. Pensando nesse campo vetorial como o campo de velocidades de um gás, isso significa que em cada ponto o gás está expandindo. Isso é mais evidente na origem, mas até em outros pontos o gás está expandindo, o que significa que mais átomos do gás estão se afastando de qualquer ponto dado do que indo em direção a esse ponto. Dizemos que cada um desses pontos é uma **fonte**.

A divergência do campo vetorial **F** = $\langle -x, -y, -z \rangle$ da Figura 7(B) é dada por div(**F**) = -3 em qualquer ponto P e o gás está sendo comprimido em cada ponto. Dizemos que cada ponto é um **poço**.

A divergência do campo vetorial **F** = $\langle 0, 1, 0 \rangle$ da Figura 7(C) é dada por div(**F**) = 0. O gás não está expandindo nem comprimindo em ponto algum. De fato, ele está simplesmente transladando para a direita. Nesse caso, nenhum ponto é uma fonte ou um poço, e dizemos que o campo vetorial é **incompressível**. Com outros campos vetoriais, podem ocorrer pontos que são fontes, pontos que são poços e pontos que não são nenhum dos dois.

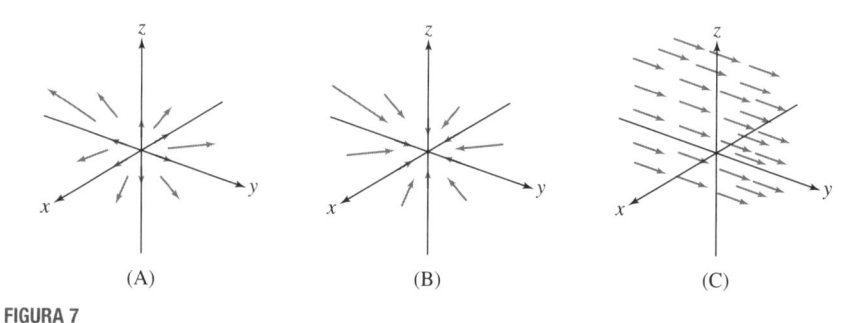

(A) (B) (C)

FIGURA 7

A segunda operação que consideramos num campo vetorial produz um outro campo vetorial. O **rotacional** de um campo vetorial **F** = $\langle F_1, F_2, F_3 \rangle$ é o campo vetorial definido pelo determinante simbólico

$$\text{rot}(\mathbf{F}) = \begin{vmatrix} \mathbf{i} & \mathbf{j} & \mathbf{k} \\ \dfrac{\partial}{\partial x} & \dfrac{\partial}{\partial y} & \dfrac{\partial}{\partial z} \\ F_1 & F_2 & F_3 \end{vmatrix}$$

$$= \left(\frac{\partial F_3}{\partial y} - \frac{\partial F_2}{\partial z} \right) \mathbf{i} - \left(\frac{\partial F_3}{\partial x} - \frac{\partial F_1}{\partial z} \right) \mathbf{j} + \left(\frac{\partial F_2}{\partial x} - \frac{\partial F_1}{\partial y} \right) \mathbf{k}$$

Em forma mais compacta, o rotacional é o produto vetorial simbólico

$$\boxed{\text{rot}(\mathbf{F}) = \nabla \times \mathbf{F}}$$

em que novamente ∇ é o "operador" del $\nabla = \left\langle \dfrac{\partial}{\partial x}, \dfrac{\partial}{\partial y}, \dfrac{\partial}{\partial z} \right\rangle$. Em termos de componentes, rot(**F**) é o campo vetorial

$$\boxed{\text{rot}(\mathbf{F}) = \left\langle \frac{\partial F_3}{\partial y} - \frac{\partial F_2}{\partial z}, \frac{\partial F_1}{\partial z} - \frac{\partial F_3}{\partial x}, \frac{\partial F_2}{\partial x} - \frac{\partial F_1}{\partial y} \right\rangle}$$

É imediato conferir que o rotacional também obedece às regras de **linearidade**:

$$\text{rot}(\mathbf{F} + \mathbf{G}) = \text{rot}(\mathbf{F}) + \text{rot}(\mathbf{G})$$

$$\text{rot}(c\mathbf{F}) = c \, \text{rot}(\mathbf{F}) \qquad (c \text{ uma constante qualquer})$$

■ **EXEMPLO 4** **Cálculo do rotacional** Calcule o rotacional de $\mathbf{F} = \langle xy, e^x, y+z \rangle$.

Solução Calculamos o rotacional como um determinante simbólico:

$$\mathrm{rot}(\mathbf{F}) = \begin{vmatrix} \mathbf{i} & \mathbf{j} & \mathbf{k} \\ \dfrac{\partial}{\partial x} & \dfrac{\partial}{\partial y} & \dfrac{\partial}{\partial z} \\ xy & e^x & y+z \end{vmatrix}$$

$$= \left(\frac{\partial}{\partial y}(y+z) - \frac{\partial}{\partial z}e^x \right)\mathbf{i} - \left(\frac{\partial}{\partial x}(y+z) - \frac{\partial}{\partial z}xy \right)\mathbf{j} + \left(\frac{\partial}{\partial x}e^x - \frac{\partial}{\partial y}xy \right)\mathbf{k}$$

$$= \mathbf{i} + (e^x - x)\mathbf{k} \qquad \blacksquare$$

Considerando $\mathbf{F}$ como o campo de vetores das velocidades de um fluxo fluido, a magnitude do vetor $\mathrm{rot}(\mathbf{F})(P)$ é uma medida de quão rápido o campo vetorial $\mathbf{F}$ faria girar uma rodinha de pás colocada no fluido, como na Figura 8. A rodinha de pás é colocada perpendicularmente ao vetor $\mathrm{rot}(\mathbf{F})(P)$ para alcançar a rotação mais rápida. Essa interpretação de $\mathrm{rot}(\mathbf{F})$ será justificada nas Seções 17.1 e 17.2, em que investigamos o significado físico do rotacional.

Agora vimos que o operador del $\nabla = \left\langle \dfrac{\partial}{\partial x}, \dfrac{\partial}{\partial y}, \dfrac{\partial}{\partial z} \right\rangle$ pode ser aplicado de três maneiras diferentes. Pode ser aplicado a uma função escalar $f(x, y, z)$ para obter o campo vetorial gradiente ∇f, como no Capítulo 14. Pode ser aplicado a um campo vetorial $\mathbf{F}$ usando o produto escalar simbólico para obter a divergência $\mathrm{div}(\mathbf{F})$, que é uma função escalar. Finalmente, pode ser aplicado a um campo vetorial $\mathbf{F}$ usando o produto vetorial simbólico para obter o campo vetorial $\mathrm{rot}(\mathbf{F})$. Como veremos, essas três operações estão estreitamente relacionadas. Em particular, passamos a estudar aqueles campos vetoriais que resultam da aplicação de ∇ a uma função escalar para obter o que se conhece por campo vetorial conservativo.

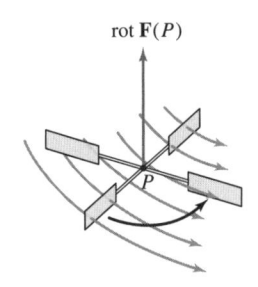

FIGURA 8 $\mathrm{rot}\,\mathbf{F}(P)$ informa sobre a rotação de um fluido.

Campos vetoriais conservativos

Dizemos que o campo vetorial gradiente

$$\mathbf{F} = \nabla f = \left\langle \frac{\partial f}{\partial x}, \frac{\partial f}{\partial y}, \frac{\partial f}{\partial z} \right\rangle$$

de uma função diferenciável $f(x, y, z)$ é um **campo vetorial conservativo** e que a função f é uma **função potencial** (ou função potencial escalar) de $\mathbf{F}$.

Os mesmos termos são aplicáveis a duas variáveis e, mais geralmente, a n variáveis. Vimos que os vetores gradientes são ortogonais às curvas de nível, de modo que, num campo vetorial conservativo, o vetor em cada ponto P é ortogonal à curva de nível por P (Figura 9). Os campos vetoriais conservativos têm propriedades criticamente importantes. Por exemplo, na Seção 16.3, veremos que o trabalho realizado por um campo vetorial conservativo quando uma partícula percorre um caminho de A até B é independente do caminho tomado. Na Física, os campos vetoriais conservativos aparecem naturalmente como as forças correspondentes a sistemas físicos nos quais a energia é conservada.

- *O termo "conservativo" vem da Física e da lei da conservação da energia (ver Seção 16.3).*
- *Qualquer letra pode ser usada para denotar uma função potencial. Aqui utilizamos f, mas outros livros usam V, que lembra "volt", a unidade de energia elétrica, ou ainda $\phi(x, y, z)$ ou $U(x, y, z)$.*

■ **EXEMPLO 5** Verifique que $f(x, y, z) = xy + yz^2$ é uma função potencial do campo vetorial $\mathbf{F} = \langle y, x + z^2, 2yz \rangle$.

Solução Calculamos o gradiente de f:

$$\frac{\partial f}{\partial x} = y, \quad \frac{\partial f}{\partial y} = x + z^2, \quad \frac{\partial f}{\partial z} = 2yz$$

Assim, $\nabla f = \langle y, x + z^2, 2yz \rangle = \mathbf{F}$, como queríamos mostrar. $\blacksquare$

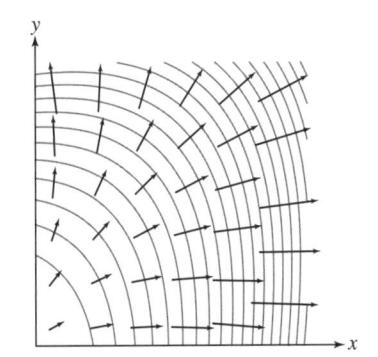

FIGURA 9 Um campo vetorial conservativo é ortogonal às curvas de nível da função potencial.

Um campo vetorial conservativo sempre tem a propriedade de seu rotacional ser o campo vetorial trivial $\mathbf{0}$.

> **TEOREMA 1 Rotacional de um campo vetorial conservativo**
>
> 1. Em dimensão 2, se o campo vetorial $\mathbf{F} = \langle F_1, F_2 \rangle$ for conservativo, então
>
> $$\frac{\partial F_1}{\partial y} = \frac{\partial F_2}{\partial x}$$
>
> 2. Em dimensão 3, se o campo vetorial $\mathbf{F} = \langle F_1, F_2, F_3 \rangle$ for conservativo, então
>
> $$\text{rot}(\mathbf{F}) = \mathbf{0}, \quad \text{ou, equivalentemente} \quad \frac{\partial F_1}{\partial y} = \frac{\partial F_2}{\partial x}, \quad \frac{\partial F_2}{\partial z} = \frac{\partial F_3}{\partial y}, \quad \frac{\partial F_3}{\partial x} = \frac{\partial F_1}{\partial z}$$

Observe que também poderíamos ter escrito esse resultado como $\text{rot}(\nabla f) = \mathbf{0}$ ou $\nabla \times \nabla f = \mathbf{0}$.

Demonstração Apresentamos a demonstração usando campos vetoriais em dimensão 3, mas a mesma ideia funciona em dimensão 2. Se $\mathbf{F} = \nabla f$, então

$$F_1 = \frac{\partial f}{\partial x}, \quad F_2 = \frac{\partial f}{\partial y}, \quad F_3 = \frac{\partial f}{\partial z}$$

Agora comparamos as derivadas parciais mistas:

$$\frac{\partial F_1}{\partial y} = \frac{\partial}{\partial y}\left(\frac{\partial f}{\partial x}\right) = \frac{\partial^2 f}{\partial y \partial x}$$

$$\frac{\partial F_2}{\partial x} = \frac{\partial}{\partial x}\left(\frac{\partial f}{\partial y}\right) = \frac{\partial^2 f}{\partial x \partial y}$$

O teorema de Clairaut (Seção 14.3) garante que $\dfrac{\partial^2 f}{\partial y \, \partial x} = \dfrac{\partial^2 f}{\partial x \, \partial y}$, de modo que

$$\frac{\partial F_1}{\partial y} = \frac{\partial F_2}{\partial x}$$

Analogamente, $\dfrac{\partial F_2}{\partial z} = \dfrac{\partial F_3}{\partial y}$ e $\dfrac{\partial F_3}{\partial x} = \dfrac{\partial F_1}{\partial z}$. Segue que $\text{rot}(\mathbf{F}) = \mathbf{0}$. ■

Pelo Teorema 1, vemos que a maioria dos campos vetoriais *não é* conservativa. De fato, um terno arbitrário $\langle F_1, F_2, F_3 \rangle$ de funções não satisfaz a condição das parciais mistas. Vejamos um exemplo.

■ **EXEMPLO 6** Mostre que $\mathbf{F} = \left\langle xy, \dfrac{x^2}{2}, zy \right\rangle$ não é conservativo.

Solução Temos

$$\frac{\partial F_1}{\partial y} = \frac{\partial}{\partial y}(xy) = x, \qquad \frac{\partial F_2}{\partial x} = \frac{\partial}{\partial x}\left(\frac{x^2}{2}\right) = x$$

Assim, $\dfrac{\partial F_1}{\partial y} = \dfrac{\partial F_2}{\partial x}$. No entanto,

$$\frac{\partial F_2}{\partial z} = \frac{\partial}{\partial z}\left(\frac{x^2}{2}\right) = 0, \qquad \frac{\partial F_3}{\partial y} = \frac{\partial}{\partial y}(zy) = z$$

Assim, $\dfrac{\partial F_2}{\partial z} \neq \dfrac{\partial F_3}{\partial y}$. Pelo Teorema 1, $\mathbf{F}$ não é conservativo, mesmo que o último par de parciais mistas também coincida:

$$\frac{\partial F_3}{\partial x} = \frac{\partial F_1}{\partial z} = 0$$

■

A função potencial, como a antiderivada em uma variável, é única, a menos de uma constante. Para enunciar isso precisamente, devemos supor que o domínio $\mathcal{D}$ do campo vetorial seja aberto e conexo (Figura 10). Aqui, "conexo" significa que dois pontos quaisquer podem ser ligados por um caminho contido no domínio (ver Seção 15.2).

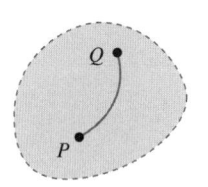

TEOREMA 2 Unicidade de funções potenciais Se $\mathbf{F}$ for conservativo num domínio aberto conexo, então duas funções potenciais de $\mathbf{F}$ quaisquer diferem por uma constante.

Domínio conexo

FIGURA 10 Num domínio aberto conexo $\mathcal{D}$, quaisquer dois pontos de $\mathcal{D}$ podem ser ligados por um caminho inteiramente contido em $\mathcal{D}$.

Demonstração Se ambas, f_1 e f_2, forem funções potenciais de $\mathbf{F}$, então

$$\nabla(f_1 - f_2) = \nabla f_1 - \nabla f_2 = \mathbf{F} - \mathbf{F} = \mathbf{0}$$

Contudo, uma função cujo gradiente é zero num domínio aberto conexo é uma função constante (isso generaliza o fato do Cálculo de uma variável, de que uma função com derivada zero num intervalo é uma função constante – ver Exercício 55). Assim, $f_1 - f_2 = C$ com alguma constante C e, portanto, $f_1 = f_2 + C$. ∎

Nos dois exemplos seguintes, consideramos dois campos vetoriais radiais importantes.

O resultado do Exemplo 7 é válido em $\mathbf{R}^2$: a função

$$f(x, y) = \sqrt{x^2 + y^2} = r$$

é uma função potencial do campo vetorial radial unitário $\mathbf{e}_r = \langle x/r, y/r, z/r \rangle$.

■ **EXEMPLO 7** Campos vetoriais radiais unitários Mostre que

$$f(x, y, z) = r = \sqrt{x^2 + y^2 + z^2}$$

é uma função potencial do campo vetorial radial unitário $\mathbf{e}_r = \left\langle \frac{x}{r}, \frac{y}{r}, \frac{z}{r} \right\rangle$, ou seja, $\mathbf{e}_r = \nabla r$.

Solução Temos

$$\frac{\partial r}{\partial x} = \frac{\partial}{\partial x}\sqrt{x^2 + y^2 + z^2} = \frac{x}{\sqrt{x^2 + y^2 + z^2}} = \frac{x}{r}$$

Analogamente, $\dfrac{\partial r}{\partial y} = \dfrac{y}{r}$ e $\dfrac{\partial r}{\partial z} = \dfrac{z}{r}$. Portanto, $\nabla r = \left\langle \dfrac{x}{r}, \dfrac{y}{r}, \dfrac{z}{r} \right\rangle = \mathbf{e}_r$. ∎

A força gravitacional exercida por uma massa pontual m é descrita por um campo de força de quadrado inverso (Figura 11). Uma massa pontual localizada na origem exerce uma força gravitacional $\mathbf{F}$ numa massa unitária localizada em (x, y, z) que é igual a

$$\mathbf{F} = -\frac{Gm}{r^2}\mathbf{e}_r = -Gm\left\langle \frac{x}{r^3}, \frac{y}{r^3}, \frac{z}{r^3} \right\rangle$$

sendo G a constante de gravitação universal. O sinal de menos indica que a força é atratora (puxa na direção da origem). O campo vetorial eletrostático devido a uma partícula carregada também é um campo vetorial de quadrado inverso. O próximo exemplo mostra que esses campos vetoriais são conservativos.

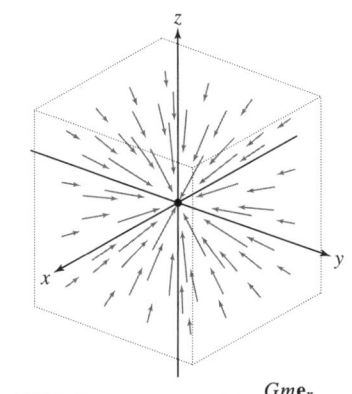

FIGURA 11 O campo vetorial $-\dfrac{Gm\mathbf{e}_r}{r^2}$ representa a força de atração gravitacional decorrente de uma massa pontual na origem.

■ **EXEMPLO 8** Campo vetorial de quadrado inverso Mostre que

$$\frac{\mathbf{e}_r}{r^2} = \nabla\left(\frac{-1}{r}\right)$$

LEMBRETE

$$\mathbf{e}_r = \left\langle \frac{x}{r}, \frac{y}{r}, \frac{z}{r} \right\rangle$$

sendo

$$r = (x^2 + y^2 + z^2)^{1/2}$$

Em $\mathbf{R}^2$,

$$\mathbf{e}_r = \left\langle \frac{x}{r}, \frac{y}{r} \right\rangle$$

sendo $r = (x^2 + y^2)^{1/2}$.

Solução Usamos a regra da cadeia para gradientes (Teorema 1 da Seção 14.5) e o Exemplo 7:

$$\nabla(-r^{-1}) = r^{-2}\nabla r = r^{-2}\mathbf{e}_r \qquad \blacksquare$$

16.1 Resumo

- Um *campo vetorial* associa um vetor a cada ponto de um domínio. Um campo vetorial em $\mathbf{R}^3$ é representado por um terno de funções:

$$\mathbf{F} = \langle F_1, F_2, F_3 \rangle$$

Um campo vetorial em $\mathbf{R}^2$ é representado por um par de funções $\mathbf{F} = \langle F_1, F_2 \rangle$. Sempre supomos que os componentes F_j são funções lisas em seus domínios.

- A *divergência* de um campo vetorial $\mathbf{F} = \langle F_1, F_2, F_3 \rangle$ é a função escalar dada por

$$\operatorname{div}(\mathbf{F}) = \nabla \cdot \mathbf{F} = \frac{\partial F_1}{\partial x} + \frac{\partial F_2}{\partial y} + \frac{\partial F_3}{\partial z}$$

- O *rotacional* de um campo vetorial $\mathbf{F} = \langle F_1, F_2, F_3 \rangle$ é o campo vetorial dado por

$$\operatorname{rot}(\mathbf{F}) = \nabla \times \mathbf{F} = \left(\frac{\partial F_3}{\partial y} - \frac{\partial F_2}{\partial z} \right) \mathbf{i} - \left(\frac{\partial F_3}{\partial x} - \frac{\partial F_1}{\partial z} \right) \mathbf{j} + \left(\frac{\partial F_2}{\partial x} - \frac{\partial F_1}{\partial y} \right) \mathbf{k}$$

- Se $\mathbf{F} = \nabla f$, então f é uma *função potencial* de $\mathbf{F}$.
- Dizemos que $\mathbf{F}$ é *conservativo* se existir alguma função potencial.
- Dois potenciais quaisquer de um campo vetorial conservativo diferem por uma constante (num domínio aberto conexo).
- Um campo vetorial conservativo $\mathbf{F} = \langle F_1, F_2, F_3 \rangle$ satisfaz as condições:

$$\operatorname{rot}(\mathbf{F}) = \mathbf{0} \quad \text{ou, equivalentemente,} \quad \frac{\partial F_1}{\partial y} = \frac{\partial F_2}{\partial x}, \quad \frac{\partial F_2}{\partial z} = \frac{\partial F_3}{\partial y}, \quad \frac{\partial F_3}{\partial x} = \frac{\partial F_1}{\partial z}$$

- Definimos

$$r = \sqrt{x^2 + y^2 + z^2}$$

- Os campos vetoriais radiais unitário e de quadrado inverso são campos conservativos:

$$\mathbf{e}_r = \left\langle \frac{x}{r}, \frac{y}{r}, \frac{z}{r} \right\rangle = \nabla r, \qquad \frac{\mathbf{e}_r}{r^2} = \left\langle \frac{x}{r^3}, \frac{y}{r^3}, \frac{z}{r^3} \right\rangle = \nabla(-r^{-1})$$

16.1 Exercícios

Exercícios preliminares

1. Qual dos seguintes é um campo vetorial unitário no plano?
   (a) $\mathbf{F} = \langle y, x \rangle$
   (b) $\mathbf{F} = \left\langle \dfrac{y}{\sqrt{x^2+y^2}}, \dfrac{x}{\sqrt{x^2+y^2}} \right\rangle$
   (c) $\mathbf{F} = \left\langle \dfrac{y}{x^2+y^2}, \dfrac{x}{x^2+y^2} \right\rangle$

2. Esboce um exemplo de um campo vetorial não constante no plano em que cada vetor é paralelo a $\langle 1, 1 \rangle$.

3. Mostre que o campo vetorial $\mathbf{F} = \langle -z, 0, x \rangle$ é ortogonal ao vetor posição $\overrightarrow{OP}$ em cada ponto P. Dê um exemplo de um outro campo vetorial com essa propriedade.

4. Dê um exemplo de uma função potencial de $\langle yz, xz, xy \rangle$ diferente de $f(x, y, z) = xyz$.

Exercícios

1. Calcule e esboce os vetores associados aos pontos $P = (1, 2)$ e $Q = (-1, -1)$ pelo campo vetorial $\mathbf{F} = \langle x^2, x \rangle$.

2. Calcule e esboce os vetores associados aos pontos $P = (1, 2)$ e $Q = (-1, -1)$ pelo campo vetorial $\mathbf{F} = \langle -y, x \rangle$.

3. Calcule e esboce os vetores associados aos pontos $P = (0, 1, 1)$ e $Q = (2, 1, 0)$ pelo campo vetorial $\mathbf{F} = \langle xy, z^2, x \rangle$.

4. Calcule os vetores associados aos pontos $P = (1, 1, 0)$ e $Q = (2, 1, 2)$ pelos campos vetoriais $\mathbf{e}_r$, $\dfrac{\mathbf{e}_r}{r}$ e $\dfrac{\mathbf{e}_r}{r^2}$.

Nos Exercícios 5-12, esboce os campos vetoriais dados no plano traçando os vetores associados a pontos de coordenadas inteiras do retângulo $-3 \leq x \leq 3$, $-3 \leq y \leq 3$. Em vez de desenhar os vetores com seus tamanhos verdadeiros, adapte seus tamanhos para evitar sobreposição, se necessário.

5. $\mathbf{F} = \langle 1, 0 \rangle$
6. $\mathbf{F} = \langle 1, 1 \rangle$
7. $\mathbf{F} = x\mathbf{i}$
8. $\mathbf{F} = y\mathbf{i}$
9. $\mathbf{F} = \langle 0, x \rangle$
10. $\mathbf{F} = x^2\mathbf{i} + y\mathbf{j}$
11. $\mathbf{F} = \left\langle \dfrac{x}{x^2+y^2}, \dfrac{y}{x^2+y^2} \right\rangle$
12. $\mathbf{F} = \left\langle \dfrac{-y}{\sqrt{x^2+y^2}}, \dfrac{x}{\sqrt{x^2+y^2}} \right\rangle$

Nos Exercícios 13-16, combine o campo vetorial no plano com o correspondente esboço na Figura 12.

13. $\mathbf{F} = \langle 2, x \rangle$
14. $\mathbf{F} = \langle 2x+2, y \rangle$
15. $\mathbf{F} = \langle y, \cos x \rangle$
16. $\mathbf{F} = \langle x+y, x-y \rangle$

(A) (B)

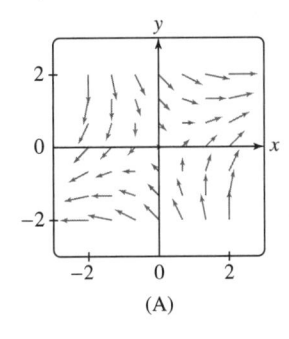

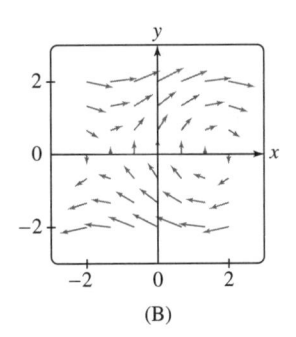

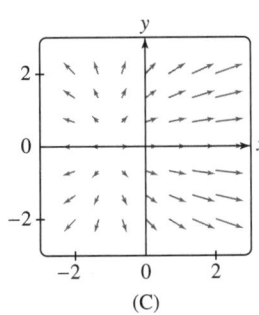

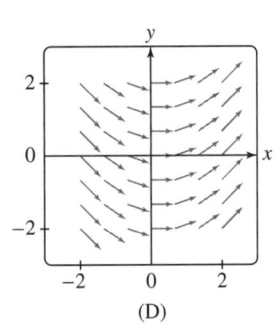

(C) (D)

FIGURA 12

Nos Exercícios 17-20, combine o campo vetorial no espaço com o correspondente esboço na Figura 13.

17. $\mathbf{F} = \langle 1, 1, 1 \rangle$
18. $\mathbf{F} = \langle x, 0, z \rangle$
19. $\mathbf{F} = \langle x, y, z \rangle$
20. $\mathbf{F} = \mathbf{e}_r$

(A) (B)

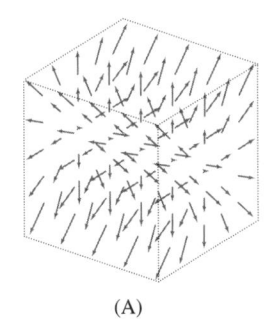

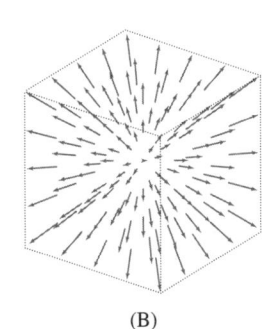

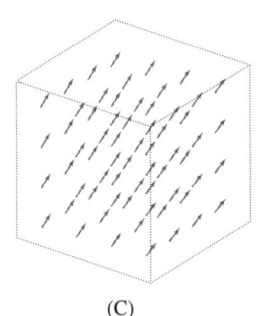

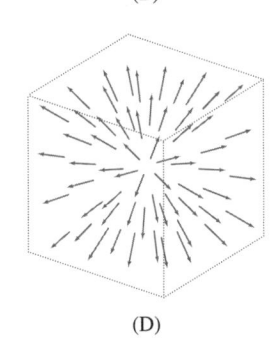

(C) (D)

FIGURA 13

21. Um rio de 200 m de largura é modelado pela região do plano xy dada por $-100 \leq x \leq 100$. O campo vetorial de velocidades na superfície do rio é dado em m/s por $\mathbf{F} = \left\langle \dfrac{-x}{20}, 20 - \dfrac{x^2}{1000} \right\rangle$. Determine as coordenadas dos pontos de velocidade máxima.

22. Os vetores velocidade em km/h do vento num tornado perto do solo são dados pelo campo vetorial $\mathbf{F} = \left\langle \dfrac{-y}{e^{(x^2+y^2-1)^2}}, \dfrac{x}{e^{(x^2+y^2-1)^2}} \right\rangle$. Determine as coordenadas dos pontos em que a velocidade do vento é máxima.

Nos Exercícios 23-30, calcule $\mathrm{div}(\mathbf{F})$ e $\mathrm{rot}(\mathbf{F})$.

23. $\mathbf{F} = \langle xy, yz, y^2 - x^3 \rangle$
24. $x\mathbf{i} + y\mathbf{j} + z\mathbf{k}$
25. $\mathbf{F} = \langle x - 2zx^2, z - xy, z^2x^2 \rangle$
26. $\mathrm{sen}(x+z)\mathbf{i} - ye^{xz}\mathbf{k}$
27. $\mathbf{F} = \langle z - y^2, x + z^3, y + x^2 \rangle$
28. $\mathbf{F} = \left\langle \dfrac{y}{x}, \dfrac{y}{z}, \dfrac{z}{x} \right\rangle$
29. $\mathbf{F} = \langle e^y, \mathrm{sen}\, x, \cos x \rangle$
30. $\mathbf{F} = \left\langle \dfrac{x}{x^2+y^2}, \dfrac{y}{x^2+y^2}, 0 \right\rangle$

Nos Exercícios 31-37, prove as identidades supondo que as derivadas parciais apropriadas existam e sejam contínuas.

31. $\mathrm{div}(\mathbf{F} + \mathbf{G}) = \mathrm{div}(\mathbf{F}) + \mathrm{div}(\mathbf{G})$
32. $\mathrm{rot}(\mathbf{F} + \mathbf{G}) = \mathrm{rot}(\mathbf{F}) + \mathrm{rot}(\mathbf{G})$
33. $\mathrm{div}\,\mathrm{rot}(\mathbf{F}) = 0$
34. $\mathrm{div}(\mathbf{F} \times \mathbf{G}) = \mathbf{G} \cdot \mathrm{rot}(\mathbf{F}) - \mathbf{F} \cdot \mathrm{rot}(\mathbf{G})$
35. Se f for uma função escalar, então $\mathrm{div}(f\mathbf{F}) = f\,\mathrm{div}(\mathbf{F}) + \mathbf{F} \cdot \nabla f$.
36. $\mathrm{rot}(f\mathbf{F}) = f\,\mathrm{rot}(\mathbf{F}) + (\nabla f) \times \mathbf{F}$
37. $\mathrm{div}(\nabla f \times \nabla g) = 0$
38. Sem fazer contas, encontre uma função potencial de $\mathbf{F} = \langle x, 0 \rangle$ e prove que $\mathbf{G} = \langle y, 0 \rangle$ não é conservativo.

Nos Exercícios 39-45, encontre uma função potencial do campo vetorial $\mathbf{F}$ sem fazer contas ou mostre que não existe.

39. $\mathbf{F} = \langle x, y \rangle$
40. $\mathbf{F} = \langle yz, xz, y \rangle$
41. $\mathbf{F} = \langle ye^{xy}, xe^{xy} \rangle$
42. $\mathbf{F} = \langle 2xyz, x^2z, x^2yz \rangle$
43. $\mathbf{F} = \langle yz^2, xz^2, 2xyz \rangle$
44. $\mathbf{F} = \langle 2xze^{x^2}, 0, e^{x^2} \rangle$
45. $\mathbf{F} = \langle yz\cos(xyz), xz\cos(xyz), xy\cos(xyz) \rangle$.
46. Encontre funções potenciais de $\mathbf{F} = \dfrac{\mathbf{e}_r}{r^3}$ e $\mathbf{G} = \dfrac{\mathbf{e}_r}{r^4}$ em $\mathbf{R}^3$. *Sugestão:* ver o Exemplo 8.
47. Mostre que $\mathbf{F} = \langle 3, 1, 2 \rangle$ é conservativo. Então prove que, mais geralmente, qualquer campo vetorial constante $\mathbf{F} = \langle a, b, c \rangle$ é conservativo.
48. Seja $\varphi = \ln r$, com $r = \sqrt{x^2 + y^2}$. Expresse $\nabla \varphi$ em termos dos vetores radiais unitários $\mathbf{e}_r$ em $\mathbf{R}^2$.
49. Dado $P = (a, b)$, definimos o campo vetorial radial unitário localizado em P:

$$\mathbf{e}_P = \frac{\langle x-a, y-b \rangle}{\sqrt{(x-a)^2 + (y-b)^2}}$$

(a) Verifique que $\mathbf{e}_P$ é um campo vetorial unitário.
(b) Calcule $\mathbf{e}_P(1,1)$ com $P = (3, 2)$.
(c) Encontre alguma função potencial de $\mathbf{e}_P$.

50. Qual dentre (A) ou (B) na Figura 14 é o mapa de contornos de uma função potencial do campo vetorial $\mathbf{F}$? Lembre que vetores gradientes são perpendiculares às curvas de nível.

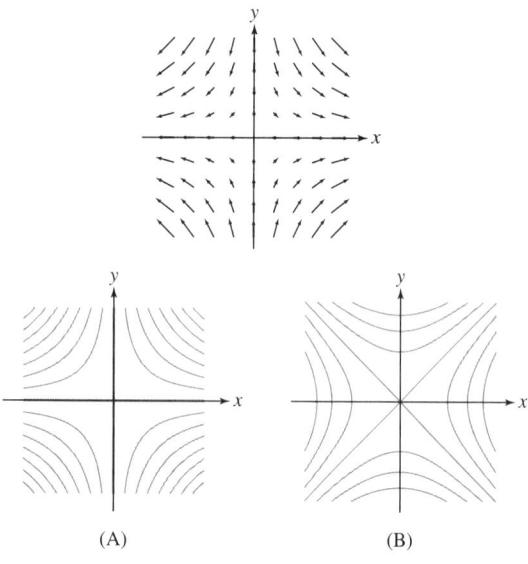

FIGURA 14

51. Qual dentre (A) ou (B) na Figura 15 é o mapa de contornos de uma função potencial do campo vetorial **F**?

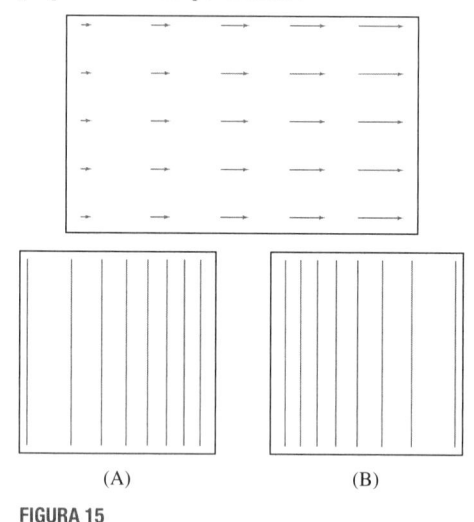

FIGURA 15

52. Combine a descrição dada com um campo vetorial da Figura 16.
(a) O campo gravitacional criado por dois planetas de mesma massa localizados em P e Q.
(b) O campo eletrostático criado por duas cargas iguais localizadas em P e Q (representando a força numa carga de teste negativa; cargas iguais se repelem).
(c) O campo eletrostático criado por duas cargas opostas localizadas em P e Q (representando a força numa carga de teste negativa; cargas opostas se atraem).

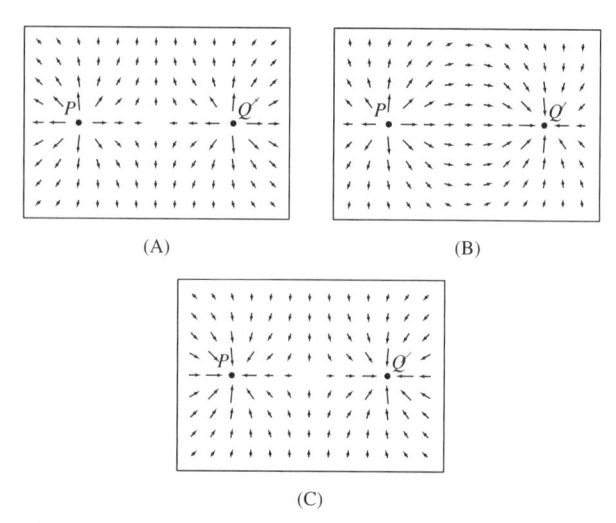

FIGURA 16

53. Neste exercício, mostramos que o campo vetorial **F** da Figura 17 não é conservativo. Explique as afirmações seguintes.
(a) Se existir uma função potencial f de **F**, então as curvas de nível de f devem ser retas verticais.
(b) Se existir uma função potencial f de **F**, então as curvas de nível de f devem se afastar à medida que y cresce.
(c) Explique por que as afirmações (a) e (b) são incompatíveis, de modo que não pode existir f.

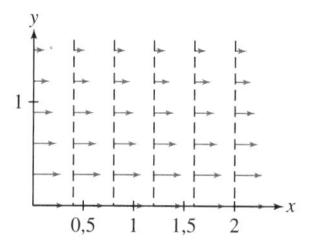

FIGURA 17

Compreensão adicional e desafios

54. Mostre que qualquer campo vetorial da forma
$$\mathbf{F} = \langle f(x), g(y), h(z) \rangle$$
tem alguma função potencial. Suponha que f, g e h sejam contínuas.

55. Seja $\mathcal{D}$ um disco em $\mathbf{R}^2$. Neste exercício, mostramos que se
$$\nabla f(x, y) = \mathbf{0}$$
com qualquer (x, y) de $\mathcal{D}$, então f é constante. Considere pontos $P = (a, b)$, $Q = (c, d)$ e $R = (c, b)$ como na Figura 18.
(a) Use o Cálculo a uma variável para mostrar que f é constante ao longo dos segmentos $\overline{PR}$ e $\overline{RQ}$.
(b) Conclua que $f(P) = f(Q)$ com quaisquer dois pontos $P, Q \in \mathcal{D}$.

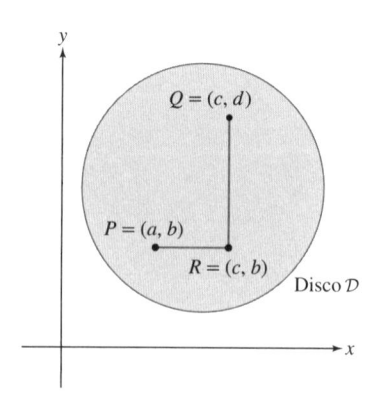

FIGURA 18

16.2 Integrais de linha

Nesta seção, introduzimos dois tipos de integrais ao longo de curvas: as integrais de funções e as de campos vetoriais. Essas integrais são tradicionalmente denominadas **integrais de linha**, embora o nome "integrais curvilíneas" fosse mais apropriado.

Integral de linha escalar

Começamos definindo a **integral de linha escalar** $\int_{\mathcal{C}} f(x, y, z)\, ds$ de uma função f ao longo de uma curva $\mathcal{C}$. Veremos como as integrais desse tipo representam massa total e carga e como podem ser utilizadas para encontrar potenciais elétricos.

Como todas as integrais, essa integral de linha é definida pelo processo de subdivisão, somatório e passagem ao limite. Dividimos $\mathcal{C}$ em N arcos consecutivos $\mathcal{C}_1, \ldots, \mathcal{C}_N$, escolhemos um ponto de amostragem P_i em cada arco $\mathcal{C}_i$, e formamos a soma de Riemann (Figura 1)

$$\sum_{i=1}^{N} f(P_i)\, \text{comprimento}(\mathcal{C}_i) = \sum_{i=1}^{N} f(P_i)\, \Delta s_i$$

em que Δs_i é o comprimento de $\mathcal{C}_i$.

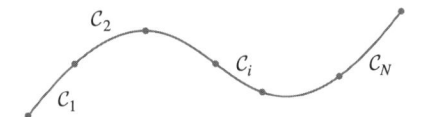

Partição de $\mathcal{C}$ em N arcos menores

Escolha de pontos de amostragem P_i em cada arco

FIGURA 1 A curva $\mathcal{C}$ é dividida em N arcos pequenos.

A integral de linha de f ao longo de $\mathcal{C}$ é o limite (se existir) dessas somas de Riemann com o máximo dos comprimentos Δs_i tendendo a zero:

$$\boxed{\int_{\mathcal{C}} f(x, y, z)\, ds = \lim_{\{\Delta s_i\} \to 0} \sum_{i=1}^{N} f(P_i)\, \Delta s_i} \qquad \boxed{1}$$

Na Equação (1), escrevemos $\{\Delta s_i\} \to 0$ para indicar que o limite é tomado sobre todas as somas de Riemann com o máximo dos comprimentos Δs_i tendendo a zero.

Essa definição também é aplicável a funções $f(x, y)$ de duas variáveis.

A integral de linha escalar da função constante $f(x, y, z) = 1$ é, simplesmente, o comprimento de $\mathcal{C}$. Nesse caso, todas as somas de Riemann têm o mesmo valor:

$$\sum_{i=1}^{N} 1\, \Delta s_i = \sum_{i=1}^{N} \text{comprimento}(\mathcal{C}_i) = \text{comprimento}(\mathcal{C})$$

e, assim,

$$\boxed{\int_{\mathcal{C}} 1\, ds = \text{comprimento}(\mathcal{C})}$$

Na prática, as integrais de linha são calculadas usando parametrizações. Suponha que $\mathcal{C}$ tenha uma parametrização $\mathbf{r}(t)$ com $a \leq t \leq b$ de derivada contínua $\mathbf{r}'(t)$. Como vimos, a derivada é o vetor tangente

$$\mathbf{r}'(t) = \langle x'(t), y'(t), z'(t) \rangle$$

Dividimos $\mathcal{C}$ em N arcos consecutivos $\mathcal{C}_1, \ldots, \mathcal{C}_N$ correspondentes a uma partição do intervalo $[a, b]$:

$$a = t_0 < t_1 < \cdots < t_{N-1} < t_N = b$$

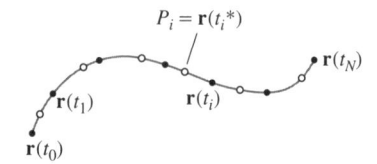

FIGURA 2 Uma partição da curva parametrizada $\mathbf{r}(t)$.

LEMBRETE A fórmula do comprimento de arco: o comprimento s de um caminho $\mathbf{r}(t)$ com $a \leq t \leq b$ é

$$s = \int_a^b \|\mathbf{r}'(t)\| \, dt$$

$$= \int_a^b \sqrt{x'(t)^2 + y'(t)^2 + z'(t)^2} \, dt$$

de modo que $\mathcal{C}_i$ é parametrizada por $\mathbf{r}(t)$ com $t_{i-1} \leq t \leq t_i$ (Figura 2), e escolhemos pontos de amostragem $P_i = \mathbf{r}(t_i^*)$ com t_i^* em $[t_{i-1}, t_i]$. De acordo com a fórmula do comprimento de arco (Seção 13.3),

$$\text{Comprimento}(\mathcal{C}_i) = \Delta s_i = \int_{t_{i-1}}^{t_i} \|\mathbf{r}'(t)\| \, dt$$

Como $\mathbf{r}'(t)$ é contínua, a função $\|\mathbf{r}'(t)\|$ é praticamente constante em $[t_{i-1}, t_i]$ se o comprimento $\Delta t_i = t_i - t_{i-1}$ for pequeno e, assim, $\int_{t_{i-1}}^{t_i} \|\mathbf{r}'(t)\| \, dt \approx \|\mathbf{r}'(t_i^*)\| \Delta t_i$. Isso nos dá a aproximação

$$\sum_{i=1}^N f(P_i) \, \Delta s_i \approx \sum_{i=1}^N f(\mathbf{r}(t_i^*)) \|\mathbf{r}'(t_i^*)\| \, \Delta t_i \qquad \boxed{2}$$

A soma do lado direito é uma soma de Riemann que converge à integral

$$\int_a^b f(\mathbf{r}(t)) \|\mathbf{r}'(t)\| \, dt \qquad \boxed{3}$$

se o máximo dos comprimentos Δt_i tender a zero. Com uma estimativa do erro dessa aproximação, podemos mostrar que as somas do lado direito da Equação (2) também tendem à integral da Equação (3). Isso nos dá a fórmula seguinte para a integral de linha escalar.

TEOREMA 1 Cálculo de uma integral de linha escalar Seja $\mathbf{r}(t)$ uma parametrização de uma curva $\mathcal{C}$ com $a \leq t \leq b$. Se $f(x, y, z)$ e $\mathbf{r}'(t)$ forem contínuas, então

$$\boxed{\int_\mathcal{C} f(x, y, z) \, ds = \int_a^b f(\mathbf{r}(t)) \|\mathbf{r}'(t)\| \, dt} \qquad \boxed{4}$$

Como o comprimento de arco ao longo de uma curva é dado por
$$s(t) = \int_a^t \|\mathbf{r}'(t)\| \, dt, \text{ o teorema}$$
fundamental do Cálculo diz que
$$\frac{ds}{dt} = \|\mathbf{r}'(t)\|. \text{ Logo, faz sentido chamar}$$
$$ds = \frac{ds}{dt} dt = \|\mathbf{r}'(t)\| \, dt \text{ de diferencial do comprimento de arco.}$$

O símbolo ds é usado para sugerir o comprimento de arco s e é, muitas vezes, denominado **elemento de linha** ou **diferencial do comprimento de arco**. Em termos de parametrizações, temos a equação simbólica

$$\boxed{ds = \|\mathbf{r}'(t)\| \, dt}$$

em que

$$\|\mathbf{r}'(t)\| = \sqrt{x'(t)^2 + y'(t)^2 + z'(t)^2}$$

A Equação (4) nos diz que para calcular uma integral de linha escalar, substituímos o integrando $f(x, y, z) \, ds$ por $f(\mathbf{r}(t)) \|\mathbf{r}'(t)\| \, dt$.

■ **EXEMPLO 1** **Integração ao longo de uma hélice** Calcule

$$\int_\mathcal{C} (x + y + z) \, ds$$

se $\mathcal{C}$ for a hélice $\mathbf{r}(t) = (\cos t, \operatorname{sen} t, t)$ com $0 \leq t \leq \pi$ (Figura 3).

Solução

Passo 1. **Calcular ds.**

$$\mathbf{r}'(t) = \langle -\operatorname{sen} t, \cos t, 1 \rangle$$

$$\|\mathbf{r}'(t)\| = \sqrt{(-\operatorname{sen} t)^2 + \cos^2 t + 1} = \sqrt{2}$$

$$ds = \|\mathbf{r}'(t)\| dt = \sqrt{2} \, dt$$

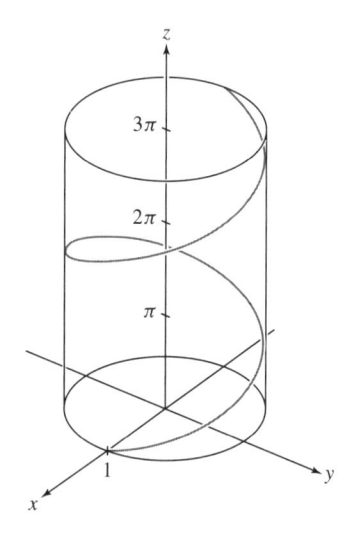

FIGURA 3 A hélice $\mathbf{r}(t) = (\cos t, \operatorname{sen} t, t)$.

Passo 2. **Escrever o integrando e calcular.**
Temos $f(x, y, z) = x + y + z$ e, portanto,

$$f(\mathbf{r}(t)) = f(\cos t, \operatorname{sen} t, t) = \cos t + \operatorname{sen} t + t$$

$$f(x, y, z)\, ds = f(\mathbf{r}(t)) \|\mathbf{r}'(t)\|\, dt = (\cos t + \operatorname{sen} t + t)\sqrt{2}\, dt$$

Pela Equação (4),

$$\int_{\mathcal{C}} f(x, y, z)\, ds = \int_0^\pi f(\mathbf{r}(t)) \|\mathbf{r}'(t)\|\, dt = \int_0^\pi (\cos t + \operatorname{sen} t + t)\sqrt{2}\, dt$$

$$= \sqrt{2}\left(\operatorname{sen} t - \cos t + \frac{1}{2}t^2\right)\Big|_0^\pi$$

$$= \sqrt{2}\left(0 + 1 + \frac{1}{2}\pi^2\right) - \sqrt{2}(0 - 1 + 0) = 2\sqrt{2} + \frac{\sqrt{2}}{2}\pi^2 \quad \blacksquare$$

■ **EXEMPLO 2** **Comprimento de arco** Calcule $\displaystyle\int_{\mathcal{C}} 1\, ds$ da hélice $\mathbf{r}(t) = (\cos t, \operatorname{sen} t, t)$ com $0 \leq t \leq \pi$ do exemplo precedente. O que essa integral representa?

Solução No exemplo precedente, mostramos que $ds = \sqrt{2}\, dt$ e, assim,

$$\int_{\mathcal{C}} 1\, ds = \int_0^\pi \sqrt{2}\, dt = \pi\sqrt{2}$$

Esse é o comprimento da hélice com $0 \leq t \leq \pi$. $\quad\blacksquare$

Aplicações da integral de linha escalar

Na Seção 15.5, discutimos um princípio geral, a saber, que "a integral da densidade é a quantidade total". Isso é aplicável a integrais de linha. Por exemplo, podemos ver a curva $\mathcal{C}$ como um arame de **densidade de massa** contínua $\delta(x, y, z)$, dada em unidades de massa por unidade de comprimento. A massa total é definida como a integral da densidade de massa:

$$\boxed{\text{Massa total de } \mathcal{C} = \int_{\mathcal{C}} \delta(x, y, z)\, ds} \qquad 5$$

Uma fórmula análoga é válida para a carga total se $\delta(x, y, z)$ for a densidade de carga ao longo da curva. Como na Seção 15.5, justificamos essa interpretação dividindo $\mathcal{C}$ em N arcos $\mathcal{C}_i$ de comprimento Δs_i com N grande. A densidade de massa é praticamente constante em $\mathcal{C}_i$ e, portanto, a massa de $\mathcal{C}_i$ é, aproximadamente, igual a $\delta(P_i)\,\Delta s_i$, em que P_i é um ponto de amostragem qualquer em $\mathcal{C}_i$ (Figura 4). A massa total é a soma

$$\text{Massa total de } \mathcal{C} = \sum_{i=1}^{N} \text{massa de } \mathcal{C}_i \approx \sum_{i=1}^{N} \delta(P_i)\,\Delta s_i$$

Se o maior dos comprimentos Δs_i tender a zero, as somas da direita tenderão à integral de linha da Equação (5).

■ **EXEMPLO 3** **Integral de linha escalar como massa total** Encontre a massa total de um arame no formato da parábola $y = x^2$ com $1 \leq x \leq 4$ (em cm) com densidade de massa dada por $\delta(x, y) = y/x$ g/cm.

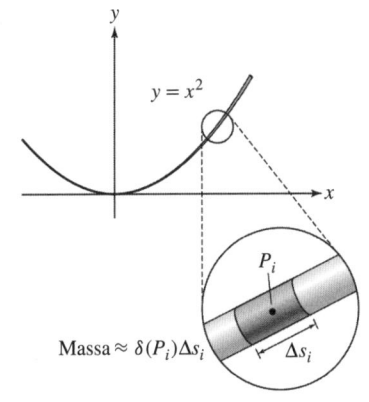

FIGURA 4

Solução O arco de parábola é parametrizado por $\mathbf{r}(t) = (t, t^2)$ com $1 \leq t \leq 4$.

Passo 1. **Calcular ds.**

$$\mathbf{r}'(t) = \langle 1, 2t \rangle$$

$$ds = \|\mathbf{r}'(t)\|\, dt = \sqrt{1 + 4t^2}\, dt$$

Passo 2. **Escrever o integrando e calcular.**
Temos $\delta(\mathbf{r}(t)) = \rho(t, t^2) = t^2/t = t$ e, assim,

$$\delta(x, y)\, ds = \rho(\mathbf{r}(t))\sqrt{1 + 4t^2}\, dt = t\sqrt{1 + 4t^2}\, dt$$

Calculamos a integral de linha da densidade de massa usando a substituição $u = 1 + 4t^2$, $du = 8t\, dt$:

$$\int_\mathcal{C} \delta(x, y)\, ds = \int_1^4 \delta(\mathbf{r}(t))\|\mathbf{r}'(t)\|\, dt = \int_1^4 t\sqrt{1 + 4t^2}\, dt$$

$$= \frac{1}{8}\int_5^{65} \sqrt{u}\, du = \frac{1}{12}u^{3/2}\Big|_5^{65}$$

$$= \frac{1}{12}(65^{3/2} - 5^{3/2}) \approx 42{,}74$$

Observe que, depois da substituição, os limites de integração passam a ser $u(1) = 5$ e $u(4) = 65$. A massa total do arame é, aproximadamente, 42,7 g. ∎

As integrais de linha escalares também são utilizadas para calcular potenciais elétricos. Se uma carga for distribuída continuamente ao longo de uma curva $\mathcal{C}$, com densidade de carga $\delta(x, y, z)$, a distribuição da carga produz um campo eletrostático $\mathbf{E}$ que é um campo de vetores conservativo. Pela lei de Coulomb, temos $\mathbf{E} = -\nabla V$, sendo

$$\boxed{V(P) = k\int_\mathcal{C} \frac{\delta(x, y, z)\, ds}{d_P}} \qquad 6$$

Por definição, $\mathbf{E}$ é o campo vetorial tal que a força eletrostática num ponto de carga q localizado em $P = (x, y, z)$ é o vetor $q\mathbf{E}(x, y, z)$.

Nessa integral, $d_P = d_P(x, y, z)$ denota a distância de (x, y, z) a P. A constante k tem o valor $k = 8{,}99 \times 10^9$ N-m^2/C^2. Numa situação dessas, denotamos a função por V e dizemos que é o **potencial elétrico**. Esse potencial está definido em todos os pontos P que não estejam em $\mathcal{C}$ e tem unidades de volts [1 volt, ou V, é 1 N-m/C].

■ **EXEMPLO 4** **Potencial elétrico** Um semicírculo carregado de raio R centrado na origem do plano xy (Figura 5) tem densidade de carga

$$\delta(x, y, 0) = 10^{-8}\left(2 - \frac{x}{R}\right) \text{ C/m}$$

A constante k costuma ser escrita como $\dfrac{1}{4\pi\epsilon_0}$, em que ϵ_0 é a permissividade do vácuo.

Encontre o potencial elétrico no ponto $P = (0, 0, a)$ se $R = 0{,}1$ m.

Solução Parametrizamos o semicírculo por $\mathbf{r}(t) = (R\cos t, R\,\text{sen}\, t, 0)$ com $-\pi/2 \le t \le \pi/2$:

$$\|\mathbf{r}'(t)\| = \|\langle -R\,\text{sen}\, t, R\cos t, 0\rangle\| = \sqrt{R^2\,\text{sen}^2\, t + R^2\cos^2 t + 0} = R$$

$$ds = \|\mathbf{r}'(t)\|\, dt = R\, dt$$

$$\delta(\mathbf{r}(t)) = \rho(R\cos t, R\,\text{sen}\, t, 0) = 10^{-8}\left(2 - \frac{R\cos t}{R}\right) = 10^{-8}(2 - \cos t)$$

No nosso caso, a distância d_P de P ao ponto $(x, y, 0)$ do semicírculo tem o valor constante $d_P = \sqrt{R^2 + a^2}$ (Figura 5). Assim,

$$V(P) = k\int_\mathcal{C} \frac{\delta(x, y, z)\, ds}{d_P} = k\int_\mathcal{C} \frac{10^{-8}(2 - \cos t)\, R\, dt}{\sqrt{R^2 + a^2}}$$

$$= \frac{10^{-8}kR}{\sqrt{R^2 + a^2}}\int_{-\pi/2}^{\pi/2}(2 - \cos t)\, dt = \frac{10^{-8}kR}{\sqrt{R^2 + a^2}}(2\pi - 2)$$

Com $R = 0{,}1$ m e $k = 8{,}99 \times 10^9$, obtemos, então, $10^{-8}kR(2\pi - 2) \approx 38{,}5$ e $V(P) \approx \dfrac{38{,}5}{\sqrt{0{,}01 + a^2}}$ volts. ∎

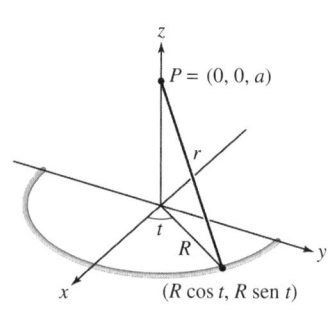

FIGURA 5

A integral de linha vetorial

Ao carregar uma mochila montanha acima, trabalhamos contra a força gravitacional terrestre. O trabalho, ou energia despendida, é um exemplo de uma quantidade representada por uma integral de linha vetorial.

Uma diferença importante entre integrais de linha escalares e vetoriais é que a integral de linha vetorial depende do *sentido de percurso* ao longo da curva. Isso é razoável se pensarmos na integral de linha vetorial como trabalho, já que o trabalho realizado descendo a montanha é o negativo do trabalho realizado subindo.

Um sentido específico de percurso de uma curva $\mathcal{C}$ é denominado uma **orientação** (Figura 6). Dizemos que essa escolha é o **sentido positivo** ao longo da curva $\mathcal{C}$, que o sentido oposto é o **sentido negativo** e que a curva é uma **curva orientada**. Na Figura 6(A), se invertêssemos o sentido de percurso, então o sentido positivo passaria a ser o de Q a P.

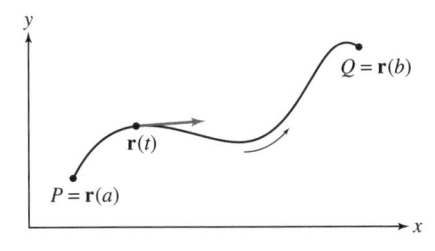

(A) Caminho orientado de P a Q.

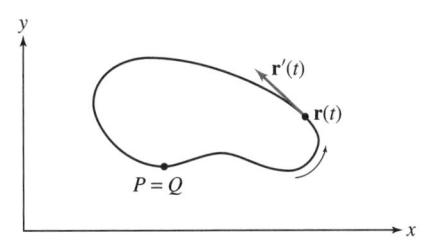

(B) Um caminho orientado fechado.

FIGURA 6

A integral de linha de um campo vetorial $\mathbf{F}$ ao longo de uma curva $\mathcal{C}$ é definida como a integral de linha escalar do componente tangencial de $\mathbf{F}$. Mais precisamente, seja $\mathbf{T} = \mathbf{T}(P)$ o vetor tangente unitário num ponto P de $\mathcal{C}$ apontando no sentido positivo. O **componente tangencial** de $\mathbf{F}$ em P é o produto escalar (Figura 7)

$$\mathbf{F}(P) \cdot \mathbf{T}(P) = \|\mathbf{F}(P)\| \, \|\mathbf{T}(P)\| \cos\theta = \|\mathbf{F}(P)\| \cos\theta$$

em que θ é o ângulo entre $\mathbf{F}(P)$ e $\mathbf{T}(P)$. A integral de linha vetorial de $\mathbf{F}$ é a integral de linha escalar da função escalar $\mathbf{F} \cdot \mathbf{T}$. Continuamos, como antes, supondo que $\mathcal{C}$ seja lisa por partes (consistindo num número finito de curvas lisas ligadas por possíveis vértices).

O vetor tangente unitário $\mathbf{T}$ varia de ponto a ponto ao longo da curva. Quando for necessário destacar essa dependência, escrevemos $\mathbf{T}(P)$.

> **DEFINIÇÃO** **Integral de linha vetorial** A integral de linha de um campo vetorial $\mathbf{F}$ ao longo de uma curva orientada $\mathcal{C}$ é a integral do componente tangencial de $\mathbf{F}$:
>
> $$\int_{\mathcal{C}} \mathbf{F} \cdot d\mathbf{r} = \int_{\mathcal{C}} (\mathbf{F} \cdot \mathbf{T}) \, ds \qquad \boxed{7}$$

Para calcular integrais de linha vetoriais, também utilizamos parametrizações, mas há uma distinção importante com o caso escalar: a parametrização $\mathbf{r}(t)$ deve ser *orientada positivamente*, ou seja, $\mathbf{r}(t)$ deve traçar $\mathcal{C}$ no sentido positivo. Também supomos que $\mathbf{r}(t)$ seja regular (ver Seção 13.4), ou seja, $\mathbf{r}'(t) \neq \mathbf{0}$ com $a \leq t \leq b$. Então $\mathbf{r}'(t)$ é um vetor tangente não nulo apontando no sentido positivo e

$$\mathbf{T} = \frac{\mathbf{r}'(t)}{\|\mathbf{r}'(t)\|}$$

Em termos do diferencial do comprimento de arco $ds = \|\mathbf{r}'(t)\| \, dt$, temos

$$(\mathbf{F} \cdot \mathbf{T}) \, ds = \left(\mathbf{F}(\mathbf{r}(t)) \cdot \frac{\mathbf{r}'(t)}{\|\mathbf{r}'(t)\|} \right) \|\mathbf{r}'(t)\| \, dt = \mathbf{F}(\mathbf{r}(t)) \cdot \mathbf{r}'(t) \, dt$$

Portanto, a integral do lado direito da Equação (7) é igual ao lado direito da Equação (8) do teorema a seguir.

$\mathbf{F} \cdot \mathbf{T}$ é o comprimento da projeção de $\mathbf{F}$ ao longo de $\mathbf{T}$.

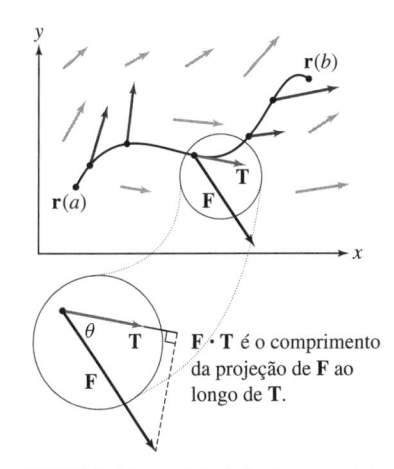

FIGURA 7 A integral de linha é a integral do componente tangencial de $\mathbf{F}$ ao longo de $\mathcal{C}$.

TEOREMA 2 Cálculo de uma integral de linha vetorial Se $\mathbf{r}(t)$ for uma parametrização regular de uma curva orientada $\mathcal{C}$ com $a \leq t \leq b$, então

$$\int_\mathcal{C} \mathbf{F} \cdot d\mathbf{r} = \int_a^b \mathbf{F}(\mathbf{r}(t)) \cdot \mathbf{r}'(t)\, dt \qquad \boxed{8}$$

É útil pensar em $d\mathbf{r}$ como um "elemento de linha vetorial" ou uma "diferencial vetorial" relacionada à parametrização pela equação simbólica

$$d\mathbf{r} = \mathbf{r}'(t)\, dt = \langle x'(t), y'(t), z'(t) \rangle\, dt$$

Geralmente, as integrais de linha vetoriais são mais fáceis de calcular que as escalares, porque o comprimento $\|\mathbf{r}'(t)\|$, que envolve uma raiz quadrada, não aparece na integral de linha vetorial.

A Equação (8) nos diz que, no cálculo de uma integral de linha vetorial, substituímos o integrando $\mathbf{F} \cdot d\mathbf{r}$ por $\mathbf{F}(\mathbf{r}(t)) \cdot \mathbf{r}'(t)\, dt$.

■ **EXEMPLO 5** Calcule $\int_\mathcal{C} \mathbf{F} \cdot d\mathbf{r}$ se $\mathbf{F} = \langle z, y^2, x \rangle$ e $\mathcal{C}$ for parametrizada (no sentido positivo) por $\mathbf{r}(t) = (t+1, e^t, t^2)$ com $0 \leq t \leq 2$.

Solução Temos dois passos no cálculo de uma integral de linha.

Passo 1. **Calcular o integrando.**

$$\mathbf{r}(t) = (t+1, e^t, t^2)$$
$$\mathbf{F}(\mathbf{r}(t)) = \langle z, y^2, x \rangle = \langle t^2, e^{2t}, t+1 \rangle$$
$$\mathbf{r}'(t) = \langle 1, e^t, 2t \rangle$$

O integrando (como uma diferencial) é o produto escalar:

$$\mathbf{F}(\mathbf{r}(t)) \cdot \mathbf{r}'(t)\, dt = \langle t^2, e^{2t}, t+1 \rangle \cdot \langle 1, e^t, 2t \rangle\, dt = (e^{3t} + 3t^2 + 2t)\, dt$$

Passo 2. **Calcular a integral de linha.**

$$\int_\mathcal{C} \mathbf{F} \cdot d\mathbf{r} = \int_0^2 \mathbf{F}(\mathbf{r}(t)) \cdot \mathbf{r}'(t)\, dt$$

$$= \int_0^2 (e^{3t} + 3t^2 + 2t)\, dt = \left(\frac{1}{3} e^{3t} + t^3 + t^2 \right) \bigg|_0^2$$

$$= \left(\frac{1}{3} e^6 + 8 + 4 \right) - \frac{1}{3} = \frac{1}{3}(e^6 + 35) \qquad ■$$

Outra notação padrão da integral de linha $\int_\mathcal{C} \mathbf{F} \cdot d\mathbf{r}$ é

$$\int_\mathcal{C} F_1\, dx + F_2\, dy + F_3\, dz$$

Nessa notação, escrevemos $d\mathbf{r}$ como uma diferencial vetorial

$$d\mathbf{r} = \langle dx, dy, dz \rangle$$

de modo que

$$\mathbf{F} \cdot d\mathbf{r} = \langle F_1, F_2, F_3 \rangle \cdot \langle dx, dy, dz \rangle = F_1\, dx + F_2\, dy + F_3\, dz$$

Em termos de uma parametrização $\mathbf{r}(t) = (x(t), y(t), z(t))$,

$$d\mathbf{r} = \left\langle \frac{dx}{dt}, \frac{dy}{dt}, \frac{dz}{dt} \right\rangle dt$$

$$\mathbf{F} \cdot d\mathbf{r} = \left(F_1(\mathbf{r}(t)) \frac{dx}{dt} + F_2(\mathbf{r}(t)) \frac{dy}{dt} + F_3(\mathbf{r}(t)) \frac{dz}{dt} \right) dt$$

Assim obtemos a fórmula

$$\int_{\mathcal{C}} F_1\,dx + F_2\,dy + F_3\,dz = \int_a^b \left(F_1(\mathbf{r}(t))\frac{dx}{dt} + F_2(\mathbf{r}(t))\frac{dy}{dt} + F_3(\mathbf{r}(t))\frac{dz}{dt} \right) dt$$

ENTENDIMENTO GRÁFICO A magnitude de uma integral de linha vetorial (ou, até mesmo, se ela é positiva ou negativa) depende dos ângulos entre **F** e **T** ao longo do caminho. Considere a integral de linha de $\mathbf{F} = \langle 2y, -3 \rangle$ em torno da elipse na Figura 8.

- Na Figura 8(A), a maioria dos ângulos θ entre **F** e **T** parece ser obtusa ao longo da parte superior da elipse. Consequentemente, $\mathbf{F} \cdot \mathbf{T} \leq 0$, e a integral de linha é negativa. Percorrendo a elipse, estamos trabalhando contra o campo vetorial.
- Na Figura 8(B), a maioria dos ângulos θ parece ser aguda ao longo da parte inferior da elipse. Consequentemente, $\mathbf{F} \cdot \mathbf{T} \geq 0$, e a integral de linha é negativa. Percorrendo a elipse, estamos trabalhando com o campo vetorial.
- Podemos adivinhar que a integral de linha em torno de toda a elipse na Figura 8(C) é negativa porque $\|\mathbf{F}\|$ é maior na parte superior da elipse, de modo que a contribuição negativa de $\mathbf{F} \cdot \mathbf{T}$ na parte superior parece dominar a contribuição positiva da parte inferior. Verificamos isso no Exemplo 6.

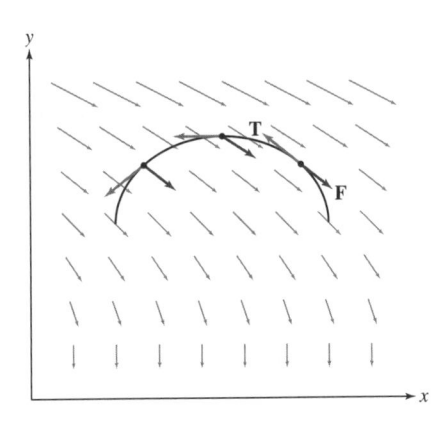

(A) A maioria dos produtos escalares $\mathbf{F} \cdot \mathbf{T}$ é negativa porque os ângulos entre os vetores é obtuso. Portanto, a integral de linha é negativa.

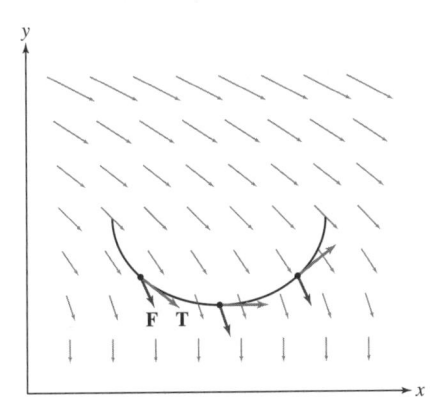

(B) A maioria dos produtos escalares $\mathbf{F} \cdot \mathbf{T}$ é positiva porque os ângulos entre os vetores é agudo. Portanto, a integral de linha é positiva.

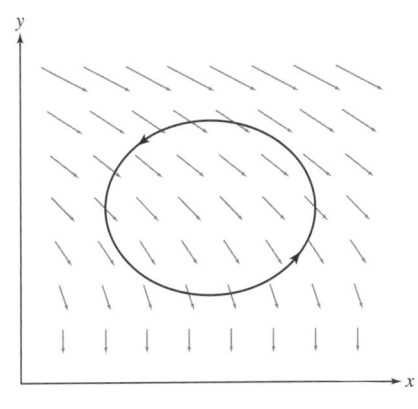

(C) A integral de linha total é negativa.

FIGURA 8 O campo vetorial $\mathbf{F} = \langle 2y, -3 \rangle$.

■ **EXEMPLO 6** A elipse $\mathcal{C}$ na Figura 8(C) com orientação anti-horária é parametrizada por $\mathbf{r}(\theta) = \langle 5 + 4\cos\theta, 3 + 2\operatorname{sen}\theta \rangle$ com $0 \leq \theta < 2\pi$. Calcule

$$\int_{\mathcal{C}} 2y\,dx - 3\,dy$$

Solução Temos $x(\theta) = 5 + 4\cos\theta$ e $y(\theta) = 3 + 2\operatorname{sen}\theta$, com

$$\frac{dx}{d\theta} = -4\operatorname{sen}\theta, \qquad \frac{dy}{d\theta} = 2\cos\theta$$

O integrando da integral de linha é

$$2y\,dx - 3\,dy = \left(2y\frac{dx}{d\theta} - 3\frac{dy}{d\theta}\right)d\theta$$
$$= \big(2(3 + 2\operatorname{sen}\theta)(-4\operatorname{sen}\theta) - 3(2\cos\theta)\big)\,d\theta$$
$$= -\big(24\operatorname{sen}\theta + 16\operatorname{sen}^2\theta + 6\cos\theta\big)\,d\theta$$

No Exemplo 6, lembre que

$$\int_{\mathcal{C}} 2y\,dx - 3\,dy$$

é outra notação da integral de linha de $\mathbf{F} = \langle 2y, -3 \rangle$ ao longo de $\mathcal{C}$. Formalmente,

$$\mathbf{F} \cdot d\mathbf{r} = \langle 2y, -3 \rangle \cdot \langle dx, dy \rangle$$
$$= 2y\,dx - 3\,dy$$

LEMBRETE

- $\int \operatorname{sen}^2 \theta \, d\theta = \frac{1}{2}\theta - \frac{1}{4}\operatorname{sen} 2\theta$
- $\int_0^{2\pi} \operatorname{sen}^2 \theta \, d\theta = \pi$

Como as integrais de $\cos \theta$ e $\operatorname{sen} \theta$ em $[0, 2\pi]$ são nulas,

$$\int_{\mathcal{C}} 2y \, dx - 3 \, dy = -\int_0^{2\pi} \left(24 \operatorname{sen} \theta + 16 \operatorname{sen}^2 \theta + 6 \cos \theta\right) d\theta$$

$$= -16 \int_0^{2\pi} \operatorname{sen}^2 \theta \, d\theta = -16\pi \qquad \blacksquare$$

Agora enunciamos algumas propriedades básicas de integrais de linha vetoriais. Inicialmente, dada uma curva orientada $\mathcal{C}$, escrevemos $-\mathcal{C}$ para denotar a curva $\mathcal{C}$ percorrida no sentido oposto (Figura 9). Se trocarmos a orientação da curva, o vetor tangente unitário troca de sinal de $\mathbf{T}$ para $-\mathbf{T}$, de modo que o componente tangencial de $\mathbf{F}$ e a integral de linha vetorial também trocam de sinal:

$$\int_{-\mathcal{C}} \mathbf{F} \cdot d\mathbf{r} = -\int_{\mathcal{C}} \mathbf{F} \cdot d\mathbf{r}$$

Em seguida, dadas n curvas, orientadas $\mathcal{C}_1, \ldots, \mathcal{C}_n$, escrevemos

$$\mathcal{C} = \mathcal{C}_1 + \cdots + \mathcal{C}_n$$

para indicar a união dessas curvas e definimos a integral de linha ao longo de $\mathcal{C}$ como a soma

$$\int_{\mathcal{C}} \mathbf{F} \cdot d\mathbf{r} = \int_{\mathcal{C}_1} \mathbf{F} \cdot d\mathbf{r} + \cdots + \int_{\mathcal{C}_n} \mathbf{F} \cdot d\mathbf{r}$$

Essa fórmula é utilizada para definir a integral de linha quando $\mathcal{C}$ for **lisa por partes**, o que significa que $\mathcal{C}$ é uma união de curvas lisas $\mathcal{C}_1, \ldots, \mathcal{C}_n$. Por exemplo, o triângulo na Figura 10 é liso por partes, mas não é liso. O teorema seguinte resume as principais propriedades das integrais de linha vetoriais.

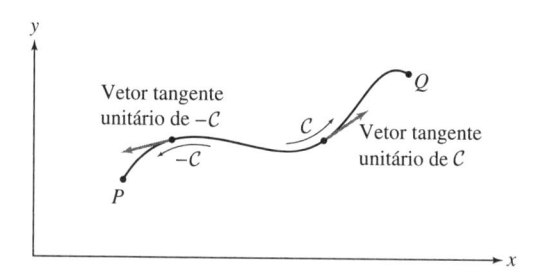

FIGURA 9 O caminho de P até Q tem duas orientações possíveis.

TEOREMA 3 Propriedades de integrais de linha vetoriais Sejam $\mathcal{C}$ uma curva orientada lisa e $\mathbf{F}$ e $\mathbf{G}$ campos vetoriais.

(i) **Linearidade:** $\int_{\mathcal{C}} (\mathbf{F} + \mathbf{G}) \cdot d\mathbf{r} = \int_{\mathcal{C}} \mathbf{F} \cdot d\mathbf{r} + \int_{\mathcal{C}} \mathbf{G} \cdot d\mathbf{r}$

$\int_{\mathcal{C}} k\mathbf{F} \cdot d\mathbf{r} = k \int_{\mathcal{C}} \mathbf{F} \cdot d\mathbf{r}$ (k uma constante)

(ii) **Troca de orientação:** $\int_{-\mathcal{C}} \mathbf{F} \cdot d\mathbf{r} = -\int_{\mathcal{C}} \mathbf{F} \cdot d\mathbf{r}$

(iii) **Aditividade:** Se $\mathcal{C}$ for uma união de n curvas lisas $\mathcal{C}_1 + \cdots + \mathcal{C}_n$, então

$$\int_{\mathcal{C}} \mathbf{F} \cdot d\mathbf{r} = \int_{\mathcal{C}_1} \mathbf{F} \cdot d\mathbf{r} + \cdots + \int_{\mathcal{C}_n} \mathbf{F} \cdot d\mathbf{r}$$

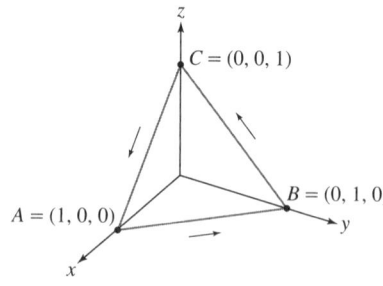

FIGURA 10 O triângulo é liso por partes, por ser a união de suas três arestas, cada uma delas sendo lisa.

■ **EXEMPLO 7** Calcule $\int_{\mathcal{C}} \mathbf{F} \cdot d\mathbf{r}$ se $\mathbf{F} = \langle e^z, e^y, x+y \rangle$ e $\mathcal{C}$ for o triângulo ligando os pontos $(1, 0, 0)$, $(0, 1, 0)$ e $(0, 0, 1)$ orientado no sentido anti-horário quando visto de cima (Figura 10).

Solução A integral de linha é a soma das integrais de linha ao longo das arestas do triângulo:

$$\int_{\mathcal{C}} \mathbf{F} \cdot d\mathbf{r} = \int_{\overline{AB}} \mathbf{F} \cdot d\mathbf{r} + \int_{\overline{BC}} \mathbf{F} \cdot d\mathbf{r} + \int_{\overline{CA}} \mathbf{F} \cdot d\mathbf{r}$$

O segmento $\overline{AB}$ é parametrizado por $\mathbf{r}(t) = (1-t, t, 0)$ com $0 \le t \le 1$. Temos

$$\mathbf{F}(\mathbf{r}(t)) \cdot \mathbf{r}'(t) = \mathbf{F}(1-t, t, 0) \cdot \langle -1, 1, 0 \rangle = \langle e^0, e^t, 1 \rangle \cdot \langle -1, 1, 0 \rangle = -1 + e^t$$

$$\int_{\overline{AB}} \mathbf{F} \cdot d\mathbf{r} = \int_0^1 (e^t - 1)\, dt = (e^t - t)\Big|_0^1 = (e-1) - 1 = e - 2$$

Analogamente, $\overline{BC}$ é parametrizado por $\mathbf{r}(t) = (0, 1-t, t)$ com $0 \le t \le 1$, e

$$\mathbf{F}(\mathbf{r}(t)) \cdot \mathbf{r}'(t) = \langle e^t, e^{1-t}, 1-t \rangle \cdot \langle 0, -1, 1 \rangle = -e^{1-t} + 1 - t$$

$$\int_{\overline{BC}} \mathbf{F} \cdot d\mathbf{r} = \int_0^1 (-e^{1-t} + 1 - t)\, dt = \left(e^{1-t} + t - \frac{1}{2}t^2 \right)\Big|_0^1 = \frac{3}{2} - e$$

Finalmente, $\overline{CA}$ é parametrizado por $\mathbf{r}(t) = (t, 0, 1-t)$ com $0 \le t \le 1$, e

$$\mathbf{F}(\mathbf{r}(t)) \cdot \mathbf{r}'(t) = \langle e^{1-t}, 1, t \rangle \cdot \langle 1, 0, -1 \rangle = e^{1-t} - t$$

$$\int_{\overline{CA}} \mathbf{F} \cdot d\mathbf{r} = \int_0^1 (e^{1-t} - t)\, dt = \left(-e^{1-t} - \frac{1}{2}t^2 \right)\Big|_0^1 = -\frac{3}{2} + e$$

A integral de linha total é a soma

$$\int_{\mathcal{C}} \mathbf{F} \cdot d\mathbf{r} = (e-2) + \left(\frac{3}{2} - e \right) + \left(-\frac{3}{2} + e \right) = e - 2 \qquad \blacksquare$$

Aplicações da integral de linha vetorial

Lembre que, na Física, o termo "trabalho" se refere à energia gasta quando uma força é aplicada a um objeto para movimentá-lo ao longo de um caminho. Por definição, o trabalho W realizado ao longo do segmento de reta de P a Q aplicando uma força constante $\mathbf{F}$ num ângulo de θ [Figura 11(A)] é

$$W = (\text{componente tangencial de } \mathbf{F}) \times \text{distância} = (\|\mathbf{F}\| \cos \theta) \times PQ$$

Quando a força age no objeto em movimento ao longo de uma curva $\mathcal{C}$, faz sentido definir o trabalho W realizado como a integral de linha [Figura 11(B)]:

$$\boxed{W = \int_{\mathcal{C}} \mathbf{F} \cdot d\mathbf{r}} \qquad \boxed{9}$$

Esse é o trabalho "realizado pela força $\mathbf{F}$". A ideia subjacente é que podemos dividir $\mathcal{C}$ num número grande de arcos consecutivos curtos $\mathcal{C}_1, \ldots, \mathcal{C}_N$, sendo que $\mathcal{C}_i$ tem comprimento Δs_i. O trabalho W_i realizado ao longo de $\mathcal{C}_i$ é aproximadamente igual ao componente tangencial $\mathbf{F}(P_i) \cdot \mathbf{T}(P_i)$ vezes o comprimento Δs_i, em que P_i é um ponto de amostragem em $\mathcal{C}_i$. Assim, temos

$$W = \sum_{i=1}^{N} W_i \approx \sum_{i=1}^{N} (\mathbf{F}(P_i) \cdot \mathbf{T}(P_i)) \Delta s_i$$

O lado direito tende a $\int_{\mathcal{C}} \mathbf{F} \cdot d\mathbf{r}$ se os comprimentos Δs_i tenderem a zero.

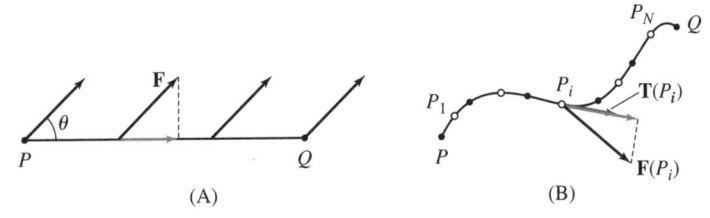

FIGURA 11

LEMBRETE *O trabalho tem unidades de energia. A unidade da força no sistema internacional é o newton e a da energia é o joule, definido como 1 newton metro. A unidade britânica é o pé-libra.*

Muitas vezes, queremos calcular o trabalho exigido para mover um objeto ao longo de um caminho na presença de um campo de forças **F** (como um campo elétrico ou gravitacional). Nesse caso, **F** age sobre o objeto, e precisamos trabalhar *contra* o campo de forças para mover o objeto. O trabalho exigido para mover o objeto é o negativo da integral de linha da Equação (9):

$$\text{Trabalho realizado contra } \mathbf{F} = -\int_{\mathcal{C}} \mathbf{F} \cdot d\mathbf{r}$$

■ **EXEMPLO 8 Cálculo do trabalho** Calcule o trabalho efetuado contra **F** para mover uma partícula de $P = (0, 0, 0)$ até $Q = (4, 8, 1)$ ao longo do caminho

$$\mathbf{r}(t) = (t^2, t^3, t) \text{ (em m)}, \quad \text{com } 1 \leq t \leq 2$$

na presença de um campo de forças $\mathbf{F} = \langle x^2, -z, -yz^{-1} \rangle$ em newton.

Solução Temos

$$\mathbf{F}(\mathbf{r}(t)) = \mathbf{F}(t^2, t^3, t) = \langle t^4, -t, -t^2 \rangle$$

$$\mathbf{r}'(t) = \langle 2t, 3t^2, 1 \rangle$$

$$\mathbf{F} \cdot d\mathbf{r} = \mathbf{F}(\mathbf{r}(t)) \cdot \mathbf{r}'(t) \, dt = \langle t^4, -t, -t^2 \rangle \cdot \langle 2t, 3t^2, 1 \rangle \, dt = (2t^5 - 3t^3 - t^2) \, dt$$

O trabalho efetuado contra o campo de forças, em joules, é

$$W = -\int_{\mathcal{C}} \mathbf{F} \cdot d\mathbf{r} = -\int_1^2 (2t^5 - 3t^3 - t^2) \, dt = \frac{89}{12} \qquad ■$$

As integrais de linha vetoriais também são utilizadas para calcular o **fluxo através de uma curva plana**, definido como a integral do *componente normal* de um campo vetorial, em vez do componente tangencial (Figura 12). Suponha que uma curva plana $\mathcal{C}$ seja parametrizada por $\mathbf{r}(t)$ com $a \leq t \leq b$, e sejam

$$\mathbf{N} = \mathbf{N}(t) = \langle y'(t), -x'(t) \rangle, \qquad \mathbf{n}(t) = \frac{\mathbf{N}(t)}{\|\mathbf{N}(t)\|} = \frac{\mathbf{N}(t)}{\|\mathbf{r}'(t)\|}$$

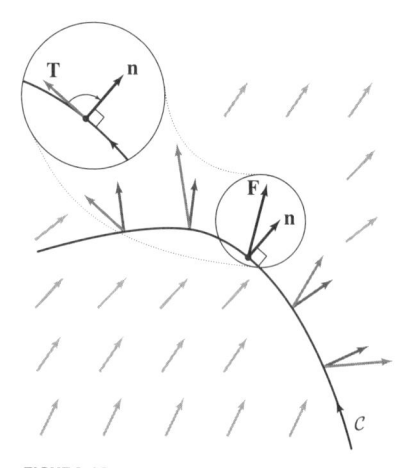

FIGURA 12

ADVERTÊNCIA *Nas Seções 13.4 e 13.5, **N** era o vetor normal unitário principal de uma curva no espaço. Aqui, representa um vetor normal, não necessariamente unitário, a uma curva no plano, e **n** representa o vetor normal unitário correspondente. Isso está de acordo com a notação tradicional.*

Esses vetores são normais a $\mathcal{C}$, porque o produto escalar de **N** com o vetor tangente $\mathbf{r}'(t) = \langle x'(t), y'(t) \rangle$ é 0. Tanto **N** quanto **n** também apontam para a direita se percorrermos a curva no sentido de **r**. O fluxo através de $\mathcal{C}$ é a integral do componente normal $\mathbf{F} \cdot \mathbf{n}$, que pode ser obtido integrando $\mathbf{F}(\mathbf{r}(t)) \cdot \mathbf{N}(t)$ em relação a t:

$$\text{Fluxo através de } \mathcal{C} = \int_{\mathcal{C}} (\mathbf{F} \cdot \mathbf{n}) \, ds = \int_a^b \mathbf{F}(\mathbf{r}(t)) \cdot \frac{\mathbf{N}(t)}{\|\mathbf{r}'(t)\|} \|\mathbf{r}'(t)\| \, dt = \int_a^b \mathbf{F}(\mathbf{r}(t)) \cdot \mathbf{N}(t) \, dt$$

$$\boxed{10}$$

Se **F** for o campo de velocidades de um fluido (modelado como um fluido bidimensional), então o fluxo é a quantidade de fluido que escoa através da curva por unidade de tempo.

■ **EXEMPLO 9 Fluxo através de uma curva** Calcule o fluxo do campo vetorial de velocidades $\mathbf{v} = \langle 3 + 2y - y^2/3, 0 \rangle$ (em cm/s) através da quarta parte da elipse $\mathbf{r}(t) = \langle 3 \cos t, 6 \sin t \rangle$ com $0 \leq t \leq \frac{\pi}{2}$ (Figura 13).

Solução O campo vetorial ao longo do caminho é

$$\mathbf{v}(\mathbf{r}(t)) = \langle 3 + 2(6 \sin t) - (6 \sin t)^2/3, 0 \rangle = \langle 3 + 12 \sin t - 12 \sin^2 t, 0 \rangle$$

O vetor tangente é $\mathbf{r}'(t) = \langle -3 \sin t, 6 \cos t \rangle$ e, portanto, $\mathbf{N}(t) = \langle 6 \cos t, 3 \sin t \rangle$. Integramos o produto escalar

$$\mathbf{v}(\mathbf{r}(t)) \cdot \mathbf{N}(t) = \langle 3 + 12 \sin t - 12 \sin^2 t, 0 \rangle \cdot \langle 6 \cos t, 3 \sin t \rangle$$

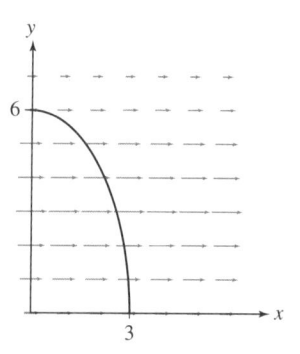

$$= (3 + 12 \sin t - 12 \sin^2 t)(6 \cos t)$$

$$= 18 \cos t + 72 \sin t \cos t - 72 \sin^2 t \cos t$$

FIGURA 13

para obter o fluxo

$$\int_a^b \mathbf{v}(\mathbf{r}(t)) \cdot \mathbf{N}(t)\, dt = \int_0^{\pi/2} (18\cos t + 72 \operatorname{sen} t \cos t - 72 \operatorname{sen}^2 t \cos t)\, dt$$

$$= 18 + 36 - 24 = 30 \text{ cm}^2/\text{s} \qquad \blacksquare$$

16.2 Resumo

- Integral de linha ao longo de uma curva parametrizada por $\mathbf{r}(t)$ com $a \le t \le b$:

  Integral de linha escalar: $\displaystyle\int_\mathcal{C} f(x, y, z)\, ds = \int_a^b f(\mathbf{r}(t))\, \|\mathbf{r}'(t)\|\, dt$

  Integral de linha vetorial: $\displaystyle\int_\mathcal{C} \mathbf{F} \cdot d\mathbf{r} = \int_\mathcal{C} (\mathbf{F} \cdot \mathbf{T})\, ds = \int_a^b \mathbf{F}(\mathbf{r}(t)) \cdot \mathbf{r}'(t)\, dt$

  $$= \int_\mathcal{C} F_1\, dx + F_2\, dy + F_3\, dz$$

- Diferencial do comprimento de arco: $ds = \|\mathbf{r}'(t)\|\, dt$. Para calcular uma integral de linha escalar, substituímos $f(x, y, z)\, d\mathbf{r}$ por $f(\mathbf{r}(t))\, \|\mathbf{r}'(t)\|\, dt$.
- Diferencial vetorial: $d\mathbf{r} = \mathbf{r}'(t)\, dt$. Para calcular uma integral de linha vetorial, substituímos $\mathbf{F} \cdot d\mathbf{r}$ por $F(\mathbf{r}(t)) \cdot \mathbf{r}'(t)\, dt$.
- Uma *curva orientada* $\mathcal{C}$ é uma curva em que foi escolhido um dos dois sentidos de percurso possíveis (denominado *sentido positivo*).
- A integral de linha vetorial depende da orientação da curva $\mathcal{C}$. A parametrização $\mathbf{r}(t)$ deve ser regular (isto é, $\mathbf{r}'(t) \ne \mathbf{0}$) e deve percorrer $\mathcal{C}$ no sentido positivo.
- Escrevemos $-\mathcal{C}$ para a curva $\mathcal{C}$ com a orientação oposta. Então

$$\int_{-\mathcal{C}} \mathbf{F} \cdot d\mathbf{r} = -\int_\mathcal{C} \mathbf{F} \cdot d\mathbf{r}$$

- Se $\delta(x, y, z)$ for a densidade de massa ou carga ao longo de $\mathcal{C}$, então a massa ou carga total é igual à integral de linha escalar $\displaystyle\int_\mathcal{C} \delta(x, y, z)\, ds$.
- A integral de linha vetorial é usada para calcular o trabalho W exercido num objeto ao longo de uma curva $\mathcal{C}$:

$$W = \int_\mathcal{C} \mathbf{F} \cdot d\mathbf{r}$$

  O trabalho efetuado *contra* $\mathbf{F}$ é a quantidade $-\displaystyle\int_\mathcal{C} \mathbf{F} \cdot d\mathbf{r}$.

- Fluxo através de $\mathcal{C} = \displaystyle\int_\mathcal{C} (\mathbf{F} \cdot \mathbf{n})\, ds = \int_a^b \mathbf{F}(\mathbf{r}(t)) \cdot \mathbf{N}(t)\, dt$, sendo $\mathbf{N}(t) = \langle y'(t), -x'(t) \rangle$.

16.2 Exercícios

Exercícios preliminares

1. Qual é a integral de linha da função constante $f(x, y, z) = 10$ ao longo de uma curva $\mathcal{C}$ de comprimento 5?

2. Quais dos seguintes têm uma integral de linha nula ao longo do segmento vertical de $(0, 0)$ até $(0, 1)$?
   - (a) $f(x, y) = x$
   - (b) $f(x, y) = y$
   - (c) $\mathbf{F} = \langle x, 0 \rangle$
   - (d) $\mathbf{F} = \langle y, 0 \rangle$
   - (e) $\mathbf{F} = \langle 0, x \rangle$
   - (f) $\mathbf{F} = \langle 0, y \rangle$

3. Decida se a afirmação dada é verdadeira ou falsa. Se falsa, corrija a afirmação.
   - (a) A integral de linha escalar não depende de como a curva é parametrizada.
   - (b) Invertendo a orientação de uma curva, nem a integral de linha escalar nem a vetorial trocam de sinal.

4. Seja $\mathcal{C}$ uma curva de comprimento 5. Qual é o valor de $\displaystyle\int_\mathcal{C} \mathbf{F} \cdot d\mathbf{r}$ se
   - (a) $\mathbf{F}(P)$ for normal a $\mathcal{C}$ em todos os pontos P de $\mathcal{C}$?
   - (b) $\mathbf{F}(P)$ for um vetor unitário apontando no sentido negativo ao longo da curva?

Exercícios

1. Sejam $f(x, y, z) = x + yz$ e $\mathcal{C}$ o segmento de reta de $P = (0, 0, 0)$ até $Q = (6, 2, 2)$.
   (a) Calcule $f(\mathbf{r}(t))$ e $ds = \|\mathbf{r}'(t)\| \, dt$ com a parametrização $\mathbf{r}(t) = (6t, 2t, 2t)$ com $0 \leq t \leq 1$.
   (b) Calcule $\int_{\mathcal{C}} f(x, y, z) \, ds$.

2. Repita o Exercício 1 com a parametrização $\mathbf{r}(t) = (3t^2, t^2, t^2)$ com $0 \leq t \leq \sqrt{2}$.

3. Sejam $\mathbf{F} = \langle y^2, x^2 \rangle$ e $\mathcal{C}$ a curva $y = x^{-1}$ com $1 \leq x \leq 2$, orientada da esquerda para a direita.
   (a) Calcule $\mathbf{F}(\mathbf{r}(t))$ e $d\mathbf{r} = \mathbf{r}'(t) \, dt$ com a parametrização de $\mathcal{C}$ dada por $\mathbf{r}(t) = (t, t^{-1})$.
   (b) Obtenha o produto escalar $\mathbf{F}(\mathbf{r}(t)) \cdot \mathbf{r}'(t) \, dt$ e calcule
   $$\int_{\mathcal{C}} \mathbf{F} \cdot d\mathbf{r}.$$

4. Sejam $\mathbf{F}(x, y, z) = \langle z^2, x, y \rangle$ e $\mathcal{C}$ a curva dada por $\mathbf{r}(t) = \langle 3 + 5t^2, 3 - t^2, t \rangle$ com $0 \leq t \leq 2$.
   (a) Calcule $\mathbf{F}(\mathbf{r}(t))$ e $d\mathbf{r} = \mathbf{r}'(t) \, dt$.
   (b) Obtenha o produto escalar $\mathbf{F}(\mathbf{r}(t)) \cdot \mathbf{r}'(t) \, dt$ e calcule
   $$\int_{\mathcal{C}} \mathbf{F} \cdot d\mathbf{r}.$$

Nos Exercícios 5-8, calcule a integral da função escalar ou campo vetorial dado ao longo de $\mathbf{r}(t) = (\cos t, \sin t, t)$, com $0 \leq t \leq \pi$.

5. $f(x, y, z) = x^2 + y^2 + z^2$
6. $f(x, y, z) = xy + z$
7. $\mathbf{F}(x, y, z) = \langle x, y, z \rangle$
8. $\mathbf{F}(x, y, z) = \langle xy, 2, z^3 \rangle$

Nos Exercícios 9-16, calcule $\int_{\mathcal{C}} f \, ds$ com a curva dada.

9. $f(x, y) = \sqrt{1 + 9xy}, \quad y = x^3$ com $0 \leq x \leq 1$
10. $f(x, y) = \dfrac{y^3}{x^7}, \quad y = \frac{1}{4}x^4$ com $1 \leq x \leq 2$
11. $f(x, y, z) = z^2, \quad \mathbf{r}(t) = (2t, 3t, 4t)$ com $0 \leq t \leq 2$
12. $f(x, y, z) = 3x - 2y + z, \quad \mathbf{r}(t) = (2 + t, 2 - t, 2t)$ com $-2 \leq t \leq 1$
13. $f(x, y, z) = xe^{z^2}$, caminho poligonal de $(0, 0, 1)$ a $(0, 2, 0)$ a $(1, 1, 1)$
14. $f(x, y, z) = x^2 z, \quad \mathbf{r}(t) = (e^t, \sqrt{2}t, e^{-t})$ com $0 \leq t \leq 1$
15. $f(x, y, z) = 2x^2 + 8z, \quad \mathbf{r}(t) = (e^t, t^2, t)$ com $0 \leq t \leq 1$
16. $f(x, y, z) = 6xz - 2y^2, \quad \mathbf{r}(t) = \left(t, \dfrac{t^2}{\sqrt{2}}, \dfrac{t^3}{3}\right)$ com $0 \leq t \leq 2$

17. Calcule $\int_{\mathcal{C}} 1 \, ds$, sendo a curva $\mathcal{C}$ parametrizada por $\mathbf{r}(t) = (4t, -3t, 12t)$ com $2 \leq t \leq 5$. O que representa essa integral?

18. Calcule $\int_{\mathcal{C}} 1 \, ds$, sendo a curva $\mathcal{C}$ parametrizada por $\mathbf{r}(t) = (e^t, \sqrt{2}t, e^{-t})$ com $0 \leq t \leq 2$.

Nos Exercícios 19-26, calcule $\int_{\mathcal{C}} \mathbf{F} \cdot d\mathbf{r}$ com a curva dada.

19. $\mathbf{F}(x, y) = \langle x^2, xy \rangle$, segmento de reta de $(0, 0)$ a $(2, 2)$.
20. $\mathbf{F}(x, y) = \langle 4, y \rangle$, quarto de círculo $x^2 + y^2 = 1$ com $x \leq 0, y \leq 0$ e orientação anti-horária.
21. $\mathbf{F}(x, y) = \langle x^2, xy \rangle$, parte do círculo $x^2 + y^2 = 9$ com $x \leq 0, y \geq 0$ e orientação horária.
22. $\mathbf{F}(x, y) = \langle e^{y-x}, e^{2x} \rangle$, caminho poligonal de $(1, 1)$ a $(2, 2)$ a $(0, 2)$.
23. $\mathbf{F}(x, y) = \langle 3zy^{-1}, 4x, -y \rangle, \quad \mathbf{r}(t) = (e^t, e^t, t)$ com $-1 \leq t \leq 1$.
24. $\mathbf{F}(x, y) = \left\langle \dfrac{-y}{(x^2 + y^2)^2}, \dfrac{x}{(x^2 + y^2)^2} \right\rangle$, círculo de raio R centrado na origem com orientação anti-horária.
25. $\mathbf{F}(x, y, z) = \left\langle \dfrac{1}{y^3 + 1}, \dfrac{1}{z + 1}, 1 \right\rangle, \quad \mathbf{r}(t) = (t^3, 2, t^2)$ com $0 \leq t \leq 1$.
26. $\mathbf{F}(x, y, z) = \langle z^3, yz, x \rangle$, quarto de círculo de raio 2 do plano yz centrado na origem com $y \geq 0$ e $z \geq 0$ e orientação horária olhando desde o eixo x positivo.

Nos Exercícios 27-32, calcule a integral de linha.

27. $\int_{\mathcal{C}} y \, dx - x \, dy$, parábola $y = x^2$ com $0 \leq x \leq 2$.
28. $\int_{\mathcal{C}} y \, dx + z \, dy + x \, dz, \quad \mathbf{r}(t) = (2 + t^{-1}, t^3, t^2)$ com $0 \leq t \leq 1$.
29. $\int_{\mathcal{C}} (x - y) \, dx + (y - z) \, dy + z \, dz$, segmento de reta de $(0, 0, 0)$ a $(1, 4, 4)$.
30. $\int_{\mathcal{C}} z \, dx + x^2 \, dy + y \, dz, \quad \mathbf{r}(t) = (\cos t, \operatorname{tg} t, t)$ com $0 \leq t \leq \frac{\pi}{4}$.
31. $\int_{\mathcal{C}} \dfrac{-y \, dx + x \, dy}{x^2 + y^2}$, segmento de $(1, 0)$ a $(0, 1)$.
32. $\int_{\mathcal{C}} y^2 \, dx + z^2 \, dy + (1 - x^2) \, dz$, quarto de círculo de raio 1 do plano xz centrado na origem no quadrante $x \geq 0$ e $z \leq 0$ e orientação anti-horária olhando desde o eixo y positivo.

33. Sejam $f(x, y, z) = x^{-1}yz$ e $\mathcal{C}$ a curva parametrizada por $\mathbf{r}(t) = (\ln t, t, t^2)$ com $2 \leq t \leq 4$. Use um sistema algébrico computacional para calcular $\int_{\mathcal{C}} f(x, y, z) \, ds$ com quatro casas decimais.

34. Use um sistema algébrico computacional para calcular $\int_{\mathcal{C}} \langle e^{x-y}, e^{x+y} \rangle \cdot d\mathbf{r}$ com quatro casas decimais se $\mathcal{C}$ for a curva $y = \sin x$ com $0 \leq x \leq \pi$, orientada da esquerda para a direita.

Nos Exercícios 35 e 36, calcule a integral de linha de $\mathbf{F}(x, y, z) = \langle e^z, e^{x-y}, e^y \rangle$ ao longo do caminho dado.

35. O caminho indicado de P a Q na Figura 14.

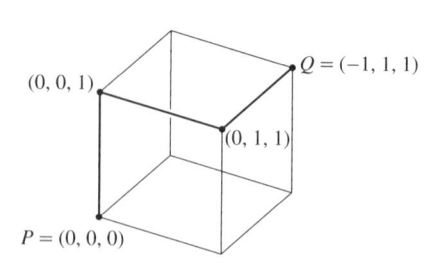

FIGURA 14

36. O caminho fechado $ABCA$ na Figura 15.

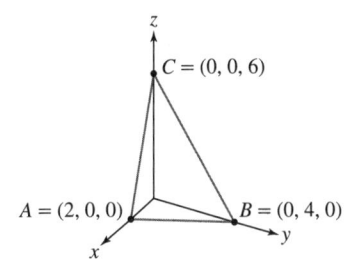

FIGURA 15

Nos Exercícios 37 e 38, C é o caminho de P a Q na Figura 16 que percorre C_1, C_2 e C_3 no sentido indicado e $\mathbf{F}$ é um campo vetorial tal que

$$\int_C \mathbf{F} \cdot d\mathbf{r} = 5, \qquad \int_{C_1} \mathbf{F} \cdot d\mathbf{r} = 8, \qquad \int_{C_3} \mathbf{F} \cdot d\mathbf{r} = 8$$

37. Determine:

(a) $\displaystyle\int_{-C_3} \mathbf{F} \cdot d\mathbf{r}$ (b) $\displaystyle\int_{C_2} \mathbf{F} \cdot d\mathbf{r}$ (c) $\displaystyle\int_{-C_1-C_3} \mathbf{F} \cdot d\mathbf{r}$

38. Encontre o valor de $\displaystyle\int_{C'} \mathbf{F} \cdot d\mathbf{r}$ se C' for o caminho que percorre o laço C_2 quatro vezes no sentido horário.

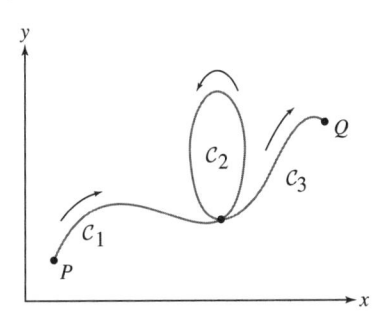

FIGURA 16

39. Os valores de uma função $f(x, y, z)$ e de um campo vetorial $\mathbf{F}(x, y, z)$ estão dados em seis pontos de amostragem ao longo do caminho ABC na Figura 17. Dê uma estimativa das integrais de linha de f e $\mathbf{F}$ ao longo de ABC.

Ponto	$f(x, y, z)$	$\mathbf{F}(x, y, z)$
$\left(1, \frac{1}{6}, 0\right)$	3	$\langle 1, 0, 2 \rangle$
$\left(1, \frac{1}{2}, 0\right)$	3,3	$\langle 1, 1, 3 \rangle$
$\left(1, \frac{5}{6}, 0\right)$	3,6	$\langle 2, 1, 5 \rangle$
$\left(1, 1, \frac{1}{6}\right)$	4,2	$\langle 3, 2, 4 \rangle$
$\left(1, 1, \frac{1}{2}\right)$	4,5	$\langle 3, 3, 3 \rangle$
$\left(1, 1, \frac{5}{6}\right)$	4,2	$\langle 5, 3, 3 \rangle$

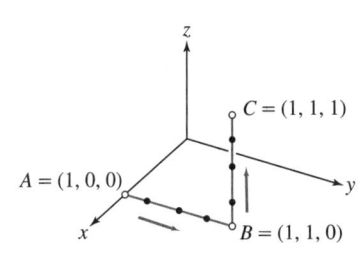

FIGURA 17

40. Dê uma estimativa das integrais de linha de $f(x, y)$ e de $\mathbf{F}(x, y)$ ao longo do quarto de círculo (com orientação anti-horária) na Figura 18 usando os valores em três pontos de amostragem ao longo do caminho.

Ponto	$f(x, y)$	$\mathbf{F}(x, y)$
A	1	$\langle 1, 2 \rangle$
B	-2	$\langle 1, 3 \rangle$
C	4	$\langle -2, 4 \rangle$

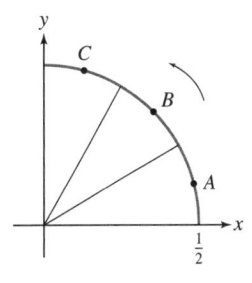

FIGURA 18

41. Determine se a integral de linha dos campos vetoriais ao longo do círculo (com orientação anti-horária) na Figura 19 é positiva, negativa ou nula.

(A)

(B)

(C)

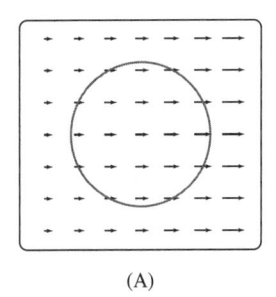

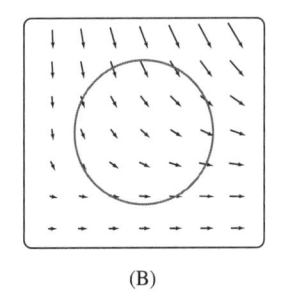

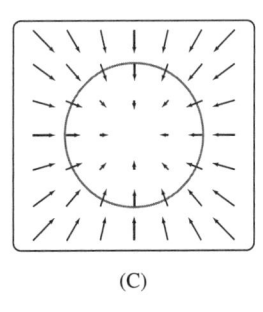

FIGURA 19

42. Determine se as integrais de linha dos campos vetoriais ao longo das curvas orientadas na Figuras 20 são positivas ou negativas.

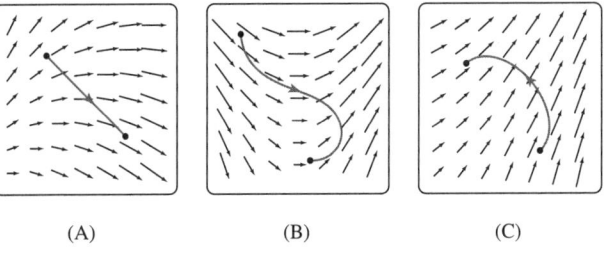

(A) (B) (C)

FIGURA 20

43. Calcule a massa total de uma peça circular de arame de 4 cm de raio centrado na origem cuja densidade de massa seja $\delta(x, y) = x^2$ g/cm.

44. Calcule a massa total de um tubo metálico de formato helicoidal descrito por $\mathbf{r}(t) = (\cos t, \sin t, t^2)$ (com distância em cm) com $0 \leq t \leq 2\pi$ se a densidade de massa for $\delta(x, y, z) = \sqrt{z}$ g/cm.

45. Encontre a carga total na curva $y = x^{4/3}$ (em cm) com $1 \leq x \leq 8$ supondo uma densidade de carga $\delta(x, y) = x/y$ (em unidades de 10^{-6} C/cm).

46. Encontre a carga total na curva $\mathbf{r}(t) = (\sin t, \cos t, \sin^2 t)$ (em cm) com $0 \leq t \leq \frac{\pi}{8}$ supondo uma densidade de carga $\delta(x, y, z) = xy(y^2 - z)$ (em unidades de 10^{-6} C/cm).

Nos Exercícios 47-50, use a Equação (6) para calcular o potencial elétrico $V(P)$ no ponto P dado com a densidade de carga dada (em unidades de 10^{-6} C).

47. Calcule $V(P)$ em $P = (0, 0, 12)$ se a carga elétrica for distribuída ao longo da quarta parte do círculo de raio 4 centrado na origem com densidade de carga $\delta(x, y, z) = xy$.

48. Calcule $V(P)$ na origem $P = (0, 0)$ se a carga negativa for distribuída ao longo de $y = x^2$ com $1 \leq x \leq 2$ e com densidade de carga $\delta(x, y) = -y\sqrt{x^2 + 1}$.

49. Calcule $V(P)$ em $P = (2, 0, 2)$ se a carga negativa for distribuída ao longo do eixo y com $1 \leq y \leq 3$ e com densidade de carga $\delta(x, y, z) = -y$.

50. Calcule $V(P)$ na origem $P = (0, 0)$ se a carga elétrica for distribuída ao longo de $y = x^{-1}$ com $\frac{1}{2} \leq x \leq 2$ e com densidade de carga $\delta(x, y) = x^3 y$.

51. Calcule o trabalho realizado pelo campo $\mathbf{F} = \langle x + y, x - y \rangle$ se um objeto for movido de $(0, 0)$ a $(1, 1)$ ao longo dos caminhos $y = x^2$ e $x = y^2$.

Nos Exercícios 52-54, calcule o trabalho realizado pelo campo $\mathbf{F}$ se um objeto for movido ao longo do caminho dado desde o ponto inicial até o final.

52. $\mathbf{F}(x, y, z) = \langle x, y, z \rangle$, $\mathbf{r} = \langle \cos t, \sin t, t \rangle$ com $0 \leq t \leq 3\pi$.

53. $\mathbf{F}(x, y, z) = \langle xy, yz, xz \rangle$, $\mathbf{r} = \langle t, t^2, t^3 \rangle$ com $0 \leq t \leq 1$.

54. $\mathbf{F}(x, y, z) = \langle e^x, e^y, xyz \rangle$, $\mathbf{r} = \langle t^2, t, t/2 \rangle$ com $0 \leq t \leq 1$.

55. A Figura 21 mostra um campo de forças $\mathbf{F}$.
(a) $\mathbf{F}$ realiza menos trabalho ao longo de qual dos dois caminhos, ADC ou ABC?
(b) Qual dos dois caminhos, CBA ou CDA, requer menos trabalho para mover um objeto contra a força $\mathbf{F}$ de C até A?

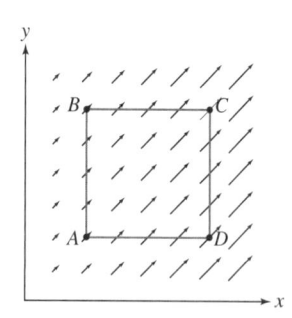

FIGURA 21

56. Verifique que o trabalho realizado ao longo do segmento de reta $\overrightarrow{PQ}$ pelo campo vetorial constante $\mathbf{F} = \langle 2, -1, 4 \rangle$ é igual a $\mathbf{F} \cdot \overrightarrow{PQ}$ nesses casos:
(a) $P = (0, 0, 0)$, $Q = (4, 3, 5)$
(b) $P = (3, 2, 3)$, $Q = (4, 8, 12)$

57. Mostre que o trabalho realizado por um campo de forças constante $\mathbf{F}$ ao longo de qualquer caminho $\mathcal{C}$ de P a Q é igual a $\mathbf{F} \cdot \overrightarrow{PQ}$.

58. Note que a curva $\mathcal{C}$ em forma polar $r = f(\theta)$ é parametrizada por $\mathbf{r}(\theta) = (f(\theta)\cos\theta, f(\theta)\sin\theta)$ porque as coordenadas x e y são dadas por $x = r\cos\theta$ e $y = r\sin\theta$, respectivamente.
(a) Mostre que $\|\mathbf{r}'(\theta)\| = \sqrt{f(\theta)^2 + f'(\theta)^2}$.
(b) Calcule $\displaystyle\int_{\mathcal{C}} (x - y)^2 \, ds$ se $\mathcal{C}$ for o semicírculo da Figura 22 de equação polar $r = 2\cos\theta$, $0 \leq \theta \leq \frac{\pi}{2}$.

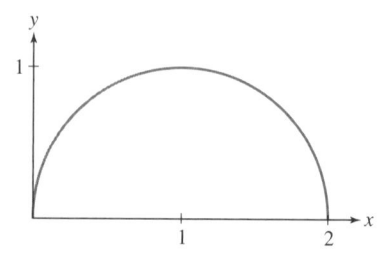

FIGURA 22 Semicírculo $r = 2\cos\theta$.

59. Uma carga está distribuída ao longo da espiral de equação polar $r = \theta$ com $0 \leq \theta \leq 2\pi$. A densidade de carga é $\delta(r, \theta) = r$ (supondo distância em cm e carga em unidades de 10^{-6} C/cm). Use o resultado do Exercício 58(a) para calcular a carga total.

*Nos Exercícios 60-63, seja $\mathbf{F}$ o **campo de vórtice** (assim denominado por girar em torno da origem como na Figura 23):*

$$\mathbf{F}(x, y) = \left\langle \frac{-y}{x^2 + y^2}, \frac{x}{x^2 + y^2} \right\rangle$$

60. Calcule $I = \displaystyle\int_{\mathcal{C}} \mathbf{F} \cdot d\mathbf{r}$ se $\mathcal{C}$ for o círculo de raio 2 centrado na origem. Verifique que I troca de sinal se $\mathcal{C}$ tiver orientação horária.

61. Mostre que o valor de $\displaystyle\int_{\mathcal{C}_R} \mathbf{F} \cdot d\mathbf{r}$, em que $\mathcal{C}_R$ é o círculo de raio R centrado na origem com orientação anti-horária, não depende de R.

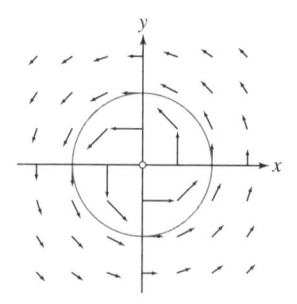

FIGURA 23

62. Sejam $a > 0$, $b < c$. Mostre que a integral de $\mathbf{F}$ ao longo do segmento [Figura 24(A)] de $P = (a, b)$ até $Q = (a, c)$ é igual ao ângulo $\angle POQ$.

63. Seja $\mathcal{C}$ a curva em forma polar $r = f(\theta)$ com $\theta_1 \leq \theta \leq \theta_2$ [Figura 24(B)] parametrizada por $\mathbf{r}(\theta) = (f(\theta)\cos\theta, f(\theta)\sen\theta)$ como no Exercício 58.
  (a) Mostre que o campo de vórtice em coordenadas polares é dado por $\mathbf{F}(r, \theta) = r^{-1}\langle -\sen\theta, \cos\theta\rangle$.
  (b) Mostre que $\mathbf{F} \cdot \mathbf{r}'(\theta)\, d\theta = d\theta$.
  (c) Mostre que $\int_{\mathcal{C}} \mathbf{F} \cdot d\mathbf{r} = \theta_2 - \theta_1$.

Nos Exercícios 64-67, use a Equação (10) para calcular o fluxo do campo vetorial através da curva especificada.

64. $\mathbf{F}(x, y) = \langle -y, x\rangle$; metade superior do círculo unitário orientado no sentido horário.

65. $\mathbf{F}(x, y) = \langle x^2, y^2\rangle$; segmento de $(3, 0)$ até $(0, 3)$ orientado para cima.

66. $\mathbf{F}(x, y) = \left\langle \dfrac{x+1}{(x+1)^2 + y^2}, \dfrac{y}{(x+1)^2 + y^2}\right\rangle$; segmento $1 \leq y \leq 4$ ao longo do eixo y orientado para cima.

67. $\mathbf{F}(x, y) = \langle e^y, 2x - 1\rangle$; parábola $y = x^2$ com $0 \leq x \leq 1$ orientada da esquerda para a direita.

68. Seja $I = \displaystyle\int_{\mathcal{C}} f(x, y, z)\, ds$. Suponha que $f(x, y, z) \geq m$ com algum número m e qualquer ponto (x, y, z) de $\mathcal{C}$. Qual das conclusões seguintes está correta? Explique.
  (a) $I \geq m$
  (b) $I \geq mL$, sendo L o comprimento de $\mathcal{C}$.

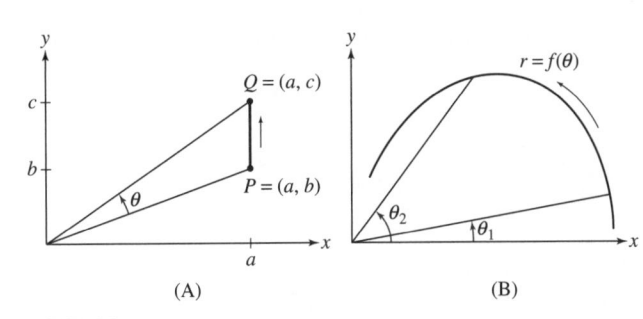

FIGURA 24

Compreensão adicional e desafios

69. Seja $\mathbf{F}(x, y) = \langle x, 0\rangle$. Prove que se $\mathcal{C}$ for qualquer caminho de (a, b) a (c, d), então
$$\int_{\mathcal{C}} \mathbf{F} \cdot d\mathbf{r} = \frac{1}{2}(c^2 - a^2)$$

70. Seja $\mathbf{F}(x, y) = \langle y, x\rangle$. Prove que se $\mathcal{C}$ for qualquer caminho de (a, b) a (c, d), então
$$\int_{\mathcal{C}} \mathbf{F} \cdot d\mathbf{r} = cd - ab$$

71. Queremos definir o **valor médio** $\text{VM}(f)$ de uma função contínua f ao longo de uma curva $\mathcal{C}$ de comprimento L. Dividimos $\mathcal{C}$ em N arcos consecutivos $\mathcal{C}_1, \ldots, \mathcal{C}_N$, cada um de comprimento L/N, e escolhemos um ponto de amostragem P_i em $\mathcal{C}_i$ (Figura 25). A soma
$$\frac{1}{N}\sum_{i=1}^{N} f(P_i)$$
pode ser considerada uma aproximação de $\text{VM}(f)$, portanto definimos
$$\text{VM}(f) = \lim_{N\to\infty} \frac{1}{N}\sum_{i=1}^{N} f(P_i)$$
Prove que
$$\text{VM}(f) = \frac{1}{L}\int_{\mathcal{C}} f(x, y, z)\, ds \qquad \boxed{11}$$
Sugestão: mostre que $\dfrac{L}{N}\displaystyle\sum_{i=1}^{N} f(P_i)$ é uma soma de Riemann que aproxima a integral de linha de f ao longo de $\mathcal{C}$.

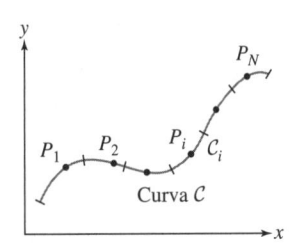

FIGURA 25

72. Use a Equação (11) para calcular o valor médio de $f(x, y) = x - y$ ao longo do segmento de reta de $P = (2, 1)$ a $Q = (5, 5)$.

73. Use a Equação (11) para calcular o valor médio de $f(x, y) = x$ ao longo da curva $y = x^2$ com $0 \leq x \leq 1$.

74. A temperatura (em graus Celsius) num ponto P de um arame circular de 2 cm de raio centrado na origem é igual ao quadrado da distância de P a $P_0 = (2, 0)$. Calcule a temperatura média ao longo do arame.

75. O valor de uma integral de linha escalar não depende da escolha da parametrização (já que foi definida sem referência a uma parametrização). Prove isso diretamente. Mais precisamente, suponha que $\mathbf{r}_1(t)$ e $\mathbf{r}(t)$ sejam duas parametrizações tais que $\mathbf{r}_1(t) = \mathbf{r}(\varphi(t))$, sendo $\varphi(t)$ uma função crescente. Use a fórmula da mudança de variáveis para conferir que
$$\int_c^d f(\mathbf{r}_1(t))\|\mathbf{r}_1'(t)\|\, dt = \int_a^b f(\mathbf{r}(t))\|\mathbf{r}'(t)\|\, dt$$
se $a = \varphi(c)$ e $b = \varphi(d)$.

16.3 Campos vetoriais conservativos

Nesta seção, aprofundamos nosso estudo de campos vetoriais conservativos. Se uma curva $\mathcal{C}$ for *fechada*, é costume dizer que a integral de linha é a **circulação** de $\mathbf{F}$ em torno de $\mathcal{C}$ (Figura 1) e denotá-la com o símbolo $\oint$:

$$\oint_{\mathcal{C}} \mathbf{F} \cdot d\mathbf{r}$$

LEMBRETE
- Um campo vetorial $\mathbf{F}$ é conservativo se $\mathbf{F} = \nabla f$ com alguma função $f(x, y, z)$.
- Dizemos que f é uma função potencial.

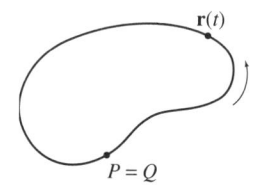

FIGURA 1 A circulação ao longo de um caminho fechado é denotada por $\oint_{\mathcal{C}} \mathbf{F} \cdot d\mathbf{r}$.

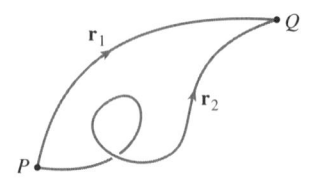

FIGURA 2 Independência do caminho: se **F** for conservativo, então são iguais as integrais de linha ao longo de $\mathbf{r}_1$ e de $\mathbf{r}_2$.

Se a curva for fechada, não importa qual ponto é considerado como ponto inicial. Começando num ponto A, a circulação de uma volta completa até A é a soma da integral de linha percorrendo a curva de A até B com a integral de linha percorrendo a curva de B até A, mas trocando a ordem desses dois pontos, ou seja, a circulação começando em B e voltando a B.

Nosso primeiro resultado estabelece a **independência do caminho** de campos vetoriais conservativos, o que significa que a integral de linha de **F** ao longo de um caminho de P até Q depende somente das extremidades P e Q, e não do particular caminho tomado (Figura 2).

TEOREMA 1 Teorema fundamental de campos vetoriais conservativos Suponha que $\mathbf{F} = \nabla f$ num domínio $\mathcal{D}$.

1. Se **r** for algum caminho ao longo de uma curva $\mathcal{C}$ de P até Q, então

$$\int_{\mathcal{C}} \mathbf{F} \cdot d\mathbf{r} = f(Q) - f(P) \qquad \boxed{1}$$

Em particular, **F** é independente do caminho.

2. A circulação ao longo de uma curva fechada $\mathcal{C}$ (ou seja, $P = Q$), é zero:

$$\oint_{\mathcal{C}} \mathbf{F} \cdot d\mathbf{r} = 0$$

Demonstração Seja $\mathbf{r}(t)$ um caminho ao longo da curva $\mathcal{C}$ de $\mathcal{D}$ com $a \leq t \leq b$ tal que $\mathbf{r}(a) = P$ e $\mathbf{r}(b) = Q$. Então

$$\int_{\mathcal{C}} \mathbf{F} \cdot d\mathbf{r} = \int_{\mathcal{C}} \nabla f \cdot d\mathbf{r} = \int_a^b \nabla f(\mathbf{r}(t)) \cdot \mathbf{r}'(t)\, dt$$

No entanto, pela regra da cadeia para caminhos (Teorema 2 da Seção 14.5),

$$\frac{d}{dt} f(\mathbf{r}(t)) = \nabla f(\mathbf{r}(t)) \cdot \mathbf{r}'(t)$$

Assim, podemos aplicar o teorema fundamental do Cálculo:

$$\int_{\mathcal{C}} \mathbf{F} \cdot d\mathbf{r} = \int_a^b \frac{d}{dt} f(\mathbf{r}(t))\, dt = f(\mathbf{r}(t)) \Big|_a^b = f(\mathbf{r}(b)) - f(\mathbf{r}(a)) = f(Q) - f(P)$$

Isso prova a Equação (1). Também prova a independência do caminho, porque a quantidade $f(Q) - f(P)$ depende das extremidades, mas não do caminho **r**. Se **r** for um caminho fechado, então $P = Q$ e $f(Q) - f(P) = 0$. ∎

■ **EXEMPLO 1** Seja $\mathbf{F}(x, y, z) = \langle 2xy + z, x^2, x \rangle$.

(a) Verifique que $f(x, y, z) = x^2 y + xz$ é uma função potencial.

(b) Calcule $\int_{\mathcal{C}} \mathbf{F} \cdot d\mathbf{r}$ se $\mathcal{C}$ for uma curva de $P = (1, -1, 2)$ até $Q = (2, 2, 3)$.

Solução (a) As derivadas parciais de $f(x, y, z) = x^2 y + xz$ são os componentes de **F**:

$$\frac{\partial f}{\partial x} = 2xy + z, \qquad \frac{\partial f}{\partial y} = x^2, \qquad \frac{\partial f}{\partial z} = x$$

Portanto, $\nabla f = \langle 2xy + z, x^2, x \rangle = \mathbf{F}$.

(b) Pelo Teorema 1, a integral de linha ao longo de qualquer caminho $\mathbf{r}(t)$ de $P = (1, -1, 2)$ até $Q = (2, 2, 3)$ (Figura 3) é dada por

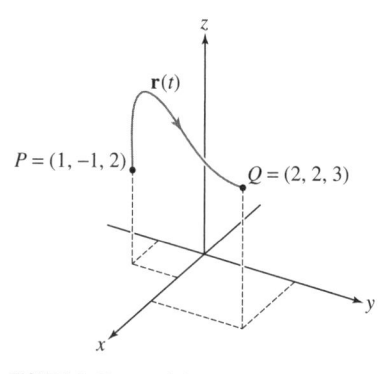

FIGURA 3 Um caminho arbitrário de $(1, -1, 2)$ até $(2, 2, 3)$.

$$\int_{\mathcal{C}} \mathbf{F} \cdot d\mathbf{r} = f(Q) - f(P)$$
$$= f(2, 2, 3) - f(1, -1, 2)$$
$$= \left(2^2(2) + 2(3)\right) - \left(1^2(-1) + 1(2)\right) = 13 \qquad \blacksquare$$

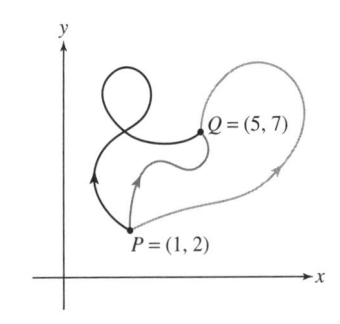

FIGURA 4 Caminhos de (1, 2) até (5, 7).

■ **EXEMPLO 2** Encontre um potencial de $\mathbf{F} = \langle 2x + y, x \rangle$ e use-o para calcular $\int_{\mathcal{C}} \mathbf{F} \cdot d\mathbf{r}$, sendo **r** um caminho qualquer (Figura 4) de (1, 2) até (5, 7).

Solução Desenvolveremos um método geral de encontrar funções potenciais. No caso presente, vemos que $f(x, y) = x^2 + xy$ satisfaz $\nabla f = \mathbf{F}$:

$$\frac{\partial f}{\partial x} = \frac{\partial}{\partial x}(x^2 + xy) = 2x + y, \qquad \frac{\partial f}{\partial y} = \frac{\partial}{\partial y}(x^2 + xy) = x$$

Portanto, dado qualquer caminho **r** de (1, 2) até (5, 7),

$$\int_{\mathcal{C}} \mathbf{F} \cdot d\mathbf{r} = f(5, 7) - f(1, 2) = (5^2 + 5(7)) - (1^2 + 1(2)) = 57 \qquad \blacksquare$$

■ **EXEMPLO 3** **Integral ao longo de um caminho fechado** Seja $f(x, y, z) = xy\operatorname{sen}(yz)$. Calcule $\oint_{\mathcal{C}} \nabla f \cdot d\mathbf{r}$ se $\mathcal{C}$ for a curva fechada da Figura 5.

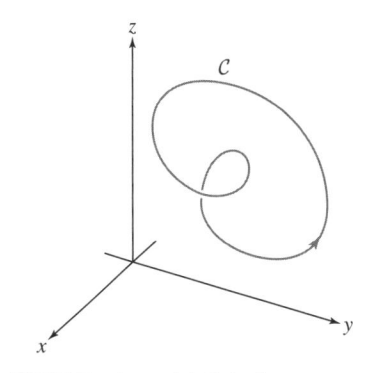

Solução Pelo Teorema 1, a integral de um campo vetorial gradiente ao longo de qualquer curva fechada é zero. Em outras palavras, $\oint_{\mathcal{C}} \nabla f \cdot d\mathbf{r} = 0$. ■

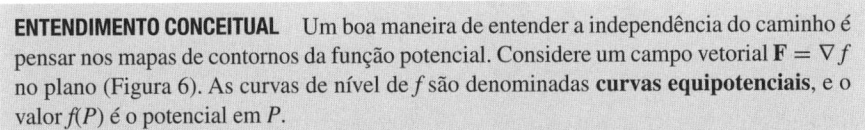

FIGURA 5 A integral de linha de um campo vetorial conservativo ao longo de uma curva fechada é zero.

ENTENDIMENTO CONCEITUAL Um boa maneira de entender a independência do caminho é pensar nos mapas de contornos da função potencial. Considere um campo vetorial $\mathbf{F} = \nabla f$ no plano (Figura 6). As curvas de nível de f são denominadas **curvas equipotenciais**, e o valor $f(P)$ é o potencial em P.

Se integrarmos **F** ao longo de um caminho $\mathbf{r}(t)$ de P até Q, o integrando é

$$\mathbf{F}(\mathbf{r}(t)) \cdot \mathbf{r}'(t) = \nabla f(\mathbf{r}(t)) \cdot \mathbf{r}'(t)$$

Agora, pela regra da cadeia para caminhos,

$$\nabla f(\mathbf{r}(t)) \cdot \mathbf{r}'(t) = \frac{d}{dt} f(\mathbf{r}(t))$$

Em outras palavras, o integrando é a taxa segundo a qual o potencial varia ao longo do caminho e, assim, a integral é a variação líquida do potencial:

$$\int \mathbf{F} \cdot d\mathbf{r} = \underbrace{f(Q) - f(P)}_{\text{Variação líquida do potencial}}$$

Falando informalmente, o que a integral de linha faz é contar o número líquido de curvas equipotenciais cruzadas ao longo de qualquer caminho de P a Q. Por "número líquido" entendemos que os cruzamentos no sentido oposto são contados com um sinal de menos. Esse número líquido é independente do particular caminho escolhido.

Também podemos interpretar a integral de linha em termos do gráfico da função potencial $z = f(x, y)$. A integral de linha calcula a variação na altura quando nos movemos pela superfície (Figura 7). Novamente, essa variação na altura não depende do caminho de P até Q. É claro que essas interpretações da integral de linha só são válidas com campos vetoriais conservativos pois, caso contrário, não existiria uma função potencial.

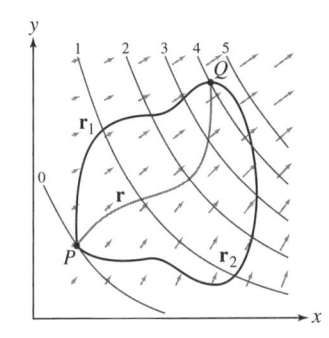

FIGURA 6 Campo vetorial $\mathbf{F} = \nabla f$ com as curvas de nível de f.

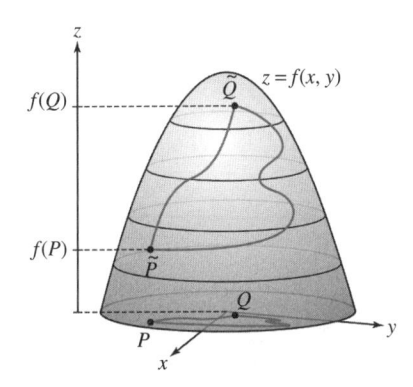

FIGURA 7 A superfície potencial $z = f(x, y)$.

Poderíamos perguntar se existem campos vetoriais independentes do caminho que não sejam conservativos. A resposta é não. Pelo teorema seguinte, um campo vetorial independente do caminho é, necessariamente, conservativo.

TEOREMA 2 Um campo vetorial **F** num domínio aberto conexo $\mathcal{D}$ é independente do caminho se, e só se, é conservativo.

Demonstração Já mostramos que os campos vetoriais conservativos são independentes do caminho. Assim, vamos supor que **F** seja independente do caminho e provar que **F** tem alguma função potencial.

Para simplificar a notação, tratamos o caso de um campo vetorial planar $\mathbf{F} = \langle F_1, F_2 \rangle$. A prova para campos vetoriais em $\mathbf{R}^3$ é análoga. Escolhemos um ponto P_0 em $\mathcal{D}$ e, dado qualquer ponto $P = (x, y) \in \mathcal{D}$, definimos

$$f(P) = f(x, y) = \int_{\mathcal{C}} \mathbf{F} \cdot d\mathbf{r}$$

em que **r** é um caminho qualquer em $\mathcal{D}$ de P_0 até P (Figura 8). Note que essa definição de $f(P)$ só faz sentido porque estamos supondo que a integral de linha não depende do caminho **r**.

Vamos provar que $\mathbf{F} = \nabla f$, ou seja, mostramos que $\dfrac{\partial f}{\partial x} = F_1$ e $\dfrac{\partial f}{\partial y} = F_2$. Provamos a primeira equação, pois a segunda pode ser conferida analogamente. Seja $\mathbf{r}_1$ o segmento horizontal $\mathbf{r}_1(t) = (x + t, y)$ com $0 \leq t \leq h$. Com $|h|$ suficientemente pequeno, $\mathbf{r}_1$ fica dentro de $\mathcal{D}$. Denotemos por $\mathbf{r} + \mathbf{r}_1$ o caminho **r** seguido de $\mathbf{r}_1$, que começa em P_0 e termina em $(x + h, y)$, de modo que

$$f(x + h, y) - f(x, y) = \int_{\mathbf{r}+\mathbf{r}_1} \mathbf{F} \cdot d\mathbf{r} - \int_{\mathbf{r}} \mathbf{F} \cdot d\mathbf{r}$$

$$= \left(\int_{\mathbf{r}} \mathbf{F} \cdot d\mathbf{r} + \int_{\mathbf{r}_1} \mathbf{F} \cdot d\mathbf{r} \right) - \int_{\mathbf{r}} \mathbf{F} \cdot d\mathbf{r} = \int_{\mathbf{r}_1} \mathbf{F} \cdot d\mathbf{r}$$

O caminho $\mathbf{r}_1$ tem vetor tangente $\mathbf{r}_1'(t) = \langle 1, 0 \rangle$, portanto

$$\mathbf{F}(\mathbf{r}_1(t)) \cdot \mathbf{r}_1'(t) = \langle F_1(x + t, y), F_2(x + t, y) \rangle \cdot \langle 1, 0 \rangle = F_1(x + t, y)$$

$$f(x + h, y) - f(x, y) = \int_{\mathbf{r}_1} \mathbf{F} \cdot d\mathbf{r} = \int_0^h F_1(x + t, y) \, dt$$

Usando a substituição $u = x + t$, obtemos

$$\frac{f(x + h, y) - f(x, y)}{h} = \frac{1}{h} \int_0^h F_1(x + t, y) \, dt = \frac{1}{h} \int_x^{x+h} F_1(u, y) \, du$$

A integral da direita é o valor médio de $F_1(u, y)$ no intervalo $[x, x + h]$, que converge ao valor $F_1(x, y)$ se $h \to 0$, fornecendo o resultado procurado:

$$\frac{\partial f}{\partial x} = \lim_{h \to 0} \frac{f(x + h, y) - f(x, y)}{h} = \lim_{h \to 0} \frac{1}{h} \int_x^{x+h} F_1(u, y) \, du = F_1(x, y) \quad \blacksquare$$

Campos conservativos na física

O princípio da conservação da energia afirma que a soma $EC + EP$ das energias cinética e potencial permanece constante num sistema isolado. Por exemplo, um objeto em queda adquire energia cinética durante sua queda, mas esse ganho de energia cinética é anulado pela perda de energia potencial gravitacional (g vezes a variação na altura), de tal modo que $EC + EP$ permanece inalterado.

Mostramos agora que a conservação de energia é válida no movimento de uma partícula de massa m sob o efeito de um campo de forças **F** se o campo possuir alguma função potencial. Isso explica por que é usado o termo "conservativo" para descrever os campos vetoriais que possuem função potencial.

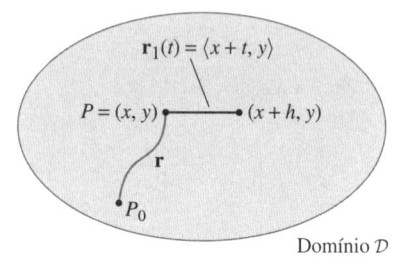

FIGURA 8

Domínio $\mathcal{D}$

*Num campo de forças conservativo **F**, o trabalho W requerido para mover uma partícula de P até Q contra **F** é igual à variação da energia potencial:*

$$W = -\int_{\mathcal{C}} \mathbf{F} \cdot d\mathbf{r} = V(Q) - V(P)$$

Seguimos a convenção da Física de escrever a função potencial com um sinal de menos e usar V em vez de f:

$$\mathbf{F} = -\nabla V$$

Se a partícula estiver localizada em $P = (x, y, z)$, dizemos que ela tem **energia potencial** $V(P)$. Suponha que a partícula esteja em movimento ao longo de um caminho $\mathbf{r}(t)$. A velocidade da partícula é $\mathbf{v} = \mathbf{r}'(t)$ e sua **energia cinética** é $EC = \frac{1}{2}m\|\mathbf{v}\|^2 = \frac{1}{2}m\mathbf{v}\cdot\mathbf{v}$. Por definição, a **energia total** no instante t é a soma

$$E = EC + EP = \frac{1}{2}m\mathbf{v}\cdot\mathbf{v} + V(\mathbf{r}(t))$$

> **TEOREMA 3 Conservação da energia** A energia total E de uma partícula em movimento sob a influência de um campo de vetores conservativo $\mathbf{F} = -\nabla V$ é constante ao longo do tempo, ou seja, $\dfrac{dE}{dt} = 0$.

Demonstração Seja $\mathbf{a} = \mathbf{v}'(t)$ a aceleração da partícula e m sua massa. De acordo com a segunda lei do movimento de Newton, $\mathbf{F}(\mathbf{r}(t)) = m\mathbf{a}(t)$, portanto

$$\frac{dE}{dt} = \frac{d}{dt}\left(\frac{1}{2}m\mathbf{v}\cdot\mathbf{v} + V(\mathbf{r}(t))\right)$$

$$= \frac{1}{2}m\left(\frac{d\mathbf{v}}{dt}\cdot\mathbf{v} + \mathbf{v}\cdot\frac{d\mathbf{v}}{dt}\right) + \nabla V(\mathbf{r}(t))\cdot\mathbf{r}'(t) \quad \text{(Regras do produto e da cadeia)}$$

$$= m\mathbf{v}\cdot\mathbf{a} + \nabla V(\mathbf{r}(t))\cdot\mathbf{r}'(t)$$

$$= \mathbf{v}\cdot m\mathbf{a} - \mathbf{F}\cdot\mathbf{v} \quad \text{(pois } \mathbf{F} = -\nabla V \text{ e } \mathbf{r}'(t) = \mathbf{v}\text{)}$$

$$= \mathbf{v}\cdot(m\mathbf{a} - \mathbf{F}) = 0 \quad \text{(pois } \mathbf{F} = m\mathbf{a}\text{)} \quad \blacksquare$$

No Exemplo 8 da Seção 16.1, verificamos que campos vetoriais de quadrado inverso são conservativos:

$$\mathbf{F} = k\frac{\mathbf{e}_r}{r^2} = -\nabla f \quad \text{com} \quad f = \frac{k}{r}$$

Exemplos básicos de campos vetoriais de quadrado inverso são o campo gravitacional e o de forças eletrostáticas decorrentes de uma massa ou carga pontual. Por convenção, esses campos têm unidades de força *por unidades de massa ou carga*. Assim, se $\mathbf{F}$ for um campo gravitacional, a força numa partícula de massa m é $m\mathbf{F}$ e sua energia potencial é mf, em que $\mathbf{F} = -\nabla f$.

■ **EXEMPLO 4 Trabalho contra a gravidade** Calcule o trabalho W contra a gravidade terrestre requerido para mover um satélite de massa $m = 600$ kg desde sua órbita a uma altitude de 2.000 km ao longo de qualquer caminho até uma órbita a uma altitude de 4.000 km.

Solução O campo gravitacional da Terra é o campo de quadrado inverso

$$\mathbf{F} = -k\frac{\mathbf{e}_r}{r^2} = -\nabla f, \qquad f = -\frac{k}{r}$$

em que r é a distância do centro da Terra e $k = 4\cdot 10^{14}$ (ver nota à margem). O raio da Terra é, aproximadamente, $6{,}4\cdot 10^6$ metros, portanto o satélite deve ser movido de $r = 8{,}4\cdot 10^6$ até $r = 10{,}4\cdot 10^6$ metros. A força no satélite é de $m\mathbf{F} = 600\mathbf{F}$ e o trabalho W requerido para mover o satélite ao longo de um caminho $\mathbf{r}$ é

$$W = -\int_\mathbf{r} m\mathbf{F}\cdot d\mathbf{r} = 600\int_\mathbf{r} \nabla f\cdot d\mathbf{r}$$

$$= -\frac{600k}{r}\bigg|_{8,4\cdot 10^6}^{10,4\times 10^6}$$

$$\approx -\frac{2{,}4\cdot 10^{17}}{10{,}4\cdot 10^6} + \frac{2{,}4\cdot 10^{17}}{8{,}4\cdot 10^6} \approx 5{,}5\cdot 10^9 \text{ joules} \quad \blacksquare$$

As funções potenciais apareceram pela primeira vez em 1774, num trabalho de Jean-Louis Lagrange (1736-1813). Um dos maiores matemáticos de seu tempo, Lagrange fez contribuições fundamentais na Física, Análise, Álgebra e Teoria de Números. Nascido em Turim, na Itália, numa família de origem francesa, passou a maior parte de sua vida primeiro em Berlim e depois em Paris. Depois da Revolução Francesa, exigiram que Lagrange lecionasse disciplinas de Matemática elementar, mas aparentemente, ele não conseguia ser entendido. Um contemporâneo escreveu que "o que quer que seja que esse grande homem esteja dizendo, merece o maior grau de consideração, mas é por demais abstrato para os jovens".

No Exemplo 8 da Seção 16.1, mostramos que

$$\frac{\mathbf{e}_r}{r^2} = -\nabla\left(\frac{1}{r}\right)$$

A constante k é igual a GM_e, com $G \approx 6{,}67\cdot 10^{-11}$ m^3 kg^{-1} s^{-2} e a massa da Terra sendo $M_e \approx 5{,}98\cdot 10^{24}$ kg:

$$k = GM_e \approx 4\cdot 10^{14} \text{ m}^3\text{s}^{-2}$$

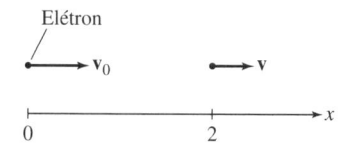

FIGURA 9 Um elétron em movimento num campo elétrico.

■ **EXEMPLO 5** Um elétron está em movimento no sentido x positivo com velocidade $v_0 = 10^7$ m/s. Ao passar por $x = 0$, é ligado um campo elétrico horizontal $\mathbf{E} = 100x\mathbf{i}$ (em newtons por coulomb). Encontre a velocidade do elétron depois de percorrer 2 metros (ver Figura 9). Suponha que $q_e/m_e = -1{,}76 \cdot 10^{11}$ C/kg, em que q_e e m_e são a carga e a massa do elétron, respectivamente.

Solução Temos $\mathbf{E} = -\nabla V$, em que $V(x, y, z) = -50x^2$, de modo que o campo elétrico é conservativo. Como V só depende de x, escrevermos $V(x)$ em vez de $V(x, y, z)$. Pela lei da conservação da energia, a energia total E do elétron é constante e, portanto, E tem o mesmo valor em $x = 0$ e em $x = 2$:

$$E = \frac{1}{2}m_e v_0^2 + q_e V(0) = \frac{1}{2}m_e v^2 + q_e V(2)$$

Como $V(0) = 0$, obtemos

$$\frac{1}{2}m_e v_0^2 = \frac{1}{2}m_e v^2 + q_e V(2) \quad \Rightarrow \quad v = \sqrt{v_0^2 - 2(q_e/m_e)V(2)}$$

Usando o valor numérico de q_e/m_e, temos

$$v \approx \sqrt{10^{14} - 2(-1{,}76 \cdot 10^{11})(-50(2)^2)} \approx \sqrt{2{,}96 \cdot 10^{13}} \approx 5{,}4 \cdot 10^6 \text{ m/s}$$

Observe que a velocidade diminuiu. Isso ocorre porque $\mathbf{F}$ exerce uma força no sentido x negativo numa carga negativa. ■

Encontrando funções potenciais

Ainda não temos uma maneira efetiva de dizer se um dado campo vetorial é conservativo. Pelo Teorema 1 da Seção 16.1, qualquer campo vetorial conservativo satisfaz a condição

$$\text{rot}(\mathbf{F}) = \mathbf{0}, \quad \text{ou, equivalentemente,} \quad \frac{\partial F_1}{\partial y} = \frac{\partial F_2}{\partial x}, \quad \frac{\partial F_2}{\partial z} = \frac{\partial F_3}{\partial y}, \quad \frac{\partial F_3}{\partial x} = \frac{\partial F_1}{\partial z}$$

2

Essa condição garante que $\mathbf{F}$ seja conservativo? A resposta é um sim qualificado: a condição das parciais mistas garante que $\mathbf{F}$ é conservativo, mas só em domínios $\mathcal{D}$ que tenham a propriedade de serem simplesmente conexos.

Informalmente, um domínio $\mathcal{D}$ no plano é **simplesmente conexo** se for conexo e não contiver "buracos" (Figura 10). Mais precisamente, $\mathcal{D}$ é simplesmente conexo se cada laço em $\mathcal{D}$ puder ser "encolhido" ou contraído a um único ponto, *sempre permanecendo em $\mathcal{D}$* como na Figura 11(A). Exemplos de regiões simplesmente conexas em $\mathbf{R}^2$ são os discos, retângulos e o plano $\mathbf{R}^2$ todo. Por outro lado, o disco com um ponto removido da Figura 11(B) não é simplesmente conexo: o laço mostrado na figura não pode ser encolhido a um ponto sem passar pelo ponto que foi removido. Em $\mathbf{R}^3$, os interiores de bolas e caixas são simplesmente conexos, bem como o $\mathbf{R}^3$ todo.

Regiões simplesmente conexas

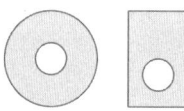

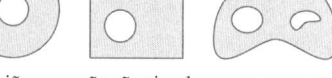

Regiões que não são simplesmente conexas

FIGURA 10 Simplesmente conexo significa "sem buracos".

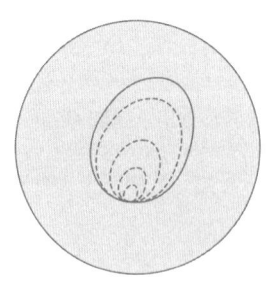

(A) Região simplesmente conexa: qualquer laço pode ser encolhido a um ponto dentro da região.

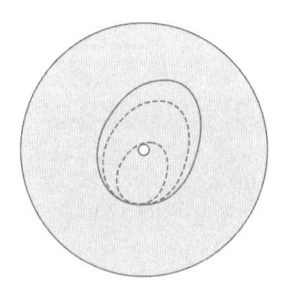

(B) Região não simplesmente conexa: um laço em redor do buraco não pode ser encolhido a um ponto sem passar pelo buraco.

FIGURA 11

TEOREMA 4 **Existência de uma função potencial** Seja $\mathbf{F}$ um campo vetorial num domínio simplesmente conexo $\mathcal{D}$. Se $\mathbf{F}$ satisfizer a condição das parciais mistas (2), então $\mathbf{F}$ será conservativo.

Em vez de provar o Teorema 4, ilustramos um procedimento prático para encontrar uma função potencial se a condição das parciais mistas for satisfeita. A demonstração rigorosa envolve o teorema de Stokes e é um tanto técnica em virtude do papel desempenhado pela propriedade de ser simplesmente conexo o domínio.

■ **EXEMPLO 6** **Encontrando uma função potencial** Mostre que

$$\mathbf{F} = \langle 2xy + y^3, x^2 + 3xy^2 + 2y \rangle$$

é conservativo e encontre uma função potencial.

Solução Inicialmente, observamos que as derivadas parciais mistas são iguais:

$$\frac{\partial F_1}{\partial y} = \frac{\partial}{\partial y}(2xy + y^3) \qquad = 2x + 3y^2$$

$$\frac{\partial F_2}{\partial x} = \frac{\partial}{\partial x}(x^2 + 3xy^2 + 2y) = 2x + 3y^2$$

Além disso, $\mathbf{F}$ está definido em todo o $\mathbf{R}^2$, que é um domínio simplesmente conexo, e o Teorema 4 garante que existe uma função potencial.

Essa função potencial f satisfaz

$$\frac{\partial f}{\partial x} = F_1(x, y) = 2xy + y^3$$

Isso nos diz que f é uma antiderivada de $F_1(x, y)$ considerada como uma função só de x:

$$f(x, y) = \int F_1(x, y)\, dx$$
$$= \int (2xy + y^3)\, dx$$
$$= x^2 y + xy^3 + g(y)$$

Observe que para obter uma antiderivada geral de $F_1(x, y)$ em relação a x, em vez de somar a constante de integração usual, devemos somar uma função arbitrária $g(y)$ que dependa só de y. Analogamente, obtemos

$$f(x, y) = \int F_2(x, y)\, dy$$
$$= \int (x^2 + 3xy^2 + 2y)\, dy$$
$$= x^2 y + xy^3 + y^2 + h(x)$$

As duas expressões de $f(x, y)$ devem ser iguais:

$$x^2 y + xy^3 + g(y) = x^2 y + xy^3 + y^2 + h(x)$$

Isso nos diz que $g(y) = y^2$ e $h(x) = 0$, a menos da adição de uma constante numérica C arbitrária. Assim, obtemos a função potencial geral

$$f(x, y) = x^2 y + xy^3 + y^2 + C \qquad\blacksquare$$

O mesmo método funciona com campos vetoriais no espaço tridimensional.

EXEMPLO 7 Encontre uma função potencial de

$$\mathbf{F} = \langle 2xyz^{-1}, z + x^2 z^{-1}, y - x^2 y z^{-2} \rangle$$

Solução Se existir alguma função potencial f, então ela satisfaz

$$f(x, y, z) = \int 2xyz^{-1}\, dx = x^2 y z^{-1} + f(y, z)$$

$$f(x, y, z) = \int (z + x^2 z^{-1})\, dy = zy + x^2 z^{-1} y + g(x, z)$$

$$f(x, y, z) = \int (y - x^2 y z^{-2})\, dz = yz + x^2 y z^{-1} + h(x, y)$$

Essas três maneiras de escrever $f(x, y, z)$ devem coincidir:

$$x^2 y z^{-1} + f(y, z) = zy + x^2 z^{-1} y + g(x, z) = yz + x^2 y z^{-1} + h(x, y)$$

Essas igualdades valem se $f(y, z) = yz$, $g(x, z) = 0$ e $h(x, y) = 0$. Assim, $\mathbf{F}$ é conservativo e, dada qualquer constante C, uma função potencial é

$$f(x, y, z) = x^2 y z^{-1} + yz + C$$

No Exemplo 7, $\mathbf{F}$ só está definido se $z \neq 0$, de modo que o domínio tem duas metades: $z > 0$ e $z < 0$. Se quisermos, podemos escolher constantes diferentes nas duas metades.

Hipóteses importam Não podemos esperar que o método para encontrar uma função potencial funcione se $\mathbf{F}$ não satisfizer a condição de parciais mistas iguais (porque, nesse caso, não existe função potencial alguma). O que dá errado? Considere $\mathbf{F} = \langle y, 0 \rangle$. Se tentarmos encontrar uma função potencial, obteremos

$$f(x, y) = \int y\, dx = xy + g(y)$$

$$f(x, y) = \int 0\, dy = 0 + h(x)$$

No entanto, não há escolha de $g(y)$ e $h(x)$ com a qual $xy + g(y) = h(x)$. Se houvesse, poderíamos derivar essa equação duas vezes, uma vez em relação a x e outra vez em relação a y, com o que obteríamos $1 = 0$, o que é uma impossibilidade. Nesse caso, o método falha porque $\mathbf{F}$ não satisfaz a condição das parciais mistas e não é conservativo.

Campo de vórtice

Por que o Teorema 4 exige que o domínio seja simplesmente conexo? Essa é uma questão interessante que pode ser respondida examinando o campo de vórtice (Figura 12)

$$\mathbf{F} = \left\langle \frac{-y}{x^2 + y^2}, \frac{x}{x^2 + y^2} \right\rangle$$

EXEMPLO 8 Mostre que o campo de vórtice satisfaz a condição das parciais mistas, mas não é conservativo. Isso contradiz o Teorema 4?

Solução Conferimos a condição das parciais mistas diretamente:

$$\frac{\partial}{\partial x}\left(\frac{x}{x^2 + y^2}\right) = \frac{(x^2 + y^2) - x(\partial/\partial x)(x^2 + y^2)}{(x^2 + y^2)^2} = \frac{y^2 - x^2}{(x^2 + y^2)^2}$$

$$\frac{\partial}{\partial y}\left(\frac{-y}{(x^2 + y^2)}\right) = \frac{-(x^2 + y^2) + y(\partial/\partial y)(x^2 + y^2)}{(x^2 + y^2)^2} = \frac{y^2 - x^2}{(x^2 + y^2)^2}$$

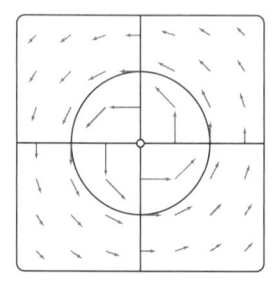

FIGURA 12 O campo de vórtice.

Agora, considere a integral de linha de **F** ao longo do círculo $\mathcal{C}$ parametrizado por $\mathbf{r}(t) = \langle \cos t, \text{sen } t \rangle$:

$$F(\mathbf{r}(t)) \cdot \mathbf{r}'(t) = \langle -\text{sen } t, \cos t \rangle \cdot \langle -\text{sen } t, \cos t \rangle = \text{sen}^2 t + \cos^2 t = 1$$

$$\oint_\mathcal{C} \mathbf{F} \cdot d\mathbf{r} = \int_0^{2\pi} \mathbf{F}(\mathbf{r}(t)) \cdot \mathbf{r}'(t)\, dt = \int_0^{2\pi} dt = 2\pi \neq 0 \qquad \boxed{3}$$

Se **F** fosse conservativo, sua circulação ao longo de qualquer curva fechada seria zero, pelo Teorema 1. Assim, **F** não pode ser conservativo, mesmo que satisfaça a condição das parciais mistas.

Esse resultado não contradiz o Teorema 4 porque o domínio de **F** não satisfaz a hipótese do teorema de ser simplesmente conexo. Por **F** não estar definido em $(x, y) = (0, 0)$, seu domínio é $\mathcal{D} = \{(x, y) \neq (0, 0)\}$, e esse domínio não é simplesmente conexo (Figura 13). ■

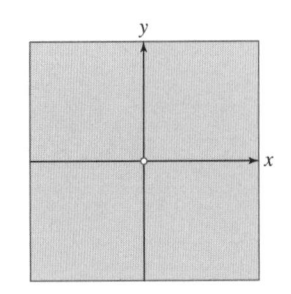

FIGURA 13 O domínio $\mathcal{D}$ do vórtice **F** é o plano com a origem removida. Esse domínio não é simplesmente conexo.

ENTENDIMENTO CONCEITUAL Embora o campo de vórtice **F** não seja conservativo em seu domínio, ele é conservativo em qualquer domínio simplesmente conexo menor, como o semiplano superior $\{(x, y) : y > 0\}$. De fato, podemos mostrar (ver nota ao lado) que $\mathbf{F} = \nabla f$, com

$$f(x, y) = \theta = \text{arc tg } \frac{y}{x} \quad \text{se} \quad x \neq 0$$

Como arc tg $\frac{y}{x}$ dá o ângulo θ do ponto (x, y) em coordenadas polares, podemos estender a definição de $f(x, y)$ a $f(x, y) = \theta$, que até vale em pontos com $x = 0$, a única exceção sendo a origem (Figura 14). (No entanto, lembre que θ só está definido a menos de 2π.)

A integral de linha de **F** ao longo de um caminho **r** é igual à variação do potencial θ ao longo do caminho [Figuras 15(A) e (B)]:

$$\int_\mathcal{C} \mathbf{F} \cdot d\mathbf{r} = \theta_2 - \theta_1 = \text{variação do ângulo } \theta \text{ ao longo de } \mathbf{r}$$

Agora podemos ver o que está impedindo **F** de ser conservativo em todo o seu domínio. Como já mencionamos, o ângulo θ só está definido a menos de um múltiplo inteiro de 2π. O ângulo ao longo de um caminho que dá uma volta inteira em torno da origem não volta ao seu valor original, mas aumenta 2π. Isso explica por que a integral de linha de **F** ao longo do círculo unitário [Equação (3)] é 2π em vez de 0. E isso mostra que $V(x, y) = \theta$ não pode ser definido como uma função contínua em todo o domínio $\mathcal{D}$. No entanto, θ é contínua em qualquer domínio que não englobe a origem e, nesses domínios, temos $\mathbf{F} = \nabla \theta$.

Em geral, se uma curva fechada **r** der n voltas em torno da origem (com n negativo se a curva se enrolar no sentido horário), então [Figuras 15(C) e (D)]:

$$\oint_\mathcal{C} \mathbf{F} \cdot d\mathbf{r} = 2\pi n$$

O número n é denominado *número de rotação* da curva e desempenha um papel importante no ramo matemático da Topologia.

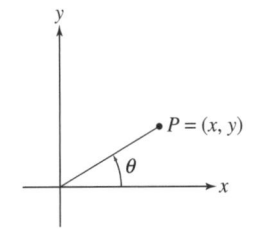

FIGURA 14 A função potencial $f(x, y)$ toma o valor θ em (x, y).

Usando a regra da cadeia e a fórmula

$$\frac{d}{dt} \text{arc tg } t = \frac{1}{1 + t^2},$$

podemos verificar que $\mathbf{F} = \nabla f$ *com* $x \neq 0$:

$$\frac{\partial \theta}{\partial x} = \frac{\partial}{\partial x} \text{arc tg } \frac{y}{x} = \frac{-y/x^2}{1 + (y/x)^2} = \frac{-y}{x^2 + y^2}$$

$$\frac{\partial \theta}{\partial y} = \frac{\partial}{\partial y} \text{arc tg } \frac{y}{x} = \frac{1/x}{1 + (y/x)^2} = \frac{x}{x^2 + y^2}$$

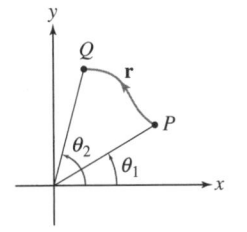

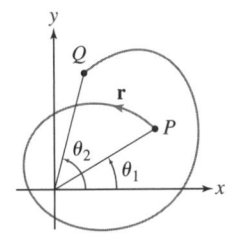

(A) $\int_\mathcal{C} \mathbf{F} \cdot d\mathbf{r} = \theta_2 - \theta_1$.

(B) $\int_\mathcal{C} \mathbf{F} \cdot d\mathbf{r} = \theta_2 - \theta_1 + 2\pi$.

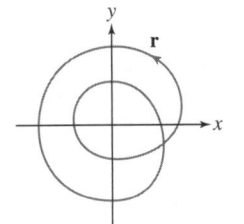

(C) **r** dá duas voltas em torno da origem, logo $\int_\mathcal{C} \mathbf{F} \cdot d\mathbf{r} = 4\pi$.

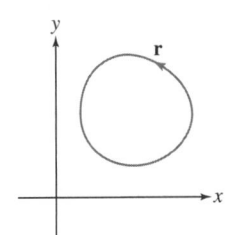

(D) **r** não dá volta em torno da origem, logo $\int_\mathcal{C} \mathbf{F} \cdot d\mathbf{r} = 0$.

FIGURA 15 A integral de linha do campo de vórtice $\mathbf{F} = \nabla \theta$ é igual à variação de θ ao longo do caminho.

16.3 Resumo

- Um campo vetorial **F** num domínio $\mathcal{D}$ é *conservativo* se existir alguma função f tal que $\nabla f = \mathbf{F}$ em $\mathcal{D}$. A função f é denominada uma *função potencial* de **F**.
- Dizemos que um campo vetorial **F** é *independente do caminho* se, dados quaisquer dois pontos $P, Q \in \mathcal{D}$, vale

$$\int_{\mathcal{C}_1} \mathbf{F} \cdot d\mathbf{r} = \int_{\mathcal{C}_2} \mathbf{F} \cdot d\mathbf{r}$$

  com quaisquer dois caminhos $\mathcal{C}_1$ e $\mathcal{C}_2$ em $\mathcal{D}$ de P a Q.
- O teorema fundamental de campos conservativos: Se $\mathbf{F} = \nabla f$, então

$$\int_{\mathcal{C}} \mathbf{F} \cdot d\mathbf{r} = f(Q) - f(P)$$

  com qualquer caminho **r** de P até Q dentro do domínio de **F**. Isso mostra que campos vetoriais conservativos são independentes do caminho. Em particular, se **r** for um *caminho fechado* ($P = Q$), então

$$\oint_{\mathcal{C}} \mathbf{F} \cdot d\mathbf{r} = 0$$

- Também vale a recíproca: em domínios abertos conexos, um campo vetorial independente do caminho é conservativo.
- Campos vetoriais conservativos satisfazem a condição das derivadas parciais mistas:

$$\frac{\partial F_1}{\partial y} = \frac{\partial F_2}{\partial x}, \quad \frac{\partial F_2}{\partial z} = \frac{\partial F_3}{\partial y}, \quad \frac{\partial F_3}{\partial x} = \frac{\partial F_1}{\partial z} \quad \boxed{4}$$

- A igualdade das parciais mistas garante que **F** é conservativo se o domínio $\mathcal{D}$ for simplesmente conexo, ou seja, tal que qualquer laço em $\mathcal{D}$ possa ser encolhido a um ponto dentro de $\mathcal{D}$.

16.3 Exercícios

Exercícios preliminares

1. A afirmação seguinte é falsa: *Se **F** for um campo vetorial conservativo, então a integral de linha de **F** ao longo de qualquer curva é nula*. Encontre a única palavra que deve ser acrescentada para torná-la verdadeira.

2. Quais das afirmações seguintes são verdadeiras com qualquer campo vetorial e quais são verdadeiras somente com campos conservativos?
   (a) A integral de linha ao longo de um caminho de P até Q não depende do caminho escolhido.
   (b) A integral de linha ao longo de uma curva orientada $\mathcal{C}$ não depende de como $\mathcal{C}$ é parametrizada.
   (c) A integral de linha ao longo de uma curva fechada é zero.
   (d) A integral de linha troca de sinal se for trocada a orientação.
   (e) A integral de linha é igual à diferença de uma função potencial nas duas extremidades.
   (f) A integral de linha é igual à integral do componente tangencial ao longo da curva.
   (g) As parciais mistas dos componentes são iguais.

3. Seja **F** um campo vetorial num domínio aberto e conexo $\mathcal{D}$ com derivadas parciais de segunda ordem contínuas. Quais das afirmações seguintes são sempre verdadeiras e quais são verdadeiras com hipóteses adicionais sobre $\mathcal{D}$?
   (a) Se **F** tiver uma função potencial, então **F** é conservativo.
   (b) Se **F** for conservativo, então as parciais mistas de **F** são iguais.
   (c) Se as parciais mistas de **F** forem iguais, então **F** é conservativo.

4. Sejam $\mathcal{C}$, $\mathcal{D}$ e $\mathcal{E}$ as curvas orientadas da Figura 16 e seja $\mathbf{F} = \nabla f$ um campo vetorial gradiente tal que $\int_{\mathcal{C}} \mathbf{F} \cdot d\mathbf{r} = 4$. Qual é o valor das integrais seguintes?
   (a) $\int_{\mathcal{D}} \mathbf{F} \cdot d\mathbf{r}$ (b) $\int_{\mathcal{E}} \mathbf{F} \cdot d\mathbf{r}$

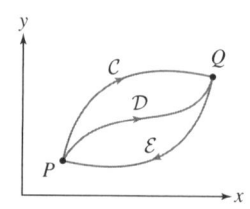

FIGURA 16

Exercícios

1. Sejam $f(x, y, z) = xy \operatorname{sen}(yz)$ e $\mathbf{F} = \nabla f$. Calcule $\int_{\mathcal{C}} \mathbf{F} \cdot d\mathbf{r}$ se $\mathcal{C}$ for qualquer caminho de $(0, 0, 0)$ até $(1, 1, \pi)$.

2. Seja $\mathbf{F}(x, y, z) = \langle x^{-1}z, y^{-1}z, \ln(xy) \rangle$.
   (a) Verifique que $\mathbf{F} = \nabla f$ se $f(x, y, z) = z \ln(xy)$.
   (b) Calcule $\int_{\mathcal{C}} \mathbf{F} \cdot d\mathbf{r}$ se $\mathbf{r}(t) = \langle e^t, e^{2t}, t^2 \rangle$ com $1 \le t \le 3$.
   (c) Calcule $\int_{\mathcal{C}} \mathbf{F} \cdot d\mathbf{r}$ se $\mathcal{C}$ for um caminho qualquer de $P = (\tfrac{1}{2}, 4, 2)$ até $Q = (2, 2, 3)$ contido na região $x > 0$, $y > 0$.
   (d) Por que é necessário especificar em (c) que o caminho fica na região em que x e y são positivos?

Nos Exercícios 3-6, verifique que $\mathbf{F} = \nabla f$ e calcule a integral de linha de $\mathbf{F}$ ao longo do caminho dado.

3. $\mathbf{F}(x, y) = \langle 3, 6y \rangle$, $f(x, y) = 3x + 3y^2$; $\mathbf{r}(t) = \langle t, 2t^{-1} \rangle$ com $1 \le t \le 4$.
4. $\mathbf{F}(x, y) = \langle \cos y, -x \operatorname{sen} y \rangle$, $f(x, y) = x \cos y$; a metade superior do círculo unitário centrado na origem com orientação anti-horária.
5. $\mathbf{F}(x, y, z) = ye^z\mathbf{i} + xe^z\mathbf{j} + xye^z\mathbf{k}$, $f(x, y, z) = xye^z$; $\mathbf{r}(t) = (t^2, t^3, t - 1)$ com $1 \le t \le 2$.
6. $\mathbf{F}(x, y, z) = \tfrac{z}{x}\mathbf{i} + \mathbf{j} + \ln x\,\mathbf{k}$, $f(x, y, z) = y + z \ln x$; círculo $(x - 4)^2 + y^2 = 1$ no sentido horário.

Nos Exercícios 7-16, encontre uma função potencial de $\mathbf{F}$ ou determine que $\mathbf{F}$ não é conservativo.

7. $\mathbf{F} = \langle z, 1, x \rangle$
8. $\mathbf{F} = x\mathbf{j} + y\mathbf{k}$
9. $\mathbf{F} = y^2\mathbf{i} + (2xy + e^z)\mathbf{j} + ye^z\mathbf{k}$
10. $\mathbf{F} = \langle y, x, z^3 \rangle$
11. $\mathbf{F} = \langle \cos(xz), \operatorname{sen}(yz), xy \operatorname{sen} z \rangle$
12. $\mathbf{F} = \langle \cos z, 2y, -x \operatorname{sen} z \rangle$
13. $\mathbf{F} = \langle z \sec^2 x, z, y + \operatorname{tg} x \rangle$
14. $\mathbf{F} = \langle e^x(z + 1), -\cos y, e^x \rangle$
15. $\mathbf{F} = \langle 2xy + 5, x^2 - 4z, -4y \rangle$
16. $\mathbf{F} = \langle yze^{xy}, xze^{xy} - z, e^{xy} - y \rangle$

17. Calcule
$$\int_{\mathcal{C}} 2xyz\,dx + x^2z\,dy + x^2y\,dz$$
ao longo do caminho $\mathbf{r}(t) = (t^2, \operatorname{sen}(\pi t/4), e^{t^2-2t})$ com $0 \le t \le 2$.

18. Calcule
$$\oint_{\mathcal{C}} \operatorname{sen} x\,dx + z \cos y\,dy + \operatorname{sen} y\,dz$$
se $\mathcal{C}$ for a elipse $4x^2 + 9y^2 = 36$ com orientação horária.

Nos Exercícios 19 e 20, seja $\mathbf{F} = \nabla f$ e determine $\int_{\mathcal{C}} \mathbf{F} \cdot d\mathbf{r}$ diretamente em cada um dos dois caminhos dados, mostrando que ambos dão o mesmo resultado, que é $f(Q) - f(P)$.

19. $f = x^2y - z$, $\mathbf{r}_1 = \langle t, t, 0 \rangle$ com $0 \le t \le 1$ e $\mathbf{r}_2 = \langle t, t^2, 0 \rangle$ com $0 \le t \le 1$.
20. $f = zy + xy + xz$, $\mathbf{r}_1 = \langle t, t, t \rangle$ com $0 \le t \le 1$ e $\mathbf{r}_2 = \langle t, t^2, t^3 \rangle$ com $0 \le t \le 1$.

21. A Figura 17 mostra um campo vetorial $\mathbf{F}$ e as curvas de nível de uma função potencial de $\mathbf{F}$. Calcule o valor comum de $\int_{\mathcal{C}} \mathbf{F} \cdot d\mathbf{r}$ com as três curvas mostradas na figura orientadas de P até Q.

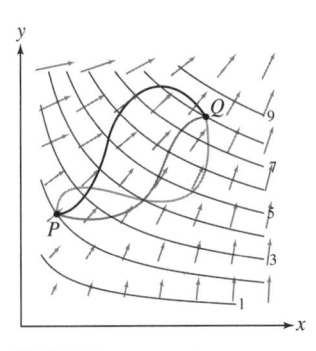

FIGURA 17

22. Dê um motivo por que o campo vetorial $\mathbf{F}$ da Figura 18 não é conservativo.

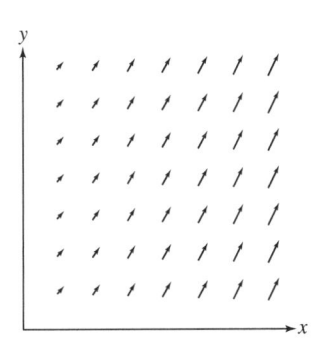

FIGURA 18

23. Calcule o trabalho realizado quando uma partícula é movida de O até Q ao longo dos segmentos $\overline{OP}$ e $\overline{PQ}$ da Figura 19 na presença do campo de forças $\mathbf{F} = \langle x^2, y^2 \rangle$. Quanto trabalho é realizado movendo o objeto ao longo de um circuito completo em torno do quadrado?

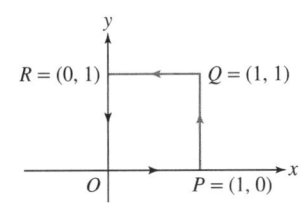

FIGURA 19

24. Seja $\mathbf{F}(x, y) = \left\langle \dfrac{1}{x}, \dfrac{-1}{y} \right\rangle$. Calcule o trabalho contra $\mathbf{F}$ necessário para mover um objeto de $(1, 1)$ até $(3, 4)$ ao longo de qualquer caminho no primeiro quadrante.

25. Calcule o trabalho W contra o campo gravitacional terrestre requerido para mover um satélite de massa $m = 1.000$ kg ao longo de qualquer caminho desde uma órbita a 4.000 km de altitude até uma a 6.000 km.

26. Um dipolo elétrico com momento $p = 4 \times 10^{-5}$ C-m produz um campo elétrico (em newtons por coulomb)
$$\mathbf{F}(x, y, z) = \frac{kp}{r^5}\langle 3xz, 3yz, 2z^2 - x^2 - y^2 \rangle$$

em que $r = (x^2 + y^2 + z^2)^{1/2}$ com distância em metros e $k = 8{,}99 \times 10^9$ N-m^2/C^2. Calcule o trabalho contra **F** requerido para mover uma partícula de carga $q = 0{,}01$ C de $(1, -5, 0)$ até $(3, 4, 4)$. *Nota:* a força em q é $q\mathbf{F}$ newtons.

27. Na superfície terrestre, o campo gravitacional (com z como coordenada vertical medida em metros) é $\mathbf{F} = \langle 0, 0, -g \rangle$.
    (a) Encontre uma função potencial de **F**.
    (b) Partindo do repouso, uma bola de $m = 2$ kg de massa move-se sob a influência da gravidade (sem atrito) ao longo de um caminho de $P = (3, 2, 400)$ até $Q = (-21, 40, 50)$. Encontre a velocidade da bola ao alcançar Q.

28. Um elétron em repouso em $P = (5, 3, 7)$ move-se ao longo de um caminho que termina em $Q = (1, 1, 1)$ sob a influência do campo elétrico (em newtons por coulomb)
    $$\mathbf{F}(x, y, z) = 400(x^2 + z^2)^{-1} \langle x, 0, z \rangle$$
    (a) Encontre uma função potencial de **F**.
    (b) Qual é a velocidade do elétron no ponto Q? Use a conservação da energia e o valor $q_e/m_e = -1{,}76 \times 10^{11}$ C/kg, em que q_e e m_e são a carga e a massa do elétron, respectivamente.

29. Seja $\mathbf{F} = \left\langle \dfrac{-y}{x^2 + y^2}, \dfrac{x}{x^2 + y^2} \right\rangle$ o campo de vórtice. Determine
    $$\int_{\mathcal{C}} \mathbf{F} \cdot d\mathbf{r}$$
    com cada um dos caminhos na Figura 20.

(A)

(B)

(C)

(D)

(E)

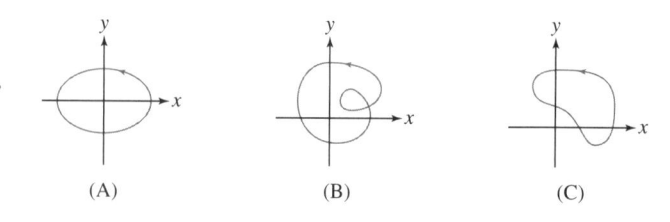

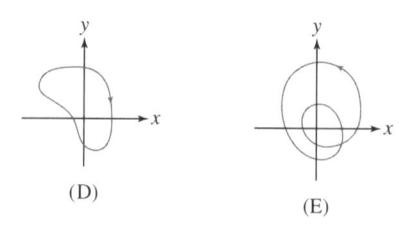

FIGURA 20

30. O campo vetorial $\mathbf{F}(x, y) = \left\langle \dfrac{x}{x^2 + y^2}, \dfrac{y}{x^2 + y^2} \right\rangle$ está definido no domínio $\mathcal{D} = \{(x, y) \neq (0, 0)\}$.
    (a) Será $\mathcal{D}$ simplesmente conexo?
    (b) Mostre que **F** satisfaz a condição das parciais mistas. Isso garante que **F** é conservativo?
    (c) Mostre que **F** é conservativo em $\mathcal{D}$ encontrando uma função potencial de **F**.
    (d) Esses resultados contradizem o Teorema 4?

Compreensão adicional e desafios

31. Suponha que **F** esteja definido em $\mathbf{R}^3$ e que $\oint_{\mathcal{C}} \mathbf{F} \cdot d\mathbf{r} = 0$ com qualquer caminho fechado $\mathcal{C}$ em $\mathbf{R}^3$. Prove que:
    (a) **F** é independente do caminho, ou seja, dados dois caminhos $\mathcal{C}_1$ e $\mathcal{C}_2$ quaisquer em $\mathcal{D}$ com os mesmos pontos iniciais e finais,
    $$\int_{\mathcal{C}_1} \mathbf{F} \cdot d\mathbf{r} = \int_{\mathcal{C}_2} \mathbf{F} \cdot d\mathbf{r}$$
    (b) **F** é conservativo.

16.4 Superfícies parametrizadas e integrais de superfície

A ideia básica de uma integral aparece em vários formatos. Até agora, definimos integrais simples, duplas e triplas e, na seção precedente, integrais de linha em curvas. Agora consideramos um último tipo, o de integrais de superfícies. Nesta seção, veremos as integrais de superfície escalares e, na próxima, as vetoriais.

Da mesma forma que a curva parametrizada é o ingrediente fundamental na discussão de integrais de linha, as integrais de superfície requerem a noção de **superfície parametrizada**, ou seja, uma superfície cujos pontos são descritos no formato

$$G(u, v) = (x(u, v), y(u, v), z(u, v))$$

As variáveis u, v (denominadas parâmetros) variam numa região $\mathcal{D}$ denominada **domínio dos parâmetros**. Necessitamos de dois parâmetros para parametrizar uma superfície porque a superfície é bidimensional.

A Figura 1 mostra um esboço da superfície $\mathcal{S}$ de parametrização

$$G(u, v) = (u + v, u^3 - v, v^3 - u)$$

Essa superfície consiste em todos os pontos (x, y, z) de $\mathbf{R}^3$ tais que

$$x = u + v, \qquad y = u^3 - v, \qquad z = v^3 - u$$

com (u, v) em $\mathcal{D} = \mathbf{R}^2$.

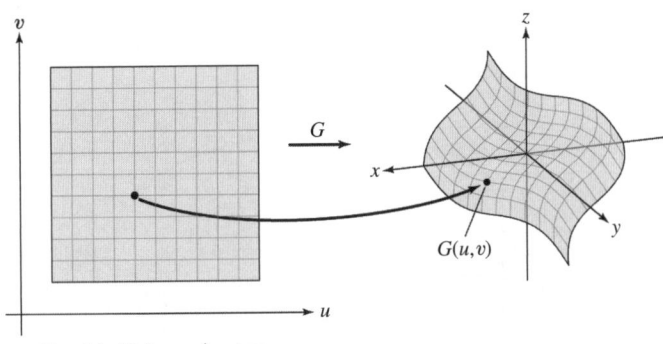

FIGURA 1 A superfície paramétrica $G(u, v) = (u + v, u^3 - v, v^3 - u)$.

■ **EXEMPLO 1** Encontre uma parametrização do cilindro $x^2 + y^2 = 1$.

Solução O cilindro de raio 1 dado pela equação $x^2 + y^2 = 1$ é parametrizado convenientemente em coordenadas cilíndricas (Figura 2). Os pontos do cilindro têm coordenadas cilíndricas $(1, \theta, z)$, portanto usamos θ e z como parâmetros.

Obtemos

$$G(\theta, z) = (\cos\theta, \operatorname{sen}\theta, z), \qquad 0 \leq \theta < 2\pi, \quad -\infty < z < \infty$$

Analogamente, obtemos a parametrização de qualquer cilindro vertical de raio R dado por $x^2 + y^2 = R^2$:

Se necessário, reveja as coordenadas cilíndricas e esféricas da Seção 12.7.

Parametrização de um cilindro:

$$G(\theta, z) = (R\cos\theta, R\operatorname{sen}\theta, z), \qquad 0 \leq \theta < 2\pi, \quad -\infty < z < \infty$$

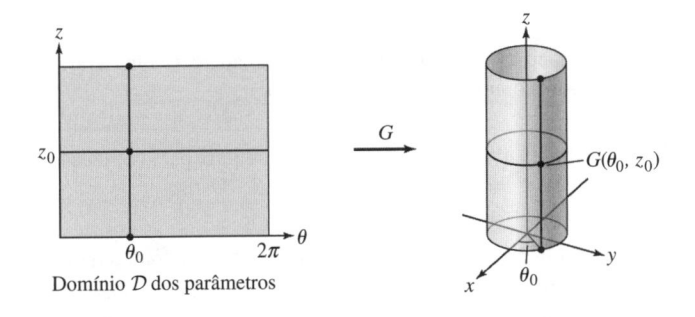

FIGURA 2 A parametrização de um cilindro por coordenadas cilíndricas equivale a enrolar o retângulo em torno do cilindro.

■ **EXEMPLO 2** Encontre uma parametrização da esfera de raio 2.

Solução A esfera de raio 2 centrada na origem é parametrizada convenientemente com coordenadas esféricas (ρ, θ, ϕ) tomando $\rho = 2$ e cada uma das coordenadas x, y e z dada em termos de sua equação em coordenadas esféricas (Figura 3).

$$G(\theta, \phi) = (2\cos\theta \operatorname{sen}\phi, 2\operatorname{sen}\theta \operatorname{sen}\phi, 2\cos\phi), \qquad 0 \leq \theta < 2\pi, \quad 0 \leq \phi \leq \pi$$

Mais geralmente, podemos parametrizar uma esfera de raio R como segue.

Parametrização de uma esfera:

$$G(\theta, \phi) = (R\cos\theta \operatorname{sen}\phi, R\operatorname{sen}\theta \operatorname{sen}\phi, R\cos\phi), \qquad 0 \leq \theta < 2\pi, \quad 0 \leq \phi \leq \pi$$

Os polos Norte e Sul correspondem a $\phi = 0$ e $\phi = \pi$, com qualquer valor de θ (a aplicação G deixa de ser injetora nos polos):

Polo Norte: $G(\theta, 0) = (0, 0, R)$, Polo Sul: $G(\theta, \pi) = (0, 0, -R)$

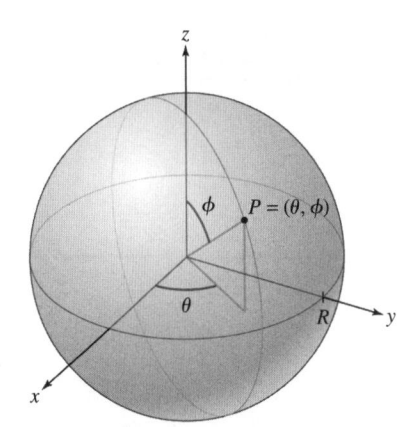

FIGURA 3 Coordenadas esféricas numa esfera de raio R.

Conforme mostra a Figura 4, G aplica cada segmento horizontal $\phi = c$ ($0 < c < \pi$) numa latitude (um círculo paralelo ao Equador) e cada segmento vertical $\theta = c$ num arco longitudinal desde o polo Norte até o polo Sul.

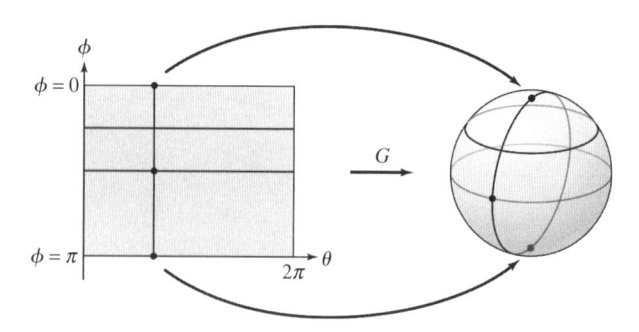

FIGURA 4 A parametrização por coordenadas esféricas equivale a enrolar o retângulo em torno da esfera. As arestas superior e inferior do retângulo colapsam nos polos Norte e Sul.

A situação mais simples de gerar uma parametrização de uma superfície ocorre se a superfície for o **gráfico de uma função** $z = f(x, y)$, como na Figura 5.

Parametrização de um gráfico:

$$G(x, y) = (x, y, f(x, y))$$

Nesse caso, os parâmetros são x e y.

■ **EXEMPLO 3** Encontre uma parametrização do paraboloide dado por $f(x, y) = x^2 + y^2$.

Solução Podemos imediatamente definir $G(x, y) = (x, y, x^2 + y^2)$. Então G manda o plano xy sobre o paraboloide. ■

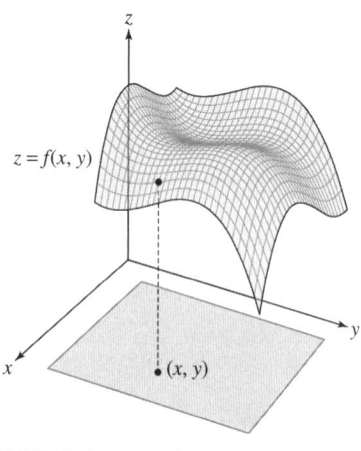

FIGURA 5 A parametrização do gráfico de uma função.

A maioria das superfícies que nos interessam não aparece como gráficos de funções. Nesse caso, precisamos encontrar outras parametrizações.

■ **EXEMPLO 4 Parametrização de um cone** Encontre uma parametrização da parte $\mathcal{S}$ do cone de equação $x^2 + y^2 = z^2$ que fica acima e abaixo do disco $x^2 + y^2 \leq 4$. Especifique o domínio $\mathcal{D}$ da parametrização. ■

Solução Observe na Figura 6 que essa parte do cone não é o gráfico de uma função, por incluir a parte do cone que está acima do plano xy bem como a parte abaixo desse plano. No entanto, cada ponto de cone é determinado de maneira única por suas coordenadas cilíndricas. Como o cone é dado por $z^2 = r^2$, a coordenada r de qualquer ponto é determinada pela sua coordenada z, de modo que basta identificar a coordenada z e sua coordenada θ. Dessa forma, tomando o parâmetro u como sendo a coordenada z e fazendo v corresponder à coordenada θ, um ponto do cone à altura u tem coordenadas ($u \cos v, u \operatorname{sen} v, u$) com algum ângulo v. Assim, o cone tem a parametrização

$$G(u, v) = (u \cos v, u \operatorname{sen} v, u)$$

Como estamos interessados na parte do cone em que $x^2 + y^2 = u^2 \leq 4$, a variável da altura u satisfaz $-2 \leq u \leq 2$. A variável angular v varia no intervalo $[0, 2\pi)$ e, portanto, o domínio dos parâmetros é $\mathcal{D} = [-2, 2] \times [0, 2\pi)$. ■

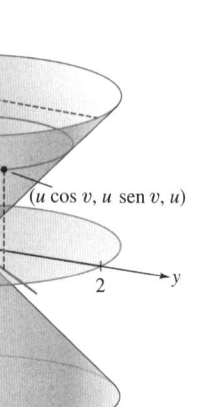

FIGURA 6 O cone $x^2 + y^2 = z^2$.

Curvas coordenadas, vetores normais e o plano tangente

Suponha que uma superfície $\mathcal{S}$ tenha uma parametrização

$$G(u, v) = (x(u, v), y(u, v), z(u, v))$$

que é injetora num domínio $\mathcal{D}$. Vamos supor, sempre, que G é **continuamente diferenciável**, o que significa que as funções $x(u, v)$, $y(u, v)$ e $z(u, v)$ têm derivadas parciais contínuas.

No plano uv, podemos formar um reticulado, ou grade, de retas paralelas aos eixos coordenados. A parametrização leva as retas desse reticulado num sistema de **curvas coordenadas** na superfície (Figura 7). Mais precisamente, as retas horizontal e vertical por (u_0, v_0) no domínio correspondem às curva coordenadas $G(u, v_0)$ e $G(u_0, v)$ que intersectam no ponto $P = G(u_0, v_0)$.

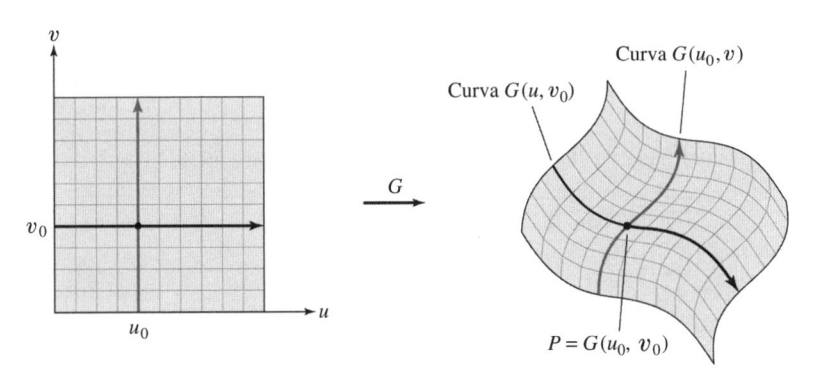

*Essencialmente, uma parametrização identifica cada ponto P de S com um único par (u_0, v_0) do domínio dos parâmetros. Podemos pensar em (u_0, v_0) como as "coordenadas" de P determinadas pela parametrização. Coordenadas desse tipo são denominadas, às vezes, **coordenadas curvilíneas**.*

FIGURA 7 Reticulado de curvas coordenadas.

Agora considere os vetores tangentes dessas curvas coordenadas (Figura 8):

De $G(u, v_0)$: $\quad \mathbf{T}_u(P) = \dfrac{\partial G}{\partial u}(u_0, v_0) = \left\langle \dfrac{\partial x}{\partial u}(u_0, v_0), \dfrac{\partial y}{\partial u}(u_0, v_0), \dfrac{\partial z}{\partial u}(u_0, v_0) \right\rangle$

De $G(u_0, v)$: $\quad \mathbf{T}_v(P) = \dfrac{\partial G}{\partial v}(u_0, v_0) = \left\langle \dfrac{\partial x}{\partial v}(u_0, v_0), \dfrac{\partial y}{\partial v}(u_0, v_0), \dfrac{\partial z}{\partial v}(u_0, v_0) \right\rangle$

Dizemos que a parametrização é **regular** em P se o produto vetorial for não nulo:

$$\mathbf{N}(P) = \mathbf{N}(u_0, v_0) = \mathbf{T}_u(P) \times \mathbf{T}_v(P)$$

Nesse caso, $\mathbf{T}_u$ e $\mathbf{T}_v$ geram o plano tangente de S em P e $\mathbf{N}(P)$ é um **vetor normal** ao plano tangente. Dizemos que $\mathbf{N}(P)$ é normal à superfície S.

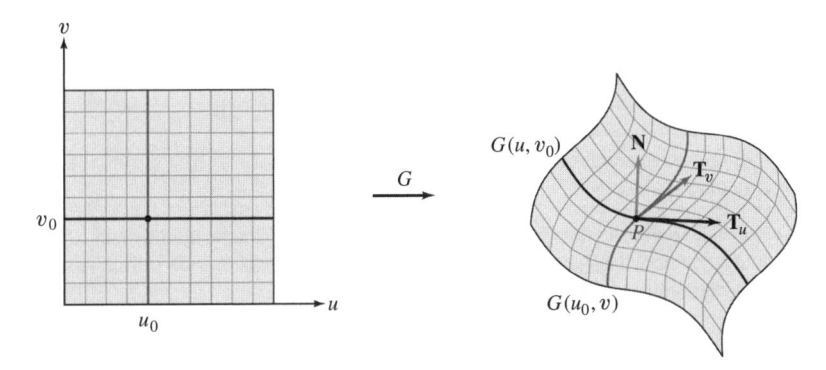

Muitas vezes escrevemos $\mathbf{N}$ em vez de $\mathbf{N}(P)$ ou $\mathbf{N}(u, v)$, mas fica entendido que o vetor $\mathbf{N}$ varia de ponto a ponto na superfície. Analogamente, costumamos denotar os vetores tangentes por $\mathbf{T}_u$ e $\mathbf{T}_v$. Observe que $\mathbf{T}_u$, $\mathbf{T}_v$ e $\mathbf{N}$ não precisam ser vetores unitários (e que, portanto, nossa notação aqui difere da utilizada nas Seções 13.4 e 13.5, em que $\mathbf{N}$ denota um vetor unitário).

FIGURA 8 Os vetores $\mathbf{T}_u$ e $\mathbf{T}_v$ são tangentes às curvas coordenadas por $P = G(u_0, v_0)$.

Em cada ponto de uma superfície, o vetor normal aponta num dentre dois sentidos opostos. Se trocarmos a parametrização, o comprimento de $\mathbf{N}$ pode mudar e seu sentido pode ser invertido.

■ **EXEMPLO 5** Considere a parametrização $G(\theta, z) = (2\cos\theta, 2\,\text{sen}\,\theta, z)$ do cilindro $x^2 + y^2 = 4$:

(a) Descreva as curvas coordenadas.
(b) Calcule $\mathbf{T}_\theta$, $\mathbf{T}_z$ e $\mathbf{N}(\theta, z)$.
(c) Encontre uma equação do plano tangente em $P = G(\frac{\pi}{4}, 5)$.

Solução

(a) As curvas coordenadas do cilindro por $P = (\theta_0, z_0)$ são (Figura 9)

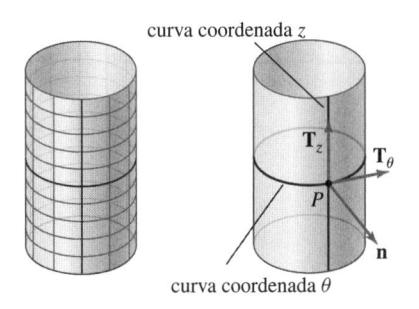

FIGURA 9 As curvas coordenadas no cilindro.

curva coordenada θ: $G(\theta, z_0) = (2\cos\theta, 2\,\text{sen}\,\theta, z_0)$ (círculo de raio 2 à altura $z = z_0$)

curva coordenada z: $G(\theta_0, z) = (2\cos\theta_0, 2\,\text{sen}\,\theta_0, z)$ (reta vertical por P com $\theta = \theta_0$)

(b) As derivadas parciais de $G(\theta, z) = (2\cos\theta, 2\,\text{sen}\,\theta, z)$ fornecem os vetores tangentes em P:

curva coordenada θ: $\mathbf{T}_\theta = \dfrac{\partial G}{\partial \theta} = \dfrac{\partial}{\partial \theta}(2\cos\theta, 2\,\text{sen}\,\theta, z) = \langle -2\,\text{sen}\,\theta, 2\cos\theta, 0\rangle$

curva coordenada z: $\mathbf{T}_z = \dfrac{\partial G}{\partial z} = \dfrac{\partial}{\partial z}(2\cos\theta, 2\,\text{sen}\,\theta, z) = \langle 0, 0, 1\rangle$

Vemos na Figura 9 que $\mathbf{T}_\theta$ é tangente à curva coordenada θ e $\mathbf{T}_z$ é tangente à curva coordenada z. O vetor normal é

$$\mathbf{N}(\theta, z) = \mathbf{T}_\theta \times \mathbf{T}_z = \begin{vmatrix} \mathbf{i} & \mathbf{j} & \mathbf{k} \\ -2\,\text{sen}\,\theta & 2\cos\theta & 0 \\ 0 & 0 & 1 \end{vmatrix} = 2\cos\theta\,\mathbf{i} + 2\,\text{sen}\,\theta\,\mathbf{j}$$

O coeficiente de $\mathbf{k}$ é nulo, portanto $\mathbf{N}$ aponta diretamente para fora do cilindro.

(c) Com $\theta = \frac{\pi}{4}, z = 5$,

$$P = G\left(\frac{\pi}{4}, 5\right) = \langle \sqrt{2}, \sqrt{2}, 5\rangle, \qquad \mathbf{N} = \mathbf{N}\left(\frac{\pi}{4}, 5\right) = \langle \sqrt{2}, \sqrt{2}, 0\rangle$$

LEMBRETE Uma equação do plano por $P = (x_0, y_0, z_0)$ com vetor normal $\mathbf{N}$ é

$\langle x - x_0, y - y_0, z - z_0\rangle \cdot \mathbf{N} = 0$

O plano tangente por P tem vetor normal $\mathbf{N}$ e, assim, tem equação

$$\langle x - \sqrt{2}, y - \sqrt{2}, z - 5\rangle \cdot \langle \sqrt{2}, \sqrt{2}, 0\rangle = 0$$

Isso pode ser escrito como

$$\sqrt{2}(x - \sqrt{2}) + \sqrt{2}(y - \sqrt{2}) = 0 \qquad \text{ou} \qquad x + y = 2\sqrt{2}$$

O plano tangente é vertical (já que z não aparece na equação). ■

■ **EXEMPLO 6** **Helicoide** Descreva a superfície $\mathcal{S}$ de parametrização

$$G(u, v) = (u\cos v, u\,\text{sen}\,v, v), \qquad -1 \le u \le 1, \quad 0 \le v < 2\pi$$

(a) Use um sistema algébrico computacional para esboçar $\mathcal{S}$.
(b) Calcule $\mathbf{N}(u, v)$ em $u = \frac{1}{2}$, $v = \frac{\pi}{2}$.

Solução Fixado $u = a$, a curva $G(a, v) = (a\cos v, a\,\text{sen}\,v, v)$ é uma hélice de raio a. Portanto, quando u varia de -1 a 1, $G(u, v)$ descreve uma família de hélices de raio u. A superfície resultante é o helicoide, ou uma "rampa helicoidal".

(a) Um comando típico num sistema algébrico computacional para esboçar o helicoide mostrado no lado direito da Figura 10 é

```
ParametricPlot3D[{u*Cos[v],u*Sin[v],v},{u,-1,1},{v,0,2Pi}]
```

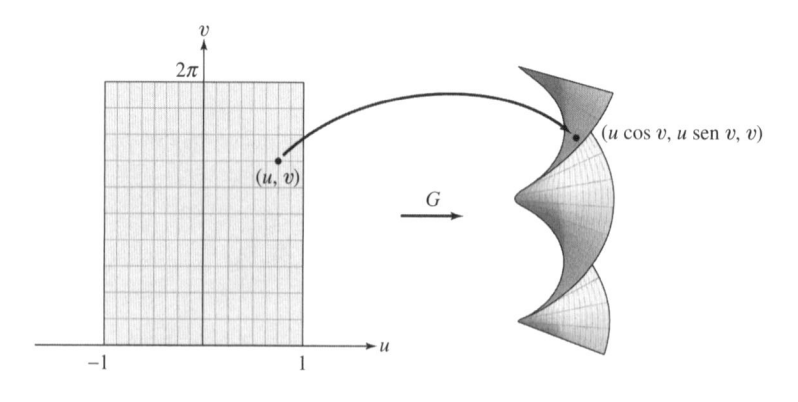

FIGURA 10 O helicoide.

(b) Os vetores tangente e normal são

$$\mathbf{T}_u = \frac{\partial G}{\partial u} = \langle \cos v, \operatorname{sen} v, 0 \rangle$$

$$\mathbf{T}_v = \frac{\partial G}{\partial v} = \langle -u \operatorname{sen} v, u \cos v, 1 \rangle$$

$$\mathbf{N}(u,v) = \mathbf{T}_u \times \mathbf{T}_v = \begin{vmatrix} \mathbf{i} & \mathbf{j} & \mathbf{k} \\ \cos v & \operatorname{sen} v & 0 \\ -u \operatorname{sen} v & u \cos v & 1 \end{vmatrix} = (\operatorname{sen} v)\mathbf{i} - (\cos v)\mathbf{j} + u\mathbf{k}$$

Em $u = \frac{1}{2}$, $v = \frac{\pi}{2}$, temos $\mathbf{N} = \mathbf{i} + \frac{1}{2}\mathbf{k}$. ■

Para referência futura, calculamos o vetor normal que aponta para fora na parametrização padrão da esfera de raio R centrada na origem (Figura 11):

$$G(\theta, \phi) = (R \cos \theta \operatorname{sen} \phi, R \operatorname{sen} \theta \operatorname{sen} \phi, R \cos \phi)$$

Observe que por ser R a distância de $G(\theta, \phi)$ à origem, o vetor radial *unitário* em $G(\theta, \phi)$ é obtido dividindo por R:

$$\mathbf{e}_r = \langle \cos \theta \operatorname{sen} \phi, \operatorname{sen} \theta \operatorname{sen} \phi, \cos \phi \rangle$$

Além disso,

$$\mathbf{T}_\theta = \langle -R \operatorname{sen} \theta \operatorname{sen} \phi, R \cos \theta \operatorname{sen} \phi, 0 \rangle$$

$$\mathbf{T}_\phi = \langle R \cos \theta \cos \phi, R \operatorname{sen} \theta \cos \phi, -R \operatorname{sen} \phi \rangle$$

$$\mathbf{N} = \mathbf{T}_\theta \times \mathbf{T}_\phi = \begin{vmatrix} \mathbf{i} & \mathbf{j} & \mathbf{k} \\ -R \operatorname{sen} \theta \operatorname{sen} \phi & R \cos \theta \operatorname{sen} \phi & 0 \\ R \cos \theta \cos \phi & R \operatorname{sen} \theta \cos \phi & -R \operatorname{sen} \phi \end{vmatrix}$$

$$= -R^2 \cos \theta \operatorname{sen}^2 \phi \, \mathbf{i} - R^2 \operatorname{sen} \theta \operatorname{sen}^2 \phi \, \mathbf{j} - R^2 \cos \phi \operatorname{sen} \phi \, \mathbf{k}$$

$$= -R^2 \operatorname{sen} \phi \, \langle \cos \theta \operatorname{sen} \phi, \operatorname{sen} \theta \operatorname{sen} \phi, \cos \phi \rangle$$

$$= -(R^2 \operatorname{sen} \phi) \mathbf{e}_r \qquad \boxed{1}$$

Esse vetor é um vetor normal que aponta para dentro. No entanto, na maioria das situações, é usual usar o vetor normal que aponta para fora:

$$\mathbf{N} = \mathbf{T}_\phi \times \mathbf{T}_\theta = (R^2 \operatorname{sen} \phi) \mathbf{e}_r, \qquad \|\mathbf{N}\| = R^2 \operatorname{sen} \phi \qquad \boxed{2}$$

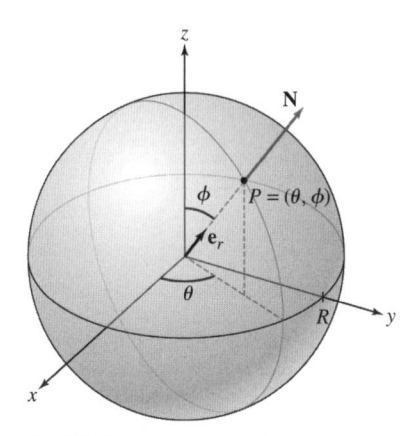

FIGURA 11 O vetor normal **N** aponta na direção radial $\mathbf{e}_r$.

Área de superfície

O comprimento $\|\mathbf{N}\|$ do vetor normal numa parametrização tem uma interpretação importante em termos de área. Vamos supor, para simplificar, que $\mathcal{D}$ seja um retângulo (o argumento é aplicável a domínios mais gerais). Dividimos $\mathcal{D}$ numa grade de pequenos retângulos $\mathcal{R}_{ij}$ de tamanho $\Delta u \times \Delta v$, como na Figura 12, e comparamos a área de $\mathcal{R}_{ij}$ com a área de sua imagem por G. Essa imagem é um "paralelogramo torcido" $\mathcal{S}_{ij} = G(\mathcal{R}_{ij})$.

Inicialmente, observe que se Δu e Δv na Figura 12 forem pequenos, então o paralelogramo torcido $\mathcal{S}_{ij}$ tem, aproximadamente, a mesma área que o paralelogramo "autêntico" de lados $\overrightarrow{PQ}$ e $\overrightarrow{PS}$. Sabemos que a área do paralelogramo gerado por dois vetores é o comprimento de seu produto vetorial, portanto

$$\text{Área}(\mathcal{S}_{ij}) \approx \|\overrightarrow{PQ} \times \overrightarrow{PS}\|$$

Em seguida, usamos a aproximação linear para obter uma estimativa dos vetores $\overrightarrow{PQ}$ e $\overrightarrow{PS}$:

$$\overrightarrow{PQ} = G(u_{ij} + \Delta u, v_{ij}) - G(u_{ij}, v_{ij}) \approx \frac{\partial G}{\partial u}(u_{ij}, v_{ij}) \Delta u = \mathbf{T}_u \Delta u$$

$$\overrightarrow{PS} = G(u_{ij}, v_{ij} + \Delta v) - G(u_{ij}, v_{ij}) \approx \frac{\partial G}{\partial v}(u_{ij}, v_{ij}) \Delta v = \mathbf{T}_v \Delta v$$

LEMBRETE Pelo Teorema 3 da Seção 12.4, a área do paralelogramo gerado pelos vetores **v** e **w** em $\mathbf{R}^3$ é igual a $\|\mathbf{v} \times \mathbf{w}\|$.

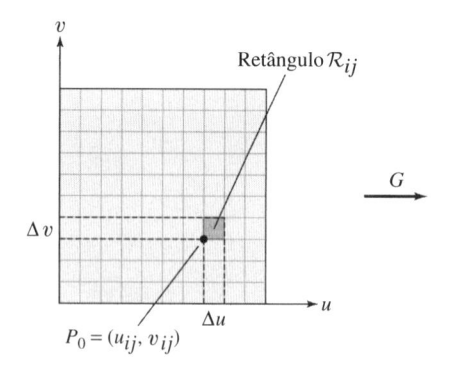

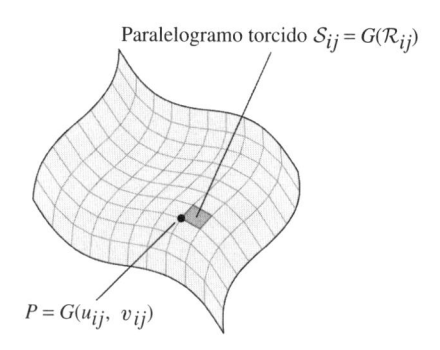

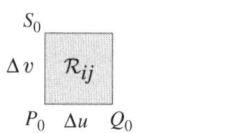

FIGURA 12

A aproximação (3) é válida com qualquer região $\mathcal{R}$ pequena do plano uv:

$$\text{Área}(\mathcal{S}) \approx \|\mathbf{N}(u_0, v_0))\|\text{Área}(\mathcal{R})$$

em que $\mathcal{S} = G(\mathcal{R})$ e (u_0, v_0) é um ponto de amostragem qualquer em $\mathcal{R}$. Aqui, "pequeno" significa que cabe num disco pequeno. Não permitimos que $\mathcal{R}$ seja muito estreito e comprido.

Observação: exigimos somente que G fosse injetora no interior de $\mathcal{D}$. Muitas parametrizações padrão (como as parametrizações com coordenadas cilíndricas ou esféricas) deixam de ser injetoras na fronteira de seus domínios.

Assim, obtemos

$$\text{Área}(\mathcal{S}_{ij})) \approx \|\mathbf{T}_u \Delta u \times \mathbf{T}_v \Delta v\| = \|\mathbf{T}_u \times \mathbf{T}_v\| \, \Delta u \, \Delta v$$

Como $\mathbf{N}(u_{ij}, v_{ij}) = \mathbf{T}_u \times \mathbf{T}_v$ e Área$(\mathcal{R}_{ij}) = \Delta u \Delta v$, obtemos

$$\boxed{\text{Área}(\mathcal{S}_{ij}) \approx \|\mathbf{N}(u_{ij}, v_{ij})\|\text{Área}(\mathcal{R}_{ij})} \qquad 3$$

Nossa conclusão é: $\|\mathbf{N}\|$ é *um fator de distorção que nos diz como é alterada a área de um pequeno retângulo $\mathcal{R}_{ij}$ pela aplicação G.*

Para calcular a área de superfície de $\mathcal{S}$, supomos que G seja injetora exceto, possivelmente, na fronteira de $\mathcal{D}$. Também vamos supor que G seja regular exceto, possivelmente, na fronteira de $\mathcal{D}$. Lembre que "regular" significa que $\mathbf{N}(u, v)$ é não nulo.

A superfície $\mathcal{S}$ inteira é a união dos pequenos pedaços $\mathcal{S}_{ij}$, de modo que podemos usar a aproximação de cada pedaço para obter

$$\text{Área}(\mathcal{S}) = \sum_{i,j} \text{Área}(\mathcal{S}_{ij}) \approx \sum_{i,j} \|\mathbf{N}(u_{ij}, v_{ij})\| \Delta u \Delta v \qquad 4$$

A soma do lado direito é uma soma de Riemann da integral dupla de $\|\mathbf{N}(u, v)\|$ no domínio dos parâmetros $\mathcal{D}$. Se Δu e Δv tenderem a zero, essas somas de Riemann convergem a uma integral dupla, que tomamos como definição de área de superfície:

$$\boxed{\text{Área}(\mathcal{S}) = \iint_{\mathcal{D}} \|\mathbf{N}(u, v)\| \, du \, dv}$$

Integral de superfície

Agora podemos definir a integral de superfície de uma função $f(x, y, z)$:

$$\iint_{\mathcal{S}} f(x, y, z) \, dS$$

Isso é análogo à definição de integral de linha de uma função ao longo de uma curva. Escolhemos um ponto de amostragem $P_{ij} = G(u_{ij}, v_{ij})$ em cada parte pequena $\mathcal{S}_{ij}$ e formamos a soma

$$\boxed{\sum_{i,j} f(P_{ij})\text{Área}(\mathcal{S}_{ij})} \qquad 5$$

O limite dessas somas com Δu e Δv tendendo a zero (caso ele exista) é a **integral de superfície**

$$\iint_S f(x, y, z)\, dS = \lim_{\Delta u, \Delta v \to 0} \sum_{i,j} f(P_{ij})\text{Área}(S_{ij})$$

Para calcular a integral de superfície, usamos a Equação (3) para escrever

$$\sum_{i,j} f(P_{ij})\text{Área}(S_{ij}) \approx \sum_{i,j} f(G(u_{ij}, v_{ij}))\|\mathbf{N}(u_{ij}, v_{ij})\|\, \Delta u\, \Delta v \qquad \boxed{6}$$

No lado direito, temos uma soma de Riemann da integral dupla de

$$f(G(u, v))\|\mathbf{N}(u, v)\|$$

no domínio dos parâmetros $\mathcal{D}$. Com nossa hipótese de G ser continuamente diferenciável, pode ser mostrado que essas somas da Equação (6) tendem ao mesmo limite, fornecendo a fórmula do teorema seguinte.

TEOREMA 1 Integrais de superfície e área de superfície Seja $G(u, v)$ uma parametrização de uma superfície S com domínio dos parâmetros $\mathcal{D}$. Suponha que G seja continuamente diferenciável, injetora e regular (exceto, possivelmente, na fronteira de $\mathcal{D}$). Então

$$\boxed{\iint_S f(x, y, z)\, dS = \iint_{\mathcal{D}} f(G(u, v))\|\mathbf{N}(u, v)\|\, du\, dv} \qquad \boxed{7}$$

Se $f(x, y, z) = 1$, obtemos a área de superfície de S:

$$\boxed{\text{Área}(S) = \iint_{\mathcal{D}} \|\mathbf{N}(u, v)\|\, du\, dv}$$

É interessante observar que a Equação (7) inclui a fórmula da mudança de variáveis de integrais duplas (Teorema 2 da Seção 15.6) como um caso especial. Se a superfície S for um domínio do plano xy [em outras palavras, se $z(u, v) = 0$], então a integral em S reduz à integral dupla da função $f(x, y, 0)$. Podemos ver $G(u, v)$ como uma aplicação do plano uv no plano xy e veremos, nesse caso, que $\|\mathbf{N}(u, v)\|$ é o jacobiano dessa aplicação.

A Equação (7) pode ser sintetizada pela expressão simbólica do "elemento de superfície":

$$\boxed{dS = \|\mathbf{N}(u, v)\|\, du\, dv}$$

■ **EXEMPLO 7** Calcule a área de superfície da parte S do cone $x^2 + y^2 = z^2$ que fica acima do disco $x^2 + y^2 \leq 4$ (Figura 13). Então calcule $\iint_S x^2 z\, dS$.

Solução Uma parametrização do cone foi encontrada no Exemplo 4. Usando as variáveis θ e t, essa parametrização é dada por

$$G(\theta, t) = (t\cos\theta, t\,\text{sen}\,\theta, t), \quad 0 \leq t \leq 2, \quad 0 \leq \theta < 2\pi$$

Passo 1. **Calcular os vetores tangente e normal.**

$$\mathbf{T}_\theta = \frac{\partial G}{\partial \theta} = \langle -t\,\text{sen}\,\theta, t\cos\theta, 0 \rangle, \qquad \mathbf{T}_t = \frac{\partial G}{\partial t} = \langle \cos\theta, \text{sen}\,\theta, 1 \rangle$$

$$\mathbf{N} = \mathbf{T}_\theta \times \mathbf{T}_t = \begin{vmatrix} \mathbf{i} & \mathbf{j} & \mathbf{k} \\ -t\,\text{sen}\,\theta & t\cos\theta & 0 \\ \cos\theta & \text{sen}\,\theta & 1 \end{vmatrix} = t\cos\theta\,\mathbf{i} + t\,\text{sen}\,\theta\,\mathbf{j} - t\mathbf{k}$$

O vetor normal tem comprimento

$$\|\mathbf{N}\| = \sqrt{t^2\cos^2\theta + t^2\,\text{sen}^2\,\theta + (-t)^2} = \sqrt{2t^2} = \sqrt{2}\,|t|$$

Assim, $dS = \sqrt{2}|t|\, d\theta\, dt$. Como $t \geq 0$ em nosso domínio, podemos omitir o valor absoluto.

Passo 2. **Calcular a área de superfície.**

$$\text{Área}(S) = \iint_{\mathcal{D}} \|\mathbf{N}\|\, du\, dv = \int_0^2 \int_0^{2\pi} \sqrt{2}\,t\, d\theta\, dt = \sqrt{2}\pi t^2 \Big|_0^2 = 4\sqrt{2}\pi$$

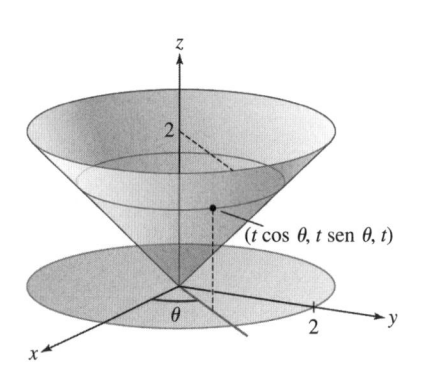

FIGURA 13 A parte S do cone $x^2 + y^2 = z^2$ que fica acima do disco $x^2 + y^2 \leq 4$.

LEMBRETE Nesse exemplo,

$$G(\theta, t) = (t\cos\theta, t\,\text{sen}\,\theta, t)$$

***Passo 3.* Calcular a integral de superfície.**
Expressamos $f(x, y, z) = x^2 z$ em termos dos parâmetros t e θ e calculamos:

$$f(G(\theta, t)) = f(t\cos\theta, t\,\text{sen}\,\theta, t) = (t\cos\theta)^2 t = t^3 \cos^2\theta$$

$$\iint_S f(x, y, z)\, dS = \int_{t=0}^{2} \int_{\theta=0}^{2\pi} f(G(\theta, t)) \|\mathbf{N}(\theta, t)\|\, d\theta\, dt$$

$$= \int_{t=0}^{2} \int_{\theta=0}^{2\pi} (t^3 \cos^2\theta)(\sqrt{2}\,t)\, d\theta\, dt$$

$$= \sqrt{2} \left(\int_0^2 t^4\, dt \right) \left(\int_0^{2\pi} \cos^2\theta\, d\theta \right)$$

$$= \sqrt{2} \left(\frac{32}{5} \right)(\pi) = \frac{32\sqrt{2}\,\pi}{5} \qquad \blacksquare$$

LEMBRETE

$$\int_0^{2\pi} \cos^2\theta\, d\theta = \int_0^{2\pi} \frac{1 + \cos 2\theta}{2}\, d\theta = \pi$$

Em nossas discussões prévias de integrais múltiplas e de linha, aplicamos o princípio de que a integral da densidade é a quantidade total. Isso é igualmente aplicável a integrais de superfícies. Por exemplo, uma superfície com densidade de massa $\delta(x, y, z)$ (em unidades de massa por área) é a integral de superfície da densidade de massa:

$$\text{Massa de } \mathcal{S} = \iint_{\mathcal{S}} \delta(x, y, z)\, dS$$

Analogamente, se uma corrente elétrica estiver distribuída em $\mathcal{S}$ com densidade de carga $\delta(x, y, z)$, então a integral de superfície de $\delta(x, y, z)$ é a carga total em $\mathcal{S}$.

■ **EXEMPLO 8 Carga total numa superfície** Encontre a carga total (em coulombs) numa esfera S com 5 cm de raio cuja densidade de carga em coordenadas esféricas seja $\delta(\theta, \phi) = 0{,}003 \cos^2\phi$ C/cm^2.

Solução Parametrizamos S em coordenadas esféricas:

$$G(\theta, \phi) = (5\cos\theta\,\text{sen}\,\phi,\, 5\,\text{sen}\,\theta\,\text{sen}\,\phi,\, 5\cos\phi)$$

Pela Equação (2), $\|\mathbf{N}\| = 5^2\,\text{sen}\,\phi$ e

$$\text{Carga total} = \iint_S \delta(\theta, \phi)\, dS = \int_{\theta=0}^{2\pi} \int_{\phi=0}^{\pi} \delta(\theta, \phi)\|\mathbf{N}\|\, d\phi\, d\theta$$

$$= \int_{\theta=0}^{2\pi} \int_{\phi=0}^{\pi} (0{,}003 \cos^2\phi)(25\,\text{sen}\,\phi)\, d\phi\, d\theta$$

$$= (0{,}075)(2\pi) \int_{\phi=0}^{\pi} \cos^2\phi\,\text{sen}\,\phi\, d\phi$$

$$= 0{,}15\pi \left(-\frac{\cos^3\phi}{3} \right)\bigg|_0^{\pi} = 0{,}15\pi \left(\frac{2}{3} \right) \approx 0{,}1\pi \text{ coulombs} \qquad \blacksquare$$

Quando um gráfico $z = g(x, y)$ é parametrizado por $G(x, y) = (x, y, g(x, y))$, os vetores tangente e normal são

$$\mathbf{T}_x = (1, 0, g_x), \qquad \mathbf{T}_y = (0, 1, g_y)$$

$$\mathbf{N} = \mathbf{T}_x \times \mathbf{T}_y = \begin{vmatrix} \mathbf{i} & \mathbf{j} & \mathbf{k} \\ 1 & 0 & g_x \\ 0 & 1 & g_y \end{vmatrix} = -g_x \mathbf{i} - g_y \mathbf{j} + \mathbf{k}, \qquad \|\mathbf{N}\| = \sqrt{1 + g_x^2 + g_y^2} \qquad \boxed{8}$$

A integral de superfície na parte de um gráfico acima de um domínio $\mathcal{D}$ no plano xy é

$$\text{Integral de superfície num gráfico} = \iint_{\mathcal{D}} f(x, y, g(x, y)) \sqrt{1 + g_x^2 + g_y^2}\, dx\, dy \qquad \boxed{9}$$

■ **EXEMPLO 9** Calcule $\iint_S (z-x)\, dS$ se S for a parte do gráfico de $z = x + y^2$ em que $0 \leq x \leq y, 0 \leq y \leq 1$ (Figura 14).

Solução Seja $z = g(x, y) = x + y^2$. Então $g_x = 1$ e $g_y = 2y$, e

$$dS = \sqrt{1 + g_x^2 + g_y^2}\, dx\, dy = \sqrt{1 + 1 + 4y^2}\, dx\, dy = \sqrt{2 + 4y^2}\, dx\, dy$$

Na superfície S, temos $z = x + y^2$ e, portanto,

$$f(x, y, z) = z - x = (x + y^2) - x = y^2$$

Pela Equação (9),

$$\iint_S f(x, y, z)\, dS = \int_{y=0}^1 \int_{x=0}^y y^2 \sqrt{2 + 4y^2}\, dx\, dy$$

$$= \int_{y=0}^1 \left(y^2 \sqrt{2 + 4y^2}\right) x \bigg|_{x=0}^y dy = \int_0^1 y^3 \sqrt{2 + 4y^2}\, dy$$

Agora usamos a substituição $u = 2 + 4y^2$, $du = 8y\, dy$. Então $y^2 = \frac{1}{4}(u - 2)$, e

$$\int_0^1 y^3 \sqrt{2 + 4y^2}\, dy = \frac{1}{8} \int_2^6 \frac{1}{4}(u - 2)\sqrt{u}\, du = \frac{1}{32} \int_2^6 (u^{3/2} - 2u^{1/2})\, du$$

$$= \frac{1}{32}\left(\frac{2}{5}u^{5/2} - \frac{4}{3}u^{3/2}\right)\bigg|_2^6 = \frac{1}{30}(6\sqrt{6} + \sqrt{2}) \approx 0{,}54 \quad ■$$

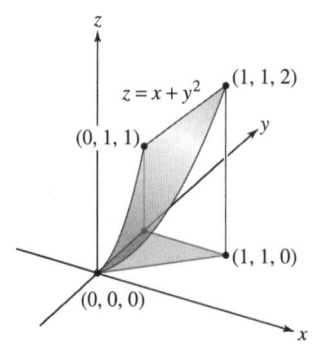

FIGURA 14 A superfície $z = x + y^2$ acima de $0 \leq x \leq y \leq 1$.

Excursão

É um fato importante na Física que é conservativo o campo gravitacional $\mathbf{F}$ correspondente a um arranjo qualquer de massas, ou seja, que $\mathbf{F} = -\nabla V$ (lembre que o sinal de menos é uma das convenções da Física). O campo num ponto P devido a uma massa m localizada num ponto Q é $\mathbf{F} = -\dfrac{Gm}{r^2}\mathbf{e}_r$, em que $\mathbf{e}_r$ é o vetor unitário apontando de Q para P e r é a distância de P a Q, que denotamos por $|P - Q|$. Como vimos no Exemplo 4 da Seção 16.3,

$$V(P) = -\frac{Gm}{r} = -\frac{Gm}{|P - Q|}$$

Se, em vez de uma única massa, tivermos K massas pontuais $m_1, \ldots, m_K$ localizadas em $Q_1, \ldots, Q_K$, então o potencial gravitacional é a soma

$$V(P) = -G \sum_{i=1}^K \frac{m_i}{|P - Q_i|} \qquad \boxed{10}$$

Se a massa estiver continuamente distribuída numa superfície fina S de função densidade $\delta(x, y, z)$, substituímos a soma pela integral de superfície

$$V(P) = -G \iint_S \frac{\delta(x, y, z)\, dS}{|P - Q|} = -G \iint_S \frac{\delta(x, y, z)\, dS}{\sqrt{(x-a)^2 + (y-b)^2 + (z-c)^2}} \qquad \boxed{11}$$

em que $P = (a, b, c)$. Em geral, essa integral de superfície, entretanto, não pode ser calculada explicitamente, a menos que a superfície e a distribuição de massa sejam suficientemente simétricas, como no caso de uma esfera oca com distribuição uniforme de massa (Figura 15).

> *O matemático francês Pierre Simon Marquês de Laplace (1749-1827) mostrou que o potencial gravitacional satisfaz a equação de Laplace $\Delta V = 0$, em que Δ é o operador de Laplace*
>
> $$\Delta V = \frac{\partial^2 V}{\partial x^2} + \frac{\partial^2 V}{\partial y^2} + \frac{\partial^2 V}{\partial z^2}$$
>
> *Essa equação desempenha um papel importante nos ramos mais avançados da Matemática e da Física.*

TEOREMA 2   Potencial gravitacional de uma esfera uniforme oca O potencial gravitacional V devido a uma esfera oca de raio R com distribuição de massa uniforme e massa total m num ponto P localizado a uma distância r do centro da esfera é

$$V(P) = \begin{cases} \dfrac{-Gm}{r} & \text{se } r > R \quad (P \text{ fora da esfera}) \\ \dfrac{-Gm}{R} & \text{se } r < R \quad (P \text{ dentro da esfera}) \end{cases} \qquad \boxed{12}$$

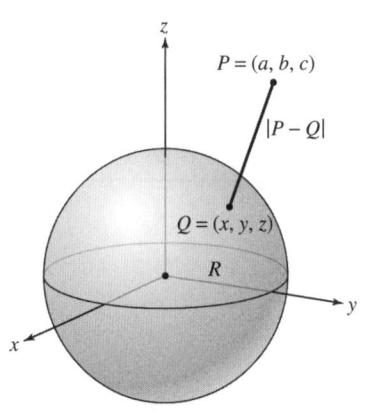

FIGURA 15

Deixamos essas contas como exercício (Exercício 48) porque adiante, na Seção 17.3, vamos obtê-las com facilidade usando a lei de Gauss.

Em sua obra magna, *Principia Mathematica*, Isaac Newton provou que uma esfera de densidade de massa uniforme (oca ou sólida) atrai uma partícula fora da esfera como se toda a massa estivesse concentrada em seu centro. Em outras palavras, uma esfera uniforme se comporta como uma massa pontual no que diz respeito à gravidade. Além disso, se a esfera for oca, então a esfera não exerce força gravitacional alguma numa partícula dentro dela. Esse resultado de Newton segue imediatamente da Equação (12). Fora da esfera, V tem a mesma fórmula que o potencial devido a uma massa pontual. Dentro da esfera, o potencial é *constante* com valor $-Gm/R$, mas potencial constante significa força nula, porque a força é o (negativo do) gradiente do potencial. Essa discussão também se aplica a forças eletrostáticas. Em particular, uma esfera uniformemente carregada se comporta como uma carga pontual (quando vista de fora da esfera).

16.4 Resumo

- Uma *superfície parametrizada* é uma superfície $\mathcal{S}$ cujos pontos são descritos na forma
$$G(u, v) = (x(u, v), y(u, v), z(u, v))$$
em que os *parâmetros* u e v variam num domínio $\mathcal{D}$ do plano uv.

- Vetores tangente e normal
$$\mathbf{T}_u = \frac{\partial G}{\partial u} = \left\langle \frac{\partial x}{\partial u}, \frac{\partial y}{\partial u}, \frac{\partial z}{\partial u} \right\rangle, \qquad \mathbf{T}_v = \frac{\partial G}{\partial v} = \left\langle \frac{\partial x}{\partial v}, \frac{\partial y}{\partial v}, \frac{\partial z}{\partial v} \right\rangle$$
$$\mathbf{N} = \mathbf{N}(u, v) = \mathbf{T}_u \times \mathbf{T}_v$$

Dizemos que a parametrização é *regular* em (u, v) se $\mathbf{N}(u, v) \neq \mathbf{0}$.

- A quantidade $\|\mathbf{N}\|$ é um "fator de distorção de área". Se $\mathcal{D}$ for uma região pequena no plano uv e $\mathcal{S} = G(\mathcal{D})$, então
$$\text{Área}(\mathcal{S}) \approx \|\mathbf{N}(u_0, v_0)\| \text{Área}(\mathcal{D})$$
sendo (u_0, v_0) um ponto de amostragem qualquer de $\mathcal{D}$.

- Integral de superfície e área de superfície:
$$\iint_\mathcal{S} f(x, y, z) \, dS = \iint_\mathcal{D} f(G(u, v)) \, \|\mathbf{N}(u, v)\| \, du \, dv$$
$$\text{Área}(\mathcal{S}) = \iint_\mathcal{D} \|\mathbf{N}(u, v)\| \, du \, dv$$

- Algumas parametrizações padrão:
  - Cilindro de raio R (eixo z como eixo central):
  $$G(\theta, z) = (R\cos\theta, R\,\text{sen}\,\theta, z)$$
  Normal para fora: $\mathbf{N} = \mathbf{T}_\theta \times \mathbf{T}_z = R\langle\cos\theta, \text{sen}\,\theta, 0\rangle$
  $$dS = \|\mathbf{N}\| \, d\theta \, dz = R \, d\theta \, dz$$

  - Esfera de raio R centrada na origem:
  $$G(\theta, \phi) = (R\cos\theta\,\text{sen}\,\phi, R\,\text{sen}\,\theta\,\text{sen}\,\phi, R\cos\phi)$$
  Vetor radial unitário: $\mathbf{e}_r = \langle\cos\theta\,\text{sen}\,\phi, \text{sen}\,\theta\,\text{sen}\,\phi, \cos\phi\rangle$
  Normal para fora: $\mathbf{N} = \mathbf{T}_\phi \times \mathbf{T}_\theta = (R^2 \,\text{sen}\,\phi)\, \mathbf{e}_r$
  $$dS = \|\mathbf{N}\| \, d\phi \, d\theta = R^2 \,\text{sen}\,\phi \, d\phi \, d\theta$$

  - Gráfico de $z = g(x, y)$:
  $$G(x, y) = (x, y, g(x, y))$$
  $$\mathbf{N} = \mathbf{T}_x \times \mathbf{T}_y = \langle-g_x, -g_y, 1\rangle$$
  $$dS = \|\mathbf{N}\| \, dx \, dy = \sqrt{1 + g_x^2 + g_y^2} \, dx \, dy$$

16.4 Exercícios

Exercícios preliminares

1. Qual é a integral de superfície da função $f(x, y, z) = 10$ numa superfície de área total 5?
2. Qual é a interpretação que podemos dar ao comprimento $\|\mathbf{N}\|$ do vetor normal de uma parametrização $G(u, v)$?
3. Uma parametrização aplica um retângulo de tamanho $0{,}01 \times 0{,}02$ do plano uv num pedaço pequeno $\mathcal{S}$ de uma superfície. Dê uma estimativa de Área($\mathcal{S}$) se $\mathbf{T}_u \times \mathbf{T}_v = \langle 1, 2, 2\rangle$ num ponto de amostragem do retângulo.
4. Uma superfície pequena $\mathcal{S}$ é dividida em três pedaços pequenos, cada um de área 0,2. Dê uma estimativa de $\iint_{\mathcal{S}} f(x, y, z)\, dS$ se $f(x, y, z)$ for igual a 0,9, 1,0 e 1,1 em pontos de amostragem desses três pedaços.
5. Uma superfície $\mathcal{S}$ tem uma parametrização cujo domínio é o quadrado $0 \leq u, v \leq 2$ e tal que $\|\mathbf{N}(u, v)\| = 5$ com qualquer (u, v). Quanto vale Área($\mathcal{S}$)?
6. Qual é o vetor normal unitário em $P = (2, 2, 1)$ apontando para fora da esfera de raio 3 centrada na origem?

Exercícios

1. Combine a parametrização com a superfície correspondente da Figura 16.
   (a) $(u, \cos v, \operatorname{sen} v)$
   (b) $(u, u + v, v)$
   (c) (u, v^3, v)
   (d) $(\cos u \operatorname{sen} v, 3 \cos u \operatorname{sen} v, \cos v)$
   (e) $(u, u(2 + \cos v), u(2 + \operatorname{sen} v))$

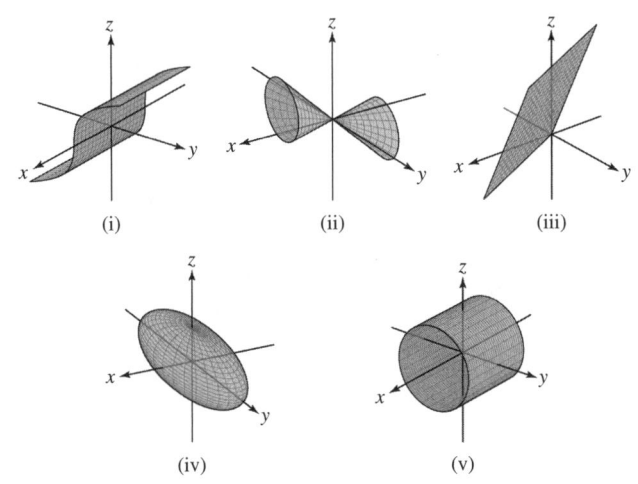

FIGURA 16

2. Mostre que $G(r, \theta) = (r \cos\theta, r \operatorname{sen}\theta, 1 - r^2)$ parametriza o paraboloide $z = 1 - x^2 - y^2$. Descreva o reticulado curvilíneo dessa parametrização.

3. Mostre que $G(u, v) = (2u + 1, u - v, 3u + v)$ parametriza o plano $2x - y - z = 2$. Em seguida:
   (a) Calcule $\mathbf{T}_u$, $\mathbf{T}_v$ e $\mathbf{N}(u, v)$.
   (b) Encontre a área de $\mathcal{S} = G(\mathcal{D})$, se $\mathcal{D} = \{(u, v) : 0 \leq u \leq 2, 0 \leq v \leq 1\}$.
   (c) Expresse $f(x, y, z) = yz$ em termos de u e v e calcule
   $$\iint_{\mathcal{S}} f(x, y, z)\, dS.$$

4. Considere $\mathcal{S} = G(\mathcal{D})$ se $\mathcal{D} = \{(u, v) : u^2 + v^2 \leq 1, u \geq 0, v \geq 0\}$ e G for dada no Exercício 3.
   (a) Calcule a área de superfície de $\mathcal{S}$.
   (b) Calcule $\iint_{\mathcal{S}} (x - y)\, dS$. *Sugestão:* use coordenadas polares.

5. Seja $G(x, y) = (x, y, xy)$.
   (a) Calcule $\mathbf{T}_x$, $\mathbf{T}_y$ e $\mathbf{N}(x, y)$.
   (b) Seja S a parte da superfície com domínio dos parâmetros $\mathcal{D} = \{(x, y) : x^2 + y^2 \leq 1, x \geq 0, y \geq 0\}$. Confira a fórmula seguinte e calcule-a usando coordenadas polares:
   $$\iint_{S} 1\, dS = \iint_{\mathcal{D}} \sqrt{1 + x^2 + y^2}\, dx\, dy$$
   (c) Confira a fórmula seguinte e calcule-a:
   $$\iint_{S} z\, dS = \int_{0}^{\pi/2} \int_{0}^{1} (\operatorname{sen}\theta \cos\theta) r^3 \sqrt{1 + r^2}\, dr\, d\theta$$

6. Uma superfície $\mathcal{S}$ tem uma parametrização $G(u, v)$ cujo domínio $\mathcal{D}$ é o quadrado da Figura 17. Suponha que G tenha os vetores normais seguintes:
$$\mathbf{N}(A) = \langle 2, 1, 0\rangle, \quad \mathbf{N}(B) = \langle 1, 3, 0\rangle$$
$$\mathbf{N}(C) = \langle 3, 0, 1\rangle, \quad \mathbf{N}(D) = \langle 2, 0, 1\rangle$$
Dê uma estimativa de $\iint_{\mathcal{S}} f(x, y, z)\, dS$ se f for uma função tal que $f(G(u, v)) = u + v$.

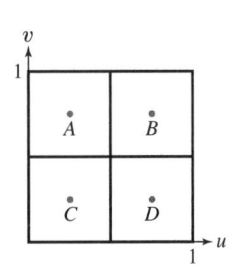

FIGURA 17

Nos Exercícios 7-10, calcule $\mathbf{T}_u$, $\mathbf{T}_v$ *e* $\mathbf{N}(u, v)$ *da superfície parametrizada no ponto dado. Em seguida, encontre a equação do plano tangente à superfície naquele ponto.*

7. $G(u, v) = (2u + v, u - 4v, 3u);$ $\quad u = 1, \quad v = 4$
8. $G(u, v) = (u^2 - v^2, u + v, u - v);$ $\quad u = 2, \quad v = 3$
9. $G(\theta, \phi) = (\cos\theta \operatorname{sen}\phi, \operatorname{sen}\theta \operatorname{sen}\phi, \cos\phi);$ $\quad \theta = \frac{\pi}{2}, \quad \phi = \frac{\pi}{4}$
10. $G(r, \theta) = (r\cos\theta, r\operatorname{sen}\theta, 1 - r^2);$ $\quad r = \frac{1}{2}, \quad \theta = \frac{\pi}{4}$
11. Use o vetor normal calculado no Exercício 8 para obter uma estimativa da área da parte pequena da superfície $G(u, v) = (u^2 - v^2, u + v, u - v)$ definida por
$$2 \le u \le 2,1, \quad 3 \le v \le 3,2$$
12. Esboce a parte pequena da esfera cujas coordenadas esféricas satisfazem
$$\frac{\pi}{2} - 0,15 \le \theta \le \frac{\pi}{2} + 0,15, \quad \frac{\pi}{4} - 0,1 \le \phi \le \frac{\pi}{4} + 0,1$$

Use o vetor normal calculado no Exercício 9 para obter uma estimativa de sua área.

Nos Exercícios 13-26, calcule $\iint_{\mathcal{S}} f(x, y, z)\, dS$ *com a superfície e a função dadas.*

13. $G(u, v) = (u\cos v, u\operatorname{sen} v, u), \quad 0 \le u \le 1, \quad 0 \le v \le 1;$
    $f(x, y, z) = z(x^2 + y^2)$
14. $G(r, \theta) = (r\cos\theta, r\operatorname{sen}\theta, \theta), \quad 0 \le r \le 1, \quad 0 \le \theta \le 2\pi;$
    $f(x, y, z) = \sqrt{x^2 + y^2}$
15. $y = 9 - z^2, \quad 0 \le x \le 3, 0 \le z \le 3; \quad f(x, y, z) = z$
16. $y = 9 - z^2, \quad 0 \le x \le z \le 3; \quad f(x, y, z) = 1$
17. $x^2 + y^2 + z^2 = 1, \; x, y, z \ge 0; \quad f(x, y, z) = x^2$
18. $z = 4 - x^2 - y^2, \quad 0 \le z \le 3; \quad f(x, y, z) = x^2/(4 - z)$
19. $x^2 + y^2 = 4, \quad 0 \le z \le 4; \quad f(x, y, z) = e^{-z}$
20. $G(u, v) = (u, v^3, u + v), \quad 0 \le u \le 1, 0 \le v \le 1;$
    $f(x, y, z) = y$
21. A parte do plano $x + y + z = 1$ em que $x, y, z \ge 0; f(x, y, z) = z$
22. A parte do plano $x + y + z = 0$ contida no cilindro $x^2 + y^2 = 1;$
    $f(x, y, z) = z^2$
23. $x^2 + y^2 + z^2 = 4, 1 \le z \le 2; \quad f(x, y, z) = z^2(x^2 + y^2 + z^2)^{-1}$
24. $x^2 + y^2 + z^2 = 4, 0 \le y \le 1; \quad f(x, y, z) = y$
25. A parte da superfície $z = x^3$, em que $0 \le x \le 1, \; 0 \le y \le 1;$
    $f(x, y, z) = z$
26. A parte da esfera unitária centrada na origem, em que $x \ge 0$ e $|y| \le x; \quad f(x, y, z) = x$
27. Uma superfície $\mathcal{S}$ tem uma parametrização $G(u, v)$ de domínio $0 \le u \le 2, 0 \le v \le 4$ tal que as derivadas parciais seguintes são constantes:
$$\frac{\partial G}{\partial u} = \langle 2, 0, 1 \rangle, \quad \frac{\partial G}{\partial v} = \langle 4, 0, 3 \rangle$$

Qual é a área de superfície de $\mathcal{S}$?

28. Seja S a esfera de raio R centrada na origem. Explique usando simetria:
$$\iint_S x^2\, dS = \iint_S y^2\, dS = \iint_S z^2\, dS$$
Em seguida, mostre que $\iint_S x^2\, dS = \frac{4}{3}\pi R^4$ somando as integrais.

29. Calcule $\iint_{\mathcal{S}} (xy + e^z)\, dS$, se $\mathcal{S}$ for o triângulo na Figura 18 de vértices $(0, 0, 3)$, $(1, 0, 2)$ e $(0, 4, 1)$.

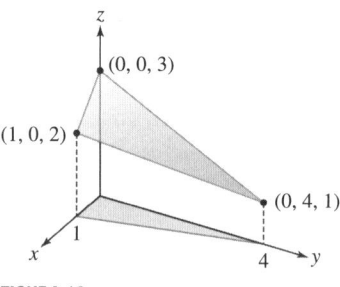

FIGURA 18

30. Use coordenadas esféricas para calcular a área de superfície de uma esfera de raio R.
31. Use coordenadas cilíndricas para calcular a área de superfície de uma esfera de raio R.
32. Seja $\mathcal{S}$ a superfície parametrizada por
$$G(u, v) = \big((3 + \operatorname{sen} v)\cos u, (3 + \operatorname{sen} v)\operatorname{sen} u, v\big)$$
com $0 \le u \le 2\pi, 0 \le v \le 2\pi$. Nos itens seguintes, utilize um sistema algébrico computacional.
   (a) Esboce $\mathcal{S}$ de vários pontos de vista. É melhor descrever $\mathcal{S}$ como um "vaso que segura água" ou um "vaso sem fundo"?
   (b) Calcule o vetor normal $\mathbf{N}(u, v)$.
   (c) Calcule a área de superfície de $\mathcal{S}$ com quatro casas decimais.
33. Seja $\mathcal{S}$ a superfície $z = \ln(5 - x^2 - y^2)$ com $0 \le x \le 1$, $0 \le y \le 1$. Nos itens seguintes, utilize um sistema algébrico computacional.
   (a) Calcule a área de superfície de $\mathcal{S}$ com quatro casas decimais.
   (b) Calcule $\iint_{\mathcal{S}} x^2 y^3\, dS$ com quatro casas decimais.
34. Encontre a área da parte do plano $2x + 3y + 4z = 28$ que fica acima do retângulo $1 \le x \le 3, 2 \le y \le 5$ do plano xy.
35. Qual é a área da parte do plano $2x + 3y + 4z = 28$ que fica acima do domínio $\mathcal{D}$ do plano xy na Figura 19 se Área$(\mathcal{D}) = 5$?

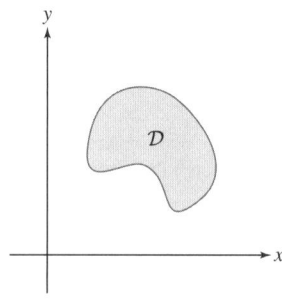

FIGURA 19

36. Encontre a área de superfície da parte do cone $x^2 + y^2 = z^2$ entre os planos $z = 2$ e $z = 5$.
37. Encontre a área de superfície da parte S do cone $z^2 = x^2 + y^2$ em que $z \ge 0$, contida dentro do cilindro $y^2 + z^2 \le 1$.

38. Calcule a integral de ze^{2x+y} na superfície da caixa da Figura 20.

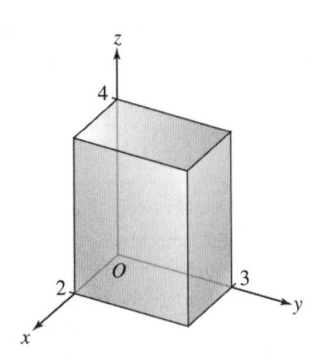

FIGURA 20

39. Calcule $\iint_G x^2 z \, dS$ se G for o cilindro $x^2 + y^2 = 4$, $0 \le z \le 3$, incluindo o topo e a base.

40. Seja S a parte da esfera $x^2 + y^2 + z^2 = 9$ em que $1 \le x^2 + y^2 \le 4$ e $z \ge 0$ (Figura 21). Encontre uma parametrização de S em coordenadas polares e use-a para calcular:
(a) a área de S
(b) $\iint_S z^{-1} \, dS$

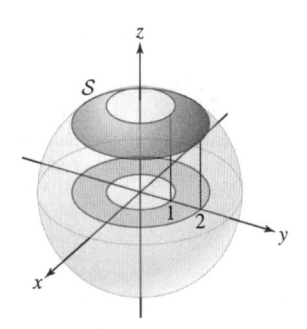

FIGURA 21

41. Prove um resultado famoso de Arquimedes: a área de superfície da parte da esfera de raio R entre dois planos horizontais $z = a$ e $z = b$ é igual à área de superfície da correspondente parte do cilindro circunscrito (Figura 22).

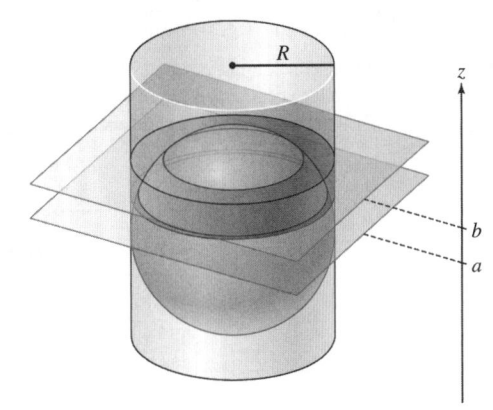

FIGURA 22

Compreensão adicional e desafios

42. Superfícies de revolução Seja S a superfície formada pela rotação da região abaixo do gráfico de $z = g(y)$ no plano yz com $c \le y \le d$ em torno do eixo z sendo $c \ge 0$ (Figura 23).
(a) Mostre que o círculo gerado pela rotação de um ponto $(0, a, b)$ em torno do eixo z é parametrizado por
$$(a \cos \theta, a \operatorname{sen} \theta, b), \quad 0 \le \theta \le 2\pi$$
(b) Mostre que S é parametrizada por
$$G(y, \theta) = (y \cos \theta, y \operatorname{sen} \theta, g(y)) \qquad \boxed{13}$$
com $c \le y \le d$, $0 \le \theta \le 2\pi$.
(c) Use a Equação (13) para provar a fórmula
$$\text{Área}(S) = 2\pi \int_c^d y \sqrt{1 + g'(y)^2} \, dy \qquad \boxed{14}$$

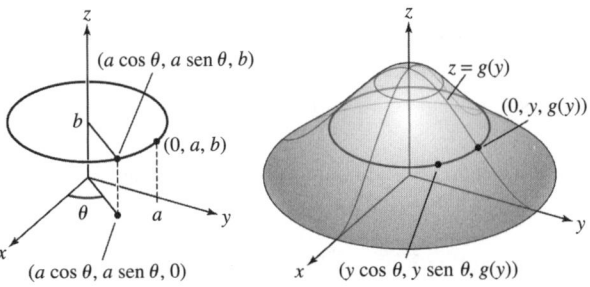

43. Use a Equação (14) para calcular a área de superfície de $z = 4 - y^2$ com $0 \le y \le 2$ girada em torno do eixo z.

44. Descreva a parte superior do cone $x^2 + y^2 = z^2$ com $0 \le z \le d$ como uma superfície de revolução (Figura 6) e use a Equação (14) para calcular sua área de superfície.

45. Área de um toro Seja $\mathcal{T}$ o toro obtido pela rotação do círculo de raio a no plano yz centrado em $(0, b, 0)$ em torno do eixo z (Figura 24). Estamos supondo $b > a > 0$.
(a) Use a Equação (14) para mostrar que
$$\text{Área}(\mathcal{T}) = 4\pi \int_{b-a}^{b+a} \frac{ay}{\sqrt{a^2 - (b-y)^2}} \, dy$$
(b) Mostre que Área$(\mathcal{T}) = 4\pi^2 ab$.

FIGURA 23

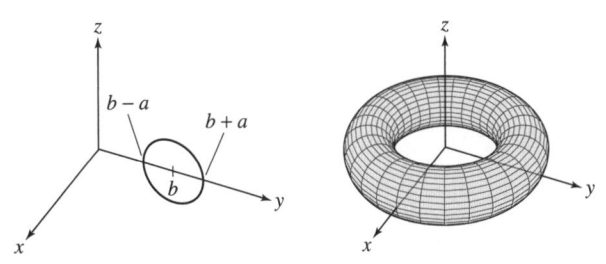

FIGURA 24 O toro obtido pela rotação de um círculo de raio a.

46. O teorema de Pappus (também conhecido como **regra de Guldin**), que introduzimos na Seção 8.3, afirma que a área de uma superfície de revolução $\mathcal{S}$ é igual ao comprimento L da curva geradora multiplicado pela distância percorrida pelo centro de massa. Use a Equação (14) para provar o teorema de Pappus. Se $\mathcal{C}$ for o gráfico $z = g(y)$ em $c \leq y \leq d$, então o centro de massa é definido como o ponto $(\bar{y}, \bar{z})$ com

$$\bar{y} = \frac{1}{L}\int_\mathcal{C} y\, ds, \qquad \bar{z} = \frac{1}{L}\int_\mathcal{C} z\, ds$$

47. Calcule a área de superfície do toro do Exercício 45 usando o teorema de Pappus.

48. Potencial devido a uma esfera uniforme Seja $\mathcal{S}$ uma esfera oca de raio R centrada na origem com distribuição uniforme de massa e massa total m [como $\mathcal{S}$ tem área de superfície $4\pi R^2$, a densidade de massa é $\delta = m/(4\pi R^2)$]. O potencial gravitacional $V(P)$ devido a $\mathcal{S}$ num ponto $P = (a, b, c)$ é igual a

$$-G \iint_\mathcal{S} \frac{\delta\, dS}{\sqrt{(x-a)^2 + (y-b)^2 + (z-c)^2}}$$

(a) Use simetria para concluir que o potencial depende somente da distância r de P ao centro da esfera. Portanto, é suficiente calcular $V(P)$ num ponto $P = (0, 0, r)$ do eixo z (com $r \neq R$).

(b) Use coordenadas esféricas para mostrar que $V(0, 0, r)$ é igual a

$$\frac{-Gm}{4\pi}\int_0^\pi \int_0^{2\pi} \frac{\operatorname{sen}\phi\, d\theta\, d\phi}{\sqrt{R^2 + r^2 - 2Rr\cos\phi}}$$

(c) Use a substituição $u = R^2 + r^2 - 2Rr\cos\phi$ para mostrar que

$$V(0, 0, r) = \frac{-mG}{2Rr}\bigl(|R+r| - |R-r|\bigr)$$

(d) Confira a validade da Fórmula (12) com V.

49. Calcule o potencial gravitacional V de um hemisfério de raio R com distribuição uniforme de massa.

50. A superfície de um cilindro de raio R e comprimento L tem uma distribuição uniforme de massa δ (excluímos o topo e a base do cilindro). Use a Equação (11) para encontrar o potencial gravitacional num ponto P localizado ao longo do eixo do cilindro.

51. Seja S a parte do gráfico $z = g(x, y)$ que fica acima de um domínio $\mathcal{D}$ do plano xy. Seja $\phi = \phi(x, y)$ o ângulo entre a normal a S e a vertical. Prove a fórmula

$$\text{Área}(S) = \iint_\mathcal{D} \frac{dA}{|\cos\phi|}$$

16.5 Integrais de superfície de campos vetoriais

A última integral que consideramos é a integral de superfície de campos vetoriais. Essas integrais representam taxas de fluxo através de uma superfície. Um exemplo é o fluxo de moléculas através da membrana celular (número de moléculas por unidade de tempo).

Como o fluxo através de uma superfície passa de um lado da superfície para o outro, precisamos especificar um *sentido positivo* do fluxo. Isso é feito por meio de uma **orientação**, que é uma escolha de um vetor normal unitário $\mathbf{n}(P)$ em cada ponto P de $\mathcal{S}$ que varie continuamente (Figura 1). Como há dois sentidos normais em cada ponto, uma orientação serve para especificar um desses dois "lados" da superfície de uma maneira consistente. O vetor unitário $-\mathbf{n}(P)$ define a *orientação oposta*. Por exemplo, se $\mathbf{n}$ for dado pelos vetores unitários que apontam para fora de uma esfera, então o fluxo de dentro da esfera para fora será um fluxo positivo.

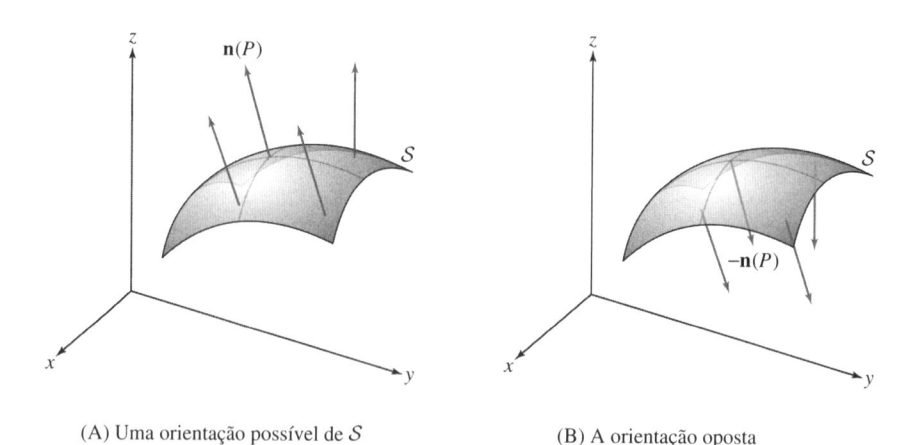

FIGURA 1 A superfície $\mathcal{S}$ tem duas orientações possíveis.

(A) Uma orientação possível de $\mathcal{S}$

(B) A orientação oposta

O **componente normal** de um campo vetorial $\mathbf{F}$ num ponto P de uma superfície orientada $\mathcal{S}$ é o produto escalar

$$\text{Componente normal em } P = \mathbf{F}(P) \cdot \mathbf{n}(P) = \|\mathbf{F}(P)\|\cos\theta$$

em que θ é o ângulo entre $\mathbf{F}(P)$ e $\mathbf{n}(P)$ (Figura 2). Muitas vezes, escrevemos $\mathbf{n}$ em vez de $\mathbf{n}(P)$, mas fica entendido que $\mathbf{n}$ varia de ponto a ponto na superfície. A integral de superfície, denotada por $\iint_{\mathcal{S}} \mathbf{F} \cdot d\mathbf{S}$, é definida como a integral do componente normal:

> **Integral de superfície vetorial:** $\iint_{\mathcal{S}} \mathbf{F} \cdot d\mathbf{S} = \iint_{\mathcal{S}} (\mathbf{F} \cdot \mathbf{n}) \, dS$

Essa quantidade também é denominada **fluxo** de $\mathbf{F}$ através de $\mathcal{S}$.

Uma parametrização orientada $G(u, v)$ é uma parametrização regular [o que significa que $\mathbf{N}(u, v)$ é não nulo com quaisquer u, v] cujo vetor normal unitário define uma orientação:

$$\mathbf{n} = \mathbf{n}(u, v) = \frac{\mathbf{N}(u, v)}{\|\mathbf{N}(u, v)\|}$$

Aplicando a Equação (1) na nota ao lado a $\mathbf{F} \cdot \mathbf{n}$, obtemos

$$\iint_{\mathcal{S}} \mathbf{F} \cdot d\mathbf{S} = \iint_{\mathcal{D}} (\mathbf{F} \cdot \mathbf{n}) \|\mathbf{N}(u, v)\| \, du \, dv$$
$$= \iint_{\mathcal{D}} \mathbf{F}(G(u, v)) \cdot \left(\frac{\mathbf{N}(u, v)}{\|\mathbf{N}(u, v)\|} \right) \|\mathbf{N}(u, v)\| \, du \, dv$$
$$= \iint_{\mathcal{D}} \mathbf{F}(G(u, v)) \cdot \mathbf{N}(u, v) \, du \, dv \quad \boxed{2}$$

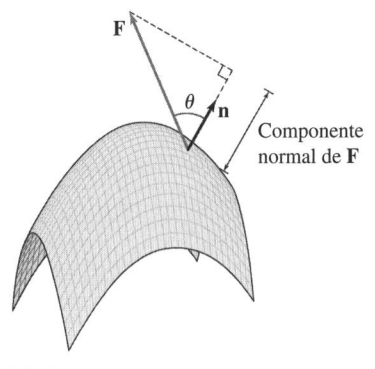

FIGURA 2 O componente normal de um vetor a uma superfície.

LEMBRETE A fórmula de uma integral de superfície escalar em termos de uma parametrização orientada:

$$\iint_{\mathcal{S}} f(x, y, z) \, dS$$
$$= \iint f(G(u, v)) \|\mathbf{N}(u, v)\| \, du \, dv \quad \boxed{1}$$

Essa fórmula permanece válida mesmo se $\mathbf{N}(u, v)$ for zero em pontos da fronteira do domínio dos parâmetros $\mathcal{D}$. Se invertermos a orientação de $\mathcal{S}$ numa integral de superfície vetorial, $\mathbf{N}(u, v)$ é substituído por $-\mathbf{N}(u, v)$ e a integral troca de sinal.

Podemos pensar em $d\mathbf{S}$ como um "elemento vetorial de superfície" que está relacionado com uma parametrização pela equação simbólica

> $d\mathbf{S} = \mathbf{N}(u, v) \, du \, dv$

Assim, obtemos o teorema seguinte.

> **TEOREMA 1** **Integral de superfície vetorial** Seja $G(u, v)$ uma parametrização orientada de uma superfície orientada $\mathcal{S}$ com domínio dos parâmetros $\mathcal{D}$. Suponha que G seja injetora e regular, exceto, possivelmente, em pontos da fronteira de $\mathcal{D}$. Então
>
> $$\iint_{\mathcal{S}} \mathbf{F} \cdot d\mathbf{S} = \iint_{\mathcal{D}} \mathbf{F}(G(u, v)) \cdot \mathbf{N}(u, v) \, du \, dv \quad \boxed{3}$$

Trocando a orientação de $\mathcal{S}$, troca o sinal da integral de superfície.

■ **EXEMPLO 1** Calcule $\iint_{\mathcal{S}} \mathbf{F} \cdot d\mathbf{S}$ se $\mathbf{F} = \langle 0, 0, x \rangle$ e $\mathcal{S}$ for a superfície com a parametrização $G(u, v) = (u^2, v, u^3 - v^2)$ com $0 \le u \le 1$, $0 \le v \le 1$ e orientada com vetores normais apontando para cima.

Solução

Passo 1. **Calcular os vetores tangente e normal.**

$$\mathbf{T}_u = \langle 2u, 0, 3u^2 \rangle, \qquad \mathbf{T}_v = \langle 0, 1, -2v \rangle$$

$$\mathbf{N}(u, v) = \mathbf{T}_u \times \mathbf{T}_v = \begin{vmatrix} \mathbf{i} & \mathbf{j} & \mathbf{k} \\ 2u & 0 & 3u^2 \\ 0 & 1 & -2v \end{vmatrix}$$
$$= -3u^2 \mathbf{i} + 4uv \mathbf{j} + 2u \mathbf{k} = \langle -3u^2, 4uv, 2u \rangle$$

O componente z de $\mathbf{N}$ é positivo no domínio $0 \le u \le 1$, de modo que $\mathbf{N}$ é o vetor normal apontando para cima (Figura 3).

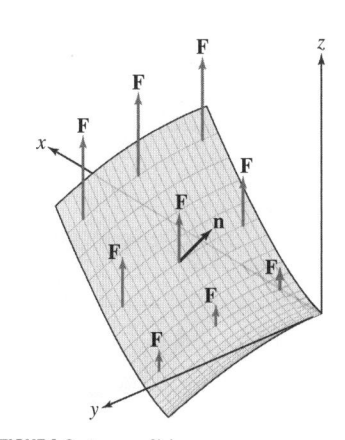

FIGURA 3 A superfície $G(u, v) = (u^2, v, u^3 - v^2)$ com um vetor normal apontando para cima. O campo vetorial $\mathbf{F} = \langle 0, 0, x \rangle$ aponta na direção vertical.

Passo 2. **Calcular F · N.**

Escrevemos **F** em termos dos parâmetros u e v. Como $x = u^2$,

$$\mathbf{F}(G(u,v)) = \langle 0, 0, x \rangle = \langle 0, 0, u^2 \rangle$$

e

$$\mathbf{F}(G(u,v)) \cdot \mathbf{N}(u,v) = \langle 0, 0, u^2 \rangle \cdot \langle -3u^2, 4uv, 2u \rangle = 2u^3$$

Passo 3. **Calcular a integral de superfície.**

O domínio dos parâmetros é $0 \leq u \leq 1$, $0 \leq v \leq 1$, portanto

$$\iint_{\mathcal{S}} \mathbf{F} \cdot d\mathbf{S} = \int_{u=0}^{1} \int_{v=0}^{1} \mathbf{F}(G(u,v)) \cdot \mathbf{N}(u,v) \, dv \, du$$

$$= \int_{u=0}^{1} \int_{v=0}^{1} 2u^3 \, dv \, du = \int_{u=0}^{1} 2u^3 \, du = \frac{1}{2} \qquad \blacksquare$$

■ **EXEMPLO 2** **Integral num hemisfério** Calcule o fluxo de $\mathbf{F} = \langle z, x, 1 \rangle$ através do hemisfério superior $\mathcal{S}$ da esfera $x^2 + y^2 + z^2 = 1$, orientada com vetores normais apontando para fora (Figura 4).

Solução Parametrizamos o hemisfério com coordenadas esféricas:

$$G(\theta, \phi) = (\cos\theta \operatorname{sen}\phi, \operatorname{sen}\theta \operatorname{sen}\phi, \cos\phi), \qquad 0 \leq \phi \leq \frac{\pi}{2}, \quad 0 \leq \theta < 2\pi$$

Passo 1. **Calcular o vetor normal.**

De acordo com a Equação (2) da Seção 16.4, o vetor normal que aponta para fora é

$$\mathbf{N} = \mathbf{T}_\phi \times \mathbf{T}_\theta = \operatorname{sen}\phi \langle \cos\theta \operatorname{sen}\phi, \operatorname{sen}\theta \operatorname{sen}\phi, \cos\phi \rangle$$

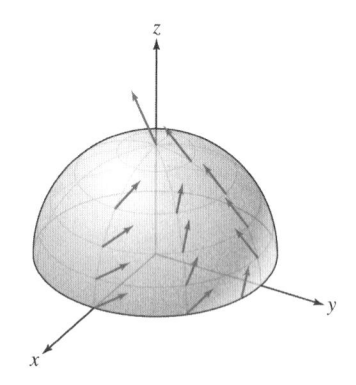

FIGURA 4 O campo vetorial $\mathbf{F} = \langle z, x, 1 \rangle$.

Passo 2. **Calcular F · N.**

$$\mathbf{F}(G(\theta, \phi)) = \langle z, x, 1 \rangle = \langle \cos\phi, \cos\theta \operatorname{sen}\phi, 1 \rangle$$

$$\mathbf{F}(G(\theta, \phi)) \cdot \mathbf{N}(\theta, \phi) = \langle \cos\phi, \cos\theta \operatorname{sen}\phi, 1 \rangle \cdot \langle \cos\theta \operatorname{sen}^2\phi, \operatorname{sen}\theta \operatorname{sen}^2\phi, \cos\phi \operatorname{sen}\phi \rangle$$

$$= \cos\theta \operatorname{sen}^2\phi \cos\phi + \cos\theta \operatorname{sen}\theta \operatorname{sen}^3\phi + \cos\phi \operatorname{sen}\phi$$

Passo 3. **Calcular a integral de superfície.**

$$\iint_{\mathcal{S}} \mathbf{F} \cdot d\mathbf{S} = \int_{\phi=0}^{\pi/2} \int_{\theta=0}^{2\pi} \mathbf{F}(G(\theta, \phi)) \cdot \mathbf{N}(\theta, \phi) \, d\theta \, d\phi$$

$$= \int_{\phi=0}^{\pi/2} \int_{\theta=0}^{2\pi} \underbrace{(\cos\theta \operatorname{sen}^2\phi \cos\phi + \cos\theta \operatorname{sen}\theta \operatorname{sen}^3\phi}_{\text{A integral em } \theta \text{ é nula}} + \cos\phi \operatorname{sen}\phi) \, d\theta \, d\phi$$

As integrais de $\cos\theta$ e $\cos\theta \operatorname{sen}\theta$ em $[0, 2\pi]$ são, ambas, iguais a zero, portanto, sobra

$$\int_{\phi=0}^{\pi/2} \int_{\theta=0}^{2\pi} \cos\phi \operatorname{sen}\phi \, d\theta \, d\phi = 2\pi \int_{\phi=0}^{\pi/2} \cos\phi \operatorname{sen}\phi \, d\phi = -2\pi \left. \frac{\cos^2\phi}{2} \right|_0^{\pi/2} = \pi \qquad \blacksquare$$

■ **EXEMPLO 3** **Integral de superfície num gráfico** Calcule o fluxo de $\mathbf{F} = x^2 \mathbf{j}$ através da superfície $\mathcal{S}$ definida por $y = 1 + x^2 + z^2$, com $1 \leq y \leq 5$, orientada com normal apontando no sentido y negativo.

Solução Essa superfície é o gráfico da função $y = 1 + x^2 + z^2$, em que as variáveis independentes são x e z (Figura 5).

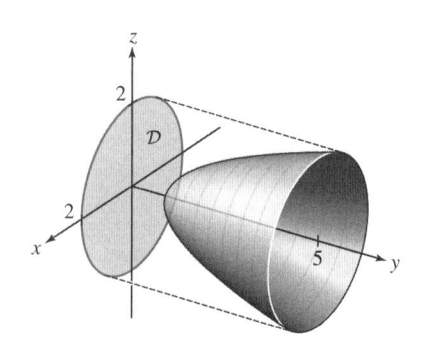

FIGURA 5

Passo 1. **Encontrar uma parametrização.**

Como y está dada explicitamente em termos de x e z, é conveniente usar x e z como parâmetros. Assim, definimos

$$G(x, z) = (x, 1 + x^2 + z^2, z)$$

Qual será o domínio dos parâmetros? A condição $1 \leq y \leq 5$ equivale a $1 \leq 1 + x^2 + z^2 \leq 5$, ou $0 \leq x^2 + z^2 \leq 4$. Portanto, o domínio dos parâmetros é o disco de raio 2 do plano xz, ou seja, $\mathcal{D} = \{(x, z) : x^2 + z^2 \leq 4\}$.

Como o domínio dos parâmetros é um disco, faz sentido usar coordenadas polares r e θ no plano xz. Em outras palavras, escrevemos $x = r\cos\theta$, $z = r\,\text{sen}\,\theta$. Então,

$$y = 1 + x^2 + z^2 = 1 + r^2$$

$$G(r, \theta) = (r\cos\theta, 1 + r^2, r\,\text{sen}\,\theta), \quad 0 \leq \theta \leq 2\pi, \quad 0 \leq r \leq 2$$

Passo 2. **Calcular os vetores tangente e normal.**

$$\mathbf{T}_r = \langle \cos\theta, 2r, \text{sen}\,\theta \rangle, \qquad \mathbf{T}_\theta = \langle -r\,\text{sen}\,\theta, 0, r\cos\theta \rangle$$

$$\mathbf{N} = \mathbf{T}_r \times \mathbf{T}_\theta = \begin{vmatrix} \mathbf{i} & \mathbf{j} & \mathbf{k} \\ \cos\theta & 2r & \text{sen}\,\theta \\ -r\,\text{sen}\,\theta & 0 & r\cos\theta \end{vmatrix} = 2r^2\cos\theta\,\mathbf{i} - r\mathbf{j} + 2r^2\,\text{sen}\,\theta\,\mathbf{k}$$

O coeficiente de $\mathbf{j}$ é $-r$. Por ser negativo, $\mathbf{N}$ aponta no sentido y negativo, como queríamos.

Passo 3. **Calcular $\mathbf{F} \cdot \mathbf{N}$.**

$$\mathbf{F}(G(r, \theta)) = x^2\mathbf{j} = r^2\cos^2\theta\,\mathbf{j} = \langle 0, r^2\cos^2\theta, 0 \rangle$$

$$\mathbf{F}(G(r, \theta)) \cdot \mathbf{N} = \langle 0, r^2\cos^2\theta, 0 \rangle \cdot \langle 2r^2\cos\theta, -r, 2r^2\,\text{sen}\,\theta \rangle = -r^3\cos^2\theta$$

$$\iint_\mathcal{S} \mathbf{F} \cdot d\mathbf{S} = \iint_\mathcal{D} \mathbf{F}(G(r, \theta)) \cdot \mathbf{N}\, dr\, d\theta = \int_0^{2\pi} \int_0^2 (-r^3\cos^2\theta)\, dr\, d\theta$$

$$= -\left(\int_0^{2\pi} \cos^2\theta\, d\theta\right)\left(\int_0^2 r^3\, dr\right)$$

$$= -(\pi)\left(\frac{2^4}{4}\right) = -4\pi$$

Não é surpreendente que o fluxo seja negativo, pois o vetor normal para fora aponta na sentido de y negativo, mas o campo de forças $\mathbf{F}$ aponta no sentido de y positivo. ∎

ADVERTÊNCIA *No Passo 3, integramos $\mathbf{F} \cdot \mathbf{N}$ em relação a $dr\, d\theta$ e <u>não</u> $r\, dr\, d\theta$. O fator r em $r\, dr\, d\theta$ é um fator jacobiano que acrescentamos somente quando trocamos de variáveis numa integral dupla. Em integrais de superfície, o fator jacobiano é incorporado na magnitude de $\mathbf{N}$ (lembre que $\|\mathbf{N}\|$ é o fator de "distorção de área").*

ENTENDIMENTO CONCEITUAL Como uma integral de superfície vetorial depende da escolha da orientação da superfície, essa integral é definida somente em superfícies que tenham dois lados. Contudo, algumas superfícies, como a faixa de Möbius (descoberta em 1858 independentemente por August Möbius e Johann Listing), não podem ser orientadas porque têm só um lado. Podemos construir uma faixa de Möbius M com uma faixa retangular de papel: juntamos as duas extremidades da faixa com uma torção de 180°. Ao contrário do que ocorre com uma faixa comum de dois lados, a faixa de Möbius M só tem um lado, e é impossível especificar um sentido para fora de maneira consistente (Figura 6). Se escolhermos um vetor normal unitário num ponto P e carregarmos esse vetor unitário continuamente em torno da faixa, o vetor estará apontando no sentido oposto quando retornarmos a P. Portanto, não podemos integrar um campo vetorial numa faixa de Möbius, e não faz sentido falar do "fluxo" através de M. Por outro lado, é possível integrar uma função escalar. Por exemplo, a integral da densidade de massa seria igual à massa total da faixa de Möbius.

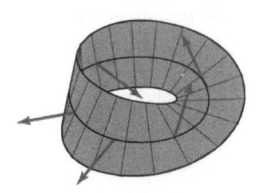

Faixa de Möbius 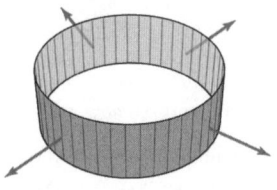   Faixa comum (não torcida)

FIGURA 6 Não é possível escolher um vetor normal unitário que varie continuamente numa faixa de Möbius.

948 Cálculo

FIGURA 7 O campo de velocidades de um fluxo fluido.

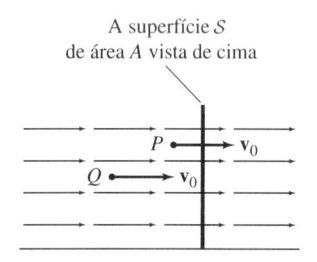

FIGURA 8 A partícula P escoa através de $\mathcal{S}$ num intervalo de 1 segundo, mas não Q.

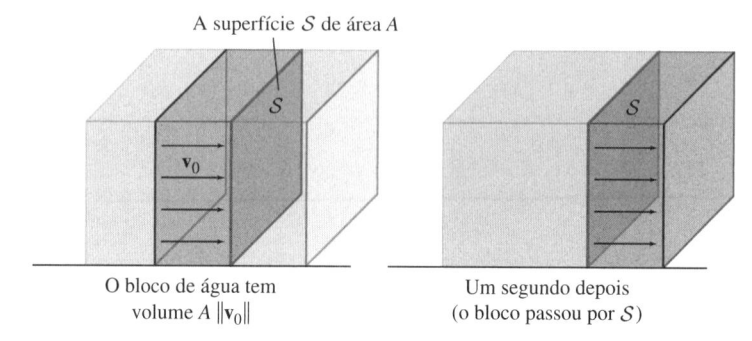

Fluxo fluido

Imagine mergulhar uma rede numa corrente d'água (Figura 7). A **taxa de fluxo** é o volume de água que atravessa a rede por unidade de tempo.

Para calcular esse fluxo, seja **v** o campo vetorial de velocidades. Em cada ponto P, $\mathbf{v}(P)$ é o vetor velocidade da partícula de água localizada no ponto P. Afirmamos que a *taxa segundo a qual a água flui através de uma superfície $\mathcal{S}$ é igual à integral de superfície de **v** em $\mathcal{S}$*.

Para explicar por que isso vale, suponha, inicialmente, que $\mathcal{S}$ seja um retângulo de área A e que **v** seja um campo vetorial constante de valor $\mathbf{v}_0$ perpendicular ao retângulo. As partículas movimentam-se à velocidade $\|\mathbf{v}_0\|$, digamos, em metros por segundo; portanto, uma dada partícula passa por $\mathcal{S}$ num intervalo de 1 segundo se sua distância até $\mathcal{S}$ for de, no máximo, $\|\mathbf{v}_0\|$ metros – em outras palavras, se seu vetor velocidade atravessar $\mathcal{S}$ (ver Figura 8). Assim, o bloco de fluido que escoa através de $\mathcal{S}$ num intervalo de 1 segundo é uma caixa de volume $\|\mathbf{v}_0\| A$ (Figura 9), e

$$\text{Taxa de fluxo} = (\text{velocidade})(\text{área}) = \|\mathbf{v}_0\| A$$

FIGURA 9

Se o fluido escoar num ângulo θ em relação a $\mathcal{S}$, então o bloco de água é um paralelepípedo (em vez de uma caixa) de volume $A\|\mathbf{v}_0\|\cos\theta$ (Figura 10). Se **N** for um vetor normal a $\mathcal{S}$ de comprimento igual à área A, então podemos escrever a taxa de fluxo como um produto escalar:

$$\text{Taxa de fluxo} = A\|\mathbf{v}_0\|\cos\theta = \mathbf{v}_0 \cdot \mathbf{N}$$

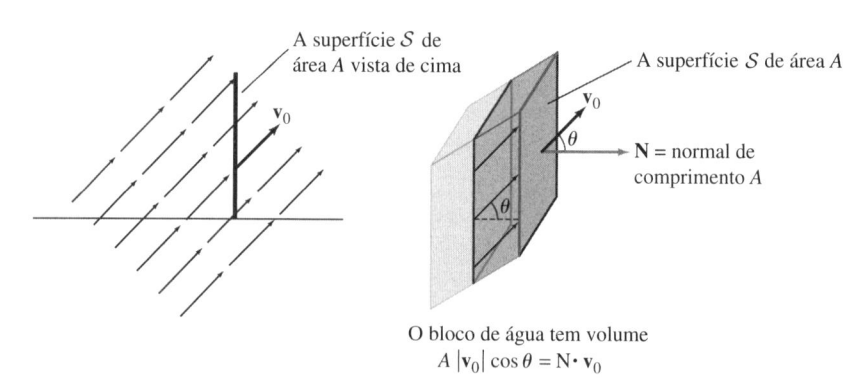

FIGURA 10 Água escoando à velocidade constante $\mathbf{v}_0$ fazendo um ângulo de θ com uma superfície retangular.

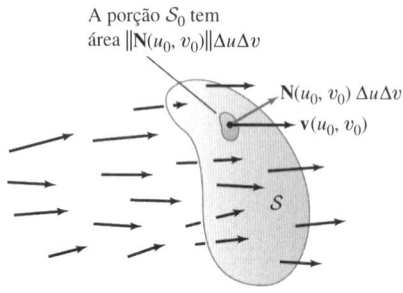

FIGURA 11 O fluxo do fluido através de uma pequena porção $\mathcal{S}_0$ é igual, aproximadamente, a $\mathbf{v}(u_0, v_0) \cdot \mathbf{N}(u_0, v_0)\,\Delta u\,\Delta v$.

No caso geral, o campo de velocidades **v** não é constante, e a superfície $\mathcal{S}$ pode ser encurvada. Para calcular a taxa de fluxo, escolhemos uma parametrização $G(u, v)$ e consideramos um retângulo pequeno de tamanho $\Delta u \times \Delta v$ que é levado por G numa parte pequena $\mathcal{S}_0$ de $\mathcal{S}$ (Figura 11). Dado qualquer ponto de amostragem $G(u_0, v_0)$ de $\mathcal{S}_0$, o vetor $\mathbf{N}(u_0, v_0)\,\Delta u\,\Delta v$ é um vetor normal de comprimento aproximadamente igual à área de $\mathcal{S}_0$ [Equação (3) da Seção 16.4]. Essa parte da superfície é praticamente retangular, de modo que temos a aproximação

$$\text{Taxa de fluxo através de } \mathcal{S}_0 \approx \mathbf{v}(u_0, v_0) \cdot \mathbf{N}(u_0, v_0)\,\Delta u\,\Delta v$$

O fluxo total por segundo é a soma dos fluxos pelas partes pequenas da superfície. Como de costume, o limite das somas com Δu e Δv tendendo a zero é a integral de $\mathbf{v}(u, v) \cdot \mathbf{N}(u, v)$, que é a integral de superfície de **v** em $\mathcal{S}$.

Taxa de fluxo através de uma superfície   Com fluido de campo vetorial de velocidades **v**,

$$\text{Taxa de fluxo através de } \mathcal{S} \text{ (volume por unidade de tempo)} = \iint_\mathcal{S} \mathbf{v} \cdot d\mathbf{S} \qquad \boxed{4}$$

■ **EXEMPLO 4**   Seja $\mathbf{v} = \langle x^2 + y^2, 0, z^2 \rangle$ o campo de velocidades (em centímetros por segundo) de um fluido em $\mathbf{R}^3$. Calcule a taxa de fluxo através do hemisfério superior $\mathcal{S}$ da esfera unitária centrada na origem.

Solução   Usamos coordenadas esféricas:

$$x = \cos\theta \, \text{sen}\,\phi, \qquad y = \text{sen}\,\theta \, \text{sen}\,\phi, \qquad z = \cos\phi$$

O hemisfério superior corresponde às variações $0 \leq \phi \leq \frac{\pi}{2}$ e $0 \leq \theta \leq 2\pi$. Pela Equação (2) da Seção 16.4, o vetor normal que aponta para cima é

$$\mathbf{N} = \mathbf{T}_\phi \times \mathbf{T}_\theta = \text{sen}\,\phi \langle \cos\theta \, \text{sen}\,\phi, \text{sen}\,\theta \, \text{sen}\,\phi, \cos\phi \rangle$$

Temos $x^2 + y^2 = \text{sen}^2\,\phi$, portanto

$$\mathbf{v} = \langle x^2 + y^2, 0, z^2 \rangle = \langle \text{sen}^2\,\phi, 0, \cos^2\,\phi \rangle$$

$$\mathbf{v} \cdot \mathbf{N} = \text{sen}\,\phi \langle \text{sen}^2\,\phi, 0, \cos^2\,\phi \rangle \cdot \langle \cos\theta \, \text{sen}\,\phi, \text{sen}\,\theta \, \text{sen}\,\phi, \cos\phi \rangle$$

$$= \text{sen}^4\,\phi \cos\theta + \text{sen}\,\phi \cos^3\,\phi$$

$$\iint_\mathcal{S} \mathbf{v} \cdot d\mathbf{S} = \int_{\phi=0}^{\pi/2} \int_{\theta=0}^{2\pi} (\text{sen}^4\,\phi \cos\theta + \text{sen}\,\phi \cos^3\,\phi) \, d\theta \, d\phi$$

A integral de $\text{sen}^4\,\phi \cos\theta$ em relação a θ é nula, portanto resta

$$\int_{\phi=0}^{\pi/2} \int_{\theta=0}^{2\pi} \text{sen}\,\phi \cos^3\,\phi \, d\theta \, d\phi = 2\pi \int_{\phi=0}^{\pi/2} \cos^3\,\phi \, \text{sen}\,\phi \, d\phi$$

$$= 2\pi \left(-\frac{\cos^4\,\phi}{4} \right) \bigg|_{\phi=0}^{\pi/2} = \frac{\pi}{2} \, \text{cm}^3/\text{s}$$

Como **N** é o vetor normal apontando para cima, essa é a taxa segundo a qual o fluido escoa através do hemisfério de baixo para cima.   ■

Campos elétrico e magnético

As leis da Eletricidade e do Magnetismo são expressas em termos de dois campos vetoriais, o campo elétrico **E** e o campo magnético **B**, cujas propriedades são resumidas pelas quatro equações de Maxwell. Uma dessas equações é a **lei da indução de Faraday**, que pode ser formulada como uma equação diferencial parcial ou, então, no formato da "forma integral" seguinte:

$$\int_\mathcal{C} \mathbf{E} \cdot d\mathbf{r} = -\frac{d}{dt} \iint_\mathcal{S} \mathbf{B} \cdot d\mathbf{S} \qquad \boxed{5}$$

Nessa equação, $\mathcal{S}$ é uma superfície orientada com curva de fronteira $\mathcal{C}$, orientada conforme indicado na Figura 12. A integral de linha de **E** é igual à variação de voltagem ao longo da curva de fronteira (o trabalho efetuado por **E** para mover uma carga positiva unitária ao longo de $\mathcal{C}$).

Para ilustrar a lei de Faraday, considere uma corrente elétrica de i ampères fluindo ao longo de um arame reto. De acordo com a lei de Biot-Savart, essa corrente produz um campo magnético **B** de magnitude $B(r) = \dfrac{\mu_0 |i|}{2\pi r}$ T, em que r é a distância (em metros) ao arame e $\mu_0 = 4\pi \cdot 10^{-7}$ T-m/A. Em cada ponto P, o campo **B** é tangente ao círculo por P perpendicular ao arame, como na Figura 13(A), com o sentido determinado pela regra da mão direita: se o polegar da mão direita apontar no sentido da corrente, então os dedos se curvam no sentido de **B**.

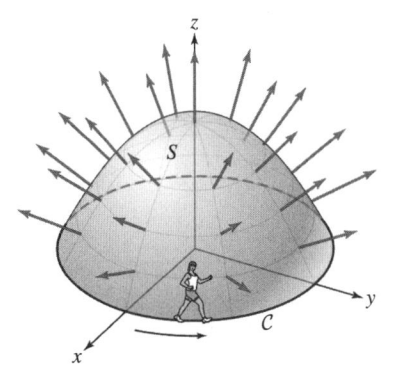

FIGURA 12   O sentido positivo ao longo da curva de fronteira $\mathcal{C}$ é definido de tal modo que se um pedestre caminha no sentido positivo, com a superfície à sua esquerda, então sua cabeça aponta no sentido (normal) para fora.

O **tesla** (T) é a unidade de força de campo magnético. Uma carga pontual de 1 coulomb passando por um campo magnético de 1 tesla a 1 m/s sofre uma força de 1 newton.

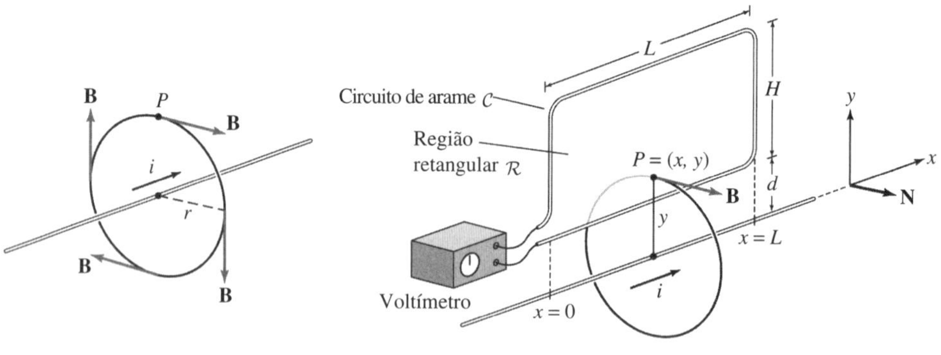

(A) Campo magnético **B** devido à corrente no arame.

(B) O campo magnético **B** aponta no sentido **N** normal a $\mathcal{R}$.

FIGURA 13

*O campo elétrico **E** é conservativo se as cargas forem estacionárias ou, mais geralmente, se o campo magnético **B** for constante. Se **B** variar com o tempo, a integral do lado direito da Equação (5) será não nula em alguma superfície e, portanto, a circulação de **E** ao longo da curva de fronteira $\mathcal{C}$ também será não nula. Isso mostra que **E** não é conservativo se **B** varia com o tempo.*

O fluxo magnético como uma função do tempo costuma ser denotado pela letra grega Φ:

$$\Phi(t) = \iint_\mathcal{S} \mathbf{B} \cdot d\mathbf{S}$$

■ **EXEMPLO 5** Uma corrente variável de magnitude (t em segundos)

$$i = 28\cos(400t) \text{ ampères}$$

flui ao longo de um arame reto [Figura 13(B)]. Um circuito retangular de arame $\mathcal{C}$ de $L = 1{,}2$ m de comprimento e $H = 0{,}7$ m de altura está localizado a uma distância d de $0{,}1$ m do arame, como na figura. O circuito engloba uma superfície retangular $\mathcal{R}$ que é orientada por vetores normais apontando para fora da página.

(a) Calcule o fluxo $\Phi(t)$ de **B** através de $\mathcal{R}$.
(b) Use a lei de Faraday para determinar a variação de voltagem (em volts) ao longo do laço $\mathcal{C}$.

Solução Escolhemos coordenadas (x, y) no retângulo $\mathcal{R}$ como na Figura 13, de modo que y seja a distância ao arame e $\mathcal{R}$ a região

$$0 \le x \le L, \qquad d \le y \le H + d$$

Nossa parametrização de $\mathcal{R}$ é, simplesmente, $G(x, y) = (x, y)$, com a qual o vetor normal **N** é o vetor unitário perpendicular a $\mathcal{R}$, apontando para fora da página. O campo magnético **B** em $P = (x, y)$ tem magnitude $\dfrac{\mu_0|i|}{2\pi y}$ e aponta diretamente para fora da página na direção e no sentido de **N** se i for positivo, e para dentro da página se i for negativo. Assim,

$$\mathbf{B} = \frac{\mu_0 i}{2\pi y}\mathbf{N} \qquad \text{e} \qquad \mathbf{B} \cdot \mathbf{N} = \frac{\mu_0 i}{2\pi y}$$

(a) O fluxo $\Phi(t)$ de **B** através de $\mathcal{R}$ no instante t é

$$\Phi(t) = \iint_\mathcal{R} \mathbf{B} \cdot d\mathbf{S} = \int_{x=0}^{L} \int_{y=d}^{H+d} \mathbf{B} \cdot \mathbf{N}\, dy\, dx$$

$$= \int_{x=0}^{L} \int_{y=d}^{H+d} \frac{\mu_0 i}{2\pi y}\, dy\, dx = \frac{\mu_0 L i}{2\pi} \int_{y=d}^{H+d} \frac{dy}{y}$$

$$= \frac{\mu_0 L}{2\pi}\left(\ln\frac{H+d}{d}\right) i$$

$$= \frac{\mu_0(1{,}2)}{2\pi}\left(\ln\frac{0{,}8}{0{,}1}\right) 28\cos(400t)$$

Com $\mu_0 = 4\pi \cdot 10^{-7}$, obtemos

$$\Phi(t) \approx 1{,}4 \times 10^{-5} \cos(400t) \text{ T-m}^2$$

(b) Pela lei de Faraday [Equação (5)], a variação de voltagem ao longo do circuito retangular $\mathcal{C}$, orientado no sentido anti-horário, é

$$\int_\mathcal{C} \mathbf{E} \cdot d\mathbf{s} = -\frac{d\Phi}{dt} \approx -(1{,}4 \times 10^{-5})(400)\operatorname{sen}(400t) = -0{,}0056\operatorname{sen}(400t) \text{ volts} \quad ■$$

Tipos de integrais

Concluímos com uma lista dos tipos de integrais introduzidas neste capítulo.

1. **Integral de linha escalar** ao longo de uma curva $\mathcal{C}$ dada por $\mathbf{r}(t)$ com $a \leq t \leq b$ (usada para calcular comprimento de arco, massa, potencial elétrico):

$$\int_{\mathcal{C}} f(x, y, z)\, d\mathbf{r} = \int_{a}^{b} f(\mathbf{r}(t)) \|\mathbf{r}'(t)\|\, dt$$

2. **Integral de linha vetorial** para calcular trabalho ao longo de uma curva $\mathcal{C}$ dada por $\mathbf{r}(t)$ com $a \leq t \leq b$:

$$\int_{\mathcal{C}} \mathbf{F} \cdot d\mathbf{r} = \int_{a}^{b} \mathbf{F}(\mathbf{r}(t)) \cdot \mathbf{r}'(t)\, dt = \int_{\mathcal{C}} F_1\, dx + F_2\, dy + F_3\, dz$$

3. **Integral de linha vetorial** para calcular o fluxo através de uma curva $\mathcal{C}$ dada por $\mathbf{r}(t)$ com $a \leq t \leq b$:

$$\int_{\mathcal{C}} \mathbf{F} \cdot \mathbf{n}\, ds = \int_{a}^{b} \mathbf{F}(\mathbf{r}(t)) \cdot \mathbf{N}(t)\, dt$$

4. **Integral de superfície escalar** numa superfície parametrizada por $G(u, v)$ e domínio dos parâmetros $\mathcal{D}$ (usada para calcular área de superfície, carga total, potencial gravitacional):

$$\iint_{\mathcal{S}} f(x, y, z)\, dS = \iint_{\mathcal{D}} f(G(u, v)) \|\mathbf{N}(u, v)\|\, du\, dv$$

5. **Integral de superfície vetorial** para calcular o fluxo de um campo vetorial através de uma superfície $\mathcal{S}$ parametrizada por $G(u, v)$ de domínio dos parâmetros $\mathcal{D}$:

$$\iint_{\mathcal{S}} \mathbf{F} \cdot d\mathbf{S} = \iint_{\mathcal{D}} \mathbf{F}(G(u, v)) \cdot \mathbf{N}(u, v)\, du\, dv$$

16.5 Resumo

- Uma superfície $\mathcal{S}$ é *orientada* se estiver especificado um vetor normal unitário $\mathbf{n}(P)$ em cada ponto de $\mathcal{S}$ que varia continuamente. Isso especifica um sentido "para fora" da superfície.
- A integral de um campo vetorial $\mathbf{F}$ numa superfície orientada $\mathcal{S}$ é definida como a integral do componente normal $\mathbf{F} \cdot \mathbf{n}$ em $\mathcal{S}$.
- As integrais de superfície vetoriais são calculadas usando a fórmula

$$\iint_{\mathcal{S}} \mathbf{F} \cdot d\mathbf{S} = \iint_{\mathcal{D}} \mathbf{F}(G(u, v)) \cdot \mathbf{N}(u, v)\, du\, dv$$

  Aqui, $G(u, v)$ é uma parametrização de $\mathcal{S}$ tal que $\mathbf{N}(u, v) = \mathbf{T}_u \times \mathbf{T}_v$ aponta no sentido do vetor normal unitário especificado pela orientação.
- A integral de superfície de um campo vetorial $\mathbf{F}$ em $\mathcal{S}$ também é denominada o *fluxo* de $\mathbf{F}$ através de G. Se $\mathbf{F}$ for o campo de velocidades de um fluido, então o fluxo $\iint_{\mathcal{S}} \mathbf{F} \cdot d\mathbf{S}$ é a taxa segundo a qual o fluido escoa através de $\mathcal{S}$ por unidade de tempo.

16.5 Exercícios

Exercícios preliminares

1. Sejam $\mathbf{F}$ um campo vetorial, $G(u, v)$ uma parametrização de uma superfície $\mathcal{S}$ e $\mathbf{N} = \mathbf{T}_u \times \mathbf{T}_v$. Qual dos seguintes é o componente normal de $\mathbf{F}$?
   (a) $\mathbf{F} \cdot \mathbf{N}$
   (b) $\mathbf{F} \cdot \mathbf{n}$

2. A integral de superfície vetorial $\iint_{\mathcal{S}} \mathbf{F} \cdot d\mathbf{S}$ é igual à integral de superfície escalar da função (escolha a resposta correta):
   (a) $\|\mathbf{F}\|$.
   (b) $\mathbf{F} \cdot \mathbf{N}$, em que $\mathbf{N}$ é um vetor normal.
   (c) $\mathbf{F} \cdot \mathbf{n}$, em que $\mathbf{n}$ é o vetor normal unitário.

3. $\iint_{\mathcal{S}} \mathbf{F} \cdot d\mathbf{S}$ é zero se (escolha a resposta correta):
   (a) $\mathbf{F}$ for tangente a $\mathcal{S}$ em cada ponto.
   (b) $\mathbf{F}$ for perpendicular a $\mathcal{S}$ em cada ponto.

4. Se $\mathbf{F}(P) = \mathbf{n}(P)$ em cada ponto de $\mathcal{S}$, então $\iint_{\mathcal{S}} \mathbf{F} \cdot d\mathbf{S}$ é igual a qual dos seguintes?
   (a) Zero
   (b) Área($\mathcal{S}$)
   (c) Nenhum desses

5. Seja $\mathcal{S}$ o disco $x^2 + y^2 \leq 1$ no plano xy orientado com normal no sentido z positivo. Determine $\iint_{\mathcal{S}} \mathbf{F} \cdot d\mathbf{S}$ com cada um dos campos vetoriais constantes seguintes:
   (a) $\mathbf{F} = \langle 1, 0, 0 \rangle$ (b) $\mathbf{F} = \langle 0, 0, 1 \rangle$ (c) $\mathbf{F} = \langle 1, 1, 1 \rangle$

6. Dê uma estimativa de $\iint_{\mathcal{S}} \mathbf{F} \cdot d\mathbf{S}$ se $\mathcal{S}$ for uma superfície orientada minúscula de área 0,05 e o valor de $\mathbf{F}$ num ponto de amostragem de $\mathcal{S}$ for um vetor de comprimento 2 fazendo um ângulo de $\frac{\pi}{4}$ com a reta normal à superfície.

7. Uma superfície $\mathcal{S}$ pequena é dividida em três pedaços de área 0,2. Dê uma estimativa de $\iint_{\mathcal{S}} \mathbf{F} \cdot d\mathbf{S}$ se $\mathbf{F}$ for um campo vetorial unitário fazendo um ângulo de 85°, 90° e 95° com a reta normal em pontos arbitrariamente escolhidos nesses três pedaços.

Exercícios

1. Sejam $\mathbf{F} = \langle z, 0, y \rangle$ e $\mathcal{S}$ a superfície orientada parametrizada por $G(u, v) = (u^2 - v, u, v^2)$ com $0 \leq u \leq 2$, $-1 \leq v \leq 4$. Calcule:
   (a) $\mathbf{N}$ e $\mathbf{F} \cdot \mathbf{N}$ como funções de u e v;
   (b) o componente normal de $\mathbf{F}$ à superfície em $P = (3, 2, 1) = G(2, 1)$;
   (c) $\iint_{\mathcal{S}} \mathbf{F} \cdot d\mathbf{S}$.

2. Sejam $\mathbf{F} = \langle y, -x, x^2 + y^2 \rangle$ e $\mathcal{S}$ a parte do paraboloide $z = x^2 + y^2$ em que $x^2 + y^2 \leq 3$.
   (a) Mostre que se $\mathcal{S}$ for parametrizada em variáveis polares $x = r \cos\theta$, $y = r \sen\theta$, então $\mathbf{F} \cdot \mathbf{N} = r^3$.
   (b) Mostre que $\iint_{\mathcal{S}} \mathbf{F} \cdot d\mathbf{S} = \int_0^{2\pi} \int_0^{\sqrt{3}} r^3 \, dr \, d\theta$ e calcule.

3. Seja $\mathcal{S}$ o quadrado do plano xy mostrado na Figura 14, orientado com o vetor normal apontando no sentido z positivo. Dê uma estimativa de
$$\iint_{\mathcal{S}} \mathbf{F} \cdot d\mathbf{S}$$
se $\mathbf{F}$ for um campo vetorial cujos valores nos pontos indicados são
   $\mathbf{F}(A) = \langle 2, 6, 4 \rangle$, $\mathbf{F}(B) = \langle 1, 1, 7 \rangle$
   $\mathbf{F}(C) = \langle 3, 3, -3 \rangle$, $\mathbf{F}(D) = \langle 0, 1, 8 \rangle$

4. Suponha que $\mathcal{S}$ seja uma superfície em $\mathbf{R}^3$ com uma parametrização G cujo domínio $\mathcal{D}$ seja o quadrado da Figura 14. Na tabela seguinte estão dados os valores de uma função f, um campo vetorial $\mathbf{F}$ e o vetor normal $\mathbf{N} = \mathbf{T}_u \times \mathbf{T}_v$ em $G(P)$ calculados nos quatro pontos de amostragem de $\mathcal{D}$. Obtenha uma estimativa das integrais de superfície de f e $\mathbf{F}$ em $\mathcal{S}$.

Ponto P de $\mathcal{D}$	f	$\mathbf{F}$	$\mathbf{N}$
A	3	$\langle 2, 6, 4 \rangle$	$\langle 1, 1, 1 \rangle$
B	1	$\langle 1, 1, 7 \rangle$	$\langle 1, 1, 0 \rangle$
C	2	$\langle 3, 3, -3 \rangle$	$\langle 1, 0, -1 \rangle$
D	5	$\langle 0, 1, 8 \rangle$	$\langle 2, 1, 0 \rangle$

Nos Exercícios 5-17, calcule $\iint_{\mathcal{S}} \mathbf{F} \cdot d\mathbf{S}$ na superfície orientada dada.

5. $\mathbf{F} = \langle y, z, x \rangle$, plano $3x - 4y + z = 1$, $0 \leq x \leq 1$, $0 \leq y \leq 1$, normal apontando para cima.

6. $\mathbf{F} = \langle e^z, z, x \rangle$, $G(r, s) = (rs, r + s, r)$, $0 \leq r \leq 1$, $0 \leq s \leq 1$, orientada por $\mathbf{T}_r \times \mathbf{T}_s$.

7. $\mathbf{F} = \langle 0, 3, x \rangle$, parte da esfera $x^2 + y^2 + z^2 = 9$, em que $x \geq 0$, $y \geq 0$, $z \geq 0$, normal apontando para fora.

8. $\mathbf{F} = \langle x, y, z \rangle$, parte da esfera $x^2 + y^2 + z^2 = 1$, em que $\frac{1}{2} \leq z \leq \frac{\sqrt{3}}{2}$, normal apontando para dentro.

9. $\mathbf{F} = \langle z, z, x \rangle$, $z = 9 - x^2 - y^2$, $x \geq 0$, $y \geq 0$, $z \geq 0$, normal apontando para cima.

10. $\mathbf{F} = \langle \sen y, \sen z, yz \rangle$, retângulo $0 \leq y \leq 2$, $0 \leq z \leq 3$ no plano (y, z), normal apontando no sentido x negativo.

11. $\mathbf{F} = y^2 \mathbf{i} + 2 \mathbf{j} - x \mathbf{k}$, parte do plano $x + y + z = 1$ no octante $x, y, z \geq 0$, normal apontando para cima.

12. $\mathbf{F} = \langle x, y, e^z \rangle$, cilindro $x^2 + y^2 = 4$, $1 \leq z \leq 5$, normal apontando para fora.

13. $\mathbf{F} = \langle xz, yz, z^{-1} \rangle$, disco de raio 3 à altura 4 acima do plano xy, normal apontando para cima.

14. $\mathbf{F} = \langle xy, y, 0 \rangle$, cone $z^2 = x^2 + y^2$, $x^2 + y^2 \leq 4$, $z \geq 0$, normal apontando para baixo.

15. $\mathbf{F} = \langle 0, 0, e^{y+z} \rangle$, fronteira do cubo unitário $0 \leq x \leq 1$, $0 \leq y \leq 1$, $0 \leq z \leq 1$, normal apontando para fora.

16. $\mathbf{F} = \langle 0, 0, z^2 \rangle$, $G(u, v) = (u \cos v, u \sen v, v)$, $0 \leq u \leq 1$, $0 \leq v \leq 2\pi$, normal apontando para cima.

17. $\mathbf{F} = \langle y, z, 0 \rangle$, $G(u, v) = (u^3 - v, u + v, v^2)$, $0 \leq u \leq 2$, $0 \leq v \leq 3$, normal apontando para baixo.

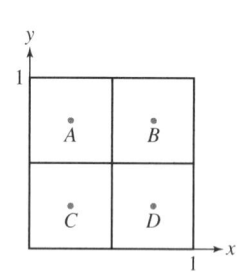

FIGURA 14

18. Seja $\mathcal{S}$ o semicilindro orientado da Figura 15. Em cada parte (a)-(f), determine se $\iint_\mathcal{S} \mathbf{F} \cdot d\mathbf{S}$ é positiva, negativa ou nula. Explique seu raciocínio.
(a) $\mathbf{F} = \mathbf{i}$
(b) $\mathbf{F} = \mathbf{j}$
(c) $\mathbf{F} = \mathbf{k}$
(d) $\mathbf{F} = y\mathbf{i}$
(e) $\mathbf{F} = -y\mathbf{j}$
(f) $\mathbf{F} = x\mathbf{j}$

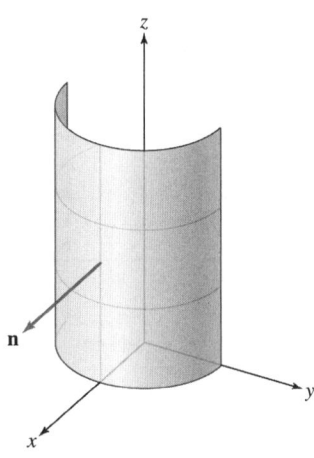

FIGURA 15

19. Seja $\mathbf{e_r} = \langle x/r, y/r, z/r \rangle$ o vetor radial unitário, em que $r = \sqrt{x^2 + y^2 + z^2}$. Calcule a integral de $\mathbf{F} = e^{-r}\mathbf{e_r}$:
(a) no hemisfério superior de $x^2 + y^2 + z^2 = 9$, com normal apontando para fora;
(b) no octante $x \geq 0, y \geq 0, z \geq 0$ da esfera unitária centrada na origem.

20. Mostre que o fluxo de $\mathbf{F} = \dfrac{\mathbf{e_r}}{r^2}$ através de uma esfera centrada na origem não depende do raio da esfera.

21. O campo elétrico devido a uma carga pontual localizada na origem em $\mathbf{R}^3$ é $\mathbf{E} = k\dfrac{\mathbf{e_r}}{r^2}$, em que $r = \sqrt{x^2 + y^2 + z^2}$ e k é uma constante. Calcule o fluxo de $\mathbf{E}$ através do disco D de raio 2 paralelo ao plano xy centrado em $(0, 0, 3)$.

22. Seja $\mathcal{S}$ o elipsoide $\left(\dfrac{x}{4}\right)^2 + \left(\dfrac{y}{3}\right)^2 + \left(\dfrac{z}{2}\right)^2 = 1$. Calcule o fluxo de $\mathbf{F} = z\mathbf{i}$ pela parte de $\mathcal{S}$ em que $x, y, z \leq 0$, com normal apontando para cima. *Sugestão:* parametrize $\mathcal{S}$ usando uma forma modificada das coordenadas esféricas (θ, ϕ).

23. Seja $\mathbf{v} = z\mathbf{k}$ o campo de velocidades (em m/s) de um fluido em $\mathbf{R}^3$. Calcule a taxa de fluxo (em m³/s) através do hemisfério superior $(z \geq 0)$ da esfera $x^2 + y^2 + z^2 = 1$.

24. Calcule a taxa de fluxo de um fluido com campo de velocidades $\mathbf{v} = \langle x, y, x^2y \rangle$ (em m/s) através da parte da elipse $\left(\dfrac{x}{2}\right)^2 + \left(\dfrac{y}{3}\right)^2 = 1$ no plano xy em que $x, y \geq 0$, orientada com a normal no sentido z positivo.

Nos Exercícios 25-28, uma rede é mergulhada na água de um rio. Determine a taxa do fluxo d'água através da rede se o campo vetorial de velocidades do rio for dado por $\mathbf{v}$ e a rede for descrita pelas equações dadas.

25. $\mathbf{v} = \langle x - y, z + y + 4, z^2 \rangle$, rede dada por $x^2 + z^2 \leq 1$, $y = 0$, orientada no sentido y positivo.

26. $\mathbf{v} = \langle x - y, z + y + 4, z^2 \rangle$, rede dada por $y = 1 - x^2 - z^2$, $y \geq 0$, orientada no sentido y positivo.

27. $\mathbf{v} = \langle x - y, z + y + 4, z^2 \rangle$, rede dada por $y = \sqrt{1 - x^2 - z^2}$, $y \geq 0$, orientada no sentido y positivo.

28. $\mathbf{v} = \langle zy, xz, xy \rangle$, rede dada por $y = 1 - x - z$ com $x, y, z \geq 0$, orientada no sentido y positivo.

Nos Exercícios 29 e 30, seja $\mathcal{T}$ a região triangular de vértices $(1, 0, 0)$, $(0, 1, 0)$ e $(0, 0, 1)$ orientada com vetor normal apontando para cima (Figura 16). Considere a distância em metros.

29. Um fluido flui com campo de velocidades constante $\mathbf{v} = 2\mathbf{k}$ (m/s). Calcule:
(a) a taxa de fluxo através de $\mathcal{T}$;
(b) a taxa de fluxo através da projeção de $\mathcal{T}$ sobre o plano xy [o triângulo de vértices $(0, 0, 0)$, $(1, 0, 0)$ e $(0, 1, 0)$].

30. Calcule a taxa de fluxo através de $\mathcal{T}$ se $\mathbf{v} = -\mathbf{j}$ m/s.

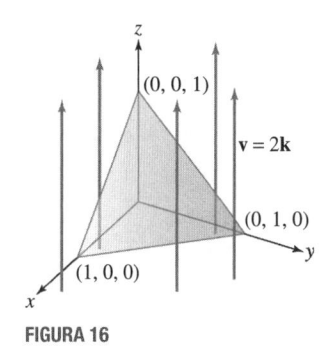

FIGURA 16

31. Prove que se $\mathcal{S}$ for a parte de um gráfico $z = g(x, y)$ acima de um domínio $\mathcal{D}$ do plano xy, então
$$\iint_\mathcal{S} \mathbf{F} \cdot d\mathbf{S} = \iint_\mathcal{D} \left(-F_1 \frac{\partial g}{\partial x} - F_2 \frac{\partial g}{\partial y} + F_3\right) dx\, dy$$

Nos Exercícios 32 e 33, uma corrente variável $i(t)$ flui ao longo de um arame reto comprido no plano xy, como no Exemplo 5. A corrente produz um campo magnético $\mathbf{B}$ cuja magnitude a uma distância r do arame é $B = \dfrac{\mu_0 i}{2\pi r}$ T, sendo $\mu_0 = 4\pi \cdot 10^{-7}$ T·m/A. Além disso, $\mathbf{B}$ aponta para dentro da página nos pontos P do plano xy.

32. Suponha que $i(t) = t(12 - t)$ A (t em segundos). Calcule o fluxo $\Phi(t)$, no instante t, de $\mathbf{B}$ através de um retângulo de dimensões $L \times H = 3 \times 2$ m, cujas arestas superior e inferior são paralelas ao arame e cuja aresta inferior esteja localizada a $d = 0{,}5$ m acima do arame, analogamente ao da Figura 13(B). Em seguida, use a lei de Faraday para determinar a variação de voltagem em torno do circuito retangular (a fronteira do retângulo) no instante t.

33. Suponha que $i = 10e^{-0,1t}$ A (t em segundos). Calcule o fluxo $\Phi(t)$, no instante t, de $\mathbf{B}$ através de um triângulo isósceles de 12 cm de base e 6 cm de altura, cuja aresta inferior esteja localizada a 3 cm acima do arame, como na Figura 17. Suponha que o triângulo esteja orientado com vetor normal apontando para fora da página. Use a lei de Faraday para determinar a variação de voltagem em torno do circuito triangular (a fronteira do triângulo) no instante t.

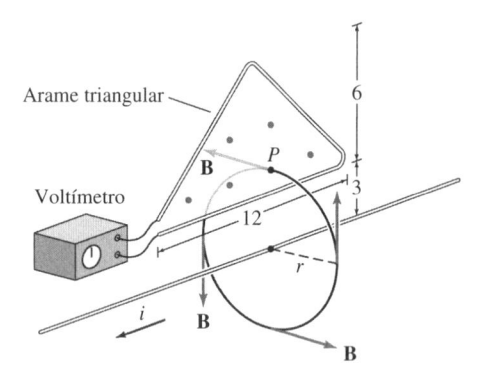

FIGURA 17

Nos Exercícios 34 e 35, um material sólido de condutividade termal K em kilowatts por metro-kelvin e temperatura dada em cada ponto por $w(x, y, z)$ tem um fluxo de calor dado pelo campo vetorial $\mathbf{F} = -K\nabla w$ e taxa de fluxo de calor através de uma superfície S dentro do sólido dada por $-K \int \int_S \nabla w \, dS$.

34. Encontre a taxa de fluxo de calor para fora de uma esfera de 1 m de raio dentro de um grande cubo de cobre ($K = 400$ kilowatts/m-k) com função temperatura dada por $w(x, y, z) = 20 - 5(x^2 + y^2 + z^2)°$C.

35. Um cilindro isolado de ouro maciço ($K = 310$ kW/m-k) de $\sqrt{2}$ m de raio e altura 5 m é aquecido em um extremidade até que a temperatura em cada ponto do cilindro seja dada por $w(x, y, z) = (30 - z^2)(2 - (x^2 + y^2))$. Determine a taxa de fluxo de calor através de cada disco horizontal dado por $z = 1$, $z = 2$ e $z = 3$, identificando através de qual a taxa de fluxo de calor é maior.

Compreensão adicional e desafios

36. Uma massa pontual m está localizada na origem. Seja Q o fluxo do campo gravitacional $\mathbf{F} = -Gm\dfrac{\mathbf{e}_r}{r^2}$ através do cilindro $x^2 + y^2 = R^2$ com $a \leq z \leq b$, incluindo as faces superior e inferior (Figura 18). Mostre que $Q = -4\pi Gm$ se $a < 0 < b$ (m fica dentro do cilindro) e $Q = 0$ se $0 < a < b$ (m está fora do cilindro).

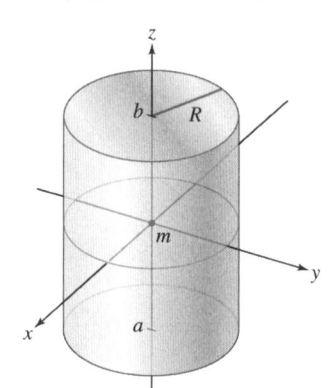

FIGURA 18

Nos Exercícios 37 e 38, seja S a superfície parametrizada por

$$G(u, v) = \left(\left(1 + v\cos\dfrac{u}{2}\right)\cos u, \left(1 + v\cos\dfrac{u}{2}\right)\sen u, v\sen\dfrac{u}{2}\right)$$

com $0 \leq u \leq 2\pi$, $-\frac{1}{2} \leq v \leq \frac{1}{2}$.

37. Use um sistema algébrico computacional.
   (a) Esboce S e confirme, visualmente, que S é uma faixa de Möbius.
   (b) A interseção de S com o plano xy é o círculo unitário $G(u, 0) = (\cos u, \sen u, 0)$. Confira que o vetor normal ao longo desse círculo é
   $$\mathbf{N}(u, 0) = \left\langle \cos u \sen \dfrac{u}{2}, \sen u \sen \dfrac{u}{2}, -\cos\dfrac{u}{2}\right\rangle$$
   (c) Se u varia de 0 a 2π, o ponto $G(u, 0)$ dá uma volta em torno do círculo unitário, começando e terminando em $G(0, 0) = G(2\pi, 0) = (1, 0, 0)$. Confira que $\mathbf{N}(u, 0)$ é um vetor unitário que varia continuamente, mas $\mathbf{N}(2\pi, 0) = -\mathbf{N}(0, 0)$. Isso mostra que S não é orientável, ou seja, não é possível escolher um vetor normal não nulo em cada ponto de S de maneira que varie continuamente (se isso fosse possível, o vetor normal unitário retornaria a si mesmo e não a seu negativo quando carregado por uma volta em torno do círculo).

38. Não é possível integrar um campo vetorial em S porque S não é orientável, mas é possível integrar funções em S.
   Use um sistema algébrico computacional.
   (a) Confira que
   $$\|\mathbf{N}(u, v)\|^2 = 1 + \dfrac{3}{4}v^2 + 2v\cos\dfrac{u}{2} + \dfrac{1}{2}v^2\cos u$$
   (b) Calcule a área de superfície de S com quatro casas decimais.
   (c) Calcule $\displaystyle\iint_S (x^2 + y^2 + z^2)\, dS$ com quatro cassas decimais.

EXERCÍCIOS DE REVISÃO DO CAPÍTULO

1. Calcule o vetor associado ao ponto $P = (-3, 5)$ pelo campo vetorial:
   (a) $\mathbf{F}(x, y) = \langle xy, y - x\rangle$
   (b) $\mathbf{F}(x, y) = \langle 4, 8\rangle$
   (c) $\mathbf{F}(x, y) = \langle 3^{x+y}, \log_2(x + y)\rangle$

2. Encontre um campo vetorial $\mathbf{F}$ no plano tal que $\|\mathbf{F}(x, y)\| = 1$ e tal que $\mathbf{F}(x, y)$ seja ortogonal a $\mathbf{G}(x, y) = \langle x, y\rangle$ com quaisquer x, y.

Nos Exercícios 3-6, esboce o campo vetorial.

3. $\mathbf{F}(x, y) = \langle y, 1\rangle$
4. $\mathbf{F}(x, y) = \langle 4, 1\rangle$
5. ∇f, sendo $f(x, y) = x^2 - y$

6. $\mathbf{F}(x, y) = \left\langle \dfrac{4y}{\sqrt{x^2 + 4y^2}}, \dfrac{-x}{\sqrt{x^2 + 16y^2}}\right\rangle$

Sugestão: mostre que $\mathbf{F}$ é um campo vetorial unitário tangente à família de elipses $x^2 + 4y^2 = c^2$.

Nos Exercícios 7-14, calcule div($\mathbf{F}$) e rot($\mathbf{F}$).

7. $\mathbf{F} = \langle x^2, y^2, z^2\rangle$
8. $\mathbf{F} = \langle yz, xz, xy\rangle$
9. $\mathbf{F} = \langle x^3y, xz^2, y^2z\rangle$
10. $\mathbf{F} = \langle \sen xy, \cos yz, \sen xz\rangle$
11. $\mathbf{F} = y\mathbf{i} - z\mathbf{k}$
12. $\mathbf{F} = \langle e^{x+y}, e^{y+z}, xyz\rangle$

13. $\mathbf{F} = \nabla(e^{-x^2-y^2-z^2})$
14. $\mathbf{e}_r = r^{-1}\langle x, y, z\rangle$ $(r = \sqrt{x^2+y^2+z^2})$
15. Mostre que se F_1, F_2 e F_3 forem funções deriváveis de uma variável, então
$$\text{rot}(\langle F_1(x), F_2(y), F_3(z)\rangle) = \mathbf{0}$$
Use isso para calcular o rotacional de
$$\mathbf{F}(x, y, z) = \langle x^2 + y^2, \ln y + z^2, z^3 \operatorname{sen}(z^2)e^{z^3}\rangle$$

16. Dê um exemplo de um campo vetorial não nulo $\mathbf{F}$ tal que $\text{rot}(\mathbf{F}) = \mathbf{0}$ e $\text{div}(\mathbf{F}) = 0$.

17. Verifique a identidade $\text{div}(\text{rot}(\mathbf{F})) = 0$ com os campos vetoriais $\mathbf{F} = \langle xz, ye^x, yz\rangle$ e $\mathbf{G} = \langle z^2, xy^3, x^2y\rangle$.

Nos Exercícios 18-26, determine se o campo vetorial é ou não é conservativo e, se for, encontre um potencial.

18. $\mathbf{F}(x, y) = \langle x^2y, y^2x\rangle$
19. $\mathbf{F}(x, y) = \langle 4x^3y^5, 5x^4y^4\rangle$
20. $\mathbf{F}(x, y, z) = \langle \operatorname{sen} x, e^y, z\rangle$
21. $\mathbf{F}(x, y, z) = \langle 2, 4, e^z\rangle$
22. $\mathbf{F}(x, y, z) = \langle xyz, \frac{1}{2}x^2z, 2z^2y\rangle$
23. $\mathbf{F}(x, y) = \langle y^4x^3, x^4y^3\rangle$
24. $\mathbf{F}(x, y, z) = \left\langle \frac{y}{1+x^2}, \text{arc tg } x, 2z\right\rangle$
25. $\mathbf{F}(x, y, z) = \left\langle \frac{2xy}{x^2+z}, \ln(x^2+z), \frac{y}{x^2+z}\right\rangle$
26. $\mathbf{F}(x, y, z) = \langle xe^{2x}, ye^{2z}, ze^{2y}\rangle$

27. Encontre um campo vetorial conservativo da forma $\mathbf{F} = \langle g(y), h(x)\rangle$ tal que $\mathbf{F}(0, 0) = \langle 1, 1\rangle$, em que $g(y)$ e $h(x)$ são funções deriváveis. Determine todos os campos desse tipo.

Nos Exercícios 28-31, calcule a integral de linha $\int_\mathcal{C} f(x, y)\, ds$ da função e do caminho ou da curva dados.

28. $f(x, y) = xy$, o caminho $\mathbf{r}(t) = \langle t, 2t-1\rangle$ com $0 \le t \le 1$.
29. $f(x, y) = x - y$, o semicírculo unitário $x^2 + y^2 = 1$, $y \ge 0$.
30. $f(x, y, z) = e^x - \frac{y}{2\sqrt{2z}}$, o caminho $\mathbf{r}(t) = \left\langle \ln t, \sqrt{2}t, \frac{1}{2}t^2\right\rangle$ com $1 \le t \le 2$.
31. $f(x, y, z) = x + 2y + z$, a hélice $\mathbf{r}(t) = (\cos t, \operatorname{sen} t, t)$ com $0 \le t \le \pi/2$.

32. Encontre a massa total de um bastão em formato de L consistindo nos segmentos $(2t, 2)$ e $(2, 2-2t)$ com $0 \le t \le 1$ (comprimento em cm) de densidade de massa $\rho(x, y) = x^2y$ g/cm.

33. Calcule $\mathbf{F} = \nabla f$, se $f(x, y, z) = xye^z$, e calcule $\int_\mathcal{C} \mathbf{F} \cdot d\mathbf{r}$ se
    (a) $\mathcal{C}$ for uma curva qualquer de $(1, 1, 0)$ até $(3, e, -1)$;
    (b) $\mathcal{C}$ for a fronteira do quadrado $0 \le x \le 1$, $0 \le y \le 1$ orientado no sentido anti-horário.

34. Calcule $\int_{\mathcal{C}_1} y\, dx + x^2y\, dy$ se $\mathcal{C}_1$ for a curva orientada na Figura 1(A).

35. Sejam $\mathbf{F}(x, y) = \langle 9y - y^3, e^{\sqrt{y}}(x^2 - 3x)\rangle$ e $\mathcal{C}_2$ a curva orientada na Figura 1(B).
    (a) Mostre que $\mathbf{F}$ não é conservativo.
    (b) Mostre que $\int_{\mathcal{C}_2} \mathbf{F} \cdot d\mathbf{r} = 0$ sem calcular explicitamente a integral. *Sugestão:* mostre que $\mathbf{F}$ é ortogonal às arestas do quadrado.

Nos Exercícios 36-39, calcule a integral de linha $\int_\mathbf{c} \mathbf{F} \cdot d\mathbf{r}$ do campo vetorial e caminho dados.

36. $\mathbf{F}(x, y) = \left\langle \frac{2y}{x^2+4y^2}, \frac{x}{x^2+4y^2}\right\rangle$, o caminho
    $\mathbf{r}(t) = \left\langle \cos t, \frac{1}{2}\operatorname{sen} t\right\rangle$ com $0 \le t \le 2\pi$.
37. $\mathbf{F}(x, y) = \langle 2xy, x^2 + y^2\rangle$, a parte do círculo unitário no primeiro quadrante orientado no sentido anti-horário.
38. $\mathbf{F}(x, y) = \langle x^2y, y^2z, z^2x\rangle$, o caminho $\mathbf{r}(t) = \langle e^{-t}, e^{-2t}, e^{-3t}\rangle$ com $0 \le t < \infty$.
39. $\mathbf{F} = \nabla f$ se $f(x, y, z) = 4x^2\ln(1 + y^4 + z^2)$, o caminho
    $\mathbf{r}(t) = \left\langle t^3, \ln(1+t^2), e^t\right\rangle$ com $0 \le t \le 1$.

40. Considere as integrais de linha $\int_\mathcal{C} \mathbf{F} \cdot d\mathbf{r}$ do campo vetorial $\mathbf{F}$ e os caminhos $\mathbf{r}$ da Figura 2. Quais duas integrais de linha parecem ter valor zero? Qual das outras duas parece ser negativa?

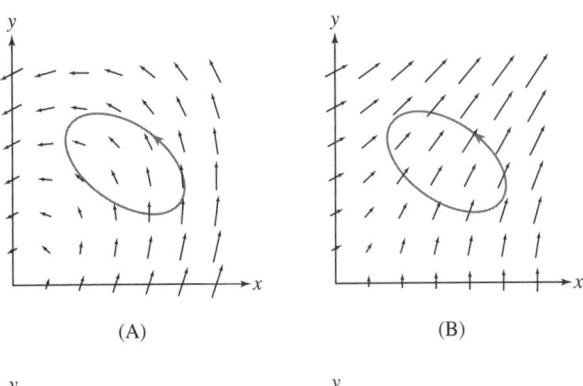

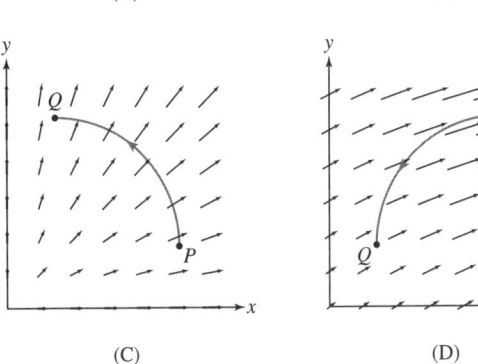

FIGURA 2

41. Calcule o trabalho necessário para mover um objeto de $P = (1, 1, 1)$ até $Q = (3, -4, -2)$ contra o campo de forças $\mathbf{F}(x, y, z) = -12r^{-4}\langle x, y, z\rangle$ (distância em m, força em N), sendo $r = \sqrt{x^2 + y^2 + z^2}$. *Sugestão:* encontre um potencial de $\mathbf{F}$.

42. Encontre constantes a, b e c tais que
$$G(u, v) = (u + av, bu + v, 2u - c)$$
parametrize o plano $3x - 4y + z = 5$. Calcule $\mathbf{T}_u$, $\mathbf{T}_v$ e $\mathbf{N}(u, v)$.

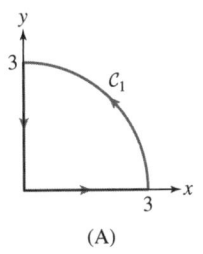

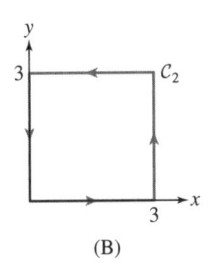

FIGURA 1

43. Calcule a integral de $f(x,y,z) = e^z$ na parte do plano $x + 2y + 2z = 3$ em que $x, y, z \geq 0$.

44. Seja $\mathcal{S}$ a superfície parametrizada por
$$G(u,v) = \left(2u\,\text{sen}\,\frac{v}{2},\, 2u\cos\frac{v}{2},\, 3v\right)$$
com $0 \leq u \leq 1$ e $0 \leq v \leq 2\pi$.
- **(a)** Calcule os vetores tangentes $\mathbf{T}_u$ e $\mathbf{T}v$ e o vetor normal $\mathbf{N}(u,v)$ em $P = G(1, \frac{\pi}{3})$.
- **(b)** Encontre a equação do plano tangente em P.
- **(c)** Calcule a área de superfície de $\mathcal{S}$.

45. Esboce a superfície parametrizada por
$$G(u,v) = (u + 4v, 2u - v, 5uv)$$
com $-1 \leq v \leq 1$, $-1 \leq u \leq 1$. Expresse a área de superfície como uma integral dupla e use um sistema algébrico computacional para calcular numericamente a área.

46. Expresse a área de superfície da superfície $z = 10 - x^2 - y^2$ com $-1 \leq x \leq 1$, $-3 \leq y \leq 3$ como uma integral dupla. Calcule a integral numericamente usando um sistema algébrico computacional.

47. Calcule $\iint_{\mathcal{S}} x^2 y\, dS$ se $\mathcal{S}$ for a superfície $z = \sqrt{3}x + y^2$, $-1 \leq x \leq 1$, $0 \leq y \leq 1$.

48. Calcule $\iint_{\mathcal{S}} \left(x^2 + y^2\right) e^{-z}\, dS$ se $\mathcal{S}$ for o cilindro de equação $x^2 + y^2 = 9$ com $0 \leq z \leq 10$.

49. Seja $\mathcal{S}$ o hemisfério superior $x^2 + y^2 + z^2 = 1, z \geq 0$. Sem calcular a integral, em cada uma das funções (a)-(d), determine se $\iint_{\mathcal{S}} f\, dS$ é positiva, zero ou negativa. Explique seu raciocínio.
- **(a)** $f(x,y,z) = y^3$
- **(b)** $f(x,y,z) = z^3$
- **(c)** $f(x,y,z) = xyz$
- **(d)** $f(x,y,z) = z^2 - 2$

50. Seja $\mathcal{S}$ um pedaço pequeno de superfície parametrizada por $G(u,v)$ com $0 \leq u \leq 0,1$, $0 \leq v \leq 0,1$ tal que o vetor normal $\mathbf{N}(u,v)$ com $(u,v) = (0,0)$ seja $\mathbf{N} = \langle 2, -2, 4\rangle$. Use a Equação (3) da Seção 16.4 para dar uma estimativa da área de superfície de $\mathcal{S}$.

51. O hemisfério superior da esfera $x^2 + y^2 + z^2 = 9$ tem a parametrização $G(r, \theta) = (r\cos\theta, r\,\text{sen}\,\theta, \sqrt{9 - r^2})$ em coordenadas cilíndricas (Figura 3).
- **(a)** Calcule o vetor normal $\mathbf{N} = \mathbf{T}_r \times \mathbf{T}_\theta$ no ponto $G\left(2, \frac{\pi}{3}\right)$.
- **(b)** Use a Equação (3) da Seção 16.4 para dar uma estimativa da área de superfície de $G(\mathcal{R})$ se $\mathcal{R}$ for o domínio pequeno definido por
$$2 \leq r \leq 2{,}1, \qquad \frac{\pi}{3} \leq \theta \leq \frac{\pi}{3} + 0{,}05$$

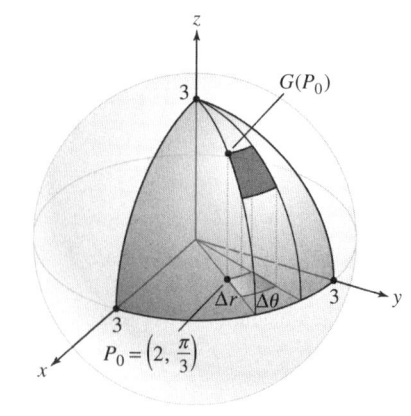

FIGURA 3

Nos Exercícios 52-57, calcule $\iint_{\mathcal{S}} \mathbf{F}\cdot d\mathbf{S}$ *da superfície orientada ou parametrizada dada.*

52. $\mathbf{F}(x,y,z) = \langle y, x, e^{xz}\rangle$, $\quad x^2 + y^2 = 9, x \geq 0, y \geq 0$, $-3 \leq z \leq 3$, normal apontando para fora.

53. $\mathbf{F}(x,y,z) = \langle -y, z, -x\rangle$, $\quad G(u,v) = (u + 3v, v - 2u, 2v + 5)$, $0 \leq u \leq 1, 0 \leq v \leq 1$, normal apontando para cima.

54. $\mathbf{F}(x,y,z) = \langle 0, 0, x^2 + y^2\rangle$, $\quad x^2 + y^2 + z^2 = 4$, $z \geq 0$, normal apontando para fora.

55. $\mathbf{F}(x,y,z) = \langle z, 0, z^2\rangle$, $\quad G(u,v) = (v\cosh u, v\,\text{senh}\,u, v)$, $0 \leq u \leq 1, 0 \leq v \leq 1$, normal apontando para cima.

56. $\mathbf{F}(x,y,z) = \langle 0, 0, xze^{xy}\rangle$, $\quad z = xy$, $0 \leq x \leq 1, 0 \leq y \leq 1$, normal apontando para cima.

57. $\mathbf{F}(x,y,z) = \langle 0, 0, z\rangle$, $\quad 3x^2 + 2y^2 + z^2 = 1$, $z \geq 0$, normal apontando para cima.

58. Calcule a carga total no cilindro
$$x^2 + y^2 = R^2, \qquad 0 \leq z \leq H$$
se a densidade de carga em coordenadas cilíndricas for $\rho(\theta, z) = Kz^2\cos^2\theta$, com K constante.

59. Encontre a taxa de fluxo de um fluido de campo de velocidades $\mathbf{v} = \langle 2x, y, xy\rangle$ m/s através da parte do cilindro $x^2 + y^2 = 9$ em que $x \geq 0$, $y \geq 0$ e $0 \leq z \leq 4$ (distância em m).

60. Com $\mathbf{v}$ dado no Exercício 59, calcule a taxa de fluxo através da parte do cilindro elíptico $\dfrac{x^2}{4} + y^2 = 1$ em que $x \geq 0$, $y \geq 0$ e $0 \leq z \leq 4$.

61. Calcule o fluxo do campo vetorial $\mathbf{E}(x,y,z) = \langle 0, 0, x\rangle$ através da parte do elipsoide
$$4x^2 + 9y^2 + z^2 = 36$$
em que $z \geq 3$, $x \geq 0$ e $y \geq 0$. *Sugestão:* use a parametrização
$$G(r, \theta) = \left(3r\cos\theta, 2r\,\text{sen}\,\theta, 6\sqrt{1 - r^2}\right)$$

17 TEOREMAS FUNDAMENTAIS DA ANÁLISE VETORIAL

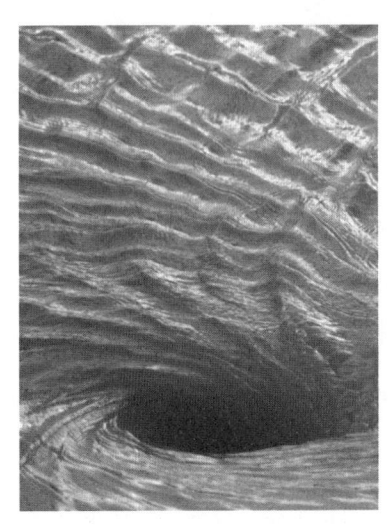

Os fluxos de fluidos, como este vórtice d'água, são analisados usando os teoremas fundamentais da Análise Vetorial.
(© *Adafir/Alamy*)

N este capítulo final, estudamos três generalizações do teorema fundamental do Cálculo, que, como vimos, é dado por $\int_a^b F'(x)\,dx = F(b) - F(a)$. Se pensarmos na fronteira do intervalo $[a, b]$ como sendo dada pelos dois pontos $\{a, b\}$, então o teorema fundamental diz que podemos encontrar a integral da derivada de uma função num intervalo simplesmente calculando os valores da função na fronteira do intervalo. O primeiro desses novos teoremas, o de Green, diz que podemos encontrar uma integral dupla de um certo tipo de derivada de uma função numa região do plano xy calculando uma integral de linha ao longo da fronteira da região. O segundo teorema, o de Stokes, permite-nos encontrar uma integral de superfície de um certo tipo de derivada numa superfície com fronteira no espaço calculando uma integral de linha ao longo das curvas de fronteira. O terceiro teorema, o da divergência, permite-nos encontrar a integral tripla de outro certo tipo de derivada num sólido do espaço calculando uma integral de superfície na superfície que é a fronteira do sólido.

Esses resultados culminam nossos esforços para estender a ideias do Cálculo a uma variável ao contexto de várias variáveis. No entanto, a Análise Vetorial não é um ponto final, mas uma porta de entrada para um universo de aplicações, não só nos campos tradicionais da Física e das Engenharias como, também, na Biologia, Geologia e Ecologia, em que é necessário um entendimento de dinâmica de fluidos, aerodinâmica e da matéria contínua.

17.1 Teorema de Green

Na Seção 16.3, mostramos que é zero a circulação de um campo vetorial conservativo $\mathbf{F}$ ao longo de qualquer caminho fechado. Com campos vetoriais no plano, o teorema de Green nos diz o que ocorre se $\mathbf{F}$ não for conservativo.

Para enunciar o teorema de Green, precisamos de alguma notação. Considere um domínio $\mathcal{D}$ cuja fronteira $\mathcal{C}$ seja uma **curva fechada simples**, ou seja, uma curva fechada que não se intersecta (Figura 1). Seguindo a notação padrão, denotamos a curva de fronteira $\mathcal{C}$ por $\partial \mathcal{D}$. A **orientação de fronteira** de $\partial \mathcal{D}$ é o sentido em que devemos percorrer a fronteira de modo a ter a região sempre à nossa esquerda, como na Figura 1. Quando temos uma única curva de fronteira, a orientação de fronteira é a do sentido anti-horário.

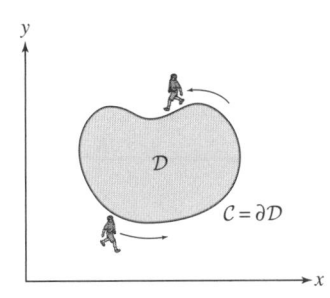

Lembre-se de que vimos duas notações para a integral de linha de $\mathbf{F} = \langle F_1, F_2 \rangle$:

$$\int_{\mathcal{C}} \mathbf{F} \cdot d\mathbf{r} \quad \text{e} \quad \int_{\mathcal{C}} F_1\,dx + F_2\,dy$$

Se $\mathcal{C}$ for parametrizada por $\mathbf{r}(t) = \langle x(t), y(t) \rangle$ com $a \leq t \leq b$, então

$$dx = x'(t)\,dt, \qquad dy = y'(t)\,dt$$

$$\int_{\mathcal{C}} F_1\,dx + F_2\,dy = \int_a^b \big(F_1(x(t), y(t))x'(t) + F_2(x(t), y(t))y'(t)\big)\,dt \quad \boxed{1}$$

Em todo este capítulo, vamos supor que os componentes de todos os campos vetoriais sejam funções com derivadas parciais de segunda ordem contínuas, e também que $\mathcal{C}$ seja lisa (isto é, tem alguma parametrização com derivadas de todas as ordens) ou lisa por partes (uma união finita de curvas lisas ligadas nas extremidades).

FIGURA 1 A fronteira de $\mathcal{D}$ é uma curva fechada simples $\mathcal{C}$ que é denotada por $\partial \mathcal{D}$. A fronteira é orientada no sentido anti-horário.

LEMBRETE *A integral de linha de um campo vetorial numa curva fechada é denominada "circulação" e costuma ser denotada pelo símbolo $\oint$.*

O teorema de Green também pode ser escrito como

$$\oint_{\partial\mathcal{D}} \mathbf{F} \cdot d\mathbf{r} = \iint_{\mathcal{D}} \left(\frac{\partial F_2}{\partial x} - \frac{\partial F_1}{\partial y} \right) dA$$

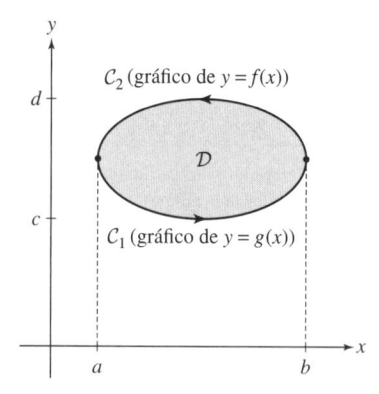

FIGURA 2 A curva de fronteira $\partial\mathcal{D}$ é a união dos gráficos de $y = g(x)$ e $y = f(x)$ orientada no sentido anti-horário.

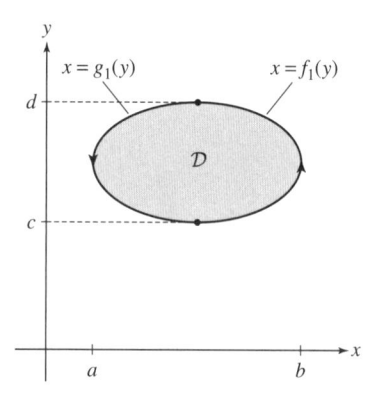

FIGURA 3 A curva de fronteira $\partial\mathcal{D}$ também é a união dos gráficos de $x = g_1(x)$ e $y = f(x)$ orientada no sentido anti-horário.

TEOREMA 1   Teorema de Green   Seja $\mathcal{D}$ um domínio cuja fronteira $\partial\mathcal{D}$ é uma curva fechada simples orientada no sentido anti-horário. Então

$$\oint_{\partial\mathcal{D}} F_1\, dx + F_2\, dy = \iint_{\mathcal{D}} \left(\frac{\partial F_2}{\partial x} - \frac{\partial F_1}{\partial y} \right) dA \qquad \boxed{2}$$

Demonstração   Já que uma prova completa é bastante técnica, vamos introduzir uma hipótese simplificadora, a saber, que a fronteira de $\mathcal{D}$ pode ser descrita pela união de dois gráficos $y = g(x)$ e $y = f(x)$, com $g(x) \leq f(x)$, como na Figura 2 e, também, pela união de dois gráficos $x = g_1(y)$ e $x = f_1(y)$, com $g_1(y) \leq f_1(y)$, como na Figura 3.

A partir das parcelas na Equação (2), construímos duas equações, uma de F_1 e outra de F_2:

$$\oint_{\partial\mathcal{D}} F_1\, dx = -\iint_{\mathcal{D}} \frac{\partial F_1}{\partial y}\, dA \qquad \boxed{3}$$

$$\oint_{\partial\mathcal{D}} F_2\, dy = \iint_{\mathcal{D}} \frac{\partial F_2}{\partial x}\, dA \qquad \boxed{4}$$

Se conseguirmos mostrar que essas equações são válidas, então poderemos somá-las para obter uma prova do teorema de Green. Para provar a Equação (3), escrevemos

$$\oint_{\partial\mathcal{D}} F_1\, dx = \int_{\mathcal{C}_1} F_1\, dx + \int_{\mathcal{C}_2} F_1\, dx$$

em que $\mathcal{C}_1$ é o gráfico de $y = g(x)$ e $\mathcal{C}_2$ é o gráfico de $y = f(x)$, orientados como na Figura 2. Para calcular essas integrais de linha, parametrizamos os gráficos da esquerda para a direita usando $t = x$ como parâmetro:

Gráfico de $y = g(x)$: $\mathbf{r}_1(t) = \langle t, g(t) \rangle$, $a \leq t \leq b$

Gráfico de $y = f(x)$: $\mathbf{r}_2(t) = \langle t, f(t) \rangle$, $a \leq t \leq b$

Como $\mathcal{C}_2$ está orientada da direita para a esquerda, a integral de linha em $\partial\mathcal{D}$ é a diferença

$$\oint_{\partial\mathcal{D}} F_1\, dx = \int_{\mathcal{C}_1} F_1\, dx - \int_{\mathcal{C}_2} F_1\, dx$$

Em ambas as parametrizações, temos $x = t$, portanto $dx = dt$ e, pela Equação (1),

$$\oint_{\partial\mathcal{D}} F_1\, dx = \int_{t=a}^{b} F_1(t, g(t))\, dt - \int_{t=a}^{b} F_1(t, f(t))\, dt \qquad \boxed{5}$$

Agora, o passo crucial é aplicar o teorema fundamental do Cálculo a $\dfrac{\partial F_1}{\partial y}(t, y)$ como uma função de y com t mantido constante:

$$F_1(t, f(t)) - F_1(t, g(t)) = \int_{y=g(t)}^{f(t)} \frac{\partial F_1}{\partial y}(t, y)\, dy$$

Substituindo a integral à direita na Equação (5), obtemos a Equação (3):

$$\oint_{\partial\mathcal{D}} F_1\, dx = -\int_{t=a}^{b} \int_{y=g(t)}^{f(t)} \frac{\partial F_1}{\partial y}(t, y)\, dy\, dt = -\iint_{\mathcal{D}} \frac{\partial F_1}{\partial y}\, dA$$

A Equação (4) pode ser provada de maneira análoga, expressando $\partial\mathcal{D}$ como a união dos gráficos de $x = f_1(y)$ e $x = g_1(y)$ (Figura 3). ∎

Na Seção 16.1 vimos que se **F** for um campo vetorial conservativo, ou seja, se $\mathbf{F} = \nabla f$, então vale a condição das parciais mistas

$$\frac{\partial F_2}{\partial x} - \frac{\partial F_1}{\partial y} = 0$$

Nesse caso, o teorema de Green simplesmente confirma o que já sabemos: é nula a integral de um campo vetorial conservativo ao longo de qualquer curva fechada.

■ **EXEMPLO 1** **Conferindo o teorema de Green** Verifique o teorema de Green para a integral de linha no círculo unitário $\mathcal{C}$ orientado no sentido anti-horário (Figura 4):

$$\oint_\mathcal{C} xy^2\, dx + x\, dy$$

Solução

Passo 1. **Calcular a integral de linha.**
Usamos a parametrização padrão do círculo unitário:

$$x = \cos\theta, \qquad y = \operatorname{sen}\theta$$
$$dx = -\operatorname{sen}\theta\, d\theta, \qquad dy = \cos\theta\, d\theta$$

O integrando da integral é

$$xy^2\, dx + x\, dy = \cos\theta\operatorname{sen}^2\theta(-\operatorname{sen}\theta\, d\theta) + \cos\theta(\cos\theta\, d\theta)$$
$$= \left(-\cos\theta\operatorname{sen}^3\theta + \cos^2\theta\right) d\theta$$

e

$$\oint_\mathcal{C} xy^2\, dx + x\, dy = \int_0^{2\pi} \left(-\cos\theta\operatorname{sen}^3\theta + \cos^2\theta\right) d\theta$$
$$= -\frac{\operatorname{sen}^4\theta}{4}\bigg|_0^{2\pi} + \frac{1}{2}\left(\theta + \frac{1}{2}\operatorname{sen}2\theta\right)\bigg|_0^{2\pi}$$
$$= 0 + \frac{1}{2}(2\pi + 0) = \boxed{\pi}$$

Passo 2. **Calcular a integral de linha usando o teorema de Green.**
Neste exemplo, $F_1 = xy^2$ e $F_2 = x$, portanto

$$\frac{\partial F_2}{\partial x} - \frac{\partial F_1}{\partial y} = \frac{\partial}{\partial x}x - \frac{\partial}{\partial y}xy^2 = 1 - 2xy$$

De acordo com o teorema de Green

$$\oint_\mathcal{C} xy^2\, dx + x\, dy = \iint_\mathcal{D}\left(\frac{\partial F_2}{\partial x} - \frac{\partial F_1}{\partial y}\right) dA = \iint_\mathcal{D}(1 - 2xy)\, dA$$

em que $\mathcal{D}$ é o disco $x^2 + y^2 \le 1$ delimitado por $\mathcal{C}$. A integral de $2xy$ em $\mathcal{D}$ é nula por simetria, porque as contribuições de x positivo e negativo se cancelam. Podemos verificar isso diretamente:

$$\iint_\mathcal{D}(-2xy)\, dA = -2\int_{x=-1}^{1}\int_{y=-\sqrt{1-x^2}}^{\sqrt{1-x^2}} xy\, dy\, dx = -\int_{x=-1}^{1} xy^2\bigg|_{y=-\sqrt{1-x^2}}^{\sqrt{1-x^2}} dx = 0$$

Portanto,

$$\iint_\mathcal{D}\left(\frac{\partial F_2}{\partial x} - \frac{\partial F_1}{\partial y}\right) dA = \iint_\mathcal{D} 1\, dA = \text{Área}(\mathcal{D}) = \boxed{\pi}$$

Isso está de acordo com o valor obtido no Passo 1. Assim, verificamos o teorema de Green nesse caso. ■

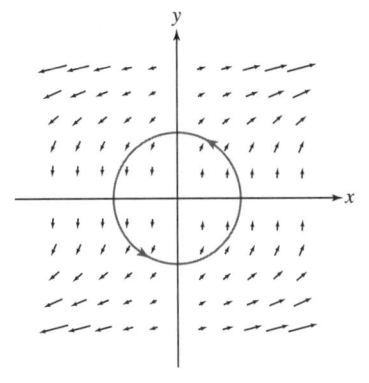

FIGURA 4 O campo vetorial $\mathbf{F}(x, y) = \langle xy^2, x\rangle$.

O teorema de Green afirma que

$$\oint_{\partial\mathcal{D}} F_1\, dx + F_2\, dy$$
$$= \iint_\mathcal{D}\left(\frac{\partial F_2}{\partial x} - \frac{\partial F_1}{\partial y}\right) dA$$

LEMBRETE Para integrar $\cos^2\theta$, usamos a identidade $\cos^2\theta = \frac{1}{2}(1 + \cos 2\theta)$.

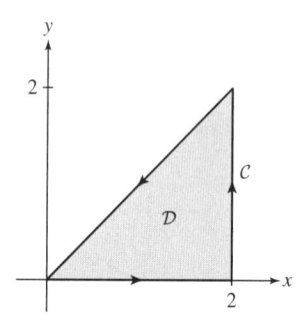

FIGURA 5 A região $\mathcal{D}$ é descrita por $0 \leq x \leq 2, 0 \leq y \leq x$.

■ **EXEMPLO 2** **Cálculo de uma integral de linha usando o teorema de Green** Calcule a circulação de $\mathbf{F}(x, y) = \langle \operatorname{sen} x, x^2 y^3 \rangle$ no caminho triangular C orientado no sentido anti-horário mostrado na Figura 5.

Solução Para calcular a integral de linha diretamente, deveríamos parametrizar cada um dos três lados do triângulo. Em vez disso, aplicamos o teorema de Green ao domínio $\mathcal{D}$ delimitado pelo triângulo. Esse domínio é descrito por $0 \leq x \leq 2, 0 \leq y \leq x$.

Aplicando o teorema de Green, obtemos

$$\frac{\partial F_2}{\partial x} - \frac{\partial F_1}{\partial y} = \frac{\partial}{\partial x} x^2 y^3 - \frac{\partial}{\partial y} \operatorname{sen} x = 2xy^3$$

$$\oint_C \operatorname{sen} x \, dx + x^2 y^3 \, dy = \iint_\mathcal{D} 2xy^3 \, dA = \int_0^2 \int_{y=0}^x 2xy^3 \, dy \, dx$$

$$= \int_0^2 \left(\frac{1}{2} xy^4 \Big|_0^x \right) dx = \frac{1}{2} \int_0^2 x^5 \, dx = \frac{1}{12} x^6 \Big|_0^2 = \frac{16}{3}$$ ■

Área com o teorema de Green

Podemos utilizar o teorema de Green para obter fórmulas da área do domínio $\mathcal{D}$ delimitado por uma curva fechada simples $\mathcal{C}$ (Figura 6). O truque é escolher um campo vetorial $\mathbf{F} = \langle F_1, F_2 \rangle$ tal que $\frac{\partial F_2}{\partial x} - \frac{\partial F_1}{\partial y} = 1$.

Escolhendo $\mathbf{F}(x, y) = \langle 0, x \rangle$, temos $\frac{\partial F_2}{\partial x} - \frac{\partial F_1}{\partial y} = \frac{\partial}{\partial x} x - \frac{\partial}{\partial y} 0 = 1$

Escolhendo $\mathbf{F}(x, y) = \langle -y, 0 \rangle$, temos $\frac{\partial F_2}{\partial x} - \frac{\partial F_1}{\partial y} = \frac{\partial}{\partial x} 0 - \frac{\partial}{\partial y} (-y) = 1$

Escolhendo $\mathbf{F}(x, y) = \langle -y/2, x/2 \rangle$, temos $\frac{\partial F_2}{\partial x} - \frac{\partial F_1}{\partial y} = \frac{\partial}{\partial x} \left(\frac{x}{2} \right) - \frac{\partial}{\partial y} \left(\frac{-y}{2} \right)$

$$= \frac{1}{2} + \frac{1}{2} = 1$$

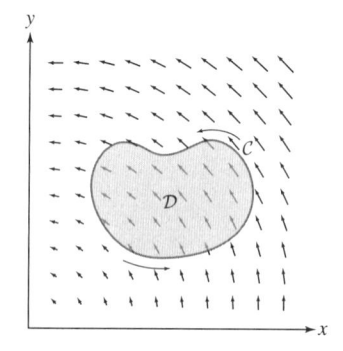

FIGURA 6 As integrais de linha
$$\oint_\mathcal{C} x \, dy = \oint_\mathcal{C} -y \, dx = \frac{1}{2} \oint_\mathcal{C} x \, dy - y \, dx$$
são iguais à área delimitada por $\mathcal{C}$.

Em cada um dos três casos, usando a expressão do lado direito da igualdade no teorema de Green, obtemos

$$\iint_\mathcal{D} \left(\frac{\partial F_2}{\partial x} - \frac{\partial F_1}{\partial y} \right) dA = \iint_\mathcal{D} 1 \, dA = \text{Área}(\mathcal{D})$$

Pelo teorema de Green, isso é igual a $\oint_\mathcal{C} F_1 \, dx + F_2 \, dy$. Substituindo F_1 e F_2 em cada um desses três casos, obtemos as três fórmulas seguintes da área do domínio $\mathcal{D}$:

$$\boxed{\text{Área delimitada por } \mathcal{C} = \oint_\mathcal{C} x \, dy = \oint_\mathcal{C} -y \, dx = \frac{1}{2} \oint_\mathcal{C} x \, dy - y \, dx} \qquad 6$$

Essas fórmulas memoráveis nos dizem como obter a área de uma região usando medições apenas ao longo da fronteira da região. Essa é a base matemática do **planímetro**, um instrumento que calcula a área de uma região irregular quando traçamos a fronteira com uma ponta na extremidade de um braço móvel (Figura 7).

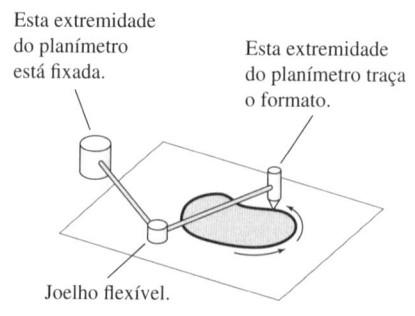

FIGURA 7 Um planímetro é um instrumento mecânico usado para medir as áreas de regiões irregulares.
(*Cortesia de John D. Eggers, UCSD; fotografia de Adriene Hughes, UCSD Media Lab*)

■ **EXEMPLO 3** **Cálculo da área com o teorema de Green** Calcule a área da elipse $\left(\frac{x}{a}\right)^2 + \left(\frac{y}{b}\right)^2 = 1$ usando uma integral de linha.

Solução Parametrizamos a fronteira da elipse por

$$x = a\cos\theta, \quad y = b\,\text{sen}\,\theta, \quad 0 \leq \theta < 2\pi$$

Calculamos a área de cada uma das três maneiras. Usando a primeira fórmula da Equação (6):

$$\text{Área delimitada} = \oint_C x\,dy = \int_0^{2\pi} (a\cos\theta)(b\cos\theta)\,d\theta$$

$$= ab\int_0^{2\pi} \cos^2\theta\,d\theta$$

$$= \pi ab$$

Usando a segunda fórmula da Equação (6), obtemos

$$\text{Área delimitada} = \oint_C -y\,dx = \int_0^{2\pi} (-b\,\text{sen}\,\theta)(-a\,\text{sen}\,\theta)\,d\theta$$

$$= ab\int_0^{2\pi} \text{sen}^2\theta\,d\theta$$

$$= \pi ab$$

E usando a terceira fórmula da Equação (6), temos

$$\text{Área delimitada} = \frac{1}{2}\oint_C x\,dy - y\,dx$$

$$= \frac{1}{2}\int_0^{2\pi} [(a\cos\theta)(b\cos\theta) - (b\,\text{sen}\,\theta)(-a\,\text{sen}\,\theta)]\,d\theta$$

$$= \frac{ab}{2}\int_0^{2\pi} (\cos^2\theta + \text{sen}^2\theta)\,d\theta$$

$$= \frac{ab}{2}\int_0^{2\pi} d\theta = \pi ab$$

Cada um dos três métodos dá a fórmula padrão da área de uma elipse. ■

"Felizmente (para mim), eu era o único na plateia que já tinha visto o teorema de Green ... e embora eu não fosse capaz de dar uma contribuição construtiva, eu podia escutar e concordar com minha cabeça e exclamar com admiração nos momentos apropriados." John M. Crawford, geofísico e diretor de pesquisa da Conoco Oil de 1951 a 1971, escrevendo sobre sua primeira entrevista de trabalho em 1943, quando um cientista visitando a companhia petrolífera começou a falar sobre as aplicações da Matemática na prospeção de petróleo.

LEMBRETE Usamos o fato de que

$$\int_0^{2\pi} \text{sen}^2\theta\,d\theta = \int_0^{2\pi} \cos^2\theta\,d\theta = \pi$$

que decorre imediatamente das duas identidades

$$\text{sen}^2\theta = \frac{1 - \cos 2\theta}{2}$$

e

$$\cos^2\theta = \frac{1 + \cos 2\theta}{2}$$

como na Seção 7.2.

É conveniente pensar num campo vetorial bidimensional $\mathbf{F} = \langle F_1, F_2 \rangle$ como um campo vetorial tridimensional com terceiro componente nulo, ou seja, $\mathbf{F} = \langle F_1, F_2, 0 \rangle$. Então, não esquecendo que F_1 e F_2 só dependem de x e y, quando tomamos o rotacional obtemos

$$\text{rot}(\mathbf{F}) = \begin{vmatrix} \mathbf{i} & \mathbf{j} & \mathbf{k} \\ \frac{\partial}{\partial x} & \frac{\partial}{\partial y} & \frac{\partial}{\partial z} \\ F_1 & F_2 & 0 \end{vmatrix}$$

$$= 0\mathbf{i} + 0\mathbf{j} + \left(\frac{\partial F_2}{\partial x} - \frac{\partial F_1}{\partial y}\right)\mathbf{k}$$

O componente z do resultado é $\frac{\partial F_2}{\partial x} - \frac{\partial F_1}{\partial y}$, que é o integrando que aparece no teorema de Green. Por isso, definimos

$$\text{rot}_z(\mathbf{F}) = \text{rot}(\mathbf{F}) \cdot \mathbf{k} = \frac{\partial F_2}{\partial x} - \frac{\partial F_1}{\partial y}$$

Dessa forma, o teorema de Green toma a forma

$$\oint_{\mathcal{C}} \mathbf{F} \cdot d\mathbf{r} = \iint_{\mathcal{D}} \operatorname{rot}_z(\mathbf{F}) \, dA \qquad 7$$

ENTENDIMENTO CONCEITUAL Qual é o significado do integrando $\operatorname{rot}_z(\mathbf{F})$ no teorema de Green? Apliquemos o teorema de Green a uma pequena região $\mathcal{D}$ com uma curva de fronteira fechada simples e seja P um ponto de $\mathcal{D}$. Como $\operatorname{rot}_z(\mathbf{F})$ é uma função contínua, seu valor não varia muito em D se $\mathcal{C}$ for suficientemente pequena, portanto, numa primeira aproximação, podemos substituir $\operatorname{rot}_z(\mathbf{F})$ pelo valor constante $\operatorname{rot}_z(\mathbf{F})(P)$ (Figura 8). O teorema de Green fornece a aproximação seguinte da circulação:

$$\oint_{\mathcal{C}} \mathbf{F} \cdot d\mathbf{r} = \iint_{\mathcal{D}} \operatorname{rot}_z(\mathbf{F}) \, dA$$

$$\approx \operatorname{rot}_z(\mathbf{F})(P) \iint_{\mathcal{D}} dA \qquad 8$$

$$\approx \operatorname{rot}_z(\mathbf{F})(P) \cdot \text{Área}(\mathcal{D})$$

Em outras palavras, *a circulação numa curva fechada simples $\mathcal{C}$ pequena é, numa aproximação de primeira ordem, igual ao rotacional vezes a área delimitada*. Assim, podemos interpretar $\operatorname{rot}_z(\mathbf{F})$ como a **circulação por unidade de área em cada ponto P**.

FIGURA 8 A circulação de $\mathbf{F}$ ao longo de $\mathcal{C}$ é, aproximadamente, $\operatorname{rot}_z(\mathbf{F})(P) \cdot \text{Área}(\mathcal{D})$.

ENTENDIMENTO GRÁFICO Se pensarmos em $\mathbf{F}$ como o campo de velocidades de um fluido, podemos medir o rotacional colocando uma rodinha de pás na corrente num ponto P e observar quão rapidamente ela gira (Figura 9). Como o fluido empurra cada pá para mover-se com uma velocidade igual ao componente tangencial de $\mathbf{F}$, podemos supor que a própria rodinha gire com uma velocidade v_m igual à *média dos componentes tangenciais* de $\mathbf{F}$. Se a rodinha de pás for um círculo $\mathcal{C}_r$ de raio r (e, portanto, comprimento $2\pi r$), então a média dos componentes tangenciais da velocidade é

$$v_m = \frac{1}{2\pi r} \oint_{\mathcal{C}_r} \mathbf{F} \cdot d\mathbf{r}$$

Por outro lado, a área delimitada pela rodinha é πr^2 e, se r for pequeno, podemos aplicar a aproximação dada na Equação (8) para obter:

$$v_m \approx \frac{1}{2\pi r} (\pi r^2) \operatorname{rot}_z(\mathbf{F})(P) = \left(\frac{1}{2}r\right) \operatorname{rot}_z(\mathbf{F})(P)$$

Agora, se um objeto se mover num círculo de raio r com velocidade v_m, então sua velocidade angular (em radianos por unidade de tempo) será $v_m/r \approx \frac{1}{2} \operatorname{rot}_z(\mathbf{F})(P)$. Assim, *a velocidade angular da rodinha de pás é aproximadamente igual à metade do rotacional*.

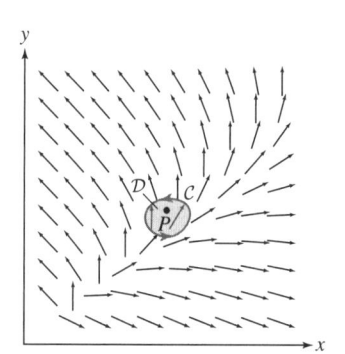

Velocidade Angular Um arco de ℓ metros num círculo com r metros de raio tem medida angular de ℓ/r radianos. Portanto, um objeto que se mova pelo círculo a uma velocidade de v metros por segundo percorre v/r radianos por segundo. Em outras palavras, v/r é a velocidade angular do objeto.

FIGURA 9 O rotacional é aproximadamente igual à metade da velocidade angular de uma pequena rodinha de pás colocada em P.

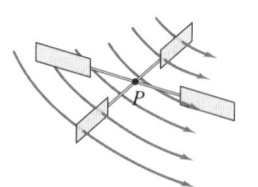

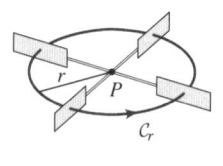

A Figura 10 mostra campos vetoriais tais que $\operatorname{rot}_z(\mathbf{F})$ é constante. O campo (A) descreve um fluido girando no sentido anti-horário em torno da origem e o campo (B) descreve um fluido espiralando para a origem. Em ambos os casos, uma rodinha de pás colocada em qualquer lugar do fluido fica girando no sentido anti-horário. Contudo, um rotacional não nulo não significa que o fluido esteja necessariamente girando. Significa, somente, que uma rodinha de pás pequena giraria se fosse colocada no fluido. O campo (C) é um exemplo de um **fluxo de cisalhamento** (também conhecido por fluxo de Couette). Diferentemente dos casos (A) e (B), esse campo tem rotacional não nulo, mas o fluido não gira em torno de ponto algum. Mesmo assim, uma rodinha de pás pequena giraria se fosse colocada em qualquer ponto do fluido. Compare isso com os campos das Figuras (D) e (E), que têm rotacional nulo. Em ambos esses casos, uma rodinha de pás pequena colocada em qualquer lugar não gira. Diferentemente desses exemplos, com a maioria dos campos vetoriais **F**, o rotacional rot$_z$(**F**) varia no plano, havendo pontos em que a rodinha de pás pequena gira no sentido anti-horário, no sentido horário ou nem gira.

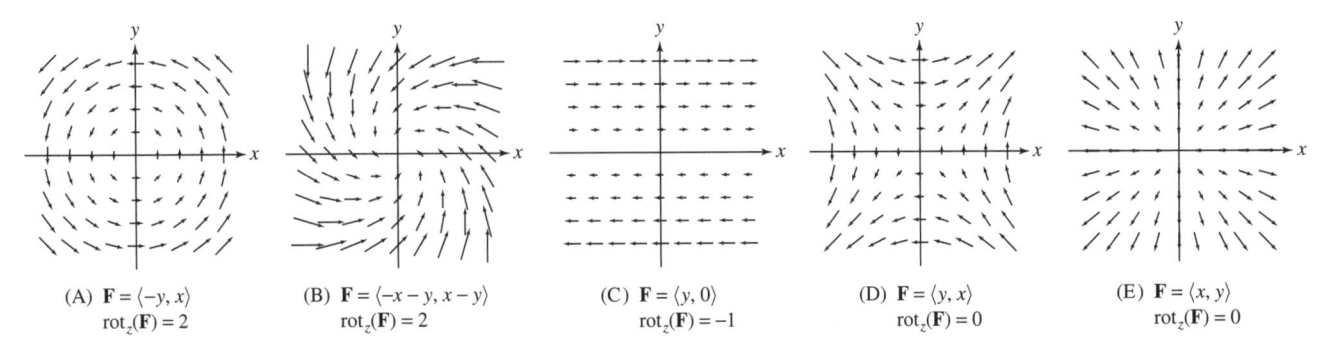

(A) $\mathbf{F} = \langle -y, x \rangle$
rot$_z$(**F**) = 2

(B) $\mathbf{F} = \langle -x - y, x - y \rangle$
rot$_z$(**F**) = 2

(C) $\mathbf{F} = \langle y, 0 \rangle$
rot$_z$(**F**) = −1

(D) $\mathbf{F} = \langle y, x \rangle$
rot$_z$(**F**) = 0

(E) $\mathbf{F} = \langle x, y \rangle$
rot$_z$(**F**) = 0

FIGURA 10 Exemplos de campos vetoriais e a função rot$_z$(**F**) correspondente.

Aditividade da circulação

A circulação ao longo de uma curva fechada tem uma propriedade aditiva importante: se decompusermos um domínio $\mathcal{D}$ em dois (ou mais) domínios $\mathcal{D}_1$ e $\mathcal{D}_2$ disjuntos que se intersectem apenas em partes de suas fronteiras, como na Figura 11, então

$$\oint_{\partial \mathcal{D}} \mathbf{F} \cdot d\mathbf{r} = \oint_{\partial \mathcal{D}_1} \mathbf{F} \cdot d\mathbf{r} + \oint_{\partial \mathcal{D}_2} \mathbf{F} \cdot d\mathbf{r} \qquad \boxed{9}$$

Para conferir a validade dessa equação observe, inicialmente, que

$$\oint_{\partial \mathcal{D}} \mathbf{F} \cdot d\mathbf{r} = \int_{\mathcal{C}_{\text{alto}}} \mathbf{F} \cdot d\mathbf{r} + \int_{\mathcal{C}_{\text{baixo}}} \mathbf{F} \cdot d\mathbf{r}$$

com $\mathcal{C}_{\text{alto}}$ e $\mathcal{C}_{\text{baixo}}$ como na Figura 11, com as orientações indicadas. Em seguida, observe que o segmento tracejado $\mathcal{C}_{\text{meio}}$ aparece em $\partial \mathcal{D}_1$ e em $\partial \mathcal{D}_2$, mas com sentido de percurso oposto. Orientando $\mathcal{C}_{\text{meio}}$ da direita para a esquerda, obtemos

$$\oint_{\partial \mathcal{D}_1} \mathbf{F} \cdot d\mathbf{r} = \int_{\mathcal{C}_{\text{alto}}} \mathbf{F} \cdot d\mathbf{r} - \int_{\mathcal{C}_{\text{meio}}} \mathbf{F} \cdot d\mathbf{r}$$

$$\oint_{\partial \mathcal{D}_2} \mathbf{F} \cdot d\mathbf{r} = \int_{\mathcal{C}_{\text{baixo}}} \mathbf{F} \cdot d\mathbf{r} + \int_{\mathcal{C}_{\text{meio}}} \mathbf{F} \cdot d\mathbf{r}$$

Obtemos a Equação (9) somando essas duas equações:

$$\oint_{\partial \mathcal{D}_1} \mathbf{F} \cdot d\mathbf{r} + \oint_{\partial \mathcal{D}_2} \mathbf{F} \cdot d\mathbf{r} = \int_{\mathcal{C}_{\text{alto}}} \mathbf{F} \cdot d\mathbf{r} + \int_{\mathcal{C}_{\text{baixo}}} \mathbf{F} \cdot d\mathbf{r} = \oint_{\partial \mathcal{D}} \mathbf{F} \cdot d\mathbf{r}$$

FIGURA 11 O domínio $\mathcal{D}$ é a união de $\mathcal{D}_1$ e $\mathcal{D}_2$.

Forma mais geral do teorema de Green

Considere um domínio $\mathcal{D}$ cuja fronteira consiste em mais de uma curva fechada simples, como na Figura 12. Como antes, $\partial \mathcal{D}$ denota a fronteira de $\mathcal{D}$ com sua orientação de fronteira. Em outras palavras, *a região fica à esquerda se a curva for percorrida no sentido especificado pela orientação*. Com os domínios da Figura 12,

$$\partial \mathcal{D}_1 = \mathcal{C}_1 + \mathcal{C}_2, \qquad \partial \mathcal{D}_2 = \mathcal{C}_3 + \mathcal{C}_4 - \mathcal{C}_5$$

A curva $\mathcal{C}_5$ aparece com um sinal de menos por estar orientada no sentido anti-horário, mas a orientação de fronteira exige uma orientação horária.

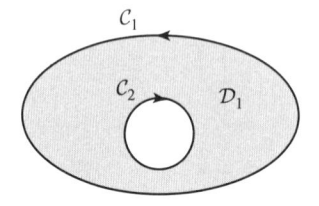

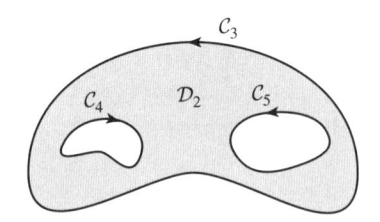

(A) A fronteira orientada de $\mathcal{D}_1$ é $\mathcal{C}_1 + \mathcal{C}_2$.

(B) A fronteira orientada de $\mathcal{D}_2$ é $\mathcal{C}_3 + \mathcal{C}_4 - \mathcal{C}_5$.

FIGURA 12

O teorema de Green permanece válido em domínios mais gerais deste tipo:

$$\oint_{\partial \mathcal{D}} \mathbf{F} \cdot d\mathbf{r} = \iint_{\mathcal{D}} \left(\frac{\partial F_2}{\partial x} - \frac{\partial F_1}{\partial y} \right) dA \qquad \boxed{10}$$

Essa igualdade é demonstrada decompondo $\mathcal{D}$ em domínios menores, cada um dos quais é delimitado por uma curva fechada simples. Para ilustrar, considere a região $\mathcal{D}$ da Figura 13. Decompomos $\mathcal{D}$ em domínios $\mathcal{D}_1$ e $\mathcal{D}_2$. Então

$$\partial \mathcal{D} = \partial \mathcal{D}_1 + \partial \mathcal{D}_2$$

porque as arestas comuns a $\partial \mathcal{D}_1$ e $\partial \mathcal{D}_2$ ocorrem com orientações opostas que, portanto, se cancelam. Nossa versão anterior do teorema de Green é aplicável a ambas as regiões, $\mathcal{D}_1$ e $\mathcal{D}_2$, e, assim,

$$\oint_{\partial \mathcal{D}} \mathbf{F} \cdot d\mathbf{r} = \int_{\partial \mathcal{D}_1} \mathbf{F} \cdot d\mathbf{r} + \int_{\partial \mathcal{D}_2} \mathbf{F} \cdot d\mathbf{r}$$

$$= \iint_{\mathcal{D}_1} \left(\frac{\partial F_2}{\partial x} - \frac{\partial F_1}{\partial y} \right) dA + \iint_{\mathcal{D}_2} \left(\frac{\partial F_2}{\partial x} - \frac{\partial F_1}{\partial y} \right) dA$$

$$= \iint_{\mathcal{D}} \left(\frac{\partial F_2}{\partial x} - \frac{\partial F_1}{\partial y} \right) dA$$

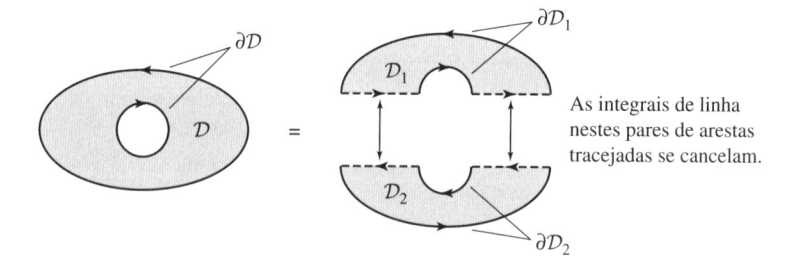

As integrais de linha nestes pares de arestas tracejadas se cancelam.

FIGURA 13 A fronteira de $\partial \mathcal{D}$ é a soma $\partial \mathcal{D}_1 + \partial \mathcal{D}_2$, porque as arestas retas se cancelam.

■ **EXEMPLO 4** Calcule $\oint_{\mathcal{C}_1} \mathbf{F} \cdot d\mathbf{r}$ se $\mathbf{F}(x, y) = \langle x - y, x + y^3 \rangle$ e $\mathcal{C}_1$ for a curva de fronteira exterior de $\mathcal{D}$ orientada no sentido anti-horário do domínio $\mathcal{D}$ dado na Figura 14. Suponha que a área de $\mathcal{D}$ seja 8.

Solução Não podemos calcular a integral de linha ao longo de $\mathcal{C}_1$ diretamente porque a curva $\mathcal{C}_1$ não foi especificada. Contudo, $\partial \mathcal{D} = \mathcal{C}_1 - \mathcal{C}_2$, de modo que, pelo teorema de Green,

$$\oint_{\mathcal{C}_1} \mathbf{F} \cdot d\mathbf{r} - \oint_{\mathcal{C}_2} \mathbf{F} \cdot d\mathbf{r} = \iint_{\mathcal{D}} \left(\frac{\partial F_2}{\partial x} - \frac{\partial F_1}{\partial y} \right) dA \qquad \boxed{11}$$

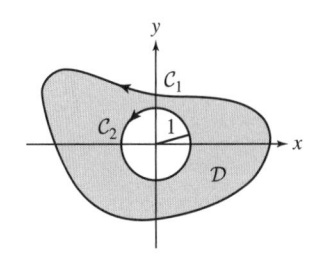

FIGURA 14 $\mathcal{D}$ tem área 8 e $\mathcal{C}_2$ é um círculo de raio 1.

Temos

$$\frac{\partial F_2}{\partial x} - \frac{\partial F_1}{\partial y} = \frac{\partial}{\partial x}(x + y^3) - \frac{\partial}{\partial y}(x - y) = 1 - (-1) = 2$$

$$\iint_{\mathcal{D}} \left(\frac{\partial F_2}{\partial x} - \frac{\partial F_1}{\partial y} \right) dA = \iint_{\mathcal{D}} 2 \, dA = 2 \, \text{Área}(\mathcal{D}) = 2(8) = 16$$

Assim, a Equação (11) fornece

$$\oint_{\mathcal{C}_1} \mathbf{F} \cdot d\mathbf{r} - \oint_{\mathcal{C}_2} \mathbf{F} \cdot d\mathbf{r} = 16 \qquad \boxed{12}$$

Para calcular a segunda integral, parametrizamos o círculo $\mathcal{C}_2$ por $\mathbf{r}(\theta) = \langle \cos\theta, \text{sen}\,\theta \rangle$. Então

$$\mathbf{F} \cdot \mathbf{r}'(\theta) = \langle \cos\theta - \text{sen}\,\theta, \cos\theta + \text{sen}^3\theta \rangle \cdot \langle -\text{sen}\,\theta, \cos\theta \rangle$$

$$= -\text{sen}\,\theta\cos\theta + \text{sen}^2\theta + \cos^2\theta + \text{sen}^3\theta\cos\theta$$

$$= 1 - \text{sen}\,\theta\cos\theta + \text{sen}^3\theta\cos\theta$$

As integrais de $\text{sen}\,\theta\cos\theta$ e $\text{sen}^3\theta\cos\theta$ em $[0, 2\pi]$ são, ambas, nulas, logo

$$\oint_{\mathcal{C}_2} \mathbf{F} \cdot d\mathbf{r} = \int_0^{2\pi} (1 - \text{sen}\,\theta\cos\theta + \text{sen}^3\theta\cos\theta)\, d\theta = \int_0^{2\pi} d\theta = 2\pi$$

Assim, pela Equação (12), obtemos $\oint_{\mathcal{C}_1} \mathbf{F} \cdot d\mathbf{r} = 16 + 2\pi$. ■

Forma vetorial do teorema de Green

Como vimos, podemos escrever o teorema de Green no formato

$$\oint_{\partial \mathcal{D}} \mathbf{F} \cdot d\mathbf{r} = \iint_{\mathcal{D}} \text{rot}_z(\mathbf{F}) \, dA$$

Isso nos permite calcular a integral do componente tangencial de $\mathbf{F}$ ao longo da curva $\mathcal{C}$, que é a circulação, usando uma integral dupla em vez de calcular diretamente. E se quisermos, em vez disso, calcular o fluxo do campo vetorial $\mathbf{F}$ através da curva $\mathcal{C}$, como na Figura 15? Ou seja, queremos integrar o componente normal de $\mathbf{F}$ ao longo da curva $\mathcal{C}$, como discutido ao final da Seção 16.2

Naquela seção, vimos que se a curva for parametrizada por $\mathbf{r}(t) = \langle x(t), y(t) \rangle$ com $a \leq t \leq b$ e tal que $\mathbf{r}'(t) \neq \mathbf{0}$, então o vetor tangente unitário é dado por

$$\mathbf{T} = \frac{\mathbf{r}'(t)}{\|\mathbf{r}'(t)\|} = \left\langle \frac{x'(t)}{\|\mathbf{r}'(t)\|}, \frac{y'(t)}{\|\mathbf{r}'(t)\|} \right\rangle$$

e o vetor normal unitário para fora é dado por

$$\mathbf{n}(t) = \left\langle \frac{y'(t)}{\|\mathbf{r}'(t)\|}, \frac{-x'(t)}{\|\mathbf{r}'(t)\|} \right\rangle,$$

já que seu produto escalar com $\mathbf{T}$ é 0 e $\mathbf{n}$ aponta para a direita se percorrermos a curva.

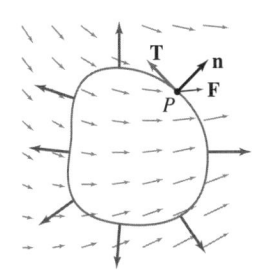

FIGURA 15 O fluxo de $\mathbf{F}$ é a integral do componente normal $\mathbf{F} \cdot \mathbf{n}$ ao longo da curva.

Assim, o fluxo de **F** para fora de $\mathcal{C}$ é dado por

$$\oint_{\mathcal{C}} \mathbf{F} \cdot \mathbf{n}\, ds = \int_a^b (\mathbf{F} \cdot \mathbf{n})(t) \|\mathbf{r}'(t)\|\, dt$$

$$= \int_a^b \left[\frac{F_1\, y'(t)}{\|\mathbf{r}(t)\|} - \frac{F_2\, x'(t)}{\|\mathbf{r}(t)\|} \right] \|\mathbf{r}(t)\|\, dt$$

$$= \int_a^b F_1 y'(t)\, dt - F_2 x'(t)\, dt$$

$$= \int_a^b F_1\, dy - F_2\, dx$$

Essa integral está num formato em que podemos aplicar o teorema de Green, mas trocamos os papéis de F_1 e F_2 e acrescentamos um sinal de menos na segunda parcela. Logo, pelo teorema de Green,

$$\int_{\partial \mathcal{D}} F_1\, dy - F_2\, dx = \iint_{\mathcal{D}} \left(\frac{\partial F_1}{\partial x} + \frac{\partial F_2}{\partial y} \right) dA = \iint_{\mathcal{D}} \operatorname{div}(\mathbf{F})\, dA$$

Assim, obtemos a forma vetorial do teorema de Green para o fluxo.

$$\boxed{\oint_{\partial \mathcal{D}} \mathbf{F} \cdot \mathbf{n}\, ds = \iint_{\mathcal{D}} \operatorname{div}(\mathbf{F})\, dA} \qquad 13$$

Observe como o rotacional e a divergência aparecem nas duas formas diferentes do teorema de Green.

■ **EXEMPLO 5** Calcule o fluxo de $\mathbf{F}(x, y) = \langle x^3, y^3 + y \rangle$ para fora do disco unitário.

Solução Temos $\operatorname{div} \mathbf{F} = \dfrac{\partial F_1}{\partial x} + \dfrac{\partial F_2}{\partial y} = 3x^2 + 3y^2 + 1$. Portanto, o fluxo de **F** para fora do círculo unitário é dado por

$$\text{Fluxo} = \iint_{\mathcal{D}} \operatorname{div}(\mathbf{F})\, dA = \iint_{\mathcal{D}} (3x^2 + 3y^2 + 1)\, dA$$

Convertendo para coordenadas polares, obtemos

$$\text{Fluxo} = \int_0^{2\pi} \int_0^1 (3r^2 + 1) r\, dr\, d\theta = \int_0^{2\pi} \int_0^1 (3r^3 + r)\, dr\, d\theta$$

$$= 2\pi \left(\frac{3r^4}{4} + \frac{r^2}{2} \right) \bigg|_0^1 = \frac{5\pi}{2} \qquad ■$$

17.1 Resumo

- Temos duas notações para a integral de linha de um campo vetorial no plano

$$\int_{\mathcal{C}} \mathbf{F} \cdot d\mathbf{r} \quad \text{e} \quad \int_{\mathcal{C}} F_1\, dx + F_2\, dy$$

- $\partial \mathcal{D}$ denota a fronteira de $\mathcal{D}$ com sua orientação de fronteira (Figura 16).
- Teorema de Green:

$$\oint_{\partial \mathcal{D}} F_1\, dx + F_2\, dy = \iint_{\mathcal{D}} \left(\frac{\partial F_2}{\partial x} - \frac{\partial F_1}{\partial y} \right) dA$$

ou

$$\oint_{\partial \mathcal{D}} \mathbf{F} \cdot d\mathbf{r} = \iint_{\mathcal{D}} \operatorname{rot}_z(\mathbf{F})\, dA$$

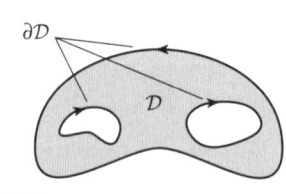

FIGURA 16 A orientação de fronteira é escolhida de tal modo que a região fique à esquerda se caminharmos ao longo da curva.

- Fórmulas da área da região $\mathcal{D}$ delimitada por $\mathcal{C}$:

$$\text{Área}(\mathcal{D}) = \oint_\mathcal{C} x\, dy = \oint_\mathcal{C} -y\, dx = \frac{1}{2} \oint_\mathcal{C} x\, dy - y\, dx$$

- A quantidade

$$\text{rot}_z(\mathbf{F}) = \frac{\partial F_2}{\partial x} - \frac{\partial F_1}{\partial y}$$

é interpretada como a circulação por unidade de área. Se $\mathcal{D}$ for um domínio pequeno com fronteira $\mathcal{C}$, então, dado qualquer $P \in \mathcal{D}$,

$$\oint_\mathcal{C} F_1\, dx + F_2\, dy \approx \text{rot}_z(\mathbf{F})(P) \cdot \text{Área}(\mathcal{D})$$

- Forma vetorial do teorema de Green:

$$\oint_{\partial \mathcal{D}} \mathbf{F} \cdot \mathbf{n}\, ds = \iint_\mathcal{D} \text{div}(\mathbf{F})\, dA$$

17.1 Exercícios

Exercícios preliminares

1. Qual é o campo vetorial $\mathbf{F}$ que está sendo integrado na integral de linha $\oint x^2\, dy - e^y\, dx$?

2. Esboce um domínio no formato de uma elipse e indique com uma seta a orientação de fronteira da curva de fronteira. Faça o mesmo com um anel (a região entre dois círculos concêntricos).

3. A circulação de um campo vetorial conservativo ao longo de uma curva fechada é nula. Esse fato é consistente com o teorema de Green? Explique.

4. Decida qual dos campos vetoriais dados possui a propriedade seguinte. A área delimitada por qualquer curva fechada simples $\mathcal{C}$ é igual a $\oint_\mathcal{C} \mathbf{F} \cdot d\mathbf{r}$.

    (a) $\mathbf{F}(x, y) = \langle -y, 0 \rangle$
    (b) $\mathbf{F}(x, y) = \langle x, y \rangle$
    (c) $\mathbf{F}(x, y) = \langle \text{sen}(x^2), x + e^{y^2} \rangle$

Exercícios

1. Confira a validade do teorema de Green com a integral de linha $\oint_\mathcal{C} xy\, dx + y\, dy$ se $\mathcal{C}$ for o círculo unitário orientado no sentido anti-horário.

2. Seja $I = \oint_\mathcal{C} \mathbf{F} \cdot d\mathbf{r}$, se $\mathbf{F}(x, y) = \langle y + \text{sen}\, x^2, x^2 + e^{y^2} \rangle$ e $\mathcal{C}$ for o círculo de raio 4 centrado na origem.
    (a) Qual é mais fácil: calcular I diretamente ou usando o teorema de Green?
    (b) Calcule I usando o método mais fácil.

Nos Exercícios 3-10, use o teorema de Green para calcular a integral de linha. Use a orientação anti-horária a menos de menção explícita em contrário.

3. $\oint_\mathcal{C} y^2\, dx + x^2\, dy$ se $\mathcal{C}$ for a fronteira do quadrado unitário $0 \leq x \leq 1, 0 \leq y \leq 1$.

4. $\oint_\mathcal{C} e^{2x+y}\, dx + e^{-y}\, dy$ se $\mathcal{C}$ for o triângulo de vértices $(0, 0), (1, 0)$ e $(1, 1)$.

5. $\oint_\mathcal{C} x^2 y\, dx$ se $\mathcal{C}$ for o círculo unitário centrado na origem.

6. $\oint_\mathcal{C} \mathbf{F} \cdot d\mathbf{r}$, sendo $\mathbf{F}(x, y) = \langle x + y, x^2 - y \rangle$ e $\mathcal{C}$ a fronteira da região delimitada por $y = x^2$ e $y = \sqrt{x}$ com $0 \leq x \leq 1$.

7. $\oint_\mathcal{C} \mathbf{F} \cdot d\mathbf{r}$ se $\mathbf{F}(x, y) = \langle x^2, x^2 \rangle$ e $\mathcal{C}$ consistir nos arcos $y = x^2$ e $y = x$ com $0 \leq x \leq 1$.

8. $\oint_\mathcal{C} (\ln x + y)\, dx - x^2\, dy$ se $\mathcal{C}$ for o retângulo de vértices $(1, 1), (3, 1), (1, 4)$ e $(3, 4)$.

9. A integral de linha de $\mathbf{F}(x, y) = \langle e^{x+y}, e^{x-y} \rangle$ na curva (orientada no sentido horário) que consiste nos segmentos de reta ligando os pontos $(0, 0), (2, 2), (4, 2), (2, 0)$ e de volta a $(0, 0)$ (observe a orientação).

10. $\int_\mathcal{C} xy\, dx + (x^2 + x)\, dy$ se $\mathcal{C}$ for o caminho na Figura 17.

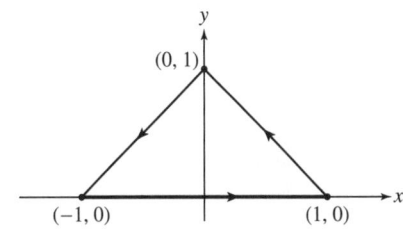

FIGURA 17

11. Sejam $\mathbf{F}(x, y) = \langle 2xe^y, x + x^2 e^y \rangle$ e $\mathcal{C}$ o caminho que percorre o quarto de círculo de A até B na Figura 18. Calcule $I = \oint_{\mathcal{C}} \mathbf{F} \cdot d\mathbf{r}$ como segue:
  (a) Encontre uma função $f(x, y)$ tal que $\mathbf{F} = \mathbf{G} + \nabla f$, sendo $\mathbf{G} = \langle 0, x \rangle$.
  (b) Mostre que são nulas as integrais de linha de $\mathbf{G}$ nos segmentos $\overline{OA}$ e $\overline{OB}$.
  (c) Calcule I. *Sugestão:* use o teorema de Green para mostrar que
  $$I = f(B) - f(A) + 4\pi$$

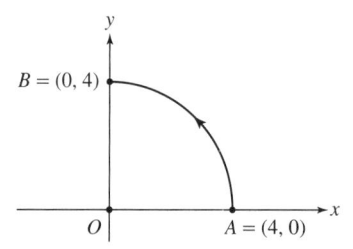

FIGURA 18

12. Calcule a integral de linha de $\mathbf{F}(x, y) = \langle x^3, 4x \rangle$ no caminho de A até B na Figura 19. Para simplificar o trabalho, use o teorema de Green para relacionar essa integral à integral de linha no segmento de reta vertical de B até A.

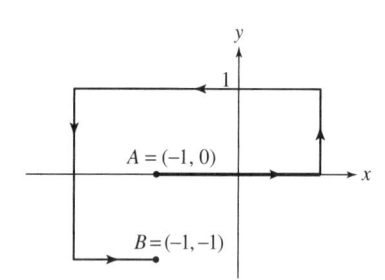

FIGURA 19

13. Calcule $I = \int_{\mathcal{C}} (\text{sen}\, x + y)\, dx + (3x + y)\, dy$ no caminho não fechado $ABCD$ da Figura 20. Use o método do Exercício 12.

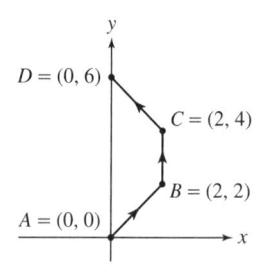

FIGURA 20

Nos Exercícios 14-17, use uma das fórmulas na Equação (6) para calcular a área da região dada.

14. O círculo de raio 3 centrado na origem.
15. O triângulo de vértices $(0, 0)$, $(1, 0)$ e $(1, 1)$.

16. A região entre o eixo x e a cicloide parametrizada por $\mathbf{r}(t) = \langle t - \text{sen}\, t, 1 - \cos t \rangle$ com $0 \leq t \leq 2\pi$ (Figura 21).

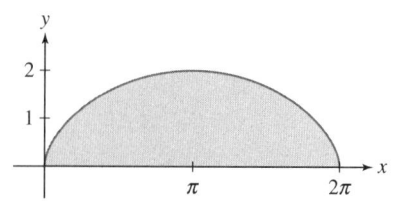

FIGURA 21 A cicloide.

17. A região entre o gráfico de $y = x^2$ e eixo x com $0 \leq x \leq 2$.
18. O quadrado de vértices $(1, 1), (-1, 1), (-1, -1)$ e $(1, -1)$ tem área 4. Calcule essa área três vezes usando cada uma das fórmulas na Equação (6).
19. Seja $x^3 + y^3 = 3xy$ o **fólio de Descartes** (Figura 22).
  (a) Mostre que o fólio tem uma parametrização em termos de $t = y/x$ dada por
  $$x = \frac{3t}{1+t^3}, \qquad y = \frac{3t^2}{1+t^3} \quad (-\infty < t < \infty) \quad (t \neq -1)$$
  (b) Mostre que
  $$x\, dy - y\, dx = \frac{9t^2}{(1+t^3)^2}\, dt$$
  Sugestão: pela regra do quociente,
  $$x^2 d\left(\frac{y}{x}\right) = x\, dy - y\, dx$$
  (c) Encontre a área da pétala do fólio. *Sugestão:* os limites de integração são 0 e ∞.

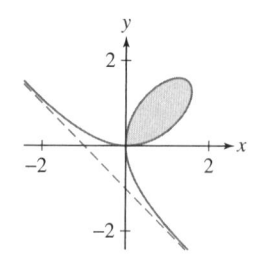

FIGURA 22 O fólio de Descartes.

20. Encontre uma parametrização da lemniscata $(x^2 + y^2)^2 = xy$ (ver Figura 23) usando $t = y/x$ como um parâmetro (ver Exercício 19). Então use a Equação (6) para encontrar a área de uma pétala da lemniscata.

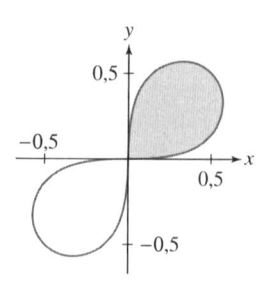

FIGURA 23 A lemniscata.

21. O centroide através de medições na fronteira O centroide (ver Seção 15.5) de um domínio $\mathcal{D}$ delimitado por uma curva fechada simples $\mathcal{C}$ é o ponto de coordenadas $(\overline{x}, \overline{y}) = (M_y/M, M_x/M)$, sendo M a área de $\mathcal{D}$ e

$$M_x = \iint_{\mathcal{D}} y\, dA, \qquad M_y = \iint_{\mathcal{D}} x\, dA$$

os momentos. Mostre que $M_x = \oint_{\mathcal{C}} xy\, dy$. Encontre uma expressão análoga para M_y.

22. Use o resultado do Exercício 21 para calcular os momentos do semicírculo $x^2 + y^2 = R^2$, $y \geq 0$ como integrais de linha. Verifique que o centroide é $(0, 4R/(3\pi))$.

23. Seja $\mathcal{C}_R$ o círculo de raio R centrado na origem. Use a forma geral do teorema de Green para determinar $\oint_{\mathcal{C}_2} \mathbf{F} \cdot d\mathbf{r}$ se $\mathbf{F}$ for um campo vetorial tal que $\oint_{\mathcal{C}_1} \mathbf{F} \cdot d\mathbf{r} = 9$ e $\dfrac{\partial F_2}{\partial x} - \dfrac{\partial F_1}{\partial y} = x^2 + y^2$ com (x, y) no anel $1 \leq x^2 + y^2 \leq 4$.

24. Usando a Figura 24, suponha que $\oint_{\mathcal{C}_2} \mathbf{F} \cdot d\mathbf{r} = 12$. Use o teorema de Green para determinar $\oint_{\mathcal{C}_1} \mathbf{F} \cdot d\mathbf{r}$, supondo que $\dfrac{\partial F_2}{\partial y} - \dfrac{\partial F_1}{\partial y} = -3$ em $\mathcal{D}$.

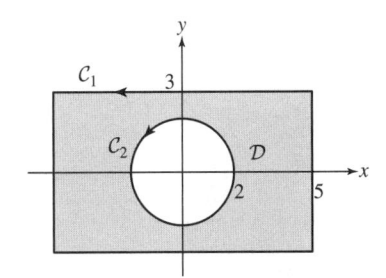

FIGURA 24

25. Usando a Figura 25, suponha que

$$\oint_{\mathcal{C}_2} \mathbf{F} \cdot d\mathbf{r} = 3\pi, \qquad \oint_{\mathcal{C}_3} \mathbf{F} \cdot d\mathbf{r} = 4\pi$$

Use o teorema de Green para determinar a circulação de $\mathbf{F}$ ao longo de $\mathcal{C}_1$, supondo que $\dfrac{\partial F_2}{\partial x} - \dfrac{\partial F_1}{\partial y} = 9$ na região sombreada.

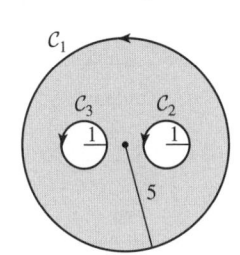

FIGURA 25

26. Seja $\mathbf{F}$ o campo vetorial de vórtice

$$\mathbf{F}(x, y) = \left\langle \dfrac{-y}{x^2 + y^2}, \dfrac{x}{x^2 + y^2} \right\rangle$$

Na Seção 16.3, verificamos que $\int_{\mathcal{C}_R} \mathbf{F} \cdot d\mathbf{r} = 2\pi$ se $\mathcal{C}_R$ for o círculo de raio R centrado na origem. Prove que $\oint_{\mathcal{C}} \mathbf{F} \cdot d\mathbf{r} = 2\pi$ com qualquer curva fechada simples cujo interior contenha a origem (Figura 26). *Sugestão:* aplique a forma geral do teorema de Green ao domínio entre $\mathcal{C}$ e $\mathcal{C}_R$, tomando R tão pequeno que $\mathcal{C}_R$ esteja contida no interior de $\mathcal{C}$.

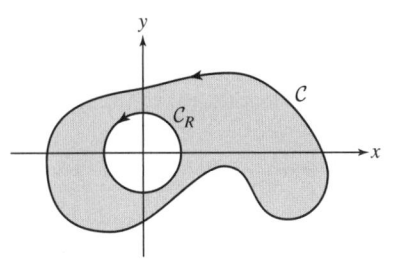

FIGURA 26

Nos Exercícios 27-30, usamos o integrando que ocorre no teorema de Green e que é dado por

$$\mathrm{rot}_z(\mathbf{F}) = \dfrac{\partial F_2}{\partial x} - \dfrac{\partial F_1}{\partial y}$$

27. Em cada um dos campos de vetores em (A)-(D) na Figura 27, decida se o rotacional rot_z na origem parece ser positivo, negativo ou nulo.

(A)   (B)

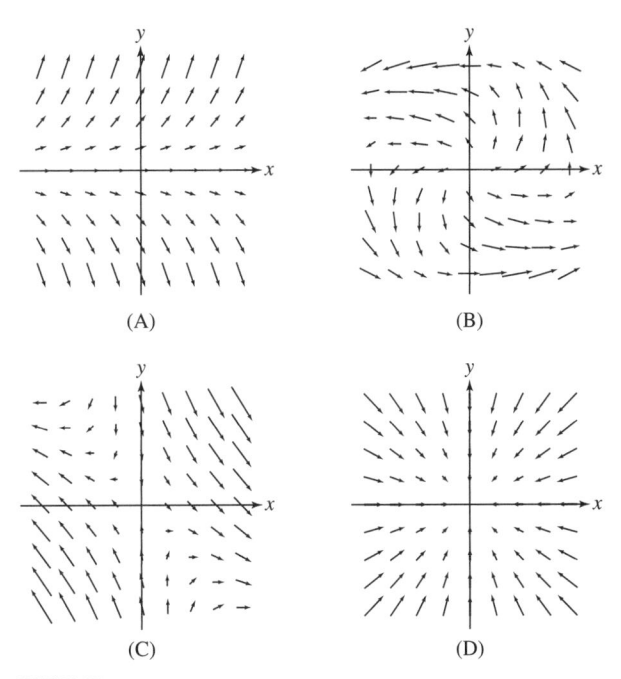

(C)   (D)

FIGURA 27

28. Dê uma estimativa da circulação de um campo vetorial $\mathbf{F}$ ao longo de um círculo de raio $R = 0{,}1$, supondo que $\mathrm{rot}_z(\mathbf{F})$ tenha o valor 4 no centro do círculo.

29. Dê uma estimativa de $\oint_{\mathcal{C}} \mathbf{F} \cdot d\mathbf{r}$, se

$\mathbf{F}(x, y) = \langle x + 0{,}1y^2, y - 0{,}1x^2 \rangle$ e $\mathcal{C}$ delimitar uma região pequena de área igual a $0{,}25$ contendo o ponto $P = (1, 1)$.

30. Seja $\mathbf{F}$ um campo de velocidades. Dê uma estimativa da circulação de $\mathbf{F}$ ao longo de um círculo de raio $R = 0{,}05$ centrado em P, supondo que $\mathrm{rot}_z(\mathbf{F})(P) = -3$. Em que sentido giraria uma rodinha de pás pequena colocada em P? Com que velocidade giraria (em radianos por segundo) se $\mathbf{F}$ for dado em metros por segundo?

31. Seja $\mathcal{C}_R$ o círculo de raio R centrado na origem. Use o teorema de Green para encontrar o valor de R que maximize
$$\oint_{\mathcal{C}_R} y^3\, dx + x\, dy.$$

32. **Área de um polígono** O teorema de Green fornece uma fórmula conveniente da área de um polígono.
    (a) Seja $\mathcal{C}$ o segmento de reta ligando (x_1, y_1) a (x_2, y_2). Mostre que
    $$\frac{1}{2}\int_{\mathcal{C}} -y\, dx + x\, dy = \frac{1}{2}(x_1 y_2 - x_2 y_1)$$
    (b) Prove que a área do polígono de vértices $(x_1, y_1), (x_2, y_2), \ldots, (x_n, y_n)$ é igual [onde colocamos $(x_{n+1}, y_{n+1}) = (x_1, y_1)$] a
    $$\frac{1}{2}\sum_{i=1}^{n}(x_i y_{i+1} - x_{i+1} y_i)$$

33. Use o resultado do Exercício 32 para calcular as áreas dos polígonos na Figura 28. Confira o resultado obtido no triângulo em (A) usando Geometria.

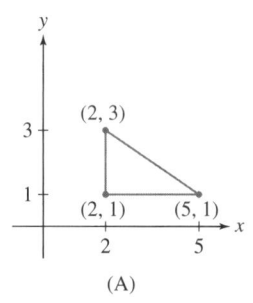

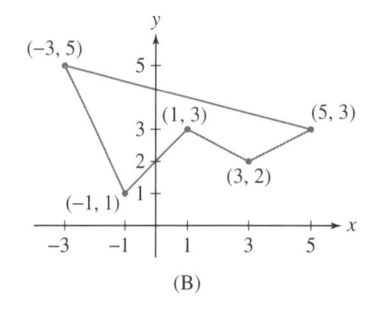

FIGURA 28

Nos Exercícios 34-39, calcule o fluxo $\oint \mathbf{F}\cdot \mathbf{n}\, ds$ de $\mathbf{F}$ através da curva $\mathcal{C}$ com o campo vetorial e a curva dados, usando o teorema de Green.

34. $\mathbf{F}(x, y) = \langle 3x, 2y\rangle$ através do círculo dado por $x^2 + y^2 = 9$.
35. $\mathbf{F}(x, y) = \langle xy, x - y\rangle$ através da fronteira do quadrado $-1 \le x \le 1, -1 \le y \le 1$.
36. $\mathbf{F}(x, y) = \langle x^2, y^2\rangle$ através da fronteira do triângulo de vértices $(0, 0), (1, 0)$ e $(0, 1)$.
37. $\mathbf{F}(x, y) = \langle 2x + y^3, 3y - x^4\rangle$ através do círculo unitário.
38. $\mathbf{F}(x, y) = \langle \cos y, \sin y\rangle$ através da fronteira do quadrado $0 \le x \le 2, 0 \le y \le \frac{\pi}{2}$.
39. $\mathbf{F}(x, y) = \langle xy^2 + 2x, x^2 y - 2y\rangle$ através da curva fechada simples que é a fronteira do semidisco dado por $x^2 + y^2 \le 3, y \ge 0$.
40. Se $\mathbf{v}$ for o campo de velocidades de um fluido, então o fluxo de $\mathbf{v}$ através de $\mathcal{C}$ é igual à taxa de fluxo (quantidade de fluido escoando através de $\mathcal{C}$ em metros quadrados por segundo). Encontre a taxa de fluxo através do círculo de raio 2 centrado na origem se $\text{div}(\mathbf{v}) = x^2$.
41. A disparada de uma manada de búfalos (Figura 29) é descrita pelo campo vetorial de velocidades $\mathbf{F} = \langle xy - y^3, x^2 + y\rangle$ km/h na região $\mathcal{D}$ definida por $2 \le x \le 3, 2 \le y \le 3$ em unidades de quilômetros (Figura 30). Supondo uma densidade de $\rho = 500$ búfalos por quilômetro quadrado, use a Equação (13) para determinar o número líquido de búfalos por minuto saindo ou entrando de $\mathcal{D}$ (igual a ρ vezes o fluxo de $\mathbf{F}$ através da fronteira de $\mathcal{D}$).

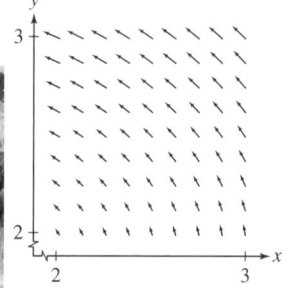

FIGURA 29 Uma disparada de búfalos.
(*C. K. Lorenz/Science Source*)

FIGURA 30 O campo vetorial $\mathbf{F} = \langle xy - y^3, x^2 + y\rangle$.

Compreensão adicional e desafios

*Nos Exercícios 42-45, usamos o **operador de Laplace** Δ definido por*
$$\Delta\varphi = \frac{\partial^2 \varphi}{\partial x^2} + \frac{\partial^2 \varphi}{\partial y^2} \qquad \boxed{14}$$

Dado um campo vetorial $\mathbf{F} = \langle F_1, F_2\rangle$ qualquer, defina o campo vetorial conjugado por $\mathbf{F}^* = \langle -F_2, F_1\rangle$.

42. Mostre que se $\mathbf{F} = \nabla\varphi$, então $\text{rot}_z(\mathbf{F}^*) = \Delta\varphi$.
43. Seja $\mathbf{n}$ o vetor normal unitário apontando para fora de uma curva fechada simples $\mathcal{C}$. A **derivada normal** de uma função φ, denotada por $\dfrac{\partial \varphi}{\partial \mathbf{n}}$, é a derivada direcional $D_{\mathbf{n}}(\varphi) = \nabla\varphi \cdot \mathbf{n}$. Prove que
$$\oint_{\mathcal{C}} \frac{\partial \varphi}{\partial \mathbf{n}}\, ds = \iint_{\mathcal{D}} \Delta\varphi\, dA$$
se $\mathcal{D}$ for o domínio delimitado por uma curva fechada simples $\mathcal{C}$.
Sugestão: seja $\mathbf{F} = \nabla\varphi$ e mostre que $\dfrac{\partial \varphi}{\partial \mathbf{n}} = \mathbf{F}^* \cdot \mathbf{T}$, sendo $\mathbf{T}$ o vetor tangente unitário, e aplique o teorema de Green.

44. Sejam $P = (a, b)$ e $\mathcal{C}_r$ o círculo de raio r centrado em P. O valor médio de uma função contínua φ em $\mathcal{C}_r$ é definido como a integral
$$I_{\varphi}(r) = \frac{1}{2\pi}\int_0^{2\pi} \varphi(a + r\cos\theta, b + r\sin\theta)\, d\theta$$
(a) Mostre que
$$\frac{\partial \varphi}{\partial \mathbf{n}}(a + r\cos\theta, b + r\sin\theta)$$
$$= \frac{\partial \varphi}{\partial r}(a + r\cos\theta, b + r\sin\theta)$$
(b) Use derivação dentro do sinal de integração para provar que
$$\frac{d}{dr}I_{\varphi}(r) = \frac{1}{2\pi r}\int_{\mathcal{C}_r} \frac{\partial \varphi}{\partial \mathbf{n}}\, ds$$
(c) Use o Exercício 43 para concluir que
$$\frac{d}{dr}I_{\varphi}(r) = \frac{1}{2\pi r}\iint_{\mathcal{D}(r)} \Delta\varphi\, dA$$
se $\mathcal{D}(r)$ for o interior de $\mathcal{C}_r$.

45. Prove que $m(r) \le I_\varphi(r) \le M(r)$, sendo $m(r)$ e $M(r)$ os valores mínimo e máximo de φ em C_r. Em seguida, use a continuidade de φ para provar que $\lim_{r \to 0} I_\varphi(r) = \varphi(P)$.

Nos Exercícios 46 e 47, seja $\mathcal{D}$ a região delimitada por uma curva fechada simples $\mathcal{C}$. Dizemos que uma função $\varphi(x, y)$ em $\mathcal{D}$ (cujas derivadas parciais de segunda ordem existam e sejam contínuas) é **harmônica** *se $\Delta\varphi = 0$, sendo $\Delta\varphi$ o operador de Laplace definido na Equação (14).*

46. Use os resultados dos Exercícios 44 e 45 para provar a **propriedade do valor médio** das funções harmônicas: se φ for harmônica, então $I_\varphi(r) = \varphi(P)$, qualquer que seja r.

47. Mostre que $f(x, y) = x^2 - y^2$ é harmônica. Confira a validade da propriedade do valor médio de $f(x, y)$ diretamente [expanda $f(a + r\cos\theta, b + r\sen\theta)$ como uma função de θ e calcule $I_\varphi(r)$]. Mostre que $x^2 + y^2$ não é harmônica e não satisfaz a propriedade do valor médio.

17.2 Teorema de Stokes

O teorema de Stokes é uma extensão do teorema de Green a três dimensões, em que a circulação é relacionada a uma integral de superfície em $\mathbf{R}^3$ (em vez de uma integral dupla no plano). Para enunciá-lo, introduzimos algumas definições e terminologia.

A Figura 1 ilustra três superfícies com tipos de fronteira distintos. A fronteira de uma superfície $\mathcal{S}$ é denotada por $\partial\mathcal{S}$. Observe que a fronteira em (A) é uma única curva fechada simples e a fronteira em (B) consiste em três curvas fechadas simples. A superfície em (C) é denominada uma **superfície fechada** porque sua fronteira é vazia. Nesse caso, escrevemos $\partial\mathcal{S} = \varnothing$.

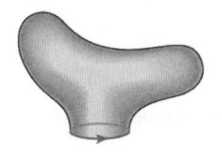

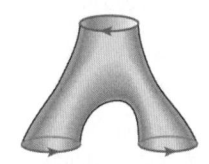

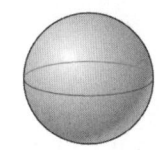

(A) A fronteira consiste numa única curva fechada.

(B) A fronteira consiste em três curvas fechadas.

(C) Uma superfície fechada (a fronteira é vazia).

FIGURA 1 Superfícies e suas fronteiras.

Lembre que na Seção 16.5 definimos uma orientação de uma superfície como uma escolha de um vetor normal unitário em cada ponto da superfície que varia de maneira contínua. Se uma superfície $\mathcal{S}$ for orientada, podemos especificar uma orientação de $\partial\mathcal{S}$, denominada **orientação de fronteira**. Imagine que sejamos um vetor normal caminhando ao longo da curva de fronteira com nossa cabeça no ponto final do vetor e os pés no ponto inicial do vetor. A orientação de fronteira é o sentido de percurso que deixa a superfície à nossa esquerda. Por exemplo, a fronteira da superfície na Figura 2 consiste em duas curvas, $\mathcal{C}_1$ e $\mathcal{C}_2$. Em (A), o vetor normal aponta para fora. A pessoa (representando o vetor normal) está caminhando ao longo de $\mathcal{C}_1$ e tem a superfície à sua esquerda, de modo que está caminhando no sentido positivo. A curva $\mathcal{C}_2$ está orientada no sentido oposto, porque ela deverá caminhar ao longo de $\mathcal{C}_2$ no sentido indicado para ter a superfície à sua esquerda. As orientações de fronteira em (B) estão invertidas porque foi selecionado o vetor normal oposto para orientar a superfície.

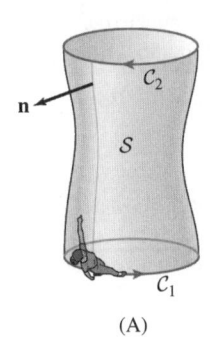

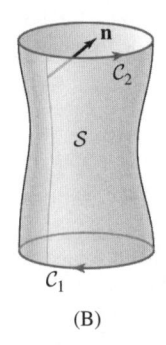

(A)

(B)

FIGURA 2 A orientação de fronteira $\partial\mathcal{S}$ com cada uma das duas orientações possíveis da superfície $\mathcal{S}$.

No próximo teorema, vamos supor que $\mathcal{S}$ seja uma superfície orientada com uma parametrização $G : \mathcal{D} \to \mathcal{S}$, em que $\mathcal{D}$ é um domínio no plano delimitado por curvas fechadas simples lisas, e que G seja uma aplicação injetora e regular, exceto, possivelmente, na fronteira de $\mathcal{D}$. Mais geralmente, $\mathcal{S}$ pode ser uma união finita de superfícies desse tipo. As superfícies nas aplicações que consideramos, como esferas, cubos e gráficos de funções, satisfazem essas condições.

TEOREMA 1   Teorema de Stokes   Seja $\mathcal{S}$ uma superfície conforme descrita acima e **F** um campo vetorial cujos componentes têm derivadas parciais contínuas numa região aberta contendo $\mathcal{S}$.

$$\oint_{\partial \mathcal{S}} \mathbf{F} \cdot d\mathbf{r} = \iint_{\mathcal{S}} \operatorname{rot}(\mathbf{F}) \cdot d\mathbf{S} \qquad \boxed{1}$$

A integral à esquerda é definida em relação à orientação de fronteira de $\partial \mathcal{S}$. Se $\mathcal{S}$ for fechada (ou seja, se $\partial \mathcal{S}$ for vazia), então é nula a integral de superfície do lado direito.

> O rotacional mede o quanto **F** deixa de ser conservativo. Se **F** for conservativo, então $\operatorname{rot}(\mathbf{F}) = \mathbf{0}$, e o teorema de Stokes simplesmente confirma o que já sabemos: é nula a circulação de um campo vetorial conservativo ao longo de um caminho fechado.

Muitas vezes, o teorema de Stokes aparece no formato

$$\oint_{\partial \mathcal{S}} \mathbf{F} \cdot d\mathbf{r} = \iint_{\mathcal{S}} (\nabla \times \mathbf{F}) \cdot d\mathbf{S}$$

Novamente, podemos ver a analogia com o teorema fundamental do Cálculo. Uma integral dupla de uma derivada (nesse caso, o rotacional) numa superfície é igual a uma integral simples na fronteira da superfície.

Demonstração   O lado esquerdo da Equação (1) é uma soma dos componentes de **F**:

$$\oint_{\mathcal{C}} \mathbf{F} \cdot d\mathbf{r} = \oint_{\mathcal{C}} F_1\, dx + F_2\, dy + F_3\, dz \qquad \boxed{2}$$

Considerando $\mathbf{F} = F_1\mathbf{i} + F_2\mathbf{j} + F_3\mathbf{k}$, e usando a aditividade do operador rotacional, obtemos $\operatorname{rot}(\mathbf{F}) = \operatorname{rot}(F_1\mathbf{i}) + \operatorname{rot}(F_2\mathbf{j}) + \operatorname{rot}(F_3\mathbf{k})$ e, portanto,

$$\iint_{\mathcal{S}} \operatorname{rot}(\mathbf{F}) \cdot d\mathbf{S} = \iint_{\mathcal{S}} \operatorname{rot}(F_1\mathbf{i}) \cdot d\mathbf{S} + \iint_{\mathcal{S}} \operatorname{rot}(F_2\mathbf{j}) \cdot d\mathbf{S} + \iint_{\mathcal{S}} \operatorname{rot}(F_3\mathbf{k}) \cdot d\mathbf{S} \qquad \boxed{3}$$

A demonstração consiste em mostrar que as parcelas de F_1, F_2 e F_3 nas Equações (2) e (3) são separadamente iguais.

Como uma prova completa é bastante técnica, vamos demonstrar o teorema no caso em que $\mathcal{S}$ é o gráfico de uma função $z = f(x, y)$ acima de um domínio $\mathcal{D}$ do plano xy. Além disso, vamos apresentar os detalhes somente para os termos F_1. Os cálculos com os termos F_2 são análogos, e deixamos os cálculos com os termos F_3 como exercício (Exercício 35). Assim, provamos apenas que

$$\oint_{\mathcal{C}} F_1\, dx = \iint_{\mathcal{S}} \operatorname{rot}(F_1(x, y, z)\mathbf{i}) \cdot d\mathbf{S} \qquad \boxed{4}$$

Orientando $\mathcal{S}$ com normal apontando para cima como na Figura 3, seja $\mathcal{C} = \partial \mathcal{S}$ a curva de fronteira com orientação determinada pela orientação de $\mathcal{S}$. Sejam $\mathcal{C}_0$ a fronteira de $\mathcal{D}$ no plano xy e $\mathbf{r}_0(t) = \langle x(t), y(t) \rangle$ (com $a \le t \le b$) uma parametrização anti-horária de $\mathcal{C}_0$ como na Figura 3. A curva de fronteira $\mathcal{C}$ projeta sobre $\mathcal{C}_0$, portanto $\mathcal{C}$ tem a parametrização

$$\mathbf{r}(t) = \langle x(t), y(t), f(x(t), y(t)) \rangle$$

e, assim,

$$\oint_{\mathcal{C}} F_1(x, y, z)\, dx = \int_a^b F_1\big(x(t), y(t), f(x(t), y(t))\big) \frac{dx}{dt}\, dt$$

A integral da direita é, precisamente, a integral que obtemos integrando $F_1\big(x, y, f(x, y)\big)\, dx$ ao longo da curva $\mathcal{C}_0$ no plano $\mathbf{R}^2$. Em outras palavras,

$$\oint_{\mathcal{C}} F_1(x, y, z)\, dx = \oint_{\mathcal{C}_0} F_1\big(x, y, f(x, y)\big)\, dx$$

Pelo teorema de Green aplicado à integral da direita, obtemos

$$\oint_{\mathcal{C}} F_1(x, y, z)\, dx = -\iint_{\mathcal{D}} \frac{\partial}{\partial y} F_1(x, y, f(x, y))\, dA$$

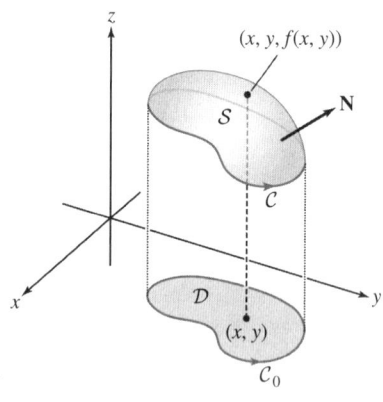

FIGURA 3

Pela regra da cadeia,

$$\frac{\partial}{\partial y} F_1(x, y, f(x, y)) = F_{1y}(x, y, f(x, y)) + F_{1z}(x, y, f(x, y)) f_y(x, y)$$

e então, finalmente, obtemos

$$\oint_{\mathcal{C}} F_1 \, dx = -\iint_{\mathcal{D}} \Big(F_{1y}(x, y, f(x, y)) + F_{1z}(x, y, f(x, y)) f_y(x, y) \Big) dA \quad \boxed{5}$$

Para completar a prova, calculamos a integral de superfície de rot($F_1\mathbf{i}$) usando a parametrização $G(x, y) = (x, y, f(x, y))$ de $\mathcal{S}$:

$$\mathbf{N} = \langle -f_x(x, y), -f_y(x, y), 1 \rangle \quad \text{(normal apontando para cima)}$$

$$\text{rot}(F_1\mathbf{i}) \cdot \mathbf{N} = \langle 0, F_{1z}, -F_{1y} \rangle \cdot \langle -f_x(x, y), -f_y(x, y), 1 \rangle$$

$$= -F_{1z}(x, y, f(x, y)) f_y(x, y) - F_{1y}(x, y, f(x, y))$$

$$\iint_{\mathcal{S}} \text{rot}(F_1\mathbf{i}) \cdot d\mathbf{S} = -\iint_{\mathcal{D}} \Big(F_{1z}(x, y, z) f_y(x, y) + F_{1y}(x, y, f(x, y)) \Big) dA \quad \boxed{6}$$

Os lados direitos das Equações (5) e (6) são iguais. Isso prova a Equação (4). ■

LEMBRETE *O cálculo de uma integral de superfície:*

$$\iint_{\mathcal{S}} \mathbf{F} \cdot d\mathbf{S} = \iint_{\mathcal{D}} \mathbf{F}(u, v) \cdot \mathbf{N}(u, v) \, du \, dv$$

Se $\mathcal{S}$ for um gráfico $z = f(x, y)$ parametrizado por $G(x, y) = (x, y, f(x, y))$, então

$$\mathbf{N}(x, y) = \langle -f_x(x, y), -f_y(x, y), 1 \rangle$$

■ **EXEMPLO 1 Conferindo o teorema de Stokes** Confira a validade do teorema de Stokes com

$$\mathbf{F}(x, y, z) = \langle -y, 2x, x + z \rangle$$

e o hemisfério superior com vetores normais apontando para fora (Figura 4):

$$\mathcal{S} = \{(x, y, z) : x^2 + y^2 + z^2 = 1, z \geq 0\}$$

Solução Mostremos que as integrais de linha e de superfície no teorema de Stokes são iguais a 3π.

Passo 1. **Calcular a integral de linha ao longo da curva de fronteira.**

A fronteira de $\mathcal{S}$ é o círculo unitário orientado no sentido anti-horário com parametrização $\mathbf{r}(t) = \langle \cos t, \sen t, 0 \rangle$. Assim,

$$\mathbf{r}'(t) = \langle -\sen t, \cos t, 0 \rangle$$

$$\mathbf{F}(\mathbf{r}(t)) = \langle -\sen t, 2\cos t, \cos t \rangle$$

$$\mathbf{F}(\mathbf{r}(t)) \cdot \mathbf{r}'(t) = \langle -\sen t, 2\cos t, \cos t \rangle \cdot \langle -\sen t, \cos t, 0 \rangle$$

$$= \sen^2 t + 2\cos^2 t = 1 + \cos^2 t$$

$$\oint_{\partial \mathcal{S}} \mathbf{F} \cdot d\mathbf{r} = \int_0^{2\pi} (1 + \cos^2 t) \, dt = 2\pi + \pi = \boxed{3\pi} \quad \boxed{7}$$

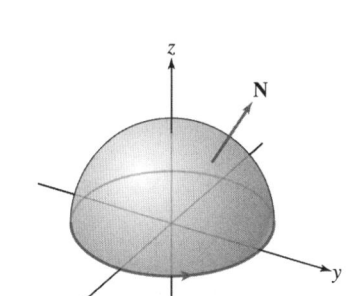

FIGURA 4 O hemisfério superior com fronteira orientada.

Passo 2. **Calcular o rotacional.**

$$\text{rot}(\mathbf{F}) = \begin{vmatrix} \mathbf{i} & \mathbf{j} & \mathbf{k} \\ \dfrac{\partial}{\partial x} & \dfrac{\partial}{\partial y} & \dfrac{\partial}{\partial z} \\ -y & 2x & x + z \end{vmatrix}$$

$$= \left(\frac{\partial}{\partial y}(x + z) - \frac{\partial}{\partial z} 2x \right) \mathbf{i} - \left(\frac{\partial}{\partial x}(x + z) - \frac{\partial}{\partial z}(-y) \right) \mathbf{j}$$

$$\quad + \left(\frac{\partial}{\partial x} 2x - \frac{\partial}{\partial y}(-y) \right) \mathbf{k}$$

$$= \langle 0, -1, 3 \rangle$$

LEMBRETE *Na Equação (7), usamos*

$$\int_0^{2\pi} \cos^2 t \, dt = \int_0^{2\pi} \frac{1 + \cos 2t}{2} \, dt = \pi$$

LEMBRETE O teorema de Stokes afirma que

$$\oint_{\partial S} \mathbf{F} \cdot d\mathbf{r} = \iint_S \operatorname{rot}(\mathbf{F}) \cdot d\mathbf{S}$$

Passo 3. **Calcular a integral de superfície do rotacional.**

Parametrizamos o hemisfério usando coordenadas esféricas:

$$G(\theta, \phi) = (\cos\theta \operatorname{sen}\phi, \operatorname{sen}\theta \operatorname{sen}\phi, \cos\phi)$$

Pela Equação (1) da Seção 16.4, o vetor normal apontando para fora é

$$\mathbf{N} = \operatorname{sen}\phi \langle \cos\theta \operatorname{sen}\phi, \operatorname{sen}\theta \operatorname{sen}\phi, \cos\phi \rangle$$

Portanto,

$$\operatorname{rot}(\mathbf{F}) \cdot \mathbf{N} = \operatorname{sen}\phi \langle 0, -1, 3 \rangle \cdot \langle \cos\theta \operatorname{sen}\phi, \operatorname{sen}\theta \operatorname{sen}\phi, \cos\phi \rangle$$

$$= -\operatorname{sen}\theta \operatorname{sen}^2\phi + 3\cos\phi \operatorname{sen}\phi$$

O hemisfério superior S corresponde a $0 \leq \phi \leq \frac{\pi}{2}$, portanto

$$\iint_S \operatorname{rot}(\mathbf{F}) \cdot d\mathbf{S} = \int_{\phi=0}^{\pi/2} \int_{\theta=0}^{2\pi} (-\operatorname{sen}\theta \operatorname{sen}^2\phi + 3\cos\phi \operatorname{sen}\phi)\, d\theta\, d\phi$$

$$= 0 + 2\pi \int_{\phi=0}^{\pi/2} 3\cos\phi \operatorname{sen}\phi\, d\phi = 2\pi \left(\frac{3}{2} \operatorname{sen}^2\phi\right)\bigg|_{\phi=0}^{\pi/2}$$

$$= \boxed{3\pi}$$

■ **EXEMPLO 2** Use o teorema de Stokes para mostrar que $\oint_C \mathbf{F} \cdot d\mathbf{r} = 0$ se

$$\mathbf{F}(x, y, z) = \langle \operatorname{sen}(x^2), e^{y^2} + x^2, z^4 + 2x^2 \rangle$$

e C for a fronteira do triângulo na Figura 5, com a orientação indicada.

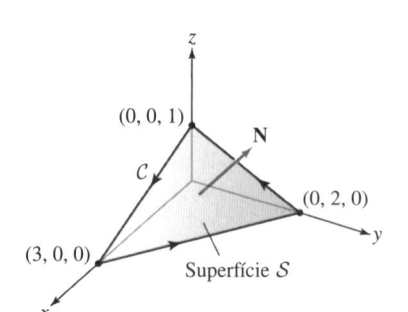

FIGURA 5

Solução Observe que se quiséssemos calcular $\oint_C \mathbf{F} \cdot d\mathbf{r}$ diretamente, precisaríamos parametrizar as três arestas de C e calcular três integrais. Em vez disso, aplicamos o teorema de Stokes

$$\oint_C \mathbf{F} \cdot d\mathbf{r} = \iint_S \operatorname{rot}(\mathbf{F}) \cdot d\mathbf{S}$$

e mostramos que a integral da direita é nula. Começamos calculando o rotacional:

$$\operatorname{rot}\left(\langle \operatorname{sen} x^2, e^{y^2} + x^2, z^4 + 2x^2 \rangle\right) = \begin{vmatrix} \mathbf{i} & \mathbf{j} & \mathbf{k} \\ \dfrac{\partial}{\partial x} & \dfrac{\partial}{\partial y} & \dfrac{\partial}{\partial z} \\ \operatorname{sen} x^2 & e^{y^2} + x^2 & z^4 + 2x^2 \end{vmatrix} = \langle 0, -4x, 2x \rangle$$

Ocorre que (por vontade do autor) é possível verificar que a integral de superfície é nula sem precisar calculá-la. Usando a Figura 5, vemos que C é a fronteira da superfície triangular S contida no plano

$$\frac{x}{3} + \frac{y}{2} + z = 1$$

Portanto, $\mathbf{N} = \langle \frac{1}{3}, \frac{1}{2}, 1 \rangle$ é um vetor normal a esse plano. No entanto, $\mathbf{N}$ e $\operatorname{rot}(\mathbf{F})$ são ortogonais:

$$\operatorname{rot}(\mathbf{F}) \cdot \mathbf{N} = \langle 0, -4x, 2x \rangle \cdot \left\langle \frac{1}{3}, \frac{1}{2}, 1 \right\rangle = -2x + 2x = 0$$

Em outras palavras, o componente normal de $\operatorname{rot}(\mathbf{F})$ em S é zero. Como a integral de superfície de um campo vetorial é igual à integral de superfície do componente normal, concluímos que $\iint_S \operatorname{rot}(\mathbf{F}) \cdot d\mathbf{S} = 0$. ■

Capítulo 17 Teoremas fundamentais da análise vetorial **975**

ENTENDIMENTO CONCEITUAL Vimos que se $\mathbf{F}$ for conservativo, ou seja, se $\mathbf{F} = \nabla f$, então, dados dois caminhos $\mathcal{C}_1$ e $\mathcal{C}_2$ quaisquer de P até Q (Figura 6),

$$\int_{\mathcal{C}_1} \mathbf{F} \cdot d\mathbf{r} = \int_{\mathcal{C}_2} \mathbf{F} \cdot d\mathbf{r} = f(Q) - f(P)$$

Em outras palavras, a integral de linha é independente do caminho. Em particular, $\oint_{\mathcal{C}} \mathbf{F} \cdot d\mathbf{r}$ é nula se $\mathcal{C}$ for fechado ($P = Q$).

Fatos análogos são verdadeiros com integrais de superfície se $\mathbf{F} = \text{rot}(\mathbf{A})$. O campo vetorial $\mathbf{A}$ é dito um **potencial vetorial** de $\mathbf{F}$. O teorema de Stokes afirma que, dadas quaisquer duas superfícies $\mathcal{S}_1$ e $\mathcal{S}_2$ com a mesma fronteira orientada $\mathcal{C}$ (Figura 7),

$$\iint_{\mathcal{S}_1} \mathbf{F} \cdot d\mathbf{S} = \iint_{\mathcal{S}_2} \mathbf{F} \cdot d\mathbf{S} = \oint_{\mathcal{C}} \mathbf{A} \cdot d\mathbf{r}$$

Em outras palavras, *a integral de superfície de um campo vetorial com potencial vetorial $\mathbf{A}$ é independente da superfície*, exatamente como um campo vetorial com uma função potencial f é independente do caminho.

Se a superfície for fechada, então a curva de fronteira é vazia e a integral de superfície é nula:

$$\iint_{\mathcal{S}} \mathbf{F} \cdot d\mathbf{S} = 0 \quad \text{se} \quad \mathbf{F} = \text{rot}(\mathbf{A}) \text{ e } \mathcal{S} \text{ é fechada.}$$

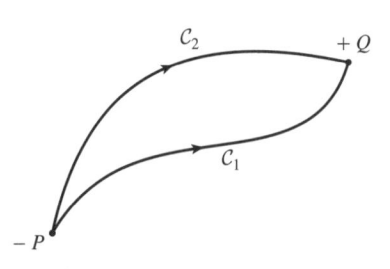

FIGURA 6 Dois caminhos com a mesma fronteira $Q - P$.

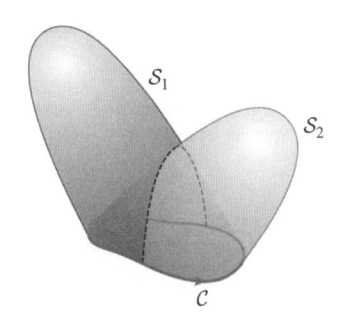

FIGURA 7 As superfícies $\mathcal{S}_1$ e $\mathcal{S}_2$ têm a mesma fronteira orientada.

TEOREMA 2 Independência da superfície de campos vetoriais rotacionais Se $\mathbf{F} = \text{rot}(\mathbf{A})$, então o fluxo de $\mathbf{F}$ através de uma superfície $\mathcal{S}$ depende somente da fronteira orientada $\partial\mathcal{S}$ e não da própria superfície:

$$\iint_{\mathcal{S}} \mathbf{F} \cdot d\mathbf{S} = \oint_{\partial\mathcal{S}} \mathbf{A} \cdot d\mathbf{r} \qquad \boxed{8}$$

Em particular, se $\mathcal{S}$ for *fechada* (ou seja, se $\partial\mathcal{S}$ for vazia), então $\iint_{\mathcal{S}} \mathbf{F} \cdot d\mathbf{S} = 0$.

Os potenciais vetoriais não são únicos: se $\mathbf{F} = \text{rot}(\mathbf{A})$, então $\mathbf{F} = \text{rot}(\mathbf{A} + \mathbf{B})$, com qualquer campo vetorial $\mathbf{B}$ tal que $\text{rot}(\mathbf{B}) = \mathbf{0}$.

Podemos escrever esse teorema com nossa outra notação como

$$\iint_{\mathcal{S}} (\nabla \times \mathbf{A}) \cdot d\mathbf{S} = \oint \mathbf{A} \cdot d\mathbf{r}$$

■ **EXEMPLO 3** Seja $\mathbf{F} = \text{rot}(\mathbf{A})$, com $\mathbf{A}(x, y, z) = \langle y + z, \text{sen}(xy), e^{xyz} \rangle$. Encontre o fluxo de $\mathbf{F}$ para fora através das superfícies $\mathcal{S}_1$ e $\mathcal{S}_2$ da Figura 8, cuja fronteira comum $\mathcal{C}$ é o círculo unitário do plano xz.

Solução Com $\mathcal{C}$ orientada no sentido da seta, a superfície $\mathcal{S}_1$ fica à esquerda e, pela Equação (8),

$$\iint_{\mathcal{S}_1} \mathbf{F} \cdot d\mathbf{S} = \oint_{\mathcal{C}} \mathbf{A} \cdot d\mathbf{r}$$

Vamos calcular a integral de linha da direita. A parametrização $\mathbf{r}(t) = \langle \cos t, 0, \text{sen } t \rangle$ percorre $\mathcal{C}$ no sentido indicado pela seta porque começa em $\mathbf{r}(0) = \langle 1, 0, 0 \rangle$ e se movimenta no sentido de $\mathbf{r}(\frac{\pi}{2}) = \langle 0, 0, 1 \rangle$. Temos

$$\mathbf{A}(\mathbf{r}(t)) = \langle 0 + \text{sen } t, \text{sen}(0), e^0 \rangle = \langle \text{sen } t, 0, 1 \rangle$$

$$\mathbf{A}(\mathbf{r}(t)) \cdot \mathbf{r}'(t) = \langle \text{sen } t, 0, 1 \rangle \cdot \langle -\text{sen } t, 0, \cos t \rangle = -\text{sen}^2 t + \cos t$$

$$\oint_{\mathcal{C}} \mathbf{A} \cdot d\mathbf{r} = \int_0^{2\pi} (-\text{sen}^2 t + \cos t) \, dt = -\pi$$

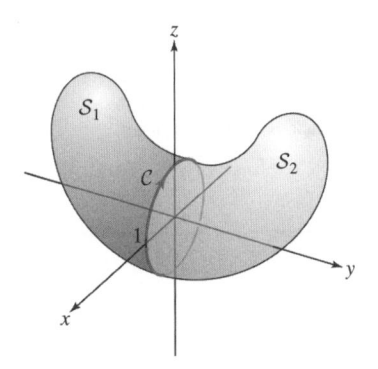

*LEMBRETE O **fluxo** de um campo vetorial através de uma superfície é a integral de superfície do campo vetorial.*

Concluímos que $\iint_{\mathcal{S}_1} \mathbf{F} \cdot d\mathbf{S} = -\pi$. Por outro lado, $\mathcal{S}_2$ fica à direita quando percorremos $\mathcal{C}$. Desse modo, $\mathcal{S}_2$ tem a orientação de fronteira $-\mathcal{C}$, e

$$\iint_{\mathcal{S}_2} \mathbf{F} \cdot d\mathbf{S} = \oint_{-\mathcal{C}} \mathbf{A} \cdot d\mathbf{r} = -\oint_{\mathcal{C}} \mathbf{A} \cdot d\mathbf{r} = \pi$$

FIGURA 8

Note que, como afirma o Teorema 2, o fluxo total de $\mathbf{F} = \text{rot}(\mathbf{A})$ através da superfície fechada que é a união de $\mathcal{S}_1$ e $\mathcal{S}_2$ é $\pi - \pi = 0$. Se, em vez disso, tivéssemos orientado $\mathcal{S}_2$ com o vetor normal para dentro, então ambas as superfícies, $\mathcal{S}_1$ e $\mathcal{S}_2$, teriam a fronteira dada pela curva $\mathcal{C}$ com a orientação mostrada na figura. Portanto, pela independência da superfície de campos vetoriais rotacionais, as duas superfícies gerariam o mesmo fluxo, que, nesse caso, seria $-\pi$. ∎

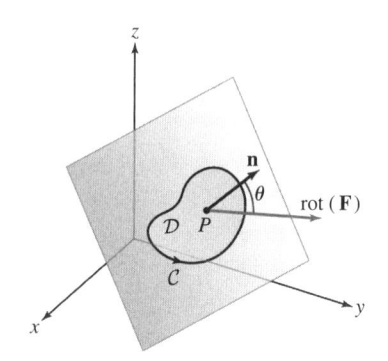

FIGURA 9 A curva $\mathcal{C}$ em torno de P fica no plano por P de vetor normal $\mathbf{n}$.

ENTENDIMENTO CONCEITUAL **Interpretação do rotacional** Na Seção 17.1, mostramos que a quantidade $\dfrac{\partial F_2}{\partial x} - \dfrac{\partial F_1}{\partial y}$ no teorema de Green é a "circulação por unidade de área delimitada". Uma interpretação análoga vale em $\mathbf{R}^3$.

Considere um plano por P com vetor normal unitário $\mathbf{n}$ e seja $\mathcal{D}$ um domínio pequeno contendo P com curva de fronteira $\mathcal{C}$ (Figura 9). Pelo teorema de Stokes,

$$\oint_{\mathcal{C}} \mathbf{F} \cdot d\mathbf{r} \approx \iint_{\mathcal{D}} (\text{rot}(\mathbf{F}) \cdot \mathbf{n}) \, dS \qquad \boxed{9}$$

O campo vetorial $\text{rot}(\mathbf{F})$ é contínuo (seus componentes são derivadas dos componentes de $\mathbf{F}$), portanto seu valor não varia muito em $\mathcal{D}$ se $\mathcal{D}$ for suficientemente pequeno.

Numa primeira aproximação, podemos substituir $\text{rot}(\mathbf{F})$ pelo valor constante $\text{rot}(\mathbf{F})(P)$, o que nos dá

$$\iint_{\mathcal{D}} (\text{rot}(\mathbf{F}) \cdot \mathbf{n}) \, dS \approx \iint_{\mathcal{D}} (\text{rot}(\mathbf{F})(P) \cdot \mathbf{n}) \, dS$$

$$\approx (\text{rot}(\mathbf{F})(P) \cdot \mathbf{n}) \, \text{Área}(\mathcal{D}) \qquad \boxed{10}$$

Além disso, $\text{rot}(\mathbf{F})(P) \cdot \mathbf{n} = \|\text{rot}(\mathbf{F})(P)\| \cos\theta$, em que θ é o ângulo entre $\text{rot}(\mathbf{F})$ e $\mathbf{n}$. Juntando as Equações (9) e (10), obtemos

$$\oint_{\mathcal{C}} \mathbf{F} \cdot d\mathbf{r} \approx \|\text{rot}(\mathbf{F})(P)\|(\cos\theta) \, \text{Área}(\mathcal{D}) \qquad \boxed{11}$$

Esse é um resultado impressionante. Ele nos diz que $\text{rot}(\mathbf{F})$ codifica a circulação por unidade de área englobada em cada plano por P de uma maneira simples, a saber, como o produto escalar $\text{rot}(\mathbf{F})(P) \cdot \mathbf{n}$. Em particular, a taxa de circulação varia (numa primeira aproximação) como o cosseno do ângulo θ entre $\text{rot}(\mathbf{F})(P)$ e $\mathbf{n}$.

Também podemos argumentar (como o fizemos na Seção 17.1 com campos vetoriais no plano) que se $\mathbf{F}$ for o campo de velocidades de um fluido, então uma rodinha de pás pequena com normal $\mathbf{n}$ vai girar com uma velocidade angular aproximadamente igual a $\frac{1}{2}\text{rot}(\mathbf{F})(P) \cdot \mathbf{n}$ (ver Figura 10). Em qualquer ponto dado, a velocidade angular será maximizada se o vetor normal à rodinha de pás $\mathbf{n}$ apontar na direção e sentido de $\text{rot}(\mathbf{F})$.

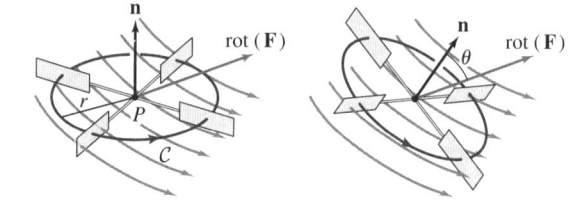

FIGURA 10 A rodinha de pás pode ser orientada de várias maneiras, conforme for especificado pelo vetor normal $\mathbf{n}$.

■ **EXEMPLO 4** **Potencial vetorial de um solenoide** Uma corrente elétrica I passando por um solenoide (que é uma espiral de arame bem enrolada; ver Figura 11) cria um campo magnético $\mathbf{B}$. Se supusermos que o solenoide tenha um comprimento infinito, raio R e eixo central z, então

$$\mathbf{B}(r) = \begin{cases} \mathbf{0} & \text{se } r > R \\ B\mathbf{k} & \text{se } r < R \end{cases}$$

em que $r = (x^2 + y^2)^{1/2}$ é a distância ao eixo z e B é uma constante que depende da intensidade de corrente I e do espaçamento das espirais de arame.

(a) Mostre que um potencial vetorial de **B** é

$$\mathbf{A}(r) = \begin{cases} \dfrac{1}{2}R^2 B \left\langle -\dfrac{y}{r^2}, \dfrac{x}{r^2}, 0 \right\rangle & \text{se } r > R \\ \dfrac{1}{2}B \left\langle -y, x, 0 \right\rangle & \text{se } r < R \end{cases}$$

(b) Calcule o fluxo de **B** através da superfície $\mathcal{S}$ (com normal apontando para cima) da Figura 11 cuja fronteira é um círculo de raio r, com $r > R$.

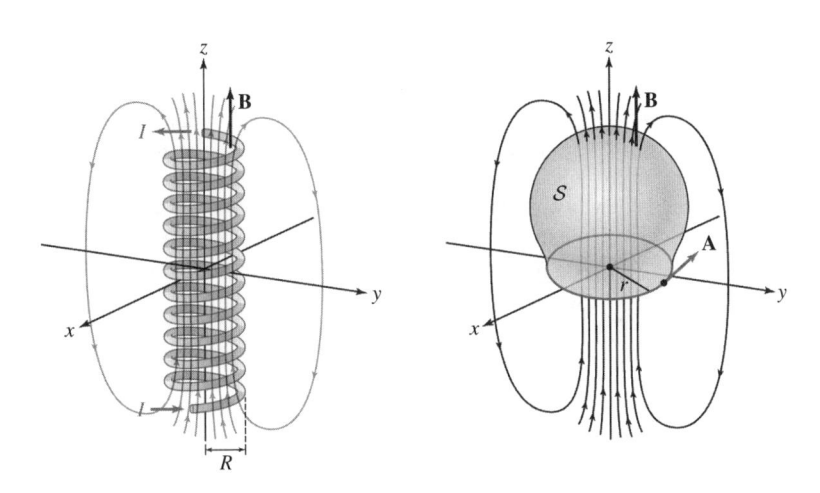

FIGURA 11 O campo magnético de um solenoide longo é praticamente uniforme dentro e fraco fora. Na prática, consideramos o solenoide como sendo "infinitamente comprido" se for muito comprido em relação ao seu raio.

Solução

(a) Dadas quaisquer funções f e g,

$$\text{rot}(\langle f, g, 0 \rangle) = \langle -g_z, f_z, g_x - f_y \rangle$$

Aplicando isso a **A** com $r < R$, obtemos

$$\text{rot}(\mathbf{A}) = \frac{1}{2}B \left\langle 0, 0, \frac{\partial}{\partial x}x - \frac{\partial}{\partial y}(-y) \right\rangle = \langle 0, 0, B \rangle = B\mathbf{k} = \mathbf{B}$$

Deixamos como um exercício (Exercício 33) mostrar que $\text{rot}(\mathbf{A}) = \mathbf{B} = \mathbf{0}$ se $r > R$.

(b) A fronteira de $\mathcal{S}$ é um círculo com parametrização anti-horária $\mathbf{r}(t) = \langle r\cos t, r\,\text{sen}\,t, 0 \rangle$, portanto

$$\mathbf{r}'(t) = \langle -r\,\text{sen}\,t, r\cos t, 0 \rangle$$

$$\mathbf{A}(\mathbf{r}(t)) = \frac{1}{2}R^2 B r^{-1} \langle -\text{sen}\,t, \cos t, 0 \rangle$$

$$\mathbf{A}(\mathbf{r}(t)) \cdot \mathbf{r}'(t) = \frac{1}{2}R^2 B \left((-\text{sen}\,t)^2 + \cos^2 t\right) = \frac{1}{2}R^2 B$$

Pelo teorema de Stokes, o fluxo de **B** através de $\mathcal{S}$ é igual a

$$\iint_{\mathcal{S}} \mathbf{B} \cdot d\mathbf{S} = \oint_{\partial \mathcal{S}} \mathbf{A} \cdot d\mathbf{r} = \int_0^{2\pi} \mathbf{A}(\mathbf{r}(t)) \cdot \mathbf{r}'(t)\, dt = \frac{1}{2}R^2 B \int_0^{2\pi} dt = \pi R^2 B \quad \blacksquare$$

*O potencial vetorial **A** é contínuo, mas não diferenciável no cilindro $r = R$, ou seja, no próprio solenoide (Figura 12). O campo magnético $\mathbf{B} = \text{rot}(\mathbf{A})$ tem uma descontinuidade de salto em $r = R$. Estamos supondo que o teorema de Stokes seja válido também nesse contexto.*

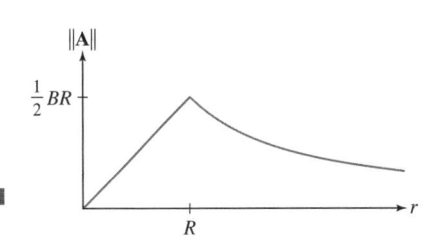

FIGURA 12 A magnitude $\|\mathbf{A}\|$ do potencial vetorial como uma função da distância r ao eixo z.

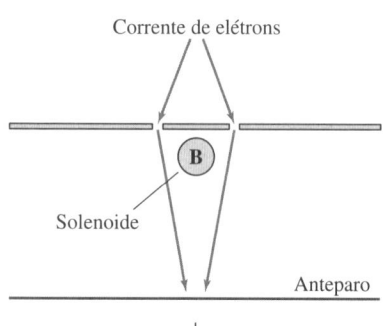

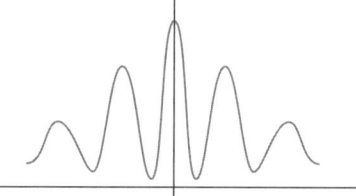

FIGURA 13 Uma corrente de elétrons passando por uma fenda dupla produz um padrão de interferência no anteparo. Esse padrão varia levemente se uma corrente elétrica percorrer o solenoide.

ENTENDIMENTO CONCEITUAL Existe uma diferença interessante entre potenciais escalares e vetoriais. Se $\mathbf{F} = \nabla f$, então o potencial escalar f é constante nas regiões em que o campo $\mathbf{F}$ for nulo (pois uma função de gradiente nulo é constante). Isso não é válido com potenciais vetoriais. Conforme vimos no Exemplo 4, o campo magnético $\mathbf{B}$ produzido por um solenoide é igual a zero fora do solenoide, mas o potencial vetorial $\mathbf{A}$ não é constante fora do solenoide. De fato, $\mathbf{A}$ é proporcional a $\left\langle -\dfrac{y}{r^2}, \dfrac{x}{r^2}, 0 \right\rangle$. Isso está relacionado com um fenômeno intrigante da Física, denominado *efeito de Aharonov-Bohm (AB)*, que foi proposto em termos teóricos pela primeira vez nos anos 1940.

De acordo com a teoria do Eletromagnetismo, um campo magnético $\mathbf{B}$ exerce uma força num elétron em movimento, causando uma deflexão na trajetória do elétron. Não esperamos deflexão alguma quando um elétron passa ao largo de um solenoide porque $\mathbf{B}$ é nulo fora do solenoide (na prática, o campo não é exatamente nulo com um solenoide de comprimento finito, mas é muito pequeno; ignoramos essa complicação). Contudo, de acordo com a Mecânica Quântica, os elétrons têm propriedades tanto de onda como de partícula. Numa experiência de fenda dupla, uma corrente de elétrons passando por duas pequenas fendas cria um padrão de interferência de onda num anteparo (Figura 13).

O efeito AB prevê que se colocarmos um pequeno solenoide entre as fendas, como na figura (o solenoide é tão pequeno que os elétrons nunca passam através dele), então o padrão de interferência será levemente deslocado. É como se os elétrons "soubessem" que existe um campo magnético dento do solenoide, mesmo que nunca encontrem esse campo diretamente.

O efeito AB foi debatido acaloradamente até que, em 1985, foi confirmado definitivamente em experimentos desenvolvidos por uma equipe de físicos japoneses liderada por Akira Tonomura. O efeito AB parece contradizer a teoria eletromagnética "clássica", de acordo com a qual a trajetória de um elétron é determinada somente por $\mathbf{B}$. Na Mecânica Quântica, não há tal contradição, porque o comportamento do elétron é governado não por $\mathbf{B}$, mas por uma "função onda" que é decorrência do potencial vetorial não constante $\mathbf{A}$.

17.2 Resumo

- A *fronteira* de uma superfície $\mathcal{S}$ é denotada por $\partial \mathcal{S}$. Dizemos que $\mathcal{S}$ é *fechada* se $\partial \mathcal{S}$ for vazia.
- Suponha que $\mathcal{S}$ seja orientada (um vetor normal que varia continuamente é especificado em cada ponto de $\mathcal{S}$). Definimos a *orientação de fronteira* de $\partial \mathcal{S}$ como segue: caminhando ao longo da fronteira no sentido positivo com a cabeça apontando no sentido normal, a superfície fica à esquerda.
- O teorema de Stokes relaciona a circulação ao longo da fronteira com a integral de superfície do rotacional:

$$\oint_{\partial \mathcal{S}} \mathbf{F} \cdot d\mathbf{r} = \iint_{\mathcal{S}} \operatorname{rot}(\mathbf{F}) \cdot d\mathbf{S}$$

- Independência da superfície: se $\mathbf{F} = \operatorname{rot}(\mathbf{A})$, então o fluxo de $\mathbf{F}$ através da superfície $\mathcal{S}$ depende somente da fronteira orientada $\partial \mathcal{S}$ e não da própria superfície:

$$\iint_{\mathcal{S}} \mathbf{F} \cdot d\mathbf{S} = \oint_{\partial \mathcal{S}} \mathbf{A} \cdot d\mathbf{r}$$

Em particular, se $\mathcal{S}$ for fechada (ou seja, se $\partial \mathcal{S}$ for vazia) e $\mathbf{F} = \operatorname{rot}(\mathbf{A})$, então $\iint_{\mathcal{S}} \mathbf{F} \cdot d\mathbf{S} = 0$. Se $\mathcal{S}_1$ e $\mathcal{S}_2$ forem superfícies orientadas que têm em comum uma fronteira orientada e $\mathbf{F} = \operatorname{rot}(\mathbf{A})$, então

$$\iint_{\mathcal{S}_1} \mathbf{F} \cdot d\mathbf{S} = \iint_{\mathcal{S}_2} \mathbf{F} \cdot d\mathbf{S}$$

- O rotacional é interpretado como um vetor que codifica a circulação por unidade de área: se P for um ponto qualquer e $\mathbf{n}$ for um vetor normal unitário, então

$$\int_{\mathcal{C}} \mathbf{F} \cdot d\mathbf{r} \approx (\operatorname{rot}(\mathbf{F})(P) \cdot \mathbf{n}) \, \text{Área}(\mathcal{D})$$

sendo $\mathcal{C}$ uma curva fechada simples pequena em torno de P no plano por P de vetor normal $\mathbf{n}$ e $\mathcal{D}$ for a região delimitada por $\mathcal{C}$.

17.2 Exercícios

Exercícios preliminares

1. Indique com uma seta a orientação de fronteira das curvas de fronteira das superfícies da Figura 14, orientadas pelo vetor normal apontando para fora.

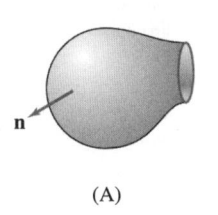

(A) (B)

FIGURA 14

2. Seja $\mathbf{F} = \text{rot}(\mathbf{A})$. Quais das seguintes estão relacionadas pelo teorema de Stokes?
   (a) A circulação de $\mathbf{A}$ e o fluxo de $\mathbf{F}$.
   (b) A circulação de $\mathbf{F}$ e o fluxo de $\mathbf{A}$.

3. Qual é a definição de potencial vetorial?

4. Qual das afirmações seguintes está correta?
   (a) O fluxo de $\text{rot}(\mathbf{A})$ através de qualquer superfície orientada é zero.
   (b) O fluxo de $\text{rot}(\mathbf{A})$ através de qualquer superfície fechada e orientada é zero.

5. Qual condição sobre $\mathbf{F}$ garante que o fluxo através de $\mathcal{S}_1$ é igual ao fluxo através de $\mathcal{S}_2$ com quaisquer duas superfícies orientadas $\mathcal{S}_1$ e $\mathcal{S}_2$ de mesma fronteira orientada?

Exercícios

Nos Exercícios 1-4, verifique o teorema de Stokes com o campo vetorial dado e a superfície orientada com normal apontando para cima.

1. $\mathbf{F} = \langle 2xy, x, y+z \rangle$, a superfície $z = 1 - x^2 - y^2$ com $x^2 + y^2 \leq 1$.

2. $\mathbf{F} = \langle yz, 0, x \rangle$, a porção do plano $\dfrac{x}{2} + \dfrac{y}{3} + z = 1$ em que $x, y, z \geq 0$.

3. $\mathbf{F} = \langle e^{y-z}, 0, 0 \rangle$, o quadrado de vértices $(1, 0, 1)$, $(1, 1, 1)$, $(0, 1, 1)$ e $(0, 0, 1)$.

4. $\mathbf{F} = \langle y, x, x^2 + y^2 \rangle$, o hemisfério superior $x^2 + y^2 + z^2 = 1$, $z \geq 0$.

Nos Exercícios 5-10, calcule $\text{rot}(\mathbf{F})$ e então aplique o teorema de Stokes para calcular o fluxo de $\text{rot}(\mathbf{F})$ através da superfície dada usando uma integral de linha.

5. $\mathbf{F} = \left\langle e^{z^2} - y, e^{z^3} + x, \cos(xz) \right\rangle$, o hemisfério superior $x^2 + y^2 + z^2 = 1$, $z \geq 0$ com normal apontando para fora.

6. $\mathbf{F} = \left\langle x + y, z^2 - 4, x\sqrt{y^2 + 1} \right\rangle$, a superfície da caixa em forma de cunha da Figura 15 (fundo incluído, tampa excluída) com normal apontando para fora.

7. $\mathbf{F} = \langle 3z, 5x, -2y \rangle$, a parte do paraboloide $z = x^2 + y^2$ que fica abaixo do plano $z = 4$ com normal apontando para cima.

8. $\mathbf{F} = \left\langle yz, -xz, z^3 \right\rangle$, a parte do cone $z = \sqrt{x^2 + y^2}$ entre os planos $z = 1$ e $z = 3$ com normal apontando para cima.

9. $\mathbf{F} = \langle yz, xz, xy \rangle$, a parte do cilindro $x^2 + y^2 = 1$ entre os planos $z = 1$ e $z = 4$ com normal apontando para fora.

10. $\mathbf{F} = \langle 2y, e^z, -\text{arc tg } x \rangle$, a parte do paraboloide $z = 4 - x^2 - y^2$ cortada pelo plano xy com normal apontando para cima.

Nos Exercícios 11-14, aplique o teorema de Stokes para calcular $\oint_{\mathcal{C}} \mathbf{F} \cdot d\mathbf{r}$ encontrando o fluxo de $\text{rot}(\mathbf{F})$ através de uma superfície apropriada.

11. $\mathbf{F} = \langle 3y, -2x, 3y \rangle$, $\mathcal{C}$ é o círculo $x^2 + y^2 = 9$, $z = 2$, orientado no sentido anti-horário visto de cima.

12. $\mathbf{F} = \langle yz, xy, xz \rangle$, $\mathcal{C}$ é o quadrado de vértices $(0, 0, 2)$, $(1, 0, 2)$, $(1, 1, 2)$ e $(0, 1, 2)$, orientado no sentido anti-horário visto de cima.

13. $\mathbf{F} = \langle y, z, x \rangle$, $\mathcal{C}$ é o triângulo de vértices $(0, 0, 0)$, $(3, 0, 0)$ e $(0, 0, 3)$, orientado no sentido anti-horário visto de cima.

14. $\mathbf{F} = \langle y, -2z, 4x \rangle$ $\mathcal{C}$ é a fronteira da parte do plano $x + 2y + 3z = 1$ que fica no primeiro quadrante do espaço, orientado no sentido anti-horário visto de cima.

15. Seja $\mathcal{S}$ a superfície do cilindro (sem incluir o topo e a base) de raio 2 com $1 \leq z \leq 6$, orientado com normal apontando para fora (Figura 16).
    (a) Indique com uma seta a orientação de $\partial \mathcal{S}$ (os círculos do topo e da base).
    (b) Verifique o teorema de Stokes com $\mathcal{S}$ e $\mathbf{F} = \langle yz^2, 0, 0 \rangle$.

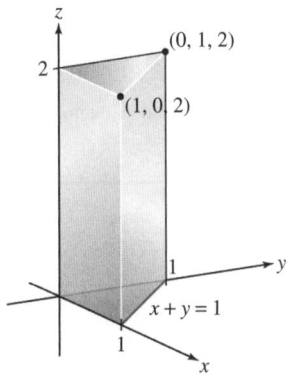

FIGURA 15

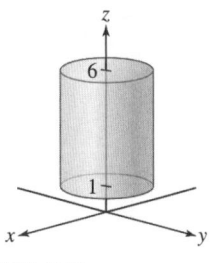

FIGURA 16

16. Seja $\mathcal{S}$ a porção do plano $z = x$ contido no semicilindro de raio R esboçado na Figura 17. Use o teorema de Stokes para calcular a circulação de $\mathbf{F} = \langle z, x, y + 2z \rangle$ ao longo da fronteira de $\mathcal{S}$ (uma metade de elipse) no sentido anti-horário quando vista de cima. *Sugestão:* mostre que rot($\mathbf{F}$) é ortogonal ao vetor normal do plano.

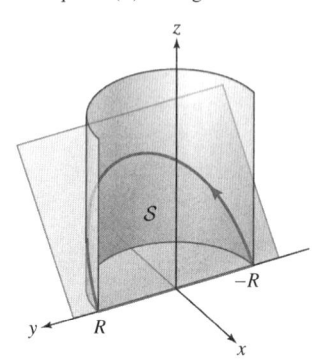

FIGURA 17

17. Seja I o fluxo de $\mathbf{F} = \langle e^y, 2xe^{x^2}, z^2 \rangle$ através do hemisfério superior $\mathcal{S}$ da esfera unitária.
   (a) Seja $\mathbf{G} = \langle e^y, 2xe^{x^2}, 0 \rangle$. Encontre um campo vetorial $\mathbf{A}$ tal que rot($\mathbf{A}$) = $\mathbf{G}$.
   (b) Use o teorema de Stokes para mostrar que o fluxo de $\mathbf{G}$ através de $\mathcal{S}$ é zero. *Sugestão:* calcule a circulação de $\mathbf{A}$ ao longo de $\partial\mathcal{S}$.
   (c) Calcule I. *Sugestão:* use (b) para mostrar que I é igual ao fluxo de $\langle 0, 0, z^2 \rangle$ através de $\mathcal{S}$.

18. Sejam $\mathbf{F} = \langle 0, -z, 1 \rangle$ e $\mathcal{S}$ a calota esférica $x^2 + y^2 + z^2 \leq 1$, com $z \geq \frac{1}{2}$. Calcule $\iint_{\mathcal{S}} \mathbf{F} \cdot d\mathbf{S}$ diretamente como uma integral de superfície. Em seguida, verifique que $\mathbf{F} = \text{rot}(\mathbf{A})$, com $\mathbf{A} = \langle 0, x, xz \rangle$, e calcule a integral de superfície de novo, agora usando o teorema de Stokes.

19. Sejam $\mathbf{A}$ o potencial vetorial e $\mathbf{B}$ o campo magnético do solenoide infinito de raio R do Exemplo 4. Use o teorema de Stokes para calcular o que segue.
   (a) O fluxo de $\mathbf{B}$ através de um círculo de raio $r < R$ no plano xy.
   (b) A circulação de $\mathbf{A}$ ao longo da fronteira $\mathcal{C}$ de uma superfície que fica fora do solenoide.

20. O campo magnético $\mathbf{B}$ devido a um circuito fechado pequeno (que colocamos na origem) é denominado um **dipolo magnético** (Figura 18). Seja $\rho = (x^2 + y^2 + z^2)^{1/2}$. Com ρ grande, $\mathbf{B} = \text{rot}(\mathbf{A})$ se
$$\mathbf{A} = \left\langle -\frac{y}{\rho^3}, \frac{x}{\rho^3}, 0 \right\rangle$$
   (a) Seja $\mathcal{C}$ um círculo horizontal de raio R centrado em $(0, 0, c)$, com c grande. Mostre que $\mathbf{A}$ é tangente a $\mathcal{C}$.
   (b) Use o teorema de Stokes para calcular o fluxo de $\mathbf{B}$ através de $\mathcal{C}$.

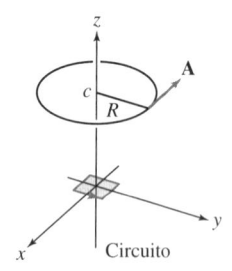

FIGURA 18

21. Um campo magnético uniforme $\mathbf{B}$ tem intensidade constante de b na direção z, ou seja, $\mathbf{B} = \langle 0, 0, b \rangle$.

   (a) Verifique que $\mathbf{A} = \frac{1}{2}\mathbf{B} \times \mathbf{r}$ é um potencial vetorial de $\mathbf{B}$, sendo $\mathbf{r} = \langle x, y, 0 \rangle$.
   (b) Calcule o fluxo de $\mathbf{B}$ através do retângulo de vértices A, B, C e D dado na Figura 19.

22. Seja $\mathbf{F} = \langle -x^2 y, x, 0 \rangle$. Usando a Figura 19, seja $\mathcal{C}$ o caminho fechado $ABCD$. Use o teorema de Stokes para calcular $\int_{\mathcal{C}} \mathbf{F} \cdot d\mathbf{r}$ de duas maneiras. Inicialmente, tomando $\mathcal{C}$ como a fronteira do retângulo de vértices A, B, C e D. Em seguida, tomando $\mathcal{C}$ como a fronteira da caixa sem tampa em forma de cunha.

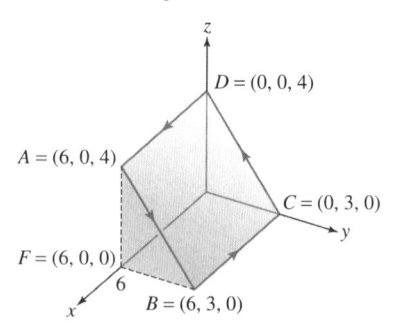

FIGURA 19

23. Seja $\mathbf{F} = \langle y^2, 2z + x, 2y^2 \rangle$. Use o teorema de Stokes para encontrar um plano de equação $ax + by + cz = 0$ (sendo a, b e c não todas nulas) tal que $\oint_{\mathcal{C}} \mathbf{F} \cdot d\mathbf{r} = 0$ com qualquer curva fechada $\mathcal{C}$ do plano. *Sugestão:* escolha a, b e c de tal modo que rot($\mathbf{F}$) esteja no plano.

24. Sejam $\mathbf{F} = \langle -z^2, 2zx, 4y - x^2 \rangle$ e $\mathcal{C}$ uma curva fechada simples do plano $x + y + z = 4$ que delimita uma região de área 16 (Figura 20). Calcule $\oint_{\mathcal{C}} \mathbf{F} \cdot d\mathbf{r}$ se $\mathcal{C}$ for orientada no sentido anti-horário (quando vista de um ponto acima do plano).

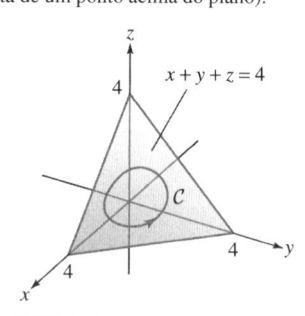

FIGURA 20

25. Seja $\mathbf{F} = \langle y^2, x^2, z^2 \rangle$. Mostre que
$$\int_{\mathcal{C}_1} \mathbf{F} \cdot d\mathbf{r} = \int_{\mathcal{C}_2} \mathbf{F} \cdot d\mathbf{r}$$
com quaisquer duas curvas fechadas num cilindro cujo eixo central é o eixo z (Figura 21).

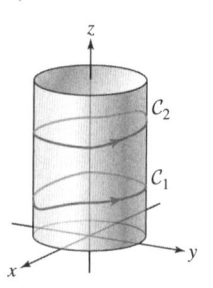

FIGURA 21

26. O rotacional de um campo vetorial **F** na origem é $\mathbf{v}_0 = \langle 3, 1, 4 \rangle$. Dê uma estimativa da circulação ao longo de um paralelogramo pequeno gerado pelos vetores $\mathbf{A} = \langle 0, \frac{1}{2}, \frac{1}{2} \rangle$ e $\mathbf{B} = \langle 0, 0, \frac{1}{3} \rangle$.

27. Sabemos duas coisas a respeito de um campo vetorial **F**:
 (a) **F** tem um potencial vetorial **A** (mas desconhecemos **A**).
 (b) A circulação de **A** ao longo do círculo unitário (orientado no sentido anti-horário) é 25.

Determine o fluxo de **F** através da superfície $\mathcal{S}$ na Figura 22, orientada com normal apontando para cima.

28. Suponha que **F** tenha um potencial vetorial e que $\mathbf{F}(x, y, 0) = \mathbf{k}$. Encontre o fluxo de **F** através da superfície $\mathcal{S}$ da Figura 22, orientada com normal apontando para cima.

29. Prove que $\text{rot}(f\mathbf{a}) = \nabla f \times \mathbf{a}$ se f for uma função diferenciável e **a** for um vetor constante.

30. Mostre que $\text{rot}(\mathbf{F}) = \mathbf{0}$ se **F** for um campo vetorial **radial**, o que significa que $\mathbf{F} = f(\rho)\langle x, y, z\rangle$ com alguma função $f(\rho)$, sendo $\rho = \sqrt{x^2 + y^2 + z^2}$. *Sugestão:* é suficiente mostrar que um componente de $\text{rot}(\mathbf{F})$ seja nulo, pois então o resultado para os dois outros decorre por simetria.

31. Prove a regra do produto
$$\text{rot}(f\mathbf{F}) = f\text{rot}(\mathbf{F}) + \nabla f \times \mathbf{F}$$

32. Suponha que sejam contínuas as derivadas parciais de segunda ordem de f e g. Prove que
$$\oint_{\partial\mathcal{S}} f\nabla(g) \cdot d\mathbf{r} = \iint_{\mathcal{S}} \nabla(f) \times \nabla(g) \cdot d\mathbf{S}$$

33. Verifique que $\mathbf{B} = \text{rot}(\mathbf{A})$ com $r > R$, no contexto do Exemplo 4.

34. Explique cuidadosamente por que o teorema de Green é um caso especial do teorema de Stokes.

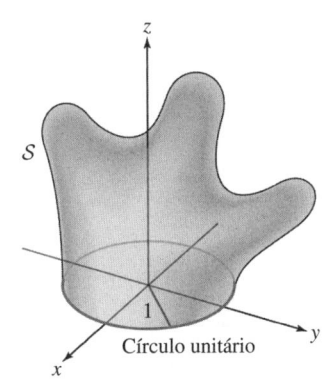

FIGURA 22 A superfície $\mathcal{S}$ cuja fronteira é o círculo unitário.

Compreensão adicional e desafios

35. Neste exercício, utilizamos a notação da demonstração do Teorema 1 e provamos que
$$\oint_{\mathcal{C}} F_3(x, y, z)\mathbf{k} \cdot d\mathbf{r} = \iint_{\mathcal{S}} \text{rot}(F_3(x, y, z)\mathbf{k}) \cdot d\mathbf{S} \quad \boxed{12}$$

Em particular, $\mathcal{S}$ é o gráfico de $z = f(x, y)$ acima de um domínio $\mathcal{D}$ e $\mathcal{C}$ é a fronteira de $\mathcal{S}$ com parametrização $(x(t), y(t), f(x(t), y(t)))$.
 (a) Use a regra da cadeia para mostrar que
$$F_3(x, y, z)\mathbf{k} \cdot d\mathbf{r} = F_3(x(t), y(t), f(x(t), y(t))) \cdot$$
$$\Big(f_x(x(t), y(t))x'(t) + f_y(x(t), y(t))y'(t)\Big) dt$$
e verifique que
$$\oint_{\mathcal{C}} F_3(x, y, z)\mathbf{k} \cdot d\mathbf{r} =$$
$$\oint_{\mathcal{C}_0} \langle F_3(x, y, z)f_x(x, y), F_3(x, y, z)f_y(x, y)\rangle \cdot d\mathbf{r}$$
se $\mathcal{C}_0$ tiver parametrização $(x(t), y(t))$.

 (b) Aplique o teorema de Green à integral de linha em $\mathcal{C}_0$ e mostre que o resultado é igual ao lado direito da Equação (12).

36. Sejam **F** um campo vetorial continuamente diferenciável em $\mathbf{R}^3$, Q um ponto e $\mathcal{S}$ um plano contendo Q com vetor normal unitário **e**. Sejam $\mathcal{C}_r$ um círculo de raio r centrado em Q em $\mathcal{S}$ e $\mathcal{S}_r$ o disco delimitado por $\mathcal{C}_r$. Suponha que $\mathcal{S}_r$ esteja orientado com o vetor normal unitário **e**.
 (a) Sejam $m(r)$ e $M(r)$ os valores mínimo e máximo de $\text{rot}(\mathbf{F}(P)) \cdot \mathbf{e}$ com $P \in \mathcal{S}_r$. Prove que
$$m(r) \leq \frac{1}{\pi r^2}\iint_{\mathcal{S}_r}\text{rot}(\mathbf{F}) \cdot d\mathbf{S} \leq M(r)$$
 (b) Prove que
$$\text{rot}(\mathbf{F}(Q)) \cdot \mathbf{e} = \lim_{r \to 0} \frac{1}{\pi r^2}\int_{\mathcal{C}_r} \mathbf{F} \cdot d\mathbf{r}$$
Isso mostra que $\text{rot}(\mathbf{F}(Q)) \cdot \mathbf{e}$ é a circulação por unidade de área no plano $\mathcal{S}$.

17.3 Teorema da divergência

Já estudamos vários "teoremas fundamentais". Cada um deles é uma relação do tipo:

Integral de uma derivada num domínio = Integral na *fronteira orientada* do domínio

Os exemplos que vimos até aqui são os seguintes:

- No Cálculo a uma variável, o teorema fundamental do Cálculo (TFC) relaciona a integral de $f'(x)$ num intervalo $[a, b]$ com a "integral" de $f(x)$ na fronteira de $[a, b]$ consistindo nos dois pontos a e b:

$$\underbrace{\int_a^b f'(x)\,dx}_{\text{Integral da derivada em }[a,b]} = \underbrace{f(b) - f(a)}_{\text{"Integral" na fronteira de }[a,b]}$$

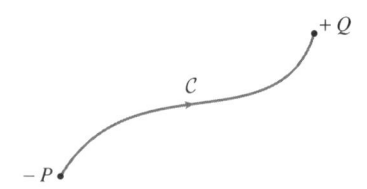

FIGURA 1 A fronteira orientada de $\mathcal{C}$ é $\partial\mathcal{C} = Q - P$.

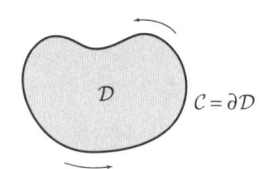

FIGURA 2 Domínio $\mathcal{D}$ em $\mathbf{R}^2$ com curva de fronteira $\mathcal{C} = \partial\mathcal{D}$.

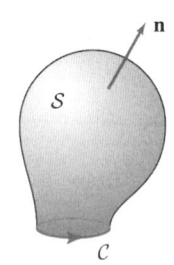

FIGURA 3 A fronteira orientada de $\mathcal{S}$ é $\mathcal{C} = \partial\mathcal{S}$.

A fronteira de $[a, b]$ é orientada associando um sinal de mais a b e um de menos a a.

- O teorema fundamental de integrais de linha generaliza o TFC: em vez de integrar num intervalo $[a, b]$ (um caminho retilíneo de a até b ao longo do eixo x), integramos ao longo de qualquer caminho ligando os pontos P a Q de $\mathbf{R}^3$ (Figura 1), e, em vez de $f'(x)$, usamos o gradiente:

$$\underbrace{\int_{\mathcal{C}} \nabla f \cdot d\mathbf{r}}_{\text{Integral da derivada na curva}} = \underbrace{f(Q) - f(P)}_{\substack{\text{Integral'' na fronteira} \\ \partial\mathcal{C} = Q - P}}$$

- O teorema de Green é uma versão bidimensional do TFC que relaciona a integral de uma certa derivada num domínio $\mathcal{D}$ do plano com uma integral na curva de fronteira $\mathcal{C} = \partial\mathcal{D}$ (Figura 2).

$$\underbrace{\iint_{\mathcal{D}} \left(\frac{\partial F_2}{\partial x} - \frac{\partial F_1}{\partial y} \right) dA}_{\text{Integral da derivada no domínio}} = \underbrace{\int_{\mathcal{C}} \mathbf{F} \cdot d\mathbf{r}}_{\text{Integral na curva de fronteira}}$$

- O teorema de Stokes estende o de Green: em vez de um domínio no plano (uma superfície plana), permitimos qualquer superfície em $\mathbf{R}^3$ (Figura 3). A derivada apropriada é o rotacional:

$$\underbrace{\iint_{\mathcal{S}} \text{rot}(\mathbf{F}) \cdot d\mathbf{S}}_{\text{Integral da derivada na superfície}} = \underbrace{\int_{\mathcal{C}} \mathbf{F} \cdot d\mathbf{r}}_{\text{Integral na curva de fronteira}}$$

Nosso último teorema, o da divergência, também segue esse padrão:

$$\underbrace{\iiint_{\mathcal{W}} \text{div}(\mathbf{F}) \, dV}_{\substack{\text{Integral da derivada na} \\ \text{região tridimensional}}} = \underbrace{\iint_{\mathcal{S}} \mathbf{F} \cdot d\mathbf{S}}_{\substack{\text{Integral na superfície} \\ \text{de fronteira}}}$$

Aqui, $\mathcal{S}$ é uma superfície fechada que delimita uma região tridimensional $\mathcal{W}$. Em outras palavras, $\mathcal{S}$ é a fronteira de $\mathcal{W}$: $\mathcal{S} = \partial\mathcal{W}$. Uma maneira de pensar numa superfície fechada é como uma superfície que "retém o ar". A Figura 4 mostra dois exemplos de regiões e superfícies de fronteira que consideramos.

Bola tridimensional — A fronteira é uma esfera orientada para fora

Cubo tridimensional — A fronteira é a superfície do cubo orientada para fora

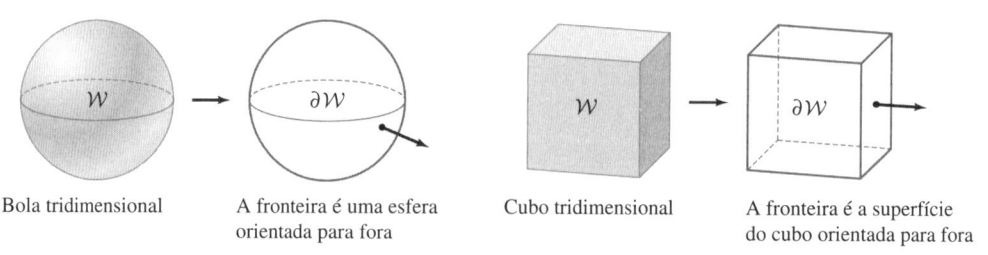

FIGURA 4

Consideramos uma superfície fechada lisa por partes $\mathcal{S}$, o que significa que $\mathcal{S}$ consiste em uma superfície lisa ou, no máximo, um número finito de superfícies lisas coladas ao longo de suas fronteiras, como no exemplo do cubo.

TEOREMA 1 Teorema da divergência Seja $\mathcal{S}$ uma superfície fechada que engloba uma região $\mathcal{W}$ do $\mathbf{R}^3$. Suponha que $\mathcal{S}$ seja lisa por partes e orientada por vetores normais que apontam para fora de $\mathcal{W}$. Seja $\mathbf{F}$ um campo vetorial cujo domínio contenha $\mathcal{W}$. Então

$$\iint_{\mathcal{S}} \mathbf{F} \cdot d\mathbf{S} = \iiint_{\mathcal{W}} \text{div}(\mathbf{F}) \, dV \qquad \boxed{1}$$

Muitas vezes, esse teorema aparece no formato

$$\iint_S \mathbf{F} \cdot d\mathbf{S} = \iiint_{\mathcal{W}} \nabla \cdot \mathbf{F}\, dV$$

Demonstração Vamos provar o teorema da divergência no caso especial em que $\mathcal{W}$ é uma caixa $[a,b] \times [c,d] \times [e,f]$, como na Figura 5. A prova pode ser modificada para tratar de regiões mais gerais, como os interiores de esferas e cilindros.

Escrevemos cada lado da Equação (1) como uma soma de componentes:

$$\iint_{\partial \mathcal{W}} (F_1\mathbf{i} + F_2\mathbf{j} + F_3\mathbf{k}) \cdot d\mathbf{S} = \iint_{\partial \mathcal{W}} F_1\mathbf{i} \cdot d\mathbf{S} + \iint_{\partial \mathcal{W}} F_2\mathbf{j} \cdot d\mathbf{S} + \iint_{\partial \mathcal{W}} F_3\mathbf{k} \cdot d\mathbf{S}$$

$$\iiint_{\mathcal{W}} \operatorname{div}(F_1\mathbf{i} + F_2\mathbf{j} + F_3\mathbf{k})\, dV = \iiint_{\mathcal{W}} \operatorname{div}(F_1\mathbf{i})\, dV + \iiint_{\mathcal{W}} \operatorname{div}(F_2\mathbf{j})\, dV$$
$$+ \iiint_{\mathcal{W}} \operatorname{div}(F_3\mathbf{k})\, dV$$

Como na prova dos teoremas de Green e de Stokes, mostramos que os termos correspondentes são iguais. Basta apresentar o argumento com o componente $\mathbf{i}$ (o dos dois outros são análogos.). Assim, vamos supor que $\mathbf{F} = F_1\mathbf{i}$.

A integral de superfície na fronteira S da caixa é a soma das integrais nas seis faces. Contudo, $\mathbf{F} = F_1\mathbf{i}$ é ortogonal aos vetores normais do topo e da base, bem como das duas faces laterais, já que $\mathbf{F} \cdot \mathbf{j} = \mathbf{F} \cdot \mathbf{k} = 0$. Portanto, as integrais de superfície nessas faces são nulas. Contribuições não nulas provêm somente das faces da frente e de trás, que denotamos por S_f e S_t (Figura 6):

$$\iint_S \mathbf{F} \cdot d\mathbf{S} = \iint_{S_f} \mathbf{F} \cdot d\mathbf{S} + \iint_{S_t} \mathbf{F} \cdot d\mathbf{S}$$

Para calcular essas integrais, parametrizamos S_f e S_t por

$$G_f(y,z) = (b, y, z), \quad c \le y \le d,\ e \le z \le f$$
$$G_t(y,z) = (a, y, z), \quad c \le y \le d,\ e \le z \le f$$

Os vetores normais dessas parametrizações são

$$\frac{\partial G_f}{\partial y} \times \frac{\partial G_f}{\partial z} = \mathbf{j} \times \mathbf{k} = \mathbf{i}$$

$$\frac{\partial G_t}{\partial y} \times \frac{\partial G_t}{\partial z} = \mathbf{j} \times \mathbf{k} = \mathbf{i}$$

Contudo, o normal apontando para fora de S_t é $-\mathbf{i}$, portanto ocorre um sinal de menos na integral de superfície em S_t usando a parametrização G_t:

$$\iint_{S_f} \mathbf{F} \cdot d\mathbf{S} + \iint_{S_t} \mathbf{F} \cdot d\mathbf{S} = \int_e^f \int_c^d F_1(b,y,z)\, dy\, dz - \int_e^f \int_c^d F_1(a,y,z)\, dy\, dz$$

$$= \int_e^f \int_c^d \Big(F_1(b,y,z) - F_1(a,y,z)\Big)\, dy\, dz$$

Pelo TFC a uma variável,

$$F_1(b,y,z) - F_1(a,y,z) = \int_a^b \frac{\partial F_1}{\partial x}(x,y,z)\, dx$$

Como $\operatorname{div}(\mathbf{F}) = \operatorname{div}(F_1\mathbf{i}) = \dfrac{\partial F_1}{\partial x}$, obtemos o resultado procurado:

$$\iint_S \mathbf{F} \cdot d\mathbf{S} = \int_e^f \int_c^d \int_a^b \frac{\partial F_1}{\partial x}(x,y,z)\, dx\, dy\, dz = \iiint_{\mathcal{W}} \operatorname{div}(\mathbf{F})\, dV \qquad \blacksquare$$

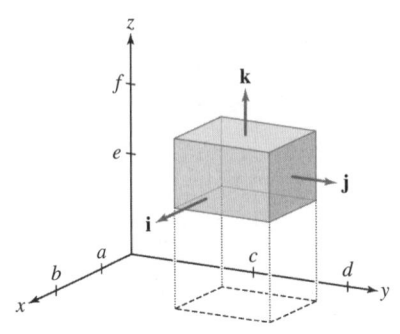

FIGURA 5 Uma caixa $\mathcal{W} = [a,b] \times [c,d] \times [e,f]$.

LEMBRETE O teorema da divergência afirma que

$$\iint_S \mathbf{F} \cdot d\mathbf{S} = \iiint_{\mathcal{W}} \operatorname{div}(\mathbf{F})\, dV$$

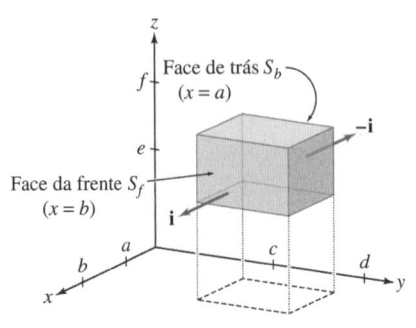

FIGURA 6

Muitas vezes, os nomes conectados com teoremas matemáticos ocultam um desenvolvimento histórico mais complexo. O que denominamos teorema de Green foi enunciado por Augustin Cauchy em 1846, mas nunca pelo próprio Green que, em 1828, publicou um resultado do qual decorre o teorema de Green. O teorema de Stokes apareceu pela primeira vez escrito por George Stokes, da Universidade de Cambridge, como um problema num exame de uma competição, mas William Thomson (Lorde Kelvin) havia enunciado o teorema anteriormente numa carta a Stokes. Gauss publicou casos especiais do teorema da divergência em 1813 e, depois, em 1833 e 1839, ao passo que o teorema geral foi enunciado e demonstrado pelo matemático russo Michael Ostrogradsky em 1826. Por esse motivo, o teorema da divergência é, muitas vezes, denominado "teorema de Gauss" ou, então, "teorema de Gauss-Ostrogradsky".

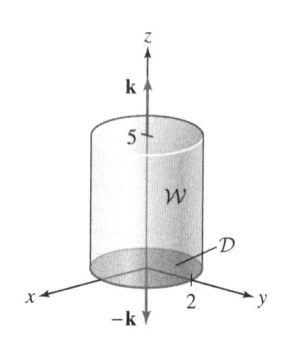

FIGURA 7 O cilindro de raio 2 e altura 5.

LEMBRETE Na Equação (2), usamos
$$\int_0^{2\pi} \cos\theta\, \text{sen}\,\theta\, d\theta = 0$$
$$\int_0^{2\pi} \text{sen}^2\theta\, d\theta = \pi$$

■ **EXEMPLO 1** **Verificação do teorema da divergência** Verifique o Teorema 1 com $\mathbf{F}(x, y, z) = \langle y, yz, z^2 \rangle$ e o cilindro da Figura 7.

Solução Devemos verificar que o fluxo $\iint_{\mathcal{S}} \mathbf{F} \cdot d\mathbf{S}$, em que $\mathcal{S}$ é a superfície do cilindro, é igual à integral de div($\mathbf{F}$) no cilindro. Começamos calculando o fluxo através de $\mathcal{S}$, que é a soma das três integrais de superfície no lado, no topo e na base.

Passo 1. **Integrar no lado do cilindro.**

Utilizamos a parametrização padrão do cilindro:
$$G(\theta, z) = (2\cos\theta, 2\,\text{sen}\,\theta, z), \qquad 0 \leq \theta < 2\pi, \quad 0 \leq z \leq 5$$

O vetor normal é
$$\mathbf{N} = \mathbf{T}_\theta \times \mathbf{T}_z = \langle -2\,\text{sen}\,\theta, 2\cos\theta, 0 \rangle \times \langle 0, 0, 1 \rangle = \langle 2\cos\theta, 2\,\text{sen}\,\theta, 0 \rangle$$

e $\mathbf{F}(G(\theta, z)) = \langle y, yz, z^2 \rangle = \langle 2\,\text{sen}\,\theta, 2z\,\text{sen}\,\theta, z^2 \rangle$. Assim,
$$\mathbf{F} \cdot d\mathbf{S} = \langle 2\,\text{sen}\,\theta, 2z\,\text{sen}\,\theta, z^2 \rangle \cdot \langle 2\cos\theta, 2\,\text{sen}\,\theta, 0 \rangle\, d\theta\, dz$$
$$= 4\cos\theta\,\text{sen}\,\theta + 4z\,\text{sen}^2\theta\, d\theta\, dz$$
$$\iint_{\text{lado}} \mathbf{F} \cdot d\mathbf{S} = \int_0^5 \int_0^{2\pi} (4\cos\theta\,\text{sen}\,\theta + 4z\,\text{sen}^2\theta)\, d\theta\, dz$$
$$= 0 + 4\pi \int_0^5 z\, dz = 4\pi \left(\frac{25}{2}\right) = 50\pi \qquad \boxed{2}$$

Passo 2. **Integrar no topo e na base do cilindro.**

O topo do cilindro está à altura $z = 5$, portanto, podemos parametrizar o topo com $G(x, y) = (x, y, 5)$ com (x, y) no disco $\mathcal{D}$ de raio 2:
$$\mathcal{D} = \{(x, y) : x^2 + y^2 \leq 4\}$$

Então
$$\mathbf{N} = \mathbf{T}_x \times \mathbf{T}_y = \langle 1, 0, 0 \rangle \times \langle 0, 1, 0 \rangle = \langle 0, 0, 1 \rangle$$

e, como $\mathbf{F}(G(x, y)) = \mathbf{F}(x, y, 5) = \langle y, 5y, 5^2 \rangle$, obtemos
$$\mathbf{F}(G(x, y)) \cdot \mathbf{N} = \langle y, 5y, 5^2 \rangle \cdot \langle 0, 0, 1 \rangle = 25$$
$$\iint_{\text{topo}} \mathbf{F} \cdot d\mathbf{S} = \iint_{\mathcal{D}} 25\, dA = 25\,\text{Área}(\mathcal{D}) = 25(4\pi) = 100\pi$$

No disco da base do cilindro, temos $z = 0$ e $\mathbf{F}(x, y, 0) = \langle y, 0, 0 \rangle$. Assim, $\mathbf{F}$ é ortogonal ao vetor $-\mathbf{k}$ normal ao disco da base, e a integral na base é nula.

Passo 3. **Encontrar o fluxo total.**
$$\iint_{\mathcal{S}} \mathbf{F} \cdot d\mathbf{S} = \text{lados} + \text{topo} + \text{base} = 50\pi + 100\pi + 0 = \boxed{150\pi}$$

Passo 4. **Comparar com a integral da divergência.**
$$\text{div}(\mathbf{F}) = \text{div}(\langle y, yz, z^2 \rangle) = \frac{\partial}{\partial x}y + \frac{\partial}{\partial y}(yz) + \frac{\partial}{\partial z}z^2 = 0 + z + 2z = 3z$$

O cilindro $\mathcal{W}$ consiste em todos os pontos (x, y, z) com $0 \leq z \leq 5$ e (x, y) no disco $\mathcal{D}$. Vemos que a integral da divergência é igual ao fluxo total, como queríamos mostrar:
$$\iiint_{\mathcal{W}} \text{div}(\mathbf{F})\, dV = \iint_{\mathcal{D}} \int_{z=0}^{5} 3z\, dV = \iint_{\mathcal{D}} \frac{75}{2}\, dA$$
$$= \left(\frac{75}{2}\right)(\text{Área}(\mathcal{D})) = \left(\frac{75}{2}\right)(4\pi) = \boxed{150\pi} \qquad ■$$

Em muitas aplicações, usamos o teorema da divergência para calcular o fluxo. No exemplo seguinte, reduzimos o cálculo do fluxo (que envolveria integrar nos seis lados de uma caixa) a uma integral tripla mais simples.

■ **EXEMPLO 2** **Uso do teorema da divergência** Use o teorema da divergência para calcular $\iint_S \langle x^2, z^4, e^z \rangle \cdot d\mathbf{S}$ se S for a fronteira da caixa $\mathcal{W}$ na Figura 8.

Solução Começamos calculando a divergência:

$$\operatorname{div}(\langle x^2, z^4, e^z \rangle) = \frac{\partial}{\partial x} x^2 + \frac{\partial}{\partial y} z^4 + \frac{\partial}{\partial z} e^z = 2x + e^z$$

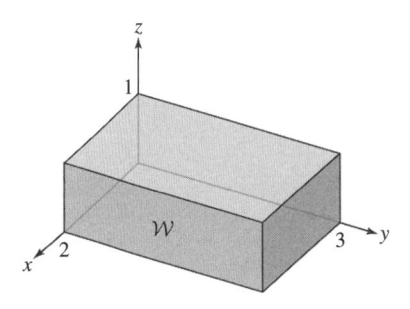

FIGURA 8

Então aplicamos o teorema da divergência e usamos o teorema de Fubini (Seção 15.1):

$$\iint_S \langle x^2, z^4, e^z \rangle \cdot d\mathbf{S} = \iiint_\mathcal{W} (2x + e^z)\, dV = \int_0^2 \int_0^3 \int_0^1 (2x + e^z)\, dz\, dy\, dx$$

$$= 3\int_0^2 2x\, dx + 6\int_0^1 e^z\, dz = 12 + 6(e-1) = 6e + 6 \qquad ■$$

■ **EXEMPLO 3** **Um campo vetorial de divergência nula** Calcule o fluxo de

$$\mathbf{F} = \langle z^2 + xy^2, \cos(x+z), e^{-y} - zy^2 \rangle$$

através da fronteira da superfície S da Figura 9.

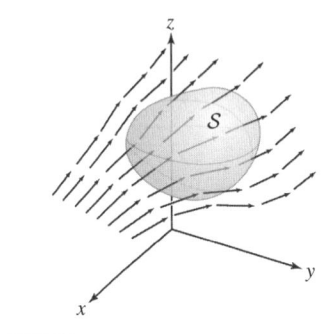

FIGURA 9

Solução Embora $\mathbf{F}$ seja bem complicado, sua divergência é zero:

$$\operatorname{div}(\mathbf{F}) = \frac{\partial}{\partial x}(z^2 + xy^2) + \frac{\partial}{\partial y}\cos(x+z) + \frac{\partial}{\partial z}(e^{-y} - zy^2) = y^2 - y^2 = 0$$

O teorema da divergência mostra que o fluxo é zero. Denotando por $\mathcal{W}$ a região englobada por S, temos

$$\iint_S \mathbf{F} \cdot d\mathbf{S} = \iiint_\mathcal{W} \operatorname{div}(\mathbf{F})\, dV = \iiint_\mathcal{W} 0\, dV = 0 \qquad ■$$

ENTENDIMENTO GRÁFICO **Interpretação da divergência** Vamos supor, novamente, que $\mathbf{F}$ seja o campo de velocidades de um fluido (Figura 10). Então o fluxo de $\mathbf{F}$ através de uma superfície S é a taxa de fluxo (volume do fluido que passa através de S por unidade de tempo). Se S delimita a região $\mathcal{W}$, então, pelo teorema da divergência,

$$\text{Fluxo através de } S = \iiint_\mathcal{W} \operatorname{div}(\mathbf{F})\, dV \qquad \boxed{3}$$

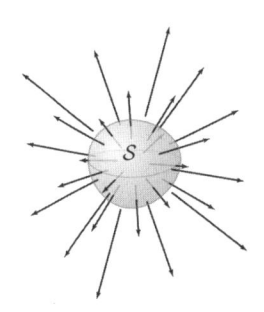

FIGURA 10 O fluxo de um campo de velocidades através de uma superfície é a taxa de escoamento (em volume por unidade de tempo) do fluido através da superfície.

Suponha, agora, que S seja uma superfície pequena contendo um ponto P. Como $\operatorname{div}(\mathbf{F})$ é contínua (por ser uma soma de derivadas de componentes de $\mathbf{F}$), seu valor não varia muito em $\mathcal{W}$ se S for suficientemente pequena. Segue que, numa primeira aproximação, podemos trocar $\operatorname{div}(\mathbf{F})$ pelo valor constante $\operatorname{div}(\mathbf{F})(P)$. Dessa forma, obtemos a aproximação

$$\text{Fluxo através de } S = \iiint_\mathcal{W} \operatorname{div}(\mathbf{F})\, dV \approx \operatorname{div}(\mathbf{F})(P) \cdot \operatorname{Vol}(\mathcal{W}) \qquad \boxed{4}$$

Em outras palavras, *a taxa de fluxo através de uma superfície fechada pequena que contém P é aproximadamente igual à divergência em P vezes o volume englobado* e, assim, $\operatorname{div}(\mathbf{F})(P)$ tem uma interpretação de "taxa de fluxo (ou fluxo) por unidade de volume":

- Se $\operatorname{div}(\mathbf{F})(P) > 0$, ocorre um fluxo líquido para fora de qualquer superfície fechada pequena contendo P ou, em outras palavras, uma "criação" líquida de fluido perto de P. Nesse caso, dizemos que P é uma *fonte*.

Por esse motivo, às vezes dizemos que $\operatorname{div}(\mathbf{F})$ é a *densidade de fonte* do campo.

Será que as unidades estão certas na Equação (4)? A taxa de fluxo tem unidades de volume por unidade de tempo. Por outro lado, a divergência é a soma de derivadas da velocidade em relação à distância. Portanto, as unidades da divergência são "distância por unidade de tempo por distância" ou seja, tempo^{-1}, e as unidades do lado direito da Equação (4) também são volume por unidade de tempo.

- Se div(**F**)(P) < 0, ocorre um fluxo líquido para dentro de qualquer superfície fechada pequena contendo P ou, em outras palavras, uma "destruição" líquida de fluido perto de P. Nesse caso, dizemos que P é um *poço*.
- Se div(**F**)(P) = 0, então, numa aproximação de primeira ordem, é nulo o fluxo líquido através de qualquer superfície fechada pequena contendo P.

Dizemos que um campo vetorial é *incompressível* se div(**F**) = 0 em cada ponto. Para visualizar esses casos, considere a situação bidimensional, em que definimos

$$\text{div}(\langle F_1, F_2 \rangle) = \frac{\partial F_1}{\partial x} + \frac{\partial F_2}{\partial y}$$

Na Figura 11, o campo (A) tem divergência positiva. Existe fluxo líquido de fluido positivo através de qualquer círculo por unidade de tempo. Analogamente, o campo (B) tem divergência negativa. Diferentemente desses, o campo (C) é incompressível. O fluido escoando para dentro de cada círculo é equilibrado pelo fluido escoando para fora.

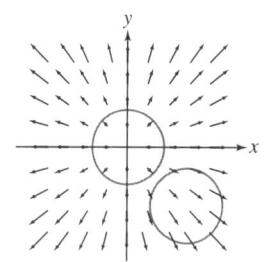

(A) O campo **F** = $\langle x, y \rangle$ com div(**F**) = 2. Há um fluxo líquido para fora de qualquer círculo.

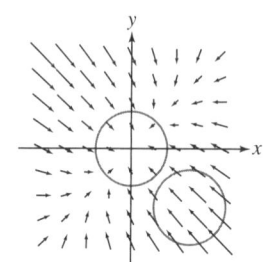

(B) O campo **F** = $\langle y - 2x, x - 2y \rangle$ com div(**F**) = −4. Há um fluxo líquido para dentro de qualquer círculo.

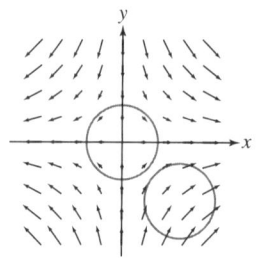

(C) O campo **F** = $\langle x, -y \rangle$ com div(**F**) = 0. É nulo o fluxo através de qualquer círculo.

FIGURA 11

LEMBRETE

$$r = \sqrt{x^2 + y^2 + z^2}$$

Se $r \neq 0$,

$$\mathbf{e}_r = \frac{\langle x, y, z \rangle}{r} = \frac{\langle x, y, z \rangle}{\sqrt{x^2 + y^2 + z^2}}$$

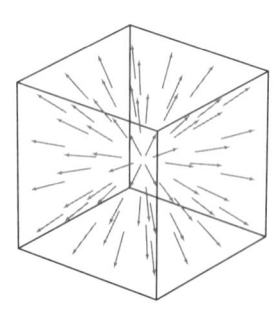

FIGURA 12 O campo vetorial radial unitário $\mathbf{e}_r$.

Aplicação à eletrostática

O teorema da divergência é uma ferramenta poderosa no cálculo do fluxo de campos eletrostáticos. Isso ocorre porque o campo eletrostático de uma carga pontual é um campo vetorial de quadrado inverso, que tem propriedades especiais. Nesta seção, denotamos o campo vetorial de quadrado inverso por $\mathbf{F}_{QI}$:

$$\mathbf{F}_{QI} = \frac{\mathbf{e}_r}{r^2} = \frac{\mathbf{r}}{r^3}$$

O campo vetorial radial unitário $\mathbf{e}_r$ aparece na Figura 12. Observe que $\mathbf{F}_{QI}$ só está definido com $r \neq 0$. No exemplo seguinte verificamos a propriedade fundamental div($\mathbf{F}_{QI}$) = 0

■ **EXEMPLO 4** **O campo vetorial de quadrado inverso** Verifique que $\mathbf{F}_{QI} = \dfrac{\mathbf{e}_r}{r^2}$ tem divergência nula:

$$\text{div}\left(\frac{\mathbf{e}_r}{r^2}\right) = 0$$

Solução Escrevemos esse campo como

$$\mathbf{F}_{QI} = \langle F_1, F_2, F_3 \rangle = \frac{1}{r^2}\left\langle \frac{x}{r}, \frac{y}{r}, \frac{z}{r} \right\rangle = \langle xr^{-3}, yr^{-3}, zr^{-3} \rangle$$

Temos

$$\frac{\partial r}{\partial x} = \frac{\partial}{\partial x}(x^2 + y^2 + z^2)^{1/2} = \frac{1}{2}(x^2 + y^2 + z^2)^{-1/2}(2x) = \frac{x}{r}$$

$$\frac{\partial F_1}{\partial x} = \frac{\partial}{\partial x} xr^{-3} = r^{-3} - 3xr^{-4}\frac{\partial r}{\partial x} = r^{-3} - (3xr^{-4})\frac{x}{r} = \frac{r^2 - 3x^2}{r^5}$$

As derivadas $\dfrac{\partial F_2}{\partial y}$ e $\dfrac{\partial F_3}{\partial z}$ são análogas, portanto

$$\operatorname{div}(\mathbf{F}_{QI}) = \dfrac{r^2 - 3x^2}{r^5} + \dfrac{r^2 - 3y^2}{r^5} + \dfrac{r^2 - 3z^2}{r^5} = \dfrac{3r^2 - 3(x^2 + y^2 + z^2)}{r^5} = 0 \quad \blacksquare$$

O teorema a seguir mostra que o fluxo de $\mathbf{F}_{QI}$ através de uma superfície fechada $\mathcal{S}$ depende somente de $\mathcal{S}$ conter a origem.

TEOREMA 2 Fluxo do campo de quadrado inverso O fluxo de $\mathbf{F}_{QI} = \dfrac{\mathbf{e}_r}{r^2}$ através de superfícies fechadas tem a seguinte descrição notável:

$$\iint_{\mathcal{S}} \left(\dfrac{\mathbf{e}_r}{r^2}\right) \cdot d\mathbf{S} = \begin{cases} 4\pi & \text{se } \mathcal{S} \text{ englobar a origem} \\ 0 & \text{se } \mathcal{S} \text{ não englobar a origem} \end{cases}$$

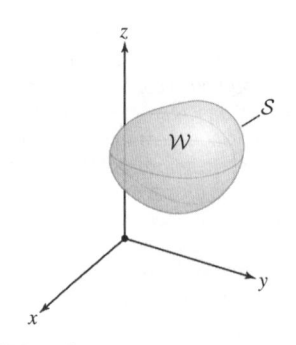

FIGURA 13 $\mathcal{S}$ está contida no domínio de $\mathbf{F}_{QI}$ (longe da origem).

Demonstração Inicialmente, suponha que $\mathcal{S}$ não contenha a origem (Figura 13). Então a região $\mathcal{S}$ delimitada por $\mathcal{S}$ está contida no domínio de $\mathbf{F}_{QI}$, e podemos aplicar o teorema da divergência. Pelo Exemplo 4, $\operatorname{div}(\mathbf{F}_{QI}) = 0$ e, portanto,

$$\iint_{\mathcal{S}} \left(\dfrac{\mathbf{e}_r}{r^2}\right) \cdot d\mathbf{S} = \iiint_{\mathcal{W}} \operatorname{div}(\mathbf{F}_{QI}) \, dV = \iiint_{\mathcal{W}} 0 \, dV = 0$$

Agora, seja $\mathcal{S}_R$ a esfera de raio R centrada na origem (Figura 14). Não podemos usar o teorema da divergência porque $\mathcal{S}_R$ contém um ponto (a origem) em que $\mathbf{F}_{QI}$ não está definido. Entretanto, podemos calcular o fluxo de $\mathbf{F}_{QI}$ através de $\mathcal{S}_R$ usando coordenadas esféricas. Vimos na Seção 16.4 [ver Equação (5)] que, em coordenadas esféricas, o vetor normal à esfera que aponta para fora é

$$\mathbf{N} = \mathbf{T}_\phi \times \mathbf{T}_\theta = (R^2 \operatorname{sen} \phi) \mathbf{e}_r$$

Em $\mathcal{S}_R$, o campo de quadrado inverso é, simplesmente, $\mathbf{F}_{QI} = R^{-2} \mathbf{e}_r$ e, portanto,

$$\mathbf{F}_{QI} \cdot \mathbf{N} = (R^{-2} \mathbf{e}_r) \cdot (R^2 \operatorname{sen} \phi \mathbf{e}_r) = \operatorname{sen} \phi (\mathbf{e}_r \cdot \mathbf{e}_r) = \operatorname{sen} \phi$$

$$\iint_{\mathcal{S}_R} \mathbf{F}_{QI} \cdot d\mathbf{S} = \int_0^{2\pi} \int_0^{\pi} \mathbf{F}_{QI} \cdot \mathbf{N} \, d\phi \, d\theta$$

$$= \int_0^{2\pi} \int_0^{\pi} \operatorname{sen} \phi \, d\phi \, d\theta$$

$$= 2\pi \int_0^{\pi} \operatorname{sen} \phi \, d\phi = 4\pi$$

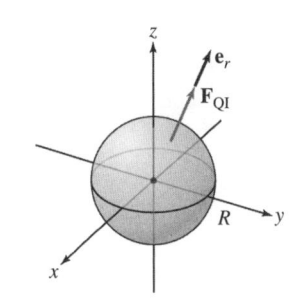

FIGURA 14

Para estender esse resultado a uma superfície qualquer $\mathcal{S}$ contendo a origem, escolhemos uma esfera cujo raio $R > 0$ seja tão pequeno que $\mathcal{S}_R$ está contida dentro de $\mathcal{S}$. Seja $\mathcal{W}$ a região *entre* $\mathcal{S}_R$ e $\mathcal{S}$ (Figura 15). A fronteira orientada de $\mathcal{W}$ é a diferença

$$\partial \mathcal{W} = \mathcal{S} - \mathcal{S}_R$$

Isso significa que $\mathcal{S}$ está orientada com normais apontando para fora e $\mathcal{S}_R$ com normais apontando para dentro. Pelo teorema da divergência,

$$\iint_{\partial \mathcal{W}} \mathbf{F}_{QI} \cdot d\mathbf{S} = \iint_{\mathcal{S}} \mathbf{F}_{QI} \cdot d\mathbf{S} - \iint_{\mathcal{S}_R} \mathbf{F}_{QI} \cdot d\mathbf{S}$$

$$= \iiint_{\mathcal{W}} \operatorname{div}(\mathbf{F}_{QI}) \, dV \quad \text{(teorema da divergência)}$$

$$= \iiint_{\mathcal{W}} 0 \, dV = 0 \quad [\text{Porque } \operatorname{div}(\mathbf{F}_{QI}) = 0]$$

Isso demonstra que os fluxos através de $\mathcal{S}$ e $\mathcal{S}_R$ são iguais e, portanto, que ambos valem 4π.

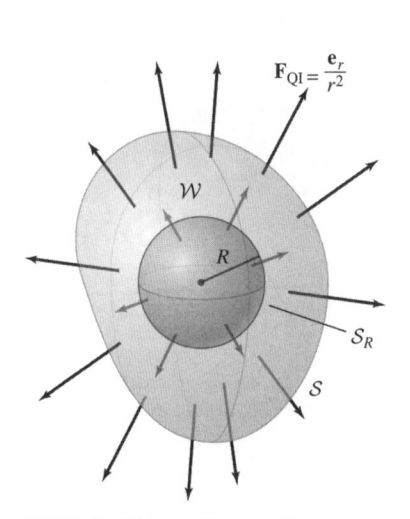

FIGURA 15 $\mathcal{W}$ é a região entre $\mathcal{S}$ e a esfera $\mathcal{S}_R$.

Para verificar que o teorema da divergência permanece válido em regiões entre duas superfícies, como a região $\mathcal{W}$ da Figura 15, cortamos $\mathcal{W}$ pelo meio. Cada metade é uma região delimitada por uma superfície, de modo que podemos aplicar o teorema da divergência que enunciamos. Somando os resultados das duas metades, obtemos o teorema da divergência de $\mathcal{W}$. Para isso, utilizamos o fato de que os fluxos através da superfície comum das duas metades se cancelam, pois as faces comuns têm orientações opostas.

Observe que acabamos de aplicar o teorema da divergência a uma região $\mathcal{W}$ que fica *entre duas superfícies, uma delas contida na outra*. Essa é uma forma mais geral do que a que enunciamos formalmente como Teorema 1. A nota ao lado explica por que isso é válido. ∎

Esse resultado pode ser aplicado diretamente ao campo elétrico $\mathbf{E}$ de uma carga pontual, que é um múltiplo do campo de quadrado inverso. Com uma carga de q coulombs na origem,

$$\mathbf{E} = \left(\frac{q}{4\pi\epsilon_0}\right)\frac{\mathbf{e}_r}{r^2}$$

em que $\epsilon_0 = 8{,}85 \times 10^{-12}$ C^2/N-m^2 é a constante de permissividade. Assim,

$$\text{Fluxo de } \mathbf{E} \text{ através de } \mathcal{S} = \begin{cases} \dfrac{q}{\epsilon_0} & \text{se } q \text{ estiver dentro de } \mathcal{S} \\ 0 & \text{se } q \text{ estiver fora de } \mathcal{S} \end{cases}$$

Agora, em vez de colocar somente uma carga pontual na origem, distribuímos um número finito M de cargas pontuais q_i em pontos distintos do espaço. O campo elétrico resultante $\mathbf{E}$ é a soma dos campos $\mathbf{E}_i$ decorrentes das cargas individuais, e

$$\iint_{\mathcal{S}} \mathbf{E} \cdot d\mathbf{S} = \iint_{\mathcal{S}} \mathbf{E}_1 \cdot d\mathbf{S} + \cdots + \iint_{\mathcal{S}} \mathbf{E}_M \cdot d\mathbf{S}$$

Cada integral do lado direito vale 0 ou q_i/ϵ_0, dependendo de $\mathcal{S}$ conter, ou não q_i, de modo que concluímos que

$$\boxed{\iint_{\mathcal{S}} \mathbf{E} \cdot d\mathbf{S} = \frac{\text{carga total englobada por } \mathcal{S}}{\epsilon_0}} \qquad 5$$

Essa relação fundamental é conhecida como **lei de Gauss**. É possível usar um argumento do tipo limite para mostrar que a Equação (5) permanece válida com o campo elétrico de uma distribuição *contínua* de carga.

O teorema seguinte, que descreve o campo elétrico devido a uma esfera uniformemente carregada, é uma aplicação clássica da lei de Gauss.

Demonstramos o Teorema 3 no caso análogo de um campo gravitacional (também um campo de quadrado inverso) com uma conta trabalhosa no Exercício 48 da Seção 16.4. Aqui, deduzimos o resultado da lei de Gauss e um apelo direto à simetria.

TEOREMA 3 Esfera uniformemente carregada O campo elétrico devido a uma esfera oca uniformemente carregada $\mathcal{S}_R$ de raio R centrada na origem e de carga total Q é

$$\mathbf{E} = \begin{cases} \left(\dfrac{Q}{4\pi\epsilon_0}\right)\dfrac{\mathbf{e}_r}{r^2} & \text{se } r > R \\ \mathbf{0} & \text{se } r < R \end{cases} \qquad 6$$

em que $\epsilon_0 = 8{,}85 \times 10^{-12}$ C^2/N-m^2.

Demonstração Por simetria (Figura 16), o campo elétrico $\mathbf{E}$ deve estar dirigido na direção radial $\mathbf{e}_r$ com magnitude dependendo somente da distância r à origem. Assim, $\mathbf{E} = E(r)\mathbf{e}_r$ com alguma função $E(r)$. O fluxo de $\mathbf{E}$ através da esfera $\mathcal{S}_r$ de raio r é

$$\iint_{\mathcal{S}_r} \mathbf{E} \cdot d\mathbf{S} = E(r) \underbrace{\iint_{\mathcal{S}_r} \mathbf{e}_r \cdot d\mathbf{S}}_{\text{Área de superfície da esfera}} = 4\pi r^2 E(r)$$

Pela lei de Gauss, esse fluxo é igual a C/ϵ_0, sendo C a carga englobada por $\mathcal{S}_r$. Se $r < R$, então $C = 0$ e $\mathbf{E} = \mathbf{0}$. Se $r > R$, então $C = Q$ e $4\pi r^2 E(r) = Q/\epsilon_0$, ou $E(r) = Q/(\epsilon_0 4\pi r^2)$. Isso prova a Equação (6). ∎

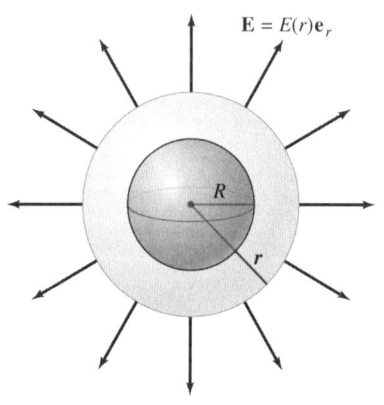

FIGURA 16 O campo elétrico devido a uma esfera uniformemente carregada.

ENTENDIMENTO CONCEITUAL Um resumo das operações básicas com funções e campos vetoriais é o seguinte:

$$f \xrightarrow{\nabla} \mathbf{F} \xrightarrow{\text{rot}} \mathbf{G} \xrightarrow{\text{div}} g$$
$$\text{função} \qquad \text{campo vetorial} \qquad \text{campo vetorial} \qquad \text{função}$$

Um fato básico é que é nulo o resultado de duas operações consecutivas desse diagrama:

$$\text{rot}(\nabla(f)) = \mathbf{0}, \qquad \text{div}(\text{rot}(\mathbf{F})) = 0$$

Vimos que a primeira igualdade é válida pelo Teorema 1 da Seção 16.1. A segunda identidade aparece no Exercício 33 da Seção 16.1. Uma questão interessante é se qualquer campo vetorial satisfazendo rot($\mathbf{F}$) = $\mathbf{0}$ é necessariamente conservativo, ou seja, $\mathbf{F} = \nabla f$ com alguma função f. A resposta é sim, mas só se o domínio $\mathcal{D}$ for simplesmente conexo (cada caminho pode ser encolhido até um ponto). Vimos, na Seção 16.3, que o campo de vórtice satisfaz rot($\mathbf{F}$) = $\mathbf{0}$, mas não pode ser conservativo porque sua circulação ao longo do círculo unitário não é zero (e a circulação de campos conservativos é sempre nula). No entanto, o domínio do campo de vórtice é o $\mathbf{R}^2$ com a origem removida, e isso não é um domínio simplesmente conexo.

A situação é análoga com potenciais vetoriais. Será que qualquer campo vetorial $\mathbf{G}$ satisfazendo div($\mathbf{G}$) = 0 pode ser escrito na forma $\mathbf{G}$ = rot($\mathbf{A}$) com algum potencial vetorial $\mathbf{A}$? Novamente, a resposta é sim, desde que o domínio seja uma região $\mathcal{W}$ de $\mathbf{R}^3$ "sem buracos", como uma bola, um cubo ou todo o $\mathbf{R}^3$. Nesse contexto, o campo de quadrado inverso $\mathbf{F}_{QI} = \mathbf{e}_r/r^2$ faz o papel do campo de vórtice: embora div($\mathbf{F}_{QI}$) = 0, $\mathbf{F}_{QI}$ não pode ter um potencial vetorial porque seu fluxo através da esfera unitária é não nulo de acordo com o Teorema 2 (e o fluxo numa superfície fechada de um campo vetorial com potencial vetorial é sempre nulo pelo Teorema 2 da Seção 17.2). Nesse caso, o domínio de $\mathbf{F}_{QI} = \mathbf{e}_r/r^2$ é $\mathbf{R}^3$ com a origem removida, portanto "tem um buraco".

Essas propriedades dos campos vetoriais de vórtice e de quadrado inverso são significativas porque relacionam integrais de linha e de superfície com propriedades "topológicas" do domínio, como ser simplesmente conexo ou ter buracos. Nesse sentido, constituem uma primeira indicação das conexões fascinantes e importantes entre a Análise Vetorial e a área matemática da Topologia.

17.3 Resumo

- O teorema da divergência: se $\mathcal{W}$ for uma região de $\mathbf{R}^3$ cuja fronteira $\partial\mathcal{W}$ é uma superfície orientada por vetores normais apontando para fora de $\mathcal{W}$, então

$$\iint_{\partial\mathcal{W}} \mathbf{F} \cdot d\mathbf{S} = \iiint_{\mathcal{W}} \text{div}(\mathbf{F})\, dV$$

- Corolário: se div($\mathbf{F}$) = 0, então $\mathbf{F}$ tem fluxo nulo através da fronteira $\partial\mathcal{W}$ de qualquer $\mathcal{W}$ contido no domínio de $\mathbf{F}$.
- A divergência div($\mathbf{F}$) é interpretada como "fluxo por unidade de volume", o que significa que o fluxo através de uma superfície fechada pequena contendo um ponto P é, aproximadamente, igual a div($\mathbf{F}$)(P) vezes o volume englobado.
- Operações básicas com funções e campos vetoriais:

$$f \xrightarrow{\nabla} \mathbf{F} \xrightarrow{\text{rot}} \mathbf{G} \xrightarrow{\text{div}} g$$
$$\text{função} \qquad \text{campo vetorial} \qquad \text{campo vetorial} \qquad \text{função}$$

- O resultado de duas operações consecutivas é zero:

$$\text{rot}(\nabla(f)) = \mathbf{0}, \qquad \text{div}(\text{rot}(\mathbf{F})) = 0$$

- O campo de quadrado inverso $\mathbf{F}_{QI} = \mathbf{e}_r/r^2$, definido com $r \neq 0$, satisfaz div($\mathbf{F}_{QI}$) = 0. O fluxo de $\mathbf{F}_{QI}$ através de uma superfície fechada $\mathcal{S}$ é 4π se $\mathcal{S}$ contiver a origem e, caso contrário, é zero.

PERSPECTIVA HISTÓRICA

James Clerk Maxwell (1831-1879)

A Análise Vetorial foi desenvolvida no século XIX, em grande parte para expressar as leis da eletricidade e do magnetismo. O eletromagnetismo foi estudado intensamente no período 1750-1890, culminando nas famosas equações de Maxwell, que fornecem um entendimento unificado em termos de dois campos vetoriais: o campo elétrico $\mathbf{E}$ e o campo magnético $\mathbf{B}$. Numa região do espaço vazio (onde não há partículas carregadas), as equações de Maxwell são:

$$\text{div}(\mathbf{E}) = 0, \qquad \text{div}(\mathbf{B}) = 0$$
$$\text{rot}(\mathbf{E}) = -\frac{\partial \mathbf{B}}{\partial t}, \qquad \text{rot}(\mathbf{B}) = \mu_0 \epsilon_0 \frac{\partial \mathbf{E}}{\partial t}$$

em que μ_0 e ϵ_0 são constantes determinadas experimentalmente. No sistema internacional,

$$\mu_0 = 4\pi \times 10^{-7} \text{ henrys/m}$$
$$\epsilon_0 \approx 8{,}85 \times 10^{-12} \text{ farads/m}$$

Essas equações levaram Maxwell a fazer duas previsões de importância fundamental: (1) que existem ondas eletromagnéticas (o que foi confirmado em 1887 por Hertz) e (2) que a luz é uma onda eletromagnética.

Como as equações de Maxwell sugerem a existência de ondas eletromagnéticas? E por que Maxwell concluiu que a luz é uma onda eletromagnética? Era sabido pelos matemáticos do século XVIII que ondas viajando a uma velocidade c podem ser descritas por funções $\varphi(x, y, z, t)$ que satisfazem a *equação da onda*

$$\Delta \varphi = \frac{1}{c^2} \frac{\partial^2 \varphi}{\partial t^2} \qquad \boxed{7}$$

em que Δ é o operador de Laplace (ou "laplaciano")

$$\Delta \varphi = \frac{\partial^2 \varphi}{\partial x^2} + \frac{\partial^2 \varphi}{\partial y^2} + \frac{\partial^2 \varphi}{\partial z^2}$$

Mostremos que os componentes de $\mathbf{E}$ satisfazem essa equação da onda. Tomemos o rotacional de ambos os lados da terceira equação de Maxwell:

$$\text{rot}(\text{rot}(\mathbf{E})) = \text{rot}\left(-\frac{\partial \mathbf{B}}{\partial t}\right) = -\frac{\partial}{\partial t} \text{rot}(\mathbf{B})$$

Em seguida, apliquemos a quarta equação de Maxwell para obter

$$\text{rot}(\text{rot}(\mathbf{E})) = -\frac{\partial}{\partial t}\left(\mu_0 \epsilon_0 \frac{\partial \mathbf{E}}{\partial t}\right)$$
$$= -\mu_0 \epsilon_0 \frac{\partial^2 \mathbf{E}}{\partial t^2} \qquad \boxed{8}$$

Finalmente, definimos o laplaciano de um campo vetorial

$$\mathbf{F} = \langle F_1, F_2, F_3 \rangle$$

aplicando o laplaciano Δ a cada componente, $\Delta \mathbf{F} = \langle \Delta F_1, \Delta F_2, \Delta F_3 \rangle$. Então vale a identidade seguinte (Exercício 34):

$$\text{rot}(\text{rot}(\mathbf{F})) = \nabla(\text{div}(\mathbf{F})) - \Delta \mathbf{F}$$

Aplicando essa identidade a $\mathbf{E}$, obtemos $\text{rot}(\text{rot}(\mathbf{E})) = -\Delta \mathbf{E}$, já que $\text{div}(\mathbf{E}) = 0$ pela primeira equação de Maxwell. Assim, a Equação (8) fornece

$$\boxed{\Delta \mathbf{E} = \mu_0 \epsilon_0 \frac{\partial^2 \mathbf{E}}{\partial t^2}}$$

Em outras palavras, cada componente do campo elétrico satisfaz a equação da onda (7) com $c = (\mu_0 \epsilon_0)^{-1/2}$. Isso nos diz que o campo $\mathbf{E}$ (e analogamente o campo $\mathbf{B}$) pode se propagar através do espaço como uma onda, originando uma radiação eletromagnética (Figura 17).

Maxwell calculou a velocidade c de uma onda eletromagnética:

$$c = (\mu_0 \epsilon_0)^{-1/2} \approx 3 \times 10^8 \text{ m/s}$$

e observou que esse valor é suspeitamente parecido com o da velocidade da luz (medida pela primeira vez em 1676 por Olaf Römer). Isso tinha de ser mais do que uma coincidência, como Maxwell escreveu em 1862: "dificilmente podemos evitar a conclusão de que a luz consiste em ondulações transversais do mesmo meio que causa os fenômenos elétricos e magnéticos". É desnecessário dizer que a tecnologia sem fio que move nossa sociedade atual depende totalmente da radiação eletromagnética invisível cuja existência foi prevista pela primeira vez por Maxwell, a partir de uma argumentação matemática.

Isso não é somente elegância matemática ... mas beleza. É tão simples e, no entanto, descreve algo tão complexo.

Francis Collins (1950-), renomado geneticista e ex-diretor do Projeto Genoma Humano, falando das equações de Maxwell.

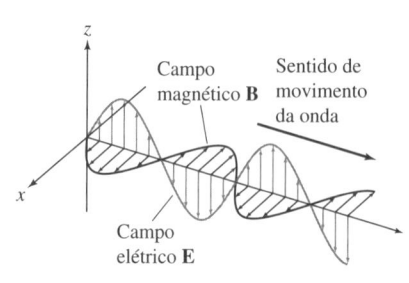

FIGURA 17 Os campos $\mathbf{E}$ e $\mathbf{B}$ de uma onda eletromagnética ao longo de um eixo de movimento.

17.3 Exercícios

Exercícios preliminares

1. Qual é o fluxo de $\mathbf{F} = \langle 1, 0, 0 \rangle$ através de uma superfície fechada?
2. Justifique a afirmação seguinte: o fluxo de $\mathbf{F} = \langle x^3, y^3, z^3 \rangle$ através de qualquer superfície fechada é positivo.
3. Quais das expressões seguintes fazem sentido (sendo $\mathbf{F}$ um campo vetorial e f uma função)? Das que fazem sentido, quais são automaticamente zero?
   (a) $\operatorname{div}(\nabla f)$ (b) $\operatorname{rot}(\nabla f)$ (c) $\nabla \operatorname{rot}(f)$
   (d) $\operatorname{div}(\operatorname{rot}(\mathbf{F}))$ (e) $\operatorname{rot}(\operatorname{div}(\mathbf{F}))$ (f) $\nabla(\operatorname{div}(\mathbf{F}))$

4. Qual das afirmações seguintes é verdadeira (sendo $\mathbf{F}$ um campo vetorial continuamente diferenciável definido em todos os pontos)?
   (a) O fluxo de $\operatorname{rot}(\mathbf{F})$ através de todas as superfícies é zero.
   (b) Se $\mathbf{F} = \nabla \varphi$, então o fluxo de $\mathbf{F}$ através de todas as superfícies é zero.
   (c) O fluxo de $\operatorname{rot}(\mathbf{F})$ através de todas as superfícies fechadas é zero.

5. Como é que o teorema da divergência implica que o fluxo de $\mathbf{F} = \langle x^2, y - e^z, y - 2zx \rangle$ através de uma superfície fechada é igual ao volume envolvido?

Exercícios

Nos Exercícios 1-4, verifique a validade do teorema da divergência com o campo vetorial e a região dados.

1. $\mathbf{F}(x, y, z) = \langle z, x, y \rangle$, a caixa $[0, 4] \times [0, 2] \times [0, 3]$.
2. $\mathbf{F}(x, y, z) = \langle y, x, z \rangle$, a região $x^2 + y^2 + z^2 \le 4$.
3. $\mathbf{F}(x, y, z) = \langle 2x, 3z, 3y \rangle$, a região $x^2 + y^2 \le 1, 0 \le z \le 2$.
4. $\mathbf{F}(x, y, z) = \langle x, 0, 0 \rangle$, a região $x^2 + y^2 \le z \le 4$.

Nos Exercícios 5-16, use o teorema da divergência para calcular o fluxo $\iint_S \mathbf{F} \cdot d\mathbf{S}$.

5. $\mathbf{F}(x, y, z) = \langle 0, 0, z^3/3 \rangle$, S é a esfera $x^2 + y^2 + z^2 = 1$.
6. $\mathbf{F}(x, y, z) = \langle y, z, x \rangle$, S é a esfera $x^2 + y^2 + z^2 = 1$.
7. $\mathbf{F}(x, y, z) = \langle xy^2, yz^2, zx^2 \rangle$, S é a fronteira do cilindro dado por $x^2 + y^2 \le 4, 0 \le z \le 3$.
8. $\mathbf{F}(x, y, z) = \langle x^2 z, yx, xyz \rangle$, S é a fronteira do tetraedro dado por $x + y + z \le 1, 0 \le x, 0 \le y, 0 \le z$.
9. $\mathbf{F}(x, y, z) = \langle x + z^2, xz + y^2, zx - y \rangle$, S é a superfície que delimita a região sólida de fronteira dada pelo cilindro parabólico $z = 1 - x^2$, e os planos $z = 0, y = 0$ e $z + y = 5$.
10. $\mathbf{F}(x, y, z) = \langle zx, yx^3, x^2 z \rangle$, S é a superfície que delimita a região sólida de fronteira dada por $y = 4 - x^2 + z^2$ e $y = 0$.
11. $\mathbf{F}(x, y, z) = \langle x^3, 0, z^3 \rangle$, S é a fronteira da região do primeiro octante do espaço dada por $x^2 + y^2 + z^2 \le 4$ e $x \ge 0, y \ge 0, z \ge 0$.
12. $\mathbf{F}(x, y, z) = \langle e^{x+y}, e^{x+z}, e^{x+y} \rangle$, S é a fronteira do cubo unitário $0 \le x \le 1, 0 \le y \le 1, 0 \le z \le 1$.
13. $\mathbf{F}(x, y, z) = \langle x, y^2, z + y \rangle$, S é a fronteira da região contida no cilindro $x^2 + y^2 = 4$, entre os planos $z = x$ e $z = 8$.
14. $\mathbf{F}(x, y, z) = \langle x^2 - z^2, e^{z^2} - \cos x, y^3 \rangle$, S é a fronteira da região delimitada por $x + 2y + 4z = 12$ e os planos coordenados do primeiro octante.
15. $\mathbf{F}(x, y, z) = \langle x + y, z, z - x \rangle$, S é a fronteira da região entre o paraboloide $z = 9 - x^2 - y^2$ e o plano xy.
16. $\mathbf{F}(x, y, z) = \langle e^{z^2}, 2y + \operatorname{sen}(x^2 z), 4z + \sqrt{x^2 + 9y^2} \rangle$, S é a região $x^2 + y^2 \le z \le 8 - x^2 - y^2$.
17. Calcule o fluxo do campo vetorial $\mathbf{F} = 2xy\mathbf{i} - y^2\mathbf{j} + \mathbf{k}$ através da superfície S da Figura 18. *Sugestão:* aplique o teorema da divergência à superfície fechada consistindo em S e o disco unitário.

18. Seja S_1 a superfície fechada consistindo na superfície S da Figura 18 junto ao disco unitário. Encontre o volume englobado por S_1, supondo que
$$\iint_{S_1} \langle x, 2y, 3z \rangle \cdot d\mathbf{S} = 72$$

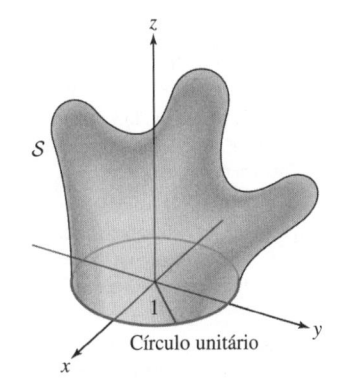

FIGURA 18 A superfície S cuja fronteira é o círculo unitário.

19. Seja S o semicilindro $x^2 + y^2 = 1, x \ge 0, 0 \le z \le 1$. Suponha que $\mathbf{F}$ seja um campo vetorial horizontal (o componente z é nulo) tal que $\mathbf{F}(0, y, z) = zy^2 \mathbf{i}$. Seja $\mathcal{W}$ a região sólida englobada por S e suponha que
$$\iiint_{\mathcal{W}} \operatorname{div}(\mathbf{F}) \, dV = 4$$
Encontre o fluxo de $\mathbf{F}$ através do lado curvo de S.

20. **Volume como uma integral de superfície** Seja $\mathbf{F}(x, y, z) = \langle x, y, z \rangle$. Prove que se $\mathcal{W}$ for uma região de $\mathbf{R}^3$ com fronteira lisa S, então
$$\operatorname{Volume}(\mathcal{W}) = \frac{1}{3} \iint_S \mathbf{F} \cdot d\mathbf{S} \qquad \boxed{9}$$

21. Use a Equação (9) para calcular o volume da bola unitária como uma integral de superfície na esfera unitária.
22. Verifique que a Equação (9) aplicada à caixa $[0, a] \times [0, b] \times [0, c]$ dá o volume $V = abc$.
23. Seja $\mathcal{W}$ a região da Figura 19 delimitada pelo cilindro $x^2 + y^2 = 4$, o plano $z = x + 1$ e o plano xy. Use o teorema da

divergência para calcular o fluxo de $\mathbf{F}(x, y, z) = \langle z, x, y + z^2 \rangle$ através da fronteira de $\mathcal{W}$.

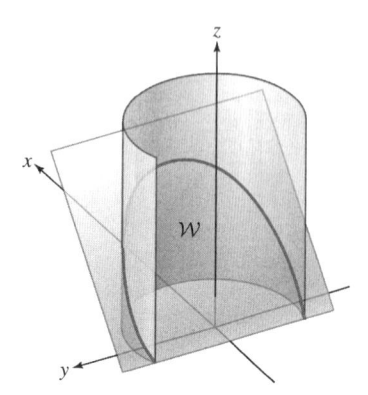

FIGURA 19

24. Seja $I = \iint_{\mathcal{S}} \mathbf{F} \cdot d\mathbf{S}$, sendo
$$\mathbf{F}(x, y, z) = \left\langle \frac{2yz}{r^2}, -\frac{xz}{r^2}, -\frac{xy}{r^2} \right\rangle$$
($r = \sqrt{x^2 + y^2 + z^2}$) e $\mathcal{S}$ é a fronteira de uma região $\mathcal{W}$.
(a) Verifique que $\mathbf{F}$ não tem divergência.
(b) Mostre que $I = 0$ se $\mathcal{S}$ for uma esfera centrada na origem. No entanto, explique por que não podemos usar o teorema da divergência para provar isso.

25. O campo de velocidades de um fluido $\mathbf{v}$ (em m/s) tem divergência div($\mathbf{v}$)(P) = 3 no ponto $P = (2, 2, 2)$. Obtenha uma estimativa do valor da taxa de fluxo para fora da esfera de raio 0,5 centrada em P.

26. Uma pequena caixa de 10 cm³ de volume submersa numa piscina filtra a água que escoa pela superfície da caixa a uma taxa de 12 cm³/s. Dê uma estimativa de div($\mathbf{v}$)(P), se $\mathbf{v}$ for o campo de velocidades da água e P for o centro da caixa. Quais são as unidades de div($\mathbf{v}$)(P)?

27. O campo elétrico devido a um dipolo elétrico unitário orientado na direção $\mathbf{k}$ é $\mathbf{E} = \nabla(z/r^3)$, sendo $r = (x^2 + y^2 + z^2)^{1/2}$ (Figura 20). Seja $\mathbf{e}_r = r^{-1} \langle x, y, z \rangle$.
(a) Mostre que $\mathbf{E} = r^{-3}\mathbf{k} - 3zr^{-4}\mathbf{e}_r$.
(b) Calcule o fluxo de $\mathbf{E}$ através de uma esfera centrada na origem.
(c) Calcule div($\mathbf{E}$).
(d) Podemos usar o teorema da divergência para calcular o fluxo de $\mathbf{E}$ através de uma esfera centrada na origem?

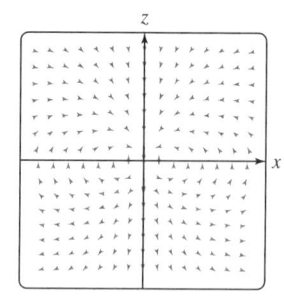

FIGURA 20 O campo vetorial do dipolo restrito ao plano xz.

28. Seja $\mathbf{E}$ o campo elétrico devido a um bastão longo uniformemente carregado de raio R com densidade de carga δ por unidade de comprimento (Figura 21). Por simetria, podemos supor que $\mathbf{E}$ seja sempre perpendicular ao bastão e que sua magnitude $E(d)$ dependa somente da distância d ao bastão (a rigor, isso só valeria se o bastão fosse infinito, mas é praticamente verdade se o bastão for suficientemente comprido). Mostre que $E(d) = \delta/2\pi\epsilon_0 d$ com $d > R$. *Sugestão:* aplique a lei de Gauss a um cilindro de raio R e comprimento unitário com seu eixo ao longo do bastão.

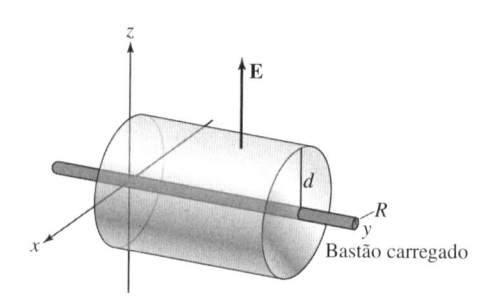

FIGURA 21

29. Seja $\mathcal{W}$ a região entre a esfera de raio 4 e o cubo de lado 1, sendo ambos centrados na origem. Qual é o fluxo através da fronteira $\mathcal{S} = \partial\mathcal{W}$ de um campo vetorial $\mathbf{F}$ cuja divergência tem valor constante div($\mathbf{F}$) = -4?

30. Seja $\mathcal{W}$ a região entre a esfera de raio 3 e a esfera de raio 2, ambas centradas na origem. Use o teorema da divergência para calcular o fluxo de $\mathbf{F} = x\mathbf{i}$ através da fronteira $\mathcal{S} = \partial\mathcal{W}$.

31. Encontre e prove uma regra do produto expressando div($f\mathbf{F}$) em termos de div($\mathbf{F}$) e ∇f.

32. Prove a identidade
$$\text{div}(\mathbf{F} \times \mathbf{G}) = \text{rot}(\mathbf{F}) \cdot \mathbf{G} - \mathbf{F} \cdot \text{rot}(\mathbf{G})$$

Em seguida, prove que o produto vetorial de dois campos vetoriais irrotacionais é incompressível. [Dizemos que $\mathbf{F}$ é **irrotacional** se rot($\mathbf{F}$) = $\mathbf{0}$ e é **incompressível** se div($\mathbf{F}$) = 0.]

33. Prove que div($\nabla f \times \nabla g$) = 0.

Nos Exercícios 34-36, considere o operador de Laplace definido por

$$\Delta\varphi = \frac{\partial^2 \varphi}{\partial x^2} + \frac{\partial^2 \varphi}{\partial y^2} + \frac{\partial^2 \varphi}{\partial z^2}$$

34. Prove a identidade
$$\text{rot}(\text{rot}(\mathbf{F})) = \nabla(\text{div}(\mathbf{F})) - \Delta\mathbf{F}$$
em que $\Delta\mathbf{F}$ denota $\langle \Delta F_1, \Delta F_2, \Delta F_3 \rangle$.

35. Dizemos que uma função φ é **harmônica** se $\Delta\varphi = 0$.
(a) Mostre que $\Delta\varphi = \text{div}(\nabla\varphi)$ com qualquer função φ.
(b) Mostre que φ é harmônica se, e só se, div($\nabla\varphi$) = 0.
(c) Mostre que se $\mathbf{F}$ for o gradiente de uma função harmônica, então rot($\mathbf{F}$) = $\mathbf{0}$ e div($\mathbf{F}$) = 0.
(d) Mostre que $\mathbf{F}(x, y, z) = \langle xz, -yz, \frac{1}{2}(x^2 - y^2) \rangle$ é o gradiente de uma função harmônica. Qual é o fluxo de $\mathbf{F}$ através de uma superfície fechada?

36. Seja $\mathbf{F} = r^n \mathbf{e}_r$, em que n é um número qualquer, $r = (x^2 + y^2 + z^2)^{1/2}$ e $\mathbf{e}_r = r^{-1}\langle x, y, z \rangle$ é o vetor radial unitário.
(a) Calcule div($\mathbf{F}$).
(b) Calcule o fluxo de $\mathbf{F}$ através da superfície de uma esfera de raio R centrada na origem. Com quais valores de n esse fluxo é independente de R?

(c) Prove que $\nabla(r^n) = n\, r^{n-1}\mathbf{e}_r$.
(d) Use (c) para mostrar que $\mathbf{F}$ é conservativo se $n \neq -1$. Em seguida, calculando o gradiente de $\ln r$, mostre que $\mathbf{F} = r^{-1}\mathbf{e}_r$ também é conservativo.
(e) Qual é o valor de $\int_{\mathcal{C}} \mathbf{F} \cdot d\mathbf{s}$, se $\mathcal{C}$ for uma curva fechada que não passa na origem?
(f) Encontre os valores de n com os quais a função $\varphi = r^n$ é harmônica.

Compreensão adicional e desafios

37. Seja $\mathcal{S}$ a superfície de fronteira de uma região $\mathcal{W}$ em $\mathbf{R}^3$ e seja $D_{\mathbf{n}}\varphi$ a derivada direcional de φ, sendo $\mathbf{n}$ o vetor normal unitário para fora. Seja Δ o operador de Laplace definido anteriormente.
    (a) Use o teorema da divergência para provar que
    $$\iint_{\mathcal{S}} D_{\mathbf{n}}\varphi\, dS = \iiint_{\mathcal{W}} \Delta\varphi\, dV$$
    (b) Mostre que se φ for uma função harmônica (ver Exercício 35), então
    $$\iint_{\mathcal{S}} D_{\mathbf{n}}\varphi\, dS = 0$$

38. Suponha que φ seja harmônica. Mostre que $\text{div}(\varphi\nabla\varphi) = \|\nabla\varphi\|^2$ e conclua que
    $$\iint_{\mathcal{S}} \varphi D_{\mathbf{n}}\varphi\, dS = \iiint_{\mathcal{W}} \|\nabla\varphi\|^2\, dV$$

39. Seja $\mathbf{F} = \langle P, Q, R \rangle$ um campo vetorial definido em $\mathbf{R}^3$ tal que $\text{div}(\mathbf{F}) = 0$. Use os passos seguintes para mostrar que $\mathbf{F}$ tem um potencial vetorial.
    (a) Seja $\mathbf{A} = \langle f, 0, g \rangle$. Mostre que
    $$\text{rot}(\mathbf{A}) = \left\langle \frac{\partial g}{\partial y}, \frac{\partial f}{\partial z} - \frac{\partial g}{\partial x}, -\frac{\partial f}{\partial y} \right\rangle$$
    (b) Fixe algum valor y_0 e mostre que se definirmos
    $$f(x, y, z) = -\int_{y_0}^{y} R(x, t, z)\, dt + \alpha(x, z)$$
    $$g(x, y, z) = \int_{y_0}^{y} P(x, t, z)\, dt + \beta(x, z)$$
    com α e β sendo funções quaisquer de x e z, então $\partial g/\partial y = P$ e $-\partial f/\partial y = R$.
    (c) Resta mostrar que α e β podem ser escolhidas de tal maneira que $Q = \partial f/\partial z - \partial g/\partial x$. Verifique que a escolha seguinte funciona (com qualquer escolha de z_0):
    $$\alpha(x, z) = \int_{z_0}^{z} Q(x, y_0, t)\, dt, \qquad \beta(x, z) = 0$$
    Sugestão: é necessário usar a relação $\text{div}(\mathbf{F}) = 0$.

40. Mostre que
    $$\mathbf{F}(x, y, z) = \langle 2y - 1, 3z^2, 2xy \rangle$$
    tem um potencial vetorial e encontre um.

41. Mostre que
    $$\mathbf{F}(x, y, z) = \langle 2ye^z - xy, y, yz - z \rangle$$
    tem um potencial vetor e encontre um.

42. No texto, observamos que, mesmo satisfazendo $\text{div}(\mathbf{F}) = 0$, o campo radial de quadrado inverso $\mathbf{F} = \dfrac{\mathbf{e}_r}{r^2}$ não pode ter um potencial vetorial em seu domínio $\{(x, y, z) \neq (0, 0, 0)\}$, porque o fluxo de $\mathbf{F}$ através de uma esfera contendo a origem é não nulo.
    (a) Mostre que o método do Exercício 39 produz um potencial vetorial $\mathbf{A}$ tal que $\mathbf{F} = \text{rot}(\mathbf{A})$ no domínio restrito $\mathcal{D}$ que consiste no $\mathbf{R}^3$ com o eixo y removido.
    (b) Mostre que $\mathbf{F}$ também tem um potencial vetorial nos domínios obtidos pela remoção do eixo x ou do eixo z de $\mathbf{R}^3$.
    (c) A existência de um potencial vetorial nesses domínios restritos contradiz o fato de que o fluxo de $\mathbf{F}$ através de uma esfera contendo a origem seja não nulo?

EXERCÍCIOS DE REVISÃO DO CAPÍTULO

1. Sejam $\mathbf{F}(x, y) = \langle x + y^2, x^2 - y \rangle$ e $\mathcal{C}$ o círculo unitário, orientado no sentido anti-horário. Calcule diretamente $\oint_{\mathcal{C}} \mathbf{F} \cdot d\mathbf{r}$ como uma integral de linha usando o teorema de Green.

2. Sejam $\partial\mathcal{R}$ a fronteira do retângulo da Figura 1 e $\partial\mathcal{R}_1$ e $\partial\mathcal{R}_2$ as fronteiras dos dois triângulos, todos com orientação anti-horária.
    (a) Determine $\oint_{\partial\mathcal{R}_1} \mathbf{F} \cdot d\mathbf{r}$ se $\oint_{\partial\mathcal{R}} \mathbf{F} \cdot d\mathbf{r} = 4$ e $\oint_{\partial\mathcal{R}_2} \mathbf{F} \cdot d\mathbf{r} = -2$.
    (b) Qual é o valor de $\oint_{\partial\mathcal{R}} \mathbf{F}\, d\mathbf{r}$ se $\partial\mathcal{R}$ estiver com a orientação horária?

Nos Exercícios 3-6, use o teorema de Green para calcular a integral de linha ao longo da curva fechada dada.

3. $\oint_{\mathcal{C}} xy^3\, dx + x^3y\, dy$, sendo $\mathcal{C}$ o retângulo $-1 \leq x \leq 2, -2 \leq y \leq 3$, com orientação anti-horária.

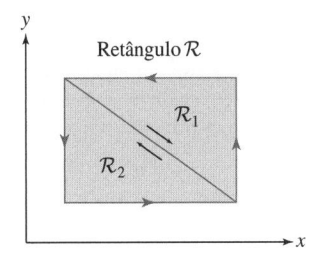

FIGURA 1

4. $\oint_{\mathcal{C}} (3x + 5y - \cos y)\, dx + x\, \text{sen}\, y\, dy$, sendo $\mathcal{C}$ qualquer curva fechada delimitando uma região de área 4, com orientação anti-horária.

5. $\oint_{\mathcal{C}} y^2\, dx - x^2\, dy$, em que $\mathcal{C}$ consiste nos arcos $y = x^2$ e $y = \sqrt{x}$, $0 \leq x \leq 1$, com orientação horária.

6. $\oint_C ye^x\, dx + xe^y\, dy$, sendo C o triângulo de vértices $(-1, 0)$, $(0, 4)$ e $(0, 1)$, com orientação anti-horária.

7. Seja $\mathbf{r}(t) = \langle t^2(1 - t), t(t - 1)^2 \rangle$.

   (a) [CG] Esboce o caminho $\mathbf{r}(t)$ com $0 \leq t \leq 1$.

   (b) Calcule a área A da região delimitada por $\mathbf{r}(t)$ com $0 \leq t \leq 1$, usando a fórmula $A = \dfrac{1}{2} \oint_C (x\, dy - y\, dx)$.

8. Calcule a área da região delimitada pelas duas curvas $y = x^2$ e $y = 4$, usando a fórmula $A = \oint_C x\, dy$.

9. Calcule a área da região delimitada pelas duas curvas $y = x^2$ e $y = \sqrt{x}$, usando a fórmula $A = \oint_C x\, dy$.

10. Calcule a área da região delimitada pelas duas curvas $y = x^2$ e $y = 4$, usando a fórmula $A = \oint_C -y\, dx$.

11. Calcule a área da região delimitada pelas duas curvas $y = x^2$ e $y = \sqrt{x}$, usando a fórmula $A = \oint_C -y\, dx$.

12. Em (a)-(d), decida se a equação é uma identidade (válida com quaisquer $\mathbf{F}$ ou f). Se não for válida, forneça um exemplo no qual a equação não valha.

    (a) $\mathrm{rot}(\nabla f) = \mathbf{0}$ (b) $\mathrm{div}(\nabla f) = 0$

    (c) $\mathrm{div}(\mathrm{rot}(\mathbf{F})) = 0$ (d) $\nabla(\mathrm{div}(\mathbf{F})) = \mathbf{0}$

13. Seja $\mathbf{F}(x, y) = \langle x^2 y, xy^2 \rangle$ o campo de velocidades de um fluido no plano. Encontre todos os pontos em que é zero a velocidade angular de uma rodinha de pás pequena colocada no fluido.

14. Calcule o fluxo $\oint_{\partial D} \mathbf{F} \cdot \mathbf{n}\, ds$ de $\mathbf{F}(x, y) = \langle x^3, yx^2 \rangle$ através do quadrado unitário D usando a forma vetorial do teorema de Green.

15. Calcule o fluxo $\oint_{\partial D} \mathbf{F} \cdot \mathbf{n}\, ds$ de $\mathbf{F}(x, y) = \langle x^3 + 2x, y^3 + y \rangle$ através do círculo D dado por $x^2 + y^2 = 4$ usando a forma vetorial do teorema de Green.

16. Suponha que $\mathcal{S}_1$ e $\mathcal{S}_2$ sejam superfícies com a mesma curva de fronteira orientada $\mathcal{C}$. Qual das condições seguintes garante que o fluxo de $\mathbf{F}$ através de $\mathcal{S}_1$ seja igual ao fluxo de $\mathbf{F}$ através de $\mathcal{S}_2$?

    (a) $\mathbf{F} = \nabla f$ com alguma função f.

    (b) $\mathbf{F} = \mathrm{rot}(\mathbf{G})$ com algum campo vetorial $\mathbf{G}$.

17. Prove que se $\mathbf{F}$ for um campo vetorial conservativo, então o fluxo de $\mathrm{rot}(\mathbf{F})$ através de uma superfície lisa $\mathcal{S}$ (fechada, ou não) é igual a zero.

18. Verifique a validade do teorema de Stokes com $\mathbf{F}(x, y, z) = \langle y, z - x, 0 \rangle$ e a superfície $z = 4 - x^2 - y^2$, $z \geq 0$, orientada com normais apontando para fora.

19. Sejam $\mathbf{F}(x, y, z) = \langle z^2, x + z, y^2 \rangle$ e $\mathcal{S}$ a metade superior do elipsoide
    $$\frac{x^2}{4} + y^2 + z^2 = 1$$
    orientada com normais apontando para fora. Use o teorema de Stokes para calcular $\iint_\mathcal{S} \mathrm{rot}(\mathbf{F}) \cdot d\mathbf{S}$.

20. Use o teorema de Stokes para calcular $\oint_C \langle y, z, x \rangle \cdot d\mathbf{r}$ se $\mathcal{C}$ for a curva da Figura 2.

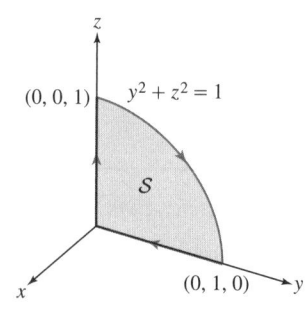

FIGURA 2

21. Seja $\mathcal{S}$ o lado do cilindro $x^2 + y^2 = 4$, $0 \leq z \leq 2$ (sem topo e sem base). Use o teorema de Stokes para calcular o fluxo de $\mathbf{F}(x, y, z) = \langle 0, y, -z \rangle$ através de $\mathcal{S}$ (com normal apontando para fora) encontrando um potencial vetorial $\mathbf{A}$ tal que $\mathrm{rot}(\mathbf{A}) = \mathbf{F}$.

22. Verifique a validade do teorema da divergência com $\mathbf{F}(x, y, z) = \langle 0, 0, z \rangle$ e a região $x^2 + y^2 + z^2 = 1$.

Nos Exercícios 23-26, use o teorema da divergência para calcular $\iint_\mathcal{S} \mathbf{F} \cdot d\mathbf{S}$ com o campo vetorial e a superfície dados.

23. $\mathbf{F}(x, y, z) = \langle xy, yz, x^2 z + z^2 \rangle$, $\mathcal{S}$ é a fronteira da caixa $[0, 1] \times [2, 4] \times [1, 5]$.

24. $\mathbf{F}(x, y, z) = \langle xy, yz, x^2 z + z^2 \rangle$, $\mathcal{S}$ é a fronteira da esfera unitária.

25. $\mathbf{F}(x, y, z) = \langle xyz + xy, \frac{1}{2}y^2(1 - z) + e^x, e^{x^2+y^2} \rangle$, $\mathcal{S}$ é a fronteira do sólido delimitado pelo cilindro $x^2 + y^2 = 16$ e os planos $z = 0$ e $z = y - 4$.

26. $\mathbf{F}(x, y, z) = \langle \mathrm{sen}(yz), \sqrt{x^2 + z^4}, x\cos(x - y) \rangle$, $\mathcal{S}$ é qualquer superfície fechada lisa que seja a fronteira de uma região de $\mathbf{R}^3$.

27. Encontre o volume de uma região $\mathcal{W}$ se
    $$\iint_{\partial \mathcal{W}} \left\langle x + xy + z, x + 3y - \frac{1}{2}y^2, 4z \right\rangle \cdot d\mathbf{S} = 16$$

28. Mostre que a circulação de $\mathbf{F}(x, y, z) = \langle x^2, y^2, z(x^2 + y^2) \rangle$ ao longo de qualquer curva $\mathcal{C}$ na superfície do cone $z^2 = x^2 + y^2$ é igual a zero (Figura 3).

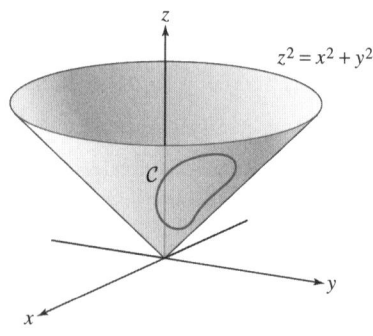

FIGURA 3

Nos Exercícios 29-32, seja $\mathbf{F}$ um campo vetorial cujo rotacional e divergência na origem são
$$\mathrm{rot}(\mathbf{F})(0, 0, 0) = \langle 2, -1, 4 \rangle, \qquad \mathrm{div}(\mathbf{F})(0, 0, 0) = -2$$

29. Dê uma estimativa de $\oint_C \mathbf{F} \cdot d\mathbf{r}$ se C for o círculo de raio 0,03 do plano xy centrado na origem.

30. Dê uma estimativa de $\oint_C \mathbf{F} \cdot d\mathbf{r}$ se C for a fronteira do quadrado de lado 0,03 do plano yz centrado na origem. Essa estimativa depende da orientação do quadrado no plano yz? E a própria circulação, depende dessa orientação?

31. Suponha que $\mathbf{v}$ seja o campo de velocidades de um fluido e imagine que coloquemos uma rodinha de pás pequena na origem. Encontre a equação do plano no qual deveríamos colocar a rodinha para obter a rotação mais rápida possível.

32. Dê uma estimativa do fluxo de $\mathbf{F}$ através da caixa de lado 0,5 da Figura 4. O resultado depende da posição da caixa em relação aos eixos coordenados?

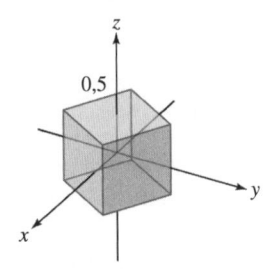

FIGURA 4

33. O campo de velocidades de um fluido (em m/s) é
$$\mathbf{F}(x, y, z) = \langle x^2 + y^2, 0, z^2 \rangle$$
Seja $\mathcal{W}$ a região entre o hemisfério
$$\mathcal{S} = \{(x, y, z) : x^2 + y^2 + z^2 = 1, \quad x, y, z \geq 0\}$$
e o disco $\mathcal{D} = \{(x, y, 0) : x^2 + y^2 \leq 1\}$ do plano xy. Lembre-se de que a taxa de fluxo de um fluido através de uma superfície é igual ao fluxo de $\mathbf{F}$ através da superfície.
(a) Mostre que a taxa de fluxo através de $\mathcal{D}$ é zero.
(b) Use o teorema da divergência para mostrar que a taxa de fluxo através de $\mathcal{S}$ orientada com normal apontando para fora é igual a $\iiint_{\mathcal{W}} \text{div}(\mathbf{F}) \, dV$. Em seguida, calcule essa integral tripla.

34. O campo de velocidades de um fluido (em m/s) é
$$\mathbf{F} = (3y - 4)\mathbf{i} + e^{-y(z+1)}\mathbf{j} + (x^2 + y^2)\mathbf{k}$$
(a) Dê uma estimativa da taxa de fluxo (em m³/s) através de uma superfície pequena $\mathcal{S}$ em torno da origem, se $\mathcal{S}$ englobar uma região com 0,01 m³ de volume.
(b) Dê uma estimativa da circulação de $\mathbf{F}$ ao longo de um círculo no plano xy de raio $r = 0,1$ m centrado na origem (orientado no sentido anti-horário quando visto de cima).
(c) Dê uma estimativa da circulação de $\mathbf{F}$ ao longo de um círculo no plano yz de raio $r = 0,1$ m centrado na origem (orientado no sentido anti-horário quando visto do eixo x positivo).

35. Seja $f(x, y) = x + \dfrac{x}{x^2 + y^2}$. O campo vetorial $\mathbf{F} = \nabla f$ (Figura 5) fornece um modelo no plano do campo de velocidades de um fluido incompressível e irrotacional escoando em torno de um obstáculo cilíndrico (neste caso, o obstáculo é o círculo unitário $x^2 + y^2 = 1$).
(a) Confira que $\mathbf{F}$ é irrotacional [por definição, $\mathbf{F}$ é irrotacional se rot($\mathbf{F}$) = $\mathbf{0}$].

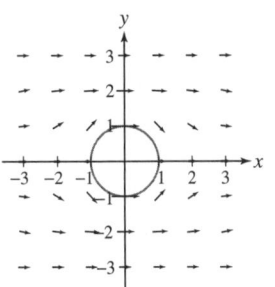

FIGURA 5 O campo vetorial ∇f de $f(x, y) = x + \dfrac{x}{x^2 + y^2}$.

(b) Verifique que $\mathbf{F}$ é tangente ao círculo unitário em cada ponto do círculo unitário, exceto $(1, 0)$ e $(-1, 0)$ (em que $\mathbf{F} = \mathbf{0}$).
(c) Qual é a circulação de $\mathbf{F}$ ao longo do círculo unitário?
(d) Calcule a integral de linha de $\mathbf{F}$ nos semicírculos unitários superior e inferior separadamente.

36. A Figura 6 mostra o campo vetorial $\mathbf{F} = \nabla f$, sendo
$$f(x, y) = \ln\left(x^2 + (y-1)^2\right) + \ln\left(x^2 + (y+1)^2\right)$$
que é o campo de velocidades do escoamento de um fluido com fontes de igual intensidade em $(0, \pm 1)$ (observe que f não está definida nesses pontos). Mostre que o $\mathbf{F}$ é irrotacional e incompressível, ou seja, que rot$_z(\mathbf{F}) = \mathbf{0}$ e div($\mathbf{F}$) = 0 [ao calcular div($\mathbf{F}$), trate $\mathbf{F}$ como um campo vetorial em $\mathbf{R}^3$ com componente z nulo]. É necessário calcular rot$_z(\mathbf{F})$ para concluir que é zero?

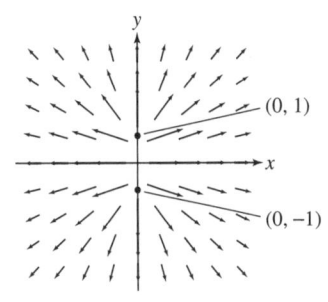

FIGURA 6 O campo vetorial ∇f de $f(x, y) = \ln(x^2 + (y-1)^2) + \ln(x^2 + (y+1)^2)$.

37. Na Seção 17.1, mostramos que se C for uma curva fechada simples, com orientação anti-horária, então a área delimitada por C é dada por
$$\text{Área delimitada por } C = \frac{1}{2} \oint_C x \, dy - y \, dx \qquad \boxed{1}$$

Suponha que C seja um caminho de P a Q que não é fechado mas tem a propriedade de que cada reta pela origem intersecta C em, no máximo, um ponto, como na Figura 7. Seja $\mathcal{R}$ a região delimitada por C e os dois segmentos radiais ligando P e Q à origem. Mostre que a integral de linha da Equação (1) é igual à área de $\mathcal{R}$. *Sugestão:* mostre que a integral de linha de $\mathbf{F} = \langle -y, x \rangle$ nos dois segmentos radiais é zero e aplique o teorema de Green.

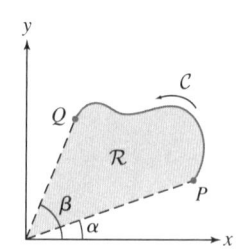

FIGURA 7

38. Suponha que a curva $\mathcal{C}$ da Figura 7 tenha a equação polar $r = f(\theta)$.
   (a) Mostre que $\mathbf{r}(\theta) = \langle f(\theta)\cos\theta, f(\theta)\,\text{sen}\,\theta \rangle$ é uma parametrização anti-horária de $\mathcal{C}$.
   (b) Na Seção 11.4, mostramos que a área da região $\mathcal{R}$ é dada pela fórmula
   $$\text{Área de } \mathcal{R} = \frac{1}{2}\int_\alpha^\beta f(\theta)^2\, d\theta$$
   Use o resultado do Exercício 37 para dar uma demonstração nova dessa fórmula. *Sugestão:* calcule a integral de linha na Equação (1) usando $\mathbf{r}(\theta)$.

39. Prove a generalização seguinte da Equação (1). Seja $\mathcal{C}$ uma curva fechada simples do plano dado por (Figura 8)
$$\mathcal{S}: \quad ax + by + cz + d = 0$$
Então a área da região R delimitada por $\mathcal{C}$ é igual a
$$\frac{1}{2\|\mathbf{N}\|}\oint_\mathcal{C}(bz-cy)\,dx + (cx-az)\,dy + (ay-bx)\,dz$$
em que $\mathbf{N} = \langle a, b, c\rangle$ é o vetor normal a $\mathcal{S}$ e $\mathcal{C}$ está orientada como a fronteira de $\mathcal{R}$ (em relação ao vetor normal $\mathbf{N}$). *Sugestão:* aplique o teorema de Stokes a $\mathbf{F} = \langle bz-cy, cx-az, ay-bx\rangle$.

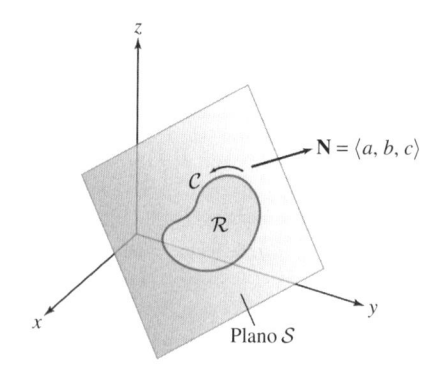

FIGURA 8

40. Use o resultado do Exercício 39 para calcular a área do triângulo de vértices $(1,0,0)$, $(0,1,0)$ e $(0,0,1)$ como uma integral de linha. Confira seu resultado usando Geometria.

41. Mostre que $G(\theta, \phi) = (a\cos\theta\,\text{sen}\,\phi, b\,\text{sen}\,\theta\,\text{sen}\,\phi, c\cos\phi)$ é uma parametrização do elipsoide
$$\left(\frac{x}{a}\right)^2 + \left(\frac{y}{b}\right)^2 + \left(\frac{z}{c}\right)^2 = 1$$
Então calcule o volume do elipsoide como a integral de superfície de $\mathbf{F} = \frac{1}{3}\langle x, y, z\rangle$ (pelo teorema da divergência, essa integral de superfície é igual ao volume).

A A LINGUAGEM DA MATEMÁTICA

Um dos desafios no aprendizado do Cálculo é se acostumar com sua terminologia e linguagem precisas, especialmente no enunciado de teoremas. Nesta seção, analisamos alguns detalhes de Lógica que são úteis e, na verdade, essenciais, no entendimento de teoremas e sua utilização correta.

Muitos teoremas da Matemática envolvem uma **implicação**. Se A e B são afirmações, então a implicação $A \Longrightarrow B$ significa que A implica B:

$A \Longrightarrow B$: *Se A for verdadeira, então B é verdadeira.*

A afirmação A é denominada a **hipótese** (ou premissa) e a afirmação B é a **conclusão** (ou tese) da implicação. Vejamos um exemplo: *Se m e n forem inteiros pares, então m + n será um inteiro par.* Essa afirmação pode ser dividida em uma hipótese e uma conclusão:

$$\underbrace{m \text{ e } n \text{ são inteiros pares}}_{A} \quad \Longrightarrow \quad \underbrace{m + n \text{ é um inteiro par}}_{B}$$

Na linguagem do dia a dia, as implicações costumam ser utilizadas de uma maneira menos precisa. Um exemplo: *Se você trabalhar duro, então você terá sucesso.* Além disso, algumas afirmações que sequer tem o formato $A \Longrightarrow B$ podem ser reformuladas como implicações. Por exemplo, a afirmação "Gatos são mamíferos" por ser reescrita:

$$\text{Seja } X \text{ um animal.} \quad \underbrace{X \text{ é um gato}}_{A} \quad \Longrightarrow \quad \underbrace{X \text{ é um mamífero}}_{B}$$

Quando dizemos que uma implicação $A \Longrightarrow B$ é verdadeira, não estamos alegando que A ou que B sejam necessariamente afirmações verdadeiras. Em vez disso, estamos fazendo uma afirmação condicional, a saber, que *se* acontecer de A ser verdadeira, *então* B também será verdadeira. Acima, se ocorrer de X não ser um gato, a implicação não nos diz coisa alguma.

A **negação** de uma afirmação A é a afirmação de que A é falsa e é denotada por $\neg A$.

Afirmação A	Negação $\neg A$
X mora na Califórnia.	X não mora na Califórnia.
$\triangle ABC$ é um triângulo retângulo.	$\triangle ABC$ não é um triângulo retângulo.

A negação da negação é a afirmação original: $\neg(\neg A) = A$. Dizer que X *não não mora na Califórnia* é o mesmo que dizer que X *mora na Califórnia*.

■ **EXEMPLO 1** Enuncie a negação de:

(a) A porta está aberta e o cachorro está latindo.
(b) A porta está aberta ou o cachorro está latindo (ou ambos).

Solução

(a) A primeira afirmação é verdadeira se ambas as condições estiverem satisfeitas (porta aberta e cachorro latindo) e é falsa se pelo menos uma dessas condições não estiver satisfeita. Portanto a negação é

Ou a porta não está aberta *OU* o cachorro não está latindo *(ou ambos)*.

(b) A segunda afirmação é verdadeira se pelo menos uma das condições (porta aberta e cachorro latindo) estiver satisfeita e é falsa se nenhuma dessas condições estiver satisfeita. Portanto a negação é

A porta não está aberta *E* o cachorro não está latindo. ■

Lembre que na formação da contraposição, invertemos a ordem de A e B. A contraposição de $A \Longrightarrow B$ NÃO é $\neg A \Longrightarrow \neg B$.

Contraposição e recíproca

A formação da contraposição e da recíproca de uma afirmação são duas operações importantes. A **contraposição** de $A \Longrightarrow B$ é a afirmação "Se B for falsa, então A será falsa":

$$\boxed{\text{A contraposição de } A \Longrightarrow B \text{ é } \neg B \Longrightarrow \neg A.}$$

Aqui temos alguns exemplos:

Afirmação	Contraposição
Se X for um gato, então X será um mamífero.	Se X não for um mamífero, então X não será um gato.
Se você trabalhar bastante, então você será bem-sucedido.	Se você não tiver sido bem-sucedido, então você não trabalhou bastante.
Se m e n forem, ambos, pares, então $m + n$ será par.	Se $m + n$ não for par, então m e n não serão, ambos, pares.

Uma observação crucial é esta:

A contraposição e a implicação original são equivalentes.

O fato de que $A \Longrightarrow B$ é equivalente à sua contraposição é uma regra geral da Lógica que não depende do significado particular de A e B. Essa regra pertence à área da "lógica formal", que trata das relações lógicas entre afirmações sem se preocupar com o conteúdo real dessas afirmações.

Em outras palavras, se uma implicação for verdadeira, então sua contraposição será automaticamente verdadeira e vice-versa. No fundo, uma implicação e sua contraposição são duas maneiras de dizer a mesma coisa. Por exemplo, a contraposição de "Se X não for um mamífero, então X não será um gato" é uma maneira indireta de dizer que gatos são mamíferos.

A **recíproca** de $A \Longrightarrow B$ é a implicação *inversa* $B \Longrightarrow A$.

Implicação: $A \Longrightarrow B$	Recíproca: $B \Longrightarrow A$
Se A for verdadeira, então B será verdadeira.	Se B for verdadeira, então A será verdadeira.

A recíproca desempenha um papel muito diferente da contraposição, porque *a recíproca NÃO é equivalente à implicação original*. A recíproca pode ser verdadeira ou falsa, mesmo se a implicação original for verdadeira. Aqui temos alguns exemplos:

Afirmação verdadeira	Recíproca	A recíproca é verdadeira ou falsa?
Se X for um gato, então X será um mamífero.	Se X for um mamífero, então X será um gato.	Falsa.
Se m for par, então m^2 será par.	Se m^2 for par, então m será par.	Verdadeira.

Um contraexemplo é um exemplo que satisfaz a hipótese, mas não a conclusão de uma afirmação. Se existir pelo menos um contraexemplo, então a afirmação é falsa. Contudo, não podemos provar que uma afirmação seja verdadeira simplesmente dando um exemplo.

■ **EXEMPLO 2** **Um exemplo em que a recíproca é falsa** Mostre que a recíproca de "Se m e n forem, ambos, pares, então $m + n$ será par" é falsa.

Solução A recíproca é "Se $m + n$ for par, então m e n serão pares". Para mostrar que a recíproca é falsa, apresentamos um contraexemplo. Tomamos $m = 1$ e $n = 3$ (ou qualquer outro par de números ímpares). A soma é par (pois $1 + 3 = 4$) mas nem 1 nem 3 são pares. Portanto, a recíproca é falsa. ■

■ **EXEMPLO 3** **Um exemplo em que a recíproca é verdadeira** Enuncie a contraposição e a recíproca do teorema de Pitágoras. Uma dessas duas afirmações, ou ambas, são verdadeiras?

Solução Considere um triângulo de lados a, b e c e seja θ o ângulo oposto ao lado de comprimento c, como na Figura 1. O teorema de Pitágoras afirma que se $\theta = 90°$, então $a^2 + b^2 = c^2$. Aqui temos a contraposição e a recíproca:

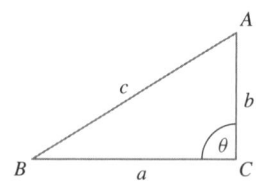

FIGURA 1

Teorema de Pitágoras	$\theta = 90° \implies a^2 + b^2 = c^2$	Verdadeira
Contraposição	$a^2 + b^2 \neq c^2 \implies \theta \neq 90°$	Automaticamente verdadeira
Recíproca	$a^2 + b^2 = c^2 \implies \theta = 90°$	Verdadeira (mas não automaticamente)

A contraposição é automaticamente verdadeira pois é somente outra maneira de enunciar o teorema original. A recíproca não é automaticamente verdadeira, pois poderia possivelmente existir algum triângulo que não seja retângulo e que satisfaça $a^2 + b^2 = c^2$. Contudo, a recíproca do teorema de Pitágoras é, de fato, verdadeira. Isso decorre da lei dos cossenos (ver Exercício 38). ∎

Quando uma afirmação $A \implies B$ e sua recíproca $B \implies A$ são verdadeiras, escrevemos $A \iff B$. Nesse caso, A e B são **equivalentes**. Muitas vezes expressamos isso com a frase

$A \iff B$ A é verdadeira *se, e somente se,* B é verdadeira.

Por exemplo,

$a^2 + b^2 = c^2$ se, e somente se, $\theta = 90°$
É de manhã   se, e somente se,   o sol está nascendo.

Mencionamos as seguintes variações da terminologia envolvendo implicações com as quais o leitor pode se deparar:

Afirmação	É uma outra maneira de dizer
A será verdadeira <u>se</u> B for verdadeira.	$B \implies A$
A será verdadeira <u>somente se</u> B for verdadeira.	$A \implies B$ (A não poderá ser verdadeira a menos que B também seja verdadeira.)
Para A ser verdadeira, <u>é necessário</u> que B seja verdadeira.	$A \implies B$ (A não pode ser verdadeira, a menos que B também seja verdadeira.)
Para A ser verdadeira, <u>é suficiente</u> que B seja verdadeira.	$B \implies A$
Para A ser verdadeira, <u>é necessário e suficiente</u> que B seja verdadeira.	$B \iff A$

Analisando um teorema

Para ver como essas regras da Lógica surgem no estudo do Cálculo, considere o resultado seguinte da Seção 4.2.

> **TEOREMA 1 Existência de um máximo num intervalo fechado** Uma função contínua f num intervalo (limitado) fechado $I = [a, b]$ atinge um valor mínimo e um valor máximo em I (Figura 2).

Para analisar esse teorema, escrevemos a hipótese e a conclusão separadamente:

Hipótese A: f é contínua e I é fechado.

Conclusão B: f atinge um valor mínimo e um valor máximo em I.

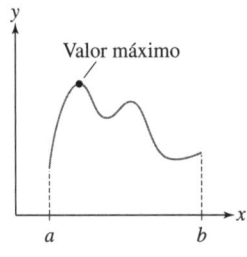

FIGURA 2 Uma função contínua num intervalo fechado $I = [a, b]$ tem um valor máximo.

Uma primeira pergunta a ser formulada é: "As hipóteses são necessárias?" A conclusão contínua válida se deixarmos de supor uma ou ambas as premissas? Para mostrar que ambas as hipóteses são necessárias, fornecemos contraexemplos:

- **A continuidade de f é uma hipótese necessária.** A Figura 3(A) mostra o gráfico de uma função num intervalo fechado $[a, b]$ que não é contínua. Essa função não tem valor máximo em $[a, b]$, o que mostra que a conclusão pode falhar se a hipótese de continuidade não estiver satisfeita.
- **A hipótese de I ser fechado é necessária.** A Figura 3(B) mostra o gráfico de uma função contínua num *intervalo aberto* (a, b). Essa função não tem valor máximo, o que mostra que a conclusão pode falhar se o intervalo não for fechado.

Vemos que ambas as hipóteses do Teorema 1 são necessárias. Ao afirmar isso, não estamos querendo dizer que a conclusão *sempre* falha quando uma ou ambas as hipóteses não estiverem satisfeitas. Afirmamos somente que a conclusão *pode* falhar quando as hipóteses não estiverem satisfeitas. Em seguida, vamos analisar a contraposição e a recíproca:

- **Contraposição $\neg B \implies \neg A$ (automaticamente verdadeira):** Se f não tiver um valor mínimo ou um valor máximo em I, então f não será contínua ou I não será fechado (ou ambos).
- **Recíproca $B \implies A$ (nesse caso, falsa):** Se f tiver um valor mínimo e um valor máximo em I, então f será contínua e I será fechado. Mostramos que essa afirmação é falsa exibindo um contraexemplo [Figura 3(C)].

A técnica da prova por contradição também é conhecida como "redução ao absurdo". Os gregos da Antiguidade já usavam a prova por contradição no século V a.C. e Euclides (325-265 a.C.) utilizou-a em Os Elementos, seu tratado clássico de Geometria. Um exemplo famoso é a prova da irracionalidade de $\sqrt{2}$ no Exemplo 4. O filósofo Platão (427-347 a.C.) escreveu: "Aquele que ignorar o fato de a diagonal de um quadrado ser incomensurável com seu lado, não merece ser chamado de ser humano."

Como sabemos, a contraposição é somente uma maneira de reformular o teorema, de modo que é automaticamente verdadeira. A recíproca não é automaticamente verdadeira e, na verdade, nesse caso, ela é falsa. A função na Figura 3(C) fornece um contraexemplo para a recíproca: f tem um valor máximo em $I = (a, b)$, mas f não é contínua e I não é fechado.

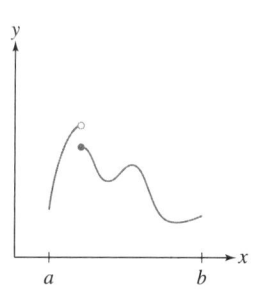

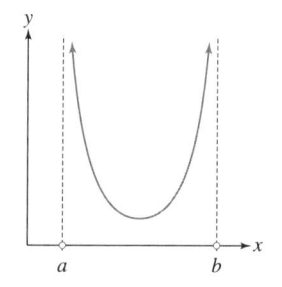

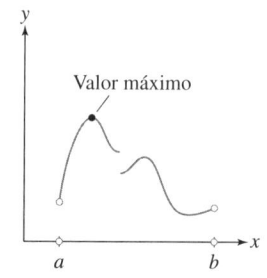

(A) O intervalo é fechado, mas a função não é contínua. A função não tem valor máximo.

(B) A função é contínua, mas o intervalo é aberto. A função não tem valor máximo.

(C) Essa função não é contínua e o intervalo não é fechado, mas a função tem um valor máximo.

FIGURA 3

Os matemáticos desenvolveram várias estratégias e métodos gerais para provar teoremas. O método de prova por indução será discutido no Apêndice C. Outro método importante é a **prova por contradição**, também chamada de **prova indireta**. Suponha que nosso objetivo seja demonstrar a afirmação A. Numa prova por contradição, partimos da hipótese de que A é falsa e, então, mostramos que isso leva a alguma contradição. Decorre disso que A deve ser verdadeira (para evitar a contradição).

■ **EXEMPLO 4** **Prova por contradição** O número $\sqrt{2}$ é irracional (Figura 4).

Solução Suponha que o teorema seja falso, ou seja, que $\sqrt{2} = p/q$, em que p e q são números inteiros. Podemos supor que p/q esteja na forma irredutível, de modo que, no máximo, um dentre p e q é par. Observe que se o quadrado m^2 de um número inteiro for par, então o próprio número m deve ser par.

A relação $\sqrt{2} = p/q$ implica $2 = p^2/q^2$ ou $p^2 = 2q^2$. Isso mostra que p deve ser par. No entanto, se p for par, então $p = 2m$ com algum número inteiro m, e $p^2 = 4m^2$. Como $p^2 = 2q^2$, obtemos $4m^2 = 2q^2$, ou $q^2 = 2m^2$. Isso mostra que q também é par. Ocorre que pela nossa escolha de p e q, no máximo um desses números é par. Essa contradição mostra que nossa hipótese original, que $\sqrt{2} = p/q$, deve ser falsa. Portanto, $\sqrt{2}$ é irracional. ■

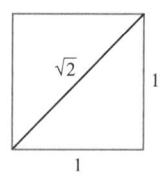

FIGURA 4 A diagonal do quadrado unitário tem comprimento $\sqrt{2}$.

ENTENDIMENTO CONCEITUAL As características fundamentais da Matemática são a precisão e o rigor. Um teorema é estabelecido não por meio de observação ou experimentação, mas por meio de uma demonstração, que consiste numa cadeia de raciocínios sem lacunas.

Essa abordagem da Matemática nos foi legada pelos matemáticos gregos da Antiguidade, especialmente Euclides, e permanece como padrão na pesquisa contemporânea. Em décadas mais recentes, o computador se tornou uma poderosa ferramenta de experimentação matemática e de análise de dados. Os pesquisadores podem utilizar dados experimentais para descobrir novos fatos matemáticos potenciais, mas o título de "teorema" não é concedido até que alguém escreva uma demonstração.

Essa insistência com teoremas e demonstrações distingue a Matemática das outras ciências. Nas ciências naturais, os fatos são estabelecidos por meio de experimentação e estão sujeitos a revisão ou modificação à medida que se acumula mais conhecimento. Na Matemática, as teorias também são desenvolvidas e expandidas, mas os resultados anteriores não são invalidados. O teorema de Pitágoras foi descoberto na Antiguidade e é um dos pilares fundamentais da Geometria plana. No século XIX, os matemáticos começaram a estudar tipos mais gerais de geometrias (do tipo que acabou levando à geometria de dimensão quatro do espaço-tempo de Einstein na Teoria da Relatividade). O teorema de Pitágoras não é válido nessas geometrias mais gerais, mas seu valor na Geometria plana permanece inalterado.

Um dos mais famosos problemas da Matemática é conhecido como o "Último Teorema de Fermat", que afirma que a equação

$$x^n + y^n = z^n$$

não tem soluções nos inteiros positivos se $n \geq 3$. Numa nota marginal escrita em torno de 1630, Fermat alegou possuir uma prova e, ao longo dos séculos, essa afirmação foi efetivamente verificada para muitos valores do expoente n. Contudo, somente em 1994 o matemático anglo-americano Andrew Wiles, trabalhando na Princeton University, encontrou uma prova completa.

A. RESUMO

- A implicação $A \Longrightarrow B$ é a afirmação "Se A for verdadeira, então B será verdadeira".
- A *contraposição* de $A \Longrightarrow B$ é a implicação $\neg B \Longrightarrow \neg A$, que diz "Se B for falsa, então A será falsa". Uma implicação e sua contraposição são equivalentes (uma das duas é verdadeira se, e somente se, a outra é verdadeira).
- A *recíproca* de $A \Longrightarrow B$ é $B \Longrightarrow A$. Uma implicação e sua recíproca não são necessariamente equivalentes. Uma pode ser verdadeira e a outra, falsa.
- A e B são *equivalentes* se $A \Longrightarrow B$ e $B \Longrightarrow A$ forem, ambas, afirmações verdadeiras.
- Numa prova por contradição (em que o objetivo é provar a afirmação A), começamos supondo que A seja falsa e mostramos que essa hipótese leva a alguma contradição.

A. EXERCÍCIOS

Exercícios preliminares

1. Qual é a contraposição de $A \Longrightarrow B$?
   (a) $B \Longrightarrow A$
   (b) $\neg B \Longrightarrow A$
   (c) $\neg B \Longrightarrow \neg A$
   (d) $\neg A \Longrightarrow \neg B$

2. Qual das opções no Exercício 1 é a recíproca de $A \Longrightarrow B$?

3. Suponha que $A \Longrightarrow B$ seja verdadeira. Qual é, então, automaticamente verdadeira a recíproca ou a contraposição?

4. Reescreva como uma implicação: "Um triângulo é um polígono."

Exercícios

1. Qual é a negação da afirmação "O carro e a camisa são, ambos, azuis"?
   (a) Nem o carro nem a camisa são azuis.
   (b) O carro não é azul e/ou a camisa não é azul.

2. Qual é a contraposição da implicação "Se o carro tiver gasolina, então ele andará"?
   (a) Se o carro não tiver gasolina, então ele não andará.
   (b) Se o carro não andar, então ele não tem gasolina.

Nos Exercícios 3-8, enuncie a negação.

3. A hora é 4 horas.
4. ΔABC é um triângulo isósceles.
5. m e n são inteiros ímpares.
6. Ou m é ímpar, ou n é ímpar.
7. x é um número real e y é um inteiro.
8. f é uma função linear.

Nos Exercícios 9-14, enuncie a contraposição e a recíproca.

9. Se m e n forem inteiros ímpares, então mn será ímpar.
10. Se hoje é terça-feira, então estamos na Bélgica.
11. Se hoje é terça-feira, então não estamos na Bélgica.
12. Se $x > 4$, então $x^2 > 16$.
13. Se m^2 for divisível por 3, então m será divisível por 3.
14. Se $x^2 = 2$, então x será irracional.

Nos Exercícios 15-18, dê um contraexemplo para mostrar que a recíproca da afirmação é falsa.

15. Se m é ímpar, então $2m + 1$ também é ímpar.
16. Se ΔABC for equilátero, então será um triângulo isósceles.
17. Se m for divisível por 9 e 4, então m será divisível por 12.
18. Se m for ímpar, então $m^3 - m$ será divisível por 3.

Nos Exercícios 19-22, determine se a recíproca da afirmação é falsa.

19. Se $x > 4$ e $y > 4$, então $x + y > 8$.
20. Se $x > 4$, então $x^2 > 16$.
21. Se $|x| > 4$, então $x^2 > 16$.
22. Se m e n forem pares, então mn será par.

Nos Exercícios 23 e 24, enuncie a contraposição e a recíproca (não sendo necessário saber o que essas afirmações significam).

23. Se f e g forem deriváveis, então fg será derivável.
24. Se o campo de forças for radial e decrescer como o inverso do quadrado da distância, então todas as órbitas fechadas serão elipses.

*Nos Exercícios 25-28, a **inversa** de $A \implies B$ é implicação $\neg A \implies \neg B$.*

25. Qual das seguintes é a inversa da implicação "Se ela saltou no lago, então ela ficou molhada"?
  (a) Se ela não ficou molhada, então ela não saltou no lago.
  (b) Se ela não saltou no lago, então ela não ficou molhada.
  A inversa é verdadeira?
26. Enuncie as inversas dessas implicações.
  (a) Se X for um camundongo, então X será um roedor.
  (b) Se você ficar dormindo, você perderá a aula.
  (c) Se um astro girar em torno do Sol, então será um planeta.
27. Explique por que a inversa é equivalente à recíproca.
28. Enuncie a inversa do teorema de Pitágoras. É verdadeira?
29. O Teorema 1 da Seção 2.4 afirma o seguinte: "Se f e g forem funções contínuas, então $f + g$ será contínua". Decorre logicamente disso que se f e g não forem contínuas, então $f + g$ não será contínua?
30. Escreva detalhadamente uma prova por contradição desse fato: Não existe um menor número racional positivo. Como base de sua prova, use o fato de que se $r > 0$, então $0 < r/2 < r$.
31. Use uma demonstração por contradição para provar que se $x + y > 2$, então $x > 1$ ou $y > 1$ (ou ambos).

Nos exercícios 32-35, use demonstração por contradição para mostrar que o número é irracional.

32. $\sqrt{\frac{1}{2}}$ **33.** $\sqrt{3}$ **34.** $\sqrt[3]{2}$ **35.** $\sqrt[4]{11}$

36. Um triângulo isósceles é um triângulo com dois lados iguais. Vale o seguinte teorema: se Δ for um triângulo com dois ângulos iguais, então Δ será um triângulo isósceles.
  (a) Qual é a hipótese?
  (b) Fornecendo um contraexemplo, mostre que a hipótese é necessária.
  (c) Qual é a contraposição?
  (d) Qual é a recíproca? É verdadeira?
37. Considere o teorema seguinte: Seja f um polinômio quadrático com coeficiente dominante positivo. Então f tem um valor mínimo.
  (a) Quais são as hipóteses?
  (b) Qual é a contraposição?
  (c) Qual é a recíproca? É verdadeira?

Compreensão adicional e desafios

38. Sejam a, b e c os lados de um triângulo e seja θ o ângulo oposto a c. Use a lei dos cossenos (Teorema 1 da Seção 1.4) para provar a recíproca do teorema de Pitágoras.
39. Forneça todos os detalhes da seguinte prova por contradição de que $\sqrt{2}$ é irracional (essa prova é devida a R. Palais). Se $\sqrt{2}$ for irracional, então $n\sqrt{2}$ será um número inteiro com algum natural n. Seja n o menor desses números naturais e seja $m = n\sqrt{2} - n$.
  (a) Prove que $m < n$.
  (b) Prove que $m\sqrt{2}$ é um número natural.
  Explique por que (a) e (b) implicam que $\sqrt{2}$ é irracional.
40. Generalize o argumento do Exercício 39 para provar que $\sqrt{A}$ é irracional se A for um número natural, mas não um quadrado perfeito. *Sugestão*: escolha n como antes e tome $m = n\sqrt{A} - n\lfloor\sqrt{A}\rfloor$, onde $\lfloor x \rfloor$ é a função maior inteiro.
41. Generalize mais ainda e mostre que, dado qualquer natural r, a raiz $\sqrt[r]{A}$ de ordem r de A é um irracional, a menos que A seja uma potência de ordem r. *Sugestão*: seja $x = \sqrt[r]{A}$. Mostre que se x for racional, então poderemos escolher um menor número natural n tal que nx^j seja um número natural, com $j = 1, \ldots, r-1$. Então considere $m = nx - n[x]$, como antes.
42. Dada uma coleção finita de números primos $p_1, \ldots, p_N$, seja $M = p_1 \cdot p_2 \cdots p_N + 1$. Mostre que M não é divisível por qualquer um dos primos $p_1, \ldots, p_N$. Use esse fato e que cada número tem uma fatoração em primos para provar que existe uma infinidade de números primos. Esse argumento foi fornecido por Euclides em *Os Elementos*.

B PROPRIEDADES DE NÚMEROS REAIS

Foi na Índia que surgiu o método genial de expressar cada número possível usando um conjunto de dez símbolos (cada símbolo tendo um valor posicional e um valor absoluto). A ideia parece tão simples hoje que seu significado e sua profunda importância nem são mais apreciados. Sua simplicidade reside na maneira pela qual facilitou as contas e, com isso, colocou a Aritmética na liderança das invenções úteis. A importância dessa invenção é mais facilmente apreciada quando consideramos que ela estava além de Arquimedes e Apolônio, os dois maiores homens da Antiguidade.

—Pierre Simon de Laplace,
um dos grandes matemáticos franceses do século XVIII

Neste apêndice, discutimos as propriedades básicas dos números reais. Inicialmente, recordamos que um número real é um número que pode ser representado por uma expansão decimal finita ou infinita. O conjunto de todos os números reais é denotado por **R** e muitas vezes é visualizado como a "reta real" (Figura 1).

Assim, um número real a é representado por

$$a = \pm n,a_1a_2a_3a_4\ldots,$$

em que n é um número natural qualquer e cada dígito a_j é um número natural entre 0 e 9. Por exemplo, $10\pi = 31,41592\ldots$. Lembre que a será racional se sua expansão for finita ou periódica e irracional se não apresentar repetição. Além disso, a expansão é única, a menos da exceção seguinte: toda expansão finita é igual a uma expansão com o dígito 9 repetido. Por exemplo, $0,5 = 0,4999\cdots = 0,4\bar{9}$.

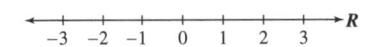

FIGURA 1 A reta dos números reais.

Supomos que seja sabido que as operações de adição e multiplicação estão definidas em **R**, ou seja, no conjunto das expansões decimais. Informalmente, a adição e a multiplicação de expansões decimais infinitas são definidas em termos de expansões finitas. Se $d \geq 1$, defina o d-ésimo truncamento de $a = n,a_1a_2a_3a_4\ldots$ como a expansão finita $a(d) = a,a_1a_2\ldots a_d$ obtida cortando a expansão na d-ésima casa decimal. Para formar $a + b$, suponha que ambos os números sejam expansões infinitas (possivelmente com 9 repetido). Isso elimina qualquer possibilidade de ambiguidade na expansão. Então o enésimo dígito de $a + b$ é igual ao enésimo dígito de $a(d) + b(d)$, com d suficientemente grande [a partir de certo ponto em diante, o enésimo dígito de $a(d) + b(d)$ não muda mais e esse valor é o enésimo dígito de $a + b$]. De maneira análoga, definimos a multiplicação. Além disso, valem as leis da comutatividade, associatividade e distributividade (Tabela 1).

TABELA 1 Leis algébricas

Leis da Comutatividade:	$a + b = b + a$, $ab = ba$
Leis da Associatividade:	$(a + b) + c = a + (b + c)$, $(ab)c = a(bc)$
Lei da Distributividade:	$a(b + c) = ab + ac$

Cada número real x tem um inverso aditivo $-x$ tal que $x + (-x) = 0$ e cada número real não nulo tem um inverso multiplicativo x^{-1} tal que $x(x^{-1}) = 1$. Não consideramos a subtração e a divisão como operações algébricas adicionais, porque elas são definidas em termos de inversos. Por definição, a diferença $x - y$ é igual a $x + (-y)$, e o quociente x/y é igual a $x(y^{-1})$, com $y \neq 0$.

Além das propriedades algébricas, existe uma **relação de ordem** em **R**: dados quaisquer dois números reais a e b, vale precisamente uma das seguintes:

$$\text{Ou} \quad a = b, \quad \text{ou} \quad a < b, \quad \text{ou} \quad a > b$$

Para distinguir entre as condições $a \leq b$ e $a < b$, muitas vezes dizemos que $a < b$ é uma **desigualdade estrita**. Convenções análogas valem para $>$ e $\geq$. As regras dadas na Tabela 2 permitem-nos manipular desigualdades. A última propriedade da ordem diz que uma desigualdade inverte seu sentido se for multiplicada por um número negativo c. Por exemplo,

$$-2 < 5 \quad \text{mas} \quad (-3)(-2) > (-3)5$$

TABELA 2 Propriedades de ordem

Se $a < b$ e $b < c$,	então $a < c$.
Se $a < b$ e $c < d$,	então $a + c < b + d$.
Se $a < b$ e $c > 0$,	então $ac < bc$.
Se $a < b$ e $c < 0$	então $ac > bc$.

As propriedades algébricas e de ordem dos números reais certamente são conhecidas. Agora discutimos a **propriedade do supremo** dos números reais, que é bem menos conhecida. Essa propriedade é uma maneira de formular a assim chamada **completude** dos números reais. Há

FIGURA 2 $M = 3$ é uma cota superior do conjunto $S = (-2, 1)$. O supremo é $L = 1$.

outras maneiras de formular a completude (tais como a assim chamada propriedade dos intervalos encaixados, discutida em qualquer livro de Análise) que são equivalentes à propriedade do supremo e servem ao mesmo propósito. A completude é utilizada no Cálculo para construir provas rigorosas de teoremas básicos sobre funções contínuas, tais como o teorema do valor intermediário (TVI) ou a existência de valores extremos em intervalos fechados. A ideia subjacente é que a reta real "não tem buracos". Essa ideia será elaborada mais adiante. Inicialmente introduzimos as definições necessárias.

Seja S um conjunto não vazio de números reais. Um número M é denominado uma **cota superior** de S se

$$x \leq M \quad \text{com qualquer } x \in S$$

Se S tiver alguma cota superior, dizemos que S é **limitado superiormente**. Um **supremo** L é uma cota superior de S tal que qualquer outra cota superior M satisfaz $M \geq L$. Por exemplo (Figura 2),

- $M = 3$ é uma cota superior do intervalo aberto $S = (-2, 1)$.
- $L = 1$ é o supremo de $S = (-2, 1)$.

Agora enunciamos a propriedade do supremo dos números reais.

> **TEOREMA 1 Existência de um supremo** Seja S um conjunto não vazio de números reais que é limitado superiormente. Então S tem um supremo.

De maneira análoga, dizemos que um número B é uma **cota inferior** de S se $x \geq B$ com qualquer $x \in S$. Dizemos que S é **limitado inferiormente** se S tiver alguma cota inferior. Um **ínfimo** é uma cota inferior M tal que qualquer outra cota inferior B satisfaz $B \leq M$. O conjunto de números reais também tem a Propriedade do Ínfimo: se S for um conjunto não vazio de números reais que é limitado inferiormente, então S tem um ínfimo. Isso pode ser deduzido imediatamente do Teorema 1. Dado qualquer conjunto não vazio de números reais S, seja $-S$ o conjunto dos números reais da forma $-x$, com $x \in S$. Então $-S$ tem uma cota superior se S tiver uma cota inferior. Consequentemente, $-S$ tem um supremo L pelo Teorema 1, e $-L$ é um ínfimo de S.

> **ENTENDIMENTO CONCEITUAL** O Teorema 1 pode parecer bem razoável, mas sua utilidade talvez não seja visível. Acima, sugerimos que a propriedade do supremo expressa a ideia de que **R** é "completo", ou "não tem buracos". Para ilustrar essa ideia, comparemos **R** com o conjunto dos números racionais, denotado por **Q**. Intuitivamente, **Q** não é completo porque faltam os número irracionais. Por exemplo, **Q** tem um "buraco" onde deveria estar localizado o número irracional $\sqrt{2}$ (Figura 3). Esse buraco divide **Q** em duas metades desconexas (a metade à esquerda e a metade à direita de $\sqrt{2}$). Além disso, a metade à esquerda é limitada superiormente, mas nenhum número racional é um supremo, e a metade à direita é limitada inferiormente, mas nenhum número racional é um ínfimo. O supremo e o ínfimo são, ambos, iguais ao número irracional $\sqrt{2}$, que existe em **R**, mas não em **Q**. Assim, diferentemente de **R**, o conjunto **Q** dos número racionais não tem a propriedade do supremo.

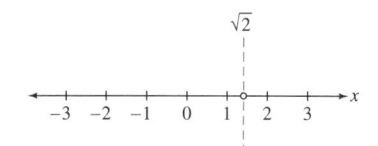

FIGURA 3 Os números racionais têm um "buraco" na localização de $\sqrt{2}$.

■ **EXEMPLO 1** Mostre que 2 possui uma raiz quadrada aplicando a propriedade do supremo ao conjunto

$$S = \{x : x^2 < 2\}$$

Solução Inicialmente, observamos que S é limitado com a cota superior $M = 2$. De fato, se $x > 2$, então x satisfaz $x^2 > 4$ e, portanto, x não pertence a S. Pela propriedade do supremo, S tem um supremo, que denotamos por L. Afirmamos que $L = \sqrt{2}$ ou, equivalentemente, que $L^2 = 2$. Provamos isso mostrando que $L^2 \geq 2$ e $L^2 \leq 2$.

Se $L^2 < 2$, seja $b = L + h$, em que $h > 0$. Então

$$b^2 = L^2 + 2Lh + h^2 = L^2 + h(2L + h)$$

Podemos tornar a quantidade $h(2L + h)$ tão pequena quanto desejarmos, escolhendo $h > 0$ suficientemente pequeno. Em particular, podemos escolher um h positivo de tal forma que $h(2L + h) < 2 - L^2$. Com essa escolha, $b^2 < L^2 + (2 - L^2) = 2$ pela Equação (1). Dessa forma, $b \in S$. No entanto, $b > L$, pois $h > 0$, e, assim, L não é uma cota superior de S, em contradição com nossa hipótese sobre L. Concluímos que $L^2 \geq 2$.

Se $L^2 > 2$, seja $b = L - h$, em que $h > 0$. Então

$$b^2 = L^2 - 2Lh + h^2 = L^2 - h(2L - h)$$

Agora escolhemos h positivo, mas suficientemente pequeno para ter $0 < h(2L - h) < L^2 - 2$. Então $b^2 > L^2 - (L^2 - 2) = 2$. No entanto, $b < L$, de modo que b é uma cota inferior menor de S. De fato, se $x \geq b$, então $x^2 \geq b^2 > 2$, e x não pertence a S. Isso contradiz nossa hipótese de que L é o supremo. Concluímos que $L^2 \leq 2$ e, como já mostramos que $L^2 \geq 2$, resulta $L^2 = 2$, como queríamos provar. ∎

Agora provamos três teoremas importantes, o terceiro dos quais é utilizado na demonstração da propriedade do supremo, como segue.

TEOREMA 2 Teorema de Bolzano-Weierstrass   Seja S um conjunto limitado e infinito de números reais. Então existe uma sequência de elementos distintos $\{a_n\}$ em S tal que existe o limite $L = \lim_{n \to \infty} a_n$.

Demonstração   Para simplificar a notação, vamos supor que S esteja contido no intervalo unitário $[0, 1]$ (uma prova análoga funciona em geral). Se $k_1, k_2, \ldots, k_n$ é uma sequência de n dígitos (ou seja, cada k_j é um número natural e $0 \leq k_j \leq 9$), seja

$$S(k_1, k_2, \ldots, k_n)$$

o conjunto de $x \in S$ cuja expansão decimal começa com $0,k_1 k_2 \ldots k_n$. O conjunto S é a união dos subconjuntos $S(0), S(1), \ldots, S(9)$ e, como S é infinito, pelo menos um desses subconjuntos deve ser infinito. Portanto, podemos escolher k_1 tal que $S(k_1)$ seja infinito. De modo análogo, pelo menos um dos conjuntos $S(k_1, 0), S(k_2, 1), \ldots, S(k_1, 9)$ deve ser infinito, portanto podemos escolher k_2 tal que $S(k_1, k_2)$ seja infinito. Continuando dessa maneira, obtemos uma sequência infinita $\{k_n\}$ tal que o conjunto $S(k_1, k_2, \ldots, k_n)$ é infinito, com qualquer n. Podemos escolher uma sequência de elementos $a_n \in S(k_1, k_2, \ldots, k_n)$ com a propriedade de a_n ser distinto de $a_1, \ldots, a_{n-1}$, com qualquer n. Seja L a expansão decimal infinita $0,k_1 k_2 k_3 \ldots$. Então $\lim_{n \to \infty} a_n = L$, já que $|L - a_n| < 10^{-n}$ com qualquer n. ∎

Utilizamos o Teorema de Bolzano-Weierstrass para provar dois importantes resultados sobre sequências $\{a_n\}$. Lembre que uma cota superior de $\{a_n\}$ é um número M tal que $a_j \leq M$, com qualquer j. Se existir uma cota superior, dizemos que $\{a_n\}$ é limitada superiormente. Cotas inferiores são definidas de maneira análoga, e dizemos que $\{a_n\}$ é limitada inferiormente se existir uma cota inferior. Uma sequência é limitada se for limitada inferior e superiormente. Uma **subsequência** de $\{a_n\}$ é uma sequência de elementos $a_{n_1}, a_{n_2}, a_{n_3}, \ldots$ em que $n_1 < n_2 < n_3 < \cdots$.

Agora consideremos uma sequência limitada $\{a_n\}$. Se uma infinidade dos a_n forem distintos, o Teorema de Bolzano-Weierstrass garante que existe uma subsequência $\{a_{n_1}, a_{n_2}, \ldots\}$ tal que existe $\lim_{n \to \infty} a_{n_k}$. Caso contrário, uma infinidade dos a_n coincide e, então, esses termos formam uma subsequência convergente. Assim, provamos o resultado seguinte.

| Seção 10.1

TEOREMA 3   Toda sequência limitada tem uma subsequência convergente.

TEOREMA 4 Sequências monótonas limitadas convergem

- Se $\{a_n\}$ for crescente e $a_n \leq M$ com qualquer n, então $\{a_n\}$ converge e $\lim_{n \to \infty} a_n \leq M$.
- Se $\{a_n\}$ for decrescente e $a_n \geq M$ com qualquer n, então $\{a_n\}$ converge e $\lim_{n \to \infty} a_n \geq M$.

Demonstração Suponha que $\{a_n\}$ seja crescente e limitada superiormente por M. Então $\{a_n\}$ é, automaticamente, limitada inferiormente por $m = a_1$, pois $a_1 \leq a_2 \leq a_3 \cdots$. Portanto, $\{a_n\}$ é limitada e, pelo Teorema 3, podemos escolher uma subsequência convergente $a_{n_1}, a_{n_2}, \ldots$. Seja

$$L = \lim_{k \to \infty} a_{n_k}$$

Observe que $a_n \leq L$ com qualquer n. Se isso não valesse, então $a_n > L$ com algum n, e obteríamos que $a_{n_k} \geq a_n > L$ com qualquer k tal que $n_k \geq n$. No entanto, isso contradiria que $a_{n_k} \to L$. Agora, por definição, dado qualquer $\epsilon > 0$, existe $N_\epsilon > 0$ tal que

$$|a_{n_k} - L| < \epsilon \quad \text{se } n_k > N_\epsilon$$

Escolha m tal que $n_m > N_\epsilon$. Se $n \geq n_m$, então $a_{n_m} \leq a_n \leq L$, e, portanto,

$$|a_n - L| \leq |a_{n_m} - L| < \epsilon \quad \text{com qualquer } n \geq n_m$$

Isso mostra que $\lim_{n \to \infty} a_n = L$, como queríamos provar. Resta provar que $L \leq M$. Se $L > M$, seja $\epsilon = (L - M)/2$ e escolha N tal que

$$|a_n - L| < \epsilon \quad \text{se } k > N$$

Então $a_n > L - \epsilon = M + \epsilon$. Isso contradiz nossa hipótese de que M é uma cota superior de $\{a_n\}$. Portanto, $L \leq M$ como afirmamos. ∎

Demonstração do Teorema 1 Agora utilizamos o Teorema 4 para provar a propriedade do supremo (Teorema 1). Como antes, se x for um número real, denotamos por $x(d)$ o truncamento de x de comprimento d. Por exemplo,

$$\text{se } x = 1{,}41569, \text{ então } x(3) = 1{,}415.$$

Dizemos que x é uma *expansão decimal de comprimento d* se $x = x(d)$. A diferença entre duas expansões decimais distintas de comprimento d é de, no mínimo, 10^{-d}. Segue que, dados dois números reais $A < B$ quaisquer, existe no máximo um número finito de decimais de comprimento d entre A e B.

Agora, seja S um conjunto não vazio de números reais com uma cota superior M. Provemos que S tem um supremo. Seja $S(d)$ o conjunto dos truncamentos de comprimento d:

$$S(d) = \{x(d) : x \in S\}$$

Afirmamos que $S(d)$ tem um elemento máximo. Para verificar isso, escolha qualquer $a \in S$. Se $x \in S$ e $x(d) > a(d)$, então

$$a(d) \leq x(d) \leq M$$

Assim, pelo que observamos no parágrafo precedente, existe no máximo um número finito de elementos $x(d)$ em $S(d)$ maiores do que $a(d)$. O maior desses é o elemento máximo de $S(d)$.

Dado $d = 1, 2, \ldots$, escolhemos um elemento x_d tal que $x_d(d)$ seja o elemento máximo de $S(d)$. Por construção, $\{x_d(d)\}$ é uma sequência crescente (já que o maior truncamento de comprimento d só pode aumentar quando d cresce). Além disso, $x_d(d) \leq M$ com qualquer d. Agora aplicamos o Teorema 4 para concluir que $\{x_d(d)\}$ converge a um limite L. Afirmamos que L é o supremo de S. Inicialmente, observe que L é uma cota superior de S. De fato, se $x \in S$, então $x(d) \leq L$ com qualquer d e, assim, $x \leq L$. Para mostrar que L é o supremo, suponha que M seja uma cota superior tal que $M < L$. Então $x_d \leq M$ com qualquer d e, portanto, $x_d(d) \leq M$ com qualquer d. Portanto,

$$L = \lim_{d \to \infty} x_d(d) \leq M$$

Isso é uma contradição, pois $M < L$. Segue-se que L é o supremo de S. ∎

Como mencionamos acima, a propriedade do supremo é utilizada no Cálculo para estabelecer certos teoremas básicos sobre funções contínuas. Como um exemplo, provamos o TVI. Outro exemplo é o teorema de existência de extremos em intervalos fechados (ver Apêndice D).

TEOREMA 5 Teorema do valor intermediário Se f for contínua num intervalo fechado $[a, b]$ e $f(a) \neq f(b)$, então, dado qualquer valor M entre $f(a)$ e $f(b)$, existe pelo menos um valor $c \in (a, b)$ tal que $f(c) = M$.

Demonstração Suponha, inicialmente, que $M = 0$. Substituindo $f(x)$ por $-f(x)$, se necessário, podemos supor que $f(a) < 0$ e $f(b) > 0$. Agora, seja

$$S = \{x \in [a, b] : f(x) < 0\}$$

Então $a \in S$, pois $f(a) < 0$ e, portanto, S é não vazio. Claramente, b é uma cota superior de S. Portanto, pela propriedade do supremo, S tem um supremo L. Afirmamos que $f(L) = 0$. Caso contrário, denote $r = f(L)$. Inicialmente, suponha que $r > 0$.

Como f é contínua, existe um número $\delta > 0$ tal que

$$\text{se } |x - L| < \delta, \text{ então } |f(x) - f(L)| = |f(x) - r| < \frac{1}{2}r.$$

Equivalentemente,

$$\text{se } |x - L| < \delta, \text{ então } \frac{1}{2}r < f(x) < \frac{3}{2}r.$$

O número $\frac{1}{2}r$ é positivo, portanto concluímos que

$$\text{se } L - \delta < x < L + \delta, \text{ então } f(x) > 0.$$

Por definição de L, temos $f(x) \geq 0$ com qualquer $x \in [a, b]$ tal que $x > L$, de modo que podemos concluir que $f(x) \geq 0$ com qualquer $x \in [a, b]$ tal que $x > L - \delta$. Assim, $L - \delta$ é uma cota superior de S. Isso é uma contradição, pois L é o supremo de S, e segue que $r = f(L)$ não pode satisfazer $r > 0$. Analogamente, r não pode satisfazer $r < 0$. Concluímos que $f(L) = 0$, como afirmamos.

Agora, se M for não nulo, consideramos $g(x) = f(x) - M$. Então 0 é um valor entre $g(a)$ e $g(b)$ e, portanto, pelo que acabamos de provar, existe algum $c \in (a, b)$ tal que $g(c) = 0$. Segue-se que $f(c) = g(c) + M = M$, como queríamos mostrar. ∎

C INDUÇÃO E O TEOREMA BINOMIAL

O princípio da indução é um método de demonstração que é largamente utilizado para provar que uma dada afirmação $P(n)$ é válida com qualquer número natural $n = 1, 2, 3, \ldots$. Aqui temos duas afirmações desse tipo:

- $P(n)$: A soma dos primeiros n números ímpares é igual a n^2.
- $P(n)$: $\dfrac{d}{dx}x^n = nx^{n-1}$.

A primeira afirmação diz que, dado qualquer número natural n,

$$\underbrace{1 + 3 + \cdots + (2n-1)}_{\text{Soma dos primeiros } n \text{ números ímpares}} = n^2 \qquad \boxed{1}$$

Podemos verificar diretamente que $P(n)$ é verdadeira com os primeiros valores de n:

$P(1)$ é a igualdade: $\qquad\qquad 1 = 1^2$ (verdadeira)

$P(2)$ é a igualdade: $\qquad 1 + 3 = 2^2$ (verdadeira)

$P(3)$ é a igualdade: $\quad 1 + 3 + 5 = 3^2$ (verdadeira)

O princípio da indução pode ser utilizado para garantir $P(n)$ com qualquer valor de n.

TEOREMA 1 Princípio da indução Seja $P(n)$ uma afirmação que depende de um número natural n. Suponha que:

(i) **Base de indução:** $P(1)$ é verdadeira.
(ii) **Etapa de indução:** Se $P(n)$ for verdadeira com $n = k$, então $P(n)$ também será verdadeira com $n = k + 1$.

Então $P(n)$ é verdadeira com qualquer número natural $n = 1, 2, 3, \ldots$.

O princípio da indução é aplicável se $P(n)$ for uma afirmação definida com $n \geq n_0$ sendo n_0 um inteiro fixado. Suponha que

(i) **Base de indução:** $P(n_0)$ é verdadeira.
(ii) **Etapa de indução:** Se $P(n)$ for verdadeira com $n = k$, então $P(n)$ também será verdadeira com $n = k + 1$.

Então $P(n)$ é verdadeira com qualquer $n \geq n_0$.

■ **EXEMPLO 1** Prove que $1 + 3 + \cdots + (2n-1) = n^2$ com qualquer número natural n.

Solução Como acima, denotemos por $P(n)$ a igualdade

$$P(n): \qquad 1 + 3 + \cdots + (2n-1) = n^2$$

Passo 1. **Base de indução: Mostrar que $P(1)$ é verdadeira.**

Isso foi constatado acima. $P(1)$ é a igualdade $1 = 1^2$.

Passo 2. **Etapa de indução: Mostrar que se $P(n)$ for verdadeira com $n = k$, então $P(n)$ também será verdadeira com $n = k + 1$.**

Suponha que $P(k)$ seja verdadeira. Então

$$1 + 3 + \cdots + (2k-1) = k^2$$

Somamos $2k + 1$ a ambos os lados:

$$\bigl[1 + 3 + \cdots + (2k-1)\bigr] + (2k+1) = k^2 + 2k + 1 = (k+1)^2$$

$$1 + 3 + \cdots + (2k+1) = (k+1)^2$$

Isso é precisamente a afirmação $P(k + 1)$. Assim, $P(k + 1)$ é verdadeira sempre que $P(k)$ for verdadeira. Pelo princípio da indução, $P(k)$ é verdadeira com qualquer k. ■

A intuição subjacente ao princípio da indução é o seguinte: se $P(n)$ não fosse verdadeira com qualquer n, então existiria algum menor número natural k tal que $P(k)$ é falsa. Teríamos $k > 1$, pois $P(1)$ é verdadeira. Assim, $P(k-1)$ seria verdadeira [já que $P(k)$ é o menor "contraexemplo"]. Por outro lado, se $P(k-1)$ for verdadeira, então $P(k)$ também seria verdadeira pela etapa de indução. Isso é uma contradição. Segue-se que $P(n)$ deve ser verdadeira com qualquer n.

■ **EXEMPLO 2** Use indução e a regra do produto para provar que, dado qualquer número natural n,

$$\frac{d}{dx}x^n = nx^{n-1}$$

Solução Seja $P(n)$ a fórmula $\frac{d}{dx}x^n = nx^{n-1}$.

Passo 1. **Base de indução: Mostrar que $P(1)$ é verdadeira.**

Usamos a definição via limite para verificar $P(1)$:

$$\frac{d}{dx}x = \lim_{h\to 0}\frac{(x+h)-x}{h} = \lim_{h\to 0}\frac{h}{h} = \lim_{h\to 0} 1 = 1$$

Passo 2. **Etapa de indução: Mostrar que se $P(n)$ for verdadeira com $n = k$, então $P(n)$ também será verdadeira com $n = k+1$.**

Para executar esse passo, suponha que $\frac{d}{dx}x^k = kx^{k-1}$, em que $k \geq 1$. Então, pela regra do produto,

$$\frac{d}{dx}x^{k+1} = \frac{d}{dx}(x \cdot x^k) = x\frac{d}{dx}x^k + x^k\frac{d}{dx}x = x(kx^{k-1}) + x^k$$
$$= kx^k + x^k = (k+1)x^k$$

Isso mostra que $P(k+1)$ é verdadeira.

Pelo princípio da indução, $P(n)$ é verdadeira com qualquer $n \geq 1$. ■

Como outra aplicação da indução, provamos o teorema binomial, que descreve a expansão do binômio $(a+b)^n$. As primeiras expansões são conhecidas:

$$(a+b)^1 = a+b$$
$$(a+b)^2 = a^2 + 2ab + b^2$$
$$(a+b)^3 = a^3 + 3a^2b + 3ab^2 + b^3$$

Em geral, temos uma expansão

$$(a+b)^n = a^n + \binom{n}{1}a^{n-1}b + \binom{n}{2}a^{n-2}b^2 + \binom{n}{3}a^{n-3}b^3$$
$$+ \cdots + \binom{n}{n-1}ab^{n-1} + b^n \quad \boxed{2}$$

onde o coeficiente de $a^{n-k}b^k$, denotado por $\binom{n}{k}$, é denominado o **coeficiente binomial**. Observe que o primeiro termo na Equação (2) corresponde a $k=0$ e o último a $k=n$; assim, $\binom{n}{0} = \binom{n}{n} = 1$. Em notação de somatório,

$$(a+b)^n = \sum_{k=0}^{n}\binom{n}{k}a^k b^{n-k}$$

No triângulo de Pascal, a enésima linha exibe os coeficientes da expansão de $(a+b)^n$:

n													
0							1						
1						1		1					
2					1		2		1				
3				1		3		3		1			
4			1		4		6		4		1		
5		1		5		10		☐10		5☐		1	
6	1		6		15		20		☐15☐		6		1

O triângulo é construído da maneira seguinte: cada entrada é a soma das duas entradas acima dela na linha anterior. Por exemplo, a entrada 15 na linha $n=6$ é a soma $10+5$ das entradas acima dela na linha $n=5$. A relação recursiva garante que as entradas no triângulo são os coeficientes binomiais.

O triângulo de Pascal (descrito na nota da margem da página anterior) pode ser usado para calcular os coeficientes binomiais se n e k não forem muito grandes. O teorema binomial fornece a seguinte fórmula geral:

$$\binom{n}{k} = \frac{n!}{k!\,(n-k)!} = \frac{n(n-1)(n-2)\cdots(n-k+1)}{k(k-1)(k-2)\cdots 2 \cdot 1} \qquad \boxed{3}$$

Antes de provar essa fórmula, provamos uma relação recursiva satisfeita pelos coeficientes binomiais. Entretanto, observe que (3) certamente vale com $k = 0$ e $k = n$ (lembre que, por convenção, $0! = 1$):

$$\binom{n}{0} = \frac{n!}{(n-0)!\,0!} = \frac{n!}{n!} = 1, \qquad \binom{n}{n} = \frac{n!}{(n-n)!\,n!} = \frac{n!}{n!} = 1$$

TEOREMA 2   **Relação recursiva dos coeficientes binomiais**

$$\binom{n}{k} = \binom{n-1}{k} + \binom{n-1}{k-1} \qquad \text{se } 1 \leq k \leq n-1$$

Demonstração   Escrevemos $(a+b)^n$ como $(a+b)(a+b)^{n-1}$ e expandimos em termos de coeficientes binomiais:

$$(a+b)^n = (a+b)(a+b)^{n-1}$$

$$\sum_{k=0}^{n} \binom{n}{k} a^{n-k} b^k = (a+b) \sum_{k=0}^{n-1} \binom{n-1}{k} a^{n-1-k} b^k$$

$$= a \sum_{k=0}^{n-1} \binom{n-1}{k} a^{n-1-k} b^k + b \sum_{k=0}^{n-1} \binom{n-1}{k} a^{n-1-k} b^k$$

$$= \sum_{k=0}^{n-1} \binom{n-1}{k} a^{n-k} b^k + \sum_{k=0}^{n-1} \binom{n-1}{k} a^{n-(k+1)} b^{k+1}$$

Substituindo k por $k-1$ na segunda soma, obtemos

$$\sum_{k=0}^{n} \binom{n}{k} a^{n-k} b^k = \sum_{k=0}^{n-1} \binom{n-1}{k} a^{n-k} b^k + \sum_{k=1}^{n} \binom{n-1}{k-1} a^{n-k} b^k$$

Do lado direito, a primeira parcela da primeira soma é a^n e a última parcela da última soma é b^n. Assim, temos

$$\sum_{k=0}^{n} \binom{n}{k} a^{n-k} b^k = a^n + \left(\sum_{k=1}^{n-1} \left(\binom{n-1}{k} + \binom{n-1}{k-1} \right) a^{n-k} b^k \right) + b^n$$

A relação recursiva decorre disso, porque os coeficientes de $a^{n-k} b^k$ devem ser iguais nos dois lados da equação. ∎

Agora usamos indução para provar a Equação (3). Seja $P(n)$ a afirmação:

$$\binom{n}{k} = \frac{n!}{k!\,(n-k)!} \quad \text{com } 0 \leq k \leq n$$

Temos $\binom{1}{0} = \binom{1}{1} = 1$, já que $(a+b)^1 = a+b$, portanto vale $P(1)$. Além disso, $\binom{n}{n} = \binom{n}{0} = 1$ pelo observado acima, já que a^n e b^n têm coeficiente 1 na expansão de

$(a + b)^n$. Para a etapa de indução, suponha que $P(n)$ seja verdadeira. Pela relação recursiva, dado $1 \leq k \leq n$, temos

$$\binom{n+1}{k} = \binom{n}{k} + \binom{n}{k-1} = \frac{n!}{k!(n-k)!} + \frac{n!}{(k-1)!(n-k+1)!}$$

$$= n!\left(\frac{n+1-k}{k!(n+1-k)!} + \frac{k}{k!(n+1-k)!}\right) = n!\left(\frac{n+1}{k!(n+1-k)!}\right)$$

$$= \frac{(n+1)!}{k!(n+1-k)!}$$

Assim, $P(n + 1)$ também é verdadeira, e o teorema binomial decorre por indução. ■

■ **EXEMPLO 3** Use o teorema binomial para expandir $(x + y)^5$ e $(x + 2)^3$.

Solução A quinta linha no triângulo de Pascal dá

$$(x + y)^5 = x^5 + 5x^4y + 10x^3y^2 + 10x^2y^3 + 5xy^4 + y^5$$

A terceira linha no triângulo de Pascal dá

$$(x + 2)^3 = x^3 + 3x^2(2) + 3x(2)^2 + 2^3 = x^3 + 6x^2 + 12x + 8$$ ■

C. EXERCÍCIOS

Nos Exercícios 1-4, use o princípio da indução para provar a fórmula com qualquer número natural n.

1. $1 + 2 + 3 + \cdots + n = \dfrac{n(n+1)}{2}$

2. $1^3 + 2^3 + 3^3 + \cdots + n^3 = \dfrac{n^2(n+1)^2}{4}$

3. $\dfrac{1}{1 \cdot 2} + \dfrac{1}{2 \cdot 3} + \cdots + \dfrac{1}{n(n+1)} = \dfrac{n}{n+1}$

4. $1 + x + x^2 + \cdots + x^n = \dfrac{1 - x^{n+1}}{1 - x}$ com qualquer $x \neq 1$

5. Seja $P(n)$ a afirmação $2^n > n$.
   (a) Mostre que $P(1)$ é válida.
   (b) Observe que, se $2^n > n$, então $2^n + 2^n > 2n$. Use isso para mostrar que se $P(n)$ for verdadeira com $n = k$, então $P(n)$ será verdadeira com $n = k + 1$. Conclua que $P(n)$ é verdadeira com qualquer n.

6. Use indução para provar que $n! > 2^n$ com qualquer $n \geq 4$.

Seja $\{F_n\}$ a sequência de Fibonacci, definida pela fórmula recursiva

$$F_n = F_{n-1} + F_{n-2}, \quad F_1 = F_2 = 1$$

Os primeiros termos são 1, 1, 2, 3, 5, 8, 13, ... Nos Exercícios 7-10, use indução para provar a identidade.

7. $F_1 + F_2 + \cdots + F_n = F_{n+2} - 1$

8. $F_1^2 + F_2^2 + \cdots + F_n^2 = F_{n+1}F_n$

9. $F_n = \dfrac{R_+^n - R_-^n}{\sqrt{5}}$, sendo $R_\pm = \dfrac{1 \pm \sqrt{5}}{2}$

10. $F_{n+1}F_{n-1} = F_n^2 + (-1)^n$. *Sugestão*: na etapa de indução, mostre que

$$F_{n+2}F_n = F_{n+1}F_n + F_n^2$$

$$F_{n+1}^2 = F_{n+1}F_n + F_{n+1}F_{n-1}$$

11. Use indução para provar que $f(n) = 8^n - 1$ é divisível por 7 com qualquer número natural n. *Sugestão*: na etapa de indução, mostre que

$$8^{k+1} - 1 = 7 \cdot 8^k + (8^k - 1)$$

12. Use indução para provar que $n^3 - n$ é divisível por 3 com qualquer número natural n.

13. Use indução para provar que $5^{2n} - 4^n$ é divisível por 7 com qualquer número natural n.

14. Use o triângulo de Pascal para escrever a expansão de $(a + b)^6$ e de $(a - b)^4$.

15. Expanda $(x + x^{-1})^4$.

16. Qual é o coeficiente de x^9 em $(x^3 + x)^5$?

17. Seja $S(n) = \displaystyle\sum_{k=0}^{n} \binom{n}{k}$.
   (a) Use o triângulo de Pascal para calcular $S(n)$ com $n = 1, 2, 3, 4$.
   (b) Prove que $S(n) = 2^n$ com qualquer $n \geq 1$. *Sugestão*: expanda $(a + b)^n$ e calcule em $a = b = 1$.

18. Seja $T(n) = \displaystyle\sum_{k=0}^{n} (-1)^k \binom{n}{k}$.
   (a) Use o triângulo de Pascal para calcular $T(n)$ com $n = 1, 2, 3, 4$.
   (b) Prove que $T(n) = 0$ com qualquer $n \geq 1$. *Sugestão*: expanda $(a + b)^n$ e calcule em $a = 1, b = -1$.

D DEMONSTRAÇÕES ADICIONAIS

Neste apêndice, fornecemos provas de vários teoremas que foram enunciados ou usados no texto.

Seção 2.3

TEOREMA 1 Leis básicas de limites Suponha que existam $\lim_{x \to c} f(x)$ e $\lim_{x \to c} g(x)$. Então:

(i) $\lim_{x \to c} (f(x) + g(x)) = \lim_{x \to c} f(x) + \lim_{x \to c} g(x)$

(ii) Dado qualquer número k, $\lim_{x \to c} kf(x) = k \lim_{x \to c} f(x)$

(iii) $\lim_{x \to c} f(x)g(x) = \left(\lim_{x \to c} f(x)\right)\left(\lim_{x \to c} g(x)\right)$

(iv) Se $\lim_{x \to c} g(x) \neq 0$, então

$$\lim_{x \to c} \frac{f(x)}{g(x)} = \frac{\lim_{x \to c} f(x)}{\lim_{x \to c} g(x)}$$

Demonstração Sejam $L = \lim_{x \to c} f(x)$ e $M = \lim_{x \to c} g(x)$. A lei da soma (i) foi provada na Seção 2.9. Observe que (ii) é um caso especial de (iii), em que $g(x) = k$ é uma função constante. Assim, é suficiente provar a lei do produto (iii). Escrevemos

$$f(x)g(x) - LM = f(x)(g(x) - M) + M(f(x) - L)$$

e aplicamos a desigualdade triangular para obter

$$|f(x)g(x) - LM| \leq |f(x)(g(x) - M)| + |M(f(x) - L)| \qquad \boxed{1}$$

Pela definição de limite, podemos escolher $\delta > 0$ de tal modo que

se $0 < |x - c| < \delta$, então $|f(x) - L| < 1$.

Segue que $|f(x)| < |L| + 1$ com $0 < |x - c| < \delta$. Agora escolha qualquer número $\epsilon > 0$. Aplicando novamente a definição de limite, vemos que escolhendo um δ menor, se necessário, também podemos garantir que, se $0 < |x - c| < \delta$, então

$$|f(x) - L| \leq \frac{\epsilon}{2(|M| + 1)} \quad \text{e} \quad |g(x) - M| \leq \frac{\epsilon}{2(|L| + 1)}$$

Usando a Equação (1), vemos que, se $0 < |x - c| < \delta$, então

$$|f(x)g(x) - LM| \leq |f(x)||g(x) - M| + |M||f(x) - L|$$
$$\leq (|L| + 1)\frac{\epsilon}{2(|L| + 1)} + |M|\frac{\epsilon}{2(|M| + 1)}$$
$$\leq \frac{\epsilon}{2} + \frac{\epsilon}{2} = \epsilon$$

Como ϵ foi tomado arbitrariamente, isso prova que $\lim_{x \to c} f(x)g(x) = LM$. Para provar a lei do quociente (iv), é suficiente verificar que, se $M \neq 0$, então

$$\lim_{x \to c} \frac{1}{g(x)} = \frac{1}{M} \qquad \boxed{2}$$

De fato, se a Equação (2) for válida, então podemos aplicar a lei do produto com $f(x)$ e $g(x)^{-1}$ para obter a lei do quociente:

$$\lim_{x \to c} \frac{f(x)}{g(x)} = \lim_{x \to c} f(x) \frac{1}{g(x)} = \left(\lim_{x \to c} f(x)\right) \left(\lim_{x \to c} \frac{1}{g(x)}\right)$$

$$= L\left(\frac{1}{M}\right) = \frac{L}{M}$$

Agora vamos verificar a Equação (2). Como $g(x)$ tende a M e $M \neq 0$, podemos escolher $\delta > 0$ tal que, se $0 < |x - c| < \delta$, então $|g(x)| \geq |M|/2$. Agora escolha qualquer número $\epsilon > 0$. Tomando um δ menor, se necessário, também podemos garantir que

$$\text{se } 0 < |x - c| < \delta, \text{ então } |M - g(x)| < \epsilon |M| \left(\frac{|M|}{2}\right).$$

Decorre disso que

$$\left|\frac{1}{g(x)} - \frac{1}{M}\right| = \left|\frac{M - g(x)}{Mg(x)}\right| \leq \left|\frac{M - g(x)}{M(M/2)}\right| \leq \frac{\epsilon |M|(|M|/2)}{|M|(|M|/2)} = \epsilon$$

Como ϵ foi tomado arbitrariamente, provamos o limite na Equação (2). ∎

O resultado seguinte foi utilizado no texto.

TEOREMA 2 Limites preservam desigualdades Sejam (a, b) um intervalo aberto e $c \in (a, b)$ dados. Suponha que f e g sejam funções definidas em (a, b), exceto, possivelmente, em c. Suponha que

$$f(x) \leq g(x) \quad \text{com } x \in (a, b), \quad x \neq c$$

e que existam os limites $\lim_{x \to c} f(x)$ e $\lim_{x \to c} g(x)$. Então

$$\lim_{x \to c} f(x) \leq \lim_{x \to c} g(x)$$

Demonstração Sejam $L = \lim_{x \to c} f(x)$ e $M = \lim_{x \to c} g(x)$. Para mostrar que $L \leq M$, usamos uma prova por contradição. Se $L > M$, seja $\epsilon = \frac{1}{2}(L - M)$. Pela definição formal de limites, podemos escolher $\delta > 0$ tal que as duas condições seguintes estejam satisfeitas:

$$\text{se } |x - c| < \delta, \text{ então } |M - g(x)| < \epsilon.$$

$$\text{se } |x - c| < \delta, \text{ então } |L - f(x)| < \epsilon.$$

Segue-se que

$$f(x) > L - \epsilon = M + \epsilon > g(x)$$

Isso é uma contradição, pois $f(x) \leq g(x)$. Concluímos que $L \leq M$. ∎

TEOREMA 3 Limite de uma função composta Suponha que existam os limites seguintes:

$$L = \lim_{x \to c} g(x) \quad \text{e} \quad M = \lim_{x \to L} f(x)$$

Então $\lim_{x \to c} f(g(x)) = M$.

Demonstração Seja $\epsilon > 0$ dado. Pela definição de limite, existe $\delta_1 > 0$ tal que

$$\text{se } 0 < |x - L| < \delta_1, \text{ então } |f(x) - M| < \epsilon. \qquad \boxed{3}$$

Analogamente, existe $\delta > 0$ tal que

$$\text{se } 0 < |x - c| < \delta, \text{ então } |g(x) - L| < \delta_1. \qquad \boxed{4}$$

Substituímos x por $g(x)$ na Equação (3) e aplicamos a Equação (4) para obter

se $0 < |x - c| < \delta$, então $|f(g(x)) - M| < \epsilon$.

Como ϵ foi tomado arbitrariamente, isso prova que $\lim_{x \to c} f(g(x)) = M$. ∎

| Seção 2.4

TEOREMA 4   Continuidade de funções compostas   Seja $F(x) = f(g(x))$ uma função composta. Se g for contínua em $x = c$ e f for contínua em $x = g(c)$, então $F(x)$ será contínua em $x = c$.

Demonstração   Pela definição de continuidade,

$$\lim_{x \to c} g(x) = g(c) \quad \text{e} \quad \lim_{x \to g(c)} f(x) = f(g(c))$$

Portanto, podemos aplicar o Teorema 3 para obter

$$\lim_{x \to c} f(g(x)) = f(g(c))$$

Isso prova que $F(x) = f(g(x))$ é contínua em $x = c$. ∎

| Seção 2.6

TEOREMA 5   Teorema do confronto   Suponha que, com $x \neq c$ (em algum intervalo aberto contendo c),

$$l(x) \leq f(x) \leq u(x) \quad \text{e} \quad \lim_{x \to c} l(x) = \lim_{x \to c} u(x) = L$$

Então existe $\lim_{x \to c} f(x)$ e

$$\lim_{x \to c} f(x) = L$$

Demonstração   Seja $\epsilon > 0$ dado. Podemos escolher $\delta > 0$ tal que

se $0 < |x - c| < \delta$, então $|l(x) - L| < \epsilon$ e $|u(x) - L| < \epsilon$.

Em princípio, pode ser necessário um δ diferente para obter as duas desigualdades para $l(x)$ e $u(x)$, mas podemos utilizar o menor dos dois deltas. Assim, se $0 < |x - c| < \delta$, segue-se

$$L - \epsilon < l(x) < L + \epsilon$$

e

$$L - \epsilon < u(x) < L + \epsilon$$

Como $f(x)$ está entre $l(x)$ e $u(x)$, decorre que

$$L - \epsilon < l(x) \leq f(x) \leq u(x) < L + \epsilon$$

e, portanto, $|f(x) - L| < \epsilon$ se $0 < |x - c| < \delta$. Como ϵ foi tomado arbitrariamente, isso prova que $\lim_{x \to c} f(x) = L$, como queríamos. ∎

| Seção 4.2

TEOREMA 6   Existência de extremos em intervalos fechados   Uma função contínua f num intervalo fechado (e limitado) $I = [a, b]$ atinge um valor mínimo e um valor máximo em I.

Demonstração   Vamos provar que $f(x)$ atinge um valor máximo em dois passos (o caso de um mínimo é análogo).

Passo 1. **Provar que f é limitada superiormente.**

Vamos usar prova por contradição. Se f não fosse limitada superiormente, então existiriam pontos $a_n \in [a, b]$ tais que $f(a_n) \geq n$ com $n = 1, 2, \ldots$. Pelo Teorema 3 do Apêndice B, podemos escolher alguma subsequência de elementos $a_{n_1}, a_{n_2}, \ldots$ que convirja a um limite em $[a, b]$, digamos, $\lim_{k \to \infty} a_{n_k} = L$. Como f é contínua, existe $\delta > 0$ tal que

se $x \in [a, b]$ e $|x - L| < \delta$, então $|f(x) - f(L)| < 1$.

Portanto,

se $x \in [a,b]$ e $x \in (L-\delta, L+\delta)$, então $f(x) < f(L)+1$. **5**

Tomando k suficientemente grande, a_{n_k} está em $(L-\delta, L+\delta)$, pois $\lim_{k\to\infty} a_{n_k} = L$. Pela Equação (5), $f(a_{n_k})$ é limitada por $f(L)+1$. Contudo, $f(a_{n_k}) = n_k$ tende ao infinito com $k \to \infty$. Isso é uma contradição. Desse modo, é falsa a nossa hipótese de que f não é limitada superiormente.

Passo 2. **Provar que f atinge um valor máximo.**
A imagem de $f(x)$ em $I = [a,b]$ é o conjunto

$$S = \{f(x) : x \in [a,b]\}$$

Pelo passo anterior, S é limitado superiormente e, portanto, existe um supremo M de S pela propriedade do supremo. Assim, $f(x) \leq M$ com qualquer $x \in [a,b]$. Para completar a prova, mostramos que $f(c) = M$, com algum $c \in [a,b]$. Disso decorre, então, que f atinge seu valor máximo M em $[a,b]$.

Por definição, $M - 1/n$ não é uma cota superior com $n \geq 1$, e, portanto, podemos escolher um ponto b_n em $[a,b]$ tal que

$$M - \frac{1}{n} \leq f(b_n) \leq M$$

Novamente, pelo Teorema 3 do Apêndice B, existe alguma subsequência de elementos $\{b_{n_1}, b_{n_2}, \ldots\}$ em $\{b_1, b_2, \ldots\}$ que converge a um limite, digamos,

$$\lim_{k\to\infty} b_{n_k} = c$$

Além disso, esse limite c pertence a $[a,b]$, pois $[a,b]$ é fechado. Seja $\epsilon > 0$ dado. Como f é contínua, podemos escolher k tão grande que as duas condições seguintes estejam satisfeitas: $|f(c) - f(b_{n_k})| < \epsilon/2$ e $n_k > 2/\epsilon$. Então

$$|f(c) - M| \leq |f(c) - f(b_{n_k})| + |f(b_{n_k}) - M| \leq \frac{\epsilon}{2} + \frac{1}{n_k} \leq \frac{\epsilon}{2} + \frac{\epsilon}{2} = \epsilon$$

Assim, $|f(c) - M|$ é menor do que ϵ com qualquer número positivo ϵ. Ocorre que isso só é possível se $|f(c) - M| = 0$. Assim, $f(c) = M$, como queríamos provar. ■

TEOREMA 7 **Funções contínuas são integráveis** Se f for contínua em $[a,b]$, então f será integrável em $[a,b]$.

| Seção 5.2

Demonstração Utilizaremos uma hipótese simplificadora adicional, a saber, que f é derivável e que sua derivada f' é limitada. Em outras palavras, vamos supor que $|f'(x)| \leq K$ com alguma constante K. Essa hipótese é usada para mostrar que f não pode variar muito em intervalos pequenos. Mais precisamente, provemos que se $[a_0, b_0]$ for um intervalo fechado qualquer contido em $[a,b]$ e se m e M forem os valores mínimo e máximo de f em $[a_0, b_0]$, então

$$|M - m| \leq K|b_0 - a_0| \quad \textbf{6}$$

A Figura 1 ilustra a ideia subjacente a essa desigualdade. Suponha que $f(x_1) = m$ e $f(x_2) = M$, em que x_1 e x_2 estão em $[a_0, b_0]$. Se $x_1 \neq x_2$, então, pelo TVM, existe um ponto c entre x_1 e x_2 tal que

$$\frac{M - m}{x_2 - x_1} = \frac{f(x_2) - f(x_1)}{x_2 - x_1} = f'(c)$$

Como x_1, x_2 estão em $[a_0, b_0]$, temos $|x_2 - x_1| \leq |b_0 - a_0|$ e, assim,

$$|M - m| = |f'(c)|\,|x_2 - x_1| \leq K|b_0 - a_0|$$

Isso prova a Equação (6).

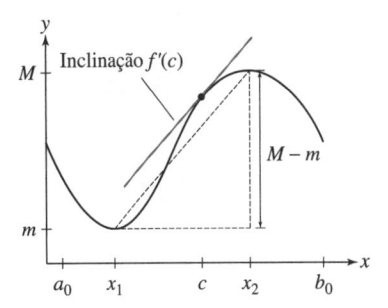

FIGURA 1 Como $M - m = f'(c)(x_2 - x_1)$, concluímos que $M - m \leq K(b_0 - a_0)$.

Dividimos o resto da prova em dois passos. Considere uma partição P:

$$P: \quad x_0 = a < x_1 < \cdots < x_{N-1} < x_N = b$$

Sejam m_i o valor mínimo de f em $[x_{i-1}, x_i]$ e M_i o máximo em $[x_{i-1}, x_i]$. Definimos as somas de Riemann *inferior* e *superior* por

$$L(f, P) = \sum_{i=1}^{N} m_i \Delta x_i \quad \text{e} \quad U(f, P) = \sum_{i=1}^{N} M_i \Delta x_i$$

Essas são somas de Riemann particulares, em que o ponto intermediário em $[x_{i-1}, x_i]$ é o ponto em que f atinge seu mínimo e máximo em $[x_{i-1}, x_i]$. A Figura 2 ilustra o caso $N = 4$.

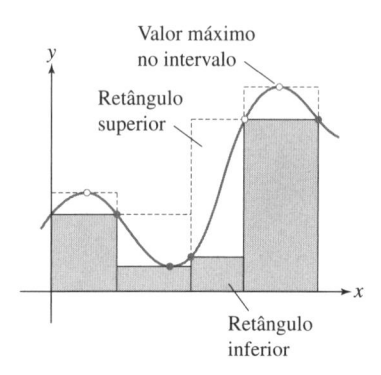

FIGURA 2 Retângulos inferiores e superiores de uma partição de comprimento $N = 4$.

Passo 1. **Provar que as somas inferiores e superiores tendem a um limite.**

Observamos que

$$L(f, P_1) \leq U(f, P_2) \quad \text{quaisquer que sejam as duas partições } P_1 \text{ e } P_2 \qquad \boxed{7}$$

De fato, se um subintervalo I_1 de P_1 intersectar um subintervalo I_2 de P_2, então o mínimo de f em I_1 é menor do que ou igual ao máximo de f em I_2 (Figura 3). Em particular, as somas inferiores são limitadas superiormente por $U(f, P)$, com qualquer partição P. Seja L o supremo das somas inferiores. Então, qualquer que seja a partição P,

$$L(f, P) \leq L \leq U(f, P) \qquad \boxed{8}$$

De acordo com a Equação (6), temos $|M_i - m_i| \leq K \Delta x_i$ com qualquer i. Como $\|P\|$ é o maior dos comprimentos Δx_i, vemos que $|M_i - m_i| \leq K\|P\|$ e

$$|U(f, P) - L(f, P)| \leq \sum_{i=1}^{N} |M_i - m_i| \Delta x_i$$

$$\leq K\|P\| \sum_{i=1}^{N} \Delta x_i = K\|P\| |b - a| \qquad \boxed{9}$$

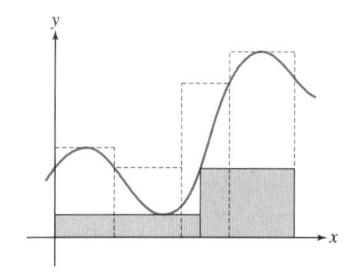

FIGURA 3 Os retângulos inferiores sempre ficam abaixo dos retângulos superiores, mesmo quando as partições são diferentes.

Seja $c = K|b - a|$. Usando as Equações (8) e (9), obtemos

$$|L - U(f, P)| \leq |U(f, P) - L(f, P)| \leq c\|P\|$$

Concluímos que $\lim_{\|P\| \to 0} |L - U(f, P)| = 0$. Analogamente,

$$|L - L(f, P)| \leq c\|P\|$$

e

$$\lim_{\|P\| \to 0} |L - L(f, P)| = 0$$

Assim, temos

$$\lim_{\|P\| \to 0} U(f, P) = \lim_{\|P\| \to 0} L(f, P) = L$$

Passo 2. **Provar que $\int_a^b f(x)\,dx$ existe e tem valor L.**

Lembre que, com qualquer escolha C de pontos intermediários $c_i \in [x_{i-1}, x_i]$, definimos a soma de Riemann por

$$R(f, P, C) = \sum_{i=1}^{N} f(c_i) \Delta x_i$$

Temos

$$L(f, P) \leq R(f, P, C) \leq U(f, P)$$

De fato, como $c_i \in [x_{i-1}, x_i]$, temos $m_i \leq f(c_i) \leq M_i$ com qualquer i e

$$\sum_{i=1}^{N} m_i \, \Delta x_i \leq \sum_{i=1}^{N} f(c_i) \, \Delta x_i \leq \sum_{i=1}^{N} M_i \, \Delta x_i$$

Segue que

$$|L - R(f, P, C)| \leq |U(f, P) - L(f, P)| \leq c\|P\|$$

Isso mostra que $R(f, P, C)$ converge a L quando $\|P\| \to 0$. ∎

TEOREMA 8 Se f for contínua e $\{a_n\}$ for uma sequência tal que exista o limite $\lim_{n \to \infty} a_n = L$, então

$$\lim_{n \to \infty} f(a_n) = f(L)$$

| *Seção 10.1*

Demonstração Escolha um $\epsilon > 0$ qualquer. Como f é contínua, existe algum $\delta > 0$ tal que

$$\text{se } 0 < |x - L| < \delta, \text{ então } |f(x) - f(L)| < \epsilon.$$

Como $\lim_{n \to \infty} a_n = L$, existe $N > 0$ tal que $|a_n - L| < \delta$ com $n > N$. Assim,

$$|f(a_n) - f(L)| < \epsilon \qquad \text{com } n > N$$

Segue que $\lim_{n \to \infty} f(a_n) = f(L)$. ∎

TEOREMA 9 Teorema de Clairaut Se ambas derivadas f_{xy} e y_{yx} forem funções contínuas num disco D, então $f_{xy}(a, b) = f_{yx}(a, b)$ com qualquer $(a, b) \in D$.

| *Seção 14.3*

Demonstração Provamos que $f_{xy}(a, b)$ e $f_{yx}(a, b)$ são iguais ao limite

$$L = \lim_{h \to 0} \frac{f(a+h, b+h) - f(a+h, b) - f(a, b+h) + f(a, b)}{h^2}$$

Seja $F(x) = f(x, b+h) - f(x, b)$. O numerador do limite é igual a

$$F(a+h) - F(a)$$

e $F'(x) = f_x(x, b+h) - f_x(x, b)$. Pelo TVM, existe a_1 entre a e $a+h$ tal que

$$F(a+h) - F(a) = hF'(a_1) = h(f_x(a_1, b+h) - f_x(a_1, b))$$

Pelo TVM aplicado a f_x, existe b_1 entre b e $b+h$ tal que

$$f_x(a_1, b+h) - f_x(a_1, b) = hf_{xy}(a_1, b_1)$$

Assim,

$$F(a+h) - F(a) = h^2 f_{xy}(a_1, b_1)$$

e

$$L = \lim_{h \to 0} \frac{h^2 f_{xy}(a_1, b_1)}{h^2} = \lim_{h \to 0} f_{xy}(a_1, b_1) = f_{xy}(a, b)$$

A última igualdade decorre da continuidade de f_{xy}, pois (a_1, b_1) tende a (a, b) se $h \to 0$. Para provar que $L = f_{yx}(a, b)$, repetimos o argumento usando a função $F(y) = f(a+h, y) - f(a, y)$, com os papéis de x e de y invertidos. ∎

| Seção 14.4

TEOREMA 10 Critério de diferenciabilidade Se $f_x(x, y)$ e $f_y(x, y)$ existirem e forem contínuas num disco aberto D, então $f(x, y)$ será diferenciável em D.

Demonstração Dado $(a, b) \in D$, denotemos

$$L(x, y) = f(a, b) + f_x(a, b)(x - a) + f_y(a, b)(y - b)$$

É conveniente trocar para as variáveis h e k, sendo $x = a + h$ e $y = b + k$. Denotemos

$$\Delta f = f(a + h, b + k) - f(a, b)$$

Então

$$L(x, y) = f(a, b) + f_x(a, b)h + f_y(a, b)k$$

e podemos definir a função

$$e(h, k) = f(x, y) - L(x, y) = \Delta f - (f_x(a, b)h + f_y(a, b)k)$$

Para provar que $f(x, y)$ é diferenciável, devemos mostrar que

$$\lim_{(h,k)\to(0,0)} \frac{e(h, k)}{\sqrt{h^2 + k^2}} = 0$$

Para isso, escrevemos Δf como a soma de duas parcelas:

$$\Delta f = (f(a + h, b + k) - f(a, b + k)) + (f(a, b + k) - f(a, b))$$

e aplicamos o TVM a cada parcela separadamente. Vemos que existem a_1 entre a e $a + h$ e b_1 entre b e $b + k$ tais que

$$f(a + h, b + k) - f(a, b + k) = hf_x(a_1, b + k)$$

$$f(a, b + k) - f(a, b) = kf_y(a, b_1)$$

Portanto,

$$e(h, k) = h(f_x(a_1, b + k) - f_x(a, b)) + k(f_y(a, b_1) - f_y(a, b))$$

e se $(h, k) \neq (0, 0)$,

$$\left|\frac{e(h, k)}{\sqrt{h^2 + k^2}}\right| = \left|\frac{h(f_x(a_1, b + k) - f_x(a, b)) + k(f_y(a, b_1) - f_y(a, b))}{\sqrt{h^2 + k^2}}\right|$$

$$\leq \left|\frac{h(f_x(a_1, b + k) - f_x(a, b))}{\sqrt{h^2 + k^2}}\right| + \left|\frac{k(f_y(a, b_1) - f_y(a, b))}{\sqrt{h^2 + k^2}}\right|$$

$$= |f_x(a_1, b + k) - f_x(a, b)| + |f_y(a, b_1) - f_y(a, b)|$$

Na segunda linha, utilizamos a desigualdade triangular, [ver Equação (1) na Seção 1.1], e podemos passar para a terceira linha porque $\left|h/\sqrt{h^2 + k^2}\right|$ e $\left|k/\sqrt{h^2 + k^2}\right|$ são, ambos, menores do que 1. Ambas as parcelas na última linha tendem a zero se $(h, k) \to (0, 0)$, porque estamos supondo f_x e f_y contínuas. Isso completa a prova da diferenciabilidade de $f(x, y)$. ■

RESPOSTAS DOS EXERCÍCIOS ÍMPARES

Capítulo 9
Seção 9.1 Exercícios preliminares
1. (a) Primeira ordem (b) Primeira ordem (c) De ordem 3 (d) De ordem 2
2. Sim 3. Exemplo: $y' = y^2$ 4. Exemplo: $y' = y^2$
5. Exemplo: $y' + y = x$

Seção 9.1 Exercícios
1. (a) Primeira ordem (b) Não é de primeira ordem (c) Primeira ordem
   (d) Primeira ordem (e) Não é de primeira ordem (f) Primeira ordem
3. Seja $y = 4x^2$. Então $y' = 8x$ e $y' - 8x = 8x - 8x = 0$.
5. Seja $y = 25e^{-2x^2}$. Então $y' = -100xe^{-2x^2}$ e
   $y' + 4xy = -100xe^{-2x^2} + 4x(25e^{-2x^2}) = 0$.
7. Seja $y = 4x^4 - 12x^2 + 3$. Então
   $y'' - 2xy' + 8y = (48x^2 - 24) - 2x(16x^3 - 24x) + 8(4x^4 - 12x^2 + 3)$
   $= 48x^2 - 24 - 32x^4 + 48x^2 + 32x^4 - 96x^2 + 24 = 0$
9. (a) Separável: $y' = \frac{9}{x}y^2$ (b) Separável: $y' = \frac{\sin x}{\sqrt{4-x^2}}e^{3y}$
   (c) Não é separável (d) Separável: $y' = (1)(9 - y^2)$
11. $y = \frac{1}{3}x^3 + 1$; $y = \frac{1}{1-x}$ 13. (d) $y = \ln\left|\frac{1}{x} - \frac{1}{2} + e^4\right|$
15. $y = Ce^{-x^3/3}$ em que C é uma constante arbitrária.
17. $y = \ln\left(4t^5 + C\right)$ em que C é uma constante arbitrária.
19. $y = Ce^{-5x/2} + \frac{4}{5}$ em que C é uma constante arbitrária.
21. $y = Ce^{-\sqrt{1-x^2}}$ em que C é uma constante arbitrária.
23. $y = \pm\sqrt{x^2 + C}$ em que C é uma constante arbitrária.
25. $x = \text{tg}(\frac{1}{2}t^2 + t + C)$ em que C é uma constante arbitrária.
27. $y = \arcsin\left(\frac{1}{2}x^2 + C\right)$ em que C é uma constante arbitrária.
29. $y = C \sec t$ em que C é uma constante arbitrária.
31. $y = 75e^{-2x}$ 33. $y = -\sqrt{\ln(x^2 + e^4)}$
35. $y = 2 + 2e^{x(x-2)/2}$ 37. $y = \text{tg}\left(x^2/2\right)$ 39. $y = e^{1-e^{-t}}$
41. $y = \frac{et}{e^{1/t}} - 1$ 43. $y = \arcsin\left(\frac{1}{2}e^x\right)$ 45. $a = -3, 4$
47. $t = \pm\sqrt{\pi + 4}$
49. (a) ≈ 1.145 s ou $19,1$ min (b) ≈ 3.910 s ou $65,2$ min
51. $y = 8 - (8 + 0{,}0002215t)^{2/3}$; $t_e \approx 66.000$ s ou 18h e 20 min
55. (a) $q(t) = CV\left(1 - e^{-t/RC}\right)$
    (b)
    $\lim_{t \to \infty} q(t) = \lim_{t \to \infty} CV\left(1 - e^{-t/RC}\right) = \lim_{t \to \infty} CV(1 - 0) = CV$
    (c) $q(RC) = CV\left(1 - e^{-1}\right) \approx (0{,}63)\,CV$
57. $V = (kt/3 + C)^3$, V cresce aproximadamente com o tempo ao cubo.

59. $g(x) = Ce^{(3/2)x}$, em que C é uma constante arbitrária;
    $g(x) = \frac{C}{x-1}$, em que C é uma constante arbitrária.
61. $y = Cx^3$ e $y = \pm\sqrt{A - \frac{x^2}{3}}$
63. (b) $v(t) = -9{,}8t + 100(\ln(50) - \ln(50 - 4{,}75t))$;
    $v(10) = -98 + 100(\ln(50) - \ln(2{,}5)) \approx 201{,}573$ m/s
69. (c) $C = \frac{14\pi}{15B\sqrt{2g}} \cdot R^{5/2}$

Seção 9.2 Exercícios preliminares
1. $y(t) = 5 - ce^{4t}$ com qualquer constante positiva c.
2. Não
3. Verdadeira
4. A diferença de temperatura entre um objeto que está esfriando e a temperatura ambiente é decrescente. Logo, a taxa de resfriamento também é decrescente em magnitude, por ser proporcional a essa diferença.

Seção 9.2 Exercícios
1. Solução geral: $y(t) = 10 + ce^{2t}$; solução satisfazendo $y(0) = 25$: $y(t) = 10 + 15e^{2t}$; solução satisfazendo $y(0) = 5$: $y(t) = 10 - 5e^{2t}$

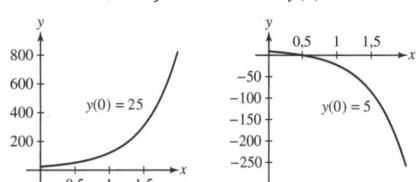

3. $y = -6 + 11e^{4x}$
5. (a) $y' = -0{,}02(y - 10)$ (b) $y = 10 + 90e^{-\frac{1}{50}t}$
   (c) $100 \ln 3$ s $\approx 109{,}8$ s
7. ≈ 5 h 50 min 9. $\approx 0{,}77$ min $= 46{,}6$ s
11. $500 \ln \frac{3}{2}$ s ≈ 203 s $= 3$ min 23 s

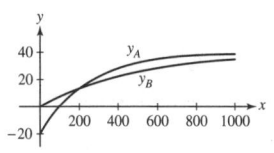

13. $-58{,}8$ m/s 15. $-11{,}8$ m/s
17. (b) $t = \frac{1}{0{,}09} \ln\left(\frac{13.333{,}33}{3.333{,}33}\right) \approx 15{,}4$ anos (c) Não, pois $C > 0$.
19. (a) $N'(t) = k(1 - N(t)) = -k(N(t) - 1)$
    (b) $N(t) = 1 - e^{-kt}$ (c) $\approx 64{,}63\%$
23. (a) $v(t) = \frac{-g}{k} + \left(v_0 + \frac{g}{k}\right)e^{-kt}$

Seção 9.3 Exercícios preliminares
1. 7   2. $y = \pm\sqrt{1+t}$ 3. (b)   4. 20

Seção 9.3 Exercícios
1.
3.
5. (a)
7.

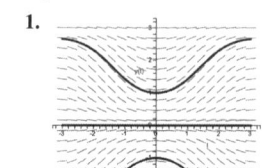

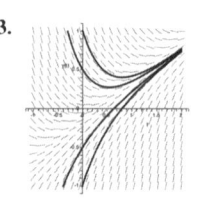

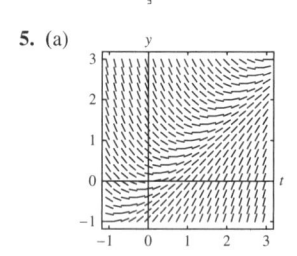

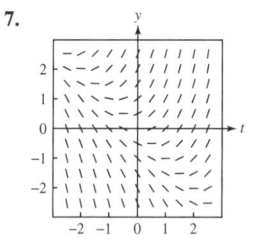

9. Em $y' = t$, y' depende somente de t. As isóclinas de qualquer inclinação c serão as retas verticais $t = c$.

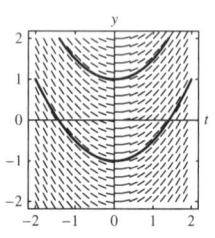

11. (i) C (ii) B (iii) F (iv) D (v) A (vi) E
13. (a)

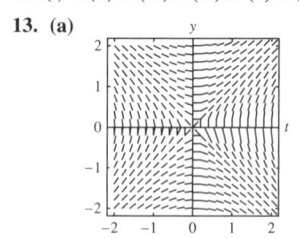

15. (a) $y_1 = 3{,}1$ (b) $y_2 = 3{,}231$
    (c) $y_3 = 3{,}3919$, $y_4 = 3{,}58171$, $y_5 = 3{,}799539$, $y_6 = 4{,}0445851$
    (d) $y(2{,}2) \approx 3{,}231$, $y(2{,}5) \approx 3{,}799539$
17. $y(0{,}5) \approx 1{,}7210$ 19. $y(3{,}3) \approx 3{,}3364$
21. $y(2) \approx 2{,}8838$ 25. $y(0{,}5) \approx 1{,}794894$
27. $y(0{,}25) \approx 1{,}094871$

Seção 9.4 Exercícios preliminares
1. (a) Não (b) Sim (c) Não (d) Sim
2. Não   3. Sim

Seção 9.4 Exercícios
1. $y = \dfrac{5}{1 - e^{-3t}/C}$ e $y = \dfrac{5}{1 + (3/2)e^{-3t}}$
3. $\lim_{t \to \infty} y(t) = 2$

5. (a) $P(t) = \dfrac{2000}{1 + 3e^{-0{,}6t}}$ (b) $t = \dfrac{1}{0{,}6}\ln 3 \approx 1{,}83$ anos
7. $k = \ln \dfrac{81}{31} \approx 0{,}96$ anos^{-1}; $t = \dfrac{\ln 9}{2\ln 9 - \ln 31} \approx 2{,}29$ anos
9. Depois de $t = 7{,}6$ horas, ou, às 15h 36min.
11. (a) $y_1(t) = \dfrac{10}{10 - 9e^{-t}}$ e $y_2(t) = \dfrac{1}{1 - 2e^{-t}}$
    (b) $t = \ln \dfrac{9}{8}$ (c) $t = \ln 2$
13. (a) $A(t) = 16(1 - \tfrac{5}{3}e^{t/40})^2 / (1 + \tfrac{5}{3}e^{t/40})^2$
    (b) $A(10) \approx 2{,}1$
    (c)

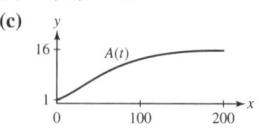

15. ≈ 943 milhões
17. (d) $t = -\dfrac{1}{k}(\ln y_0 - \ln(A - y_0))$

Seção 9.5 Exercícios preliminares
1. (a) Sim (b) Não (c) Sim (d) Não
2. (b)
3. $P(x) = x^{-1}$ 4. $P(x) = 1$

Seção 9.5 Exercícios
1. (c) $y = \dfrac{x^4}{5} + \dfrac{C}{x}$ (d) $y = \dfrac{x^4}{5} - \dfrac{1}{5x}$
5. $y = \tfrac{1}{2}x + \dfrac{C}{x}$ 7. $y = -\tfrac{1}{4}x^{-1} + Cx^{1/3}$
9. $y = \tfrac{1}{5}x^2 + \tfrac{1}{3} + Cx^{-3}$ 11. $y = -x\ln x + Cx$
13. $y = \tfrac{1}{2}e^x + Ce^{-x}$ 15. $y = x\cos x + C\cos x$
17. $y = x^x + Cx^x e^{-x}$ 19. $y = \tfrac{1}{5}e^{2x} - \tfrac{6}{5}e^{-3x}$
21. $y = \dfrac{\ln|x|}{x+1} - \dfrac{1}{x(x+1)} + \dfrac{5}{x+1}$ 23. $y = -\cos x + \operatorname{sen} x$
25. $y = \operatorname{tgh} x + 3\operatorname{sech} x$
27. Se $m \neq -n$: $y = \dfrac{1}{m+n}e^{mx} + Ce^{-nx}$; se $m = -n$:
    $y = (x + C)e^{-nx}$
29. (a) $y' = 4000 - \dfrac{40y}{500 + 40t}$; $y = 1000\dfrac{4t^2 + 100t + 125}{2t + 25}$
    (b) 40 g/l
31. 50 g/l
33. (a) $\dfrac{dV}{dt} = \dfrac{20}{1+t} - 5$ e $V(t) = 20\ln(1+t) - 5t + 100$
    (b) O valor máximo é $V(3) = 20\ln 4 - 15 + 100 \approx 112{,}726$.
    (c) A estimativa é que o tanque estará vazio em ≈ 34 min.

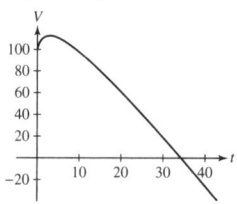

35. $I(t) = \dfrac{1}{10}\left(1 - e^{-20t}\right)$
37. (a) $I(t) = \dfrac{V}{R} - \dfrac{V}{R}e^{-(R/L)t}$ (c) Aproximadamente 0,0184 s
39. (b) $c_1(t) = 10e^{-t/6}$

Revisão do Capítulo 9
1. (a) Não, primeira ordem (b) Sim, primeira ordem
   (c) Não, ordem 3 (d) Sim, segunda ordem

3. $y = \pm\left(\frac{4}{3}t^3 + C\right)^{1/4}$, em que C é uma constante arbitrária.

5. $y = Cx - 1$, em que C é uma constante arbitrária.

7. $y = \frac{1}{2}\left(x + \frac{1}{2}\operatorname{sen} 2x\right) + \frac{\pi}{4}$ **9.** $y = \frac{2}{2-x^2}$

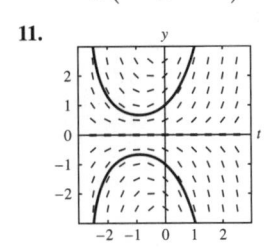

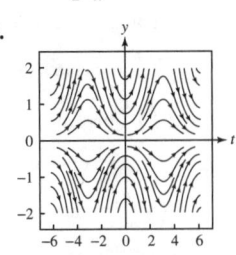

11.

13.

15. $y(t) = \operatorname{tg} t$

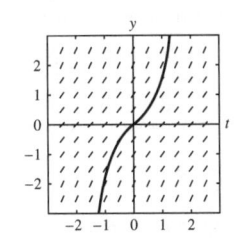

17. $y(0,1) \approx 1,1; y(0,2) \approx 1,209890; y(0,3) \approx 1,329919$

19. $y = x^2 + 2x$ **21.** $y = \frac{1}{2} + e^{-x} - \frac{11}{2}e^{-2x}$

23. $y = \frac{1}{2}\operatorname{sen} 2x - 2\cos x$ **25.** $y = 1 - \sqrt{t^2 + 15}$

27. $w = \operatorname{tg}\left(k\ln x + \frac{\pi}{4}\right)$

29. $y = -\cos x + \frac{\operatorname{sen} x}{x} + \frac{C}{x}$, em que C é uma constante arbitrária.

31. Solução satisfazendo $y(0) = 3$: $y(t) = 4 - e^{-2t}$; solução satisfazendo $y(0) = 4$: $y(t) = 4$

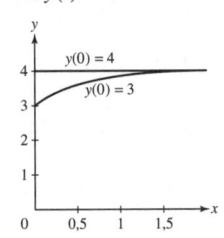

33. (a) 12
  (b) ∞, se $y(0) > 12$; 12, se $y(0) = 12$; $-\infty$, se $y(0) < 12$
  (c) -3

35. $400.000 - 200.000e^{0,25} \approx \$143.194,91$ **37.** $\$400.000$

39. As soluções são da forma $y = \frac{B}{A} + Ce^{-At}$ e $\lim_{t\to\infty} y = \frac{B}{A}$.

41. $\frac{-7\sqrt{10}\sqrt{y}}{240y + 64.800}$; $t = 3.225,88$ s, ou, 51 min 56 s

43. 2   **45.** $t = 5\ln 441 \approx 30,45$ dias

49. (a) $\frac{dc_1}{dt} = -\frac{2}{5}c_1$ (b) $c_1(t) = 8e^{(-2/5)t}$ g/l

Capítulo 10

Seção 10.1 Exercícios preliminares

1. $a_4 = 12$ **2.** (c)   **3.** $\lim_{n\to\infty} a_n = \sqrt{2}$ **4.** (b)

5. (a) Falsa. Contraexemplo: $a_n = \cos \pi n$
  (b) Verdadeira   (c) Falsa. Contraexemplo: $a_n = (-1)^n$

Seção 10.1 Exercícios

1. (a) (iv)   (b) (i)   (c) (iii)   (d) (ii)

3. $c_1 = 3, c_2 = \frac{9}{2}, c_3 = \frac{9}{2}, c_4 = \frac{27}{8}$

5. $a_1 = 2, a_2 = 5, a_3 = 47, a_4 = 4415$

7. $b_1 = 4, b_2 = 6, b_3 = 4, b_4 = 6$

9. $c_1 = 1, c_2 = \frac{3}{2}, c_3 = \frac{11}{6}, c_4 = \frac{25}{12}$

11. $b_1 = 2, b_2 = 3, b_3 = 8, b_4 = 19$

13. (a) $a_n = \frac{(-1)^{n+1}}{n^3}$ (b) $a_n = \frac{n+1}{n+5}$

15. $\lim_{n\to\infty} 12 = 12$ **17.** $\lim_{n\to\infty} \frac{5n-1}{12n+9} = \frac{5}{12}$

19. $\lim_{n\to\infty} (-2^{-n}) = 0$ **21.** A sequência diverge.

23. $\lim_{n\to\infty} \frac{n}{\sqrt{n^2+1}} = 1$ **25.** $\lim_{n\to\infty} \ln\left(\frac{12n+2}{-9+4n}\right) = \ln 3$

27. $\lim_{n\to\infty} \sqrt{4 + \frac{1}{n}} = 2$ **29.** $\lim_{n\to\infty} \arccos\left(\frac{n^3}{2n^3+1}\right) = \frac{\pi}{3}$

31. (a) $M = 999$ (b) $M = 99.999$

35. $\lim_{n\to\infty}\left(10 + \left(-\frac{1}{9}\right)^n\right) = 10$ **37.** A sequência diverge.

39. $\lim_{n\to\infty} 2^{1/n} = 1$ **41.** $\lim_{n\to\infty} \frac{9^n}{n!} = 0$

43. $\lim_{n\to\infty} \frac{3n^2+n+2}{2n^2-3} = \frac{3}{2}$ **45.** $\lim_{n\to\infty} \frac{\cos n}{n} = 0$

47. A sequência diverge.   **49.** $\lim_{n\to\infty}\left(2 + \frac{4}{n^2}\right)^{1/3} = 2^{1/3}$

51. $\lim_{n\to\infty} \ln\left(\frac{2n+1}{3n+4}\right) = \ln\frac{2}{3}$ **53.** A sequência diverge.

55. $\lim_{n\to\infty} \frac{e^n + (-3)^n}{5^n} = 0$ **57.** $\lim_{n\to\infty} n \operatorname{sen} \frac{\pi}{n} = \pi$

59. $\lim_{n\to\infty} \frac{3-4^n}{2+7\cdot 4^n} = -\frac{1}{7}$ **61.** $\lim_{n\to\infty}\left(1 + \frac{1}{n}\right)^n = e$

63. $\lim_{n\to\infty} \frac{(\ln n)^2}{n} = 0$ **65.** $\lim_{n\to\infty} n(\sqrt{n^2+1} - n) = \frac{1}{2}$

67. $\lim_{n\to\infty} \frac{1}{\sqrt{n^4+n^8}} = 0$ **69.** $\lim_{n\to\infty}(2^n + 3^n)^{1/n} = 3$ **71.** (b)

73. Qualquer número maior do que ou igual a 3 é uma cota superior.

75. Exemplo: $a_n = (-1)^n$ **79.** Exemplo: $f(x) = \operatorname{sen} \pi x$

87. (e) $\operatorname{MAG}\left(1, \sqrt{2}\right) \approx 1,198$

Seção 10.2 Exercícios preliminares

1. A soma de uma série infinita é definida como o limite da sequência das somas parciais. Se o limite dessa sequência não existir, dizemos que a série diverge.

2. $S = \frac{1}{2}$

3. O resultado é negativo, portanto não vale a fórmula: uma série com todos os termos positivos não pode ter uma soma negativa. A fórmula não é válida porque a série geométrica com $|r| \geq 1$ diverge.

4. Não   **5.** Não.   **6.** $N = 13$

7. Não, S_N é crescente e converge a 1, portanto, $S_N \leq 1$ com qualquer N.

8. Exemplo: $\sum_{n=1}^{\infty} \frac{1}{n^{9/10}}$

Seção 10.2 Exercícios

1. (a) $a_n = \frac{1}{3^n}$ (b) $a_n = \left(\frac{5}{2}\right)^{n-1}$

  (c) $a_n = (-1)^{n+1}\frac{n^n}{n!}$ (d) $a_n = \frac{1 + \frac{(-1)^{n+1}+1}{2}}{n^2+1}$

3. $S_2 = \frac{5}{4}, S_4 = \frac{205}{144}, S_6 = \frac{5369}{3600}$

5. $S_2 = \frac{2}{3}$, $S_4 = \frac{4}{5}$, $S_6 = \frac{6}{7}$ **7.** $S_6 = 1{,}24992$
9. $S_{10} = 0{,}03535167962$, $S_{100} = 0{,}03539810274$,
$S_{500} = 0{,}03539816290$, $S_{1000} = 0{,}03539816334$. Sim.
11. $S_3 = \frac{3}{10}$, $S_4 = \frac{1}{3}$, $S_5 = \frac{5}{14}$, $\sum_{n=1}^{\infty}\left(\frac{1}{n+1} - \frac{1}{n+2}\right) = \frac{1}{2}$
13. $S_3 = \frac{3}{7}$, $S_4 = \frac{4}{9}$, $S_5 = \frac{5}{11}$, $\sum_{n=1}^{\infty} \frac{1}{4n^2-1} = \frac{1}{2}$
15. $S = \frac{1}{2}$ **17.** $\lim_{n\to\infty} \frac{n}{10n+12} = \frac{1}{10} \neq 0$
19. $\lim_{n\to\infty} (-1)^n \left(\frac{n-1}{n}\right)$ não existe.
21. $\lim_{n\to\infty} a_n = \lim_{n\to\infty} \cos \frac{1}{n+1} = 1 \neq 0$
23. $S = \frac{8}{7}$ **25.** A série diverge   **27.** $S = \frac{59{,}049}{3328}$
29. $S = \frac{1}{e-1}$ **31.** $S = \frac{35}{3}$ **33.** $S = 4$ **35.** $S = \frac{7}{15}$ **37.** $\frac{2}{9}$
39. $\frac{31}{99}$
41. As frações $S_a = \frac{a}{9}$, em que $a = 1, 2, \ldots, 8$ tem decimais repetidas do tipo $0.aaa\ldots$
43. (b) e (c)
47. (a) Contraexemplo: $\sum_{n=1}^{\infty}\left(\frac{1}{2}\right)^n = 1$.

(b) Contraexemplo: se $a_n = 1$, então $S_N = N$.

(c) Contraexemplo: $\sum_{n=1}^{\infty} \frac{1}{n}$ diverge

(d) Contraexemplo: $\sum_{n=1}^{\infty} \cos 2\pi n \neq 1$.

49. A área total é $\frac{1}{4}$.
51. (a) $De^{-k} + De^{-2k} + De^{-3k} + \cdots = \frac{De^{-k}}{1-e^{-k}}$

(b) $De^{-kt} + De^{-2kt} + De^{-3kt} + \cdots = \frac{De^{-kt}}{1-e^{-kt}}$

(c) $t \geq -\frac{1}{k}\ln\left(1 - \frac{D}{S}\right)$

53. O comprimento total do caminho é $2 + \sqrt{2}$.   **57.** 42 m.

Seção 10.3 Exercícios preliminares

1. (b)
2. Uma função f tal que $a_n = f(n)$ deve ser contínua, positiva e decrescente em $x \geq 1$.
3. Convergência da série p ou teste da integral.
4. Teste da comparação
5. Não: $\sum_{n=1}^{\infty} \frac{1}{n}$ diverge, mas, como $\frac{e^{-n}}{n} < \frac{1}{n}$ com $n \geq 1$, o teste da comparação não diz coisa alguma sobre a convergência de $\sum_{n=1}^{\infty} \frac{e^{-n}}{n}$.

Seção 10.3 Exercícios

1. $\int_1^{\infty} \frac{dx}{x^4} dx$ converge, portanto a série converge.
3. $\int_1^{\infty} x^{-1/3} dx = \infty$, portanto a série diverge.
5. $\int_{25}^{\infty} \frac{x^2}{(x^3+9)^{5/2}} dx$ converge, portanto a série converge.
7. $\int_1^{\infty} \frac{dx}{x^2+1}$ converge, portanto a série converge.
9. $\int_1^{\infty} \frac{dx}{x(x+1)}$ converge, portanto a série converge.
11. $\int_2^{\infty} \frac{1}{x(\ln x)^2} dx$ converge, portanto a série converge.
13. $\int_1^{\infty} \frac{dx}{2^{\ln x}} = \infty$, portanto a série diverge.
15. $\frac{1}{n^3+8n} \leq \frac{1}{n^3}$, portanto a série converge.
19. $\frac{1}{n2^n} \leq \left(\frac{1}{2}\right)^n$, portanto a série converge.
21. $\frac{1}{n^{1/3}+2^n} \leq \left(\frac{1}{2}\right)^n$, portanto a série converge.
23. $\frac{4}{m!+4^m} \leq 4\left(\frac{1}{4}\right)^m$, portanto a série converge.
25. $0 \leq \frac{\text{sen}^2 k}{k^2} \leq \frac{1}{k^2}$, portanto a série converge.
27. $\frac{2}{3^n+3^{-n}} \leq 2\left(\frac{1}{3}\right)^n$, portanto a série converge.
29. $\frac{1}{(n+1)!} \leq \frac{1}{n^2}$, portanto a série converge.
31. $\frac{\ln n}{n^3} \leq \frac{1}{n^2}$ com $n \geq 1$, portanto a série converge.
33. $\frac{(\ln n)^{100}}{n^{1,1}} \leq \frac{1}{n^{1,09}}$ com n suficientemente grande, portanto a série converge.
35. $\frac{n}{3^n} \leq \left(\frac{2}{3}\right)^n$ com $n \geq 1$, portanto a série converge.
39. A série converge.   **41.** A série diverge.
43. A série converge.   **45.** A série diverge.
47. A série converge.   **49.** A série converge.
51. A série diverge.   **53.** A série converge.
55. A série diverge.   **57.** A série converge.
59. A série diverge.   **61.** A série diverge.
63. A série diverge.   **65.** A série converge.
67. A série diverge.   **69.** A série diverge.
71. A série converge.   **73.** A série converge.
75. A série diverge.   **77.** A série converge.
79. A série converge se $a > 1$ e diverge se $a \leq 1$.
81. A série converge se $p > 1$ e diverge se $p \leq 1$.
89. $\sum_{n=1}^{\infty} n^{-5} \approx 1{,}0369540120$.
93. $\sum_{n=1}^{1000} \frac{1}{n^2} = 1{,}6439345667$ e $1 + \sum_{n=1}^{100} \frac{1}{n^2(n+1)} = 1{,}6448848903$.
A segunda soma é uma aproximação melhor de $\frac{\pi^2}{6} \approx 1{,}6449340668$.

Seção 10.4 Exercícios preliminares

1. Exemplo: $\sum \frac{(-1)^n}{\sqrt[3]{n}}$ **2.** (b)   **3.** Não
4. $|S - S_{100}| \leq 10^{-3}$, e S é maior do que S_{100}.

Seção 10.4 Exercícios

3. Converge condicionalmente.
5. Converge absolutamente.
7. Converge condicionalmente.
9. Converge condicionalmente.
11. (a)

n	S_n	n	S_n
1	1	6	0,899782407
2	0,875	7	0,902697859
3	0,912037037	8	0,900744734
4	0,896412037	9	0,902116476
5	0,904412037	10	0,901116476

13. $S_5 = 0{,}947$ **15.** $S_{44} = 0{,}06567457397$

17. Converge (pela série geométrica)
19. Converge (pelo teste da comparação)
21. Converge (pelo teste da comparação no limite)
23. Diverge (pelo teste da comparação no limite)
25. Converge (pela série geométrica e linearidade)
27. Converge absolutamente (pelo teste da integral)
29. Converge (pelo teste da série alternada)
31. Converge (pelo teste da integral)
33. Converge condicionalmente.

Seção 10.5 Exercícios preliminares

1. $\rho = \lim_{n \to \infty} \left| \frac{a_{n+1}}{a_n} \right|$

2. O teste da razão é conclusivo para $\sum_{n=1}^{\infty} \frac{1}{2^n}$ e inconclusivo para $\sum_{n=1}^{\infty} \frac{1}{n}$.

3. Não

Seção 10.5 Exercícios

1. Converge absolutamente **3.** Converge absolutamente
5. O teste da razão é inconclusivo. **7.** Diverge
9. Converge absolutamente **11.** Converge absolutamente
13. Diverge **15.** O teste da razão é inconclusivo.
17. Converge absolutamente **19.** Converge absolutamente
21. $\rho = \frac{1}{3} < 1$ **23.** $\rho = 2|x|$
25. $\rho = |r|$ **29.** Converge absolutamente
31. O teste da razão é inconclusivo, portanto a série pode divergir ou convergir.
33. Converge absolutamente **35.** O teste da razão é inconclusivo.
37. Converge absolutamente **39.** Converge absolutamente
41. Converge absolutamente
43. Converge (pela série geométrica e linearidade)
45. Diverge (pelo teste da divergência)
47. Converge (pelo teste da comparação direta)
49. Diverge (pelo teste da comparação direta)
51. Converge (pelo teste da razão)
53. Converge (pelo teste da comparação no limite)
55. Diverge (pela série p) **57.** Converge (pela série geométrica)
59. Converge (pelo teste da comparação no limite)
61. Diverge (pelo teste da divergência)
65. (b) $\sqrt{2\pi} \approx 2{,}50663$

n	$\frac{e^n n!}{n^{n+1/2}}$
1000	2,506837
1500	2,506768
2000	2,506733
2500	2,506712
3000	2,506698

Seção 10.6 Exercícios preliminares

1. Sim. A série deve convergir em ambos $x = 4$ e $x = -3$.
2. (a), (c) **3.** $R = 4$
4. $F'(x) = \sum_{n=1}^{\infty} n^2 x^{n-1}$; $R = 1$

Seção 10.6 Exercícios

1. $R = 2$. A série não converge nas extremidades.
3. $R = 3$ para as três séries.
9. $(-1, 1)$ **11.** $[-\sqrt{2}, \sqrt{2}]$ **13.** $[-1, 1]$ **15.** $(-\infty, \infty)$
17. $(-\infty, \infty)$ **19.** $(-1, 1]$ **21.** $(-1, 1)$ **23.** $[-1, 1)$
25. $(2, 4)$ **27.** $(6, 8)$ **29.** $\left[-\frac{7}{2}, -\frac{5}{2}\right)$ **31.** $(-\infty, \infty)$
33. $\left(2 - \frac{1}{e}, 2 + \frac{1}{e}\right)$

35. $\sum_{n=0}^{\infty} 3^n x^n$ no intervalo $\left(-\frac{1}{3}, \frac{1}{3}\right)$.

37. $\sum_{n=0}^{\infty} \frac{x^n}{3^{n+1}}$ no intervalo $(-3, 3)$.

39. $\sum_{n=0}^{\infty} (-1)^n x^{2n}$ no intervalo $(-1, 1)$.

43. $\sum_{n=0}^{\infty} (-1)^{n+1} (x - 5)^n$ no intervalo $(4, 6)$.

47. (c) $S_4 = \frac{69}{640}$ e $|S - S_4| \approx 0{,}000386 < a_5 = \frac{1}{1920}$

49. $R = 1$ **51.** $\sum_{n=1}^{\infty} \frac{n}{2^n} = 2$ **53.** $F(x) = \frac{1-x-x^2}{1-x^3}$

55. $-1 \leq x \leq 1$ **57.** $P(x) = \sum_{n=0}^{\infty} (-1)^n \frac{x^n}{n!}$

59. N deve ser, pelo menos, 5; $S_5 = 0{,}3680555556$

61. $P(x) = 1 - \frac{1}{2}x^2 - \sum_{n=2}^{\infty} \frac{1 \cdot 3 \cdot 5 \cdots (2n-3)}{(2n)!} x^{2n}$; $R = \infty$

Seção 10.7 Exercícios preliminares

1. $f(0) = 3$ e $f'''(0) = 30$
2. $f(-2) = 0$ e $f^{(4)}(-2) = 48$
3. Substituindo x por x^2 na série de Maclaurin de sen x.
4. $f(x) = 4 + \sum_{n=1}^{\infty} \frac{(x-3)^{n+1}}{n(n+1)}$ **5.** (c)

Seção 10.7 Exercícios

1. $f(x) = 2 + 3x + 2x^2 + 2x^3 + \cdots$

3. $\frac{1}{1-2x} = \sum_{n=0}^{\infty} 2^n x^n$ no intervalo $\left(-\frac{1}{2}, \frac{1}{2}\right)$

5. $\cos 3x = \sum_{n=0}^{\infty} (-1)^n \frac{9^n x^{2n}}{(2n)!}$ no intervalo $(-\infty, \infty)$

7. $\text{sen}(x^2) = \sum_{n=0}^{\infty} (-1)^n \frac{x^{4n+2}}{(2n+1)!}$ no intervalo $(-\infty, \infty)$

9. $\ln(1 - x^2) = -\sum_{n=1}^{\infty} \frac{x^{2n}}{n}$ no intervalo $(-1, 1)$

11. $\arctan(x^2) = \sum_{n=0}^{\infty} (-1)^n \frac{x^{4n+2}}{2n+1}$ no intervalo $[-1, 1]$

13. $e^{x-2} = \sum_{n=0}^{\infty} \frac{x^n}{e^2 n!}$ no intervalo $(-\infty, \infty)$

15. $\ln(1 - 5x) = -\sum_{n=1}^{\infty} \frac{5^n x^n}{n}$ no intervalo $\left[-\frac{1}{5}, \frac{1}{5}\right)$

17. $\operatorname{senh} x = \sum_{k=0}^{\infty} \frac{x^{2k+1}}{(2k+1)!}$ no intervalo $(-\infty, \infty)$

19. $e^x \operatorname{sen} x = x + x^2 + \frac{x^3}{3} - \frac{x^5}{30} + \cdots$

21. $\frac{\operatorname{sen} x}{1-x} = x + x^2 + \frac{5x^3}{6} + \frac{5x^4}{6} + \cdots$

23. $(1+x)^{1/4} = 1 + \frac{1}{4}x - \frac{3}{32}x^2 + \frac{7}{128}x^3 + \cdots$

25. $e^x \operatorname{arc\,tg} x = x + x^2 + \frac{1}{6}x^3 - \frac{1}{6}x^4 + \cdots$

27. $e^{\operatorname{sen} x} = 1 + x + \frac{1}{2}x^2 - \frac{1}{8}x^4 + \cdots$

29. $\frac{1}{x} = \sum_{n=0}^{\infty} (-1)^n (x-1)^n$ no intervalo $(0, 2)$

31. $\frac{1}{1-x} = \sum_{n=0}^{\infty} (-1)^{n+1} \frac{(x-5)^n}{4^{n+1}}$ no intervalo $(1, 9)$

33. $21 + 35(x-2) + 24(x-2)^2 + 8(x-2)^3 + (x-2)^4$ no intervalo $(-\infty, \infty)$

35. $\frac{1}{x^2} = \sum_{n=0}^{\infty} (-1)^n (n+1) \frac{(x-4)^n}{4^{n+2}}$ no intervalo $(0, 8)$

37. $\frac{1}{1-x^2} = \sum_{n=0}^{\infty} \frac{(-1)^{n+1}(2^{n+1}-1)}{2^{2n+3}} (x-3)^n$ no intervalo $(1, 5)$

39. $\cos^2 x = \frac{1}{2} + \frac{1}{2} \sum_{n=0}^{\infty} (-1)^n \frac{(4)^n x^{2n}}{(2n)!}$ **45.** $S_4 = 0{,}1822666667$

47. (a) 5   (b) $S_4 = 0{,}7474867725$

49. $\int_0^1 \cos(x^2)\,dx = \sum_{n=0}^{\infty} \frac{(-1)^n}{(2n)!(4n+1)}$; $S_3 = 0{,}9045227920$

51. $\int_0^1 e^{-x^3}\,dx = \sum_{n=0}^{\infty} \frac{(-1)^n}{n!(3n+1)}$; $S_5 = 0{,}8074461996$

53. $\int_0^x \frac{1-\cos(t)}{t}\,dt = \sum_{n=1}^{\infty} (-1)^{n+1} \frac{x^{2n}}{(2n)!2n}$

55. $\int_0^x \ln(1+t^2)\,dt = \sum_{n=1}^{\infty} (-1)^{n-1} \frac{x^{2n+1}}{n(2n+1)}$

57. $\frac{1}{1+2x}$ **59.** $\cos \pi = -1$ **65.** e^{x^3} **67.** $1 - 5x + \operatorname{sen} 5x$

69. $\frac{1}{(1-2x)(1-x)} = \sum_{n=0}^{\infty} (2^{n+1} - 1) x^n$

71. $I(t) = \frac{V}{R} \sum_{n=1}^{\infty} \frac{(-1)^{n+1}}{n!} \left(\frac{Rt}{L}\right)^n$

73. $f(x) = \sum_{n=0}^{\infty} \frac{(-1)^n x^{6n}}{(2n)!}$ e $f^{(6)}(0) = -360$.

75. $e^{x^{20}} = 1 + x^{20} + \frac{x^{40}}{2} + \cdots$

77. Não

n	Valor da série se $x = 2$
5	2,54297
10	−0,239933
15	41,9276
20	−764,272
25	16.595,8

83. $\lim_{x \to 0} \frac{\operatorname{sen} x - x + \frac{x^3}{6}}{x^5} = \frac{1}{120}$

85. $\lim_{x \to 0} \left(\frac{\operatorname{sen}(x^2)}{x^4} - \frac{\cos x}{x^2}\right) = \frac{1}{2}$

87. $S = \frac{\pi}{4} - \frac{1}{2} \ln 2$ **89.** $L \approx 28{,}369$

Revisão do Capítulo 10

1. (a) $a_1^2 = 4, a_2^2 = \frac{1}{4}, a_3^2 = 0$

(b) $b_1 = \frac{1}{24}, b_2 = \frac{1}{60}, b_3 = \frac{1}{240}$

(c) $a_1 b_1 = -\frac{1}{12}, a_2 b_2 = -\frac{1}{120}, a_3 b_3 = 0$

(d) $2a_2 - 3a_1 = 5, 2a_3 - 3a_2 = \frac{3}{2}, 2a_4 - 3a_3 = \frac{1}{12}$

3. $\lim_{n \to \infty} (5a_n - 2a_n^2) = 2$ **5.** $\lim_{n \to \infty} e^{a_n} = e^2$

7. $\lim_{n \to \infty} (-1)^n a_n$ não existe.

9. $\lim_{n \to \infty} \left(\sqrt{n+5} - \sqrt{n+2}\right) = 0$ **11.** $\lim_{n \to \infty} 2^{1/n^2} = 1$

13. A sequência diverge.   **15.** $\lim_{n \to \infty} \operatorname{arc\,tg} \left(\frac{n+2}{n+5}\right) = \frac{\pi}{4}$

17. $\lim_{n \to \infty} \left(\sqrt{n^2 + n} - \sqrt{n^2 + 1}\right) = \frac{1}{2}$

19. $\lim_{m \to \infty} \left(1 + \frac{1}{m}\right)^{3m} = e^3$

21. $\lim_{n \to \infty} \left(n \big(\ln(n+1) - \ln n\big)\right) = 1$

25. $\lim_{n \to \infty} \frac{a_{n+1}}{a_n} = 3$ **27.** $S_4 = -\frac{11}{60}, S_7 = \frac{41}{630}$

29. $\sum_{n=2}^{\infty} \left(\frac{2}{3}\right)^n = \frac{4}{3}$ **31.** $S = \frac{4}{37}$ **33.** $\sum_{n=-1}^{\infty} \frac{2^{n+3}}{3^n} = 36$

35. $a_n = \left(\frac{1}{2}\right)^n + 1 - 2^n, b_n = 2^n - 1$

37. $S = \frac{47}{180}$ **39.** A série diverge.

41. $\int_1^{\infty} \frac{1}{(x+2)(\ln(x+2))^3}\,dx = \frac{1}{2(\ln(3))^2}$, portanto a série converge.

43. $\frac{1}{(n+1)^2} < \frac{1}{n^2}$, portanto a série converge.

45. $\sum_{n=0}^{\infty} \frac{1}{n^{1,5}}$ converge, portanto a série converge.

47. $\frac{n}{\sqrt{n^5+2}} < \frac{1}{n^{3/2}}$, portanto a série converge.

49. $\sum_{n=0}^{\infty} \left(\frac{10}{11}\right)^n$ converge, portanto a série converge.

51. Converge.

55. (b) $0{,}3971162690 \leq S \leq 0{,}3971172688$, portanto, o erro é de, no máximo, 10^{-6}.

57. Converge absolutamente

59. Diverge

61. (a) 500   (b) $K \approx \sum_{n=0}^{499} \frac{(-1)^k}{(2k+1)^2} = 0{,}9159650942$

63. (a) Converge   (b) Converge   (c) Diverge   (d) Converge

65. Converge   **67.** Converge   **69.** Diverge

71. Diverge   **73.** Converge   **75.** Converge

77. Converge (pela série geométrica)

79. Converge (pela série geométrica)

81. Converge (pelo teste da série alternada)

83. Converge (pelo teste da série alternada)

85. Diverge (pelo teste da divergência)

87. Converge (absolutamente, pela comparação direta com a série $p = 3/2 \sum_{n=1}^{\infty} \frac{1}{n^{3/2}}$)
89. Converge (pelo teste da raiz)
91. Converge (pelo teste da comparação no limite)
93. Converge usando somas parciais (a série é telescópica)
95. Diverge (pelo teste da comparação direta)
97. Converge (pelo teste da comparação direta)
99. Converge (pelo teste da comparação no limite)
101. Converge no intervalo $(-\infty, \infty)$.
103. Converge no intervalo $[2, 4]$
105. Converge em $x = 0$.
107. $\frac{2}{4-3x} = \frac{1}{2} \sum_{n=0}^{\infty} \left(\frac{3}{4}\right)^n x^n$. A série converge no intervalo $\left(\frac{-4}{3}, \frac{4}{3}\right)$.
109. (c) 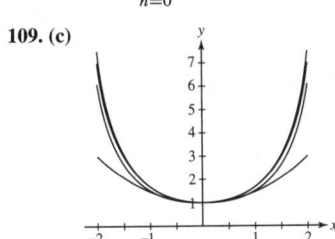
111. $\lim_{x \to 0} \frac{x^2 e^x}{\cos x - 1} = -2$
113. $e^{4x} = \sum_{n=0}^{\infty} \frac{4^n}{n!} x^n$
115. $x^4 = 16 + 32(x-2) + 24(x-2)^2 + 8(x-2)^3 + (x-2)^4$
117. $\operatorname{sen} x = \sum_{n=0}^{\infty} \frac{(-1)^{n+1}(x-\pi)^{2n+1}}{(2n+1)!}$
119. $\frac{1}{1-2x} = \sum_{n=0}^{\infty} \frac{2^n}{5^{n+1}}(x+2)^n$
121. $\ln \frac{x}{2} = \sum_{n=1}^{\infty} \frac{(-1)^{n+1}(x-2)^n}{n 2^n}$
123. $(x^2 - x)e^{x^2} = \sum_{n=0}^{\infty} \left(\frac{x^{2n+2} - x^{2n+1}}{n!}\right)$ portanto $f^{(3)}(0) = -6$
125. $\frac{1}{1+\operatorname{tg} x} = 1 - x + x^2 - \frac{4}{3}x^3 + \cdots$, portanto $f^{(3)}(0) = -8$
127. $\frac{\pi}{2} - \frac{\pi^3}{2^3 3!} + \frac{\pi^5}{2^5 5!} - \frac{\pi^7}{2^7 7!} + \cdots = \operatorname{sen} \frac{\pi}{2} = 1$

Capítulo 11
Seção 11.1 Exercícios preliminares
1. Um círculo de raio 3 centrado na origem.
2. O centro está em $(4, 5)$.
3. Altura máxima: 4
4. Sim; não.
5. (a) A reta $y = x$ percorrida da esquerda para a direita.
   (b) Mesmo caminho percorrido da esquerda para a direita com o dobro da velocidade.
6. $c_1(t) = (t, t^3), c_2(t) = (\sqrt[3]{t}, t), c_3(t) = (t^3, t^9)$

Seção 11.1 Exercícios
1. $(t = 0)(1, 9); (t = 2)(9, -3); (t = 4)(65, -39)$
3. $y = 2{,}5x - 0{,}000766 x^2$
5. (a) (b) (c) (d)
7. $y = 4x - 12$ **9.** $y = \operatorname{arc tg}(x^3 + e^x)$
11. $y = \frac{6}{x^2}$ (sendo $x > 0$) **13.** $y = 2 - e^x$
15. **17.** 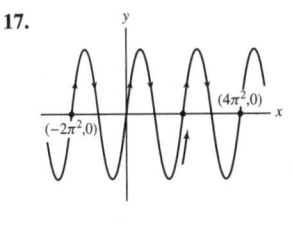
19. (a) $\leftrightarrow$ (iv), (b) $\leftrightarrow$ (ii), (c) $\leftrightarrow$ (iii), (d) $\leftrightarrow$ (i)
21. (a) $y_{\max} = 100$ cm; (b) pousa em $x = 2.040$ cm da origem, com $t = 20$ s.
23. $c(t) = (t, 9 - 4t)$ **25.** $c(t) = \left(\frac{5+t^2}{4}, t\right)$
27. $c(t) = (-9 + 7\cos t, 4 + 7\operatorname{sen} t)$ **29.** $c(t) = (-4 + t, 9 + 8t)$
31. $c(t) = (3 - 8t, 1 + 3t)$ **33.** $c(t) = (1 + t, 1 + 2t)$ $(0 \leq t \leq 1)$
35. $c(t) = (3 + 4\cos t, 9 + 4\operatorname{sen} t)$ **37.** $c(t) = \left(-4 + t, -8 + t^2\right)$
39. $c(t) = (2 + t, 2 + 3t)$ **41.** $c(t) = \left(3 + t, (3+t)^2\right)$
43. $y = \sqrt{x^2 - 1}$ $(1 \leq x < \infty)$ **45.** Percurso III
47. 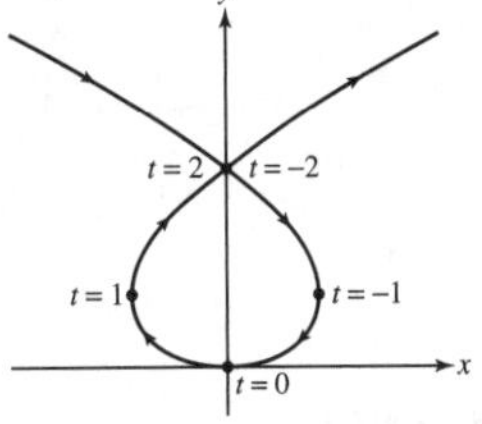
49. $\left.\frac{dy}{dx}\right|_{t=-4} = -\frac{1}{6}$ **51.** $\left.\frac{dy}{dx}\right|_{s=-1} = -\frac{3}{4}$ **53.** $-\frac{2}{3}$
55. $y = -\frac{9}{2}x + \frac{11}{2}; \frac{dy}{dx} = -\frac{9}{2}$

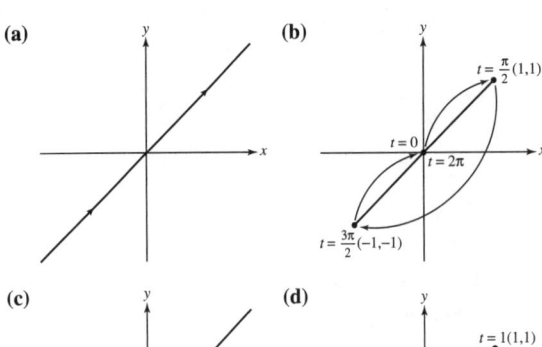

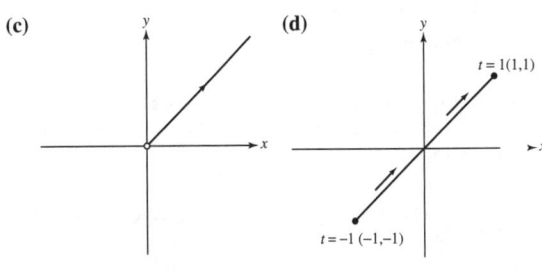

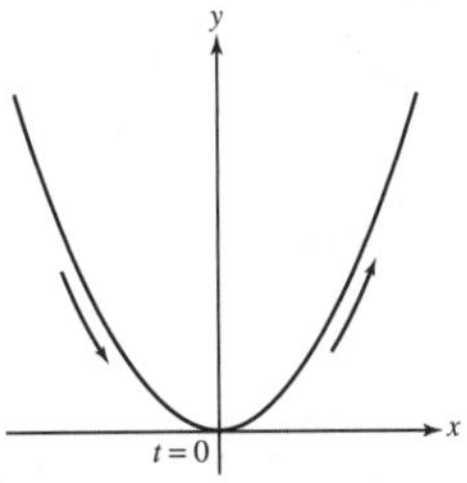

57. $y = x^2 + x^{-1}$; $\frac{dy}{dx} = 2x - \frac{1}{x^2}$ **59.** $(0,0), (96, 180)$

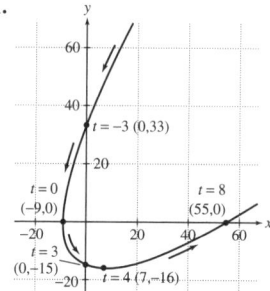

61.

O gráfico está no 1° quadrante com $t < -3$ e $t > 8$, no 2° quadrante com $-3 < t < 0$, no 3° quadrante com $0 < t < 3$ e no 4° quadrante com $3 < t < 8$.

63. $(55, 0)$

65. As coordenadas de P, $(R \cos\theta, r \sen\theta)$ descrevem uma elipse com $0 \le \theta \le 2\pi$.

69. $c(t) = (3 - 9t + 24t^2 - 16t^3, 2 + 6t^2 - 4t^3), 0 \le t \le 1$

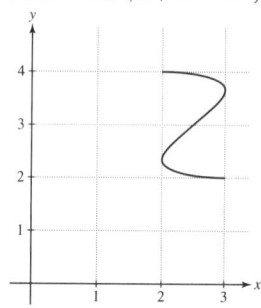

73. $y = -\sqrt{3}x + \frac{\sqrt{3}}{2}$

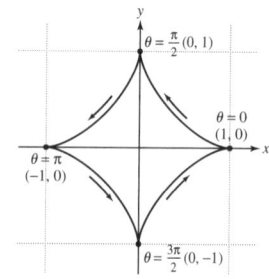

75. $((2k-1)\pi, 2)$, $k = 0, \pm 1, \pm 2, \ldots$ **85.** $\left.\frac{d^2 y}{dx^2}\right|_{t=2} = -\frac{21}{512}$

87. $\left.\frac{d^2 y}{dx^2}\right|_{t=-3} = 0$ **89.** Côncava para cima: $t > 0$.   **91.** $\frac{1}{3}$ **93.** $\frac{2}{5}$

95. $\frac{2}{3}$

Seção 11.2 Exercícios preliminares

1. $S = \int_a^b \sqrt{x'(t)^2 + y'(t)^2}\, dt$

2. Não. Elas são iguais quando a curva traçada por $c(t)$ for um segmento de reta do ponto inicial até o ponto final e $c(t)$ for uma função injetora.

3. A velocidade escalar no instante t.   **4.** Deslocamento: 5; não

5. $L = 180$ cm.   **6.** 4π

Seção 11.2 Exercícios

1. $S = 10$ **3.** $S = 800$ **5.** $S = \frac{1}{2}(65^{3/2} - 5^{3/2}) \approx 256,43$

7. $S = 3\pi$ **9.** $S = -8\left(\frac{\sqrt{2}}{2} - 1\right) \approx 2,34$

13. $S = \ln(\cosh(A))$ **15.** $\left.\frac{ds}{dt}\right|_{t=2} = 4\sqrt{10} \approx 12,65$ m/s

17. $\left.\frac{ds}{dt}\right|_{t=9} = \sqrt{41} \approx 6,4$ m/s   **19.** $\left.\frac{ds}{dt}\right|_{t=0} = 1$

21. $\left(\frac{ds}{dt}\right)_{\min} \approx \sqrt{4,89} \approx 2,21$ **23.** $\frac{ds}{dt} = 8$

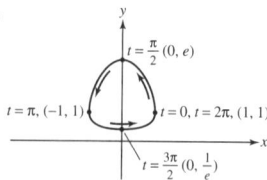

25.

$M_{10} = 6,903734$, $M_{20} = 6,915035$, $M_{30} = 6,914949$, $M_{50} = 6,914951$

27.

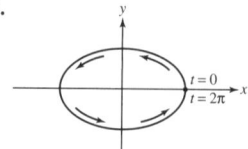

$M_{10} = 25,528309$, $M_{20} = 25,526999$, $M_{30} = 25,526999$, $M_{50} = 25,526999$

29. $S = 2\pi^2 R$

39. (a)

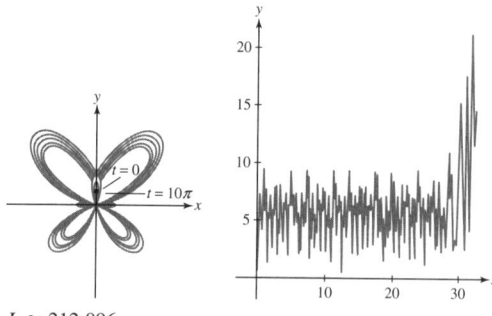

(b) $L \approx 212,096$

Seção 11.3 Exercícios preliminares

1. (a)   **2.** Positivo: $(r, \theta) = \left(1, \frac{\pi}{2}\right)$; negativo: $(r, \theta) = \left(-1, \frac{3\pi}{2}\right)$

3. (a) Equação do círculo de raio 2 centrado na origem.
(b) Equação do círculo de raio $\sqrt{2}$ centrado na origem.
(c) Equação da reta vertical pelo ponto (2, 0).

4. (a)

Seção 11.3 Exercícios

1. (A): $\left(3\sqrt{2}, \frac{3\pi}{4}\right)$; (B): $(3, \pi)$; (C): $\left(\sqrt{5}, \pi + 0,46\right) \approx \left(\sqrt{5}, 3,60\right)$; (D): $\left(\sqrt{2}, \frac{5\pi}{4}\right)$; (E): $\left(\sqrt{2}, \frac{\pi}{4}\right)$; (F): $\left(4, \frac{\pi}{6}\right)$; (G): $\left(4, \frac{11\pi}{6}\right)$

3. (a) $(1, 0)$ **(b)** $\left(\sqrt{12}, \frac{\pi}{6}\right)$ **(c)** $\left(\sqrt{8}, \frac{3\pi}{4}\right)$ **(d)** $\left(2, \frac{2\pi}{3}\right)$

5. (a) $\left(\frac{3\sqrt{3}}{2}, \frac{3}{2}\right)$ **(b)** $\left(-\frac{6}{\sqrt{2}}, \frac{6}{\sqrt{2}}\right)$ **(c)** $(0, 0)$ **(d)** $(0, -5)$

7. (A): $0 \leq r \leq 3, \pi \leq \theta \leq 2\pi$, (B): $0 \leq r \leq 3, \frac{\pi}{4} \leq \theta \leq \frac{\pi}{2}$, (C): $3 \leq r \leq 5, \frac{3\pi}{4} \leq \theta \leq \pi$

9. $m = \text{tg}\, \frac{3\pi}{5} \approx -3,1$ **11.** $x^2 + y^2 = 7^2$

13. $x^2 + (y-1)^2 = 1$ **15.** $y = x - 1$ **17.** $r = \sqrt{5}$

19. $r = \text{tg}\,\theta \sec\theta$ **21.** $r = 0$

23. (a)↔(iii), (b)↔(iv), (c)↔(i), (d)↔(ii)

25. (a) $(r, 2\pi - \theta)$ (b) $(r, \theta + \pi)$ (c) $(r, \pi - \theta)$
(d) $\left(r, \frac{\pi}{2} - \theta\right)$

27. $r\cos\left(\theta - \frac{\pi}{3}\right) = d$

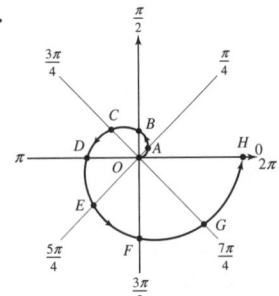

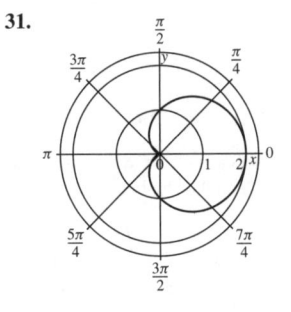

29.

31.

33. (a) A, $\theta = 0, r = 0$; B, $\theta = \frac{\pi}{4}, r = \text{sen}\,\frac{2\pi}{4} = 1$; C, $\theta = \frac{\pi}{2}$, $r = 0$; D, $\theta = \frac{3\pi}{4}, r = \text{sen}\,\frac{2\cdot 3\pi}{4} = -1$; E, $\theta = \pi, r = 0$; F, $\theta = \frac{5\pi}{4}$, $r = 1$; G, $\theta = \frac{3\pi}{2}, r = 0$; H, $\theta = \frac{7\pi}{4}, r = -1$; I, $\theta = 2\pi, r = 0$

(b) $0 \leq \theta \leq \frac{\pi}{2}$ está no primeiro quadrante. $\frac{\pi}{2} \leq \theta \leq \pi$ está no quarto quadrante. $\pi \leq \theta \leq \frac{3\pi}{2}$ está no terceiro quadrante. $\frac{3\pi}{2} \leq \theta \leq 2\pi$ está no segundo quadrante.

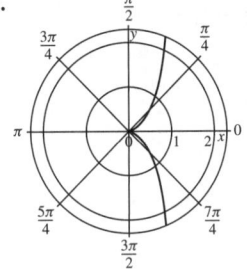

35.

37. $\left(x - \frac{a}{2}\right)^2 + \left(y - \frac{b}{2}\right)^2 = \frac{a^2+b^2}{4}, r = \frac{\sqrt{x^2+y^2}}{2}$, centrado no ponto $\left(\frac{a}{2}, \frac{b}{2}\right)$.

39. $r^2 = \sec 2\theta$ **41.** $\left(x^2 + y^2\right)^2 = x^3 - 3y^2 x$

43. $r = 2\sec\left(\theta - \frac{\pi}{9}\right)$ **45.** $r = 2\sqrt{10}\sec(\theta - 4,39)$

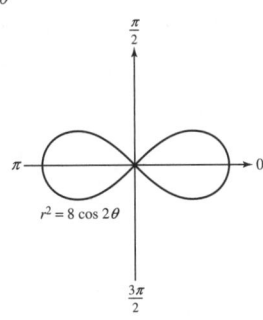

49. $r^2 = 2a^2\cos 2\theta$

$r^2 = 8\cos 2\theta$

53. $\theta = \frac{\pi}{2}, m = -\frac{2}{\pi}; \theta = \pi, m = \pi$

55. $\left(\frac{\sqrt{2}}{2}, \frac{\pi}{6}\right), \left(\frac{\sqrt{2}}{2}, \frac{5\pi}{6}\right), \left(\frac{\sqrt{2}}{2}, \frac{7\pi}{6}\right), \left(\frac{\sqrt{2}}{2}, \frac{11\pi}{6}\right)$

57. A: $m = 1$, B: $m = -1$, C: $m = 1$

Seção 11.4 Exercícios preliminares

1. (b)   **2.** Sim.   **3.** (c)

Seção 11.4 Exercícios

1. $A = \frac{1}{2}\int_{\pi/2}^{\pi} r^2\, d\theta = \frac{25\pi}{4}$

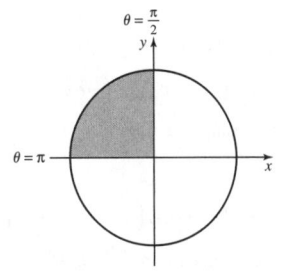

3. $A = \frac{1}{2}\int_0^{\pi} r^2\, d\theta = 4\pi$ **5.** $A = \frac{\pi^5}{320} + \frac{\pi^4}{16} + \frac{\pi^3}{3}$

7. $A = \frac{3\pi}{2}$ **9.** $A = \frac{\pi}{8} \approx 0,39$

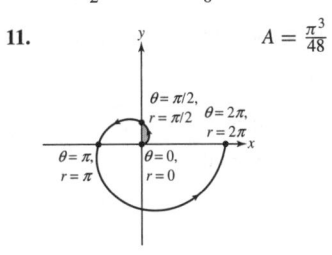

11. $A = \frac{\pi^3}{48}$

13. $A = \frac{\sqrt{15}}{2} + 7\cos^{-1}\left(\frac{1}{4}\right) \approx 11,163$

15. $A = \pi - \frac{3\sqrt{3}}{2} \approx 0,54$ **17.** $A = \frac{\pi}{8} - \frac{1}{4} \approx 0,14$ **19.** $A = 4\pi$

21. $A = \frac{9\pi}{2} - 4\sqrt{2}$ **23.** $S = 4\pi$

25. $L = \frac{1}{3}\left(\left(\pi^2 + 4\right)^{3/2} - 8\right) \approx 14,55$ **27.** π

29. $L = \sqrt{2}\pi/4 \approx 1,11$

31. $L = \int_0^{2\pi} \sqrt{\cos^4\theta + 4\cos^2\theta\,\text{sen}^2\theta}\, d\theta \approx 5,52$

33. $\int_0^{\pi/2} \sqrt{2e^{2\theta} + 2e^\theta + 1}\, d\theta$ **35.** $\int_0^{\pi/2} \text{sen}^2\theta\sqrt{1 + 8\cos^2\theta}\, d\theta$

37. $L \approx 6,682$ **39.** $L \approx 79,56$

Seção 11.5 Exercícios preliminares

1. (a) Hipérbole   (b) Parábola   (c) Elipse
(d) Não é uma seção cônica

2. Hipérboles

3. Os pontos $(0, c)$ e $(0, -c)$.

4. $\pm\frac{b}{a}$ são as inclinações das duas assíntotas da hipérbole.

Seção 11.5 Exercícios

1. $F_1 = \left(-\sqrt{65}, 0\right), F_2 = \left(\sqrt{65}, 0\right)$; os vértices são $(9, 0), (-9, 0)$, $(0, 4), (0, -4)$.

3. $F_1 = \left(\sqrt{97}, 0\right), F_2 = \left(\sqrt{97}, 0\right)$; os vértices são $(4, 0), (-4, 0)$.

5. $F_1 = \left(\sqrt{65} + 3, -1\right)$, $F_2 = \left(-\sqrt{65} + 3, -1\right)$; os vértices são $(10, -1)$ e $(-4, -1)$.

7. $\frac{x^2}{6^2} + \frac{y^2}{3^2} = 1$ **9.** $\frac{(x-14)^2}{6^2} + \frac{(y+4)^2}{3^2} = 1$

11. $\frac{x^2}{5^2} + \frac{y^2}{7^2} = 1$ **13.** $\frac{x^2}{(40/3)^2} + \frac{y^2}{(50/3)^2} = 1$

15. $\left(\frac{x}{3}\right)^2 - \left(\frac{y}{4}\right)^2 = 1$ **17.** $\frac{x^2}{2^2} - \frac{y^2}{\left(2\sqrt{3}\right)^2} = 1$

19. $\left(\frac{x-2}{5}\right)^2 - \left(\frac{y}{10\sqrt{2}}\right)^2 = 1$ **21.** $y = 3x^2$

23. $y = \frac{1}{20}x^2$ **25.** $y = \frac{1}{16}x^2$ **27.** $x = \frac{1}{8}y^2$

29. Vértices: $(\pm 4, 0)$, $(0, \pm 2)$. Focos: $\left(\pm\sqrt{12}, 0\right)$. Centrada na origem.

31. Vértices: $(7, -5)$, $(-1, -5)$. Focos: $\left(\sqrt{65} + 3, -5\right)$, $\left(-\sqrt{65} + 3, -5\right)$. Centro: $(3, -5)$. Assíntotas: $y = \frac{7}{4}x - \frac{41}{4}$ e $y = -\frac{7}{4}x + \frac{1}{4}$.

33. Vértices: $(5, 5)$, $(-7, 5)$. Focos: $\left(\sqrt{84} - 1, 5\right)$, $\left(-\sqrt{84} - 1, 5\right)$. Centro: $(-1, 5)$. Assíntotas: $y = \frac{\sqrt{48}}{6}(x + 1) + 5 \approx 1{,}15x + 6{,}15$ e $y = -\frac{\sqrt{48}}{6}(x + 1) + 5 \approx -1{,}15x + 3{,}85$.

35. Vértice: $(0, 0)$. Foco: $\left(0, \frac{1}{16}\right)$.

37. Vértices: $\left(1 \pm \frac{5}{2}, \frac{1}{5}\right)$, $\left(1, \frac{1}{5} \pm 1\right)$. Focos: $\left(-\frac{\sqrt{21}}{2} + 1, \frac{1}{5}\right)$, $\left(\frac{\sqrt{21}}{2} + 1, \frac{1}{5}\right)$. Centrada em $\left(1, \frac{1}{5}\right)$.

39. $D = -87$; elipse **41.** $D = 40$; hipérbole

47. Foco: $(0, c)$. Diretriz: $y = -c$. **49.** $A = \frac{8}{3}c^2$

51. $r = \frac{3}{2 + \cos\theta}$ **53.** $r = \frac{4}{1 + \cos\theta}$

55. Hipérbole, $e = 4$, diretriz, $x = 2$.

57. Elipse, $e = \frac{3}{4}$, diretriz, $x = \frac{8}{3}$ **59.** $r = \frac{-12}{5 + 6\cos\theta}$

61. $\left(\frac{x+3}{5}\right)^2 + \left(\frac{y}{4}\right)^2 = 1$ **63.** 4,5 bilhões de milhas.

Revisão do Capítulo 11

1. (a), (c)

3. $c(t) = (1 + 2\cos t, 1 + 2\sen t)$. Os pontos de corte com o eixo y são $\left(0, 1 \pm \sqrt{3}\right)$. Os pontos de corte com o eixo x são $\left(1 \pm \sqrt{3}, 0\right)$.

5. $c(\theta) = (\cos(\theta + \pi), \sen(\theta + \pi))$ **7.** $c(t) = (1 + 2t, 3 + 4t)$

9. $y = -\frac{x}{4} + \frac{37}{4}$ **11.** $y = -\frac{8}{(x-3)^3} + \frac{3-x}{2}$

13. $\left.\frac{dy}{dx}\right|_{t=3} = \frac{3}{14}$ **15.** $\left.\frac{dy}{dx}\right|_{t=0} = \frac{\cos 20}{e^{20}}$ **17.** $(1{,}41, 1{,}60)$

19. $c(t) = \left(-1 + 6t^2 - 4t^3, -1 + 6t - 6t^2\right)$

21. $\frac{ds}{dt} = \sqrt{3 + 2(\cos t - \sen t)}$; velocidade máxima: $\sqrt{3 + 2\sqrt{2}}$

23. $s = \sqrt{2}$

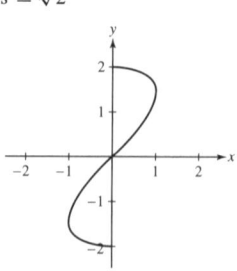

25.

$s = 2\int_0^\pi \sqrt{\cos^2 2t + \sen^2 t}\, dt \approx 6{,}0972$

27. $\left(1, \frac{\pi}{6}\right)$ e $\left(3, \frac{5\pi}{4}\right)$ têm coordenadas retangulares $\left(\frac{\sqrt{3}}{2}, \frac{1}{2}\right)$ e $\left(-\frac{3\sqrt{2}}{2}, -\frac{3\sqrt{2}}{2}\right)$.

29. $\sqrt{x^2 + y^2} = \frac{2x}{x-y}$ **31.** $r = 3 + 2\sen\theta$

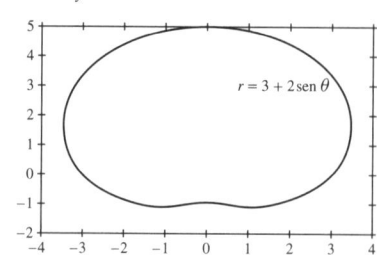

33. $A = \frac{\pi}{16}$ **35.** $e - \frac{1}{e}$

Observação: é necessário duplicar a integral de $-\frac{\pi}{2}$ até $\frac{\pi}{2}$ para dar conta de ambos os lados do gráfico.

37. $A = \frac{3\pi a^2}{2}$

39. Externa: $L \approx 36{,}121$, interna: $L \approx 7{,}5087$, diferença: $28{,}6123$

41. Elipse. Vértices: $(\pm 3, 0)$, $(0, \pm 2)$. Focos: $(\pm\sqrt{5}, 0)$.

43. Elipse. Vértices: $\left(\pm\frac{2}{\sqrt{5}}, 0\right)$, $\left(0, \pm\frac{4}{\sqrt{5}}\right)$. Focos: $\left(0, \pm\sqrt{\frac{12}{5}}\right)$.

45. $\left(\frac{x}{8}\right)^2 + \left(\frac{y}{\sqrt{61}}\right)^2 = 1$ **47.** $\left(\frac{x}{8}\right)^2 - \left(\frac{y}{6}\right)^2 = 1$ **49.** $x = \frac{1}{32}y^2$

51. $y = \sqrt{3}x + \left(\sqrt{3} - 5\right)$ e $y = -\sqrt{3}x + \left(-\sqrt{3} - 5\right)$

Capítulo 12

Seção 12.1 Exercícios preliminares

1. (a) Verdadeira (b) Falsa (c) Verdadeira (d) Verdadeira

2. $\|-3\mathbf{a}\| = 15$ **3.** Os componentes não mudam. **4.** $\langle 0, 0 \rangle$

5. (a) Verdadeira (b) Falsa

Seção 12.1 Exercícios

1. $\mathbf{v}_1 = \langle 2, 0 \rangle$, $\|\mathbf{v}_1\| = 2$ $\mathbf{v}_2 = \langle 2, 0 \rangle$, $\|\mathbf{v}_2\| = 2$

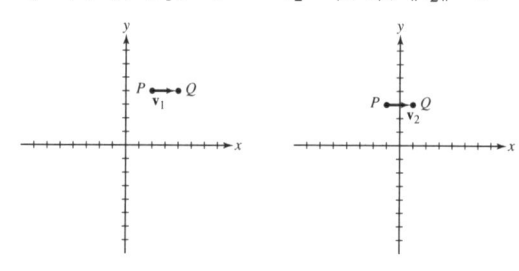

$\mathbf{v}_3 = \langle 3, 1 \rangle$, $\|\mathbf{v}_3\| = \sqrt{10}$ $\mathbf{v}_4 = \langle 2, 2 \rangle$, $\|\mathbf{v}_4\| = 2\sqrt{2}$

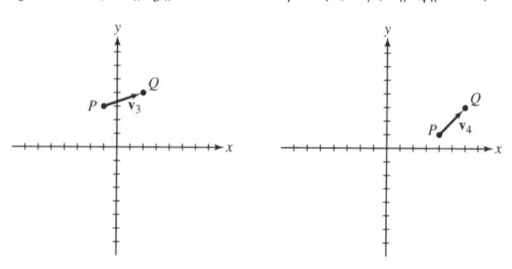

Os vetores $\mathbf{v}_1$ e $\mathbf{v}_2$ são equivalentes.

3. (3, 5)

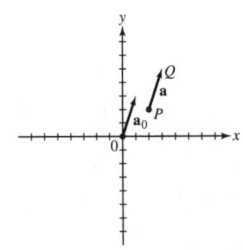

5. $\left\langle \frac{\sqrt{2}}{2}\|u\|, \frac{\sqrt{2}}{2}\|u\| \right\rangle$ ou $\langle 0{,}707\|u\|, 0{,}707\|u\| \rangle$

7. $\langle \cos(-20°)\|w\|, \operatorname{sen}(-20°)\|w\| \rangle$ ou $\langle 0{,}94\|w\|, -0{,}342\|w\| \rangle$

9. $\overrightarrow{PQ} = \langle -1, 5 \rangle$ **11.** $\overrightarrow{PQ} = \langle -2, -9 \rangle$ **13.** $\langle 5, 5 \rangle$

15. $\langle 30, 10 \rangle$ **17.** $\left\langle \frac{5}{2}, 5 \right\rangle$

19. Vetor (B)

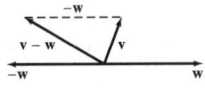

21. $2v = \langle 4, 6 \rangle$ $\quad -w = \langle -4, -1 \rangle$

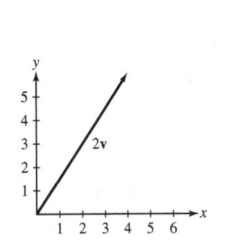

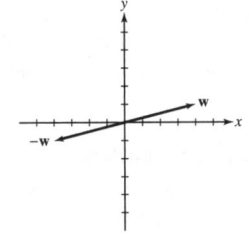

$2v - w = \langle 0, 5 \rangle \qquad v + w = \langle 6, 4 \rangle$

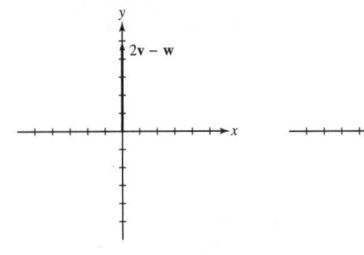

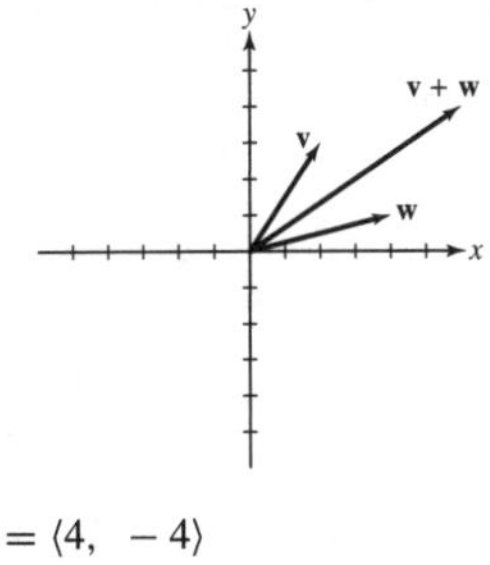

23. $3v + w = \langle -2, 10 \rangle, 2v - 2w = \langle 4, -4 \rangle$

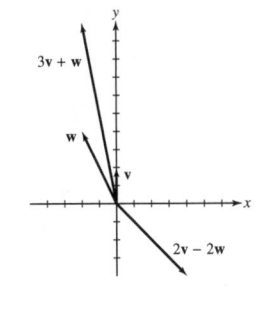

25.

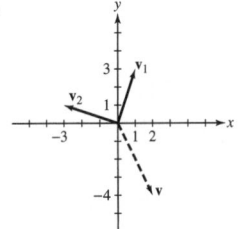

27. (b) e (c)
29. $\overrightarrow{AB} = \langle 2, 6 \rangle$ e $\overrightarrow{PQ} = \langle 2, 6 \rangle$; equivalentes
31. $\overrightarrow{AB} = \langle 3, -2 \rangle$ e $\overrightarrow{PQ} = \langle 3, -2 \rangle$; equivalentes
33. $\overrightarrow{AB} = \langle 2, 3 \rangle$ e $\overrightarrow{PQ} = \langle 6, 9 \rangle$; paralelos e apontam no mesmo sentido
35. $\overrightarrow{AB} = \langle -8, 1 \rangle$ e $\overrightarrow{PQ} = \langle 8, -1 \rangle$; paralelos e apontam em sentidos opostos
37. $\left\|\overrightarrow{OR}\right\| = \sqrt{53}$ **39.** $P = (0, 0)$ **41.** $\left\langle \frac{3}{5}, \frac{4}{5} \right\rangle$
43. $4e_u = \left\langle -2\sqrt{2}, -2\sqrt{2} \right\rangle$ **45.** $2e_{-v} = -\sqrt{2}i + \sqrt{2}j$
47. $e = \left\langle \cos\frac{4\pi}{7}, \operatorname{sen}\frac{4\pi}{7} \right\rangle = \langle -0{,}22, 0{,}97 \rangle$
49. $\lambda = \pm\frac{1}{\sqrt{13}}$ **51.** $P = (4, 6)$
53. (a) → (ii), (b) → (iv), (c) → (iii), (d) → (i) **55.** $9i + 7j$
57. $-5i - 3j$
59.

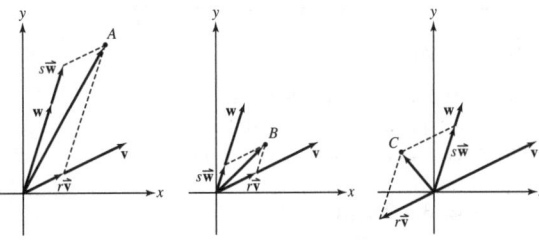

61. $u = 2v - w$

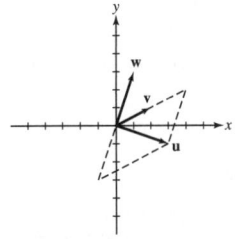

63. A força no cabo 1 é ≈ 45 lb e a força no cabo 2 é ≈ 21 lb.
65. 230 km/h **67.** $r = \langle 6{,}45, 0{,}38 \rangle$

Seção 12.2 Exercícios preliminares

1. (4, 3, 2) **2.** ⟨3, 2, 1⟩ **3.** (a) **4.** (c)
5. Uma infinidade de vetores diretores.
6. Verdadeira.

Seção 12.2 Exercícios

1. $\|\mathbf{v}\| = \sqrt{14}$

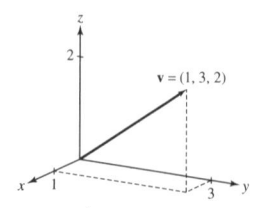

3. A ponta do vetor $\mathbf{v} = \overrightarrow{PQ}$ é $Q = (1, 2, 1)$.

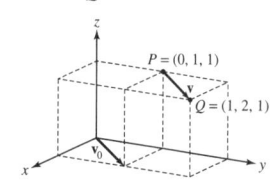

$\mathbf{v}_0 = \overrightarrow{OS}$, em que $S = (1, 1, 0)$

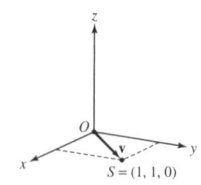

5. $\overrightarrow{PQ} = \langle 1, 1, -1 \rangle$ **7.** $\overrightarrow{PQ} = \langle -\frac{9}{2}, -\frac{3}{2}, 1 \rangle$

9. $\|\overrightarrow{OR}\| = \sqrt{26} \approx 5{,}1$ **11.** $P = (-2, 6, 0)$

13. (a) Paralelos e mesmo sentido **(b)** Não são paralelos **(c)** Paralelos e sentidos opostos **(d)** Não são paralelos

15. Não são equivalentes   **17.** Não são equivalentes

19. $\langle -8, -18, -2 \rangle$

21. $\langle -2, -2, 3 \rangle$ **23.** $\langle 16, -1, 9 \rangle$

25. Não são paralelos   **27.** Não são paralelos

29. $\mathbf{e_w} = \langle \frac{4}{\sqrt{21}}, \frac{-2}{\sqrt{21}}, \frac{-1}{\sqrt{21}} \rangle$ **31.** $-\mathbf{e_v} = \langle \frac{2}{3}, -\frac{2}{3}, -\frac{1}{3} \rangle$

33. $\mathbf{r}(t) = \langle 1 + 2t, 2 + t, -8 + 3t \rangle$

35. $\mathbf{r}(t) = \langle 4 + 7t, 0, 8 + 4t \rangle$ **37.** $\mathbf{r}(t) = \langle 1 + 2t, 1 - 6t, 1 + t \rangle$

39. $\mathbf{r}(t) = \langle 4t, t, t \rangle$ **41.** $\mathbf{r}(t) = \langle 0, 0, t \rangle$

43. $\mathbf{r}(t) = \langle -t, -2t, 4 - 2t \rangle$ **45.** (c)

49. $\mathbf{r}_1(t) = \langle 5, 5, 2 \rangle + t \langle 0, -2, 1 \rangle$;
$\mathbf{r}_2(t) = \langle 5, 5, 2 \rangle + t \langle 0, -20, 10 \rangle$

55. 4 min   **57.** $\langle 0, \frac{1}{2}, -\frac{1}{2} \rangle$ **59.** 2.450 N

61. $\frac{x+2}{2} = \frac{y-3}{4} = \frac{z-3}{3}$ **63.** $\frac{x-3}{2} = \frac{y-4}{-9} = \frac{z}{12}$

65. $\mathbf{r}(t) = \langle 2t, 7t, 8t \rangle$

Seção 12.3 Exercícios preliminares

1. Escalar   **2.** Obtuso   **3.** Lei da distributividade
4. (a)   **5.** (b); (c)   **6.** (c)

Seção 12.3 Exercícios

1. 15   **3.** 41   **5.** 5   **7.** 0   **9.** 1   **11.** 0   **13.** Obtuso
15. Ortogonal   **17.** Agudo   **19.** 0   **21.** $\frac{1}{\sqrt{10}}$ **23.** $\pi/4$
25. $\approx 0{,}615$ **27.** $2\pi/3$
29. (a) $b = -\frac{1}{2}$ **(b)** $b = 0$ ou $b = \frac{1}{2}$
31. $\mathbf{v}_1 = \langle 0, 1, 0 \rangle$, $\mathbf{v}_2 = \langle 3, 2, 2 \rangle$ **33.** $-\frac{3}{2}$ **35.** $\|\mathbf{v}\|^2$
37. $\|\mathbf{v}\|^2 - \|\mathbf{w}\|^2$ **39.** 8   **41.** 2   **43.** π **45.** (b) 7   **49.** 51,91°

51. (a)   **(b)** $\mathbf{u}_{\|\mathbf{v}}$

53. $\langle \frac{7}{2}, \frac{7}{2} \rangle$ **55.** $\langle -\frac{4}{5}, 0, -\frac{2}{5} \rangle$ **57.** $-4\mathbf{k}$ **59.** $a\mathbf{i}$ **61.** $2\sqrt{2}$
63. $\sqrt{17}$ **65.** $\mathbf{a} = \langle \frac{1}{2}, \frac{1}{2} \rangle + \langle \frac{1}{2}, -\frac{1}{2} \rangle$
67. $\mathbf{a} = \langle 0, -\frac{1}{2}, -\frac{1}{2} \rangle + \langle 4, -\frac{1}{2}, \frac{1}{2} \rangle$
69. $\langle \frac{x-y}{2}, \frac{y-x}{2} \rangle + \langle \frac{x+y}{2}, \frac{y+x}{2} \rangle$
73. $\approx 35°$ **75.** $\overrightarrow{AD}$ **77.** $\approx 109{,}5°$ **81.** $\approx 68{,}07$ N
99. $2x + 2y - 2z = 1$

Seção 12.4 Exercícios preliminares

1. $\begin{vmatrix} -5 & -1 \\ 4 & 0 \end{vmatrix}$ **2.** $\|\mathbf{e} \times \mathbf{f}\| = \frac{1}{2}$ **3.** $\mathbf{u} \times \mathbf{v} = \langle -2, -2, -1 \rangle$
4. (notação vetorial) **(a)** 0 **(b)** 0
5. $\mathbf{i} \times \mathbf{j} = \mathbf{k}$ e $\mathbf{i} \times \mathbf{k} = -\mathbf{j}$
6. $\mathbf{v} \times \mathbf{w} = \mathbf{0}$ se $\mathbf{v}$ ou $\mathbf{w}$ (ou ambos) for o vetor zero, ou se $\mathbf{v}$ e $\mathbf{w}$ forem vetores paralelos.
7. (a) não faz sentido porque não existe o produto vetorial de escalar por vetor.
   (b) faz sentido porque representa o produto escalar de dois vetores.
   (c) faz sentido porque é o produto de dois escalares.
   (d) faz sentido porque é um múltiplo escalar de um vetor.
8. (b)

Seção 12.4 Exercícios

1. -5 **3.** -15 **5.** -8 **7.** 0   **9.** $\langle 1, 2, -5 \rangle$ **11.** $\langle 6, 0, -8 \rangle$
13. $-\mathbf{j} + \mathbf{i}$ **15.** $\mathbf{i} + \mathbf{j} + \mathbf{k}$ **17.** $\langle -1, -1, 0 \rangle$
19. $\langle -2, -2, -2 \rangle$ **21.** $\langle 4, 4, 0 \rangle$
23. $\mathbf{v} \times \mathbf{i} = c\mathbf{j} - b\mathbf{k}$; $\mathbf{v} \times \mathbf{j} = -c\mathbf{i} + a\mathbf{k}$; $\mathbf{v} \times \mathbf{k} = b\mathbf{i} - a\mathbf{j}$
25. $-\mathbf{u}$ **27.** $\langle 0, 3, 3 \rangle$ **31.** $\mathbf{e}'$ **33.** $\mathbf{F}_1$ **37.** $2\sqrt{138}$
39. O volume é 4.

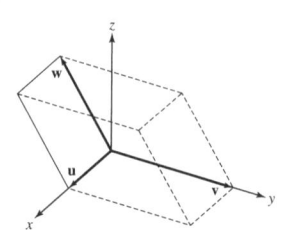

41. $\sqrt{35} \approx 5{,}92$

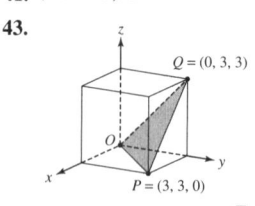

43.

A área do triângulo é $\frac{9\sqrt{3}}{2} \approx 7{,}8$.
45. 3   **47.** $10\sqrt{3}$ **59.** $\mathbf{X} = \langle a, a, a+1 \rangle$
63. $\tau = 250 \operatorname{sen} 125° \, \mathbf{k} \approx 204{,}79 \, \mathbf{k}$

Seção 12.5 Exercícios preliminares

1. $3x + 4y - z = 0$ **2.** (c): $z = 1$ **3.** Plano (c)   **4.** Plano xz
5. (c): $x + y = 0$ **6.** Afirmação (a)

Seção 12.5 Exercícios

1. $x + 3y + 2z = 3$ 3. $-x + 2y + z = 3$ 5. $x = 3$
7. $z = 2$ 9. $x = 0$ 11. Afirmações (b) e (d)
13. $\langle 9, -4, -11 \rangle$ 15. $\langle 3, -8, 11 \rangle$ 17. $6x + 9y + 4z = 19$
19. $x + 2y - z = 1$ 21. $4x - 9y + z = 0$ 23. $x = 4$
25. $x + z = 3$ 27. $13x + y - 5z = 27$ 29. Sim, os planos são paralelos.

31.

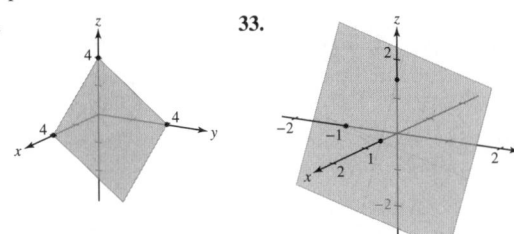

33.

35.

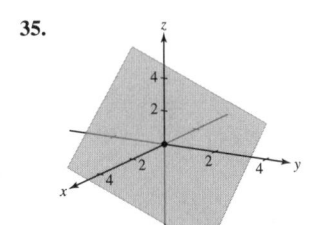

37. $10x + 15y + 6z = 30$ 39. $(1, 5, 8)$ 41. $(-2, 3, 12)$
43. $-9y + 4z = 5$ 45. $x = -\frac{2}{3}$ 47. $x = -4$
49. Os dos planos não têm ponto em comum.
51. $y - 4z = 0$
    $x + y - 4z = 0$
53. $(3\lambda)x + by + (2\lambda)z = 5\lambda,\ \lambda \neq 0$ 55. $\theta = \pi/2$
57. $\theta = 1{,}143$ rad ou $\theta = 65{,}49°$ 59. $\theta \approx 55{,}0°$
61. $x + y + z = 1$ 63. $x - y - z = d/a$
65. $x = \frac{9}{5} + 2t,\ y = -\frac{6}{5} - 3t,\ z = 2 + 5t$ 67. $\pm 24 \langle 1, 2, -2 \rangle$
73. $\left(\frac{2}{3}, -\frac{1}{3}, \frac{2}{3}\right)$ 75. $\frac{6}{\sqrt{30}} \approx 1{,}095$ 77. $|a|$

Seção 12.6 Exercícios preliminares

1. Verdadeira, em geral, exceto com $x = \pm a,\ y = \pm b$ ou $z = \pm c$
2. Falsa   3. Paraboloide hiperbólico
4. Não   5. Elipsoide
6. Todas as retas verticais passando por uma parábola C no plano xy.

Seção 12.6 Exercícios

1. Elipsoide.   3. Elipsoide.
5. Hiperboloide de uma folha   7. Paraboloide elíptico
9. Paraboloide hiperbólico   11. Paraboloide hiperbólico
13. Elipsoide, o traço é um círculo no plano xz.
15. Elipsoide, o traço é uma elipse paralela ao plano xy.
17. Hiperboloide de uma folha, o traço é uma hipérbole.
19. Cilindro parabólico, o traço é a parábola $y = 3x^2$
21. (a) ↔ Figura b; (b) ↔ Figura c; (c) ↔ Figura a
23. $y = \left(\frac{x}{2}\right)^2 + \left(\frac{z}{4}\right)^2$

25.

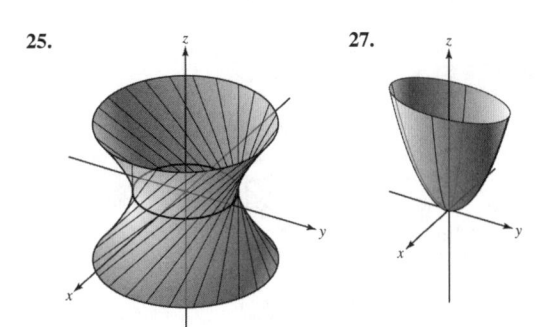

Gráfico de $x^2 + y^2 + z^2 = 1$

27.

29.

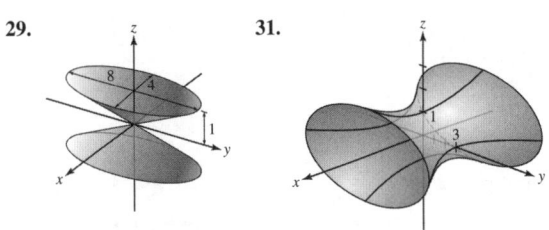

31.

33.

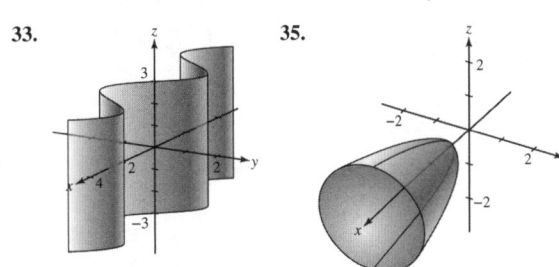

35.

39. $\left(\frac{x}{2}\right)^2 + \left(\frac{y}{4}\right)^2 + \left(\frac{z}{6}\right)^2 = 1$ 41. $\left(\frac{x}{4}\right)^2 + \left(\frac{y}{6}\right)^2 - \left(\frac{z}{3\sqrt{3}}\right)^2 = 1$

43. Uma ou duas retas verticais, ou um conjunto vazio.
45. Um cone elíptico.

Seção 12.7 Exercícios preliminares

1. Cilindro de raio R cujo eixo é o eixo z, esfera de raio R centrada na origem.
2. (b)   3. (a)   4. $\phi = 0,\ \pi$ 5. $\phi = \frac{\pi}{2}$, o plano xy.

Seção 12.7 Exercícios

1. $(-4, 0, 4)$ 3. $\left(0, 0, \frac{1}{2}\right)$ 5. $\left(\sqrt{2}, \frac{7\pi}{4}, 1\right)$ 7. $\left(2, \frac{\pi}{3}, 7\right)$
9. $\left(5, \frac{\pi}{4}, 2\right)$ 11. $r^2 \leq 1$ 13. $r^2 + z^2 \leq 4,\ \theta = \frac{\pi}{2}$ ou $\theta = \frac{3\pi}{2}$
15. $r^2 \leq 9,\ \frac{5\pi}{4} \leq \theta \leq 2\pi$ e $0 \leq \theta \leq \frac{\pi}{4}$

17.

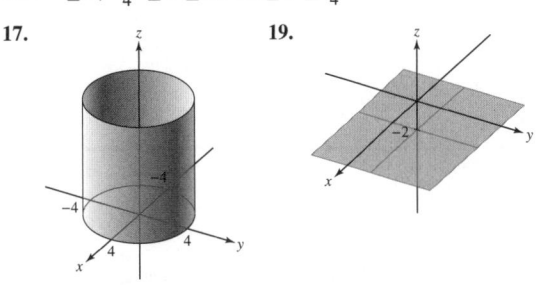

19.

21. [figura: cilindro] **23.** [figura: cilindro]

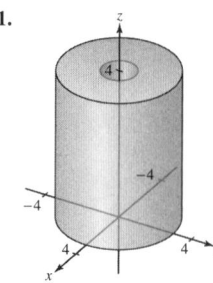

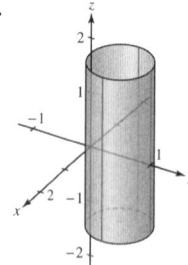

25. [figura: esfera]

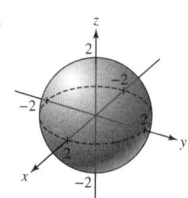

27. $r = \frac{z}{\cos\theta + \text{sen}\,\theta}$ **29.** $r = \frac{z\,\text{tg}\,\theta}{\cos\theta}$ **31.** $r = 2$ **33.** $(3, 0, 0)$
35. $(0, 0, 3)$ **37.** $\left(\frac{3\sqrt{3}}{2}, \frac{3}{2}, -3\sqrt{3}\right)$ **39.** $\left(2, 0, \frac{\pi}{3}\right)$
41. $\left(\sqrt{3}; \frac{\pi}{4}; 0{,}955\right)$ **43.** $\left(2, \frac{\pi}{3}, \frac{\pi}{6}\right)$ **45.** $\left(2\sqrt{2}, 0, \frac{\pi}{4}\right)$
47. $\left(2\sqrt{2}, 0, 2\sqrt{2}\right)$ **49.** $0 \leq \rho \leq 1$
51. $\rho = 1, \ 0 \leq \theta \leq \frac{\pi}{2}, \ 0 \leq \phi \leq \frac{\pi}{2}$
53. $\left\{(\rho, \theta, \phi) : 0 \leq \rho \leq 2, \ \theta = \frac{\pi}{2} \text{ ou } \theta = \frac{3\pi}{2}\right\}$

55. [figura: esfera] **57.** [figura: plano]

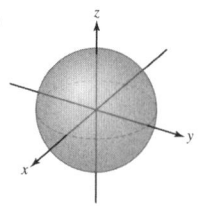

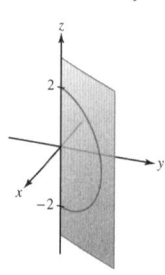

59. [figura: semi-esfera] **61.** [figura]

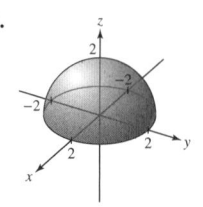

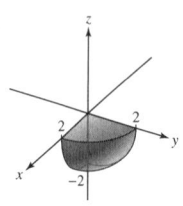

63. [figura: cilindro]

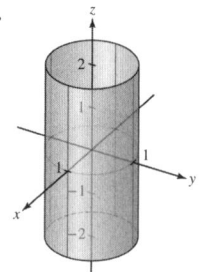

65. $\rho = \frac{2}{\cos\phi}$ **67.** $\rho = \frac{\cos\theta\,\text{tg}\,\phi}{\cos\phi}$ **69.** $\rho = \frac{2}{\text{sen}\,\phi\sqrt{\cos 2\theta}}$ **71.** (b)
73. Helsinki: $(25{,}0°; 29{,}9°)$, São Paulo: $(313{,}48°; 113{,}52°)$
75. Sydney: $(-4618{,}8; 2560{,}3; -3562{,}1)$,
Bogotá: $(1723{,}7; -6111{,}7; 503{,}1)$

77. $z = \pm r\sqrt{\cos 2\theta}$
79. $\left\{(r, \theta, z) : -\sqrt{4 - r^2} \leq z \leq \sqrt{4 - r^2}, 1 \leq r \leq 2, 0 \leq \theta \leq 2\pi\right\}$
83. $r = \sqrt{z^2 + 1}$ e $\rho = \sqrt{-\frac{1}{\cos 2\phi}}$; não há pontos; $\frac{\pi}{4} < \phi < \frac{3\pi}{4}$

Revisão do Capítulo 12

1. $\langle 21, -25\rangle$ e $\langle -19, 31\rangle$ **3.** $\left\langle \frac{-2}{\sqrt{29}}, \frac{5}{\sqrt{29}}\right\rangle$
5. $\mathbf{i} = \frac{2}{11}\mathbf{v} + \frac{5}{11}\mathbf{w}$ **7.** $\overrightarrow{PQ} = \langle -4, 1\rangle$; $\|\overrightarrow{PQ}\| = \sqrt{17}$
9. $\left\langle \frac{3}{\sqrt{2}}, -\frac{3}{\sqrt{2}}\right\rangle$ **11.** $\beta = \frac{3}{2}$ **13.** $\mathbf{u} = \left\langle \frac{1}{3}, -\frac{11}{6}, \frac{7}{6}\right\rangle$
15. $\mathbf{r}_1(t) = \langle 1 + 3t, 4 + t, 5 + 6t\rangle$; $\mathbf{r}_2(t) = \langle 1 + 3t, t, 6t\rangle$
17. $a = -2, b = 2$

19. [figura: vetores]

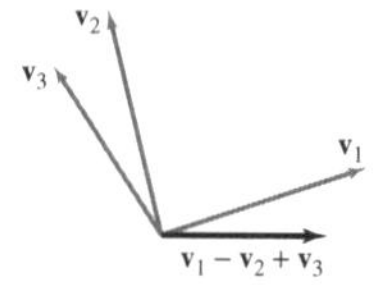

21. $\mathbf{v} \cdot \mathbf{w} = -9$ **23.** $\mathbf{v} \times \mathbf{w} = \langle 10, -8, -7\rangle$ **25.** $V = 48$
29. $\frac{5}{3}$ **31.** $\|\mathbf{F}_1\| = \frac{2\|\mathbf{F}_2\|}{\sqrt{3}}$; $\|\mathbf{F}_1\| = 980$ N
33. $\mathbf{v} \times \mathbf{w} = \langle -6, 7, -2\rangle$
35. -47 **37.** $5\sqrt{2}$ **41.** $\|\mathbf{e} - 4\mathbf{f}\| = \sqrt{13}$
47. $(x - 0) + 4(y - 1) - 3(z + 1) = 0$
49. $17x - 21y - 13z = -28$ **51.** $3x - 2y = 4$ **53.** Elipsoide
55. Paraboloide elíptico **57.** Cone elíptico
59. (a) Conjunto vazio (b) Hiperboloide de uma folha
  (c) Hiperboloide de duas folhas
61. $(r, \theta, z) = \left(5, \ \text{arc tg}\,\frac{4}{3}, \ -1\right)$, $(\rho, \theta, \phi) =$
  $\left(\sqrt{26}, \ \text{arc tg}\,\frac{4}{3}, \ \text{arc cos}\left(\frac{-1}{\sqrt{26}}\right)\right)$
63. $(r, \theta, z) = \left(\frac{3\sqrt{3}}{2}, \frac{\pi}{6}, \frac{3}{2}\right)$
65. $z = 2x$

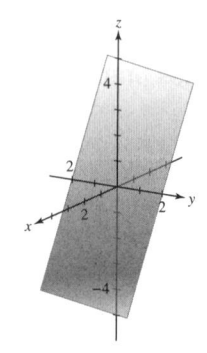

[figura: plano inclinado]

69. $A < -1$: Hiperboloide de uma folha
  $A = -1$: Cilindro com o eixo z como eixo central
  $A > -1$: Elipsoide
  $A = 0$: Esfera

Capítulo 13

Seção 13.1 Exercícios preliminares

1. (c) **2.** A curva $z = e^x$.
3. A projeção sobre o plano xz. **4.** O ponto $(-2, 2, 3)$

5. À medida que t cresce de 0 a 2π, um ponto em sen $t\mathbf{i}$ + cos $t\mathbf{j}$ movimenta-se no sentido horário e um ponto em cos $t\mathbf{i}$ + sen $t\mathbf{j}$ movimenta-se no sentido anti-horário.

6. (a), (c) e (d)

Seção 13.1 Exercícios

1. $D = \{t \in \mathbf{R}, \ t \neq 0, \ t \neq -1\}$

3. $\mathbf{r}(2) = \langle 0, 4, \frac{1}{5}\rangle; \mathbf{r}(-1) = \langle -1, 1, \frac{1}{2}\rangle$

5. $\mathbf{r}(t) = (3 + 3t)\mathbf{i} - 5\mathbf{j} + (7 + t)\mathbf{k}$

7. Sim, se $t = (2n - 1)\pi$, em que n é um inteiro, nos pontos $(0, 0, (2n - 1)\pi)$.

9. Não há interseção. **11.** A ↔ ii, B ↔ i, C ↔ iii

13. (a) = (v), (b) = (i), (c) = (ii), (d) = (vi), (e) = (iv), (f) = (iii)

15. C ↔ i, A ↔ ii, B ↔ iii

17. Isso é um círculo do plano xy de raio 9 e centrado na origem.

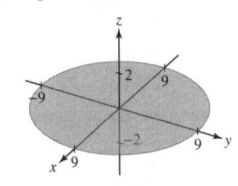

19. Raio 1, centro (0, 0, 0), plano xy.

21.

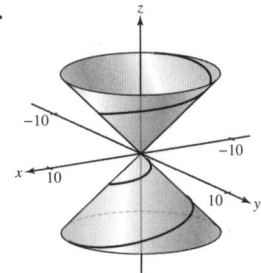

23. $(0, 1, 0), (0, -1, 0), \left(\frac{1}{\sqrt{2}}, \frac{1}{\sqrt{2}}, 0\right), \left(\frac{1}{\sqrt{2}}, -\frac{1}{\sqrt{2}}, 0\right),$
$\left(-\frac{1}{\sqrt{2}}, -\frac{1}{\sqrt{2}}, 0\right), \left(-\frac{1}{\sqrt{2}}, \frac{1}{\sqrt{2}}, 0\right)$

25. $\mathbf{r}(t) = \langle 2t^2 - 7, \ t, \ \pm\sqrt{9 - t^2}\rangle$, com $-3 \leq t \leq 3$

27. (a) $\mathbf{r}(t) = \langle \pm t\sqrt{1-t^2}, \ t^2, \ t\rangle$, com $-1 \leq t \leq 1$

(b) A projeção é um círculo do plano xy de raio $\frac{1}{2}$ e centrado no ponto $\left(0, \frac{1}{2}\right)$ do plano xy.

29. $\mathbf{r}(t) = \langle \cos t, \ \pm \operatorname{sen} t, \operatorname{sen} t\rangle$; a projeção da curva sobre o plano xy é traçada por $\langle \cos t, \ \pm \operatorname{sen} t, \ 0\rangle$, que é o círculo unitário desse plano; a projeção da curva sobre o plano xz é traçada por $\langle \cos t, \ 0, \operatorname{sen} t\rangle$, que é o círculo unitário desse plano; a projeção da curva sobre o plano yz é traçada por $\langle 0, \pm \operatorname{sen} t, \operatorname{sen} t\rangle$, que são os dois segmentos $z = y$ e $z = -y$ com $-1 \leq y \leq 1$.

31. $\mathbf{r}(t) = \langle \cos t, \operatorname{sen} t, \ 4\cos t^2\rangle, 0 \leq t \leq 2\pi$

33. Colidem no ponto (12, 4, 2) e intersectam nos pontos (4, 0, −6) e (12, 4, 2).

35. $\mathbf{r}(t) = \langle 3, 2, t\rangle, \ -\infty < t < \infty$

37. $\mathbf{r}(t) = \langle t, 3t, 15t\rangle, \ -\infty < t < \infty$

39. $\mathbf{r}(t) = \langle 1, \ 2 + 2\cos t, \ 5 + 2\operatorname{sen} t\rangle, \ 0 \leq t \leq 2\pi$

41. $\mathbf{r}(t) = \langle \frac{\sqrt{3}}{2}\cos t, \ \frac{1}{2}, \ \frac{\sqrt{3}}{2}\operatorname{sen} t\rangle, \ 0 \leq t \leq 2\pi$

43. $\mathbf{r}(t) = \langle 3 + 2\cos t, \ 1, \ 5 + 3\operatorname{sen} t\rangle, \ 0 \leq t \leq 2\pi$

45.

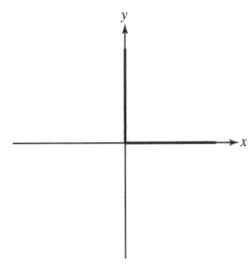

$\mathbf{r}(t) = \langle |t| + t, |t| - t\rangle$

Seção 13.2 Exercícios preliminares

1. $\frac{d}{dt}(f(t)\mathbf{r}(t)) = f(t)\mathbf{r}'(t) + f'(t)\mathbf{r}(t)$

$\frac{d}{dt}(\mathbf{r}_1(t) \cdot \mathbf{r}_2(t)) = \mathbf{r}_1(t) \cdot \mathbf{r}'_2(t) + \mathbf{r}'_1(t) \cdot \mathbf{r}_2(t)$

$\frac{d}{dt}(\mathbf{r}_1(t) \times \mathbf{r}_2(t)) = \mathbf{r}_1(t) \times \mathbf{r}'_2(t) + \mathbf{r}'_1(t) \times \mathbf{r}_2(t)$

2. Verdadeira **3.** Falsa **4.** Verdadeira **5.** Falsa **6.** Falsa

7. (a) Vetor **(b)** Escalar **(c)** Vetor

Seção 13.2 Exercícios

1. $\lim_{t \to 3}\langle t^2, 4t, \frac{1}{t}\rangle = \langle 9, 12, \frac{1}{3}\rangle$

3. $\lim_{t \to 0}(e^{2t}\mathbf{i} + \ln(t+1)\mathbf{j} + 4\mathbf{k}) = \mathbf{i} + 4\mathbf{k}$

5. $\lim_{h \to 0}\frac{\mathbf{r}(t+h)-\mathbf{r}(t)}{h} = \langle -\frac{1}{t^2}, \cos t, 0\rangle$ **7.** $\frac{d\mathbf{r}}{dt} = \langle 1, 2t, 3t^2\rangle$

9. $\frac{d\mathbf{r}}{ds} = \langle 3e^{3s}, -e^{-s}, 4s^3\rangle$ **11.** $\mathbf{c}'(t) = -t^{-2}\mathbf{i} - 2e^{2t}\mathbf{k}$

13. $\mathbf{r}'(t) = \langle 1, \ 2t, \ 3t^2\rangle, \mathbf{r}''(t) = \langle 0, \ 2, \ 6t\rangle$

15.

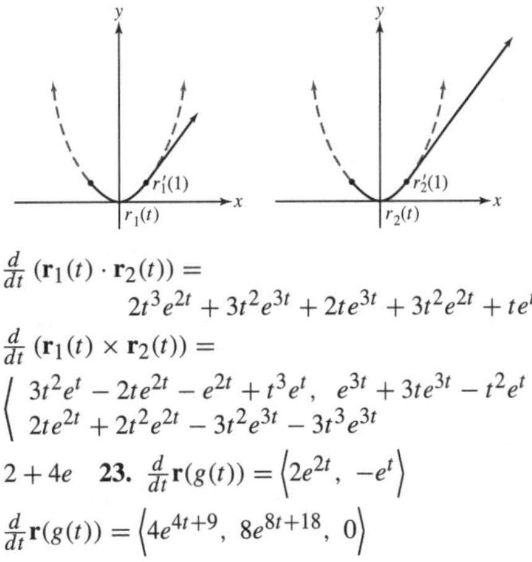

17. $\frac{d}{dt}(\mathbf{r}_1(t) \cdot \mathbf{r}_2(t)) =$
$\qquad 2t^3e^{2t} + 3t^2e^{3t} + 2te^{3t} + 3t^2e^{2t} + te^t + e^t$

19. $\frac{d}{dt}(\mathbf{r}_1(t) \times \mathbf{r}_2(t)) =$
$\begin{cases} 3t^2e^t - 2te^{2t} - e^{2t} + t^3e^t, \ e^{3t} + 3te^{3t} - t^2e^t - 2te^t, \\ 2te^{2t} + 2t^2e^{2t} - 3t^2e^{3t} - 3t^3e^{3t} \end{cases}$

21. $2 + 4e$ **23.** $\frac{d}{dt}\mathbf{r}(g(t)) = \langle 2e^{2t}, -e^t\rangle$

25. $\frac{d}{dt}\mathbf{r}(g(t)) = \langle 4e^{4t+9}, \ 8e^{8t+18}, \ 0\rangle$

27. $\frac{d}{dt}(\mathbf{r}(t) \cdot \mathbf{a}(t))|_{t=2} = 13$ **29.** $\ell(t) = \langle 4 - 4t, \ 16 - 32t\rangle$

31. $\ell(t) = \langle -3 - 4t, \ 10 + 5t, \ 16 + 24t\rangle$

33. $\ell(t) = \langle 2 - t, \ 0, \ -\frac{1}{3} + \frac{1}{2}t\rangle$

35. $\frac{d}{dt}(\mathbf{r} \times \mathbf{r}') = \langle (t^2 - 2)e^t, \ -te^t, \ 2t\rangle$ **39.** $\langle \frac{212}{3}, \ 124\rangle$

41. $\langle 0, 0\rangle$ **43.** $\langle 1, 2, -\frac{\operatorname{sen} 3}{3}\rangle$ **45.** $(\ln 4)\mathbf{i} + \frac{56}{3}\mathbf{j} - \frac{496}{5}\mathbf{k}$

47. $\mathbf{r}(t) = \langle -t^2 + t + c_1, 2t^2 + c_2\rangle$; com condições iniciais
$\mathbf{r}(t) = \langle -t^2 + t + 3, 2t^2 + 1\rangle$

49. $\mathbf{r}(t) = \left(\frac{1}{3}t^3\right)\mathbf{i} + \left(\frac{5t^2}{2}\right)\mathbf{j} + t\mathbf{k} + \mathbf{c}$; com condições iniciais
$\mathbf{r}(t) = \left(\frac{1}{3}t^3 - \frac{1}{3}\right)\mathbf{i} + \left(\frac{5}{2}t^2 - \frac{3}{2}\right)\mathbf{j} + (t+1)\mathbf{k}$

51. $\mathbf{r}(t) = (8t^2)\mathbf{k} + \mathbf{c}_1 t + \mathbf{c}_2$; com condições iniciais
$\mathbf{r}(t) = \mathbf{i} + t\mathbf{j} + (8t^2)\mathbf{k}$.

53. $\mathbf{r}(t) = \langle 0,\ t^2,\ 0 \rangle + \mathbf{c}_1 t + \mathbf{c}_2$; com condições iniciais
$\mathbf{r}(t) = \langle 1,\ t^2 - 6t + 10,\ t - 3 \rangle$.

55. $\mathbf{r}(3) = \langle \frac{45}{4},\ 5 \rangle$

57. O piloto consegue acertar um alvo localizado na origem somente no instante $t = 3$.

59. $\mathbf{r}(t) = (t-1)\mathbf{v} + \mathbf{w}$ **61.** $\mathbf{r}(t) = e^{2t}\mathbf{c}$

Seção 13.3 Exercícios preliminares

1. $2\mathbf{r}' = \langle 50,\ -70,\ 20 \rangle$, $-\mathbf{r}' = \langle -25,\ 35,\ -10 \rangle$

2. A afirmação (b) é verdadeira.

3. (a) $L'(2) = 4$
   (b) $L(t)$ é a distância percorrida ao longo do caminho que, em geral, é diferente da distância da origem.

4. 6

Seção 13.3 Exercícios

1. $L = 3\sqrt{61}$ **3.** $L = 15 + \ln 4$ **5.** $L = \frac{544\sqrt{34}-2}{135} \approx 23{,}48$

7. $L = \pi\sqrt{4\pi^2 + 10} + 5\ln\frac{2\pi+\sqrt{4\pi^2+10}}{\sqrt{10}} \approx 29{,}3$

9. $s(t) = \frac{1}{27}\left((20+9t^2)^{3/2} - 20^{3/2}\right)$ **11.** $v(4) = \sqrt{21}$

13. $v(1) = \sqrt{2}$ **15.** $v\left(\frac{\pi}{2}\right) = 5$ **17.** $\mathbf{r}' = \langle 100\sqrt{5}, 200\sqrt{5}\rangle$

19. A abelha está na origem. $\int_0^T \|\mathbf{r}'(u)\|\,du$ representa a distância total percorrida pela abelha no intervalo de tempo $[0, T]$.

21. (c) $L_1 \approx 132{,}0$, $L_2 \approx 125{,}7$; a primeira mola usa mais arame.

23. (a) $t = \pi$

25. (a) $s(t) = \sqrt{29}t$ (b) $t = g(s) = \frac{s}{\sqrt{29}}$

27. $\left\langle 1 + \frac{3s}{\sqrt{50}},\ 2 + \frac{4s}{\sqrt{50}},\ 3 + \frac{5s}{\sqrt{50}} \right\rangle$

29. $\mathbf{r}(s) = \langle 2 + 4\cos(2s),\ 10,\ -3 + 4\operatorname{sen}(2s) \rangle$

31. $\mathbf{r}(s) =$
$\left\langle \cos\left[\left(\tfrac{3}{2}s+1\right)^{2/3}-1\right],\ \operatorname{sen}\left[\left(\tfrac{3}{2}s+1\right)^{2/3}-1\right],\ \tfrac{2}{3}\left[\left(\tfrac{3}{2}s+1\right)^{2/3}-1\right]^{3/2}\right\rangle$,
$s \geq 0$

33. $\mathbf{r}(s) = \left\langle \frac{1}{9}(27s+8)^{2/3} - \frac{4}{9},\ \pm \frac{1}{27}\left((27s+8)^{2/3}-4\right)^{3/2}\right\rangle$

35. $\left\langle \frac{s}{\sqrt{1+m^2}},\ \frac{sm}{\sqrt{1+m^2}}\right\rangle$

37. (a) $\sqrt{17}e^t$ (b) $\frac{s}{\sqrt{17}}\left\langle \cos\left(4\ln\frac{s}{\sqrt{17}}\right),\ \operatorname{sen}\left(4\ln\frac{s}{\sqrt{17}}\right)\right\rangle$

39. $L = \int_{-\infty}^{\infty} \|\mathbf{r}'(t)\| = 2\int_{-\infty}^{\infty} \frac{dt}{1+t^2} = 2\pi$

Seção 13.4 Exercícios preliminares

1. $\left\langle \frac{2}{3},\ \frac{1}{3},\ -\frac{2}{3}\right\rangle$ **2.** $\frac{1}{4}$

3. A curvatura de um círculo de raio 2.   **4.** Curvatura zero.

5. $\kappa = \sqrt{14}$ **6.** 4   **7.** $\frac{1}{9}$

Seção 13.4 Exercícios

1. $\mathbf{r}'(t) = \langle 8t+9\rangle$, $\mathbf{T}(t) = \frac{1}{\sqrt{64t^2+81}}\langle 8t,\ 9\rangle$,

$\mathbf{T}(1) = \left\langle \frac{8}{\sqrt{145}},\ \frac{9}{\sqrt{145}}\right\rangle$

3. $\mathbf{r}'(t) = \langle 4, -5, 9\rangle$, $\mathbf{T}(t) = \left\langle \frac{4}{\sqrt{122}},\ -\frac{5}{\sqrt{122}},\ \frac{9}{\sqrt{122}}\right\rangle$,
$\mathbf{T}(1) = \mathbf{T}(t)$

5. $\mathbf{r}'(t) = \langle -\pi\operatorname{sen}\pi t,\ \pi\cos\pi t,\ 1\rangle$,
$\mathbf{T}(t) = \frac{1}{\sqrt{\pi^2+1}}\langle -\pi\operatorname{sen}\pi t,\ \pi\cos\pi t,\ 1\rangle$,
$\mathbf{T}(1) = \left\langle 0,\ -\frac{\pi}{\sqrt{\pi^2+1}},\ \frac{1}{\sqrt{\pi^2+1}}\right\rangle$

7. $\kappa(t) = \frac{e^t}{(1+e^{2t})^{3/2}}$ **9.** $\kappa(t) = 0$ **11.** $\kappa = \frac{2\sqrt{74}}{27}$

13. $\kappa = \frac{\sqrt{\pi^2+5}}{(\pi^2+1)^{3/2}} \approx 0{,}108$ **15.** $\kappa(3) = \frac{e^3}{(3^6+1)^{3/2}} \approx 0{,}0025$

17. $\kappa(2) = \frac{48\sqrt{41}}{210{,}125} \approx 0{,}0015$

19. $\kappa\left(\frac{\pi}{3}\right) = \frac{\sqrt{330}}{4} \approx 4{,}54$, $\kappa\left(\frac{\pi}{2}\right) = \frac{1}{5} = 0{,}2$ **23.** $\alpha = \pm\sqrt{2}$

29. $\kappa(2) = \frac{3\sqrt{10}}{800} \approx 0{,}012$ **31.** $\kappa(\pi) = \frac{\pi\sqrt{2}}{4} \approx 1{,}11$

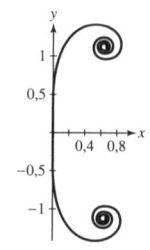

35. $\kappa(t) = t^2$

37. $\mathbf{N}(t) = \langle 0,\ -\operatorname{sen}2t,\ -\cos 2t\rangle$

39. $\mathbf{N}\left(\frac{\pi}{4}\right) = \left\langle -\frac{\sqrt{2}}{3\sqrt{3}},\ -\frac{2}{3\sqrt{3}}\right\rangle$, $\mathbf{N}\left(\frac{3\pi}{4}\right) = \left\langle \frac{\sqrt{2}}{3\sqrt{3}},\ \frac{2}{3\sqrt{3}}\right\rangle$

41. $\mathbf{T}(1) = \left\langle 0,\ \frac{\sqrt{5}}{5},\ \frac{2\sqrt{5}}{5}\right\rangle$, $\mathbf{N}(1) = \left\langle 0,\ -\frac{2\sqrt{5}}{5},\ \frac{\sqrt{5}}{5}\right\rangle$, $\mathbf{B}(1) = \langle 1, 0, 0\rangle$

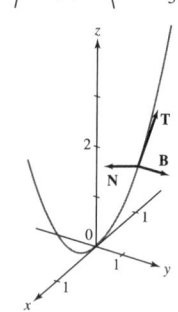

43. $\mathbf{T}(1) = \left\langle \frac{1}{3},\ \frac{2}{3},\ \frac{2}{3}\right\rangle$, $\mathbf{N}(1) = \left\langle -\frac{2}{3},\ -\frac{1}{3},\ \frac{2}{3}\right\rangle$, $\mathbf{B}(1) = \left\langle \frac{2}{3},\ -\frac{2}{3},\ \frac{1}{3}\right\rangle$

45. $\mathbf{N}\left(\pi^{1/3}\right) = \left\langle \frac{1}{2},\ -\frac{\sqrt{3}}{2}\right\rangle$ **47.** $\mathbf{N}(1) = \frac{1}{\sqrt{13}}\langle -3,\ 2\rangle$

49. $\mathbf{N}(1) = \frac{1}{\sqrt{2}}\langle 0,\ 1,\ -1\rangle$

51. $\mathbf{N}(0) = \frac{1}{6}\left\langle -\sqrt{6},\ 2\sqrt{6},\ -\sqrt{6}\right\rangle$

53. (a) $\mathbf{T}(1) = \left\langle \frac{1}{3},\ \frac{2}{3},\ \frac{2}{3}\right\rangle$, $\mathbf{N}(1) = \left\langle -\frac{2}{3},\ -\frac{1}{3},\ \frac{2}{3}\right\rangle$, $\mathbf{B}(1) = \left\langle \frac{2}{3},\ -\frac{2}{3},\ \frac{1}{3}\right\rangle$
   (b) $6x - 6y + 3z = 1$

55. (a) $\mathbf{T}(t) = \left\langle \frac{1}{\sqrt{2+4t^2}},\ \frac{-1}{\sqrt{2+4t^2}},\ \frac{2t}{\sqrt{2+4t^2}}\right\rangle$,

$\mathbf{N}(t) = \left\langle \frac{-t\sqrt{2}}{\sqrt{2+4t^2}},\ \frac{t\sqrt{2}}{\sqrt{2+4t^2}},\ \frac{\sqrt{2}}{\sqrt{2+4t^2}}\right\rangle$

   (b) $\mathbf{B}(t) = \left\langle -\frac{1}{\sqrt{2}},\ -\frac{1}{\sqrt{2}},\ 0\right\rangle$

   (c) Todos os planos osculadores são paralelos entre si, com equação $x + y = c$, com algum c.

59. $\langle \cos t,\ \operatorname{sen} t\rangle$, ou seja, o próprio círculo unitário.

61. $\mathbf{c}(t) = \left\langle -4,\ \frac{7}{2}\right\rangle + \frac{5^{3/2}}{2}\langle \cos t,\ \operatorname{sen} t\rangle$

63. $\mathbf{c}(t) = \langle \pi,\ -2\rangle + 4\langle \cos t,\ \operatorname{sen} t\rangle$

65. $c(t) = \left\langle -1 - 2\cos t, \frac{2\sen t}{\sqrt{2}}, \frac{2\sen t}{\sqrt{2}} \right\rangle$

73. $\kappa(\theta) = 1$ **75.** $\kappa(\theta) = \frac{1}{\sqrt{2}} e^{-\theta}$

91. (a) $\mathbf{N}(0) = \left\langle -\frac{1}{\sqrt{5}}, 0, \frac{2}{\sqrt{5}} \right\rangle$ **(b)** $\mathbf{N}(1) = \frac{1}{\sqrt{66}} \langle 4, 7, -2 \rangle$

Seção 13.5 Exercícios preliminares

1. Não, pois a partícula pode mudar sua direção. **2.** $\mathbf{a}(t)$
3. A afirmação (a), seus vetores velocidade apontam na mesma direção.
4. O vetor velocidade sempre aponta na direção e sentido do movimento. Como o vetor $\mathbf{N}(t)$ é ortogonal à direção do movimento, os vetores $\mathbf{a}(t)$ e $\mathbf{v}(t)$ são ortogonais.
5. Descrição (b), paralelos **6.** $\|\mathbf{a}(t)\| = 8$ cm/s² **7.** $a_\mathbf{N}$

Seção 13.5 Exercícios

1. $h = -0.2$: $\langle -0.085, 1.91, 2.635 \rangle$
$h = -0.1$: $\langle -0.19, 2.07, 2.97 \rangle$
$h = 0.1$: $\langle -0.41, 2.37, 4.08 \rangle$
$h = 0.2$: $\langle -0.525, 2.505, 5.075 \rangle$
$\mathbf{v}(1) \approx \langle -0.3, 2.2, 3.5 \rangle$, $v(1) \approx 4.1$

3. $\mathbf{v}(1) = \langle 3, -1, 8 \rangle$, $\mathbf{a}(1) = \langle 6, 0, 8 \rangle$, $v(1) = \sqrt{74}$

5. $\mathbf{v}(\frac{\pi}{3}) = \left\langle \frac{1}{2}, -\frac{\sqrt{3}}{2}, 0 \right\rangle$, $\mathbf{a}(\frac{\pi}{3}) = \left\langle -\frac{\sqrt{3}}{2}, -\frac{1}{2}, 9 \right\rangle$, $v(\frac{\pi}{3}) = 1$

7. $\mathbf{a}(t) = -2 \left\langle \cos \frac{t}{2}, \sen \frac{t}{2} \right\rangle$; $\mathbf{a}(\frac{\pi}{4}) \approx \langle -1.85, -0.077 \rangle$

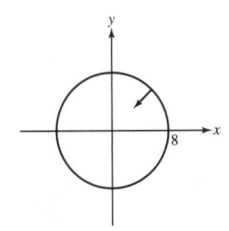

$R(t) = 8 \left\langle \cos \frac{t}{2}, \sen \frac{t}{2} \right\rangle$

9.

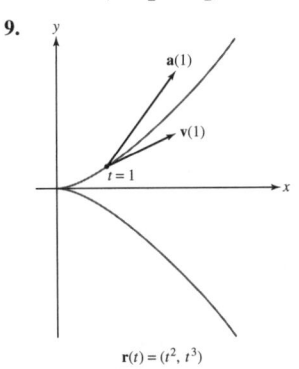

$r(t) = (t^2, t^3)$

11. $\mathbf{v}(t) = \left\langle \frac{3t^2 + 2}{6}, 4t - 2 \right\rangle$ **13.** $\mathbf{v}(t) = \mathbf{i} + t\mathbf{k}$

15. $\mathbf{v}(t) = \left\langle \frac{t^2}{2} + 3, 4t - 2 \right\rangle$, $\mathbf{r}(t) = \left\langle \frac{t^3}{6} + 3t, 2t^2 - 2t \right\rangle$

17. $\mathbf{v}(t) = \mathbf{i} + \frac{t^2}{2} \mathbf{k}$, $\mathbf{r}(t) = t\mathbf{i} + \mathbf{j} + \frac{t^3}{6} \mathbf{k}$

19. $v_0 = \sqrt{5292} \approx 72{,}746$ m/s **23.** $H = 355$ m

25. (a) Suponha que $\mathbf{r}(0) = \langle 150, 75, 5 \rangle$
$\mathbf{a}(t) = \langle 0, 0, -32 \rangle$, $\mathbf{v}(t) = \langle 40, 35, -32t + 32 \rangle$
$\mathbf{r}(t) = \left\langle 40t + 150, 35t + 75, -16t^2 + 32t + 5 \right\rangle$

(b) $z = 5$ se $t = 0$ ou 2. Em $t = 2$, $\mathbf{r}(2) = \langle 230, 145, 5 \rangle$, portanto, o jogador está ao alcance, já que $(300, 150, z)$ é o ponto máximo possível ao alcance.

27. $\mathbf{r}(10) = \langle 45, -20 \rangle$

29. (a) Em sua posição original. **(b)** Não

31. A velocidade está decrescendo.

33. $a_\mathbf{T} = 0$, $a_\mathbf{N} = 1$ **35.** $a_\mathbf{T} = \frac{7}{\sqrt{6}}$, $a_\mathbf{N} = \sqrt{\frac{53}{6}}$

37. $\mathbf{a}(-1) = -\frac{2}{\sqrt{10}} \mathbf{T} + \frac{6}{\sqrt{10}} \mathbf{N}$ com $\mathbf{T} = \frac{1}{\sqrt{10}} \langle 1, -3 \rangle$ e
$\mathbf{N} = \frac{1}{\sqrt{10}} \langle -3, -1 \rangle$

39. $a_\mathbf{T}(4) = 4$, $a_\mathbf{N}(4) = 1$, portanto $\mathbf{a} = 4\mathbf{T} + \mathbf{N}$, com
$\mathbf{T} = \left\langle \frac{1}{9}, \frac{4}{9}, \frac{8}{9} \right\rangle$ e $\mathbf{N} = \left\langle -\frac{4}{9}, -\frac{7}{9}, \frac{4}{9} \right\rangle$

41. $\mathbf{a}(0) = \sqrt{3}\mathbf{T} + \sqrt{2}\mathbf{N}$, com $\mathbf{T} = \frac{1}{\sqrt{3}} \langle 1, 1, 1 \rangle$ e
$\mathbf{N} = \frac{1}{\sqrt{2}} \langle -1, 0, 1 \rangle$

43. $\mathbf{a}(\frac{\pi}{2}) = -\frac{\pi}{2\sqrt{3}} \mathbf{T} + \frac{\pi}{\sqrt{6}} \mathbf{N}$, com $\mathbf{T} = \frac{1}{\sqrt{3}} \langle 1, -1, 1 \rangle$ e
$\mathbf{N} = \frac{1}{\sqrt{6}} \langle 1, -1, -2 \rangle$

45. $a_\mathbf{T} = 0$, $a_\mathbf{N} = 0{,}25$ cm/s²

47. A aceleração tangencial é $\frac{50}{\sqrt{2}} \approx 35{,}36$ m/min²,
$v = \sqrt{35{,}36(30)} \approx 32{,}56$ m/min

49. $\|\mathbf{a}\| = 1{,}157 \times 10^5$ km/h² **51.** $\mathbf{a} = \left\langle -\frac{1}{6}, -1, \frac{1}{6} \right\rangle$

53. (A) velocidade diminuindo; (B) velocidade aumentando; (C) velocidade diminuindo.

57. Depois de 139,91 s, o carro vai começar a derrapar.

61. $R \approx 105$ m

Seção 13.6 Exercícios preliminares

1. $\frac{dA}{dt} = \frac{1}{2} \|\mathbf{J}\|$ **3.** O período aumenta oito vezes.

Seção 13.6 Exercícios

1. Os dados corroboram as predições de Kepler;
$T \approx \sqrt{a^3 \cdot 3 \cdot 10^{-4}} \approx 11{,}9$ anos

3. $M \approx 1{,}897 \times 10^{27}$ kg **5.** $M \approx 2{,}6225 \times 10^{41}$ kg

11. A órbita do satélite está no plano $20x - 29y = 9z = 0$.

Revisão do Capítulo 13

1. (a) $-1 < t < 0$ ou $0 < t \leq 1$ **(b)** $0 < t \leq 2$

3. $\mathbf{r}(t) = \left\langle t^2, t, \sqrt[3]{3 - t^4} \right\rangle$, $-\infty < t < \infty$

5. $\mathbf{r}'(t) = \left\langle -1, -2t^{-3}, \frac{1}{t} \right\rangle$ **7.** $\mathbf{r}'(0) = \langle 2, 0, 6 \rangle$

9. $\frac{d}{dt} e^t \langle 1, t, t^2 \rangle = e^t \langle 1, 1+t, 2t+t^2 \rangle$

11. $\frac{d}{dt} (6\mathbf{r}_1(t) - 4\mathbf{r}_2(t))|_{t=3} = \langle 0, -8, -10 \rangle$

13. $\frac{d}{dt} (\mathbf{r}_1(t) \cdot \mathbf{r}_2(t))|_{t=3} = 2$

15. $\int_0^3 \langle 4t + 3, t^2, -4t^3 \rangle \, dt = \langle 27, 9, -81 \rangle$

17. $\left(3, 3, \frac{16}{3} \right)$ **19.** $\mathbf{r}(t) = \left\langle 2t^2 - \frac{8}{3} t^3 + t, t^4 - \frac{1}{6} t^3 + 1 \right\rangle$

21. $L = 2\sqrt{13}$ **23.** $\left\langle 5 \cos \frac{2\pi s}{5\sqrt{1+4\pi^2}}, 5 \sen \frac{2\pi s}{5\sqrt{1+4\pi^2}}, \frac{s}{\sqrt{1+4\pi^2}} \right\rangle$

25. $v_0 \approx 67{,}279$ m/s **27.** $\left(0, \frac{11}{2}, 38 \right)$

29. $\mathbf{T}(\pi) = \left\langle \frac{-1}{\sqrt{2}}, \frac{1}{\sqrt{2}}, 0 \right\rangle$ **31.** $\kappa(1) = \frac{1}{2^{3/2}}$

33. $\mathbf{a} = \frac{1}{\sqrt{2}} \mathbf{T} + 4\mathbf{N}$, em que $\mathbf{T} = \langle -1, 0 \rangle$ e $\mathbf{N} = \langle 0, -1 \rangle$

35. $\kappa = \frac{13}{16}$ **37.** $\mathbf{c}(t) = \left\langle \frac{25}{2} + \frac{17^{3/2}}{2}\cos t, -32 + \frac{17^{3/2}}{2}\sin t \right\rangle$
39. $2x - 4y + 2z = -3$

Capítulo 14
Seção 14.1 Exercícios preliminares
1. Mesma forma, mas se encontram em planos paralelos.
2. A parábola $z = x^2$ no plano xz.
3. Não é possível.
4. As retas verticais $x = c$ a uma distância de 1 unidade entre duas adjacentes.
5. No mapa de contornos de $g(x, y) = 2x$, a distância entre duas retas verticais adjacentes é de $\frac{1}{2}$.

Seção 14.1 Exercícios
1. $f(2, 2) = 18, f(-1, 4) = -5$
3. $h(3, 8, 2) = 6; h(3, -2, -6) = -\frac{1}{6}$
5. O domínio é todo o plano xy.

7.

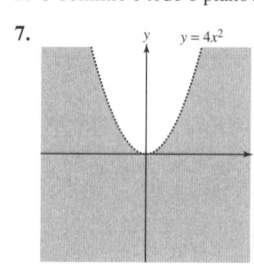

9. $\mathcal{D} = \left\{ (y, z) : z \neq -y^2 \right\}$

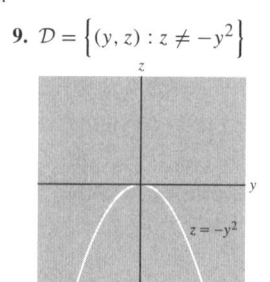

11.

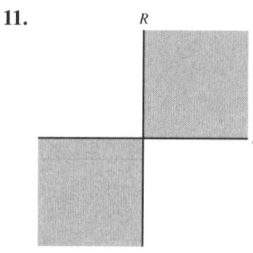

13. Domínio: todo o espaço (x, y, z); imagem: toda a reta real.
15. Domínio: $\{(r, s, t) : |rst| \leq 4\}$; imagem: $\{w : 0 \leq w \leq 4\}$
17. $f \leftrightarrow$ (B), $g \leftrightarrow$ (A)
19. (a) D (b) C (c) E (d) B (e) A (f) F
21.

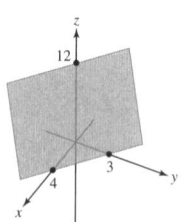

Traço horizontal: $3x + 4y = 12 - c$ no plano $z = c$.
Traço vertical: $z = (12 - 3a) - 4y$ e $z = -3x + (12 - 4a)$ nos planos $x = a$ e $y = a$, respectivamente.

23.

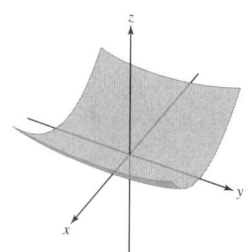

Os traços horizontais são elipses se $c > 0$.
O traço vertical no plano $x = a$ é a parábola $z = a^2 + 4y^2$.
O traço vertical no plano $y = a$ é a parábola $z = x^2 + 4a^2$.

25.

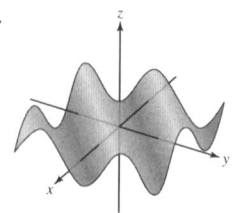

Os traços horizontais no plano $z = c$, $|c| \leq 1$ são as retas
$x - y = \arcsen c + 2k\pi$ e $x - y = \pi - \arcsen c + 2k\pi$, com k inteiro.
O traço vertical no plano $x = a$ é $z = \sen(a - y)$.
O traço vertical no plano $y = a$ é $z = \sen(x - a)$.

27. $m = 1$ e $m = 2$:

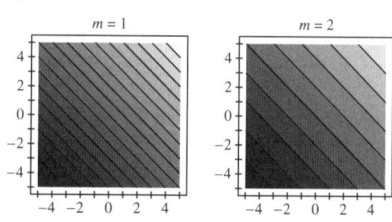

29.

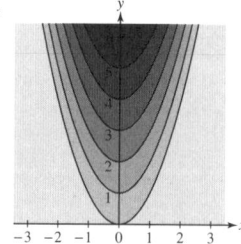

31.

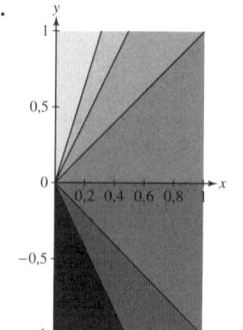

33.

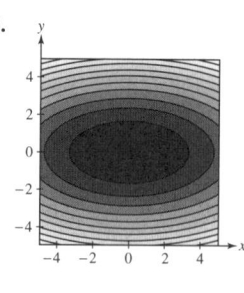

35. [gráfico]

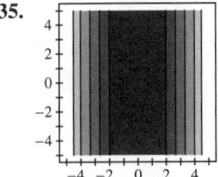

37. $m = 6: f(x, y) = 2x + 6y + 6$
$m = 3: f(x, y) = x + 3y + 3$

39. (a) Somente em (A) (b) Somente em (C) (c) Oeste

41. [gráfico com $T=0, T=1, T=2$]

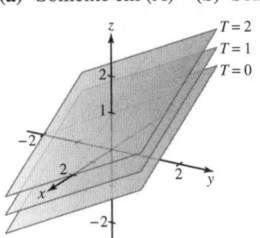

43. [gráficos com $T=0, T=-1, T=1, T=-2, T=2$]

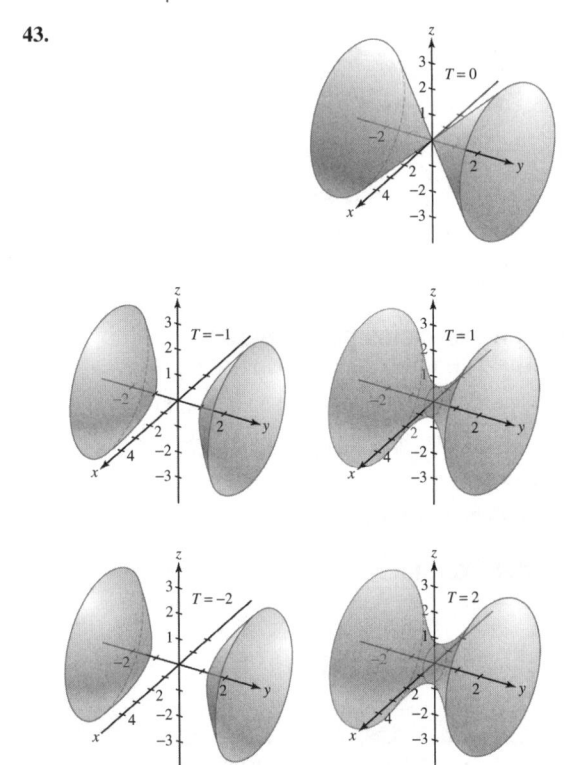

45. Taxa de variação média de B a $C = D = 0{,}000625$ kg/m³ × ppm

47. No ponto A.

49. Taxas de variação média: de A a $B \approx 0{,}0737$ e de A a $C \approx 0{,}0457$

51. [mapa de contornos com pontos A, B, C, D e i, ii, iii; Intervalo de contornos = 20 m; 0, 1, 2 km]

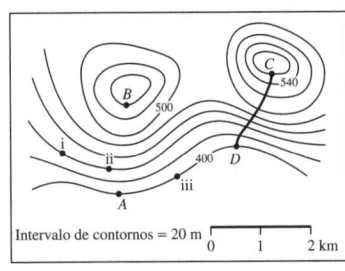

53. [gráficos com $T=0, T=1, T=2$]

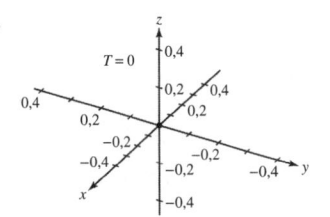

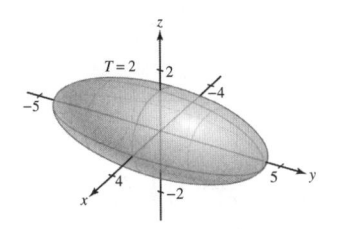

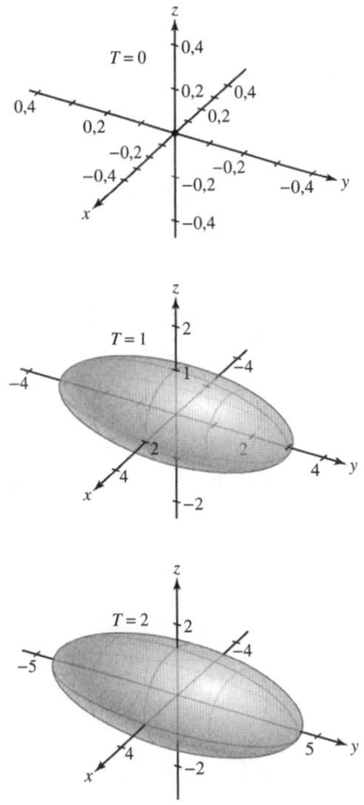

55. [gráficos com $T=-2, T=0, T=-1, T=1$]

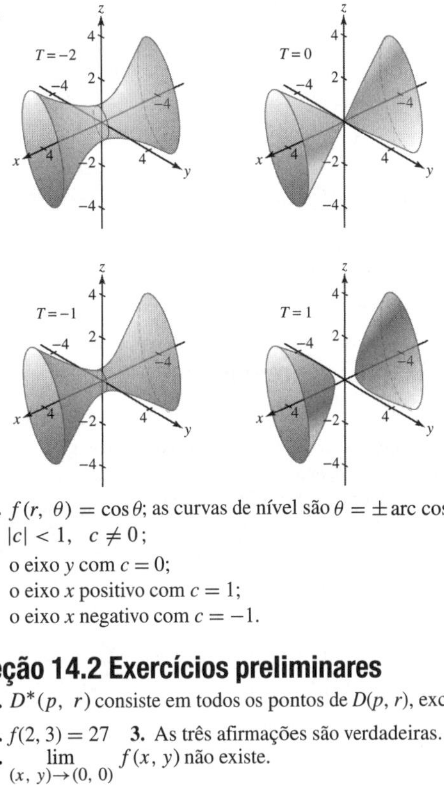

57. $f(r, \theta) = \cos\theta$; as curvas de nível são $\theta = \pm\arccos(c)$ com $|c| < 1$, $c \neq 0$;

o eixo y com $c = 0$;
o eixo x positivo com $c = 1$;
o eixo x negativo com $c = -1$.

Seção 14.2 Exercícios preliminares

1. $D^*(p, r)$ consiste em todos os pontos de $D(p, r)$, exceto o ponto p.

2. $f(2, 3) = 27$ **3.** As três afirmações são verdadeiras.

4. $\lim_{(x, y) \to (0, 0)} f(x, y)$ não existe.

Seção 14.2 Exercícios

1. $\lim_{(x, y) \to (1, 2)} (x^2 + y) = 3$ **3.** $\lim_{(x, y) \to (2, -1)} (xy - 3x^2y^3) = 10$

5. $\lim_{(x, y) \to (\frac{\pi}{4}, 0)} \operatorname{tg} x \cos y = 1$

7. $\lim_{(x,y)\to(1,1)} \frac{e^{x^2}-e^{-y^2}}{x+y} = \frac{1}{2}(e-e^{-1})$

9. $\lim_{(x,y)\to(2,5)} (g(x,y) - 2f(x,y)) = 1$

11. $\lim_{(x,y)\to(2,5)} e^{f(x,y)^2 - g(x,y)} = e^2$

13. Não; o limite ao longo do eixo x e o limite ao longo do eixo y são diferentes.

15. O limite é $\frac{1+m^3}{m^2}$ com qualquer $m \neq 0$.

17. O limite ao longo do eixo x é $\lim_{(x,y)\to(0,0)} \frac{x}{x^2+y^2} = \lim_{x\to 0} \frac{1}{x}$, que não existe.

19. $\lim_{(x,y)\to(0,0)} \frac{x^2-y^2}{\sqrt{x^2+y^2}} = 0$

21. O limite não existe, porque se (x,y) tende a $(0,0)$ ao longo da reta $y = mx$, os valores da função dependem do valor de m.

$\lim_{(x,y)\to(0,0)\, y=mx} \frac{xy}{3x^2+2y^2} = \lim_{x\to 0} \frac{mx^2}{3x^2+2m^2x^2} = \frac{m}{2m^2+3}$

23. Ao longo do eixo coordenado x ($y=z=0$),

$\lim_{(x,y,z)\to(0,0,0)} \frac{x+y+z}{x^2+y^2+z^2} = \lim_{(x,y,z)\to(0,0,0)} \frac{1}{x} = \infty$

25. $\lim_{(x,y)\to(4,0)} (x^2-16) \cos\left(\frac{1}{(x-4)^2+y^2}\right) = 0$

27. $\lim_{(z,w)\to(-2,1)} \frac{z^4 \cos(\pi w)}{e^{z+w}} = -16e$

29. $\lim_{(x,y)\to(4,2)} \frac{y-2}{\sqrt{x^2-4}} = 0$ **31.** $\lim_{(x,y)\to(3,4)} \frac{1}{\sqrt{x^2+y^2}} = \frac{1}{5}$

33. $\lim_{(x,y)\to(1,-3)} e^{x-y} \ln(x-y) = e^4 \ln(4)$

35. $\lim_{(x,y)\to(-3,-2)} (x^2y^3 + 4xy) = -48$

37. $\lim_{(x,y)\to(0,0)} \text{tg}(x^2+y^2) \text{ arc tg}\left(\frac{1}{x^2+y^2}\right) = 0$

39. $\lim_{(x,y)\to(0,0)} \frac{x^2+y^2}{\sqrt{x^2+y^2+1}-1} = 2$

43. $\lim_{(x,y)\to Q} g(x,y) = 4$ **45.** Sim

Seção 14.3 Exercícios preliminares

1. $\frac{\partial}{\partial x}(x^2y^2) = 2xy^2$

2. Nesse caso, podemos usar a regra do múltiplo constante. Na segunda parte, como y aparece tanto no numerador quanto no denominador, preferimos a regra do quociente.

3. (a), (c) **4.** $f_x = 0$ **5.** (a), (d)

Seção 14.3 Exercícios

3. $\frac{\partial}{\partial y} \frac{y}{x+y} = \frac{x}{(x+y)^2}$ **5.** $f_z(2,3,1) = 6$

7. $m = 10$ **9.** $f_x(A) \approx 10$, $f_y(A) \approx -20$ **11.** NO

13. $\frac{\partial}{\partial x}(x^2+y^2) = 2x$, $\frac{\partial}{\partial y}(x^2+y^2) = 2y$

15. $\frac{\partial}{\partial x}(x^4y + xy^{-2}) = 4x^3y + y^{-2}$,
$\frac{\partial}{\partial y}(x^4y + xy^{-2}) = x^4 - 2xy^{-3}$

17. $\frac{\partial}{\partial x}\left(\frac{x}{y}\right) = \frac{1}{y}$, $\frac{\partial}{\partial y}\left(\frac{x}{y}\right) = \frac{-x}{y^2}$

19. $\frac{\partial}{\partial x}\left(\sqrt{9-x^2-y^2}\right) = \frac{-x}{\sqrt{9-x^2-y^2}}$, $\frac{\partial}{\partial y}\left(\sqrt{9-x^2-y^2}\right) = \frac{-y}{\sqrt{9-x^2-y^2}}$

21. $\frac{\partial}{\partial x}(\text{sen}\, x \,\text{sen}\, y) = \text{sen}\, y \cos x$, $\frac{\partial}{\partial y}(\text{sen}\, x \,\text{sen}\, y) = \text{sen}\, x \cos y$

23. $\frac{\partial}{\partial x}\left(\text{tg}\frac{x}{y}\right) = \frac{1}{y}\sec^2 \frac{x}{y}$, $\frac{\partial}{\partial y}\left(\text{tg}\frac{x}{y}\right) = -\frac{x}{y^2}\sec^2 \frac{x}{y}$

25. $\frac{\partial}{\partial x}\ln(x^2+y^2) = \frac{2x}{x^2+y^2}$, $\frac{\partial}{\partial y}\ln(x^2+y^2) = \frac{2y}{x^2+y^2}$

27. $\frac{\partial}{\partial r}e^{r+s} = e^{r+s}$, $\frac{\partial}{\partial s}e^{r+s} = e^{r+s}$

29. $\frac{\partial}{\partial x}e^{xy} = ye^{xy}$, $\frac{\partial}{\partial y}e^{xy} = xe^{xy}$

31. $\frac{\partial z}{\partial y} = -2xe^{-x^2-y^2}$, $\frac{\partial z}{\partial y} = -2ye^{-x^2-y^2}$

33. $\frac{\partial U}{\partial t} = -e^{-rt}$, $\frac{\partial U}{\partial r} = \frac{-e^{-rt}(rt+1)}{r^2}$

35. $\frac{\partial}{\partial x}\text{senh}(x^2y) = 2xy \cosh(x^2y)$, $\frac{\partial}{\partial y}\text{senh}(x^2y) = x^2 \cosh(x^2y)$

37. $\frac{\partial w}{\partial x} = y^2z^3$, $\frac{\partial w}{\partial y} = 2xz^3y$, $\frac{\partial w}{\partial z} = 3xy^2z^2$

39. $\frac{\partial Q}{\partial L} = \frac{M-Lt}{M^2}e^{-Lt/M}$, $\frac{\partial Q}{\partial M} = \frac{L(Lt-M)}{M^3}e^{-Lt/M}$,
$\frac{\partial Q}{\partial t} = -\frac{L^2}{M^2}e^{-Lt/M}$

41. $f_x(1,2) = -164$ **43.** $g_u(1,2) = \ln 3 + \frac{1}{3}$

45. $N = 2865{,}058$, $\Delta N \approx -217{,}74$

47. (a) $I(95, 50) \approx 73{,}1913$ (b) $\frac{\partial I}{\partial T}$; $1{,}66$

49. Um aumento de 1 cm em r.

51. $\frac{\partial W}{\partial E} = -\frac{1}{kT}e^{-E/kT}$, $\frac{\partial W}{\partial T} = \frac{E}{kT^2}e^{-E/kT}$

55. (a), (b) **57.** $\frac{\partial^2 f}{\partial x^2} = 6y$, $\frac{\partial^2 f}{\partial y^2} = -72xy^2$

59. $h_{vv} = \frac{32u}{(u+4v)^3}$ **61.** $f_{yy}(2,3) = -\frac{4}{9}$

63. $f_{xyxzy} = 0$ **65.** $f_{uuv} = 2v \,\text{sen}\,(u+v^2)$

67. $F_{rst} = 0$ **69.** $F_{uu\theta} = \cosh(uv + \theta^2) \cdot 2\theta v^2$

71. $g_{xyz} = \frac{3xyz}{(x^2+y^2+z^2)^{5/2}}$ **73.** $f(x,y) = x^2y$ **77.** $B = A^2$

Seção 14.4 Exercícios preliminares

1. $L(x,y) = f(a,b) + f_x(a,b)(x-a) + f_y(a,b)(y-b)$

2. f é localmente linear em (a,b) se $f(x,y) = L(x,y) + e(x,y)$, em que $e(x,y)$ satisfaz $\lim_{(x,y)\to(a,b)} \frac{e(x,y)}{\sqrt{(x-a)^2+(y-b)^2}} = 0$

3. (b) **4.** $f(2, 3{,}1) \approx 8{,}7$ **5.** $\Delta f \approx -0{,}1$

6. Critério de diferenciabilidade

Seção 14.4 Exercícios

1. $z = -34 - 20x + 16y$ **3.** $z = 5x + 10y - 14$

5. $z = 8x - 2y - 13$ **7.** $z = 4r - 5s + 2$

9. $z = \left(\frac{4}{5} + \frac{12}{25}\ln 2\right) - \frac{12}{25}x + \frac{12}{25}y$ **11.** $\left(-\frac{1}{4}, \frac{1}{8}, \frac{1}{8}\right)$

13. (a) $f(x,y) = -16 + 4x + 12y$
(b) $f(2{,}01, 1{,}02) \approx 4{,}28$; $f(1{,}97, 1{,}01) \approx 4$

15. $\Delta f \approx 3{,}56$ **17.** $f(0{,}01, -0{,}02) \approx 0{,}98$

19. $L(x,y,z) = \frac{5}{12}\sqrt{3}x + \frac{5}{12}\sqrt{3}y + 2\sqrt{3}z - 5\sqrt{3}$

21. $5{,}07$ **23.** $8{,}44$ **25.** $4{,}998$ **27.** $3{,}945$

29. $f(-2{,}1, 3{,}1) \approx 4{,}2$ **31.** $\Delta I \approx 0{,}5644$

33. (b) $\Delta H \approx 0{,}022$ m

35. (b) 6% (c) erro de 1% em r

37. (a) \$7,10 (b) \$28,85; \$57,69 (c) −\$74,24

39. O erro máximo em V é aproximadamente 8,948 m.

Seção 14.5 Exercícios preliminares

1. (b) **2.** Verdadeira

3. ∇f aponta na direção e sentido da maior taxa de crescimento de f e é normal à curva de nível de f.

4. (b) e (c) **5.** $3\sqrt{2}$

Seção 14.5 Exercícios

1. (a) $\nabla f = \langle y^2, 2xy \rangle$, $\mathbf{r}'(t) = \langle t, 3t^2 \rangle$
   (b) $\frac{d}{dt}(f(\mathbf{r}(t)))\big|_{t=1} = 4$; $\frac{d}{dt}(f(\mathbf{r}(t)))\big|_{t=-1} = -4$
3. A: zero, B: negativo, C: positivo, D: zero.
5. $\nabla f = -\operatorname{sen}(x^2 + y)\langle 2x, 1 \rangle$
7. $\nabla h = \langle yz^{-3}, xz^{-3}, -3xyz^{-4} \rangle$
9. $\frac{d}{dt}(f(\mathbf{r}(t)))\big|_{t=0} = -7$ 11. $\frac{d}{dt}(f(\mathbf{r}(t)))\big|_{t=0} = -3$
13. $\frac{d}{dt}(f(\mathbf{r}(t)))\big|_{t=0} = 5\cos 1 \approx 2{,}702$
15. $\frac{d}{dt}(f(\mathbf{r}(t)))\big|_{t=4} = -56$
17. $\frac{d}{dt}(f(\mathbf{r}(t)))\big|_{t=\pi/4} = -1 + \frac{\pi}{8} \approx 1{,}546$
19. $\frac{d}{dt}(g(\mathbf{r}(t)))\big|_{t=1} = 0$
21. $D_{\mathbf{u}}f(1, 2) = 8{,}8$ 23. $D_{\mathbf{u}}f\left(\frac{1}{6}, 3\right) = \frac{39}{4\sqrt{2}}$
25. $D_{\mathbf{u}}f(3, 4) = \frac{7\sqrt{2}}{290}$ 27. $D_{\mathbf{u}}f(1, 0) = \frac{6}{\sqrt{13}}$
29. $D_{\mathbf{u}}f(1, 2, 0) = -\frac{1}{\sqrt{3}}$ 31. $D_{\mathbf{u}}f(3, 2) = \frac{-50}{\sqrt{13}}$
33. $D_{\mathbf{u}}f(P) = -\frac{e^5}{3} \approx -49{,}47$
35. (a) $m = 3$, o ângulo de inclinação é aproximadamente $1{,}249 \approx 71{,}6°$.
    (b) $m = 4\sqrt{2} \approx 5{,}66$, o ângulo de inclinação é aproximadamente $1{,}396 \approx 80{,}0°$.
    (c) $m = -4\sqrt{2} \approx -5{,}66$, o ângulo de inclinação é aproximadamente $-1{,}396 \approx -80{,}0°$.
    (d) $m = \sqrt{34} \approx 5{,}83$, o ângulo a partir do Leste é aproximadamente $121°$.
37. Crescendo
39. $D_{\mathbf{u}}f(P) = \frac{\sqrt{6}}{2}$ 41. $\langle 6, 2, -4 \rangle$
43. $\left(\frac{4}{\sqrt{17}}, \frac{9}{\sqrt{17}}, -\frac{2}{\sqrt{17}}\right)$ e $\left(-\frac{4}{\sqrt{17}}, -\frac{9}{\sqrt{17}}, \frac{2}{\sqrt{17}}\right)$
45. $9x + 10y + 5z = 33$
47. $0{,}5217x + 0{,}7826y - 1{,}2375z = -5{,}309$
49.   51. $f(x, y, z) = x^2 + y + 2z$
53. $f(x, y, z) = xz + y^2$ 57. $\Delta f \approx 0{,}08$
59. (a) $\langle 34, 18, 0 \rangle$
    (b) $\langle 2 + \frac{32}{\sqrt{21}}t, 2 + \frac{16}{\sqrt{21}}t, 8 - \frac{8}{\sqrt{21}}t \rangle$; $\approx 4{,}58$ s
63. $x = 1 - 4t$, $y = 2 + 26t$, $z = 1 - 25t$
75. $y = \sqrt{1 - \ln(\cos^2 x)}$

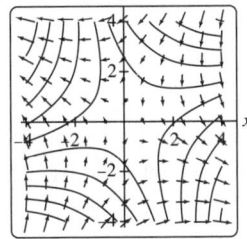

Seção 14.6 Exercícios preliminares

1. (a) $\frac{\partial f}{\partial x}$ e $\frac{\partial f}{\partial y}$ (b) u e v
2. (a)   3. $f(u, v)\big|_{(r,s)=(1,1)} = e^2$ 4. (b)   5. (c)   6. Não

Seção 14.6 Exercícios

1. (a) $\frac{\partial f}{\partial x} = 2xy^3$, $\frac{\partial f}{\partial y} = 3x^2y^2$, $\frac{\partial f}{\partial z} = 4z^3$
   (b) $\frac{\partial x}{\partial s} = 2s$, $\frac{\partial y}{\partial s} = t^2$, $\frac{\partial z}{\partial s} = 2st$
   (c) $\frac{\partial f}{\partial s} = 7s^6t^6 + 8s^7t^4$
3. $\frac{\partial f}{\partial s} = 6rs^2$, $\frac{\partial f}{\partial r} = 2s^3 + 4r^3$
5. $\frac{\partial g}{\partial u} = -10\operatorname{sen}(10u - 20v)$, $\frac{\partial g}{\partial v} = 20\operatorname{sen}(10u - 20v)$
7. $\frac{\partial F}{\partial y} = xe^{x^2+xy}$ 9. $\frac{\partial h}{\partial t_2} = 0$
11. $\frac{\partial f}{\partial u}\big|_{(u,v)=(-1,-1)} = 1$, $\frac{\partial f}{\partial v}\big|_{(u,v)=(-1,-1)} = -2$
13. $\frac{\partial g}{\partial \theta}\big|_{(r,\theta)=(2\sqrt{2}, \pi/4)} = -\frac{1}{6}$ 15. $\frac{\partial g}{\partial u}\big|_{(u,v)=(0,1)} = 2\cos 2$
17. $-26{,}8$ pés por segundo.   19. $4\pi^3 - 3\pi^2 - 1$
23. (a) $F_x = z^2 + y$, $F_y = 2yz + x$, $F_z = 2xz + y^2$
    (b) $\frac{\partial z}{\partial x} = -\frac{z^2 + y}{2xz + y^2}$, $\frac{\partial z}{\partial y} = -\frac{2yz + x}{2xz + y^2}$
27. $\frac{\partial z}{\partial x} = -\frac{2xy + z^2}{2xz + y^2}$ 29. $\frac{\partial z}{\partial y} = -\frac{xe^{xy} + 1}{x\cos(xz)}$
31. $\frac{\partial w}{\partial y} = \frac{-y(w^2 + x^2)^2}{w\left((w^2 + y^2)^2 + (w^2 + x^2)^2\right)}$; em $(1, 1, 1)$, $\frac{\partial w}{\partial y} = -\frac{1}{2}$
35. $\nabla\left(\frac{1}{r}\right) = -\frac{1}{r^3}\mathbf{r}$ 37. (c) $\frac{\partial z}{\partial x} = \frac{x - 6}{z + 4}$
39. $\frac{\partial P}{\partial T} = -\frac{F_T}{F_P} = -\frac{-nR}{V - nb} = \frac{nR}{V - nb}$

Seção 14.7 Exercícios preliminares

1. f tem um min local (e global) em $(0, 0)$; g tem um ponto de sela em $(0, 0)$.
2.

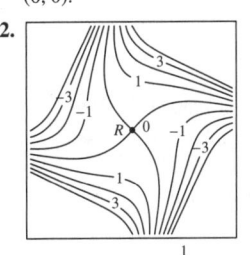

O ponto R é uma sela.

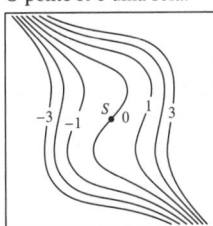

O ponto S não é nem um extremo local nem uma sela.

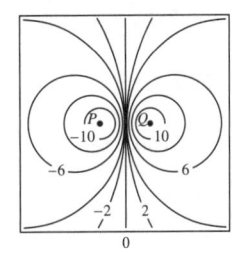

O ponto P é um mínimo local e Q é um máximo local.

3. Afirmação (a)

Seção 14.7 Exercícios

1. **(b)** $P_1 = (0,0)$ é um ponto de sela, $P_2 = \left(2\sqrt{2}, \sqrt{2}\right)$ e $P_3 = \left(-2\sqrt{2}, -\sqrt{2}\right)$ são mínimos locais; o valor mínimo absoluto de f é -4.
3. $(0, 0)$ ponto de sela, $\left(\frac{13}{64}, -\frac{13}{32}\right)$ e $\left(-\frac{1}{4}, \frac{1}{2}\right)$ mínimos locais.
5. **(c)** $(0, 0)$, $(1, 0)$ e $(0, -1)$ pontos de sela, $\left(\frac{1}{3}, -\frac{1}{3}\right)$ mínimo local.
7. $\left(-\frac{2}{3}, -\frac{1}{3}\right)$ mínimo local
9. $(-2, -1)$ máximo local, $\left(\frac{5}{3}, \frac{5}{6}\right)$ ponto de sela
11. $\left(0, \pm\sqrt{2}\right)$ pontos de sela, $\left(\frac{2}{3}, 0\right)$ máximo local, $\left(-\frac{2}{3}, 0\right)$ mínimo local.
13. $(0, 0)$ ponto de sela, $(1, 1)$ e $(-1, -1)$ mínimos locais.
15. $(0, 0)$ ponto de sela, $\left(\frac{1}{\sqrt{2}}, \frac{1}{\sqrt{2}}\right)$ e $\left(-\frac{1}{\sqrt{2}}, -\frac{1}{\sqrt{2}}\right)$ máximos locais, $\left(\frac{1}{\sqrt{2}}, -\frac{1}{\sqrt{2}}\right)$ e $\left(-\frac{1}{\sqrt{2}}, \frac{1}{\sqrt{2}}\right)$ mínimos locais.
17. Os pontos críticos são $\left(j\pi, k\pi + \frac{\pi}{2}\right)$, sendo que
    j e k par: pontos de sela
    j e k ímpar: máximos locais
    j par e k ímpar: mínimos locais
    j ímpar e k par: pontos de sela
19. $\left(1, \frac{1}{2}\right)$ máximo local 21. $\left(\frac{3}{2}, -\frac{1}{2}\right)$ ponto de sela
23. $\left(-\frac{1}{6}, -\frac{17}{18}\right)$ mínimo local
27. $x = y = 0{,}27788$ mínimo local.
29. Máximo global 2, mínimo global 0
31. Máximo global 1, mínimo global $\frac{1}{35}$
35. Valor máximo $\frac{1}{3}$
37. Mínimo global $f(0, 1) = -2$, máximo global $f(1, 0) = 1$
39. Mínimo global $f(0, 0) = 0$, máximo global $f(1, 1) = 3$
41. Mínimo global $f(0, 0) = 0$, máximo global $f(1, 0) = f(0, 1) = 1$
43. Mínimo global $f(1, 2) = -5$, máximo global $f(0, 0) = f(3, 3) = 0$
45. Mínimo global $f(-0{,}4343, 0{,}9) = f(-0{,}4343, -0{,}9) \approx -0{,}5161$, máxima global $f(0{,}7676, 0{,}6409) = f(0{,}7676, -0{,}6409) \approx 1{,}2199$
47. Volume máximo $\frac{3}{4}$
49. **(a)** Não. Na caixa B com área de superfície mínima, z é menor do que $\sqrt[3]{V}$, que é o lado de um cubo de volume V.
    (b) Largura: $x = (2V)^{1/3}$; comprimento: $y = (2V)^{1/3}$; altura: $z = \left(\frac{V}{4}\right)^{1/3}$
53. A cerca deveria ser cortada em 12 pedaços de comprimento 10 m, formando três quadrados 10 × 10.
55. $V = \frac{64.000}{\pi} \approx 20.372$ cm^3 57. $f(x) = 1{,}9629x - 1{,}5519$

Seção 14.8 Exercícios preliminares

1. Afirmação (b)
2. Sob a restrição, f tem um máximo local 2 em A; $f(B)$ não é nem um mínimo local nem um máximo local de f.

3. **(a)**

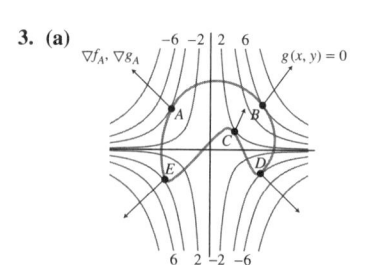

Mapa de contornos de $f(x, y)$
(intervalo de contornos 2)

(b) Mínimo global -4, máximo global 6.

Seção 14.8 Exercícios

1. **(c)** Pontos críticos $(-1, -2)$ e $(1, 2)$
   (d) Máximo 10, mínimo -10
3. Máximo: $4\sqrt{2}$, mínimo: $-4\sqrt{2}$
5. Mínimo: $\frac{36}{13}$, não há valor máximo
7. Máximo: $\frac{8}{3}$, mínimo: $-\frac{8}{3}$
9. Máximo: $\sqrt{2}$, mínimo: 1
11. Máximo: 3,7, mínimo: $-3{,}7$
13. Máximos $f(\pm 4, \pm 4, 2) = 20$ e mínimos $f(\pm 4, \mp 4, -2) = -20$
15. Máximo $2\sqrt{2}$, mínimo $-2\sqrt{2}$ 17. $(-1, e^{-1})$
19. **(a)** $\frac{h}{r} = \sqrt{2}$ **(b)** $\frac{h}{r} = \sqrt{2}$
    (c) Não há cone de volume V fixado com S máxima.
21. $(8, -2)$ 23. $\left(\frac{48}{97}, \frac{108}{97}\right)$ 25. $\frac{a^a b^b}{(a+b)^{a+b}}$ 27. $\sqrt{\frac{a^a b^b}{(a+b)^{a+b}}}$
33. $r = 3$, $h = 6$ 35. $x + y + z = 3$
41. $\frac{25}{3}$ 43. $\left(\frac{-6}{\sqrt{105}}, \frac{-3}{\sqrt{105}}, \frac{30}{\sqrt{105}}\right)$ 45. $(-1, 0, 2)$
47. Mínimo $\frac{138}{11} \approx 12{,}545$, não há valor máximo
51. **(b)** $\lambda = \frac{c}{2p_1 p_2}$

Revisão do Capítulo 14

1. **(a)**

(b) $f(3, 1) = \frac{\sqrt{2}}{3}$, $f(-5, -3) = -2$ **(c)** $\left(-\frac{5}{3}, 1\right)$

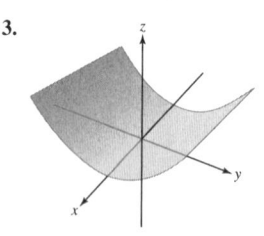

3.

Traços verticais e horizontais: a reta $z = (c^2 + 1) - y$ no plano $x = c$, a parábola $z = x^2 - c + 1$ no plano $y = c$.

5. (a) (B) (b) (C) (c) (D) (d) (A)
7. (a) Retas paralelas $4x - y = \ln c, c > 0$, no plano xy.
   (b) Retas paralelas $4x - y = e^c$, no plano xy.
   (c) Hipérboles $3x^2 - 4y^2 = c$ no plano xy.
   (d) Parábolas $x = c - y^2$ no plano xy.
9. $\lim_{(x,y) \to (1,-3)} (xy + y^2) = 6$
11. O limite não existe.
13. $\lim_{(x,y) \to (1,-3)} (2x + y)e^{-x+y} = -e^{-4}$
17. $f_x = 2, \ f_y = 2y$
19. $f_x = e^{-x-y}(y\cos(xy) - \text{sen}(xy))$
    $f_y = e^{-x-y}(x\cos(yx) - \text{sen}(yx))$
21. $f_{xxyz} = -\cos(x + z)$ 23. $z = 33x + 8y - 42$
25. Estimativa: 12,146; calculadora com três casas: 11,996
27. (ii) e (iv)
29. $\frac{d}{dt}(f(\mathbf{c}(t)))\big|_{t=2} = 3 + 4e^4 \approx 221,4$
31. $\frac{d}{dt}(f(\mathbf{c}(t)))\big|_{t=1} = 4e - e^{3e} \approx -3469,3$
33. $D_\mathbf{u} f(3, -1) = -\frac{54}{\sqrt{5}}$
35. $D_\mathbf{u} f(P) = -\frac{\sqrt{2}e}{5}$ 37. $\left\langle \frac{1}{\sqrt{2}}, \frac{1}{\sqrt{2}}, 0 \right\rangle$
41. $\frac{\partial f}{\partial s} = 3s^2 t + 4st^2 + t^3 - 2st^3 + 6s^2 t^2$
    $\frac{\partial f}{\partial t} = 4s^2 t + 3st^2 + s^3 + 4s^3 t - 3s^2 t^2$
45. $\frac{\partial z}{\partial x} = -\frac{e^z - 1}{xe^z + e^y}$
47. $(0, 0)$ ponto de sela, $(1, 1)$ e $(-1, -1)$ mínimos locais
49. $\left(\frac{1}{2}, \frac{1}{2}\right)$, ponto de sela
53. Máximo global $f(2, 4) = 10$, mínimo global $f(-2, 4) = -18$.
55. Máximo: $\frac{26}{\sqrt{13}}$, mínimo: $-\frac{26}{\sqrt{13}}$
57. Máximo: $\frac{12}{\sqrt{3}}$, mínimo: $-\frac{12}{\sqrt{3}}$
59. Mínimo: $= f\left(\frac{1+\sqrt{3}}{3}, \frac{1}{3}, \frac{1-\sqrt{3}}{3}\right) = \frac{6-2\sqrt{3}}{3}$
    Máximo: $= f\left(\frac{1-\sqrt{3}}{3}, \frac{1}{3}, \frac{1+\sqrt{3}}{3}\right) = \frac{6+2\sqrt{3}}{3}$
61. $r = h = \sqrt[3]{\frac{V}{\pi}}, S = 3\pi \left(\frac{V}{\pi}\right)^{2/3}$

Capítulo 15

Seção 15.1 Exercícios preliminares
1. $\Delta A = 1$, o número de sub-retângulos é 32.
2. $\iint_R f \, dA \approx S_{1,1} = 0,16$ 3. $\iint_R 5 \, dA = 50$
4. O volume com sinal entre o gráfico de $z = f(x, y)$ e o plano xy. A região abaixo do plano xy é tratada como volume negativo.
5. (b)   6. (c), (d)

Seção 15.1 Exercícios
1. $S_{4,3} = 13,5$ 3. (A) $S_{3,2} = 42$, (B) $S_{3,2} = 43,5$
5. (A) $S_{3,2} = 60$, (B) $S_{3,2} = 62$
7. Duas soluções possíveis são $S_{3,2} = \frac{77}{72}$ e $S_{3,2} = \frac{79}{72}$.
9. $\frac{225}{2}$

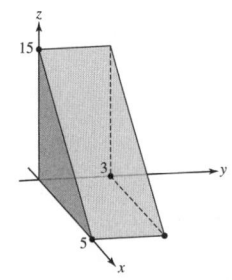

11. 0,19375   13. 1,0731, 1,0783, 1,0809   15. 0   17. 0   19. 40
21. 55   23. $\frac{4}{3}$ 25. 84   27. 4   29. $\frac{1858}{15}$
31. $6\ln 6 - 2\ln 2 - 5\ln 5 \approx 1,317$ 33. $\frac{4}{3}\left(19 - 5\sqrt{5}\right) \approx 10,426$
35. $\frac{1}{2}(\ln 3)(-2 + \ln 48) \approx 1,028$ 37. $6\ln 3 \approx 6,592$
39. 1   41. $\left(e^2 - 1\right)\left(1 - \frac{\sqrt{2}}{2}\right) \approx 1,871$ 43. $m = \frac{3}{4}$
45. $\frac{2}{15}\left(8\sqrt{2} - 7\right) \approx 0,575$ 47. $2\ln 2 - 1 \approx 0,386$
51. $\frac{e^3}{3} - \frac{1}{3} - e + 1 \approx 4,644$

Seção 15.2 Exercícios preliminares
1. (b), (c)
2. 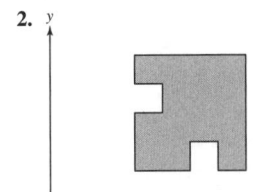
3. 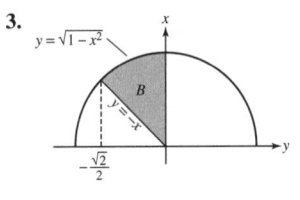
4. (b)

Seção 15.2 Exercícios
1. (a) Pontos amostrais ●, $S_{3,4} = -3$
   (b) Pontos amostrais ○, $S_{3,4} = -4$
3. Como uma região verticalmente simples:
   $0 \leq x \leq 1, \ 0 \leq y \leq 1 - x^2$; como uma região horizontalmente simples: $0 \leq y \leq 1, \ 0 \leq x \leq \sqrt{1-y}$,
   $\int_0^1 \left(\int_0^{1-x^2} (xy) \, dy\right) dx = \frac{1}{12}$
5. $\frac{192}{5} = 38,4$ 7. $\frac{608}{15} \approx 40,53$ 9. $2\frac{1}{4}$ 11. $-\frac{3}{4} + \ln 4$
13. $\frac{16}{3} \approx 5,33$ 15. $\frac{11}{60}$ 17. $\frac{1754}{15} \approx 116,93$ 19. $\frac{e-2}{2} \approx 0,359$
21. $\frac{1}{12}$ 23. $2e^{12} - \frac{1}{2}e^9 + \frac{1}{2}e^5 \approx 321.532,2$
25.

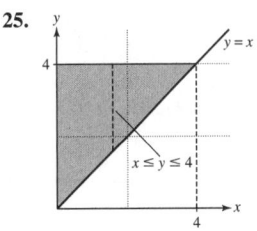

$\int_0^4 \int_x^4 f(x, y) \, dy \, dx = \int_0^4 \int_0^y f(x, y) \, dx \, dy$

27.

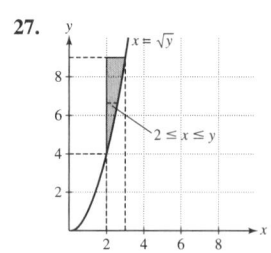

$$\int_4^9 \int_2^{\sqrt{y}} f(x, y)\, dx\, dy = \int_2^3 \int_{x^2}^9 f(x, y)\, dy\, dx$$

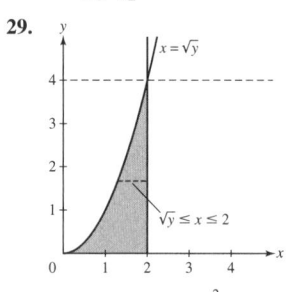

29.

$$\int_0^2 \int_0^{x^2} \sqrt{4x^2 + 5y}\, dy\, dx = \frac{152}{15}$$

31. $\int_1^e \int_{\ln^2 y}^{\ln y} (\ln y)^{-1}\, dx\, dy = e - 2 \approx 0{,}718$

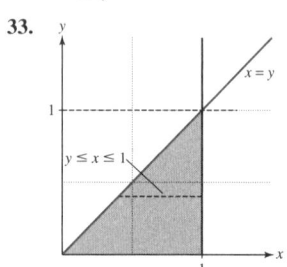

33.

$$\int_0^1 \int_0^x \frac{\operatorname{sen} x}{x}\, dy\, dx = 1 - \cos 1 \approx 0{,}460$$

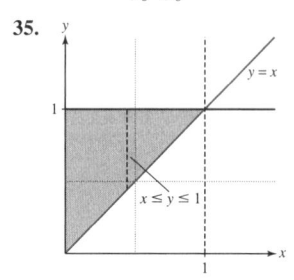

35.

$$\int_0^1 \int_0^y xe^{y^3}\, dx\, dy = \frac{e-1}{6} \approx 0{,}286$$

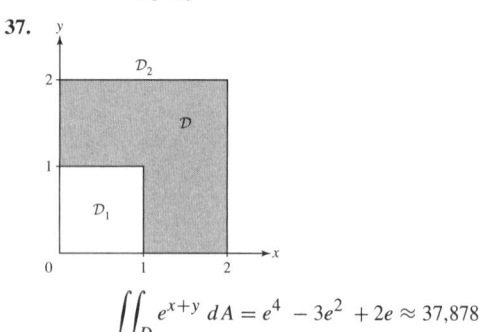

37.

$$\iint_D e^{x+y}\, dA = e^4 - 3e^2 + 2e \approx 37{,}878$$

39. $\int_0^4 \int_{x/4}^{3x/4} e^{x^2}\, dy\, dx = \frac{1}{4}\left(e^{16} - 1\right)$

41. $\int_2^4 \int_{y-1}^{7-y} \frac{x}{y^2}\, dx\, dy = 6 - 6\ln 2 \approx 1{,}841$

43. $\iint_D \frac{\operatorname{sen} y}{y}\, dA = \cos 1 - \cos 2 \approx 0{,}956$

45. $\int_{-2}^2 \int_0^{4-x^2} (40 - 10y)\, dy\, dx = 256$ **47.** $\frac{512}{3}$

49. $\int_{-2}^2 \left(\int_{-\sqrt{4-x^2}}^{\sqrt{4-x^2}} \left[\left(8 - x^2 - y^2\right) - \left(x^2 + y^2\right)\right] dy\right) dx$

51. $\int_0^1 \int_0^1 e^{x+y}\, dx\, dy = e^2 - 2e + 1 \approx 2{,}952$

53. $\frac{1}{\pi}\int_0^1 \int_0^\pi y^2 \operatorname{sen} x\, dx\, dy = \frac{2}{3\pi}$ **55.** $\bar{f} = p$

61. Uma solução possível é $P = \left(\frac{2}{3},\ 2\right)$.

63. $\iint_D f(x, y)\, dA \approx 57{,}01$

Seção 15.3 Exercícios preliminares

1. (c) **2.** (b)

3. (a) $D = \{(x,\ y) : 0 \leq x \leq 1,\ 0 \leq y \leq x\}$

(b) $D = \left\{(x,\ y) : 0 \leq x \leq 1,\ 0 \leq y \leq \sqrt{1-x^2}\right\}$

Seção 15.3 Exercícios

1. 6 **3.** $(e-1)(1-e^{-2})$ **5.** $-\frac{27}{4} = -6{,}75$

7. $\frac{b}{20}\left[(a+c)^5 - a^5 - c^5\right]$ **9.** $\frac{1}{6}$ **11.** $\frac{1}{16}$ **13.** $e - \frac{5}{2}$

15. $2\frac{1}{12}$ **17.** $\frac{128}{15}$ **19.** $\int_0^3 \int_0^4 \int_0^{y/4} dz\, dy\, dx = 6$

21. $\frac{1}{12}$ **23.** $\frac{126}{5}$

25. A região delimitada pela esfera $x^2 + y^2 + z^2 = 5$ à direita do plano $y = 1$.

27. $\int_0^2 \int_0^{y/2} \int_0^{4-y^2} xyz\, dz\, dx\, dy$, $\int_0^4 \int_0^{\sqrt{4-z}} \int_0^{y/2} xyz\, dx\, dy\, dz$, e $\int_0^4 \int_0^{\sqrt{1-(z/4)}} \int_{2x}^{\sqrt{4-z}} xyz\, dy\, dx\, dz$

29. $\int_{-1}^1 \int_{-\sqrt{1-x^2}}^{\sqrt{1-x^2}} \int_{\sqrt{x^2+y^2}}^1 f(x, y, z)\, dz\, dy\, dx$ **31.** $\frac{16}{21}$

33. $\int_{-1}^1 \left(\int_0^{1-y^2} \left(\int_0^{3-z} dx\right) dz\right) dy$

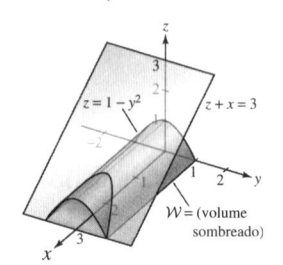

35. $\int_0^1 \left(\int_{\sqrt{y}}^{y^2} \left(\int_0^{4-y-z} dx\right) dz\right) dy$

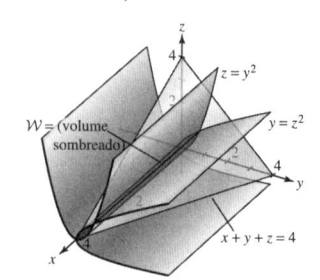

37. $\frac{1}{2\pi}$ **39.** $2e - 4 \approx 1{,}437$

41. $S_{N,N,N} \approx 0{,}561,\ 0{,}572,\ 0{,}576;\ I \approx 0{,}584;\ N = 100$

Seção 15.4 Exercícios preliminares

1. (d)
2. (a) $\int_{-1}^{2}\int_0^{2\pi}\int_0^2 f(P)\,r\,dr\,d\theta\,dz$
   (b) $\int_{-2}^{0}\int_0^{2\pi}\int_0^{\sqrt{4-z^2}} r\,dr\,d\theta\,dz$
3. (a) $\int_0^{2\pi}\int_0^{\pi}\int_0^4 f(P)\,\rho^2\,\text{sen}\,\phi\,d\rho\,d\phi\,d\theta$
   (b) $\int_0^{2\pi}\int_0^{\pi}\int_4^5 f(P)\,\rho^2\,\text{sen}\,\phi\,d\rho\,d\phi\,d\theta$
   (c) $\int_0^{2\pi}\int_{\pi/2}^{\pi}\int_0^2 f(P)\,\rho^2\,\text{sen}\,\phi\,d\rho\,d\phi\,d\theta$
4. $\Delta A \approx r(\Delta r \Delta \theta)$, e o fator r aparece em $dA = r\,dr\,d\theta$ na fórmula de mudança de variáveis.

Seção 15.4 Exercícios

1. $\iint_D \sqrt{x^2+y^2}\,dA = \dfrac{4\sqrt{2}\pi}{3}$

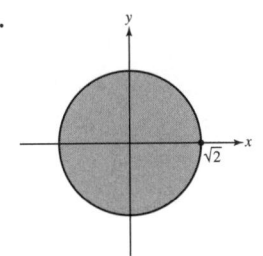

3. $\iint_D xy\,dA = 2$

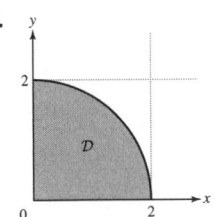

5. $\iint_D y(x^2+y^2)^{-1}\,dA = \sqrt{3} - \dfrac{\pi}{3} \approx 0{,}685$

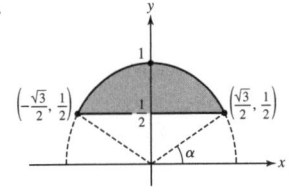

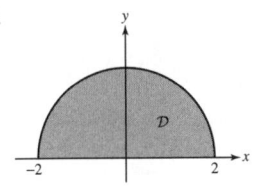

7. $\int_{-2}^{2}\int_0^{\sqrt{4-x^2}}(x^2+y^2)\,dy\,dx = 4\pi$

9. $\int_0^{1/2}\int_{\sqrt{3}x}^{\sqrt{1-x^2}} x\,dy\,dx = \dfrac{1}{3}\left(1-\dfrac{\sqrt{3}}{2}\right) \approx 0{,}045$

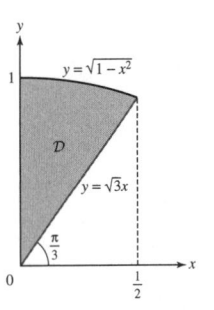

11. $\int_0^{\pi/4}\left(\int_0^{5/\cos(\theta)}\left(r^2\cos(\theta)\right)dr\right)d\theta = \dfrac{125}{3}$

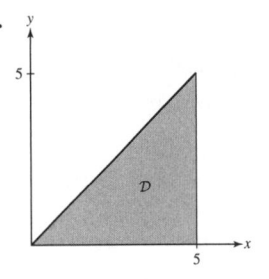

13. $\int_{-1}^{2}\int_0^{\sqrt{4-x^2}}(x^2+y^2)\,dy\,dx = \dfrac{\sqrt{3}}{2}+\dfrac{8\pi}{3}\approx 9{,}244$

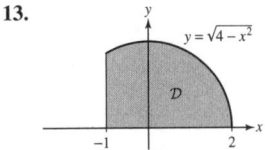

15. $\dfrac{1}{4}$ 17. $\dfrac{1}{2}$ 19. 0 21. 18 23. $\dfrac{48\pi-32}{9}\approx 13{,}2$

25. (a) $W: 0 \le \theta \le 2\pi,\ 0 \le r \le 2,\ 2 \le z \le 6-r^2$ (b) 8π

27. $\dfrac{405\pi}{2}\approx 636{,}17$ 29. $\dfrac{2}{3}$ 31. 243π

33. $\int_0^{2\pi}\int_0^1\int_0^4 f(r\cos\theta,\ r\,\text{sen}\,\theta,\ z)\,r\,dz\,dr\,d\theta$

35. $\int_0^{\pi}\int_0^1\int_0^{r^2} f(r\cos\theta,\ r\,\text{sen}\,\theta,\ z)\,r\,dz\,dr\,d\theta$

37. $z = \dfrac{H}{R}r;\ V = \dfrac{\pi R^2 H}{3}$ 39. 16π

41. $V = 2\int_0^{2\pi}\left(\int_b^a\left(\int_0^{\sqrt{a^2-r^2}}(r)\,dz\right)dr\right)d\theta = \dfrac{4}{3}\pi(a^2-b^2)^{3/2} = \dfrac{4}{3}\pi r h^3$

43. $V = \int_0^{2\pi}\left(\int_0^{\pi/3}\left(\int_{\sec(\phi)}^{2}(\rho^2\,\text{sen}(\phi))\,d\rho\right)d\phi\right)d\theta = \dfrac{5\pi}{3}$

45. $-\dfrac{\pi}{16}$ 47. $\dfrac{8\pi}{15}$ 49. $\dfrac{8\pi}{5}$ 51. $\dfrac{5\pi}{8}$ 53. π 55. $\dfrac{4\pi a^3}{3}$

57. (b) $J = \int_0^{2\pi}\left(\int_0^{\infty}\left(e^{-r^2}r\right)dr\right)d\theta = \pi$

Seção 15.5 Exercícios preliminares

1. 5 kg/m³ 2. (a)
3. A probabilidade de $0 \le X \le 1$ e $0 \le Y \le 1$; a probabilidade de $0 \le X+Y \le 1$

Seção 15.5 Exercícios

1. $\frac{2}{3}$ **3.** $4\left(1-e^{-100}\right) \times 10^{-6}$ C $\approx 4 \times 10^{-6}$ C
5. $10.000 - 18.000e^{-4/5} \approx 1.912$
7. $25\pi \left(3 \times 10^{-8} \text{ C}\right) \approx 2,356 \times 10^{-6}$ C
9. $\approx 2,593 \times 10^{10}$ kg **11.** $\left(0, \frac{2}{5}\right)$ **13.** $\left(\frac{4R}{3\pi}, \frac{4R}{3\pi}\right)$
15. $(0,555, 0)$ **17.** $\left(0, 0, \frac{3R}{8}\right)$ **19.** $\left(0, 0, \frac{9}{8}\right)$
21. $\left(0, 0, \frac{13}{2(17-6\sqrt{6})}\right)$ **23.** $(2, 1)$ **25.** $\left(\frac{1}{6}, \frac{1}{6}\right)$ **27.** $\frac{16}{15\pi}$
29. (a) $\frac{M}{4ab}$ **(b)** $I_x = \frac{Mb^2}{3}$; $I_0 = \frac{M(a^2+b^2)}{3}$ **(c)** $\frac{b}{\sqrt{3}}$
31. $I_0 = 8.000$ kg $\cdot$ m^2; $I_x = 4.000$ kg $\cdot$ m^2
33. $\frac{9}{2}$ **35.** $\frac{243}{20}$ **37.** $\left(\frac{a}{2}, \frac{2b}{5}\right)$ **39.** $\frac{a^2b^4}{60}$
41. $I_x = \frac{MR^2}{4}$; a energia cinética requerida é $\frac{25MR^2}{2}$ J
47. (a) $I = 182,5$ g $\cdot$ cm^2 **(b)** $\omega \approx 126,92$ rad/s
49. $\frac{13}{72}$ **51.** $\frac{1}{64}$ **53.** $C = 15$; a probabilidade é $\frac{5}{8}$.
55. (a) $C = 4$ **(b)** $\frac{1}{48\pi} + \frac{1}{32} \approx 0,038$

Seção 15.6 Exercícios preliminares

1. (b)
2. (a) $G(1, 0) = (2, 0)$ **(b)** $G(1, 1) = (1, 3)$
 (c) $G(2, 1) = (3, 3)$
3. Área $(G(R)) = 36$ **4.** Área $(G(R)) = 0,06$

Seção 15.6 Exercícios

1. (a) A imagem do eixo u é a reta $y = \frac{1}{2}x$; a imagem do eixo v é o eixo y.
 (b) O paralelogramo de vértices $(0, 0)$, $(10, 5)$, $(10, 12)$, $(0, 7)$
 (c) O segmento de reta ligando os pontos $(2, 3)$ e $(10, 8)$
 (d) O triângulo de vértices $(0, 1)$, $(2, 1)$ e $(2, 2)$.
3. G não é injetora; G é injetora no domínio $\{(u, v) : u \geq 0\}$ e no domínio $\{(u, v) : u \leq 0\}$.
 (a) O eixo positivo x incluindo a origem e o eixo y, respectivamente
 (b) O retângulo $[0, 1] \times [-1, 1]$
 (c) A curva $y = \sqrt{x}$ com $0 \leq x \leq 1$
 (d)

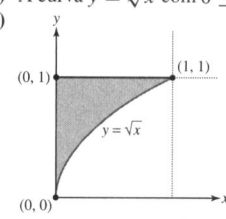

5. $y = 3x - c$ **7.** $y = \frac{17}{6}x$ **11.** Jac$(G) = 1$
13. Jac$(G) = -10$ **15.** Jac$(G) = 1$ **17.** Jac$(G) = 4$
19. $G(u, v) = (4u + 2v, u + 3v)$ **21.** $\frac{2329}{12} \approx 194,08$
23. (a) Área $(G(R)) = 105$ **(b)** Área $(G(R)) = 126$
25. Jac$(G) = \frac{2u}{v}$; com $R = [1, 4] \times [1, 4]$, área $(G(R)) = 15 \ln 4$

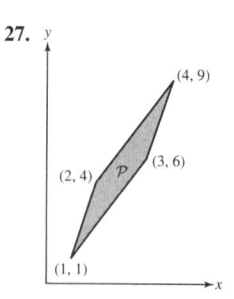

27.

$G(u, v) = (1 + 2u + v, 1 + 5u + 3v)$

29. 82 **31.** 80 **33.** $\frac{56}{45}$ **35.** $\frac{\pi(e^{36} - 1)}{6}$

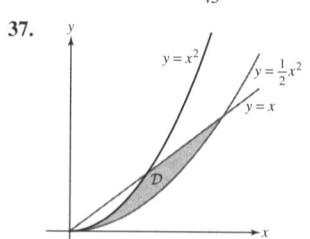

37.

$$\iint_D y^{-1}\, dx\, dy = 1$$

39. $\iint_D e^{xy}\, dA = (e^{20} - e^{10}) \ln 2$
41. (b) $-\frac{1}{x+y}$ **(c)** $I = 9$ **45.** $\frac{\pi^2}{8}$

Revisão do Capítulo 15

1. (a) $S_{2,3} = 240$ **(b)** $S_{2,3} = 510$ **(c)** 520
3. $S_{4,4} = 2,9375$ **5.** $\frac{32}{3}$ **7.** $\frac{\sqrt{3}-1}{2}$
9.

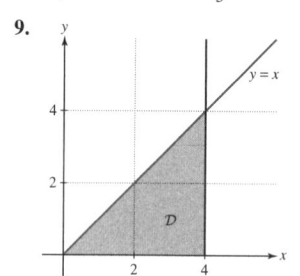

$$\iint_D \cos y\, dA = 1 - \cos 4$$

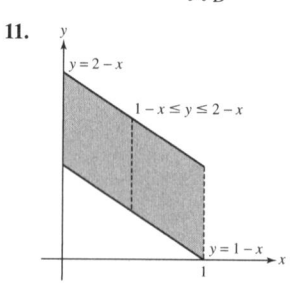

11.

$$\iint_D e^{x+2y}\, dA = \tfrac{1}{2}e(e+1)(e-1)^2$$

13.

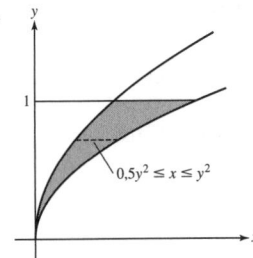

$$\iint_D ye^{1+x}\, dA = 0.5(e^2 - 2e^{1.5} + e)$$

15. $\int_0^9 \int_{-\sqrt{9-y}}^{\sqrt{9-y}} f(x, y)\, dx\, dy$ **17.** $\frac{1}{24}$ **19.** $18(\sqrt{2} - 1)$
21. $1 - \cos 1$ **23.** 6π **25.** $\pi/2$ **27.** 10 **29.** $\frac{\pi}{4} + \frac{2}{3}$ **31.** π
33. $\frac{1}{4}$ **35.** $\int_0^{\pi/2} \int_0^1 \int_0^r zr\, dz\, dr\, d\theta = \pi/16$ **37.** $\frac{2\pi(-1+e^8)}{3e^8}$
41. $\frac{256\pi}{15} \approx 53{,}62$ **43.** 1280π **45.** $\left(-\frac{1}{4}R,\, 0,\, \frac{5}{8}H\right)$
47. $\left(-\frac{2}{11\pi}R,\, -\frac{2}{11\pi}R(2-\sqrt{3}),\, \frac{1}{2}H\right)$. **49.** $\left(0,\, 0,\, \frac{2}{3}\right)$
51. $\left(\frac{8}{15},\, \frac{16}{15\pi},\, \frac{16}{15\pi}\right)$ **53.** $\frac{19}{33}$ **55.** $\frac{4}{7}$
57. $G(u, v) = (3u + v,\, -u + 4v);\, \text{Área}(G(R)) = 156$
59. Área$(D) \approx \frac{1}{5}$

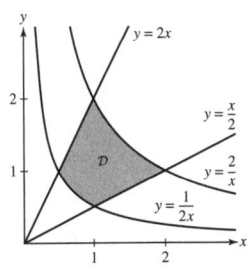

61. (a)

(d) $\frac{3}{4}(e^2 - \sqrt{e})$

Capítulo 16
Seção 16.1 Exercícios preliminares
1. (b) **2.**

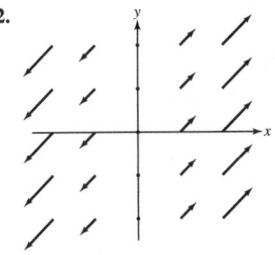

3. $\mathbf{F} = \langle 0,\, -z,\, y \rangle$ **4.** $f_1(x, y, z) = xyz + 1$

Seção 16.1 Exercícios
1. $\mathbf{F}(1, 2) = \langle 1, 1 \rangle,\, \mathbf{F}(-1, -1) = \langle 1, -1 \rangle$

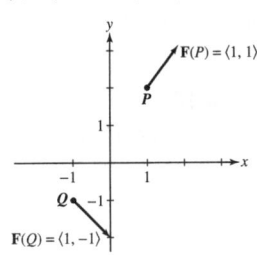

3. $\mathbf{F}(P) = \langle 0, 1, 0 \rangle,\, \mathbf{F}(Q) = \langle 2, 0, 2 \rangle$

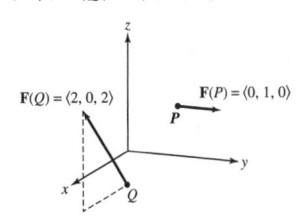

5. $\mathbf{F} = \langle 1, 0 \rangle$

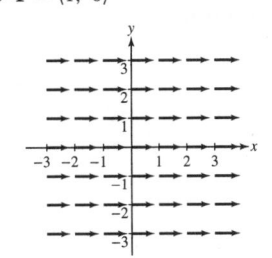

7. $\mathbf{F} = x\mathbf{i}$

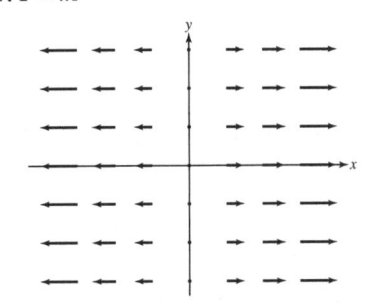

9. $\mathbf{F}(x, y) = \langle 0, x \rangle$

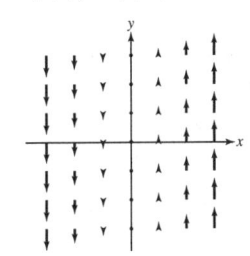

11. $\mathbf{F} = \left\langle \frac{x}{x^2+y^2},\, \frac{y}{x^2+y^2} \right\rangle$

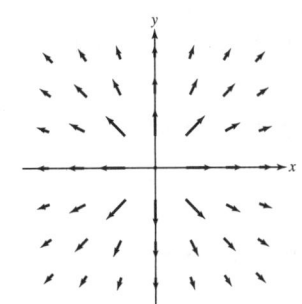

13. (D) **15.** (B) **17.** (C) **19.** (B)
21. $(0, y)$ **23.** $\text{div}(\mathbf{F}) = y + z,\, \text{rot}(\mathbf{F}) = \left\langle y, 3x^2, -x \right\rangle$
25. $\text{div}(\mathbf{F}) = 1 - 4xz - x + 2x^2z,\, \text{rot}(\mathbf{F}) = \left\langle -1, 2x^2 - 2xz^2, -y \right\rangle$
27. $\text{div}(\mathbf{F}) = 0,\, \text{rot}(\mathbf{F}) = \left\langle 1 - 3z^2, 1 - 2x, 1 + 2y \right\rangle$
29. $\text{div}(\mathbf{F}) = 0,\, \text{rot}(\mathbf{F}) = \left\langle 0,\, \text{sen}\, x,\, \cos x - e^y \right\rangle$

39. $f(x, y) = \frac{1}{2}x^2 + \frac{1}{2}y^2 + K$
41. $f(x, y) = e^{xy} + K$
43. $f(x, y, z) = xyz^2 + K$ **45.** $f(x, y, z) = \text{sen}(xyz) + K$
47. $f(x, y, z) = ax + by + cz + K$
49. (b) $e_P(1, 1) = \langle -2, -1 \rangle / \sqrt{5}$;
(c) $f(x, y, z) = \sqrt{(x-a)^2 + (y-b)^2}$
51. (A)

Seção 16.2 Exercícios preliminares

1. 50 2. (a), (c), (d), (e)
3. (a) Verdadeira
   (b) Falsa. Invertendo a orientação da curva troca o sinal da integral de linha vetorial.
4. (a) 0 (b) -5

Seção 16.2 Exercícios

1. (a) $f(\mathbf{r}(t)) = 6t + 4t^2; ds = 2\sqrt{11}\, dt$
(b) $\int_0^1 \left(6t + 4t^2\right) 2\sqrt{11}\, dt = \frac{26\sqrt{11}}{3}$
3. (a) $\mathbf{F}(\mathbf{r}(t)) = \langle t^{-2}, t^2 \rangle; d\mathbf{r} = \langle 1, -t^{-2} \rangle dt$
(b) $\int_1^2 \left(t^{-1} - 1\right) dt = -\frac{1}{2}$
5. $\sqrt{2}\left(\pi + \frac{\pi^3}{3}\right)$ **7.** $\pi^2/2$ **9.** 2,8 **11.** $\frac{128\sqrt{29}}{3} \approx 229{,}8$
13. $\frac{\sqrt{3}}{2}(e-1) \approx 1{,}488$ **15.** $\frac{2}{3}\left((e^2+5)^{3/2} - 2^{3/2}\right)$
17. 39; a distância entre (8, -6, 24) e (20, -15, 60)
19. $\frac{16}{3}$ **21.** 0 **23.** $2(e^2 - e^{-2}) - (e - e^{-1}) \approx 12{,}157$ **25.** $\frac{10}{9}$
27. $-\frac{8}{3}$ **29.** $\frac{13}{2}$ **31.** $\frac{\pi}{2}$ **33.** 339,5587 **35.** $2 - e - \frac{1}{e}$
37. (a) -8 (b) -11 (c) -16
39. $\approx 7{,}6$; ≈ 4 **41.** (A) Zero (B) Negativa (C) Zero **43.** 64π g
45. $\approx 10{,}4 \times 10^{-6}$ C **47.** $\approx 22.743{,}10$ volts **49.** ≈ -10.097 volts
51. 1 **53.** $\frac{27}{28}$ **55.** (a) ABC (b) CBA
59. $\frac{1}{3}\left((4\pi^2 + 1)^{3/2} - 1\right) \approx 85{,}5 \times 10^{-6}$ C **65.** 18 **67.** $e-1$

Seção 16.3 Exercícios preliminares

1. Fechada
2. (a) Campos vetoriais conservativos (b) Todos os campos vetoriais
   (c) Campos vetoriais conservativos (d) Todos os campos vetoriais
   (e) Campos vetoriais conservativos (f) Todos os campos vetoriais
   (g) Campos vetoriais conservativos e *alguns* outros campos vetoriais
3. (a) Sempre verdadeira (b) Sempre verdadeira
   (c) Verdadeira com hipóteses adicionais sobre D
4. (a) 4 (b) -4

Seção 16.3 Exercícios

1. 0 **3.** $-\frac{9}{4}$ **5.** $32e - 1$ **7.** $f(x, y, z) = zx + y$
9. $f(x, y, z) = y^2x + e^z y$
11. O campo vetorial não é conservativo.
13. $f(x, y, z) = z\,\text{tg}\,x + zy$ **15.** $f(x, y, z) = x^2y + 5x - 4zy$
17. 16 **19.** 1 **21.** 6 **23.** $\frac{2}{3}$; 0 **25.** $6{,}2 \times 10^9$ J
27. (a) $f(x, y, z) = -gz$ (b) $\approx 82{,}8$ m/s
29. (A) 2π, (B) 2π, (C) 0, (D) -2π, (E) 4π

Seção 16.4 Exercícios preliminares

1. 50
2. Um fator de distorção que indica o quanto a área de R_{ij} é alterada pela aplicação G.
3. Área($\mathcal{S}$) $\approx 0{,}0006$ 4. $\iint_\mathcal{S} f(x, y, z)\, dS \approx 0{,}6$
5. Área($\mathcal{S}$) $= 20$ 6. $\left(\frac{2}{3}, \frac{2}{3}, \frac{1}{3}\right)$

Seção 16.4 Exercícios

1. (a) v (b) iii (c) i (d) iv (e) ii
3. (a) $\mathbf{T}_u = \langle 2, 1, 3 \rangle$, $\mathbf{T}_v = \langle 0, -1, 1 \rangle$,
$\mathbf{n}(u, v) = \langle 4, -2, -2 \rangle$
(b) Área($\mathcal{S}$) $= 4\sqrt{6}$ (c) $\iint_\mathcal{S} f(x, y, z)\, dS = \frac{32\sqrt{6}}{3}$
5. (a) $\mathbf{T}_x = \langle 1, 0, y \rangle$,
$\mathbf{T}_y = \langle 0, 1, x \rangle$, $\mathbf{N}(x, y) = \langle -y, -x, 1 \rangle$
(b) $\frac{(2\sqrt{2}-1)\pi}{6}$ (c) $\frac{\sqrt{2}+1}{15}$
7. $\mathbf{T}_u = \langle 2, 1, 3 \rangle$, $\mathbf{T}_v = \langle 1, -4, 0 \rangle$, $\mathbf{N}(u, v) = 3\langle 4, 1, -3 \rangle$, $4x + y - 3z = 0$
9. $\mathbf{T}_\theta = \langle -\,\text{sen}\,\theta\,\text{sen}\,\phi, \cos\theta\,\text{sen}\,\phi, 0 \rangle$,
$\mathbf{T}_\phi = \langle \cos\theta\cos\phi, \text{sen}\,\theta\cos\phi, -\,\text{sen}\,\phi \rangle$,
$\mathbf{N}(u, v) = -\cos\theta\,\text{sen}^2\phi\,\mathbf{i} - \,\text{sen}\,\theta\,\text{sen}^2\phi\,\mathbf{j} - \,\text{sen}\,\phi\cos\phi\,\mathbf{k}$,
$y + z = \sqrt{2}$
11. Área($\mathcal{S}$) $\approx 0{,}2078$ **13.** $\frac{\sqrt{2}}{5}$ **15.** $\frac{37\sqrt{37}-1}{4} \approx 56{,}02$ **17.** $\frac{\pi}{6}$
19. $4\pi(1 - e^{-4})$ **21.** $\frac{\sqrt{3}}{6}$ **23.** $\frac{7\pi}{3}$ **25.** $\frac{5\sqrt{10}}{27} - \frac{1}{54}$
27. Área($\mathcal{S}$) $= 16$ **29.** $3e^3 - 6e^2 + 3e + 1 \approx 25{,}08$
31. Área($\mathcal{S}$) $= 4\pi R^2$
33. (a) Área($\mathcal{S}$) $\approx 1{,}0780$ (b) $\approx 0{,}09814$
35. Área($\mathcal{S}$) $= \frac{5\sqrt{29}}{4} \approx 6{,}73$ **37.** Área($\mathcal{S}$) $= \pi$ **39.** 48π
43. Área($\mathcal{S}$) $= \frac{\pi}{6}\left(17\sqrt{17} - 1\right) \approx 36{,}18$ **47.** $4\pi^2 ab$
49. $f(r) = -\frac{Gm}{2Rr}\left(\sqrt{R^2 + r^2} - |R - r|\right)$

Seção 16.5 Exercícios preliminares

1. (b) 2. (c) 3. (a) 4. (b)
5. (a) 0 (b) π (c) π
6. $\approx 0{,}05\sqrt{2} \approx 0{,}0707$ 7. 0

Seção 16.5 Exercícios

1. (a) $\mathbf{N} = \langle 2v, -4uv, 1 \rangle$, $\mathbf{F} \cdot \mathbf{N} = 2v^3 + u$
(b) $\frac{4}{\sqrt{69}}$ (c) 265
3. 4 **5.** -4 **7.** $\frac{27}{12}(3\pi + 4)$ **9.** $\frac{693}{5}$ **11.** $\frac{11}{12}$ **13.** $\frac{9\pi}{4}$
15. $(e - 1)^2$ **17.** 270
19. (a) $18\pi e^{-3}$ (b) $\frac{\pi}{2}e^{-1}$
21. $\left(2 - \frac{6}{\sqrt{13}}\right)\pi k$ **23.** $\frac{2\pi}{3}$ m^3/s **25.** 4π **27.** $\frac{16\pi}{3}$
29. (a) 1 (b) 1
33. $\Phi(t) = -1{,}56 \times 10^{-5} e^{-0,1t}$ T–m^2;
queda de voltagem: $= -1{,}56 \times 10^{-6} e^{-0,1t}$ V
35. O fluxo é maior em $z = 3$.

Revisão do Capítulo 16

1. (a) $\langle -15, 8 \rangle$ (b) $\langle 4, 8 \rangle$ (c) $\langle 9, 1 \rangle$

3.

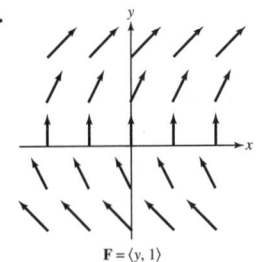

$F = \langle y, 1 \rangle$

5. $F(x, y) = \langle 2x, -1 \rangle$

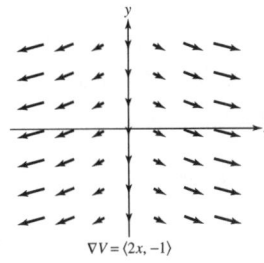

$\nabla V = \langle 2x, -1 \rangle$

7. div(**F**) $= 2x + 2y + 2z$, rot (**F**) $= \langle 0, 0, 0 \rangle$

9. div(**F**) $= 3x^2 y + y^2$, rot (**F**) $= \langle 2yz - 2xz, 0, z^2 - x^3 \rangle$

11. div(**F**) $= -1$, rot (**F**) $= \langle 0, 0, -1 \rangle$

13. div(**F**) $= 4x^2 e^{-x^2-y^2-z^2} + 4y^2 e^{-x^2-y^2-z^2} + 4z^2 e^{-x^2-y^2-z^2} - 6e^{-x^2-y^2-z^2}$; rot (**F**) $= \langle 0, 0, 0 \rangle$

15. rot (**F**) $= \langle -2z, 0, 2y \rangle$ **19.** $f(x, y) = x^4 y^5$

21. **F** é conservativo, $f(x, y, z) = 2x + 4y + e^z$

23. $f(x, y) = \frac{x^4 y^4}{4}$

25. **F** é conservativo, $f(x, y, z) = y \ln(x^2 + z)$

27. $\mathbf{F} = \langle 1 + by, 1 + bx \rangle$ **29.** -2

31. $\sqrt{2}(\operatorname{sen} 3 - 2\cos 3 + \operatorname{sen} 1 + 2\cos 1 + 4) \approx 11{,}375$

33. (a) 2 (b) 0 **37.** $\frac{1}{3}$ **39.** $4\ln\left(1 + (\ln 2)^4 + e^2\right) \approx 8{,}616$

41. $\frac{52}{29} \approx 1{,}79$ **43.** $3e^{3/2} - \frac{15}{2} \approx 5{,}945$

45. Área $(S) =$
$\int_{-1}^{1} \int_{-1}^{1} \sqrt{125u^2 - 100uv + 425v^2 + 81}\, du\, dv \approx 62{,}911$

47. $\frac{4}{9}\left(2\sqrt{2} - 1\right)$

49. (a) Zero, pois $f(x, y, z) = y^3$ é ímpar e simétrica em relação ao plano xz.
 (b) Positiva, pois $f(x, y, z) = z^2$ é não negativa.
 (c) Zero, pois $f(-x, y, z) = -xyz = -f(x, y, z)$ é simétrica em relação ao plano yz.
 (d) Negativa, pois $f(x, y, z) = z^2 - 2$ é negativa.

51. (a) $\mathbf{N} = \left\langle \frac{2}{\sqrt{5}}, \frac{2\sqrt{3}}{\sqrt{5}}, 2 \right\rangle$
 (b) Área $(G(R)) = \frac{6}{\sqrt{5}} \cdot 0{,}1 \cdot 0{,}05 \approx 0{,}0134$

53. $\iint_S \mathbf{F} \cdot d\mathbf{S} =$
$\int_0^1 \left(\int_0^1 (-4(2u - v) - 2(2v + 5) + 7(-u - 3v))\, dv \right) du = -28$

55. $\frac{1}{4} - \frac{\operatorname{senh} 1}{3}$ **57.** $\frac{\sqrt{6}\pi}{9}$ **59.** 27π **61.** $\frac{9\sqrt{3}}{4}$

Capítulo 17

Seção 17.1 Exercícios preliminares

1. $\mathbf{F} = \langle -e^y, x^2 \rangle$

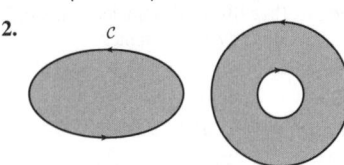

2.

3. Sim **4.** (a), (c)

Seção 17.1 Exercícios

1. $\oint_C xy\, dx + y\, dy =$
$\int_0^{2\pi} (\cos\theta \operatorname{sen}\theta (-\operatorname{sen}\theta) + \operatorname{sen}\theta \cos\theta)\, d\theta = 0 =$
$\int_{-1}^{1} \int_{-\sqrt{1-x^2}}^{\sqrt{1-x^2}} (0 - x)\, dy\, dx = \iint_{\mathcal{D}} \left(\frac{\partial}{\partial x} y - \frac{\partial}{\partial y}(xy) \right) dA$

3. 0 **5.** $-\frac{\pi}{4}$ **7.** $\frac{1}{6}$ **9.** $\frac{(e^2 - 1)(e^4 - 5)}{2}$

11. (a) $V(x, y) = x^2 e^y$ **13.** $I = 34$ **15.** $\frac{1}{2}$ **17.** $\frac{8}{3}$

19. (c) $A = \frac{3}{2}$ **23.** $9 + \frac{15\pi}{2}$ **25.** 214π

27. (A) Zero (B) Positivo (C) Negativo (D) Zero

29. $-0{,}10$ **31.** $R = \sqrt{\frac{2}{3}}$ **33.** Triângulo (A), 3; Polígono (B), 12

35. -4 **37.** 5π **39.** $\frac{9\pi}{4}$ **41.** 29,2 búfalos por minuto

Seção 17.2 Exercícios preliminares

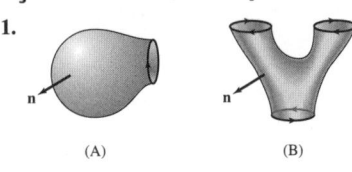

1.

(A)   (B)

2. (a)

3. Um campo vetorial **A** tal que $\mathbf{F} = \operatorname{rot}(\mathbf{A})$ é um potencial vetor de **F**.

4. (b)

5. **F** deve ser o rotacional de algum outro campo vetorial **A** (ver Teorema 2).

Seção 17.2 Exercícios

1. $\iint_C \mathbf{F} \cdot d\mathbf{s} = \iint_S \operatorname{rot}(\mathbf{F}) \cdot d\mathbf{S} = \pi$

3. $\iint_C \mathbf{F} \cdot d\mathbf{s} = \iint_S \operatorname{rot}(\mathbf{F}) \cdot d\mathbf{S} = e^{-1} - 1$

5. $\left\langle -3z^2 e^{z^3}, 2ze^{z^2} + z\operatorname{sen}(xz), 2 \right\rangle;\quad 2\pi$

7. $\langle -2, 3, 5 \rangle$, 20π **9.** 0 **11.** -45π **13.** 0

15. (a)   (b) 140π

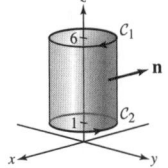

17. (a) $\mathbf{A} = \left\langle 0, 0, e^y - e^{x^2} \right\rangle$ (c) $\iint_S \mathbf{F} \cdot d\mathbf{S} = \frac{\pi}{2}$

19. (a) $\iint_S \mathbf{B} \cdot d\mathbf{S} = r^2 B \pi$ (b) $\int_{\partial S} \mathbf{A} \cdot d\mathbf{s} = 0$

21. $\iint_S B\, dS = 18b$ **23.** $c = 2a$ e b é arbitrário.

27. $\iint_S \mathbf{F} \cdot d\mathbf{S} = 25$

Seção 17.3 Exercícios preliminares
1. $\iint_S \mathbf{F} \cdot d\mathbf{S} = 0$
2. Como o integrando é positivo com qualquer $(x, y, z) \neq (0, 0, 0)$, a integral tripla é positiva e, portanto, o fluxo é positivo.
3. (a), (b), (d) e (f) fazem sentido; (b) e (d) são automaticamente zero
4. (c)   5. $\text{div}(\mathbf{F}) = 1$ e fluxo $= \int \text{div}(\mathbf{F})\, dV =$ volume.

Seção 17.3 Exercícios
1. $\iint_S \mathbf{F} \cdot d\mathbf{S} = \iiint_{\mathcal{R}} \text{div}(\mathbf{F})\, dV = \iiint_{\mathcal{R}} 0\, dV = 0$
3. $\iint_S \mathbf{F} \cdot d\mathbf{S} = \iiint_{\mathcal{R}} \text{div}(\mathbf{F})\, dV = 4\pi$ 5. $\frac{4\pi}{15}$ 7. 60π
9. $\frac{3.616}{105}$ 11. $\frac{32\pi}{5}$ 13. 64π 15. 81π 17. π 19. $\frac{13}{3}$
21. $\frac{4\pi}{3}$ 23. $\frac{16\pi}{3} + \frac{9\sqrt{3}}{2} \approx 24{,}549$ 25. $\approx 1{,}57$ m³/s
27. (b) 0 (c) 0
   (d) Como **E** não está definido na origem, que está dentro da bola W, não podemos usar o teorema da divergência.
29. $(-4) \cdot \left[\frac{256\pi}{3} - 1\right] \approx -1068{,}33$
31. $\text{Div}(f\mathbf{F}) = f\text{Div}(\mathbf{F}) + \mathbf{F} \cdot \nabla f$
35. (d) O fluxo através de uma superfície fechada é 0.

Revisão do Capítulo 17
1. 0   3. -30 5. $\frac{3}{5}$
7. (a)   (b) $A = \frac{1}{60}$

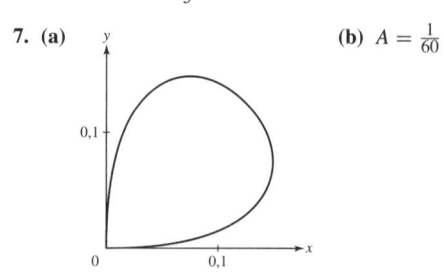

9. $\frac{1}{3}$ 11. $\frac{1}{3}$ 13. $\{(x, y)|\, y = x \text{ ou } y = -x\}$ 15. 36π 19. 2π
21. $\mathbf{A} = \langle yz, 0, 0 \rangle$ e o fluxo é 8π. 23. $\frac{296}{3}$ 25. -128π
27. Volume$(W) = 2$ 29. $4 \cdot 0{,}0009\pi \approx 0{,}0113$
31. $2x - y + 4z = 0$ 33. (b) $\frac{\pi}{2}$
35. (c) 0 (d) $\int_{C_1} \mathbf{F} \cdot d\mathbf{s} = -4$, $\int_{C_2} \mathbf{F} \cdot d\mathbf{s} = 4$
41. $V = \frac{4\pi}{3} abc$

REFERÊNCIAS

O site (em inglês) MacTutor History of Mathematics Archive **www-history.mcs.st-and.ac.uk** é uma fonte valiosa de informação histórica.

Seção 9.1
(Exercício 57) Adaptado de E. Batschelet, *Introduction to Mathematics for Life Sciences*, Springer-Verlag, New York, 1979.
(Exercício 59) Adaptado de *Calculus Problems for a New Century*, Robert Fraga, editor, Mathematical Association of America. Washington, DC, 1993.
(Exercícios 60 e 65) Adaptados de M. Tennebaum e H. Pollard, *Ordinary Differential Equations*, Dover, New York, 1985.

Seção 10.1
(Exercício 45) Adaptado de G. Klambauer, *Aspects of Calculus*, Springer-Verlag, New York, 1986, p. 393.

Seção 10.2
(Exercício 48) Adaptado de *Calculus Problems for a New Century*, Robert Fraga, editor, Mathematical Association of America. Washington, DC, 1993, p. 137.
(Exercício 49) Adaptado de *Calculus Problems for a New Century*, Robert Fraga, editor, Mathematical Association of America. Washington, DC, 1993, p. 138.
(Exercício 61) Adaptado de George Andrews, "The Geometric Series in Calculus", em *American Mathematical Monthly* 105, 1:36-40 (1998).
(Exercício 64) Adaptado de Larry E. Knop, "Cantor's Disappearing Table", *The College Mathematics Journal* 16, 5:398-399 (1985).

Seção 10.4
(Exercício 33) Adaptado de *Calculus Problems for a New Century*, Robert Fraga, editor, Mathematical Association of America. Washington, DC, 1993, p. 145.

Seção 11.2
(Exercício 45) Adaptado de Richard Courant e Fritz John, *Differential and Integral Calculus*, Wiley-Interscience, New York, 1965.

Seção 11.3
(Exercício 58) Adaptado de *Calculus Problems for a New Century*, Robert Fraga, editor, Mathematical Association of America. Washington, DC, 1993.

Seção 12.4
(Exercício 65) Adaptado de Ethan Berkove e Rich Marchand, "The Long Arm of Calculus", *The College Mathematics Journal*, 29, 5:376-386 (novembro de 1998).

Seção 13.3
(Exercício 21) Adaptado de *Calculus Problems for a New Century*, Robert Fraga, editor, Mathematical Association of America. Washington, DC, 1993.

Seção 13.4
(Exercício 68) Damien Gatinel, Thanh Hoang-Xuan e Dimitri T. Azar, "Determination of Corneal Asphericity After Miopia Surgery with the Excimer Laser: A Mathematical Model", *Investigative Ophtalmology and Visual Sciences* 42:1736-1742 (2001).

Seção 13.5
(Exercícios 57 e 60) Adaptados de notas de aula de "Dynamics and Vibrations" da Brown University (ver http://www.engin.Brown.Edu/courses/en4/).

Seção 14.8
(Exercício 46) Adaptado de C. Henry Edwards, "Ladders, Moats, and Lagrange Multipliers", *Mathematica Journal* 4, Issue 1 (Inverno de 1994).

Seção 15.3
(Cálculo da Figura 10) O cálculo é baseado em Jeffrey Nunemacher, "The Largest Unit Ball in Any Euclidean Space", em *A Century of Calculus*, Part II, Mathematical Association of America. Washington, DC, 1992.

Seção 15.6
(Compreensão Conceitual) Ver R. Courant e F. John, *Introduction to Calculus and Analysis*, Springer-Verlag, New York, 1989, p. 534.

Seção 16.2
(Figura 9) Inspirada por Tevian Dray e Corinne A. Manogue, "The Murder Mystery Method for Determining Whether a Vector Field is Conservative", *The College Mathematics Journal*, Maio de 2003.

Seção 16.3
(Exercício 21) Adaptado de *Calculus Problems for a New Century*, Robert Fraga, editor, Mathematical Association of America. Washington, DC, 1993.

Apêndice D
(Demonstração do Teorema 6) Uma demonstração sem essa hipótese simplificadora pode ser encontrada em R. Courant e F. John, *Introduction to Calculus and Analysis*, Vol. I, Springer-Verlag, New York, 1989.

ÍNDICE

abscissa, 3
aceleração, 152
   centrípeta, 724, 725
   componente normal da, 725, 726
   componente tangencial da, 725, 726
adição
   notação de somatório e, 261, 262
aditividade
   da circulação, 963
   da integral de linha vetorial, 912
   de intervalos adjacentes, 276
afélio, 621
afirmações equivalentes, A3
ajuste de mínimos quadrados linear, 807
algoritmo de ordenação *Bubble Sort*, 227, 228
algoritmo de ordenação *Quick Sort*, 227, 228
amplitude, 28
análise numérica, 437
anel, 352
ângulo de inclinação, 720, 783
ângulos
   complementares, 28
   graus e, 23
   radianos e, 23
antiderivadas, 281, 282, 283, 286, 292, 925,
   Ver, também, integral indefinida
   de funções vetoriais, 702
   definição de, 281, 282
   geral, 281
   terminologia de, 282
anuidade, 489, 490
aplicações, 4, 878-883
   coordenadas polares como, 878, 879
   determinante jacobiano e, 880-883
   imagens de, 878
   inversas, 886, 887
   lineares, 879-882
   mapas de contornos, 743, 744, 746, 760, 781, 782
   mudança de área com, 880
   mudança de variáveis e, 878
Apolônio, 609
aproximação, 260-268
   limite de, 264
   N-ésima pela direita, 260
   notação de somatório e, 261, 261
   pela direita, 260
   pela esquerda, 262
   pelo ponto médio, 263
   por retângulos, 260, 263
   por somas de Riemann, 272
aproximação linear, 193-198, 770, 771, 882
   estimativa do erro na, 197
aproximação pela reta tangente, 193
aproximação poligonal, 443
arco cosseno, derivada do, 169

arco seno, derivada do, 169
área, 248
   abaixo de curvas paramétricas, 585, 586
   abaixo de uma curva, 605
   aproximação da, *Ver* aproximação
   calculando como limite de, 264, 265
   de superfície, 445-447, 593, 594, 935-937
   de um polígono, 970
   em coordenadas polares, 604-607
   entre duas curvas, 333-337
   horizontalmente simples, 336
   integral dupla que define, 833
   por aplicação, 880
   teorema de Green e, 960-963
   verticalmente simples, 333
área com sinal, 335, 336
   integral definida como, 274
Aristarco, 734
Arquimedes, 456, 462, 530, 609
assíntota, 495
   de uma hipérbole, 612
   horizontal, 50, 94
   vertical, 50, 68

base das funções exponenciais, 40, 42
Bernoulli, Jakob, 267
Brahe, Tycho, 734

calculadora gráfica, 48-52
Cálculo
   diferencial, 53
   integral, 55
   terminologia do, A1-A5
Cálculo Diferencial, 55
Cálculo Integral, 55, 259
caloria, 365
caminhos. *Ver também* curva paramétrica
   comprimento de arco de, 706
   deslocamento ao longo de, 592, 593
   mais íngreme, 746
   movimento ao longo de, 722-724
   número de rotação de, 927
   parametrização de, 592, 593, 690
   regra da cadeia para, 776, 777
   versus curvas, 690
campo de inclinações, 492-495
campo elétrico, 923, 924, 949, 950
   devido à esfera com carga uniforme, 988
campo eletrostático, 986
campo vetorial rotacional, 898-900
   independência de superfície de, 975, 976
campos de força conservativos, 922
campos vetoriais, 895-902, 919-928
   componente normal de, 944
   constantes, 896
   de quadrado inverso, 901, 923, 987, 989

   divergência de, 897, 898
   domínio de, 895
   elétricos, 949, 950
   fluxo de, 945, 975
   fonte de densidade de, 985
   fontes e, 898
   função potencial de, 923
   gravitacionais, 923, 939
   incompressíveis, 898, 986, 992
   integral de superfície de, 944-951
   irrotacionais, 992
   laplaciano de, 990
   magnéticos, 949, 950
   não conservativos, 900
   operações básicas com, 989
   operações com, 897
   poços e, 898
   radiais, 896, 897, 901
   unitários, 896, 897, 901
   vórtice de, 918, 926, 927, 989
campos vetoriais conservativos, 899-902, 919-928
   circulação ao longo de curva de, 919, 920
   condição de parciais mistas para, 924, 925
   de quadrado inverso, 901, 923
   de vórtice, 926, 927
   funções potenciais de, 899, 901, 923-926
   independência de caminho de, 920, 921, 922
   na Física, 922
   rotacional de, 899, 900
   teorema fundamental de, 920
capacidade de tolerância, 500
cardioide, 599
Cauchy, Augustin Louis, 64, 105, 983
centro de
   curvatura, 716
   hipérbole, 612
centro de massa (CM), 456-462, 868
   integrais múltiplas e, 869
centro de massa e simetria, 868
centroide, 459, 969
   centro de massa e, 868
cicloide, 583
   comprimento de, 592
   cúspide de, 701
   parametrização de, 583
   vetores tangentes da, 701
circulação, 958
   aditividade da, 963
   por unidade de área fechada, 976
   teorema de Green e, 962
círculo osculador, 716
   parametrização do, 717
círculo unitário, 25
cissoide, 602

Clairaut, Alexis, 762
clotoide, 719
coeficiente binomial, A13
   relação de recorrência para, A14
coeficientes, 20
   constantes, 487
   dominantes, 20
combinação de sinais, 234, 235
combinação linear, 21
completamento do quadrado, 16, 17, 617
completude, A8
   dos números reais, A7
comportamento assintótico, 94, 231-236
comprimento
   da cicloide, 592
   de caminho, 706
comprimento de arco, 443-445, 591
   de caminho, 706
   de curva paramétrica, 590-594
   definição de, 443, 706
   diferencial do, 906, 907
   em coordenadas polares, 606
   fórmula para, 444
   função, 706
   parametrização pelo, 707, 708
comprimento de onda de Balmer, 516
concavidade, 217-219
   definição de, 217, 218
   pontos de inflexão e, 219
   teste de, 218
conclusão, A1
condição de normalização, 872
condição de parciais mistas, 924
condição inicial, 285, 481
cone parametrizado, 932
conjunto de Mandelbrot, 48
conservação da energia, 922, 923
constante da mola, 366
constante de decaimento, 318. *Ver também* crescimento e decaimento exponencial
constante de resfriamento, 488
continuidade
   da função inversa, 80
   de função composta, 80, A18
   de funções básicas, 79
   de funções elementares, 80
   de funções polinomiais e racionais, 79
   definição de, 751
   e diferenciabilidade, 129, 130, 932
   em várias variáveis, 750-755
   lateral, 77
   leis de, 78
   limites e, 75, 76
   método de substituição e, 80, 84
   modelagem de problemas reais com, 81
contraexemplo, A2
contrapositiva, A2-A4
convergência
   absoluta, 543, 545, 546, 551
   condicional, 544-546
   da série *p*, 536
   de sequências, 514
   de séries infinitas, 524
   de séries positivas, 524-538

   de subsequências, A9, A10
   raio de, 554
   recíproca, A2-A4
   teste da comparação direta para a, 536, 537, 550
   teste da comparação no limite para a, 538, 550
   teste da divergência para a, 528, 550
   teste da raiz para a, 550, 551
   teste da razão para a, 548, 551
   teste da série alternada para a, 544, 551
   teste integral para a , 535, 551
coordenada x, 3
coordenada y, 3
coordenadas angulares, 596, 597. *Ver, também,* coordenadas polares
coordenadas cilíndricas
   integração em, 860
   integrais triplas em, 859
coordenadas curvilíneas, 933
coordenadas esféricas, 857
   integração em, 861, 862
coordenadas polares, 596-607, 754
   ângulo de, 596, 597
   aplicação de, 878, 879
   área em, 604-607
   comprimento de arco em, 606
   conversão para coordenadas retangulares, 596, 597, 599
   derivada em, 603
   fórmula de mudança de variáveis em, 882-884
   integração em, 857-859, 882-884
   integral dupla em, 856-860
   raio de, 596
   reticulado em, 596
coordenadas radiais, 596. *Ver também* coordenadas polares
coordenadas retangulares
   conversão para coordenadas polares, 599
   versus coordenadas polares, 596, 597
Copernicus, Nicolau, 734
cossecante, 26, 37
   hiperbólica, 45
cosseno, 25. *Ver, também,* funções trigonométricas
   arco, 36
   definição no círculo unitário, 25
   derivada do, 156, 157, 178
   hiperbólico, 44
   integral do, 379-381
   valores padrão do, 25
cota inferior, A8
cota superior, A8
cotangente, 26, 37
   hiperbólica, 45
Crawford, John M., 961
crescimento e decaimento exponencial, 318-320
   datação por carbono e, 321
   juros compostos e, 321, 323, 324
   valor presente e, 323, 324
curva de fronteira lisa por partes, 832
curva fechada simples, 957

curva paramétrica, 579-586, 590-594
   área abaixo de, 585, 586
   área de superfície e, 593
   comprimento de arco de, 590-594
   de Bézier, 585
   em coordenadas polares, 598
   retas tangentes a, 584
   translação de, 581
curva plana, 690
   curvatura de, 714
curvas
   área abaixo de, 605
   cardioide, 599
   circulação ao longo de, 963
   circulação de campo vetorial ao longo de, 919, 920
   comprimento. *Ver* comprimento de arco
   de Bézier, 585
   de fronteira, 832
   de Lorenz, 340
   de nível, 741-743
   de restrição, 809
   de reticulado, 933, 959-960
   de Viviani, 695
   e parametrização, 690
   em coordenadas polares, 598, 599
   equipotencial, 921
   fechada, 919, 920, 957, 963
   fluxo ao longo de, 914
   fólio de Descartes, 589
   integral, 493, 494
   lemniscata, 603
   limaçon, 599
   limite ao longo de, 599
   lisas por partes, 912
   no espaço, 690
   orientação de, 909
   paramétricas. *Ver* curva paramétrica
   sentido de percurso de, 909
curvatura, 711-718
   centro de, 716
   círculo osculador e, 716, 717
   de um gráfico no plano, 714
   fórmula da, 713
   plano osculador e, 717
   raio de, 716
   triedro de Frenet e, 716, 717
   vetor normal unitário e, 715
   vetor tangente unitário e, 711-715
cúspide, 701
custo marginal, 144
   versus custo total, 303
custo total versus marginal, 303
de Oresme, Nicole, 530
declinação magnética, 766
decomposição em frações parciais, 398-404
definição e - d, 105, 106, 107
delta Δ, 56
demonstração, A5
   rigorosa, 104
densidade, 343, 344
   fonte de, 985
   função densidade radial e, 343
   integral múltipla e, 866, 867

densidade de Gumbel, 429
densidade de massa, 867, 868
   força gravitacional e, 940
   integral de superfície da, 938
densidade de massa linear, 343
densidade de massa uniforme, 867
densidade de probabilidade exponencial, 426
densidade normal padrão, 427
derivação, 115, 116
   de funções vetoriais, 698, 699
   definição de, 113
   implícita, 167, 168, 171, 790, 791
   logarítmica, 177
   potências gerais e, 162
   regra da cadeia da, 159, 160-163, 167
   regra da constante, 123
   regra da diferença da, 125
   regra da potência de, 124, 125
   regra da soma da, 125
   regra do múltiplo constante da, 125
   regra do produto da, 135, 136
   regra do quociente da, 135, 137, 138
   regra do x de, 123, 124
   regras da, 699
   regras de linearidade de, 125
   regras exponenciais da, 162
   termo a termo, 557
derivada
   aceleração, 152
   antiderivada e, 281. *Ver também*
     antiderivadas
   aproximação linear e, 193-198
   cálculo de. *Ver* derivação
   como função, 121, 122
   como vetor tangente, 700
   concavidade do gráfico e, 217-220
   crescimento de função e, 227, 228
   da recíproca, 141
   de exponenciais e logaritmos gerais, 175
   de $f(x) = bx$, 127, 128, 175
   de $f(x) = ex$, 127
   de função constante, 116
   de função linear, 116
   de função trigonométrica, 156, 157, 169, 170, 178
   de função vetorial, 697, 698, 700, 701
   de funções escalares, 701
   de funções hiperbólicas, 178, 179
   definição de, 113, 114
   do logaritmo natural, 176
   em coordenadas polares, 603
   estimativa da, 116, 117
   extremos locais e, 201-203
   normal, 970
   otimização e, 239-244
   otimização em intervalo fechado e, 203, 204
   primária, 788, 789
   problemas de taxa de variação e, 184, 185
   propriedades do gráfico e, 126
   regra de L'Hôpital e, 224-229
   regras para calcular a, 131
   reta secante e, 113
   reta tangente e, 113, 126
   segunda, 151, 763

sinal da, 211, 212
superiores, 151
teorema de Rolle e, 205
teorema do valor médio e, 210-215
teste da primeira, 212-214
teste da segunda, 219, 220, 796-799, 802
valores extremos e, 200, 201
derivada vetorial, 697, 698, 700, 701
   calculando, 698
   definição de, 697
   versus derivada escalar, 701
derivadas a valores escalares, 701
derivadas direcionais, 778-780
   ângulo de inclinação e, 782, 783
   cálculo de, 779, 780
derivadas parciais, 739, 757-763
   como derivadas direcionais, 778
   de ordem superior, 760-763
   de segunda ordem, 760-763
   definição de, 757
   equação do calor e, 763
   estimativa com mapas de contornos, 760
   igualdade das mistas, 761
   implícitas, 791
   notação para, 757, 761
   teorema de Clairaut para, 761, 762
Descartes
   fólio de, 968
   René, 3, 173, 206
descontinuidade, 76
   de salto, 77
   definição de, 76
   infinita, 78
   removível, 76
   valores extremos e, 201
descriminante, 16, 796-799
desigualdade
   estrita, A7
   limites que preservam, A17
   triangular, 2
deslocamento, 57
   e distância percorrida, 592, 593
desvio padrão, 430
determinante jacobiano, 880-883
diferenciabilidade, 114, 122, 128, 767-772
   continuidade e, 129, 130
   critério para a, 769, A22
   definição de, 769
   linearidade local e, 129, 130
diferenciais, 123
   aproximação linear com, 770, 771
   comprimento de arco e, 906, 907
   definição de, 307
   na substituição, 307
dilatação
   de domínio, 891
   de gráfico, 8
dipolo magnético, 980
Dirac, Paul, 896
diretriz, 613-616
discriminante hessiano, 796
distância entre números reais, 2
distância percorrida e deslocamento, 592, 593
distribuição de Boltzmann, 818

distribuição gaussiana, 427
distribuição normal, 427
divergência, 985
   de campos vetoriais, 897, 898
   de fluxo por unidade de volume, 985
   de sequências, 514, 519
   de séries harmônicas, 535
   de séries infinitas, 528, 529
divergência e fonte de densidade, 985
domínios, 4, 32, 34
   aberto, 800
   conexos, 839
   da função inversa, 33
   de campo vetorial, 895
   de parâmetro, 930
   de polinômio, 20
   decomposição em menores, 839
   dilatação de, 891
   fechados, 800
   interior de, 800
   limitados, 799, 800

e, 42, 127, 128
   como um limite, 127
efeito AB, 978
efeito Aharonov-Bohm (AB), 978
Einstein, Albert, 46, 147, 366, 734
   lei da adição de velocidades, 46
   teoria especial da relatividade, 46
eixo x, 3
eixo y, 3
eixo(s)
   de uma elipse, 610, 611
   de uma hipérbole, 612
   de uma parábola, 613
   x e y, 859
elemento de linha, 906
elipse, 610, 611
   centro de, 610
   eixo conjugado de, 613, 614
   eixo de, 611
   eixo focal de, 610
   em posição padrão, 610, 611
   excentricidade de, 613, 614
   focos de, 610
   órbita planetária como, 731
   parametrização de, 581
   propriedades de reflexão da, 616
   translação de, 611
   vértices de, 611
   vértices focais de, 611
elipsoide, 358, 365
energia
   conservação da, 922, 923
   potencial, 923
   total, 923
   trabalho e, 365-368
   unidades de, 365
energia cinética, 370
enésima aproximação pela direita, 260
equação de restrição, 240
equação geral do segundo grau, 617, 618
equação inclinação-corte, 12

equação logística e crescimento populacional, 500, 501
equação ponto-inclinação, 15, 16
equação ponto-ponto, 15
equações
   da onda, 990
   de advecção, 794
   de Korteweg-deVries, 767
   de Lagrange, 810
   de Maxwell, 990
   de Poisson-Boltzmann, 181
   de vínculo, 240
   degeneradas, 617
   diferenciais. *Ver* equações diferenciais
   do calor, 763
   gerais de grau dois, 617, 618
   lineares, 12, 14-16, 480, 504-507. *Ver também* equações lineares
   logísticas, 181, 500-502, 503
   logísticas inversas, 503
   paramétricas, 579-586, 590-594, 596-601
   polares, 598, 599, 616
   separáveis, 480, 481
   termo misto de, 617
equações diferenciais, 285, 479-511
   anuidades e, 489, 490
   campos de inclinações e, 492-495
   condição inicial e, 481
   curva integral de, 493, 494
   de segunda ordem, 395
   lei de Torricelli e, 482, 482
   lei do resfriamento de Newton e, 488, 495
   linear. *Ver* equações lineares
   logística, 500-502
   método de Euler e, 495-497
   métodos gráficos para, 492
   modelagem e, 482
   modelos envolvendo $y' = k(y\ b)$, 487-490
   não linear, 480
   ordem de, 479, 480
   parciais, 762
   problema de valor inicial e, 481, 495-497
   propriedades de existência e unicidade, 481
   queda livre com resistência do ar e, 489
   separação de variáveis e, 480, 481, 501
   separáveis, 480, 481
   séries de potências e, 558
   solução de equilíbrio (estado estacionário), 500
   solução geral de, 479
   solução particular de, 479
equações lineares, 14-16, 480
   de primeira ordem, 504-507
   forma geral das, 15
   forma ponto-corte das, 12
   forma ponto-ponto das, 15
equilíbrio estável, 500
equilíbrio estável e instável, 500
equilíbrio instável, 500
erro percentual, 197
escala/mudança de escala, 7
   de um gráfico, 8, 13
esfera
   parametrização da, 931, 932

potencial gravitacional da, 939
   volume da, 852
espiral de Bernoulli, 705, 710
estimativa do erro, 433, 434, 437
   no polinômio de Taylor, 469
Euclides, A4
Euler
   fórmula de, 396
   Leonhard, 42, 395, 530
   método de, 495-497
   método do ponto médio de, 499
excentricidade, 613
   de seções cônicas, 613, 614
excursão, 939
existência de inversa, 33
expansão decimal, 1. *Ver também* números reais
extremos globais, 799-804
extremos locais, 201, 202. *Ver também* valores extremos
   pontos críticos e, 201
   teorema de Fermat de, 202, 206

fator de distorção de área, 936
fator integrante, 504, 505, 507
Fermat
   Pierre de, 206
   ponto de, 808
   teorema de, 795
   teorema dos extremos locais de, 202, 203, 206
   último teorema de, A5
Fick
   Adolf, 763
   segunda lei de, 763
fluido
   fluxo, 948, 949
   força de, 450-453
   pressão de, 450-453
fluxo, 944, 945, 975
   ao longo de curva plana, 914
   cálculo de, 985
   de campo de quadrado inverso, 987
   de campo eletrostático, 986
   fluido, 948, 949
   magnético, 950
   teorema da divergência e, 985-988
fluxo de cisalhamento, 963
fluxo de Couette, 963
fluxo laminar, 344, 345
fólio de Descartes, 589, 968
fonte, 898
força
   de fluido, 450-453
   gravitacional, 145, 146, 923, 940
   trabalho e, 922. *Ver também* trabalho
   unidades de, 365
força gravitacional e densidade de massa, 940
forma quadrática, 802
formas indeterminadas, 85-88
fórmula da distância, 3
fórmula de Arquimedes, 852
fórmula de Bernoulli, 267
fórmula de mudança de base, 44

fórmula de mudança de variáveis, 307-309, 878, 882-888, 937
   de integrais definidas, 309
   em coordenadas cilíndricas, 860
   em coordenadas esféricas, 861
   em coordenadas polares, 857-859
fórmula de recursão, 376
fórmula de redução, 376
fórmula de Viète, 19
fórmula do limite de e e e^x, 322
fórmula quadrática (de Bhaskara), 16
fórmulas de adição, 28
fórmulas de integração, 315
fórmulas de translação, 28
fórmulas do ângulo duplo, 28, 380
Fourier
   Jean Baptiste Joseph, 763
   séries de, 382, 386
   transformada de, 763
Frenet,
   Jean, 716
   triedro de, 716, 717
fronteiras
   teorema da divergência e, 982
   teorema de Green e, 957
   teorema de Stokes e, 971
   tipos de, 971
função continuamente diferenciável, 932
função de crescimento de Bertalanffy, 165
função densidade radial, 343
função distribuição cumulativa normal padrão, 427
função gama, 425
função produção de Cobb-Douglas, 811
função vetorial contínua, 697
funções
   algébricas, 20
   antiderivadas de *Ver* antiderivadas
   arco cosseno, 36
   arco seno, 36
   área, 294
   área cumulativa, 294
   básicas, 20, 21, 78
   bem comportadas, 20, 21
   classes de, 19-21
   combinação linear de, 21
   compostas, 21, 752, A18
   comprimento de arco, 706
   construção de, 21
   contínuas, 73, 824, A19-A21. *Ver também* continuidade
   contínuas pela direita, 77
   contínuas pela esquerda, 77
   coordenadas, 689
   crescentes, 5, 211, 212
   crescimento de, 227, 228
   de duas ou mais variáveis, 739, 740
   decrescente, 5, 211-212
   definição de, 4
   definidas por partes, 21, 22, 77
   densidade de probabilidade, 425, 426, 872
   densidade normal, 427
   derivadas de, 121, 122

deriváveis. *Ver* derivação
descontínuas. *Ver* descontinuidade
diferenciáveis. *Ver* derivação
domínio de. *Ver* domínios
elementares, 21, 80
escalares, 689
especiais, 570
exponenciais, 20, 40-42, 175
gradiente. *Ver* gradiente
gráfico de, 4. *Ver também* gráficos
gudermanniana, 398
harmônicas, 766, 794, 971, 992
hiperbólicas, 44-46, 178, 179. *Ver também* funções hiperbólicas
ilimitadas, 417
imagem de, 4, 32
ímpares, 6
indeterminadas, 85-88
injetoras, 33-35
integráveis, 273, 823, 824, 832, 845
inversas, 32-38, 80
invertíveis, 32
lineares. *Ver* funções lineares
lisas, 895
localmente lineares, 769
logarítmicas, 21, 44, 175. *Ver também* logaritmos
maior inteiro, 70, 81
monótonas, 6, 264
mudança de sinal de, 212
mudança de sinal de, 213
não crescentes, 6
não decrescentes, 6
numéricas, 4
objetivo, 239-242
operações básicas com, 989
pares, 6
paridade e, 6, 45
periódicas, 26
polinomiais, 79
potência, 20
potenciais, 899, 901, 923-926
primitivas, 282
quadráticas, 16
racionais, 20, 79, 96. *Ver também* funções racionais
radial, 794
sequências definidas por, 515, 516
transcendentes, 20
trigonométricas, 21, 23-29, 156. *Ver também* funções trigonométricas
valores de, 4
zero (raiz) de, 4, 100, 101
funções compostas, 21
continuidade de, 80, 752, A18
limite de, A17
funções de Bessel de primeira ordem, 559
funções de duas variáveis, 740-742, 744-746
contínuas, 751
curvas de nível de, 742, 743
esboçando, 740
mapa de contornos de, 742-744
taxa de variação média de, 744, 745
traço vertical de, 741

funções de quatro variáveis, 746
funções de três variáveis, 746
funções exponenciais, 20, 40-42
base de, 40, 42
derivada de, 175
leis exponenciais e, 41
logaritmos e, 43
série infinita de, 513
funções harmônicas, 766, 794, 992
propriedade do valor médio de, 971
funções hiperbólicas, 44-46
derivadas de, 178
funções trigonométricas e, 395, 396
integração de, 392-396
inversas, 46, 179, 394
funções integráveis, 273, 823, 832, 845
contínuas, 824
funções inversas, 32-38
continuidade de, 80
definição de, 32
domínio e imagem de, 33
existência de, 33
funções injetoras e, 33-35
gráfico de, 35
hiperbólicas, 46, 179, 394
trigonométricas, 36-38, 169, 314
funções lineares, 12-16
definição de, 12
derivada de, 116
e não lineares, 14
mapa de contornos de, 744
funções logarítmicas, 21, 44
derivada das, 175
funções potencial, 899, 901, 923-926
como antiderivadas, 925
existência de, 925
obtenção de, 924-926
unicidade de, 901
funções quadráticas, 16, 17
irredutível, 402
mínimo e máximo de, 17
obtendo o gráfico de, 16
raiz quadrada de, 389
funções racionais, 20
continuidade de, 79
integração de, 398-405
limites no infinito de, 96
próprias, 398
funções trigonométricas, 21, 23-29
cossecante, 26, 37
cosseno, 25
cotangente, 26, 37
derivadas de, 156, 157, 169, 170, 178
funções hiperbólicas e, 44, 45, 395, 396
integral de, 379. *Ver também* integrais trigonométricas
inversas, 36-38, 314
periódicas, 26
secante, 26, 37
seno, 25
tangente, 26, 37
funções vetoriais, 689-693, 697-706, 709-718, 722-735
antiderivadas de, 702

calculando, 697
cálculo de, 697-703
componentes de, 689
comprimento de arco e, 707
comprimento e, 706-709
continuidade de, 697
curvatura e, 711-718
definição de, 689
derivadas de, 698, 699
funções coordenadas e, 689
integrais de, 702
limites de, 697, 698
movimento no espaço e, 722-727
movimento planetário e, 731-735
parâmetros e, 689
teorema fundamental do Cálculo para, 702
velocidade e, 706-709

Galilei
  Galileo, 145, 147, 462, 734
  lei de, 46
gradiente, 774-784
  como vetor normal, 783
  interpretação de, 781
  mapa de contornos e, 781, 782
  propriedades de, 775, 780
  regra da cadeia para, 775-778
  regra do produto para, 775
gráficos, 3-8
  amplitude de, 28
  área abaixo de. *Ver* área
  área entre dois, 333-337
  assíntota vertical em, 68
  campos de inclinação e, 492-495
  combinação de sinais e, 231-235
  comportamento assintótico de, 231-236
  concavidade e, 217, 219
  curvas integrais e, 493, 494
  da velocidade, 57, 58
  de funções crescentes/decrescentes, 211, 212
  de funções de duas variáveis, 740
  de funções inversas, 35
  de funções lineares, *Ver* retas
  de funções quadráticas, 16
  de uma função, 932
  derivadas e, 126
  dilatação de, 8
  esboçando, 4, 231-236, 740
  escala de, 13
  inclinação de retas em, 12-16
  integral de superfície em, 946
  isóclinas e, 494
  janelas de visualização de, 49
  parabólico, 16
  parametrizado, 932
  ponto de máximo em, 139
  pontos de transição de, 231-235
  reflexão de, 35
  representação em computadores, 740
  reta secante em, 57, 58, 113
  reta tangente em, 113, 114, 126
  teste da reta vertical de, 5
  translação de, 7

graus, 20, 23, 24
gravidade
 efeito no movimento, 145, 146
 trabalho contra a, 923
Green, George, 983
Gregory, James, 381

Hardy, G. H., 414
helicoide parametrizado, 934
hipérboles, 612
 assíntotas da, 612
 centro da, 612
 eixos da, 612
 em posição padrão, 612
 excentricidade da, 613
 propriedades de reflexão das, 616
 vértices da, 612
hiperboloide, 358
hipervolume, 852
hipótese, A1, A3, A4
homogêneas de grau n, 794
Huxley, Julian, 5
Huygens, Christiaan, 161

identidades trigonométricas, 28, 29, 37, 45
imagem, 34
 da função inversa, 33
 de função, 4, 32
imagem, 878
implicação, A1
inclinação, 12-16
incremento temporal, 495
independência da superfície de campos
 rotacionais, 975, 976
independência de caminho de campos
 conservativos, 920, 921, 922
índice de calor, 765
índice de Gini, 340
índice de massa corpórea (IMC), 771, 772
índice múltiplo, 821
indução, A12, A13
integração, 273, 282, 857
 ao longo do eixo x, 337
 ao longo do eixo y, 5-337
 área de superfície e, 445-447
 área entre duas curvas e, 333-337
 centro de massa e, 456-461
 comprimento de arco e, 443-445
 de fatores quadráticos, 403-404
 de funções hiperbólicas, 392-396
 de funções racionais, 398-405
 de funções vetoriais, 702
 definição de, 273, 282, 306
 em coordenadas cilíndricas, 859, 860
 em coordenadas esféricas, 861, 862
 em coordenadas polares, 856-859, 882-884
 em duas variáveis, 821. *Ver também*
  integrais duplas
 estimativas de erro para, 437
 estratégias para a, 407-412
 fórmula de mudança de variáveis e, 307, 308
 invertendo os limites de, 275
 lâminas e, 456
 limites de, 273

método das frações parciais para, 398-405
mudança de variáveis e, 860-862
múltiplas. *Ver* integrais múltiplas
numéricas, 431-438
polinômios de Taylor e, 465-472
por partes, 373-376, 408, 409
pressão e força de fluido e, 450-453
probabilidade e, 425-429
regra de Simpson para, 435-437
regra do ponto médio de, 431, 432
regra do trapézio e, 432, 433
simplificação algébrica na, 407
sistemas algébricos computacionais e, 404, 412
substituição em. *Ver* substituição
termo a termo, 557
volumes de revolução e, 351-354, 355, 359-362
integração e probabilidade, 425-429
integração numérica, 431-438
 estimativa do erro na, 433, 434, 437
 regra de Simpson na, 435-437
 regra do ponto médio na, 431, 432
 regra do trapézio na, 432, 433
integrais, 259-332
 condição inicial e, 285
 crescimento e decaimento exponencial e, 318-324
 de constantes, 275
 de funções vetoriais, 702
 de linha, 905-915, 958
 de superfície, 930-941, 948-951
 de superfície vetoriais, 944-951
 de velocidade, 302
 definida, 272-278, 296, 375. *Ver também*
  integral definida
 dupla, 821-841, 857-859
 envolvendo funções hiperbólicas inversas, 394
 fórmulas de redução (recursivas) para, 376
 impróprias, 414-421
 indefinidas, *ver* antiderivadas
 iteradas, 825-828, 846
 notação para, 282, 846
 quantidades representadas por, 341
 regra da potência para, 282
 sinal de, 275
 tabela de, 382, 383
 teorema do valor médio para, 347, 839
 trigonométricas, 284, 379-384, 386-390
 triplas, 845-854, 859, 861, 862
 usando tabelas de, 410
 variação líquida como, 300, 301
integrais de linha, 905-915
 componente tangencial de, 909
 escalares, 905-908, 951
 teorema de Green, 958-960
 vetorial, 909, 951
integrais de linha escalares, 905-908, 951
 aplicações de, 907, 908
 calculando, 906
 definição de, 905
 densidade de massa e, 907
 massa total e, 907

potencial elétrico e, 908
versus integral de linha vetorial, 909
integrais de linha vetoriais, 909-911, 915, 951
 aditividade de, 912
 aplicações de, 913
 calculando, 910
 componente tangencial de, 909
 curva de, 912
 definição de, 909
 fluxo ao longo de curvas planas e, 914
 linearidade de, 912
 magnitude de, 911
 orientação de, 912
 propriedades de, 912
 trabalho e, 913, 914
 versus integrais de linha escalares, 909
integrais duplas, 821-841. *Ver também*
 integrais múltiplas
 aditividade em relação ao domínio, 839
 como integrais iteradas, 825-828
 definindo área, 833
 definindo volume com sinal, 833
 em coordenadas polares, 856-860
 em região horizontalmente simples, 834, 835
 em região verticalmente simples, 834, 835
 em regiões mais gerais, 832-841
 linearidade de, 824
 notação para, 838, 846
 num retângulo, 823
 somas de Riemann e, 833
 teorema de Fubini para, 827, 828
 teorema do valor médio para, 839
 variável muda em somatório, 261
integrais envolvendo e^x, 284
integrais envolvendo $f(x) = b^x$, 315
integrais impróprias, 414-421
 absolutamente convergentes, 424
 definição de, 414
 funções ilimitadas e, 417
 integrais p, 415, 416, 418
 teste da comparação para, 419, 420
integrais iteradas, 825-828, 846
 integrais triplas como, 846
integrais múltiplas, 821. *Ver também* integrais
 duplas, integrais triplas
 aplicações de, 866-873
 centro de massa e, 868, 869
 densidade de massa e, 867, 868
 densidade populacional e, 866, 867
 momento de inércia e, 870
 raio de giro e, 871
 teoria da probabilidade e, 871-873
 velocidade angular e, 870
integrais múltiplas e densidade populacional, 866, 867
integrais p, 415, 416, 418
integrais trigonométricas, 284, 379-384
 substituição e, 386-390
 tabela de, 382, 383
integrais triplas, 845-854. *Ver também*
 integrais múltiplas
 como integrais iteradas, 846
 definindo volume, 852, 853

em coordenadas cilíndricas, 859, 860
em coordenadas esféricas, 861, 862
interpretação geométrica de, 847
notação para, 846
região simples em x e, 849, 850
região simples em y e, 850
região simples em z e, 847, 850
teorema de Fubini para, 846
integral de superfície, 930-941, 949-951
   área de superfície e, 937-939
   de campos vetoriais, 944-951
   de densidade de massa, 938
   definição de, 936, 937
   em gráficos, 946
   em hemisfério, 946
   fluxo e, 948-950
   superfícies parametrizadas e, 930-941
   volume como, 991
integral de superfície num hemisfério, 946
integral de superfície vetorial, 944-951
integral definida, 272-278, 296, 375
   aditividade de intervalos adjacentes da, 276
   antiderivada e, 281
   como área com sinal, 274
   cotas inferior e superior de, 277
   definição de, 273
   fórmula de mudança de variáveis de, 309
   invertendo extremidades de integração de, 275, 276
   linearidade de, 275
   propriedades da, 274-278
   somas de Riemann e, 272, 273
   teorema da comparação de, 276
integral elíptica de primeira espécie, 570
integral indefinida, 282, 283, 286
   equação diferencial e, 285
   linearidade da, 283
   terminologia de, 282
integrandos, 273, 294
   ilimitados, 417
interior de um domínio, 800
intervalo aberto, 2
   valor extremos em, 201
intervalo fechado, 2
   e intervalos abertos, 242
   existência de, A3
   existência de extremos em, A18, A19
   otimização em, 203, 204
   valores extremos em, 201, 203, 204
intervalos, 2, 228
   aditividade de adjacentes, 276
   de contorno, 743
   de convergência, 554
   semiabertos, 2
irracionalidade de e, 574
isóclinas, 494
isotermas, 746

janela de visualização, 49, 50
juros compostos, 321-324

Kelvin, Lord, 983
Kepler,
   Johannes, 56, 246, 616, 734

leis de Kepler, 621, 731
   primeira lei, 631, 733, 734
   problema do tonel de vinho de, 246
   segunda lei, 731, 732, 733
   terceira lei, 731, 734
Koch
   floco de neve de, 534
   Helge von, 534

L'Hôpital, Guillaume François Antoine, 224
Lagrange
   condição de, 810
   equações de, 810
   multiplicador de, 809-814
lâminas, 456, 458-462
Laplace
   operador de, 766, 794, 970, 990
   Pierre Simon de, 939, A7
latus rectum de seções cônicas, 620
lei
   da adição de velocidades, 46
   da área igual em tempo igual, 731-733
   das elipses, 731, 733, 734
   de continuidade, 78
   do período da órbita, 731, 734
   dos cossenos, 28, 29
   dos expoentes, 41
   dos logaritmos, 43, 44
lei da adição, 72, 73, 107, 137, 751
   demonstração da, A16
lei da alavanca de Arquimedes, 462
lei da associatividade, A7
lei da comutatividade, A7
lei da distributividade, A7
lei da indução de Faraday, 949
lei da radiação de Planck, 424
lei de Gauss, 988
lei de Hooke, 366
lei de Poiseuille, 247, 345
lei de Snell, 247
lei de Stefan-Boltzmann, 166
lei de Torricelli, 482, 483
lei do múltiplo constante, 72, 73, 751
lei do produto, 72, 751, 752
   demonstração da, A16
lei do quociente, 72, 751
   demonstração da, A16, A17
lei dos expoentes, 41
Leibniz
   Gottfried Wilhelm, 20, 115, 123, 307
   notação de, 123-125
leis algébricas, A7
leis básicas da continuidade, 78
leis básicas de limites, 72, 78, 107
   prova das, A16, A17
leis de limite
   de funções vetoriais, 697
   de várias variáveis, 751, 752
   para sequências, 517
lemniscata, 603
libra, 365
limaçon, 599
limitado inferiormente, A8
limitado superiormente, A8

limites, 55-70, 72-101, 103-108
   cálculo algébrico, 84-88
   cálculo por substituição, 752
   continuidade e, 75, 76
   da composta, A17
   de aproximação, 264
   de funções vetoriais, 697, 698
   de integração, 273, 275
   de produtos, 752
   de sequências, 514
   de somas de Riemann, 822
   definição de, 64, 65
   definição formal de, 103-107
   em várias variáveis, 750-755
   infinitos, 68, 69, 94-97
   investigação gráfica e numérica de, 63-67
   laterais, 67, 68
   leis básicas do, 72, 73, 78, 107
   na derivada, 114, 117
   no infinito, 94, 95, 97
   potências e raízes e, 72
   preservando desigualdades, A17
   provando a existência de, 754, 755
   provando a inexistência de, 753, 754, 755
   tamanho da amplitude, 104-107
   taxa de varação e, 55
   trigonométricos, 89-92
   utilidade dos, 117, 264
linearidade
   de integral de linha vetorial, 912
   de integral definida, 275
   de integral dupla, 824
   de integral indefinida, 283
   do somatório, 262
   local, 51, 129, 130, 767-770, 772
linearização, 196-198
   definição de, 196
   em várias variáveis, 772
   erro percentual e, 197
Listing, Johann, 947
logaritmos
   fórmula de mudança de base de, 44
   leis de, 43
   naturais, 43, 176
   notação de, 43

Maclaurin
   Colin, 468
   polinômios de, 466-469
   séries de, 564, 569, 571
Madhava, 565
mapa de contornos, 743, 746, 760
   campos gradiente e, 781, 782
   curvas equipotenciais e, 921
   de função linear, 744
mapa de contornos do paraboloide, 743
massa, centro de, 456-462, 868
massa total, 907
Matemática
   linguagem da, A1-A5
   precisão e rigor da, A5
máximo de função quadrática, 17

máximo local, 795, 796
Maxwell
   equações de, 990
   James Clerk, 775, 990
   lei da distribuição de, 430
média aritmético-geométrica, 523
média ponderada, 868
mediana de triângulo, 464
meia-vida, 320
Menaechmus, 609
Mengoli, Pietro, 530
método das arruelas, 352-354, 360-362
método das cascas, 359-362
método das frações parciais, 398-405
método de aceleração de Kummer, 542
método de bisseção, 100, 101
método de substituição, 80, 84, 306-309
método do disco, 351-354, 360-362
mínimo local, 795, 796
Möbius,
   August, 947
   faixa de, 947
modelagem e equações diferenciais, 487
modelos
   com equações diferenciais, 482, 488, 489, 490
   como aproximações, 482
momento, 457
momento angular, 705, 790
momento de inércia
   integrais múltiplas e, 870
   polar, 870
monotonicidade, 211
Moore
   Gordon, 41
   lei de, 41
movimento
   circular uniforme, 724
   efeito gravitacional no, 145, 146
   leis de Newton do, 731, 732, 734
   linear, 145
   no espaço tridimensional, 722-727
movimento orbital, 731-735
movimento planetário, 731-735
   leis de Kepler do, 731-735
   primeiros estudos do, 734
movimento retilíneo, 145
mudança de escala horizontal, 8
mudança de escala vertical, 8
mudança de variáveis, 856-858, 878-891
   aplicações e, 878
   de integrais duplas polares, 857, 858
   de integrais triplas cilíndricas, 859, 860
   de integrais triplas esféricas, 861, 862
   em três variáveis, 887
multiplicador anual, 322

nabla, 775
negação, A1
Newton
   Isaac, 56, 115, 147, 288, 324, 366, 462, 568, 731, 732, 734, 940
   lei da gravitação universal, 732
   lei do resfriamento de, 488, 495
   leis do movimento, 731, 732
   método de, 251-253
newton (N), 365
nível de produção, 144
norma de partição, 272
notação
   de Leibniz, 123, 124, 125
   de somatório, 261-263
número de rotação, 927
números complexos, 395
números de Bernoulli, 267
números irracionais, 1, 127, 128
números naturais, 1
números racionais, 1
números reais, 1-3
   conjunto dos, 1
   definição de, 1
   distância entre, 2
   notação para, 1
   propriedades de, A7-A11
   valor absoluto de, 1

onda
   eletromagnética, 990
   equação da, 990
onda senoidal, 25
operações algébricas, A7
operador *del*, 897
órbita
   afélio de, 621
   periélio de, 621
   período de, 731
ordenada, 3
orientação, 944
orientação de fronteira, 957, 971
origem, 1, 3
Ostrogradsky, Michael, 983
otimização, 200, 239-241, 243, 244
   com restrição, 809-814
   em intervalo aberto, 242
   em intervalo fechado, 203, 204
   em várias variáveis, 795-804
otimização aplicada, 239

padrão de difração de Fraunhofer, 71
Pappus de Alexandria, 461
parábola, 16, 613
   diretriz da, 613
   eixo da, 613
   em posição padrão, 613
   excentricidade da, 613, 614
   propriedades de reflexão da, 616
   vértice da, 613
parametrização, 579, 930-941
   com velocidade unitária, 708
   da cicloide, 583
   da elipse, 581
   da esfera, 931, 932
   da reta, 580, 581
   de caminho, 690
   de curvas, *Ver* curva paramétrica
   de interseção de superfícies, 691, 692
   de um gráfico, 932
   de vetor, 689, 690
   do cilindro, 931, 933, 934
   do círculo, 581, 692
   do círculo osculador, 717
   do cone, 932
   do helicoide, 934
   pelo comprimento de arco, 707, 708
   regular, 711, 933
parametrização de círculo, 581, 692
parâmetros, 579
   eliminando, 580
   funções vetoriais e, 689
paridade, 6, 45
partição
   regular, 823
   soma de Riemann e, 272
Pascal
   princípio de, 450
   triângulo de, A13, A14
periélio, 621
planímetro, 960
plano osculador, 717
plano tangente, 767-772, 933
   equação do, 768
   horizontal, 795
   vetor normal e, 783, 784
Platão, A4
poço, 898
polinômios
   coeficientes de, 20
   continuidade de, 79
   de Bernstein, 585
   de Maclaurin, 466-469
   de Taylor, 465-472
   definição de, 20
   domínio de, 20
   grau de, 20
   raízes de, 20
polinômios de Taylor, 465-472
   estimativa do erro de, 469
ponto, 1
ponto de fronteira, 799, 800
ponto de inflexão, 218
ponto interior, 799, 800
ponto médio, 2
   regra do, 431, 432
pontos críticos, 202, 795-799, 810
   teste da derivada primeira para, 212-214
   teste da derivada segunda para, 219, 220, 796-799, 802
pontos de inflexão, 218, 219
pontos de transição, 231-233, 235
posição padrão
   de um parábola, 613
   de uma elipse, 610
   de uma hipérbole, 612
potenciais escalares versus vetoriais, 978
potencial elétrico, 908
potencial gravitacional da esfera, 949

potencial vetorial, 975, 989
   versus potencial escalar, 978
pressão
   de fluido, 450-453
   definição de, 451
   unidades de, 451
principal, 321
Principia Mathematica (Newton), 940
princípio
   da indução, A12, A13
   da menor distância, 243
princípio da simetria, 460, 461
princípio de Cavalieri, 343
princípio de Heron, 243
problema de Arquimedes, 246
problema de máximo na extremidade de Klee, 248
problema de valor inicial, 285, 481
   método de Euler e, 495-497
problema do tonel de vinho, 246
problemas de mistura, 506, 507
problemas de taxas relacionadas, 182-185
processos iterativos, 252
produto escalar
   de operador *del*, 897
   regra da cadeia como, 791
   regra do produto do, 699
produto vetorial, 733
   regra do produto do, 699
projeção, 846
propriedade braquistócrona, 583
prova indireta, A4

queda livre com resistência do ar, 489, 490

R (conjunto dos números reais), 1
radiano, 23, 24
raio, 2
   curvatura, 716
   de convergência, 554
   de giro, 871
raiz, 20
   de função, 4
   múltipla, 141
raízes quadradas
   de funções quadráticas gerais, 389
   substituição trigonométrica e, 386-390
ramos, 168
razão comum, 516
razão incremental, 113, 114
   simétrica, 120
razão incremental simétrica, 120
redução ao absurdo, A4
reflexão de um gráfico, 35
região centralmente simples, 862
região horizontalmente simples, 336, 834
região radialmente simples, 605, 858
região simplesmente conexa, 957
região verticalmente simples, 333, 834
regra da adição, 125, 698
regra da cadeia, 159-163, 167, 698, 699, 787-792
   como produto escalar, 791
   de derivadas parciais, 758

derivação implícita e a, 790, 791
derivadas primárias e a, 788, 789
método da substituição e a, 306
para caminhos, 776-778, 790
para gradientes, 755-777, 778
teorema fundamental do Cálculo e a, 297
variáveis independentes e a, 787
versão geral da, 787-790
regra da constante, 123
regra da diferença, 125
regra da potência, 124, 125
   para integrais, 282, 283
regra de Guldin, 944
regra de L'Hôpital, 224-229, 416
   crescimento de funções e, 227, 228
   demonstração da, 228
   no infinito, 227, 228
regra de Simpson, 435-437
regra do múltiplo constante, 125, 698
regra do produto, 135, 136, 698, 699
   para derivadas parciais, 758
   para gradientes, 775
regra do quociente, 135, 137, 138
   para derivadas parciais, 758, 759
regra do x, 123, 124
regra geral da potência, 162
   solução geral de equação diferencial, 479
regra trapezoidal, 432, 433
regras da lógica, A1, A2-A5
regras de linearidade, 125, 898
regressão linear, 15
relação cíclica, 794
relação de ordem, A7
relação recursiva, 558
   para coeficientes binomiais, A14
relações de ortogonalidade, 386
reta horizontal, 13
reta real, A7, A8
reta secante, 57, 58, 113
   derivada e, 113
reta vertical, 13
retângulo
   curvilíneo, 880
   integral dupla em, 823
   polares, 857, 858
retas
   definição de, 12
   inclinação de, 12-16
   parametrização de, 580, 581
   verticais, 13
retas de reticulado, 596
retas paralelas, 14
retas perpendiculares, 14
retas tangentes, 55, 113, 114
   de curva paramétrica, 584
   definição de, 114
   horizontais, 795
   inclinação de, 584
reticulado de bolas, 759
Riemann, Georg Friedrich, 273
Römer, Olaf, 990
rotação, 24
   graus e, 24
   radianos e, 24

rotacional
   radial, 981
   teorema de Green e, 962
   teorema de Stokes e, 971
   velocidade angular e, 962

saldo, 321
secante, 26, 37. *Ver também* funções trigonométricas
   hiperbólica, 45
   integral da, 381
seção transversal horizontal, 341
seções cônicas, 609-619, 702, *Ver, também*, elipse; hipérbole, parábola
   congruentes, 614
   definição foco-diretriz de, 614-616
   discriminante de, 618
   equação geral de grau 2 para, 616, 618
   equações polares de, 616
   excentricidade de, 613, 614
   latus rectum de 620
   propriedades de reflexão de, 616
   translação de, 611
semieixo maior e menor de elipse, 611
seno, 25. *Ver também* funções trigonométricas
   arco, 36
   definição no círculo unitário, 25
   derivada do, 156, 157, 163, 178
   hiperbólico, 44
   integral do, 44
   valores padrão do, 25
sensação térmica, 765
separação de variáveis, 480, 501
sequências, 513-515, 517, 520, 521
   convergência de, 514, 515, 518, 519
   de Fibonacci, 514
   definição de, 513
   definidas por uma função, 515, 516
   divergentes, 514, 516, 519
   geométricas, 516, 517
   índice de, 513
   leis dos limites de, 517
   limitadas, 518-520
   limite de, 514
   monótonas limitadas, 519, 520
   recursivas, 514
   teorema do confronto para, 517
   termos de, 513
   versus séries, 525
sequências limitadas, 518-520
   convergência de, A9
   monótonas, 519, 520, A9
   subsequência convergente de, A9
série de pagamentos, 323, 324
séries
   binomiais, 568-570
   convergentes, 543, 544
   de Balmer, 513
   de Gregory-Leibniz, 513
   de Maclaurin, 564, 569, 571
   de potências, 553-560, 564
   geométricas, 526-528
   harmônicas, 530, 535
   harmônicas alternadas, 545

infinitas, 513-577
p, 536
positivas, 534-539
telescópicas, 524, 525
teste da integral para, 535
teste de alternadas, 544, 545
versus sequências, 525
séries de potências, 553-560
centro de, 553
na resolução de equações diferenciais, 558
séries de Taylor e, 564
séries de Taylor, 563-567, 570, 571
séries geométricas, 526-528
perspectiva histórica de, 530
soma de, 526-528
séries harmônicas, 530, 535
alternadas, 545
divergência de, 535
teste da integral para, 535
séries infinitas, 513-577
convergência de, 524, 525, 534
da função exponencial, 513
divergência de, 528, 529
linearidade de, 525, 526
perspectiva histórica de, 530
soma de, 523-525, 527
telescópicas, 524, 525
termo geral de uma, 524
séries positivas, 534-539
convergência de, 534, 536-539
teste da comparação direta para, 536-538, 550
teste da comparação no limite para, 538, 539
teste da divergência para, 528
teste da integral, 535
teste da razão para, 554
simetria axial, 859
sistemas algébricos computacionais, 48-52, 412
e decomposição em frações parciais, 404
sólido de revolução, 351
solução
de equação diferencial, 479, 500
de equilíbrio estável, 500
solução de equilíbrio de equação diferencial, 500
solução de estado estacionário, 500
solução particular de equação diferencial, 479
soma de potências, 264-267
somas de Riemann, 272, 273, 591, 822, 833, A20
e pontos amostrais, 272
limites de, 822
somas parciais
das séries geométricas, 526
de séries infinitas, 523, 524
somas parciais de séries positivas, 534
somatório
índice de, 261
linearidade do, 262
notação de, 261-263
Stokes, George, 983

subsequências, A9
convergentes, A9, A10
substituição, 306-309, 407
diferenciais na, 307
estratégias de, 407-412
fórmula de mudança de variáveis e, 307-309
hiperbólica, 393, 394
integração e, 306, 307
racionalização, 406
trigonométrica, 386-390, 393, 409
superfície fechada, 971
teorema da divergência e, 982
superfície parametrizada, 930-941
integral de superfície e, 936-941
superfícies de nível, 746
de uma função a três variáveis, 746
supremo, A8
propriedades do, 554, A7-A10

tangente, 26, 37. *Ver também* funções trigonométricas
derivada de, 157
hiperbólica, 45
integral da, 381, 382
Tartaglia, Niccolo, 245
Tati, P. G., 775
taxa de fluxo, 344, 949
lei de Poiseuille, 345
taxa de juros, 321
taxa de variação, 55, 59, 60, 142
crescimento e decaimento exponencial e, 319, 320
de uma unidade, 143
de uma versus várias variáveis, 744
derivadas direcionais e, 779
equações diferenciais e, 487
instantânea, 59, 60, 142
média, 59, 60, 142, 744-746
notação para, 142
variação líquida como integral da, 300, 301
velocidade e, 55, 57
temperatura atmosférica, 61
teorema binomial, 568, A13-A15
teorema da comparação, 276
teorema da divergência, 957, 981-990
aplicações do, 985, 987, 988
demonstração do, 983-984
eletrostática e o, 986, 987
enunciado do, 982
teorema da função implícita, 791
teorema de, 461, 877, 944
teorema de Bolzano-Weierstrass, A9
teorema de Clairaut, 761, 762
prova do, A21
teorema de Fubini
para integrais duplas, 827, 828
para integrais triplas, 846
teorema de Gauss-Ostrogradsky *Ver* teorema da divergência
teorema de Green, 957-967, 976, 982. *Ver também* teorema da divergência
aditividade da circulação e o, 963
área e o, 960-963

circulação por unidade de área englobada e, 962
circulação por unidade de área fechada, 976
demonstração do, 958, 959
enunciado do, 958
forma vetorial do, 965, 966
formas mais gerais do, 964, 965
teorema de Pappus, 461, 877, 944
teorema de Pitágoras, 28, 29
teorema de Rolle, 205
teorema de Stokes, 925, 957, 971-978, 982
demonstração do, 972, 973
enunciado do, 972
independência de superfície de campos rotacionais e o, 975
teorema do confronto, 89-92, 517
demonstração do, A18
teorema do trabalho e energia, 370
teorema do valor intermediário (TVI), 100, 101, A10, A11
teorema do valor médio (TVM), 210-212
para integrais, 374, 839
teorema fundamental da Álgebra, 398
teorema fundamental de campos conservativos, 920
teorema fundamental de integrais de linha, 982
teorema fundamental do Cálculo, 288-292, 294-298, 825, 957, 981
para funções vetoriais, 702
teorema de Green e o, 958
teorema de Stokes e o, 972
teoremas
análise de, A3, A4
demonstração de, A5
teoria de probabilidade, 871-873
teoria de séries de Fourier, 382, 386
teoria especial da relatividade, 46
teoria geral da relatividade, 734
termo de sequência, 513
termo geral, 513
em notação de somatório, 261
termo misto, 617
tesla, 949
teste da, 528, 529, 550
teste da comparação direta, 536-538, 550
teste da comparação no limite, 538, 539, 550
teste da comparação para integrais impróprias, 419, 420
teste da derivada primeira, 212-214
teste da derivada segunda, 219, 220, 796, 798, 799, 802
teste da divergência do enésimo termo, 528, 529, 550
teste da integral, 551
teste da raiz, 550, 551
teste da razão, 548, 549, 551
para o raio de convergência, 554
teste da reta horizontal, 34
teste da reta vertical, 5
teste da série alternada, 544, 545, 551
teste de derivadas superiores, 230
teste de relações lineares, 14

teste do discriminante, 618
toro, 357
torque, 705
trabalho, 365, 367, 368
   contra a gravidade, 923
   definição de, 366
   em campos de força conservativos, 922
   energia e, 366
   integral de linha vetorial e, 913, 914
traços horizontal e vertical, 741, 742
tractriz, 358, 711
transdutor de posição com cabo, 195
transformações lineares, 879-883
   determinante jacobiano e, 881-883
translação de gráfico, 7
translação horizontal, 7
translação vertical, 7
triedro de Frenet, 716
triedro de Frenet e vetores unitários, 716

unidade de força, 365

valor absoluto, 1
valor crítico, 810
valor de uma função, 4
valor médio, 345, 346, 838, 851
   de uma função contínua, 919
valor médio, 346, 347
   propriedade do, 971
valor presente, 323, 324
valores extremos, 200-202
   em intervalos abertos, 201
   em intervalos fechados, 201, 203, 204
   mínimo e máximo local e, 201
   otimização e, 200
   pontos críticos e, 201, 202
   teorema de Fermat e, 202
   teorema de Rolle e, 205
valores padrão, 25
variação
   líquida, 57, 300, 301
   notação de, 56
   taxa de, 59, 60. *Ver também* taxa de variação
variação líquida de posição. *Ver* deslocamento
variáveis
   aleatórias, 425, 426, 871, 872
   dependentes, 4
   funções de duas ou mais, 739, 740
   independentes, 4, 787
   mudança de, 856. *Ver* mudança de variáveis
variável aleatória, 425, 871, 872
   função densidade de probabilidade, 425, 426
   valor médio de, 426
variável aleatória contínua, 871, 872
velocidade, 56
   angular, 593, 870, 962
   de escape, 371
   escalar e, 145
   gráfico da, 57, 58
   instantânea, 55-59
   integral da, 302

média, 57
   movimento retilíneo e, 145
   taxa de variação e, 55
velocidade angular, 593, 962
   momento de inércia e, 870
   rotacional e, 962
velocidade ao longo de caminho parametrizado, 592, 593
velocidade escalar, 145
   ao longo de caminho parametrizado, 592, 593
   calculando, 706
   definição de, 706
   função comprimento de arco e, 706
velocidade instantânea, 55-59
velocidade média, 57
Verhulst, Pierre-François, 500
vértice
   de elipse, 611
   de hipérbole, 612
   de parábola, 613
vértice focal
   de elipse, 611
   de parábola, 613
vetor normal, 715, 933, 934
   gradiente como um, 783
   planos tangentes e, 783, 784
vetor tangente, 738, 960
   da cicloide, 701
   derivadas como, 700
   unitário, 711-714
vetores
   aceleração, 722, 724-727
   binormais, 716
   constantes, 702
   gradiente, 774-784
   momento angular, 732
   normais, 783, 784, 933, 934
   normais unitários, 715
   parametrização de, 689, 690
   produto escalar de, 791
   produto vetorial de, 733
   tangentes, 700, 701
   tangentes unitários, 711-714
   unitários, 715, 716
   velocidade, 700, 707, 722
volume, 341-343
   como integral de área de seção transversal, 342
   como integral de superfície, 991
   de cilindro reto, 341
   de cunha esférica, 861
   de esfera, 342
   de esfera em dimensão maior, 852
   de pirâmide, 342
   de revolução, *Ver* volume de revolução
   integral dupla definindo, 833
   integral tripla definindo, 853
   princípio de Cavalieri e, 343
volume de revolução, 352-355, 359-362
   método das arruelas e, 352-354, 360-362
   método das cascas e, 359-362
   método dos discos e, 351-354, 360-362

Wigner, Eugene, 49
Wiles, Andrew, A5
Wright, Edward, 381

Z (conjunto dos números inteiros), 1
zero de função, 4, 100, 101

ÁLGEBRA

Retas

Inclinação da reta por $P_1 = (x_1, y_1)$ e $P_2 = (x_2, y_2)$:
$$m = \frac{y_2 - y_1}{x_2 - x_1}$$

Equação inclinação-corte da reta de inclinação m e ponto de corte com o eixo y em b:
$$y = mx + b$$

Equação ponto-inclinação da reta por $P_1 = (x_1, y_1)$ de inclinação m:
$$y - y_1 = m(x - x_1)$$

Equação ponto-ponto da reta por $P_1 = (x_1, y_1)$ e $P_2 = (x_2, y_2)$:
$$y - y_1 = m(x - x_1), \quad \text{em que } m = \frac{y_2 - y_1}{x_2 - x_1}$$

Retas de inclinação m_1 e m_2 são paralelas se, e somente se, $m_1 = m_2$.
Retas de inclinação m_1 e m_2 são perpendiculares se, e somente se, $m_1 = -\frac{1}{m_2}$.

Círculos

Equação do círculo de centro (a, b) e raio r:
$$(x - a)^2 + (y - b)^2 = r^2$$

Fórmulas da distância e ponto médio

Distância entre $P_1 = (x_1, y_1)$ e $P_2 = (x_2, y_2)$:
$$d = \sqrt{(x_2 - x_1)^2 + (y_2 - y_1)^2}$$

Ponto médio de $\overline{P_1 P_2}$: $\left(\dfrac{x_1 + x_2}{2}, \dfrac{y_1 + y_2}{2}\right)$

Leis de exponenciação

$x^m x^n = x^{m+n}$ $\qquad \dfrac{x^m}{x^n} = x^{m-n} \qquad (x^m)^n = x^{mn}$

$x^{-n} = \dfrac{1}{x^n} \qquad (xy)^n = x^n y^n \qquad \left(\dfrac{x}{y}\right)^n = \dfrac{x^n}{y^n}$

$x^{1/n} = \sqrt[n]{x} \qquad \sqrt[n]{xy} = \sqrt[n]{x} \sqrt[n]{y} \qquad \sqrt[n]{\dfrac{x}{y}} = \dfrac{\sqrt[n]{x}}{\sqrt[n]{y}}$

$x^{m/n} = \sqrt[n]{x^m} = \left(\sqrt[n]{x}\right)^m$

Fatoração especial

$x^2 - y^2 = (x + y)(x - y)$
$x^3 + y^3 = (x + y)(x^2 - xy + y^2)$
$x^3 - y^3 = (x - y)(x^2 + xy + y^2)$

Teorema binomial

$(x + y)^2 = x^2 + 2xy + y^2$
$(x - y)^2 = x^2 - 2xy + y^2$
$(x + y)^3 = x^3 + 3x^2 y + 3xy^2 + y^3$
$(x - y)^3 = x^3 - 3x^2 y + 3xy^2 - y^3$
$(x + y)^n = x^n + nx^{n-1} y + \dfrac{n(n-1)}{2} x^{n-2} y^2$
$\qquad + \cdots + \binom{n}{k} x^{n-k} y^k + \cdots + nxy^{n-1} + y^n$

em que $\binom{n}{k} = \dfrac{n(n-1) \cdots (n-k+1)}{1 \cdot 2 \cdot 3 \cdot \cdots \cdot k}$

Fórmula quadrática

Se $ax^2 + bx + c = 0$, então $x = \dfrac{-b \pm \sqrt{b^2 - 4ac}}{2a}$.

Desigualdades e valor absoluto

Se $a < b$ e $b < c$, então $a < c$.
Se $a < b$, então $a + c < b + c$.
Se $a < b$ e $c > 0$, então $ca < cb$.
Se $a < b$ e $c < 0$, então $ca > cb$.
$|x| = x$ se $x \geq 0$
$|x| = -x$ se $x \leq 0$

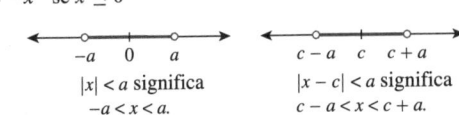

$|x| < a$ significa
$-a < x < a$.

$|x - c| < a$ significa
$c - a < x < c + a$.

GEOMETRIA

Fórmulas para a área A, a circunferência C e o volume V

Triângulo
$A = \frac{1}{2} bh$
$ = \frac{1}{2} ab \operatorname{sen} \theta$

Círculo
$A = \pi r^2$
$C = 2\pi r$

Setor de círculo
$A = \frac{1}{2} r^2 \theta$
$s = r\theta$
(θ em radianos)

Esfera
$V = \frac{4}{3} \pi r^3$
$A = 4\pi r^2$

Cilindro
$V = \pi r^2 h$

Cone
$V = \frac{1}{3} \pi r^2 h$
$A = \pi r \sqrt{r^2 + h^2}$

Cone de base arbitrária
$V = \frac{1}{3} Ah$
em que A é a área da base

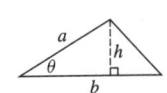

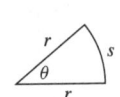

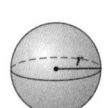

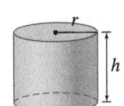

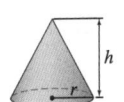

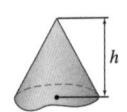

Teorema de Pitágoras: num triângulo retângulo com hipotenusa de comprimento c e catetos de comprimentos a e b, $c^2 = a^2 + b^2$.

TRIGONOMETRIA

Medidas de ângulo

π radianos $= 180°$

$1° = \dfrac{\pi}{180}$ rad $\qquad$ 1 rad $= \dfrac{180°}{\pi}$

$s = r\theta \quad$ (θ em radianos)

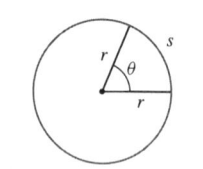

Definições com ângulo reto

$\operatorname{sen}\theta = \dfrac{\text{opo}}{\text{hip}} \qquad \cos\theta = \dfrac{\text{adj}}{\text{hip}}$

$\operatorname{tg}\theta = \dfrac{\operatorname{sen}\theta}{\cos\theta} = \dfrac{\text{opo}}{\text{adj}} \qquad \cot\theta = \dfrac{\cos\theta}{\operatorname{sen}\theta} = \dfrac{\text{adj}}{\text{opo}}$

$\sec\theta = \dfrac{1}{\cos\theta} = \dfrac{\text{hip}}{\text{adj}} \qquad \operatorname{cossec}\theta = \dfrac{1}{\operatorname{sen}\theta} = \dfrac{\text{hip}}{\text{opo}}$

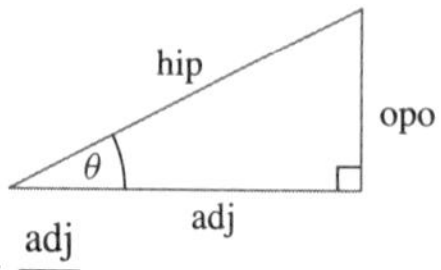

Funções trigonométricas

$\operatorname{sen}\theta = \dfrac{y}{r} \qquad \operatorname{cossec}\theta = \dfrac{r}{y}$

$\cos\theta = \dfrac{x}{r} \qquad \sec\theta = \dfrac{r}{x}$

$\operatorname{tg}\theta = \dfrac{y}{x} \qquad \cot\theta = \dfrac{x}{y}$

$\displaystyle\lim_{\theta \to 0} \dfrac{\operatorname{sen}\theta}{\theta} = 1 \qquad \lim_{\theta \to 0} \dfrac{1 - \cos\theta}{\theta} = 0$

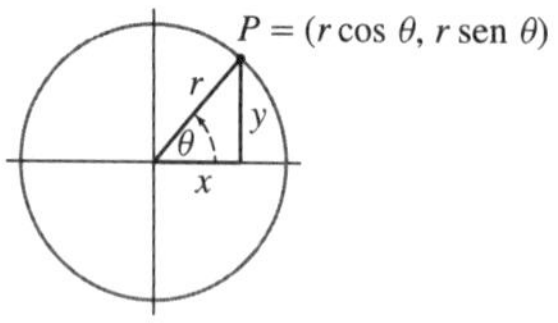

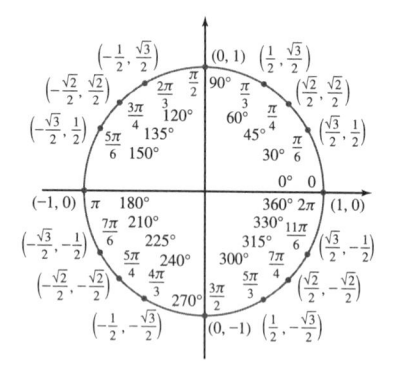

Desigualdades fundamentais

$\operatorname{sen}^2\theta + \cos^2\theta = 1$

$1 + \operatorname{tg}^2\theta = \sec^2\theta$

$1 + \cot^2\theta = \operatorname{cossec}^2\theta$

$\operatorname{sen}\left(\dfrac{\pi}{2} - \theta\right) = \cos\theta$

$\cos\left(\dfrac{\pi}{2} - \theta\right) = \operatorname{sen}\theta$

$\operatorname{tg}\left(\dfrac{\pi}{2} - \theta\right) = \cot\theta$

$\operatorname{sen}(-\theta) = -\operatorname{sen}\theta$

$\cos(-\theta) = \cos\theta$

$\operatorname{tg}(-\theta) = -\operatorname{tg}\theta$

$\operatorname{sen}(\theta + 2\pi) = \operatorname{sen}\theta$

$\cos(\theta + 2\pi) = \cos\theta$

$\operatorname{tg}(\theta + \pi) = \operatorname{tg}\theta$

Lei dos senos

$\dfrac{\operatorname{sen} A}{a} = \dfrac{\operatorname{sen} B}{b} = \dfrac{\operatorname{sen} C}{c}$

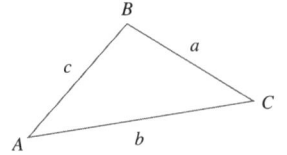

Lei dos cossenos

$a^2 = b^2 + c^2 - 2bc \cos A$

Fórmulas da soma e da diferença

$\operatorname{sen}(x + y) = \operatorname{sen} x \cos y + \cos x \operatorname{sen} y$

$\operatorname{sen}(x - y) = \operatorname{sen} x \cos y - \cos x \operatorname{sen} y$

$\cos(x + y) = \cos x \cos y - \operatorname{sen} x \operatorname{sen} y$

$\cos(x - y) = \cos x \cos y + \operatorname{sen} x \operatorname{sen} y$

$\operatorname{tg}(x + y) = \dfrac{\operatorname{tg} x + \operatorname{tg} y}{1 - \operatorname{tg} x \operatorname{tg} y}$

$\operatorname{tg}(x - y) = \dfrac{\operatorname{tg} x - \operatorname{tg} y}{1 + \operatorname{tg} x \operatorname{tg} y}$

Fórmulas do ângulo duplo

$\operatorname{sen} 2x = 2 \operatorname{sen} x \cos x$

$\cos 2x = \cos^2 x - \operatorname{sen}^2 x = 2\cos^2 x - 1 = 1 - 2\operatorname{sen}^2 x$

$\operatorname{tg} 2x = \dfrac{2 \operatorname{tg} x}{1 - \operatorname{tg}^2 x}$

$\operatorname{sen}^2 x = \dfrac{1 - \cos 2x}{2} \qquad \cos^2 x = \dfrac{1 + \cos 2x}{2}$

Gráficos de funções trigonométricas

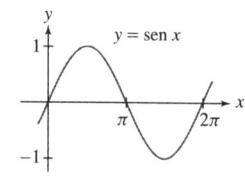

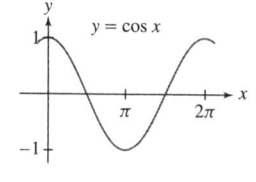

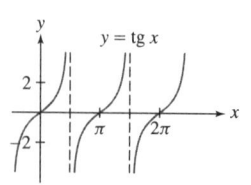

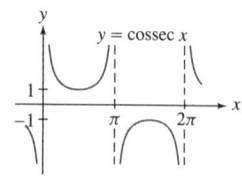

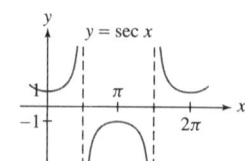

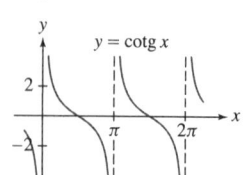

FUNÇÕES ELEMENTARES

Funções potência $f(x) = x^a$

$f(x) = x^n$, n inteiro positivo

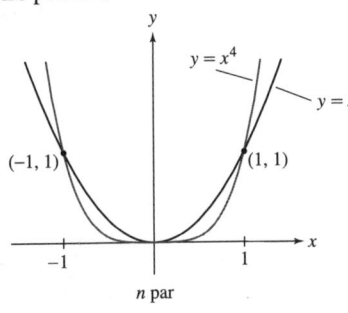

n par

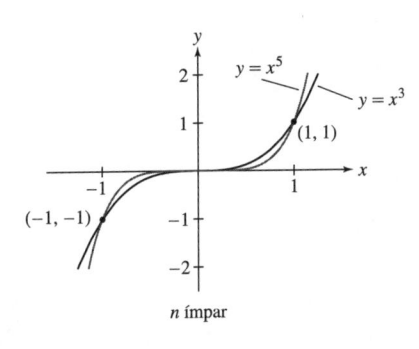

n ímpar

Comportamento assintótico de uma função polinomial de grau par e coeficiente dominante positivo

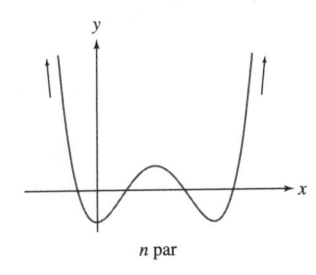

Comportamento assintótico de uma função polinomial de grau ímpar e coeficiente dominante positivo

n par

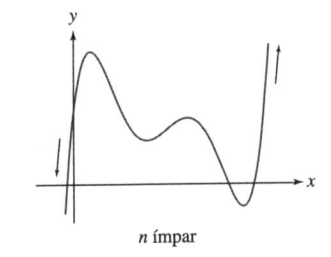

n ímpar

$$f(x) = x^{-n} = \frac{1}{x^n}$$

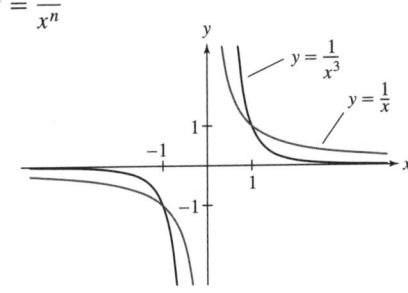

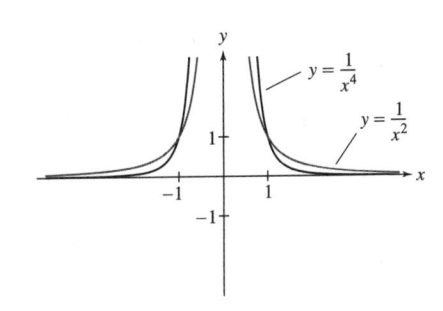

Funções trigonométricas inversas

arc sen $x = \theta$

$\Leftrightarrow$ sen $\theta = x$, $-\dfrac{\pi}{2} \leq \theta \leq \dfrac{\pi}{2}$

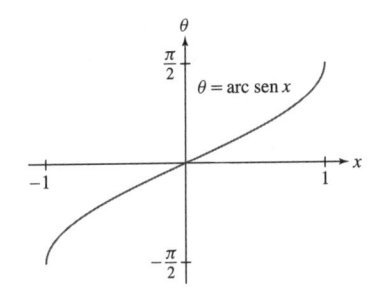

arc cos $x = \theta$

$\Leftrightarrow$ cos $\theta = x$, $0 \leq \theta \leq \pi$

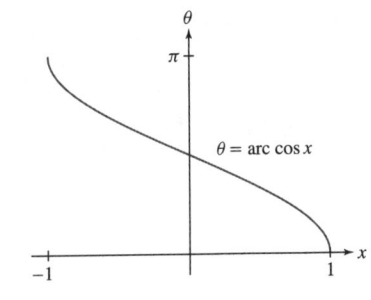

arc tg $x = \theta$

$\Leftrightarrow$ tg $\theta = x$, $-\dfrac{\pi}{2} < \theta < \dfrac{\pi}{2}$

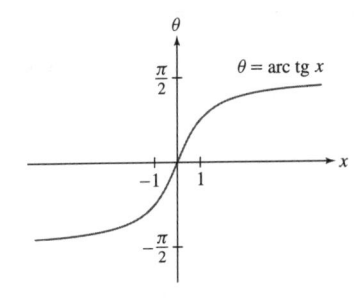

Funções exponenciais e logarítmicas

$$\boxed{\log_a x = y \quad \Leftrightarrow \quad a^y = x}$$

$\log_a(a^x) = x \qquad a^{\log_a x} = x$

$\log_a 1 = 0 \qquad \log_a a = 1$

$$\boxed{\ln x = y \quad \Leftrightarrow \quad e^y = x}$$

$\ln(e^x) = x \qquad e^{\ln x} = x$

$\ln 1 = 0 \qquad \ln e = 1$

$\log_a(xy) = \log_a x + \log_a y$

$\log_a\left(\dfrac{x}{y}\right) = \log_a x - \log_a y$

$\log_a(x^r) = r \log_a x$

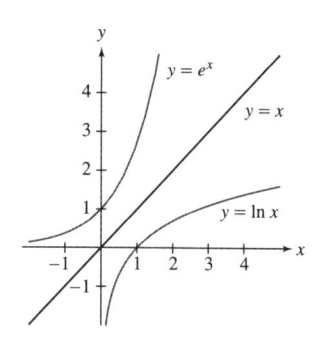

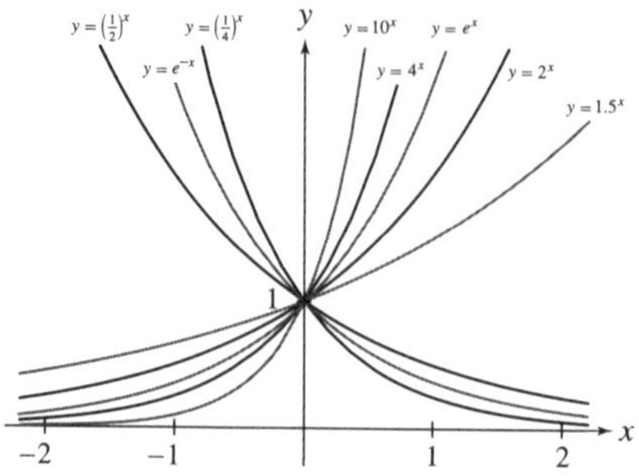

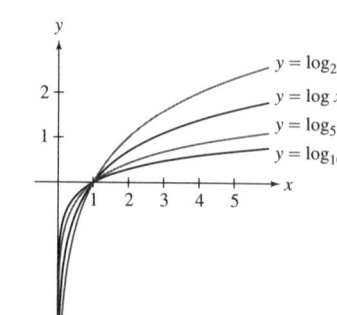

$\lim\limits_{x \to \infty} a^x = \infty, \quad a > 1$

$\lim\limits_{x \to \infty} a^x = 0, \quad 0 < a < 1$

$\lim\limits_{x \to -\infty} a^x = 0, \quad a > 1$

$\lim\limits_{x \to -\infty} a^x = \infty, \quad 0 < a < 1$

$\lim\limits_{x \to 0^+} \log_a x = -\infty$

$\lim\limits_{x \to \infty} \log_a x = \infty$

Funções hiperbólicas

$\operatorname{senh} x = \dfrac{e^x - e^{-x}}{2} \qquad \operatorname{cossech} x = \dfrac{1}{\operatorname{senh} x}$

$\cosh x = \dfrac{e^x + e^{-x}}{2} \qquad \operatorname{sech} x = \dfrac{1}{\cosh x}$

$\operatorname{tgh} x = \dfrac{\operatorname{senh} x}{\cosh x} \qquad \operatorname{cotgh} x = \dfrac{\cosh x}{\operatorname{senh} x}$

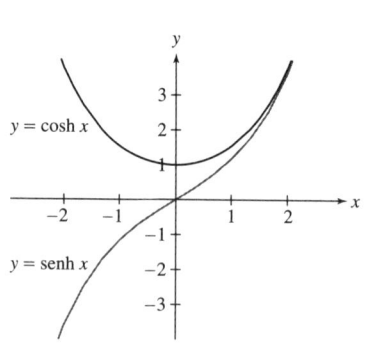

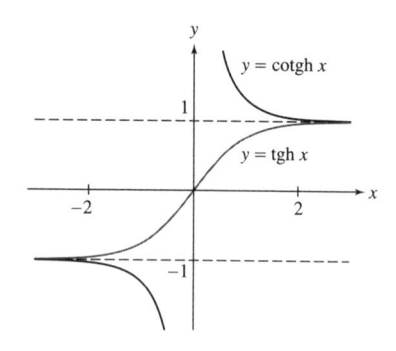

$\operatorname{senh}(x + y) = \operatorname{senh} x \cosh y + \cosh x \operatorname{senh} y$

$\cosh(x + y) = \cosh x \cosh y + \operatorname{senh} x \operatorname{senh} y$

$\operatorname{senh} 2x = 2 \operatorname{senh} x \cosh x$

$\cosh 2x = \cosh^2 x + \operatorname{senh}^2 x$

Funções hiperbólicas inversas

$y = \operatorname{arc\,senh} x \quad \Leftrightarrow \quad \operatorname{senh} y = x$

$y = \operatorname{arc\,cosh} x \quad \Leftrightarrow \quad \cosh y = x \text{ e } y \geq 0$

$y = \operatorname{arc\,tgh} x \quad \Leftrightarrow \quad \operatorname{tgh} y = x$

$\operatorname{arc\,senh} x = \ln\left(x + \sqrt{x^2 + 1}\right)$

$\operatorname{arc\,cosh} x = \ln\left(x + \sqrt{x^2 - 1}\right) \quad x > 1$

$\operatorname{arc\,tgh} x = \dfrac{1}{2} \ln\left(\dfrac{1+x}{1-x}\right) \quad -1 < x < 1$

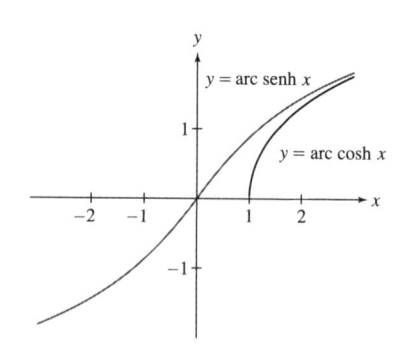

DERIVAÇÃO

Regras de derivação

1. $\dfrac{d}{dx}(c) = 0$

2. $\dfrac{d}{dx}x = 1$

3. $\dfrac{d}{dx}(x^n) = nx^{n-1}$ (Regra da potência)

4. $\dfrac{d}{dx}[cf(x)] = cf'(x)$

5. $\dfrac{d}{dx}[f(x) + g(x)] = f'(x) + g'(x)$

6. $\dfrac{d}{dx}[f(x)g(x)] = f(x)g'(x) + g(x)f'(x)$ (Regra da produto)

7. $\dfrac{d}{dx}\left[\dfrac{f(x)}{g(x)}\right] = \dfrac{g(x)f'(x) - f(x)g'(x)}{[g(x)]^2}$ (Regra do quociente)

8. $\dfrac{d}{dx}f(g(x)) = f'(g(x))g'(x)$ (Regra da cadeia)

9. $\dfrac{d}{dx}f(x)^n = nf(x)^{n-1}f'(x)$ (Regra da potência generalizada)

10. $\dfrac{d}{dx}f(kx + b) = kf'(kx + b)$

11. $g'(x) = \dfrac{1}{f'(g(x))}$ em que $g(x)$ é a inversa $f^{-1}(x)$

12. $\dfrac{d}{dx}\ln f(x) = \dfrac{f'(x)}{f(x)}$

Funções trigonométricas

13. $\dfrac{d}{dx}\operatorname{sen} x = \cos x$

14. $\dfrac{d}{dx}\cos x = -\operatorname{sen} x$

15. $\dfrac{d}{dx}\operatorname{tg} x = \sec^2 x$

16. $\dfrac{d}{dx}\operatorname{cossec} x = -\operatorname{cossec} x \operatorname{cotg} x$

17. $\dfrac{d}{dx}\sec x = \sec x \operatorname{tg} x$

18. $\dfrac{d}{dx}\operatorname{cotg} x = -\operatorname{cossec}^2 x$

Funções trigonométricas inversas

19. $\dfrac{d}{dx}(\operatorname{arc\,sen} x) = \dfrac{1}{\sqrt{1 - x^2}}$

20. $\dfrac{d}{dx}(\operatorname{arc\,cos} x) = -\dfrac{1}{\sqrt{1 - x^2}}$

21. $\dfrac{d}{dx}(\operatorname{arc\,tg} x) = \dfrac{1}{1 + x^2}$

22. $\dfrac{d}{dx}(\operatorname{arc\,cossec} x) = -\dfrac{1}{|x|\sqrt{x^2 - 1}}$

23. $\dfrac{d}{dx}(\operatorname{arc\,sec} x) = \dfrac{1}{|x|\sqrt{x^2 - 1}}$

24. $\dfrac{d}{dx}(\operatorname{arc\,cotg} x) = -\dfrac{1}{1 + x^2}$

Funções exponenciais e logarítmicas

25. $\dfrac{d}{dx}(e^x) = e^x$

26. $\dfrac{d}{dx}(a^x) = (\ln a)a^x$

27. $\dfrac{d}{dx}\ln|x| = \dfrac{1}{x}$

28. $\dfrac{d}{dx}(\log_a x) = \dfrac{1}{(\ln a)x}$

Funções hiperbólicas

29. $\dfrac{d}{dx}(\operatorname{senh} x) = \cosh x$

30. $\dfrac{d}{dx}(\cosh x) = \operatorname{senh} x$

31. $\dfrac{d}{dx}(\operatorname{tgh} x) = \operatorname{sech}^2 x$

32. $\dfrac{d}{dx}(\operatorname{cossech} x) = -\operatorname{cossech} x \operatorname{cotgh} x$

33. $\dfrac{d}{dx}(\operatorname{sech} x) = -\operatorname{sech} x \operatorname{tgh} x$

34. $\dfrac{d}{dx}(\operatorname{cotgh} x) = -\operatorname{cossech}^2 x$

Funções hiperbólicas inversas

35. $\dfrac{d}{dx}(\operatorname{arc\,senh} x) = \dfrac{1}{\sqrt{1 + x^2}}$

36. $\dfrac{d}{dx}(\operatorname{arc\,cosh} x) = \dfrac{1}{\sqrt{x^2 - 1}}$

37. $\dfrac{d}{dx}(\operatorname{arc\,tgh} x) = \dfrac{1}{1 - x^2}$

38. $\dfrac{d}{dx}(\operatorname{arc\,cossech} x) = -\dfrac{1}{|x|\sqrt{x^2 + 1}}$

39. $\dfrac{d}{dx}(\operatorname{arc\,sech} x) = -\dfrac{1}{x\sqrt{1 - x^2}}$

40. $\dfrac{d}{dx}(\operatorname{arc\,cotgh} x) = \dfrac{1}{1 - x^2}$

INTEGRAÇÃO

Substituição

Se um integrando for da forma $f(u(x))u'(x)$ então reescreva a integral toda em termos de u e sua diferencial $du = u'(x)\,dx$:

$$\int f(u(x))u'(x)\,dx = \int f(u)\,du$$

Fórmula de integração por partes

$$\int u(x)v'(x)\,dx = u(x)v(x) - \int u'(x)v(x)\,dx$$

TABELA DE INTEGRAIS

Formas básicas

1. $\int u^n\,du = \dfrac{u^{n+1}}{n+1} + C, \quad n \neq -1$

2. $\int \dfrac{du}{u} = \ln|u| + C$

3. $\int e^u\,du = e^u + C$

4. $\int a^u\,du = \dfrac{a^u}{\ln a} + C$

5. $\int \operatorname{sen} u\,du = -\cos u + C$

6. $\int \cos u\,du = \operatorname{sen} u + C$

7. $\int \sec^2 u\,du = \operatorname{tg} u + C$

8. $\int \operatorname{cossec}^2 u\,du = -\operatorname{cotg} u + C$

9. $\int \sec u \operatorname{tg} u\,du = \sec u + C$

10. $\int \operatorname{cossec} u \operatorname{cotg} u\,du = -\operatorname{cossec} u + C$

11. $\int \operatorname{tg} u\,du = \ln|\sec u| + C$

12. $\int \operatorname{cotg} u\,du = \ln|\operatorname{sen} u| + C$

13. $\int \sec u\,du = \ln|\sec u + \operatorname{tg} u| + C$

14. $\int \operatorname{cossec} u\,du = \ln|\operatorname{cossec} u - \operatorname{cotg} u| + C$

15. $\int \dfrac{du}{\sqrt{a^2 - u^2}} = \operatorname{arc\,sen} \dfrac{u}{a} + C$

16. $\int \dfrac{du}{a^2 + u^2} = \dfrac{1}{a} \operatorname{arc\,tg} \dfrac{u}{a} + C$

Formas exponenciais e logarítmicas

17. $\int u e^{au}\,du = \dfrac{1}{a^2}(au - 1)e^{au} + C$

18. $\int u^n e^{au}\,du = \dfrac{1}{a} u^n e^{au} - \dfrac{n}{a} \int u^{n-1} e^{au}\,du$

19. $\int e^{au} \operatorname{sen} bu\,du = \dfrac{e^{au}}{a^2 + b^2}(a \operatorname{sen} bu - b \cos bu) + C$

20. $\int e^{au} \cos bu\,du = \dfrac{e^{au}}{a^2 + b^2}(a \cos bu + b \operatorname{sen} bu) + C$

21. $\int \ln u\,du = u \ln u - u + C$

22. $\int u^n \ln u\,du = \dfrac{u^{n+1}}{(n+1)^2}[(n+1)\ln u - 1] + C$

23. $\int \dfrac{1}{u \ln u}\,du = \ln|\ln u| + C$

Formas hiperbólicas

24. $\int \operatorname{senh} u\,du = \cosh u + C$

25. $\int \cosh u\,du = \operatorname{senh} u + C$

26. $\int \operatorname{tgh} u\,du = \ln \cosh u + C$

27. $\int \operatorname{cotgh} u\,du = \ln|\operatorname{senh} u| + C$

28. $\int \operatorname{sech} u\,du = \operatorname{arc\,tg} |\operatorname{senh} u| + C$

29. $\int \operatorname{cossech} u\,du = \ln\left|\operatorname{tgh} \dfrac{1}{2} u\right| + C$

30. $\int \operatorname{sech}^2 u\,du = \operatorname{tgh} u + C$

31. $\int \operatorname{cossech}^2 u\,du = -\operatorname{cotgh} u + C$

32. $\int \operatorname{sech} u \operatorname{tgh} u\,du = -\operatorname{sech} u + C$

33. $\int \operatorname{cossech} u \operatorname{cotgh} u\,du = -\operatorname{cossech} u + C$

Formas trigonométricas

34. $\int \operatorname{sen}^2 u\,du = \dfrac{1}{2} u - \dfrac{1}{4} \operatorname{sen} 2u + C$

35. $\int \cos^2 u\,du = \dfrac{1}{2} u + \dfrac{1}{4} \operatorname{sen} 2u + C$

36. $\int \operatorname{tg}^2 u\,du = \operatorname{tg} u - u + C$

37. $\int \operatorname{cotg}^2 u\,du = -\operatorname{cotg} u - u + C$

38. $\int \operatorname{sen}^3 u\,du = -\dfrac{1}{3}(2 + \operatorname{sen}^2 u)\cos u + C$

39. $\int \cos^3 u\,du = \dfrac{1}{3}(2 + \cos^2 u)\operatorname{sen} u + C$

40. $\int \operatorname{tg}^3 u\,du = \dfrac{1}{2} \operatorname{tg}^2 u + \ln|\cos u| + C$

41. $\int \operatorname{cotg}^3 u\,du = -\dfrac{1}{2} \operatorname{cotg}^2 u - \ln|\operatorname{sen} u| + C$

42. $\int \sec^3 u\,du = \dfrac{1}{2} \sec u \operatorname{tg} u + \dfrac{1}{2} \ln|\sec u + \operatorname{tg} u| + C$

43. $\int \operatorname{cossec}^3 u \, du = -\dfrac{1}{n} \operatorname{cossec} u \cot u + \dfrac{1}{n} \ln |\operatorname{cossec} u - \cotg u| + C$

44. $\int \sen^n u \, du = -\dfrac{1}{n} \sen^{n-1} u \cos u + \dfrac{n-1}{n} \int \sen^{n-2} u \, du$

45. $\int \cos^n u \, du = \dfrac{1}{n} \cos^{n-1} u \sen u + \dfrac{n-1}{n} \int \cos^{n-2} u \, du$

46. $\int \tg^n u \, du = \dfrac{1}{n-1} \tg^{n-1} u - \int \tg^{n-2} u \, du$

47. $\int \cotg^n u \, du = \dfrac{-1}{n-1} \cotg^{n-1} u - \int \cotg^{n-2} u \, du$

48. $\int \sec^n u \, du = \dfrac{1}{n-1} \tg u \sec^{n-2} u + \dfrac{n-2}{n-1} \int \sec^{n-2} u \, du$

49. $\int \operatorname{cossec}^n u \, du = \dfrac{-1}{n-1} \cotg u \operatorname{cossec}^{n-2} u + \dfrac{n-2}{n-1} \int \operatorname{cossec}^{n-2} u \, du$

50. $\int \sen au \sen bu \, du = \dfrac{\sen(a-b)u}{2(a-b)} - \dfrac{\sen(a+b)u}{2(a+b)} + C$

51. $\int \cos au \cos bu \, du = \dfrac{\sen(a-b)u}{2(a-b)} + \dfrac{\sen(a+b)u}{2(a+b)} + C$

52. $\int \sen au \cos bu \, du = -\dfrac{\cos(a-b)u}{2(a-b)} - \dfrac{\cos(a+b)u}{2(a+b)} + C$

53. $\int u \sen u \, du = \sen u - u \cos u + C$

54. $\int u \cos u \, du = \cos u + u \sen u + C$

55. $\int u^n \sen u \, du = -u^n \cos u + n \int u^{n-1} \cos u \, du$

56. $\int u^n \cos u \, du = u^n \sen u - n \int u^{n-1} \sen u \, du$

57. $\int \sen^n u \cos^m u \, du$
$= -\dfrac{\sen^{n-1} u \cos^{m+1} u}{n+m} + \dfrac{n-1}{n+m} \int \sen^{n-2} u \cos^m u \, du$
$= \dfrac{\sen^{n+1} u \cos^{m-1} u}{n+m} + \dfrac{m-1}{n+m} \int \sen^n u \cos^{m-2} u \, du$

Formas trigonométricas inversas

58. $\int \arcsen u \, du = u \arcsen u + \sqrt{1-u^2} + C$

59. $\int \arccos u \, du = u \arccos u - \sqrt{1-u^2} + C$

60. $\int \arctg u \, du = u \arctg u - \dfrac{1}{2} \ln(1+u^2) + C$

61. $\int u \arcsen u \, du = \dfrac{2u^2-1}{4} \arcsen u + \dfrac{u\sqrt{1-u^2}}{4} + C$

62. $\int u \arccos u \, du = \dfrac{2u^2-1}{4} \arccos u - \dfrac{u\sqrt{1-u^2}}{4} + C$

63. $\int u \arctg u \, du = \dfrac{u^2+1}{2} \arctg u - \dfrac{u}{2} + C$

64. $\int u^n \arcsen u \, du = \dfrac{1}{n+1} \left[u^{n+1} \arcsen u - \int \dfrac{u^{n+1} \, du}{\sqrt{1-u^2}} \right], \quad n \neq -1$

65. $\int u^n \arccos u \, du = \dfrac{1}{n+1} \left[u^{n+1} \arccos u + \int \dfrac{u^{n+1} \, du}{\sqrt{1-u^2}} \right], \quad n \neq -1$

66. $\int u^n \arctg u \, du = \dfrac{1}{n+1} \left[u^{n+1} \arctg u - \int \dfrac{u^{n+1} \, du}{1+u^2} \right], \quad n \neq -1$

Formas envolvendo $\sqrt{a^2 - u^2}$, $a > 0$

67. $\int \sqrt{a^2-u^2} \, du = \dfrac{u}{2} \sqrt{a^2-u^2} + \dfrac{a^2}{2} \arcsen \dfrac{u}{a} + C$

68. $\int u^2 \sqrt{a^2-u^2} \, du = \dfrac{u}{8}(2u^2-a^2)\sqrt{a^2-u^2} + \dfrac{a^4}{8} \arcsen \dfrac{u}{a} + C$

69. $\int \dfrac{\sqrt{a^2-u^2}}{u} \, du = \sqrt{a^2-u^2} - a \ln \left| \dfrac{a+\sqrt{a^2-u^2}}{u} \right| + C$

70. $\int \dfrac{\sqrt{a^2-u^2}}{u^2} \, du = -\dfrac{1}{u}\sqrt{a^2-u^2} - \arcsen \dfrac{u}{a} + C$

71. $\int \dfrac{u^2 \, du}{\sqrt{a^2-u^2}} = -\dfrac{u}{2}\sqrt{a^2-u^2} + \dfrac{a^2}{2} \arcsen \dfrac{u}{a} + C$

72. $\int \dfrac{du}{u\sqrt{a^2-u^2}} = -\dfrac{1}{a} \ln \left| \dfrac{a+\sqrt{a^2-u^2}}{u} \right| + C$

73. $\int \dfrac{du}{u^2\sqrt{a^2-u^2}} = -\dfrac{1}{a^2 u}\sqrt{a^2-u^2} + C$

74. $\int (a^2-u^2)^{3/2} \, du = -\dfrac{u}{8}(2u^2-5a^2)\sqrt{a^2-u^2} + \dfrac{3a^4}{8} \arcsen \dfrac{u}{a} + C$

75. $\int \dfrac{du}{(a^2-u^2)^{3/2}} = \dfrac{u}{a^2\sqrt{a^2-u^2}} + C$

Formas envolvendo $\sqrt{u^2 - a^2}$, $a > 0$

76. $\int \sqrt{u^2-a^2} \, du = \dfrac{u}{2}\sqrt{u^2-a^2} - \dfrac{a^2}{2} \ln |u + \sqrt{u^2-a^2}| + C$

77. $\int u^2 \sqrt{u^2-a^2} \, du$
$= \dfrac{u}{8}(2u^2-a^2)\sqrt{u^2-a^2} - \dfrac{a^4}{8} \ln |u + \sqrt{u^2-a^2}| + C$

78. $\int \dfrac{\sqrt{u^2-a^2}}{u} \, du = \sqrt{u^2-a^2} - a \arccos \dfrac{a}{|u|} + C$

79. $\int \dfrac{\sqrt{u^2-a^2}}{u^2} \, du = -\dfrac{\sqrt{u^2-a^2}}{u} + \ln |u + \sqrt{u^2-a^2}| + C$

80. $\int \dfrac{du}{\sqrt{u^2-a^2}} = \ln |u + \sqrt{u^2-a^2}| + C$

81. $\int \dfrac{u^2 \, du}{\sqrt{u^2-a^2}} = \dfrac{u}{2}\sqrt{u^2-a^2} + \dfrac{a^2}{2} \ln |u + \sqrt{u^2-a^2}| + C$

82. $\int \dfrac{du}{u^2\sqrt{u^2-a^2}} = \dfrac{\sqrt{u^2-a^2}}{a^2 u} + C$

83. $\int \dfrac{du}{(u^2-a^2)^{3/2}} = -\dfrac{u}{a^2\sqrt{u^2-a^2}} + C$

Formas envolvendo $\sqrt{a^2 + u^2}$, $a > 0$

84. $\int \sqrt{a^2+u^2} \, du = \dfrac{u}{2}\sqrt{a^2+u^2} + \dfrac{a^2}{2} \ln(u + \sqrt{a^2+u^2}) + C$

85. $\int u^2 \sqrt{a^2+u^2} \, du$
$= \dfrac{u}{8}(a^2+2u^2)\sqrt{a^2+u^2} - \dfrac{a^4}{8} \ln(u + \sqrt{a^2+u^2}) + C$

86. $\int \dfrac{\sqrt{a^2+u^2}}{u} \, du = \sqrt{a^2+u^2} - a \ln \left| \dfrac{a+\sqrt{a^2+u^2}}{u} \right| + C$

87. $\int \dfrac{\sqrt{a^2+u^2}}{u^2} \, du = -\dfrac{\sqrt{a^2+u^2}}{u} + \ln(u + \sqrt{a^2+u^2}) + C$

88. $\int \dfrac{du}{\sqrt{a^2+u^2}} = \ln\left(u+\sqrt{a^2+u^2}\right) + C$

89. $\int \dfrac{u^2\,du}{\sqrt{a^2+u^2}} = \dfrac{u}{2}\sqrt{a^2+u^2} - \dfrac{a^2}{2}\ln\left(u+\sqrt{a^2+u^2}\right) + C$

90. $\int \dfrac{du}{u\sqrt{a^2+u^2}} = -\dfrac{1}{a}\ln\left|\dfrac{\sqrt{a^2+u^2}+a}{u}\right| + C$

91. $\int \dfrac{du}{u^2\sqrt{a^2+u^2}} = -\dfrac{\sqrt{a^2+u^2}}{a^2 u} + C$

92. $\int \dfrac{du}{(a^2+u^2)^{3/2}} = \dfrac{u}{a^2\sqrt{a^2+u^2}} + C$

Formas envolvendo $a + bu$

93. $\int \dfrac{u\,du}{a+bu} = \dfrac{1}{b^2}(a+bu - a\ln|a+bu|) + C$

94. $\int \dfrac{u^2\,du}{a+bu} = \dfrac{1}{2b^3}\left[(a+bu)^2 - 4a(a+bu) + 2a^2\ln|a+bu|\right] + C$

95. $\int \dfrac{du}{u(a+bu)} = \dfrac{1}{a}\ln\left|\dfrac{u}{a+bu}\right| + C$

96. $\int \dfrac{du}{u^2(a+bu)} = -\dfrac{1}{au} + \dfrac{b}{a^2}\ln\left|\dfrac{a+bu}{u}\right| + C$

97. $\int \dfrac{u\,du}{(a+bu)^2} = \dfrac{a}{b^2(a+bu)} + \dfrac{1}{b^2}\ln|a+bu| + C$

98. $\int \dfrac{du}{u(a+bu)^2} = \dfrac{1}{a(a+bu)} - \dfrac{1}{a^2}\ln\left|\dfrac{a+bu}{u}\right| + C$

99. $\int \dfrac{u^2\,du}{(a+bu)^2} = \dfrac{1}{b^3}\left(a+bu - \dfrac{a^2}{a+bu} - 2a\ln|a+bu|\right) + C$

100. $\int u\sqrt{a+bu}\,du = \dfrac{2}{15b^2}(3bu-2a)(a+bu)^{3/2} + C$

101. $\int u^n\sqrt{a+bu}\,du = \dfrac{2}{b(2n+3)}\left[u^n(a+bu)^{3/2} - na\int u^{n-1}\sqrt{a+bu}\,du\right]$

102. $\int \dfrac{u\,du}{\sqrt{a+bu}} = \dfrac{2}{3b^2}(bu-2a)\sqrt{a+bu} + C$

103. $\int \dfrac{u^n\,du}{\sqrt{a+bu}} = \dfrac{2u^n\sqrt{a+bu}}{b(2n+1)} - \dfrac{2na}{b(2n+1)}\int \dfrac{u^{n-1}\,du}{\sqrt{a+bu}}$

104. $\int \dfrac{du}{u\sqrt{a+bu}} = \dfrac{1}{\sqrt{a}}\ln\left|\dfrac{\sqrt{a+bu}-\sqrt{a}}{\sqrt{a+bu}+\sqrt{a}}\right| + C,\quad \text{if } a>0$

$= \dfrac{2}{\sqrt{-a}}\operatorname{arc\,tg}\sqrt{\dfrac{a+bu}{-a}} + C,\quad \text{if } a<0$

105. $\int \dfrac{du}{u^n\sqrt{a+bu}} = -\dfrac{\sqrt{a+bu}}{a(n-1)u^{n-1}} - \dfrac{b(2n-3)}{2a(n-1)}\int \dfrac{du}{u^{n-1}\sqrt{a+bu}}$

106. $\int \dfrac{\sqrt{a+bu}}{u}\,du = 2\sqrt{a+bu} + a\int \dfrac{du}{u\sqrt{a+bu}}$

107. $\int \dfrac{\sqrt{a+bu}}{u^2}\,du = -\dfrac{\sqrt{a+bu}}{u} + \dfrac{b}{2}\int \dfrac{du}{u\sqrt{a+bu}}$

Formas envolvendo $\sqrt{2au-u^2},\ a>0$

108. $\int \sqrt{2au-u^2}\,du = \dfrac{u-a}{2}\sqrt{2au-u^2} + \dfrac{a^2}{2}\arccos\left(\dfrac{a-u}{a}\right) + C$

109. $\int u\sqrt{2au-u^2}\,du = \dfrac{2u^2-au-3a^2}{6}\sqrt{2au-u^2} + \dfrac{a^3}{2}\arccos\left(\dfrac{a-u}{a}\right) + C$

110. $\int \dfrac{du}{\sqrt{2au-u^2}} = \arccos\left(\dfrac{a-u}{a}\right) + C$

111. $\int \dfrac{du}{u\sqrt{2au-u^2}} = -\dfrac{\sqrt{2au-u^2}}{au} + C$

TEOREMAS ESSENCIAIS

Teorema do Valor Intermediário

Se $f(x)$ for contínua num intervalo fechado $[a, b]$ e $f(a) \neq f(b)$, então, dado qualquer valor M entre $f(a)$ e $f(b)$, existe pelo menos um valor $c \in (a, b)$ tal que $f(c) = M$.

Teorema do Valor Médio

Se $f(x)$ for contínua num intervalo fechado $[a, b]$ e derivável em (a, b), então existe pelo menos um valor $c \in (a, b)$ tal que

$$f'(c) = \dfrac{f(b)-f(a)}{b-a}$$

Valores Extremos num Intervalo Fechado

Se $f(x)$ for contínua num intervalo fechado $[a, b]$, então $f(x)$ atinge tanto um valor máximo quanto um valor mínimo em $[a, b]$. Além disso, se $c \in [a, b]$ e $f(c)$ for um valor extremo (máximo ou mínimo), então c é um ponto crítico de $f(x)$ em (a, b) ou, então, uma das extremidades a ou b.

Teorema Fundamental do Cálculo, Parte I

Suponha que $f(x)$ seja contínua em $[a, b]$ e que $F(x)$ é uma antiderivada de $f(x)$ em $[a, b]$. Então

$$\int_a^b f(x)\,dx = F(b) - F(a)$$

Teorema Fundamental do Cálculo, Parte II

Suponha que $f(x)$ seja uma função contínua em $[a, b]$. Então a função área $A(x) = \int_a^x$ é uma antiderivada de $f(x)$, ou seja,

$$A'(x) = f(x) \quad \text{ou, equivalentemente,} \quad \dfrac{d}{dx}\int_a^x f(t)\,dt = f(x)$$

Além disso, $A(x)$ satisfaz a condição inicial $A(a) = 0$.